官能基	例	体系名	慣用名	接尾語	接頭語
酸塩化物	$H_3C{-}C({=}O){-}Cl$	塩化エタノイル ethanoyl chloride	塩化アセチル acetyl chloride	-oyl chloride	クロロカルボニル chlorocarbonyl-
エステル	$H_3C{-}C({=}O){-}O{-}CH_2CH_3$	エタン酸エチル ethyl ethanoate	酢酸エチル ethyl acetate	-oate	アルキルオキシ カルボニル alkyloxycarbonyl-
酸無水物	$H_3C{-}C({=}O){-}O{-}C({=}O){-}CH_3$	エタン酸無水物 ethanoic anhydride	無水酢酸 acetic anhydride	-oic anhydride	アシルオキシ カルボニル acyloxycarbonyl-
スルホン酸	$CH_3CH_2{-}S({=}O)({=}O){-}OH$	エタンスルホン酸 ethanesulfonic acid	—	-sulfonic acid	スルホ sulfo-
カルボン酸	$H_3C{-}C({=}O){-}OH$	エタン酸 ethanoic acid	酢　酸 acetic acid	-oic acid	カルボキシ carboxy-
体系名において接頭語としてのみ呼称される特性基					
アルキル	$CH_3CH_2CH(CH_3)CH_2CH_3$	3-メチルペンタン 3-methylpentane	—	—	アルキル alkyl-
アリール	$C_6H_5{-}CH_2OH$	フェニルメタノール phenylmethanol	ベンジルアルコール benzyl alcohol	—	フェニル phenyl-
ハロゲン化物					
フッ化物	$CH_3{-}F$	フルオロメタン fluoromethane	フッ化メチル methyl fluoride	—	フルオロ fluoro-
塩化物	$CH_3CH_2{-}Cl$	クロロエタン chloroethane	塩化エチル ethyl chloride	—	クロロ chloro-
臭化物	$CH_2{=}CH{-}Br$	ブロモエテン bromoethene	臭化ビニル vinyl bromide	—	ブロモ bromo-
ヨウ化物	$C_6H_5{-}I$	ヨードベンゼン iodobenzene	ヨウ化フェニル phenyl iodide	—	ヨード iodo-
エーテル	$CH_3CH_2OCH_2CH_3$	エトキシエタン ethoxyethane	ジエチルエーテル diethyl ether	—	アルコキシ alkoxy-
スルフィド	$CH_3CH_2SCH_2CH_3$	エチルチオエタン ethylthioethane	ジエチルスルフィド diethyl sulfide	—	アルキルチオ alkylthio-
スルホキシド	$H_3C{-}S({=}O){-}CH_3$	メチルスルフィニルメタン methylsulfinylmethane	ジメチルスルホキシド dimethyl sulfoxide （DMSO）	—	スルフィニル sulfinyl-
スルホン	$H_3C{-}S({=}O)({=}O){-}CH_3$	メチルスルホニルメタン methylsulfonylmethane	ジメチルスルホン dimethyl sulfone	—	スルホニル sulfonyl-
ニトロ	$H_3C{-}\overset{+}{N}({=}O){-}O^-$	ニトロメタン nitromethane			ニトロ nitro-
ニトロソ	$H_3C{-}N{=}O$	ニトロソメタン nitrosomethane			ニトロソ nitroso-
アジド	$H_3C{-}N{=}\overset{+}{N}{=}\overset{-}{N}$	アジドメタン azidomethane	メチルアジド methyl azide	—	アジド azido-

元素の周期表

原子量は ^{12}C の質量 12 に対する相対値（2020 年）
（　）内は，代表的な放射性同位体の質量数

凡例：1H（原子番号・元素記号）　水素　1.008（原子量）

周期＼族	1	2	3	4	5	6	7	8	9	10	11	12	13	14	15	16	17	18
1	1 H 水素 1.008																	2 He ヘリウム 4.003
2	3 Li リチウム 6.941	4 Be ベリリウム 9.012											5 B ホウ素 10.81	6 C 炭素 12.01	7 N 窒素 14.01	8 O 酸素 16.00	9 F フッ素 19.00	10 Ne ネオン 20.18
3	11 Na ナトリウム 22.99	12 Mg マグネシウム 24.31											13 Al アルミニウム 26.98	14 Si ケイ素 28.09	15 P リン 30.97	16 S 硫黄 32.07	17 Cl 塩素 35.45	18 Ar アルゴン 39.95
4	19 K カリウム 39.10	20 Ca カルシウム 40.08	21 Sc スカンジウム 44.96	22 Ti チタン 47.87	23 V バナジウム 50.94	24 Cr クロム 52.00	25 Mn マンガン 54.94	26 Fe 鉄 55.85	27 Co コバルト 58.93	28 Ni ニッケル 58.69	29 Cu 銅 63.55	30 Zn 亜鉛 65.38	31 Ga ガリウム 69.72	32 Ge ゲルマニウム 72.63	33 As ヒ素 74.92	34 Se セレン 78.97	35 Br 臭素 79.90	36 Kr クリプトン 83.80
5	37 Rb ルビジウム 85.47	38 Sr ストロンチウム 87.62	39 Y イットリウム 88.91	40 Zr ジルコニウム 91.22	41 Nb ニオブ 92.91	42 Mo モリブデン 95.95	43 Tc テクネチウム (99)	44 Ru ルテニウム 101.1	45 Rh ロジウム 102.9	46 Pd パラジウム 106.4	47 Ag 銀 107.9	48 Cd カドミウム 112.4	49 In インジウム 114.8	50 Sn スズ 118.7	51 Sb アンチモン 121.8	52 Te テルル 127.6	53 I ヨウ素 126.9	54 Xe キセノン 131.3
6	55 Cs セシウム 132.9	56 Ba バリウム 137.3	*57～71 ランタノイド	72 Hf ハフニウム 178.5	73 Ta タンタル 180.9	74 W タングステン 183.8	75 Re レニウム 186.2	76 Os オスミウム 190.2	77 Ir イリジウム 192.2	78 Pt 白金 195.1	79 Au 金 197.0	80 Hg 水銀 200.6	81 Tl タリウム 204.4	82 Pb 鉛 207.2	83 Bi ビスマス 209.0	84 Po ポロニウム (210)	85 At アスタチン (210)	86 Rn ラドン (222)
7	87 Fr フランシウム (223)	88 Ra ラジウム (226)	†89～103 アクチノイド	104 Rf ラザホージウム (267)	105 Db ドブニウム (268)	106 Sg シーボーギウム (271)	107 Bh ボーリウム (272)	108 Hs ハッシウム (277)	109 Mt マイトネリウム (276)	110 Ds ダームスタチウム (281)	111 Rg レントゲニウム (280)	112 Cn コペルニシウム (285)	113 Nh ニホニウム (278)	114 Fl フレロビウム (289)	115 Mc モスコビウム (289)	116 Lv リバモリウム (293)	117 Ts テネシン (293)	118 Og オガネソン (294)

□ 金属　■ 非金属　◩ メタロイド

*ランタノイド	57 La ランタン 138.9	58 Ce セリウム 140.1	59 Pr プラセオジム 140.9	60 Nd ネオジム 144.2	61 Pm プロメチウム (145)	62 Sm サマリウム 150.4	63 Eu ユウロピウム 152.0	64 Gd ガドリニウム 157.3	65 Tb テルビウム 158.9	66 Dy ジスプロシウム 162.5	67 Ho ホルミウム 164.9	68 Er エルビウム 167.3	69 Tm ツリウム 168.9	70 Yb イッテルビウム 173.0	71 Lu ルテチウム 175.0
†アクチノイド	89 Ac アクチニウム (227)	90 Th トリウム 232.0	91 Pa プロトアクチニウム 231.0	92 U ウラン 238.0	93 Np ネプツニウム (237)	94 Pu プルトニウム (239)	95 Am アメリシウム (243)	96 Cm キュリウム (247)	97 Bk バークリウム (247)	98 Cf カリホルニウム (252)	99 Es アインスタイニウム (252)	100 Fm フェルミウム (257)	101 Md メンデレビウム (258)	102 No ノーベリウム (259)	103 Lr ローレンシウム (262)

ジョーンズ 有機化学（下）

第 5 版

Maitland Jones, Jr.・Steven A. Fleming 著

奈良坂紘一・山 本 学・中村栄一 監訳

大石茂郎・尾中 篤・正田晋一郎・徳山英利 訳

東京化学同人

ORGANIC CHEMISTRY

Fifth Edition

Maitland Jones, Jr.
New York University

Steven A. Fleming
Temple University

著 者 紹 介

Maitland Jones, Jr.

New York 大学化学科教授．1937 年生まれ．1963 年 Yale 大学で PhD を取得．Princeton 大学で教鞭をとり，1983 年より 2007 年まで教授を務めた．2007 年より現職．教育者としての実績とともに，化学反応過程における短寿命の反応中間体，特にカルベンの研究で業績をあげ，この分野を牽引する指導者の一人として，国際的に高く評価されている．Alfred P. Sloan Research Fellow（1967〜1969），Master, Stevenson Hall, Princeton University（1974〜1981），CSCPC Distinguished Scholar（1982），Phi Beta Kappa Teaching Prize，Princeton University（2004）など数多くの栄誉や賞を受けている．

Steven A. Fleming

Temple 大学化学科教授．30 年にわたり，有機化学を教えてきた．Wisconsin 大学 Madison 校で PhD 取得．ユタ州にある Brigham Young 大学に 23 年間勤め，位置選択的および，立体選択的炭素－炭素結合生成反応の研究に従事するとともに，化学教育の分野で大きな業績をあげた．2008 年にペンシルベニア州フィラデルフィアにある Temple 大学に移り，化学教育領域で活動している．教育ツールの Organic Reaction Animations（ORA，有機化学反応の動画），Bio-Organic Reaction Animations（BioORA）を開発した．The Dean's Distinguished Teaching Award，Temple University（2011）受賞．

監 訳 者

奈良坂紘一　東京大学名誉教授，理学博士

山本　学　北里大学名誉教授，理学博士

中村栄一　東京大学大学院理学系研究科 特別教授
東京大学名誉教授，理学博士

翻 訳 者

大石茂郎　北里大学名誉教授，理学博士

尾中　篤（まこと）　東京農業大学生命科学部 教授
東京大学名誉教授，理学博士

正田晋一郎　東北大学名誉教授，理学博士

徳山英利　東北大学大学院薬学研究科 教授，博士(理学)

中村栄一　東京大学大学院理学系研究科 特別教授
東京大学名誉教授，理学博士

奈良坂紘一　東京大学名誉教授，理学博士

山本　学　北里大学名誉教授，理学博士

（五十音順）

要約目次

上巻

下巻

下 巻 目 次

14. 共役と芳香族性 …… 625

14・1 はじめに ……625
14・2 ベンゼンの構造 ……627
14・3 ベンゼンの共鳴構造式 ……629
14・4 ベンゼンの分子軌道 ……631
14・5 ベンゼンの共鳴安定化の定量的評価 ……633
14・6 芳香族性の一般化: Hückel $(4n+2)$ 則 ……635
14・7 置換ベンゼン ……648
14・8 置換ベンゼンの物理的性質 ……651
14・9 ヘテロベンゼン類とその他の芳香族複素環化合物 …652
14・10 多環芳香族化合物 ……656
14・11 トピックス: 多環芳香族炭化水素がもつ負の側面と発がんの機構 …659
14・12 ベンジル基とその反応性 ……662
14・13 ベンゼンの反応化学入門 ……666
14・14 ま と め ……670
14・15 追加問題 ……672
■ コラム バニリン ……635

15. 芳香族化合物の置換反応 …… 677

15・1 はじめに ……677
15・2 芳香族化合物の水素化反応 ……679
15・3 芳香族求電子置換反応 ……681
15・4 ニトロベンゼンを出発物とする芳香族求電子置換反応の利用 …695
15・5 芳香族複素環化合物の求電子置換反応 …701
15・6 二置換ベンゼン: オルト, メタ, パラ置換体 ……705
15・7 多置換ベンゼンの合成 ……718
15・8 芳香族求核置換反応 ……723
15・9 トピックス: ベンザイン ……729
15・10 トピックス: Diels-Alder 反応 ……731
15・11 トピックス: "超強酸" 中で安定なカルボカチオン ……735
15・12 トピックス: ベンゼン環の生合成; フェニルアラニン ……736
15・13 ま と め ……738
15・14 追加問題 ……741
■ コラム アニリン ……698

16. カルボニル基の化学 1: 付加反応 …… 747

16・1 はじめに ……747
16・2 炭素－酸素二重結合の構造 ……748
16・3 カルボニル化合物の命名法 ……751
16・4 カルボニル化合物の物理的性質 ……754
16・5 カルボニル化合物のスペクトル ……754
16・6 カルボニル化合物の反応: 可逆的付加反応 ……757
16・7 付加反応における平衡 ……762
16・8 他の付加反応: シアン化物イオンと亜硫酸水素イオンの付加 ……766
16・9 水の脱離を伴う付加反応: アセタールの生成 ……767
16・10 有機合成における保護基 ……774
16・11 アミンの付加反応: イミンとエナミンの生成 ……776
16・12 有機金属試薬: 炭化水素の合成 ……783
16・13 不可逆的付加反応: アルコールの合成法 ……785
16・14 アルコールのカルボニル化合物への酸化 ……788
16・15 アルコールの逆合成解析 ……794
16・16 チオールおよび硫黄化合物の酸化 ……796
16・17 Wittig 反応 ……797
16・18 トピックス: 生体内酸化反応 ……799
16・19 ま と め ……802
16・20 追加問題 ……807
■ コラム シベトン ……753

17. カルボン酸 …… 813

17·1 はじめに …… 813
17·2 カルボン酸の命名法と性質 …… 814
17·3 カルボン酸の構造 …… 816
17·4 カルボン酸の赤外および NMR スペクトル …… 817
17·5 カルボン酸の酸性度と塩基性度 …… 818
17·6 カルボン酸の合成 …… 823
17·7 カルボン酸の反応 …… 824
a. エステルの生成: Fischer のエステル化 …… 824
b. アミドの生成 …… 833
c. ポリアミド(ナイロン)とポリエステル …… 836
d. 酸塩化物の生成 …… 837
e. 酸無水物の生成 …… 839
f. 有機リチウム試薬および金属水素化物との反応 …… 840
g. 脱二酸化炭素反応 …… 842
h. 臭化アルキルの生成: Hunsdiecker 反応 …… 845
17·8 トピックス: 自然界で見いだされるカルボン酸 …… 846
17·9 まとめ …… 849
17·10 追加問題 …… 851
コラム サリチル酸 …… 822

18. カルボン酸誘導体: アシル化合物 …… 857

18·1 はじめに …… 857
18·2 命名法 …… 859
18·3 アシル化合物の物理的性質と構造 …… 863
18·4 アシル化合物の酸性度と塩基性度 …… 865
18·5 スペクトルにおける特徴 …… 866
a. 赤外スペクトル …… 866
b. NMR スペクトル …… 867
18·6 酸塩化物の反応: アシル化合物の合成 …… 868
18·7 酸無水物の反応 …… 872
18·8 エステルの反応 …… 874
18·9 アミドの反応 …… 878
18·10 ニトリルの反応 …… 881
18·11 ケテンの反応 …… 884
18·12 トピックス: アシル化合物合成の別法 …… 885
a. Baeyer–Villiger 反応 …… 885
b. Beckmann 転位 …… 886
c. ニトリルの合成 …… 888
d. ケテンの合成 …… 888
18·13 トピックス: アシル化合物の協奏的な転位反応 …… 888
a. ジアゾケトン: Wolff 転位 …… 888
b. アシルアジド: Curtius 転位 …… 891
c. アミドの Hofmann 転位 …… 892
18·14 まとめ …… 894
18·15 追加問題 …… 899
コラム ブロッコリーを食べよう！ …… 893

19. カルボニル基の化学 2: α 位の反応 …… 903

19·1 はじめに …… 903
19·2 弱いブレンステッド酸としてのアルデヒドおよびケトン …… 904
a. ケトンやアルデヒドのエノラート …… 904
b. カルボン酸誘導体のエノラート …… 913
19·3 エノールおよびエノラートのラセミ化 …… 916
19·4 α 位のハロゲン化 …… 918
a. アルデヒドとケトンのハロゲン化 …… 918
b. カルボン酸のハロゲン化 …… 921
c. エステルのハロゲン化 …… 924
19·5 α 位のアルキル化 …… 925
a. ケトンまたはアルデヒドのアルキル化 …… 926
b. カルボン酸のアルキル化 …… 927
c. 1,3–ジカルボニル化合物のアルキル化 …… 928
d. 1,3–ジカルボニル化合物の加水分解と脱二酸化炭素 …… 930
e. エステルの直接アルキル化 …… 933
f. エナミンのアルキル化 …… 934
19·6 α 位へのカルボニル化合物の付加: アルドール反応 …… 936
a. ケトンあるいはアルデヒドのエノラートとケトンおよびアルデヒドとの反応 …… 936
b. エステルエノラートとケトンおよびアルデヒドとの反応 …… 945
c. エノンへのエステルエノラートの付加反応: Michael 反応 …… 947
19·7 アルドール関連反応 …… 952
a. 分子内アルドール反応 …… 952

b. 交差アルドール反応 ……953
19・8 α位のカルボン酸誘導体の付加: Claisen 縮合 ……957
a. ケトンのエノラートとエステルの縮合 ……957
b. エステルエノラートとエステルの反応 ……959
c. Claisen 縮合の逆反応 ……964
19・9 Claisen 縮合の変形 ……965
a. 分子内 Claisen 縮合 ……965
b. 交差 Claisen 縮合 ……966
19・10 トピックス: 生体内における Claisen 縮合とその逆反応 ……968
19・11 縮合反応の組合わせ ……970
19・12 トピックス: 1,3-ジチアンのアルキル化 …973
19・13 トピックス: アミンの縮合反応; Mannich 反応 ……974
19・14 トピックス: α水素をもたない カルボニル化合物 ……975
a. Cannizzaro 反応 ……976
b. Meerwein-Ponndorf-Verley-Oppenauer 反応 …977
19・15 トピックス: 現実の世界での アルドール反応; 現代の合成化学入門 …979
19・16 まとめ ……982
19・17 追加問題 ……988
■ コラム 基礎研究の重要性 ……951
パリトキシン ……981

20. 糖　質 ……999
20・1 はじめに ……999
20・2 糖質の命名法と構造 ……1000
20・3 糖質の合成 ……1011
20・4 糖質の反応 ……1014
a. 変旋光 ……1014
b. 塩基によるエピマー化 ……1014
c. 還　元 ……1016
d. 酸　化 ……1017
e. オサゾンの生成 ……1019
f. エーテルおよびエステルの生成 ……1021
g. 糖質化学の最前線 ……1025
20・5 トピックス: Fischer による D-グルコース (および他の 15 種類のアルドヘキソース) の構造決定 ……1026
20・6 トピックス: 二糖類と多糖類 ……1033
20・7 まとめ ……1040
20・8 追加問題 ……1041
■ コラム 合成甘味料 ……1036

21. 生物有機化学 ……1045
21・1 はじめに ……1045
21・2 脂　質 ……1046
a. トリグリセリド ……1047
b. リン脂質 ……1049
c. プロスタグランジン類 ……1050
d. テルペン類 ……1050
e. ステロイド類 ……1053
21・3 中性および酸性の生体分子の生成 ……1054
21・4 アルカロイド ……1057
21・5 塩基性生体分子の生成: アミンの化学 …1064
21・6 まとめ ……1072
21・7 追加問題 ……1073

22. アミノ酸, ペプチド, タンパク質 ……1075
22・1 はじめに ……1075
22・2 アミノ酸 ……1076
a. アミノ酸の命名法 ……1076
b. アミノ酸の構造 ……1078
c. 酸-塩基としてのアミノ酸 ……1080
d. アミノ酸の合成 ……1082
e. アミノ酸の分割 ……1085
22・3 アミノ酸の反応 ……1087
a. アシル化反応 ……1087
b. エステル化反応 ……1088
c. ニンヒドリン反応 ……1088
22・4 ペプチドの化学 ……1090
a. 命名法と構造 ……1090
b. タンパク質の構造決定 ……1094
c. ペプチドの合成 ……1102
22・5 ヌクレオシド, ヌクレオチド, 核酸 ……1109
22・6 まとめ ……1115
22・7 追加問題 ……1118
■ コラム カナバニン: 変わったアミノ酸 ……1079

23. 遷移状態における芳香族性: 軌道の対称性 ……1121

23・1 はじめに ……1121
23・2 協奏反応 ……1123
23・3 電子環状反応 ……1123
23・4 付加環化反応 ……1131
23・5 シグマトロピー転位 ……1136
23・6 Cope 転位 ……1146
23・7 ゆらぎ構造をもつ分子 ……1150
23・8 軌道対称性の問題の解き方 ……1158
23・9 ま と め ……1160
23・10 追加問題 ……1161
■ コラム 生体中でみられる Cope 転位: コリスミ酸からプレフェン酸への変換 …1150

24. 分子内反応と隣接基関与 ……1167

24・1 はじめに ……1167
24・2 ヘテロ原子による隣接基関与 ……1169
24・3 π電子の隣接基関与 ……1181
a. 芳香環の隣接基関与 ……1181
b. 炭素－炭素二重結合の隣接基関与 ……1184
24・4 単結合の隣接基関与 ……1192
24・5 Coates のカチオン ……1201
24・6 ま と め ……1202
24・7 追加問題 ……1202
■ コラム マスタードガス ……1174

用 語 解 説 ……1207

付 録: 代表的な化合物の pK_a 値 ……1225

和 文 索 引 ……1227

欧 文 索 引 ……1257

本書でよく使用される略号

略号	構造	名称
Ac	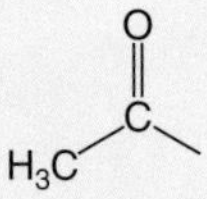	アセチル　acetyl
***t*Boc**	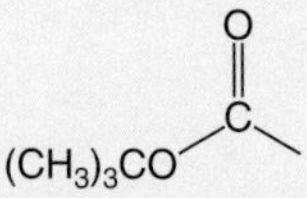	*t*−ブトキシカルボニル *t*−butoxycarbonyl
Bu	$CH_3CH_2CH_2CH_2$—	ブチル　butyl
DIBAL–H	$[(CH_3)_2CHCH_2]_2AlH$	水素化ジイソブチルアルミニウム diisobutylaluminium hydride
DMF	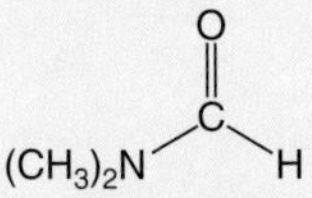	*N,N*−ジメチルホルムアミド *N,N*−dimethylformamide
DMSO	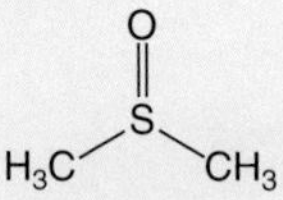	ジメチルスルホキシド dimethyl sulfoxide
Et	CH_3CH_2—	エチル　ethyl
LDA	$LiN[CH(CH_3)_2]_2$	リチウムジイソプロピルアミド lithium diisopropylamide
Me	H_3C—	メチル　methyl
NBS	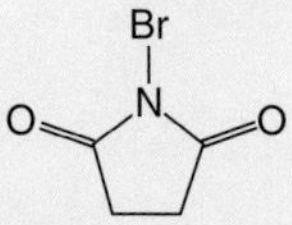	*N*−ブロモスクシンイミド *N*−bromosuccinimide
Ph	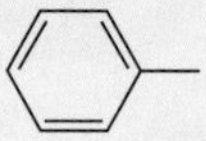	フェニル　phenyl
Pr	$CH_3CH_2CH_2$—	プロピル　propyl
THF	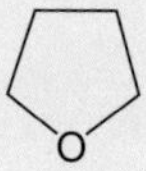	テトラヒドロフラン tetrahydrofuran
THP	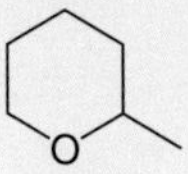	テトラヒドロピラニル tetrahydropyranyl
TMS	$(CH_3)_4Si$	テトラメチルシラン tetramethylsilane
Ts	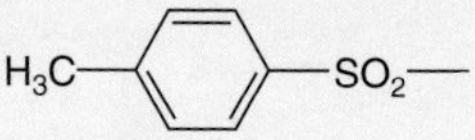	*p*−トルエンスルホニル *p*−toluenesulfonyl （トシル　tosyl）
Z	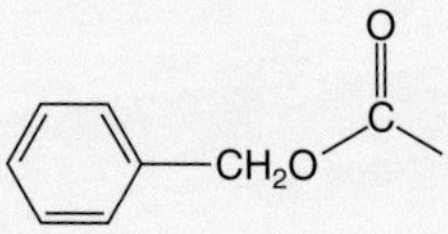	ベンジルオキシカルボニル benzyloxycarbonyl

共役と芳香族性

14

Curious, though, isn't it, um, Patwardhan, that the number, er, six should be, um, embodied in one of the most, er, er, beautiful, er, shapes in all nature: I refer, um, needless to say, to the, er, benzene ring with its single, and, er, double carbon bonds. But is it, er, truly symmetrical, Patwardhan, or, um, asymmetrical? Or asymmetrically symmetrical, perhaps...... .

——— Vikram Seth*, "A Suitable Boy"

14・1　はじめに
14・2　ベンゼンの構造
14・3　ベンゼンの共鳴構造式
14・4　ベンゼンの分子軌道
14・5　ベンゼンの共鳴安定化の定量的評価
14・6　芳香族性の一般化: Hückel $(4n+2)$ 則
14・7　置換ベンゼン
14・8　置換ベンゼンの物理的性質
14・9　ヘテロベンゼン類とその他の芳香族複素環化合物
14・10　多環芳香族化合物
14・11　トピックス: 多環芳香族炭化水素がもつ負の側面と発がんの機構
14・12　ベンジル基とその反応性
14・13　ベンゼンの反応化学入門
14・14　まとめ
14・15　追加問題

14・1　はじめに

13章では，非環状化合物における2p軌道の重なりによって生じる共役構造の特徴を学んだ．この章では，共役系が環構造を形成した場合に，どのようなことが起こるかについて学ぶ．環を構成する原子の軌道の重なりが完全に一周りしなければ（すなわち完全に共役していなければ），非環状化合物と大きな違いはない．たとえば，1,3-シクロヘキサジエンは1,3-ヘキサジエンと化学的・物理的性質に大差はなく，ほぼ同じ反応性を示す．いずれも水素化反応は容易に進行し，さまざまな付加反応が起こり，Diels（ディールス）-Alder（アルダー）反応もよくみられる（図14・1）．

ところが，共役構造がさらに延びて6員環を一周して1,3,5-シクロヘキサトリエンとよんでもよい化合物になると，状況は一変する．すなわち，図14・1に示した反応は容易には起こらなくなり，際だって反応性が低下する．つまり，1,3-シクロヘキサジエンや非環状のジエン類とは，まったく異なる種類の化合物になる（図14・2）．

二重結合を含む環状化合物（環状ポリエン類）がすべてこのような振舞いをするわけではない．たとえば，シクロヘプタトリエンやシクロオクタテトラエンなどのように通常のシクロアルケンと同じように反応するものもあるし，またシクロブタジエンのように非常に不安定な分子もある（図14・3）．

この章では，環状ポリエン類の間でこのように安定性に大きな違いがみられる理由を明らかにし，2p軌道間の特別な共役構造によって生じる化学的および物理的性質について考える．まずベンゼン（benzene，図14・2）において，6個の炭素原子の2p軌道が環の中で重なっていることが，その構造や反応性に大きな影響を及ぼしていることを学ぶ．さらにベンゼンを安定にしている特徴を一般化して，どのような環状ポリエンがベンゼンと同様の安定性をもち，どのようなものが安定でないのかを予測する方法を学ぶことにする．

＊ Vikram Sethは1952年インドのカルカッタで生まれ，インド，英国，米国で教育を受けた．MJはこのすばらしい小説に高い評価を与えている．

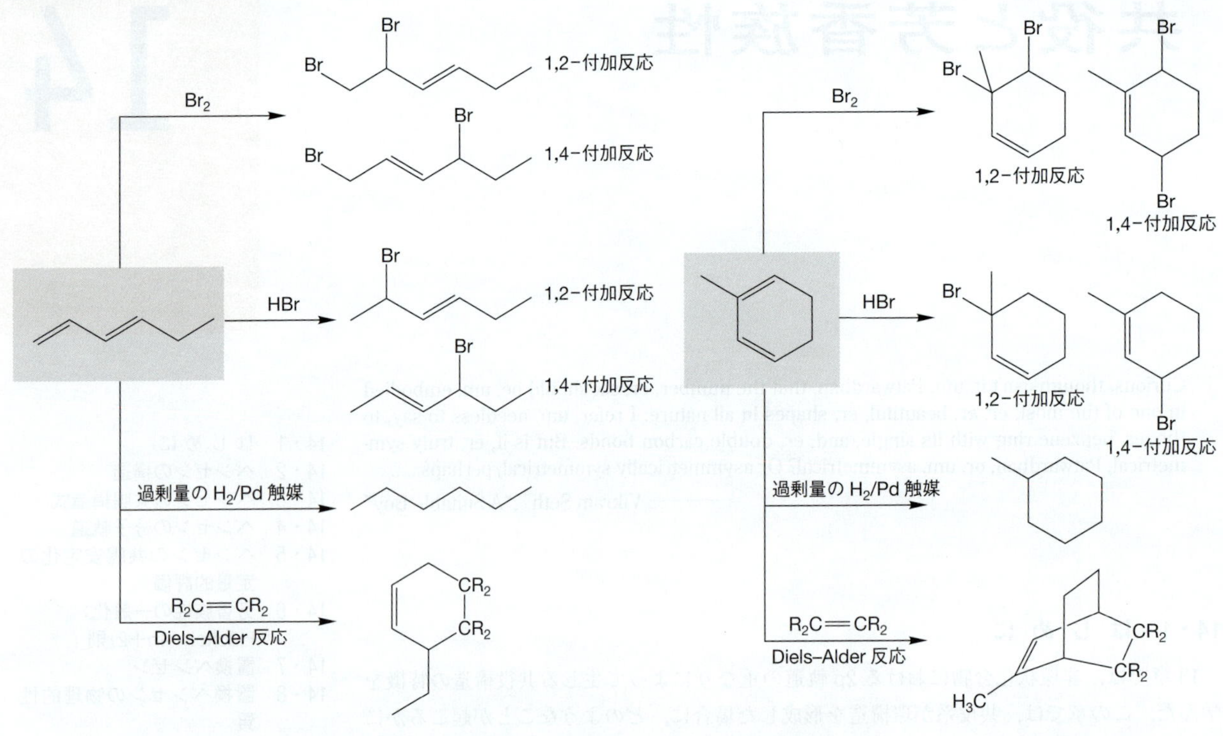

図 14・1　非環状ジエンと環状ジエンは似た化学的性質を示す.

図 14・2　1,3,5−シクロヘキサトリエンとして描かれるベンゼンでは，通常のアルケンに起こる反応の多くが進まない.

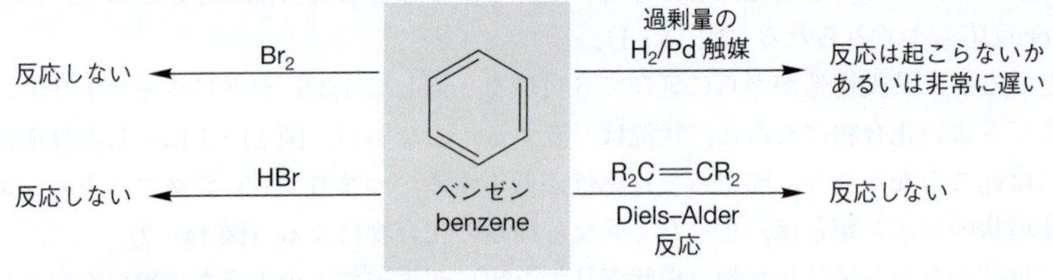

図 14・3　多くの環状ポリエン類には，通常の環状アルケンと同様の化学的性質を示すものもあれば，著しく不安定な化合物もある.

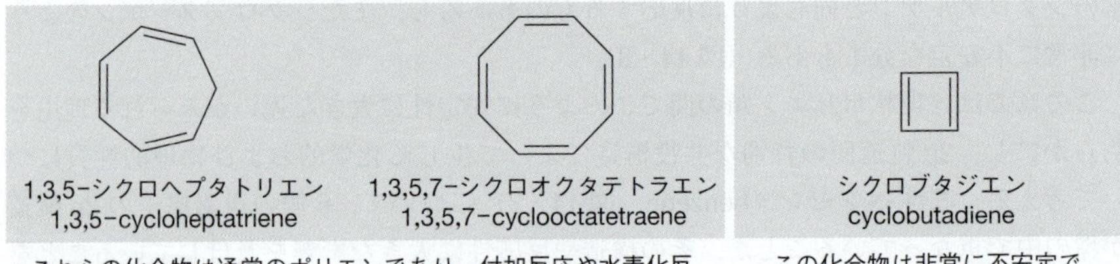

これらの化合物は通常のポリエンであり，付加反応や水素化反応が容易に起こる

この化合物は非常に不安定で，極低温でのみ単離できる

不可欠なスキルと要注意事項

1. ある分子が芳香族性をもつかもたないかを決める特性を書き出すことは簡単であるが，その特性を利用するのは意外に難しい．なぜこの特性が，ある分子には当てはまり，別の分子には当てはまらないのかを理解するために，この特性についてよく考えてみることが大切である．芳香族性とよばれる定義の難しい特性を理解することは，有機化学の理解で

大変重要な意味をもつ.

ある決まった数のπ電子を含む環状平面ポリエン化合物だけが示す“芳香族性”とよばれる特別の安定化について，化学者は長い間議論してきた．この章の冒頭の引用文の内容は，数々の化学会議で耳にする考え方とそれほどかけ離れたものではない．しかし，このとらえどころのない概念を正確に定義することは(特に非常に特殊な化合物に対しては)容易ではないにしても，単純な例で，なぜπ電子の数が重要であるか，そしてどんな分子が芳香族性を示すのかを学ぶことは，それほど難しいことではない.

2. 芳香族性は特別の魔力ではない．安定化効果の1つにすぎず，他の効果によって強められることもあれば弱められることもある．生命現象にも効いてくる重要な特性である.
3. 平面環状構造をとる完全共役ポリエン分子については，その Frost(フロスト)円を描くことによって，その分子のπ分子軌道の相対的なエネルギー準位を簡単に知ることができる．Frost 円を描く際には，正多角形の頂点の1つを真下に置くことを忘れないように.
4. ベンジル位での酸化反応が登場するが，ベンジル位の特徴や反応性は前章でまとめられている.
5. この章では芳香族置換反応の概略を示す．15章でさまざまな芳香族置換反応に出会うが，その前にこの章でその基礎を学んでおくことが大切である.

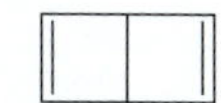

ビシクロ[2.2.0]ヘキサ-2,5-ジエン
bicyclo[2.2.0]hexa-2,5-diene
(“Dewar” ベンゼン)

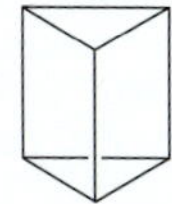

テトラシクロ[2.2.0.0^{2,6}.0^{3,5}]ヘキサン
tetracyclo[2.2.0.0^{2,6}.0^{3,5}]hexane
(“Ladenburg” ベンゼン
またはプリズマン prismane)

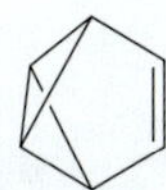

トリシクロ[3.1.0.0^{2,6}]ヘキサ-3-エン
tricyclo[3.1.0.0^{2,6}]hex-3-ene
(ベンズバレン benzvalene)

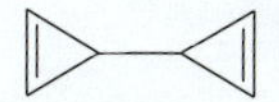

3,3′-ビシクロプロペニル
3,3′-bicyclopropenyl

図 14・4 ベンゼンの分子構造として考えられた4つの候補

14・2 ベンゼンの構造

図14・2に示す1,3,5-シクロヘキサトリエンとよばれる分子は，19世紀にクジラの脂肪を熱して精製する際に単離された．この物質の分子式は C_6H_6〔より正確には $(CH)_6$ の組成式〕と確認されたが，いったいどのような構造をもつ分子なのかという重要な問題が残されていた．いろいろな分子構造が考えられるが，そのなかから4つの構造を図14・4に示す．そのうち2つは，**“Dewar(デュワー)” ベンゼン** (Dewar benzene) および “Ladenburg(ラーデンブルグ)” ベンゼンとよばれるもので，James Dewar 卿 (1842〜1923) と Albert Ladenburg (1842〜1911) によって提案されたので，その名がつけられている．3番目の構造はベンズバレンという，やや意味不明の名前がつけられている．4番目の3,3′-ビシクロプロペニルは，1989年になって初めて米国ライス大学の W. E. Billups 教授 (1939年生まれ) らの研究グループによって合成された化合物である.

ドイツの化学者 Friedrich August Kekulé von Stradonitz (1829〜1896) がベンゼンの現在使われている環構造を提唱した[*1] (1865年)．Kekulé(ケクレ) は1匹のヘビが自分自身の尾をかむ夢を見たことから，ベンゼンの環構造を思いついたといわれている．“まどろんでいると，夢の中でヘビのように長い炭素の鎖がねじれて丸くなり，とうとう一端がもう一方の端をとらえて，目の前で私をからかうようにぐるぐる回りだした” と Kekulé は語っている[*2]．Kekulé によって提案された構造式は，図14・5に示すシクロヘキサトリエン構造であった.

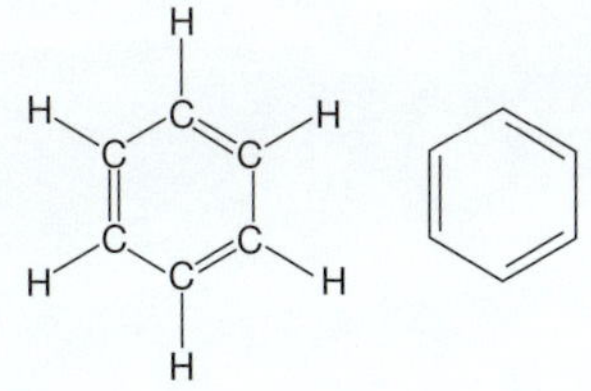

図 14・5 1,3,5-シクロヘキサトリエンとして描かれたベンゼンの分子構造

*1 Kekulé はベンゼンの環構造の最初の提案者として一般には認められているが，1800年代の半ばには，分子の構造，特にベンゼンの骨格構造について Kekulé の競争相手となる化学者がいた．たとえば，カザン(ロシア連邦)出身の Alexandr M. Butlerov (1828〜1886) は Kekulé とは独立に，ベンゼンが環構造をとることを確信していた．彼は西欧ではほとんど目立たなかったが，近代化学の発展に大きな貢献をした化学者である．もう1人，ベンゼンの環構造への功績がありながら，あまり知られていない化学者がいる．化学者であり物理学者でもあったオーストリア人の Johann Josef Loschmidt (1821〜1895) は，Kekulé がベンゼン構造を提案した1865年の4年前に，明らかにベンゼンに対して環構造を描いている．図14・6は，このあまりにも無名の一教師によって提案された構造が，いかに先見の明があったかをよく示している.

*2 (訳注) Kekulé の夢見についての興味深い解説がある：山崎幹夫，“尻尾をくわえた蛇” (現代化学, **264**, 42 (1993))，山口達明，“ケクレは本当に夢を見たか” (化学, **49**, 24 (1994)).

図 14・6 Josef Loschmidt が描いたベンゼン誘導体の構造式（前ページの脚注を参照せよ）

Kekulé 構造式

1861 年 J. J. Loschmidt によって描かれた上記化合物の構造式

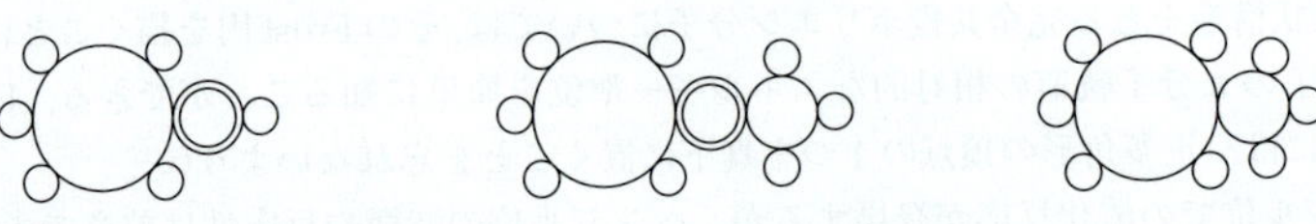

問題 14・1 Dewar，Ladenburg や Kekulé の時代に ^{13}C NMR 分光法があったとして，図 14・4 のベンゼンに考えられた分子構造は，それぞれ何本のシグナルを示すであろうか．シクロヘキサトリエンではどうだろうか．

しかし，Kekulé 構造式には図 14・4 の構造式と同様いくつかの問題があった．たとえば，通常のポリエンと異なり，ベンゼンはハロゲン分子やハロゲン化水素と反応しない（図 14・2 参照）．さらに，水素化は他のアルケンに比べるとはるかに遅く，過酷な反応条件を必要とする．これらの結果から，ベンゼンは明らかに著しく安定な化合物であり，シクロヘキサトリエン構造ではこのことを説明することができなかった．

さらにベンゼンの炭素骨格が，内角と結合距離がすべて等しい“正六角形”であることも明らかにされた．したがって，シクロヘキサトリエン構造は，長い単結合と短い二重結合が交互に並んで正六角形にはならないので，ベンゼンの構造としては不適切である．二重結合部分は通常の二重結合の長さである 1.33 Å，一方単結合部分は，1,3-ブタジエンの C(2)－C(3) 結合の長さと同じくらいであるとすると 1.47 Å と予想される．しかし実際には，ベンゼンは均一な 1.39 Å の炭素－炭素結合をもっている．この長さは，二重結合の長さ 1.33 Å と単結合の長さ 1.47 Å の平均値に近いことに注目してほしい（図 14・7）．

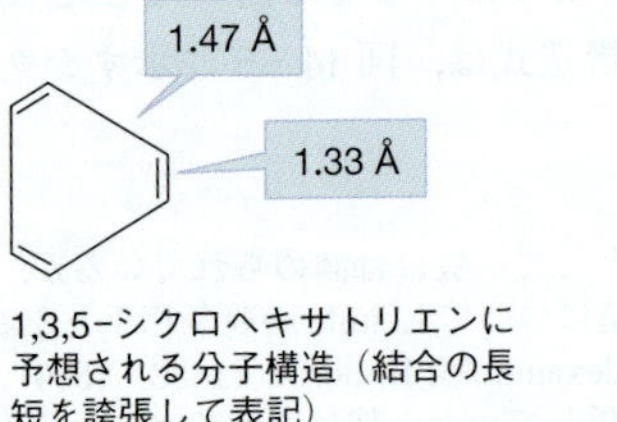

1,3,5-シクロヘキサトリエンに予想される分子構造（結合の長短を誇張して表記）

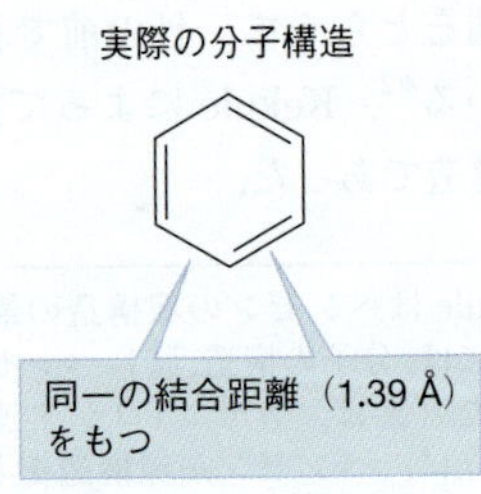

図 14・7 1,3,5-シクロヘキサトリエン構造は，長い単結合と短い二重結合を交互に配置しなければならない（ここでは結合の長短を誇張して描いてある）ので，すべての炭素－炭素結合距離が 1.39 Å である正六角形のベンゼンとは一致しない．

ここまでくると，ベンゼンの構造についての問題点の答が少し見えてきた．実は，Kekulé が提案したシクロヘキサトリエン構造は，共鳴安定化をまったく考慮していない．

問題 14・2 Kekulé 構造式について初期に出された問題点は，ベンゼンの 1,2−二置換体には置換基が何であっても 1 種類しか見いだされない点であった．たとえば，1,2−ジメチルベンゼン（*o*−キシレン）は 1 種類しか存在しない．この事実を Kekulé 構造式では説明できないことを示せ．

問題 14・3 ベンズアルデヒド（右図）はアーモンドなどに含まれており，香味料として用いられる．ベンズアルデヒドの共鳴構造式を 3 つ描け．もし 6 員環が本当に 1,3,5−シクロヘキサトリエン構造であるとしたら，共鳴構造式はいくつ描けるか．

14・3 ベンゼンの共鳴構造式

ベンゼン特有の大きな安定性は，ベンゼン環の電子の非局在化によって生じる安定化によるものである．簡単にいえば，ベンゼンには 2 種類の **Kekulé 構造式**（Kekulé forms）が描ける．これらはまさに共鳴構造式であり，電子の分布が異なるだけで，原子の位置は同じである．シクロヘキサトリエンの軌道を図示すると，おのずとこのことが理解できるであろう．それぞれの炭素原子は sp^2 混成をとっているので，すべての炭素上に 2p 軌道が残る．図 14・8(a) は，C(1)−C(2)，C(3)−C(4)，C(5)−C(6) の 2p 軌道間には重なりがあり，C(2)−C(3)，C(4)−C(5)，C(6)−C(1) には重なりがないように描かれている．しかし，この描き方は適切ではない．すべての炭素に 2p 軌道があり，その配置の対称性も考慮すると，C(1)−C(2) に重なりがあるならば，図 14・8(b) に示すように，C(2)−C(3) にも同等の 2p 軌道の重なりがなくてはならない．2 つの Kekulé 構造式を描くことによって，このことを強調することになり，2 つの Kekulé 構造式を融合すると，正六角形構造が生みだされる．

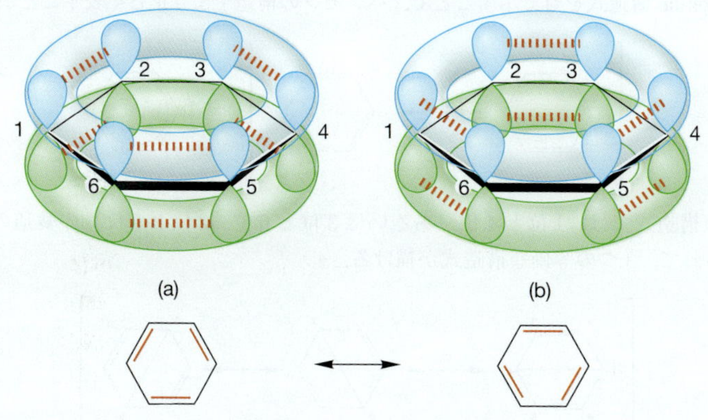

図 14・8 (a), (b) の 2 つの Kekulé 構造式を用いて真のベンゼン構造を表すことができる．赤破線は p 軌道同士の重なりを表している．

軌道を書き加えたベンゼンの構造図を眺めると，各炭素上には 2p 軌道があり，6 つの炭素とそれについている水素原子を含む平面の上下に広がっている．そして 2p 軌道同士が重なり合い，平面の上下で環状の電子雲が形成される．

約束事についての注意
正六角形と中心円の意味

6 つの 2p 軌道が環状に重なっていることを表すために，Kekulé 構造式でみられるように 3 つの二重結合を書くのではなく，正六角形の内側に円を描く書き方もある（図 14・9）．しかし Kekulé 構造式は，化学反応で結合が切れたり，生成する様子を表すのに適しているので，この本では Kekulé 構造式を使うことが多い．

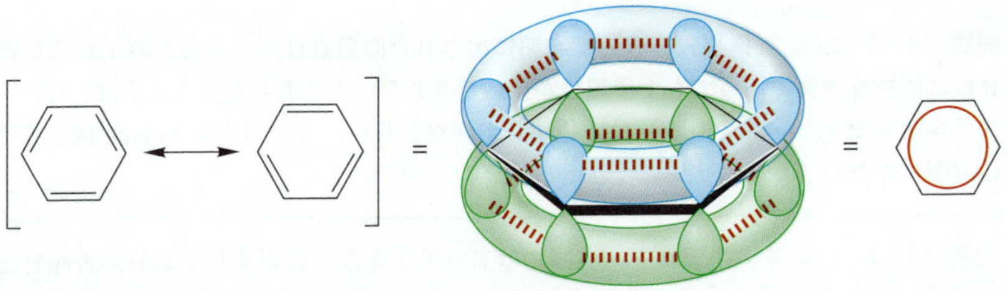

図 14・9　ベンゼン環の上下に電子密度の高い環が存在する．正六角形の内側に描かれた円は，6つのp軌道の重なりを示している．

問題 14・4　ベンゼンの電子状態をより適切に表現するために，1対の Kekulé 構造式だけでなく，Kekulé 構造式とは異なった 2p 軌道間の重なりを示す共鳴構造式を含める場合がある．この構造式では，対角すなわちパラ位炭素間の 2p 軌道同士の重なりも考慮されており，James Dewar 卿にちなんで **Dewar 構造式**（デュワー）（Dewar forms）とよばれる．6 員環内を横切る対角の軌道の重なりをもつ Dewar 構造式を描け．この問題はおそらくこれまで見たことのない結合を考えなくてはいけない．

解 答　どの共鳴構造式も，1つの極限の電子配置を示すだけである．たとえば，アリルカチオンの1つの共鳴構造式では，C(1)−C(2) 間の 2p 軌道の重なりだけが強調され，C(3) 上の 2p 軌道はまったく重なりがない極限の結合様式を示している．もう1つの共鳴構造式では逆に，C(2)−C(3) の軌道の重なりが示され，C(1) の軌道には重なりがない．この2つの共鳴構造を考え合わせることで，アリルカチオンの性質を正しく理解できる．

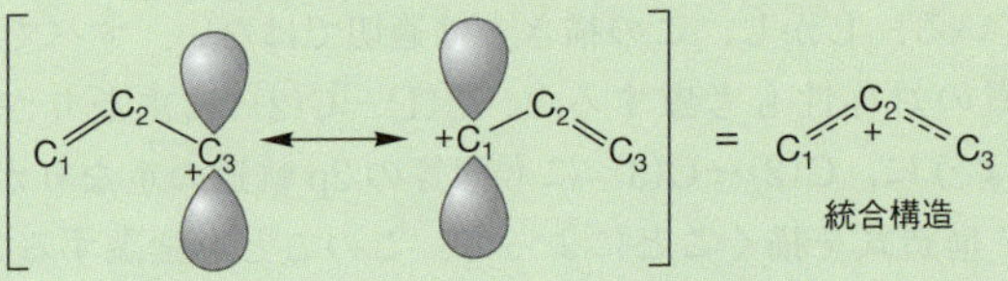

$$\left[C_1{=}C_2{-}\overset{+}{C_3} \longleftrightarrow \overset{+}{C_1}{-}C_2{=}C_3 \right] = C_1{\cdots}\overset{+}{C_2}{\cdots}C_3$$

統合構造

図 14・8 に示したベンゼンの2つの Kekulé 構造式においても同様なことがいえる．2つの Kekulé 構造式を対で示すことで，ベンゼンの構造をより正しく表すことができる．

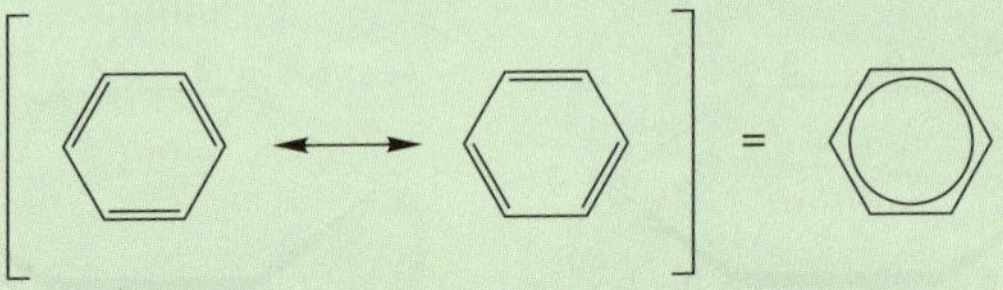

Dewar 構造式では，1位と4位（あるいは3位と6位，2位と5位）の軌道の重なりが強調されて，3つの等価な構造式が描ける．

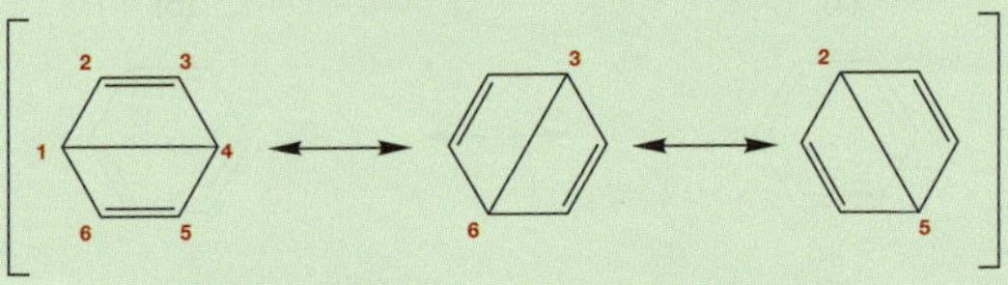

Dewar 構造式ではつぎのことに注意せよ．中央の結合はσ結合に見えるかもしれないが，σ結合ではない．Kekulé 構造と同じように，それは 2p−2p 間の重なりによるπ結合である（次ページ上図）．

中央の結合がσ結合をつくるためには，原子同士が近づかなければならない．しかし，共鳴構造式で動かすことができるのは電子だけで，原子の移動はできないことを思い出そう．

結局，ベンゼンの共鳴構造式の中で，1,4−結合をもつ構造はその寄与はあったとして

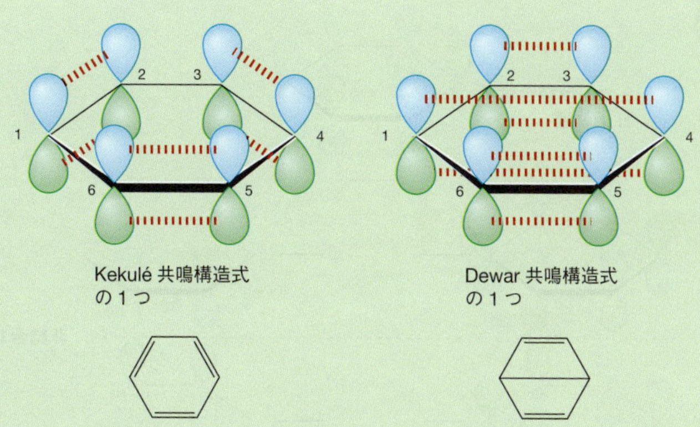

も非常に小さいと考えられる．1,4 の位置の p 軌道同士は約 2.77 Å も離れているので，有効に重なり合えない．通常の π 結合は約 1.34 Å 離れた p 軌道でできるのである．

問題 14・5 ベンゼン環上の水素原子の典型的な化学シフト値は，δ 7.3 ppm であった（9 章）．アニソールの分子構造と，各水素原子の化学シフト値（δ, ppm）を下図に示す．ベンゼン環上の各水素の化学シフト値の違いを共鳴から説明せよ．

3.75
6.88
OCH_3
7.26
6.92

問題 14・6 Dewar ベンゼンとよばれる分子式（CH)$_6$ の化合物が，実際に存在する．この化合物は 2 つのシクロブテン環が縮合した（辺を共有した）構造で，正式にはビシクロ[2.2.0]ヘキサ-2,5-ジエンと命名される．この分子は平面ではないので，ベンゼンの共鳴構造式ではなく，まったく別の分子である（右図）．実在する Dewar ベンゼンの 3 次元構造を描け．

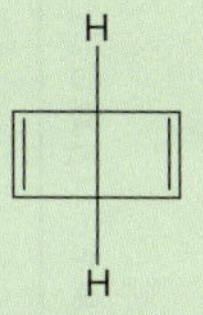

14・4 ベンゼンの分子軌道

ベンゼンの π 分子軌道は，環を構成する 6 つの炭素原子の 2p 軌道から計算される．すなわち，6 つの炭素原子軌道の線形結合によって，6 つの分子軌道がつくられる．このうち，3 つは結合性分子軌道，残り 3 つは反結合性分子軌道となる．各分子軌道の対称性とエネルギー準位を図 14・10 に示す．

各炭素から 1 個ずつ提供された 6 個の電子は，エネルギーの低い 3 つの結合性分子軌道に収まり，反結合性分子軌道には電子が入らず空のままである．ここで，3 つの二重結合が鎖状に共役した 1,3,5-ヘキサトリエンとベンゼンのエネルギーを比べると，環構造をとるベンゼンがエネルギー的により安定であることがわかる．共鳴積分*β〔約 −75 kJ/mol（−18 kcal/mol）のエネルギー値〕を用いて，エネルギー差を計算することができる．図 14・11 に示された電子のもつエネルギーを総計すると，ベンゼンは 1,3,5-ヘキサトリエンよりも β だけエネルギー的に安定であることがわかる．さらに，ベンゼンは独立したエチレン 3 分子分のエネルギー量より，2β 安定となる．

*（訳注） 安定化エネルギーを示す量で，負の値をとることに注意せよ．

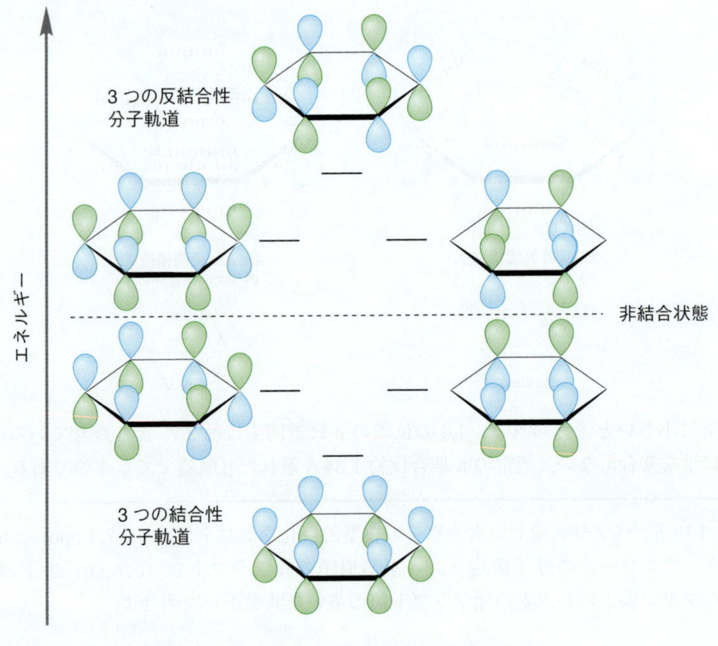

図 14・10 ベンゼンのπ分子軌道

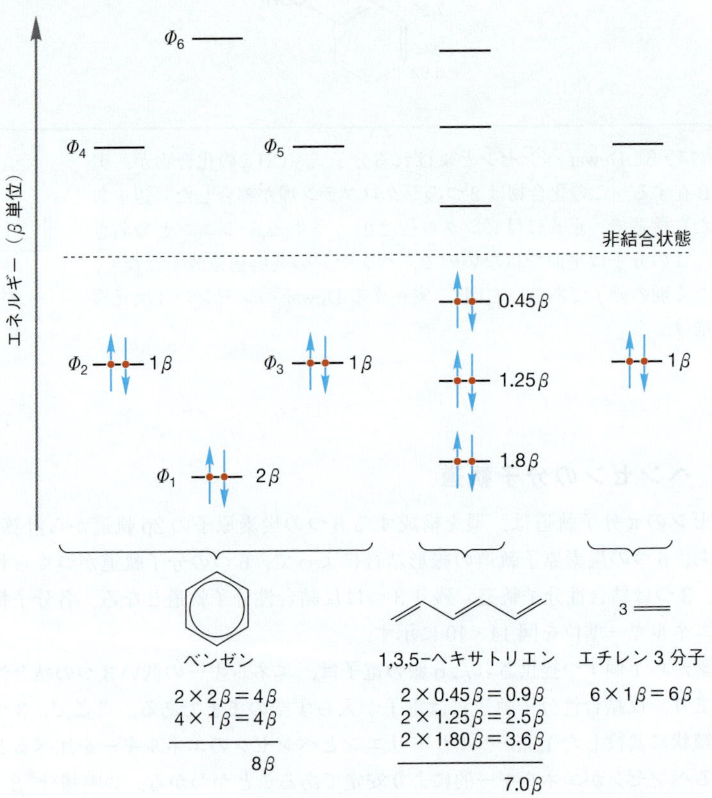

図 14・11 ベンゼン，1,3,5−ヘキサトリエン，エチレンの全π分子軌道エネルギー（各分子軌道エネルギーにその電子数を掛け合わせた値の合計）の比較

ベンゼンにおいて分子軌道がどのように使われているか，もう一度注意して見てみよう．結合性の分子軌道は最大限使われており，結合を弱める働きをする反結合性軌道には電子がまったく入っていない．この分子軌道電子配置図は，ベンゼンがなぜ特別の安

定性をもつのかを，共鳴構造式よりもよく表している．つまり，その安定性は，たくさんの共鳴構造式が書けるということではなく，低いエネルギーをもつ結合性分子軌道があるということから生まれている．そのような例はこれからいくつも出てくる．つぎの問題は，この電子配置がいかに妥当か，またベンゼンはシクロヘキサトリエン構造から予測されるよりも，どの程度安定かということになる．

14・5 ベンゼンの共鳴安定化の定量的評価

電子の非局在化がエネルギーを下げる働きをすることを学んできたが，この効果が大きいのか小さいのかを直感的に判断することは難しい．ここでは，共鳴安定化の大きさを決定するための実験方法を2つ紹介する．

14・5a 水素化熱 *cis*-2-ブテンの水素化熱は−120 kJ/molである（表11・2, p.513）．二重結合が6員環の中に組込まれても水素化熱は変化しない．つまり，シクロヘキセンの水素化熱も−120 kJ/molである．そこで，環内に2つの二重結合をもつ化合物の水素化熱は，シクロヘキセンの水素化熱のちょうど2倍の値〔2×(−120)＝−240 kJ/mol〕になるであろうと予想される．実際，この推測はほぼ正しい．1,3-シクロヘキサジエンの水素化熱は−232 kJ/molである．6員環骨格へ2つの二重結合を組込むことによる特別な影響はない．実測値−232 kJ/molと予想値−240 kJ/molの差は，1,3-シクロヘキサジエンの共役による安定化効果を考慮しなかったのだから，むしろ当然だろう（p.582参照）．

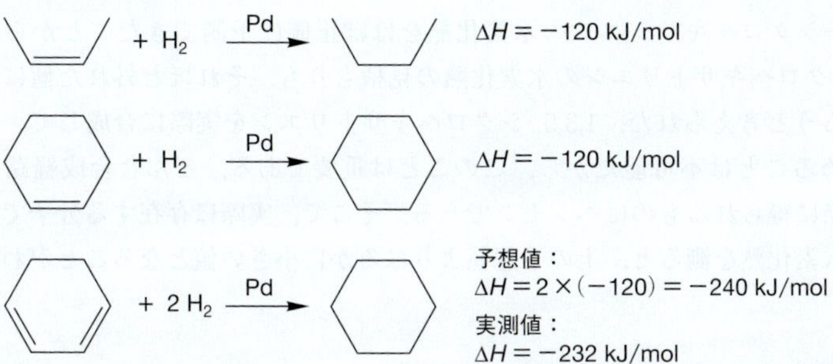

図 14・12 非環状アルケンおよび環状アルケンの水素化熱

つぎに，3つの二重結合を6員環に含む仮想分子である1,3,5-シクロヘキサトリエンの水素化熱を予想してみよう．まず，1,3-シクロヘキサジエンに3つ目の二重結合が増える場合にも，シクロヘキセンに2つ目の二重結合が増えた際と同じ水素化熱の増加分〔−232−(−120)＝−112 kJ/mol〕があると仮定する．そうすると仮想分子の1,3,5-シクロヘキサトリエンの水素化熱は，−232＋(−112)＝−344 kJ/molと見積もられる．つぎに，実際のベンゼンの水素化熱を測定する．ベンゼンの水素化は非常に遅いので，15章で学ぶ特別の触媒を加えて反応を促進すると，安定なベンゼンもシクロヘキサンへ変換される．測定されたベンゼンの水素化熱は−206 kJ/molであり，予測値−344 kJ/molに比べるとはるかに小さな値である．これらの数値を図14・13にまとめて示す．この図から，ベンゼンは仮想の1,3,5-シクロヘキサトリエンよりも138 kJ/mol安定であることがわかる．この差がベンゼンの特別な安定化によるエネルギーであり，ベンゼンの**共鳴エネルギー**（resonance energy）あるいは**非局在化エネルギー**（delocalization energy）とよばれる．

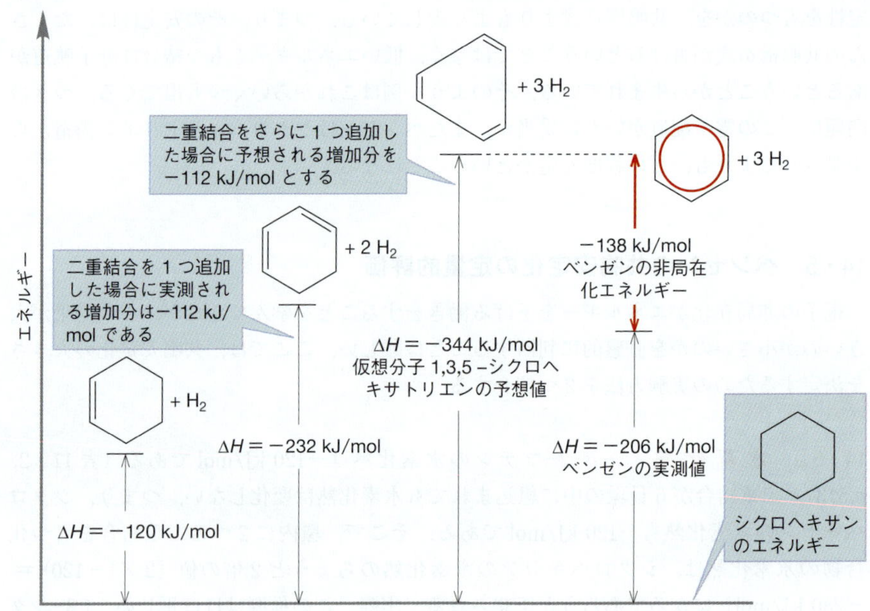

図 14・13 水素化熱データからの計算値と実測値との比較から求められたベンゼンの安定化エネルギー（赤の矢印）．ここでは 1,3,5-シクロヘキサトリエンの長短の結合を誇張して表示．

ま と め

実在の分子であるシクロヘキセンと 1,3-シクロヘキサジエンの水素化熱の値を用いて，実在しない仮想の分子である 1,3,5-シクロヘキサトリエンの水素化熱を求めた．1,3-シクロヘキサジエンの水素化熱をほぼ正確に予測できたことから，同様に 1,3,5-シクロヘキサトリエンの水素化熱の見積もりも，それほど外れた値にはならないであろうと考えられた．1,3,5-シクロヘキサトリエンを実際に合成して，この計算を確かめることは不可能だから，このことは重要である．どんな合成経路を用いても，実際に得られるものはベンゼンである．そこで，実際に存在する分子であるベンゼンの水素化熱を測ると，上の予想値よりはるかに小さい値となることがわかった．

14・5b 生 成 熱 ベンゼンの非局在化エネルギーは，生成熱（ΔH_f°）のデータからも見積もれる．1,3,5,7-シクロオクタテトラエンの反応性を調べると，水素化反応は速く，しかも付加反応も容易なことから，特別の安定化を受けていないことがわかる．1,3,5,7-シクロオクタテトラエンの生成熱は＋298 kJ/mol（CH 単位当たり＋37.2 kJ/mol）である．一方ベンゼンの生成熱は＋82.9 kJ/mol，すなわち CH 単位当たり＋13.8 kJ/mol である（図 14・14）．したがって，特別の安定化を受けていない環状ポリエンに比べて，ベンゼンは CH 単位当たり約 23.4（＝37.2−13.8）kJ/mol 安定といえる．ベンゼンには 6 つの CH 単位があるので，ベンゼンの特別な安定化（共鳴エネルギー，非局在化エネルギー）は 140.4（＝6×23.4）kJ/mol と見積もられる．このように水素化熱を用いた見積もりと，生成熱を用いた見積もりは，よく一致している（図 14・13）．

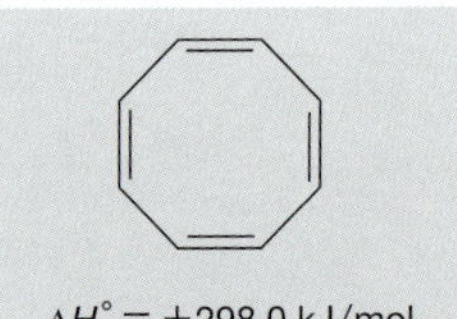

ΔH_f° = ＋298.0 kJ/mol
CH 単位当たり
37.2 kJ/mol

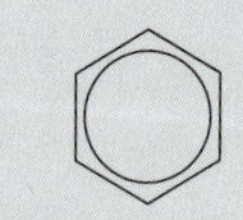

ΔH_f° = ＋82.9 kJ/mol
CH 単位当たり
13.8 kJ/mol

非局在化エネルギーは 140.4［＝6×(37.2−13.8)］kJ/mol であり，水素化熱データから求めた値 138 kJ/mol とよく一致する

図 14・14 生成熱から計算されたベンゼンの非局在化エネルギー

このベンゼンの特別な安定性は，**芳香族性**（aromaticity または aromatic character）として知られている．この芳香族性という名前は，文字どおり多くのベンゼン誘導体の放つ芳香（ベンゼンそのものの臭いは芳香とはいえないが）に由来している．これから芳香族性について詳しく説明し，芳香族化合物の定義について述べる．

14・6 芳香族性の一般化：Hückel ($4n+2$) 則

芳香族性とよばれる特別の安定性をもつ化合物が，ベンゼン以外にも多く存在する．そこで，そのような化合物を定義づける一般則を見いだすために，まず原型となるベンゼンの構造的特徴を，もう一度見直してみよう．

1. ベンゼンは環状構造をとる．したがって，芳香族性は環状化合物がもつ性質といえる．環状分子のベンゼンと非環状分子の1,3,5-ヘキサトリエンとの分子軌道の違いを思い出そう（図14・11）．
2. ベンゼンでは環上の各炭素が2p軌道を1つずつもち，隣接する2p軌道はすべてつながっている．1,3,5-シクロヘプタトリエンを見てみると，環の1箇所で2p軌道がなく2p軌道が環状につながってはいない．1,3,5-シクロヘプタトリエンの性質は鎖状の1,3,5-ヘキサトリエンに似ている（図14・15）．
3. ベンゼンは平面構造をとる．一般に小さな環状分子では，環中のすべての原子がp軌道をもつならば平面構造をとるといえるが，大きな環状分子では平面構造にならない場合がある．この分子構造の平面性がなぜ違いを生むのだろうか．平面性により2p軌道の重なりが最大となる．もし環の平面構造が少しゆがむならば，2p軌道間の重なりがやや失われる．平面構造から大きくずれると，軌道同士の環状の重なりがほとんど，あるいは完全に切れてしまう．そのよい例が，シクロオクタテトラエンである．この分子は浴槽のような形をしている（図14・16）．

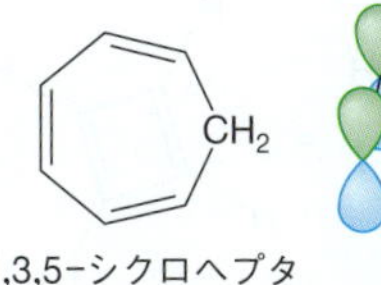
CH$_2$
1,3,5-シクロヘプタトリエン

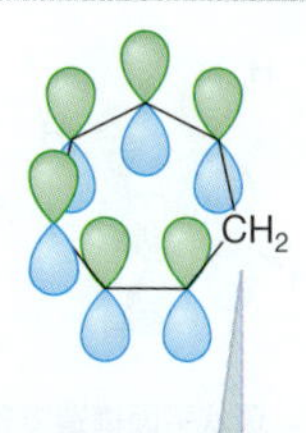
CH$_2$
2p軌道間の重なりはC(7)位のCH$_2$基(2p軌道がない)によって分断されている

図 14・15 1,3,5-シクロヘプタトリエンでは，p軌道間の重なりはC(7)位のCH_2基により分断される．この分子は芳香族性を示さない．

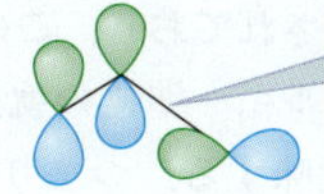
分子の形のために2p軌道間の重なりが難しくなると，分子は共役できない

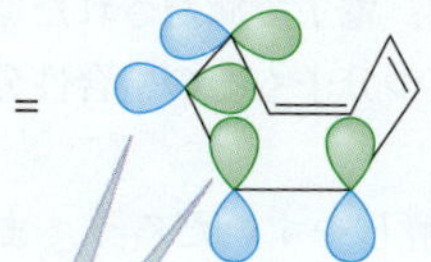
=
浴槽の形をしたシクロオクタテトラエンは共役が途切れた分子の例である
2p軌道間の重なりがほとんどない

図 14・16 平面分子でないシクロオクタテトラエンは芳香族性を示さない．

バニリン

“芳香族の（aromatic）”という言葉は，芳香族化合物の多くが芳香を放つことから名付けられた．1つの良い例がバニリン（vanillin）である．バニリンは，熱帯地方で育つバニラ豆（*Vanilla planifolia*）のさやに配糖体の形で含まれる．また，クローブ様の香気を放つオイゲノール（eugenol）を使って化学合成される．

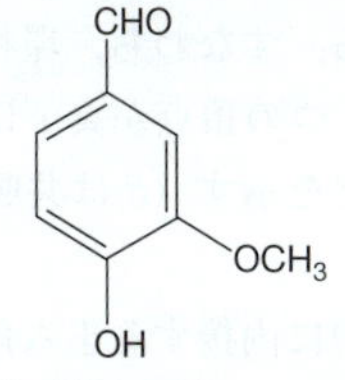
CHO
OCH$_3$
OH
バニリン vanillin

HO
H$_3$CO
オイゲノール
eugenol

バニリンはバニラ豆のさやの部分から抽出される．乾燥さやには2重量%程度のバニリンが含まれる．

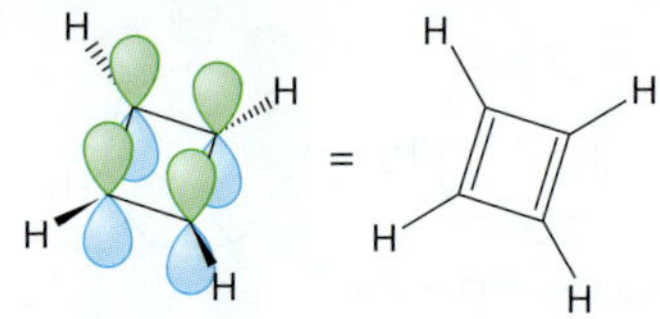

環状平面構造で各炭素に p 軌道がありながら非常に不安定な分子

図 14・17 シクロブタジエンは，環状平面構造で各炭素は 2p 軌道をもつが，芳香族性はなく非常に不安定である．

それでは，環状で平面性を保ち，すべての原子が 2p 軌道をもつすべての分子は，ベンゼンのような芳香族性や安定性をもつのだろうか．明らかに答は否である．たとえば，図 14・3 のシクロブタジエンはこの 3 つの基準をすべて満たしているが，きわめて不安定な分子である（図 14・17）．

つまり，芳香族性の条件としてまだ何かが欠けている．その条件を見つけるには，ベンゼンとシクロブタジエンの違いを考えればよい．その最終的な一般則が，1930 年代の初めにドイツの Erich Hückel（1896～1980）により提案された．この 4 番目の基準が **Hückel 則**（ヒュッケル）（Hückel's rule）とよばれるものである．ちなみに，1～3 番目の基準も Hückel により見いだされた．

4. 芳香族化合物は $(4n+2)$ 個の π 電子を含んでいる（ただし，n は 0 あるいは正の整数）．"n" は環内の原子の数とはまったく関係がないことに注意しよう．π 電子の数だけを考えればよい．

ここで，本節で最も重要な問題に直面する．それでは，なぜ π 電子の数が重要なのか．なぜ Hückel 則が意味をもつのか．一言でいえば，$(4n+2)$ 個の π 電子をもち，前述の 3 つの条件を満たす分子のみが，ベンゼンと同様の配置の分子軌道をもつからである．すなわち $(4n+2)$ 個の π 電子をもつ分子には，ただ 1 つの最低エネルギー準位と，その上に等しいエネルギー準位が対をつくる縮重（または縮退）した（degenerate）分子軌道がある．これらの分子軌道は原子軌道のエネルギー準位よりも低いので結合性分子軌道とよばれ，しかもすべての軌道が 2 個ずつの電子で満たされており，この電子配置のときに芳香族性をもつ．$(4n+2)$ 中の "2" は，最低エネルギー準位の軌道を占めた 2 個の電子を，"$4n$" は縮重した軌道を満たす電子の数を意味する．つまり "n" は縮重した分子軌道の対の数を表している．電子で満たされた原子軌道から成る貴ガス原子が安定であると同様に，芳香族性をもつ分子もその結合性分子軌道がすべて電子で満たされているため安定である．

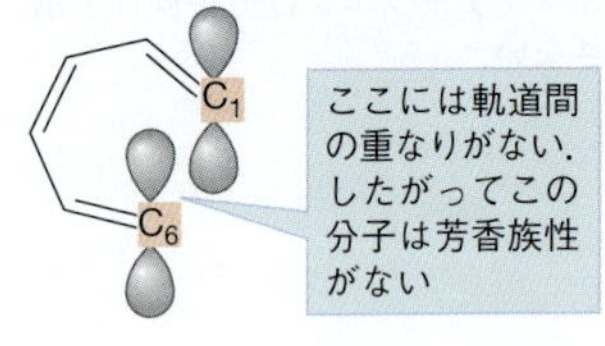

(*Z*)−1,3,5−ヘキサトリエン

図 14・18 (*Z*)−1,3,5−ヘキサトリエンは，各炭素が 2p 軌道をもち平面構造をとるが，環状分子でないために C(1) と C(6) の 2p 軌道間の重なりがない．

具体的な例を見た方がさらに理解しやすいだろう．まず鎖状分子の例として (*Z*)−1,3,5−ヘキサトリエンをとりあげる．この分子は，すべての炭素上に 2p 軌道があって大きなひずみをもつことなしに平面構造をとることはできるが，環状構造でないために，末端の C(1) と C(6) の 2p 軌道間に重なりがないので，芳香族性はない（図 14・18）．図 14・15 の 1,3,5−シクロヘプタトリエンは環状分子であるが，2p 軌道の連続した重なりが C(7) 位のメチレン基で絶たれており，分子全体で共役構造をとれないので芳香族性はない．シクロブタジエンは，2p 軌道をもつ炭素のみでできた平面環状分子であるが，含まれる π 電子数が $4n$ $(n=1)$ であり，4 番目の条件である $(4n+2)$ Hückel 則に適合しない．

先に進む前に，芳香族化合物の分子軌道エネルギーを簡単に求める方法が必要となる．1953 年に米国の Arthur A. Frost（1909～2002）によって考案された **Frost 円**（フロスト）（Frost circle）を紹介する．これは数式を使わずに，2p 軌道をもつ原子でできた平面環状分子の分子軌道の相対的なエネルギー準位を求めるものである．すなわち，環状分子を正多角形に見立てて，半径 $2|\beta|$ の円に内接する正多角形を 1 つの頂点が真下にくるように描くと，各頂点の縦位置が各分子軌道のエネルギー準位を示す（β は共鳴積分値）．

たとえば，ベンゼンの分子軌道のエネルギーを求めるには，円に内接する正六角形をその 1 つの頂点が真下になるように描く．各炭素の非結合（nonbonding）状態のエネルギー値を示す破線が正六角形を上下にちょうど 2 つに切る（図 14・19）．

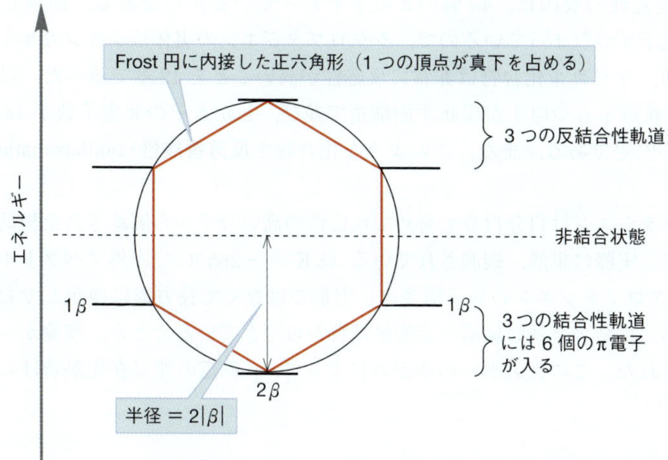

図 14・19 Frost 円から求めたベンゼンの各分子軌道の相対エネルギー

正六角形の各頂点の位置から，すでに学んだベンゼンの分子軌道（p.631）の相対配置が出てくる．さらに β 単位で表した相対エネルギーも正確に求められる（Frost 円の半径は 2|β|，図 14・11 と比較せよ）．ベンゼンでは，6 個の π 電子すべてが 3 つの結合性軌道に入り，反結合性軌道は空のままである．また，非結合性軌道はない．特に，縮重した結合性軌道がすべて電子で満たされている点に注目しよう．

つぎに，Frost 円をシクロブタジエン（π 電子数 = 4）に適用すると，4 つの分子軌道が得られ，そのうち 1 つは結合性軌道，2 つは縮重した非結合性軌道，そしてもう 1 つは反結合性軌道となる（図 14・20）．

シクロブタジエンには 4 個の π 電子があり，そのうち 2 個は結合性軌道に収まるが，残りの 2 個の電子を入れる結合性軌道はない．そこで，残りの 2 電子は縮重した 2 つの非結合性軌道に入るが，このとき，対をつくらずに 1 電子ずつ別々の軌道に入る方が，対をつくって一方の軌道に入るより安定な電子配置となる（Hund（フント）則，図 14・20）．

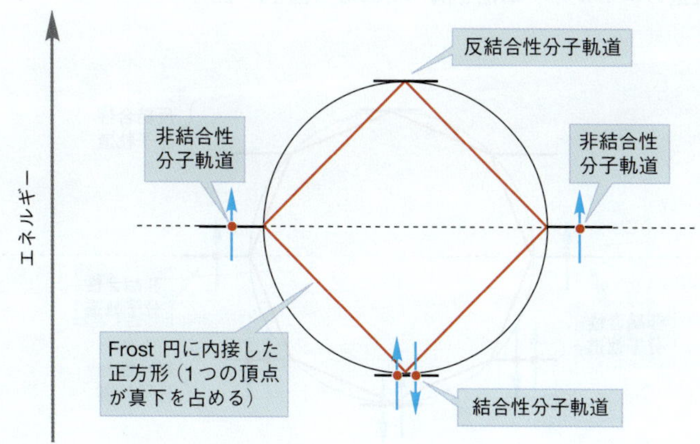

図 14・20 Frost 円から求めたシクロブタジエンの各分子軌道の相対エネルギー．各軌道のエネルギーを決めてから電子を配置していく．

これは特別に安定な電子配置ではないので，シクロブタジエンの性質がベンゼンに似ているとは考えられない．事実，まったく性質が異なっている．さらに，シクロブタジエンは sp^2 炭素の結合間の内角が 120° ではなく 90° であることから，大きなひずみをもつ．しかし，シクロブタジエンを非常に不安定にしているのはひずみが要因ではない．かなりの環ひずみをもちながら，単離できて室温でも安定な分子が多く知られている．

本当の不安定性の要因は，$4n$ 個の π 電子をもっているからである．縮重した分子軌道には 1 電子ずつ収まっているので，シクロブタジエンの実体はジラジカルをもつ化合物といえる．ラジカル化合物は非常に反応性が高いことを 12 章で述べた．以上をまとめると，p 軌道をもつ原子が環状平面構造で並び，しかもその π 電子数が $4n$ 個の分子はとても不安定である．また，このような化合物を**反芳香族性**（antiaromatic）分子とよぶ．

シクロブタジエンは自分自身も含めて反応性の高い分子から隔離された極低温の条件下において，実際に単離，観測されている（8 K ＝ −265 ℃ で赤外スペクトルが観測された）．シクロブタジエンの分子構造は正方形ではなくて長方形にゆがんでおり，短い炭素－炭素二重結合と長い炭素－炭素単結合からできていることが，理論からも実験からも証明された．この長方形へのゆがみによって，p 軌道の非局在化が妨げられている（図 14・21）．

図 14・21　長方形シクロブタジエン（ここでは長短の結合を誇張して表示）では，軌道同士の重なりが小さくなる．正方形シクロブタジエンは実在しない．

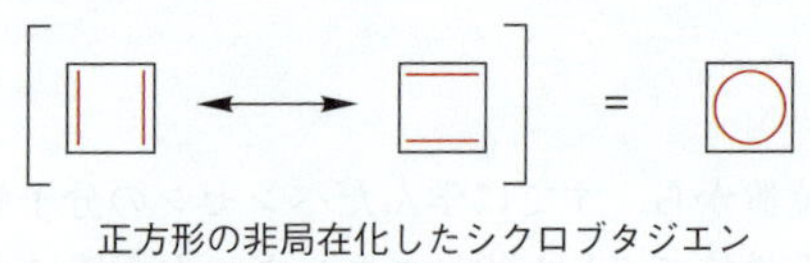

=
正方形の非局在化したシクロブタジエン
実際の分子は正方形ではない

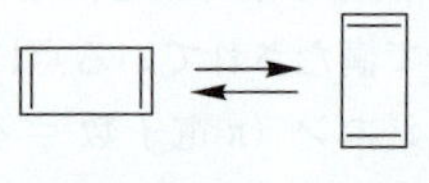

1,3,5,7-シクロオクタテトラエンも $4n$ 分子の別の例となる．この分子はベンゼンのような特別な安定性もなければ，シクロブタジエンのようにとりわけ不安定でもない．1,3,5,7-シクロオクタテトラエンは 4 つの独立した普通のアルケンのような性質を示す．そこで 1,3,5,7-シクロオクタテトラエンが平面構造をとると仮定して，Frost 円をつくって分子軌道のエネルギー準位を調べてみる（図 14・22）．

図 14・22　平面構造のシクロオクタテトラエンの分子軌道．8 個の π 電子のうち 2 個の電子が非結合性軌道を占めることになる．

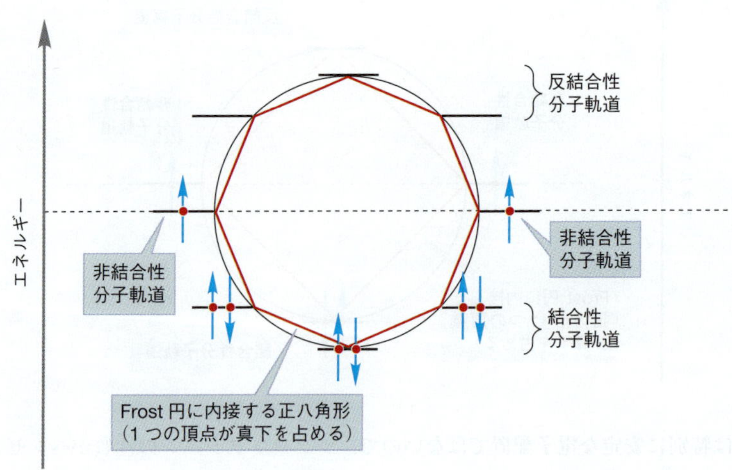

シクロブタジエンと同様に，シクロオクタテトラエンが平面構造の場合，π 電子が縮重した非結合性軌道に 1 つずつ入り，ジラジカルをつくることになる．実際シクロブタジエンは平面あるいはそれに近い構造をとらざるをえないが，シクロオクタテトラエン

は容易に浴槽形構造へ変形して，平面構造の場合に存在する結合角ひずみとジラジカルの特性の大部分を解消することができる（図 14・23）．

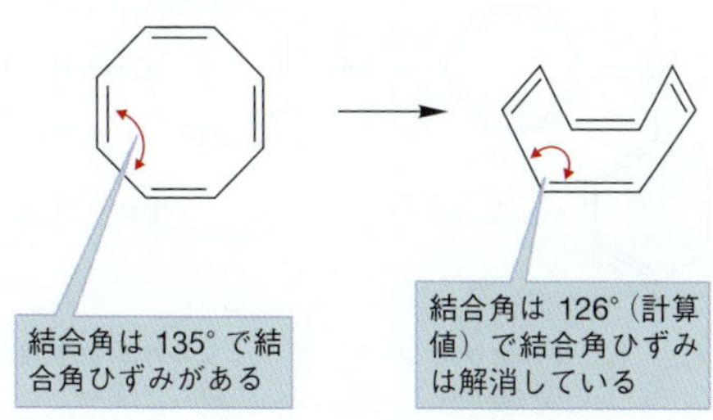

図 14・23 平面構造のシクロオクタテトラエンは，結合角ひずみがあり，ジラジカルの性質をおびるが，浴槽形へ変形することで両者は解消する．

速度論的な解析により，浴槽形構造と完全に非局在化（共役）した対称の平面構造のエネルギー差が求められ，前者は後者に比べて 71 kJ/mol 安定であることがわかった（図 14・24）．しかし，非局在化によって不安定化するという理由で，共役構造をとらない分子は非常にまれである．

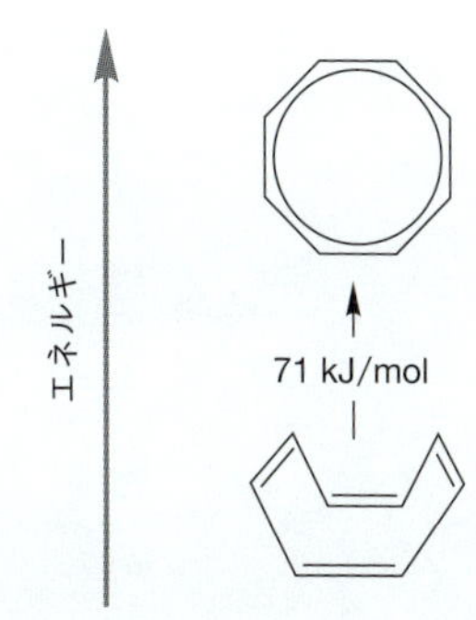

図 14・24 浴槽形構造のシクロオクタテトラエンは，非局在化した平面分子構造よりも 71 kJ/mol 安定である．

問題 14・7 シクロオクタテトラエンの浴槽形構造間の相互変換はもう少し複雑である．シクロオクタテトラエンには，2 つの局在化した浴槽形構造（単結合と二重結合が交互に配置している）があり，両者は二重結合の位置を変えずに局在化したまま相互変換すると，その活性化エネルギーは 61 kJ/mol になるので，図 14・24 に示す非局在化した対称的な正八角形分子への変換には，さらに 10 kJ/mol が必要ということになる．いずれにせよ局在化した平面構造も非局在化した平面構造も，エネルギー極小構造ではなく，単離できる構造ではない．これらをもとに，相互変換過程の進度とエネルギーの相関図を描け．

問題 14・8 つぎの分子を，芳香族性のもの，反芳香族性のもの，芳香族性とは関係ないもの（非芳香族）に分類せよ．

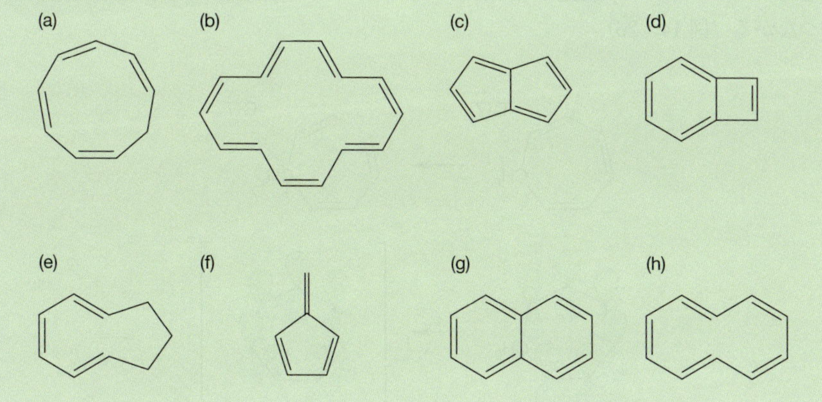

これまで，反芳香族性を示す 2 種類の 4*n* 型分子について見てきたので，今度は芳香族性を示す（4*n*+2）型分子（ベンゼンや問題 14・8 中のいくつかの分子）に移ろう．ある種のイオンにその顕著な安定性がみられる．すでに繰返し強調してきたように，一般に小さなカルボカチオンは非常に不安定である．しかし，いくつかの例外が知られており，その 1 つは，1,3,5-シクロヘプタトリエン（別名 トロピリデン）からのヒドリドイオン（$H:^-$）の脱離で得られるシクロヘプタトリエニルカチオン（cycloheptatrienyl

図 14・25 ヒドリドイオン（H:⁻）が1,3,5-シクロヘプタトリエンからトリチルカチオンへ移動すると，トロピリウムイオン（$C_7H_7^+$）が生成する．

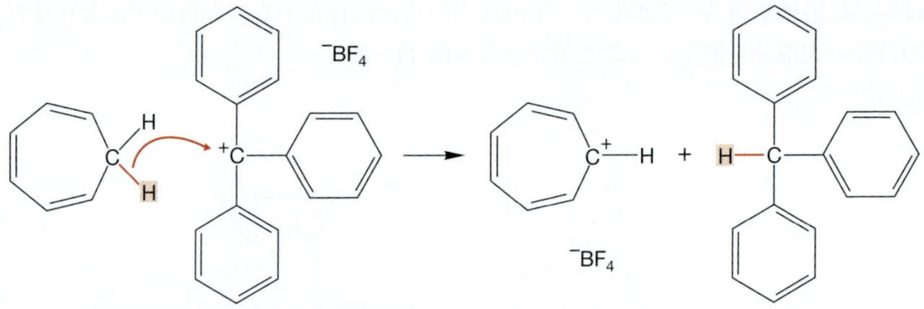

1,3,5-シクロヘプタトリエン 1,3,5-cycloheptatriene（トロピリデン tropilidene）　トリチルカチオン trityl cation　テトラフルオロホウ酸トロピリウム tropylium tetrafluoroborate　トリフェニルメタン triphenylmethane

cation），別名 **トロピリウムイオン**（tropylium ion）$C_7H_7^+$である（図 14・25）．

シクロヘプタトリエンからのヒドリドイオンの脱離はそれほど容易ではないが，3個のベンゼン環が結合した，非常に安定なカルボカチオンであるトリチルカチオン（trityl cation）を用いると，ヒドリドの移動が起こる．

テトラフルオロホウ酸トロピリウム（$C_7H_7^+ \ ^-BF_4$）は常温，常圧で非常に安定で，卓上の食塩と同様に何の変化も起こさないなど，通常のカルボカチオンとはまるで違う．

問題 14・9 トリチルカチオンの共鳴構造式を10個描け．

トロピリウムイオンには，その母体である1,3,5-シクロヘプタトリエンとは大きく異なる点がある．それは，すべての炭素の2p軌道が完全に共役していることである．シクロヘプタトリエンからヒドリドイオンが脱離すると，共役構造の端同士を隔てる役目をしていたC(7)位に2p軌道が生じる．つまりカチオンが生成すると，完全に共役構造がつながる（図 14・26）．

図 14・26 トロピリウムイオン（シクロヘプタトリエニルカチオン）では，軌道のつながりが環上を一周する．

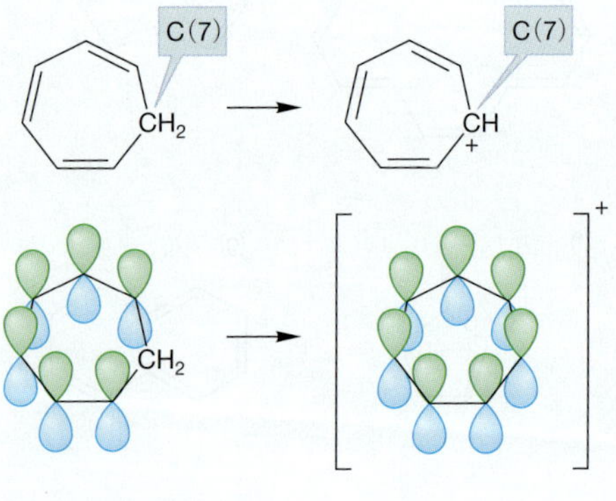

1,3,5-シクロヘプタトリエンは完全共役ではない——C(7)には2p軌道がない　トロピリウムイオンは完全共役である

トロピリウムイオンのFrost円を描き，各分子軌道のエネルギー準位を求めてみる（図 14・27）．縮重した分子軌道があることに注意せよ．何個の電子がπ共役系に含ま

れているだろうか．トロピリウムイオンのC(7)位は空の2p 軌道であるので，もとの3つの二重結合からきた6個のπ電子だけがあることになる．これらの電子はすべて結合性分子軌道に入る．この電子配置は，ベンゼンの電子配置，すなわちπ電子すべてが結合性軌道に入り，反結合性や非結合性軌道は空のままであるという電子配置に非常に似ている（図14・27）．したがって，トロピリウムイオンは芳香族性の条件を備えており，ほかのカルボカチオンに比べると際だって安定性が高い．ここで環に含まれる原子の数（7個）とπ電子の数（6個）が異なっていることに注意しよう．π電子の数は$(4n+2)$則に合っている（$n=1$に相当）．nは縮重している分子軌道の対の数を意味することも思い出そう．最低準位の軌道と縮重した結合性軌道はすべて電子で満たされている．

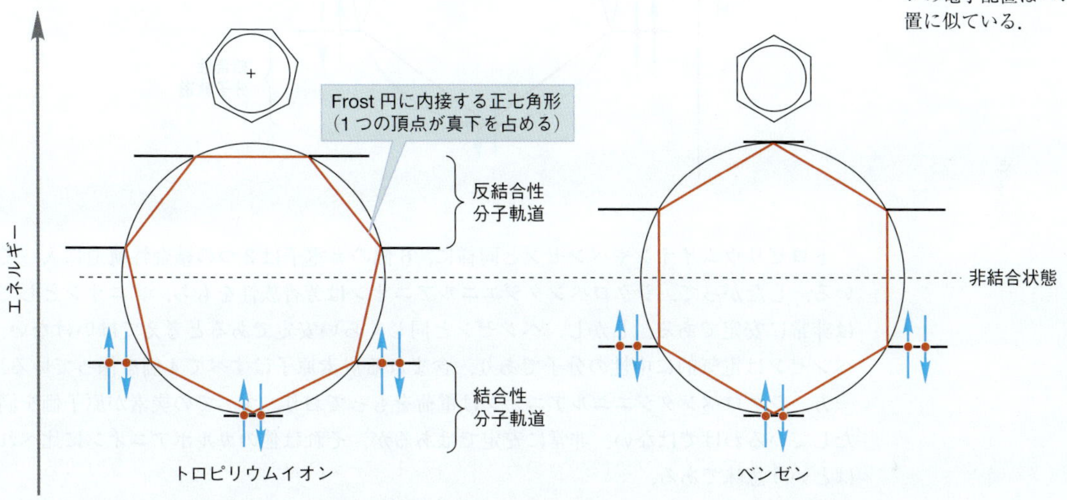

図 14・27 トロピリウムイオンの3つの結合性分子軌道はすべて電子で満たされ，反結合性軌道は空のままである．トロピリウムイオンの電子配置はベンゼンの電子配置に似ている．

この安定なトロピリウムカチオンに対応する安定なアニオンとして，**シクロペンタジエニルアニオン**（cyclopentadienyl anion）がある．プロペンのpK_aは43であり，プロパンのそれは50～60である．アリルアニオンが非局在化できることにより，プロペンはプロパンに比べておよそ10^{10}～10^{20}倍も強い酸性を示す（図14・28）．これに対し，

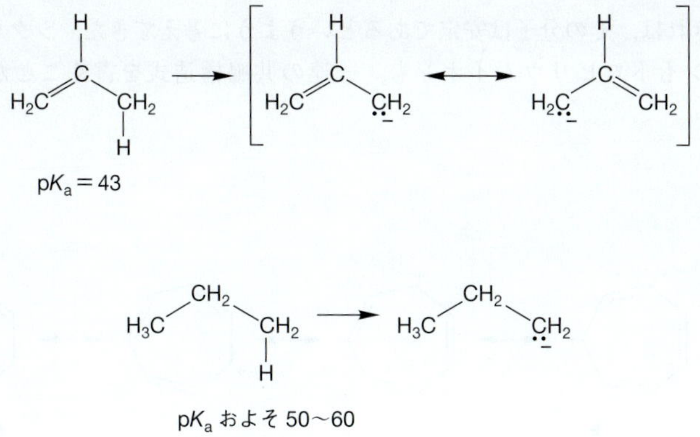

$H_2C{=}CH{-}CH_3$ ⟶ [$H_2C{=}CH{-}\ddot{C}H_2^-$ ⟷ $H_2\ddot{C}^-{-}CH{=}CH_2$]

$pK_a = 43$

$H_3C{-}CH_2{-}CH_3$ ⟶ $H_3C{-}CH_2{-}\ddot{C}H_2^-$

pK_a およそ 50～60

図 14・28 プロペンの共役塩基は共鳴安定化されるので，プロペンはプロパンよりもはるかに強い酸となる．

1,3-シクロペンタジエンはpK_aが15で，プロペンよりもはるかに強い酸である．シクロペンタジエニルアニオンの分子構造を注意深く眺めると，これも平面で環状に2p 軌道が並んだ完全に共役した分子であることがわかる．各分子軌道のエネルギーはFrost円から求められる（図14・29）．

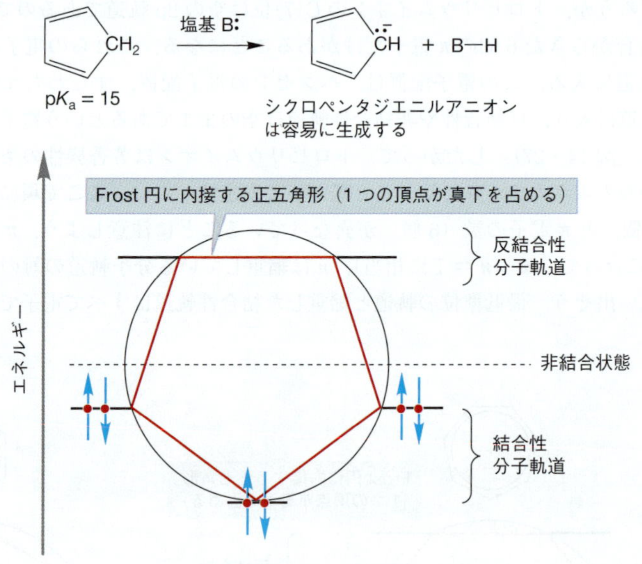

図 14・29 炭化水素化合物のなかではシクロペンタジエンは非常に強い酸である．シクロペンタジエニルアニオンは，その結合性分子軌道がすべて電子で満たされていて，芳香族性をもつため，アニオン種としては非常に安定な分子となる．

トロピリウムイオンやベンゼンと同様に，6 個の π 電子は 3 つの結合性軌道に入っている．したがって，シクロペンタジエニルアニオンは芳香族性をもち，アニオンとしては非常に安定である．しかし，ベンゼンと同じくらい安定であると考えてはいけない．ベンゼンは電気的に中性の分子であり，含まれる炭素原子はすべて 4 価を保っている．一方，シクロペンタジエニルアニオンは電荷をもっており，すべての炭素が原子価を満たしているわけではない．非常に安定ではあるが，それは他のカルボアニオンに比べればという意味である．

問題 14・10 酸性の強さを決める 6 つの要因（ISHARE）を学んだ（p.242）．それぞれの要因を示す実例をあげよ．

今まで，電子が非局在化すれば，すなわち分子中のいくつかの原子上に電荷を分散することができれば，その分子は安定であるというように考えてきた．シクロペンタジエニルアニオンもトロピリウムイオンも，一連の共鳴構造式を書くことができる（図 14・30）．

図 14・30 トロピリウム（シクロヘプタトリエニル）イオンとシクロペンタジエニルアニオンの共鳴構造（次ページにつづく）

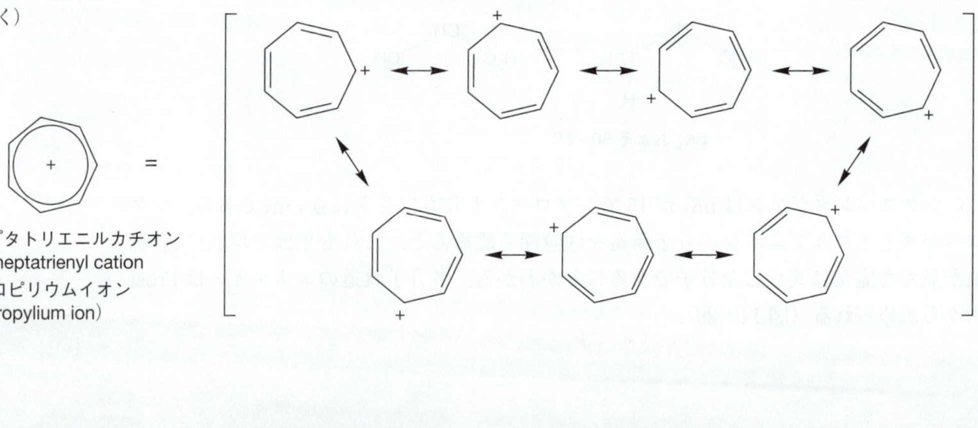

シクロヘプタトリエニルカチオン
cycloheptatrienyl cation
（トロピリウムイオン
tropylium ion）

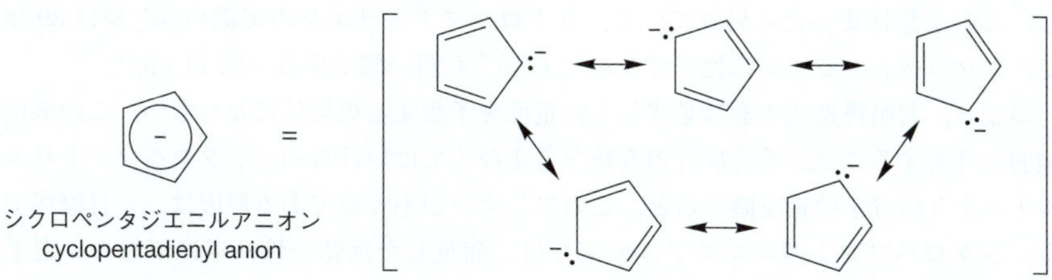

図 14・30 (つづき)

ここでは芳香族性の概念をもち出す必要はおそらくないであろう．単純な非局在化の概念で十分説明できるのに，何か特別の効果のせいにする必要があるだろうか．これはもっともな疑問で，はっきり答える必要があろう．すなわち，単純な考え方で説明できる場合に，わざわざ特別の理由を示してまで説明する必要はない．“オッカムのかみそり（Ockham's razor)”の格言*が伝えるように，いくつもの妥当な説明ができるならば，最も単純なものがよい．

“オッカムのかみそり”の格言に従えば，シクロペンタジエニルアニオンは図 14・30 に示す 5 つの共鳴構造式が描けるので，非常に安定であると簡単に説明される．それでは図 14・31 のように 7 つの共鳴構造式で表されるシクロヘプタトリエニルアニオンはさらに安定なのだろうか．

* William of Ockham（1285〜1349，当時蔓延したペストで死亡した英国のスコラ哲学者；近世の自然科学思想の先駆者）が述べたとされる格言で，“ある事柄を説明するのに，仮説は必要以上に立ててはいけない”という意．

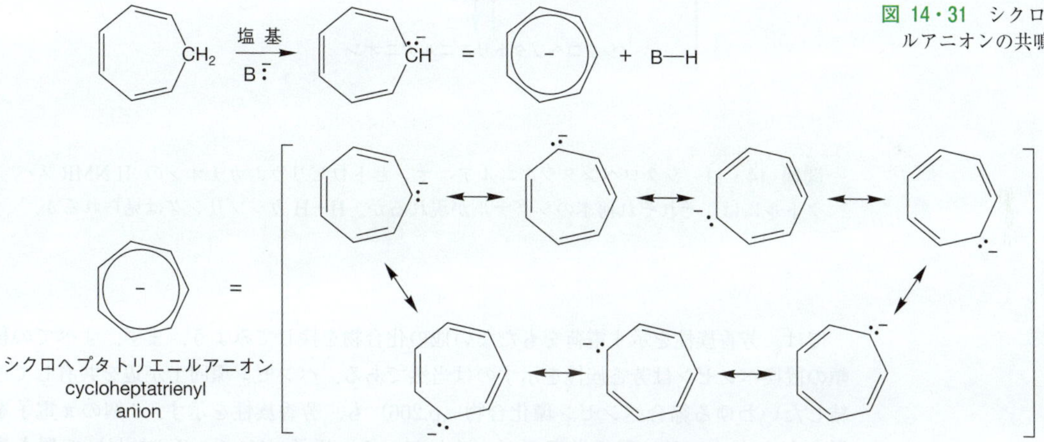

図 14・31 シクロヘプタトリエニルアニオンの共鳴構造

共鳴構造式の数から酸性の強弱が見積もれるなら，1,3,5−シクロヘプタトリエンはシクロペンタジエンよりも酸性が強く，その pK_a 値は 15 より小さいはずである．しか

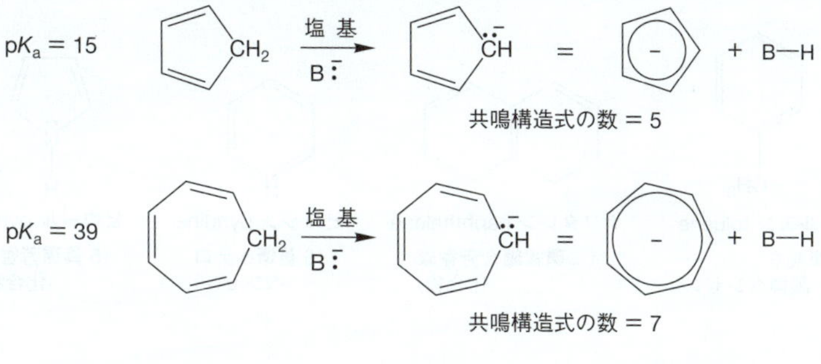

図 14・32 シクロヘプタトリエンはシクロペンタジエンに比べて $1/10^{24}$ 倍も弱い酸である．

し，この予想はまったく外れている．シクロヘプタトリエンの実際の $\mathrm{p}K_\mathrm{a}$ 値は 39 なので，シクロペンタジエンに比べてなんと $1/10^{24}$ も弱い酸である（図 14・32）．

つまり，共鳴構造式の数は必ずしも安定性を予想する根拠にはならない．この酸性の強弱を理解するには，芳香族性の有無を考えなくてはいけない．シクロヘプタトリエニルアニオンの分子軌道を眺めると，このアニオンが不安定である原因は，一目瞭然である．シクロヘプタトリエニルアニオンでは，縮重した反結合性軌道に不対の π 電子が入らざるをえないからである（図 14・33）．つまり反芳香族性であり，ジラジカルなのである．

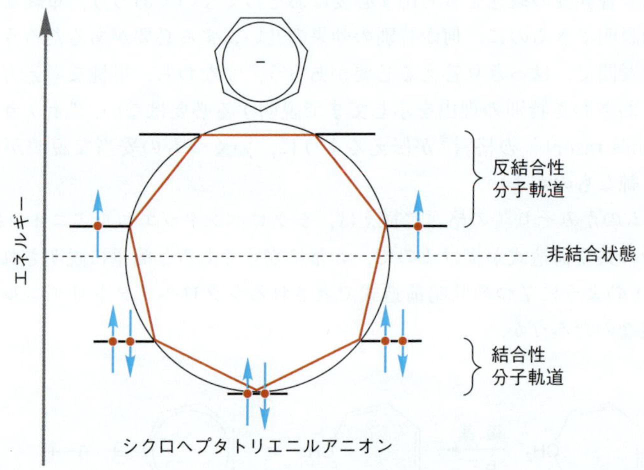

図 14・33 平面状のシクロヘプタトリエニルアニオンでは，2 電子が縮重した反結合性分子軌道に入らざるをえない．

問題 14・11 シクロペンタジエニルアニオンとトロピリウムカチオンの ^{1}H NMR スペクトルには，それぞれ何本のシグナルが現れるか．H−H カップリングは見られるか．

では，芳香族性を示す電荷をもたない他の化合物を探してみよう．まず，すべての種類の置換ベンゼンは芳香族性を示すのは当然である．ベンゼン環同士が辺を共有して連結したいわゆる縮合ベンゼン環化合物（p.206）も，芳香族性を示す．6 個の π 電子を保ったままベンゼン環の炭素の 1 つ以上がヘテロ原子（N，O，S，など）で置き換わった**ヘテロベンゼン化合物**（heterobenzenes）は，完全な共役構造をとり，芳香族化合物である．6 員環よりも小員環で 6 個の π 電子をもつ化合物，たとえば**ピロール**（pyrrole）も芳香族化合物である．このような化合物の例を図 14・34 に示すが，詳細はもっと後の節でとりあげる．

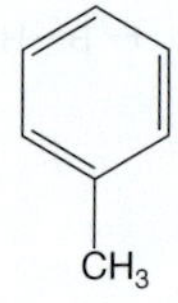

トルエン toluene（単純な置換ベンゼン）

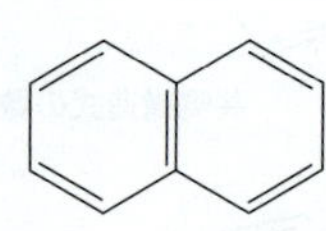

ナフタレン naphthalene（二環式縮合芳香族化合物）

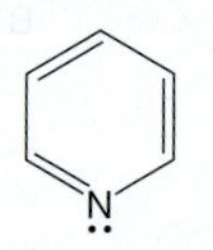

ピリジン pyridine（6 員環ヘテロベンゼン）

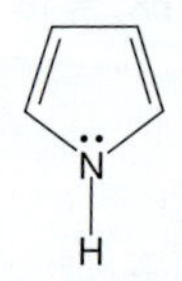

ピロール pyrrole（5 員環芳香族化合物）

図 14・34 芳香族性を示す他の化合物：置換ベンゼン，縮合芳香族化合物，ヘテロベンゼン化合物と，5 員環で芳香族複素環化合物の 1 つであるピロール

問題 14・12 容易にシクロプロペニルカチオンが生成する（次式）．この理由を述べよ．またこのイオンに $(4n+2)$ 則を当てはめると，n はいくつか．シクロプロペニルアニオンは安定といえるか．理由も述べよ．

$$\xrightarrow{(C_6H_5)_3C^+\ {}^-BF_4} \quad + (C_6H_5)_3CH$$

シクロプロペニルカチオン
cyclopropenyl cation

つぎに，単なるベンゼンの類似化合物ではなく，$(4n+2)$則にあてはまる新しいタイプの化合物を考えよう．n はゼロまたは正の整数であり，今まで見てきたベンゼンや安定なイオンは，π 電子数がすべて $n = 1$ であった．また，問題 14・8 と問題 14・12 で，$n = 0,2,3,4$ に対応する化合物を見てきた．

それではつぎに 10π 電子（$4n+2$，$n = 2$）をもつ環状化合物の 1,3,5,7,9−シクロデカペンタエン類を考えよう（図 14・35）．これらの化合物は，いずれも今まで見てきた 6π 電子系化合物と同じくらい安定だろうか．

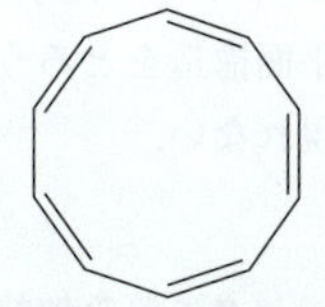
(1*Z*,3*Z*,5*Z*,7*Z*,9*Z*)−
シクロデカペンタエン

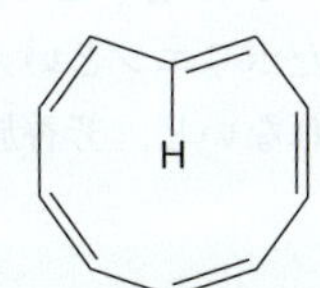

(1*E*,3*Z*,5*Z*,7*Z*,9*Z*)−
シクロデカペンタエン

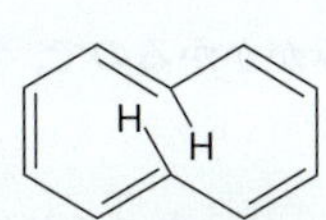

(1*E*,3*Z*,5*E*,7*Z*,9*Z*)−
シクロデカペンタエン

図 14・35 10 個の π 電子（$4n+2 = 10$；$n = 2$）をもつシクロデカペンタエン類

問題 14・13 図 14・35 に示す 1,3,5,7,9−シクロデカペンタエンの 3 種類の異性体は，環内の二重結合の立体化学が異なる．3 つの二重結合をもつ 6 員環のベンゼンには，なぜ異性体が存在しないのか説明せよ．

問題 14・14 図 14・35 の 3 種類のシクロデカペンタエンの ^{13}C NMR スペクトルには，何本のシグナルが現れるか．

問題 14・15 図 14・35 の 3 種類のシクロデカペンタエンの ^{1}H NMR スペクトルにおける化学シフトとカップリングを予想せよ．

シクロデカペンタエンが合成されるまでには，非常に多くの努力と労力が払われた．シクロデカペンタエンの合成は不可能だと思われたほどである．どこにでもある芳香族化合物が容易に合成されるのとは対照的である．やっと合成されたシクロデカペンタエンは特別に安定な分子どころか，際だって不安定な化合物であった．シクロデカペンタエンは芳香族性の定義の $(4n+2)$則に当てはまる分子なのに，なぜ不安定なのであろうか．このことをはっきり説明できなければ，この Hückel 則を覆さなくてはならなくなる．しかしこの疑問に答えるのはそれほど難しくはない．芳香族性による安定化は絶対的な魔力ではなく，単に一種の安定化効果にすぎない．より強い不安定化の要因があれば，それは芳香族性による安定化を打消してしまう．つまり，平面状のシクロデカペンタエンが不安定な理由は，芳香族性による安定化以上に強い不安定化の要因が働いているためである．では，その不安定化の原因は何であろうか．まず図14・35の右端の*E,Z,E,Z,Z*異性体を見てほしい．平面環構造をとるためには，環の内側を向いた2つの水素原子は非常に近い位置を占めるので，この立体的込み合いで生じる大きなひずみは，共鳴による安定化よりもはるかに大きくなる．だからこの分子は平面構造をとれず，ひずみによる大きな不安定効果を埋め合わせられるだけの芳香族性による安定化が得られない．

真ん中の*E,Z,Z,Z,Z*異性体には，環の内側にある水素原子は1つしかないが，似たような問題がある．大きな結合角ひずみがあるために，この分子は芳香族性に必要な平面構造をとろうとすると，非常に不安定となる．

すべての二重結合が*Z*配置をとる左端の*Z,Z,Z,Z,Z*異性体では，結合角ひずみがさらに大きく，よほどエネルギーの犠牲を払わない限り，平面構造をとって芳香族性を示すことはできない．つまり結合角ひずみの不安定化が非局在化による安定化を上回っているのである．

分子模型をつくれば，これらのひずみを容易に理解できる．すべてが*Z*配置の異性体をつくり平面を保とうとすると，大きなひずみがかかることがわかる．そしておそらく分子模型はプレッツェル（訳注：8の字形をしたカリッとした塩味のビスケット）の形に自然に変わるだろう．このプレッツェル形がこの分子のエネルギー最小の形に近い．結局シクロデカペンタエンはひずんだポリエンといえる．平面構造をとろうとすると大きなひずみがかかるので，平面になれないし，芳香族性も現れない．

問題 14・16 すべてが*Z*配置の（*Z,Z,Z,Z,Z*）-シクロデカペンタエンを加熱すると環をまたぐ新しい結合をつくって，ビシクロ[4.4.0]デカ-2,4,7,9-テトラエンになる．巻矢印を用いてこの変換反応を説明せよ．

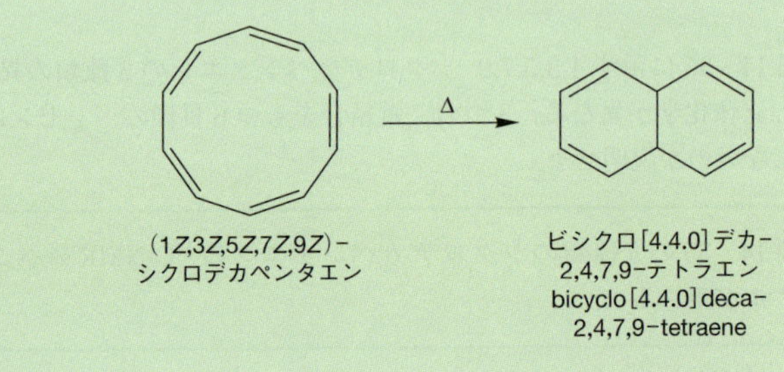

以上のようにシクロデカペンタエンでは，Hückel則の妥当性の正否を判断することはできなかった．どのようにしたら（*E,Z,E,Z,Z*）-シクロデカペンタエンのひずみを

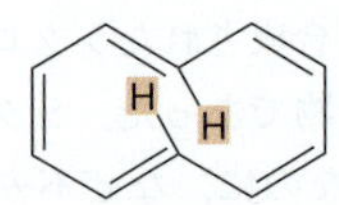

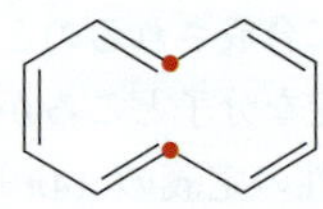

図 14・36 （*E,Z,E,Z,Z*）-シクロデカペンタエンでは，環の内側を向いた2個の水素原子を取除くことで，対峙する水素によって生じるひずみは解消されることにはなるが……

取除けるだろうか．紙の上では簡単で，図 14・36 の内側を向いた 2 つの水素を消しゴムで消せばよい．しかしその結果，赤点の位置の 2 つの炭素は 3 価となり，実際にはありえない形になってしまう．

ドイツの化学者 Emanuel Vogel（1927〜2011）は，化学的に水素を消し去る方法を考案した．彼は邪魔な水素を橋かけメチレン基に巧みに置き換えた（図 14・37）．これにより水素の“ぶつかり合い”で生じていたひずみがなくなった．

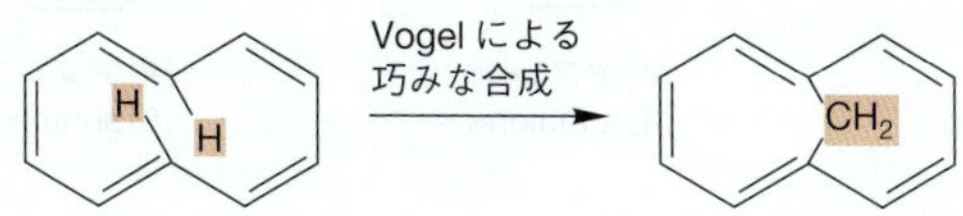

図 14・37 Vogel の合成した橋かけ構造のシクロデカペンタエン

合成された橋かけ構造の 10π 電子系化合物は，厳密にはシクロデカペンタエンではない．たとえば，橋頭位の 2p 軌道とその両隣の 2p 軌道との重なりは完全ではないが（図 14・38），共役を十分に保つ程度の重なりがあるので，芳香族性に必要な基準（環状で平面構造をとり，各原子が 2p 軌道をもち，$(4n+2)$ 個の π 電子がある）を満たしている．ゆえにこの分子が示す構造的・化学的な性質から，芳香族化合物といえる．

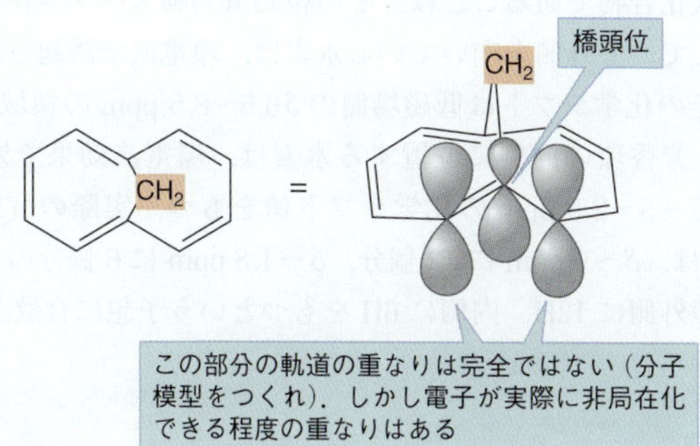

図 14・38 Vogel の分子はすべての炭素が 2p 軌道をもっているが，軌道の重なりはベンゼンのように完全ではない．しかし，それでもこの分子は芳香族性を示す．

芳香族，反芳香族，非芳香族化合物の見極め

描き，思い浮かべて理解する

ある分子が芳香族化合物か，反芳香族化合物か，あるいはどちらでもない（非芳香族化合物）か，どう判定したらいいだろうか．

まずその分子構造を描いて，次の基準を当てはめる．

1. その分子は環状か？
2. その環の各原子は p 軌道をもっているか？
3. その分子は平面をたもっているか？

3 つの基準すべてに当てはまらなければ，その分子は非芳香族化合物である．当てはまるならば，さらに第 4 の基準を当てはめる．

4. 環構造中に非局在化できる π 電子の数を数える．それが $(4n+2)$ 個ならば，芳香族化合物，$4n$ 個ならば反芳香族化合物といえる．π 電子数が奇数であれば非芳香族化合物である．

単環で完全に共役した炭化水素化合物を総称して**アヌレン**（annulene）とよぶ．したがって，ベンゼンは［6］アヌレン，正方形のシクロブタジエンは［4］アヌレン，平面のシクロオクタテトラエンは［8］アヌレンとよぶこともできる（図 14・39）．

図 14・39 簡単なアヌレンの例

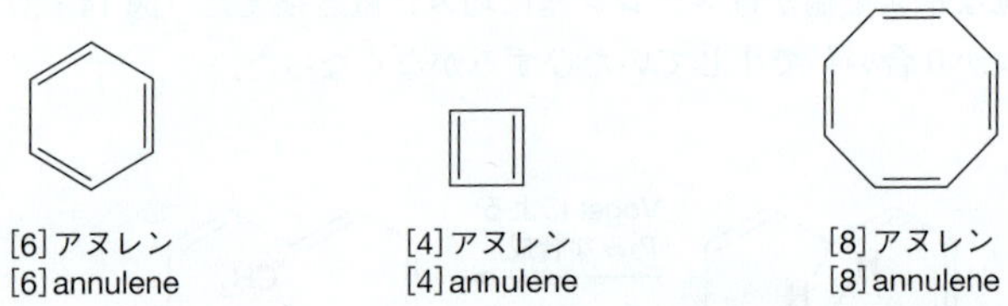

[6]アヌレン
[6]annulene

[4]アヌレン
[4]annulene

[8]アヌレン など
[8]annulene

［6］アヌレン以外にも，芳香族性を示すと考えられる他のアヌレン化合物もある．これらは十分大きな環状骨格なので，シクロデカペンタエン類（［10］アヌレン）で見られた立体的な込み合いによる不安定化の影響は小さくなり，しかも結合角によるひずみもなくなる．そのよい例が［18］アヌレンである．これは平面分子であり，すべての炭素－炭素結合の長さは非常に似通っている．もちろん $4n+2=18$ 個（$n=4$）の π 電子をもつ（図 14・40）．

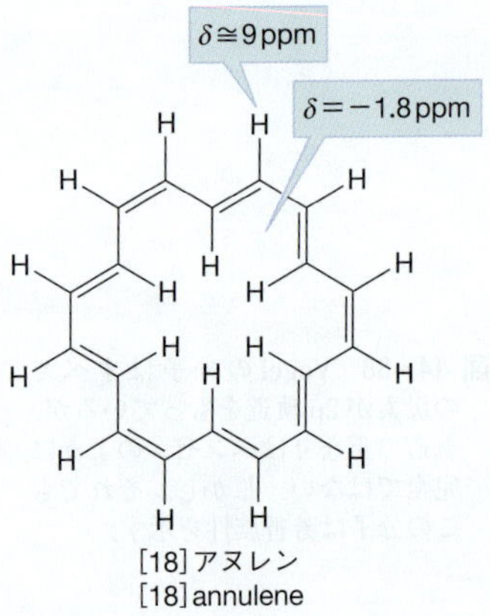

$\delta \cong 9$ ppm

$\delta = -1.8$ ppm

[18]アヌレン
[18]annulene

図 14・40 ［18］アヌレンと 2 種の水素の ^{1}H NMR 化学シフト

この分子が芳香族化合物であることは，その核磁気共鳴スペクトルから証明されている．芳香環に結合していて外側を向いている水素は，環電流で誘起された磁場が外部磁場に加わるので，その化学シフトは低磁場側の δ6.5～8.5 ppm の領域に現れる（図 9・43，p.398）．一方，芳香環の内側に位置する水素は，環電流効果で外部磁場が遮蔽され，高磁場領域の δ－5～2.5 ppm の化学シフト値をもつ．実際の［18］アヌレンの ^{1}H NMR スペクトルには，δ～9 ppm に 12 個分，δ－1.8 ppm に 6 個分の水素のピークが現れるから，芳香環の外側に 12H，内側に 6H をもつという予想に合致する．

まとめ

平面環状構造をもち，すべての原子が 2p 軌道をもって完全に共役した（$4n+2$）個の π 電子をもつ分子は，特別の安定性をもち，芳香族化合物とよばれる．その結合性分子軌道はすべて電子で満たされており，つまり閉殻構造になっている．ここまでベンゼン自身およびさまざまな大小環状ポリエン類を対象に，芳香族性について学んできた．芳香族性に伴う安定化を定量的に見積もる 2 つの実験方法や，Hückel 則を用いて芳香族性とはどう定義されるかを学んだ．そこで，つぎにその典型的な例であるベンゼンについて，その誘導体を合成する方法やその反応性についてまずふれることにしよう．

14・7 置換ベンゼン

14・7a 一置換および二置換ベンゼン 一置換ベンゼンは通常ベンゼンの誘導体として体系的に命名される．しかし，多くの慣用名も使われ続けているので，有機化学に通じるためには，この慣用名も覚えておく必要がある．それは，たとえば慣用名のフェノールに代わってベンゼノールという体系名が使われるようになるとは思えないからであり，少なくともそうなって欲しくない．図 14・41 にいくつかの簡単なベンゼン誘導体の体系名と慣用名を示す．

最もよく使われる慣用名の1つがフェニル（phenyl；ときには Ph と表示される）で，ベンゼンから水素1個を取去った1価の置換基を表す．また，ベンジル（benzyl）もよく使われ，$PhCH_2$ 基を意味する．両慣用名の適用例を図14・41に示す．

なお，1つの Kekulé 構造を描いたときには，もう一方の Kekulé 構造の形もあることを認識しなければならない．

約束事についての注意
ベンゼン環の表記法

R

総称
フェニル–X

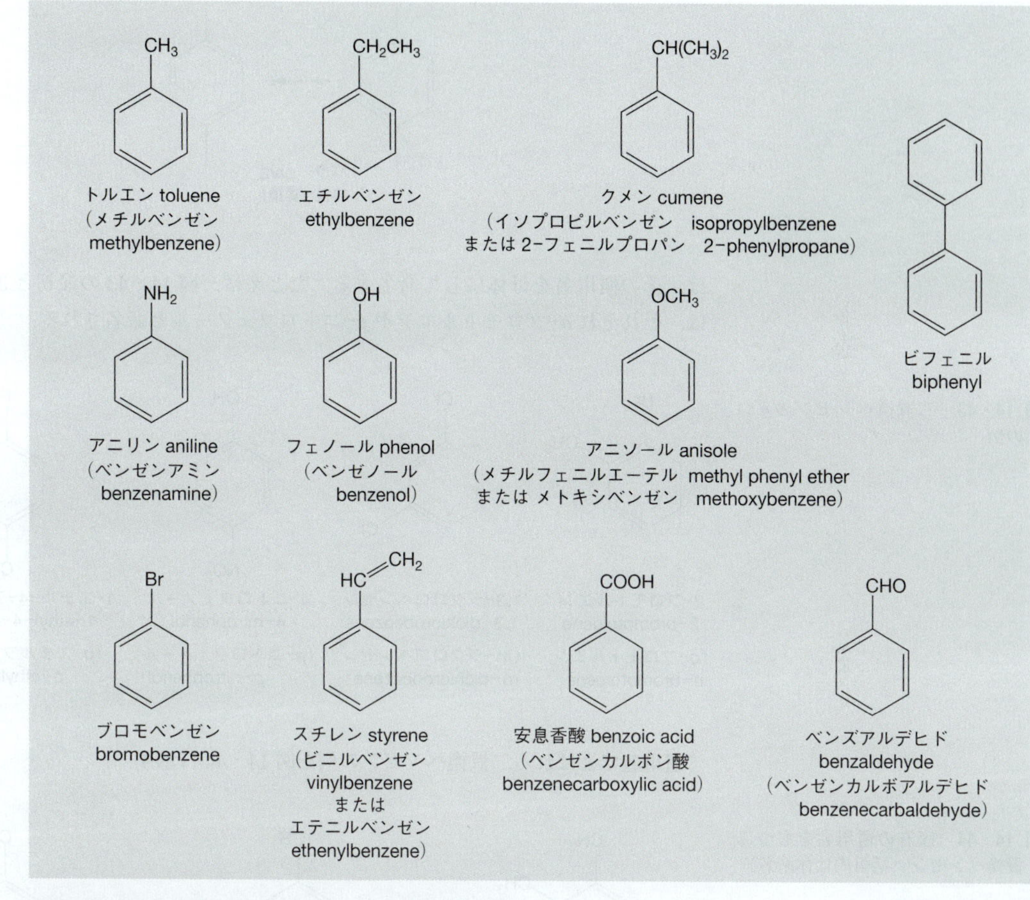

CH_2X

総称
ベンジル–X

CH_2Cl

塩化ベンジル
benzyl chloride
〔クロロ(フェニル)メタン
chloro(phenyl)methane〕

CH_2OH

ベンジルアルコール
benzyl alcohol
（フェニルメタノール
phenylmethanol）

図 14・41 簡単な一置換ベンゼンの例．慣用名（上段）でよばれることが多い．

二置換ベンゼンには3つの異性体がある（図14・42）．1,2-置換体を**オルト**（ortho, *o*-）体，1,3-置換体を**メタ**（meta, *m*-）体，そして1,4-置換体を**パラ**（para, *p*-）体とよぶ．

実際に，二置換ベンゼンの置換位置を表すには，その位置番号を示すか，あるいはオルト・メタ・パラ表記法が用いられる．また，広く使われている慣用名をもつ場合に

図 14・42 二置換ベンゼンの3種類の置換様式

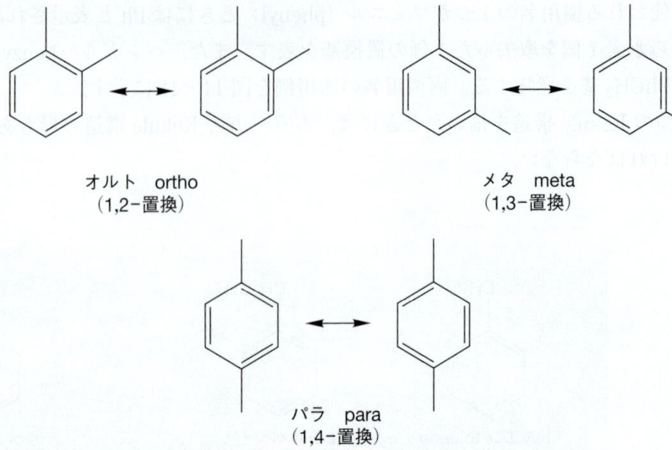

オルト ortho
(1,2-置換)

メタ meta
(1,3-置換)

パラ para
(1,4-置換)

は，その慣用名を母体にして命名する．たとえば，図 14・43 の最初と 3 番目の化合物は，それぞれ *o*-ブロモトルエンや *p*-ニトロフェノールと命名される．

図 14・43 二置換ベンゼンの4つの例

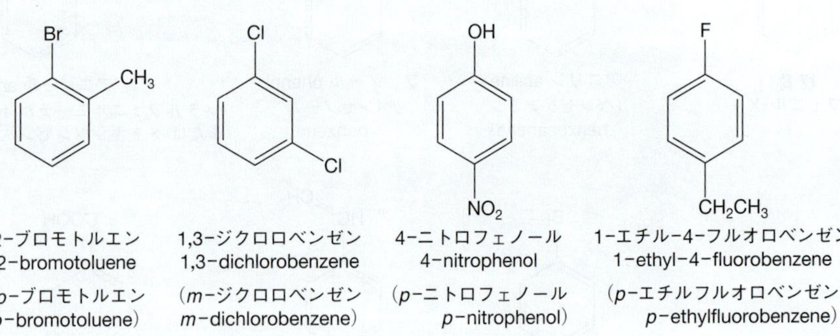

慣用名でよばれる二置換ベンゼンの例を図 14・44 に示す．

図 14・44 固有の慣用名をもつ二置換ベンゼン（括弧内は体系名）

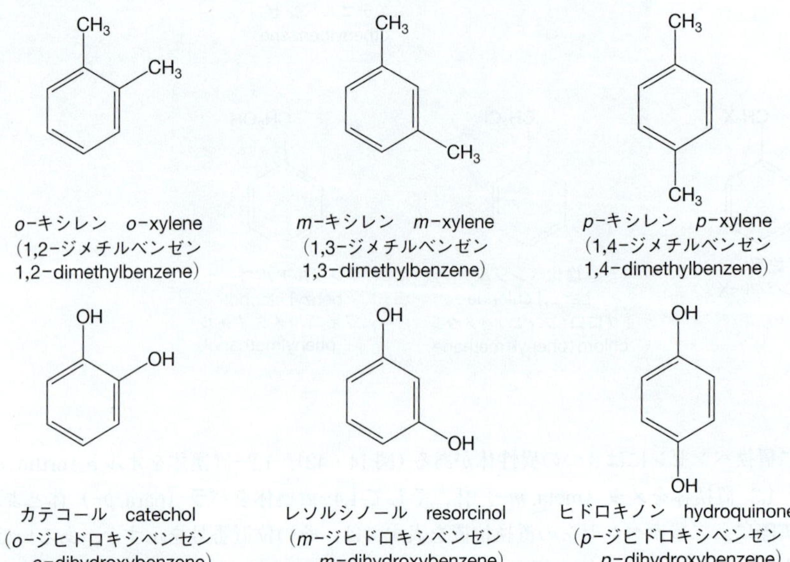

問題 14・17 二置換ベンゼンには3種類の異性体しかないということから，ベンゼンの骨格構造は Kekulé 構造式で表されるものであることがわかる．もしベンゼン骨格が下図に示す3つの構造のいずれかであるとすると，二置換ベンゼン（$C_6H_4R_2$）には3種類のアキラルな異性体しかないことを説明できなくなる．なぜか．

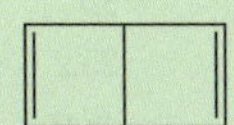
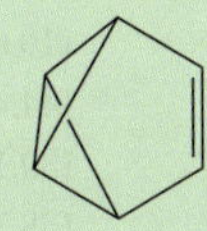
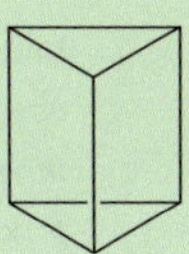

問題 14・18 図 14・44 の最下部に示された3種類のジヒドロキシベンゼンの ^{13}C NMR スペクトルには，それぞれ何本のシグナルが現れるか．

14・7b 多置換ベンゼン 多置換ベンゼンは，置換位置番号を付けた置換基名をアルファベット順に並べて命名する（図 14・45）．メチル基，ヒドロキシ基，アミノ基がついたベンゼン化合物は，これらの官能基がついたベンゼン環の位置を C(1) と決めて，トルエン，フェノール，アニリンの誘導体として命名されることに注意しよう．

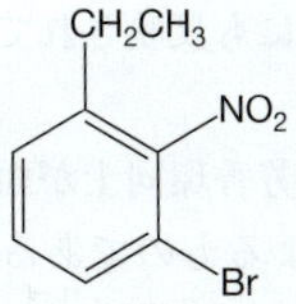

1-ブロモ-3-エチル-2-ニトロベンゼン
1-bromo-3-ethyl-2-nitrobenzene

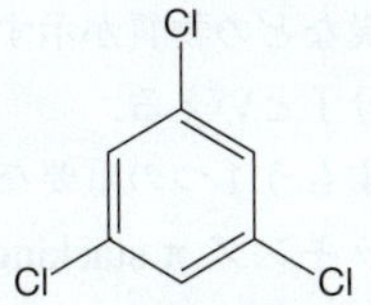

1,3,5-トリクロロベンゼン
1,3,5-trichlorobenzene

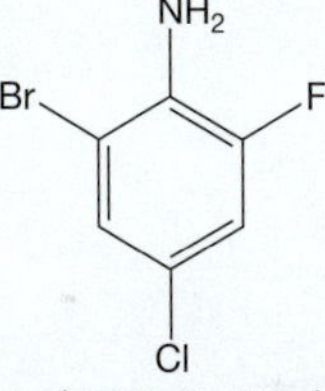

2-ブロモ-4-クロロ-6-フルオロアニリン
2-bromo-4-chloro-6-fluoroaniline

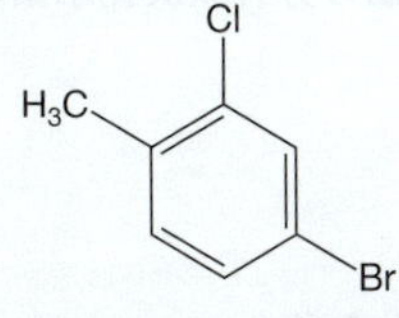

4-ブロモ-2-クロロトルエン
4-bromo-2-chlorotoluene

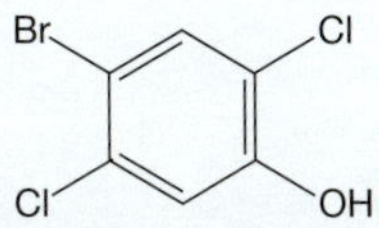

4-ブロモ-2,5-ジクロロフェノール
4-bromo-2,5-dichlorophenol

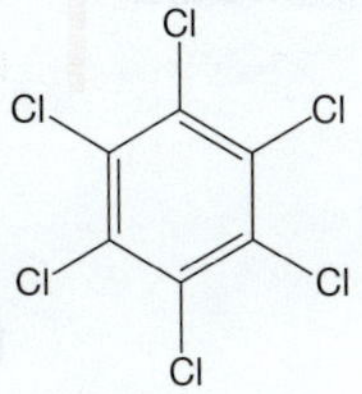

ヘキサクロロベンゼン
hexachlorobenzene

図 14・45 多置換ベンゼンの例

14・8 置換ベンゼンの物理的性質

置換ベンゼンの物理的性質は，類似の構造と分子量をもつアルカンやアルケンの物理的性質に似ている．表 14・1 に典型的な置換ベンゼンの物理的性質をまとめた．この中で分子の対称性による違いに注目してほしい．たとえば，*p*-キシレンの融点は，そのオルト体やメタ体に比べてずっと高い．一般にパラ体の多くは高い融点をもつので，パラ体を他の異性体から分離する手段として，再結晶法がよく利用される．

表 14・1 置換ベンゼンの物理的性質

化合物名		沸点（°C）	融点（°C）	密度（g/mL）
シクロヘキサン	cyclohexane	80.7	6.5	0.78
ベンゼン	benzene	80.1	5.5	0.88
メチルシクロヘキサン	methylcyclohexane	100.9	−126.6	0.77
トルエン	toluene	110.6	−95	0.87
o−キシレン	*o*−xylene	144.4	−25.2	0.88
m−キシレン	*m*−xylene	139.1	−47.9	0.86
p−キシレン	*p*−xylene	138.3	13.3	0.86
アニリン	aniline	184.7	−6.3	1.02
フェノール	phenol	181.7	43	1.06
アニソール	anisole	155	−37.5	1.0
ブロモベンゼン	bromobenzene	156.4	−30.8	1.5
スチレン	styrene	145.2	−30.6	0.91
安息香酸	benzoic acid	249.1（10 mmHg）	122.1	1.1
ベンズアルデヒド	benzaldehyde	178.6	−26	1.0
ニトロベンゼン	nitrobenzene	210.8	5.7	1.2
ビフェニル	biphenyl	255.9	71	0.87

すでに芳香族化合物が特別に安定であることを学んだ．この安定性は芳香環構造を含むグラファイトや石炭などの物質が示す化学的，物理的な性質にも反映されており，芳香族化合物は丈夫な分子といえる．

芳香族化合物が示すもう1つの重要な物理的性質は，平らな芳香環同士が面を向けて作用し合う（πスタッキング π stacking とよばれる）ことによるものである．これによって，酵素が示す特異的な構造・活性相関や，DNAの二重らせん構造形成が可能となる．

約束事についての注意
芳香族置換基の表記法

芳香族炭化水素を**アレーン**（arene）とよび，これからHを除いた1価の基をアリール（aryl）基とよぶ．アルキル基をRで表示するように，1価の芳香族炭化水素基をしばしばArで表す．

14・9 ヘテロベンゼン類とその他の芳香族複素環化合物

14・9a 複素6員環および複素5員環化合物 ベンゼン環の1つのCHを窒素原子で置き換えると，同じく6員環芳香族化合物である**ピリジン**（pyridine）になる（図14・46）．有機化学の独特ないい方で，炭素，水素以外の原子をすべて“ヘテロ原子”（heteroatom）とよぶ．ピリジンはしたがって図14・34でも少しふれたようにヘテロベ

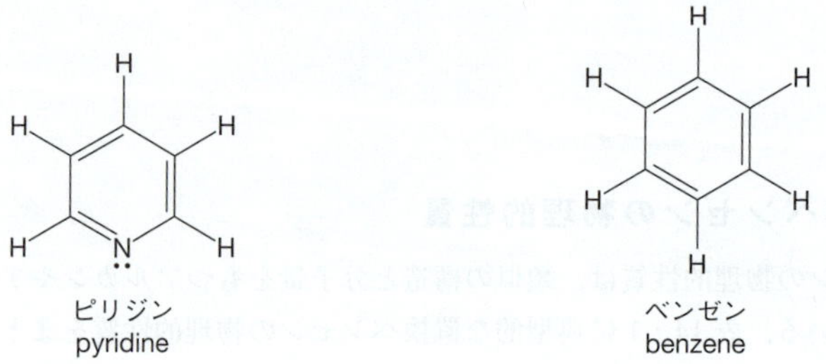

図 14・46 ヘテロベンゼンの代表例のピリジン

ピリジン
pyridine

ベンゼン
benzene

ンゼン（heterobenzene）の仲間であり，**芳香族複素環化合物**（ヘテロ芳香族化合物 heteroaromatic compound，1つ以上のヘテロ原子を含む芳香族化合物）に属する化合物である．

ピリジンのπ電子を数える場合，窒素が余分の孤立電子対をもっているので最初は戸惑うかもしれない．ピリジンは8個のπ電子をもっていて，$(4n+2)$則に反するのだろうか．軌道の図を注意深く描くと，余分の2つの電子は環上のp軌道に対して直交する軌道に入っているので，π系に組込まれない．したがって，窒素上の孤立電子対を数える必要はなく，ピリジンはHückel則を満たした芳香族化合物である（図14・47）．

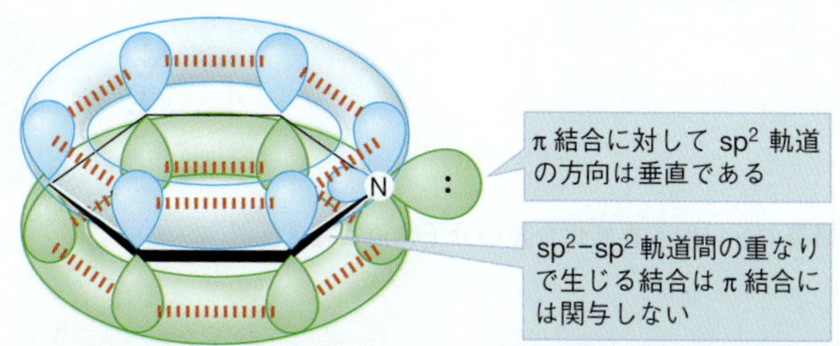

図 14・47 ピリジンのπ電子は6個しかない．窒素上の孤立電子対は環上のπ結合に直交する sp^2 軌道に入っており，π結合にはかかわれない．

他にもヘテロ原子を1つ含む6員環化合物が知られているが，いずれも安定ではない．ピリリウムイオン（pyrylium ion; オキサベンゼンともよばれる）はカチオン性分子であり（図14・48），その正電荷のためにベンゼンに比べて反応性が高い．電気陰性度の大きな酸素原子が正電荷をおびていることもあって，芳香族性による安定化効果が電荷をもつ原子の影響による不安定化を上回れない．それでも，ピリリウムイオンは単離できるし，芳香族性をもつことが確かめられている．自然界には，図14・48のアントシアニンのように正電荷をおびた酸素を含む芳香族化合物がいくつも知られており，21章で再び登場する．

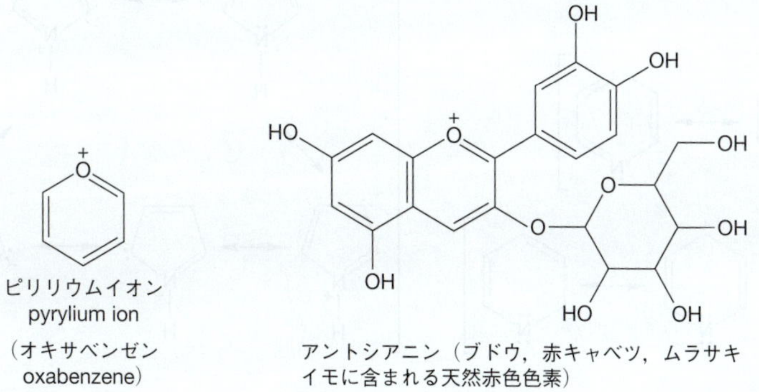

ピリリウムイオン
pyrylium ion
（オキサベンゼン
oxabenzene）

アントシアニン（ブドウ，赤キャベツ，ムラサキイモに含まれる天然赤色色素）

図 14・48 ピリリウムイオンは正荷電をもつものの，芳香族性を示す．

電気的に中性で，5員環の複素環化合物である**ピロール**（pyrrole）と**フラン**（furan）も芳香族性を示す分子である．**チオフェン**（thiophene）も明らかに芳香族化合物である（図14・49）．

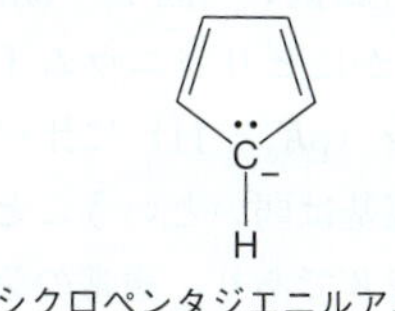
シクロペンタジエニルアニオン
cyclopentadienyl anion

ピロール
pyrrole

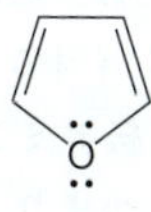
フラン
furan

チオフェン
thiophene

図 14・49 4種類の5員環芳香族化合物．電荷をもたない3つの中性分子は $(4n+2)$ 個のπ電子をもち，シクロペンタジエニルアニオンと等電子構造（電子の数が等しい）である．

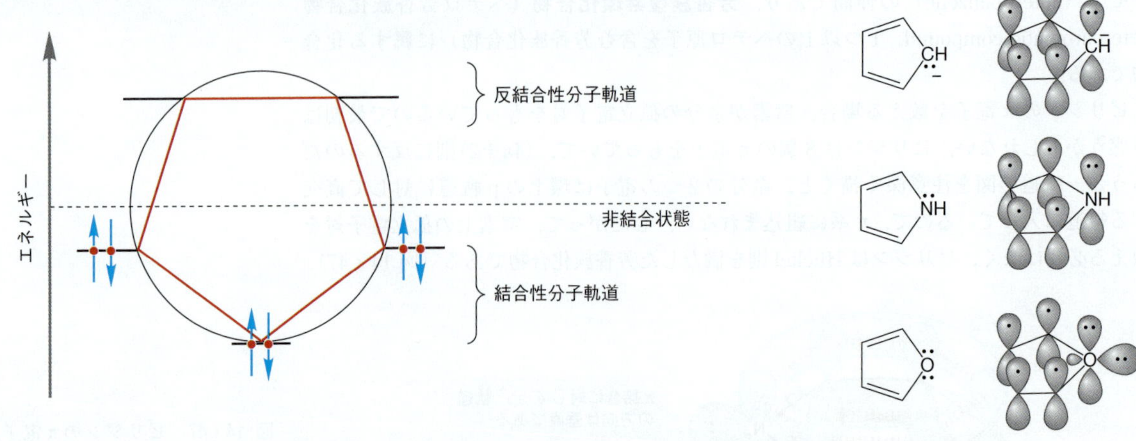

図 14・50 等電子構造の5員環芳香族化合物の分子軌道と電子配置

ピロールとフランは，2p 軌道に入った孤立電子対を入れて，合計6個のπ電子をもち Hückel 則を満たしている．これらの分子はシクロペンタジエニルアニオンと同じ数のπ電子をもつ（図 14・50）が，中性分子なので電荷による問題はない．フランとチオフェンには，さらにπ分子軌道と直交する sp^2 軌道にもう1組の孤立電子対があるが，これらは環内に非局在化できず，Hückel 則を適用するときには数えない．

ピリジンとピロールは対照的な共鳴構造式で表され（図 14・51），これは両者がまったく異なった物性を示すことに結びつく．たとえば，それぞれの分子は正反対の双極子モーメントをもっている．ピリジンでは，双極子モーメントの負極は窒素原子であり，反対にピロールの窒素原子は正極となっている（図 14・52）．

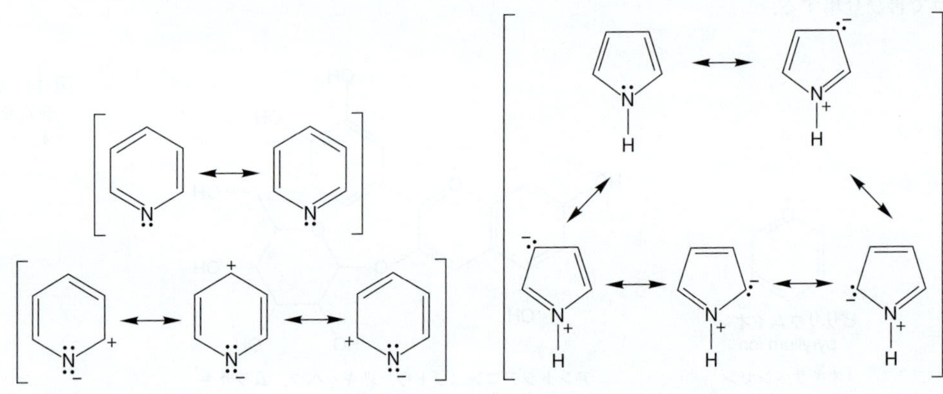

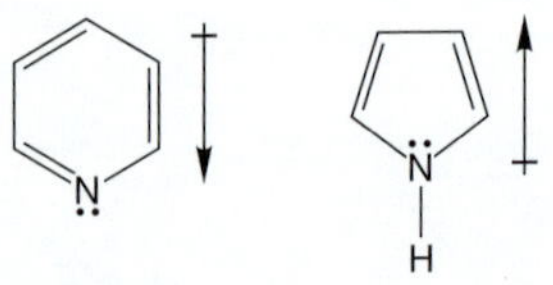

図 14・51 ピリジンとピロールの共鳴構造式

2.2 D
ピリジン
pyridine

1.8 D
ピロール
pyrrole

図 14・52 ピリジンとピロールの双極子モーメントの向きは逆である．

14・9b 酸および塩基としての性質

ピリジンは酸によりプロトン化されるが，ピペリジンのような環状第二級脂肪族アミンに比べると塩基性は低い（図 14・53）．共役酸であるアンモニウムイオンの pK_a 値を比較すると，明らかにピリジニウムイオン（$pK_a = 5.2$）の方が第二級アミン由来のピペリジニウムイオン（$pK_a \sim 11$）に比べ強い酸であることがわかる．つまり，共役酸が強ければ，もとの塩基は弱いということを意味している．ちなみに pK_b 値で比べると，ピリジンの pK_b は 8.8 であり，通常の第二級脂肪族アミンの pK_b は約3である．このように，脂肪族アミンはピリジンに比較すると強い塩基といえる．一般に塩基性の強弱も，その共役酸の pK_a 値で比べることが多い．

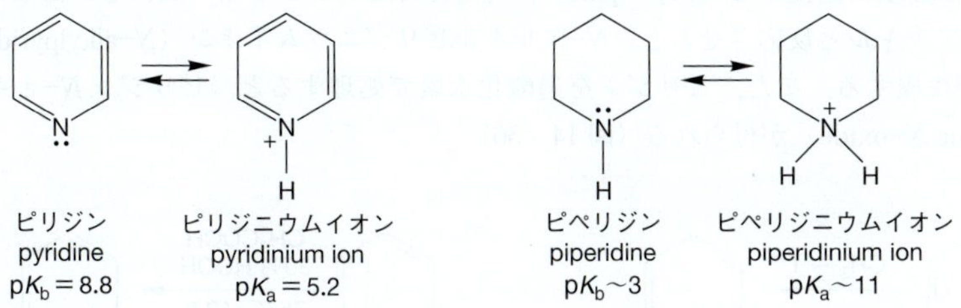

図 14・53 ピリジンは，形は似ているが非芳香族化合物のピペリジンに比べ弱い塩基である．

ピリジンの塩基性が低いのは，窒素原子の sp^2 混成軌道に入った孤立電子対の方が，ピペリジンのような第二級アミンの sp^3 混成窒素のそれに比べ，s 性（混成軌道中の s 軌道の割合）が高く，より強く原子核に束縛されているからである．

ピロールはピリジンよりさらに塩基性が低い（図 14・54）．その共役酸の pK_a 値はなんと約 −4 を示す．これはピロールの場合は，プロトン化により 6π 電子系が壊れて芳香族性を失うからである（ピリジンではそのようなことは起こらない）．2 個の π 電子が新しく生成する水素との結合に使われ，芳香族性に必要な 6π 電子系が消滅する．

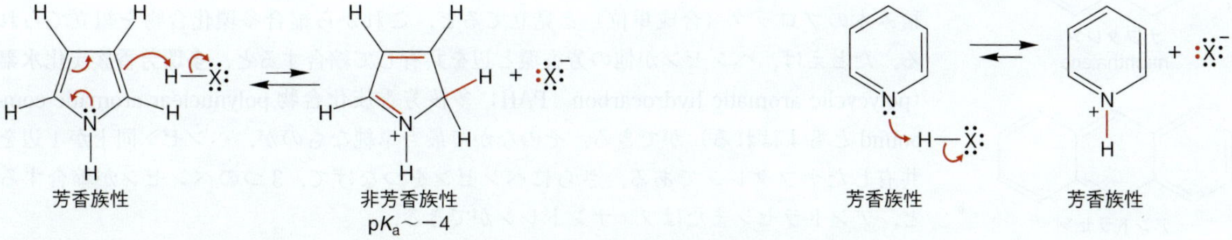

図 14・54 ピロールはプロトン化によって芳香族性を失うので，非常に弱い塩基である．

問題 14・19 図 14・54 中のピロールは，窒素ではなく炭素がプロトン化されていることに注意せよ．その理由を説明せよ．

有機化合物の中でピロールは比較的強い（pK_a 〜23）ブレンステッド酸であるが，シクロペンタジエン（pK_a = 15）よりは弱い（図 14・55）．これは一見不思議に思えるかもしれない．なぜなら，ピロールの脱プロトンで電気陰性の窒素原子が負電荷をおびる方が，シクロペンタジエンの脱プロトンで炭素アニオンを生じるよりも，有利なように見えるからである．

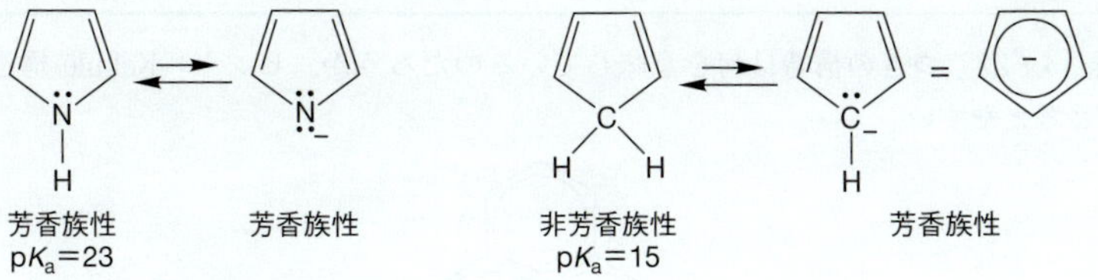

図 14・55 ピロールはシクロペンタジエンに比べ弱い酸である．

しかしこれはつぎのように考えればよい．シクロペンタジエンは脱プロトンにより非芳香族から芳香族化合物へと変わる．つまりシクロペンタジエンがプロトンを放出しやすいのは，プロトン放出によって芳香族性を獲得できるからである．これに対しピロールはもともと芳香族化合物であり，プロトンが脱離しても特に安定化するわけではない．

14・9c ピリジンの求核性 他のアミン化合物と同様に，ピリジンは種々の求電子試薬によりアルキル化される．すなわち，窒素上の孤立電子対が，求電子試薬上の脱離基と S_N2 型に置換する（7章，p.311）．たとえばピリジンを第一級あるいは第二級のヨウ化アルキルと反応させると，*N*−アルキルピリジニウムイオン（*N*-alkylpyridinium ion）が生成する．また，ピリジンを過酸化水素で処理すると，ピリジン *N*−オキシド（pyridine *N*-oxide）が得られる（図 14・56）．

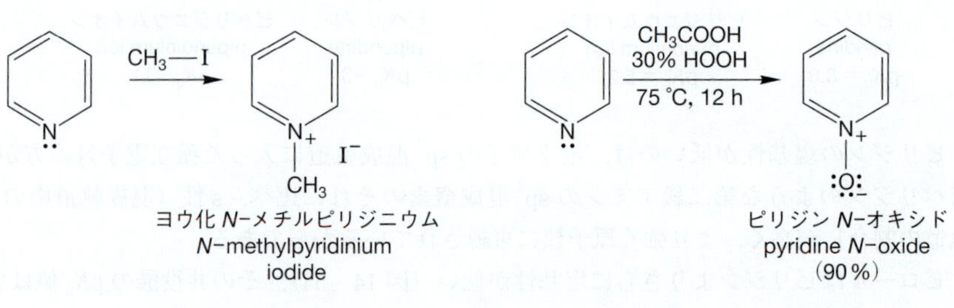

図 14・56 ピリジンは求核試薬として働き，ピリジニウム塩やピリジン *N*−オキシドを生じる．

14・10 多環芳香族化合物

14・10a 多環芳香族炭化水素 4章（p.173）で少し触れたように，ベンゼンを積み木のブロック（合成単位）と見立てると，これから縮合多環化合物を組立てられる．たとえば，ベンゼンが他の芳香環と辺を共有して縮合すると，**多環芳香族炭化水素**（polycyclic aromatic hydrocarbon，PAH；多核芳香族化合物 polynuclear aromatic compound ともよばれる）ができる．そのなかで最も単純なものが，ベンゼン同士が1辺を共有したナフタレンである．さらにベンゼンをつなげて，3つのベンゼンが縮合すると，アントラセンまたはフェナントレンができる．

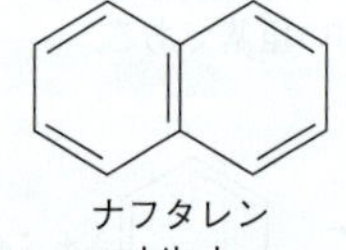
ナフタレン
naphthalene

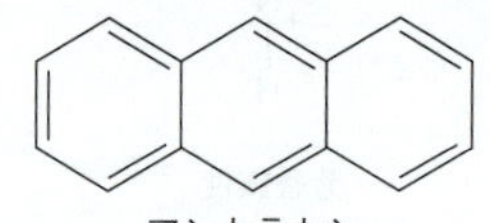
アントラセン
anthracene

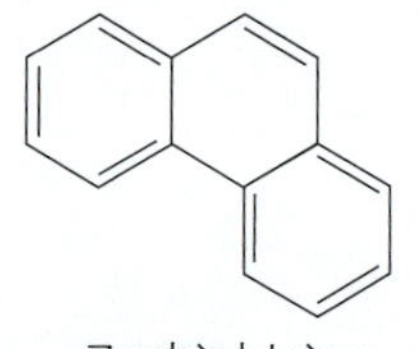
フェナントレン
phenanthrene

問題 14・20 キノリンの分子構造はナフタレンに似ているが炭化水素ではない．炭素の1つが窒素原子で置き換わっているからである．キノリンにはイソキノリンとよばれる異性体がある．その構造を描け．

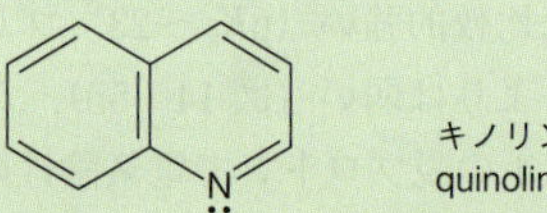

問題 14・21 キノリンの共鳴構造式を2つ描け．

***問題 14・22** つぎの構造は何を意味しているのだろうか．ヒント：Kekulé 構造式を使うと考えやすい．

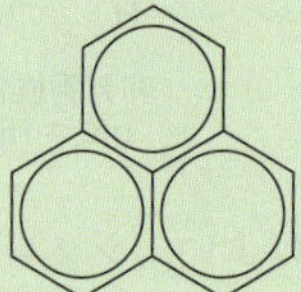

解 答 この分子で3つの円を描くと，何を表そうとしているのか曖昧になる．Kekulé 構造式で表すと，二重結合が書けない炭素が1つあり，この炭素は sp^3 混成の CH_2 でなければならない．つまりこの分子は完全共役系ではなく，この分子を3つの

円を描いて表すのは誤りである．この CH_2 から水素を H^+，H•，あるいは H^- として取除くと，この炭素も sp^2 混成となり，分子は完全共役系となるので，3つの円で表すことができるが，これは不安定中間体（アニオン，ラジカル，カチオンのいずれか）である．したがって，−，•，＋のいずれかの記号を分子構造式に付ける必要がある．なお，このアニオンは 14π 電子系であり，芳香族性をもつ．

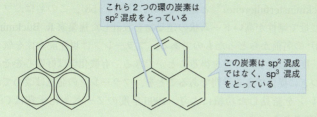

これら 2 つの環の炭素は sp^2 混成をとっている

この炭素は sp^2 混成ではなく，sp^3 混成をとっている

問題の解き方

ベンゼン環を六角形と円で描くときは注意が必要である．円表示はベンゼン環の π 電子の非局在化をうまく表すが，問題 14・22 で見たように，誤解もまねく．多環芳香族化合物を表すときは，円表示ではなく，Kekulé 構造式で描くことを強く勧める．

問題 14・23 4つのベンゼン環から成る縮合多環芳香族化合物をすべて描け．この問題は見かけよりもずっと難しいので注意せよ．

無数のベンゼン環を平面状に縮合していくと，究極はグラファイト（graphite，黒鉛）になる．グラファイトは，2次元に限りなく広がった縮合ベンゼン環構造が3次元的に積み重なった構造をとっている．平面構造の1枚1枚をグラフェン（graphene，図 14・57）とよび，単離可能である．Andre Geim（1958 年生まれ）と Konstantin Novoselov（1974 年生まれ）はグラフェンの特性を明らかにした業績で，2010 年度のノーベル物理学賞を受賞した．もちろん，実際の平面構造体は無限の大きさではないが，十分大きいのでその端の部分は，グラフェンの物理的・化学的性質に影響を与えない．グラファイトのもつすべすべした性質は，積み重なったグラフェンの層が，互いに滑りやすいからである．

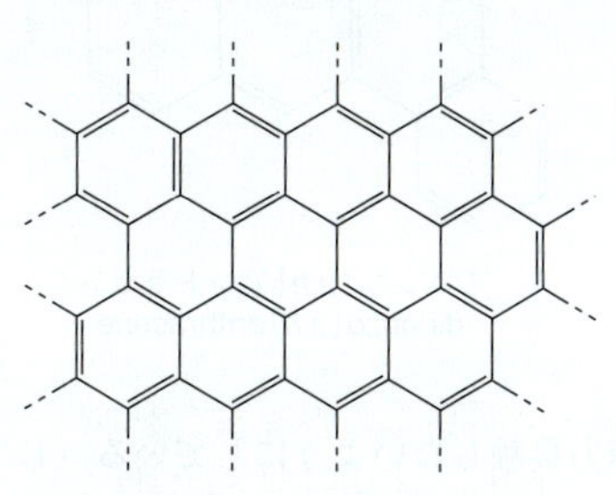

図 14・57 グラフェンは無数のベンゼン環が平面状に縮合した物質

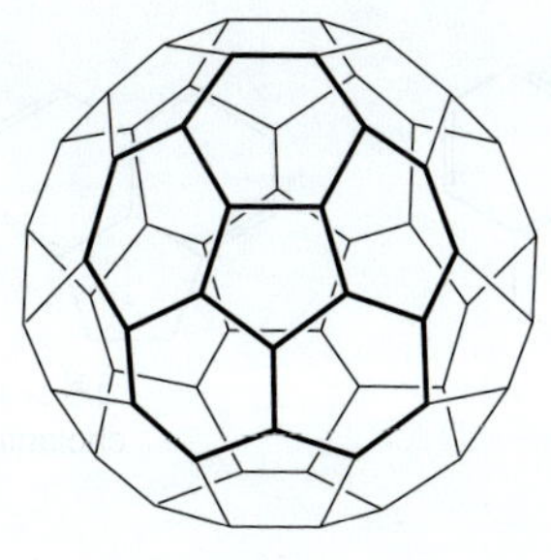

図 14・58 バックミンスターフラーレン（フラーレン，C_{60}）は，サッカーボールの形をした分子．簡単のために，二重結合の表示は省略した．

このコロラド州アスペンにあるドーム状の建物は Buckminster Fuller のデザインを使って建てられている．

1980年代半ば，R. F. Curl（1933年生まれ），H. W. Kroto（1939年生まれ），R. E. Smalley（1943～2005）とその共同研究者らは，炭素棒を気化させた際にある特定の大きさのフラグメント（断片）が多量に生成することを観測し，それが何であるかを調べていた．そして，主要なフラグメントである C_{60} は炭素のみでできたサッカーボールの形をした分子であると発表したが，当時疑問視する化学者が多かった．結局，彼らの結論は正しいことが証明され，この分子は“フラーレン fullerene（バックミンスターフラーレン buckminsterfullerene）”と命名された（図14・58）．この名は，フラードームとよばれる軽量で剛性が高いドーム状の建築物を設計した建築家 R. Buckminster Fuller（1895～1983）の名前からとったものである．フラーレンは現在炭素棒を気化させることによって一度に数グラムの量を得ることができる．有機化学は好奇心をそそる新しい分子をつぎつぎに提供できる学問であることを，フラーレンの発見は改めて教えてくれた．フラーレンを発見した功績により，1996年度のノーベル化学賞は Curl，Kroto，Smalley に授与された．

問題 14・24 いくつものベンゼン環を縮合していくとグラファイトに到達する前に，たとえばヘキサヘリセンやツイストフレックスのようなキラルな分子ができる（図）．なぜキラルになるか説明せよ．

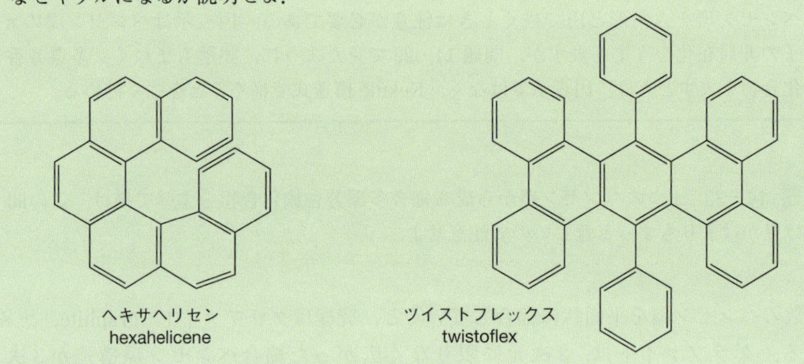

ベンゼン環のブロックをさらにつなぎ合わせて，より大きくてさまざまな形の縮合多環芳香族化合物をつくることは楽しいが，悪い面も見えてくる．多くの縮合多環芳香族化合物は（実はベンゼンやその誘導体の一部も）発がん性を示す．発がん性の強い化合物のいくつかを図14・59に示す．慎重な人たちは知られている強力な発がん物質に触

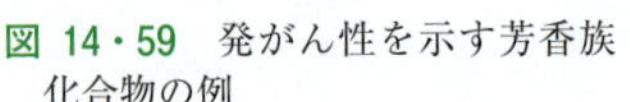

図 14・59 発がん性を示す芳香族化合物の例

コラントレン
cholanthrene

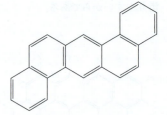

ジベンゾ[*a,h*]アントラセン
dibenzo[*a,h*]anthracene

ることを避けているし，関連する芳香族化合物にも極力接触しないようにしている（しかし完璧にこれを実行するのは難しいが）．簡単にできることは，ベンゼンの蒸気を浴びないようにすることである．ベンゼンを使うように指示された化学反応を行う場合，

たいていは他の化合物で置き換えることができる（置き換えられない場合もあるが）．強力な発がん物質の1つとして知られるベンゾ[*a*]ピレン（benzo[*a*]pyrene）は，内燃機関やタバコなどの燃焼，暖炉でも生成する化合物であり，炭火焼の肉にも含まれる．このような物質に触れないようにすることは，実際に難しいばかりでなく，政治や経済にも関係してくる．人々の健康よりも，金もうけや選挙に勝つことを優先して，社会的に深刻な問題をひき起こすこともあり，このような事情が，純粋に科学的な問題をしばしば複雑にする．多環芳香族化合物の発がん性については，14・11節でもっと詳しくふれる．

14・10b　関連する複素環化合物：インドール，ベンゾフラン，ベンゾチオフェン

単純な複素環化合物であるピロール，フラン，チオフェンにベンゼン環が縮合した化合物が，それぞれインドール（indole），ベンゾフラン（benzofuran），ベンゾチオフェン（benzothiophene）である．これらは，炭素原子だけからできた芳香族二環式化合物のナフタレンに対応する．

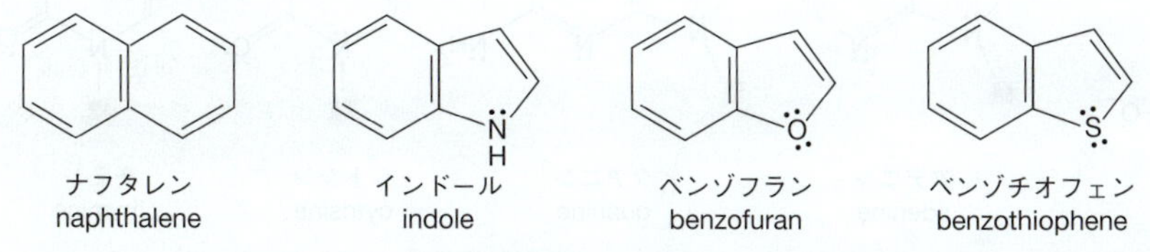

天然には，複素環構造を分子内に含み生物活性を示す化合物が多く存在する．複素5員環をもつ天然物のいくつかの例を図14・60に示す．

図 14・60　複素5員環を含む天然化合物2種

ムレキシン murexine
（神経筋遮断薬）

レセルピン reserpine　（血圧降下薬）

まとめ

ここまで見てきたように，ピリジンとピロールはともに芳香族化合物として分類される．しかし，両者にははっきりとした違いがあり，ピリジンでは窒素原子上の孤立電子対はπ電子系へは組込まれないのに対して，ピロールの孤立電子対は芳香族性を示すのに必要な6π電子系の一部として非局在化している．さらに，芳香族複素環化合物が示す，ブレンステッド・ローリーの定義による塩基性と求核性（ルイス塩基性）について学んだ．これで多環芳香族化合物がもつ特有の性質と，同時に危険性についてもこれから見ていく準備が整った．

14・11　トピックス：多環芳香族炭化水素がもつ負の側面と発がんの機構

いくつかの多環芳香族炭化水素（PAH）には強い発がん性があることをすでに述べた（図14・59）．発がん機構の詳細はまだ完全に解明されてはいないが，いくつかの物

質について大まかな作用機構がわかっている．デオキシリボ核酸（DNA）およびリボ核酸（RNA）は巨大な生体分子であり，遺伝情報をもちこれを転写する役割を担っている（22章）．DNAやRNAは，プリン類あるいはピリミジン類塩基（複素環塩基）と糖が結合したヌクレオシドが，リン酸エステル結合でつながった分子（ポリヌクレオチド）である．これらの分子は多数の求核試薬として働く官能基をもっており，その官能基はさまざまな求電子試薬により単純なS_N2反応と考えられる機構でアルキル化される（図14・61）．

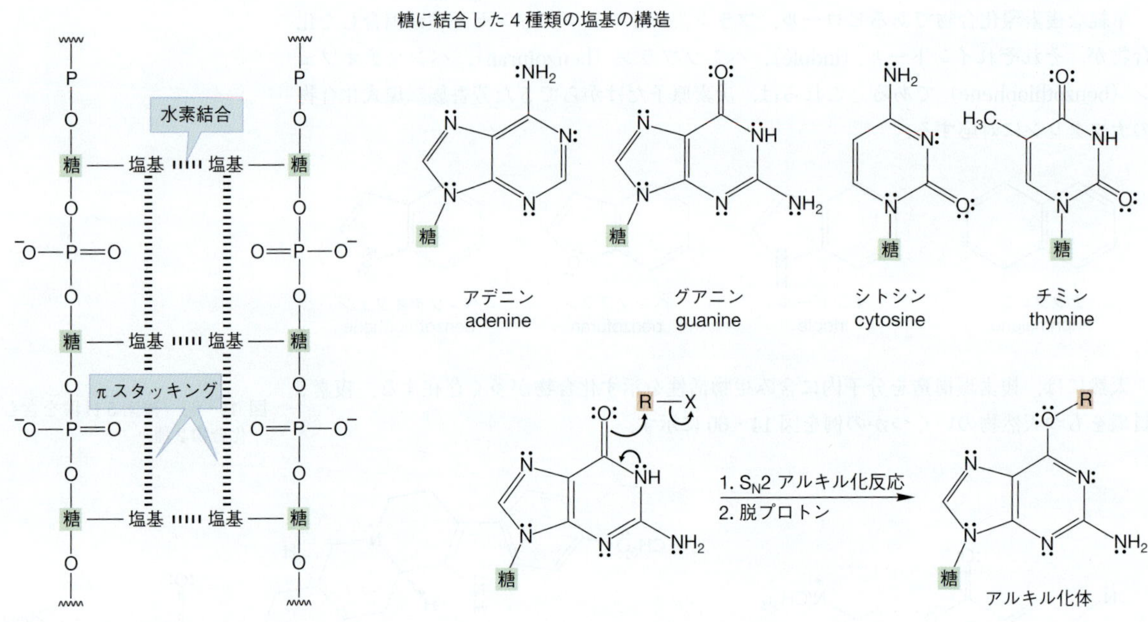

図 14・61 DNAは糖−塩基で構成される単位がリン酸エステル結合で連結した巨大分子であり，2本のDNA鎖が特定塩基間の水素結合と，芳香族複素環塩基部同士のπスタッキングによって結びついた構造をとっている．塩基部がアルキル化されると，糖−塩基単位の大きさや形が変わるので，特定塩基同士間の正常な水素結合をつくりにくくなり，これが突然変異やがん化につながる．

DNA分子はアルキル化を受けると分子の大きさや形が変わるので，誤った塩基対の間で水素結合が形成されやすくなる．このような誤った対形成は遺伝子複製の誤りや突然変異をひき起こす．突然変異は生体にとって無害のものがほとんどであり，通常突然変異した個々の細胞が死に至るだけである．しかし，まれに突然変異が制御不可能な細胞分裂をひき起こし，がんの発生となる．

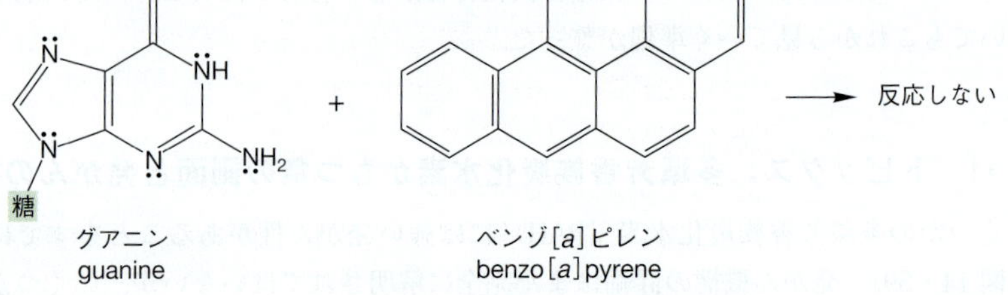

グアニン guanine ＋ ベンゾ[*a*]ピレン benzo[*a*]pyrene ⟶ 反応しない

図 14・62 芳香族化合物は求核試薬とは反応しない．したがって，ベンゾ[*a*]ピレンのような分子は複素環塩基を直接アルキル化することはできない．

PAH 自身はがん化反応過程に直接関与するわけではない．PAH は反応性がそれほど高くはないので，DNA や RNA 中に含まれる核酸塩基部分と化学的に反応することはない（図 14・62）．

しかし，PAH のベンゼン環を化学修飾する酵素が存在する．芳香族化合物のような非極性分子は脂肪細胞中に蓄積されるので，それらの分子を体内から排除する仕組みが進化してきた．通常これらの非極性分子に極性基を付けて水溶性にすることで異分子の排除が行われる．たとえば，ベンゾ[*a*]ピレンは酵素 P450 モノオキシゲナーゼによりエポキシ化され，さらにエポキシドヒドロラーゼ（加水分解酵素）によるエポキシドの開環でトランス形ジオールへ変換される（図 14・63）．

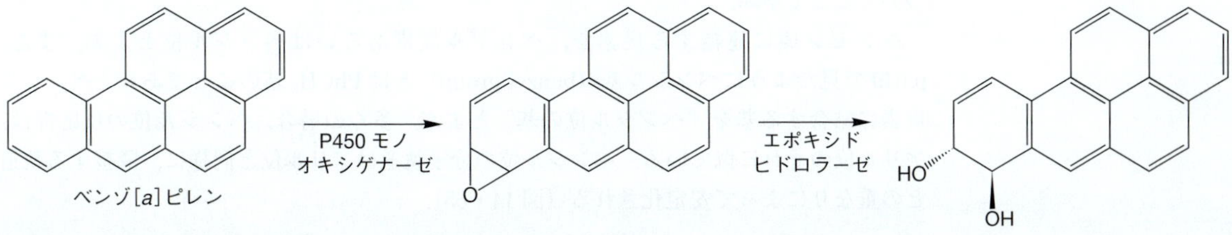

図 14・63　ベンゾ[*a*]ピレンは酵素によりエポキシ化され，さらに開環反応で極性の高い *trans*-1,2-ジオール体へ変換される．

このトランス形ジオールはもう一度 P450 モノオキシゲナーゼの働きでエポキシ化される．このエポキシドは反応性が高く，DNA 塩基の 1 つであるグアニンのアミノ基と反応するため，グアニン部位が大きな置換基でふさがれた DNA 分子が生成する（図 14・64）．このアルキル化修飾を受けた核酸塩基は，相補塩基との正常な水素結合を保

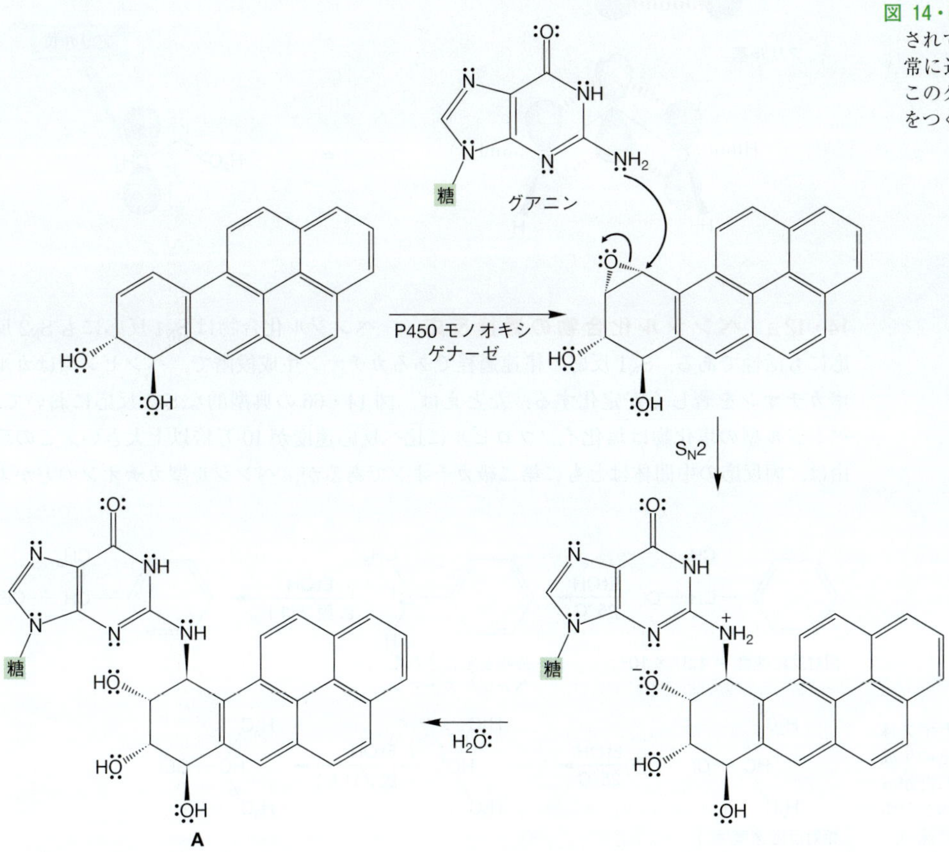

図 14・64　再びエポキシドが形成されてグアニンと反応すると，非常に込み入った分子 **A** が生じる．このグアニン部は正常な水素結合をつくりにくい．

つことが難しくなり，この不適合が突然変異，さらにはがん化をひき起こす．

このグアニンのアルキル化反応はべつに新反応ではない．すでに，エポキシドの塩基触媒あるいは酸触媒による開環反応を学んでいるが（p.487），このDNA塩基のアルキル化反応は，エポキシドの開環反応の一例にすぎない．

14・12 ベンジル基とその反応性

これまでベンゼン環（芳香環）がもつ特有の性質を眺めてきた．ベンゼン環上での反応を説明する前に，ベンゼン環の周辺で起こる反応，つまりベンジル位での酸化反応についてここで学ぶ．

ベンゼン環に連結する炭素を，ベンジル炭素あるいはベンジル位とよぶ．また，p.649で見たようにベンジル基（benzyl group）とは $PhCH_2$ 基のことであり，ベンジル炭素に結合する基を“ベンジル位の基”とよぶ．多くの場合，ベンジル位の反応性は，アリル位のそれに似ている．ベンジル位の分子軌道はアリル位と同様に，隣接する軌道との重なりによって安定化される（図 14・65）．

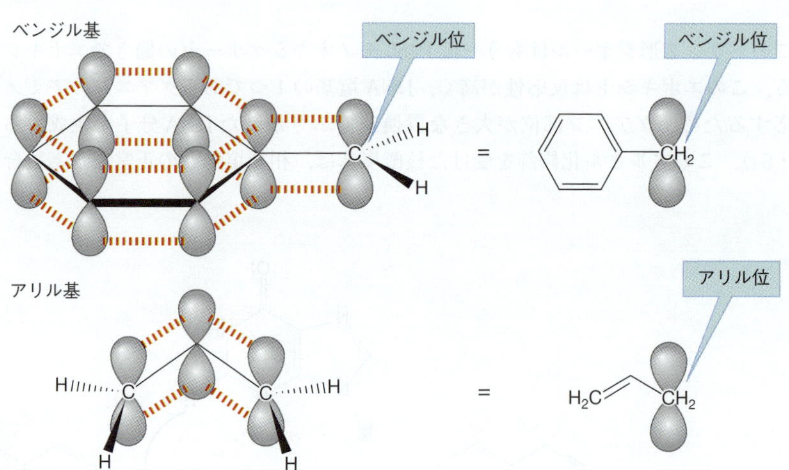

図 14・65 ベンゼン環に隣接する炭素の反応性は，アリル位の炭素の反応性に非常に似ている．

14・12a ベンジル化合物の置換反応

ベンジル化合物は S_N1 反応にも S_N2 反応にも活性である．S_N1 反応の律速過程であるカチオン生成段階で，ベンゼン環はカルボカチオンを著しく安定化する．たとえば，図 14・66 の典型的な S_N1 反応において，ベンジル型の塩化物は塩化イソプロピルに比べ反応速度が10万倍以上大きい．この理由は，両反応の中間体はともに第二級カチオンであるが，ベンジル型カチオンの方がよ

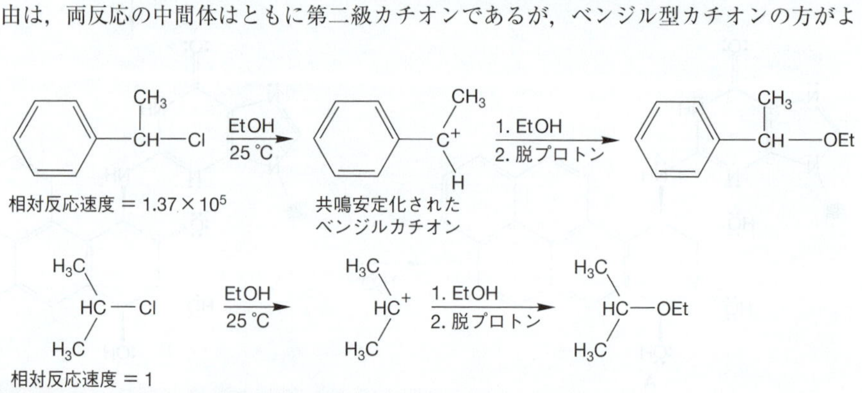

$PhCH(CH_3)$—Cl →(EtOH, 25 °C) $PhC^+(CH_3)H$ →(1. EtOH 2. 脱プロトン) $PhCH(CH_3)$—OEt

相対反応速度 ＝ 1.37 × 10^5　　共鳴安定化されたベンジルカチオン

$(H_3C)_2$HC—Cl →(EtOH, 25 °C) $(H_3C)_2HC^+$ →(1. EtOH 2. 脱プロトン) $(H_3C)_2$HC—OEt

相対反応速度 ＝ 1

図 14・66 ベンジル型カチオンは共鳴安定化されるので，その生成は比較的容易に起こる．したがって，優れた脱離基をもつベンジル化合物の S_N1 反応は非常に速い．

り熱力学的に安定であり，当然そのカチオンの生成に至る遷移状態もエネルギーが低いからである．

共鳴構造を考えると，ベンジルカチオンは正電荷が 4 個の炭素上に分布し，ベンズヒドリルカチオン（ジフェニルメチルカチオン，Ph_2C^+H；Ph_2CH-をベンズヒドリル基 benzhydryl group とよぶ）は 7 個の炭素上に，またトリチルカチオン（トリフェニルメチルカチオン，Ph_3C^+）は 10 個の炭素上に正電荷が分布する（図 14・67）．

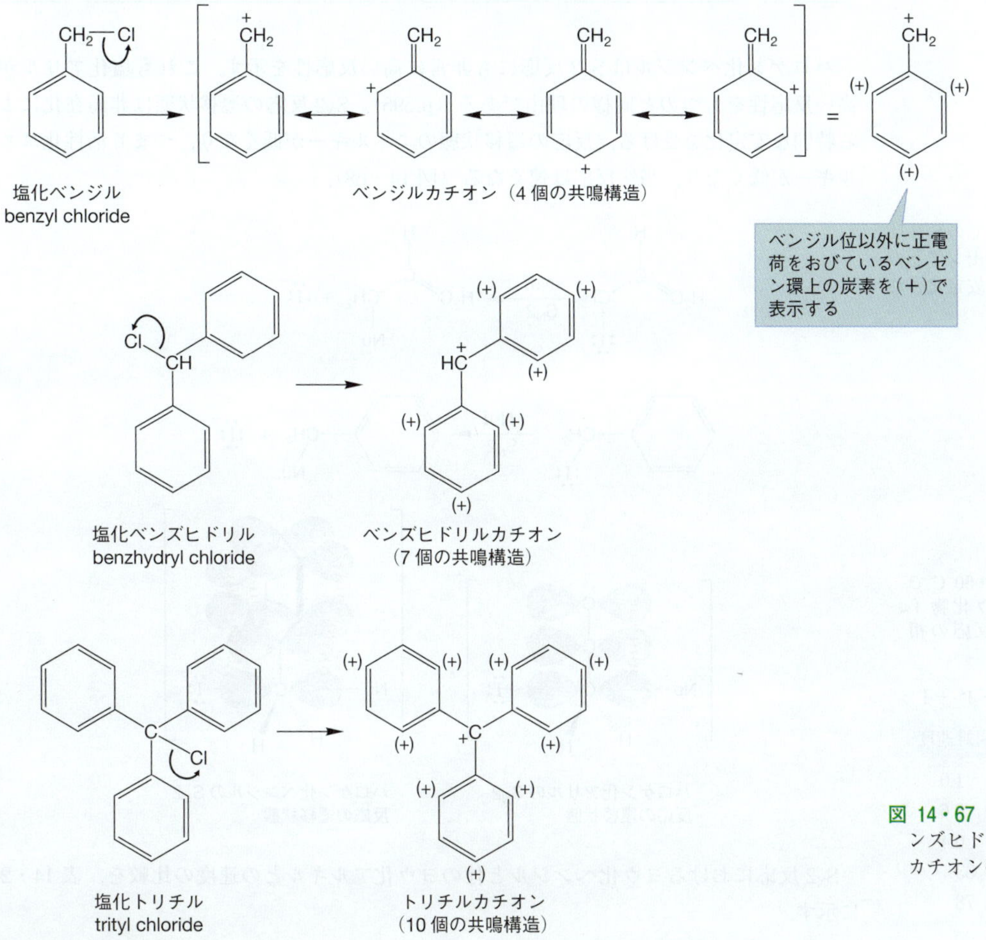

塩化ベンジル
benzyl chloride

ベンジルカチオン（4 個の共鳴構造）

ベンジル位以外に正電荷をおびているベンゼン環上の炭素を(+)で表示する

塩化ベンズヒドリル
benzhydryl chloride

ベンズヒドリルカチオン
（7 個の共鳴構造）

塩化トリチル
trityl chloride

トリチルカチオン
（10 個の共鳴構造）

図 14・67 ベンジルカチオン，ベンズヒドリルカチオン，トリチルカチオンの共鳴安定化

問題 14・25 下図の塩化トリプチセニルは，S_N1 反応において塩化トリチルほどの反応性がない．その理由を説明せよ．

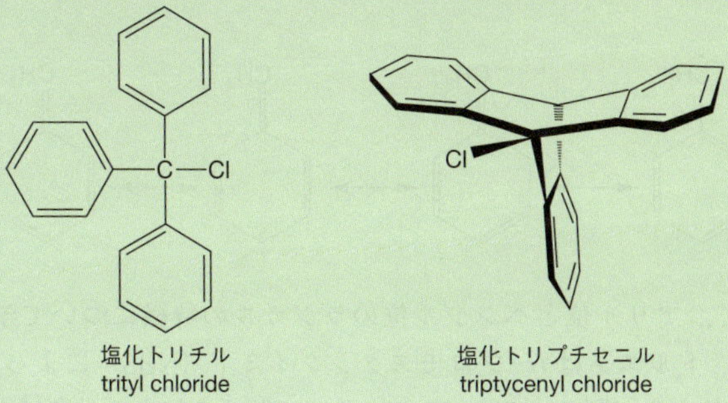

塩化トリチル
trityl chloride

塩化トリプチセニル
triptycenyl chloride

問題の解き方

問題14・25で，比較する2つの分子は，ほぼ同様なパーツからできている（つまりベンゼン環3個と塩素原子1個が，中心の第三級炭素に結合している点が共通）．この種の問題を解くには，パーツ間の幾何学的な関係の違いが決定的な差を生むことに気づく必要がある．

ハロゲン化ベンジルはS_N2反応にも非常に高い反応性を示す．これも塩化アリルが高い反応性をもつのと同様の理由である（p.595）．S_N2反応の遷移状態は非局在化による特別な安定化を受ける．反応の遷移状態のエネルギーが低くなり，つまり活性化エネルギーが低くなり，当然反応は速くなる（図14・68）．

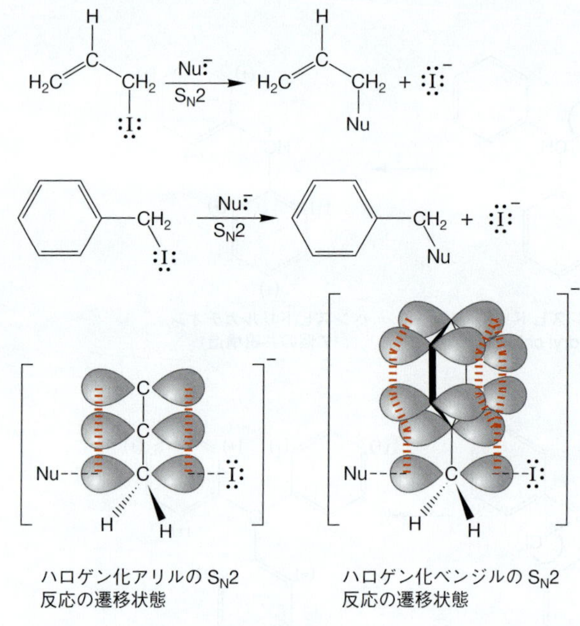

図14・68 ベンジル位でのS_N2反応の遷移状態は，ベンゼン環との軌道の重なりによって安定化される．

表14・2 エタノール中50°Cでの R-I と放射性ヨウ化物イオン（I^{*-}）のS_N2反応の相対速度

$R-I + I^{*-} \longrightarrow R-I^{*} + I^{-}$

R基	相対速度
エチル	1.0
プロピル	0.6
ブチル	0.4
アリル	33
ベンジル	78

S_N2反応におけるヨウ化ベンジルと他のヨウ化アルキルとの速度の比較を，表14・2に示す．

14・12b ベンジル位でのラジカル反応

ベンゼン環は隣接する半占軌道（ラジカル）を共鳴安定化する（図14・69）．

図14・69 ベンジルラジカルの共鳴構造式

12章において，アリル位とベンジル位のラジカルの特徴について学んだ（図12・20）．たとえば，トルエンは*N*-ブロモスクシンイミド（NBS）によって臭素化され，臭化ベンジルを与える（図14・70）．ここで改めて解説を加える必要はないだろう．

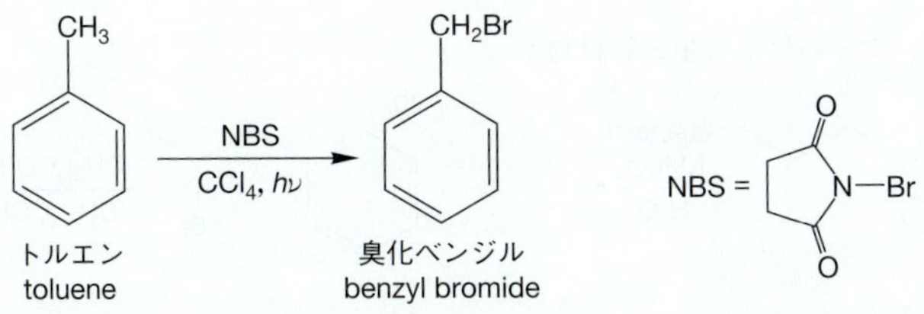

図 14・70 ラジカル機構によるトルエンの臭素化

問題 14・26 トルエンとNBSの反応の機構を示せ〔ヒント：12章（p.560）のNBSとアリル化合物との反応機構を参照せよ〕.

問題 14・27 四塩化炭素中で2-メチル-1-フェニルプロパンとNBSを反応させると，1-ブロモ-2-メチル-1-フェニルプロパンのみが生じる．理由を説明せよ．

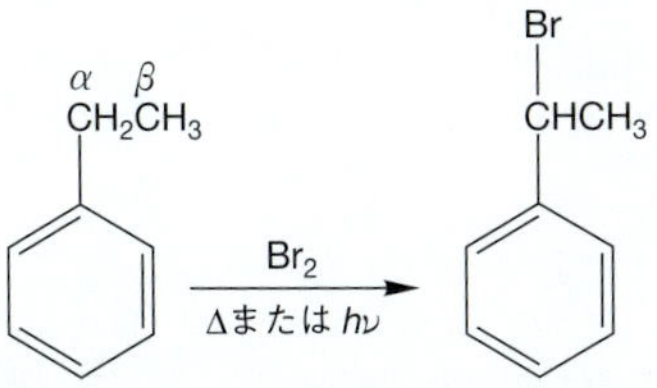

図 14・71 エチルベンゼン中 Br_2 を熱あるいは光で分解すると，ベンジル位（α位）でラジカル臭素化反応が起こり1-ブロモ-1-フェニルエタンを与える．

問題14・27の反応機構からわかるように，ベンジル位の水素引抜きが特に容易なのは，ベンジルラジカルが共鳴安定化されるためである．臭素は，触媒がなければベンゼン環とは反応しないので，単に熱するか光を照射するだけでベンジル位の臭素化を選択的に起こす（図14・71）．

14・12c ベンジル位の酸化 アルキルベンゼンを $KMnO_4$ あるいは $H_2Cr_2O_7$ で酸化すると**安息香酸**（benzoic acid，カルボキシ基がベンゼン環に直結した酸）が生じる．この反応には，ベンジル位のもつ特別な反応性が関与している．つまりアルキル側鎖の長短にかかわらず安息香酸になる．この反応機構の詳細は明らかでない．また第三級炭素側鎖はまったく酸化分解されない．酸化反応が進むには，ベンジル位に少なくとも1個の水素原子をもつことが必要である（図14・72）．

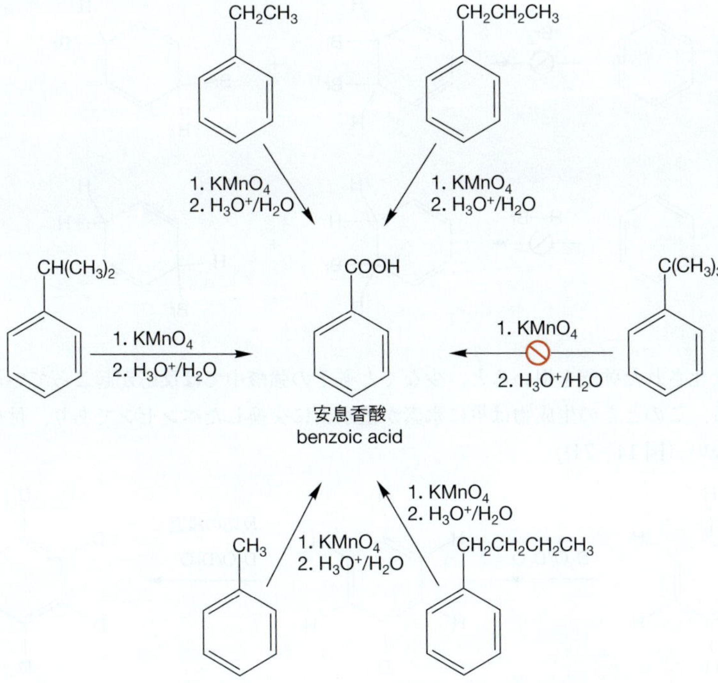

図 14・72 酸化剤により，ベンゼン環上のたいていのアルキル側鎖はカルボキシ基（-COOH）に変換される．ただし，この酸化が進むにはベンジル位に少なくとも1個の水素原子がなければならない．したがって，*t*-ブチルベンゼンは酸化されない．

問題 14・28 つぎの反応の生成物は何か．

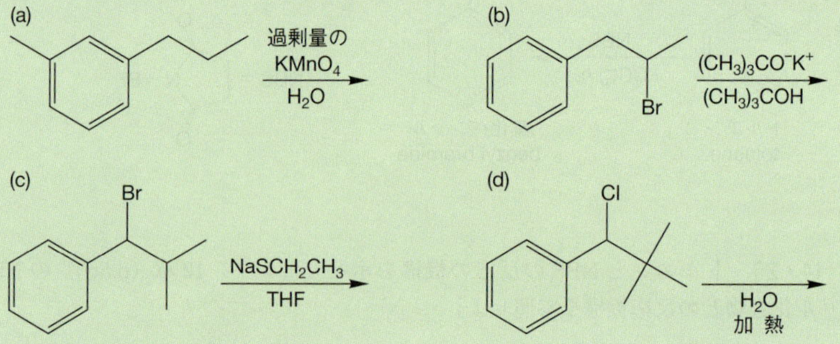

(a) 過剰量の $KMnO_4$ / H_2O

(b) Br / $(CH_3)_3CO^-K^+$ / $(CH_3)_3COH$

(c) Br / $NaSCH_2CH_3$ / THF

(d) Cl / H_2O 加熱

14・13 ベンゼンの反応化学入門

ここでは，芳香環で起こる反応について簡単にふれておこう．最初にベンゼンの芳香族性が保持される反応の例を見る．分子が願望をもっているというのは考え過ぎだとしても，ベンゼンの反応では，“芳香族性を維持せよ”が至上命令となる．もう少し具体的にいうならば，熱力学支配下では安定な化合物ほど有利なので，ベンゼンの反応では安定な新たな芳香族化合物を生成しやすい．しかし，場合によっては芳香族性を失った生成物を与える反応も知られている．これについては 14・13b 節で学ぶ．

14・13a 芳香族置換反応 ほとんどすべてのアルケンが Br_2 や HBr と反応して付加生成物を与えるのとは対照的に，ベンゼンはこれらと反応しない（図 14・73）ことをすでに述べた（p.626）．これはベンゼンの芳香族性による安定化のために，付加反応の活性化エネルギーが大きくなりすぎて，反応が進まないからである．

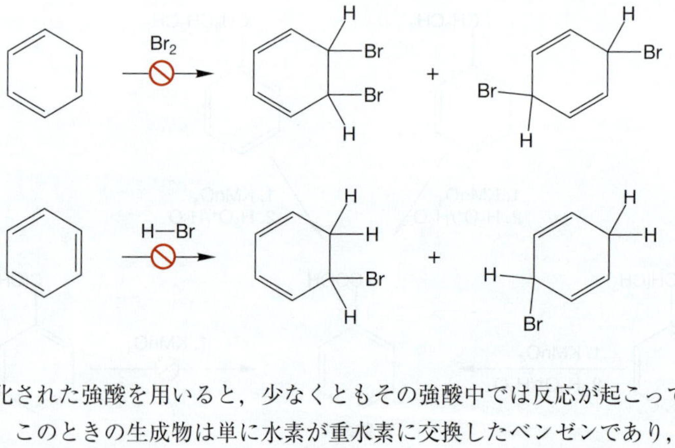

図 14・73 ベンゼンは Br_2 や HBr と反応しない．すなわち，1,2-あるいは 1,4-付加反応は起こらない．

Br_2 ⊘ → H, Br, Br, H + H, Br, Br, H

H—Br ⊘ → H, H, Br, H + H, H, H, Br

重水素化された強酸を用いると，少なくともその強酸中では反応が起こっていることがわかる．このときの生成物は単に水素が重水素に交換したベンゼンであり，付加生成物ではない（図 14・74）．

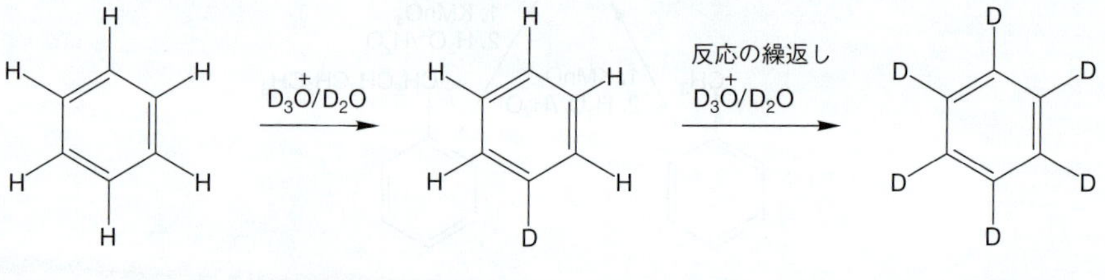

図 14・74 重水素化された酸の中では，ベンゼンの水素は重水素で置き換えられる．

$\xrightarrow{D_3\overset{+}{O}/D_2O}$ … $\xrightarrow{\text{反応の繰返し } D_3\overset{+}{O}/D_2O}$

この重水素化反応では何が起こっているのだろうか．なぜ通常の付加反応は起こらないのだろうか．この問に対する答に芳香族化合物の反応の特徴がすべて含まれており，15 章で詳しく学ぶ．重水素化された酸の中で，ジュウテロン（重陽子，D^+）が付加すると，共鳴安定化されたカルボカチオンを生じるが，これは芳香族性を失っている（図 14・75）．

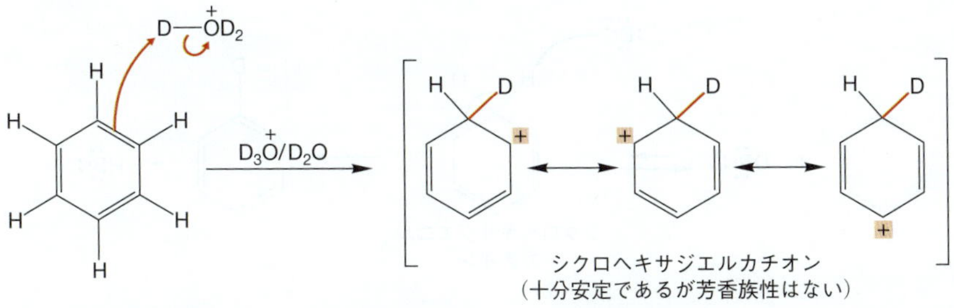

$D_3\overset{+}{O}/D_2O$

シクロヘキサジエルカチオン
（十分安定であるが芳香族性はない）

図 14・75 ベンゼンへのジュウテロン（D^+）の付加により，共鳴安定化されているが芳香族性のないカルボカチオンが生成する．

問題 14・29 図 14・75 で大括弧で囲まれたイオンには芳香族性がないことを確かめ，なぜ芳香族性が失われたか説明せよ．

解 答 生成するイオンは環状で，平面構造を一応とることはできる．しかし，CHD 部分によって環内の 2p 軌道の重なりが分断されるので，完全に共役することができず，芳香族性はない．

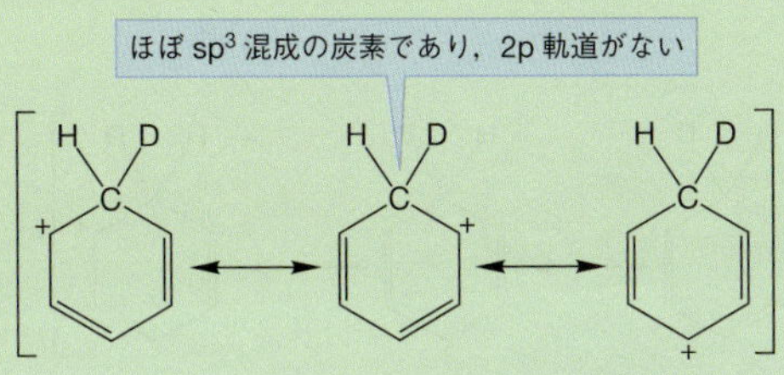

ほぼ sp^3 混成の炭素であり，2p 軌道がない

臭化重水素（DBr）とアルケンやジエンとの通常の付加反応と同様に反応が進むとすると，臭化物イオンのような求核試薬がこのカルボカチオンを攻撃し，付加生成物を与えるはずである（図 14・76）．その場合，1,2-付加体と 1,4-付加体の 2 種類の生成物が

図 14・76 カチオン中間体へ Br^- が付加すれば，2 種類の非芳香族性化合物が生成するはずである．

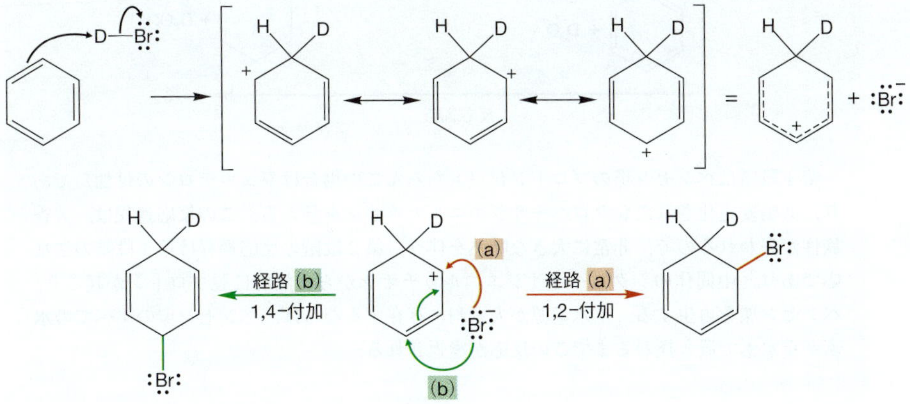

経路 (b) 1,4-付加

経路 (a) 1,2-付加

考えられるが，これらの付加生成物は，芳香族性すなわち約 125 kJ/mol 以上の非局在化による安定化エネルギーを失うことになるので，吸熱反応となる．ここではベンゼン環を再生するという別のもっと好ましい反応過程が可能である．つまり，プロトン（あるいはジュウテロン D^+）を失えば，芳香族性を示す 6π 電子構造が再び生まれる（図 14・77）．

図 14・77 カルボカチオンからプロトンあるいはジュウテロンが失われることにより，芳香族性が再生する．

シクロヘキサジエニルカチオン

ジュウテロンが脱離すると，ベンゼンが再生されるだけなので，反応が何も起こらなかったように見える．しかし，プロトンが外れれば，H−D 交換が起こったことになり，ジュウテリオベンゼンが得られる（図 14・77）．大過剰の重水素化された酸があれば，すべての軽水素原子が交換してヘキサジュウテリオベンゼンを生成する．この反応については，もう一度 15 章でふれる．

問題 14・30 ベンゼンからジュウテリオベンゼンが生成する反応について，反応の進度とエネルギーの相関図を描け．

解 答

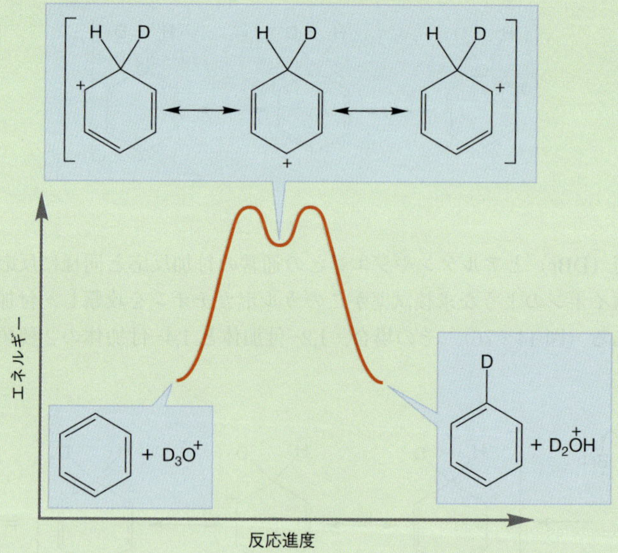

第 1 段階はベンゼン環のプロトン化（もちろんこの場合はジュウテロンの付加）であり，共鳴安定化されたシクロヘキサジエニルカチオンを与える．この反応過程は，芳香族性が失われるので，非常に大きな吸熱を伴う．第 2 段階の反応過程は第 1 段階の逆反応であり，中間体のシクロヘキサジエニルカチオンから発熱的に脱プロトンが起こり，ベンゼン環を再生する．重水素源が大過剰に存在するならば，ベンゼン環のすべての水素が重水素で置き換わるまでこの反応が繰返される．

14・13b 芳香族化合物のBirch還元 ここでは生成物が芳香族性を失う例として，**Birch**（バーチ）**還元**（Birch reduction）をとりあげる．液体アンモニア中でアルキンに金属ナトリウムを作用させると，完璧な選択性でトランスのアルケンを生じることを学んだ（p.515）．ベンゼンの触媒的水素化は困難（p.633）なのに対して，少量のアルコールを含む液体アンモニア中でベンゼンに金属ナトリウムを作用させると，還元生成物である1,4-シクロヘキサジエンを生じる（図14・78）．この還元法は，オーストラリアの化学者Arthur J. Birch（1915～1995）にちなんでBirch還元とよばれる．

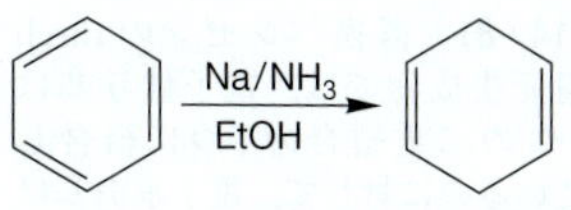

Na/NH$_3$
EtOH
1,4-シクロヘキサジエン
1,4-cyclohexadiene

図 14・78 芳香族化合物をBirch還元すると，1,4-シクロヘキサジエン類を生じる．

触媒的水素化反応ではすべての炭素－炭素π結合が還元されるのに対して，Birch還元ではベンゼン環が部分的に還元されるだけという大きな違いに，まず注意しよう．Birch還元ではジエンが生成した段階で還元反応は止まり，すべての二重結合が還元されることはない．

Birch還元は，溶解金属によるアルキンの還元（p.515）に似た反応機構で進む．まず金属ナトリウムからベンゼンの反結合性軌道の1つへ1個の電子が移り，共鳴安定化されたラジカルアニオンを生成する（図14・79）．

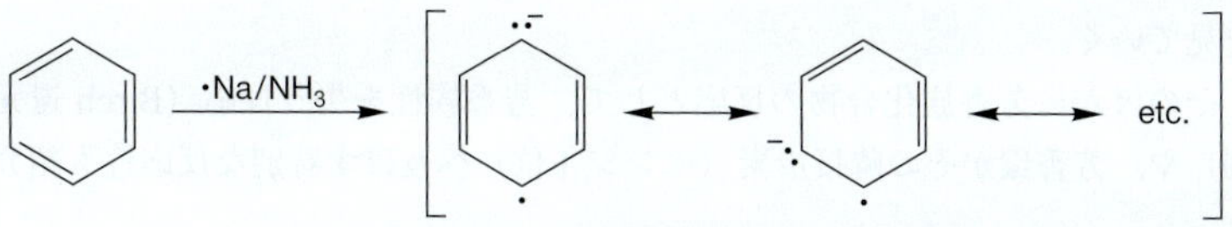

·Na/NH$_3$
etc.
共鳴安定化されたラジカルアニオン

図 14・79 金属ナトリウムからベンゼンへの1電子移動により，共鳴安定化されたラジカルアニオンが生成する．

このラジカルアニオンはアルコールでプロトン化されてラジカルになり，再度金属ナトリウムからの1電子移動およびアルコールによるプロトン化が起こり，還元生成物を与える（図14・80）．

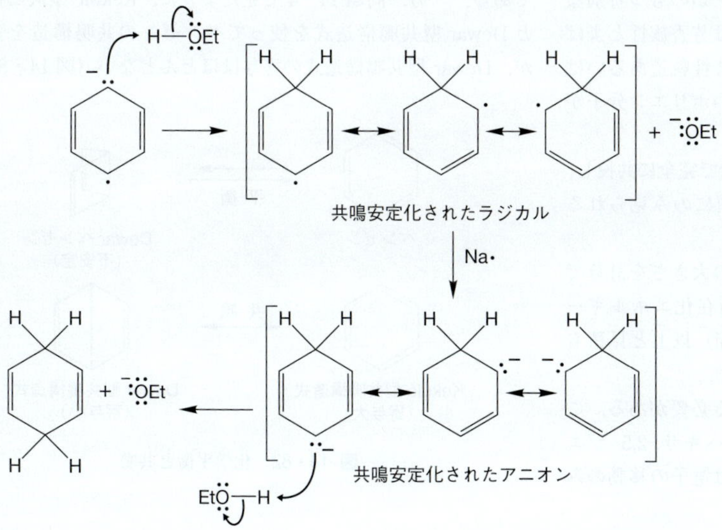

H—ÖEt
H H
+ $^{-}$:ÖEt
共鳴安定化されたラジカル
Na·
+ $^{-}$:ÖEt
EtÖ—H
共鳴安定化されたアニオン

図 14・80 ラジカルアニオンはプロトン化され，共鳴安定化されたシクロヘキサジエニルラジカルを生じる．これはさらに1電子還元された後，プロトン化を受けて1,4-シクロヘキサジエンに変換される（Et = CH_2CH_3）．

置換ベンゼンも同様に還元されるが，置換基の種類に応じての2つの選択性が生じる．置換基がアルキル基やアルコキシ基のような電子供与基の場合，その置換基は生成物の二重結合部分に位置する．一方，カルボキシ基のような電子求引基の場合，置換基はメチレン部分に位置する（図14・81）．

図 14・81 置換ベンゼンの Birch 還元生成物では，電子供与基は2つの二重結合の1つに結合しているのに対して，電子求引基はメチレン部分に位置する（Et＝CH_2CH_3）．

CH_3O — 1. $Na/NH_3/EtOH$ 2. H_2O/H_3O^+ → CH_3O

COOH — 1. $Na/NH_3/EtOH$ 2. H_2O/H_3O^+ → COOH

まとめ

ベンゼンの化学は，“芳香族性を示す環状共役構造を保て”という原則に要約される．その言葉が意味することは，完全に共役した環構造がもつおよそ 125 kJ/mol 以上の非局在化エネルギーを失わないように，熱力学的な駆動力が働くということである．この章では，求電子試薬がベンゼン環上の1つの水素原子と置き換わる単純な芳香族置換反応の例を紹介した．つぎの15章では，さまざまな芳香族求電子置換反応を見ていく．

そのほかに芳香族化合物の反応として，芳香族性を失う反応（Birch 還元がその一例）や，芳香環がその隣接炭素（ベンジル位）へ及ぼす特別な反応性も紹介した．

14・14 まとめ

■新しい考え方■

この章では新しい概念について学ぶことに重点がおかれ，新しい反応や合成法はほとんど登場しなかった．ここでは平面環状構造をもち完全に共役したある種のポリエン類のもつ特別な安定性について見てきた．この特別な安定性は芳香族性とよばれ，結合性分子軌道が完全に満たされ，反結合性軌道あるいは非結合性軌道にはまったく電子が入っていないポリエン分子がもつ性質である．

このような特に安定な分子は，平面環状構造で完全に共役し，さらに（$4n+2$）個のπ電子をもつポリエン類にのみ見られる（Hückel 則）．

水素化熱および生成熱により，その安定性の大きさを計算できる．たとえば，ベンゼンに対してその非局在化エネルギー（共鳴エネルギー）は 125 kJ/mol（30 kcal/mol）以上と見積もられる．

共鳴構造と化学平衡の違いを正しく理解する必要がある．この章では，Dewar ベンゼン（ビシクロ[2.2.0]ヘキサ-2,5-ジエン）を例にとって説明した．つねに共鳴構造は電子の移動のみで表されるのに対して，化学平衡にある分子間では原子の空間的配置が異なる．ベンゼンと Dewar ベンゼンは異なる分子構造である．一方，問題 14・4 で見たように，Kekulé 型共鳴構造式と Dewar 型共鳴構造式を使ってベンゼンの共鳴構造を表せるが，Dewar 型共鳴構造式の寄与はほとんどない（図 14・82）．

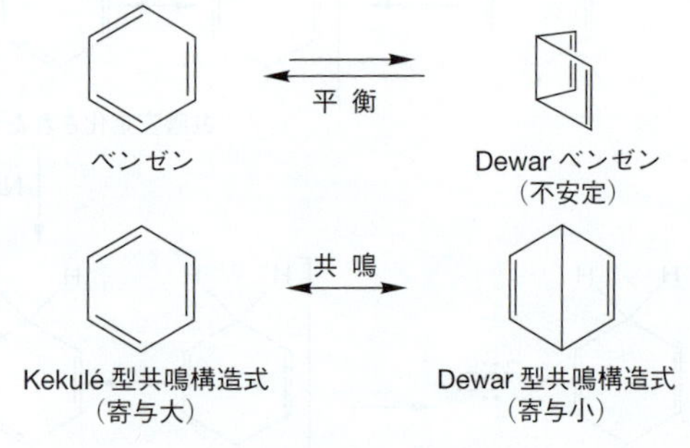

図 14・82 化学平衡と共鳴

■重要語句■

アヌレン annulene（p.648）
アレーン arene（p.652）
安息香酸 benzoic acid（p.665）
オルト位 ortho（p.649）
共鳴エネルギー resonance energy（p.633）
Kekulé 構造式 Kekulé forms（p.629）
シクロペンタジエニルアニオン cyclopentadienyl anion（p.641）
多環芳香族炭化水素 polycyclic aromatic hydrocarbon（PAH, p.656）
Dewar 構造式 Dewar forms（p.630）
Dewar ベンゼン Dewar benzene（p.627）
トロピリウムイオン tropylium ion（p.640）
Birch 還元 Birch reduction（p.669）
パラ位 para（p.649）

反芳香族性 antiaromatic (p.638)
非局在化エネルギー delocalization energy (p.633)
Hückel 則 Hückel's rule (p.636)
ピリジン pyridine (p.652)
ピロール pyrrole (p.644)
フラン furan (p.653)
Frost 円 Frost circle (p.636)
ヘテロベンゼン化合物 heterobenzenes (p.644)
芳香族性 aromaticity, aromatic character (p.634)
芳香族複素環化合物 heteroaromatic compound (p.653)
メタ位 meta (p.649)

■反応・機構・解析法■

この章ではベンゼンの求電子置換反応の一般的な反応機構を学んだ．種々の求電子置換反応の例は 15 章で述べるが，ここでは重水素置換反応をとりあげた．すなわち，D^+の吸熱的付加により芳香族性をもつ環構造は壊れるが，H^+の発熱的脱離により再生される（図 14・77）．

■合　成■

この章では新しい合成反応についてはほとんど述べなかった．ヒドリドの引抜きによるトロピリウムイオンの生成，ベンゼンの Birch 還元による 1,4-シクロヘキサジエンの生成について学んだ．また，酸触媒を用いた重水素交換反応による重水素化ベンゼンの合成も紹介した．これは 15 章で学ぶ多くの求電子置換反応の原型となる反応である．

1. ベンジル化合物

$$C_6H_5-CH_2-LG \xrightarrow{Nu^-} C_6H_5-CH_2-Nu$$

S_N1 および S_N2 反応

$$C_6H_5-CH_3 \xrightarrow{NBS} C_6H_5-CH_2-Br$$

ベンジル位でのラジカル臭素化反応

$$C_6H_5-CH_3,\ C_6H_5-CH(CH_3)_2 \xrightarrow{KMnO_4} C_6H_5-COOH$$

少なくとも 1 つの水素原子をもつベンジル位での酸化反応

2. シクロヘキサジエン

$$C_6H_6 \xrightarrow[EtOH]{Na/NH_3} \text{1,4-シクロヘキサジエン}$$

ベンゼンの Birch 還元反応

3. 重水素化ベンゼン

$$C_6H_6 \xrightarrow{D_3\overset{+}{O}/D_2O} C_6H_5D + D_2\overset{+}{O}H$$

酸触媒によるベンゼン環上の水素置換反応．
最終的にすべての水素原子が交換される

4. トロピリウムイオン

$$C_7H_8 + {}^+CPh_3\ {}^-BF_4 \longrightarrow C_7H_7^+\ {}^-BF_4 + HCPh_3$$

テトラフルオロホウ酸トロピリウム

シクロヘプタトリエンからトリチルカチオン($^+CPh_3$)へのヒドリドイオンの移動

■間違えやすい事柄■

最もおかしがちな誤りは，Hückel 則を一般化しすぎることである．芳香族性をもつために必要なつぎの 4 つの基準があてはまるかどうかを見極めよ．

1) p 軌道が完全につながるために環状であること（図 14・18）．
2) p 軌道が効率よく重なり合うために平面構造であること（図 14・16）．
3) 環内に p 軌道同士の重なりが途切れるような箇所がないこと（図 14・15）．
4) $(4n+2)$個の π 電子が存在すること．

4)ではπ電子系に含まれない電子を数えないようにする注意が必要である．たとえば，ピリジンにおいて sp^2 軌道に入っている孤立電子対をπ電子として数える間違いをすることが多い(図14・47)．この4つの基準をすべて満たす分子のみが，芳香族性を示す．

Frost円を利用する際には，円に内接する多角形の1つの頂点が真下にくるように描かなければならない．また，Frost円は単環化合物のみに適用できることも忘れてはならない．

“絶対的な安定性”と“相対的な安定性”を混同してはならない．たとえば，シクロペンタジエニルアニオンは芳香族性を示し，アニオンのなかでは例外的に安定である．しかし，ベンゼンに比べれば安定ではない．

“共鳴”と“化学平衡”を混同してはならない．ベンゼンの2つのKekulé構造式と仮想分子である1,3,5-シクロヘキサトリエンとの違いをしっかり理解しよう．

14・15 追加問題

問題 14・31 つぎの化合物を命名せよ．

(a)
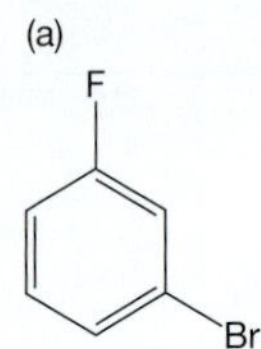

(b)
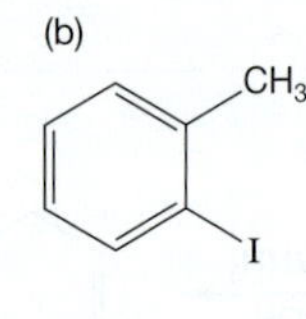

(c)
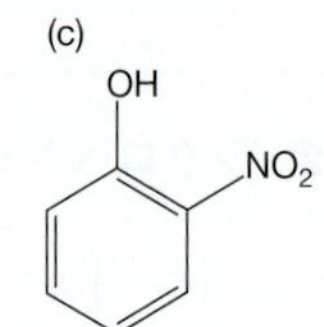

(d)
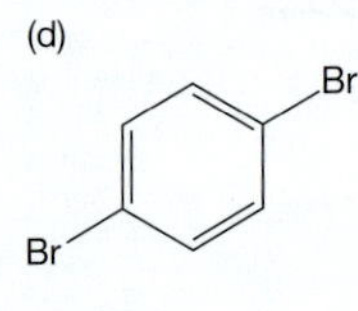

(e)
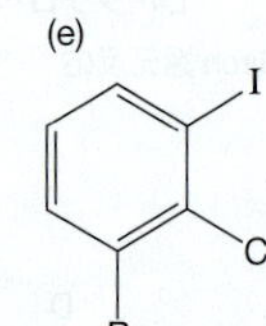

(f)
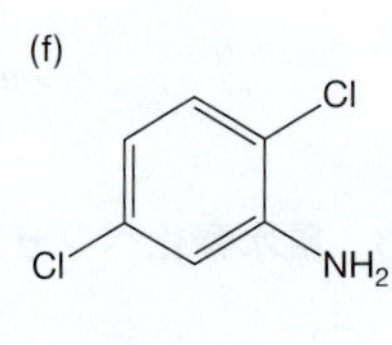

問題 14・32 つぎの化合物の化学構造式を示せ．

(a) 2,4,6-トリニトロトルエン (TNT)
(b) 4-ブロモトルエン　(c) *p*-ブロモトルエン
(d) *m*-ジヨードベンゼン　(e) 3-エチルフェノール
(f) *m*-エチルフェノール
(g) 1,2,4,5-テトラメチルベンゼン (ジュレン)
(h) *o*-ジュウテリオベンゼンスルホン酸
(i) *p*-アミノアニリン　(j) *m*-クロロアニソール

問題 14・33 11章でアルキンはブロモニウムイオンをつくりにくいことを学んだ (p.481)．このブロモニウムイオンがなぜ高エネルギー化合物なのか，説明せよ．

問題 14・34 つぎの複素環化合物のなかで芳香族性を示すものはどれか．それぞれの化合物のLewis構造式を描いて考えると，解きやすい．

(a)
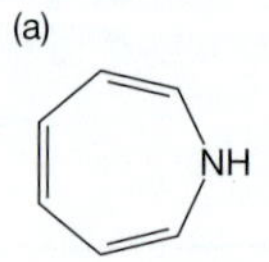

(b)
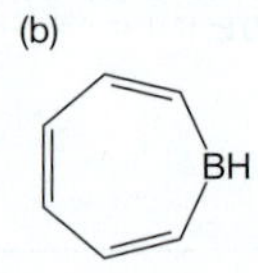

(c)
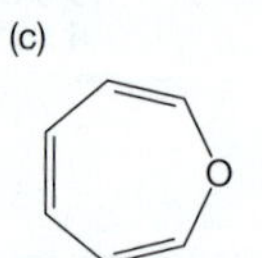

(d)
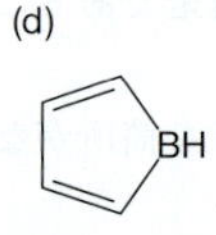

(e)
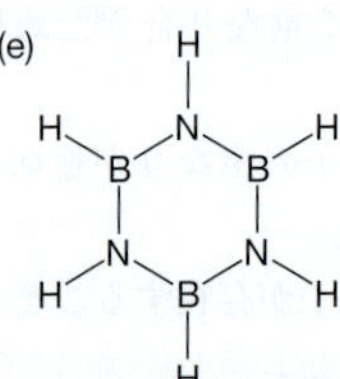

問題 14・35 ピリジンはアザベンゼン（アザは窒素原子が含まれることを意味する）ともよばれる．ジアザベンゼンには3種の異性体がある．それらの化学構造式を描け．またそれらは芳香族性を示すか．

問題 14・36 つぎの炭化水素を，芳香族，反芳香族，非芳香族化合物に分類せよ．またその判断理由も述べよ．

(a)
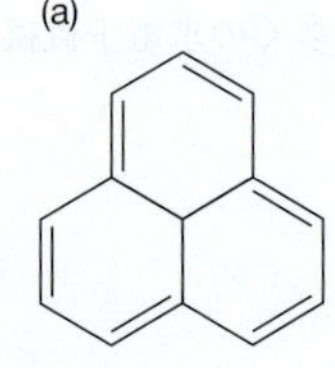

(b)
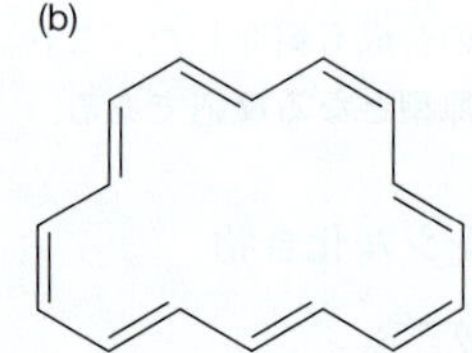

(c)
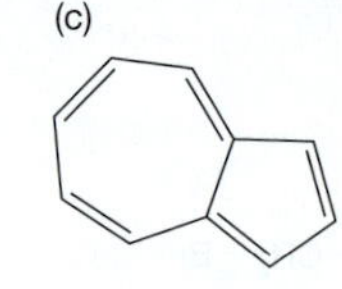

(d)
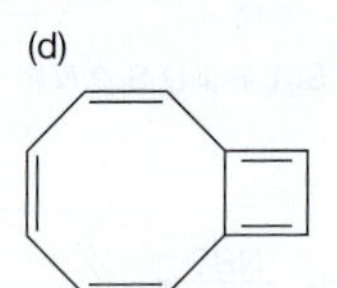

(e)
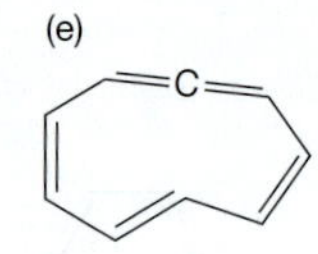

(f)
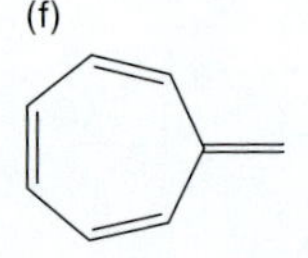

(g)
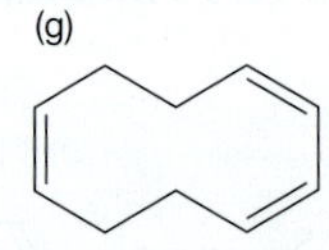

(h)
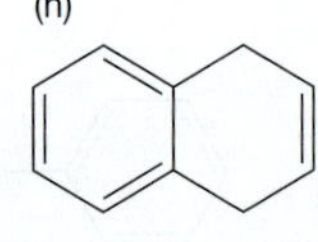

問題 14・37 つぎの中間体を，芳香族，反芳香族，非芳香族化合物に分類せよ．またその判断理由も述べよ．

(a)
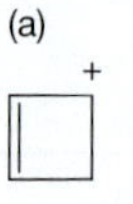

(b)
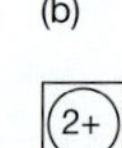

(c)
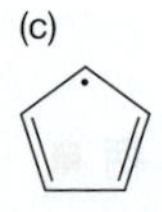

(d)
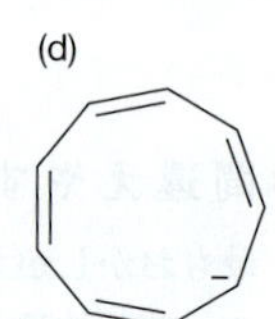

(e)
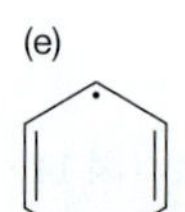

(f)
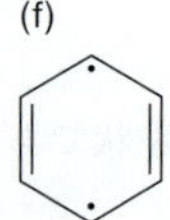

(g)
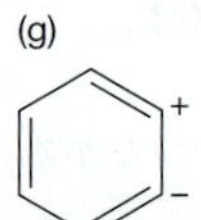

(h)

問題 14・38 つぎの条件を満たす芳香族複素環化合物を1つずつ考えよ．
(a) ホウ素原子を1つ含むもの
(b) ホウ素原子を1つ，酸素原子を1つ含む6員環化合物
(c) 酸素原子を1つ，窒素原子を1つ含む5員環化合物
(d) 窒素原子を2つ含む5員環化合物
(e) ホウ素原子を3つ，窒素原子を3つ含む6員環化合物

問題 14・39 酸素原子と窒素原子を1つずつ含み，電気的に中性な6員環状の芳香族化合物をつくってみよ．

問題 14・40 5-ブロモ-1,3-シクロヘキサジエンは単離が非常に難しいが，1-ブロモ-1,3-シクロヘキサジエンは簡単に合成できる．この大きな違いを説明せよ．

問題 14・41 **1**の構造のアジリン（azirine）は単離できないが，その異性体である**2**の構造のアジリンは単離できる．この違いを説明せよ．

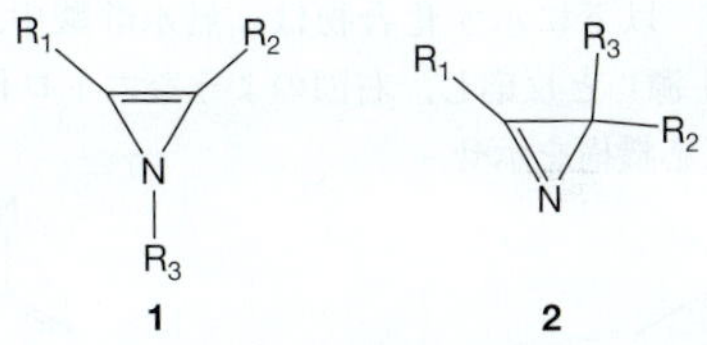

問題 14・42 テトラヒドロフラン（THF）の双極子モーメントは1.7 Dであるが，フランの双極子モーメントは0.7 Dしかない．これを説明せよ．

問題 14・43 1,3,5,7-シクロオクタテトラエン（COT）の水素化熱は約423 kJ/molである．シクロオクテンの水素化熱は約96 kJ/molである．COTは芳香族性をもつと考えられるか．理由も示せ．

問題 14・44 ドイツの化学者G. Merlingは早くも1891年に1,3,5-シクロヘプタトリエンを臭素と反応させると，液体の二臭化物が生成することを見いだした．この二臭化物を加熱すると臭化水素が発生し，分子式C_7H_7Brで表される黄色固体（融点203 ℃）が得られた．この化合物は水に溶けるが，水から黄色固体を回収することはできず，代わりにジトロピルエーテルが得られた．Merlingは何が起こっているのか説明できなかった．この一連の反応過程を説明せよ．

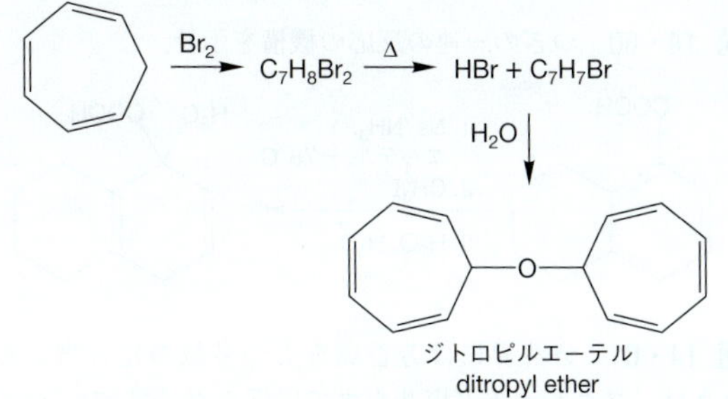

問題 14・45 多くのジアゾ化合物は非常に不安定で，爆発物として悪名高い．これとは対照的に，鮮やかな橙色のジアゾシクロペンタジエンは非常に安定な化合物である．この理由を説明せよ．

N_2
ジアゾシクロペンタジエン
diazocyclopentadiene

問題 14・46 (*E*)-1-フェニル-2-ブテンが1分子のOsO_4とだけ反応するのはなぜか．生成物の分子構造を描け．

OsO_4
H_2O
Na_2SO_3

問題 14・47 つぎの化合物を塩化メチレン中Br_2と反応させたときの生成物は（もし生成するならば）何か．
(a) スチレン
(b) 1-エチル-3-ニトロベンゼン
(c) (*Z*)-2-フェニル-2-ブテン
(d) 3-フェニル-1-プロペン
(e) 3-フェニルヘプタン

問題 14・48 (*E,E*)-1-フェニル-1,3-ペンタジエンを塩化メチレン中等モル量のBr_2と反応させると，熱力学支配あるいは速度論支配の反応条件によらず，(*E*)-3,4-ジブロモ-1-フェニル-1-ペンテンが主生成物となる．この反応機構を説明せよ．またこの高い選択性が出るのはなぜか．

問題 14・49 つぎの化合物を，THF中でHBrと反応させたときの生成物は（もし生成するならば）何か．
(a) スチレン
(b) (*Z*)-2-フェニル-2-ヘキセン
(c) 2-メチル-1-フェニル-1-プロペン
(d) 3-フェニル-1-プロペン
(e) ナフタレン

問題 14・50 つぎの化合物を，四塩化炭素中で紫外線を当てながらNBSと反応させたときの生成物は何か．
(a) 3-フェニルオクタン
(b) 3-メチル-1-フェニルブタン
(c) (*Z*)-1-フェニル-2-ブテン
(d) イソプロピルベンゼン
(e) フェニルシクロヘキサン

問題 14・51 等モル量同士のNaIと1,5-ジクロロ-1-フェニルヘキサンを反応させたとき，主生成物は何か．またこのとき反応はなぜ位置選択的に起こるのか．

問題 14・52 アリルのπ分子軌道をもとにして，ベンゼン(p.632)のπ分子軌道をつくれ（エネルギーが同等の分子軌道同士の組合わせのみを考えればよい）．

問題 14・53 VogelとRothによって見いだされた，橋かけ構造をもつシクロデカペンタエン（**1**）の合成経路を次ページに示す．a, b, c, dで表された反応試薬は何か．また，最終反応段階を巻矢印表記法により説明せよ．

問題 14・53 (つづき)

a, b, Na/NH_3, c, d, Δ, 1

1.37 Å
1.42 Å
1
2
3
アントラセン

問題 14・56 アントラセンでは，なぜ1,2-結合が2,3-結合より短いか説明せよ．

問題 14・57 ニトロニウムイオン（$^+NO_2$）は，ベンゼンと反応してニトロベンゼンを与えることが知られている．巻矢印表記法を用いて，この反応機構を説明せよ．

$^+NO_2$ $^-BF_4$ → NO_2

問題 14・58 以下に示す化合物は，無水酢酸中，硝酸銅(II)（$^+NO_2$ の発生源）と反応し，右図のようなニトロ化物を高収率で与える．反応機構を示せ．

$Cu(NO_3)_2$
無水酢酸
0 ℃
CH_3, CH_3, NO_2

問題 14・54 ピリジンとイミダゾールの窒素部位は中程度の強さのブレンステッド塩基であるのに対して，ピロールはずっと弱い塩基である．実際，ピロールは強酸中でのみプロトン化を受け，プロトン化される部位は窒素ではなくC(2)位である．まず，なぜピリジンとイミダゾールは塩基性を示し，ピロールは塩基性を示さないか説明せよ．つぎに，なぜピロールのプロトン化される位置が窒素部位ではなく，炭素部位なのか説明せよ（注意：この問題を解くには，完全なLewis構造式を描いてみることが必要である）．

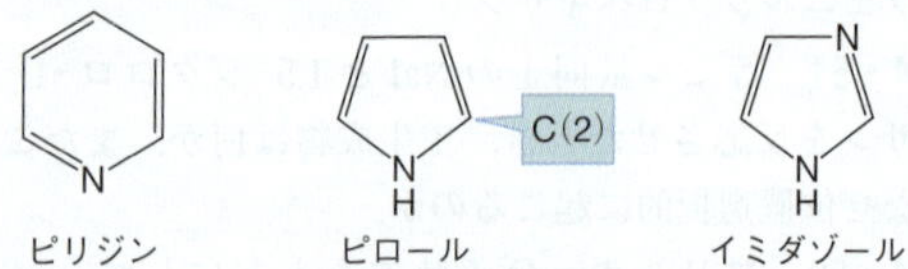

ピリジン　　ピロール　　イミダゾール

問題 14・55 シクロプロペンの分子構造を描け．この分子には何種類の水素があるか．どの水素の酸性が最も強いか．なぜ強いのか．本書巻末付録のデータを用いて，それぞれの水素の pK_a を推定せよ．

問題 14・59 つぎの化合物を合成した化学者は，この分子には6つの二重結合と1つの三重結合があり，16個のπ電子〔$4n$ ($n = 4$) であり，$4n+2$ ではない〕が存在するので，この化合物は芳香族性がないであろうと予想していた．彼の予想はどこが誤りか．

問題 14・60 つぎの一連の反応の機構を示せ．

COOH
1. Na/NH_3, エーテル, −78 ℃
2. CH_3I
3. H_2O, H_3O^+
H_3C COOH

問題 14・61 自然界には芳香環をもつ多数の化合物がある．たとえば，ヌクレオチド塩基をすでに学んだ．アデニン，グアニン，シトシン，チミン（p.660）の分子構造を描け．これらの分子中の芳香環部分を丸で囲め．芳香族性の有無を見るには，共鳴構造式を描けばよい．

問題 14・62 ナフタレンとアントラセンは多環芳香族化合物であるが，Diels–Alder 反応を行う．たとえば，アントラセンは無水マレイン酸と容易に反応する．一方，ナフタレンは高圧条件下でのみ効率的に反応する．

アントラセン + 無水マレイン酸 —キシレン, 140 ℃, 10 min→ ?

ナフタレン + 無水マレイン酸 —100 ℃, 9.6 kbar, 17 h→ ?

(a) これらの Diels–Alder 反応で得られる生成物を描け．

(b) Diels–Alder 反応において，なぜアントラセンはナフタレンに比べて反応性がはるかに高いのか説明せよ．

ヒント：ナフタレンとアントラセンの計算により求められた非局在化エネルギーは，それぞれ 255 kJ/mol および 351 kJ/mol である．

問題 14・63 あるアルキルベンゼンが，つぎに示す構造異性体のいずれかであることがわかっているとする．この構造が $KMnO_4$ による酸化反応で決定できるのはなぜか．

(a) CH_3 と $C(CH_3)_3$ をパラ位にもつベンゼン

(b) CH_2CH_3 と $CH(CH_3)_2$ をパラ位にもつベンゼン

(c) $H_3C{-}C(CH_3)(C_6H_5){-}CH_2CH_3$

芳香族化合物の置換反応

15

Even electrons, supposedly the paragons of unpredictability, are tame and obsequious little creatures that rush around at the speed of light, going precisely where they are supposed to go. They make faint whistling sounds that when apprehended in varying combinations are as pleasant as the wind flying through a forest, and they do exactly as they are told. Of this, one can be certain.

——— Mark Helprin*, "Winter's Tale"

15・1　はじめに

13 章と 14 章で，2p 軌道の重なりによって生じる共役構造の特徴を説明し，その原型となるベンゼンについて，芳香族性がもたらす著しい安定性について学んだ．この章では，おもに芳香族化合物の求電子置換反応について説明する．すでに 14・13 a 節 (p.666) でこの反応を少し紹介した．芳香族化合物の反応の特徴は，安定な芳香族性をできるだけ保とうとする原理が働くことにある．この芳香族性を失うには大きなエネルギーを要するし，逆に芳香族性を取戻す過程は非常に容易に起こる．

芳香族化合物は安定で低エネルギー状態にあるので，反応するためには通常非常に大きな活性化エネルギーを必要とする．すなわち芳香族化合物から非芳香族化合物への変換は，非常に大きな吸熱を伴う（図 15・1）．その結果，その反応の遷移状態は，高エネルギーの非芳香族性生成物に近い（Hammond の仮説，p.343 を参照）．逆に非芳香族化合物から芳香族化合物への変換は大きな発熱を伴う（図 15・2）．この場合にはその遷移状態は出発物の非芳香族化合物に似ており，活性化エネルギーは小さいので，反応は容易に起こるだろう．結局ある芳香族化合物から別の芳香族化合物への変換反応のエネルギー変化は，図 15・1 と図 15・2 を合わせた図 15・3 のように表される．

この章では，ベンゼン環上の水素の 1 つが求電子試薬（electrophile；"電子を好むもの"を意味し，E^+で表される．電子対を受け入れるルイス酸として機能する）に置き換わる，芳香族化合物の典型的な反応例を多く学ぶ．このとき，反応の前後でベンゼン環が芳香族性を保ち続けていることに注意しよう（図 15・4）．章の後半では，ベンゼン環上の置換基によって，つぎの置換反応がどのように影響されるかについても学ぶ．つまり，ベンゼン環上の置換基の種類に応じて，2 段階目の置換反応がより容易に進む場合もあれば，むしろ進みにくくなる場合もある．

---

* Mark Helprin は 1947 年生まれの米国の作家．空想性に富む小説を得意とし，おもな著書は "Winter's Tale"『冬物語』，"A Soldier of the Great War"『第一次大戦の兵士』，"Memoire from Antproof Case"『アントプルーフ事件の思い出』など．

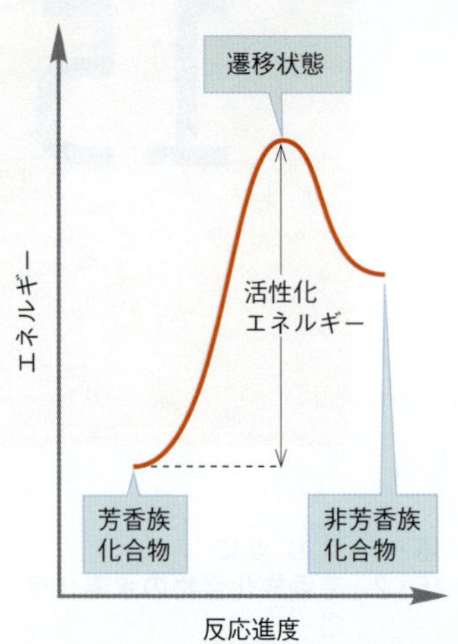

図 15・1　芳香族化合物から非芳香族化合物への変換に伴う，典型的なエネルギー変化．この反応で芳香族性を失うため，大きな活性化エネルギーを要する．

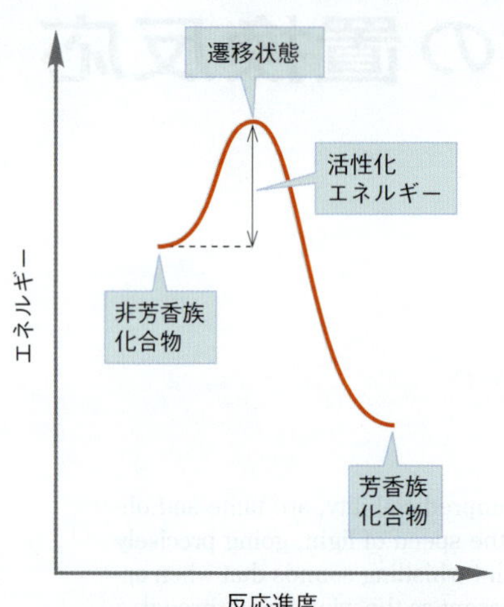

図 15・2　非芳香族化合物から芳香族化合物への変換に伴う，典型的なエネルギー変化．芳香族性が得られるので，小さな活性化エネルギーで済む．

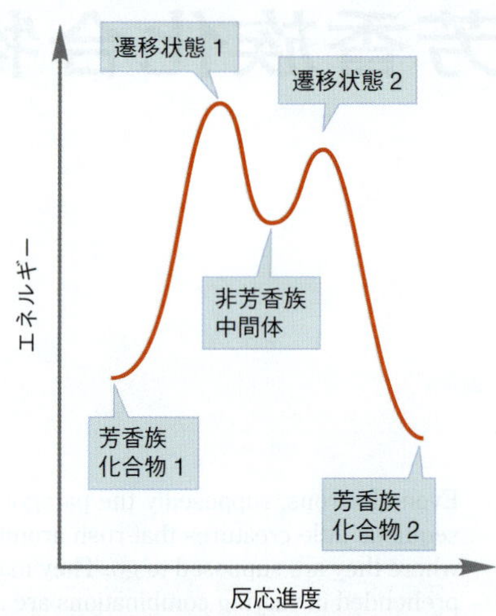

図 15・3　芳香族化合物から別の芳香族化合物への変換における，典型的なエネルギー変化．図 15・1 と図 15・2 を組合わせたもの．

まず最初に，ベンゼン環としてはまれな反応，すなわちベンゼン環への単純な付加が起こって芳香族性を失う反応から見ることにする．

図 15・4　芳香族求電子置換反応の一般式

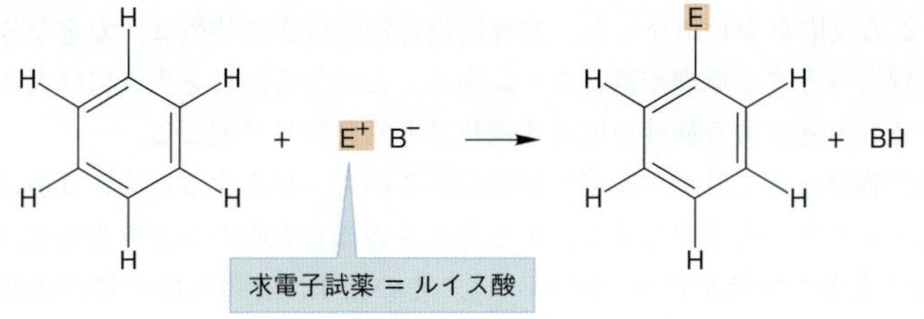

C_6H_6 + E^+ B^- ⟶ C_6H_5E + BH

求電子試薬 = ルイス酸

不可欠なスキルと要注意事項

1. ベンゼン類は熱力学的にも速度論的にも安定なので，最終的には6π電子系からなる芳香族性を保持するような反応を起こす．14 章で紹介した最も単純な芳香族置換反応を，ここでは詳しく説明する．芳香族求電子置換反応の機構を正しく理解し，この反応を上手に使っていろいろな多置換芳香族化合物を合成できるようになることが，本章の最も重要な目標である．
2. ある置換基群は，もう 1 つの置換基を導入する際の反応速度を増大させ，一般にオルト位とパラ位で置換をひき起こす．一方，別の置換基群は反応速度を低下させ，しかもメタ位が置換される．ベンゼン環がもつ置換基の種類・構造によって，ベンゼン環上の反応位置と速度がいかに影響されるかを理解することは，きわめて重要である．
3. この章で述べる反応の中心となる中間体は，共鳴安定化されたシクロヘキサジエニルカチオンである．6 員環を構成する炭素のなかで，なぜ 3 つの炭素だけが正電荷をおびるのかを理解しよう．
4. 求電子試薬との反応の結果，ベンゼン環上の水素は，–D，$-SO_3H$，$-NO_2$，–Br，–Cl，–R，–C(O)R などに置き換わる．この置換ベンゼンは，さらに置換反応を起こす．

5. ベンゼン環に炭素を結合するには，通常 Friedel-Crafts アルキル化反応か，Friedel-Crafts アシル化反応を用いる．この 2 つの反応には微妙な違いがあり，その違いをよく理解して，Friedel-Crafts 反応を有効活用できるようになることが大切である．
6. ニトロベンゼンとアミノベンゼン（アニリン）の関係は，芳香族化合物の合成の際に，1 つの重要な鍵となる．この 2 つの化合物の相互変換法を覚えたうえで，ニトロベンゼンやアニリンを合成経路の中に取り入れられるようになって初めて，この章を十分理解できたといえるだろう．
7. 芳香族化合物の合成で活用できる，もう 1 つの重要な中間体はジアゾニウム塩である．他の方法では合成困難な化合物をつくりだせる．

15・2 芳香族化合物の水素化反応

ベンゼンの反応を予測するには，まず他の二重結合をもつ化合物の反応を調べ，その結果からベンゼンの反応を推定するのがよい．たとえば，シクロヘキセンの水素化は −120 kJ/mol の発熱反応であることを学んだ（p.633）．よって，3 モル量の水素がベンゼンに付加してシクロヘキサンを生成する反応も，同様に発熱反応と予測される．しかし，14 章で学んだように実際は，かなりの発熱反応ではあるものの，シクロヘキセンの水素化熱 −120 kJ/mol をもとにして見積もられる値に比べると，ベンゼンの水素化熱はずっと小さい．この予測値と実測値の差がベンゼンの非局在化エネルギーに相当し，約 138 kJ/mol であった（図 15・5）．

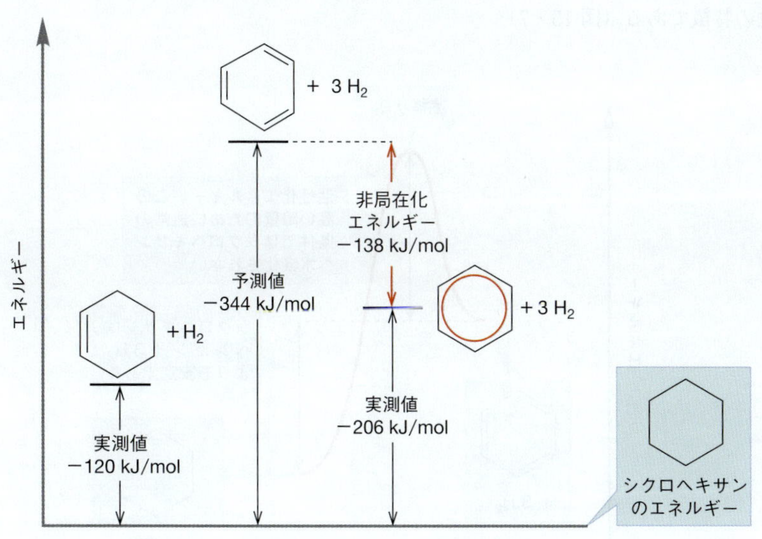

図 15・5 ベンゼンの非局在化エネルギー（すなわち共鳴エネルギー）の見積もり．なお図中のシクロヘキサトリエンの分子構造では，短い二重結合と長い単結合を誇張して描いていることに注意．

アルケンが速やかに水素化されてアルカンを与えるような穏やかな反応条件では，ベンゼンや他の単純な芳香族化合物の水素化は起こらない（図 15・6 a）．だからベンゼンは多くの水素化反応の溶媒として利用される．ベンゼン環の水素化には，高温，高圧条件下で，ロジウム，ルテニウム，酸化白金などの水素化能が高い触媒を用いなければならない（図 15・6 b）．

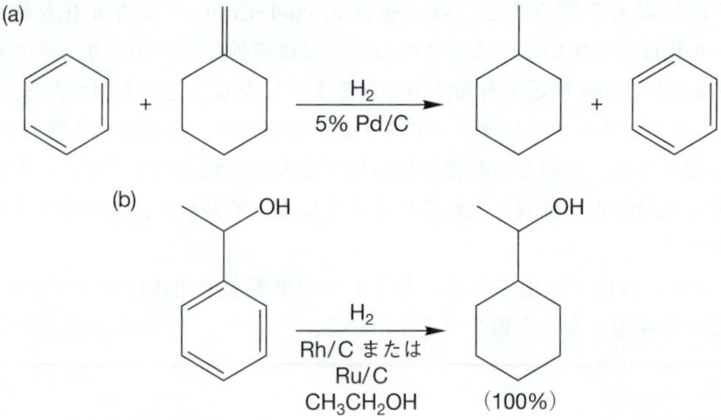

(a)

+ → H_2 / 5% Pd/C → +

(b)

OH → H_2 / Rh/C または Ru/C / CH_3CH_2OH → OH (100%)

図 15・6 (a) アルケンの水素化条件では，ベンゼンは水素化されない．(b) ベンゼン環の水素化にはより高活性の触媒が必要になる．

ベンゼンの水素化は－206 kJ/mol の大きな発熱を伴うので，生成物のシクロヘキサンに比べて，出発物のベンゼンと 3 分子の水素の合計エネルギーはかなり高いことがわかる．しかし，水素化の活性化エネルギーが高いので，ベンゼンは水素化されにくい．この高い障壁を乗越えるためには，加熱や加圧条件，あるいは特別な触媒の使用などが必要になる．つまりベンゼンが存在する谷は，周りにさらにエネルギーの低い谷があっても，高いエネルギーの山々で隔てられている．

これを化学的に表すなら，ベンゼンは熱力学的にも速度論的にも非常に安定な分子であるといえる．つまり，ベンゼンが存在する谷は低い位置にあり（熱力学的に安定），ベンゼンを取囲む山々はとても高い（活性化エネルギーが高く，速度論的に安定）．ベンゼンはこれらの障壁によって，たとえ発熱反応であっても反応を非常に起こしにくい．よって生成物であるシクロヘキサンよりも出発物のベンゼンが高いエネルギー状態にあるにもかかわらず，ベンゼンの水素化反応は非常に難しい．これが，ベンゼンの反応性の特徴である（図 15・7）．

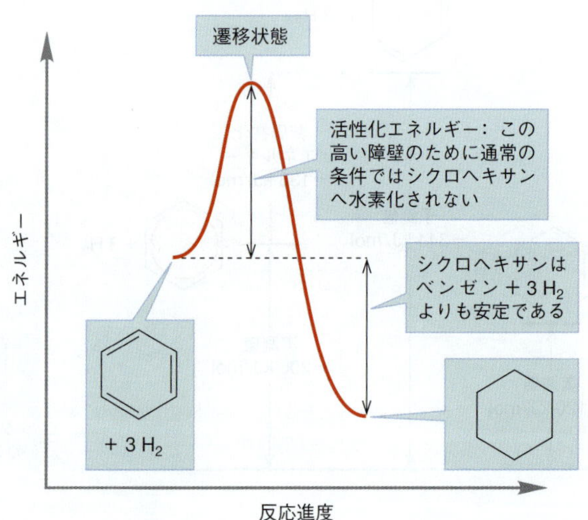

図 15・7 シクロヘキサンへの活性化エネルギーが高いので，通常の条件では水素化反応は起こりにくい．

問題 15・1 ベンゼンの水素化反応では，なぜシクロヘキサンが唯一の生成物なのか．水素化の途中には，シクロヘキサジエンやシクロヘキセンが生じるはずなのに，途中で反応を止めてもこれらの化合物が単離されないのはなぜか．

15・3 芳香族求電子置換反応

まずベンゼンがHBrと反応しないことを思い出しながら（p.626），つぎの思考実験をやってみよう．これによって，なぜベンゼンがアルケンとは異なる反応性を示すかが理解できる．まず，アルケンにはHXが付加（ハロゲン化水素化）するのに，なぜベンゼンには付加しないのか，つぎにベンゼンがどのように反応するかを見ていこう．

HX試薬が単純なアルケンに付加するようにベンゼンに付加したなら，どんな生成物が得られるか．この問題は見掛けよりもずっと難しい．そこで，実際には起こらないが，HBrがベンゼンへ付加する反応を考えてみる．アルケンとの反応から類推すれば，第1段階ではプロトンがベンゼンの π 電子系へ付加して，シクロヘキサジエニルカチオン中間体を生じるであろう．このとき，芳香族性が失われることに注意しよう（図15・8）．

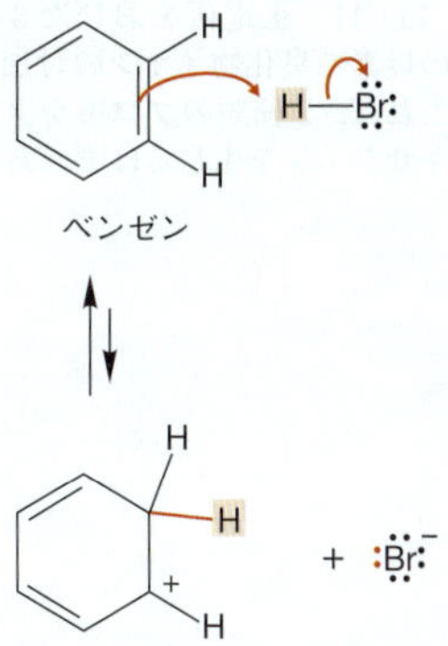

図 15・8 ベンゼンはプロトン化されてシクロヘキサジエニルカチオンを生じる．

つぎの段階は，アルケンとの反応のように，そのカチオンに対する臭化物イオンの付加であり，その結果，臭化シクロヘキサジエニルを与えるであろう（図15・9）．しかし，プロトンの付加で生じたカルボカチオンの構造をもっとよく見ておく必要がある．実はその正電荷はただ1つの炭素上に局在化しているのではなく，他の2つの炭素上にも分布している．つまり，シクロヘキサジエニルカチオンは，図15・10の共鳴構造式で表される．

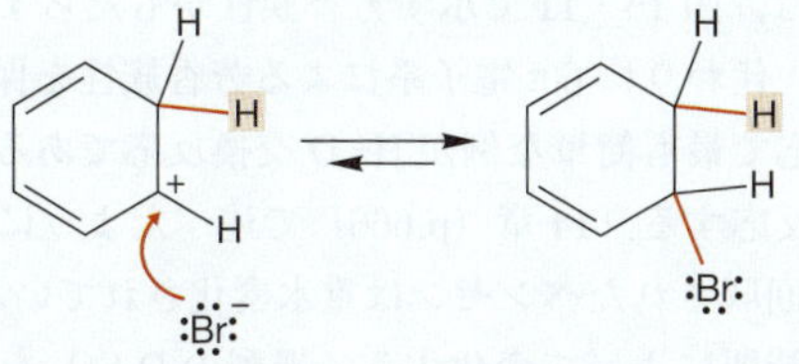

図 15・9 臭化物イオンが付加すれば，臭化シクロヘキサジエニルを生じる．

ここで非局在化した様子を表すのに用いられる略式構造式に注意しよう．図15・10中の破線表示は非局在化した様子をよく表しているが，どの原子が正電荷をおびているかを示していない．このことを示すためには，共鳴構造式を全部書くか，あるいは1つの共鳴構造式で済ますなら正電荷の分布する他の位置を（+）で示したものを用いなくてはならない．つまり破線表示の炭素すべてが部分正電荷をおびているのではないことをしっかり記憶しておこう．図15・10では，正電荷をおびた炭素を赤い点で示している．

約束事についての注意

共鳴安定化したイオン分子の表示法

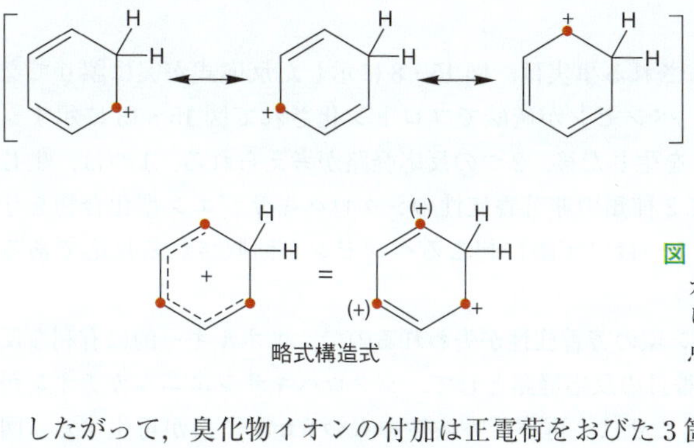

図 15・10 シクロヘキサジエニルカチオンは共鳴安定化されており，正電荷は3箇所の炭素（赤い点）上に分布している．

したがって，臭化物イオンの付加は正電荷をおびた3箇所の炭素上で起こりうるので，2種類の生成物を与えるだろう（図15・11）．しかし，これらの化合物はどれも実

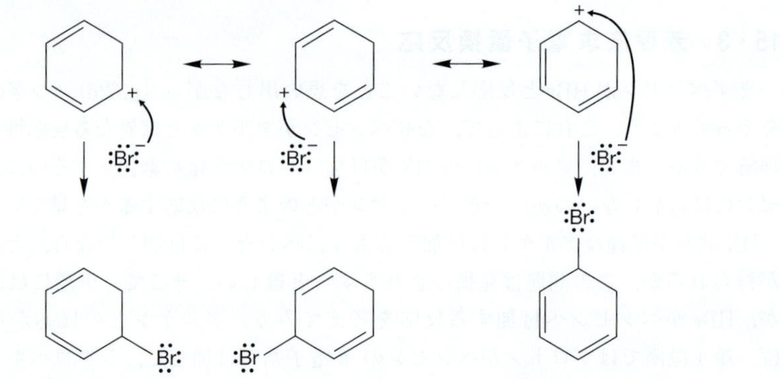

図 15・11 正電荷をおびた3箇所の炭素で臭化物イオンの付加が起これば，2種類のブロモシクロヘキサジエンを生じるはずである．

5-ブロモ-1,3-シクロヘキサジエン　3-ブロモ-1,4-シクロヘキサジエン　5-ブロモ-1,3-シクロヘキサジエン

際に得られる生成物ではない．それどころか付加反応はまったく起こらず，ベンゼンがそのまま回収されるだけで，ブロモシクロヘキサジエンを得ようとしても，徒労に終わる．

15・3a ベンゼンの重水素化 ここでは，ベンゼンがどう反応するのか，すなわち，エネルギー的に安定な芳香族6π電子系を保持しようとする結果，何が起こるかを学ぶ．つまりベンゼンは，図 15・11 で示す芳香族性がもたらす安定化を失うことになる付加反応は起こさず，代わりに6π電子系による芳香族性を保つ置換反応をひき起こす．ベンゼンの置換反応で最も簡単な例がH-D交換反応である．十分な強酸性条件下ではベンゼンはHXと反応する．14 章（p.666）で述べたように，たとえば，ベンゼンに D_2SO_4 を加えると，回収されたベンゼンは重水素化されている．重水素化の程度は，用いた酸の強さや反応時間によって変化する．過剰の D_2SO_4 を用いれば，完全に重水素化されたベンゼンが得られる（図 15・12）．

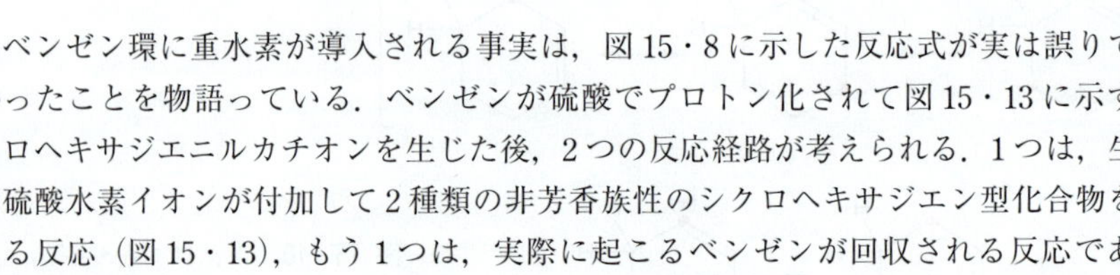

図 15・12 ベンゼンの水素-重水素交換

ベンゼン環に重水素が導入される事実は，図 15・8 に示した反応式が実は誤りでなかったことを物語っている．ベンゼンが硫酸でプロトン化されて図 15・13 に示すシクロヘキサジエニルカチオンを生じた後，2つの反応経路が考えられる．1つは，生じた硫酸水素イオンが付加して2種類の非芳香族性のシクロヘキサジエン型化合物を与える反応（図 15・13），もう1つは，実際に起こるベンゼンが回収される反応である（図 15・14）．

前者の付加反応ではベンゼン環の芳香族性が失われるので，エネルギー的に有利な反応とはいえない．そこで，2番目の反応経路として，シクロヘキサジエニルカチオンがプロトンを失って逆反応を起こせば，再び芳香族性をもつ6π電子系が再生する（図 15・14）．重水素を含む硫酸を用いない限り，単に出発物のベンゼンへ戻るだけなので，

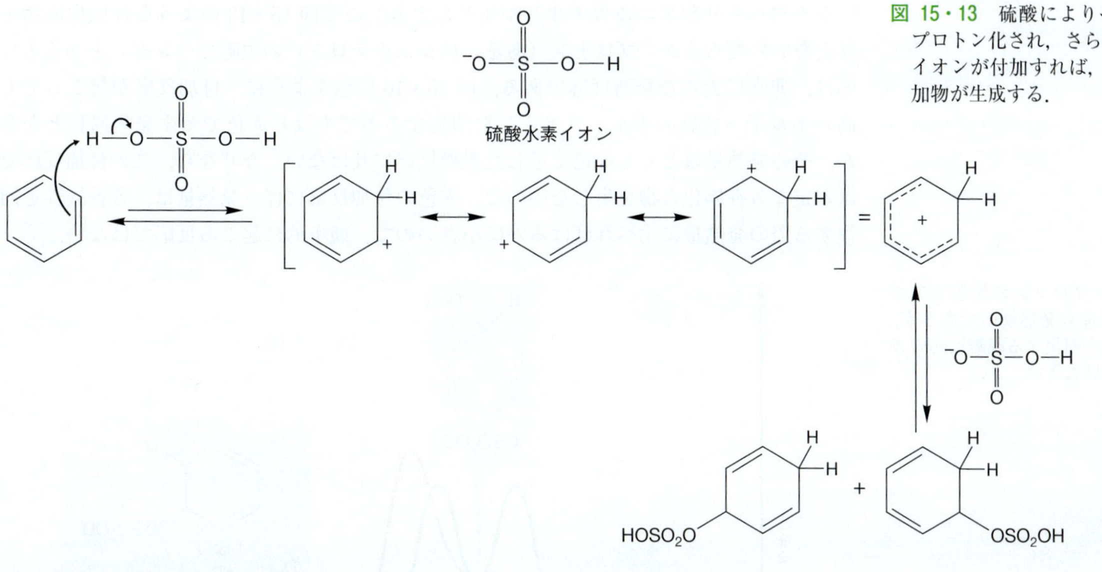

図 15・13 硫酸によりベンゼンがプロトン化され，さらに硫酸水素イオンが付加すれば，2種類の付加物が生成する．

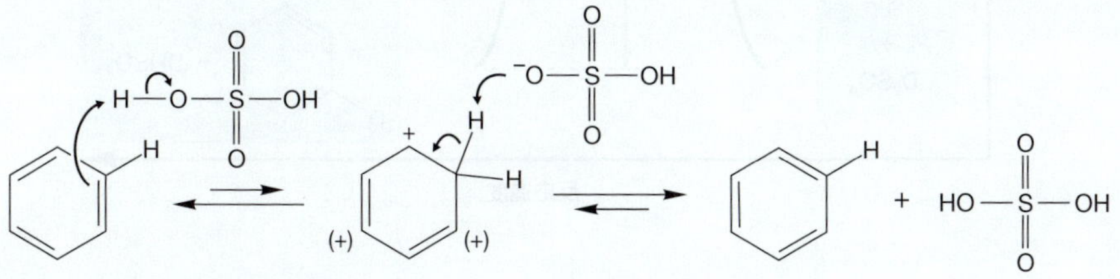

図 15・14 プロトン化は可逆過程である．硫酸水素イオンがプロトンを引抜けば，ベンゼンに戻る．

何の反応も起こっていないように見える．

ジュウテロン（D^+）が付加して重水素化したシクロヘキサジエニルカチオンを生じると，ジュウテロンまたはプロトンのどちらかが失われてベンゼンを再生する（図15・15）．このときプロトンが失われれば，1つの軽水素が重水素で置き換わった重水素化ベンゼンが得られる．この反応が繰返されれば，すべての水素が重水素で置換したベンゼンを生じる．

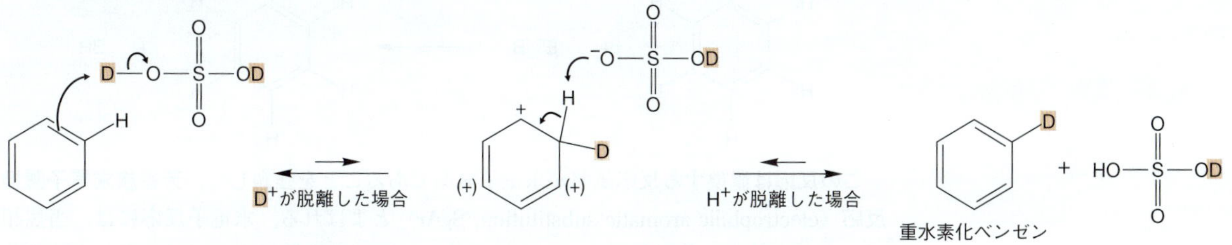

図 15・15 重硫酸を用いると，最初の付加段階で重水素化されたシクロヘキサジエニルカチオンが生じる．ジュウテロンが脱離すればベンゼンに戻るが，プロトンが脱離すれば，重水素化されたベンゼンを生じる．過剰量の D_2SO_4 があれば，ベンゼン上のすべての水素は重水素に置き換えられる．

シクロヘキサジエニルカチオンが生じたとき，なぜ図 15・13 のような付加生成物を与えないのだろうか．プロトン（あるいはジュウテロン）の脱離でベンゼンを与える反応は，非常に大きな発熱反応である．図 15・16 に示すように，付加反応が起こっても高エネルギー状態のカルボカチオンを消失するのでやはり赤色で示す発熱過程となるが，その発熱量はとても緑色で示した置換反応に及ばない．なぜなら，この付加反応では安定な芳香族化合物を生じないので，赤色の付加反応に伴う発熱量は，芳香族性を回復する際の発熱量に比べればはるかに小さいので，競争的に起こる反応ではない．

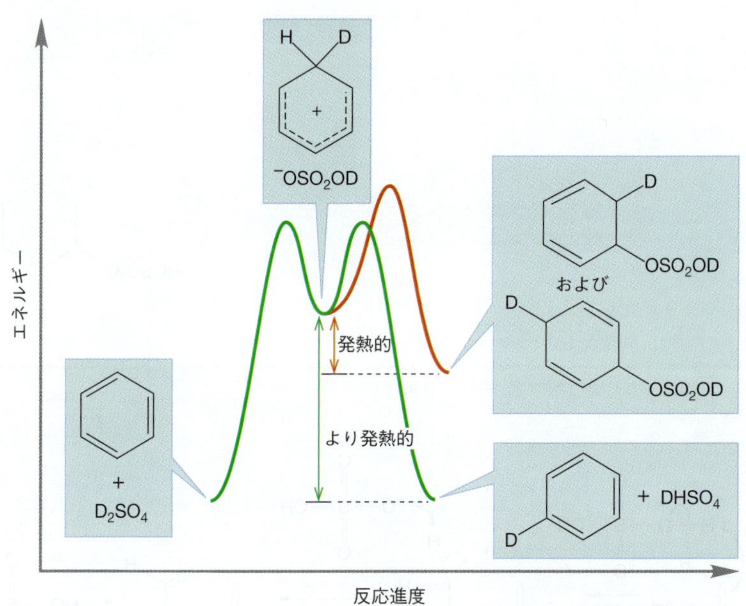

図 15・16 プロトンの脱離もアニオンの付加も発熱反応であるが，芳香族性を回復する脱離反応の方が発熱量は大きい．

まとめ

ベンゼン環の置換反応の 1 例を見た．その特徴は反応途中で芳香族性をいったん失うものの，のちに回復する．次節ではこの形式の反応を一般化するが，つぎの点を忘れないでほしい：1）芳香族性は容易には失われない，2）たとえ失われても，すぐに芳香族性を取戻す方向に反応が進む．

重水素化された酸の中で起こるベンゼンの H–D 交換反応は，求電子試薬 E^+ がベンゼン環の水素と置換する反応の原型となる．

$$C_6H_6 + E^+ B^- \longrightarrow C_6H_5E + BH$$

この反応は置換する反応試薬が求電子試薬であることを強調して，**芳香族求電子置換反応**（electrophilic aromatic substitution, $\mathbf{S_EAr}$）とよばれる．求電子反応には，当然相手役の求核試薬も必要となる．この場合は，π 電子を提供するベンゼン環が求核試薬として働く．分子軌道論では，ベンゼンの縮重した HOMO 軌道の一方が，求電子試薬の空の軌道と重なり合うと説明される（図 15・17）．

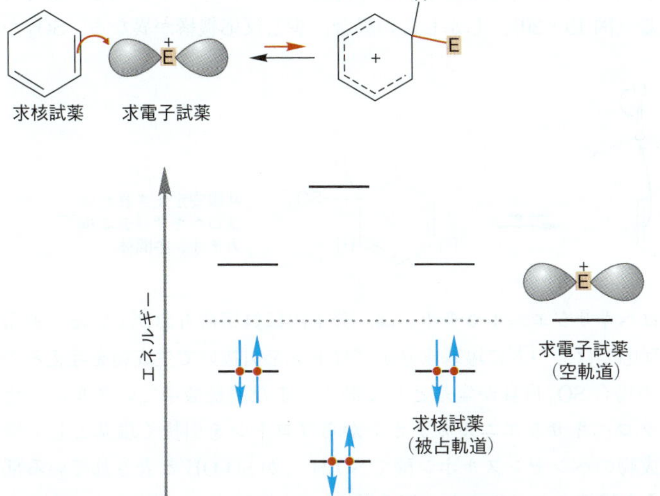

図 15・17 ルイス塩基–ルイス酸の反応であり，ベンゼンの縮重したHOMOの1つがE^+の空軌道と重なる．

ベンゼン環のH–D交換反応と同様に，シクロヘキサジエニルカチオン中間体から塩基によってプロトンが引抜かれ，芳香族性をもつベンゼン環が再生されて反応が完結する（図15・18）．

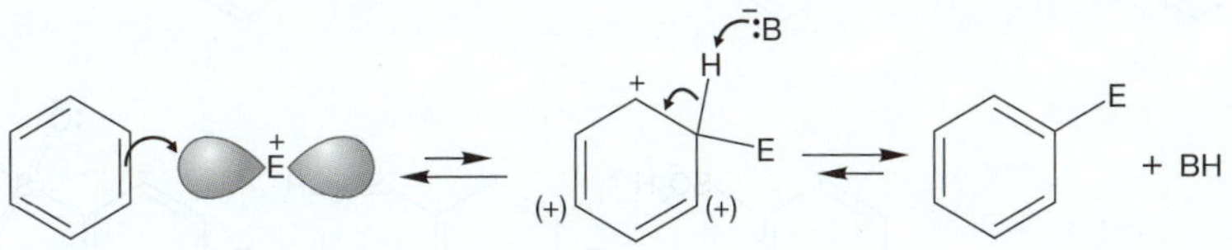

図 15・18 芳香族求電子置換反応の一般式は，シクロヘキサジエニルカチオンの生成過程，続いてプロトンの脱離による芳香族性の回復過程で表される．

15・3b ベンゼンのスルホン化 ベンゼンを濃硫酸，または“発煙硫酸”とよばれる三酸化硫黄の硫酸溶液と反応させると，ベンゼンスルホン酸が生成する（スルホン化 sulfonation；図15・19）．発煙硫酸中で，SO_3はプロトン化され，求電子試薬として働くHOS^+O_2を生じる．

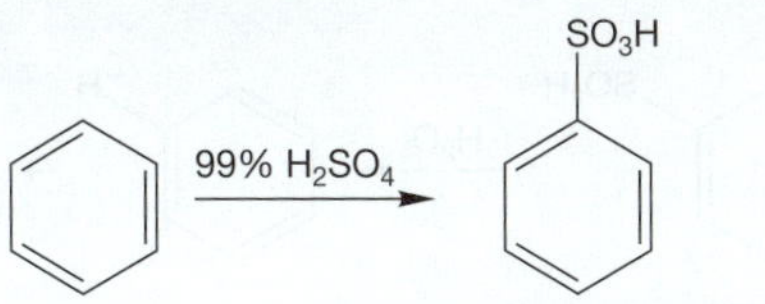

99% H_2SO_4

ベンゼンスルホン酸
benzenesulfonic acid
（100%）

図 15・19 ベンゼンのスルホン化

問題 15・2 たいていの家庭用洗剤には右に示すようなアルキルベンゼンスルホン酸塩が含まれる．この分子はどんな性質をもっているだろうか．衣類の洗浄に有効である理由を述べよ．またこの分子は生分解性ももち合わせる．その生分解過程を考えよ．ヒント：有機化合物は酸化されやすい．

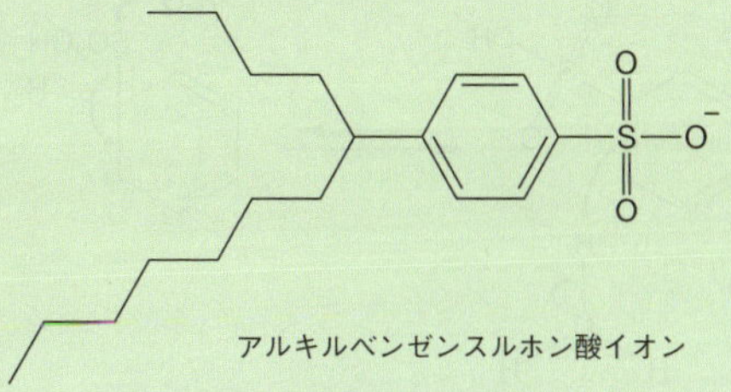

アルキルベンゼンスルホン酸イオン

非プロトン性溶媒中で，SO_3 は求電子性が十分高いので，プロトン化されなくてもベンゼンと反応する（図 15・20）．しかしこの場合，少し反応機構が異なる．SO_3 が付加

図 15・20　SO_3 分子は求電子試薬として働き，ベンゼンに付加する．

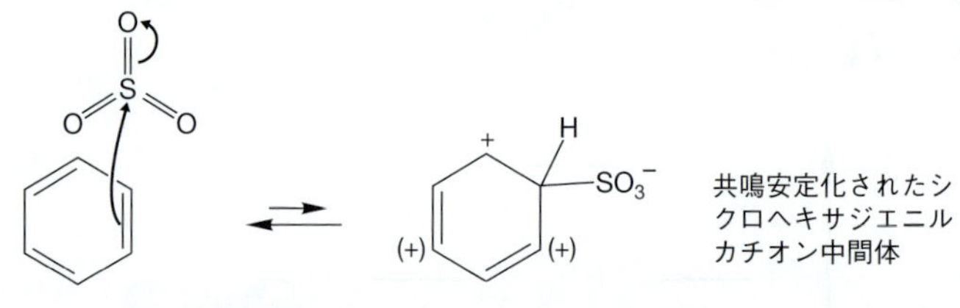

して生じたシクロヘキサジエニルカチオンは，分子内に負電荷もおびている．通常の芳香族求電子置換反応では，つぎに塩基成分がプロトンを引抜いて生成物を与えるのに対して，この反応の場合 SO_3 自身が塩基として働く．また濃硫酸中でのスルホン化の場合，硫酸すらシクロヘキサジエニルカチオンからプロトンを引抜く塩基として機能する．ところで生成物のベンゼンスルホン酸で SO_3H とか SO_2OH と表されている部分はいったいどのような構造なのだろうか．答を図 15・21 に示す．

図 15・21　シクロヘキサジエニルカチオン中間体からプロトンが脱離してベンゼン環に戻る．

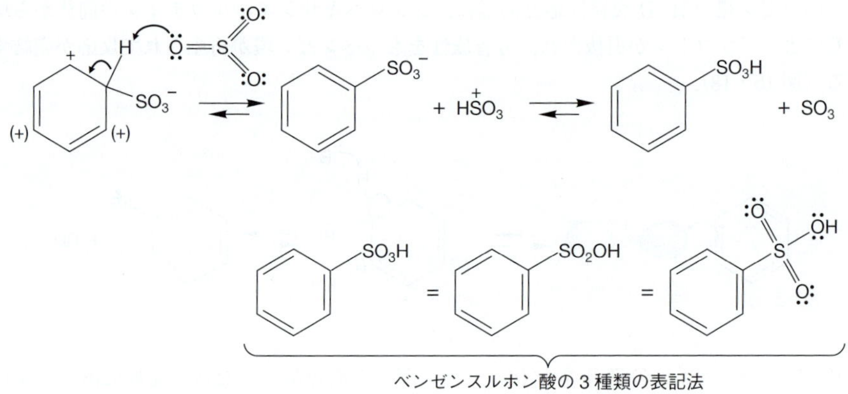

ベンゼンのスルホン化は可逆で，特に高温条件下で逆反応が進む．すなわち，ベンゼンスルホン酸を熱水蒸気にさらすと，ベンゼンを再生する（図 15・22）．

図 15・22　スルホン化は可逆反応である．

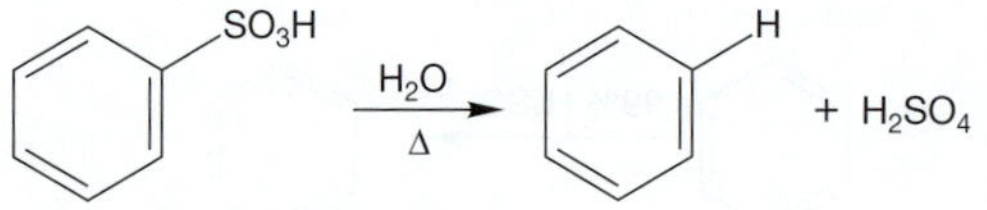

問題 15・3　図 15・22 で示した反応の機構を考えよ．

解 答　ベンゼンスルホン酸からベンゼンを生成する反応は，ベンゼンのスルホン化の

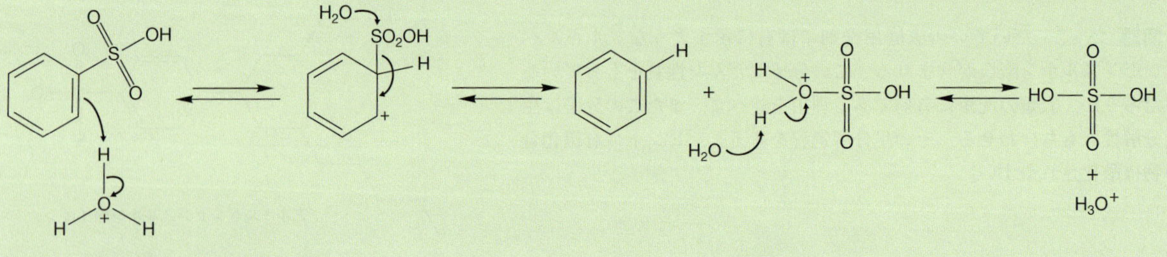

逆過程となる（図 15・20，15・21）．まずプロトン化でシクロヘキサジエニルカチオン中間体を生じ，スルホン酸基が脱離すればベンゼンとプロトン化された硫酸を与える．後者は水によって脱プロトンされる．

15・3c ベンゼンのニトロ化 濃硝酸中（しばしば硫酸の共存下），ベンゼンはニトロベンゼンに変換される（図 15・23）．強酸中では硝酸はプロトン化されて，$H_2\overset{+}{O}-NO_2$

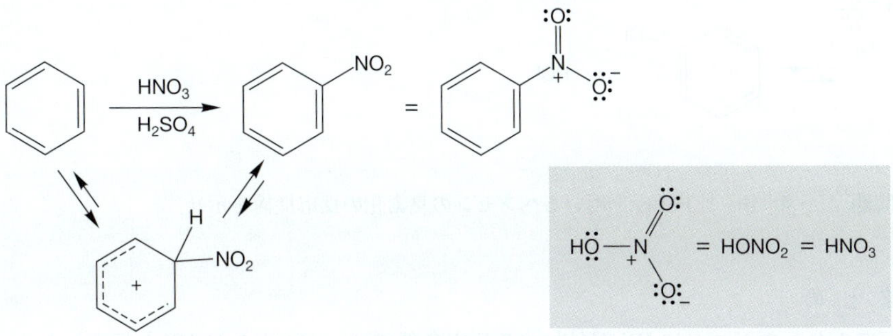

図 15・23 ベンゼンのニトロ化

（図 15・24）を生じる．これから水がとれると強力なルイス酸であるニトロニウムイオン $^+NO_2$ を発生し，これが芳香族置換反応における求電子試薬として働く（図 15・25）．

$$HO—NO_2 + H_3O^+ \rightleftharpoons H_2\overset{+}{O}—NO_2 + H_2O \rightleftharpoons H_2O + \overset{+}{N}O_2$$

ニトロニウムイオン
nitronium ion

図 15・24 強酸中硝酸はプロトン化され，脱水によってニトロニウムイオンを生じる．

安定なニトロニウム塩（$^+NO_2\ ^-BF_4$）も知られており，これもニトロ化試薬として用いられる．この反応の場合も，反応溶液中に存在する弱いルイス塩基（水や硝酸）によってシクロヘキサジエニルカチオンからプロトンが引抜かれて反応が完結する．

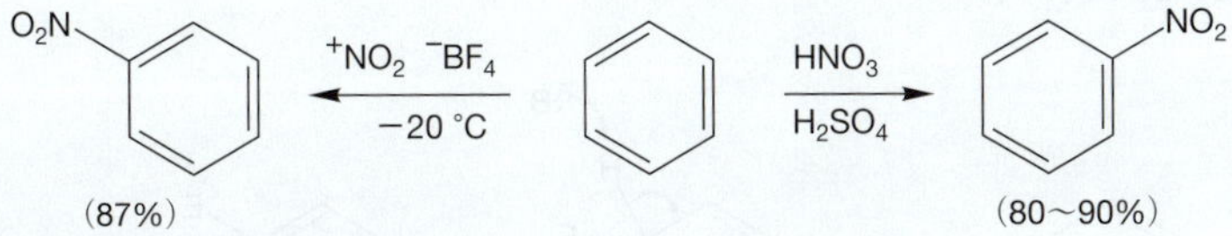

図 15・25 ベンゼンのニトロ化の 2 つの方法．どちらも求電子試薬はニトロニウムイオン（$^+NO_2$）

15・3d ベンゼンのハロゲン化 単純なアルケンとは異なり，ベンゼンなどの芳香環は Br_2 や Cl_2 のみとは反応しない．ハロゲン化を起こすためには，通常 $FeBr_3$ や $FeCl_3$ などのルイス酸触媒が必要となる．Cl_2 は求核性の低いベンゼンと反応するほどの強力な求電子試薬（ルイス酸）ではない．そこで，ハロゲン化鉄触媒は Cl_2 を芳香族化合物と反応する強力なルイス酸に変える働きをする．すなわち，$FeCl_3$ は Cl_2 と錯体を形成して，Cl_2 を活性化する（図 15・26）．

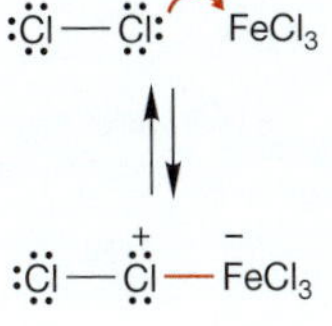

図 15・26 Cl_2 と $FeCl_3$ の錯体形成

ベンゼンは，Cl_2–$FeCl_3$ 錯体（図 15・27）中の優れた脱離基として働く $FeCl_4^-$ と置換する十分な求核性があり，その置換によりシクロヘキサジエニルカチオンを生じ，つづいてプロトンが脱離してクロロベンゼンが生成する．この反応の第 1 段階は奇妙に見えるかもしれないが，アルコールのヒドロキシ基をプロトン化して優れた脱離基である $^+OH_2$ 基に変える反応に似ている（図 15・27）．アルコールが反応する際のプロトンと同様に，$FeCl_3$ は Cl 基を優れた脱離基の $FeCl_4^-$ に変える役割をしているといえる．Br_2

と $FeBr_3$ を組合わせて用いる臭素化の反応機構も同じである．

図 15・27 ベンゼンの塩素化

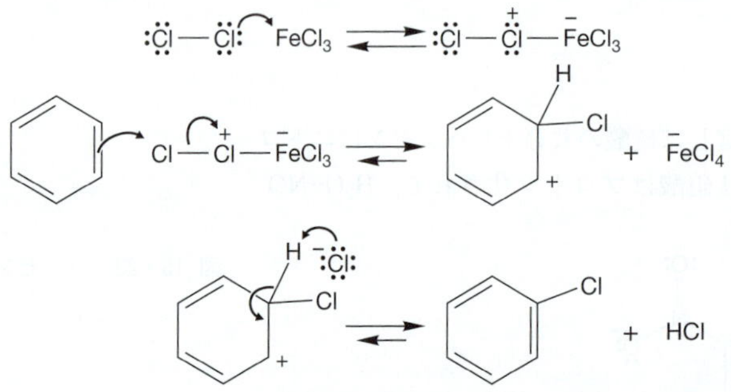

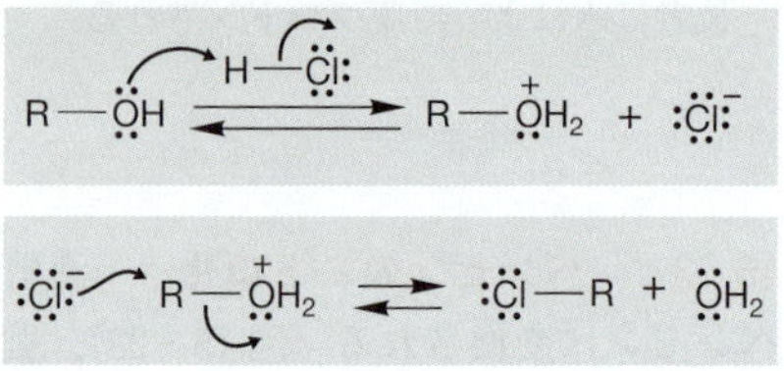

問題 15・4 Br_2 と $FeBr_3$ を用いるベンゼンの臭素化の反応機構を示せ．

まとめ

アルケンやジエンに HX が付加する反応条件では，ベンゼンは HX と反応しない．Br_2 や Cl_2 の付加も同様に起こらない．これはベンゼンが非常に安定で，これらの試薬との反応の活性化エネルギーが非常に高くなるので，反応が進まないからである．

今まで見てきた重水素化，スルホン化，ニトロ化，塩素化，および臭素化反応から，芳香族求電子置換反応の共通原理が明白となった．すなわち，ベンゼン環はあまり求核性が高くないので，十分反応できるほどの強力な求電子試薬を必要とする．この組合わせでようやく高いエネルギー障壁を越えられる．ベンゼン環は求電子試薬の付加によって，共鳴安定化されてはいるが芳香族性を失ったシクロヘキサジエニルカチオンを生成し，これからプロトンが脱離してベンゼン環を再生する．一般的な反応機構をもう一度，図 15・28 に示す．

図 15・28 芳香族求電子置換反応の一般式．ここで，E^+ は D^+，$^+SO_3H$，$^+NO_2$，^+Cl，あるいは ^+Br．

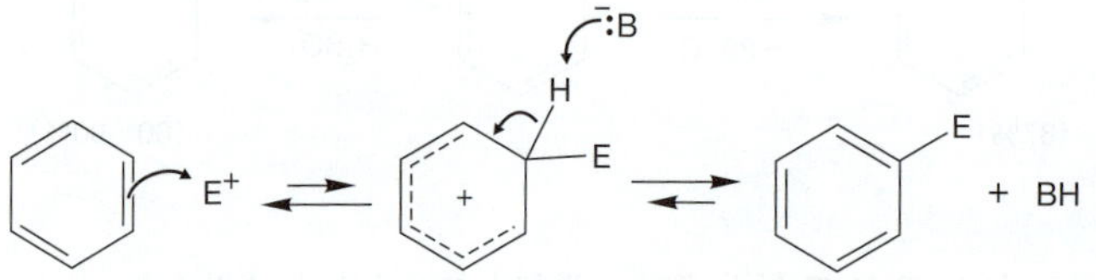

15・3e 炭素−炭素結合の形成：ベンゼンのアルキル化 芳香族求電子置換反応を利用すると，今やいくつかの置換芳香族化合物を合成できる．この反応がいかに役立つかはこのあとすぐにわかるだろう．しかし，合成化学におけるおもな関心は炭素−炭素結合の形成にある．ここまでには，ベンゼンに炭素を結合させる方法は出てこなかった．そこでこの節と次節では，これまで見てきた臭素化や塩素化に類似の求電子置換反応を利用して，炭素−炭素結合をつくる方法について学ぶ．

Friedel-Crafts アルキル化反応（フリーデル クラフツ）（Friedel-Crafts alkylation）は，芳香族求電子置換反応で芳香環にアルキル基が結合する反応である．これは Charles Friedel（1832〜1899）と James M. Crafts（1839〜1917）が，芳香族化合物の溶媒中で，塩化アルミニウムを用いてヨウ化ペンチルから塩化ペンチルを合成しようとしたときに，偶然見いだした反応なので彼らの名前が付けられた．彼らは目的の塩化物ではなく，代わりにアルキル化された芳香族炭化水素が生成することに気づいた．このアルキル化反応はベンゼンの臭素化や塩素化に非常に似ている．しかし，ベンゼンが臭化イソプロピルを求核的に攻撃してイソプロピルベンゼン（クメン）を与えるだろうと考えて，ベンゼンと臭化イソプロピルだけを混ぜても何も起こらない（図 15・29）．これはベンゼンが強力な求核試薬ではないこと，および臭化イソプロピルも反応性の高い求電子試薬ではないことによる．ここで考えた反応は，期待される生成物をまったく生じない．

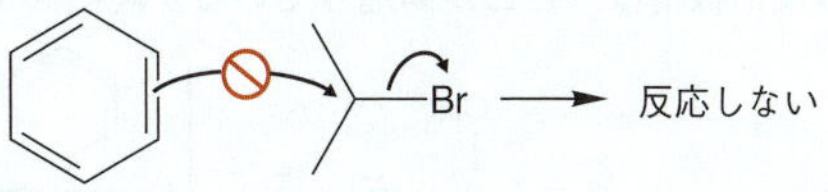

Br 反応しない

図 15・29 ベンゼンは臭化イソプロピルのみとは反応しない．

ではなぜこんな問題を持ち出したかというと，この反応がベンゼンに Cl_2 や Br_2 を加えても，クロロベンゼンあるいはブロモベンゼンを生じないという結果と似ていることに気づいてほしいからである．塩素化や臭素化の場合には，$FeCl_3$ や $FeBr_3$ などの触媒を加えて，反応性の低いハロゲン分子を強力な求電子試薬に変えることで，目的のハロゲン化を達成することができた（図 15・26，図 15・27）．同様の活性化法がここでも効くであろう．実際に，少量の $AlBr_3$ あるいは $AlCl_3$ をベンゼンと臭化あるいは塩化イソプロピルの混合物に加えると，イソプロピルベンゼンが生成する（図 15・30）．この反応機構はすぐ描けるだろう．まず，臭化イソプロピルと $AlBr_3$ の間で錯体ができ，これがベンゼンの攻撃を受け，共鳴安定化されたシクロヘキサジエニルカチオンを生じる．この中間体からプロトンが脱離してイソプロピルベンゼンができる．

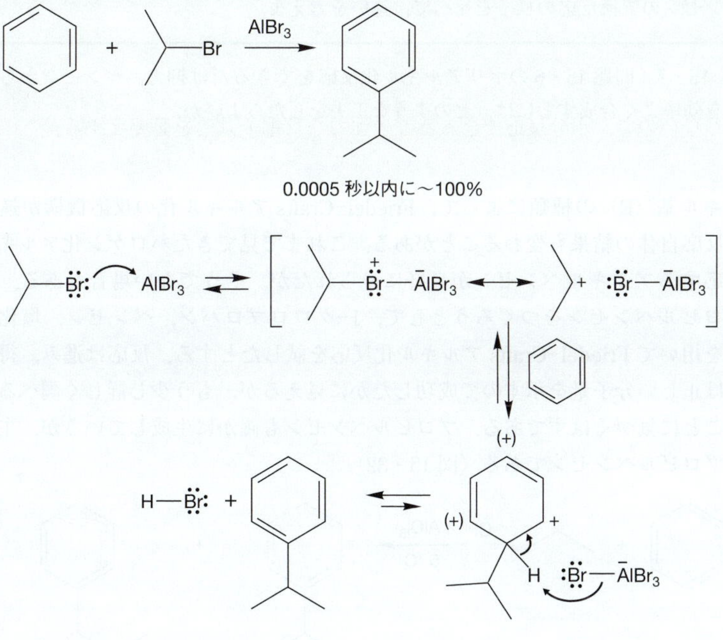

+ Br $AlBr_3$

0.0005 秒以内に～100%

Br: $AlBr_3$ ⇌ [Br $\bar{A}lBr_3$ ⟷ + :Br $\bar{A}lBr_3$]

H—Br: + ⇌ (+) (+) + H :Br $\bar{A}lBr_3$

図 15・30 ベンゼンの Friedel-Crafts アルキル化の反応機構

図 15・30 において，錯体から遊離したカルボカチオンが実際に生成するかどうかは，用いるハロゲン化アルキルの種類による．Friedel-Crafts アルキル化反応には，種々のハロゲン化アルキル（アルキル基：メチル，エチル，イソプロピル，*t*-ブチル；ハロゲン化物：塩化物，臭化物）が用いられる（図 15・31）．

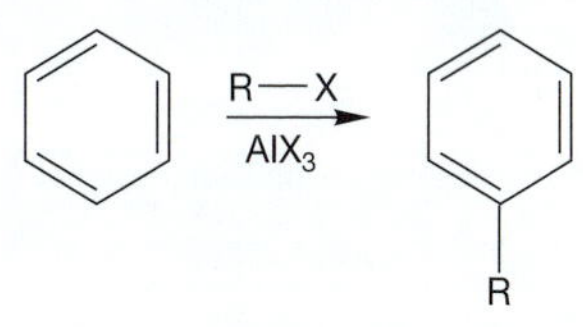

図 15・31 種々のハロゲン化アルキルが Friedel-Crafts アルキル化反応に利用できる．

メチルカチオンやエチルカチオンは実際には生成しないと考えられ，この場合は錯体化したハロゲン化物をベンゼンが直接攻撃する．一方，塩化 *t*-ブチルの場合には，比較的安定な *t*-ブチルカチオン中間体を経由してアルキル化反応が進む．したがって，Friedel-Crafts アルキル化反応の反応機構は，厳密にはアルキル基の性質によって異なる．

問題 15・5 ベンゼンが錯体化した臭化 *t*-ブチルを直接攻撃してシクロヘキサジエニルカチオンを生成する反応機構は，どこが間違っているか説明せよ．

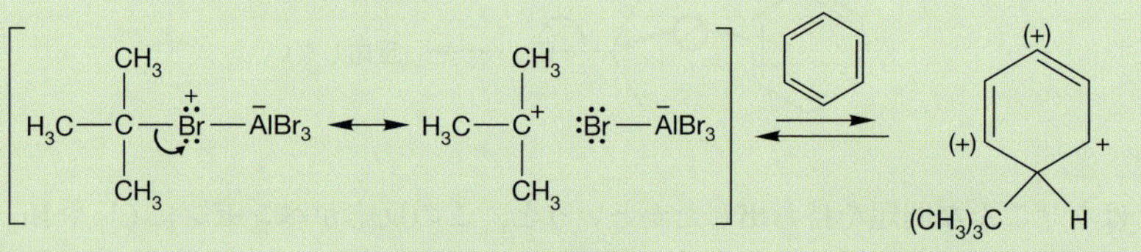

$$\left[(CH_3)_3C{-}\overset{+}{\ddot{Br}}{-}\overset{-}{Al}Br_3 \longleftrightarrow (CH_3)_3C^{+}\ :\ddot{Br}{-}\overset{-}{Al}Br_3 \right] \xrightleftharpoons{\text{benzene}} \text{cyclohexadienyl cation with } (CH_3)_3C \text{ and } H \ (+)$$

問題 15・6 塩化アルミニウムの存在下で，塩化メチルを用いたベンゼンの Friedel-Crafts アルキル化反応によってトルエンを合成しようとすると，ジー，トリー，ポリメチル化ベンゼンも副生し，混合物を与える．Friedel-Crafts アルキル化反応において，最初の生成物のメチルベンゼン（トルエン）がベンゼン自身よりも反応性が高いことが原因として考えられる．芳香族求電子置換反応の機構から，なぜトルエンがベンゼンよりも反応性が高いのかを説明せよ．ヒント：トルエンのメチル基のパラ位での置換反応とベンゼンの置換反応の様子を比べて，違いを考えよ．

問題 15・7 問題 15・6 のポリアルキル化反応をできるだけ抑え，ベンゼンからトルエンを効率よく合成するには，どのような工夫をしたらよいか．

アルキル基（R）の種類によって，Friedel-Crafts アルキル化の反応機構が違うばかりか，反応自体の結果も変わることがある．これまで見てきたハロゲン化アルキルからは，対応するアルキルベンゼンが良好に得られたが，そうでない場合もある．たとえば，プロピルベンゼンをつくろうとして，1-クロロプロパン，ベンゼン，塩化アルミニウムを用いて Friedel-Crafts アルキル化反応を試したとする．反応は進み，得られた生成物は正しい分子量を示すので成功したかに見えるが，もう少し詳しく調べると問題があることに気づくはずである．プロピルベンゼンも確かに生成しているが，主生成物はイソプロピルベンゼンである（図 15・32）．

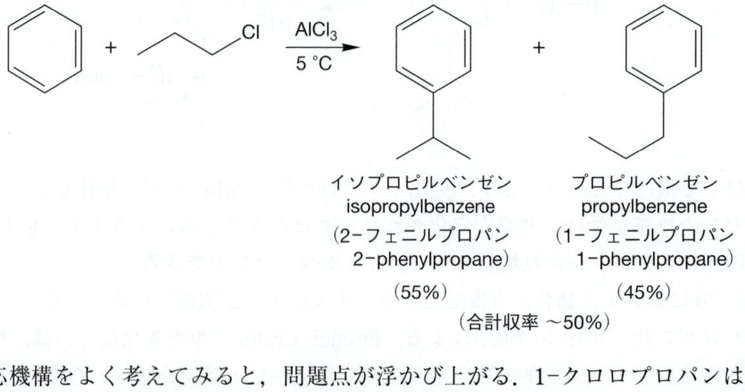

図 15・32 Friedel-Crafts アルキル化反応でプロピルベンゼンを合成しようとすると，イソプロピルベンゼンが主生成物として生じる．

$$\text{benzene} + CH_3CH_2CH_2Cl \xrightarrow[5\ ^\circ C]{AlCl_3} \text{isopropylbenzene} + \text{propylbenzene}$$

イソプロピルベンゼン isopropylbenzene（2-フェニルプロパン 2-phenylpropane）（55%）

プロピルベンゼン propylbenzene（1-フェニルプロパン 1-phenylpropane）（45%）

（合計収率 ～50%）

反応機構をよく考えてみると，問題点が浮かび上がる．1-クロロプロパンは塩化アルミニウム（$AlCl_3$）と錯体をつくることで，炭素－塩素結合が弱められ，塩素原子および隣の炭素原子が部分正電荷をおびる．図 15・33 の共鳴構造式がその様子を物語る．

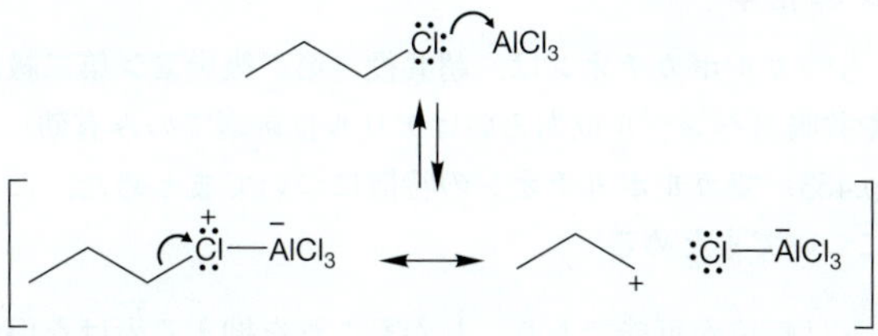

Cl: $AlCl_3$

$[\ \overset{+}{Cl}—\overset{-}{Al}Cl_3 \longleftrightarrow {}^{+}\ \ :Cl—\overset{-}{Al}Cl_3\ ]$

図 15・33 1-クロロプロパンと塩化アルミニウムから形成される錯体では，塩素原子の隣の第一級炭素が部分正電荷をおびる．

錯体形成によって，第一級炭素上に部分正電荷を生じることになり，これは好ましいことではない．塩化メチルや塩化エチルの場合には，炭素上に部分正電荷が生じてもさらに変化しようがないが，1-クロロプロパンの場合には，ヒドリドイオンの転位（ヒドリド移動）が起こり，第二級炭素上に部分正電荷をもつ，より安定な錯体あるいは遊離カチオンを生じる．これがアルキル化反応を起こし，イソプロピルベンゼンを主生成物として与える（図 15・34）．

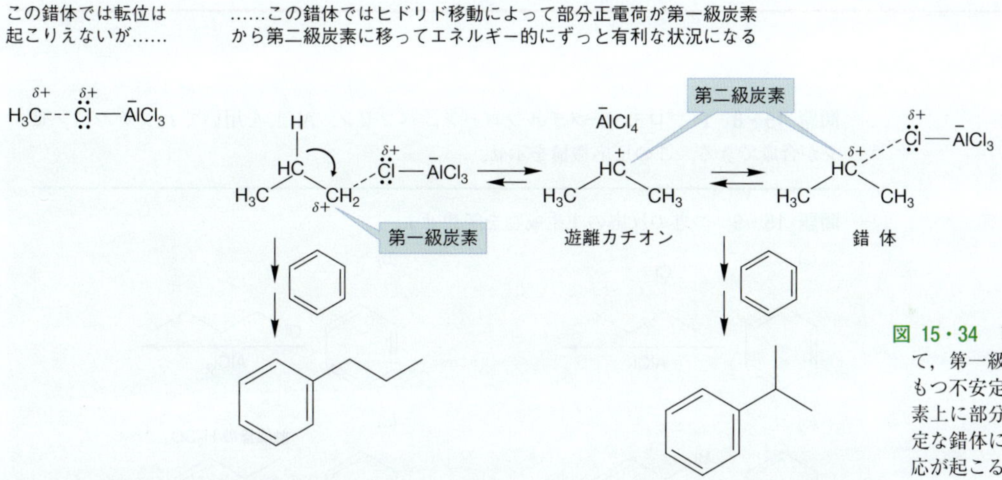

この錯体では転位は起こりえないが……

……この錯体ではヒドリド移動によって部分正電荷が第一級炭素から第二級炭素に移ってエネルギー的にずっと有利な状況になる

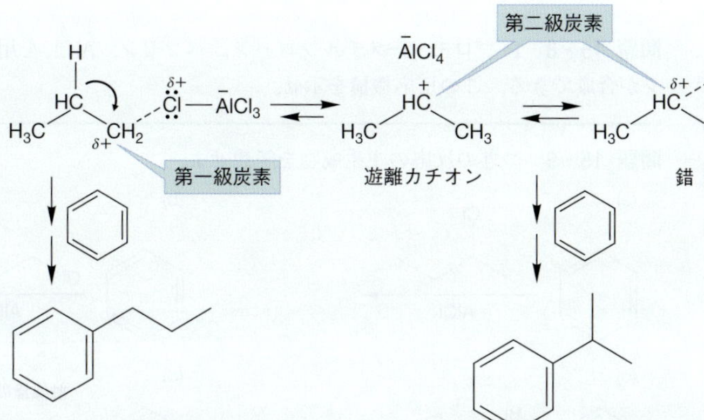

図 15・34 ヒドリドの転位によって，第一級炭素上に部分正電荷をもつ不安定な錯体から，第二級炭素上に部分正電荷をもつ，より安定な錯体に変わる．そして置換反応が起こる．

ヒドリドやアルキル基の転位によってより安定なカチオンや錯体を形成する場合には，この転位は頻繁に見られる．転位はここで初めて登場した現象ではなく，すでにカルボカチオンが関与する反応で，ヒドリドやアルキル基の転位について学んでいる（図 15・35；p.345）．

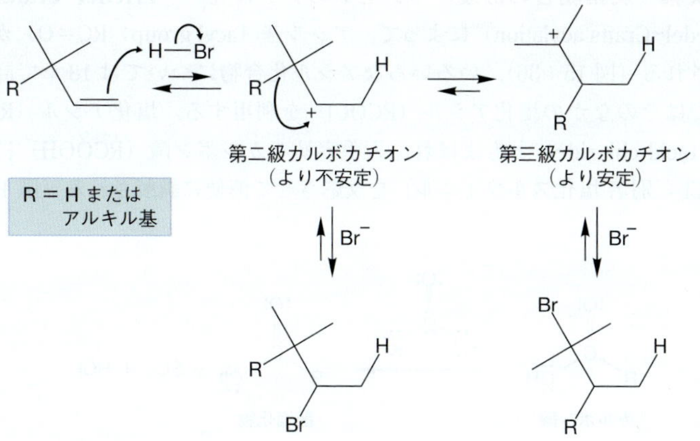

第二級カルボカチオン（より不安定）

第三級カルボカチオン（より安定）

R＝H または アルキル基

Br^-

図 15・35 付加反応において，より安定なカルボカチオンの形成が可能な場合，ヒドリドやアルキル基の転位が起こりやすい

描き，思い浮かべて理解する

カルボカチオンの化学

sp^2 混成軌道をもつカルボカチオンは，超共役（第三級炭素＞第二級炭素＞第一級炭素の順で有効）や共鳴（ベンジル位あるいはアリル位炭素でのみ有効）の効果で安定化される．10 章（p.453）でカルボカチオンの特徴についてまとめた．ここではカルボカチオンの反応性についてまとめる．

1. カルボカチオンは転位が可能であり，しかもこれを抑える術(すべ)はない．ヒドリドやアルキル基の転位でより安定なカチオンが生じるなら，転位は自然に起こる．
2. カルボカチオンは求核試薬と反応する．これが S_N1 反応である．しばしば反応に使用したプロトン性溶媒が求核試薬として働く．
3. カルボカチオンからプロトンの脱離が起こる．これが E1 反応である．カチオンに β 水素がある場合，アルケンを生じる．
4. カルボカチオンは重合をひき起こす．アルケンの濃度が高いと，重合反応が進む．
5. カルボカチオンは芳香環と反応する．これが Friedel–Crafts アルキル化反応である．

問題 15・8 1-ブロモ-2-メチルプロパン，ベンゼン，$AlCl_3$ を用いて *t*-ブチルベンゼンが合成できる．この反応機構を示せ．

問題 15・9 つぎの反応の主生成物を予想せよ．

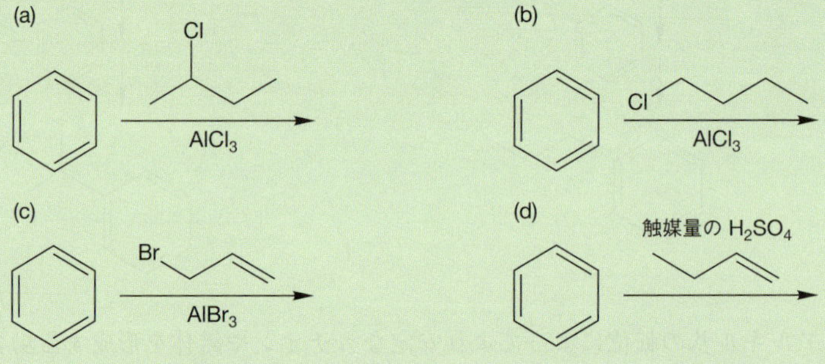

(a) ベンゼン + 2-クロロブタン —($AlCl_3$)→

(b) ベンゼン + 1-クロロブタン —($AlCl_3$)→

(c) ベンゼン + 臭化アリル (Br) —($AlBr_3$)→

(d) ベンゼン + 1-ブテン —(触媒量の H_2SO_4)→

15・3f 炭素－炭素結合の形成：ベンゼンのアシル化

Friedel–Crafts(フリーデル クラフツ) アシル化反応（Friedel–Crafts acylation）によって，アシル基（acyl group；RC=O）がベンゼン環に導入される（図 15・36）．いろいろなアシル化合物については 18 章で詳しく学ぶが，ここではそのなかの塩化アシル（RCOCl）を利用する．塩化アシル（RCOCl）は**酸塩化物**（acid chloride）ともよばれ，入手容易なカルボン酸（RCOOH）に塩化チオニル（$SOCl_2$；別名 塩化スルフィニル）を反応させて簡便に調製される（図 15・37）．

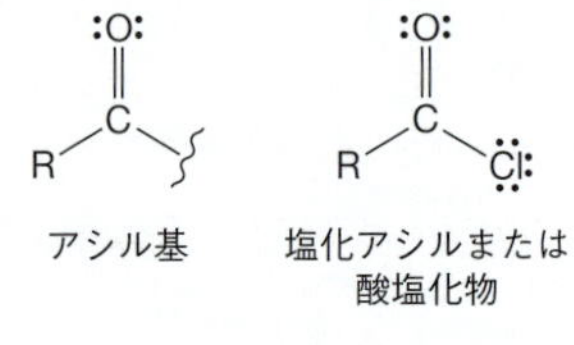

図 15・36 アシル基と酸塩化物

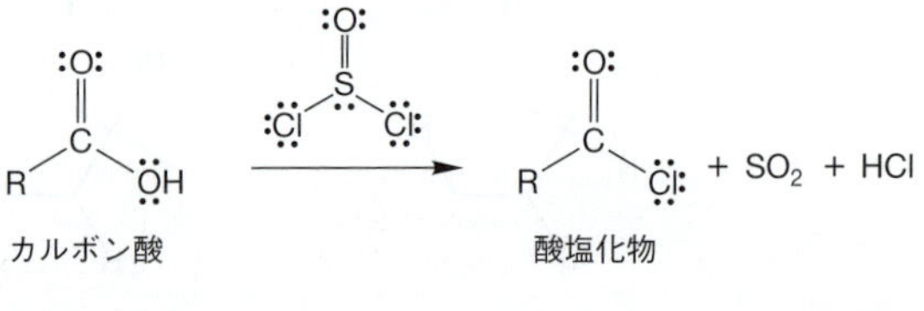

図 15・37 酸塩化物はカルボン酸と塩化チオニルの反応により合成される．

酸塩化物は，$AlCl_3$ の存在下ベンゼンと反応する．このとき，生成物と等モル量以上の $AlCl_3$ が必要になる（触媒量では不十分なことに注意せよ）．この反応機構を書くのはもう難しくないであろう．$AlCl_3$ はまず錯体を形成するが，どのような錯体ができるだろうか．塩化アルキルとは異なり，酸塩化物には求核的な働きをする2つの原子，すなわち酸素と塩素がある．実際に，両原子上で錯体がつくられて両者は平衡状態にあるが，塩素との錯体から塩化物イオンが引抜かれると，共鳴安定化されたアシリウムイオン（acylium ion）を生じる（図 15・38）．

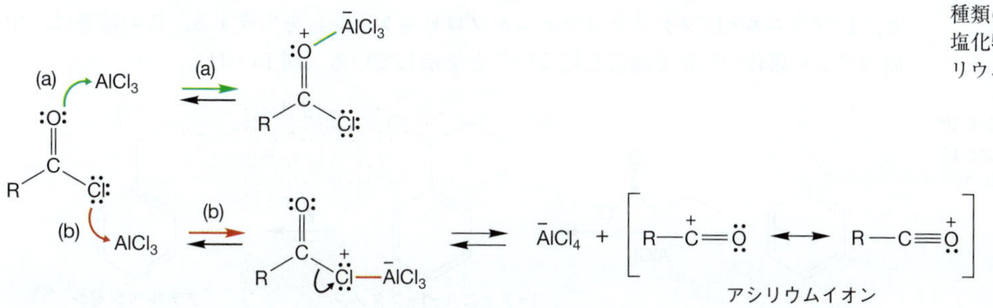

図 15・38 酸塩化物と $AlCl_3$ から2種類の錯体ができるが，一方から塩化物イオンが引抜かれて，アシリウムイオンを生じる．

そのアシリウムイオンはベンゼン環に付加し，シクロヘキサジエニルカチオン中間体を生成する．共存するルイス塩基（＝塩化物イオン）がプロトンを引抜いて反応は完結し，アシルベンゼンを与える（図 15・39）．先に述べたように Friedel–Crafts アルキル化反応と異なり，Friedel–Crafts アシル化反応はルイス酸による触媒反応ではない．生成物のアシルベンゼンは生成するとすぐ $AlCl_3$ と 1：1 の錯体をつくる．言い換えれば，反応で生じたアシルベンゼンと同量の $AlCl_3$ が錯体形成で消費される．したがって，反応を完結するには，化学量論量の $AlCl_3$ が必要となる．反応後水を加えると錯体は分解され，アシルベンゼンが遊離する（図 15・39）．

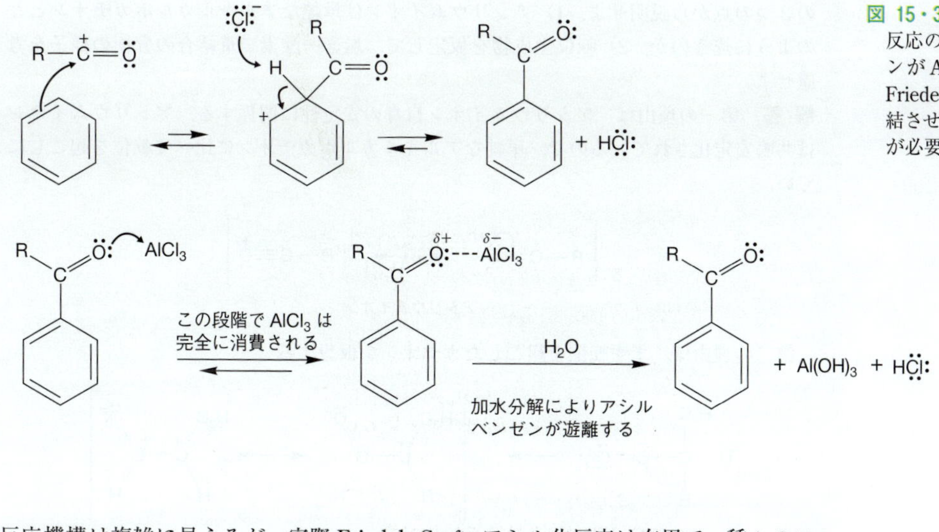

図 15・39 Friedel–Crafts アシル化反応の機構．生成物の芳香族ケトンが $AlCl_3$ と錯体をつくるので，Friedel–Crafts アシル化反応を完結させるには等モル量以上の $AlCl_3$ が必要となる．

反応機構は複雑に見えるが，実際 Friedel–Crafts アシル化反応は有用で，種々のフェニル基置換ケトン（芳香族ケトン）を収率よく合成できる．便利な合成法の1つとしてこの反応を合成のファイルカードに追加しておこう（図 15・40）．

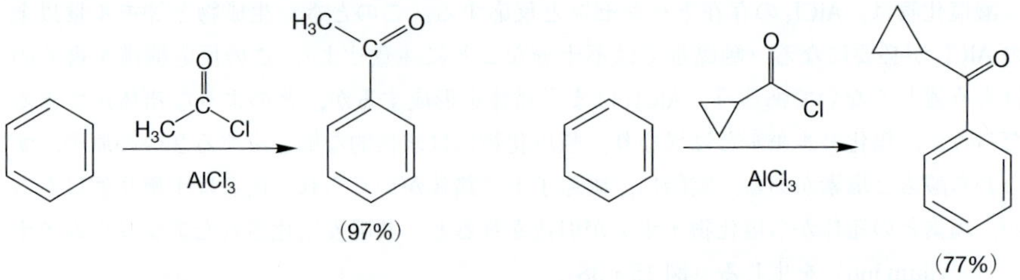

図 15・40 典型的なFriedel–Craftsアシル化反応の例

図 15・41 に，別のアシル化反応の例を示す．ベンゼンと塩化ブタノイルが反応すると，1-フェニル-1-ブタノン（フェニルプロピルケトン）を生成する．この結果は，中間のアシル錯体が転位を起こしにくいことを示している（図 15・41）．

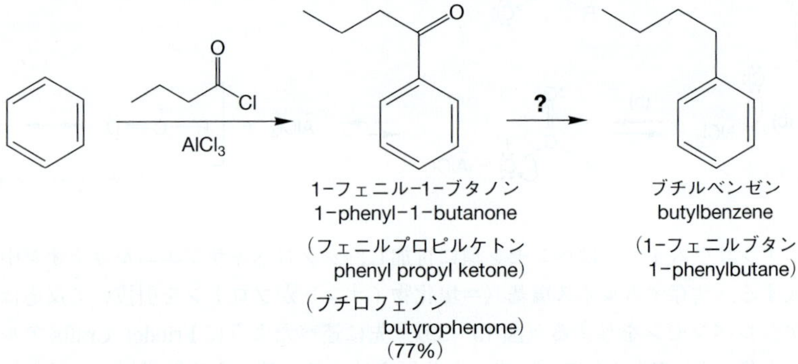

図 15・41 Friedel–Craftsアシル化反応では，ヒドリドの転位などによる異性体の生成は見られない．

炭素 4 個からなる側鎖はそのまま残っているので，カルボニル基をメチレン基に変換するよい方法があれば，Friedel–Craftsアルキル化とは違って，転位を伴わないでブチルベンゼン（1-フェニルブタン）をつくることができる．

問題 15・10 アシリウムイオン（あるいはアシル錯体）が転位しにくい理由を，つぎの 2 つの点から説明せよ．1）アシリウムイオンは単純なアルキルカルボカチオンとどのように違うのか．2）転位生成物を仮定して，炭素－酸素二重結合の分極の様子を考慮せよ．

解 答 第一の理由は，アシリウムイオン自身の安定性に関係する．アシリウムイオンは共鳴安定化されているので，単純なアルキルカルボカチオンに比べて転位を起こしにくい．

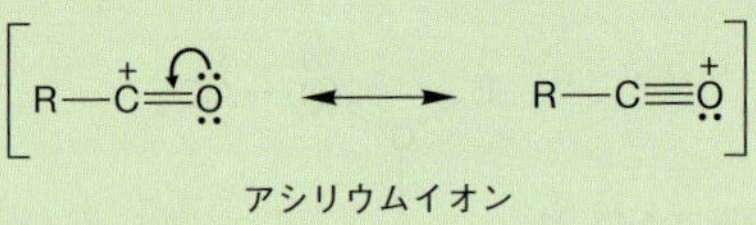

$$\left[\mathrm{R{-}\overset{+}{C}{=}\ddot{O}} \longleftrightarrow \mathrm{R{-}C{\equiv}\overset{+}{O}}\right]$$

アシリウムイオン

第二の理由は，まず転位を起こしたカチオンを仮想する．

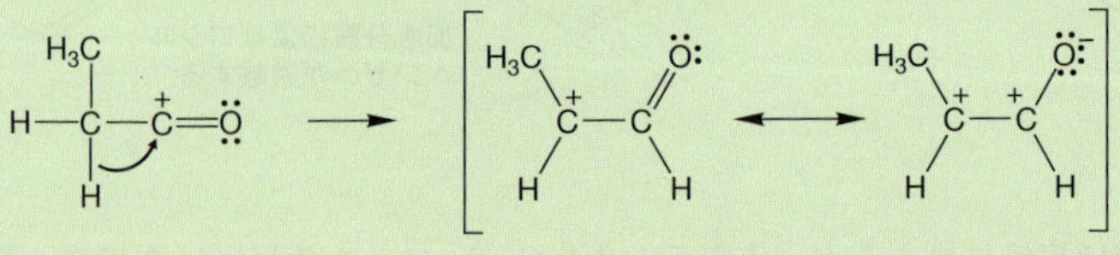

図に示すように，カルボニル基は非常に分極しており，その炭素原子は δ+，酸素原子は δ− に帯電している．転位が起こると，正電荷同士が隣り合うことになる．これはエネルギー的に大変不利なので，結局ヒドリドやアルキル基の転位が起こりにくい．

カルボニル基をメチレン基に変換する方法はいろいろあるが，そのなかから2つの代表的な方法を，図15・42に示す．E. C. Clemmensen（1876〜1941）により見いだされたClemmensen（クレメンゼン）還元（Clemmensen reduction）は強酸性条件下で進む．一方，Ludwig Wolff（1857〜1919）とN. Kishner（1867〜1935）によって発見されたWolff-Kishner（ウォルフ-キシュナー）還元（Wolff-Kishner reduction）は強塩基を必要とする．

Clemmensen 還元

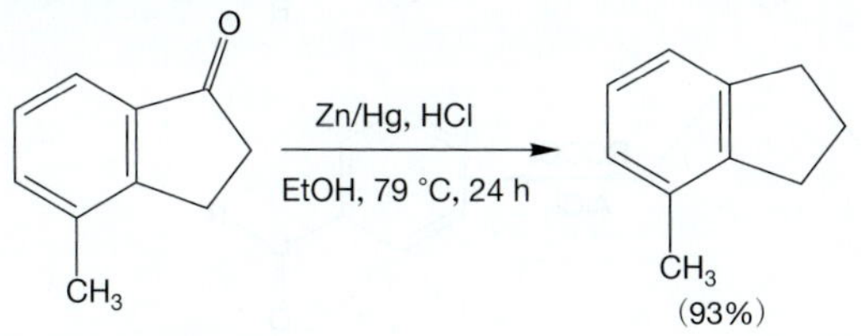

Zn/Hg, HCl
EtOH, 79 °C, 24 h
CH_3 CH_3
(93%)

Wolff-Kishner 還元

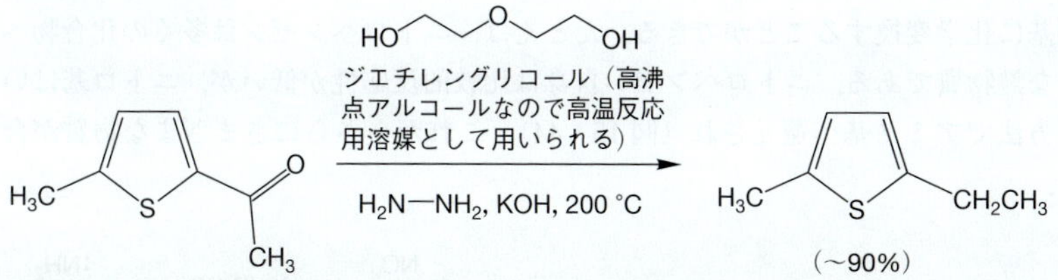

HO O OH
ジエチレングリコール（高沸点アルコールなので高温反応用溶媒として用いられる）
H_2N-NH_2, KOH, 200 °C
H_3C S CH_3 → H_3C S CH_2CH_3
(〜90%)

図15・42 カルボニル基をメチレン基に変換する2つの還元方法

問題 15・11 酸塩化物以外にもアシル化反応に利用できる試薬がある．酸無水物によるアシル化反応の機構を示せ．

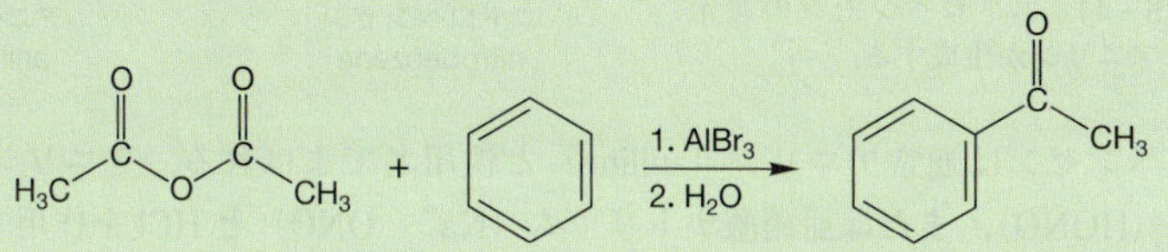

H_3C–C(=O)–O–C(=O)–CH_3 ＋ ベンゼン → 1. $AlBr_3$ 2. H_2O → C(=O)CH_3

まとめ

Friedel-Craftsアルキル化反応はベンゼン環に炭素置換基を結合させる芳香族求電子置換反応である．求電子試薬はR^+であり，ベンゼン環に付加してシクロヘキサジエニルカチオンを生じる．この中間体からプロトンが脱離して芳香族性を取戻す．大事な点はこれだけで，残りは細かな説明にすぎない．Friedel-Craftsアルキル化反応では，転位が起こりやすいことも忘れてはならない．一方Friedel-Craftsアシル化反応では酸塩化物から発生させたアシリウムイオンが強力な求電子試薬として働き，転位は起こらない．

15・4 ニトロベンゼンを出発物とする芳香族求電子置換反応の利用

ここまでに，合成化学の観点から有用なベンゼンに対する7種類の反応を学んだ．すなわち，ベンゼンの臭素化，塩素化，ニトロ化，スルホン化と脱スルホン，Friedel-Craftsアルキル化，およびFriedel-Craftsアシル化反応である．2種類のFriedel-Crafts反応により新たな炭素−炭素結合がつくられ，アルキルベンゼンやアシルベンゼンを合成できる．これらの反応を図15・43にまとめた．

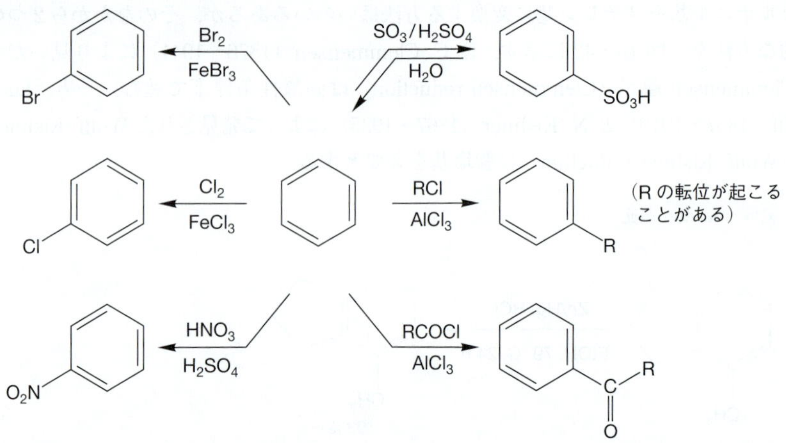

図 15・43 ここまでに学んだ芳香族求電子置換反応

(Benzene → bromobenzene: Br_2, $FeBr_3$; → benzenesulfonic acid (SO_3H): SO_3/H_2SO_4 ⇄ H_2O; → chlorobenzene: Cl_2, $FeCl_3$; → alkylbenzene (R): RCl, $AlCl_3$ (R の転位が起こることがある); → nitrobenzene (O_2N): HNO_3, H_2SO_4; → acylbenzene (C(=O)R): RCOCl, $AlCl_3$)

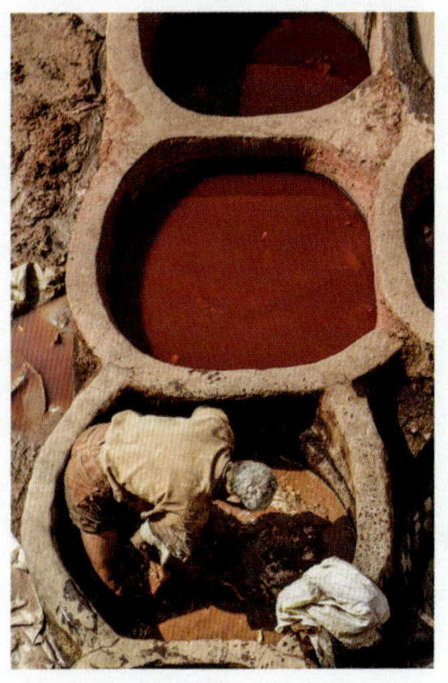

アニリン誘導体からアゾ染料がつくられる．アゾ染料や，写真のモロッコのなめし革工場で使われる天然染料などの着色は，多重に共役した芳香族アミンに由来する．

ベンゼン環に直接導入できる官能基の種類は多くはないが，導入された官能基を別の官能基に化学変換することができる．たとえば，ニトロベンゼンは多くの化合物へ変換可能な鍵物質である．ニトロベンゼン自身は比較的反応性が低いが，ニトロ基はいろいろな方法でアミノ基へ還元され（図 15・44），これからさらにさまざまな物質が合成される．

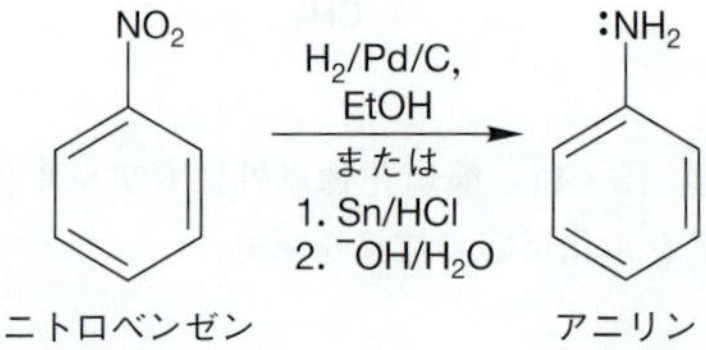

ニトロベンゼン (NO_2) nitrobenzene —[$H_2/Pd/C$, EtOH または 1. Sn/HCl 2. $^-OH/H_2O$]→ アニリン ($:NH_2$) aniline

図 15・44 ニトロベンゼンの還元でアニリンが生成する．

アミノベンゼンは通常アニリン（aniline）と慣用名でよばれる．アニリン（p.649）に亜硝酸（HONO），または亜硝酸ナトリウム（$Na^+\ ^-ONO$）と HCl を作用させると，塩化ベンゼンジアゾニウムを生成する．これは乾燥状態では爆発しやすいが，溶液では比較的安全な物質である（図 15・45）．$R-N_2^+$で表される分子を**ジアゾニウムイオン**（**diazonium ion**）とよび，いろいろな反応に活用される．

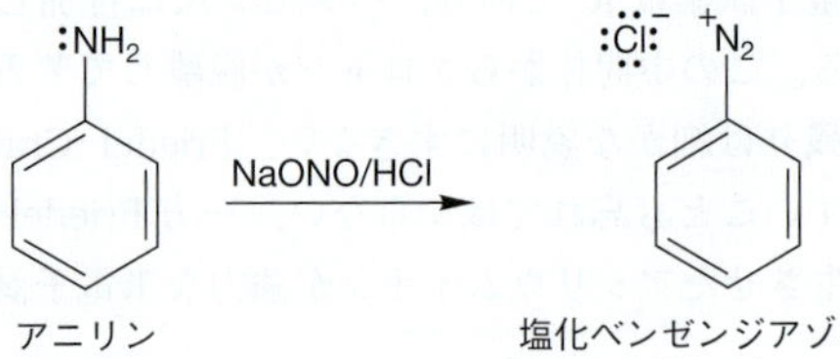

アニリン ($:NH_2$) —[NaONO/HCl]→ 塩化ベンゼンジアゾニウム ($:\ddot{Cl}:^-\ ^+N_2$) benzenediazonium chloride

図 15・45 アニリンと亜硝酸の反応で塩化ベンゼンジアゾニウムが生成する．

問題 15・12 つぎのジアゾニウム塩の共鳴構造式を 5 つ描け．その中でどの共鳴構造式の寄与が最も高いと考えられるか．その理由は何か．

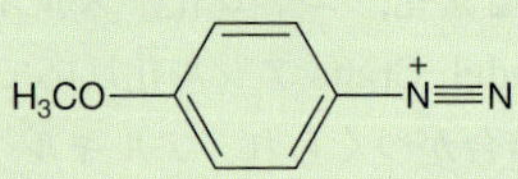

$H_3CO-C_6H_4-\overset{+}{N}\equiv N$

ジアゾニウム塩を生じる反応は多段階を経る反応であるが，反応機構を表すのはそれほど難しくない．重要な中間体は，亜硝酸との平衡で生じる三酸化二窒素（N_2O_3）である．亜硝酸がプロトン化され，これに亜硝酸イオンが攻撃し，水分子が脱離して三酸化二窒素を生成する（図 15・46）．

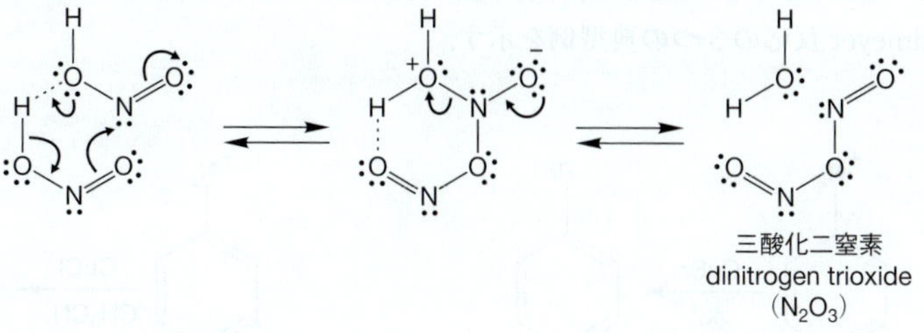

三酸化二窒素
dinitrogen trioxide
（N_2O_3）

図 15・46 三酸化二窒素（N_2O_3）の生成

まず，アニリンの窒素原子の求核攻撃により N_2O_3 から亜硝酸イオン（^-ONO）が脱離し，さらにプロトンが外れると，*N*-ニトロソアニリンを生じる（図 15・47）．

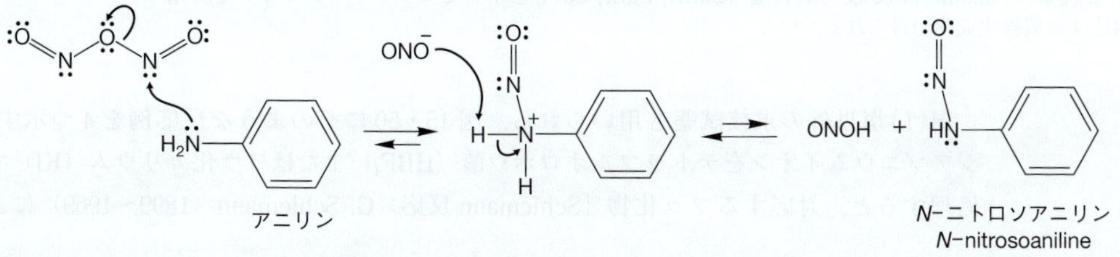

アニリン
N-ニトロソアニリン
N-nitrosoaniline

図 15・47 N_2O_3 から亜硝酸イオンが脱離して，ニトロソアミンが生成する．

N-ニトロソアニリンはベンゼンジアゾヒドロキシド（benzenediazohydroxide）と平衡にあり，酸中でプロトン化した後脱水してベンゼンジアゾニウムイオン（benzenediazonium ion）を生成する（図 15・48）．現段階ではこのジアゾニウムイオンの生成過程は複雑にみえるかもしれないが，それぞれ簡単な反応が順に起こっているだけである．多くの反応がプロトン化，脱プロトン，水の付加や脱離の組合わせでできている．

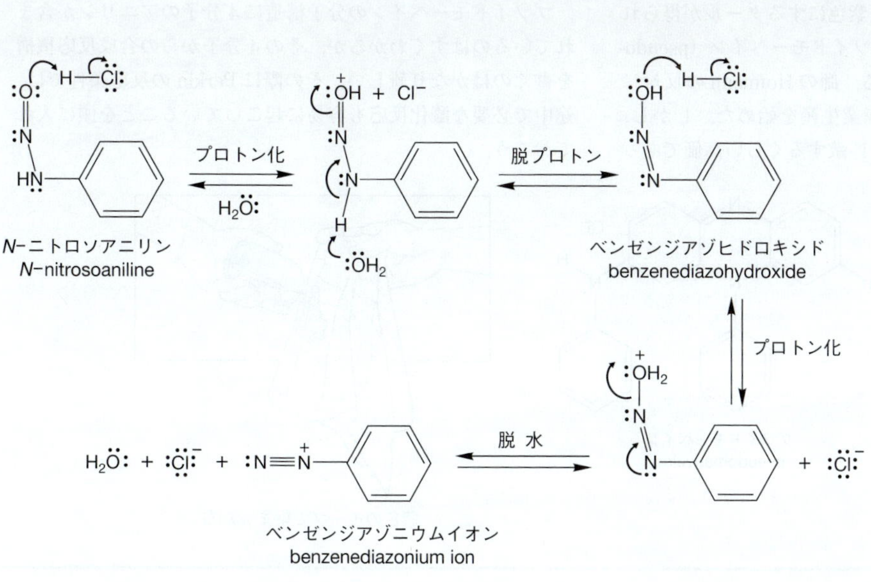

プロトン化
脱プロトン
N-ニトロソアニリン
N-nitrosoaniline
ベンゼンジアゾヒドロキシド
benzenediazohydroxide
プロトン化
脱 水
ベンゼンジアゾニウムイオン
benzenediazonium ion

図 15・48 プロトン化されたベンゼンジアゾヒドロキシドから水分子が脱離して，ジアゾニウムイオン，つまり塩化ベンゼンジアゾニウムが生じる．

カルボニル化合物の反応性について学ぶ 16 章〜19 章で，さらに多くの実例を学ぶ．

ジアゾニウムイオンは，Traugett Sandmeyer（1854〜1922）によって発見された **Sandmeyer（ザンドマイヤー）反応**（Sandmeyer reaction）の重要な反応中間体となる．ジアゾニウムイオンは対応する銅(Ⅰ)塩を用いて，ハロゲン化物やシアン化物に変換される．最近 Sandmeyer 反応はさらに改良され，副反応が抑制されて収率が向上している．図 15・49 に Sandmeyer 反応の 3 つの典型例を示す．

$^+N_2$–C$_6$H$_4$–CH_3 → (CuCN, 0 ℃, 5 h) → NC–C$_6$H$_4$–CH_3 (67%)

$^+N_2$–C$_6$H$_4$–NO_2 → (CuBr, 水/アセトン, −25 ℃) → Br–C$_6$H$_4$–NO_2 (90%)

$^+N_2$–C$_6$H$_4$–C(=O)CH_3 → (CuCl, CH_3CN, 65 ℃) → Cl–C$_6$H$_4$–C(=O)CH_3 (98%)

図 15・49 3 種類の Sandmeyer 反応．銅(Ⅰ)塩（CuCN, CuBr, CuCl）を用いてジアゾニウムイオンを分解すると，対応する置換生成物が得られる．

銅(Ⅰ)塩以外の求核試薬も用いられる．図 15・50 にそのような反応例を 4 つ示す．ジアゾニウムイオンをテトラフルオロホウ酸（HBF_4）またはヨウ化カリウム（KI）で処理すると，対応するフッ化物〔Schiemann（シーマン）反応；G. Schiemann（1899〜1969）によ

アニリン

アニリンは合成染料工業の発展の歴史の中で主役を演じた物質である．1856 年，王立化学院の August Wilhelm Hofmann の下で勉強していた 17 歳の William Henry Perkin は，休暇中にもかかわらず家でアニリンを使ってキニンの合成実験をしていた（君なら休み中に実験をする？）．このとき目的のキニンはできずに，布を鮮やかな紫色にするタールが得られることに気づいた．これが現在プソイドモーベイン（pseudomauveine）とよばれる物質である．師の Hofmann の反対にもかかわらず，彼はこの染料の商業生産を始めた．しかし，当時この値段が同じ重さの白金に匹敵するくらい高価であったため，商売は成功しなかった．すぐに，アニリン誘導体（トルイジン）からつくられた同様の染料に取って代わられた．いずれにせよ，モーブ（mauve）ともよばれる染料物質の合成は，その後発展する合成染料工業の先駆けとなる重要な発明となった．

プソイドモーベインの分子構造に 4 分子のアニリンが含まれているのはすぐわかるが，その 4 分子からの合成反応機構を書くのはかなり難しい．その際に Perkin の反応条件では，途中で必要な酸化反応も容易に起こっていることを頭に入れておこう．

NH_2–C$_6$H$_5$ → (酸) → プソイドモーベイン (H_2N, N, Cl^-, N^+–H)

プソイドモーベイン
pseudomauveine

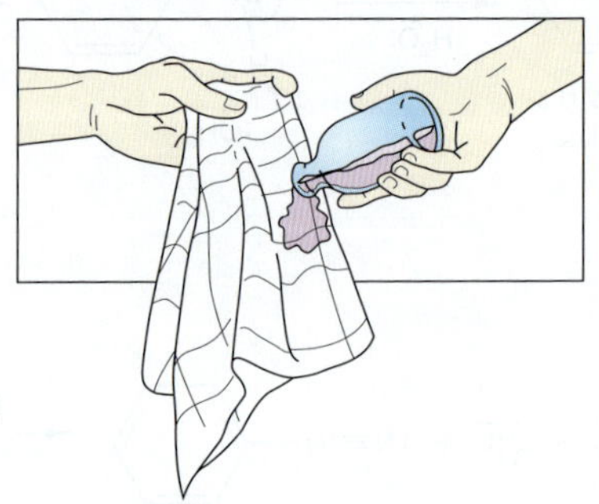

紫色のモーブで染まった布

り見いだされた〕あるいはヨウ化物を与え，またジアゾニウムイオンを銅触媒により加水分解するとフェノール（p.649）が生成する．また，ホスフィン酸（H_3PO_2）とともに加熱すると，ジアゾニオ基（$^+N_2$−）は水素に置き換わる．

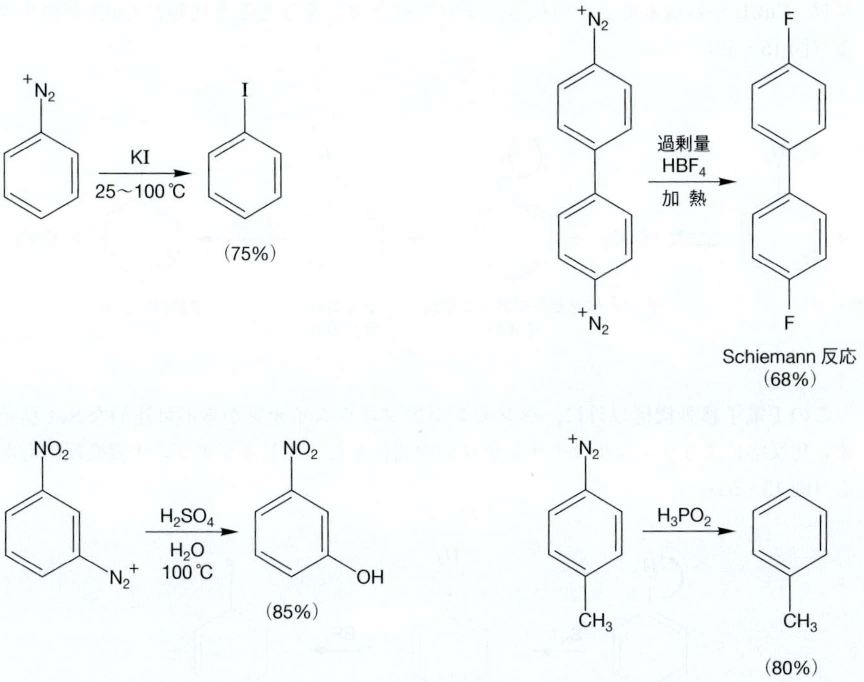

図 15・50 その他のジアゾニウムイオンの置換反応例

$^+N_2$ ベンゼン —KI, 25〜100 ℃→ ヨードベンゼン（75%）

ビフェニル-4,4'-ビス(ジアゾニウム) —過剰量 HBF_4, 加熱→ 4,4'-ジフルオロビフェニル　Schiemann 反応（68%）

3-ニトロベンゼンジアゾニウム —H_2SO_4, H_2O, 100 ℃→ 3-ニトロフェノール（85%）

4-メチルベンゼンジアゾニウム —H_3PO_2→ トルエン（80%）

これらの化学変換の機構を知りたいと思うかもしれないが，残念ながら大まかな反応機構だけしかわかっておらず，詳細については不明な部分が多い．多くの有機反応が完全には解明されておらず，有機化学にはまだ魔法のようなわくわくする部分が残されている．Sandmeyer 反応の操作手順の 1 つに，“反応混合物を鉛の棒でかきまぜよ”という指示がある．もしガラス棒でかきまぜたらどうなるだろうか．おそらくそれでもうまくいくと思うかもしれないが，実際は反応が起こらないことが多い．おそらく鉛の微粉末の有無が反応の成否を決めているのだろう．私（MJ）なら鉛の棒を使う*.

問題 15・13 図 15・49 や図 15・50 の反応はいずれも全体としては置換反応であるが，単純な S_N2 反応とは考えられない．その理由を説明せよ．

* “鉛の不思議”に関してもう 1 例紹介しよう．著者の一人（MJ）の“化学上の兄弟”（chemical brother）であった Milton Farber（1925 年生まれ）と Adnan Abdul-rida Sayigh（1922 年頃〜1980）は，PbO_2 を用いる有用な反応をみつけ，1,2-ジカルボン酸からアルケンを合成する効率的な方法として発表した．しかし，その反応はある特定の瓶の酸化鉛を用いたときのみ進行し，その酸化鉛を使いきると，反応を再現できなくなった．いろいろ他の酸化鉛の瓶を試したが成功しなかった．明らかに酸化鉛の粒子径が影響しているように思われる．（ここで“化学上の兄弟”とは，大学で同じ先生に教えを受けた先輩や後輩のこと．Farber と Sayigh は 2 人とも MJ の恩師と一緒に研究した仲間であり，ゆえに MJ の chemical brother である）

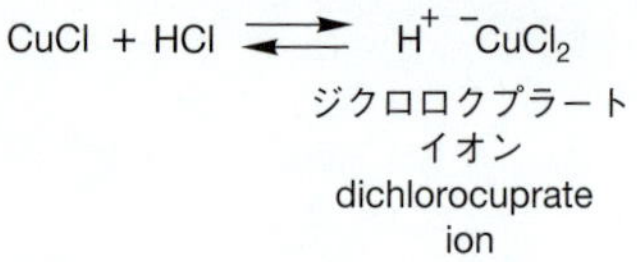

$CuCl + HCl \rightleftharpoons H^+ \ ^-CuCl_2$

ジクロロクプラートイオン dichlorocuprate ion

図 15・51 CuCl と HCl からのジクロロクプラートイオン $^-CuCl_2$ の生成

銅がかかわる Sandmeyer 反応では，電子移動を伴うラジカル反応が起こっていることは確かなようだ．塩酸中で，塩化銅(I) (CuCl) はジクロロクプラートイオン ($^-CuCl_2$) と平衡にある（図 15・51）．ジクロロクプラートイオンからジアゾニウムイオンに 1 電子が移動すると，N_2 が脱離しフェニルラジカルを生じる．フェニルラジカルは $\cdot CuCl_2$ から塩素原子を引抜き，クロロベンゼンを与えると同時に CuCl が再生する（図 15・52）.

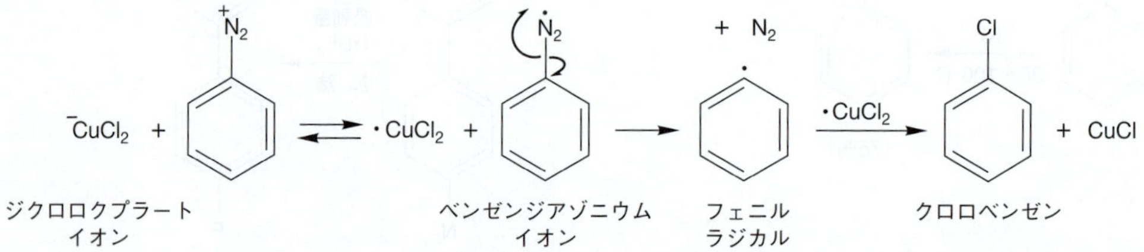

$^-CuCl_2$ + ($\overset{+}{N_2}$-ベンゼン) ⇌ $\cdot CuCl_2$ + ($\dot{N_2}$-ベンゼン) → ($\cdot$ベンゼン) + N_2 —($\cdot CuCl_2$)→ (Cl-ベンゼン) + CuCl

ジクロロクプラートイオン　ベンゼンジアゾニウムイオン　フェニルラジカル　クロロベンゼン

図 15・52 クロロベンゼンの生成機構

この 1 電子移動機構以外に，ベンゼンジアゾニウムイオンから不可逆的な S_N1 型イオン化反応によりフェニルカチオンが反応中間体として生じるジアゾニオ置換反応もある（図 15・53）.

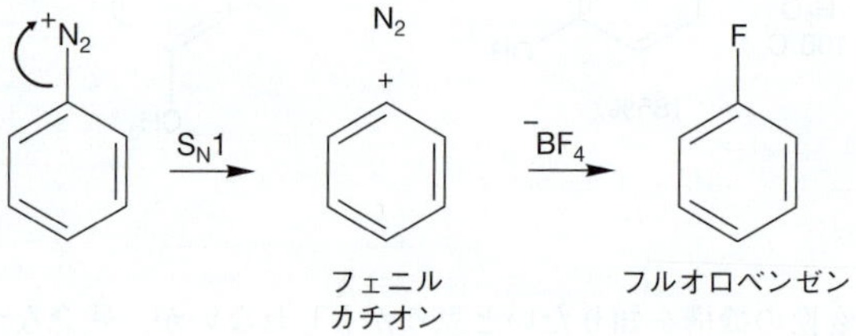

($\overset{+}{N_2}$-ベンゼン) —(S_N1)→ (フェニルカチオン) + N_2 —($^-BF_4$)→ (F-ベンゼン)

フェニルカチオン　フルオロベンゼン

図 15・53 塩化ベンゼンジアゾニウムから，フェニルカチオンを経由する反応もある．

このようにニトロベンゼンの還元で容易に得られるアニリンから，ジアゾニウムイオンを経由してさまざまなベンゼン誘導体を簡単な操作で合成できる．反応機構の詳細がよくわからなくても，気にしなくてよい．

問題 15・14 フェニルラジカル（Ph•）の共鳴構造を描け．

問題 15・15 芳香族アミンからジアゾニウムイオンが生成する際に，図に示すアゾ化合物がしばしば副生する．この生成機構を示せ．

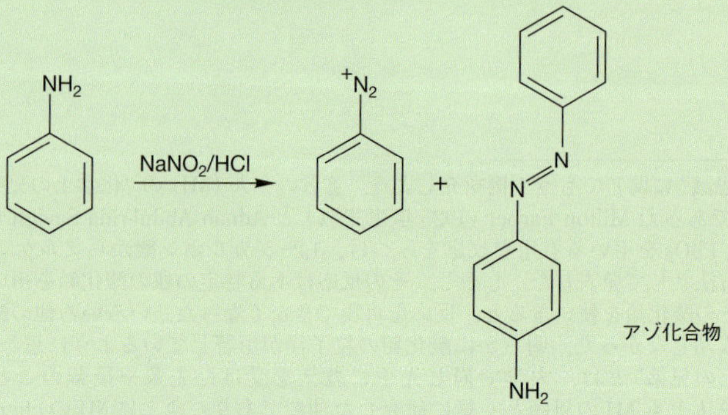

(NH_2-ベンゼン) —($NaNO_2/HCl$)→ ($\overset{+}{N_2}$-ベンゼン) + (Ph-N=N-C_6H_4-NH_2)

アゾ化合物

問題 15・16 適当な無機試薬と5個以内の炭素を含む有機試薬を用いて，ベンゼンからつぎの化合物を合成する反応経路を考えよ．

(a) NH_2 (b) F (c) I (d) OH (e) CN

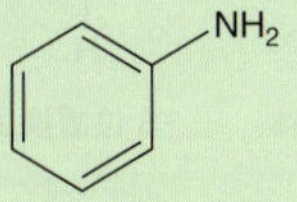

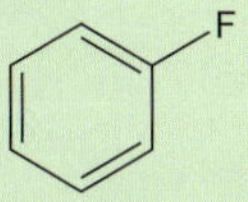

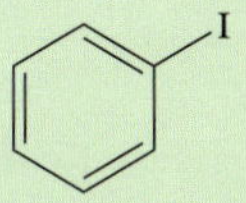

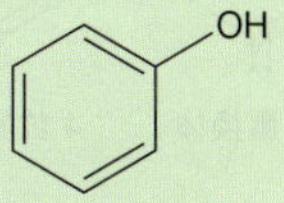

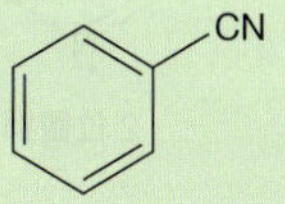

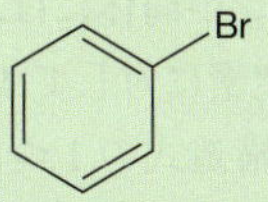

(f) Br (g) 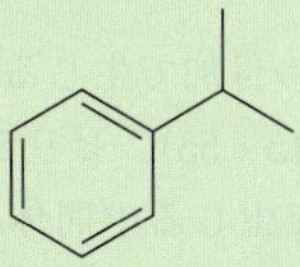 (h) O (i) 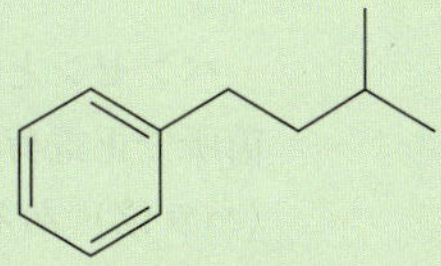 (j)

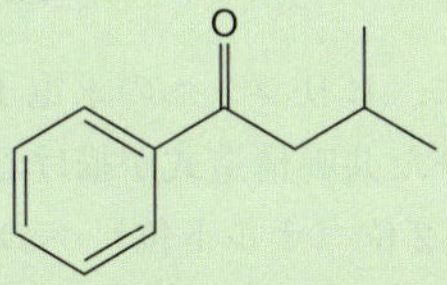

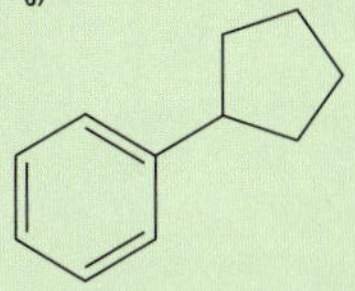

問題 15・17 Sandmeyer 反応で合成されたフェノールは，さらにいろいろな合成に使われる．なぜフェノール（pK_a = 10）はシクロヘキサノール（pK_a = 16）よりも強い酸なのか，その理由を考えてみよ．

問題 15・18 アリールエーテルはつぎの反応で合成できる．この反応機構を巻矢印表記法で説明せよ．

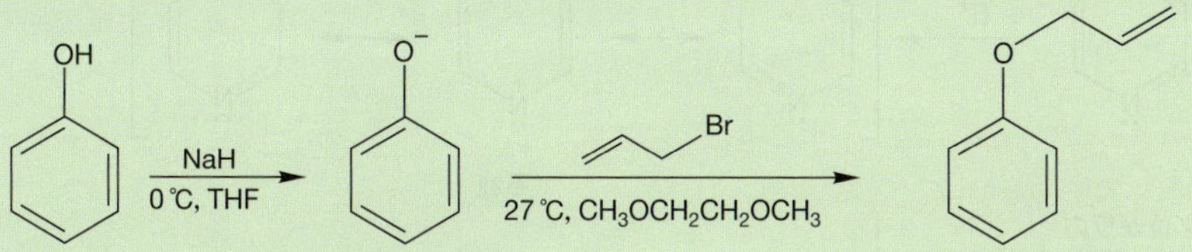

OH → NaH, 0 ℃, THF → O^- → Br, 27 ℃, $CH_3OCH_2CH_2OCH_3$ → O

フェノール　フェノキシドイオン phenoxide ion　3-フェノキシプロペン（アリルフェニルエーテル）(100%)

問題 15・19 つぎの反応の生成物の立体配置を予測せよ．

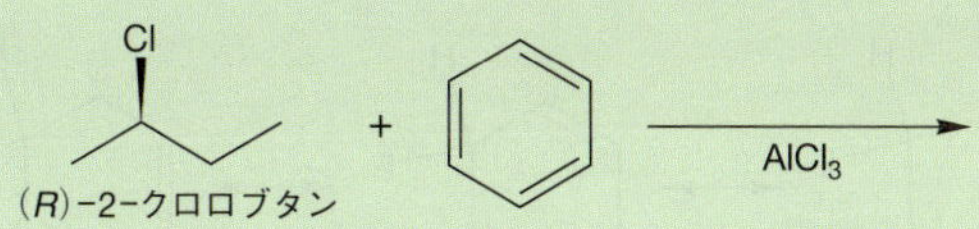

Cl (*R*)-2-クロロブタン + → $AlCl_3$

15・5 芳香族複素環化合物の求電子置換反応

芳香族複素環化合物の共鳴エネルギーは一般的にベンゼンに比べると低いが（表15・1），ベンゼンと同様に付加反応ではなく芳香族求電子置換反応を起こす．

表 15・1 代表的な芳香族複素環化合物とベンゼンの共鳴エネルギーの比較（単位 kJ/mol．括弧内は kcal/mol）

化合物	共鳴エネルギー
ベンゼン	138 (33)
チオフェン	121 (29)
ピリジン	96 (23)
ピロール	88 (21)
フラン	67 (16)

15・5a ピリジンおよびピロールの反応 複素環化合物の置換反応は，ヘテロ原子の影響で，ベンゼンに比べて複雑になる．求電子置換反応において，ベンゼンでは6個の炭素原子はすべて同じ反応性を示すが，ピリジンでは3種類の，ピロールでは2種類の異なる反応点が存在する（図15・54）．

ピリジン
pyridine
2 位置換体
3 位置換体
4 位置換体
ピロール
pyrrole
2 位置換体
3 位置換体

図 15・54 ピリジンとピロールの求電子置換反応で考えられる異なる反応位置

ベンゼンと同様に，ピリジンへの求電子試薬の付加で生じるカチオン中間体には，3 箇所で正電荷をおびた共鳴構造式が描ける（図 15・55）．ピリジンの窒素に対して 4 位（パラ位）あるいは 2 位（オルト位）への付加で生じる中間体の共鳴構造式の 1 つは，比較的電気陰性度の大きな窒素上に正電荷がくるので不利になる．これに対し，3 位（メタ位）への付加では，生成する中間体には正電荷が窒素上にくる共鳴構造式は含まれない．したがって 3 位への置換が優先する．

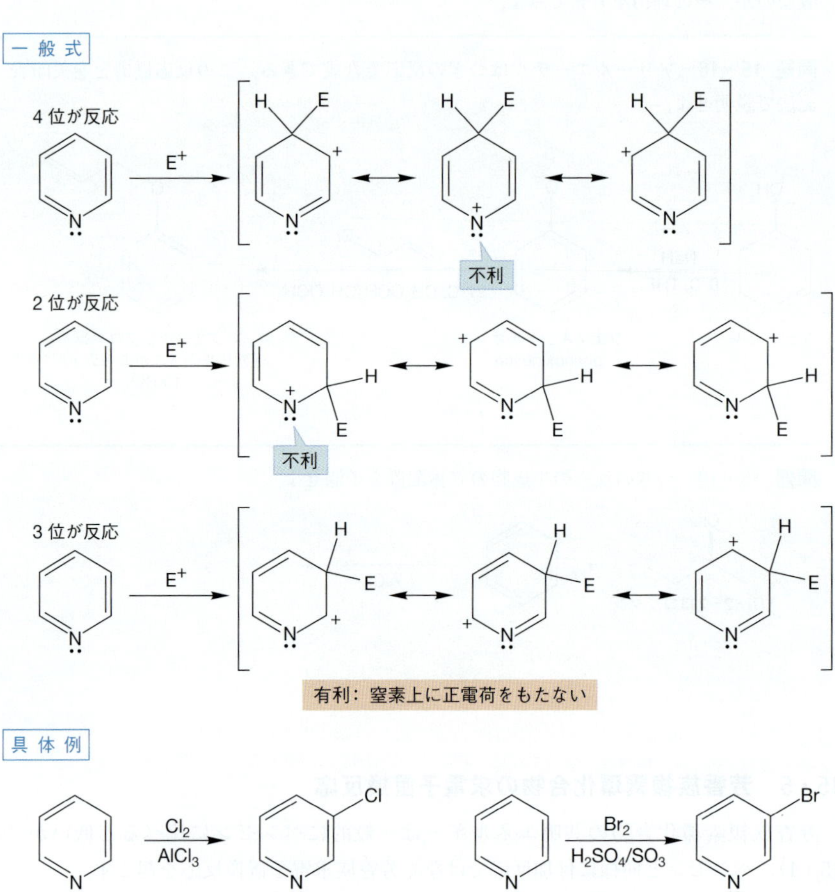

図 15・55 ピリジンは 3 位での置換が最も起こりやすいが，ベンゼンに比べて反応速度は遅くなる．

ピリジンへの置換反応を起こすのに必要な強い酸性条件下では，窒素がプロトン化されるので，求電子試薬の付加はさらに遅くなる．プロトン化されていないピリジンの反応性はニトロベンゼンと同程度であり，その求電子置換反応速度はベンゼンの 10^6 分の1程度であるのに対して，プロトン化されたピリジニウムイオンへの置換速度はベンゼンの 10^{18} 分の1程度ときわめて遅くなる．

つぎにピロールの置換反応を同様に考えると，どの位置が優先的に置換されるかわかってくる．今度は2位，3位いずれの位置で付加しても，窒素上に正電荷をもつ共鳴構造式が描ける．しかし，3位に付加した中間体では，炭素上に正電荷をもつ共鳴構造式がただ1つしか描けないのに対し，2位で付加したものでは，炭素上に正電荷がある共鳴構造式が2つ描ける．したがって2位の方が有利ということになるが，実際には2位置換体と3位置換体の混合物を与えることが多い（図15・56）．

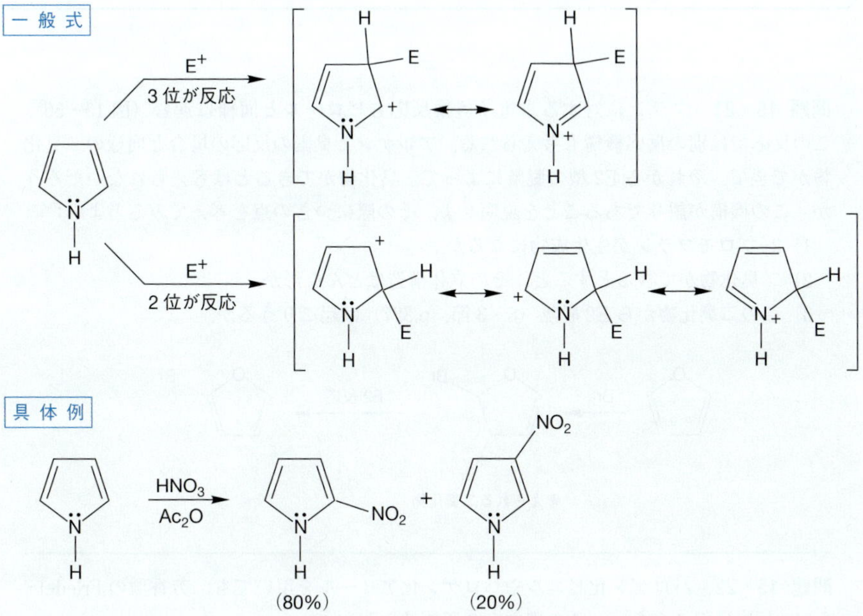

図 15・56　ピロールでは2位での置換が起こりやすい．

ベンゼンやピリジンに比べて，ピロールは共鳴安定化が小さいため（表15・1），ベンゼンやピリジンよりも反応性が高い．

15・5b　フランおよびチオフェンの反応　フランやチオフェンも求電子試薬 E^+ に対して高い反応性を示す．置換反応はピロール同様2位で優先する（図15・57）が，3位置換体も生成して混合物を与える場合もある．

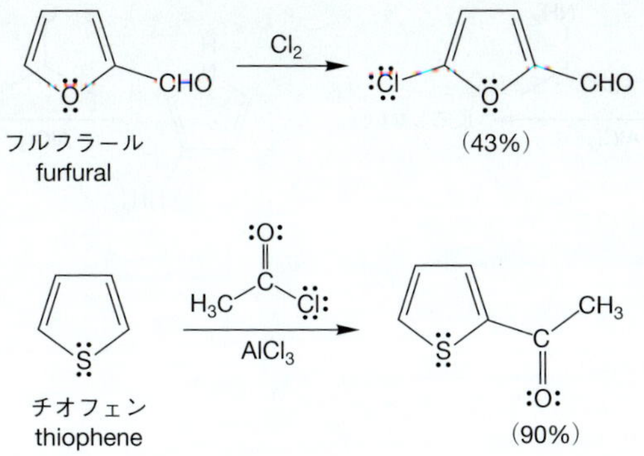

図 15・57　フランとチオフェンの求電子置換反応

問題 15・20 フランの求電子置換反応で，2位置換体が3位置換体に優先して生じるのはなぜか．

問題の解き方

問題15・20のような比較の問題では，分子構造を描いて反応機構を比べる必要がある．反応機構を注意深く描いていくと，自然に比較すべき点が見えてくる．頭の中で考えるのではなく，とにかく分子構造や反応式を描くことが大事である．

問題 15・21 フランに対する求電子置換反応もピロールと同様に進む（図15・56）．この反応では別の反応機構も考えられる．アルケンと臭素の反応の場合と同様の二臭化物ができて，それからE2型の脱離によって一臭化物ができるとは考えられないだろうか．この機構が誤りであることを説明せよ．その際につぎの点を考えてみるとよい：

1) 2-ブロモフランが主生成物になるか．
2) 二臭化物ができるとすると，その立体構造はどんな形か．
3) この二臭化物からE2脱離（8・3節，p.327）は起こりうるか．

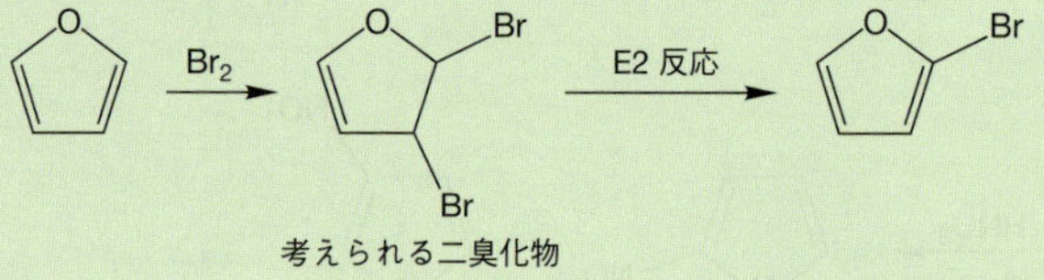

Br2 → 考えられる二臭化物 → E2反応 → (2-ブロモフラン)

問題 15・22 ハロゲン化ビニルやハロゲン化アリールを用いても，芳香環のFriedel-Crafts反応は起こらない．この理由を2通り考えよ．

また，反応物中にアミノ基があると，Friedel-Crafts反応は進まなくなる．この理由は何か．ヒント：$AlCl_3$は強力なルイス酸である．

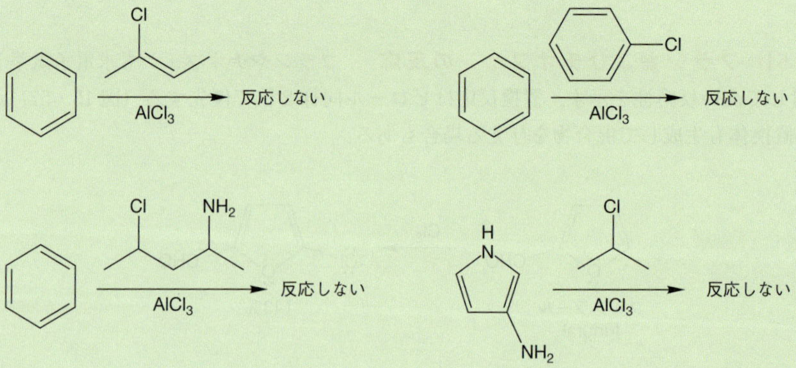

$AlCl_3$ 反応しない

$AlCl_3$ 反応しない

$AlCl_3$ 反応しない

$AlCl_3$ 反応しない

15・6 二置換ベンゼン：オルト，メタ，パラ置換体

問題15・6で述べたように，ベンゼンからトルエン（メチルベンゼン）の合成は見た目ほどやさしくはない．その理由は，反応系中にかなりの量のトルエンが生成すると，トルエンとベンゼンのメチル化が競争的になるからである．したがって，大過剰のベンゼンを使用しない限り，ベンゼン，トルエン，キシレン（ジメチルベンゼン），さらにポリメチルベンゼンの混合物が生じる．

問題 15・23 CH_3Cl と $AlCl_3$ を用いてベンゼンを徹底的にメチル化すると，分子式 $C_{13}H_{21}AlCl_4$ の緑色固体が得られる．この化合物の構造とその生成機構を示せ．

解 答 この問題では，Friedel–Crafts アルキル化反応が繰返し起こる．まずトルエンが生じ，ひき続きキシレン，トリメチルベンゼンというように，ヘキサメチルベンゼンが生成するまでメチル化が進む．

ヘキサメチルベンゼンがさらにメチル化されたら何ができるか？ 最終的な生成物は安定なヘプタメチルシクロヘキサジエニルカチオンのテトラクロロアルミン酸塩であり，これは反応条件下で安定である．なぜだろうか？ その共鳴構造式中で正電荷をもつ炭素はすべて第三級であり，しかも失われる水素がないので芳香環に戻れない．環上のすべての炭素にはメチル基だけが結合している．

さて，これまで学んできた一置換ベンゼン化合物が，さらに求電子試薬と反応したときの生成物は何だろうか．二置換ベンゼンには，オルト（ortho，1,2-二置換）体，メタ（meta，1,3-二置換）体，パラ（para，1,4-二置換）体の 3 種類の異性体が存在する（図 15・58）．

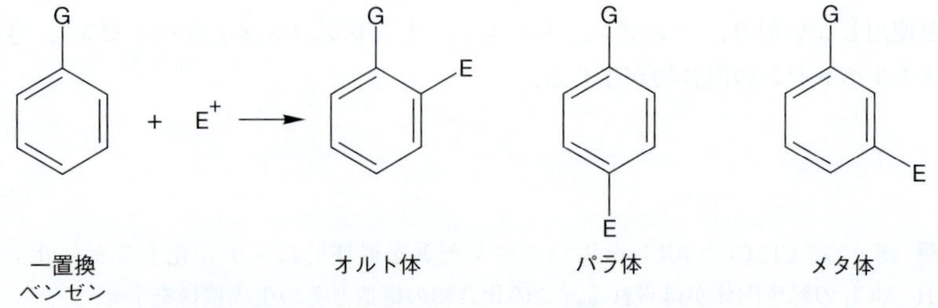

図 15・58 3 種類の二置換ベンゼン

ベンゼン環上の置換基（G）の種類によって，生成する二置換ベンゼンの異性体比が大きく変わる．一置換ベンゼンにさらに置換が起こって生成する二置換ベンゼンのオルト：メタ：パラの異性体比は，2：2：1 の統計的な分布にはならない．多くの一置換ベンゼンの反応性を調べると，オルトとパラ二置換体を主に与えるもの（オルト-パラ配向性）と，メタ二置換体を優先するもの（メタ配向性）に分類される．また，新しく導入される置換基の位置と，反応速度にも相関がある．オルト体とパラ体を主に与える一置換ベンゼンは，ベンゼン自身に比べて反応が速い．逆にメタ体を主に与える一置換ベンゼンは反応が遅い（表 15・2）．

表 15・2 一置換ベンゼンが示す反応性と反応位置

—G	置換位置†	相対反応速度
—NH_2, —NHR, —NR_2	o/p	非常に速い
—OH	o/p	非常に速い
—OR	o/p	非常に速い
—R（アルキル）	o/p	速い
—NH—C(=O)—R′	o/p	速い
—H（ベンゼン）		1 （基準）
—I, —Cl, —Br, —F	o/p	遅い
—C(=O)—R′ (R′ = OH, OR, NH_2, Cl, アルキル, アリール)	m	遅い
—SO_2—OH	m	遅い
—N^+(=O)—O^-	m	遅い
—C≡N	m	遅い
—$\overset{+}{N}R_3$	m	遅い

† o: オルト，p: パラ，m: メタ

15・6a 芳香族求電子置換反応における共鳴効果　芳香族求電子置換反応の機構を見れば，反応位置が置換基の種類に影響されることを理解できる．また，置換される位置（配向）と反応速度が相関していることもわかる．まず，アニソール（anisole，メトキシベンゼン）の例を見てみよう．メトキシ基はオルト位とパラ位で置換反応を誘起し（したがってオルト−パラ配向基とよばれる），ベンゼン自身に比べて反応速度を増大させる置換基の1つである．そこで，メタ位とパラ位での置換反応について，その違いを考えてみよう．アニソールのメタ位で求電子試薬 E^+ と反応する様子を，ベンゼンの反応と並べて示す（図15・59）．まず共鳴安定化されたシクロヘキサジエニルカチオンが生成し，その後脱プロトンが起こり置換生成物を与える．

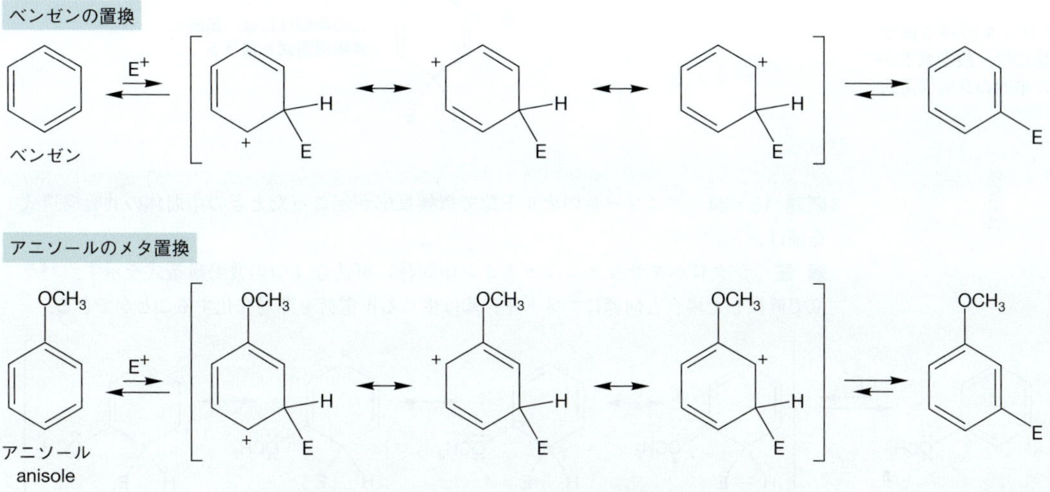

ベンゼンの置換

ベンゼン

アニソールのメタ置換

アニソール
anisole

図 15・59　ベンゼンの置換およびアニソールのメタ位での置換におけるシクロヘキサジエニルカチオン中間体

同様に，パラ位での置換を図15・60に示す．一見，上と同じように見える．しかしパラ置換の中間体をよく見てほしい．ここで酸素原子に隣接するカチオンは共鳴効果に

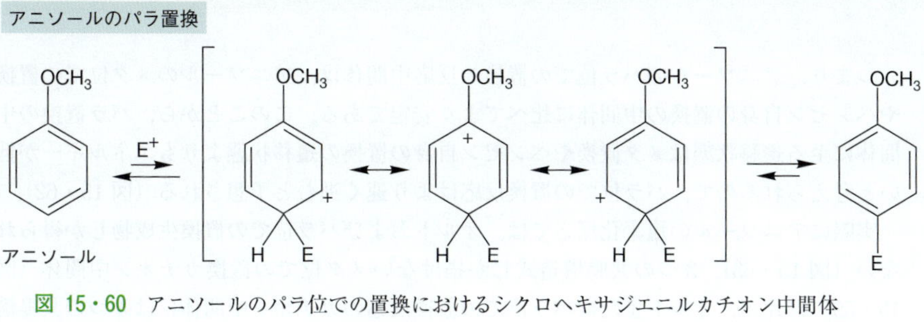

アニソールのパラ置換

アニソール

図 15・60　アニソールのパラ位での置換におけるシクロヘキサジエニルカチオン中間体

よって安定化されることを思い出すと（p.444），この反応中間体には酸素上に正電荷をもつ第四の共鳴構造式も加わる（図15・61）．したがって，メタ位での置換やベンゼンの置換に比べて，この第四の共鳴構造式の寄与によりカチオン中間体はより安定になる．

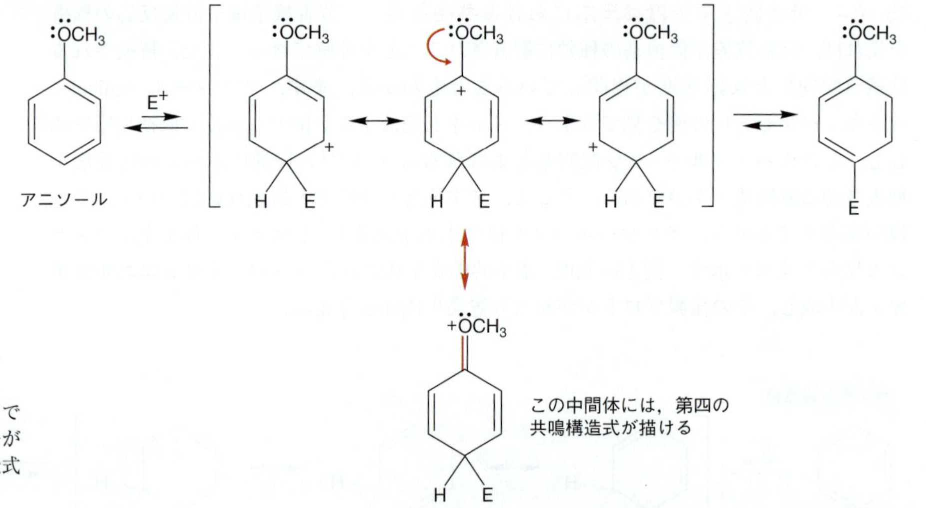

図 15・61　アニソールのパラ位での置換の中間体には，酸素原子が正電荷をおびた第四の共鳴構造式が描ける．

問題 15・24　アニソールのオルト位で置換反応が起こったときの中間体の共鳴構造式を描け．

解 答　シクロヘキサジエニルカチオン中間体に可能な4つの共鳴構造式を示す．パラ位で置換した場合と同様に，メトキシ基は生じる正電荷を非局在化することができる．

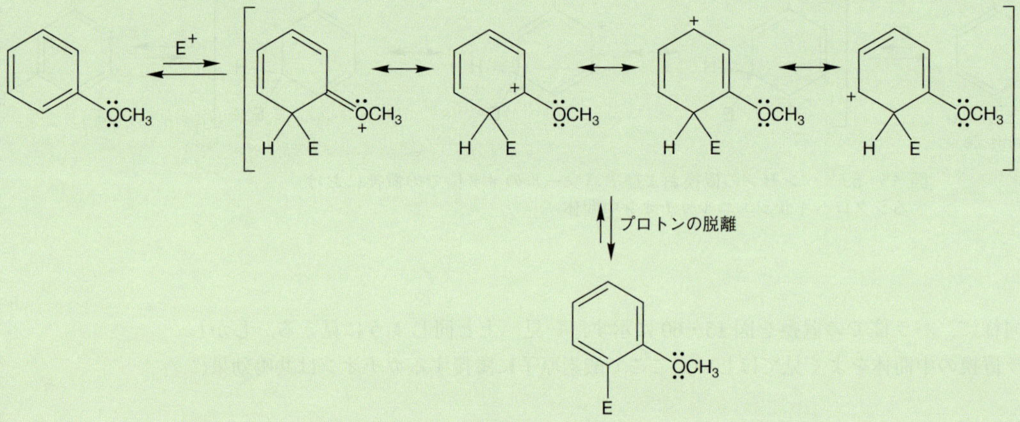

つまり，アニソールのパラ位での置換の反応中間体は，アニソールのメタ位での置換やベンゼン自身の置換の中間体に比べてより安定である．このことから，パラ置換の中間体に至る遷移状態はメタ置換やベンゼン自身の置換の遷移状態よりもエネルギーが低いと考えられるので，パラ位での置換反応はより速く進むと予想される（図 15・62）．

実際にアニソールの塩素化反応では，オルトおよびパラ位での置換生成物しか得られない（図 15・63）．3つの共鳴構造式しか描けないメタ位での置換カチオン中間体（図 15・59）に比べ，オルトまたはパラ位での置換反応のカチオン中間体には4つの共鳴構造式（図 15・61）が描け，より低いエネルギーをもつために，この位置で塩素による置換反応が優先する．さらに，アニソールからのカチオン中間体の生成速度と，ベンゼンからのカチオン中間体（これは3つの共鳴構造式しか描けない）の生成速度を比べると，アニソールからの中間体はエネルギーが低いので生成速度も速いと予想され，事実もそのとおりになる．

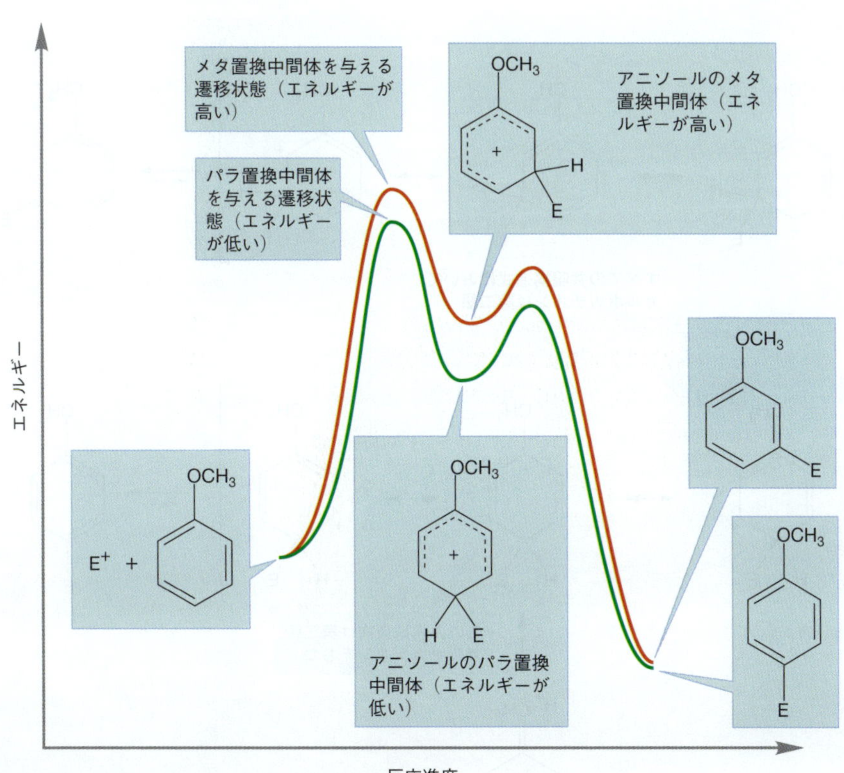

図 15・62 アニソールのパラ位での置換の中間体には第四の共鳴構造式が存在するので，メタ位での置換の中間体（3つの共鳴構造式をもつ）やベンゼンの置換反応の中間体（やはり3つの共鳴構造式をもつ）よりもエネルギー的に安定である．よってパラ置換での遷移状態も，メタ置換の遷移状態よりエネルギーが低くなる．

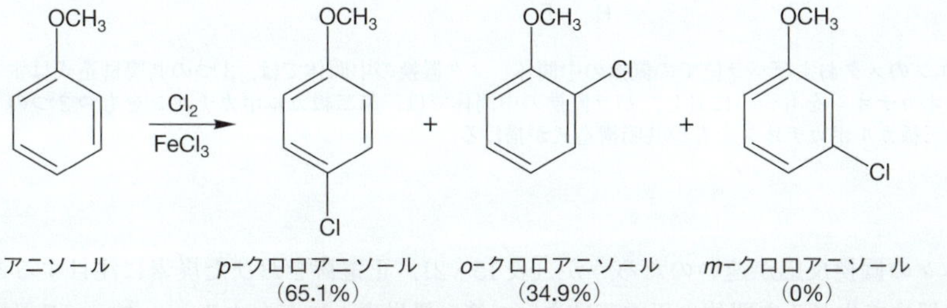

アニソール $\xrightarrow[\text{FeCl}_3]{\text{Cl}_2}$ *p*-クロロアニソール (65.1%) ＋ *o*-クロロアニソール (34.9%) ＋ *m*-クロロアニソール (0%)

図 15・63 アニソールの塩素化

問題 15・25 オルト位の数はパラ位よりも統計的に2:1と多いにもかかわらず，実際にはパラ位置換がオルト位置換にまさることが多い．この理由を説明せよ．

問題 15・26 p.708 下から4行目以下の説明は筋が通っているようにみえるが，本当に正しいだろうか．共鳴安定化された低エネルギーの中間体を生じる求電子試薬のアニソールへの付加速度が，なぜベンゼンへの場合よりも速いといえるのか，説明せよ．熱力学支配と速度論支配の説明を混同して用いていないか．

つぎにトルエンの置換反応を考えてみよう．求電子試薬 E^+ がメタ位とパラ位に付加して生じる中間体を図 15・64 に示す．トルエンの場合，アニソールのパラ位あるいはオルト位での置換で考えた第四の共鳴構造式がない．それにもかかわらず，なぜトルエンのオルト位あるいはパラ位の置換反応が優先し，また無置換のベンゼンに比べてトル

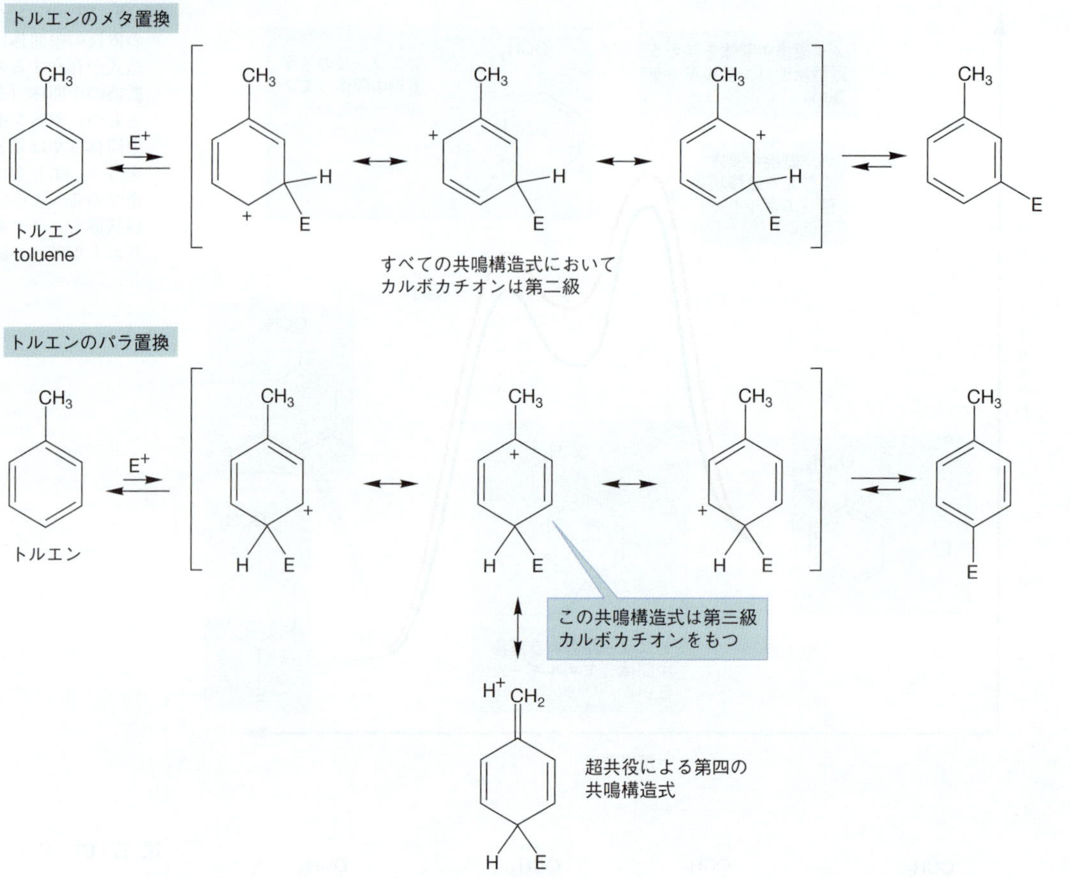

図 15・64 トルエンのメタおよびパラ位での置換の中間体．メタ置換の中間体では，3つの共鳴構造式はすべて第二級カルボカチオンをもつのに対し，パラ置換の中間体では，第二級カルボカチオンをもつ2つの共鳴構造式と第三級カルボカチオンをもつ共鳴構造式が描ける．

エンの置換反応が速いのだろうか（表15・2）．正電荷をおびた炭素に注目すると，メタ置換で生じる中間体の正電荷はすべて第二級炭素上に存在する．一方，パラ置換の中間体では，正電荷をおびた3つの炭素のうち1つは第三級炭素であり，正電荷の安定化により適していて，実は第四の共鳴構造式を描くことが可能になる．ここで正電荷に隣接するアルキル基が及ぼす安定化効果を思い出してほしい（p.441）．アルキル基の超共役により，正電荷は安定化されるのである．

パラ位での置換反応の中間体およびそれに至る遷移状態は，メタ位での置換の場合に比べてエネルギーが低い（図15・65）．また，パラ置換に至る遷移状態のエネルギーは，ベンゼンの場合よりも低い．このようにベンゼンへの置換よりも遷移状態が低くなるとき，一般に“芳香環が活性化されている”という．このような説明は，事実とよく一致する．図15・66にトルエンの求電子置換反応の典型例を示す．

多くの置換ベンゼンの求電子置換反応において，メタ位での置換は生成量が少ないので問題はほとんどないが，オルト体とパラ体はしばしば同程度に生成するので，それらの分離はやっかいな問題になることがある．しかし幸いにも，再結晶や蒸留などの物理的分離手法により両者は分離可能である．したがって，芳香族求電子置換反応はオルトあるいはパラ二置換ベンゼンの実用的合成法といえる．

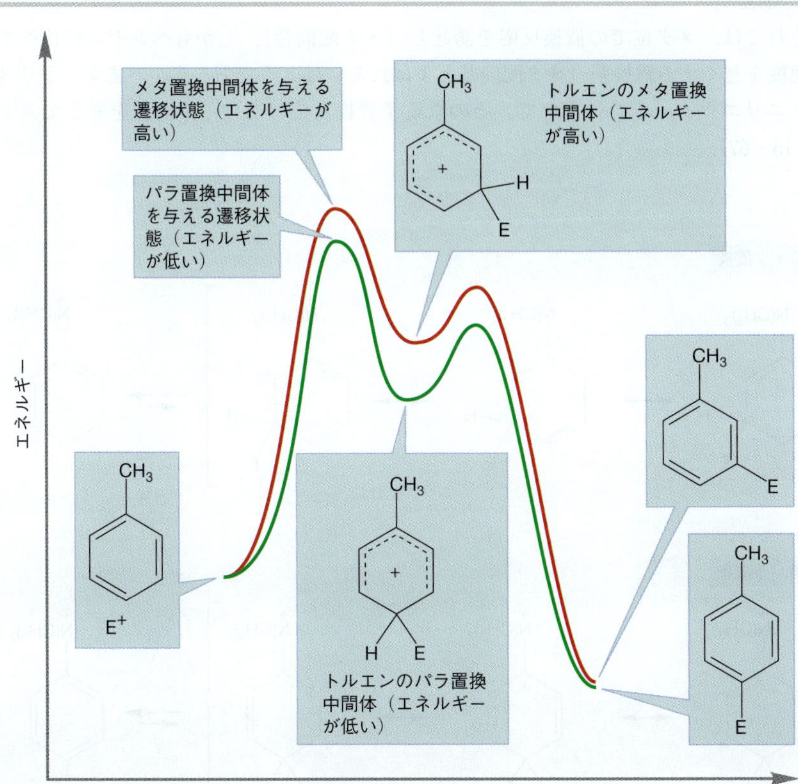

図 15・65　トルエンのパラ置換の中間体およびそれに至る遷移状態は，メタ置換の場合よりもエネルギーが低い．

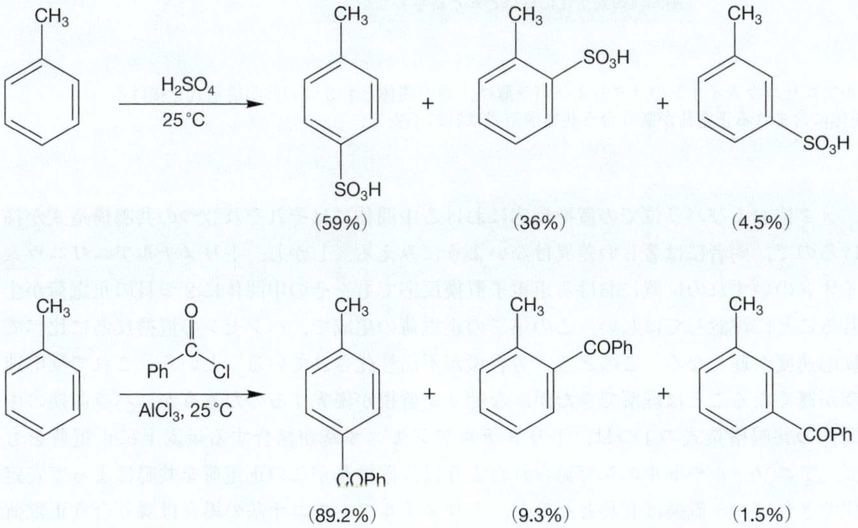

図 15・66　トルエンの置換反応例

トルエン $\xrightarrow[25\,^\circ C]{H_2SO_4}$ *p*-体 (59%) ＋ *o*-体 (36%) ＋ *m*-体 (4.5%)（SO_3H 置換体）

トルエン $\xrightarrow[AlCl_3,\ 25\,^\circ C]{PhCOCl}$ *p*-体 (89.2%) ＋ *o*-体 (9.3%) ＋ *m*-体 (1.5%)（COPh 置換体）

問題 15・27　求電子試薬 E^+ によるトルエンのオルト置換の反応機構を描き，メタ置換の場合と比較せよ．

問題 15・28　ブロモベンゼンおよびアニリンの求電子置換反応が，オルト‐パラ配向となる理由を説明せよ．

それでは，メタ位での置換反応を誘起し（メタ配向性），しかもベンゼンに比べて反応速度を遅くする置換基（メタ配向基とよばれる）はどうであろうか．まず，トリメチルアニリニウムイオンについて，その求電子置換反応における中間体を考えてみよう（図 15・67）．

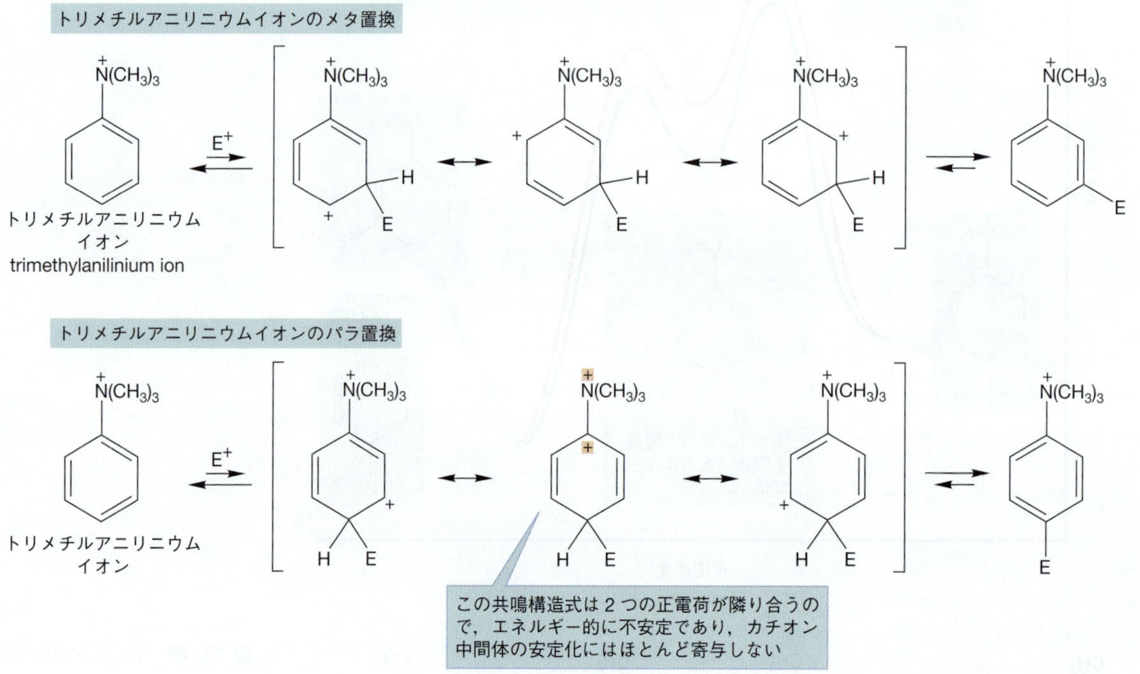

トリメチルアニリニウムイオンのメタ置換

トリメチルアニリニウムイオン
trimethylanilinium ion

トリメチルアニリニウムイオンのパラ置換

トリメチルアニリニウムイオン

この共鳴構造式は 2 つの正電荷が隣り合うので，エネルギー的に不安定であり，カチオン中間体の安定化にはほとんど寄与しない

図 15・67 トリメチルアニリニウムイオンのメタおよびパラ置換．両中間体とも 3 つの共鳴構造式を描けるが，パラ置換の中間体に含まれる正電荷が隣り合う共鳴構造式は特に不安定．

メタ位およびパラ位での置換反応における中間体にはそれぞれ 3 つの共鳴構造式が描けるので，両者には著しい差異はないようにみえる．しかし，トリメチルアニリニウムイオンのいずれの位置における求電子置換反応でも，その中間体に 2 つ目の正電荷が生じることに注意してほしい．この第二の正電荷の生成で，ベンゼンの置換反応に比べて反応速度が遅くなる．このとき“芳香環が不活性化されている”という．これで反応速度が遅くなることは理解できたが，なぜメタ置換が優先するのだろうか．パラ置換の中間体の共鳴構造式の 1 つは，トリメチルアンモニオ基が結合する炭素上に正電荷をもつ．アニソールやトルエンで見られたように，置換基がこの正電荷を共鳴によって安定化できればパラ置換は有利となるが，トリメチルアンモニオ基の場合は隣り合う正電荷同士の静電反発をまねくので逆に不利となる．

問題 15・29 トリメチルアニリニウムイオンのオルト位での置換反応の中間体の共鳴構造式をすべて描け．

問題 15・30　反応の進行に伴うエネルギー変化図を描いて，トリメチルアニリニウムイオンのパラ位およびメタ位での置換反応を比較せよ．

以上見てきたように，トリメチルアニリニウムイオンのメタ位での置換反応の中間体は，パラ置換やオルト置換の場合とは異なって，窒素に隣接する炭素上に正電荷を生じないのでメタ置換が優先する．図 15・68 にトリメチルアニリニウムイオンの臭素化の反応例を示す．

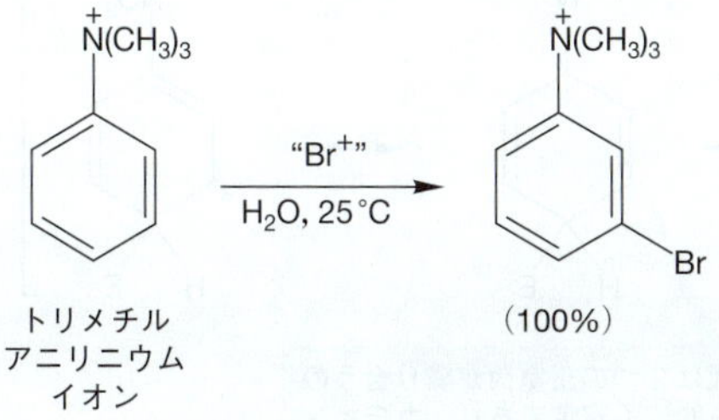

トリメチルアニリニウムイオン $\xrightarrow[H_2O,\ 25\ ^\circ C]{\text{"}Br^+\text{"}}$ (100%)

図 15・68　トリメチルアニリニウムイオンの臭素化

メタ置換が優先するが，あからさまには正電荷をもっていない別の置換基を考えてみよう．ニトロベンゼンがよい例になる．ニトロベンゼンは非常に求電子置換反応に対する反応性が低いので，芳香族化合物の Friedel-Crafts 反応の溶媒としてよく使用される．しかし，ニトロベンゼン自身に求電子置換反応を行うと，メタ置換が優先する（表 15・2，図 15・69）．

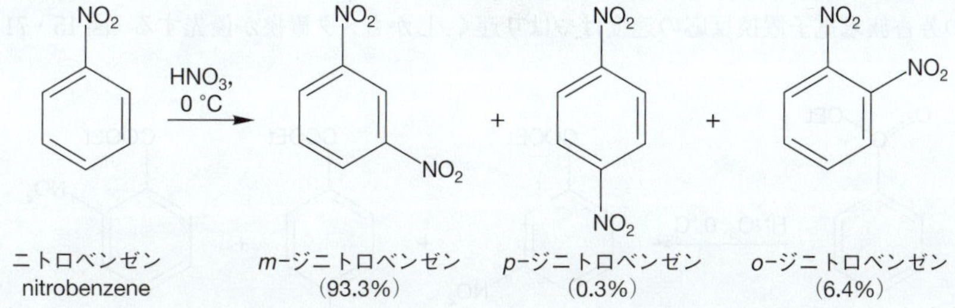

ニトロベンゼン nitrobenzene $\xrightarrow{HNO_3,\ 0\ ^\circ C}$ *m*-ジニトロベンゼン (93.3%) + *p*-ジニトロベンゼン (0.3%) + *o*-ジニトロベンゼン (6.4%)

図 15・69　ニトロベンゼンは 0 ℃ で非常にゆっくりと，選択的にメタ位でニトロ化される．

ニトロ基部分を単に NO_2 と表記したニトロベンゼンには，トリメチルアニリニウムイオンのようなはっきりとした正電荷はないようにみえる．しかし，ニトロ基の Lewis 構造を丁寧に描くと，電荷をもたない形では表せず，つねに窒素原子は正電荷をおびて

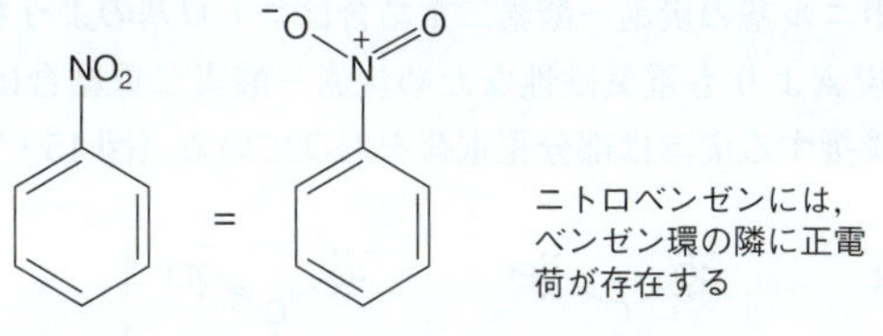

ニトロベンゼンには，ベンゼン環の隣に正電荷が存在する

いることがわかる．すなわち，ベンゼン環に隣接する位置に正電荷が存在するので，トリメチルアニリニウムイオンと同様の理由で，メタ置換が有利となり，反応速度は遅くなる（図 15・70）．

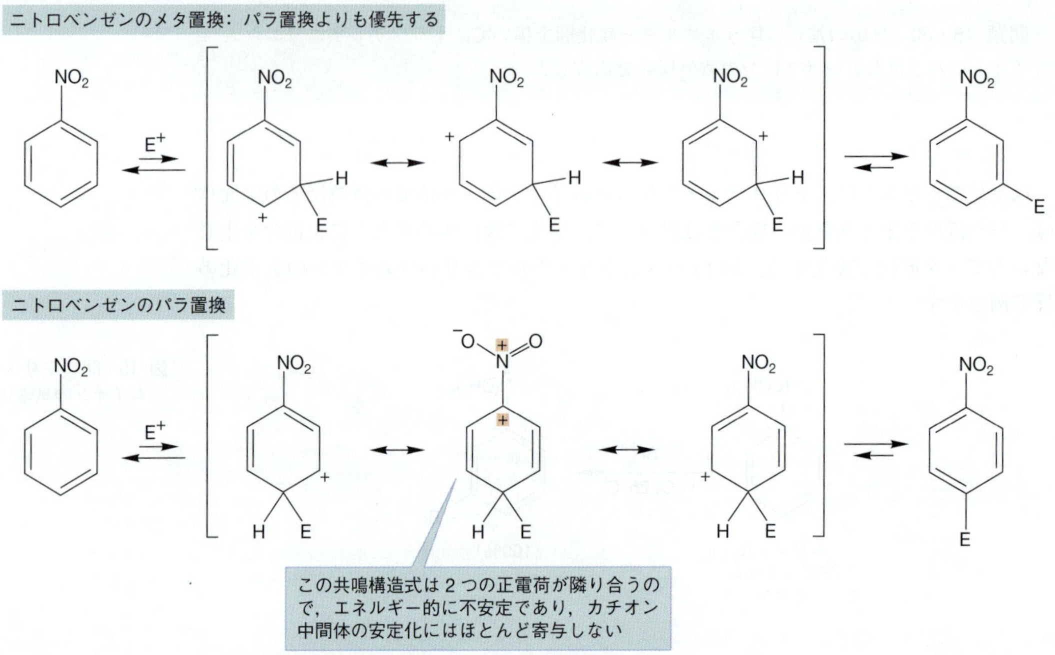

ニトロベンゼンのメタ置換：パラ置換よりも優先する

ニトロベンゼンのパラ置換

この共鳴構造式は２つの正電荷が隣り合うので，エネルギー的に不安定であり，カチオン中間体の安定化にはほとんど寄与しない

図 15・70　ニトロ基の共鳴構造式を描くと，窒素原子が正電荷をおびていることがわかる．したがって，ベンゼン環の置換反応はメタ位で起こる．また，ベンゼン環は不活性化されていて，反応速度は遅い．

つぎに，表 15・2（p.706）の NO_2 基以外のメタ配向性の置換基のなかで，カルボニル基を含むものについても考えてみよう．安息香酸エチル（$C_6H_5COOCH_2CH_3$）の場合，その芳香族求電子置換反応の速度はやはり遅く，しかもメタ置換が優先する（図 15・71）．

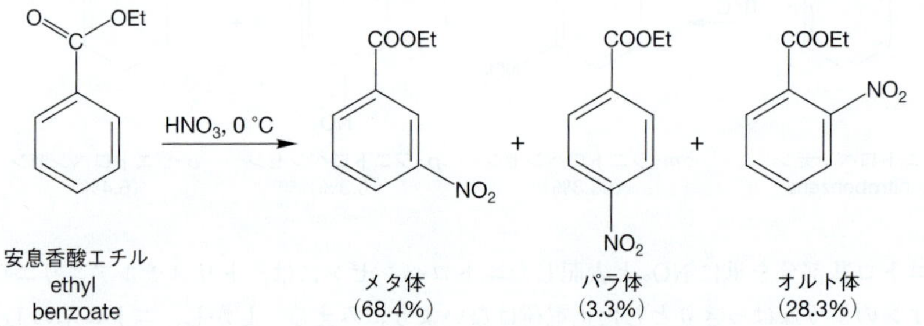

図 15・71　安息香酸エチルのニトロ化は，メタ置換生成物が主に生じる．

安息香酸エチル ethyl benzoate　HNO_3, 0 °C　メタ体 (68.4%)　パラ体 (3.3%)　オルト体 (28.3%)

ベンゼン環上のカルボニル基の構造をよく考えれば，その理由がはっきりする．安息香酸エチルのカルボニル基の炭素－酸素二重結合はニトロ基のような完全な正電荷はないものの，酸素は炭素よりも電気陰性なため炭素－酸素二重結合はかなり分極しており，ベンゼン環に隣接する炭素は部分正電荷をおびている（図 15・72）．

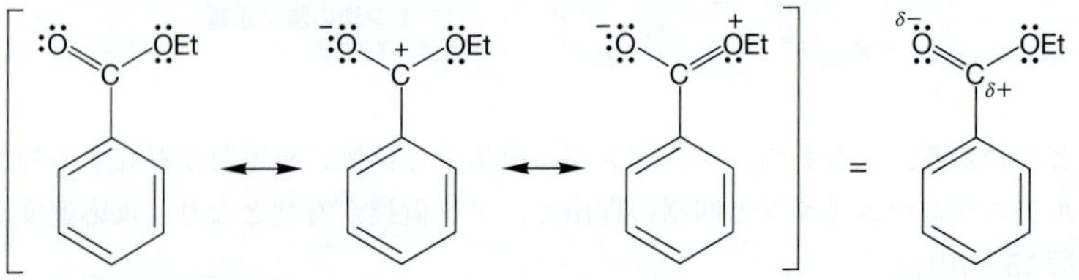

図 15・72　カルボニル基は分極しているので，炭素は部分正電荷をおびている．

この場合も求電子試薬がベンゼン環のオルトあるいはパラ位に付加すると，完全な正電荷同士が隣り合うのではないが，完全な正電荷と部分正電荷が隣り合う中間体を生じる．一方メタ位での置換反応では，正電荷同士が離れた位置にくるので相対的に有利となる（図 15・73）．しかし，ベンゼン自身の置換反応と比べれば，反応は遅くなる．

図 15・73 メタ置換はパラ置換よりも有利である．パラ置換の中間体では正電荷と部分正電荷が隣り合う（オルト置換でも同様）．

安息香酸エチルのメタ置換

COOEt E⁺ COOEt H E + COOEt + H E COOEt + H E COOEt E

安息香酸エチルのパラ置換

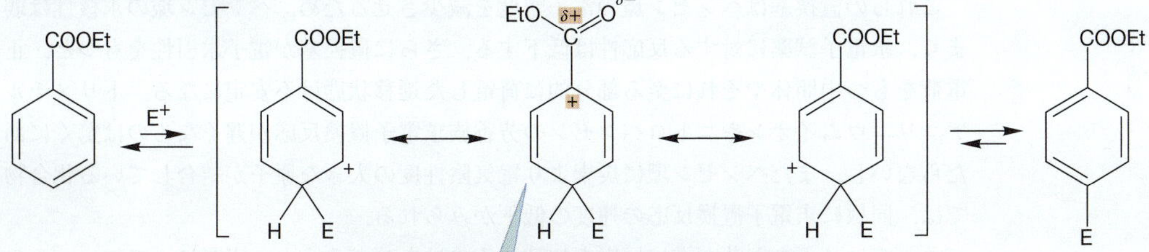

この共鳴構造は正電荷と部分正電荷が隣り合うのでエネルギー的に不安定であり，カチオン中間体の安定化にはほとんど寄与しない

問題 15・31 シアノベンゼン（ベンゾニトリル，C_6H_5CN）ではなぜメタ置換が優先するのか，説明せよ．

まとめ

ベンゼン環上の置換基は，つぎに起こる求電子置換の反応位置を決める．オルト-パラ配向性の置換基は，一般に置換反応速度を高める．ゆえに，このような置換基をもつベンゼン環は“活性化されている”という．オルト-パラ配向性の置換基はそのオルトまたはパラ位に求電子試薬が付加して生成するシクロヘキサジエニルカチオン中間体を安定化するので，反応速度が増大する．一方，置換基のメタ配向性は，むしろエネルギー的に不利な共鳴構造式を避けることから生まれる．したがって，メタ配向性置換基をもつ化合物では反応速度は遅く，メタ位で置換が起こるのはオルト-パラ位での置換よりましだからである．メタ配向性置換基をもつベンゼン環は“不活性化されている”という．

15・6b 芳香族求電子置換反応における誘起効果 これまでに，ベンゼン環上の置換基によってシクロヘキサジエニルカチオン中間体が共鳴安定化される場合や，逆に静電反発によって不安定化される場合について学んだ．ここではσ結合を通じて置換基が電子を求引あるいは供与する誘起効果について学ぶ．ちなみに，トリメチルアンモニオ基やニトロ基は誘起効果によって強力な電子求引基となっている（図 15・74）．

図 15・74 トリメチルアニリニウムイオンやニトロベンゼンは，電子求引基の影響でベンゼン環と置換基を結ぶσ結合が分極している．したがって，求電子置換反応は起こりにくい．

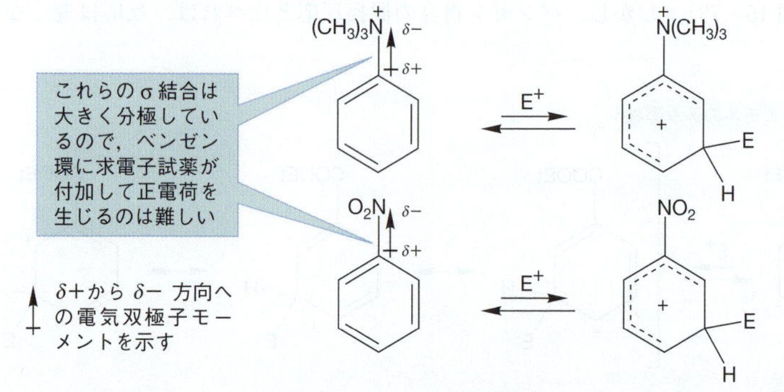

これらのσ結合は大きく分極しているので，ベンゼン環に求電子試薬が付加して正電荷を生じるのは難しい

δ+からδ− 方向への電気双極子モーメントを示す

これらの置換基はベンゼン環の電子密度を減少させるため，ベンゼン環の求核性は弱まり，求電子試薬に対する反応性は低下する．さらに置換基が電子求引性をもつと，正電荷をもつ中間体やそれに至る部分的に荷電した遷移状態は不安定になる．トリメチルアニリニウムイオンやニトロベンゼンの芳香族求電子置換反応が遅くなるのは驚くにあたらないし，またベンゼン環に炭素より電気陰性度の大きな原子が結合している化合物では，同様に求電子置換反応の速度の低下がみられる．

それではメトキシ基が逆に反応を加速するのはなぜだろうか．実際に，アニソールの求電子置換反応はベンゼンよりも速い．しかし，メトキシ基はその誘起効果でベンゼン環から電子を求引している．確かに，炭素−酸素のσ結合の電気双極子モーメントは，より電気陰性な酸素原子を向いている（図 15・75）．

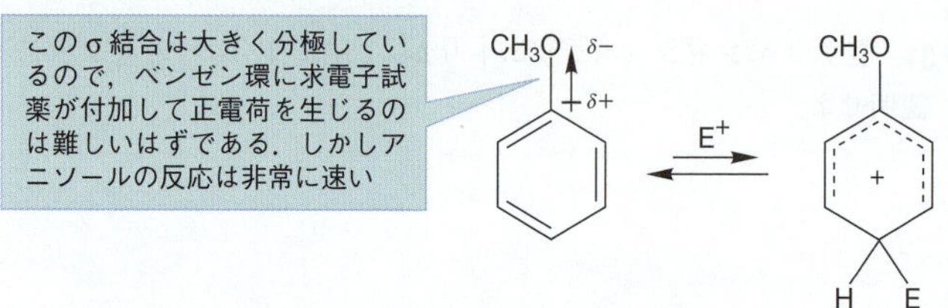

図 15・75 アニソールの炭素−酸素結合は分極しているので電子求引効果があるが，オルト-パラ配向性を示し，しかも反応も速い．これは共鳴効果が誘起効果にまさっているからである．

実は，この謎解きは簡単である．共鳴効果の方が誘起効果よりもまさっている．すなわち，図 15・61 の第四の共鳴構造式による安定化の寄与が，メトキシ基の電子求引性の誘起効果による不安定化を上回るからである．

このように，ベンゼン環にはしばしば相反する効果が及ぼし合う．アニソールの場合，共鳴効果はオルト位およびパラ位での置換反応の中間体と，それに至る遷移状態の両者を安定化するので置換反応を加速するとともに，オルト-パラ置換を優先させる．逆に，電気陰性度の高い酸素原子による誘起効果はどの位置での置換反応も減速する．一般に，メトキシ基や他の多くの置換基の場合，共鳴効果が誘起効果にまさることが多い．しかし，共鳴効果でオルト-パラ置換が優先すると同時に，強く働く誘起効果によりベンゼンに比べて置換反応が遅くなるというような，2 つの効果がほぼつり合う場合もある（表 15・2；p.706）．たとえば，すべてのハロベンゼンの求電子置換反応の速度は，電気陰性度の大きなハロゲン原子の強い電子求引効果によってベンゼンに比べて遅くなる（図 15・76）．つまりベンゼン環は不活性化されている．

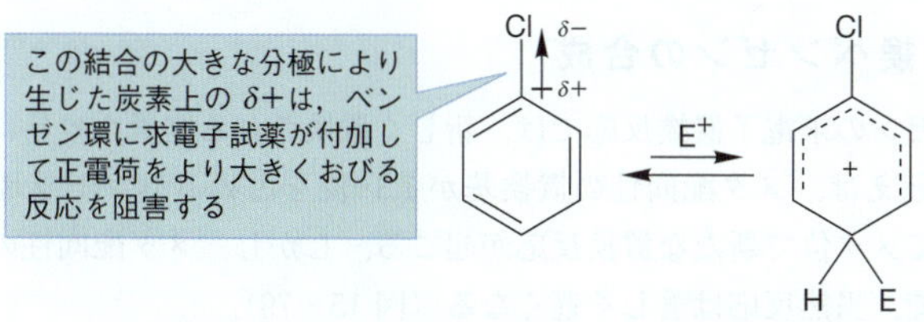

この結合の大きな分極により生じた炭素上の $\delta+$ は, ベンゼン環に求電子試薬が付加して正電荷をより大きくおびる反応を阻害する

図 15・76 ハロゲン原子は強力な電子求引基であるため, 求電子置換反応の速度は低下する.

しかし, ハロゲン原子はその共鳴効果により隣接する正電荷を安定化するので, オルト位およびパラ位での置換を優先する (図 15・77). メタ位での置換では共鳴効果による安定化もないので, この位置での置換反応速度は最も小さくなり, 生成量も非常に少ない (図 15・78).

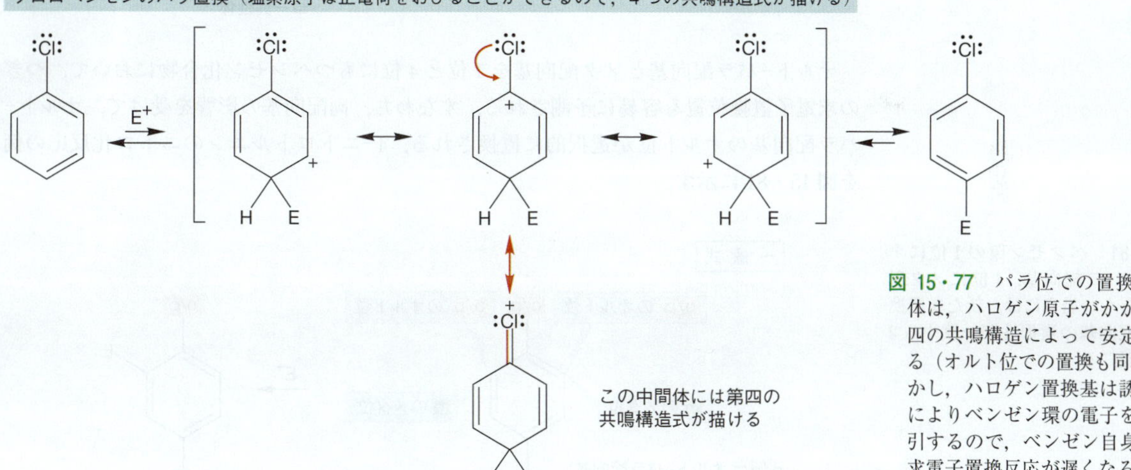
クロロベンゼンのメタ置換 (3 つの共鳴構造式が描ける)
クロロベンゼンのパラ置換 (塩素原子は正電荷をおびることができるので, 4 つの共鳴構造式が描ける)
E+
この中間体には第四の共鳴構造式が描ける

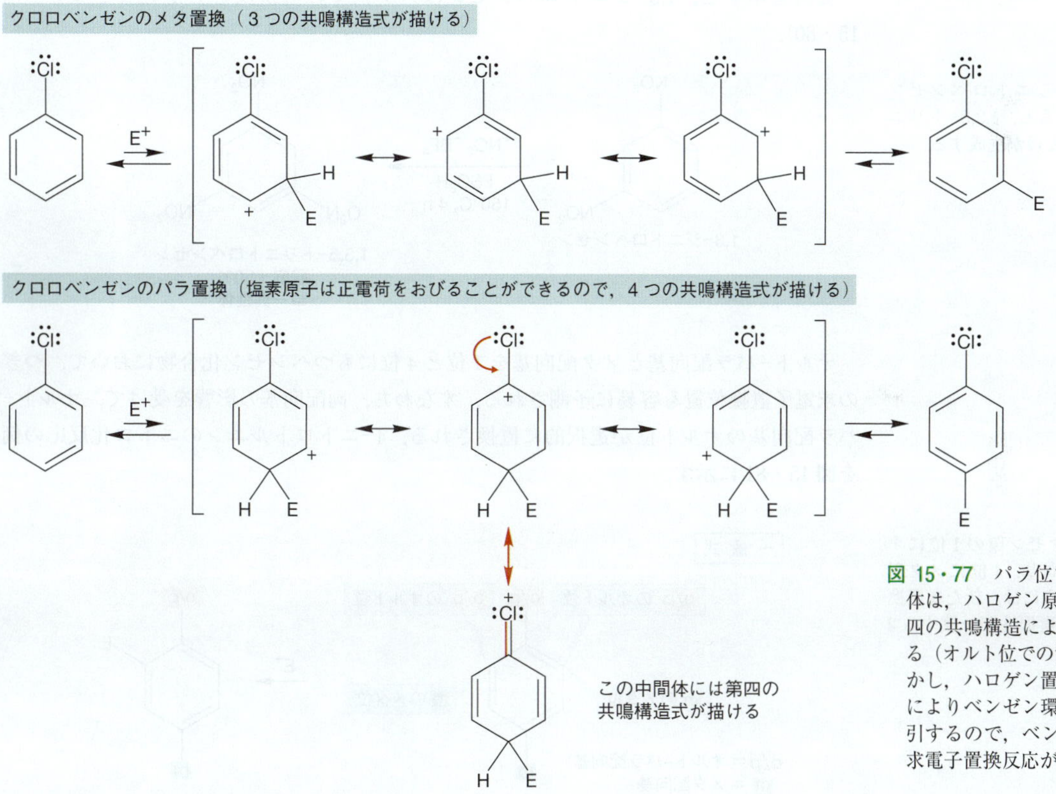

図 15・77 パラ位での置換の中間体は, ハロゲン原子がかかわる第四の共鳴構造によって安定化される (オルト位での置換も同様). しかし, ハロゲン置換基は誘起効果によりベンゼン環の電子を強く求引するので, ベンゼン自身よりも求電子置換反応が遅くなる.

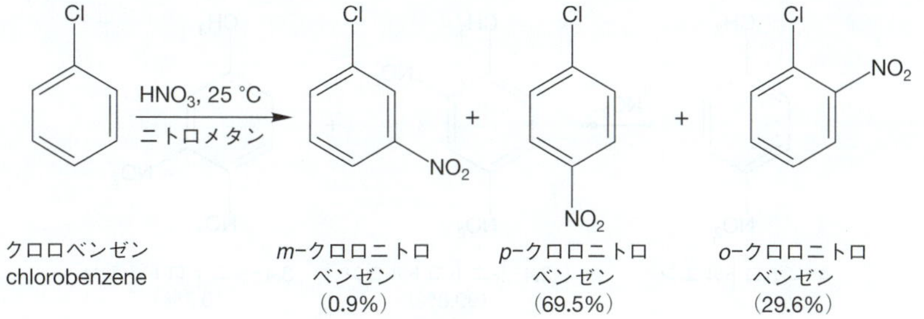

HNO_3, 25 °C / ニトロメタン

クロロベンゼン chlorobenzene → *m*-クロロニトロベンゼン (0.9%) + *p*-クロロニトロベンゼン (69.5%) + *o*-クロロニトロベンゼン (29.6%)

図 15・78 クロロベンゼンをニトロ化すると, オルトおよびパラ置換生成物が選択的に生じる.

15・7 多置換ベンゼンの合成

多置換ベンゼンの求電子置換反応では，新しく置換される位置を容易に予測できる場合がある．たとえば，メタ配向性の置換基が1,3-位を占めるベンゼン環では，両方の置換基に対してメタ位で新たな置換反応が起こる．しかし，メタ配向性の置換基は不活性基であるので，当然反応は著しく遅くなる（図15・79）．

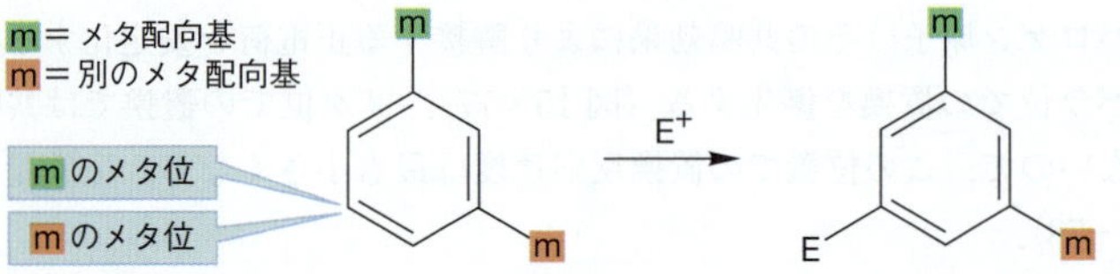

図 15・79 2つのメタ配向基がベンゼン環の1,3-位にある場合，つぎの置換は5位で起こる．

m＝メタ配向基
m＝別のメタ配向基
mのメタ位
mのメタ位
E^+
E

実例を示すと，1,3-ジニトロベンゼンはメタ位での置換反応しか起こさない（図15・80）．

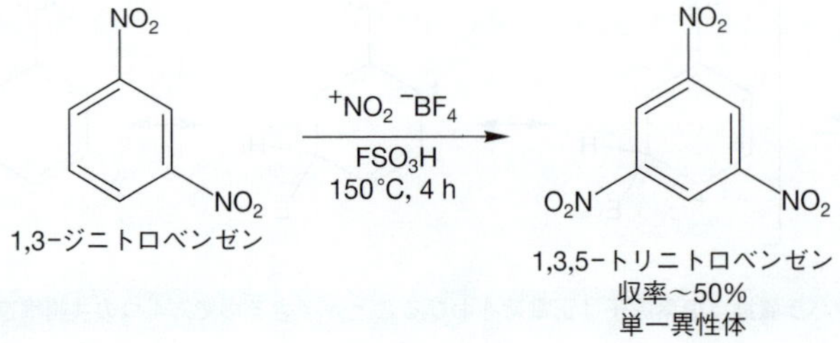

図 15・80 1,3-ジニトロベンゼンをニトロ化すると，1,3,5-トリニトロベンゼンだけが生成する．

NO_2
NO_2
1,3-ジニトロベンゼン
$^+NO_2\ ^-BF_4$
FSO_3H
150 °C, 4 h
NO_2
O_2N
NO_2
1,3,5-トリニトロベンゼン
収率～50%
単一異性体

オルト-パラ配向基とメタ配向基を1位と4位にもつベンゼン化合物において，つぎの求電子置換位置も容易に予測される．すなわち，両配向基の影響を受けて，オルト-パラ配向基のオルト位が選択的に置換される．4-ニトロトルエンのニトロ化反応の例を図15・81に示す．

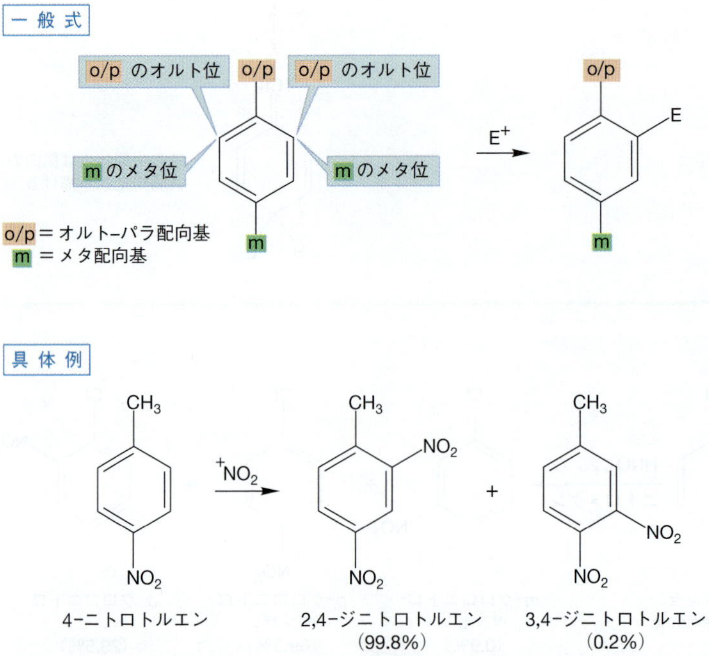

図 15・81 ベンゼン環の1位にオルト-パラ配向基，4位にメタ配向基をもつ場合には，新たな置換は両配向基の選択性が一致する2位で起こる．

一般式

o/p のオルト位
o/p
o/p のオルト位
mのメタ位
mのメタ位
m
E^+
o/p
E
m
o/p＝オルト-パラ配向基
m ＝メタ配向基

具体例

CH_3
NO_2
4-ニトロトルエン
$^+NO_2$
CH_3
NO_2
NO_2
2,4-ジニトロトルエン
(99.8%)
+
CH_3
NO_2
NO_2
3,4-ジニトロトルエン
(0.2%)

この反応では，反応を遅くする働きもするニトロ基の配向性をあまり考える必要はない．反応を加速し，しかもオルト－パラ配向性であるメチル基の影響の方がずっと支配的だからである．ところが，ベンゼン環の1位と4位をオルト－パラ配向性の置換基が占める化合物に対して，新たな置換反応の位置を予測することは容易ではない．置換基の立体的要因がしばしば反応結果を決める場合がある．たとえば，4-イソプロピルトルエンの Friedel-Crafts アシル化反応では，より立体障害の小さいメチル基のオルト位がアシル化される（図15・82 a）．一方，置換基の電子的要因の共鳴効果が反応を支配することもある．たとえば，4-メチルフェノール（*p*-クレゾール）の Friedel-Crafts アルキル化反応では，非常に強いオルト－パラ配向性を示すヒドロキシ基のオルト位が選択的にアルキル化される（図15・82 b）．

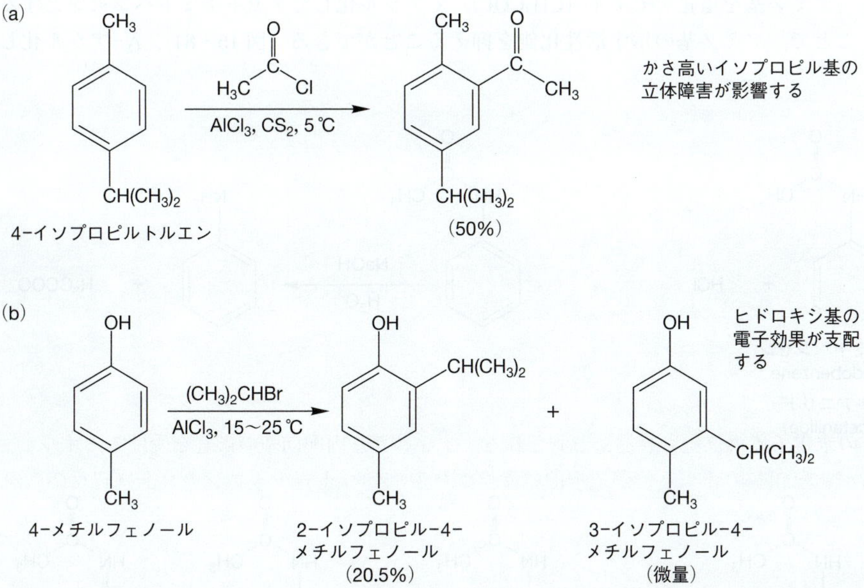

(a)
CH_3 / $CH(CH_3)_2$
4-イソプロピルトルエン
H_3C–C(=O)–Cl
$AlCl_3$, CS_2, 5 ℃
CH_3, $C(=O)CH_3$, $CH(CH_3)_2$
（50%）
かさ高いイソプロピル基の立体障害が影響する

(b)
OH / CH_3
4-メチルフェノール
$(CH_3)_2CHBr$
$AlCl_3$, 15〜25 ℃
OH, $CH(CH_3)_2$, CH_3
2-イソプロピル-4-メチルフェノール
（20.5%）
+
OH, $CH(CH_3)_2$, CH_3
3-イソプロピル-4-メチルフェノール
（微量）
ヒドロキシ基の電子効果が支配する

図 15・82 ベンゼン環の1位と4位に異なるオルト－パラ配向基をもつベンゼン化合物の反応例．(a) では立体効果が，(b) では電子効果が支配的となる．

このほかの様式の多置換ベンゼン化合物では，新たな置換位置を予測することは難しい．一般的には，ベンゼン環についた置換基の立体効果と電子効果が合わさって置換位置を決める．

ある種の置換基はベンゼン環を非常に活性化するので，置換反応を起こすのに触媒は

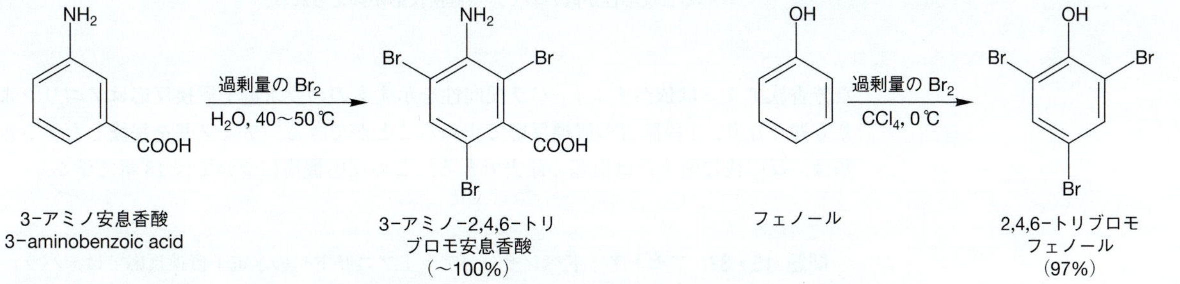

NH_2, COOH
3-アミノ安息香酸
3-aminobenzoic acid
過剰量の Br_2
H_2O, 40〜50 ℃
NH_2, Br, Br, COOH, Br
3-アミノ-2,4,6-トリブロモ安息香酸
（〜100%）

OH
フェノール
過剰量の Br_2
CCl_4, 0 ℃
OH, Br, Br, Br
2,4,6-トリブロモフェノール
（97%）

図 15・83 アニリンやフェノールの誘導体の臭素化反応では，多臭化物がしばしば得られる．強力な活性化基であるアミノ基やヒドロキシ基はオルト－パラ配向性を示す．

必要ないが，1回の置換反応で止めることが難しくなる．たとえば，多くのアニリン誘導体はBr_2と混ぜるだけで臭素化され，2,4,6-トリブロモアニリン誘導体を生成する（図15・83）．フェノールも同様に非常に活性化されていて多置換反応を起こしやすいので，一置換体を選択的に得るためには，穏やかな反応条件を選ぶ必要がある．

フェノールのヒドロキシ基やアニリンのアミノ基は活性化能が高いから，よほど工夫をしない限り一臭化物や二臭化物で反応を止められない．まず*p*-ブロモフェノール（あるいは*p*-ブロモアニリン）が生成し，つぎの臭素化はヒドロキシ基（あるいはアミノ基）と臭素基が異なる配向性を示すが，図15・83で見たようにヒドロキシ基（あるいはアミノ基）のオルト位で選択的に第二，第三の臭素化が起こる．臭素が不活性化基であるのに対し，ヒドロキシ基やアミノ基は強力な活性化基なので，その配向性が支配的となるからである．

アミノ基を塩化アセチル（CH_3COCl）でアシル化してアセトアミドベンゼンとすることで，アミノ基の示す活性化能を抑えることができる（図15・84）．*N*-アシル化した芳香族アミンは依然オルト-パラ配向性を示すものの，求電子置換反応はアニリンよりも遅くなり，1段階目の置換反応で止めることができる．アミノ基を保護したアシル基は，反応後に酸または塩基で除去できる．この反応機構については18章で学ぶ．

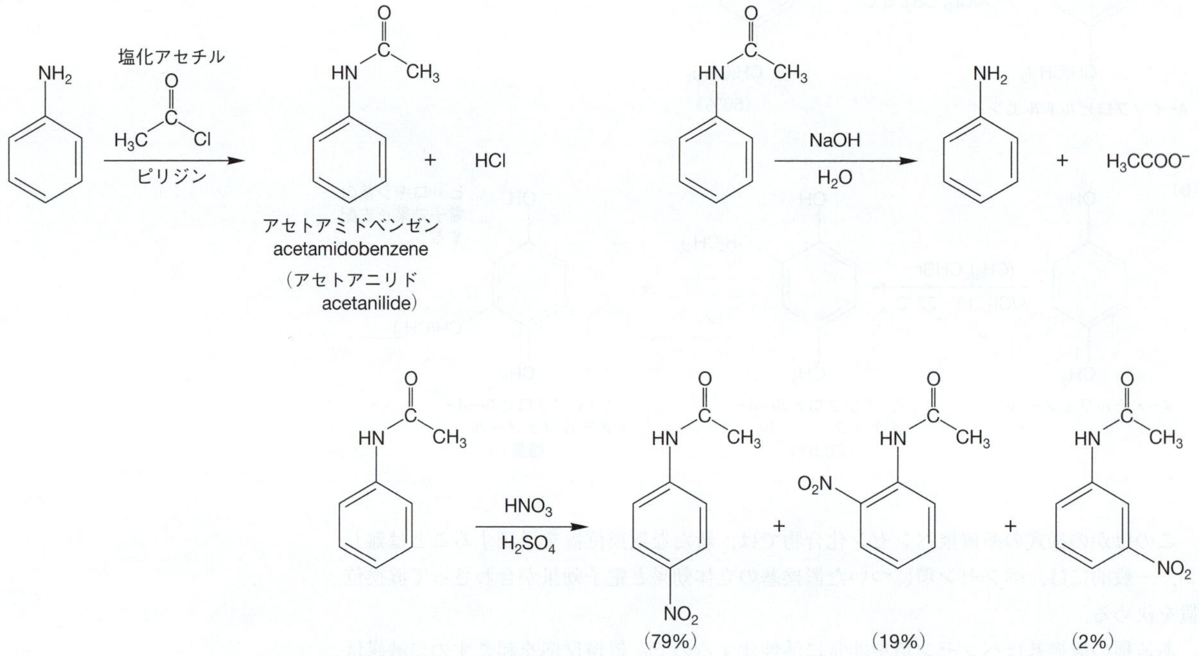

図 15・84 アシル（アセチル）化されたアニリンはアニリン自身に比べると反応性が低いので，多置換反応が抑えられる．

問題 15・32 アセトアミドベンゼン（アセトアニリド）の求電子置換反応では，パラ位が優先的に置換され，またアニリン自身の反応に比べて速度が遅くなる理由を説明せよ．

除去可能な保護基をベンゼン環上に導入する手法はしばしば利用される．ここで *o*-ブロモフェノールの選択的合成を考えてみよう．フェノールを単純に臭素化すると，*p*-ブロモフェノールやポリブロモフェノールがおもに生成するので，工夫が必要となる（図 15・85）.

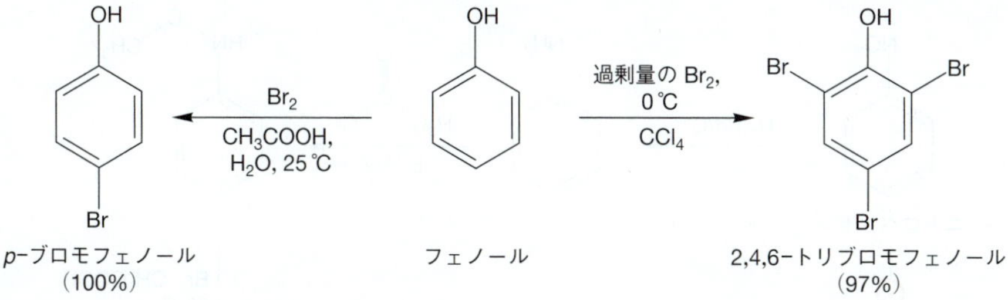

図 15・85 フェノールの直接臭素化では 2-ブロモフェノールは得られない．

そこで，まずフェノールの 2,4-位をスルホン化する（図 15・86）．スルホ基は不活性化基であるので，第三のスルホン化は起こらない．つぎに，臭素化を行うと活性化基であるヒドロキシ基のオルト位（不活性基であるスルホ基のメタ位でもある）に臭素が導入される．この際，2 つのスルホ基はもう 1 つのオルト位とパラ位を保護する役目も担っている．このスルホン酸保護基は酸性水蒸気で処理すると脱離し，目的の *o*-ブロモフェノールが選択的に得られる．

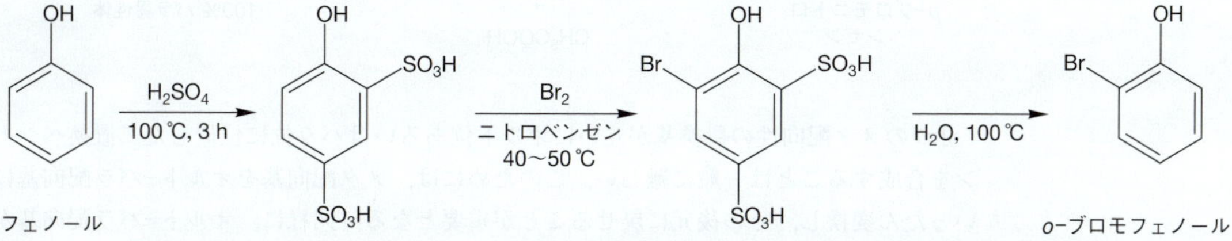

図 15・86 フェノールのオルト位の一方とパラ位をスルホ基により保護する．つぎに，空いているもう一方のオルト位を臭素化する．最後に，2 つのスルホ基を取除くと，*o*-ブロモフェノールのみが得られる．

ニトロ基とアミノ基の相互変換が可能なことも，芳香族化合物の合成にしばしば利用される．例として，ニトロベンゼンから *p*-ブロモニトロベンゼンの合成を考えてみよう．ニトロ基はメタ配向性であるので，ニトロベンゼンのパラ位を直接臭素化することはできない（図 15・87）.

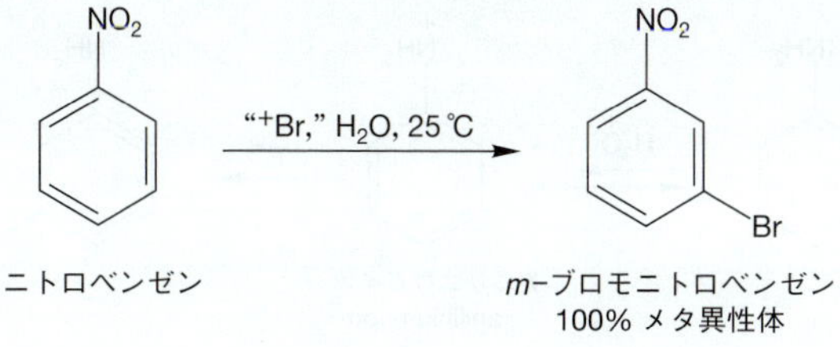

図 15・87 ニトロベンゼンの臭素化では，オルト位あるいはパラ位は臭素化されず，メタ体のみが生じる．

そこでまず，ニトロベンゼンをアニリンに変換し，*N*-アセチル化した後臭素化する方法が有効だ．この臭素化は 100% パラ位で起こる．そして，アセチル基を除去するとアミノ基が再生し，これをニトロ基へ酸化することで *p*-ブロモニトロベンゼンが得られる（図15・88）．ニトロ基のアミノ基への還元は，触媒的水素化や種々の還元剤を用い方法がとられる．またニトロ基への酸化には，トリフルオロ過酢酸あるいは *m*-クロロ過安息香酸が通常用いられる．

図 15・88 ニトロ基をオルト-パラ配向性のアミノ基に変え，アシル化の後に臭素化すると，パラ位置換体が選択的に生成する．アシル基を除去した後ニトロ基へ酸化すると，*p*-ブロモニトロベンゼンが得られる．

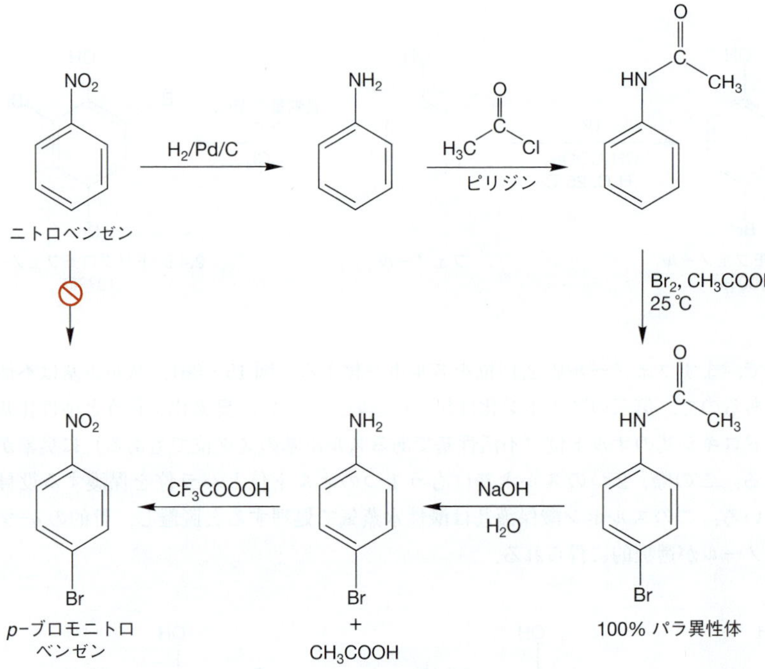

2つのメタ配向性の置換基が互いにオルト位あるいはパラ位に位置した二置換ベンゼンを合成することは一般に難しい．このためには，メタ配向基をオルト-パラ配向基にいったん変換し，その後元に戻せることが重要となる．同様に，オルト-パラ配向基がメタ位に位置する二置換ベンゼンの合成もやっかいである．

***問題 15・33** アニリンのニトロ化反応は酸媒体中で行われる．この場合，アミノ基は大部分プロトン化され，メタ配向性のアニリニウムイオンに変換されているはずである．実際に，アミノ基をアセチル化せずにニトロ化すると，生成物には相当な量の *m*-ニトロアニリンが含まれる．このとき，生成物が *m*-ニトロアニリンだけではない理由を説明せよ．ヒント：同時に起こる反応との相対速度を考えよ．

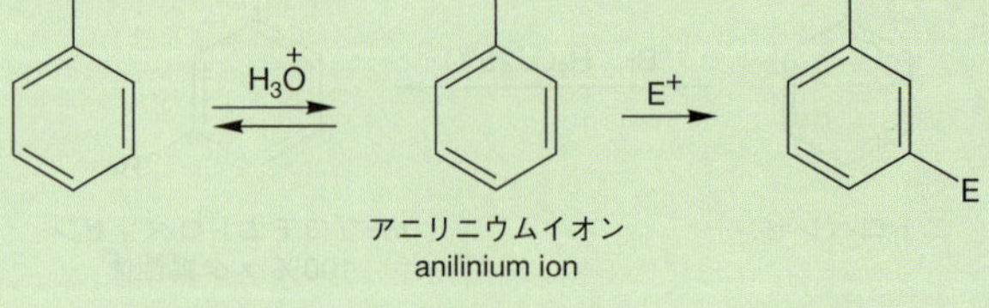

解 答 アニリンは酸中でプロトン化されアニリニウムイオンを生成し，これはメタ位置換生成物を与える．しかし，プロトン化されていないアニリンが平衡で存在すれば，オルト-パラ位置換反応が進むだろう．反応性の低いアニリニウムイオンに比べると，

アニリンの置換速度は約 10^{19} 倍速いと見積もられる．その結果，プロトン化されていないアニリンの量がわずかであっても，かなりのオルト−パラ置換化合物が生成することになる．

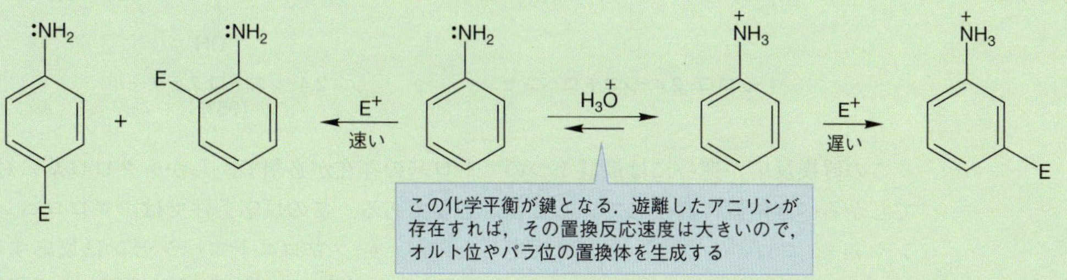

:NH$_2$ ... + ... E ←(E$^+$, 速い)― :NH$_2$ ⇄($H_3\overset{+}{O}$) $\overset{+}{N}H_3$ ―(E$^+$, 遅い)→ $\overset{+}{N}H_3$ ... E

この化学平衡が鍵となる．遊離したアニリンが存在すれば，その置換反応速度は大きいので，オルト位やパラ位の置換体を生成する

問題 15・34 つぎの置換ベンゼン化合物を合成せよ．ただし，ベンゼン，3 個以内の炭素原子を含む有機試薬，および無機試薬を用いること．

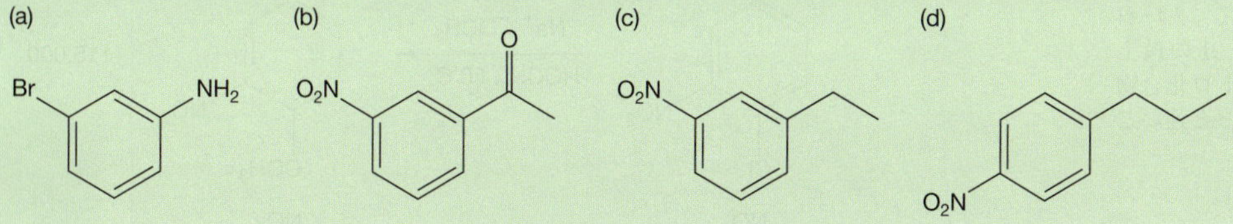

(a) Br, NH$_2$　(b) O_2N, O　(c) O_2N　(d) O_2N

まとめ

複数の置換基をもつベンゼンの反応では，置換基はその効果を互いに強め合うこともあれば弱め合うこともある．つぎの置換位置がどこになるかを判断する際には，それぞれの置換基の示す共鳴効果，誘起効果および立体効果の相対的な影響を考えなければならない．通常，誘起効果よりも共鳴効果の方が優先する．

15・8 芳香族求核置換反応

15・8a ベンゼン化合物への求核付加 通常，アルケンに求核試薬を加えても何も反応は起こらないので，ベンゼンが強力な求核試薬と反応しなくても当然であろう．実際にベンゼンやハロベンゼンに求核試薬を加えても，何も起こらない（図 15・89）．

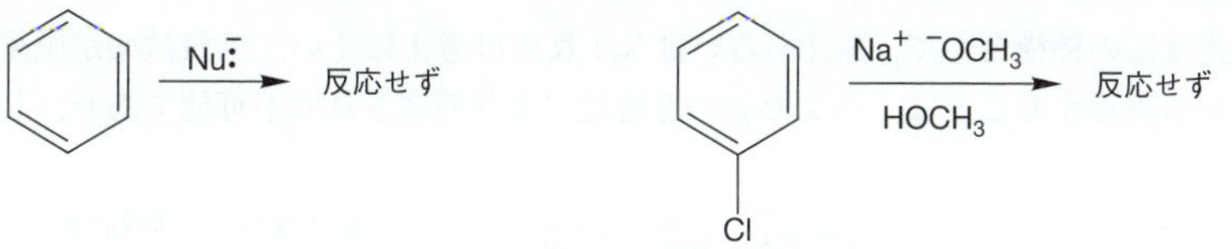

―(Nu:$^-$)→ 反応せず　　Cl ―(Na^+ $^-OCH_3$ / $HOCH_3$)→ 反応せず

図 15・89 一般にはベンゼンやハロゲン化ベンゼンは，求核試薬と反応しない．

しかし，ある種の置換基をもつベンゼンは求核試薬と反応して，置換反応を起こす．ただし，これは電子求引性の置換基がベンゼン環にある場合に限られる．たとえば，1−クロロ−2,4−ジニトロベンゼンを水酸化ナトリウム水溶液で処理すると，2,4−ジニトロフェノールが生じる（図 15・90）．

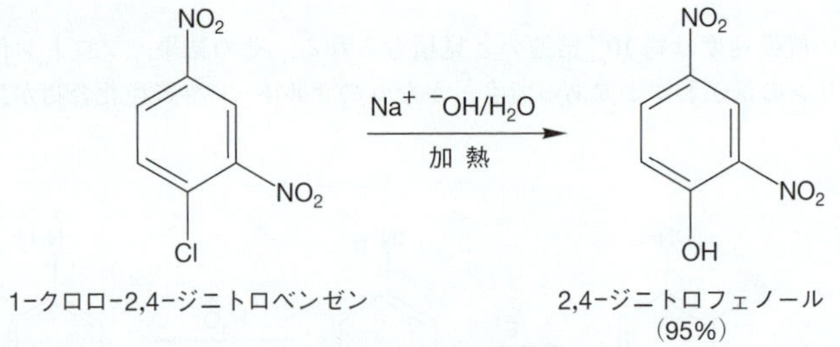

図 15・90 ある種の置換ベンゼンは求核試薬と反応する．電子求引基の存在が必要であり，たとえば，1-クロロ-2,4-ジニトロベンゼンは水中で水酸化物イオンと速やかに反応し，対応するフェノール誘導体を生じる．

この置換反応が進むには最低1つのニトロ基の存在が必須で，しかもクロロ基に対してしかるべき位置に置換していることが必要である．この反応条件では，クロロベンゼンや *m*-クロロニトロベンゼンは反応しないが，*p*-クロロニトロベンゼンは反応する．しかし，1-クロロ-2,4-ジニトロベンゼンに比べると反応はずっと遅い（図 15・91）．

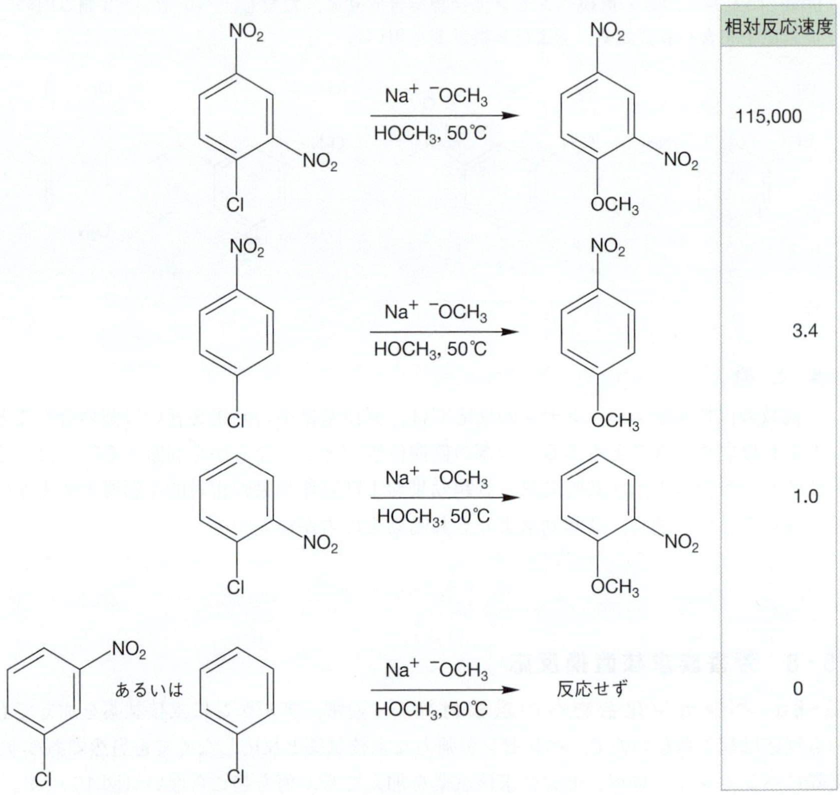

図 15・91 芳香族求核置換反応が起こるためには，少なくとも1つのニトロ基が必要である．2,4-ジニトロ化合物（図 15・91 の最上段の化合物）はモノニトロ化合物に比べて置換反応がずっと速いことがわかる．

この置換反応の機構として，S_N2 あるいは S_N1 反応は考えにくい．求核試薬が脱離基の反対側から接近することは，ベンゼンの環構造により邪魔されて不可能であり，した

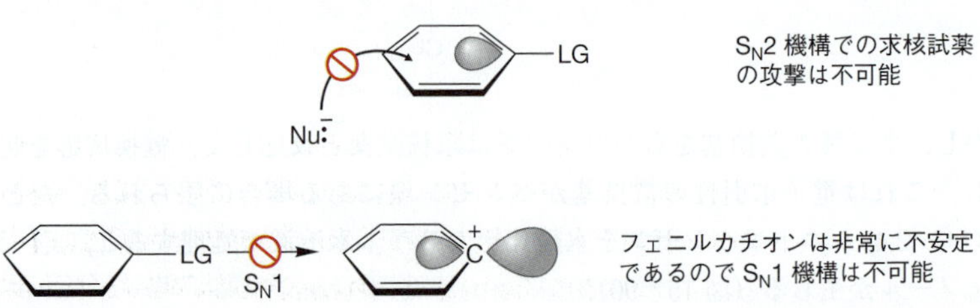

図 15・92 ハロベンゼンの求核置換反応に対して，S_N2 や S_N1 機構は不可能である（LG は脱離基を表す）．

これまで明らかにされたいくつかのカルボニル化合物の構造から見て，上に示した相互作用の図は妥当である．もちろん完全な三方対称がくずれている分子では正確に sp^2 混成であることはないのだが，結合角は純粋な sp^2 混成の場合の 120° にかなり近い．また，単純なアルケンの炭素－炭素二重結合と比べると，炭素－酸素結合距離は少し短く，その結合も強固であるが，両者はほぼ似ているといってよいであろう（図 16・3）．

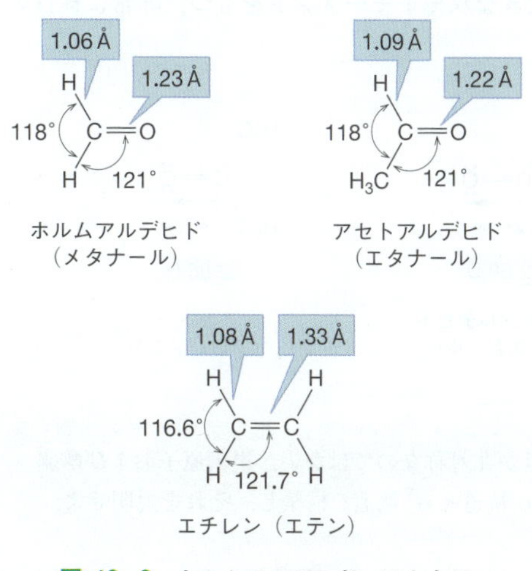

図 16・3 ホルムアルデヒド，アセトアルデヒドとエチレンの構造の比較

ホルムアルデヒドは最も小さく単純なアルデヒドである．新しい木造建築物から高濃度で検出されることがある．

カルボニル基の π 結合は炭素－炭素の π 結合と同様に構築されている．すなわち，隣合った炭素原子と酸素原子の 2p 軌道が相互作用して，結合性の π 分子軌道および反結合性の π^* 軌道を形づくる．しかし，相違点もある．アルケンでは π 軌道の形成にあずかる 2p 軌道は同じエネルギー準位にあり，π 軌道と π^* 軌道の構築に等しく寄与する．しかし，カルボニル基の場合は 2 つの 2p 軌道は同じではない．電気陰性度の大きな酸素原子の 2p 軌道の電子は炭素原子の 2p 軌道の電子より低いエネルギー準位にあり，したがって，結合性の π 軌道の構築にはエネルギーの高い炭素の 2p 軌道より，酸素の 2p 軌道の方が大きく寄与する（図 16・4）．すなわち，π 軌道の構築には酸素の 2p

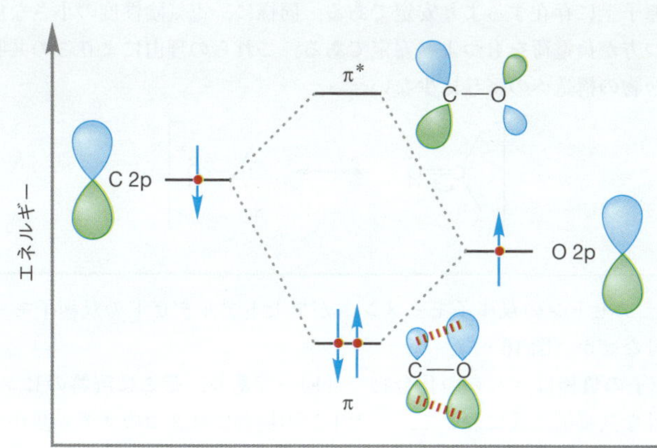

図 16・4 カルボニル化合物の π 軌道と π^* 軌道の形成を表した図．π 軌道は酸素 2p 軌道が 50 % 以上の寄与をしており，π^* 軌道は炭素 2p 軌道が 50 % 以上の寄与をしている．

軌道が 50 % 以上寄与するが，炭素の 2p 軌道の寄与は 50 % 以下でしかない．一方，π^* 軌道の構築にはエネルギー的に近い準位にある炭素の 2p 軌道が 50 % 以上の割合で寄与するが，エネルギー的に差のある酸素の 2p 軌道の寄与は，50 % 以下となる．

カルボニル基のπおよびπ*軌道は，アルケンのそれらとは一般論としては類似性をもつが，上述したようにそれほど高い対称性をもたない．2個の電子はもちろんエネルギー準位の低いπ軌道に入り，そのなかでは電気的に陽性な炭素原子の近傍よりも電気陰性度の大きい酸素原子の近傍に存在する確率が高い．この電子の偏りは，カルボニル基を含む分子が大きな双極子モーメントをもつ要因となっている．図16・5からもわかるように，カルボニル化合物はかなり大きな双極子モーメントをもつ，非常に極性の高い化合物である．

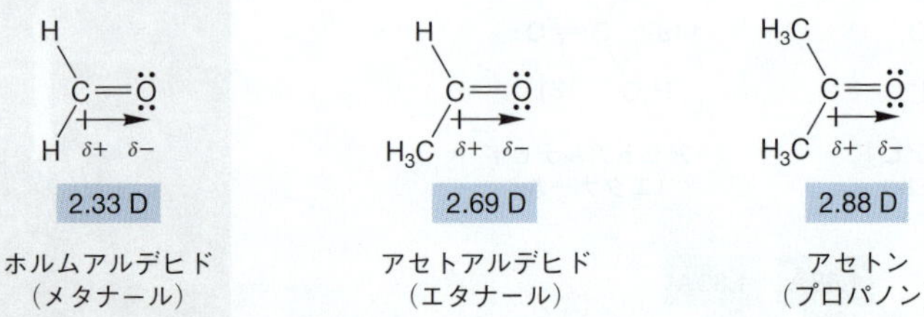

図 16・5 カルボニル化合物は極性分子であり，大きな双極子モーメントをもつ〔デバイ(D) 単位で表す〕. 双極子を示す矢印は双極子の正端から負端に向かっている.

問題 16・3 カルボニル基ではπ結合だけが非対称なのではない．炭素原子および酸素原子のそれぞれの混成軌道を用いてC−Oσ軌道とσ*軌道を構築し，それを説明せよ．

共鳴の概念を用いると，カルボニル基は図16・6に示した2つの共鳴構造式で書き表すことができる*．この図から，炭素−酸素二重結合の炭素原子がルイス酸性（求電子性）を示すことがわかる．

*(訳注) 巻矢印表記については，訳者補遺（上巻，p.620）も参照されたい．

一般的カルボニル基

図 16・6 カルボニル基の共鳴による表示

問題 16・4 カルボニル基には図16・6に示したもののほかにもう1つの別の極性共鳴構造が考えられる．それはどういう構造か．その構造がカルボニル基の共鳴構造として重要ではないのはなぜか．

解 答 その共鳴構造式では正電荷が酸素原子上にあり，負電荷が炭素原子上に存在している．酸素は炭素より電気陰性度が大きく，それゆえ，負電荷は酸素原子上に存在した方が炭素原子上に存在するより安定である．同様に，電気陰性度の小さな炭素原子は正電荷をもつ方が負電荷をもつより安定である．これらの理由によりこの共鳴構造はカルボニル化合物の構造への寄与は少ない．

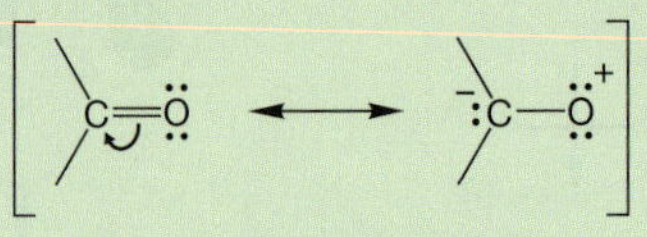

問題 16・5 アセトンの双極子モーメントがアセトアルデヒドの双極子モーメントより大きいのはなぜか（図16・5）．

解 答 双極子の負極はどちらの化合物でも同一であり，そこに解答のヒントはない．しかし，極性な共鳴構造式において，アセトンの場合には2つのメチル基が炭素上の正電荷を安定化させているが，アセトアルデヒドの場合には置換基がメチル基と水素原子であり，この効果は小さい．したがってアセトンでは，極性共鳴構造がアセトアルデヒドの場合より安定であり，共鳴における寄与が大きいので，アセトンはより大きな双極子モーメントをもつ．

16・3 カルボニル化合物の命名法

$R_2C{=}O$ で表される一般のカルボニル化合物にはさまざまな置換様式が存在しうるが，それぞれに異なった名称が与えられている．2つの置換基Rがともにアルキル基，アルケニル基，あるいはアリール基などの炭化水素基である場合は，ケトン（ketone）とよばれる．Rの1つが水素原子である場合，その化合物はアルデヒド（aldehyde）であり，Rが2つとも水素原子である場合は，ホルムアルデヒド（formaldehyde）とよばれる．

炭素数が4個以下のアルデヒドにはしばしば慣用名が用いられるが，それ以上の場合は国際純正・応用化学連合（the International Union of Pure and Applied Chemistry, IUPAC）が定めたIUPAC命名法に従って論理的に命名される．母体となるアルカン（alkane）の末尾の“e”を除いた語幹（alkan）に接尾語（ア）ール（-al）をつけてアルカナール(alkanal)となる．IUPAC命名法による番号付けではホルミル基（$-CH{=}O$）の優先順位はつねに1位であるので，カルボニル炭素の位置番号が1となる．ホルミル基が環状アルカンに結合している場合は，シクロプロパンカルボアルデヒドのようにカルボアルデヒド（carbaldehyde）という用語が使用される．いくつかのアルデヒドのIUPAC名を図16・7に示した．

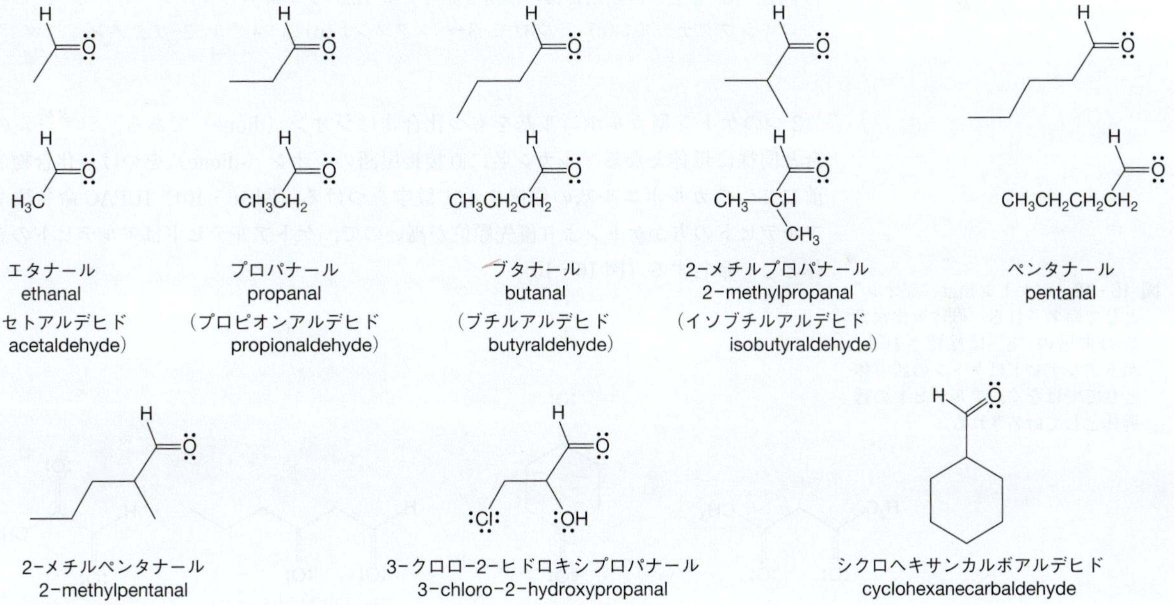

図 16・7 **種々のアルデヒドとその IUPAC 名．** 慣用名を括弧内に示した．

2つのホルミル基を含む化合物はジアール（dial）である．この場合，英語名では母体アルカン名の末尾の“e”をつけたまま，接尾語のジアール（-dial）をつなげる（図16・8）．

図 16・8 ジアルデヒドは“ジアール”として命名される．

ケトン類にも多くの慣用名があるが，ほとんど使われなくなっている．しかし，最も単純なケトンであるプロパノン（あるいはジメチルケトン）には，アセトン（acetone）という慣用名が例外的に使用されている（図 16・9）．IUPAC 命名法では，母体となるアルカンの末尾の“e”を除いて接尾語（オ）ン（-one）をつける．カルボニル基の位置を示す数字は，母体の名称の前につける．

図 16・9 単純なケトン類は種々の方法で命名できる．IUPAC 名を初めに示した．

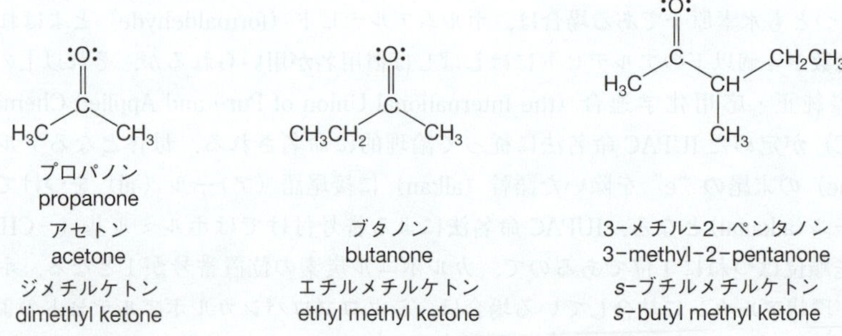

問題 16・6 つぎの化合物の構造を描け：(a) 2,3-ジクロロヘキサナール；(b) 4-ヒドロキシブタナール；(c) 2-ブロモ-3-ペンタノン；(d) 3-メチル-2-ブタノン．

2つのケトン型カルボニル基をもつ化合物は**ジオン**（dione）である．ジアールの場合と同様に母体となるアルカン名に直接接尾語のジオン（-dione）をつけ，化合物名の前に2つのカルボニル基の位置を示す数字をつける（図 16・10）．IUPAC 命名法ではアルデヒドの方がケトンより優先順位が高いので，ケトアルデヒドはアルデヒドの誘導体として命名する（図 16・10）．

図 16・10 ジケトン類は“ジオン”として命名される．母体炭化水素名の末尾の“e”は保持される．ケトアルデヒドはケトンの誘導体としてではなく，アルデヒドの誘導体として命名される．

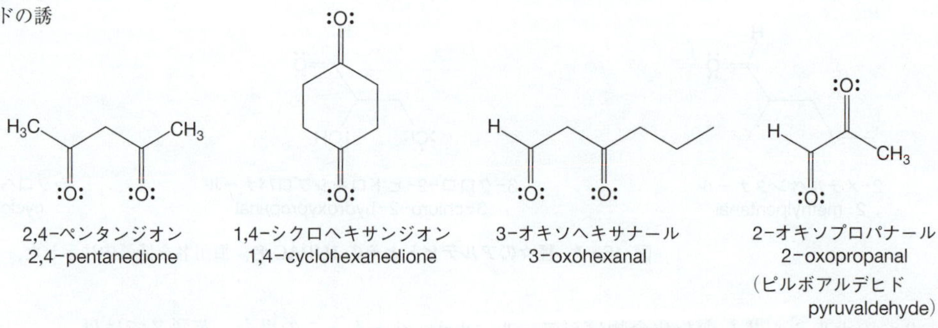

体系的命名法の規則は簡単で，優先順位のより高い置換基がある場合には，カルボニル基の酸素原子を置換基として扱って接頭語のオキソ（oxo-）で示し，他の置換基と同様に位置番号をつける．

芳香族アルデヒドおよびケトン類には数多くの慣用名が使われている．たとえば，最も単純な芳香族アルデヒドは“ベンゼンカルボアルデヒド”ではなくベンズアルデヒド（benzaldehyde）とよばれる．この化合物名なら容易にその構造の見当がつくだろうが，多くの場合，慣用名と構造式とはすぐには結びつきにくい．図 16・11 に，いくつかの化合物のよく使われている名称を示した．

ベンズアルデヒド
benzaldehyde

4-メトキシベンズアルデヒド
4-methoxybenzaldehyde
（*p*-アニスアルデヒド
p-anisaldehyde）

（*E*）-3-フェニル-2-プロペナール
（*E*）-3-phenyl-2-propenal
（*trans*-シンナムアルデヒド
trans-cinnamaldehyde）

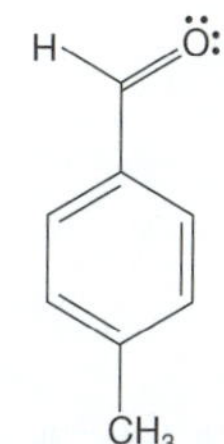

4-メチルベンズアルデヒド
4-methylbenzaldehyde
（*p*-トルアルデヒド
p-tolualdehyde）

図 16・11 芳香族アルデヒドの慣用名．IUPAC で認められている名称を初めに示した．

芳香族ケトンでは，イソプロピルフェニルケトンのようによくベンゼン環をフェニル基（phenyl group）として命名する（図 16・12）．また，Ph－C＝O 骨格をもつ二，三の化合物は語尾に（オ）フェノン（-ophenone）をもつ慣用名*でよぶことがある．図 16・12 にはこの名称も併せて示した．この命名法を使えば，イソプロピルフェニルケトン

＊（訳注） Ph－(C＝O)－R で表される化合物の慣用名は，対応するカルボン酸（RCOOH）の慣用名の語尾（-ic acid または -oic acid）を（オ）フェノン（-ophenone）に変えてつくる．

イソプロピルフェニルケトン
isopropyl phenyl ketone
（イソブチロフェノン
isobutyrophenone）
（2-メチル-1-フェニル-1-プロパノン
2-methyl-1-phenyl-1-propanone）

ジフェニルケトン
diphenyl ketone
（ベンゾフェノン
benzophenone）

メチルフェニルケトン
methyl phenyl ketone
（アセトフェノン
acetophenone）

図 16・12 単純なベンゼン環を含むケトン類はフェニルケトンとして命名される．この図には"（オ）フェノン"法による名称も併せて示してある．

シベトン

この単純だが特異なシクロアルケノンは，ジャコウネコ（*Viverra civetta* と *Viverra zibetha*）がもつ腺から単離されたためシベトン（civetone）とよばれている．このネコは，この物質をフェロモンやマーキング物質として分泌する．強烈な麝香（じゃこう）臭がし，濃縮時には我慢できないほどである（人にとっては．おそらくジャコウネコにはそんなことはないだろう）．高希釈状態では，とても心地よい香りとなるため，シベトンや関連する 15 員環ケトンであるムスコン（muscone）は，香料の製造における重要な出発原料である．かつては，香水をつくるために，獰猛（どうもう）で生息数も不確定なジャコウネコを捕獲しなければならなかった．しかし，今日では実験室で簡単にシベトンを合成できるため，ジャコウネコの数の維持のためには安心である．

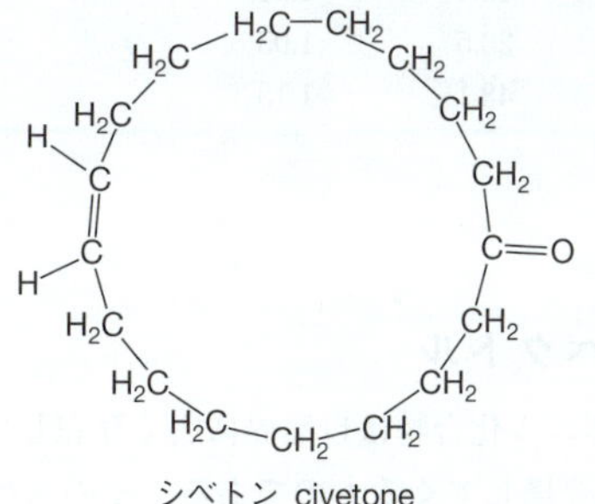

シベトン civetone

ジャコウネコ ── かつてシベトンの供給源とされていた

はイソブチロフェノン，ジフェニルケトンはベンゾフェノン，メチルフェニルケトンはアセトフェノンとなる（図 16・12）．図 16・13 に，炭素－酸素二重結合をもつが R 基のうちの 1 つが水素原子や炭化水素基以外の化合物の名称を示した．これらの化合物群については以前の章でも出てきたが，後の章でさらに詳しく学ぶので，そこでその命名法についても述べる．

図 16・13 カルボニル化合物のうち，R 基の 1 つが水素原子や炭化水素基ではない化合物群の名称．これらの化合物はアルデヒドでもケトンでもない．

カルボン酸 carboxylic acid　エステル ester　アミド amide　酸塩化物 acid chloride　酸無水物 anhydride

16・4 カルボニル化合物の物理的性質

カルボニル化合物はすべてある程度の極性をもち，分子量が小さくて炭化水素部分の割合が小さい化合物は，少なくともいくぶんかは水に溶ける．たとえば，アセトンやアセトアルデヒドは水とどのような割合でも混じり合う．極性があるということは会合状態がエネルギー的に有利になるということを意味している．このことはまた，炭素と酸素の総数が同じ炭化水素に比べて，カルボニル化合物の方が沸点が高いということを意味する．たとえば，プロパンとプロペンはともに気体であり，その沸点はそれぞれ −42.1 ℃ と −47.4 ℃ である．これに対しアセトアルデヒドの沸点は +20.8 ℃ であり，プロパンより約 63 ℃ も高い．アセトンは 2-メチルプロペンより 60 ℃ 以上も沸点が高い．

表 16・1 にはよく見かけるカルボニル化合物およびいくつかの関連する炭化水素の物理的性質を示す．

表 16・1 カルボニル化合物の物理的性質

化合物	沸点（℃）	融点（℃）	密度（g/mL）	双極子モーメント（D）
ホルムアルデヒド	−21	−92	0.815	2.33
アセトアルデヒド	20.8	−121	0.783	2.69
プロパナール	48.8	−81	0.806	2.52
(プロパン)†	−42.1			
(プロペン)†	−47.4			
ベンズアルデヒド	178.6	−26	1.04	
アセトン	56.2	−95.4	0.789	2.88
(2-メチルプロペン)†	−6.9			
ブタノン	79.6	−86.3	0.805	
シクロヘキサノン	155.6	−16.4	0.948	
アセトフェノン	202.6	20.5	1.03	
ベンゾフェノン	305.9	48.1	1.15	2.98

† 炭化水素類は比較のため掲載．

16・5 カルボニル化合物のスペクトル

16・5a 赤外スペクトル　カルボニル化合物は自然界に広く存在している．C=O 結合は“官能基”のなかで最も頻繁に登場してくるものである．そのスペクトル分析，特に赤外（IR）スペクトルは，多くの医薬品やその他の重要な化合物の同定に重要な役割を果たしている．炭素－酸素二重結合は 1700 cm^{-1} 付近にきわめて強い伸縮振動を示す（p.384）ので，IR はその分析に有効である．この吸収位置は炭素－炭素二重結合の吸収よりかなり高波数側にある．すでに学んだように炭素－酸素二重結合は炭素－炭素二重結合より強固であり，それゆえ伸縮振動にはより高いエネルギーを必要とすることを考えれば，この違いは驚くにはあたらない．アルデヒドの分析に有用なのは，およそ 2850 と 2750 cm^{-1} に現れる O=C－H 結合の伸縮に対応する 2 本の吸収である．表 16・2 にいくつかのアルデヒドおよびケトンの IR，核磁気共鳴（NMR），紫外吸収（UV）のデータを示した．

表 16・2　カルボニル化合物のスペクトル

化合物	IR（CCl_4, cm^{-1}）	^{13}C NMR（δ C=O, ppm）	UV［nm(ε)］
ホルムアルデヒド	1744（気相）		270
アセトアルデヒド	1733	199.6	293.4(11.8)
プロパナール	1738	201.8	289.5(18.2)
アセトン	1719	205.1	279(14.8)
シクロヘキサノン	1718	207.9	285(14)
シクロペンタノン	1751	213.9	299(20)
シクロブタノン	1788	208.2	280(18)
ブタノン	1723	206.3	277(19.4)
3-ブテノン（メチルビニルケトン）	1684	197.2	219(3.6)
2-シクロヘキセノン	1691	197.1	224.5(10,300)（$\pi \rightarrow \pi^*$）
ベンズアルデヒド	1710	191.0	244(15,000)（$\pi \rightarrow \pi^*$） 328(20)（$n \rightarrow \pi^*$）
ベンゾフェノン	1666	195.2	252(20,000)（$\pi \rightarrow \pi^*$） 325(180)（$n \rightarrow \pi^*$）
アセトフェノン	1692	196.8	240(13,000)（$\pi \rightarrow \pi^*$） 319(50)（$n \rightarrow \pi^*$）

共役カルボニル化合物の IR 伸縮吸収は非共役のものと比べ，つねにより低い波数に現れることに注意しよう．たとえば，シクロヘキサノンは 1718 cm^{-1} に吸収を示すが，2-シクロヘキセノンでは 1691 cm^{-1} となる（図 16・14）．これは，共役分子では C=O 基の二重結合性が減少していることを意味している．2-シクロヘキセノンの共鳴構造式は，炭素－酸素二重結合が部分的単結合性をもっていることを明らかに示している．

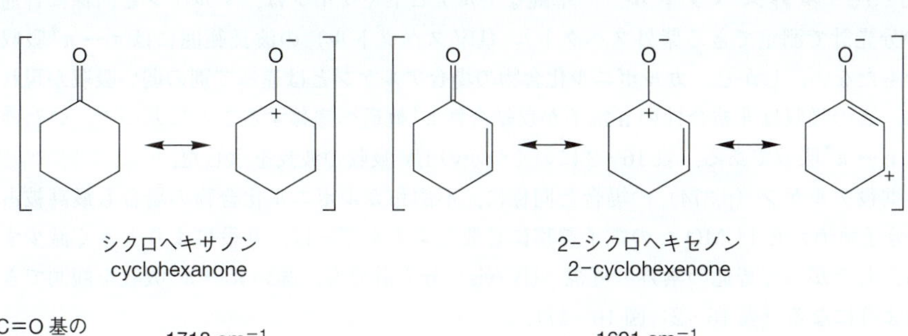

図 16・14　共役によりカルボニル基の二重結合性が減少する．その結果，IR の伸縮振動は低波数側に移動する．

16・5b 核磁気共鳴スペクトル カルボニル基はその誘起効果により，その周辺から電子を引きつけ遮蔽を減少させる．この効果はカルボニル基から遠ざかるつれて小さくなる．図 16・15 に 2-ペンタノンの例を示す．

アルデヒドでは，カルボニル基に直接結合している水素原子は，δ 8.5～10 ppm というきわめて低磁場で共鳴する．これは炭素原子が部分正電荷をもっているため結合した水素を非遮蔽しているだけでなく，直接結合した水素原子の位置では外部磁場 B_0 にカルボニル基の周辺に誘起された磁場 B_i が加わっているためである（図 16・16）．したがって，その水素原子の共鳴周波数に達するためには比較的弱い外部磁場で済むので，異常に低い磁場にシグナルが現れることになる（p.396）．

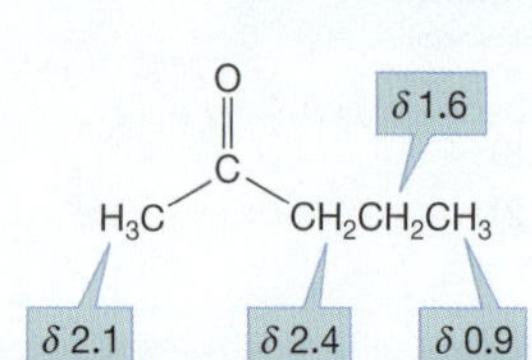

図 16・15 α 炭素の水素は電子求引性のカルボニル基によって最も影響を受けるため，^{1}H NMR スペクトルではシグナルは低磁場側に現れる．β 炭素上の水素の変化はわずかで，カルボニル基からさらに離れた水素はほとんど影響を受けない（ppm で示した δ 値）．

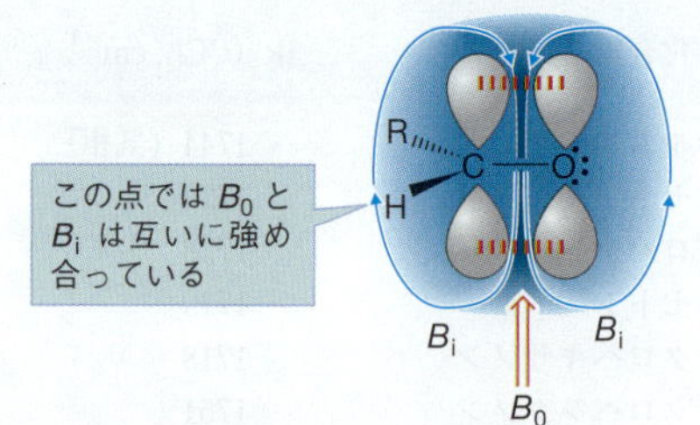

図 16・16 ホルミル基の水素は誘起磁場 B_i が外部磁場 B_0 を強める領域に存在するので，遮蔽が非常に大きく減少している．

カルボニル炭素原子は部分正電荷をもっているので，それを取巻く電子がやや欠乏した状態になっており，その結果遮蔽が大きく減少している．したがって，^{13}C NMR においてもカルボニル炭素原子はきわめて低磁場で共鳴する．表 16・2 に典型的な共鳴位置を示す．

問題 16・7 1710 cm^{-1} に強い IR の吸収をもち，つぎの ^{1}H NMR スペクトルを示す分子式 $C_7H_{12}O$ の分子の構造を決定せよ．δ 4.8（1H，s），4.7（1H，s），2.6（2H，t），2.3（2H，t），2.2（3H，s），1.7（3H，s）ppm.

16・5c 紫外スペクトル 単純なアルデヒドやケトンは，アルケンと同様に普通の分光計で測定できる紫外スペクトル（UV スペクトル）の波長範囲には π → π* 吸収をもたない．しかし，カルボニル化合物の場合アルケンとは違って別の弱い吸収が現れる．この吸収は非結合性の n 電子が反結合性 π* 軌道へ遷移することに基づく，いわゆる n → π* 吸収である．表 16・2 にいくつかの UV 吸収の波長を示した．

共役アルケン（p.374）の場合と同様に，不飽和カルボニル化合物の場合も最高被占 π 分子軌道から LUMO への電子遷移に必要なエネルギーは，共役により大きく減少する．したがって普通の紫外・可視（UV/vis）分光計でも，強い π → π* 吸収を観測できるようになる（表 16・2；図 16・17）．

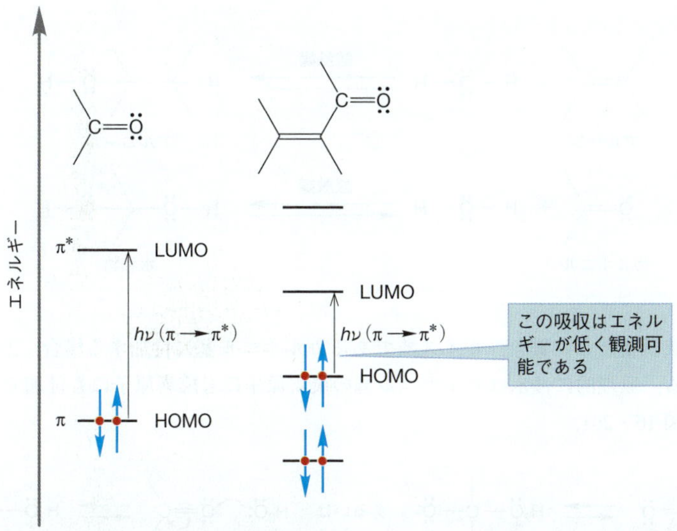

エネルギー

π^* LUMO

$h\nu\,(\pi \rightarrow \pi^*)$

π HOMO

LUMO

$h\nu\,(\pi \rightarrow \pi^*)$

HOMO

この吸収はエネルギーが低く観測可能である

図 16・17 共役は $\pi \rightarrow \pi^*$ 吸収を普通の紫外・可視分光計で観測できるほど低エネルギー側（長波長側）にシフトさせる．

16・5d 質量スペクトル カルボニル基を含む多くの単純な化合物では，特徴的な開裂反応が起こる．この開裂反応は，カルボニル炭素に直結した結合が，カルボニル炭素に電荷を残して切断される反応である．この結合の開裂によって共鳴安定化されたアシリウムイオンを生成するが，この共鳴安定化こそが，きわめて特徴的な開裂反応をひき起こす原因である．図 16・18 に典型的なメチルケトンであるアセトンの質量スペクトルを示した．

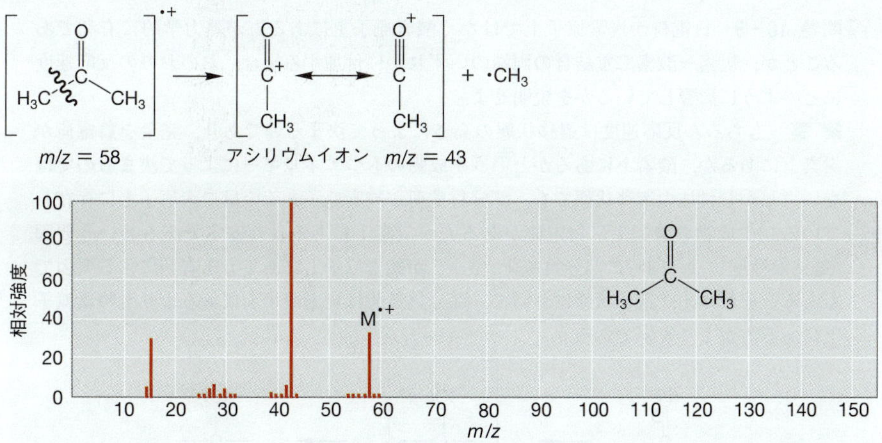

$m/z = 58$　アシリウムイオン　$m/z = 43$　$+\ \cdot CH_3$

相対強度

$M^{\cdot+}$

m/z

図 16・18 アセトンの質量スペクトルでは，共鳴安定化されたアシリウムイオンが基準ピークを与える．

16・6 カルボニル化合物の反応: 可逆的付加反応

単純な付加反応では，共存する別の試薬の性質によってカルボニル化合物は求電子試薬（ルイス酸）としても求核試薬（ルイス塩基）としても作用しうる．10 章と 11 章で炭素－炭素二重結合に対する付加反応について学んだが，炭素－酸素二重結合への付加反応も，これにある程度対応していると考えられる．しかし，炭素－酸素二重結合は 2 つの異なる原子から成り立っているので，より複雑になっていることも予測される．図 16・19 は，水とカルボニル化合物との反応〔**水和物**（hydrate）の生成〕と，アルケンの水和反応とを比較したものである．

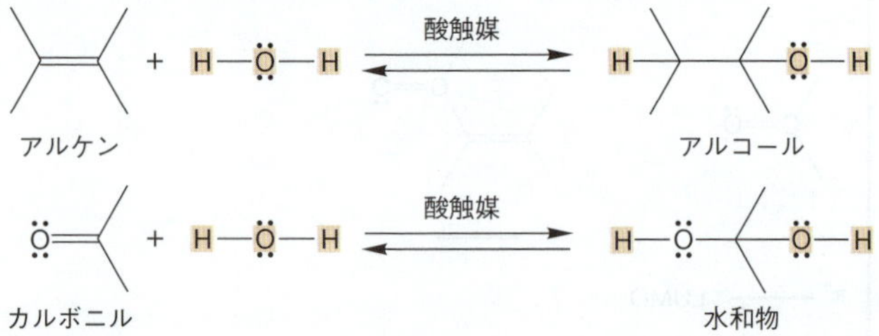

図 16・19 水がアルケンへ付加してアルコールを与える反応と，ケトンまたはアルデヒドへ付加して水和物を与える反応は似ている．

水が求核試薬として働き，ルイス酸であるカルボニル基に付加する場合，2 通りの可能性がある．原理的には水はカルボニル基の炭素原子にも酸素原子にも付加できるはずである（図 16・20）．

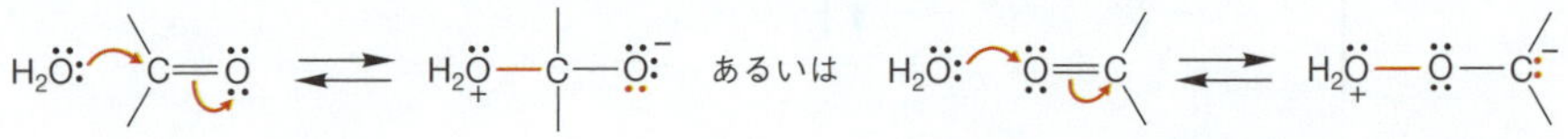

図 16・20 原理的には水のカルボニル基への付加には 2 通りが考えられる．

どちらに反応が進むかということを予測するためには，3 つの要因を考える必要がある．まず第一は，炭素－酸素二重結合の炭素原子に付加すると電気陰性度の大きい酸素原子上に負電荷が現れるが，酸素原子に付加するとかなり不安定なカルボアニオンを生成することである（図 16・21）．第二は，酸素原子への付加は弱い酸素－酸素結合を生成するのに対し，炭素原子への付加はより強い炭素－酸素結合を生成することである．

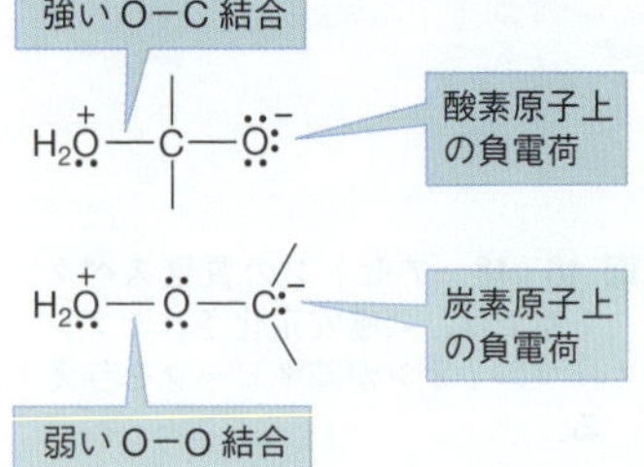

図 16・21 炭素原子への付加の方が負電荷がより電気陰性度の大きい酸素原子上に現れるので，はるかに優先的に起こるであろう．

問題 16・8 負電荷が炭素原子上ではなく酸素原子上にある方が熱力学的に有利であることが，炭素－酸素二重結合の両端のいずれかに付加する場合，おのおのの反応速度にどのように影響しているかを説明せよ．

解 答 もちろん反応速度は遷移状態の高さによって決まるのであり，完全な負電荷が炭素上にあるか，酸素上にあるかという生成物のもつエネルギーによって決まるのではない．しかし付加の遷移状態でも，部分負電荷が酸素原子あるいは炭素原子上に存在している．生成物の酸素上に負電荷がある方が炭素上にあるより安定であるという要因（電気陰性度）は，同時に部分負電荷（$\delta-$）が酸素原子上にある方を有利にする要因でもある．それゆえ，遷移状態において，部分負電荷は炭素原子上にあるよりも酸素原子上にある方がより安定であろう．

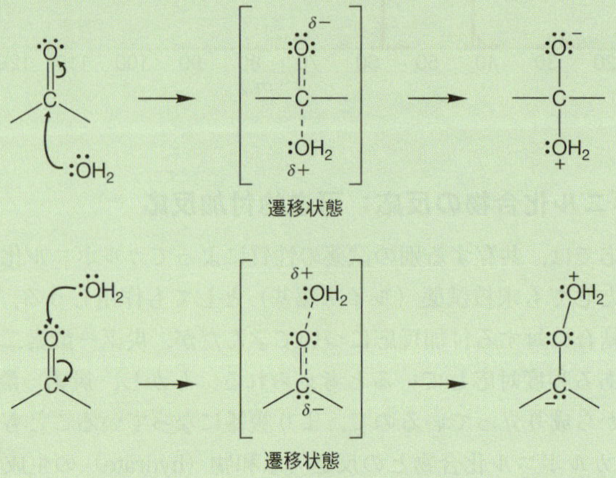

考える必要がある第三の要因はカルボニルπ結合を形成している軌道である．反応時の分子軌道を見ると，分子軌道が反応の起こる方向にどんな影響を与えているかがわかるはずである．そこで，すべての有機反応で検討することであるが，求核試薬（ここでは水）と求電子試薬の組合わせを探すことにする．この場合の求電子試薬はカルボニル基の空のπ^*軌道に違いない．図16・22には軌道の相互作用図と，関与する軌道のローブを示した．

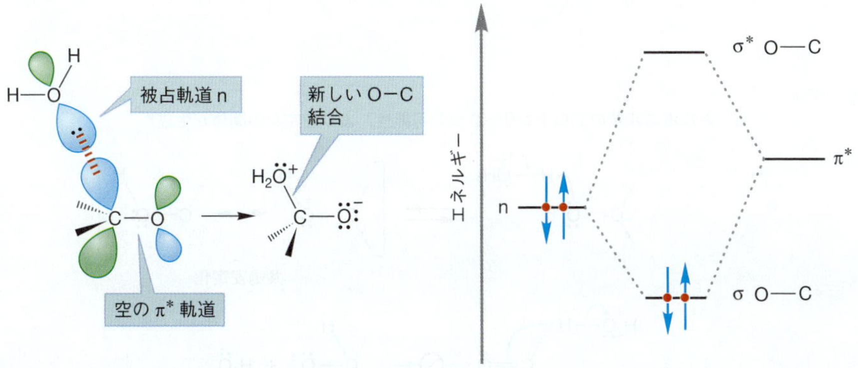

被占軌道 n
新しい O−C 結合
空の π^* 軌道
エネルギー
σ^* O—C
π^*
n
σ O—C

図 16・22 カルボニル基への水の付加反応では，水の被占n軌道とカルボニル基の空のπ^*軌道が重なり合う．この被占軌道と空の軌道との相互作用が安定化をもたらす．

前節でカルボニル基の構造について学んだ（p.749）が，πだけでなくπ^*も炭素−酸素結合の中間点に関しては対称ではない．特にπ^*は酸素の近傍よりも炭素原子の領域でより大きい．安定化の度合は軌道の重なりの度合によって決まるので，π^*が最大となる炭素原子に付加する反応が支配的であると考えるのは当然であろう．すなわち，二重結合の2つの異なった原子のどちらに反応するかということは，それらの2つの原子の電気陰性度や結合の強さだけではなく，関与する軌道の形によっても影響を受けている．

水が付加してアルコキシドが生成した後に脱プロトンし，さらにプロトン化して水和物を与える．この場合，順序はこの通りである必要はなく（図16・23），また，脱離したプロトンが同じ分子に再付加する必要性もない．図16・23に示したように，プロトン化と脱プロトンの過程は分子間の反応であると考えられる．

図 16・23 カルボニル基の水和反応はプロトン移動が2回起こることによって完結する．この2つの段階のどちらが先に起こるか定かではない．

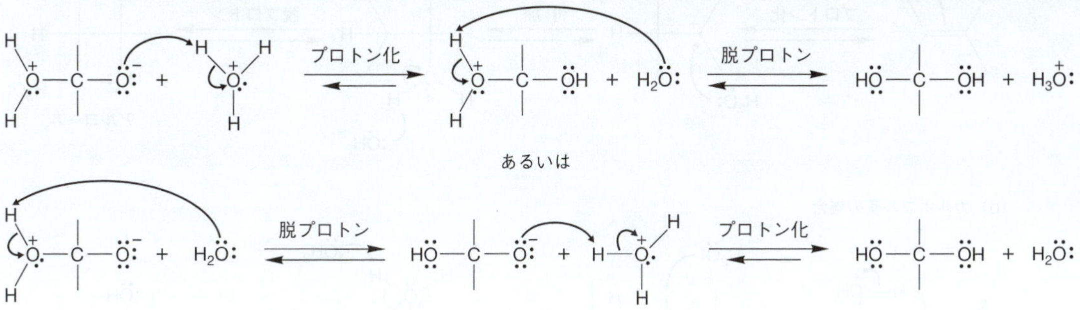

プロトン化
脱プロトン
あるいは
脱プロトン
プロトン化

さて，カルボニル基への付加反応をより起こりやすくする方法について考えてみよう．それには求電子試薬を強くするか求核試薬を強くするかの2つの方法が考えられる．まず，カルボニル基をより強い求電子試薬に変化させる酸触媒反応について考えてみよう．アルケンへの酸触媒付加反応の機構（図16・24 a）をモデルに考えると，カルボニル基のプロトン化をカルボニル基への水の付加反応の第1段階とするのが妥当である．しかし，どちらの原子にプロトン化が起こるのであろうか．ここでも，2つの可能性がある（図 16・24 b）．

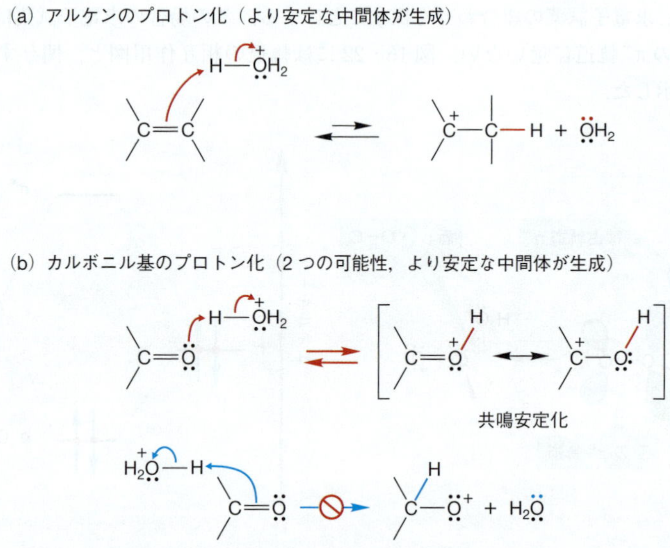

図 16・24 カルボニル基のプロトン化は2通りありうる．共鳴安定化されたカチオンを与える酸素原子のプロトン化の方が，はるかに優先して起こるであろう．

(a) アルケンのプロトン化（より安定な中間体が生成）

(b) カルボニル基のプロトン化（2つの可能性，より安定な中間体が生成）

共鳴安定化

今回はその選択が容易である．第一に，非結合性である2組の孤立電子対をもつカルボニル酸素原子は，よいブレンステッド塩基であるという点である．さらに炭素原子をプロトン化すると電気陰性度の大きい酸素原子が正電荷をもつのに対し，酸素原子をプロトン化すれば酸素と比べて電気的に陽性な炭素原子上に正電荷が現れることになり，酸素原子をプロトン化する方が間違いなく有利である．また，図 16・24 (b) が示すように，酸素原子をプロトン化すれば共鳴安定化されたカチオンを与えるのに対し，炭素原子をプロトン化してもそのような安定化がないということもあげられる．このよう

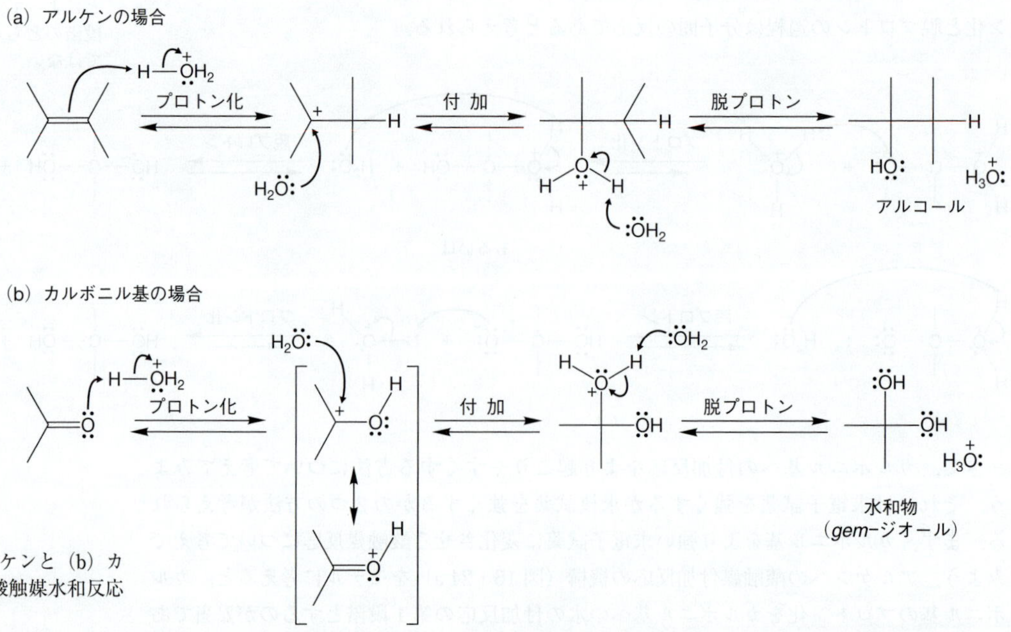

(a) アルケンの場合

プロトン化　付 加　脱プロトン

アルコール

(b) カルボニル基の場合

プロトン化　付 加　脱プロトン

水和物
(*gem*-ジオール)

図 16・25 (a) アルケンと (b) カルボニル化合物の酸触媒水和反応の比較

に，プロトン化がどちらの原子に起こるかという点ではその選択に疑問の余地はなく，強力な求電子試薬であるプロトン化されたカルボニル化合物が生成することになる．

反応の第2段階では水は求核試薬として作用し，ルイス酸（プロトン化されたカルボニル）に付加して，プロトン化されたジオールを与える（図16・25）．この酸触媒反応の最終段階でプロトン化されたジオールは水分子によって脱プロトンされ，中性のジオールを生成すると同時に酸触媒 H_3O^+ が再生する．同一炭素上に2つのOH基をもつジオールを ***gem*-ジオール**（*gem*-diol，*gem* はジェミナルを意味する）あるいは**水和物**とよぶ．酸触媒によるアルケンへの水の付加反応とカルボニル基への付加反応が，いかに近い関係にあるかということに注目しよう．どちらの反応もプロトン化，水の付加，脱プロトンという連続する3段階の反応から成り立っている．

つぎに，どうすれば求核試薬の反応性を高くすることができるか考えてみよう．塩基性条件下で進行する，もう1つ別の機構の水和反応が存在する．ここでは，活性種は水酸化物イオン ^-OH である．塩基触媒水和反応の第1段階は，強力な求核試薬である水酸化物イオンのカルボニル基への付加である（図16・26）．酸触媒反応におけるプロトン化の場合と異なり，単純なアルケンの化学では対応する反応は見あたらない．付加の後，新しく生成したアルコキシドイオンが水からプロトンを受取り，水和物が生成すると同時に水酸化物イオンが再生する．

(a) アルケンの場合

(b) カルボニル基の場合

水和物

水酸化物イオンが再生する

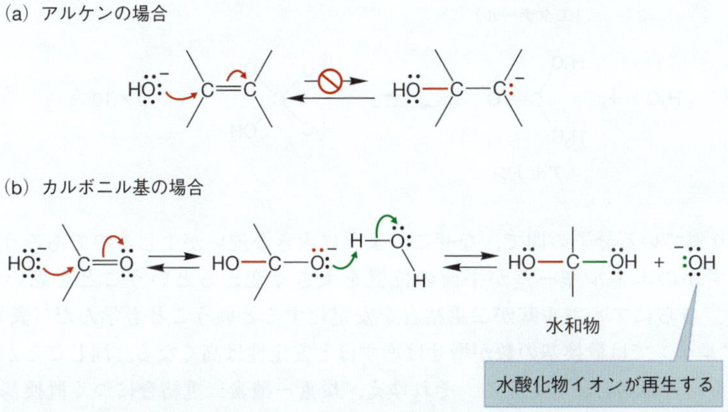

図 16・26 水酸化物イオンのような強塩基はアルケンには付加しないが，カルボニル基を攻撃することができる．塩基触媒水和反応の最終段階は，新しく生成したアルコキシドイオンの水によるプロトン化である．水酸化物イオンは再生される．

問題 16・9 水酸化物イオンのような塩基は，なぜ炭素－酸素二重結合の酸素原子に付加しないのか．また，アルケンになぜまったく付加しないのかを説明せよ．

まとめ

酸性（図16・25），塩基性（図16・26）あるいは中性（図16・20と図16・23）いずれの条件下でもカルボニル化合物は水和される．酸性条件下では，炭素－酸素二重結合のプロトン化によって強力な求電子試薬（ルイス酸）を生成して反応が加速され，つぎに，比較的弱い求核試薬である水が付加する．塩基性条件下では，強力な求核試薬である水酸化物イオンが，比較的弱いルイス酸であるカルボニル基に付加する．

16・7 付加反応における平衡

カルボニル基の水和反応は，連続する平衡反応により成り立っている．図 16・27 に示すように，塩基性，酸性，あるいは中性の水の中でさえ，単純なカルボニル化合物はその水和物と平衡にある．アセトンとアセトアルデヒド（エタナール）のようによく似た化合物でも，その平衡点はかなり違っている．ホルムアルデヒドまで含めると，その違いは著しい．この 3 つの化合物は単にカルボニル基に結合したメチル基の数が違っているだけなのに，平衡定数 K は約 10^6 倍も違う．

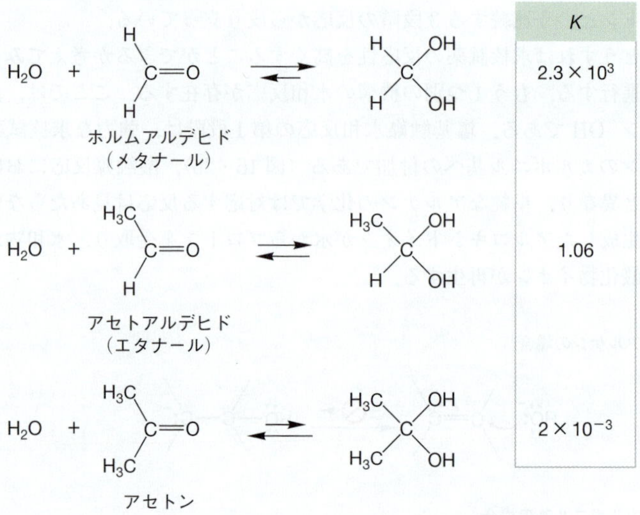

反応	K
H_2O + $H_2C{=}O$（ホルムアルデヒド（メタナール）） ⇌ $H_2C(OH)_2$	2.3×10^3
H_2O + $H_3C(H)C{=}O$（アセトアルデヒド（エタナール）） ⇌ $H_3C(H)C(OH)_2$	1.06
H_2O + $(H_3C)_2C{=}O$（アセトン） ⇌ $(H_3C)_2C(OH)_2$	2×10^{-3}

図 16・27 カルボニル化合物の水和反応の平衡定数は，水和物とカルボニル化合物のどちら側にも平衡が偏りうることを示している．ここに示したのは pH = 7 における平衡定数である．

かなり似ている分子の間で，なぜこのように大きな違いが生じるのであろうか．まず，わずかのエネルギー差が平衡の位置を大きく変えるということを思いだそう (p.266)．さらにアルキル基が二重結合を安定化するということも学んだ（表 3・1 参照）．アルケンでは置換基の数が増せば増すほど安定性は高くなる．同じことが炭素－酸素二重結合の場合にもいえる．それゆえ，炭素－酸素二重結合につく置換基の数の順，すなわち，ホルムアルデヒド，アセトアルデヒド，アセトンの順に安定になる（図 16・28 a）．ここで平衡のもう 1 つの側である水和物について考えてみよう．そこでは，

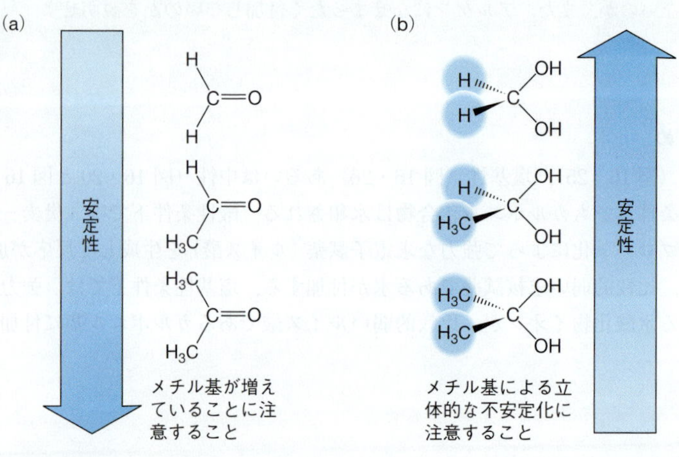

図 16・28 (a) アルケンと同様に，置換基の多いカルボニル化合物は置換基の少ないものより安定である．(b) 水和物では，置換基の数が増えると，立体的な相互作用のために不安定性が増す．

メチル基の数が増えれば立体的に不安定になることがわかる．すなわち，水和物では置換基の数が増せば増すほど，その安定性は減少する（図 16・28 b）．これで K が約 10^6 倍も違う理由が理解できたであろう（図 16・29）．すなわち，出発のカルボニル化合物の安定性と，生成する水和物の不安定性がともに，メチル基の数が増えるにつれて増大するからである．

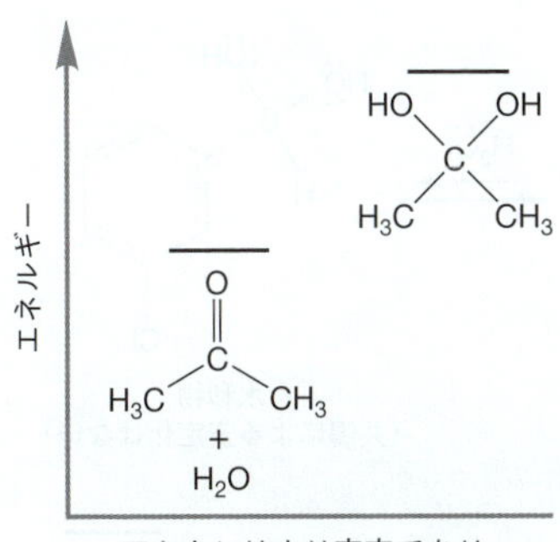

アセトンはより安定であり，水和物はより不安定である
$K < 1$

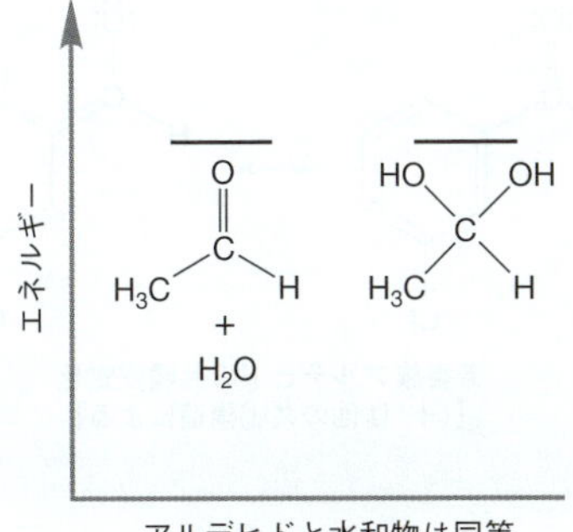

アルデヒドと水和物は同等のエネルギー状態にある
$K \sim 1$

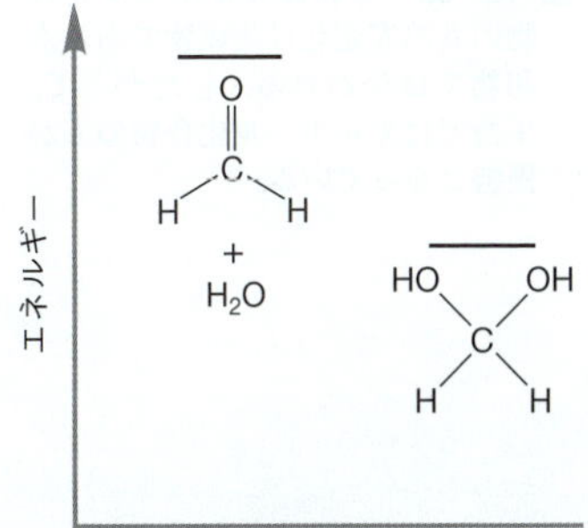

ホルムアルデヒドはより不安定であり，水和物はより安定である
$K > 1$

図 16・29 平衡定数（K）の大きさは，カルボニル化合物と水和物の相対的なエネルギー差によって定まる．アセトアルデヒドでは $K \sim 1$ であるから，アルデヒドとその水和物のエネルギーはほぼ等しいことがわかる．アセトンはアセトアルデヒドより安定であり，ホルムアルデヒドはより不安定である．立体的な要因により，アセトンの水和物はアセトアルデヒドの水和物より安定性が低くなっている．これと対照的に，ホルムアルデヒドの水和物はアセトアルデヒド水和物より安定である．平衡定数はこれらの変化を反映している．

そのほかにも，平衡に対する別の顕著な影響を表 16・3 の中に見いだすことができる．たとえば，ベンゼン環は炭素－酸素二重結合と共鳴により相互作用しているので，平衡における水和物の量を減少させる．しかし，カルボニル基に隣接した位置である α 位についた電子求引基は，水和物を有利にする．また，立体的要因も見られる．表 16・3 のプロパナール，ブタナール，2,2-ジメチルプロパナールの順番に見られるように，大きなアルキル基はカルボニル化合物側に平衡をずらす．これらの現象はいずれも，出発物質と生成物の安定性を比較することによってよく理解できる．

表 16・3 カルボニル化合物の水和反応の平衡定数

化合物		K
CHO, Cl	*m*-クロロベンズアルデヒド	0.022
CH_3CH_2CHO	プロパナール	0.85
$CH_3CH_2CH_2CHO$	ブタナール	0.62
$(CH_3)_3CCHO$	2,2-ジメチルプロパナール	0.23
CF_3CHO	トリフルオロエタナール	2.9×10^4
CCl_3CHO	トリクロロエタナール	2.8×10^4
$ClCH_2CHO$	クロロエタナール	37

共鳴安定化されているカルボニル化合物は，通常水和物になると，その共鳴が失われる（図 16・30）．たとえば，芳香族アルデヒドである *m*-クロロベンズアルデヒド（表 16・3）は，アセトアルデヒドに比べはるかに共鳴安定化されている．しかし，水和物にはそのような差がないので，この芳香族アルデヒドはアセトアルデヒドと比べ水和の程度はより小さい．

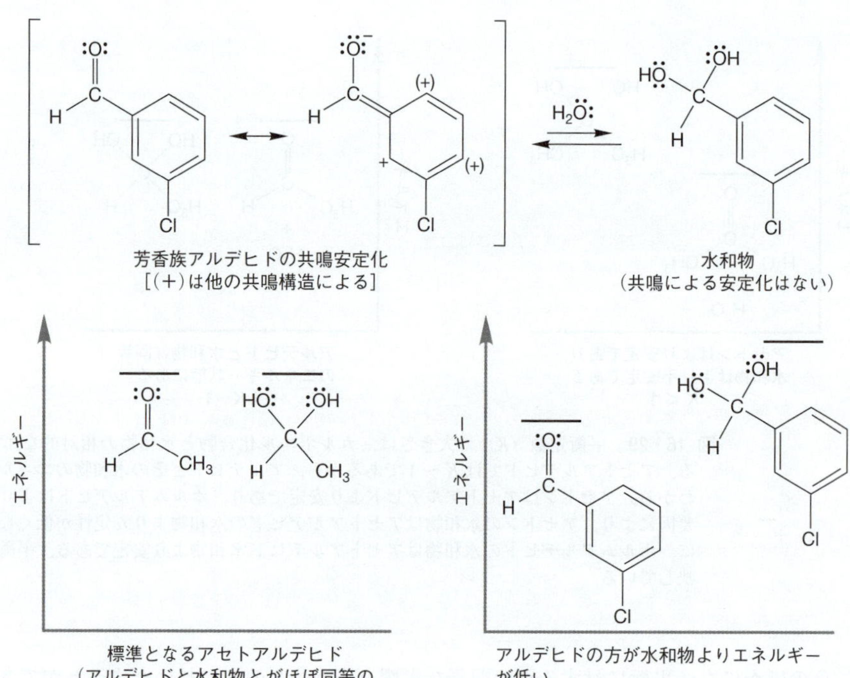

図 16・30 芳香族カルボニル化合物の共鳴安定化は生成物である水和物では失われる．したがって，平衡ではカルボニル化合物の方が優勢となっている．

塩素原子やフッ素原子のような電子求引基が α 位に導入されると，カルボニル化合物が極端に不安定となるのは，双極子が互いに逆向きになるからである．これはカルボニル炭素がすでに電子欠乏状態にあるのに，隣接するハロゲン原子によりさらに誘起的に電子が求引されるために，エネルギー的な損失が大きくなることによる．生成物である水和物分子も同様にいくぶんかは不安定化されているかもしれないが，その影響は比

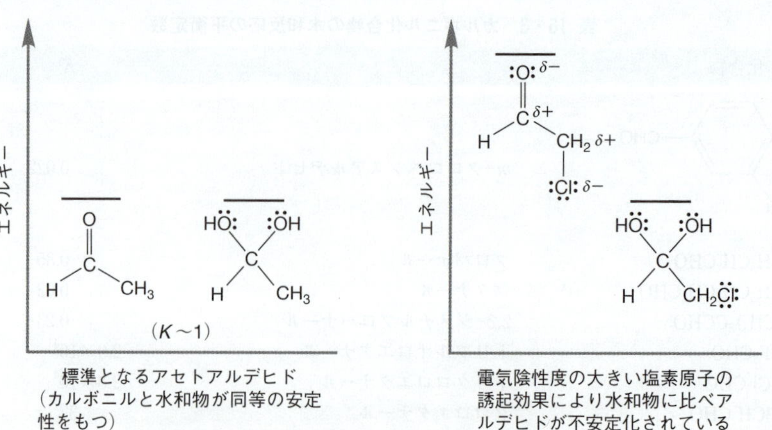

図 16・31 アセトアルデヒドの α 位に塩素が導入されると，カルボニル化合物のエネルギーが高くなる．

較的小さい．それゆえ，図 16・31 のエネルギー図に示されているように，このカルボニル化合物は著しく不安定なため，平衡が水和物側に偏っている．

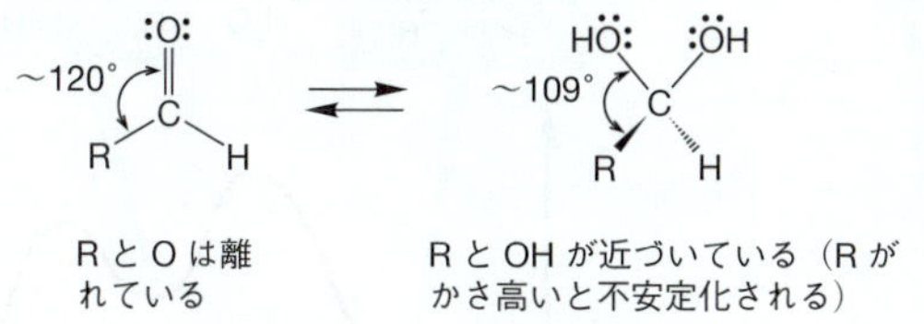

図 16・32 水和物では，置換基はカルボニル化合物に比べて酸素に近い位置に存在する．この接近によって，水和物はカルボニル化合物に比べ不安定となる．

立体効果はやや難しい．カルボニル基の炭素原子は sp^2 混成であり，その結合角は 120° に近い（図 16・32）．生成物である水和物の炭素原子はほぼ sp^3 混成であり，その結合角は 109° に近いだろう．したがって，水和物を形成すると置換基は互いに接近するので，かさ高い置換基をもつものは相対的により不安定となる．メチル基と水素原子が近づく方が，*t*−ブチル基と水素原子が近づくよりエネルギー的損失は小さい．したがって，アセトアルデヒドの方が 2,2−ジメチルプロパナール（ピバルアルデヒド）よりずっと強く水和される（図 16・33）．

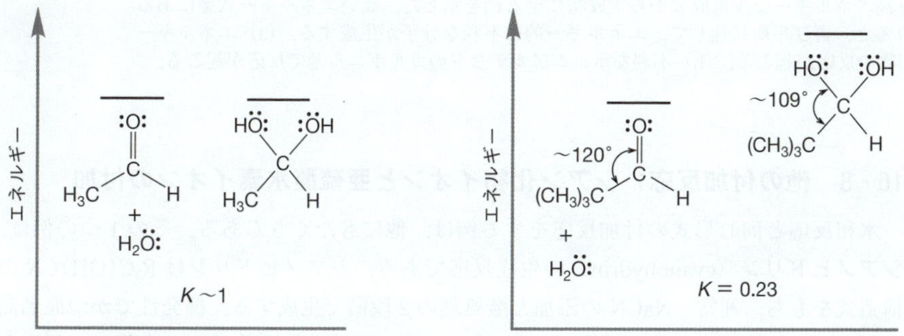

図 16・33 R 基が大きければ大きいほど，立体効果は重要性を増す．たとえば，2,2−ジメチルプロパナールはアセトアルデヒドよりも少ししか水和していない．

平衡に影響を及ぼすこれらの効果は重要であるので，しっかりと覚えておくこと．これと同様に重要なことは，平衡においてどちらかの成分が他方よりいくぶんかでも高いエネルギー状態にあっても，それはひき続いて起こる反応の活性成分になりうるということである（図 16・34 a）．たとえば，平衡混合物中では少量成分であるアセトンの水和物も，他の生成物（X）に変化する可能性がある．平衡状態で少量成分である水和物が消費されてしまっても，さらに水和物が生成してくるからである．同様にホルムアルデヒドは水溶液中ではほとんど水和物として存在しているが，にもかかわらずホルムアルデヒドが Y を与える反応を見いだすことができる（図 16・34 b）．*gem*−ジオール（水和物）の単離が困難であることも述べておこう．たとえ水中で存在しているとわかっていても，単離するために水を除こうとすると平衡がカルボニル化合物へ偏ってしまう．

いつものように，反応の機構を逆方向にたどって書くことができれば，その機構をしっかりと把握して覚え込むことができる．平衡は正逆どちらの方向にも進むのだから，ここでいう“逆方向”とは勝手に使っている言葉である．今後，複雑なカルボニル化合物の付加反応を学ぶことになるが，プロトンの付加と脱離や，複雑な反応がひき続いて起こるさまざまな系が出てくるので，それらに圧倒されてしまう危険性もある．その前に，酸触媒および塩基触媒水和反応について，正逆両方向の反応をしっかりと自分のものにしておこう．これは大切なことである．

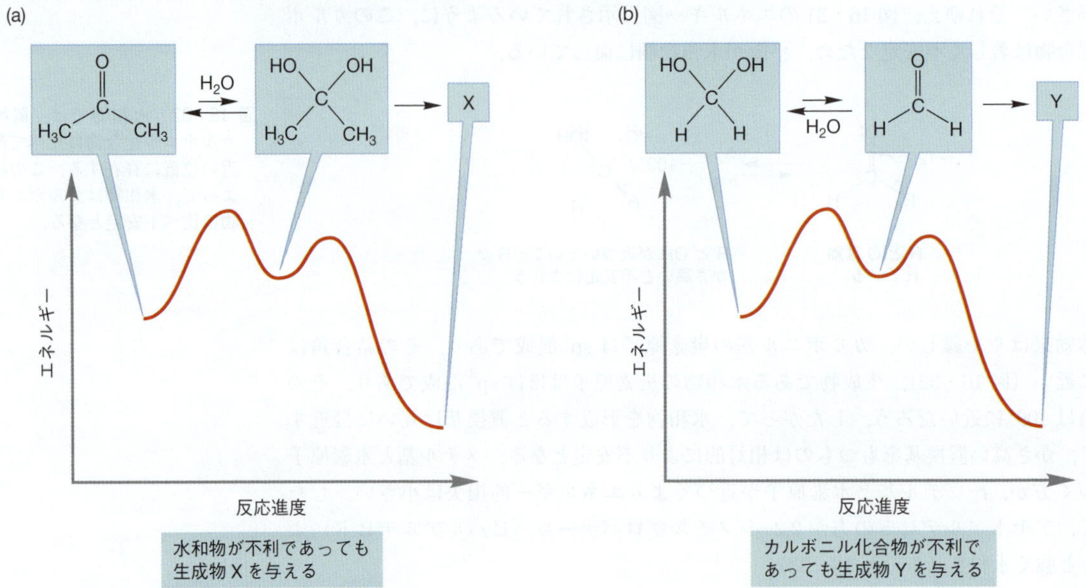

図 16・34 平衡において有利でない分子からも，反応が起こりうる．この2つの例ではカルボニル化合物-水和物の平衡反応で，より高エネルギーな少量成分から生成物に至る例を示した．高いエネルギー状態にある少量成分の分子が使われると，再び平衡に達して，エネルギー的に不利な分子が生成する．(a) エネルギー的に不利なアセトン水和物の反応が起こる．(b) 不利なホルムアルデヒドのカルボニル基で反応が起こる．

16・8 他の付加反応：シアン化物イオンと亜硫酸水素イオンの付加

水和反応と同じ形式の付加反応をする例は，他にもたくさんある．その1つの例は，**シアノヒドリン** (cyanohydrin) の生成反応である．シアノヒドリンは $R_2C(OH)CN$ の構造式をもち，通常，NaCN の添加と酸処理の2段階で生成する．揮発性でかつ悪名高い HCN を合成に用いるのを避けるために，一般にはシアン化物イオンを使って反応が行われる．シアン化ナトリウム (NaCN) も確かに有毒ではあるが揮発性はなく，少な

図 16・35 シアノヒドリンの生成

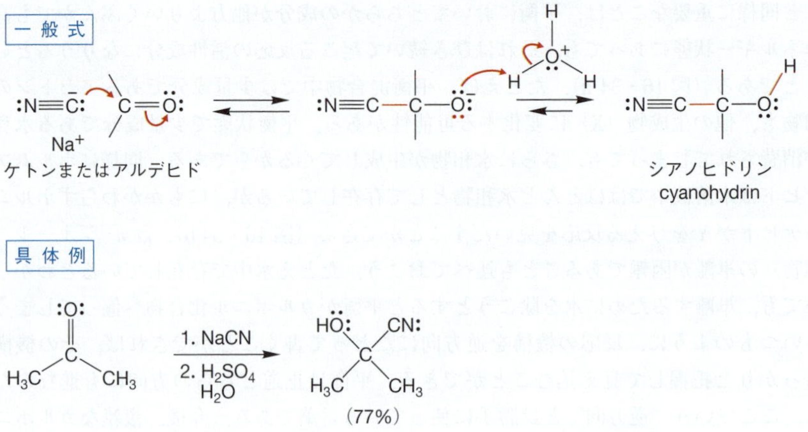

一般式

ケトンまたはアルデヒド　→　シアノヒドリン cyanohydrin

具体例

1. NaCN
2. H_2SO_4, H_2O

(77%)

くとも反応条件が制御されている限り気化しないことは，皆が知っているだろう．シアン化物イオンは優れた求核試薬であり，求電子性のカルボニル化合物を攻撃してアルコキシドイオンを生じる (図 16・35)．このアルコキシドイオンは酸によりプロトン化さ

れ，最終生成物であるシアノヒドリンを与える．シアノヒドリンは塩基性条件で不安定であり，逆反応によりカルボニル化合物とシアン化物イオンを与える．

問題 16・10 塩基性条件で起こるシアノヒドリン生成の逆反応の機構を描け．

亜硫酸水素イオンのアルデヒドやケトンへの付加反応もシアン化物イオンの付加反応とよく似ているが，この場合の求核試薬の中心は硫黄である．亜硫酸水素ナトリウムは多くのアルデヒドおよびケトンと反応し，付加生成物（しばしば結晶性のよい単離可能な固体）を与える（図 16・36）．

一般式

具体例

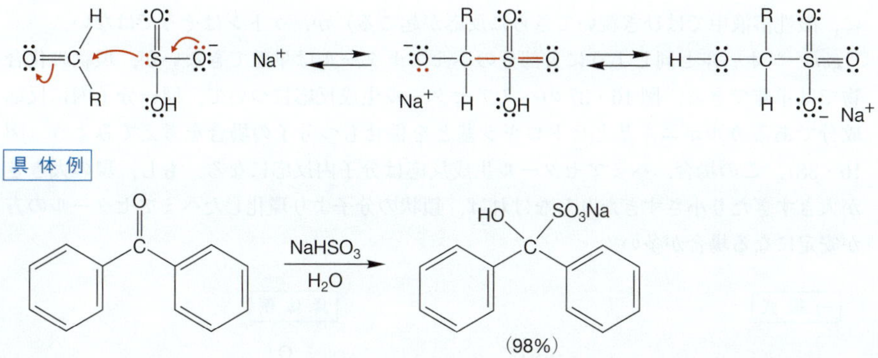

$\xrightarrow[H_2O]{NaHSO_3}$

(98%)

図 16・36 亜硫酸水素イオンの付加

これまで扱ってきた反応はすべて，カルボニル基の炭素－酸素二重結合に一般式 HX で表される化合物が単純に付加する反応である．つぎにもう1つ別の要素が加わった関連反応に話を移すことにしよう．この新しい反応は，HX の付加に続いて他の基が脱離するような反応である．

問題 16・11 亜硫酸水素イオンの付加反応は，ケトンではアルデヒドと比べてうまくいかないことが多い．なぜか説明せよ．

16・9 水の脱離を伴う付加反応：アセタールの生成

もしアルデヒドやケトンが水（H－OH）中で水和物を生成するのなら，アルコール（R－OH）の存在下でも同様な反応が起こるのではないだろうか．当然起こるべきで，実際にそのような反応が進行する．少なくとも酸性条件下では，反応は単純な水和反応より少し複雑になるが，塩基性では2つの反応はかなり類似している．そこで，最初に塩基性の反応について学ぶことにする．

図 16・37 に，水中におけるカルボニル化合物の塩基触媒水和反応と，それに関連したアルコール中における**ヘミアセタール**（hemiacetal）生成反応を対比させてある．中心炭素に対して，2つのヒドロキシ基ではなく，ヒドロキシ基とアルコキシ基が1つずつ結合しているという点を除いては，ヘミアセタールは *gem*-ジオールとよく似ている．

図 16・37 水中におけるカルボニル基と水酸化物イオンとの反応と，アルコール中におけるカルボニル基とアルコキシドイオンとの反応は似ている．水中では *gem*-ジオール（水和物）が生成する；アルコール中での類似の生成物はヘミアセタールとよばれる．

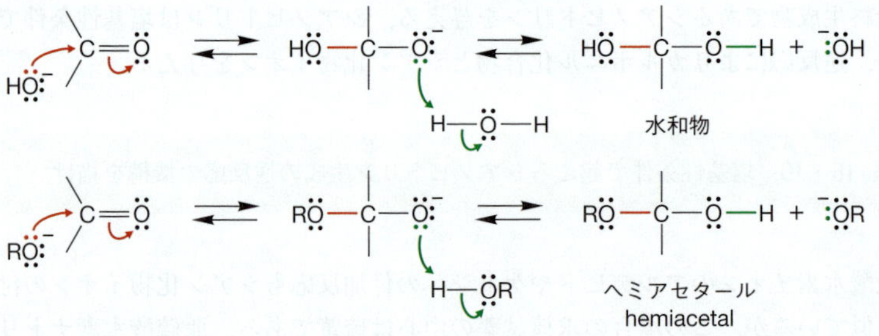

水和反応とヘミアセタール生成反応はよく似た反応なので，16・7 節で学んだ平衡の影響を，そのままこの反応に移して議論することが可能である．たとえば，アルデヒドは塩基性のアルコール溶液ではほとんどヘミアセタールとして存在する（後述するように，酸性溶液中ではひき続いてさらに反応が起こる）が，ケトンはそうではない．

gem-ジオールと同じように大部分のヘミアセタールは単離できないが，環状の化合物では単離できる．図 16・37 のヘミアセタール生成反応について，同一分子内に反応成分であるカルボニル基とヒドロキシ基とを併せもつ分子の場合を考えてみよう（図 16・38）．この場合，ヘミアセタール生成反応は分子内反応になる．もし，環の大きさが大きすぎたり小さすぎたりしなければ，鎖状の分子より環化したヘミアセタールの方が安定になる場合が多い．

図 16・38 環状ヘミアセタールは鎖状のアルデヒドよりも安定であることが多い．

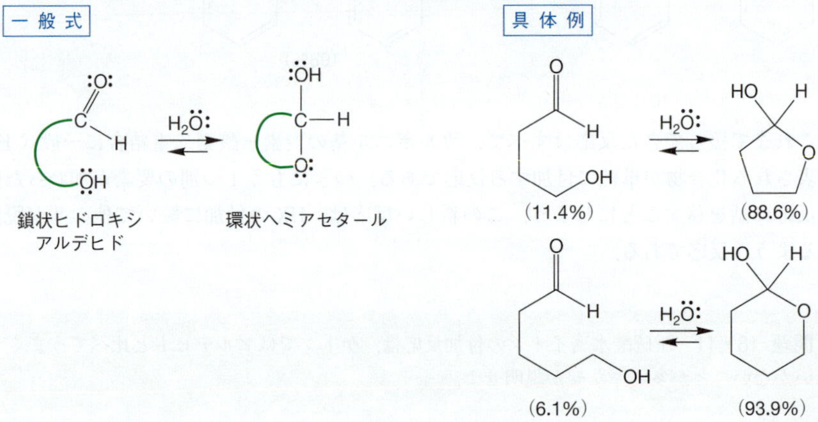

分子内ヘミアセタール生成の格好の例は，ヒドロキシ基を多くもつ糖質である．糖質は，完全ではないにしても，その大部分が環状ヘミアセタール形で存在する（図 16・39）．糖質の化学については，20 章で学ぶ．

図 16・39 糖質はおもに環状ヘミアセタール構造で存在する．

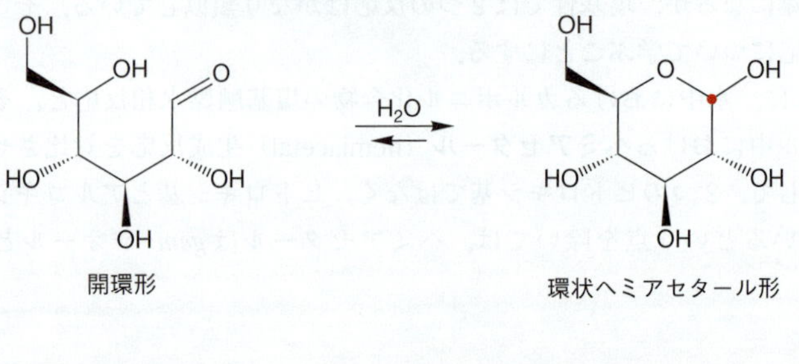

問題 16・12 図 16・38 に示した分子内ヘミアセタール生成反応のうちの1つを取上げ，その生成機構を書け.

問題の解き方

出発物質から生成物へ至る機構を問う問題は一般的であり，この後の章でますます多く出てくる. この手の問題は比較的簡単だが，何が起こるのか解析するための例として役に立つ. このような解析力は，難しい反応機構の問題を解くために非常に重要である. 反応機構を解くときに目的地を定める癖をつけることは，とても大事なことである. たとえば，この問題の最初の段階で起こることは何だろうか？ 炭素－酸素結合が形成されることと，カルボニル基がアルコールへと変わることである. したがって，2つの目的地が定まったことになる（書き留めておこう）.

目的地 1: 炭素－酸素結合形成による閉環
目的地 2: C=O 二重結合の開裂

この問題は簡単なので，これらの2つの目的地が関連していることは容易に理解できる. しかし，日ごろから，これらの目的地を見定めて注意を払うことはとても大事な訓練であり，身につけるべき習慣である.

問題 16・13 環状ヘミアセタール形の構造がよくわかるように，D-グルコースのいす形の構造を描け. なお，図 16・39 の赤い印の炭素上の OH は，アキシアルにもエクアトリアルにもなりうる.

では，酸が触媒するアルコールのケトンやアルデヒドとの反応はどうなるだろうか. 酸触媒による水和反応（図 16・25 b）と同様の機構で，まず，ヘミアセタール形成が進行する. どちらの場合も，カルボニル基のプロトン化，水またはアルコールの付加，脱プロトンの3段階が連続して起こる（図 16・40）.

図 16・40 酸触媒ヘミアセタール生成反応は酸触媒水和反応と似ている.（次ページにつづく）

図 16・40 （つづき）

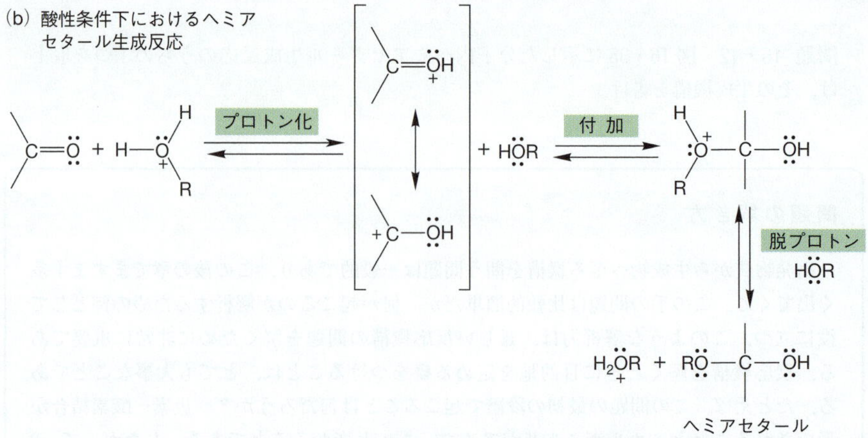

(b) 酸性条件下におけるヘミアセタール生成反応

プロトン化

付 加

脱プロトン

ヘミアセタール

酸性溶液中ではヘミアセタールにどのようなことが起こるのであろうか．反応はそこで止まるのであろうか？ 1つは図 16・40 に描かれている一連の反応の逆反応である．この場合は OR の酸素原子がプロトン化され，つづいてアルコールが失われて，共鳴安定化されているプロトン化されたカルボニル化合物を与える．この中間体が脱プロトンされると，出発ケトンあるいはアルデヒドとなる．その機構は図 16・40 の各段階を逆向きにたどればよいのだから，改めて書く必要はない．すなわち，正反応を単純に逆にたどればよい．

しかし，OR の酸素原子ではなく OH の酸素原子がプロトン化されたら，どうなるであろうか．一方に起こるのなら，他方に起こってもよいはずである．上述の逆反応とまったく類似の反応が起これば，今度は水が失われ，共鳴安定化された化学種を与えることになるが（図 16・41），この化学種は図 16・40 の共鳴安定化されているプロトン化されたカルボニル化合物と非常によく似ている．しかし，酸素原子上に脱離しうるプロトンが存在しないので脱プロトンは起こりえない．その代わりに別の反応，すなわち第二のアルコールの付加が起こる．さらに脱プロトンによって**アセタール**（acetal）が

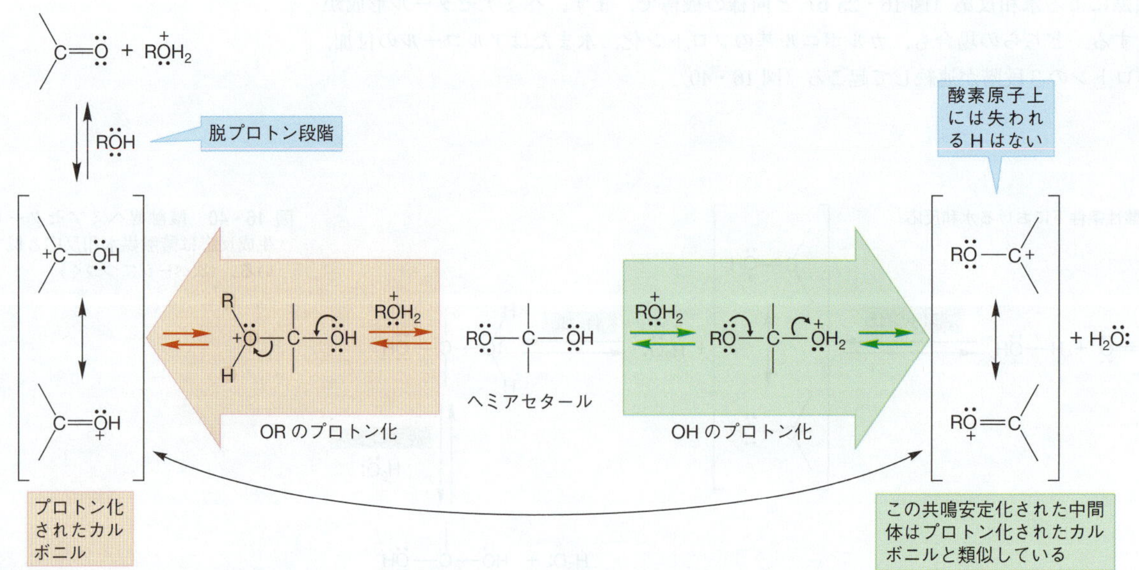

図 16・41 ヘミアセタールの OH のプロトン化に続いて水が失われると，プロトン化されたカルボニル化合物と類似の共鳴安定化された化学種を与える．

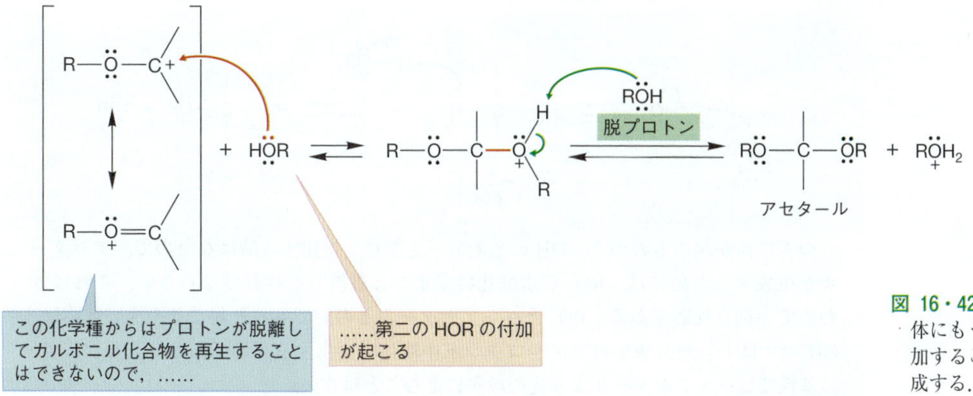

図 16・42 共鳴安定化された中間体にもう1分子のアルコールが付加することによりアセタールが生成する．

生成する* (図 16・42)．アセタールは2つのOR基が結合した sp^3 混成炭素をもっている．アセタール生成における第二のアルコールの付加は，第一のアルコールの付加にきわめてよく似ていることに注意しよう．唯一の違いは，攻撃される化学種にHがついているかRがついているかだけである (図 16・43)．アセタール生成反応は可逆反応であることにも注意しよう．

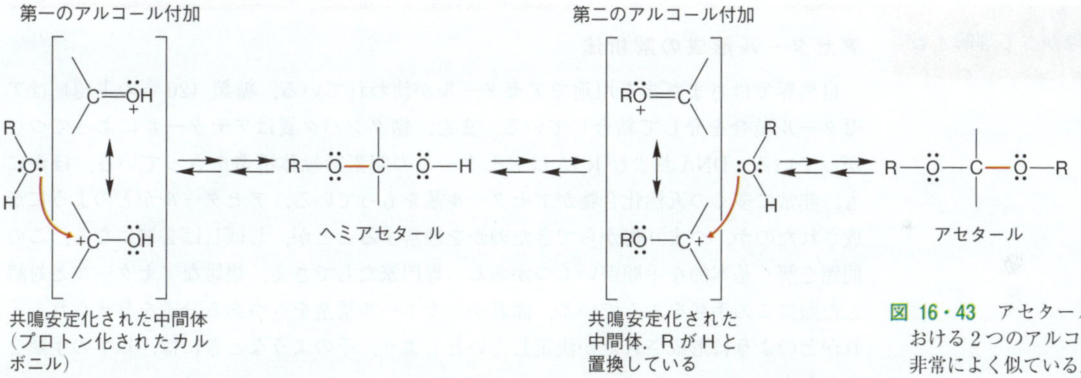

図 16・43 アセタール形成反応における2つのアルコールの付加は非常によく似ている．

問題 16・14 シクロペンタノンとエチレングリコール（1,2-エタンジオール）から酸触媒により生じるアセタールの生成機構を書け．

問題 16・15 問題 16・14 の逆向きの反応，すなわちアセタールに酸性水溶液を作用させてケトンを再生する反応の機構を書け．

***問題 16・16** なぜ塩基性ではアセタールを生成するのではなく，ヘミアセタールしか生じないのか，説明せよ．

解 答 反応機構を綿密に調べればその理由がわかる．反応の第1段階はアルコキシドイオンのカルボニル基への付加によるアルコキシド中間体の生成である．つぎにプロトン化によってヘミアセタールが生成し，塩基が再生される．

* もともと有機化学者は，ケトンに対するアルコールの付加で生じる生成物をヘミケタール (hemiketal)，ケタール (ketal) とよび，アルデヒドに対するアルコール付加物をヘミアセタール (hemiacetal)，アセタール (acetal) とよんでいた．しかし，IUPAC 命名法では，ヘミケタール，ケタールのよび方はやめ，アルデヒドおよびケトンのいずれの化合物から生じる化学種もヘミアセタール，アセタールとよぶことを採用した．本教科書では，ヘミケタール，ケタールは使用しないが，これらの用語はいまでも使われることがあるということは覚えておこう．

問題 16・16 解答（つづき）

RO:⁻ + C=O ⇌ RO—C—O:⁻ (アルコキシドイオン) + H—OR ⇌ RO—C—OH (ヘミアセタール) + ⁻:OR

つぎに何が起こるのか？ OH の酸素原子をプロトン化する酸はないので，アセタールが生成するためには，RO^-が水酸化物イオンと置換しなければならない．これはきわめて不利な反応である．RO^-とヘミアセタールとの間でもっと起こりやすい反応は，OH のプロトンが引抜かれてアルコキシド中間体を再生する反応である．したがって，塩基性ではヘミアセタールより先の段階に進むことはない．

RO—C—OH + RO:⁻ ⊘→ RO—C—OR + ⁻:OH

描き，思い浮かべて理解する

アセタール形成の解析法

自然界ではさまざまな用途でアセタールが使われている．糖類（20 章の主題）はアセタール結合を介して結合している．また，糖タンパク質はアセタールによってつながっている．DNA および RNA はアセタールの窒素類縁体構造をもっている．ほかにも，非常に多くの天然化合物がアセタール基をもっている．アセタールがどのように形成されたのか，つまり何からできたのかを理解することが，しばしば必要になる．この問題を解く基本的な手順がいくつかある．専門家たちでさえ，複雑なアセタールと対峙した際にこの手順をふんでいる．諸君がアセタール構造をもつある分子を与えられ，それがどのように形成されたか決定したいとしよう．そのようなときには，以下の手順をふむとよい．

1. 分子の構造式を描いてみよう．何度も経験するまでは，ただ分子の構造式をながめているだけではこの解析はできるようにならない．さあ，描いてみよう．
2. アセタール炭素を見つけよう．アセタール炭素とは 2 つの OR 基が結合した炭素のことであり，ケトンやアルデヒドと同じ酸化段階をもつ．これらの炭素はすべて 2 本の酸素との結合をもつ．
3. アセタール炭素と 2 つの酸素原子の間の結合を消そう．そして，それぞれの酸素原子に水素を付け足して，アルコールにしよう．
4. アセタール炭素に=O をつけてカルボニルへ戻そう．この酸素原子は元の分子にはなかったもので，アセタールの加水分解反応（問題 16・15 と問題 16・17 参照）では，水からきている．アセタールの酸化段階は変化しない．1 つのアセタールは 1 つのケトンあるいはアルデヒドから形成されている．

以上で完了である．アセタールから生じたカルボニル化合物と 2 つのアルコールが見つけられたことだろう！ 知ってのとおり，アセタール形成は可逆反応である．自然界では，複雑な分子をつくるためにこの過程を利用する．また，代謝の際には，加水分解によってこれらの複雑な分子を基本的な構成要素に分解する．

問題 16・17 アセトンを $^{18}\overset{+}{O}H_3/^{18}OH_2$ で処理すると，アセトン中の酸素原子は ^{18}O で標識される．これを説明せよ．

＊問題 16・18 以下のそれぞれの分子についてアセタール炭素を指摘し，それらの化合物を構成するカルボニル化合物とアルコールを描け．

＊(a)

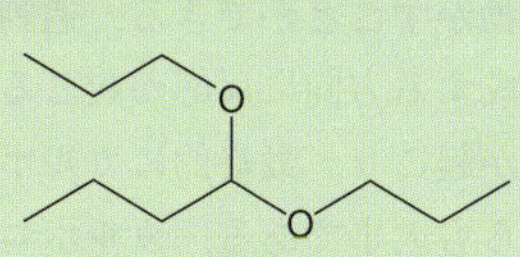

(b) O—Ph

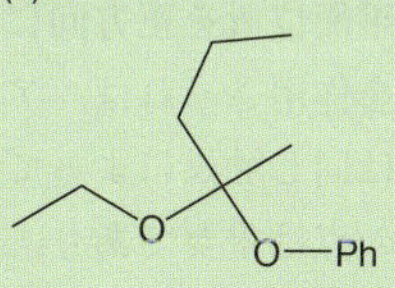

(c)

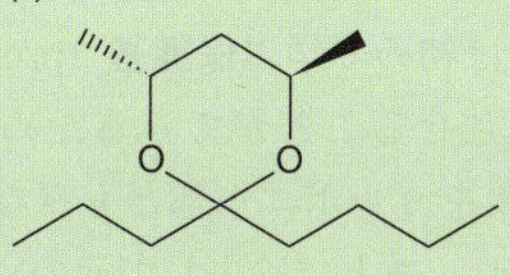

(d)

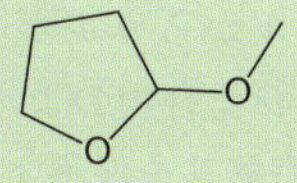

解 答 (a) アセタール炭素には2つのOR基が結合しており，ステップ2で赤く示した．この炭素はケトンやアルデヒドのように酸素原子と2本の結合をもっているので，酸化段階は同じである．ステップ3では，アセタールを構成する2つのアルコールがわかる．ステップ4で，アセタール炭素に =O を描き込めば，アセタールのもとになったカルボニル化合物（アルデヒドあるいはケトン）がわかる．

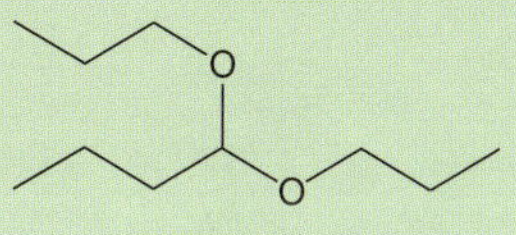

ステップ1：分子の構造式を描く

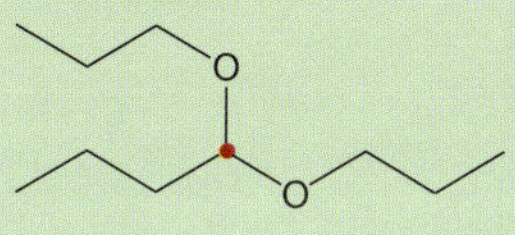

ステップ2：アセタール炭素を見つける

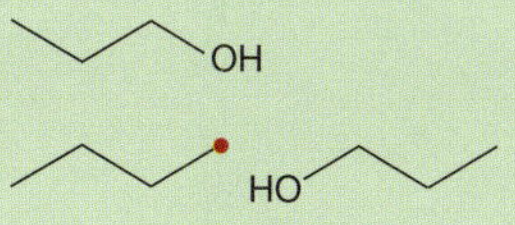

OH HO

ステップ3：C－O結合を消して酸素原子にHをつける

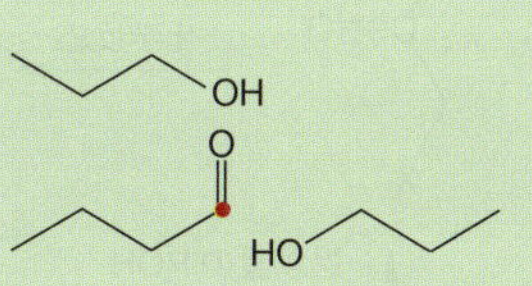

OH O HO

ステップ4：アセタール炭素にカルボニル酸素をつける

まとめ

ここまで学んできて，ほとんどすべての求核試薬はカルボニル化合物に付加するという印象をもったものと思う．もしそう感じたなら，それは的を射ている．これまでに水，シアン化物イオン，亜硫酸水素イオン，およびアルコールが，炭素－酸素二重結合のルイス酸性を示す炭素原子に対して，求核試薬として働くことを学んできた．付加は，中性，酸性，塩基性いずれの条件下でも進行し，これらすべての付加反応は細かな点では少しずつ異なってはいるものの，すべて類似した反応である．実は，その細かな点が重要であり，これらの反応の本質的類似性をカムフラージュしているのだが．つぎにアセタール化学の別の応用を見ることにしよう．

16・10 有機合成における保護基

16・10 a アルデヒドおよびケトンの保護基としてのアセタール アセタール生成反応の機構およびその逆反応，すなわち，酸性水溶液中でアセタールからケトンまたはアルデヒドが再生する反応の機構を，必ず自分自身で書いてみて，はっきりとさせておくこと（前に戻って問題 16・15 を解いてみよう）．アセタール生成は平衡過程であり，条件によって平衡位置を正方向にも逆方向にも動かすことができる．過剰量のアルコール中で酸触媒を作用させれば，アセタールが生成する方向に反応が起こる．一方，過剰量の水の中では同じ触媒によって逆向きの反応が起こり，最終的にカルボニル化合物が得られる．この点は重要であり，また実用面からも大事である．カルボニル化合物はアセタールに変換することによって，カルボニル基が“覆われる”ことで保管あるいは保護されると考えることができる．そしてつぎに必要に応じて，アセタールからカルボニル化合物を再生することができる．アセタールは初めて学ぶ**保護基**（protecting group）である．アセタールからカルボニル基を再生させることができるため，化学者は図 16・44 のジメトキシ化合物のようなアセタールをカルボニル基ともみなす．保護基とは，反応性の高い官能基を保護するために使われ，あとで除去して元の官能基を再生できるようにするための基である．たとえば，図 16・44 に示したカルボニル化合物上の X 基を Y 基に塩基触媒反応で変換したいとする．しかし，カルボニル化合物は塩基に対して敏感なため，X を Y に変換しようとすると出発物質が壊れてしまう恐れがある．その解決法は，初めにカルボニル化合物をアセタール（塩基性で反応しない）に変換し，つぎに X を Y に変える反応を行い，最後にカルボニル化合物を再生させることである．

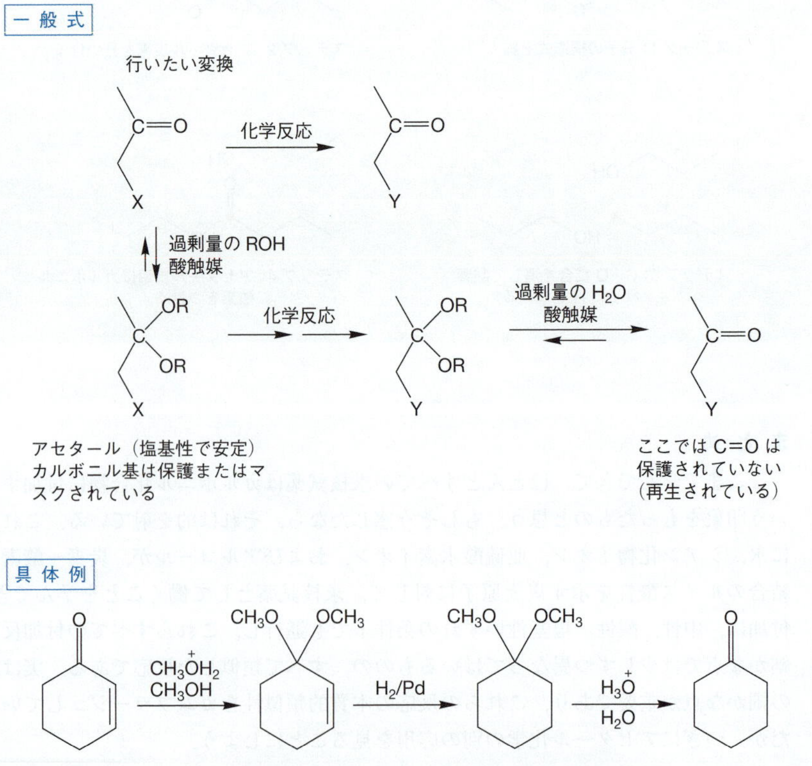

図 16・44 保護基は分子の他の部分で反応を行っている間，反応する恐れのある官能基を保護するために用いられる．他の部分の反応が完了した後で，元の官能基を再生することができる．

一般式

行いたい変換

C=O (X) —化学反応→ C=O (Y)

過剰量の ROH
酸触媒

C(OR)(OR) (X) —化学反応→ C(OR)(OR) (Y) ⇌ (過剰量の H_2O 酸触媒) C=O (Y)

アセタール（塩基性で安定）
カルボニル基は保護またはマスクされている

ここでは C=O は
保護されていない
（再生されている）

具体例

シクロヘキセノン —$CH_3\overset{+}{O}H_2$, CH_3OH→ (CH_3O, OCH_3) —H_2/Pd→ (CH_3O, OCH_3) —$H_3\overset{+}{O}$, H_2O→ シクロヘキサノン

16・10 b アルコールの保護基 塩基中での反応が複雑化しないように，ヒドロキシ基の保護が望ましい場合も多い．広く用いられている1つの方法は，アルコールをジヒドロピランと反応させ，**テトラヒドロピラニル**（THP）**エーテル**（tetrahydropyranyl ether）に変換する方法である（図16・45）．反応は，ジヒドロピランのプロトン化による共鳴安定化されたカチオンの生成と，そのカチオンのアルコールによる捕捉によって進行する．生成物であるアセタールは塩基には安定であるが，酸には不安定である（p.771）．アルコールを再生するには，酸を触媒として加水分解すればよい．

一般式

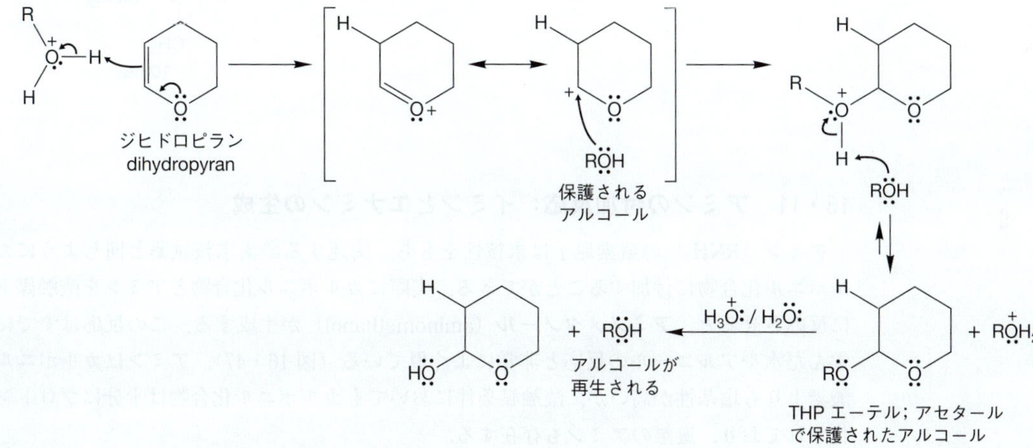

ジヒドロピラン
dihydropyran

保護される
アルコール

$H_3\overset{+}{O}$ / H_2O

アルコールが
再生される

THP エーテル；アセタール
で保護されたアルコール

具体例

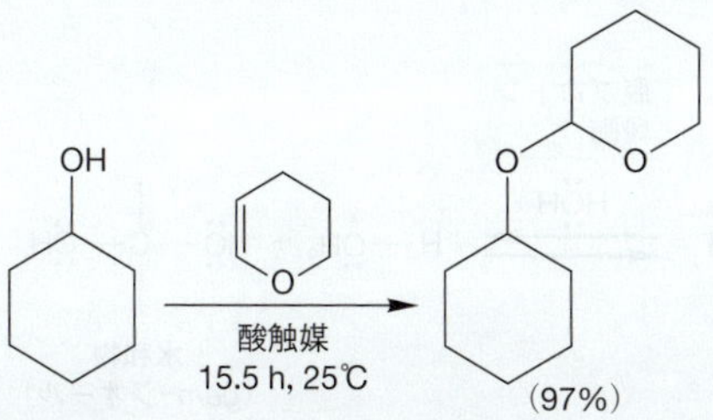

酸触媒
15.5 h, 25℃

(97%)

図 16・45 アルコールの保護基としてのTHPエーテルの利用

もう1つのアルコールの保護基に，**シリルエーテル**（silyl ether）がある．シリルエーテルの一般式はR′−O−SiR_3で示される．アルコールとハロゲン化トリアルキルシリルとの反応では，トリアルキルシリルエーテルがほぼ定量的に生成する（図16・46）．このように反応が容易に進行するのは，ケイ素−酸素結合がきわめて強い（約460 kJ/mol）ためである．このシリル基はフッ化物イオンかフッ化水素と反応させることによって除去できる．ケイ素−フッ素結合はケイ素−酸素結合よりもさらに強く（約585 kJ/mol），フッ化トリアルキルシリルを生じることが，この反応の熱力学的な推進力となっている．

このように，アルコールはTHPエーテルあるいはシリルエーテルへ変換することによって保護することができ，必要に応じて再生される．

CH₂OH
25 ℃
CH₂Cl₂
CH₃
(CH₃)₃C—Si—Cl
CH₃
CH₃
CH₂O—Si—C(CH₃)₃ + HCl
CH₃
(89%)
⁺NH₄ F⁻
CH₂OH
(100%)
+
CH₃
F—Si—C(CH₃)₃
CH₃
(100%)

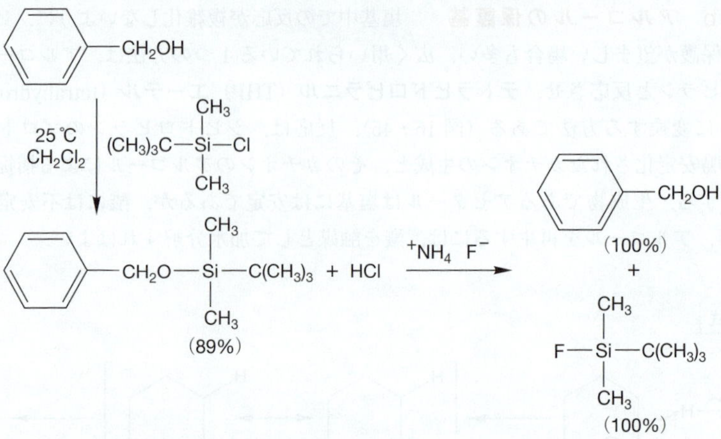

図 16・46 アルコールの保護基としてのトリアルキルシリル基の利用

16・11 アミンの付加反応：イミンとエナミンの生成

アミン（RNH_2）の窒素原子は求核性をもち，関連する酸素求核試薬と同じようにカルボニル化合物に付加することができる．実際にカルボニル化合物とアミンを酸触媒下に反応させると，**アミノメタノール**（aminomethanol）が生成する．この反応はすでに学んだ水やアルコールの反応と非常によく似ている（図 16・47）．アミンはカルボニル酸素よりも塩基性が高いが，酸触媒条件においてもカルボニル化合物は十分にプロトン化されており，遊離のアミンも存在する．

プロトン化段階
付加段階
脱プロトン段階
HÖH
HÖH
水和物
(gem-ジオール)
RÖH
RÖH
ヘミアセタール
RNH₂
RNH₂
アミノメタノール

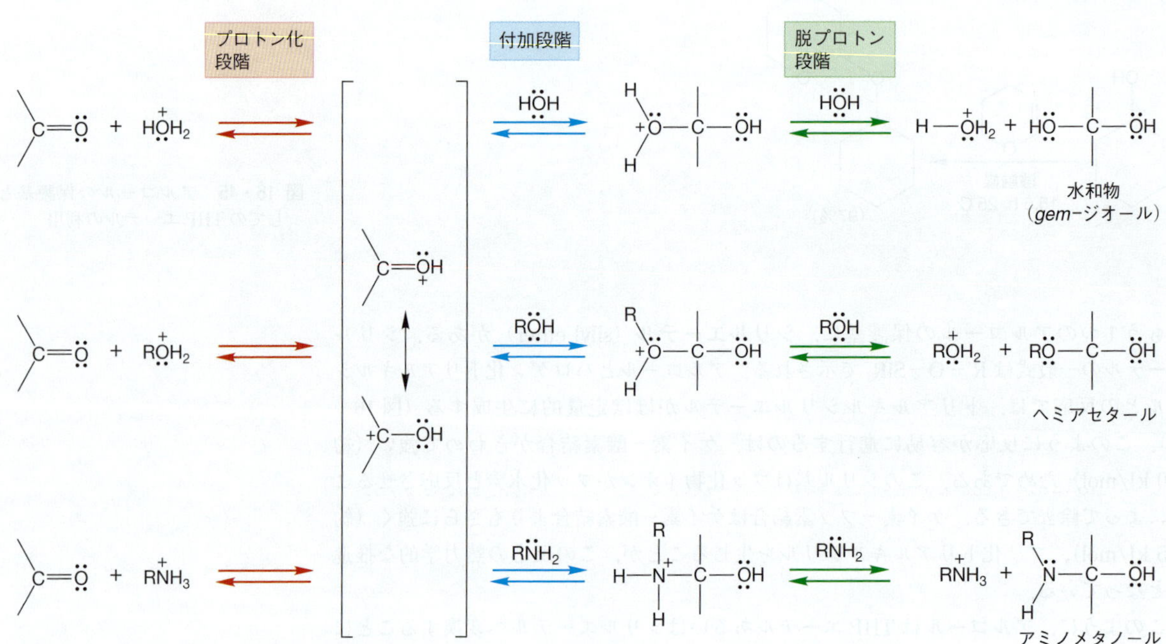

図 16・47 カルボニル化合物からアミノメタノールができる反応は，ヘミアセタールおよび水和物（*gem*-ジオール）を与える反応ときわめてよく似ている．一連のプロトン化，付加および脱プロトンの段階がひき続いて起こる．

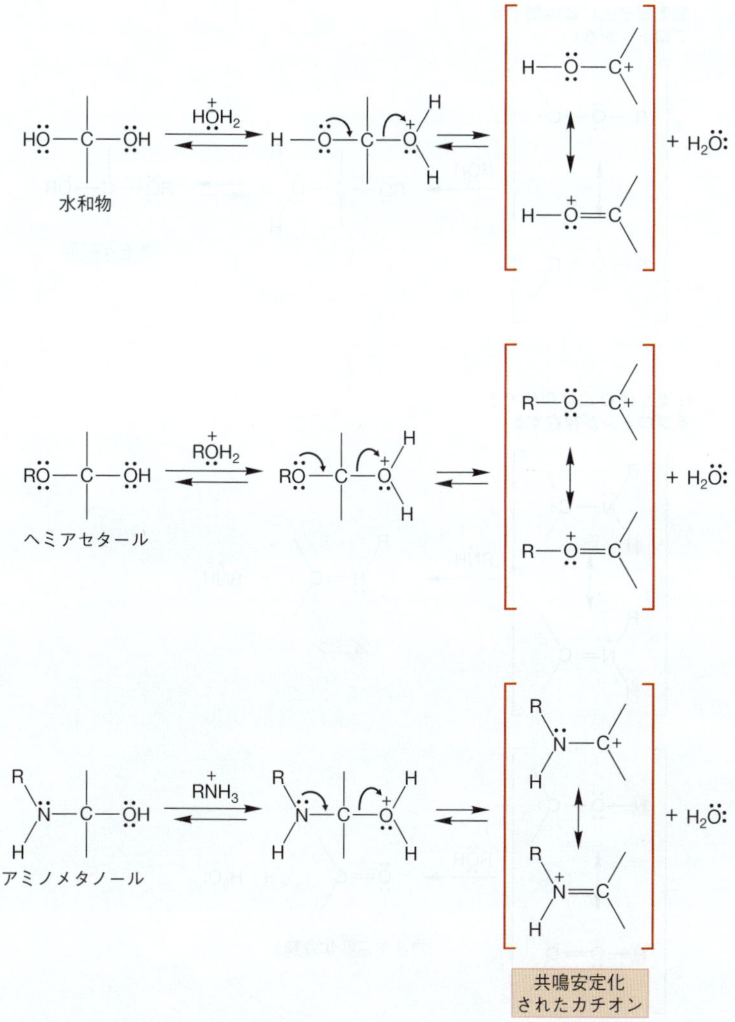

図 16・48 図16・47のつづき．3つの反応でいずれも水が失われて，共鳴安定化された中間体が生じる．

問題 16・19 図16・47の反応を塩基性で行うとどうなるか．その反応を書け．

ヘミアセタールと同様に，酸性条件においては，アミノメタノールは最終生成物ではない．2つの反応でひき続いて起こる反応はよく似ている．OHがプロトン化され，つぎに水が脱離して（$^{-}$OHは脱離基とならないことに注意），共鳴安定化されたカチオンを与える（図16・48）．

図16・48にある酸触媒を用いたアルコールの反応では，共鳴安定化されたカチオンからR^+は通常脱離できないので，求核試薬であるROHを加えると，第二のアルコールとして付加してアセタールが生成する．しかし，図16・48に示した水とアミンの付加反応では，共鳴安定化されたカチオン上にプロトンとして脱離できる水素原子が残っている．水和反応では，脱プロトン後，単純に出発物質であるカルボニル化合物が再生され反応は完了する．しかし，アミンの例では，脱プロトンして，炭素－窒素二重結合をもつ**シッフ塩基**（Schiff base）あるいは**イミン**（imine）とよばれる化合物が生成する（図16・49）．

図 16・49 図 16・48 のつづき．下の 2 つの反応では，プロトンが失われてイミンまたはカルボニル化合物が生じる．上のアルコールの反応では失われるべきプロトンがないので第二のアルコールが付加し，アセタールを与える．

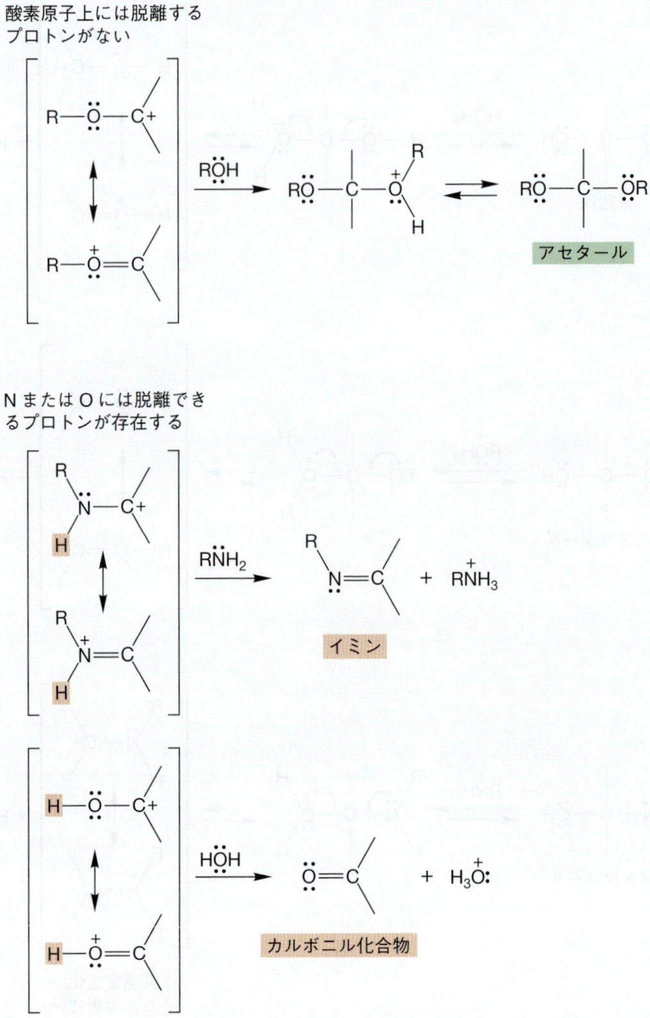

酸素原子上には脱離するプロトンがない

ROH

アセタール

N または O には脱離できるプロトンが存在する

RNH_2

イミン

HOH

カルボニル化合物

さまざまな第一級アミン類（RNH_2：アンモニア NH_3 の一置換誘導体）から誘導される種々のイミンが知られており，それぞれ慣用名をもっている．その多くは固体であり，その融点によって同定できるので，かつては分析化学の分野で有用な化合物であった．たとえば，未知化合物からの 2,4−ジニトロフェニルヒドラゾンあるいはセミカルバゾン（図 16・50）の生成は，単にカルボニル基の存在を確認できるというだけでなく，既知化合物から誘導した試料との比較による同定に利用された．図 16・50 にはこれらのイミンの例を示した．これらの反応はいずれも R の部分が違うだけで，その他はまったく同じであることに注意しよう．1 つを知っておけば，すべてを理解できるが，その 1 つは十分理解しておく必要がある．

問題 16・20 2−ペンタノンと 1−プロパンアミン（$CH_3CH_2CH_2NH_2$）との酸触媒反応の機構を書け．

一般式

図 16・50 種々の置換イミンの例

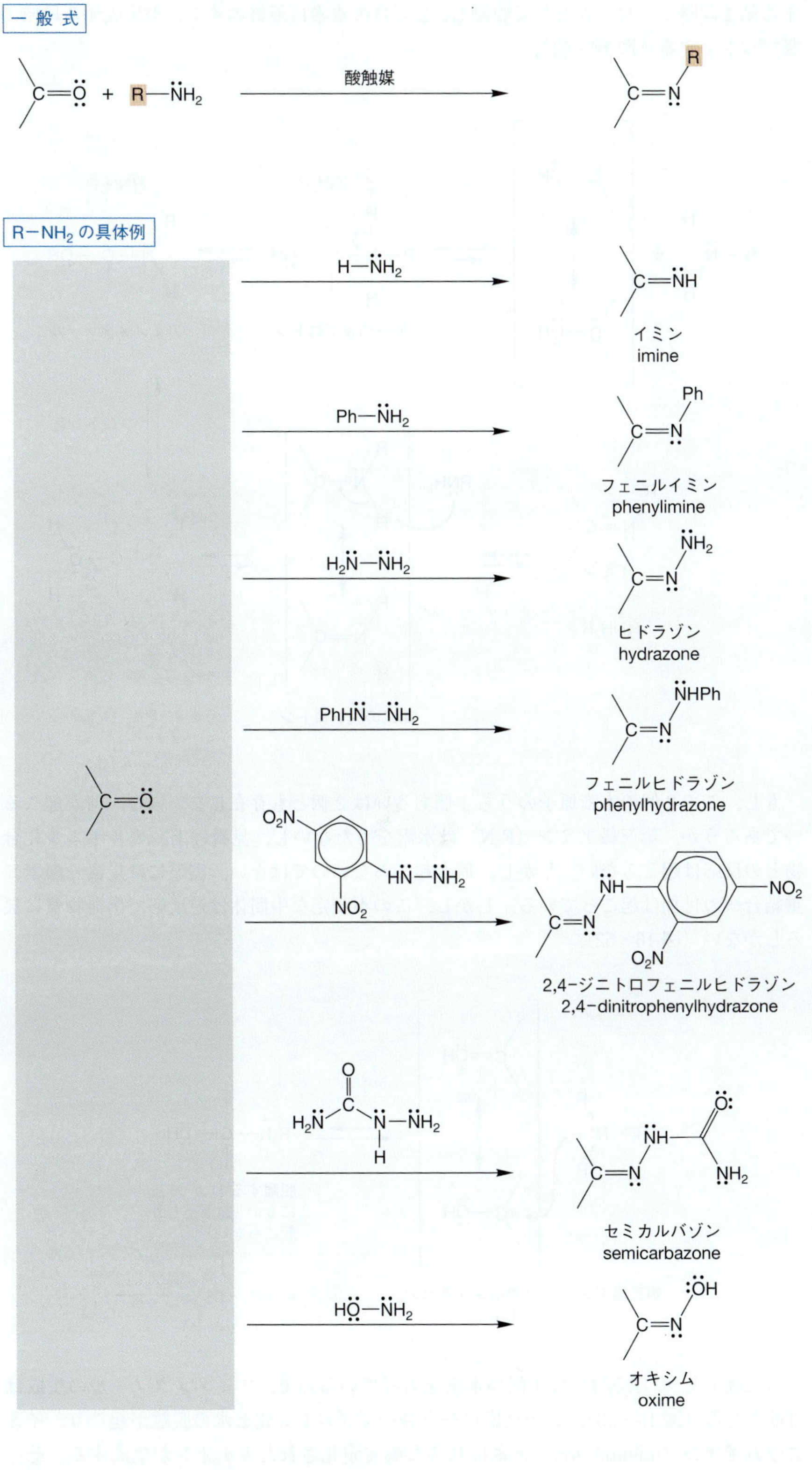

このイミン形成反応が進行するためには，少なくとも2個の水素原子が出発アミン上になければならないことに注意してほしい．そのうちの1つはアミノメタノールを生成

する第1段階でプロトンとして脱離し，2番目の水素は最終のイミンが生成する段階で脱プロトンする（図16・51）.

図 16・51 イミンが生成するためには出発アミンには2個の（赤で示した）水素原子が必要である．すなわち，出発アミンは第一級アミン（RNH_2）かアンモニア（NH_3）でなければならない．

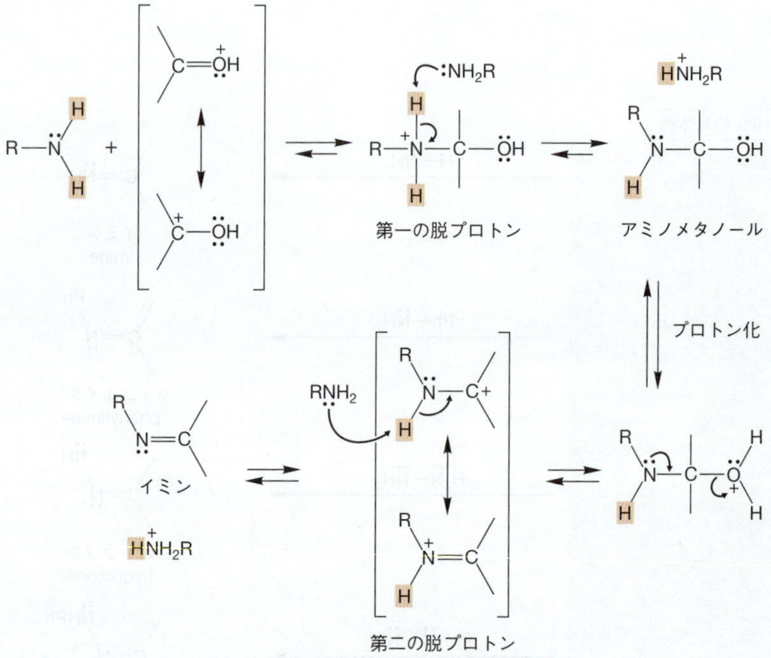

第一の脱プロトン　アミノメタノール　プロトン化　イミン　第二の脱プロトン

もし，この2個の水素原子のうち1個あるいは2個とも存在しない場合，何が起こるのであろうか．第三級アミン（R_3N）は水素をもたないし，見掛け上，カルボニル化合物との反応は起こらない．しかし，何も起こらないのではない．実際には炭素－酸素二重結合への付加は起こっている．しかし，この不安定な中間体は逆反応で出発物質に戻るしかない（図16・52）.

図 16・52 第三級アミン（R_3N:）はカルボニル基に付加できるが，出発物質に戻る逆反応しか起こらない．

第三級アミン　プロトン化されたカルボニル　脱離するHがN上にない（逆反応しか起こらない）

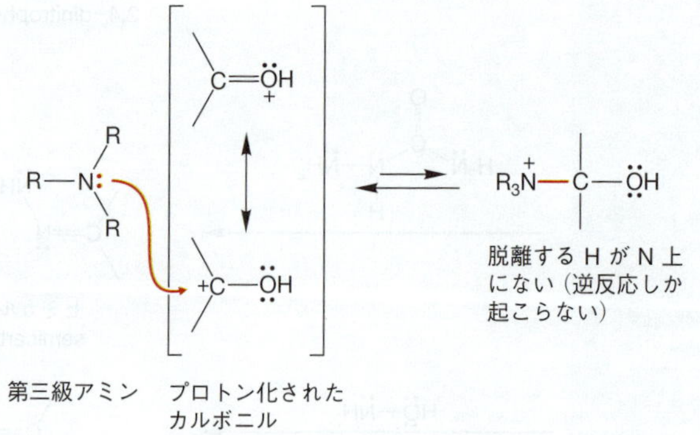

第二級アミン（R_2NH）は1個の水素をもっているので，アミノメタノールの生成は可能である（図16・53）．この反応にひき続いてプロトン化と水の脱離が起こり，**イミニウムイオン**（iminium ion）とよばれる共鳴安定化されたカチオンが生成する．その一般式は $R_2\overset{+}{N}{=}CR_2$ で示される．このように，脱離すべき第二のプロトンが窒素原子上に残っていないので，イミニウムイオンの窒素上では脱プロトンは起こらない．

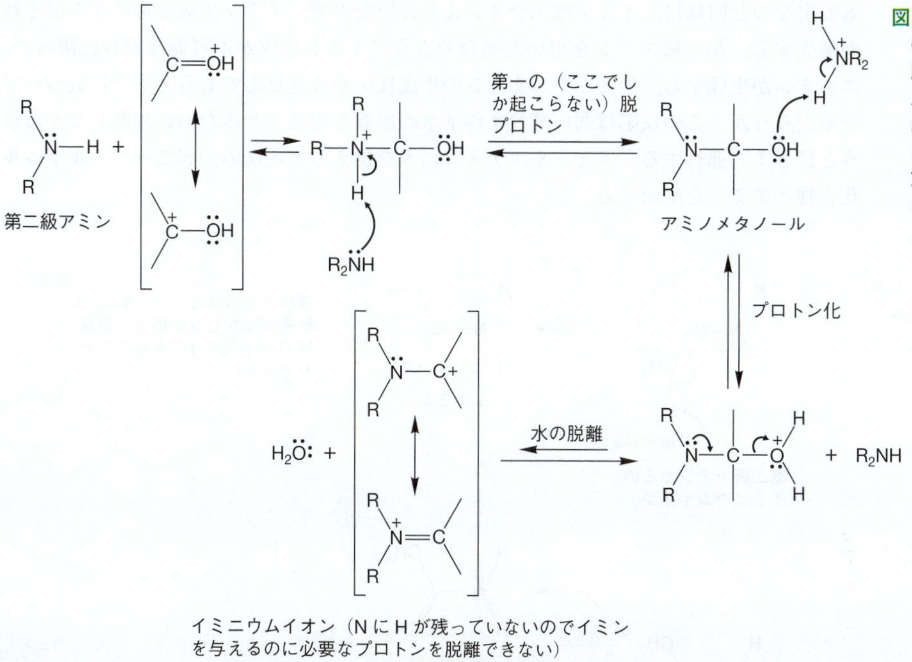

図 16・53 第二級アミン（R_2NH）の場合にはアミノメタノールの生成が可能である．しかし窒素原子上には，脱離してイミンを与えるために必要な水素原子が残っていない．そこで水が脱離し，共鳴安定化されたイミニウムイオンになる．

そこで，すでに学んだカルボカチオンからプロトンが脱離する反応を思い起こそう．E1 反応（p.323）はその代表的な例である．E1 反応では脱離基が離れていきカルボカチオンを与えるが，そのカチオンの隣接位のプロトンのいずれかが脱離して，さらに反応が進む．水素原子の結合した炭素が隣接位にあるなら，イミニウムイオンも同じ反応を起こすことができる．図 16・54 に，それらを対比して示す．

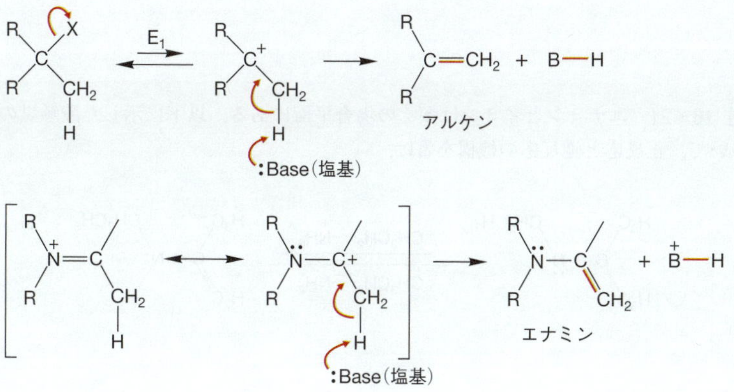

図 16・54 イミニウムイオンが脱プロトンしエナミンを与える過程は，カルボカチオンが脱プロトンしてアルケンになる過程ときわめてよく似ている．

この反応で生成する分子は**エナミン**（enamine）とよばれ，第二級アミンと α 位に水素をもつアルデヒドあるいはケトンとの反応の最終生成物である．エナミンとはアルケンにアミンが置換した化合物の名称であり，エノール（p.507）の酸素が窒素に置き換わったものである．ここで大きな疑問がわいてくる：なぜ第一級アミンあるいはアンモニアから生成したイミニウムイオンからプロトンが脱離して，エナミンを与えないのだろうか．なぜ，このような選択の余地があるのに，イミンの生成が優先するのだろうか（図 16・55）．答はきわめて簡単である：ケトンの方がその互変異性体のエノールよりも安定なのと同様に，イミンはエナミンより安定なので，イミン生成が可能ならばそれが優先する．第二級アミンを用いた場合のようにイミン生成が不可能な場合に限って，エナミンが生成する．イミンやエナミンの生成反応が可逆反応であるとすでに気づいているだろうか．この反応は弱い酸性条件下水の脱離を促進させるために加熱しながら行うと最もよく進行する．イミンやエナミンに水を加えると逆反応が起こってカルボニル化合物とアミンを生成する．

図 16・55 なぜ第一級アミンから生成するイミニウムイオンはエナミンではなくイミンを与えるのか．

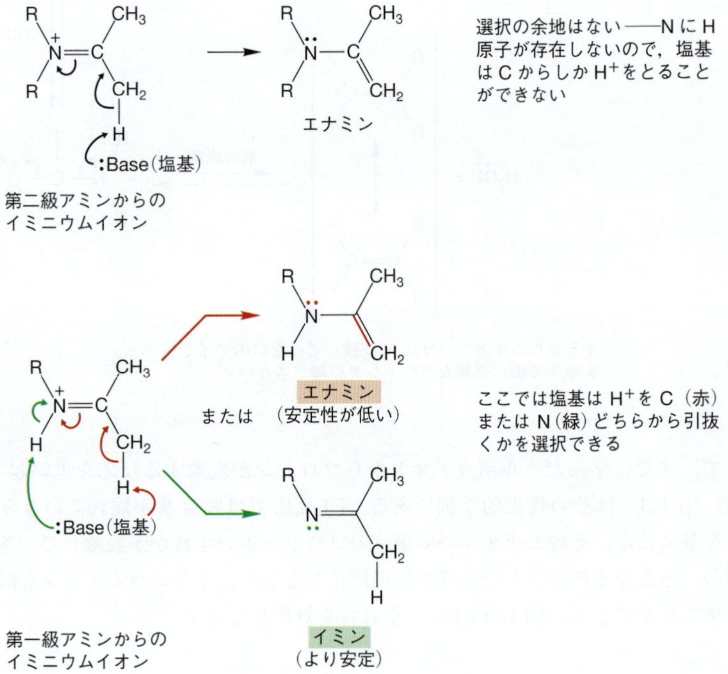

問題 16・21 エナミンとイミンは多くの場合平衡にある．以下に示した酸触媒の反応について，正反応と逆反応の機構を書け．

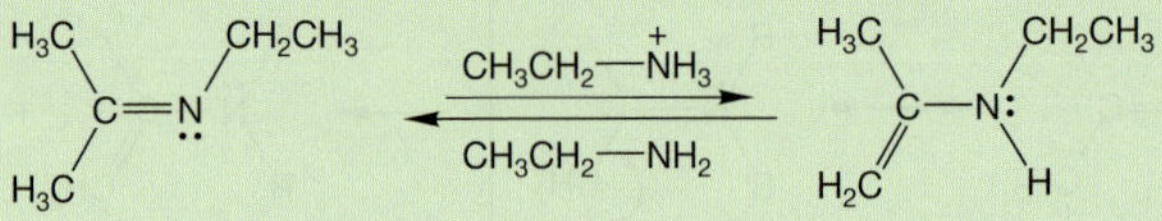

まとめ

あらゆる酸素塩基および窒素塩基は，カルボニル基に可逆的に付加する．その後の反応のゆくえや最終生成物は，両反応基質の濃度比によって影響を受け，また窒素塩基の場合は，窒素原子に置換している水素原子の数によって変わってくる．

16・12 有機金属試薬: 炭化水素の合成

カルボニル化合物への付加反応はすべてが可逆反応とは限らない．不可逆反応のうちのいくつかは有機合成化学の分野では非常に重要なものであるが，これは炭素－炭素結合を生成する反応が含まれているからである．これらの反応について議論するために，まず少しだけ**有機金属試薬**（organometallic reagent）について述べることにする．

すでに6・7節（p.246）で有機金属試薬のいくつかにふれたことがあるので，一度戻って注意深くその何ページか読み直すと，きっと役に立つだろう．それにより，対応するハロゲン化アルキルから**グリニャール試薬**（Grignard reagent）RMgXや**有機リチウム試薬**（organolithium reagent）RLiが調製できることを思い出すであろう．これらの試薬を水あるいはD_2Oと反応させると，それぞれR－HあるいはR－Dが生成すると述べた（p.249）．また，有機金属試薬はエポキシドへ付加することも学んだ（p.490）．

問題 16・22 適当な無機試薬（D_2Oを含む）を用いて，以下の化合物を指示された出発物質から合成する方法を考えよ．

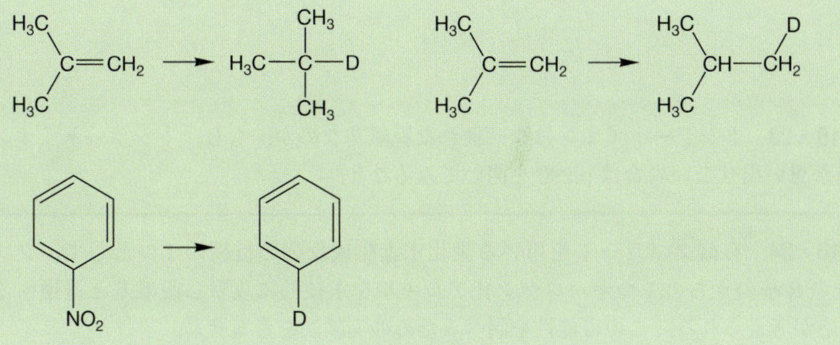

$(H_3C)_2C{=}CH_2 \longrightarrow H_3C{-}C(CH_3)_2{-}D$

$(H_3C)_2C{=}CH_2 \longrightarrow (H_3C)_2CH{-}CH_2D$

ニトロベンゼン（$C_6H_5NO_2$） ⟶ C_6H_5D

グリニャール試薬も有機リチウム試薬も，有機ハロゲン化合物に対してはよい求核試薬ではない（図16・56）．もしよい求核試薬として働くなら，有機金属試薬を原料の有機ハロゲン化合物の存在下で調製すると，炭化水素が主生成物として生じることになり，きわめて非効率的なはずである．なお，少量のカップリング生成物が生成することがあるが，これは特に臭化アリルなどの反応性の高い化合物を使用した場合にみられることである．

$$R{-}X + Li \longrightarrow R{-}Li \quad R{-}X \;\not\longrightarrow\; R{-}R + LiX$$

図 16・56 有機金属試薬は強力な塩基であるが，強力な求核試薬ではない．

ハロゲン化物と効率よく置換反応させるためには，別の有機金属試薬が用いられる．最も一般的な例の1つがヨウ化銅と有機リチウム試薬から導かれる**有機クプラート**（organocuprate）である．有機クプラートは非常に用途の広い試薬であり，合成化学的に有用なさまざまな反応に利用される．後の章でもたびたび出てくるが，ここでは第一級，第二級ハロゲン化アルキルとの間で起こる置換反応についてだけ学ぶことにする．これらの反応は，塩化物イオン，臭化物イオン，ヨウ化物イオン，あるいはその他の脱離基がアルキル基と置き換わる反応であり（図16・57），非常に効率的な炭化水素の合成法の1つとなっている．

図 16・57 リチウム有機クプラートは第一級および第二級ハロゲン化アルキルと反応して炭化水素を与える．

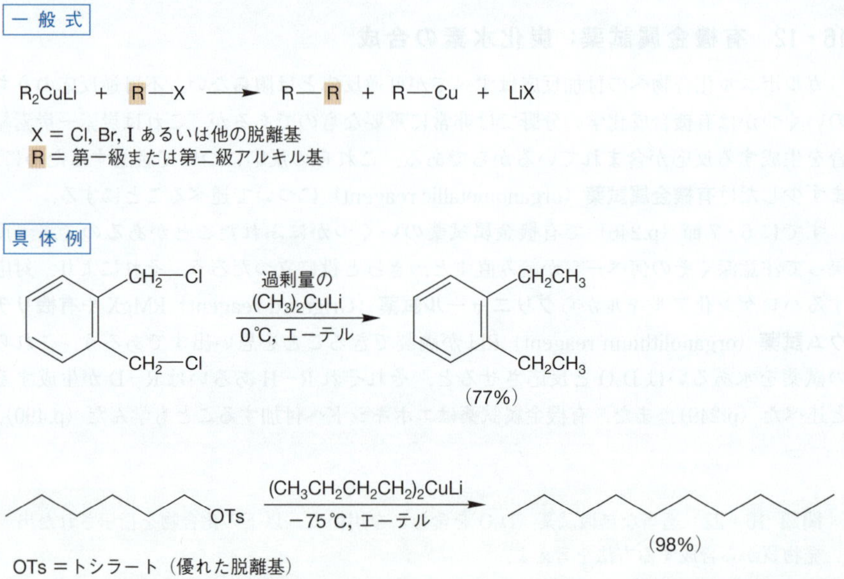

一般式

$$R_2CuLi + R{-}X \longrightarrow R{-}R + R{-}Cu + LiX$$

X = Cl, Br, I あるいは他の脱離基
R = 第一級または第二級アルキル基

具体例

1,2-ビス(クロロメチル)ベンゼン（$CH_2{-}Cl$ ×2） →（過剰量の $(CH_3)_2CuLi$，0 ℃，エーテル）→ 1,2-ジエチルベンゼン（CH_2CH_3 ×2）（77%）

ヘキシル−OTs →（$(CH_3CH_2CH_2CH_2)_2CuLi$，−75 ℃，エーテル）→ デカン（98%）

OTs = トシラート（優れた脱離基）

問題 16・23 トシラートイオンはなぜ優れた脱離基なのか．もし，トシラートイオンの構造が思い出せない場合は p.290 を開いてみること．

問題 16・24 有機クプラートを用いる炭化水素生成反応の機構の1つとして，クプラートのR基のうちの1つがハロゲン化アルキルを求核的に攻撃し脱離基と置換する S_N2 反応が考えられる．この可能性を調べるための実験法を考案せよ．

水素化アルミニウムリチウム（lithium aluminium hydride, LAH）$LiAlH_4$ のような金属水素化物も，有機金属試薬と似たような反応を起こすことができる．多くの金属水素化物は湿気と激しく反応し，水素ガスを発生する．水素化アルミニウムリチウムおよびその他のいくつかの金属水素化物は，ほとんどの有機ハロゲン化物のハロゲンと置換するのに十分な高い求核性をもっている．特に，水素化トリエチルホウ素リチウム（lithium triethylborohydride）$LiBHEt_3$ は，置換反応を起こすための効率的な $H{:}^-$ 源である（図 16・58）．

図 16・58 金属水素化物は水と反応して水素を発生する．また，有機ハロゲン化合物中のハロゲンと置換し，炭化水素を発生させるのに十分な高い求核性をもっている．

水素化アルミニウムリチウム（LAH）

$$LiAlH_4 + H_2O \longrightarrow H_2 + HO\bar{Al}H_3\ Li^+$$

$$LiAlH_4 + CH_3{-}I \xrightarrow{\text{エーテル}} CH_4\ (100\%)$$

シクロヘプチル−Br + $LiBHEt_3$ →（THF，25 ℃）→ シクロヘプタン（99%）

水素化トリエチルホウ素リチウム

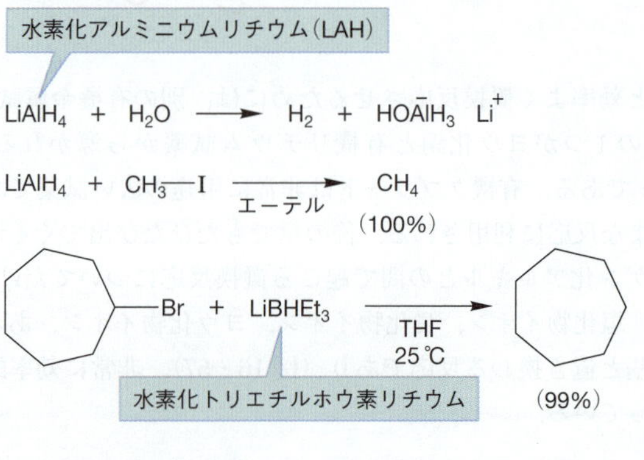

他のルイス塩基と同様にグリニャール試薬，有機リチウム試薬および金属水素化物は，カルボニル基を含む化合物に付加することができる．この付加反応については，次節で取上げる．

16・13 不可逆的付加反応: アルコールの合成法

前節では有機金属試薬の構造などについて学んだが，ここではそのケトンやアルデヒドの反応について学ぶことにする．有機金属試薬の化学が大変重要である理由は，これらの反応が合成化学の中心的課題である炭素－炭素結合生成反応に利用できるからである．有機金属試薬（および金属水素化物）は，酸素および窒素原子が求核中心となっている求核試薬と同様，カルボニル化合物に付加する．これらの反応では遊離の $R:^-$（あるいは $H:^-$）が生じているわけではないが，有機金属試薬は求電子性を示すカルボニル炭素に対して求核試薬として働くのに十分な反応性を備えており，形式的に $R:^-$基を供給することができる（図 16・59）.

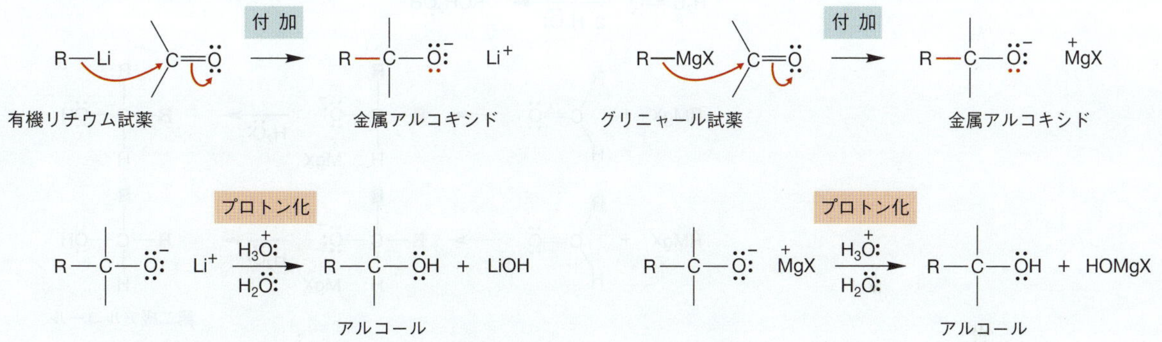

図 16・59 有機金属試薬はカルボニル化合物に付加するのに十分な高い求核性をもつ．第 2 段階で水を加えるとアルコールが生成する．

付加によって，初めに生成する化合物は金属アルコキシドである．酸性水溶液を加えて中和する第 2 段階で，アルコキシドがプロトン化される．なお，水は有機金属試薬を分解するので，反応の開始時に共存させることはできない（図 16・60）.

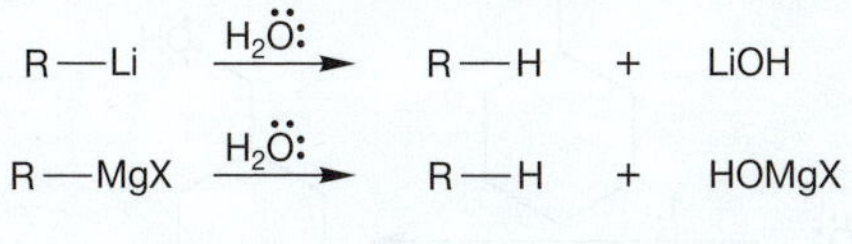

$$R—Li \xrightarrow{H_2O} R—H + LiOH$$

$$R—MgX \xrightarrow{H_2O} R—H + HOMgX$$

図 16・60 もし水が反応の開始時に存在していると，有機金属試薬は分解され，炭化水素が生成する．

この反応の手順を図 16・61 式 (a) のように書き表すのは間違いであるが，しばしば目にする．この書き方では，ケトンをアルキルリチウム試薬と水の混合物で処理すると

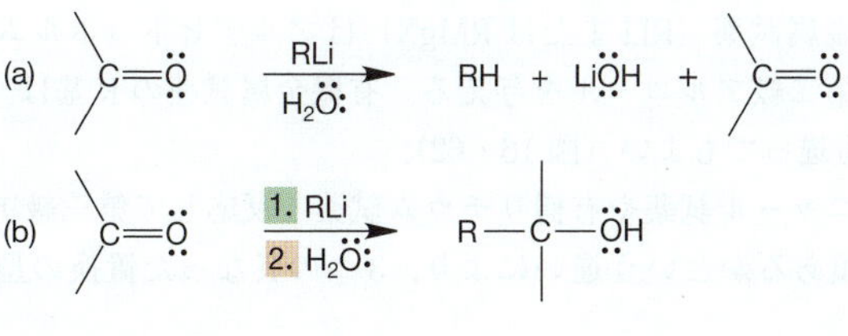

図 16・61 式 (a) はR−Liと水の混合物をカルボニル化合物に加えるという意味である．そのような条件では有機金属試薬は分解する．式 (b) は初めにまず有機金属試薬をカルボニル化合物に加え，つぎの段階で水を加えるという意味である．

いう意味になる．水はアルキルリチウム試薬をただちに分解してしまうので，このような反応方法はありえない（図 16・60）．この反応手順を正しく表すには図 16・61 式（b）に示すように書くのがよい．これは初めにまずケトンをアルキルリチウム試薬と反応させ，そしてある時間が経過したのちに第 2 段階として水を加えるという意味になる．

この有機金属試薬のカルボニル化合物への付加反応は，新しい最も有用なアルコールの合成法である．ホルムアルデヒドと有機金属試薬との反応では第一級アルコールが合成できる（図 16・62）．図 16・62 の 2 番目の式は同じ反応を簡略化して示してあるが，この書き方は合成化学的な変換法としての有用性を強調したものである．

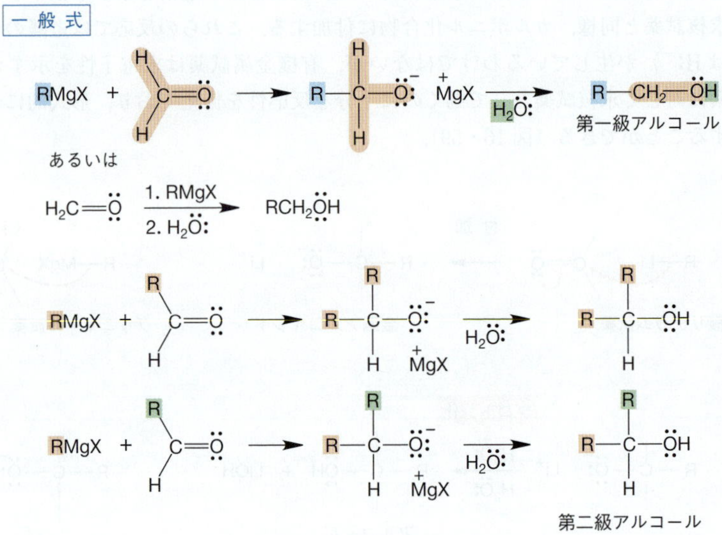

図 16・62 有機金属試薬をホルムアルデヒドと反応させ，ついで加水分解すると第一級アルコールが生成する．アルデヒドは有機金属試薬との反応とそれにひき続く加水分解により，第二級アルコールを与える．

一般式

$$\mathrm{RMgX} + \mathrm{H_2C{=}O} \longrightarrow \mathrm{R{-}CH_2{-}O^-}\ \ \overset{+}{\mathrm{MgX}} \xrightarrow{\mathrm{H_2O}} \mathrm{R{-}CH_2{-}OH}$$

第一級アルコール

あるいは

$$\mathrm{H_2C{=}O} \xrightarrow[\text{2. } \mathrm{H_2O}]{\text{1. RMgX}} \mathrm{RCH_2OH}$$

$$\mathrm{RMgX} + \mathrm{RCHO} \longrightarrow \mathrm{R{-}CH(R){-}O^-}\ \ \overset{+}{\mathrm{MgX}} \xrightarrow{\mathrm{H_2O}} \mathrm{R{-}CH(R){-}OH}$$

$$\mathrm{RMgX} + \mathrm{R'CHO} \longrightarrow \mathrm{R{-}CH(R'){-}O^-}\ \ \overset{+}{\mathrm{MgX}} \xrightarrow{\mathrm{H_2O}} \mathrm{R{-}CH(R'){-}OH}$$

第二級アルコール

具体例

$$\mathrm{CH_2{=}CH{-}CHO} \xrightarrow[\text{2. } \mathrm{H_3O^+}]{\text{1. } \mathrm{CH_2{=}CHCH_2MgBr}} \mathrm{CH_2{=}CH{-}CH(OH){-}CH_2CH{=}CH_2}\ (60\%)$$

$$\mathrm{H_2C{=}O} \xrightarrow[\text{2. } \mathrm{H_3O^+}]{\text{1. } \mathrm{C_6H_{11}MgCl}} \mathrm{C_6H_{11}CH_2OH}\ (69\%)$$

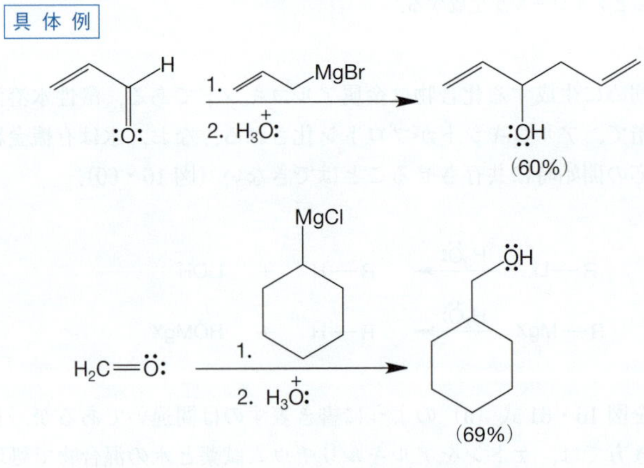

同様に，有機金属試薬（RLi または RMgX）はアルデヒド（ホルムアルデヒドを除く）との反応で第二級アルコールを与える．有機金属試薬の R 基は，アルデヒドの R と同じであっても違ってもよい（図 16・62）．

ケトンもグリニャール試薬や有機リチウム試薬と反応して第三級アルコールを与える．R 基が何種類あるかという違いにより，3 つの異なった置換の型がある（図 16・63）．

一般式

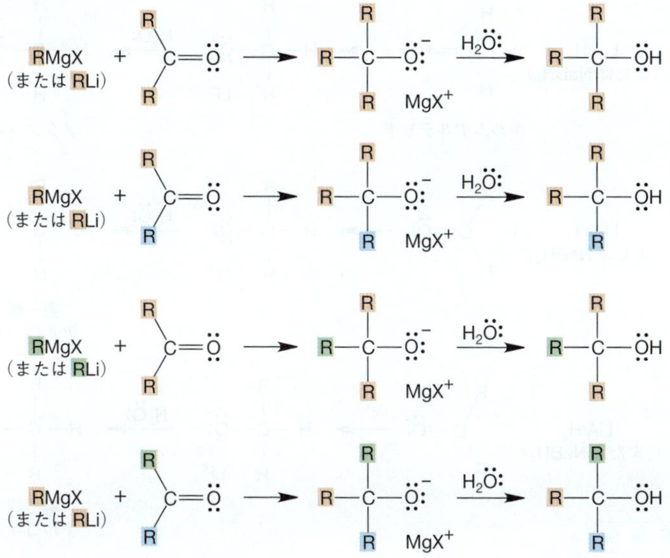

$$RMgX \text{（または RLi）} + R_2C{=}O \longrightarrow R_3C{-}O^{-}\ MgX^{+} \xrightarrow{H_2O} R_3C{-}OH$$

具体例

$$\xrightarrow[\text{2. 0℃, }H_2O]{\text{1. }CH_3MgBr\text{ エーテル}}$$

(95%)

図 16・63 ケトンは有機金属試薬との反応とそれにひき続く加水分解により，第三級アルコールを与える．

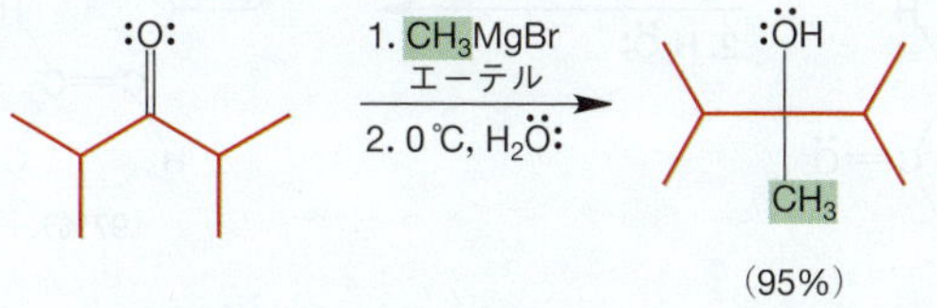

金属水素化物（$LiAlH_4$，$NaBH_4$，およびその他の多くの水素化物）も同様に反応してヒドリド（$H:^-$）を供給する（図 16・64）．$LiAlH_4$ の反応では，反応を停止させるために水を加える第 2 段階目で，アルコールが初めて生成する．一方，$LiAlH_4$ よりかなり反応性の低い $NaBH_4$ の反応は，一般にアルコールや水中で行う．この場合，ヒドリドが付加したのち，生じたアルコキシドは速やかにプロトン化される．これらのタイプの反応は還元反応に分類される．ホルムアルデヒドはメタノールに，アルデヒドは第一級アルコールに，そしてケトンは第二級アルコールに還元される．アルコールは，反応を停止させるために水を加えた第 2 段階目で，初めて生成する．この型の還元反応では，第三級アルコールをつくることはできない（図 16・64）．

さて，カルボニル化合物の還元については，以前にも学んでおり，15 章（p.695）では炭素－酸素二重結合がメチレン基にまで還元される Clemmensen 還元および Wolff–Kishner 還元について学習した．

まとめ

有機金属化合物や金属水素化物はカルボニル化合物に不可逆的に付加し，これは，第一級，第二級，第三級アルコールの簡便な合成法となっている．しかし，適切な試薬を選択するよう注意しないと，望みの置換形式をもつアルコールを合成することはできない．

図 16・64 金属水素化物の付加とそれにひき続く加水分解によりアルデヒドは第一級アルコールを，ケトンは第二級アルコールを与える．

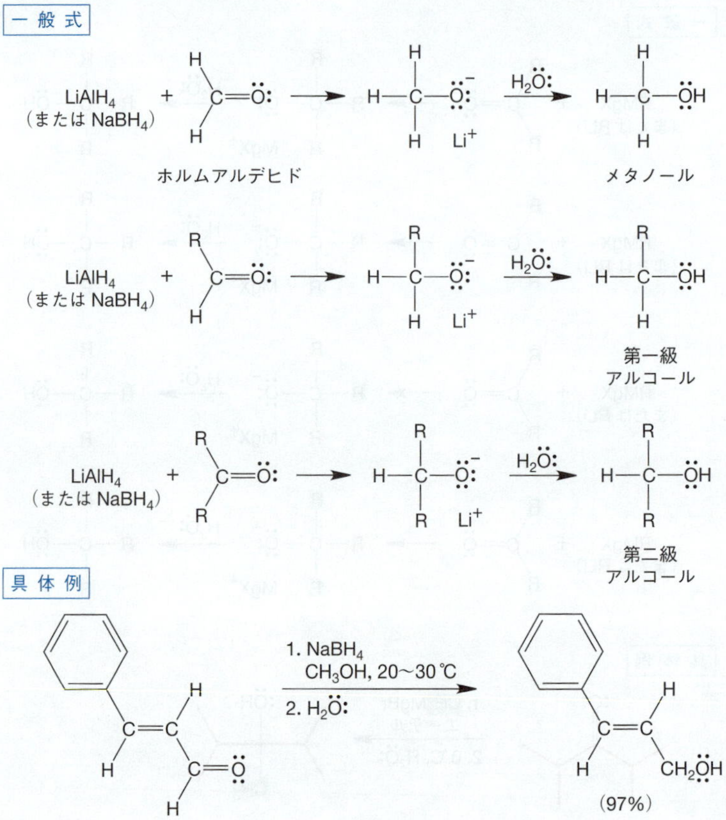

一 般 式

$LiAlH_4$（または $NaBH_4$） + ホルムアルデヒド $H_2C{=}\ddot{O}:$ → $H_3C{-}\ddot{O}:^- Li^+$ →($H_2\ddot{O}:$) メタノール $H_3C{-}\ddot{O}H$

$LiAlH_4$（または $NaBH_4$） + $RHC{=}\ddot{O}:$ → $RH_2C{-}\ddot{O}:^- Li^+$ →($H_2\ddot{O}:$) 第一級アルコール $RH_2C{-}\ddot{O}H$

$LiAlH_4$（または $NaBH_4$） + $R_2C{=}\ddot{O}:$ → $R_2HC{-}\ddot{O}:^- Li^+$ →($H_2\ddot{O}:$) 第二級アルコール $R_2HC{-}\ddot{O}H$

具 体 例

$C_6H_5CH{=}CHCH{=}\ddot{O}$ →(1. $NaBH_4$, CH_3OH, 20〜30 ℃; 2. $H_2\ddot{O}:$) $C_6H_5CH{=}CHCH_2\ddot{O}H$ (97%)

16・14 アルコールのカルボニル化合物への酸化

16・14a 単純なアルコールの酸化 ここまでに2つの新しくきわめて一般性の高いアルコール合成法，すなわち，アルデヒドあるいはケトンと有機金属試薬との反応，およびカルボニル化合物の金属水素化物による還元について学んだ．この還元反応

図 16・65 アルコールはカルボニル化合物に酸化できる．この反応は今学んだばかりの金属水素化物によるカルボニル化合物の還元の逆反応に相当する．

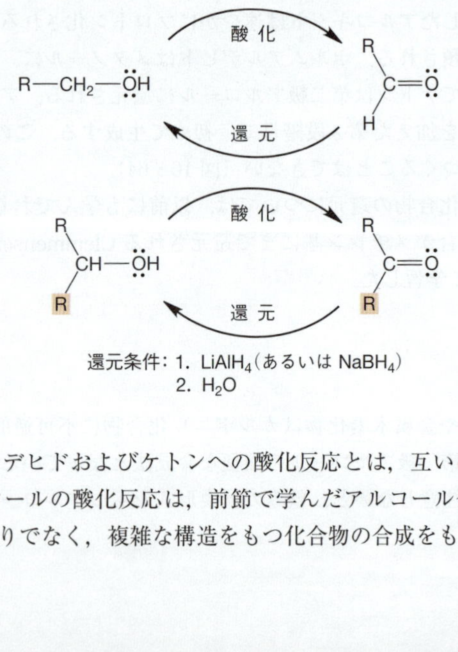

$R{-}CH_2{-}\ddot{O}H$ ⇄ (酸化 / 還元) $RHC{=}\ddot{O}$

$R_2CH{-}\ddot{O}H$ ⇄ (酸化 / 還元) $R_2C{=}\ddot{O}$

還元条件：1. $LiAlH_4$（あるいは $NaBH_4$）
2. H_2O

とアルコールのアルデヒドおよびケトンへの酸化反応とは，互いに相補的関係にある（図 16・65）．アルコールの酸化反応は，前節で学んだアルコール合成法をますます有用なものとするばかりでなく，複雑な構造をもつ化合物の合成をも可能にするが，それ

に伴って諸君が学ぶことも複雑になってくる.

カルボニル化合物の合成のためにアルコールを出発物質とした酸化反応を用いることができると，これまで学んできた合成法の幅はさらに広がる．第三級アルコールはたやすく酸化されないが，第一級および第二級アルコールは容易に酸化される．図 16・66 に示したように，第二級アルコールではケトンが唯一の酸化生成物であるが，第一級アルコールの酸化では用いる酸化剤の種類によってアルデヒドまたはカルボン酸 (RCOOH) が生成する.

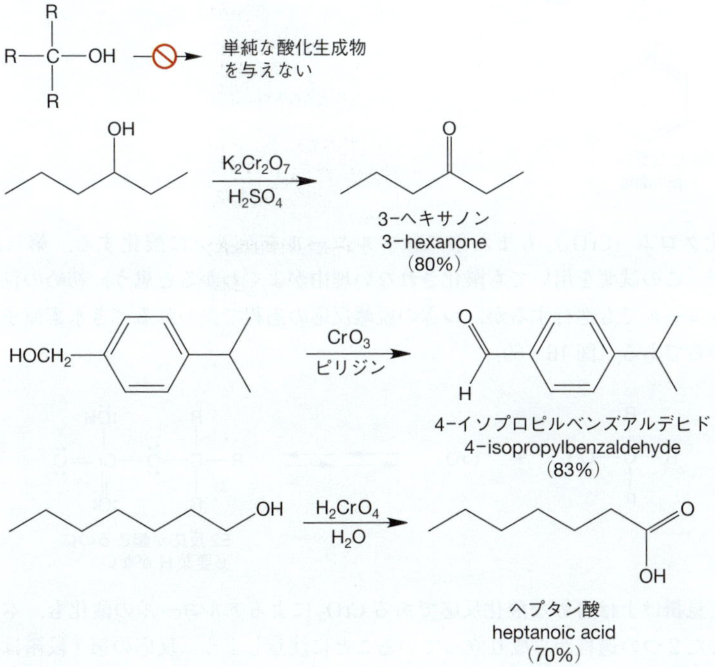

図 16・66 第三級アルコールはたやすく酸化されないが，第二級および第一級アルコールは容易に酸化される．酸化がうまく進行するためにはアルコール基の炭素上に炭素ー水素結合がなければならないと推論できる.

酸化反応はどのようにして進むのであろうか．第一級アルコールに用いられる典型的な酸化法として，ピリジン存在下に三酸化クロム (CrO_3) を作用させる方法が知られている．この反応は，乾燥した試薬を用いれば，多くの場合アルデヒドを収率よく得ることができる（図 16・66）．金属ー酸素結合は炭素ー酸素結合より複雑ではあるが，CrO_3 中の二重結合と $R_2C{=}O$ とは同じように反応する．たとえば，アルコールの酸素は求核試薬であり，クロムー酸素結合を攻撃してクロム酸エステル (chromate ester) 中間体を与える（図 16・67）．この Cr=O とアルコールとの反応は，C=O とアルコールとの反応によるヘミアセタールの生成と似ている.

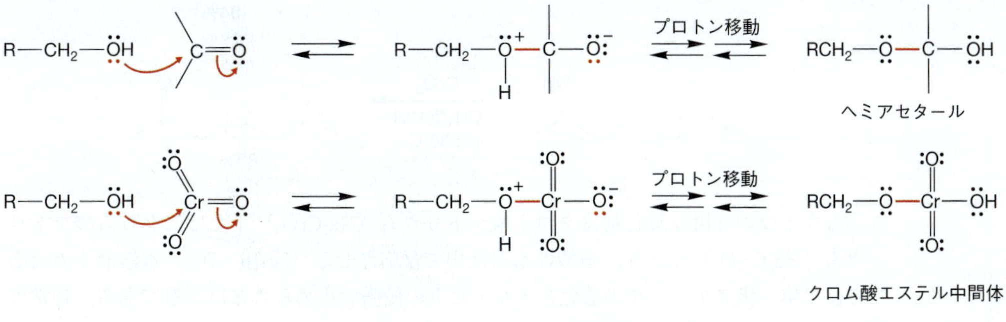

図 16・67 求核的なアルコールは，C=O 結合に付加するのとまったく同じように，Cr=O 結合に付加できる．この反応は酸化過程の第1段階であり，この場合はクロム酸エステル中間体を与える.

いったんクロム酸中間体が形成されると，ピリジン（あるいは他の塩基）がE2 脱離反応をひき起こし，アルデヒド（アルコールが酸化されたもの）と $HOCrO_2^-$（還元されたクロム化合物）を与える（図 16・68）.

図 16・68 酸化反応の第 2 段階は単純な E2 反応であり，新しく C=O 二重結合ができる.

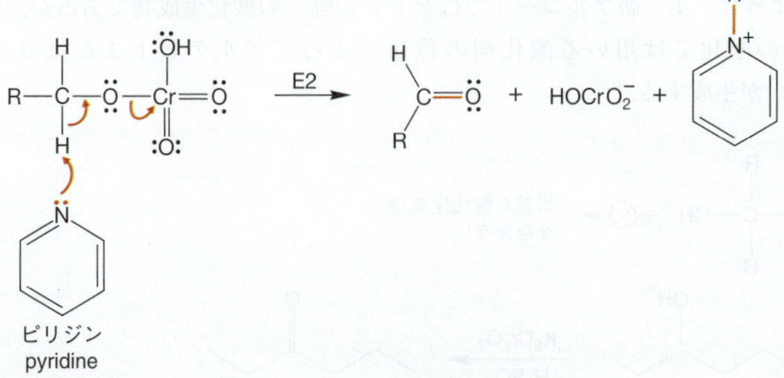

ピリジン
pyridine

三酸化クロム（CrO_3）もまた第二級アルコールをケトンに酸化する. 第三級アルコールが，この試薬を用いても酸化されない理由がよくわかると思う. 初めの付加は第三級アルコールでも進行するが，つぎの脱離反応の過程で失われるべき水素原子が存在しないからである（図 16・69）.

図 16・69 第三級アルコールも Cr=O 二重結合に付加できるが，クロム酸エステル中間体には E2 反応によって失われるべき水素原子が存在しない.

E2 反応が起こるのに必要な H がない

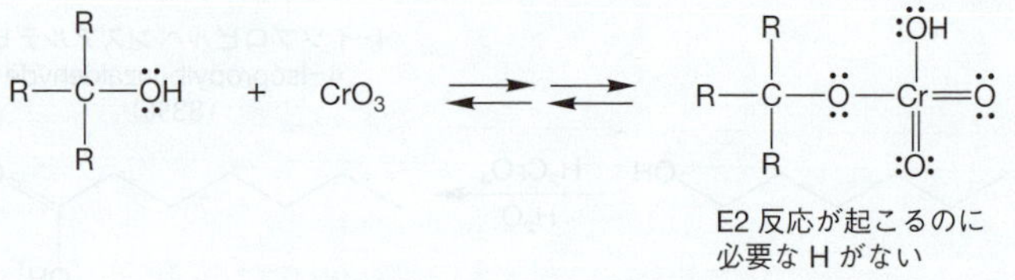

また，見掛け上は奇妙な酸化反応である CrO_3 によるアルコールの酸化も，本当はすでに学んだ 2 つの過程から成り立っていることに注意しよう. 反応の第 1 段階は酸素求核試薬のクロム−酸素二重結合への付加である. 第 2 段階は一風変わってはいるが，よく目にする脱離反応である. ここでの教訓は，反応に含まれる原子が同じでなくても，そのことに悩まされるなということである. 奇妙に見える反応に出会った場合も，すでに修得している知識を基礎にして考えることが大切である. 類推をすること，そうすれば多くの場合思っている以上によく理解できるはずである. 類推することは，ほとんどの研究者が新しい反応に出会った場合にすることであり，研究者はまず関連する反応について考え，反応を一般化しようと試みる.

図 16・70 第二級アルコールからケトンへの酸化反応に用いられる代表的な試薬は二クロム酸ナトリウムの酸性溶液であるが，他の酸化剤も用いられる.

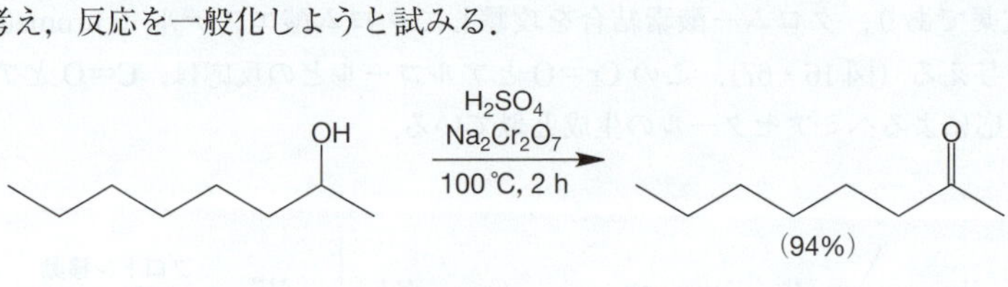

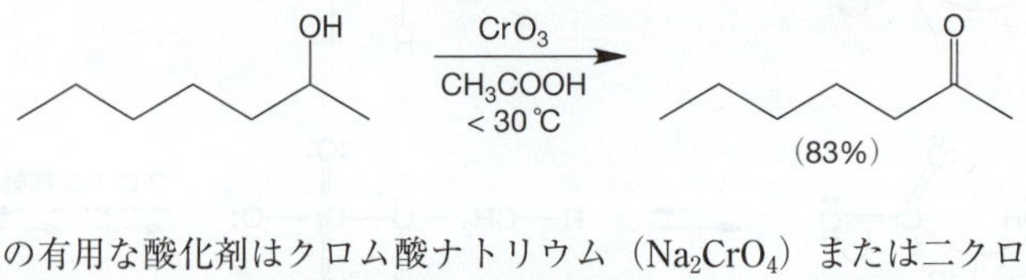

H_2SO_4, $Na_2Cr_2O_7$, 100 ℃, 2 h (94%)

CrO_3, CH_3COOH, < 30 ℃ (83%)

もう 1 つの有用な酸化剤はクロム酸ナトリウム（Na_2CrO_4）または二クロム酸ナトリウム（$Na_2Cr_2O_7$）であり，強酸性水溶液中で反応させる（図 16・70）. 水溶液中の反応では，第一級アルコールの酸化をアルデヒドの段階で止めることは困難である. 通常カルボン酸まで酸化が進む．このように酸化が過剰に進むのは，アルデヒドは水溶液中で水和されているためである（p.758）．水和物は一種のアルコールであり，それゆえ酸化がさらに進む（図 16・71 a）．第一級アルコールをカルボン酸まで酸化したければ，硫酸水溶液中で $Na_2Cr_2O_7$ を用いればよい．

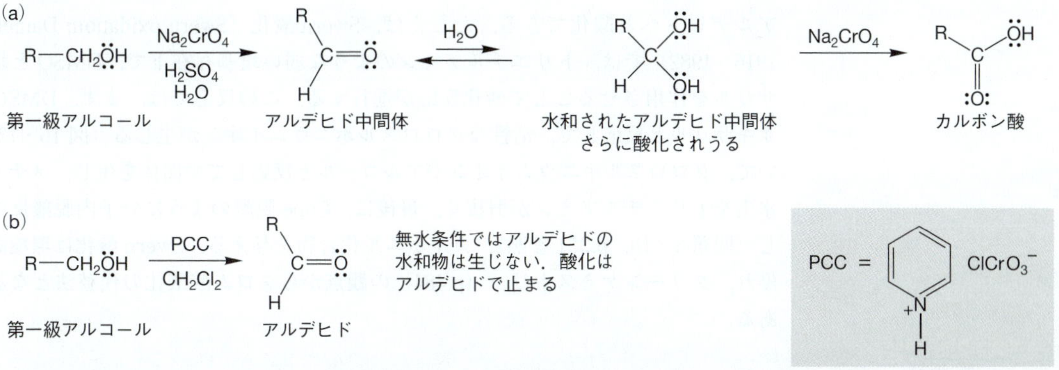

(a)
R—CH₂ÖH → (Na_2CrO_4, H_2SO_4, H_2O) → R(H)C=Ö ⇌ (H_2O) R(H)C(ÖH)₂ → (Na_2CrO_4) → RC(=O)ÖH
第一級アルコール　アルデヒド中間体　水和されたアルデヒド中間体 さらに酸化されうる　カルボン酸

(b)
R—CH₂ÖH → (PCC, CH_2Cl_2) → R(H)C=Ö
第一級アルコール　アルデヒド
無水条件ではアルデヒドの水和物は生じない．酸化はアルデヒドで止まる

PCC = ピリジニウム(N–H)$^+$ $ClCrO_3^-$

図 16・71 第一級アルコールの酸化ではアルデヒドが生成する．アルデヒドは水中で水和物として存在するが，水和物もアルコールであり，さらに酸化されてカルボン酸を与える．

第一級アルコールをアルデヒド（カルボン酸ではなく）へ，第二級アルコールをケトンへと酸化するのに有効なクロム酸化剤として，クロロクロム酸ピリジニウム（pyridinium chlorochromate, PCC）がある．PCC を用いた場合，第一級アルコールの酸化はアルデヒドの段階で停止する（図 16・71 b）．PCC は水を含まないため，アルデヒドが水和されないからである．

問題 16・25 三酸化クロムによる第二級アルコールからケトンへの酸化反応の機構を書け．

クロム試薬に加えて反応性や選択性の異なる種々の酸化剤が知られている（図 16・72）．二酸化マンガン（MnO_2）はアリル型あるいはベンジル型アルコールを対応するアルデヒドに酸化するのに効果的であり，硝酸（HNO_3）は第一級アルコールをカルボン酸にまで酸化する．反応の制御が難しい場合もあるが，過マンガン酸カリウム

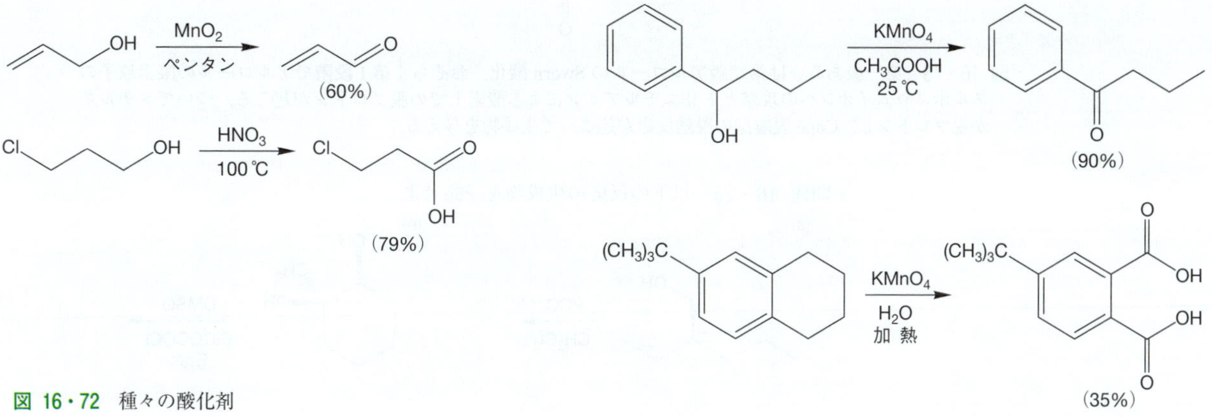

OH（アリルアルコール） → (MnO_2, ペンタン) → アクロレイン (60%)
Cl〜〜OH → (HNO_3, 100 ℃) → Cl〜〜COOH (79%)
1-フェニル-1-ペンタノール (OH) → ($KMnO_4$, CH_3COOH, 25 ℃) → ケトン (O) (90%)
$(CH_3)_3C$-テトラリン → ($KMnO_4$, H_2O, 加 熱) → $(CH_3)_3C$-フタル酸 (OH, OH) (35%)

図 16・72 種々の酸化剤

($KMnO_4$) は，第二級アルコールをケトンに，また第一級アルコールをカルボン酸に導くのに優れた試薬である．$KMnO_4$ によって，芳香環上のアルキル鎖がカルボン酸まで酸化される (p.665) ことを思い出してほしい．

最も穏和で有用な酸化剤の一つに，ジメチルスルホキシド (DMSO) がある．さまざまな共酸化剤とともに用いて，第二級アルコールをケトンへ，第一級アルコールをアルデヒドへと酸化できる．たとえば，Swern（スワーン）酸化 (Swern oxidation; Daniel Swern, 1916〜1982) では，トリエチルアミンのような弱い塩基存在下で，DMSO と塩化オキサリルを作用させることで酸化反応が進行する．この反応では，まず，DMSO が塩化オキサリルと反応して，活性なクロロスルホニウムイオンが生じる (図 16・73)．つづいて，クロロスルホニウムイオンがアルコールと反応して中間体を生じ，メチル基上の水素をトリエチルアミンが引抜く．最後に，Cope 脱離のように分子内脱離反応が進行し (問題 8・18，p.351 参照)，カルボニル化合物を与える．Swern 酸化は環境調和性に優れ，グリーンケミストリー (p.484) の観点からクロム酸酸化の代替法となる手法である．

一般式

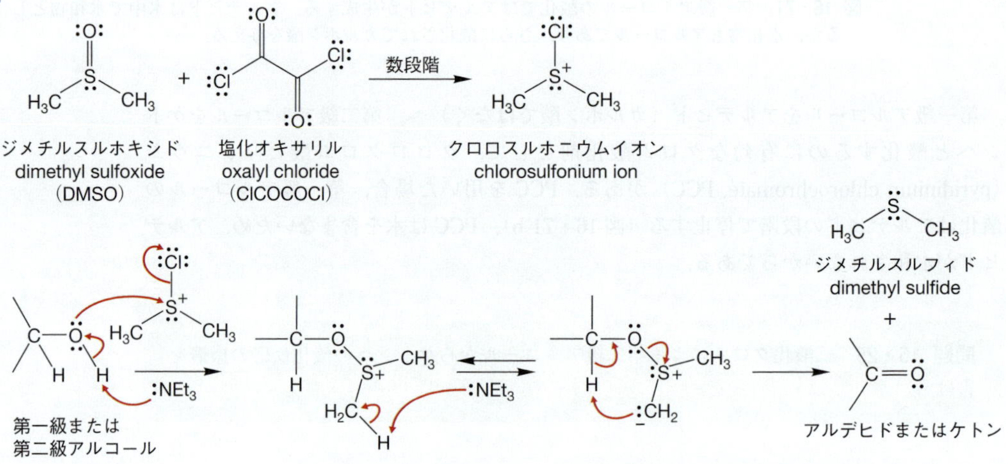

ジメチルスルホキシド dimethyl sulfoxide (DMSO) + 塩化オキサリル oxalyl chloride (ClCOCOCl) —数段階→ クロロスルホニウムイオン chlorosulfonium ion

第一級または第二級アルコール → … → アルデヒドまたはケトン + ジメチルスルフィド dimethyl sulfide

具体例

(DMSO, ClCOCOCl) (93%)

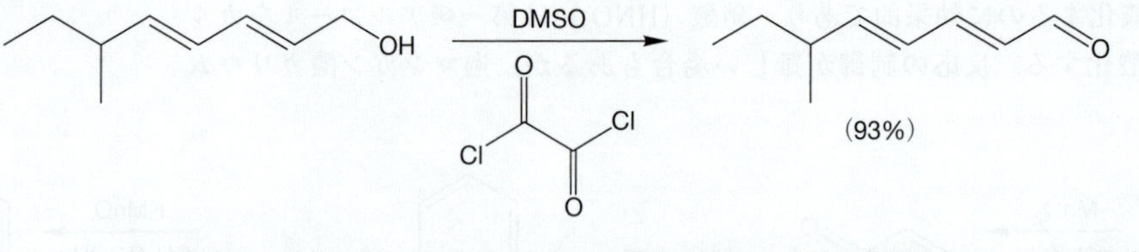

図 16・73　第一級あるいは第二級アルコールの Swern 酸化．おそらく第 1 段階でアルコールの酸素原子のスルホニウムイオンへの攻撃とトリエチルアミンによる酸素上での脱プロトンが起こる．ついでメチル基が脱プロトンし，Cope 脱離型の脱離反応が起こって生成物を与える．

問題 16・26　以下の反応の生成物を予想せよ．

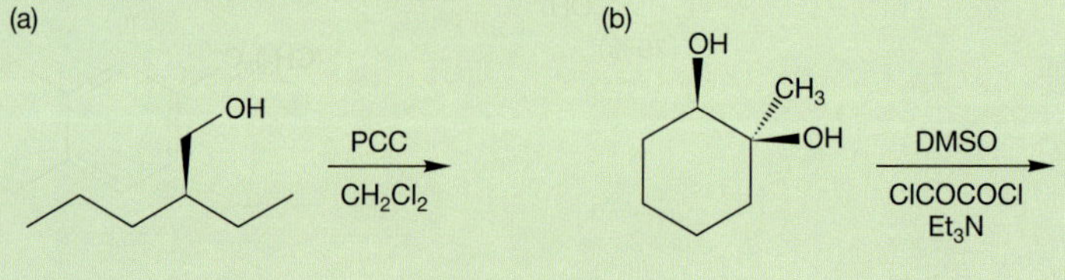

(a) PCC, CH_2Cl_2

(b) DMSO, ClCOCOCl, Et_3N

問題 16・26 (つづき)

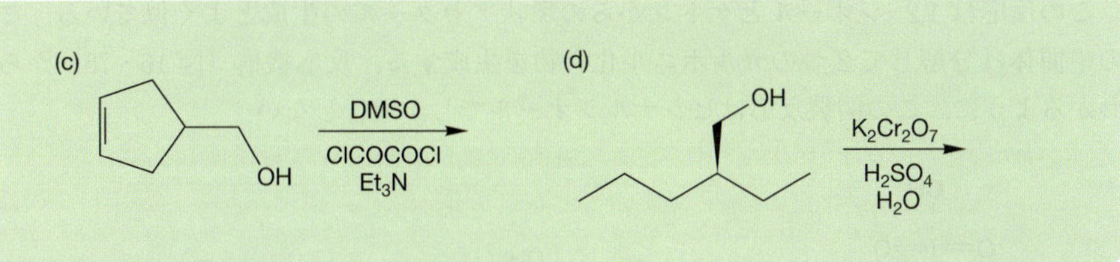

(c) DMSO, ClCOCOCl, Et_3N

(d) $K_2Cr_2O_7$, H_2SO_4, H_2O

まとめ

これまでにカルボニル化合物を金属水素化物によってアルコールまで還元できること，また，そのアルコールをこの節で述べてきた種々の試薬を用いて酸化し，再びもとのカルボニル化合物に戻せることを学んだ．アルコールとカルボニル化合物の間を行ったり来たりさせるだけのことならば，誰もがこんなことをしたいとは思わないだろうが，これらの反応は合成化学的見地からすればきわめて重要である．すでに酸化反応を身につけたので，多くのアルコール類はアルデヒドあるいはケトンの等価体とみなすことができ，またカルボニル化合物は，ヒドリド還元やあるいは有機金属試薬と作用をさせればアルコールとなるので，その等価体とみなすことができる．

問題 16・27 炭素原子 3 個以下のアルコールと適当な無機試薬を使って，以下の化合物を合成せよ．

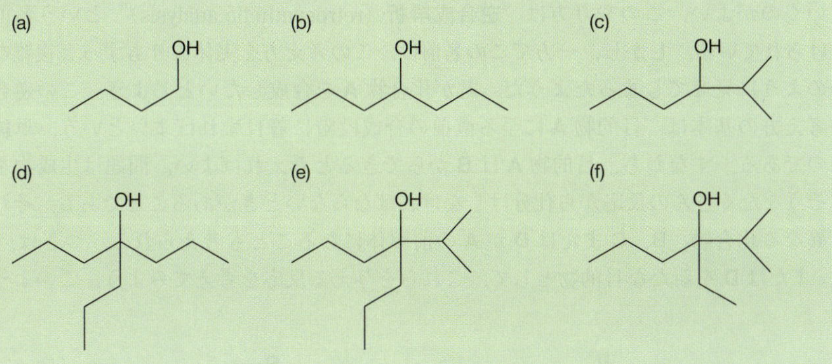

(a) OH (b) OH (c) OH

(d) OH (e) OH (f) OH

16・14b ビシナルジオールの酸化的開裂

ビシナルジオール（1,2-ジオール）だけに適用可能な酸化反応がある．ビシナルジオールを過ヨウ素酸（HIO_4）で酸化すると，ジオールは 1 対のカルボニル化合物に開裂する（図 16・74）．この反応は 1,2-ジオール類の検出反応として長い間利用されており，環状過ヨウ素酸エステル中間体を経由して進行する．

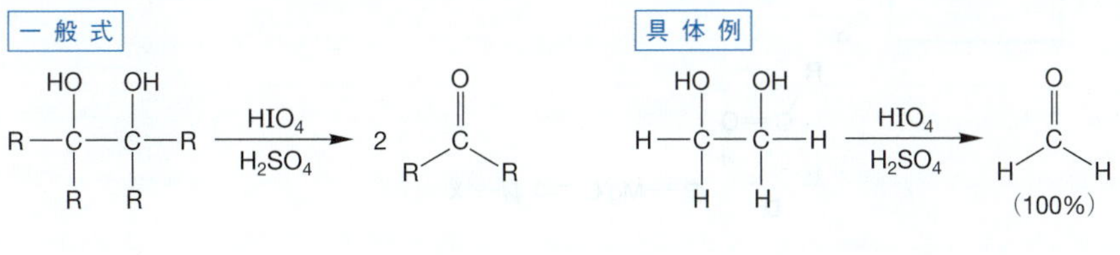

一般式

$$R_2C(OH)-C(OH)R_2 \xrightarrow[H_2SO_4]{HIO_4} 2\ R_2C{=}O$$

具体例

$$H_2C(OH)-C(OH)H_2 \xrightarrow[H_2SO_4]{HIO_4} H_2C{=}O\ (100\%)$$

図 16・74 過ヨウ素酸によるビシナルジオールの開裂反応

この反応は 1,2-ジオールとケトンからの環状アセタールの生成とよく似ている．この中間体は分解して 2 つのカルボニル化合物を生成する．反応機構（図 16・75）からわかるように，この開裂反応はビシナルジオールでしか進行しない．

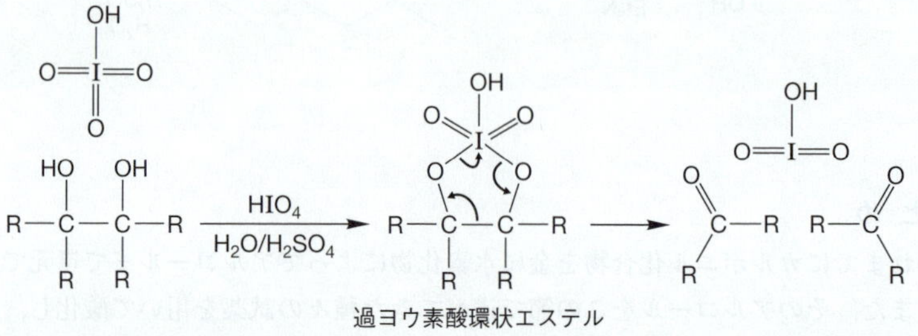

図 16・75 ビシナルジオールの開裂反応は過ヨウ素酸の環状エステル中間体を経由しており，これが分解して 1 対のカルボニル化合物を与える．

問題 16・28 *cis*-1,2-シクロペンタンジオールは対応するトランス体よりも過ヨウ素酸に対する反応性が高い．その理由を説明せよ．

16・15 アルコールの逆合成解析

目標化合物の合成戦略について再度議論し，以前学んだ考え方をさらに確かにするため，ここで若干時間を割くことにしよう．目的とする化合物から出発物質までの道筋を一挙に考え出そうとするやり方は，決してよい方策ではない．このようなやり方はあまりうまくいったためしがないので，目的化合物から 1 段階ずつ出発物質に向かって考えていくのがよい．このやり方は“**逆合成解析**（retrosynthetic analysis）”という名前がつけられている．しかし，一方でこの名前は，この考え方を実体よりもずっと複雑なもののように見せてしまったようだ．君が化合物 **A** を合成したいとしよう．この逆合成の考え方の基本は，目的物 **A** に至る直前の合成段階に着目すればよいという，単純なものである．すなわち，目的物 **A** は **B** からできると考えればよい．問題は生成物を与えそうなたくさんの反応から仕分けしなければならないときがあることである．それぞれ異なる化合物，**B**，**C** または **D** が **A** の前駆体になることも考えられる．つぎは，**B**，**C**，または **D** を新たな目的物として，これらを与える反応を考えてみよう．このような

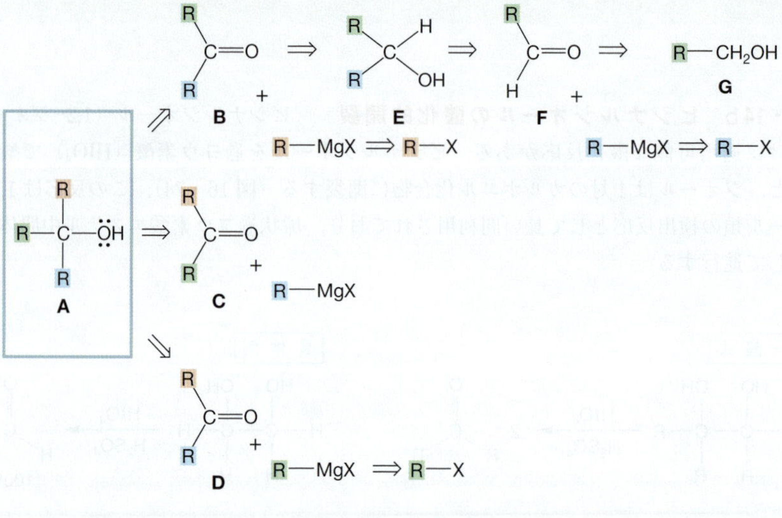

図 16・76 第三級アルコール合成の逆合成解析

作業を繰返していくと，いずれ入手容易な化合物へ至ることだろう．単純な問題であっても，一歩一歩戻っていくという考え方を軽蔑してはいけない．

逆合成解析の使い方の一例として，第三級アルコール **A** の合成を考えてみよう（図16・76）．3通りの方法が考えられるはずである．図に示すように，3種類のケトン **B**, **C**, **D** のいずれかと RMgX から得られるとする．RMgX が RX と Mg に逆合成されることはもう知っているだろう．さらに解析を進めるにはどのケトンを使うか決める必要がある．どのケトンを選んだとしても，つぎはその合成法を考案しなければならないが，幸運なことに我々は本章でこの合成法を学んだばかりである．ケトンは第二級アルコールから合成できるので，ケトン **B** は，アルデヒド **F** と RMgX から導かれるアルコール **E** から得られるはずである．ありがたいことに，アルデヒド **F** はアルコール **G** から得られる．以上の解析で，最終的に，単純なアルコールとハロゲン化アルキルに行き着くことができたであろう．あとは，前向きの反応スキームを書くだけである．図16・76に示すように，逆合成解析ではそれ専用に特殊な矢印（⇒）を使うことを覚えておこう．この矢印は，つねに目的化合物から1つ手前の化合物をさすようにして使用する．すなわち，化合物 **A** から化合物 **B** をさす二重線の矢印は，**A** が **B** から生成することを示す．

約束事についての注意
逆合成を表す矢印

****問題 16・29** この問題は逆合成解析の具体例の1つである．2-フェニル-2-ブタノールを逆合成せよ．ベンゼン，エタノール，ピリジン，および必要な無機試薬は使えるものとする．

解 答 以下が逆合成解析である：

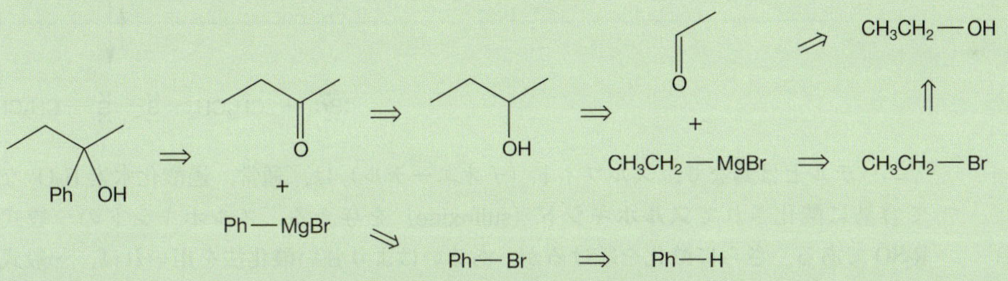

Ph OH ⇒ O + Ph—MgBr

O ⇒ OH ⇒ O + CH_3CH_2—MgBr

O ⇒ CH_3CH_2—OH

CH_3CH_2—MgBr ⇒ CH_3CH_2—Br ⇒ CH_3CH_2—OH

Ph—MgBr ⇒ Ph—Br ⇒ Ph—H

問題 16・30 必要な無機試薬，塩化トシル，ホルムアルデヒド，アセトアルデヒド，アセトン，1-ブタノールを用いてつぎの化合物を合成する合成法を考えよ．

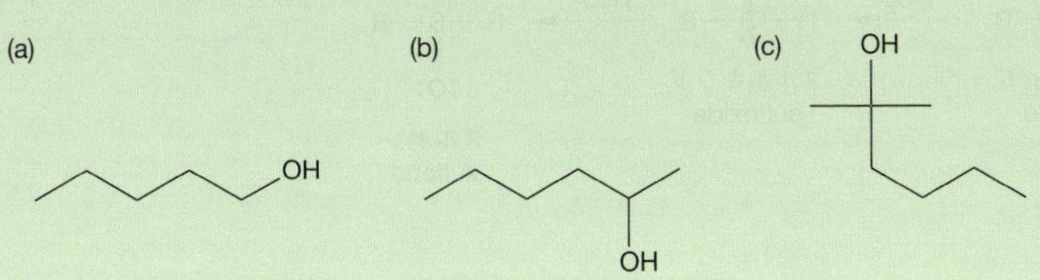

(a) OH

(b) OH

(c) OH

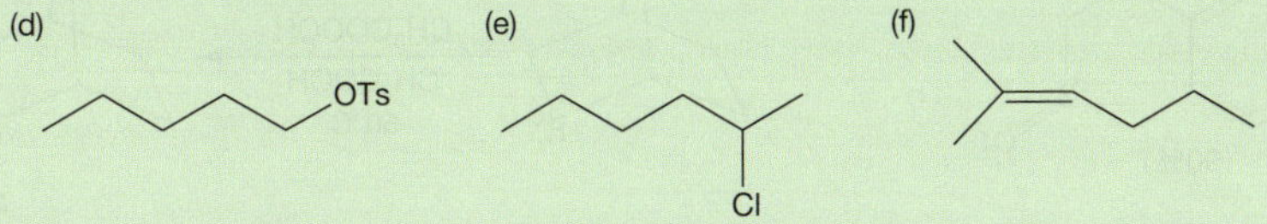

(d) OTs

(e) Cl

(f)

16・16　チオールおよび硫黄化合物の酸化

アルコールと同様にチオール（メルカプタン）も酸化されるが，通常酸化はアルコールのように炭素で起こるのではなく硫黄原子上で起こり，**スルホン酸**（sulfonic acid）を与える（図 16・77）．

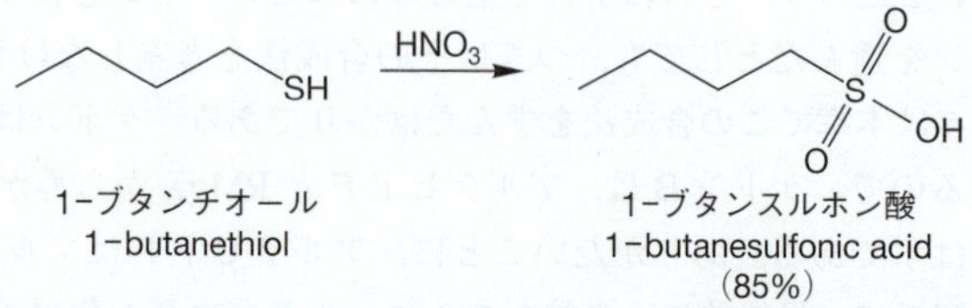

図 16・77　チオール（メルカプタン）を硝酸で酸化するとスルホン酸になる．

1-ブタンチオール 1-butanethiol $\xrightarrow{HNO_3}$ 1-ブタンスルホン酸 1-butanesulfonic acid（85%）

塩基性条件下でハロゲン（I_2 あるいは Br_2）を用いる穏やかな酸化法は，ジスルフィドの一般的な合成法である．この反応は，おそらく一連の置換反応によって進行している（図 16・78）．自然界でもジスルフィド結合の生成が起こり，ペプチドやタンパク質を架橋させるのに重要な役割を果たしている（第 22 章参照）．

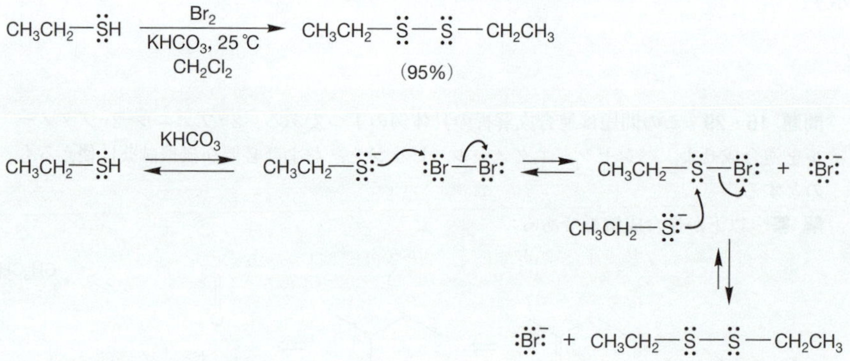

図 16・78　塩基性で臭素（あるいはヨウ素）を用いて行う穏やかな酸化反応はジスルフィドを与える．

$CH_3CH_2—SH \xrightarrow[KHCO_3,\ 25\,°C,\ CH_2Cl_2]{Br_2} CH_3CH_2—S—S—CH_2CH_3$（95%）

$CH_3CH_2—SH \overset{KHCO_3}{\rightleftharpoons} CH_3CH_2—S^- + Br—Br \rightleftharpoons CH_3CH_2—S—Br + Br^-$

$CH_3CH_2—S—Br + CH_3CH_2—S^- \rightleftharpoons Br^- + CH_3CH_2—S—S—CH_2CH_3$

エーテルとは異なり，スルフィド（チオエーテル）は，通常，過酸化水素 H_2O_2 などで容易に酸化されて**スルホキシド**（sulfoxide）を与える．スルホキシドの一般式は R_2SO である．さらに酸化を続けるか，あるいはより強い酸化法を用いれば，一般式が R_2SO_2 の**スルホン**（sulfone）が生成する（図 16・79）．

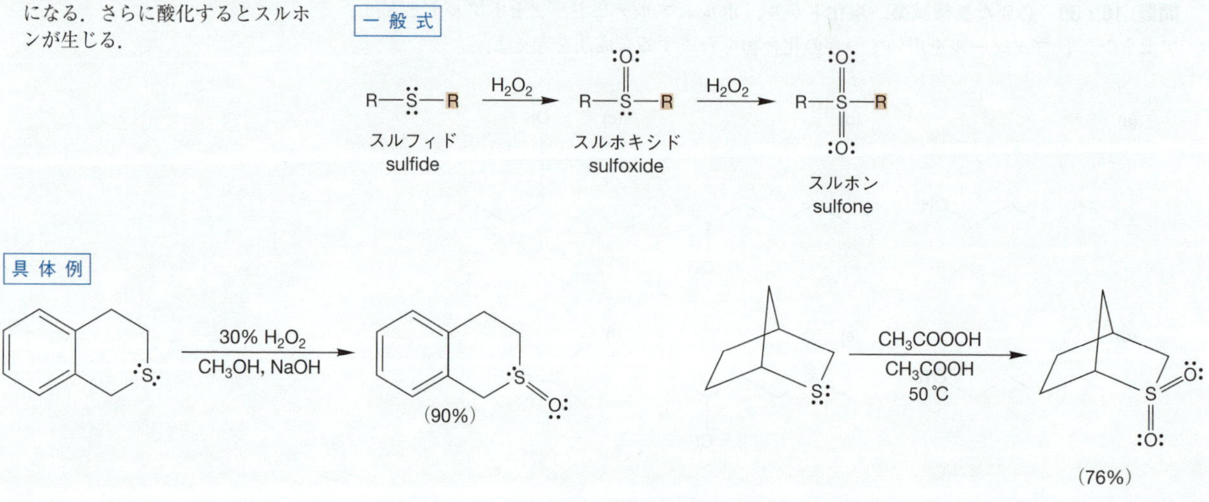

図 16・79　スルフィドは過酸化水素により酸化されてスルホキシドになる．さらに酸化するとスルホンが生じる．

一般式

R—S—R スルフィド sulfide $\xrightarrow{H_2O_2}$ R—S(=O)—R スルホキシド sulfoxide $\xrightarrow{H_2O_2}$ R—S(=O)$_2$—R スルホン sulfone

具体例

$\xrightarrow[CH_3OH,\ NaOH]{30\%\ H_2O_2}$（90%）

$\xrightarrow[CH_3COOH,\ 50\,°C]{CH_3COOOH}$（76%）

スルホキシドとスルホンの構造は見掛けより複雑である．第一に，それらは平面ではなくほぼ正四面体をしている．第二は，電荷をもたない共鳴構造式がその構造を代表していないという点である．すなわち，硫黄がオクテットを保持していて，しかも電荷が分離した共鳴構造式の方が，その構造をよりよく表現している（図 16・80）．

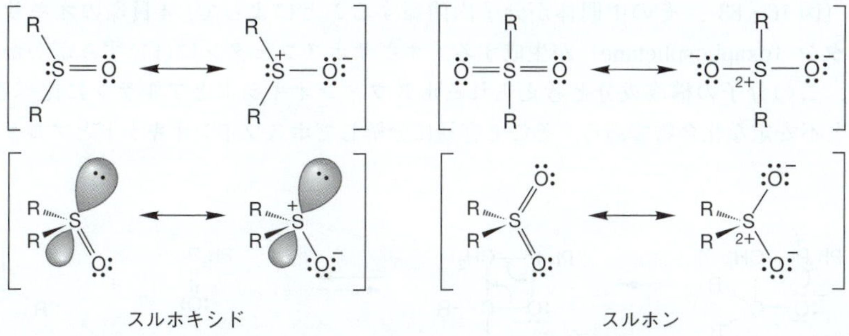

スルホキシド　　スルホン

図 16・80　スルホキシドとスルホンの共鳴構造式

まとめ

チオールとスルフィドの化学はアルコールとエーテルのそれと似ている．相異点もあるがその多くは反応性の高低などの量的なものであって，本質的なものではない．たとえばすでに学んだように，チオラートイオン（RS^-）はアルコキシドイオン（RO^-）よりもかなり優れた求核試薬であるが，適切な条件と試薬を与えればアルコキシドでさえも S_N2 反応を行う．大きな違いが現れる場合ももちろんあり，たとえば，硫黄原子は酸素原子よりもずっと酸化されやすい．

16・17 Wittig 反応

これまで学んできたように，さまざまな種類の求核試薬が炭素－酸素二重結合に付加し，多くの場合アルコールなどの有用化合物に導くことができる．ここでは，カルボニル基への付加反応の1つでアルケンを生成する，合成化学的に重要な反応について学ぶ．この反応は Georg Wittig（1897～1987）の研究室で発見された反応であり，**Wittig（ウィッティッヒ）反応**（Wittig reaction）とよばれる．Wittig はこの反応に関する研究業績により，1979 年にノーベル化学賞に輝いている．この反応は，ホスフィン（R_3P）とハロゲン化アルキルからハロゲン化ホスホニウムが生成する反応から始まる（図 16・81）．まだリン化合物の化学について学んでいないが，リンは周期表で窒素のすぐ下に位置しており，窒素に似たよい求核試薬である．アンモニウム塩の生成と同様に，ハロゲン化ホスホニウムは S_N2 反応によって生成する．

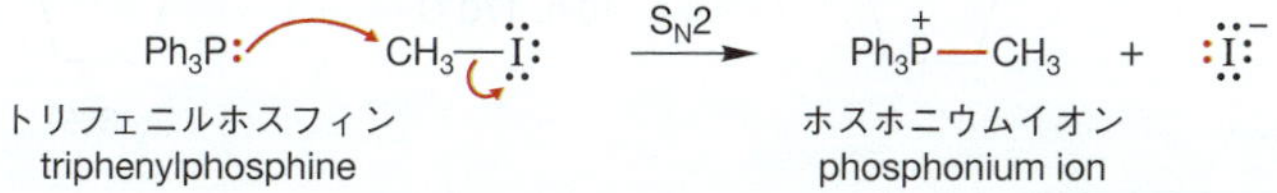

図 16・81　トリフェニルホスフィンの求核的なリン原子によって，ヨウ化物イオンが置換され，ホスホニウムイオンが生成する．

図のホスホニウムイオンは酸性の水素原子をもっており，アルキルリチウムのような強塩基を作用させると引抜かれる．生成物は分子内の隣合った原子上に正負の電荷をもつ構造をしており，**イリド**（ylide）とよばれる（図 16・82）．

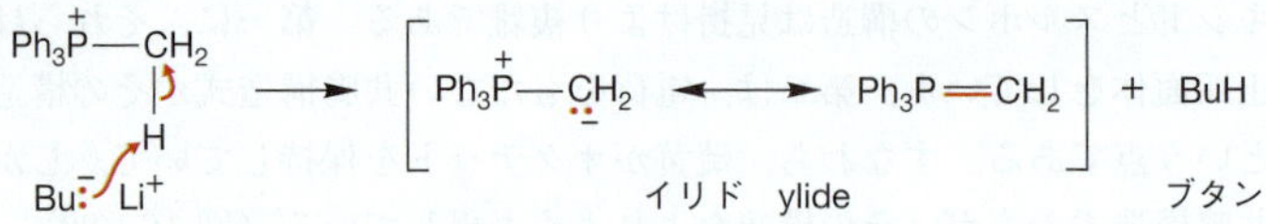

図 16・82 正電荷をもつリン原子に隣接するプロトンが強塩基により引抜かれて，イリドを与える．

イリドの炭素原子は求核性をもち，他の求核試薬と同様に炭素－酸素二重結合に付加する（図 16・83）．その中間体が分子内閉環することによって，4 員環の**オキサホスフェタン**（oxaphosphetane）が生成する．オキサホスフェタンにはひずみがかかっており，この分子の構成成分と考えられるホスフィンオキシドとアルケンに比べると，ずっと不安定な化合物である．そこで容易に分解してホスフィンオキシドとアルケンになる．

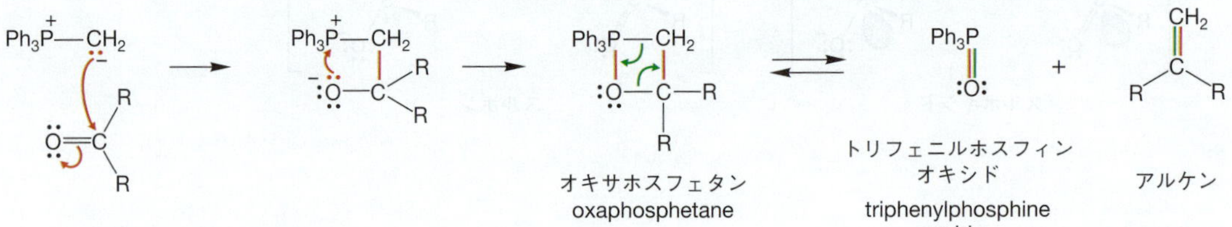

図 16・83 イリドは求核試薬であり，カルボニル化合物に付加して生じる中間体は，閉環してオキサホスフェタンになる．この 4 員環化合物は開裂して，トリフェニルホスフィンオキシドと生成物のアルケンを与える．

Wittig 反応には今まで目にしたことのない中間体が含まれている．たとえば，イリドもオキサホスフェタンも初めて出てきた化合物である．しかし，鍵となる反応は，S_N2 反応によるハロゲン化ホスホニウムの生成反応（図 16・81）とカルボニル基への付加反応（図 16・83）であり，これらはいずれも基礎的な反応の単なる変わり種にすぎない．実用的にみると，Wittig 反応は合成化学上きわめて重要で，学ぶ価値は高い．Wittig 反応は，形式的にはオゾン分解（p.497）の逆反応に相当する．図 16・84 には Wittig 反応の実例を示した．

図 16・84 Wittig 反応を利用する典型的な合成反応．アルデヒドまたはケトンからアルケンの合成

具体例

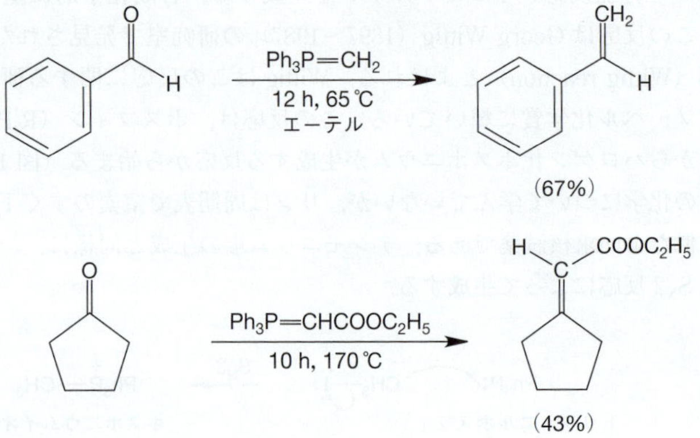

一般的な変換反応

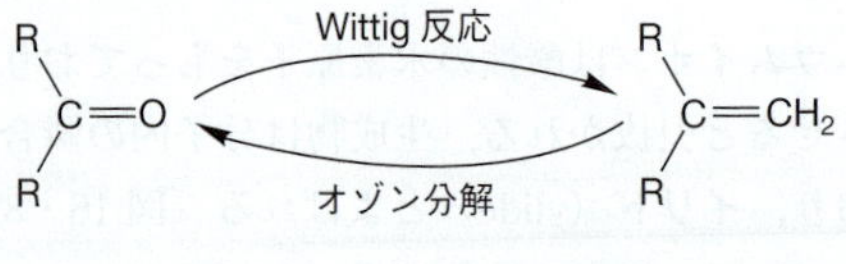

Wittig 反応はきわめて有用な反応である．シクロヘキサノンをメチレンシクロヘキサンに変換することは，他の方法で可能だろうか．この章で学んだ反応を利用して，別の合成経路を考えてみよう．シクロヘキサノンにメチルリチウムを作用させ，加水分解すれば第三級アルコールが生成するという反応を思いつく．酸触媒脱離反応を行えば，少量の目的とする化合物が生成する．しかし，優先的に生成するのは希望しない異性体の 1-メチルシクロヘキセンであり，今のところこれを避ける簡単な脱水方法はない（図 16・85）．Wittig 反応はこのような合成化学の問題を解決してくれるので，合成化学者にとっては手品の種のようなものであり，覚えておくべき大切な反応の 1 つとなっている．

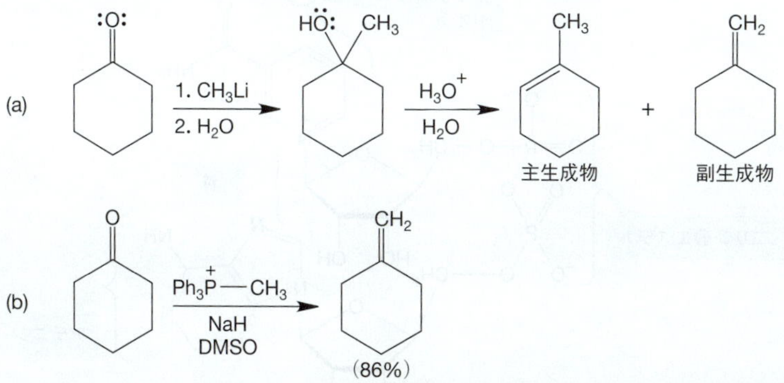

(a) 1. CH_3Li 2. H_2O → H_3O^+ H_2O → 主生成物 + 副生成物

(b) $Ph_3\overset{+}{P}—CH_3$ NaH DMSO → (86%)

図 16・85 (a) 脱水反応では目的化合物を収率よく得ることはできない．(b) Wittig 反応を代わりに用いるのが望ましい．

問題 16・31 図 16・85 (a) に示した酸触媒脱水反応で，望ましくない生成物である 1-メチルシクロヘキセンが主生成物となる理由を説明せよ．

問題 16・32 シクロヘプタノン，シクロヘキサノン，シクロペンタノンを出発物質とし，トリフェニルホスフィン，1-ヨードプロパン，ブチルリチウム，および必要な無機試薬を用いて，以下の化合物を合成せよ．

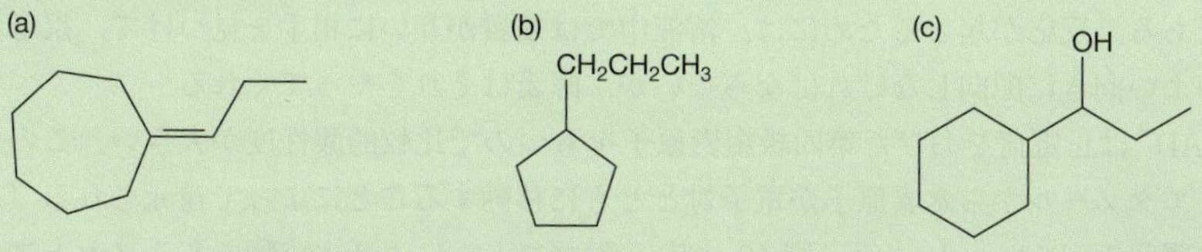

(a) (b) $CH_2CH_2CH_3$ (c) OH

16・18 トピックス: 生体内酸化反応

ここまでの数節で，酸化還元反応の例をいくつか学んだ．このような反応は生体系でもきわめて重要である．たとえば，我々人間は摂取した糖や脂肪を酸化することによってエネルギーを得ている．しかし，クロム試薬あるいは硝酸などを酸化剤として用いることはできない．これらの試薬は選択性に乏しく，生体には激しすぎる試薬である．間違いなく身体を構成している分子の大部分を破壊してしまう，想像するだけでも迷惑な試薬である．それに代わって生体系では，高選択的な酸化を発現する一連の生体分子があり，それぞれが特定の目的にのみ働いている．そのなかの 1 つである**ニコチンアミドアデニンジヌクレオチド**（nicotinamide adenine dinucleotide; NAD^+）が，この節の主役である．この分子を 15 章（p.729）で初めて見たことを思い出してほしい．

ニコチンアミドアデニンジヌクレオチドはピリジニウム塩であり，その構造を図

＊ この分子構造をひと目見て，この化合物に体系的名称を付けることは大変なことであると思うだろう．なぜ生化学者が略号を常用するのか，理由が容易に理解できよう．

16・86に示す＊．活性中心であるピリジニウムイオンは糖（リボース）および二リン酸を介して，アデニン塩基が結合している2つ目のリボースと結合している．この分子は，酵素が反応を行う為に必要な**補酵素**（coenzyme）の一種であり，酵素，この場合はアルコールデヒドロゲナーゼ（alcohol dehydrogenase），と結合しているときにのみ働くことができる．酵素は，酸化されるアルコール分子と還元されるNAD^+を結びつける．エタノールは我々の食物（パンや果物，調味料，飲み物など）に含まれる基本的なアルコールであるため，NAD^+の反応機構の研究は基本的にエタノールを使って行われてきた．

図 16・86 ニコチンアミドアデニンジヌクレオチド（NAD^+）

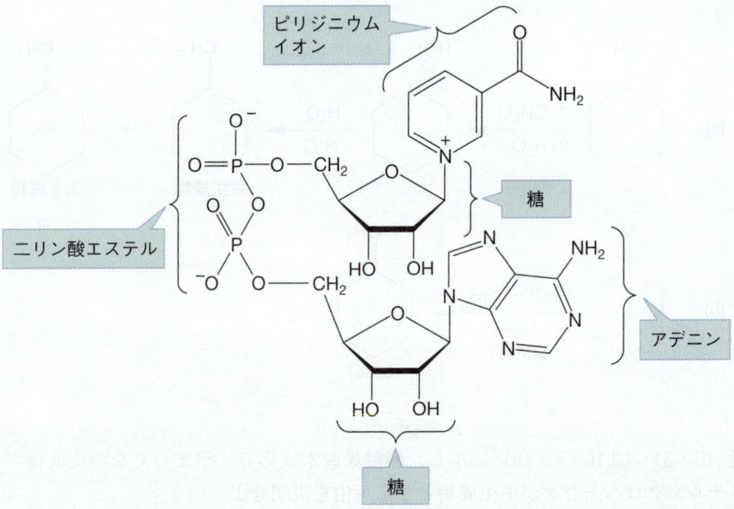

この反応では，NAD^+はルイス酸として働き，ヒドリドイオンを受取る．この場合，ヒドリド源であるエタノールがルイス塩基となる．酵素は酸であるNAD^+と塩基であるエタノールとを近づける役割を果たしているが，この近づけるということが非常に重要である．反応が起こるためには，溶液中では基質が互いに相手を見つけて，反応に都合のよい向きに配向しなければならないが，酵素はそれをやってくれる．

NAD^+は正電荷をおびた第四級窒素原子をもつので比較的酸性度が大きい．この分子は，エタノールから水素原子が電子対とともに移動することによって還元される（**ヒドリド還元** hydride reduction，図16・87）．脱プロトンにより生成物であるアセトアルデ

図 16・87 NAD^+はエタノールからの水素化物イオン（ヒドリド，$H:^-$）の移動により還元される．

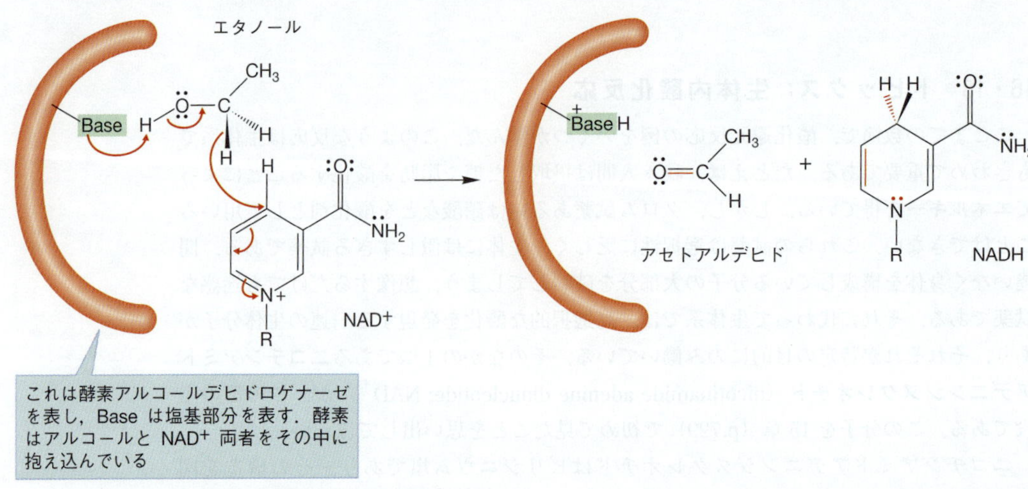
エタノール
Base
NAD+
Base H
アセトアルデヒド
NADH
これは酵素アルコールデヒドロゲナーゼを表し，Base は塩基部分を表す．酵素はアルコールと NAD+ 両者をその中に抱え込んでいる

ヒドを与え，さらに生成物が酵素から離れて，この反応は完結する．生成物が酵素から離れるのは容易で，酵素はエタノールならびに NAD^+ とは強く結合するように進化しているが，アセトアルデヒドおよび NAD^+ の還元型である NADH とは結合しないようになっている．大量のエタノール摂取に関連する健康障害の多くは，このアセトアルデヒドによってひき起こされる．NADH に関しては，生体内ヒドリド源として，22 章で再び学ぶ．

このヒドリド還元は奇妙に見えるかもしれないが，そうでもない．カルボカチオンの化学におけるヒドリド移動とこの反応は，密接なかかわりがある．これらもまた，酸化還元反応であって，もともと正電荷をもっていた炭素は還元され，一方ヒドリドとして移動した水素が結合していた炭素は酸化されている（図 16・88）．

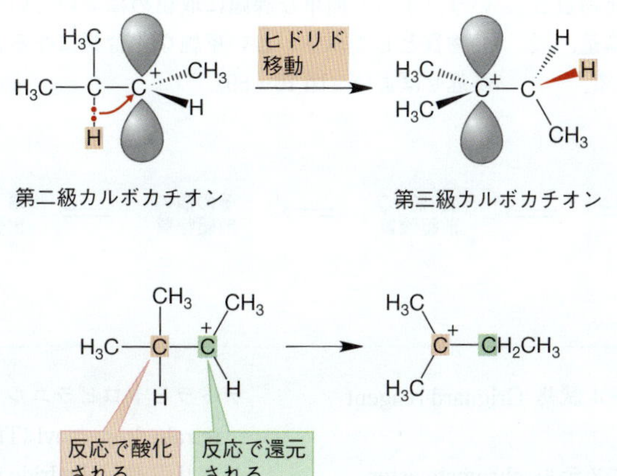

図 16・88 カルボカチオンにおけるヒドリド移動もまた酸化還元反応である．

問題 16・33 (a) エタノール中のメチレン基の 2 つの水素原子のうちの 1 つを重水素で置換すると 1 対のキラルなジュウテリオエタノールを生成する．この過程を図示して，新しく生成した化合物のどちらが *R* 体でどちらが *S* 体かを示せ．

(b) (*R*)-1-ジュウテリオエタノールを NAD^+ で酸化すると，重水素化 NADH (NADD) とアセトアルデヒドを与える．(*S*)-1-ジュウテリオエタノールを NAD^+ で酸化した場合の生成物を予測せよ．また，この現象が何を意味するか考えよ．

解 答 (a) メチレン基の H を 1 つ D で置換すると *S* 鏡像異性体を与え，もう一方の H を置換すると *R* 鏡像異性体を与える．つまり 2 つの水素はエナンチオピックである．

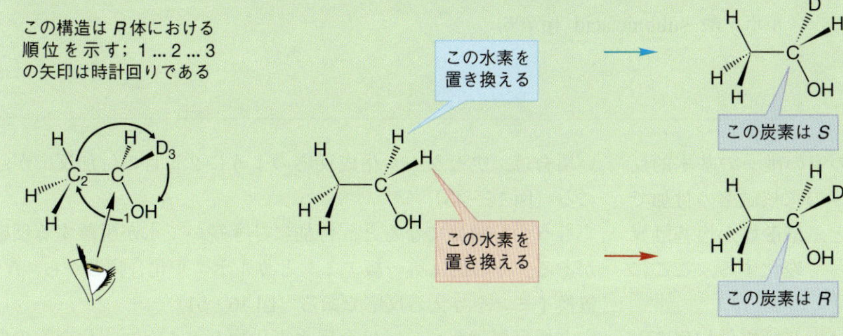

(b) 生成物は 1-ジュウテリオアセトアルデヒドである．酵素の結合部位はキラルなので，エナンチオトピックな水素が区別される．

16・19 ま と め

新しい考え方

この章の中心的かつ統一的なテーマは，あらゆる種類の求核試薬がカルボニル基に付加するという点にある．この過程は酸および塩基いずれも触媒として作用し，反応はまず求核的なルイス塩基の被占軌道とカルボニル基の空のπ^*軌道との重なりによって始まり，電気陰性度の大きい酸素原子上に負電荷をもつアルコキシドイオンを与える（図 16・22）．カルボニル基のπ系は，炭素原子および酸素原子の 2p 軌道の組合わせにより構築されており，図 16・4 のπ軌道が導かれる．

多くの付加反応は平衡反応であり，平衡の位置は出発物質と生成物の相対的安定性に依存する．この安定性は電子構造，置換様式，立体効果などの，多くの要因によって左右される．

この章でアルコールとカルボニル化合物の深い関連性が明らかとなった．アルコールを酸化するとカルボニル化合物が得られ，カルボニル化合物をヒドリドや有機金属試薬で還元するとアルコールが得られる．16・10 節ではアルコールやアルデヒド，ケトンの保護基を紹介した．

逆合成解析の概念をこの章で論じた．逆合成解析の意味するところは，合成の問題にアプローチするには最終的な出発物質を探すよりも，むしろ目的生成物の直前の前駆体を見つけるという，ずっと簡単な課題に取組めばよいということである．出発物質としてふさわしい単純な化合物になるまで，この過程を繰返せばよい（図 16・89）．

図 16・89 逆合成解析

目的分子 ⟹ 直前の前駆物質 ⟹ その前の前駆物質 ⟹ 単純な出発物質

重 要 語 句

アセタール acetal（p.770）
アセトン acetone（p.752）
アミノメタノール aminomethanol（p.776）
アルデヒド aldehyde（p.751）
イミニウムイオン iminium ion（p.780）
イミン imine（p.777）
イリド ylide（p.797）
Wittig 反応 Wittig reaction（p.797）
エナミン enamine（p.781）
NAD^+（p.799）
オキサホスフェタン oxaphosphetane（p.798）
カルボニル基 carbonyl group（p.749）
逆合成解析 retrosynthetic analysis（p.794）
グリニャール試薬 Grignard reagent（p.783）
クロム酸エステル chromate ester（p.789）
ケトン ketone（p.751）
シアノヒドリン cyanohydrin（p.766）
ジアール dial（p.751）
gem-ジオール *gem*-diol（p.761）
ジオン dione（p.752）
シッフ塩基 Schiff base（p.777）
シリルエーテル silyl ether（p.775）
水和物 hydrate（p.757）
スルホキシド sulfoxide（p.796）
スルホン sulfone（p.796）
スルホン酸 sulfonic acid（p.796）
テトラヒドロピラニル（THP）エーテル tetrahydropyranyl (THP) ether（p.775）
ヒドリド還元 hydride reduction（p.800）
フェニル基 phenyl group（p.753）
ヘミアセタール hemiacetal（p.767）
ベンズアルデヒド benzaldehyde（p.753）
補酵素 coenzyme（p.800）
保護基 protecting group（p.774）
ホルムアルデヒド formaldehyde（p.749）
有機金属試薬 organometallic reagent（p.783）
有機クプラート organocuprate（p.783）
有機リチウム試薬 organolithium reagent（p.783）

反応・機構・解析法

“新しい考え方”で述べたように，この章の唯一の基本的反応は，ルイス酸部位をもつカルボニル基への求核試薬の付加である．この反応の機構も細かい点になると，酸触媒か塩基触媒かという違い，可逆か非可逆かなどによって変化する．ここにはその一般的な例を示した．

単純なものとして，可逆的な酸あるいは塩基触媒付加反応があり（図 16・35），水和反応やシアノヒドリン生成反応がこれに相当する．

付加中間体から水が失われた後さらに脱離するプロトンがない場合は，アセタール生成反応のように 2 番目の付加反応が起こる（図 16・43）．

もう少し複雑になると，付加にひき続いて水が脱離する反応がある．その例は第一級アミンとカルボニル化合物とから，*N*-置換イミンを与える反応である（図 16・51）．

有機金属試薬あるいは金属水素化物とカルボニル化合物の反応のような，不可逆的な付加反応の例も知られている．付加反応によって生成するアルコキシドは，プロトン化によりアルコールになる（図 16・59）．

この章ではアルコールの酸化反応についても述べた．この反応も第1段階は付加反応である．たとえば，CrO_3 による第一級アルコールの酸化の第1段階は，クロム－酸素二重結合へのアルコールの付加である（図16・67および図16・68）．酸化反応は，脱離反応が起こって新しく炭素－酸素二重結合がつくられ，完結する．

合　成

この章には数多くの新しい合成反応が出てきた．

1. アセタール

$$\mathrm{RCHO} \xrightarrow[\mathrm{ROH}]{\mathrm{RO^+H_2}} \mathrm{RO{-}CHR{-}OR}$$

$$\mathrm{R_2C{=}O} \xrightarrow[\mathrm{ROH}]{\mathrm{RO^+H_2}} \mathrm{RO{-}CR_2{-}OR}$$

アセタールはアルデヒドやケトンの保護基として利用できる；H_2O/H_3O^+ で処理するとアルデヒドを再生する．ヘミアセタールが中間体

2. カルボン酸

$$\mathrm{RCHO} \xrightarrow[\mathrm{H_3O^+}]{\mathrm{Na_2CrO_4}} \mathrm{RCOOH}$$

$$\mathrm{RCH_2OH} \xrightarrow[\mathrm{H_3O^+}]{\mathrm{Na_2CrO_4}} \mathrm{RCOOH}$$

$KMnO_4$ のような他の酸化剤も利用できる．アルデヒドとその水和物が中間体

3. アルコール

第一級アルコール

$$\mathrm{RCHO} \xrightarrow[\text{2. } \mathrm{H_2O}]{\text{1. } \mathrm{NaBH_4}} \mathrm{H{-}CHR{-}OH}$$

アルコキシドイオンが中間体；$LiAlH_4$ も同様に使用できる

$$\mathrm{H_2C{=}O} \xrightarrow[\text{2. } \mathrm{H_2O}]{\text{1. RMgX または RLi}} \mathrm{H{-}CHR{-}OH}$$

アルコキシドイオンが中間体

3. アルコール（つづき）

第二級アルコール

$$\mathrm{RCHO} \xrightarrow[\text{2. } \mathrm{H_2O}]{\text{1. RMgX または RLi}} \mathrm{R{-}CHR{-}OH}$$

アルコキシドイオンが中間体；R は同一でも異なっていてもよい

$$\mathrm{R_2C{=}O} \xrightarrow[\text{2. } \mathrm{H_2O}]{\text{1. } \mathrm{NaBH_4}} \mathrm{R{-}CHR{-}OH}$$

アルコキシドイオンが中間体；R は同一でも異なっていてもよい；$LiAlH_4$ も同様に使用できる

第三級アルコール

$$\mathrm{R_2C{=}O} \xrightarrow[\text{2. } \mathrm{H_2O}]{\text{1. RMgX または RLi}} \mathrm{R{-}CR_2{-}OH}$$

出発ケトンおよび有機金属試薬の構造の違いによって生成物は R₃C-OH, R₂RC-OH, あるいは RRRC-OH となる

4. アルデヒド

$$\mathrm{RO{-}CHR{-}OR} \xrightarrow[\mathrm{H_2O}]{\mathrm{H_3O^+}} \mathrm{RCHO}$$

アセタールの加水分解

$$\mathrm{RCH_2OH} \xrightarrow[\text{ピリジン}]{\mathrm{CrO_3}} \mathrm{RCHO}$$

第一級アルコールの酸化；水が存在してはならない．他の酸化剤を用いることもできる

$$\mathrm{RCH(OH){-}CH(OH)R} \xrightarrow[\mathrm{H_2O}]{\mathrm{HIO_4}} 2\ \mathrm{RCHO}$$

ビシナルジオールの過ヨウ素酸による開裂；環状エステルが中間体となる

5. アルケン

$$R_2C{=}O \xrightarrow{Ph_3P{=}CR_2} R_2C{=}CR_2$$

Wittig 反応

6. アルキルリチウム試薬

$$R{-}X \xrightarrow{Li} RLi$$

X = Cl, Br, I

RLi は単純化した表現であって，実際には単量体ではない

7. 亜硫酸水素イオン付加生成物

$$RHC{=}O \xrightarrow[H_2O]{Na^+\ HSO_3^-} RHC(OH)SO_3^-\ Na^+$$

いくつかのケトンも同様に反応する

8. シアノヒドリン

$$RHC{=}O \xrightarrow[H_2O]{KCN} RHC(OH)CN$$

シアノヒドリンの生成はケトンよりアルデヒドの方が起こりやすい

9. ジスルフィド

$$RSH \xrightarrow[\text{塩 基}]{I_2} RSSR$$

10. エナミン

$$RC({=}O)CH_2R \xrightarrow{R_2NH} RC(NR_2){=}CHR$$

α 位

少なくとも 1 つの α 水素が必要である；アミンは第二級アミンに限られる

11. グリニャール試薬

$$R{-}X \xrightarrow[\text{エーテル}]{Mg} RMgX$$

RMgX は他の化学種と平衡にあり，その構造は複雑である；エーテル系溶媒は反応に不可欠である

12. ヘミアセタール

$$RHC{=}O \underset{}{\overset{R\overset{+}{O}H_2,\ ROH}{\rightleftharpoons}} RO{-}CHR{-}OH$$

$$R_2C{=}O \underset{}{\overset{R\overset{+}{O}H_2,\ ROH}{\rightleftharpoons}} RO{-}CR_2{-}OH$$

ほとんど単離できない；例外は環状ヘミアセタール，特に糖類である；通常反応はさらに進行しアセタールを与える

13. 水 和 物

$$R_2C{=}O \overset{H_3O^+,\ H_2O}{\rightleftharpoons} HO{-}CR_2{-}OH$$

不安定；ケトンでは出発物質の方が通常は優勢である

$$RHC{=}O \overset{H_3O^+,\ H_2O}{\rightleftharpoons} HO{-}CHR{-}OH$$

ケトンの水和物より平衡ではより優勢に存在する；通常単離できない

14. 炭 化 水 素

$$RMgX \xrightarrow{H_2O} RH$$

$$RLi \xrightarrow{H_2O} RH$$

$$R_2Cu^-\ Li^+ \xrightarrow{R{-}X} R{-}R$$

R—X は第一級または第二級に限られる

15. イ ミ ン

$$RHC{=}O \xrightarrow{RNH_2} RHC{=}NR$$

この反応はケトンでも同様に起こる；第一級アミンに限られるが R の構造の違いにより多種多様のイミンが知られている

16. ケ ト ン

$$RO{-}CR_2{-}OR \xrightarrow[H_2O]{H_3O^+} R_2C{=}O$$

アセタールの加水分解

$$R_2CH{-}OH \xrightarrow[H_3O^+]{Na_2CrO_4} R_2C{=}O$$

多くの他の酸化剤も第二級アルコールをケトンに酸化する

$$R_2C(OH){-}C(OH)R_2 \xrightarrow[H_2O]{HIO_4} 2\ R_2C{=}O$$

過ヨウ素酸によるビシナルジオールの開裂反応：環状エステルの中間体を経由する

17. リチウム有機クプラート

$$RLi + CuX \longrightarrow R_2Cu^-\ Li^+ + LiX$$

X = I, Br, Cl

18. スルホン

過剰量
RSR + H_2O_2 ⟶ R—S(=O)(=O)—R

中間体はスルホキシド

20. スルホキシド

RSR + H_2O_2 ⟶ R—S(=O)—R

さらに酸化されるとスルホンになる

19. スルホン酸

RSH + HNO_3 ⟶ R—S(=O)(=O)—OH

間違えやすい事柄

この章で最も難しいことといえば，細かい事柄がたくさん出てきたことであろう．これらの事柄を整理し身につけるためには，できる限り一般化することが絶対に必要である．最もおかしやすい誤りは，1つ1つの事柄だけを暗記して，全体像を見失ってしまうことである．この章では，ただ1つの一般原則（求核試薬の炭素－酸素二重結合への付加）しかないのだが，プロトン化，付加，脱プロトンなどのさまざまな段階の中に紛れてしまいやすい．この章に出てくる可逆的な付加反応を正しく理解するのは，大変難しい．つぎに示すモデルは，基本的な類似性に焦点を当てるためのものである．その際，これらの反応に関与する分子の構造の違いによって生じる，小さいけれども重要な違いにも注意を払うことも大切である．

塩基性条件下では，水酸化物イオン，アルコキシドイオン，およびアミドイオンはいずれもカルボニル基に付加してアルコキシドイオンを与える．これらのアルコキシドイオンはプロトン化されて，それぞれ水和物，ヘミアセタール，アミノメタノールを生成する．この3つの反応はきわめてよく似た反応である（図16・90）．

酸性でも類似した反応が起こる．水，アルコール，第一級アミンからは，互いによく似たプロトン化，付加，脱プロトンの過程を経て，水和物，ヘミアセタールおよびアミノメタノールが生成する（図16・91）．

酸触媒反応では，これらの付加生成物からさらに水が失われ，新しい共鳴安定化された中間体を与える．水和物は，この過程によってもとのカルボニル化合物を再生するだけであるが，他の2つの場合には新しい化合物が生成する．第一級アミンから生成したアミノメタノールは，類似の過程を経て最終的にはイミンを与える．ヘミアセタールの場合，水は脱離するが，その後の脱離すべき第二のプロトンが存在しないため，その代わりに2つ目のアルコールが付加してアセタールを与える（図16・92）．

第二級アミンとカルボニル化合物から生成したアミノメタノールは，失われるべき第二のプロトンが存在しないため，代わりに炭素原子上で脱プロトンが起こり，エナミンを与える（図16・93）．

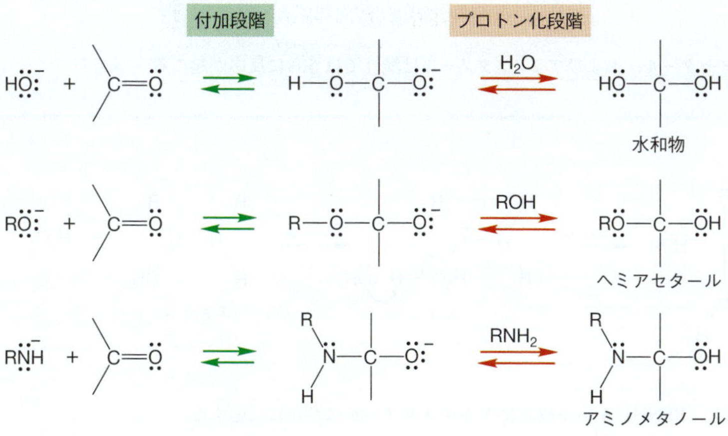

付加段階　プロトン化段階

HO^- + >C=O ⇌ H—O—C—O^- ⇌(H_2O) HO—C—OH
水和物

RO^- + >C=O ⇌ R—O—C—O^- ⇌(ROH) RO—C—OH
ヘミアセタール

RNH^- + >C=O ⇌ R(H)N—C—O^- ⇌(RNH_2) R(H)N—C—OH
アミノメタノール

図16・90　カルボニル基への塩基触媒付加反応

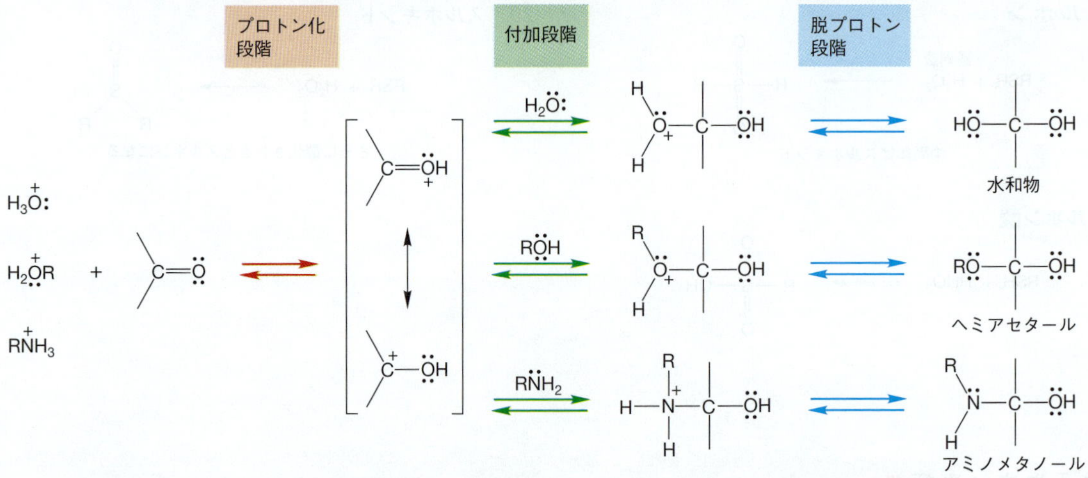

図 16・91 カルボニル基への酸触媒付加反応

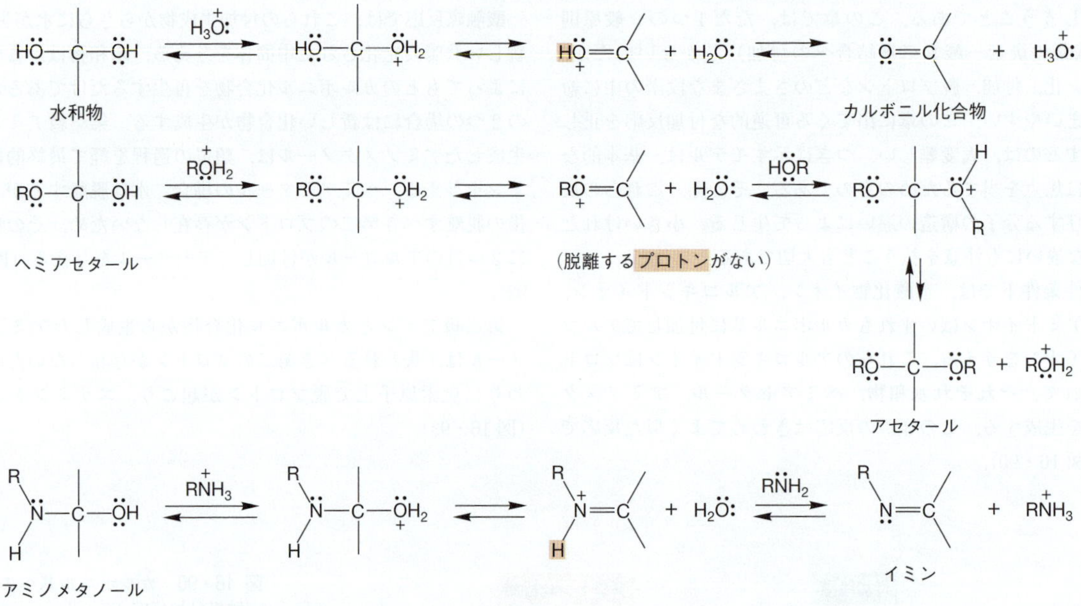

図 16・92 水和物，ヘミアセタール，およびアミノメタノールは酸性ではさらに反応が起こる．

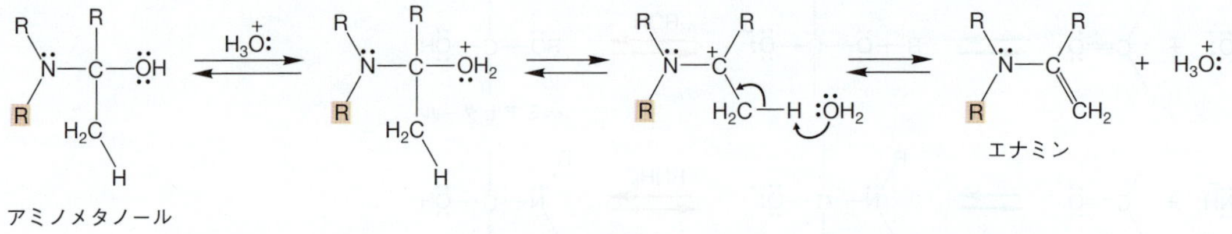

図 16・93 第二級アミン (RRNH) から生成したアミノメタノールはさらに反応する．

16・20 追 加 問 題

問題 16・34 つぎの化合物を命名せよ.

(a)

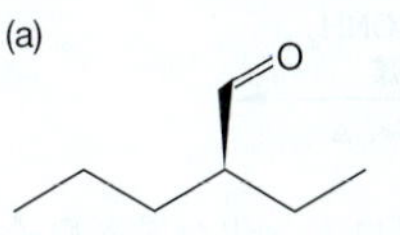

(b) CHO OH

(c) H H O O

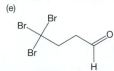

(d) H O O

(e) Br Br Br O H

(f) CHO OH

問題 16・35 つぎの化合物の構造を描け.

(a) *p*-ニトロベンズアルデヒド
(b) (*S*)-4-メチルヘキサナール
(c) (*E*)-2-ブテナール
(d) *cis*-2-ブロモシクロプロパンカルボアルデヒド

問題 16・36 つぎの化合物の構造を描け.

(a) (*R*)-6-アミノ-3-ヘプタノン
(b) 5-フルオロペンタナール
(c) 3-ヒドロキシシクロペンタノン
(d) フェニルアセトン
(e) (*Z*)-4-オクテナール

問題 16・37 つぎの化合物をIUPAC命名法に従って命名せよ.

(a)

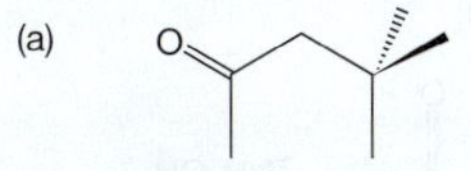

(b)

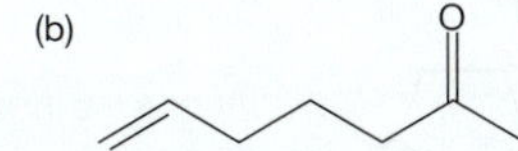

(c)

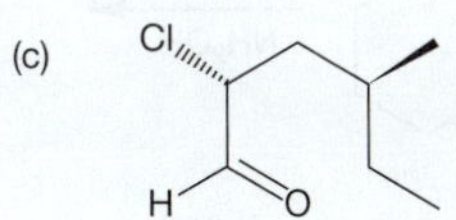

(d)

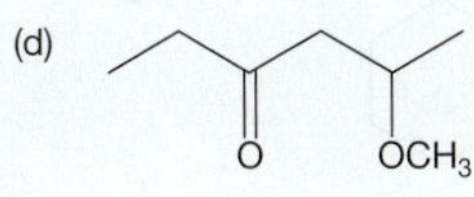

(e)

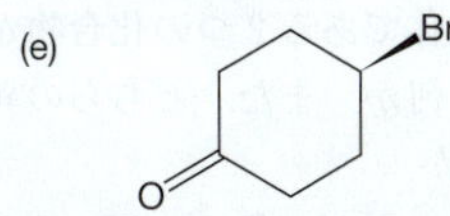

問題 16・38 つぎの化合物を命名せよ.

(a)

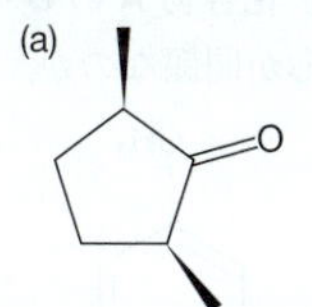

(b)

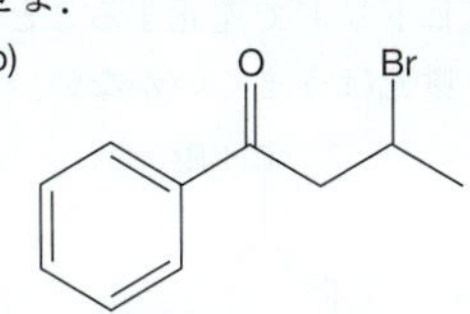

(c) OH NH₂ O

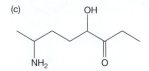

問題 16・39 つぎの化合物の構造を描け.

(a) メチルプロピルケトン (b) 2-ペンタノン
(c) 2,3-ヘキサンジオン (d) ブチロフェノン
(e) 3-ブロモ-4-クロロ-5-ヨード-2-オクタノン

問題 16・40 つぎの化合物の構造を描け.

(a) 3,5-ジ-*t*-ブチル-4-ヒドロキシベンズアルデヒド
(b) (*S*)-5-ブロモ-2-シクロペンテノン
(c) 2,4′-ジクロロ-4-ニトロベンゾフェノン
(d) 6-メチル-2-ピリジンカルボアルデヒド
(e) (*E*)-4-フェニル-3-ブテン-2-オン
(f) アミノアセトアルデヒドジメチルアセタール

問題 16・41 指示された分光法を用いて, つぎの2つの化合物を区別する方法を示せ.

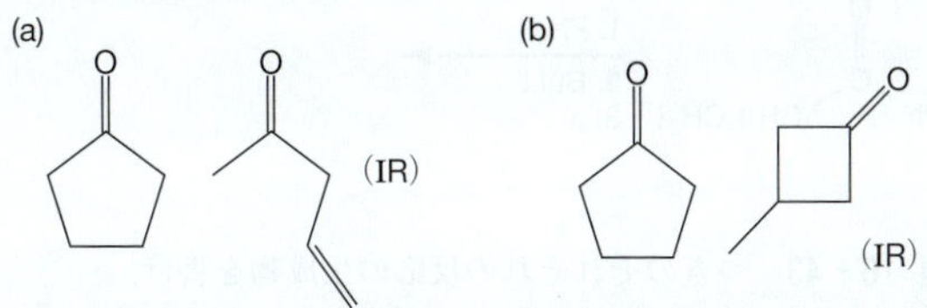

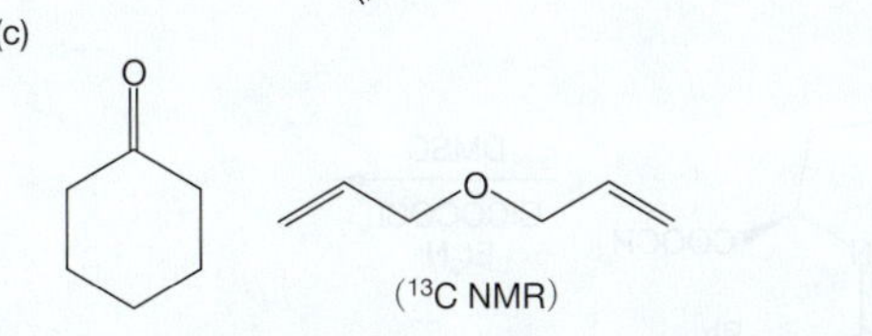

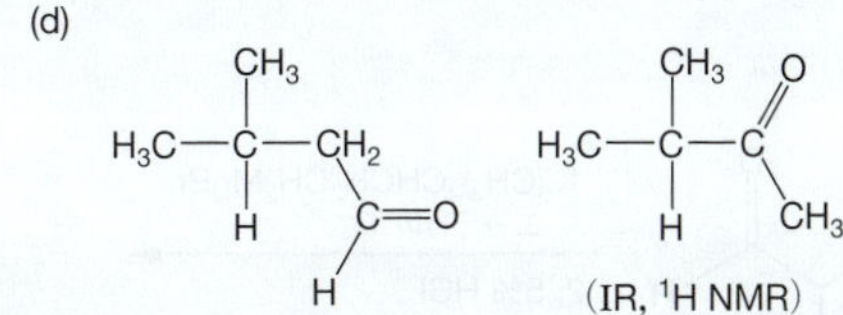

問題 16・42 つぎのそれぞれの反応でおもに生成する有機化合物は何か. ヒント: 問題 (k) には分子内反応も含まれている.

(a) HO OH / ベンゼン / 酸触媒 →

(b) $PhNH_2$ / 酸触媒 →

(c) NH / 酸触媒 →

(d) Ph–C(=O)–CH_3 1. PhMgBr 2. H_2O/H_3O^+ →

(e) Ph–C(=O)–Ph 1. CH_3Li 2. H_2O/H_3O^+ →

問題 16・42 (つづき)

(f) PhC(=O)CH$_3$ → NaBH$_4$ / CH$_3$OH

(g) PhC(=O)Ph → 1. LiAlH$_4$ 2. H_2O/H_3O^+

(h) 2-メチルシクロヘキサノール (OH, CH$_3$) → $Na_2Cr_2O_7$ / H_2SO_4

(i) PhCH$_2$OH → H_2CrO_4 / H_2O

(j) Ph–CH=CH–CH$_2$OH → CrO_3 / ピリジン

(k) PhC(=O)(CH$_2$)$_4$CH$_2$I → 1. Ph$_3$P 2. BuLi 3. Δ

問題 16・43 つぎのそれぞれの反応の生成物を書け.

(a) HO, COOCH$_3$, N, O, Ph → DMSO / ClCOCOCl / Et$_3$N

(b) H, N(CH$_2$Ph)$_2$ → 1. (CH$_3$)$_2$CHCH$_2$CH$_2$MgBr エーテル 2. 5% HCl 3. DMSO ClCOCOCl Et$_3$N

(c) HO, OH → 1. BH$_3$ THF 2. H$_2$O$_2$ NaOH 3. PCC CH$_2$Cl$_2$

問題 16・44 つぎのそれぞれの反応の生成物を書け.

(a) 3-ヘキサノン → NH$_2$OH 酸触媒 / トルエン, Δ

(b) 3-ヘキサノン → NH$_2$CH$_2$Ph 酸触媒 / トルエン, Δ

(c) 3-ヘキサノン → NH$_2$NH$_2$ 酸触媒 / トルエン, Δ

(d) 3-ヘキサノン → NH$_2$NHPh 酸触媒 / トルエン, Δ

(e) 3-ヘキサノン → NH$_2$NHCONH$_2$ 酸触媒 / トルエン, Δ

問題 16・45 炭素−酸素二重結合のプロトン化が炭素原子にではなく酸素原子に起こる理由を, 分子軌道を用いないで説明せよ.

問題 16・46 つぎの反応の生成物ならびに巻矢印表記法による反応機構を書け (反応が起こらないと予想される場合は NR と記せ).

(a) O, O (シクロヘキサノンのエチレンアセタール) → H_2O/H_3O^+

(b) N$^+$ (ピロリジニウム=シクロペンチリデン) → H$_2$O

(c) H$_3$CO, OH, C, H$_3$C, CH$_3$ → $CH_3OH/CH_3\overset{+}{O}H_2$

(d) H$_3$CO, OH, C, H$_3$C, CH$_3$ → KOH/H$_2$O

(e) O, O (シクロヘキサノンのエチレンアセタール) → KOH/H$_2$O

(f) シクロヘキサノン (O) → $^{+}NH_3OH$ / NH$_2$OH

問題 16・47 4-*t*-ブチルシクロヘキサノンを水素化アルミニウムリチウムで還元すると互いに異性体である 2 つの化合物が生成する. その 2 つの化合物の構造は何か. また, どちらの異性体が優先的に生成すると考えられるか.

問題 16・48 p.784 で述べたように, ハロゲン化ベンジルは金属ヒドリドで還元することができる. しかし, 化合物 **A** の **B** への還元はうまくいかない. なぜか. どんな反応が問題なのか.

A (CH$_2$Br, H$_3$C, O) → 1. LiAlH$_4$ 2. H$_2$O ⊘→ **B** (CH$_3$, H$_3$C, O)

問題 16・49 問題16・48の解答で，諸君の見つけた問題点を解決する方法を考案せよ．ヒント：p.774を見よ．

問題 16・50 つぎの反応の機構を書け．他にどのような生成物が生成する可能性があるか．反応の位置選択性について説明せよ．

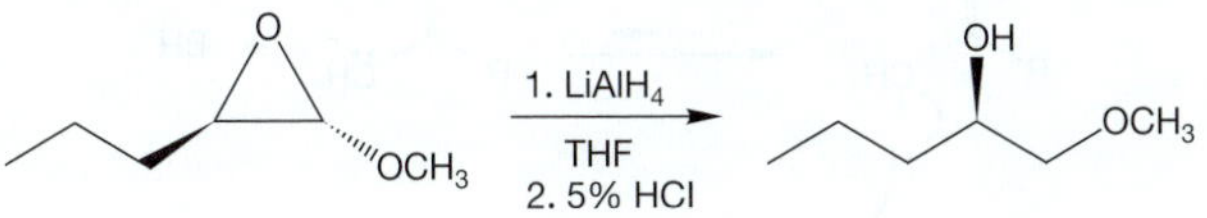

O, OCH_3 — 1. $LiAlH_4$ THF 2. 5% HCl → OH, OCH_3

問題 16・51 つぎの反応の機構を巻矢印表記法を用いて書け．

Br, CH_3, O — 1. Mg/THF 2. H_2O/H_3O^+ → CH_3, OH

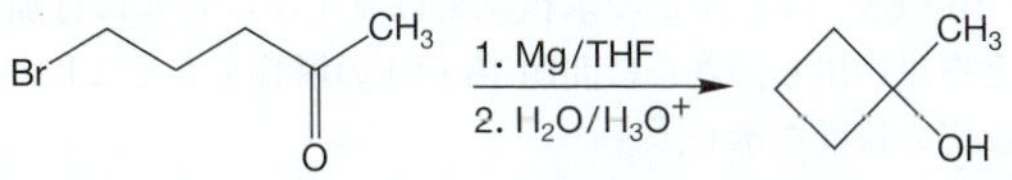

問題 16・52 出発物質となる炭素源としてはイソプロピルアルコールのみを利用し，そのほかに塩基，溶媒など必要とする有機試薬，適当な無機試薬（標識された物質が必要ならそれも含む）を用いて，つぎの標識された化合物の合成法を考えよ．なお，反応機構を書く必要はない．

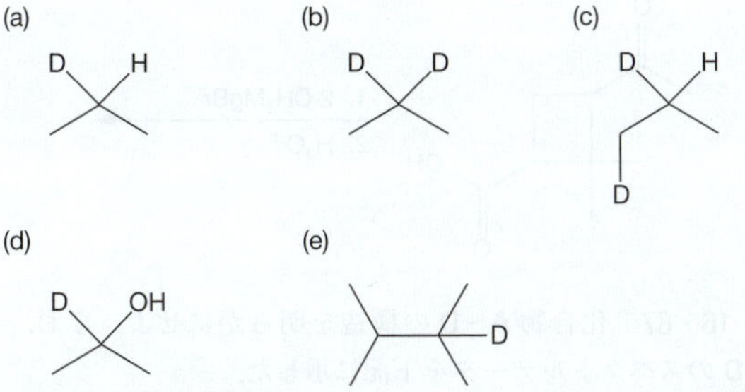

(a) D H (b) D D (c) D H D

(d) D OH (e) D

問題 16・53 出発物質としてプロピルアルコールと炭素数が1個だけの有機化合物，そのほかに塩基，溶媒など必要とする有機試薬，適当な無機試薬などを用いて，つぎの化合物の合成法を考えよ．いくつかの変換には以前の章で扱った変換反応が必要になる．たとえば図7・58を参照せよ．

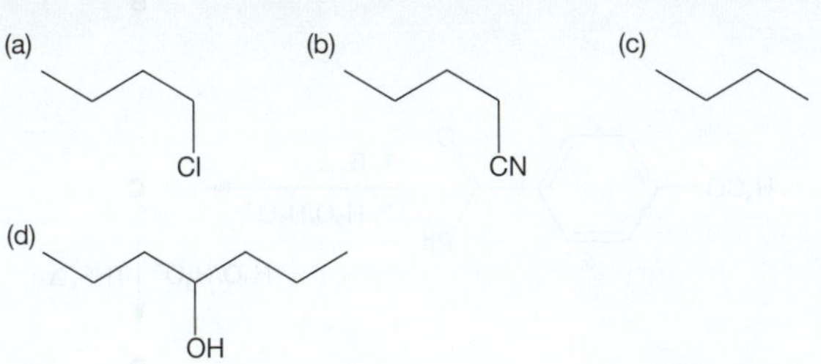

(a) Cl (b) CN (c)

(d) OH

問題 16・54 炭素数が4個以下のアルコールと適当な無機試薬，およびエーテルならびにピリジンなどの特定の試薬を用いて，つぎの化合物の合成法を考えよ．

(a) OH (b) OH

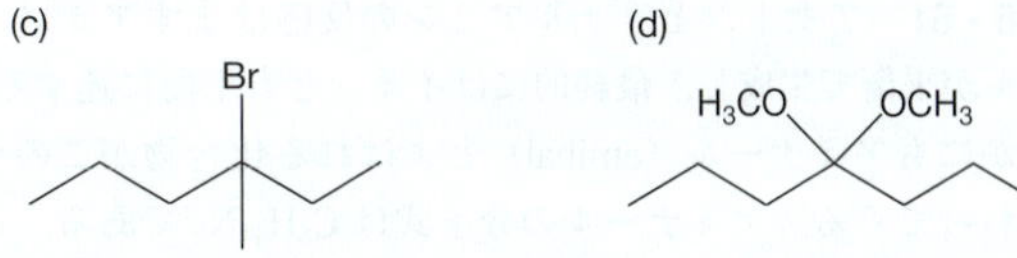

(c) Br (d) H_3CO OCH_3

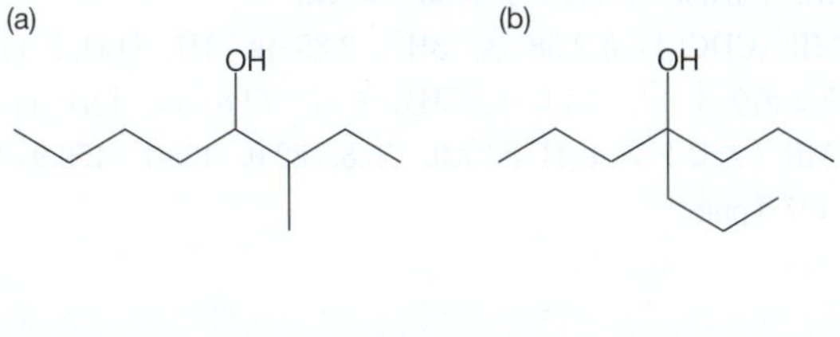

問題 16・55 つぎの反応の機構を巻矢印表記法を用いて書け．

O, H_2N–C–$NHCH_2CH(OCH_2CH_3)_2$ — H_3O^+ H_2O → NH, C=O, NH

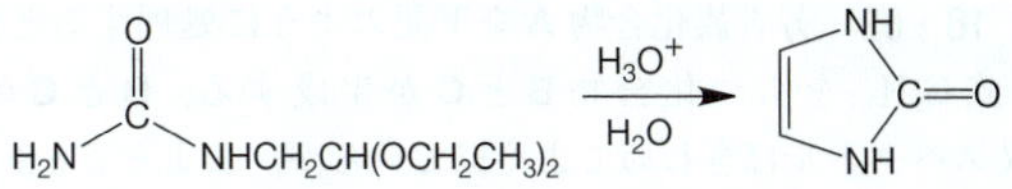

問題 16・56 つぎの反応の機構を巻矢印表記法を用いて書け．何がこの反応の原動力となっているのか．なぜ7員環化合物から5員環化合物に変わるのか．

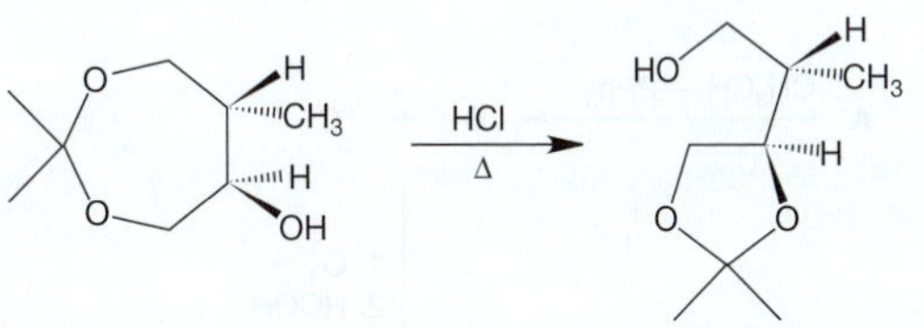

O, O, H, CH_3, H, OH — HCl Δ → HO, H, CH_3, H, O, O

問題 16・57 つぎの反応の機構を巻矢印表記法を用いて書け．ヒント：逆向きに考えよ．

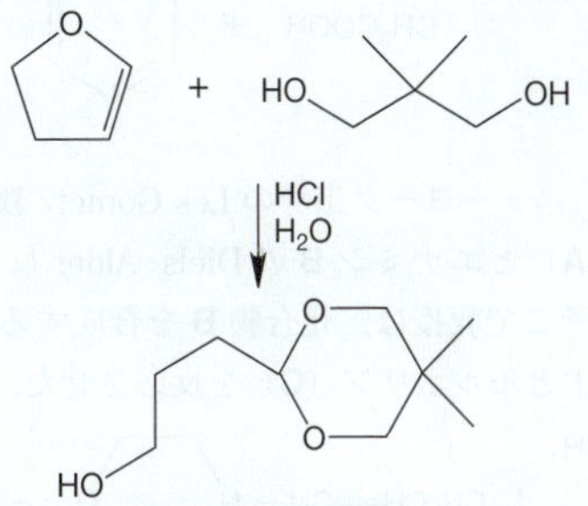

O + HO OH — HCl H_2O → O, O, HO

問題 16・58 16・10ではアルコールの保護基について学んだ．シリルエーテルを保護基として用いる1つの利点として，フッ化物イオンで選択的に除去できる点があげられる．フッ化物イオンがケイ素原子を攻撃し，ケイ素－酸素結合が切断される．ケイ素－酸素結合はとても強固であるにもかかわらず，なぜこの反応ではケイ素－炭素結合ではなくケイ素－酸素結合が切断されるのだろうか．ガラスのエッチング処理になじみがあれば，この化学反応との関連性がわかることだろう．ガラスをエッチングする際に，どのような酸が使用されるだろうか．

問題 16・59 アルコールをケトンやアルデヒドへ酸化するために，これまで多くの酸化剤が開発されてきた．クロム酸試薬は，酸化剤として優れた反応性を示すが，他の手法が好んで用いられる場合が多い．なぜ他の手法の方が好まれるのだろうか．6価クロムを使う点のデメリットとは何だろうか．

問題 16・60 自然界では，ヒドリド源としてNADH（図16・87）が用いられる．NADHがヒドリドを放出する際の電子の流れを示せ．また，その反応の駆動力が何か答えよ．

問題 16・61 アセトンとメチルアミンの反応はまずアミノメタノールが平衡で生成し，最終的にはイミンとも平衡に達する．そのほかにもアミナール（aminal）とよばれる化合物がこの平衡に加わってくる．アミナールの分子式は $C_5H_{14}N_2$ である．この化合物の構造とその生成機構を書け．

問題 16・62 芳香族化合物 **A** を下記のように処理すると同じ分子式 C_9H_{10} をもつ化合物 **B** と **C** が生成する．**B** と **C** の ^{1}H NMR スペクトルはきわめてよく似ているが，およそ δ 6.3 ppm に現れる 2 つの水素の結合定数が **B** では 8 Hz なのに **C** では 14 Hz である点が異なっている．**B** と **C** をオゾンで処理し，さらに酸化的処理を行うと両者とも安息香酸と酢酸を生成する．**B** と **C** の構造を示し，その構造を考えた理由を説明せよ．

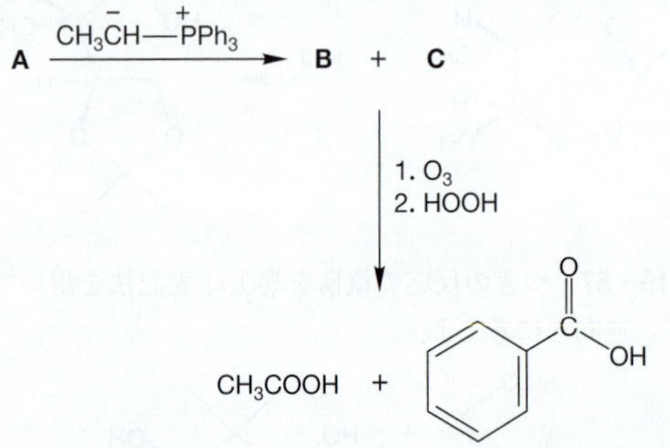

$$\mathbf{A} \xrightarrow{CH_3\overset{-}{C}H-\overset{+}{P}Ph_3} \mathbf{B} + \mathbf{C}$$

1. O_3
2. HOOH

CH_3COOH + (安息香酸)

問題 16・63 ニューヨーク出身の Les Gometz 教授は，クマリン酸メチル（**A**）とエナミン **B** の Diels–Alder 反応を研究したいと考えた．そこで教授は，化合物 **B** を合成するためにプロピオンアルデヒドとモルホリン（**C**）を反応させた．

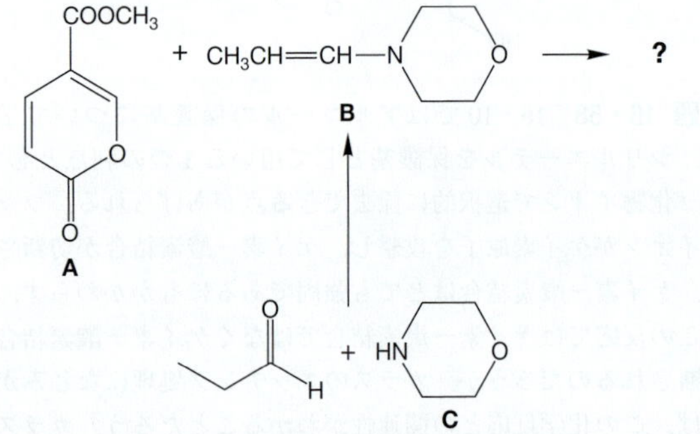

A（COOCH$_3$）+ $CH_3CH{=}CH{-}N$（モルホリン）→ ?

B

（プロピオンアルデヒド）+ HN（モルホリン）**C**

適当な時間が経った後で Gometz 教授は反応混合物を ^{1}H NMR スペクトルで分析したところ，目的とするエナミンはほんの少し（5〜10％）しか生成していないことがわかり失望した．しかし，つねに楽天家である教授は，ほんの少ししか **B** が含まれていない反応混合物を用いて，とにかくジエン **A** との Diels–Alder 反応を試みた．その結果，教授は 80％の収率で付加環化した生成物が得られたことに驚き，喜んだ．

ここで問題；反応混合物中にほんの少ししかエナミン **B** は含まれていないのに，なぜ Gometz 教授は高収率で目的物を得ることができたのか，説明せよ．

問題 16・64 カルボニル基 C=O に隣接した水素は比較的酸性（pK_a〜20）である．このことはこの水素が塩基によって比較的容易に引抜かれ，アニオンが生じることを示している．これを簡単に説明せよ．その後で問題 16・65 に取りかかること．

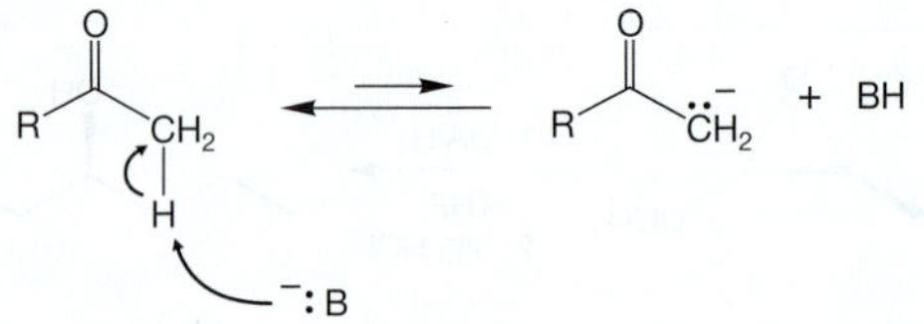

R–C(=O)–CH$_2$–H + $^-$:B ⇌ R–C(=O)–$\ddot{C}H_2^-$ + BH

問題 16・65 ほとんどの求核試薬はカルボニル基に付加できることを思い出し，さらに問題 16・64 の解答をもとにして，つぎの反応の機構を示せ．

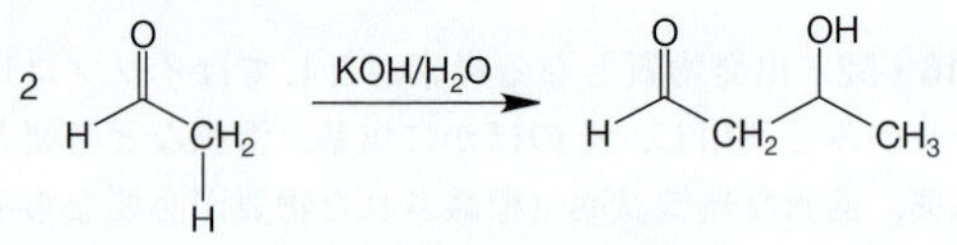

$$2\ \mathrm{H{-}C(=O){-}CH_2{-}H} \xrightarrow{KOH/H_2O} \mathrm{H{-}C(=O){-}CH_2{-}CH(OH){-}CH_3}$$

問題 16・66 つぎの反応の生成物を予想せよ．

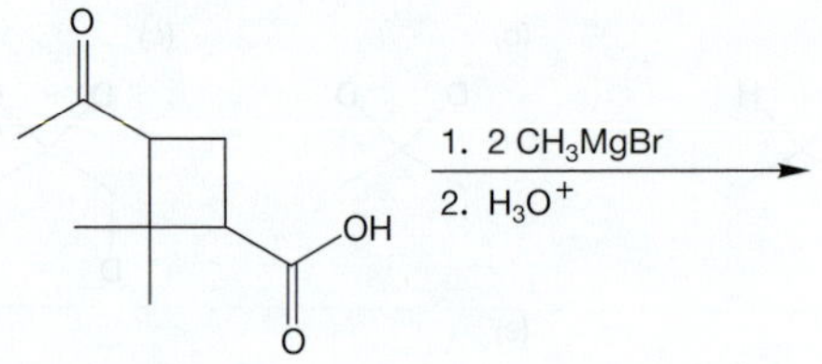

（3-アセチル-2,2-ジメチルシクロブタンカルボン酸）$\xrightarrow[\text{2. } H_3O^+]{\text{1. 2 } CH_3MgBr}$

問題 16・67 化合物 **A**〜**D** の構造を明らかにせよ．なお，化合物 **D** のスペクトルデータを下記に示した．

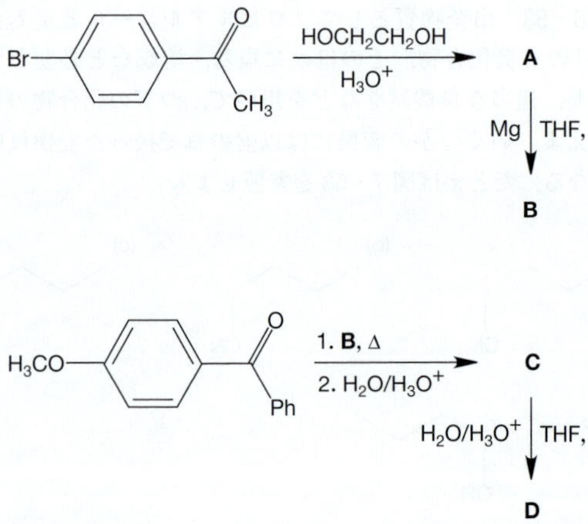

Br–C$_6$H$_4$–C(=O)CH$_3$ $\xrightarrow[H_3O^+]{HOCH_2CH_2OH}$ **A** $\xrightarrow{\text{Mg, THF, }\Delta}$ **B**

H_3CO–C$_6$H$_4$–C(=O)Ph $\xrightarrow[\text{2. } H_2O/H_3O^+]{\text{1. } \mathbf{B}, \Delta}$ **C** $\xrightarrow{H_2O/H_3O^+\text{, THF, }\Delta}$ **D**

［化合物 **D**］
質量スペクトル：m/z = 332 (M, 82％)，255 (85％)，213 (100％)，147（37％），135（43％），106（48％），77（25％），43（25％）
IR（KBr）：3455（s）および 1655（s）cm^{-1}
^{1}H NMR（$CDCl_3$）：δ 2.58（s，3H），2.85（s，1H，D_2O を 1 滴加えると消失する），3.74（s，3H），6.77〜7.98（m，13H）ppm
^{13}C NMR（アセトン-d_6）：δ 27.0，55.8，82.0，128.1〜159.9（12 本），197.8 ppm

問題 16・68 化合物 **A**～**D** の構造を明らかにせよ．なお，化合物 **D** のスペクトルデータを下記に示した．反応機構を書かなくともよいが，機構を解析することは構造を明らかにする助けになるであろう．

H_3C–C_6H_4–OCH_2Cl —(Ph_3P)→ **A** —(PhLi)→ **B** —($(CH_3CH_2)_2C{=}O$)→ $Ph_3P{=}O$ + **C** —(H_2O/H_3O^+)→ **D**

［化合物 **D**］
IR（液膜）：2817（w），2717（w），1730（s）cm^{-1}
^{1}H NMR（$CDCl_3$）：δ 0.92（t, J = 7 Hz, 6H），1.2～2.3（m, 5H），9.51（d, J = 2.5 Hz, 1H）ppm
^{13}C NMR（$CDCl_3$）：δ 11.4, 21.5, 55.0, 205.0 ppm

問題 16・69 酸触媒を用いるグリセリンのアクロレインへの変換反応について，機構を書け．

HO–CH_2–CH(OH)–CH_2–OH —(H_3O^+, H_2O)→ $CH_2{=}CH$–CHO

グリセリン glycerol　　アクロレイン acrolein

問題 16・70 この問題ではもう1つのアルコールの保護基，メトキシメチル（methoxymethyl, MOM）を紹介する．MOM 保護基は塩基には安定であるが，穏やかな酸による処理で開裂する．MOM 保護基の導入過程を巻矢印表記で示せ．この保護基が酸水溶液で処理すると速やかに開裂する理由もまた説明せよ．

R—OH —(1. NaH, 2. CH_3OCH_2Cl)→ R—O—CH_2OCH_3 —(H_3O^+, H_2O)→ R—OH

問題 16・71 酵素の形や反応性を決めるうえで，チオールは重要な役割を果たしている．ジスルフィドの硫黄－硫黄結合の形成と切断は可逆反応であるため，自然界ではチオールが重宝されている．反応は

$$RSH + RSH \rightleftharpoons RS{-}SR$$

で示される．チオールをジスルフィドに変換する反応およびその逆反応はどのようなタイプの反応に分類されるだろうか．また，生体内でジスルフィドの形成および切断を担う試薬はなんだろうか．ヒント：p.799 を見よ．

問題 16・72 メタプロテレノール（metaproterenol；オルシプレナリン orciprenaline, **1**）は気管支拡張薬として治療に用いられている β アドレナリン受容体刺激薬である．ラセミ体の **1** の臭化水素酸塩の合成法の概略を下記に示したが，そこで用いる適当な試薬を示せ．

3,5-$(CH_3O)_2C_6H_3$–CO–CH_2Br —(a)→ 3,5-$(CH_3O)_2C_6H_3$–CH(OH)–CH_2Br —(b)→ 3,5-$(CH_3O)_2C_6H_3$–(エポキシド) —(c)→ 3,5-$(CH_3O)_2C_6H_3$–CH(OH)–$CH_2\overset{+}{N}H_2CH(CH_3)_2$ Cl^- —(d)→ 3,5-$(HO)_2C_6H_3$–CH(OH)–$CH_2\overset{+}{N}H_2CH(CH_3)_2$ Br^- **1**

問題 16・73 2-チアビシクロ[2.2.1]ヘプタン（**1**）を等モル量の過酸化水素で処理すると分子式 $C_6H_{10}OS$ で表されるジアステレオマー **2** と **3** の混合物を与える．両ジアステレオマー **2** と **3** は過酢酸で処理すると同一の生成物 **4**（$C_6H_{10}O_2S$）を生じる．化合物 **4** はまた，**1** に2モル量の過酢酸を反応させても生成する．化合物 **2**，**3** および **4** の構造を推定せよ．ヒント：出発物質 **1** の正確な Lewis 構造式を描くことから始めること．

1 —(H_2O_2, CH_3COOH, 25 ℃)→ **2** + **3** —(CH_3COOOH, CH_3COOH, 50 ℃)→ **4**

1 —($2CH_3COOOH$, CH_3COOH, 50 ℃)→ **4**

問題 16・74 化合物 **A**〜**C** の構造を示せ．

（シクロヘキセンオキシド） —1. $LiAlH_4$ 2. H_2O→ **A** ($C_6H_{12}O$) —PCl_3→ **B** ($C_6H_{11}Cl$) —1. Li 2. $(CH_3)_2C{=}O$ 3. H_2O→ **C** ($C_9H_{18}O$) —H_2O, H_3O^+→ （H_3C–C(=シクロヘキシリデン)–CH_3）

問題 16・75 化合物 **A**〜**C** の構造を示せ．

（スチレン） —Br_2, H_2O→ **A** (C_8H_9BrO) —NaOH, H_2O→ **B** (C_8H_8O) —H_3O^+, H_2O→ **C** ($C_8H_{10}O_2$) —HIO_4, H_2SO_4→ $H_2C{=}O$ + （ベンズアルデヒド，CHO）

問題 16・76 つぎの反応の空欄に当てはまる必要な試薬を書け．

（PhO–C(=O)–N 環状エノン，C=O） → [　　　] [　　　] → （PhO–C(=O)–N 環，–OH） → [　　　] [　　　] → （PhO–C(=O)–N 環，–OCH_3）

カルボン酸

17

"Numbing the pain for a while will make it worse when you finally feel it."
——— J. K. Rowling*, "Harry Potter and the Goblet of Fire"

17・1　はじめに

この章では，**カルボン酸**（carboxylic acid），一般式，R−COOH の性質とその化学について述べる．他の官能基と同様に，まず IUPAC 命名法について述べ，それから構造に進む．カルボン酸は多様な化学的性質をもっている．その名のとおり酸であるが，また，塩基としても働く．そしてカルボニル基がいかに反応性に富んでいるかは，16 章で学んだとおりである．この章では，多くの新しい反応が現れるが，最も重要なものは，付加−脱離機構という一般性のある反応機構の出現である．これについては，15 章で簡単にふれたが，18 章ではさらにこの過程を広く学ぶことになる．

問題 17・1　これまでに学んだカルボン酸の合成法をあげよ．
解 答　アルケンの酸化的オゾン分解（p.497），水溶液中での二クロム酸塩による第一級アルコールの酸化（p.788），アルデヒドの酸化（p.791）でカルボン酸を合成することができる．

不可欠なスキルと要注意事項

1. Fischer のエステル化と酸性加水分解の平衡が，この章の最重要事項である．この可逆反応をよく理解すれば，この章のほとんどを征服したのも同然である．行きと戻りの反応の機構は真逆の関係になっている．
2. カルボン酸を 2 モル量のアルキルリチウムと反応させ，さらに加水分解するとケトンが生成する．この反応はケトンの有力な合成法である．2 モル量のアルキルリチウムが必要な理由をしっかり理解してほしい．
3. カルボン酸と $LiAlH_4$ の反応では，2 モル量のヒドリドイオンの付加により第一級アルコールが生じる．

*（訳注）1965 年生まれの英国の作家．1997 年『ハリー・ポッターと賢者の石』がたちまちベストセラーとなり，世界各国の言語に翻訳されている．2000 年 6 月に英国女王から O.B.E. 勲章を授与された．

17・2 カルボン酸の命名法と性質

IUPACの体系的な命名法では，同じ炭素数のアルカンの語尾の“e”を除いて，“oic acid”を付ける．二塩基酸は同様に，“dioic acid”を付けるが，語尾の“e”は省かない．日本語名では，同じ炭素数のアルカンの名称に，一塩基酸なら“酸”を，二塩基酸なら“二酸”を付ける．環状の酸は，シクロアルカンカルボン酸（cycloalkanecarboxylic acid）のように命名する．表17・1に，よく出てくる一塩基酸と二塩基酸を，その物理的性質および慣用名とともに示す．これらの慣用名は今でもよく使われる．

表 17・1 カルボン酸とその性質

構造式	体系名	慣用名	沸点（°C）	融点（°C）	pK_a
HCOOH	メタン酸 methanoic acid	ギ 酸 formic acid	100.7	8.4	3.77
CH_3COOH	エタン酸 ethanoic acid	酢 酸 acetic acid	117.9	16.6	4.76
CH_3CH_2COOH	プロパン酸 propanoic acid	プロピオン酸 propionic acid	141	−20.8	4.87
$CH_3CH_2CH_2COOH$	ブタン酸 butanoic acid	酪 酸 butyric acid	165.5	−4.5	4.81
$CH_3CH_2CH_2CH_2COOH$	ペンタン酸 pentanoic acid	吉草酸 valeric acid	186	−33.8	4.82
$CH_3CH_2CH_2CH_2CH_2COOH$	ヘキサン酸 hexanoic acid	カプロン酸 caproic acid	205	−2	4.83
$CH_2{=}CHCOOH$	プロペン酸 propenoic acid	アクリル酸 acrylic acid	141.6	13	4.25
(シクロペンチル)−COOH	シクロペンタンカルボン酸 cyclopentanecarboxylic acid		216	−7	4.91
(シクロヘキシル)−COOH	シクロヘキサンカルボン酸 cyclohexanecarboxylic acid		232	31	4.88
(フェニル)−COOH	ベンゼンカルボン酸 benzenecarboxylic acid	安息香酸 benzoic acid	249	122	4.19
HOOC−COOH	エタン二酸 ethanedioic acid	シュウ酸 oxalic acid		190	1.23 4.19†
$HOOC{-}CH_2{-}COOH$	プロパン二酸 propanedioic acid	マロン酸 malonic acid		136	2.83 5.69†
$HOOC{-}(CH_2)_2{-}COOH$	ブタン二酸 butanedioic acid	コハク酸 succinic acid		188	4.16 5.61†
$HOOC{-}(CH_2)_3{-}COOH$	ペンタン二酸 pentanedioic acid	グルタル酸 glutaric acid	∼300	99	4.31 5.41†
$HOOC{-}(CH_2)_4{-}COOH$	ヘキサン二酸 hexanedioic acid	アジピン酸 adipic acid	>300	156	4.43 5.41†
HOOC−CH=CH−COOH シス異性体	*cis*-ブテン二酸 *cis*-butenedioic acid	マレイン酸 maleic acid		140	1.92 6.23†
HOOC−CH=CH−COOH トランス異性体	*trans*-ブテン二酸 *trans*-butenedioic acid	フマル酸 fumaric acid		∼300	3.02 4.38†

† 第二プロトン解離の pK_a 値

置換基をもつカルボン酸では，カルボキシ基 COOH を含む最も長い炭素鎖を選び，カルボキシ炭素を番号 1 とする（図 17・1）．環状化合物では，カルボキシ基のついた炭素を番号 1 として命名する．カルボン酸は最優先の官能基なので，アルケンとアルキンを除く他の官能基は位置番号をつけて置換基として命名する．アルケンとアルキンは主鎖のなかで示される．RCOOH がよく RCO_2H のように記されることも知ってほしい．

3-ブロモブタン酸
3-bromobutanoic acid
（β-ブロモ酪酸
β-bromobutyric acid）

3,5-ジクロロヘキサン酸
3,5-dichlorohexanoic acid

m-エチル安息香酸
m-ethylbenzoic acid
（3-エチル安息香酸
3-ethylbenzoic acid）

cis-4-アミノシクロヘキサンカルボン酸
cis-4-aminocyclohexane-carboxylic acid

（*E*）-4-ヒドロキシ-2-ペンテン酸
（*E*）-4-hydroxy-2-pentenoic acid

図 17・1 いくつかのカルボン酸の命名

カルボン酸はとても極性の高い分子なので，炭素数 5 以下のカルボン酸は水溶性である．酸性を示すことがカルボン酸の最も重要な性質であり，17・5 節で詳しく述べる．

問題 17・2 以下の化合物を命名せよ．

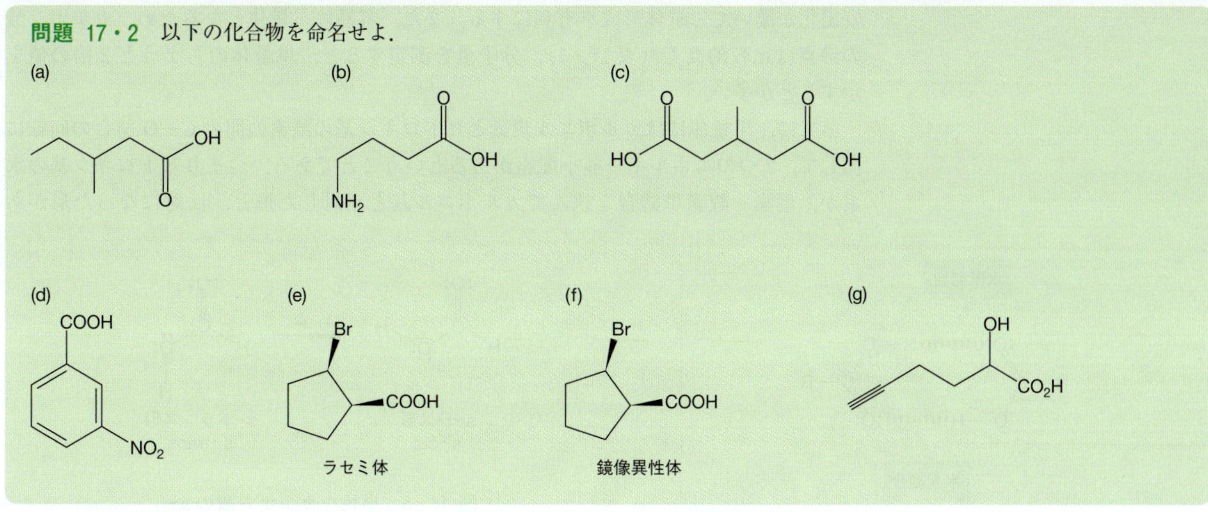

カルボン酸アニオン（carboxylate anion）はカルボン酸の共役塩基であり，有機化学ではどこにでも出てくるし，セッケンやシャンプーの成分でもある．カルボン酸のプロトンを，たとえば Li^+，Na^+，K^+ などの金属イオン M^+ で置き換えてできる $RCOO^-M^+$ を塩（えん）という．IUPAC の命名法では，カルボン酸の語尾 "oic acid" を "oate" に換え，その前に1文字空けて対の金属イオンの名前を置く．日本語名ではカルボン酸名のあとに金属イオン名をつける（図 17・2）．

図 17・2　いくつかのカルボン酸塩とその命名

17・3 カルボン酸の構造

図 17・3 に，ギ酸の構造および比較のためのホルムアルデヒドの構造を示す．酸の構造は，本質的には他のカルボニル化合物と類似している．sp^2 混成のカルボニル炭素は平面構造をとる．強固な炭素－酸素二重結合は短く，ほぼ 1.23 Å である．

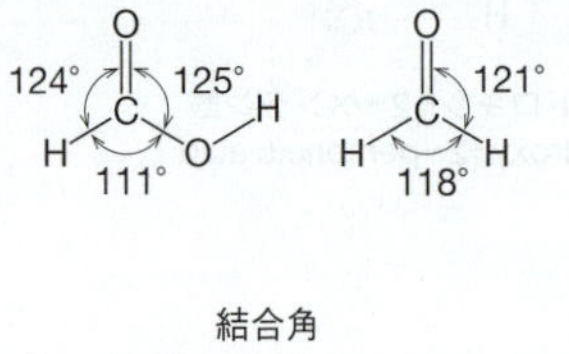

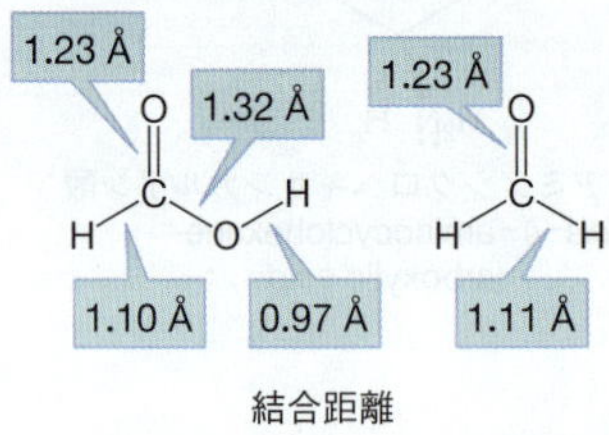

図 17・3　ギ酸とホルムアルデヒドの構造の比較

カルボン酸の構造を記述するうえで2つの点を考えねばならない．第一は，単純なカルボン酸は液相で大部分二量体になっていることである（図 17・4）．二量体は2個の比較的強い水素結合〔それぞれ，約 29 kJ/mol（7 kcal/mol）〕をもち，エネルギー的な安定化が働いて二量体形成を有利にする．また，容易に二量体となるため，カルボン酸の沸点は比較的高く（表 17・1），分子量を測定すると，単量体のちょうど2倍の値を示すことが多い．

第二に，単量体にはカルボニル炭素とヒドロキシ基の酸素の間の C－O 結合の回転に関して，2つのエネルギー極小配座があるということである．つまりヒドロキシ基の水素が，炭素－酸素単結合を挟んでカルボニル基と正対した形と，反対になった形があ

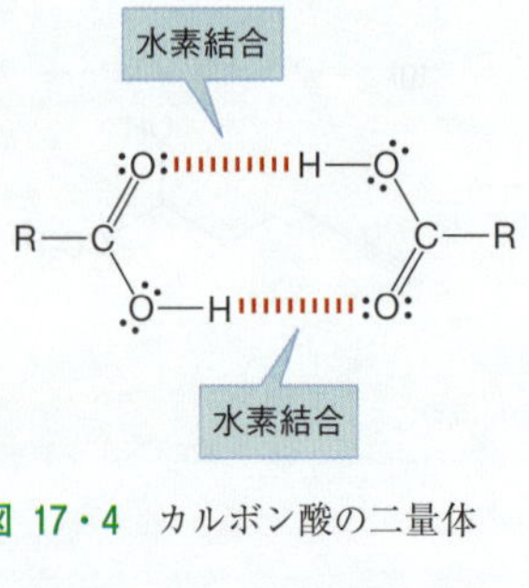

図 17・4　カルボン酸の二量体

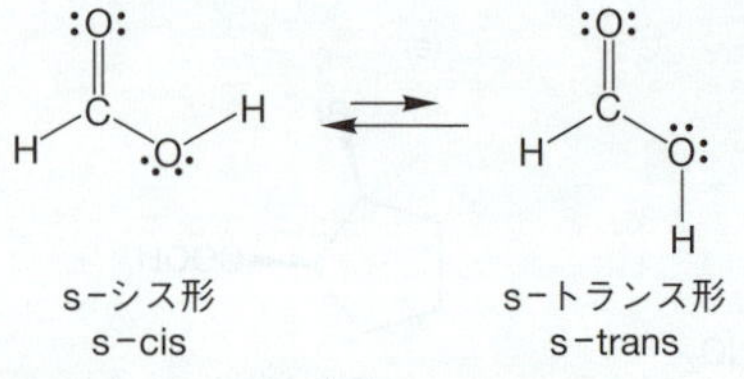

図 17・5　単純なカルボン酸の s-シス形と s-トランス形

り，それぞれを s-シスおよび s-トランスとよぶ（p.582，図 17・5）．この 2 つの配座はどちらもエネルギー極小値をとり，気相で約 54 kJ/mol（13 kcal/mol）のエネルギー障壁で隔てられている．またギ酸の場合，s-トランス形よりも s-シス形が約 25 kJ/mol（6 kcal/mol）安定である．

問題 17・3 水溶液中では，カルボン酸の s-シス形が s-トランス形より安定である．安定な理由を二つあげよ．

問題 17・4 β-ケトカルボン酸では s-トランス形の方が安定である．これを説明する分子構造を考えてみよ．

＊問題 17・5 酸性水溶液中では，s-シス形と s-トランス形の相互変換はきわめて容易となる．単純な結合の回転ではない機構を考えよ．

解 答 まず，カルボニル炭素へのプロトン化が起こり，つぎに，ヒドロキシ基からプロトンの脱離が起こる．

s-シス形 ⇌ [ ] ⇌ s-トランス形

17・4 カルボン酸の赤外および NMR スペクトル

カルボン酸の赤外（IR）スペクトルで最も特徴的な吸収は，1710 cm^{-1} 付近に現れる C=O 伸縮振動による強い吸収と，3100 cm^{-1} を中心とする幅広い O−H 伸縮振動の強い吸収である．図 17・6 に酢酸の赤外スペクトルを示す．共役した C=O 基の伸縮振動は約 20 cm^{-1} 低波数側へシフトする．O−H 伸縮振動が幅広くなるのはアルコールの場合と同じ理由である（p.383）．水素結合をした二量体や，数分子から成る会合体が多く存在し，O−H 結合の強度がさまざまなためである．

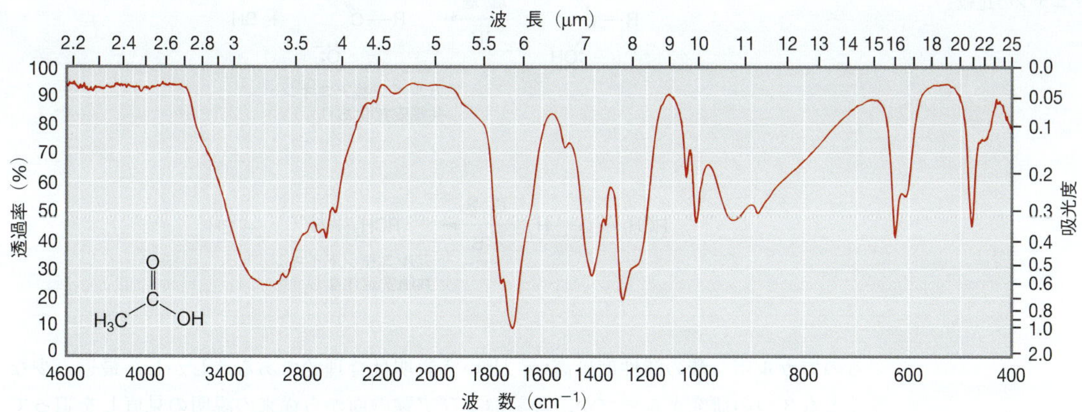

図 17・6 酢酸の赤外スペクトル

カルボン酸のNMRスペクトルも多くの特徴を示す．カルボン酸のカルボニル基のα位の水素は，カルボニル基の電子求引性とπ結合電子による環電流のために，遮蔽が減少している．したがって他のカルボニル化合物のα水素と同様にδ 2〜2.7 ppmの領域に現れる（表9・5）．RCOOHの酸性水素は，あらゆる典型的な有機官能基のうち最も遮蔽が少なく，普通，δ 10〜13 ppmに幅広い一重線として現れる．アルコールのOHの水素と同様に交換反応を起こすので，試料にD_2Oを添加するとOHがODに変化し，δ 10〜13 ppmのシグナルは消失する．アルコールの水素はδ 10〜13 ppmの低磁場に現れることはめったにない．

カルボキシ基の炭素も，他のカルボニル炭素と同じく遮蔽効果が大きく減少しているので，^{13}C NMRシグナルは低磁場に現れる．その化学シフトは約δ 180 ppmであり，アルデヒドやケトンの炭素に比べるとδ値はやや小さい．

17・5 カルボン酸の酸性度と塩基性度

カルボン酸は酸でもあり，また塩基としても働くので，さまざまな化学的性質を示す．カルボン酸がブレンステッド酸でなければ，酸とはよばれなかったであろう．実際，カルボン酸は自然界で酸として働き，それはアミンが塩基として働くのと同様である．いくつかの一塩基酸，二塩基酸のpK_a値を表17・1（p.814）に示す．

カルボン酸（$pK_a = 3〜5$）はアルコール（$pK_a = 15〜17$）よりはるかに強い酸である．この事実を説明する理由をいくつかあげることは容易だが，それらの相対的な重要度を評価するのは難しい．1つの説明は，プロトンが脱離すると，共鳴安定化されたカルボン酸アニオンが生成するためと考えることである（図17・7）．

図 17・7 カルボン酸のヒドロキシ基からのプロトンの脱離と共鳴安定化されたカルボン酸アニオンの生成

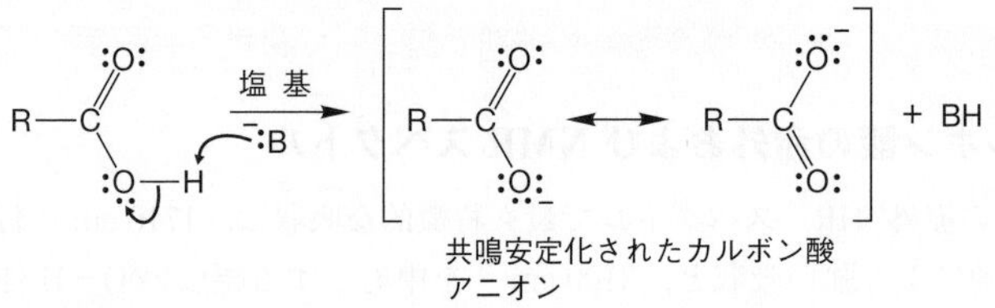

アルコールが脱プロトンすると，アルコキシドイオンを生じるが，それは共鳴安定化されていない（図17・8）．一方，非常に安定化されたカルボン酸アニオンが生成するのでカルボン酸の酸性度は高い，という説明は合理的である．しかし，最近，少なくとも3つの研究グループが，理論および実験の面から従来の説明の見直しを迫って

図 17・8 カルボン酸アニオンとアルコキシドアニオンの比較

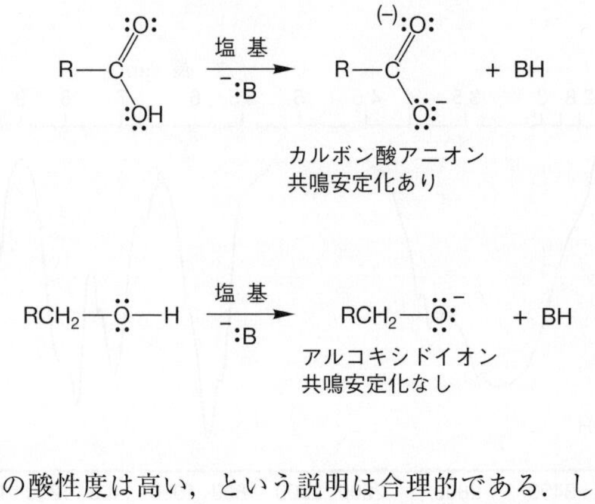

いる．カリフォルニア大学バークレイ校の Andrew Streitwieser（1927 年生まれ），オレゴン州立大学の Darrah Thomas（1932 年生まれ），エール大学の Kenneth Wiberg（1927 年生まれ）の研究グループは，極性の高いカルボニル基が示す誘起効果の重要性を指摘した．つまり，エタノールよりも酢酸の酸性度が高いのは，カルボン酸アニオンの共鳴安定化のためではなく，静電的な安定化のためと理由づけた．極性の高いカルボニル基は，炭素上に部分正電荷をおびるので，プロトン脱離により生成する負電荷を静電的に安定化する（図 17・9）．全安定化のうち，共鳴の寄与はたかだか 15 %と推定している．

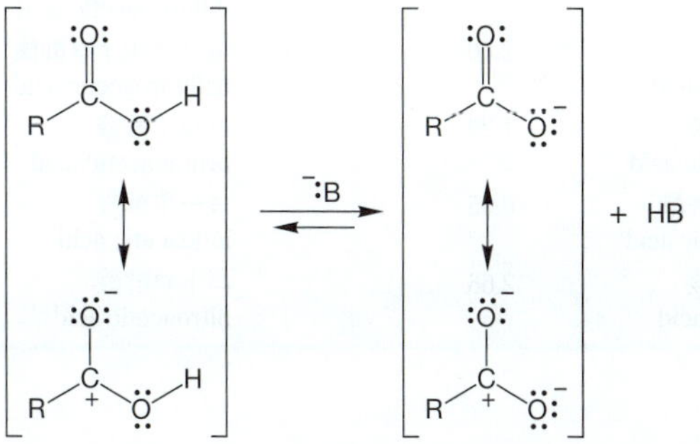

図 17・9 静電的安定化がカルボン酸の酸性を説明できるかもしれない．きわめて極性の高いカルボニル基がカルボン酸アニオンの安定性に寄与している．

では，共鳴効果がなぜあまり有効に働かないのだろうか．確かにカルボン酸アニオンでは非局在化が起こり，アルコキシドイオンでは起こらない．しかし重要な点は，酸のカルボニル基はすでに十分に分極しているので，アニオンが生成してもそれ以上の非局在化はほとんど起こらないということである．カルボニル酸素上の負電荷およびカルボニル炭素上の正電荷は，酸素－水素結合の解離が起こって初めて生じるのではなく，初めからそこに存在している．カルボン酸アニオンでの共鳴安定化とカルボニル基の極性の両方の因子がカルボン酸の酸性度に寄与していることは間違いなく，問題は相対的な重要さだけである．このような議論があることは心に留めつつもこれからも共鳴安定化の概念を利用していくことになる．

問題の解き方

カルボン酸はその名のとおり酸性を示すことが第一の性質である．カルボニル基を含む化合物の代表的な反応のなかで，まず塩基によるプロトンの解離を考えよう．あたりまえすぎて忘れていると，問題の罠にひっかかってしまうかもしれない．

***問題 17・6** プロトン化されたアミノ酢酸（pK_a 2.3）はなぜ酢酸（pK_a 4.76）より pK_a が小さいのか．

解答 プロトンの解離で生じるカルボン酸アニオンの構造を考えればよい．アンモニオ基（$-\overset{+}{N}H_3$）による電子求引効果がカルボン酸アニオンをより安定化し，カルボン酸プロトンの解離を容易にする．

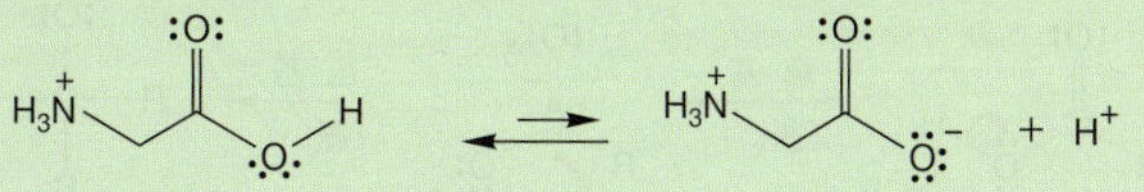

N がプロトン化された α−アミノ酢酸

問題 17・6 で考えた電子求引性の置換基によるカルボン酸アニオンの安定化は，広く見られる．表 17・2 に示すように，電子求引基で置換されたカルボン酸は，元の酸より強酸になる．また電子求引性置換基がカルボキシ基から遠ざかるほど，pK_a への影響は小さくなる（図 17・10）．

表 17・2　置換カルボン酸の酸性度

カルボン酸	pK_a	カルボン酸	pK_a
酢 酸 acetic acid	4.76	ジフルオロ酢酸 difluoroacetic acid	1.24
クロロ酢酸 chloroacetic acid	2.86	トリフルオロ酢酸 trifluoroacetic acid	−0.25
ジクロロ酢酸 dichloroacetic acid	1.29	ブロモ酢酸 bromoacetic acid	2.86
トリクロロ酢酸 trichloroacetic acid	0.65	ヨード酢酸 iodoacetic acid	3.12
フルオロ酢酸 fluoroacetic acid	2.66	ニトロ酢酸 nitroacetic acid	1.68

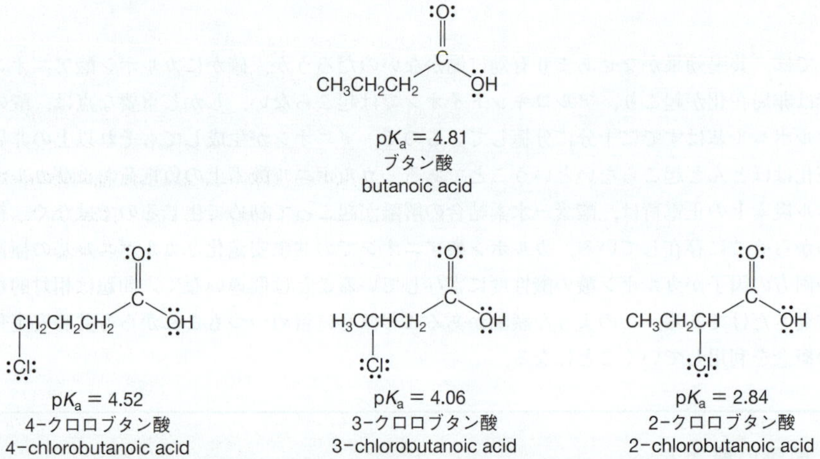

図 17・10　電子求引基（ここでは塩素）とイオン化する部位との距離が遠くなる（結合の数が増える）ほど電子求引基の酸性度への影響は小さくなる．

カルボン酸はブレンステッド酸であると同時に，求電子試薬（ルイス酸）でもある．16 章で学んだカルボニル基への付加反応を思い出してほしい．しかし，カルボン酸のカルボニル炭素のルイス酸としての性質が現れることはほとんどない．求核試薬はカルボニル基への付加ではなく，カルボン酸のヒドロキシ基を脱プロトンし，カルボン酸アニオンを生成する．ひとたびカルボン酸アニオンになると，塩基の付加で負電荷がもう 1 つ増えたジアニオンを生じるので，通常のカルボニル基よりもずっと付加反応を受けにくい（図 17・11）．

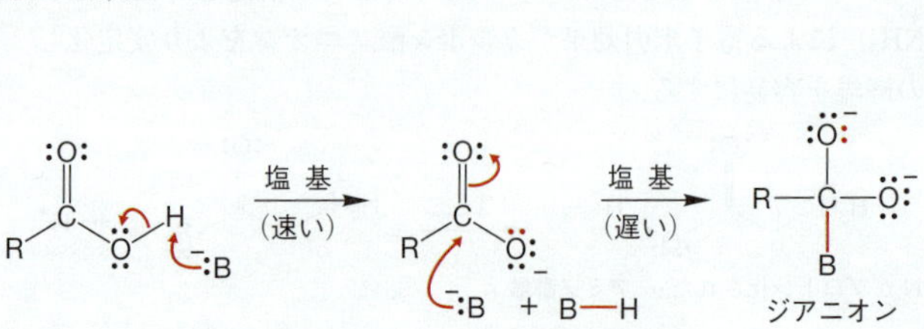

図 17・11　カルボン酸と塩基との最初の反応はヒドロキシ水素の脱プロトンであり，カルボン酸アニオンを与える．生じたアニオンに第二の求核的な塩基が付加すると，負電荷がさらに増えるので，この反応は起こりにくい．

不利にもかかわらず，いくつかの求核性の高い試薬ではこのような付加が実際に起こる．有機リチウム試薬 RLi の付加が一例であり，すぐ後でこの反応の合成化学的意味にふれる．図 17・12 のジアニオンの生成は見掛けほど不利ではない．それは O−Li 結合の共有結合性が相当高いので，完全なジアニオンとはいえないからである．

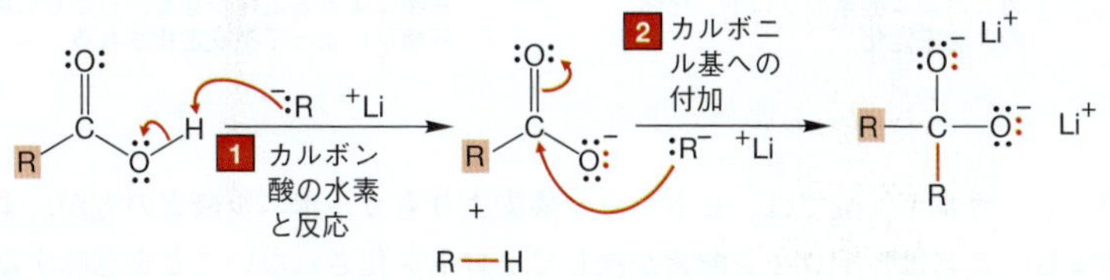

1 カルボン酸の水素と反応

2 カルボニル基への付加

図 17・12 強力な求核試薬はカルボン酸アニオンに付加する場合もある．アルキルリチウム試薬はその1つの例である．

問題 17・7 図 17・12 の反応の合成的利用法を考えよ．ヒント：生成したジアニオンに水を加えると何が得られるか．

解 答 水を加えると水和物ができる．16 章で学んだように，単純な水和物は，カルボニル化合物と水の平衡混合物より一般に不安定である．したがって，この反応はケトンの優れた合成法となる．これについては，p.840 で述べる．

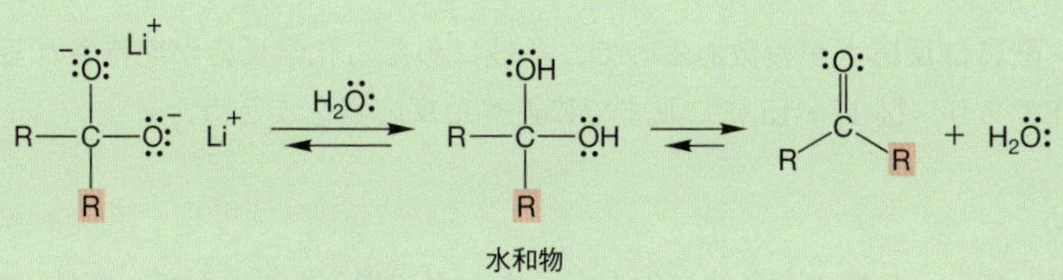

水和物

カルボン酸は求核試薬（ルイス塩基）でもあるから，求電子試薬（ルイス酸）と反応する．最も簡単な反応はカルボン酸のプロトン化である．プロトン化が起こりうる場所として，カルボニル酸素とヒドロキシ酸素の2箇所が考えられる（図 17・13）．どちらが起こりやすいだろうか．

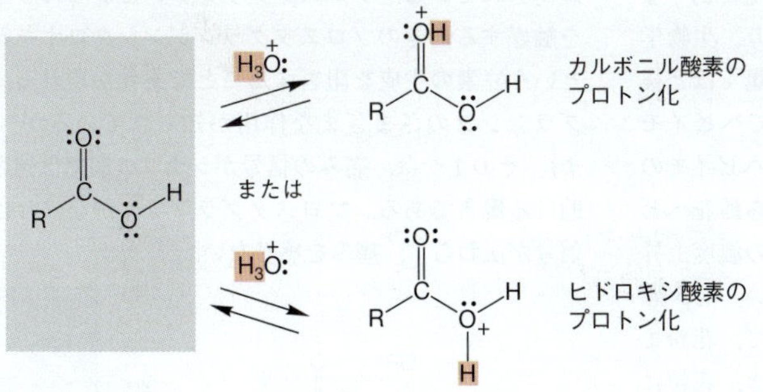

カルボニル酸素のプロトン化

または

ヒドロキシ酸素のプロトン化

図 17・13 カルボン酸のプロトン化が起こりうる2つの箇所

カルボニル酸素のプロトン化が起こると共鳴安定化された中間体を生じるが，ヒドロキシ酸素の場合はそうならない（図 17・14）．しかも，ヒドロキシ酸素のプロトン化体は，炭素上に部分正電荷を誘起した炭素−酸素二重結合の双極子により，不安定化される．なぜならすでに部分正電荷をおびた炭素の隣に正電荷を生じることは，エネルギー的に有利ではないからである．以上の理由から，カルボニル酸素がプロトン化された，より安定なカチオンの生成が有利であるといえる．

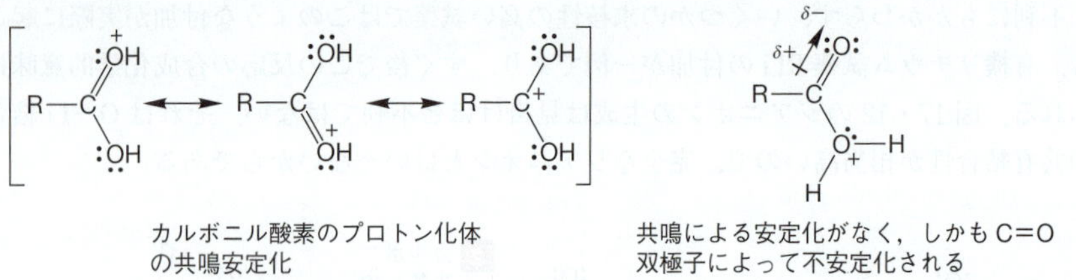

図 17・14 カルボニル酸素のプロトン化による中間体は，非局在化により安定化される．一方，ヒドロキシ酸素のプロトン化体は，カルボニル炭素－酸素結合の双極子により不安定化される．

カルボニル酸素のプロトン化体の共鳴安定化

共鳴による安定化がなく，しかも C=O 双極子によって不安定化される

したがって，カルボン酸では，ヒドロキシ酸素よりもカルボニル酸素の方が，より強い塩基となる．これはヒドロキシ酸素が決してプロトン化されないことを意味するのだろうか．実はそうではない．より塩基性の強い箇所がプロトン化により有利で，より速く反応するといっているにすぎない．

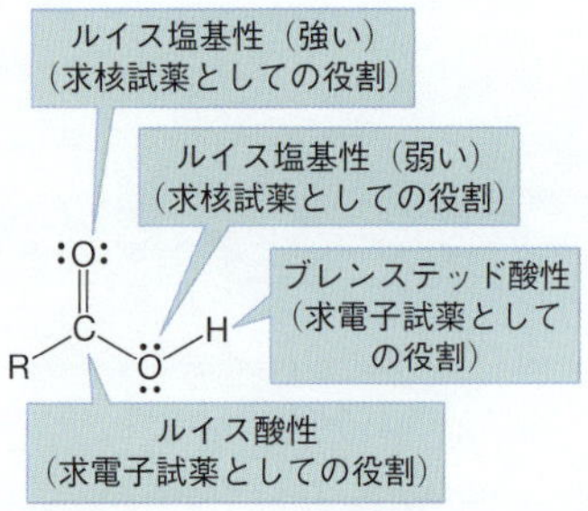

問題 17・8 なぜ，プロトン化されたカルボニルの熱力学的安定性が，プロトン化の速度（速度論的な量）に影響するのか，説明せよ．

ルイス塩基性（強い）（求核試薬としての役割）
ルイス塩基性（弱い）（求核試薬としての役割）
ブレンステッド酸性（求電子試薬としての役割）
ルイス酸性（求電子試薬としての役割）

図 17・15 カルボン酸のさまざまな反応点

カルボン酸には反応点が複数あるので，多岐にわたる化学反応が期待される．実際，そのとおりであり，図 17・15 にこれまでに述べた反応点をまとめた．

まとめ

カルボン酸とその塩の命名法を学んだ．カルボン酸の性質として，酸性，二量体になる傾向，塩の水への溶解性，共鳴安定化，多様な反応点など，についても学んだ．このような特徴をもっているので，カルボン酸は，自然界でも実験室でも有用な試薬として働いている．

サリチル酸

芳香族カルボン酸のサリチル酸は単純な分子構造でありながら細胞内で合成される植物ホルモンの1つであり，生物学を魅力的なものにしている植物と動物のあいだの驚くほど複雑な相互作用の多くに関与している．一例としてヘビイモ（ブードゥー・リリー voodoo lily）を紹介しよう．ヘビイモの花は悪臭を放ってハエを引き寄せ，ハエは雄花から雌花へと花粉を運ぶ役目を果たす．午後遅く，サリチル酸の濃度上昇によってヘビイモは発熱（通常より 10～20 °C 高い）し，悪臭を放ち，ハエを引き寄せる．ハエは捕らえられて，花粉まみれになる．翌朝 2 回目の発熱が起こって花が開き，花粉にまみれたハエを目覚めさせる．ハエは逃げだし，午後には別のヘビイモに引き寄せられて，そこに花粉を落とす．

サリチル酸は鎮痛薬でもある．実際我々は，サリチル酸を含む柳の樹皮を噛んで，痛みを抑えることを，数千年にわたってやってきた．アセチル化した形のアセチルサリチル酸，すなわちアスピリンが万能の鎮痛薬であることを諸君はすでに知っているだろう．アスピリンは，早くも 1853 年頃に合成され，1897 年にはバイエル社の研究者によりその鎮痛作用が確認されている．プロスタグランジンとよばれる分子の合成を触媒する働きのプロスタグランジンシクロオキシゲナーゼという酵素の生成を阻害することで薬効が現れる．プロスタグランジンのさまざまな作用が知られているが（21 章を見よ），その 1 つは，痛みの信号がシナプス間で伝達されるのを助ける働きである．プロスタグランジンがなければ，痛みの信号が伝わらず，痛みを感じない．

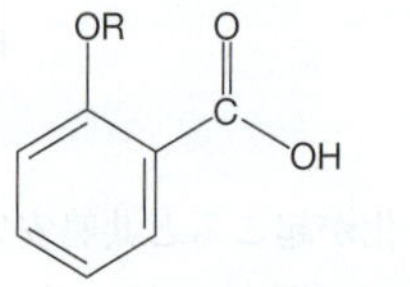

R = H　サリチル酸　salicylic acid
R = $COCH_3$　アスピリン　aspirin

ヘビイモの花はハエを誘引する

17・6 カルボン酸の合成

我々はすでに多くのカルボン酸の合成法を学んでいるが，この節では新しい重要な反応，すなわち有機金属試薬と二酸化炭素との反応を追加する．

17・6a 酸化的経路 酸化反応でカルボン酸を合成する，いくつかの方法がある（図 17・16）．これまでにも述べたように，第一級アルコールやアルデヒドは，HNO_3，$KMnO_4$，CrO_3，$K_2Cr_2O_7$，RuO_4 など多種の酸化剤によって，カルボン酸へと酸化される（p.788）．図 17・16 では，[O]はこれらの酸化剤を表す．二重結合の片方または両方に水素が付いたアルケンは，オゾン分解した後に酸化的後処理を行うとカルボン酸を与える（p.497）．また，アルキル化された芳香族化合物は，過マンガン酸カリウムで側鎖が酸化され，カルボン酸になる（p.665）．

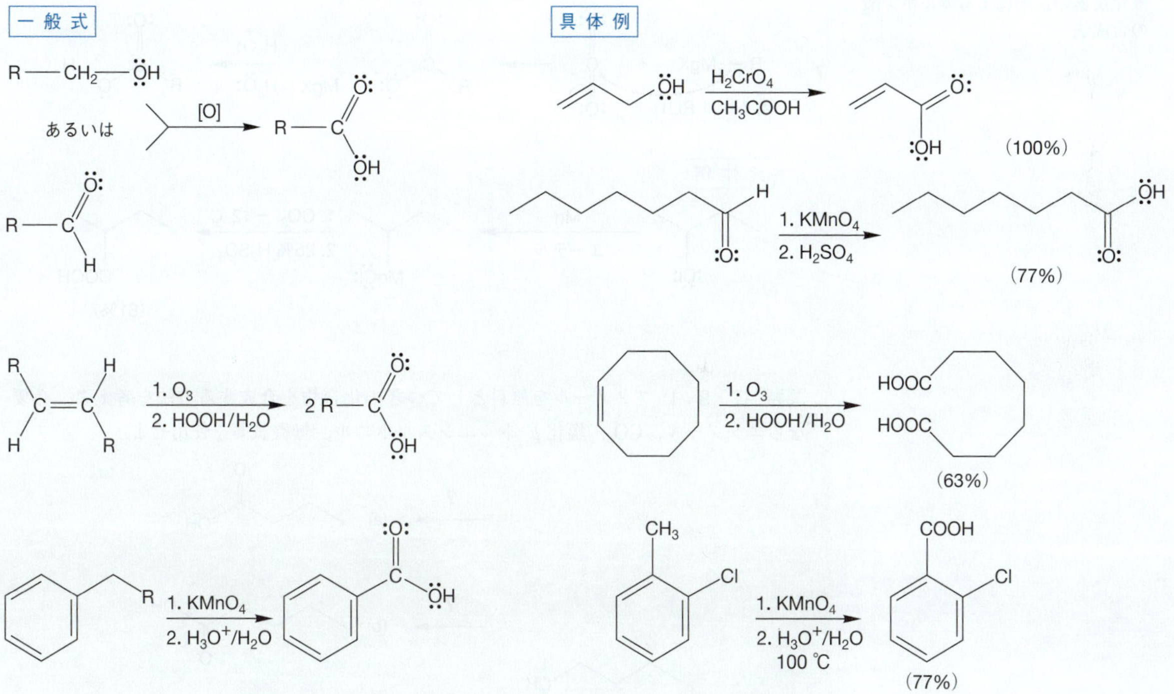

一般式
具体例
あるいは
[O]
H_2CrO_4
CH_3COOH
(100%)
1. $KMnO_4$
2. H_2SO_4
(77%)
1. O_3
2. HOOH/H_2O
HOOC
HOOC
(63%)
1. $KMnO_4$
2. H_3O^+/H_2O
100 ℃
(77%)

図 17・16 カルボン酸を生成する酸化的経路

アルケンを塩基性過マンガン酸カリウムや四酸化オスミウムで処理すると，ビシナルのジオールが生成することを学んだが（p.502），過マンガン酸カリウムを用いると，反応はさらに進み，2 分子のカルボン酸を与える（図 17・17）．この場合，18−クラウン−

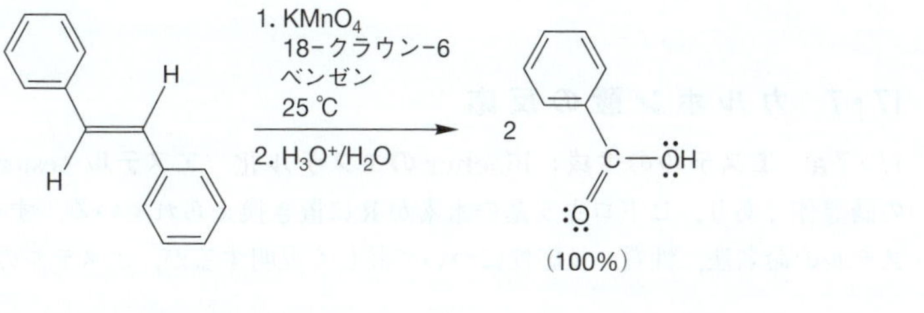

1. $KMnO_4$
18−クラウン−6
ベンゼン
25 ℃
2. H_3O^+/H_2O
2
(100%)

図 17・17 カルボン酸を生成する他の酸化的経路

6 (p.251) を用いて $KMnO_4$ をベンゼンに可溶化する手段がとられる．このクラウンエーテルはカリウムイオンと強く結合するので，負に荷電した過マンガン酸イオン (MnO_4^-) は，取込まれたカチオン，K^+(クラウン) とともにベンゼンの中に溶け込む．このようにしてベンゼンに溶解した有機基質は $KMnO_4$ と反応しやすくなる．

17・6b 有機金属試薬と二酸化炭素の反応 カルボン酸はグリニャール試薬と二酸化炭素の反応でも得られる．カルボニル基をもつ他の化合物と同様に，二酸化炭素へも有機金属試薬が付加する (図 17・18)．まずカルボン酸塩を生じるが，これを酸性にすると，カルボン酸になる．この反応は適用性が広く，多くのカルボン酸を合成できる．典型的な実験手順は，グリニャール試薬に固体のドライアイスを加えるだけである．

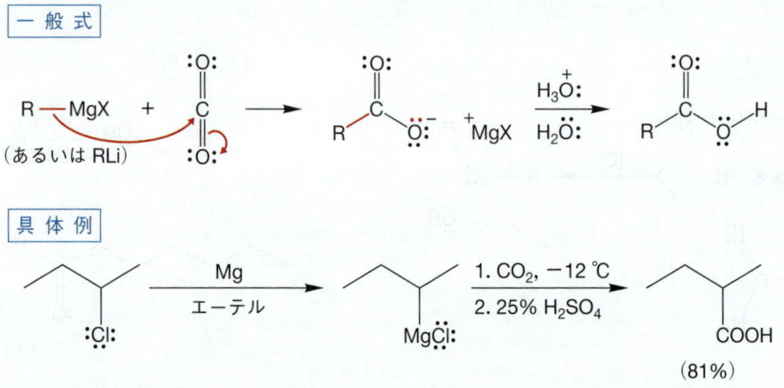
一般式
R—MgX
(あるいは RLi)
+
$H_3\overset{+}{O}$:
H_2O:
MgX
R
H
具体例
Mg
エーテル
1. CO_2, −12 ℃
2. 25% H_2SO_4
:Cl:
MgCl:
COOH
(81%)

図 17・18 グリニャール試薬と二酸化炭素の反応によるカルボン酸の合成法

問題 17・9 1-ブタノールを原料としてつぎの化合物を合成する方法を考えよ．必要ならエタノール，CO_2，塩化 *p*-トルエンスルホニル，無機試薬を使用せよ．

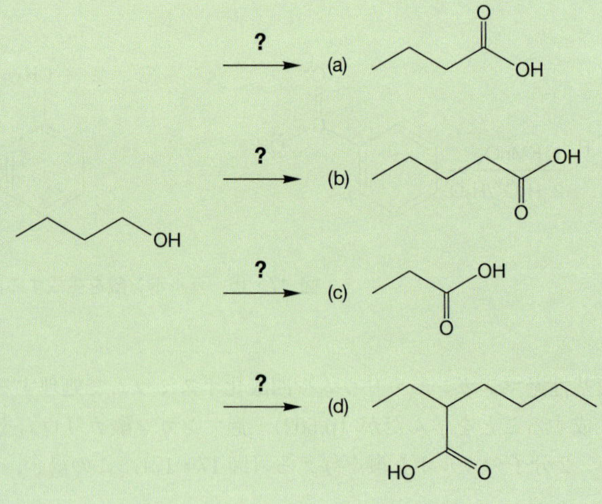
OH
?
(a)
(b)
(c)
(d)
O
OH
HO

17・7 カルボン酸の反応

17・7a エステルの生成: Fischer のエステル化 エステル (ester) はカルボン酸の誘導体であり，ヒドロキシ基の水素が R に置き換えられている．すぐ後の 18 章でエステルの命名法，性質，反応性について詳しく説明するが，エステルの最も重要な合成法の１つはカルボン酸と過剰量のアルコールを酸触媒を用いて反応させる方法である．この反応は，ドイツの偉大な化学者 Emil Fischer（1852〜1919）にちなんで **Fischer（フィッシャー）のエステル化**（Fischer esterification）とよばれる（図 17・19）．

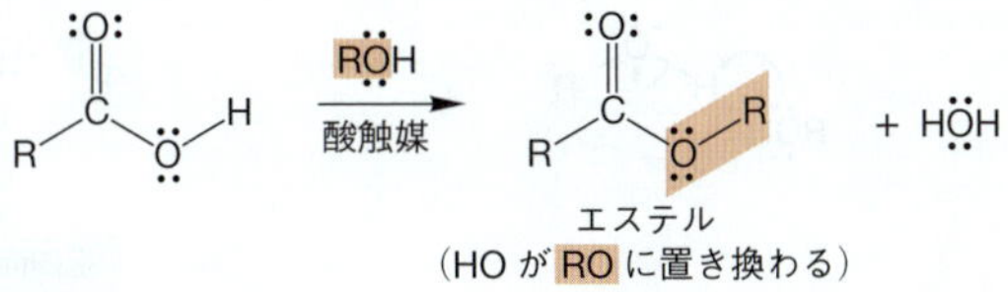

$$\mathrm{RCOOH} \xrightarrow[\text{酸触媒}]{\mathrm{ROH}} \mathrm{RCOOR} + \mathrm{H_2O}$$

エステル
（HO が RO に置き換わる）

図 17・19 アルコールとカルボン酸の酸触媒反応：Fischer のエステル化反応

この反応の機構を書くことはそれほど難しくない．エステル化の重要な段階は，今まで学んできたカルボニル基を含む化合物の反応によく似ているからである（図 17・20）．第１段階で，酸触媒によるアルデヒドやケトンの反応と同じく，カルボン酸のカルボニル基がプロトン化されて共鳴安定化された中間体を生じる*．酸触媒としては硫酸がよく使われる．

*（訳注） 巻矢印表記については，訳者補遺（上巻 p.620）も参照されたい．

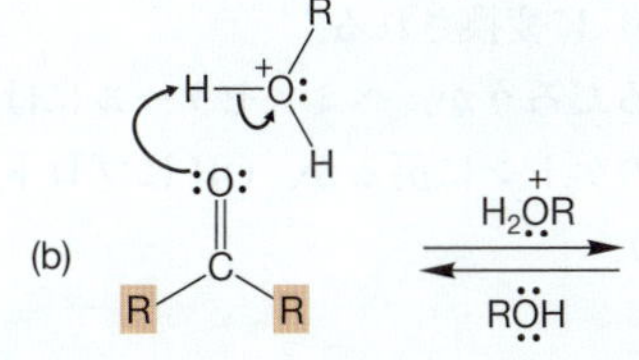

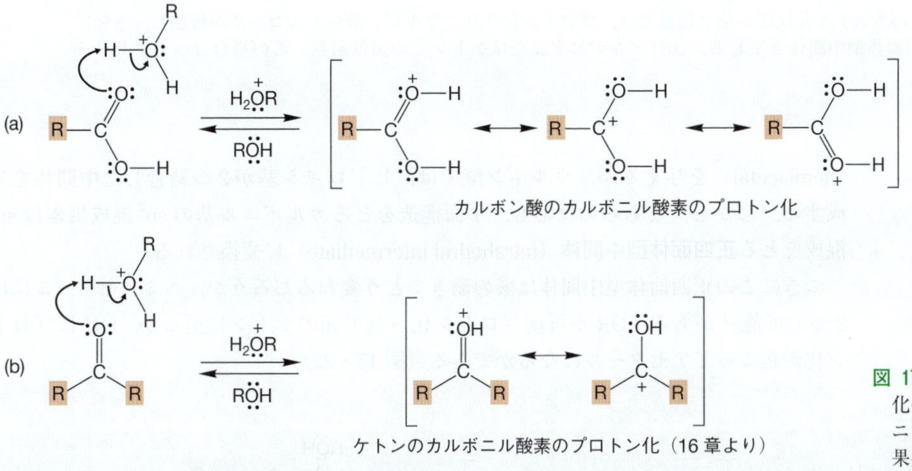

(a)

カルボン酸のカルボニル酸素のプロトン化

(b)

ケトンのカルボニル酸素のプロトン化（16 章より）

図 17・20 (a) Fischer のエステル化の反応機構の第１段階はカルボニル酸素のプロトン化で，その結果共鳴安定化された中間体が生じる．(b) アルデヒドまたはケトンでの類似した過程

問題 17・10 酢酸を $^{18}\overset{+}{\mathrm{O}}\mathrm{H_3}/^{18}\mathrm{OH_2}$ で処理すると，2 種類の酸素原子がどちらも $^{18}\mathrm{O}$ で交換するのはなぜか説明せよ．

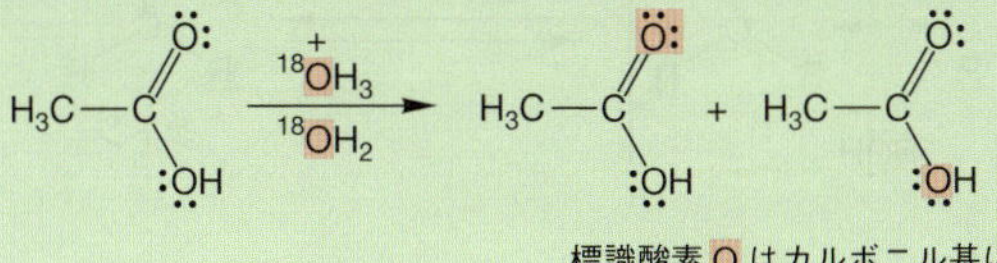

標識酸素 O はカルボニル基にもヒドロキシ基にも含まれる

Fischer のエステル化の第２段階および第３段階も，やはりアルデヒドやケトンの反応に類似しており，プロトン化されたカルボニル基の炭素に求核試薬としてアルコール分子が付加する（図 17・21）．ケトンの場合，ひき続きプロトンが外れヘミアセタール

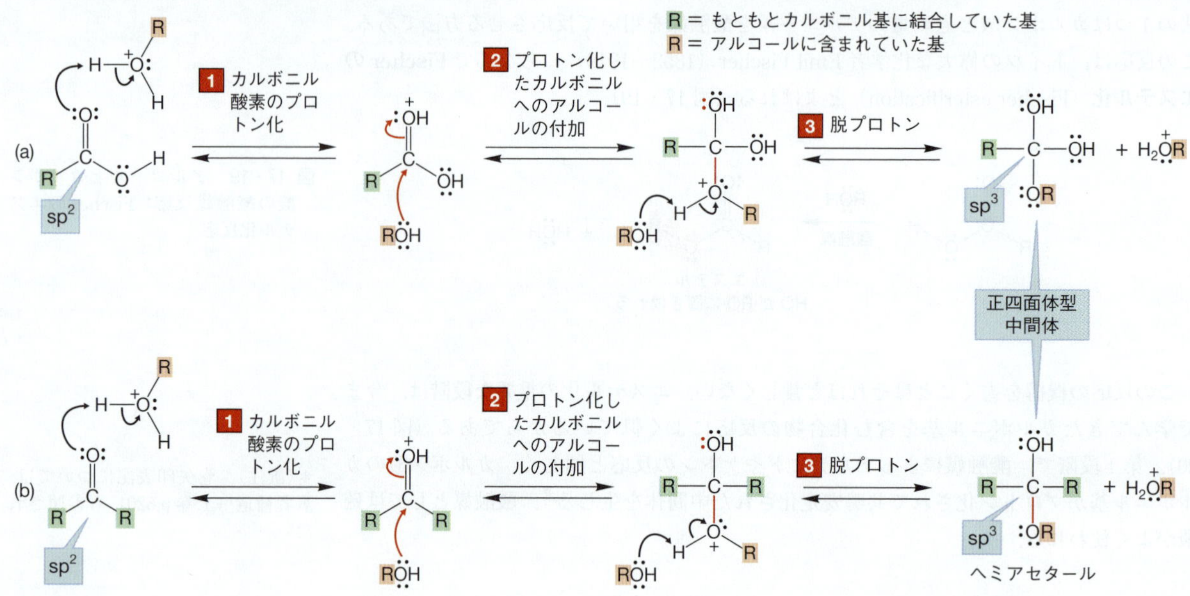

図 17・21 (a) Fischer のエステル化反応の第 2 段階では，プロトン化されたカルボン酸へアルコールが付加し，さらに脱プロトンにより正四面体型中間体を生じる．(b) アルデヒドまたはケトンでの類似過程．この場合はヘミアセタールを生成する．

(hemiacetal) を与えるが，カルボン酸では，ヒドロキシ基が 2 つ結合した中間体を生成する．しかし，どちらの反応も，平面構造をとるカルボニル基の sp^2 混成炭素は sp^3 混成をとる**正四面体型中間体** (tetrahedral intermediate) に変換される．

つぎにこの正四面体型中間体は酸の働きでどう変わるだろうか．ヘミアセタールには 2 つの可能性がある．OR が再度プロトン化されて元のケトンに戻るか，OH にプロトン化が起こってアセタールになるかである (図 17・22)．

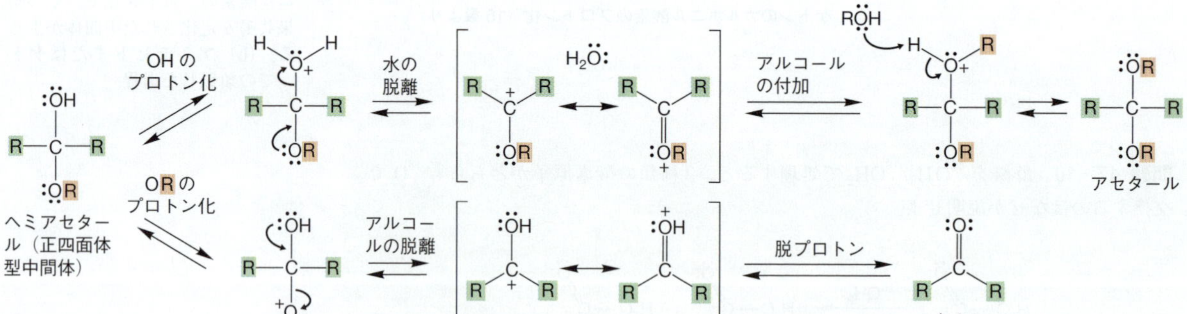

図 17・22 ヘミアセタール中間体からの 2 通りの可能性．OH へのプロトン化が起これば水分子を失いアセタールが生成する．一方，OR がプロトン化されれば出発のケトンに戻る．

カルボン酸から生じた正四面体型中間体は，OR 1 個と OH が 2 個結合するので 2 通りの可能性がある．OR がプロトン化されるとただ元のカルボン酸へ戻る．OH の一方へのプロトン化が起こると，水分子が脱離して，さらにプロトンが外れてエステルを生じる（図 17・23）．アルコールが過剰に存在すると，エステルを生じる方向へ反応は進む．

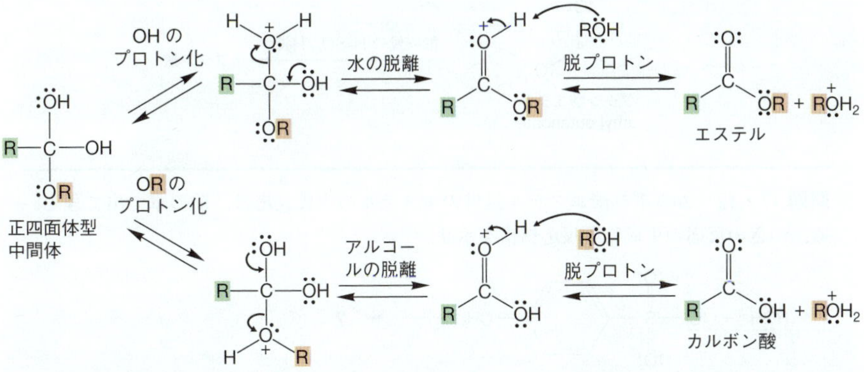

図 17・23 図 17・21（a）の正四面体型中間体にも，つぎの段階として 2 通りの可能性がある．OR がプロトン化すれば出発のカルボン酸へ戻り，どちらかの OH がプロトン化すれば水分子が失われてエステルを生じる．

Fischer のエステル化の反応機構の全体を図 17・24 に示した．正四面体型中間体 **A** を中心において，各反応過程が対称的に配置していることに注意してほしい．**A** を挟んで中間体 **B** と **C** の類似性にも注意してほしい．中間体 **B** では OR がプロトン化されており，これから出発のカルボン酸へ戻っていく．一方，**C** ではプロトン化されているのは OH で，これからエステルへ導かれる．**B** および **C** から ROH または H_2O が脱離すると，それぞれ共鳴安定化された中間体 **D** と **E** を生じる．これらはカルボン酸またはエステルがプロトン化された形である．

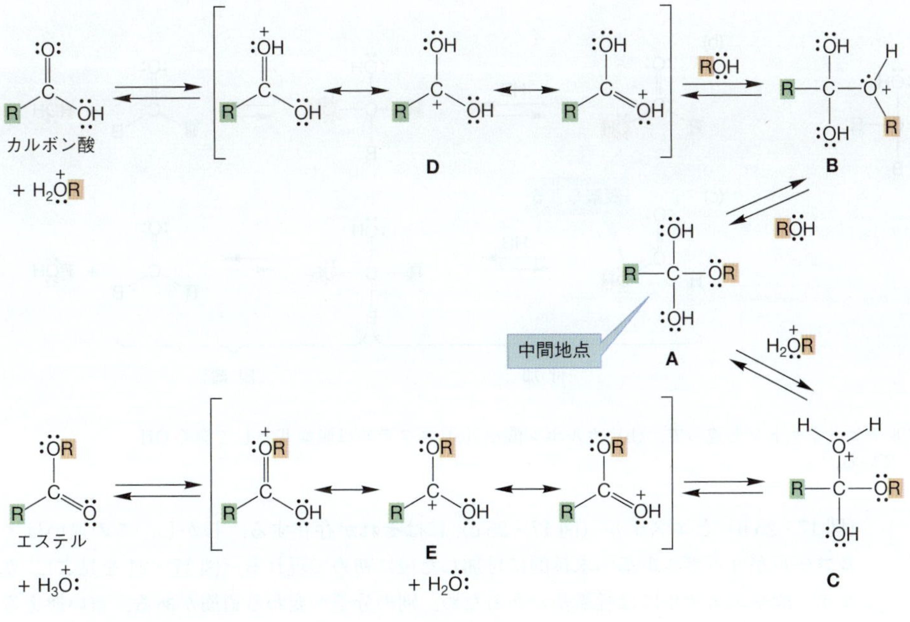

図 17・24 Fischer のエステル化反応の全容．逆にたどればエステルのカルボン酸への加水分解である．

問題 17・11 ブタン酸エチルが酸触媒による加水分解反応によりブタン酸を生成する反応機構を，電子対の動きを表す巻矢印表記法を用いて描け．

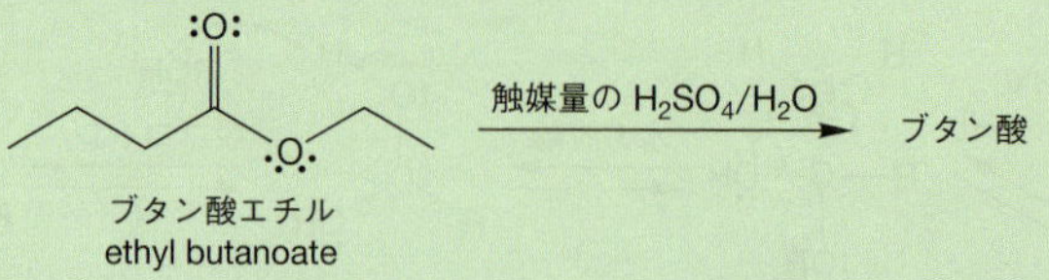

ブタン酸エチル ethyl butanoate —触媒量の H_2SO_4/H_2O→ ブタン酸

問題 17・12 カルボン酸エステル以外のエステルの生成反応は，前の章で出てきている．つぎの反応の生成物と反応機構を示せ．

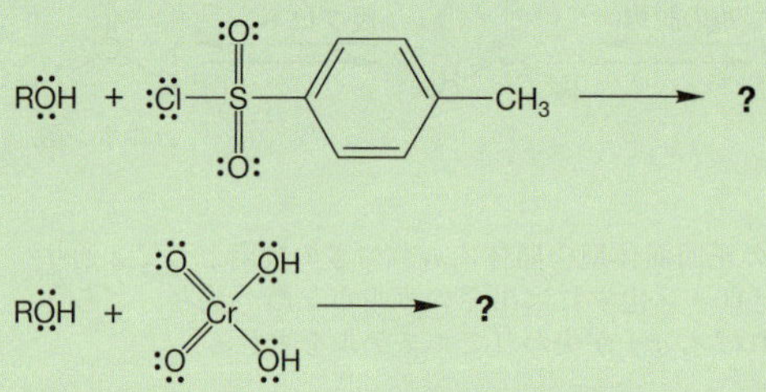

$$\text{ROH} + \text{Cl–SO}_2\text{–C}_6\text{H}_4\text{–CH}_3 \longrightarrow ?$$

$$\text{ROH} + \text{CrO}_2(\text{OH})_2 \longrightarrow ?$$

ここまで Fischer のエステル化と，その逆反応であるエステルの酸性加水分解について，多くの紙面を割いてきた．それは，この反応が，以後に説明する反応のおおもとになるからである．たとえば，S_N2 反応やアルケンへの H−X の付加反応のような他の基本的反応と同様，エステル化反応をよく理解すれば，細部が異なっても，多くの類似反応に広く応用できる．この意味で Fischer のエステル化は非常に重要な反応といえる．

アルデヒドやケトンの反応性がカルボン酸（またはエステル）とどう異なるかにも注意してほしい．アルデヒドやケトンは脱離基をもたない（図 17・25 a）が，カルボン酸

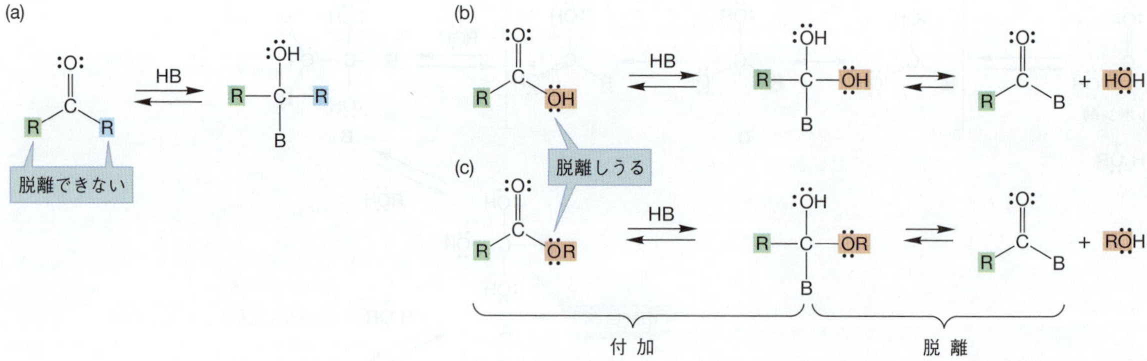

(a) R–C(=O)–R —HB⇌ R–C(OH)(B)–R 脱離できない

(b) R–C(=O)–OH —HB⇌ R–C(OH)(B)–OH ⇌ R–C(=O)–B + HOH 脱離しうる

(c) R–C(=O)–OR —HB⇌ R–C(OH)(B)–OR ⇌ R–C(=O)–B + ROH

付 加　　脱 離

図 17・25 (a) アルデヒドやケトンと違って，(b) カルボン酸や (c) エステルは脱離基として働く OH 基や OR 基をもっている．

（図 17・25 b）とエステル（図 17・25 c）にはそれが存在する．しかし，この違いはアルコールがカルボニル基へ求核的に付加した後に初めて現れる（図 17・21 を見よ）．カルボン酸やエステルには脱離基があるため，別の分子へ変わる道筋がある．言い換えると，付加−脱離反応が起こりうる．一方，アルデヒドやケトンでは脱離基がないので，このような反応は起こらない．

ここで先へ進むのを少し待とう．Fischerのエステル化に対して別の機構も考えられる．十分考えずにそれを無視することはできない．たとえば，図17・24では，プロトン化されたカルボン酸が求電子試薬，アルコールが求核試薬として働いているが，図17・26のようにプロトン化されたアルコールを求電子試薬，カルボン酸のカルボニル酸素を求核試薬とは考えられないだろうか．カルボン酸が求核試薬としてH_2Oと置き換わればエステルを生成するではないか．

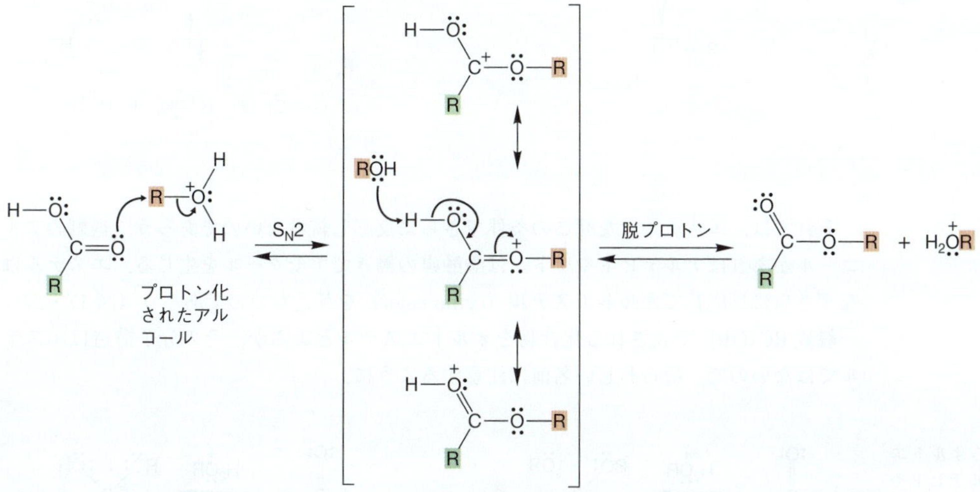

図 17・26 Fischerのエステル化で考えられる別の反応機構．ここでは，カルボン酸が求核試薬でありプロトン化されたアルコールが求電子試薬である．図では共鳴構造式の1つからプロトンを引抜いているように書いてあるが，これは便宜上であって，各共鳴構造式が別個に存在しているのではないことに注意．

図17・24のFischerのエステル化の機構（これが実際は正しい）と図17・26の機構との決定的な違いは，炭素－酸素結合の開裂が起こる場所である．前者の正しい反応機構では，カルボン酸の炭素－酸素結合が開裂するが，後者の機構では，アルコールの炭素－酸素結合が切れている．

問題 17・13 これら2つの機構（図17・24と図17・26）のどちらが正しいかを見分ける実験を計画せよ．必要ならばどんな標識化合物も使ってよい．

解 答 標識されたアルコールを使用するのが良い手である．もしアルコールの炭素－酸素結合の開裂が起こっているなら，^{18}Oで標識されたアルコールを使っても生成物のエステルには^{18}Oは取込まれないはずである．図17・26の機構で反応が進むなら，つぎのような結果が得られるであろう．

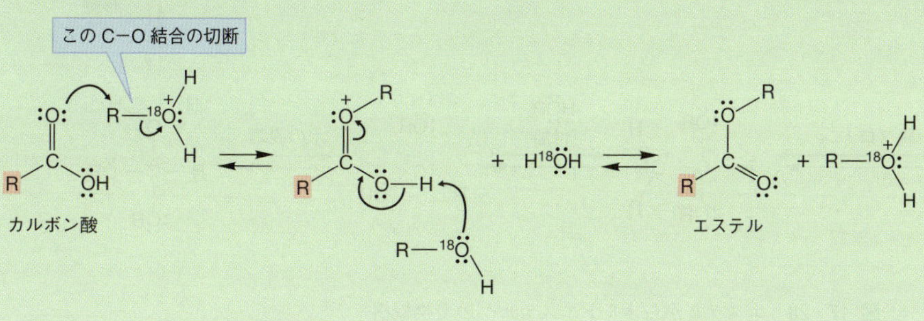

問題 17・13 解答（つづき） しかし，カルボン酸の炭素－酸素結合が切れるなら，エステルへの ^{18}O の取込みが起こると予想され，事実，そのようになる．図 17・24 の機構に従ってつぎのような結果になる．

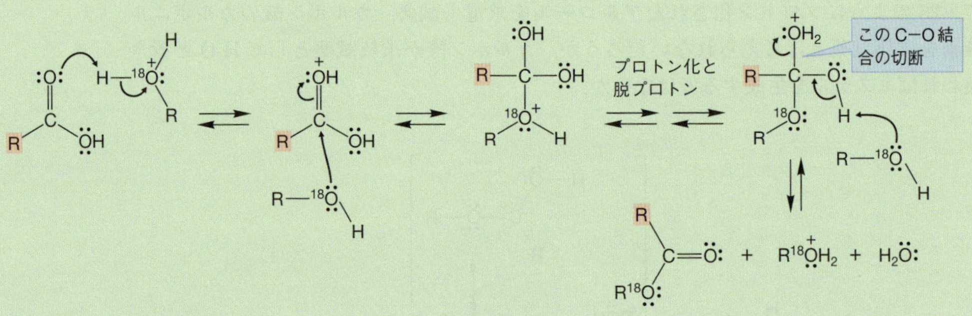

それでは，エステルはなぜこの条件でさらに反応し続けないのであろう．過剰のアルコールがあればアルデヒドやケトンは酸触媒の働きでアセタールを生じる．エステルはなぜさらに反応して**オルトエステル**（ortho ester）を与えないのであろう（図 17・27）．一般式 $RC(OR)_3$ で表される化合物をオルトエステルとよぶが，その分子構造はエステルではないので，紛らわしい名前に注意するように．

図 17・27 エステルからオルトエステルへの変換は，アルデヒドやケトンからアセタールへの変換と似ている．

図 17・28 は，エステルからオルトエステルへの妥当な反応機構を示している．オルトエステルは実在する化合物であり，図 17・28 に描かれた各段階は基本的に間違っていないし，アセタール生成の各段階によく似ている．しかし，実際はオルトエステルはこの経路では合成できない．それは熱力学がかかわる問題による．図 17・28 の各段階

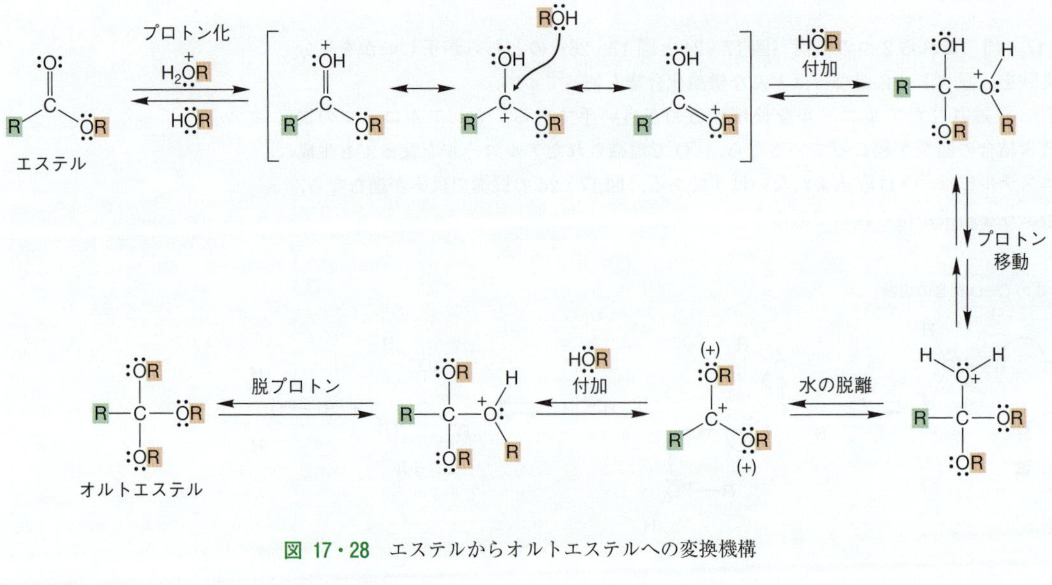

図 17・28 エステルからオルトエステルへの変換機構

は平衡反応で結ばれており，平衡状態ではオルトエステルよりもエステルがはるかに有利となる．出発物質であるエステルは共鳴安定化を受けているが，生成物のオルトエステルは受けていない．むしろオルトエステルは図 17・24 の熱力学的に不安定な中間体 **A** に類似している．アルデヒドやケトンはエステルのような共鳴安定化がなく，付加反応を起こしやすい．図 17・29 に反応進度に対するエネルギーの変化を示す．アセタールとオルトエステルはだいたい等しいエネルギーであるのに対して，エステルはケトンよりかなり低い．結局熱力学的にみて，ケトンからアセタールへの変換は起こりうるが，エステルからオルトエステルへの変換は不利になる．

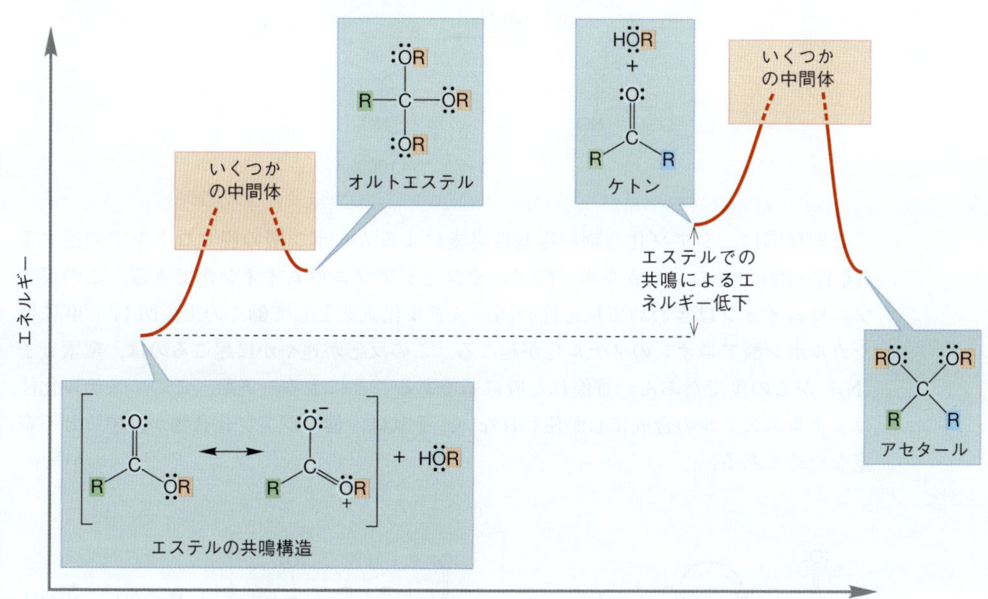

図 17・29 ケトンからアセタールの生成と，エステルからオルトエステルの生成を比較したエネルギー図．反応途中の状態は省略した．

他の反応機構によるエステルの合成法も知られており，そのいくつかはカルボン酸の炭素−酸素結合の切断を伴わない．カルボン酸アニオンは，ときには S_N2 反応における求核試薬として十分な反応性を示すが，反応相手には特に高い反応性が求められ，たとえば，ハロゲン化メチルのような反応性に富む化学種を用いる必要がある（図 17・30）．

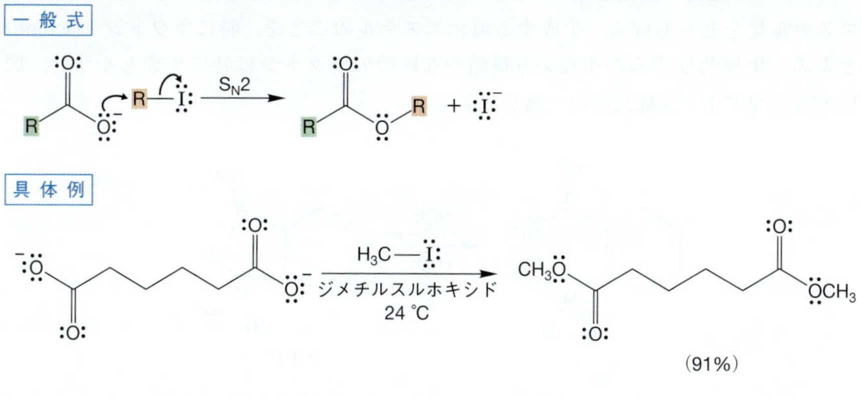

一般式

S_N2

具体例

H_3C—I
ジメチルスルホキシド
24 ℃

(91%)

図 17・30 カルボン酸アニオンは，反応性の高いハロゲン化物との S_N2 反応によってエステルを生成する．

カルボン酸アニオンが求核試薬として働く別の反応例は，カルボン酸とジアゾメタン CH_2N_2 からエステルを生成する反応である．ジアゾメタンは簡単に調製できるが，毒性が強く，爆発力も高いので，取扱いに細心の注意が必要である．そこでこの方法は，通常少量のメチルエステルを合成する場合にのみ，利用される（図 17・31）．この反応を自宅で行うなどはもってのほかである．

図 17・31　ジアゾメタンはカルボン酸のメチルエステル化に使われ，収率はほぼ100%である．

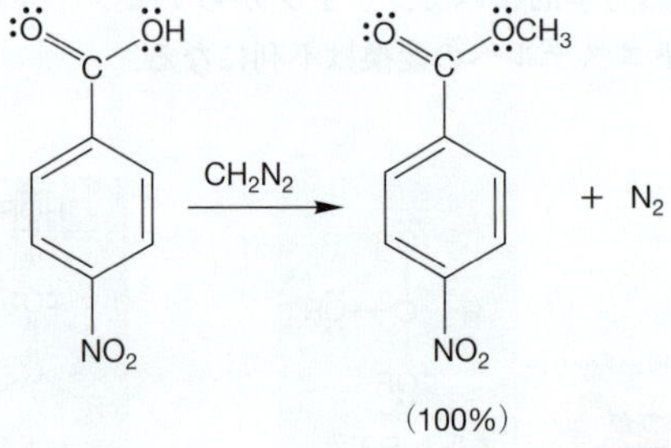

この反応は，ジアゾ化合物の塩基性炭素によるカルボン酸の脱プロトンで開始する（図 17・32）．その結果カルボン酸アニオンとジアゾニウムイオンができる．このジアゾニウムイオンはきわめて反応性の高いメチル化試薬として働くので，図 17・30 に似たカルボン酸アニオンのメチル化が起こる．この反応が速やかに起こるのは，窒素分子（N_2）がこの世でたぶん一番優れた脱離基であることによる．実際，このエステル化法はメチルエステルの合成にしか使われない．それは，他のジアゾ化合物が，ずっと不安定なためである．

図 17・32　メチルエステル生成反応の第1段階で，ジアゾメタンはブレンステッド塩基として働き，カルボン酸からプロトンを引抜く．第2段階で，カルボン酸アニオンは非常に反応性の高いメチルジアゾニウムイオンに S_N2 反応する．

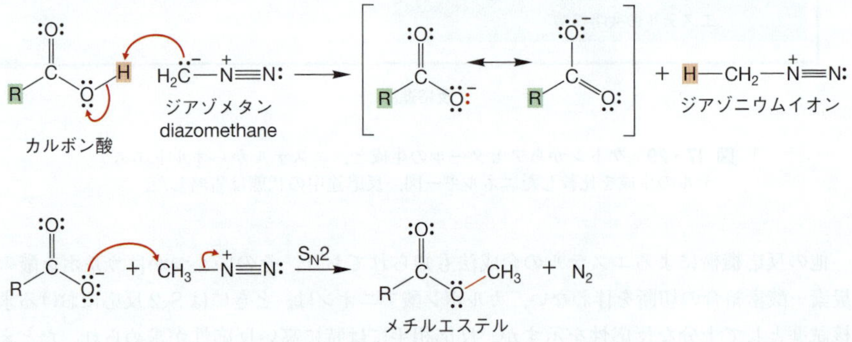

エステルの話題の最後として，ヒドロキシ基とカルボキシ基を分子内にもつ化合物のエステル化をとりあげる．生成する環状エステルのことを，特に**ラクトン**（lactone）とよぶ．比較的ひずみの少ない5員環や6員環のラクトンは特に生成しやすい．図 17・33 にラクトン生成反応の一例を示す．

図 17・33　分子内の Fischer のエステル化反応によってラクトンが生成する．

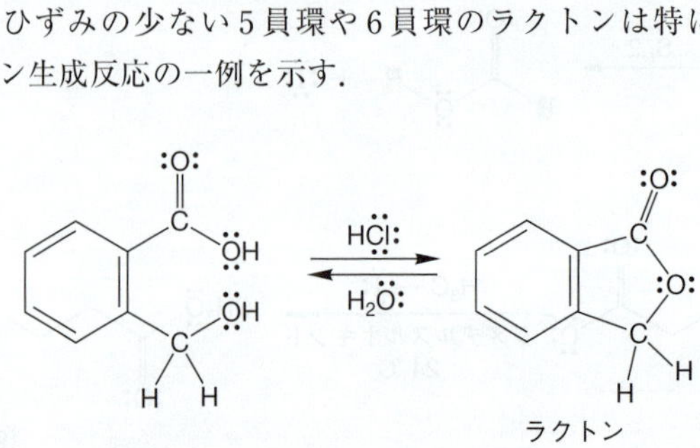

問題 17・14 図 17・33 の反応機構を詳しく記せ.

問題 17・15 つぎの化合物を, I_2/KI と Na_2CO_3 の水溶液で処理すると, 分子式 $C_8H_{11}IO_2$ で示される中性分子が生成した. 生成物の構造と反応機構を示せ.

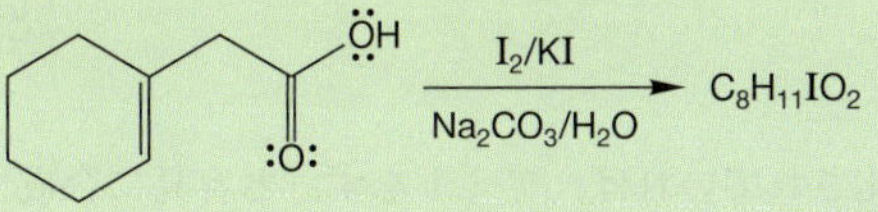

I_2/KI, Na_2CO_3/H_2O → $C_8H_{11}IO_2$

ラクトンの IUPAC 名は, 同じ炭素数のカルボン酸の IUPAC 名の語尾の "oic acid" を "olide" に換えて, 閉環位置の番号をその前につけて命名する. たとえば, 炭素 4 個ならば 4-ブタノリド (4-butanolide), 炭素 5 個ならば 5-ペンタノリド (5-pentanolide) となる. IUPAC 命名法では, 2-オキサシクロアルカノン (2-oxacycloalkanone) と命名することもできる. 慣用名では, 同じ炭素数のカルボン酸の慣用名の語尾の "(n)ic acid" を "olactone" に換えて, ギリシャ文字で閉環位置を示す. β-プロピオラクトン (β-propiolactone), γ-ブチロラクトン (γ-butyrolactone) などとなる (図 17・34).

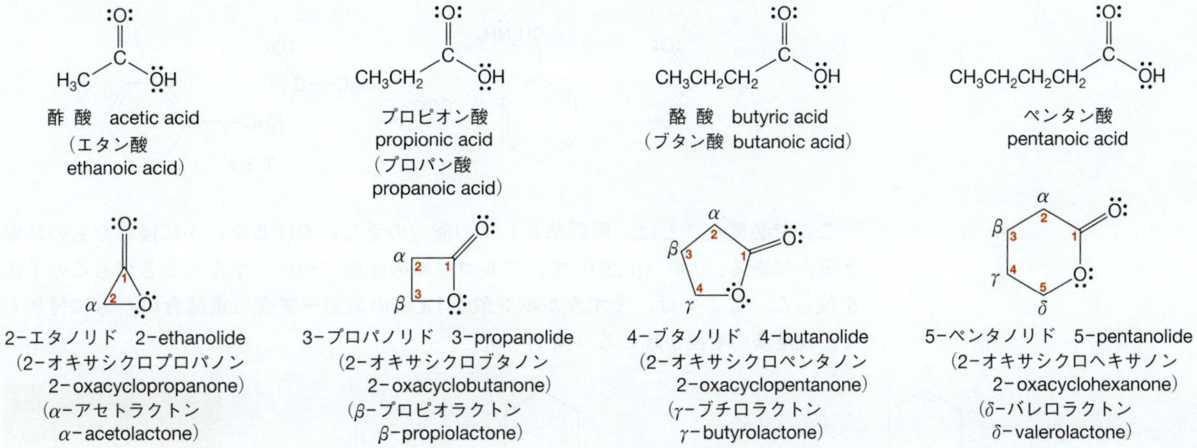

酢酸 acetic acid (エタン酸 ethanoic acid)
プロピオン酸 propionic acid (プロパン酸 propanoic acid)
酪酸 butyric acid (ブタン酸 butanoic acid)
ペンタン酸 pentanoic acid

2-エタノリド 2-ethanolide (2-オキサシクロプロパノン 2-oxacyclopropanone) (α-アセトラクトン α-acetolactone)
3-プロパノリド 3-propanolide (2-オキサシクロブタノン 2-oxacyclobutanone) (β-プロピオラクトン β-propiolactone)
4-ブタノリド 4-butanolide (2-オキサシクロペンタノン 2-oxacyclopentanone) (γ-ブチロラクトン γ-butyrolactone)
5-ペンタノリド 5-pentanolide (2-オキサシクロヘキサノン 2-oxacyclohexanone) (δ-バレロラクトン δ-valerolactone)

図 17・34 ラクトンのさまざまな命名法

17・7b アミドの生成

カルボン酸は第一級および第二級アミンと反応して**アミド*** (amide) を与えるが, 一般には, これは有効な合成方法にはならない. まず塩基性のアミンとカルボン酸の間でプロトン移動が起こり, カルボン酸のアンモニウム塩を与える. この塩を加熱することでアミドが生成する (図 17・35). しかし, 200 °C 以上の加熱が必要であり, このような過酷な条件では, 有機化合物の分解を伴うことが多い.

* 上巻 6 章 p.241 でも述べたが, アミドには 2 種類あるので混乱しないように. 1 つは R−CO−NHR であり, もう 1 つはアニオンの $^-NR_2$ である. どちらかは文脈から判断せざるをえないが, ここでは前者をさす.

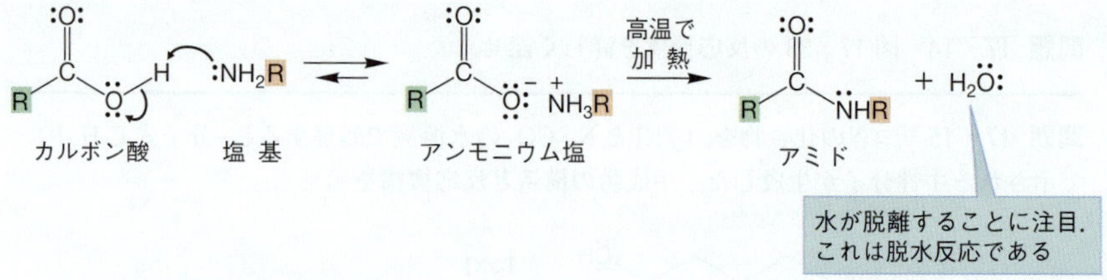

図 17・35　カルボン酸のアンモニウム塩を加熱するとアミドが生成する．

カルボン酸が活性化されていれば，アミドをずっと容易に合成できる．そのためのいくつかの**活性化試薬**（activating agent）が開発されており，最も頻繁に利用されるのはジシクロヘキシルカルボジイミド（dicyclohexylcarbodiimide，DCC）である（図 17・36）．

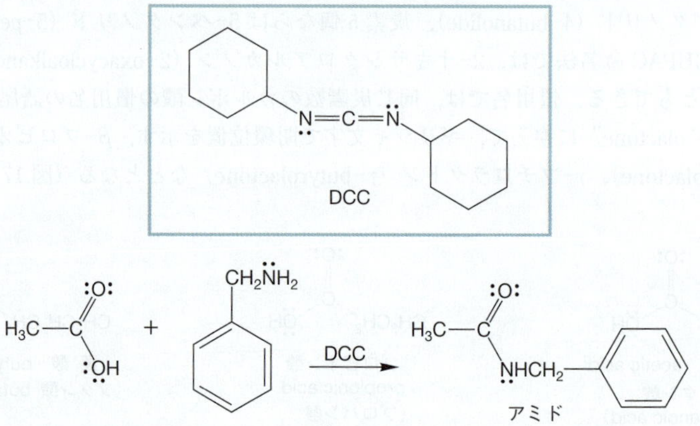

図 17・36　活性化試薬 DCC によるアミドの生成

ここで必要なことは，脱離基としての能力の乏しい OH 基をいかに優れたものに変えるかにある．7 章（p.289）で，アルコールの変換について学んだときにもこの手法を使った．ここでは，まずカルボン酸が DCC の炭素－窒素二重結合の一方に付加して，脱離基の変換が起こる（図 17・37）．

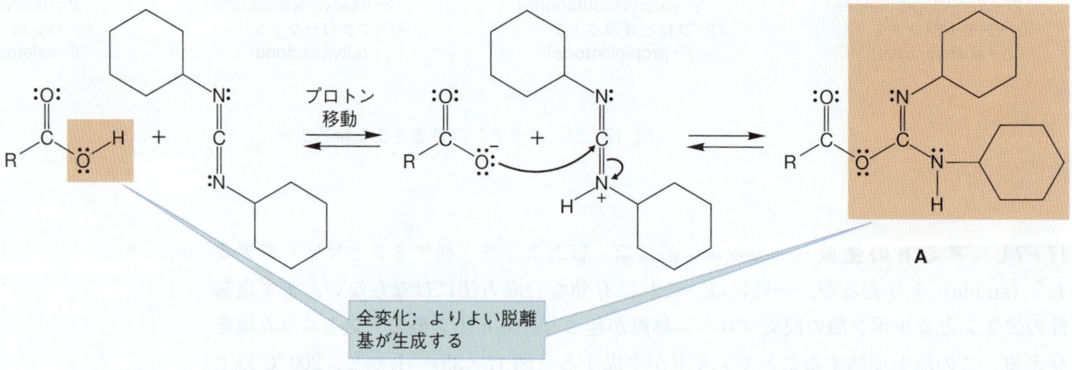

図 17・37　まずプロトン移動が起こり，生成したカルボン酸アニオンは炭素－窒素二重結合へ付加する．その結果，脱離基が $^{-}$OH から $^{-}$OR に変わることで，活性化されたカルボン酸中間体 **A** になる．

つぎに 2 つの反応過程が考えられる．1 つ目は，第一級または第二級アミンが **A** の炭素－酸素二重結合に付加し正四面体型の中間体を与え，プロトンが脱離して負電荷をもつ正四面体型中間体を生じる．さらに，安定なイオン（尿素アニオン）を脱離してアミドが生成する（図 17・38）．

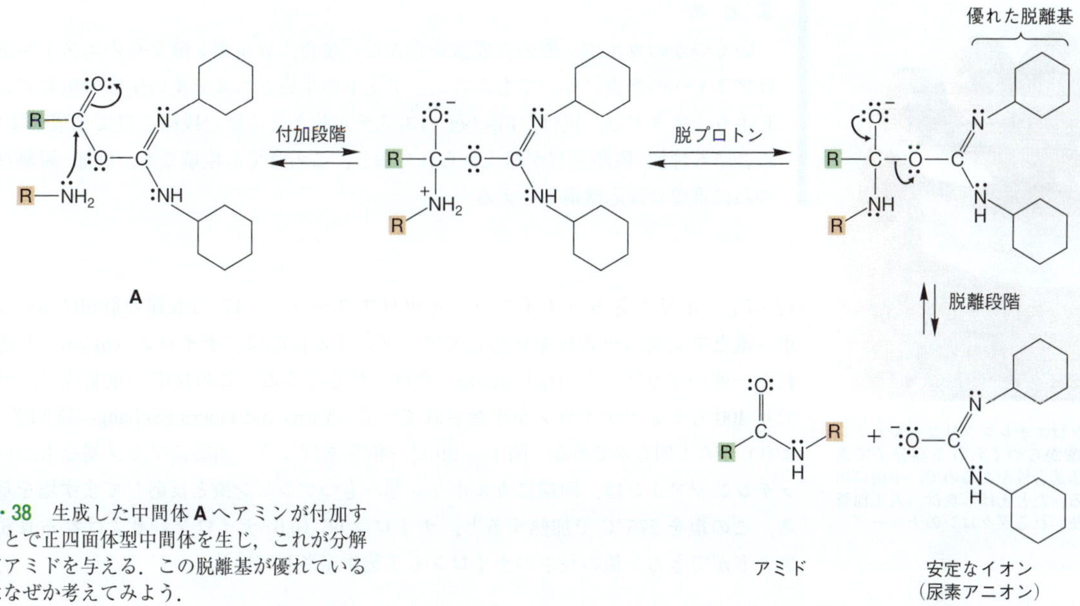

図 17・38 生成した中間体 **A** へアミンが付加することで正四面体型中間体を生じ，これが分解してアミドを与える．この脱離基が優れているのはなぜか考えてみよう．

問題 17・16 活性化されたカルボン酸中間体 **A** の反応にはもう 1 つのより複雑だが認められている機構がある．**A** は図 17・38 のようにアミンと反応するのではなく，もう 1 分子のカルボン酸と反応する．その結果，酸無水物を生成し，これがアミンと反応してアミドを与える．酸無水物とアミドが生成する反応の機構をそれぞれ描け．

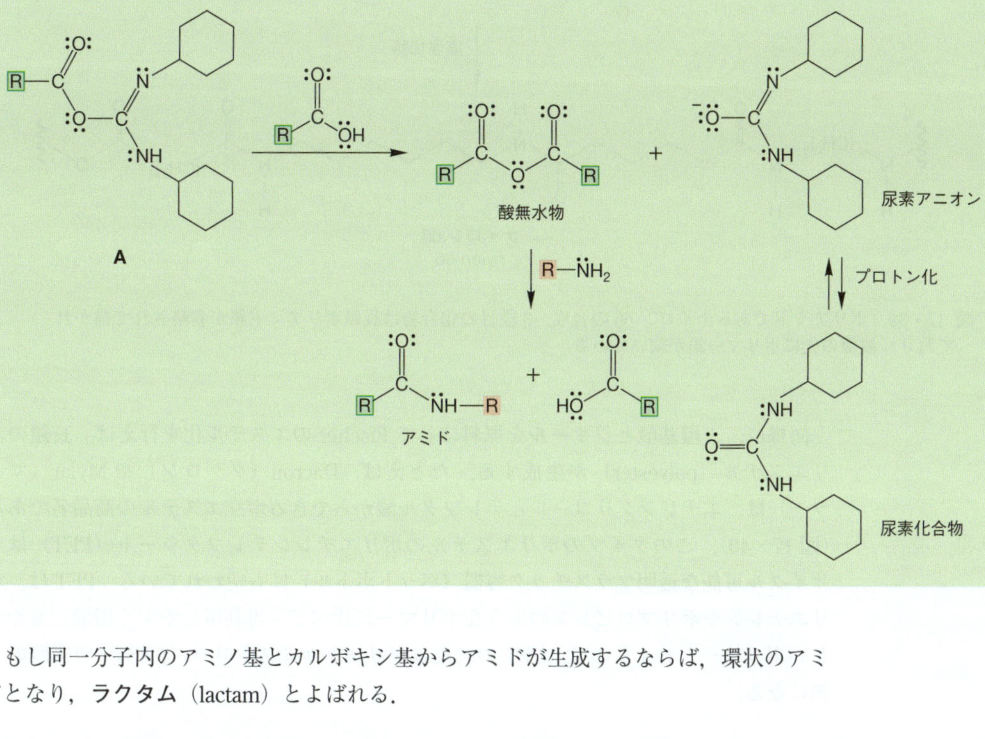

もし同一分子内のアミノ基とカルボキシ基からアミドが生成するならば，環状のアミドとなり，**ラクタム** (lactam) とよばれる．

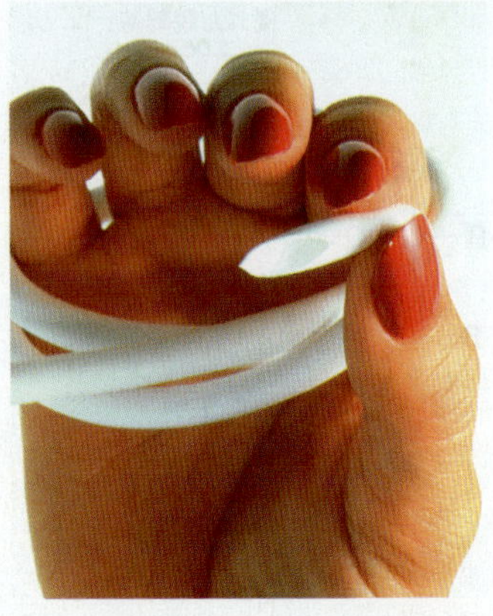

ダクロンはエチレングリコールとテレフタル酸からつくられる高分子であり，生体適合性があるので，手術に用いられる．たとえば写真は，人工血管として使われるダクロンのチューブ．

まとめ

いくつかのカルボン酸の合成法を学んだ．また，カルボン酸からのエステルあるいはアミドへの変換についてもふれた．アミドの生成とエステルの生成の類似点に注意しよう．アミドは，実は，Fischer のエステル化とよく似た段階を経て生成している．ここにも付加–脱離過程が組入れられており，この章でも他章でも，付加–脱離反応はつねに重要な反応機構といえる．

17・7c　ポリアミド（ナイロン）とポリエステル　17・7b 節の最初に示したカルボン酸とアンモニウム塩を加熱してアミドとする反応は，ナイロン（nylon）と総称される一連のポリアミド（polyamide）合成の核心である．この反応の重要性は，世界中で年 400 万トンのナイロンが生産されている（Yarns and Fibers Exchange（YNFX）2007 より）からも明らかである．図 17・39 に一例をあげよう．両端にアミノ基をもつヘキサメチレンジアミンは，両端にカルボキシ基をもつアジピン酸と反応してまず塩を形成する．この塩を 275 °C で加熱すると，ナイロン 66（6,6–ナイロン）とよばれる長鎖ポリアミドができる．他の長さのナイロンも工業生産されている．

$H_2N-(CH_2)_6-NH_2$　$HOOC-(CH_2)_4-COOH$

アジピン酸
adipic acid

ヘキサメチレンジアミン

↓

$H_3\overset{+}{N}-(CH_2)_6-\overset{+}{N}H_3$　$^{-}OOC-(CH_2)_4-COO^{-}$

↓ 高温加熱

$\sim N(H)-(CH_2)_6-N(H)-C(=O)-(CH_2)_4-C(=O)-N(H)-(CH_2)_6-N(H)-C(=O)-(CH_2)_4-C(=O)-O\sim$

ナイロン 66
nylon 66

図 17・39　ポリアミドであるナイロン 66 の合成．3 段目の化合物は長鎖ポリアミド鎖が省略されて描かれており，波線の先にポリマー鎖が続いている．

同様に，二塩基酸とジオールを原料にして Fischer のエステル化を行えば，長鎖のポリエステル（polyester）が生成する．たとえば，Dacron（ダクロン）や Mylar（マイラー）は，エチレングリコールとテレフタル酸からできるポリエステルの商品名である（図 17・40）．このタイプのポリエステルのポリエチレンテレフタラート（PET）はリサイクル可能な透明プラスチック容器（ペットボトル）にも使われている．PET は，ポリエチレンやポリプロピレンのようなポリマーに比べて，再利用しやすく環境にもやさしいポリマーといえるので，PET の利用はグリーンケミストリー（p.484）の実践の一例になる．

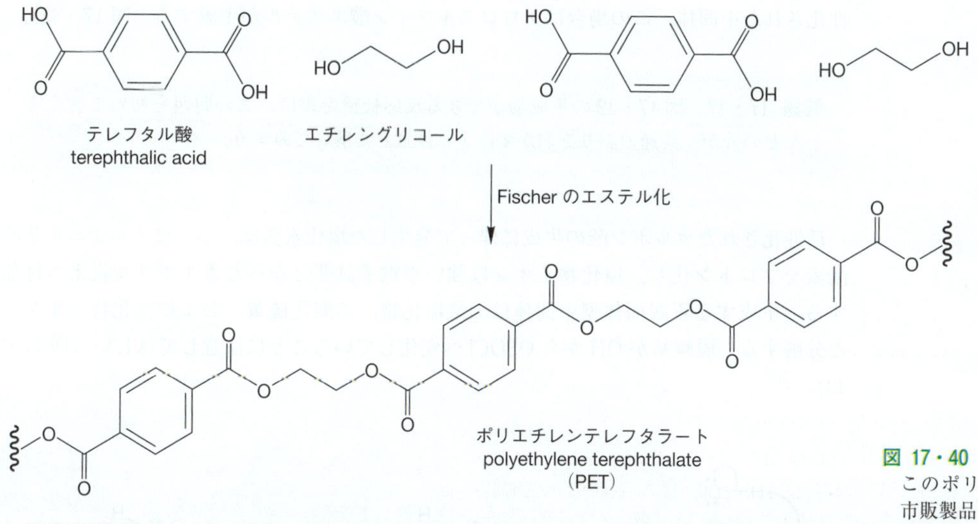

HO O OH テレフタル酸 terephthalic acid
HO OH エチレングリコール
Fischer のエステル化
ポリエチレンテレフタラート polyethylene terephthalate (PET)

図 17・40 ポリエステルの合成. このポリエステル PET は多くの市販製品に使われている.

17・7d 酸塩化物の生成 Friedel-Crafts アシル化反応 (p.692) の節で酸塩化物が登場した. カルボン酸を塩化チオニル (塩化スルフィニル) または五塩化リンで処理すると, 対応する酸塩化物をよい収率で与える (図 17・41). この反応は, アルコールと塩化チオニルの反応による塩化アルキルの生成によく似ている (p.291). ここでもまた, 脱離基として劣る OH をより優れた脱離基の Cl に変えることで反応性を高める段階が鍵になる. $SOCl_2$ を用いた酸塩化物の生成では, 最初の反応で塩素が置換されて活

一般式

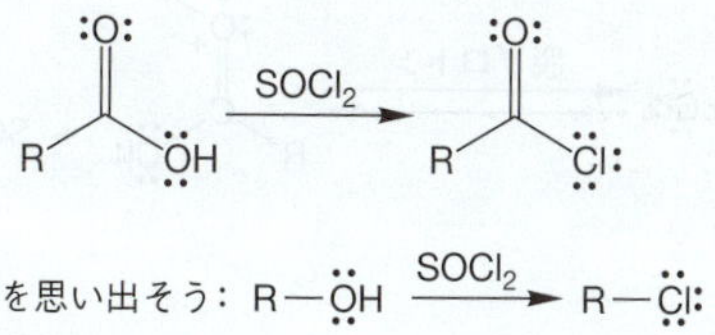

R–COOH —$SOCl_2$→ R–COCl

7章を思い出そう: R—OH —$SOCl_2$→ R—Cl

具体例

—$SOCl_2$, 100 ℃→ (>90%)

—PCl_5, 100 ℃→ NO_2 (93%)

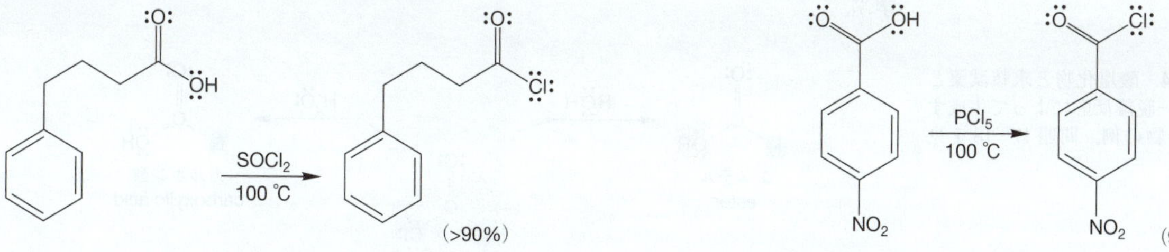

図 17・41 塩化チオニル ($SOCl_2$) あるいは五塩化リン (PCl_5) とカルボン酸との反応により酸塩化物が生成する. アルコールと $SOCl_2$ の反応に似ている.

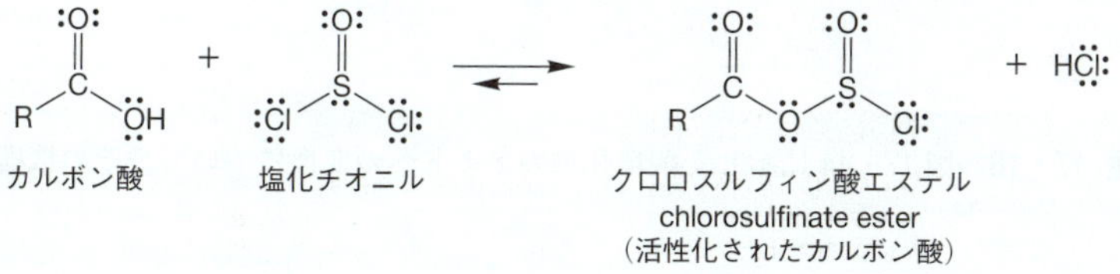

R–C(=O)–OH + Cl–S(=O)–Cl ⇌ R–C(=O)–O–S(=O)–Cl + HCl

カルボン酸　塩化チオニル　クロロスルフィン酸エステル chlorosulfinate ester (活性化されたカルボン酸)

図 17・42 酸塩化物生成の最初の段階では活性化されたカルボン酸が生成する.

性化された中間体，この場合はクロロスルフィン酸エステルが生成する（図 17・42）.

問題 17・17 図 17・42 の生成物ができる反応機構を書け．この問題を初めて解くほとんどの人が，共通の誤りをおかす．よく注意して解いてみよう．

活性化されたカルボン酸の生成に伴って発生した塩化水素は，つぎにカルボニル基の酸素をプロトン化し，塩化物イオンは強い求電子試薬となったカルボニル炭素へ付加する．生成する正四面体型中間体は，酸塩化物，二酸化硫黄，および塩化物イオンへと分解する．脱離基が OH から OSOCl へ変化していることに注意してほしい（図 17・43）.

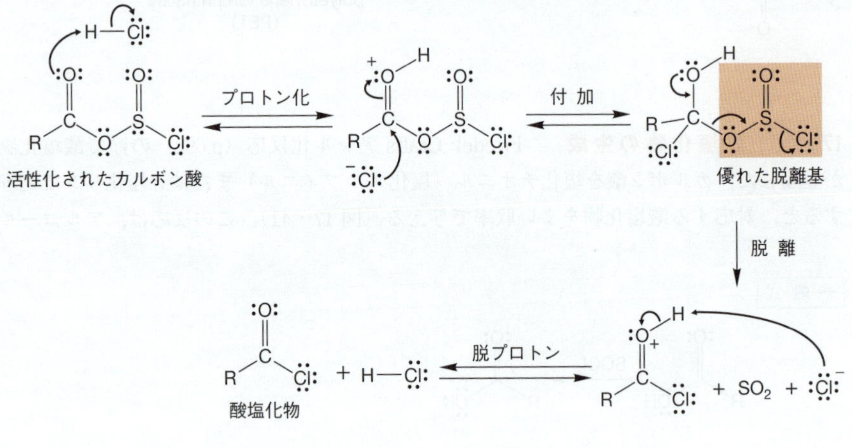

活性化されたカルボン酸　プロトン化　付 加　優れた脱離基　脱 離　脱プロトン　酸塩化物　$+ SO_2 +$

図 17・43 塩化水素によってカルボニル基がプロトン化され，塩化物イオンがこの強い求電子試薬を攻撃する．最終段階は，二酸化硫黄と塩化物イオンの脱離による酸塩化物の生成である．

酸塩化物は優れた脱離基である塩化物イオンをもっており，付加-脱離反応であらゆるアシル誘導体 R−CO−X を生成しうる（図 17・44）．18 章でこれについてくわしく学ぶ．

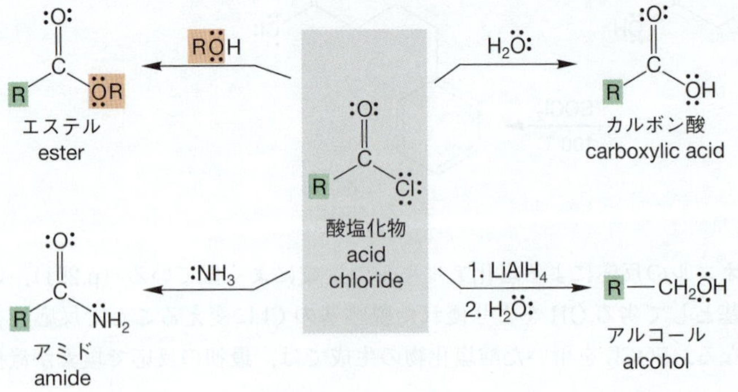

ROH　H_2O　エステル ester　カルボン酸 carboxylic acid　酸塩化物 acid chloride　$:NH_3$　1. $LiAlH_4$ 2. H_2O　アミド amide　$R-CH_2OH$ アルコール alcohol

図 17・44 酸塩化物と求核試薬との付加-脱離反応によって生成する化合物の例．問題 17・18 を見よ．

問題 17・18 図 17・44 に示した酸塩化物のアミドへの変換について，その機構を書け．

17・7e 酸無水物の生成 **酸無水物**（acid anhydride）は，その名のとおり，カルボン酸２分子から水が失われた化合物である（図 17・45）．

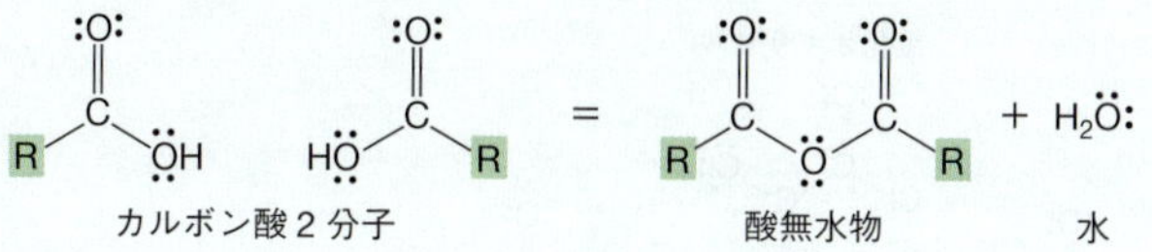

カルボン酸２分子　＝　酸無水物　＋ H_2O 水

図 17・45　酸無水物と２個のカルボン酸の比較

カルボン酸あるいはその共役塩基であるカルボン酸アニオンは，酸ハロゲン化物と反応して酸無水物を与える（図 17・46）．

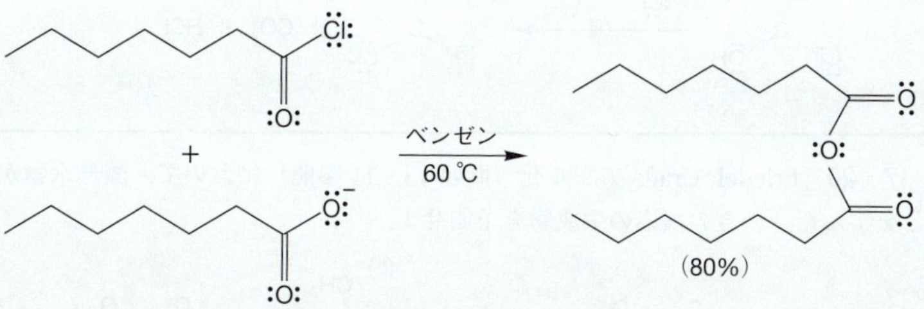

ベンゼン 60 ℃　(80%)

図 17・46　カルボン酸塩と酸塩化物との反応による酸無水物の生成

この反応の機構では，まず酸塩化物のカルボニル基へカルボン酸アニオンが付加して，正四面体型の中間体を生成し，つぎにこの中間体から優れた脱離基である塩化物イオンが脱離する（図 17・47）．

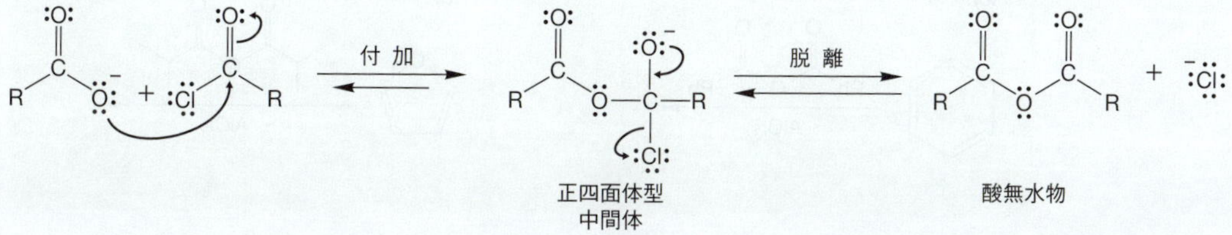

付加　正四面体型中間体　脱離　酸無水物

図 17・47　この機構による酸無水物の生成では，正四面体型中間体ができ，塩化物イオンが脱離する．

DCC や五酸化二リン（P_2O_5）のような脱水剤（dehydrating reagent）も，酸無水物の合成に使用される．環状の酸無水物は，二塩基酸を熱分解または加熱脱水することによって生成する（図 17・48）．

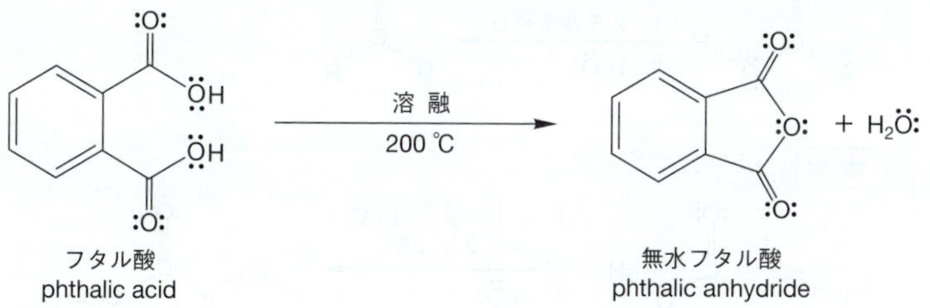

フタル酸 phthalic acid　溶融 200 ℃　無水フタル酸 phthalic anhydride　＋ H_2O

図 17・48　二塩基酸の脱水反応で環状の酸無水物が生成する．

問題 17・19 酸無水物は多くの反応において中間体として働く．カルボン酸から酸塩化物を合成する別の良い方法として，反応性の高いホスゲン（Cl−CO−Cl）や塩化オキサリル（Cl−CO−CO−Cl）を使う方法がある．ホスゲンとの反応の機構を示せ．

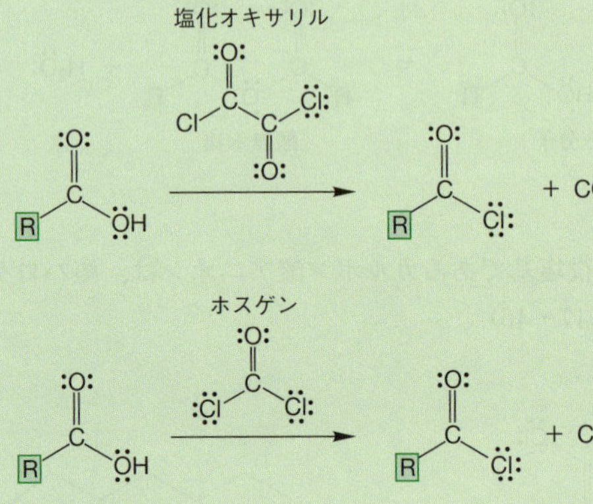

塩化オキサリル

R−COOH → (塩化オキサリル) → R−COCl + CO_2 + CO + HCl

ホスゲン

R−COOH → (ホスゲン) → R−COCl + CO_2 + HCl

問題 17・20 Friedel-Craftsアシル化（問題 15・11 参照）において，酸無水物が使えることを学んだ．つぎの反応の生成物を予測せよ．

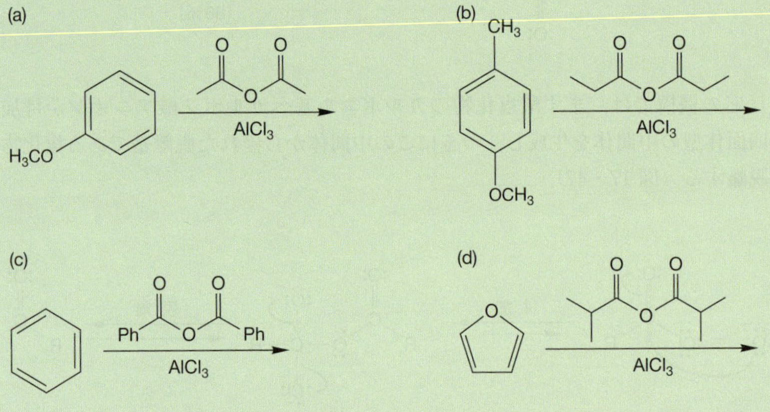

(a) H_3CO-ベンゼン + 無水酢酸 —$AlCl_3$→

(b) CH_3, OCH_3 置換ベンゼン + 無水プロピオン酸 —$AlCl_3$→

(c) ベンゼン + Ph−CO−O−CO−Ph —$AlCl_3$→

(d) フラン + 無水イソ酪酸 —$AlCl_3$→

17・7f 有機リチウム試薬および金属水素化物との反応

カルボン酸は2モル量の有機リチウム試薬（organolithium reagent）と反応して対応するケトンを与える（図17・49）．この反応は，すでに述べたように（p.821）合成反応として有用である．

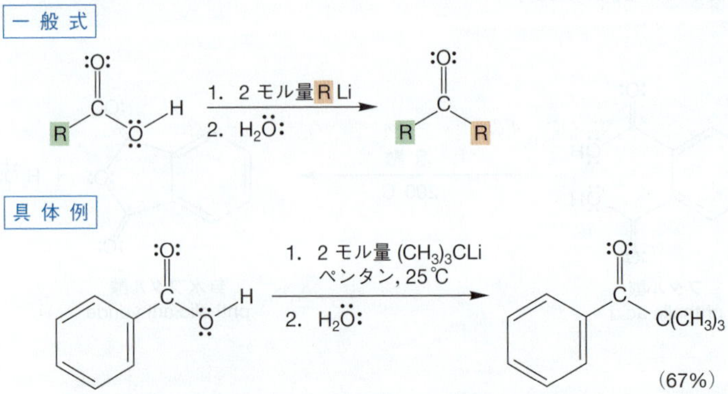

一般式

R−CO−OH —1. 2モル量 RLi, 2. H_2O→ R−CO−R

具体例

C_6H_5−CO−OH —1. 2モル量 $(CH_3)_3CLi$ ペンタン, 25℃ 2. H_2O→ C_6H_5−CO−$C(CH_3)_3$ (67%)

図 17・49 カルボン酸と有機リチウム試薬の反応によるケトンの一般的な合成法．(1. RLi, 2. H_2O) は反応を順番に行うことを示しており，(RLi, H_2O) は両方を一度に加えることを示すことに再度注意．

この反応の最初の段階は，カルボン酸のリチウム塩の生成である．これは負電荷をもっているが，有機リチウム試薬は非常に強い求核試薬なのでこれに付加してジアニオンを生成する（図 17・50）．

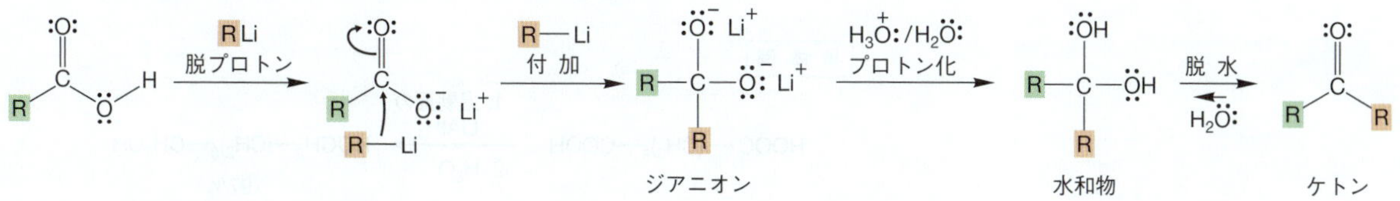

RLi
脱プロトン
R—Li
付 加
H_3O^+/H_2O
プロトン化
脱 水
H_2O
ジアニオン
水和物
ケトン

図 17・50 第 1 段階はカルボン酸アニオンの生成である．有機リチウム試薬は高い求核性をもつので，第 2 段階でカルボン酸アニオンに付加してリチウムで安定化されたジアニオンを与える．水によりプロトン化されると水和物ができる．この水和物はケトンより不安定であり，この平衡は最終生成物ケトン側に大きく偏っている．

このジアニオンは塩基性溶液中でどうなるだろうか．この答は，珍しいことに，“何も起こらない”である．R^- も O^{2-} も脱離しえないから，脱離基が存在しないことになる．そこで，反応混合物に水が加えられるまで，ジアニオンは溶液中でそのまま存在する．水によってプロトン化されると水和物を生成する．水和物は対応するケトンより不安定なので（p.762），最終的に脱水を伴ってケトンが生成する．

問題 17・21 酢酸からアセトフェノンを合成するのに必要な試薬を考えよ．

ケトンが生成する鍵は，ジアニオン中間体が脱離しうる基をもたないことにある．脱離基をもつ場合と比較してみよう（図 17・51）．この脱離基をもつタイプの反応はこれまでにもいくつか見てきたし，18 章ではさらに多くの反応を学ぶ．

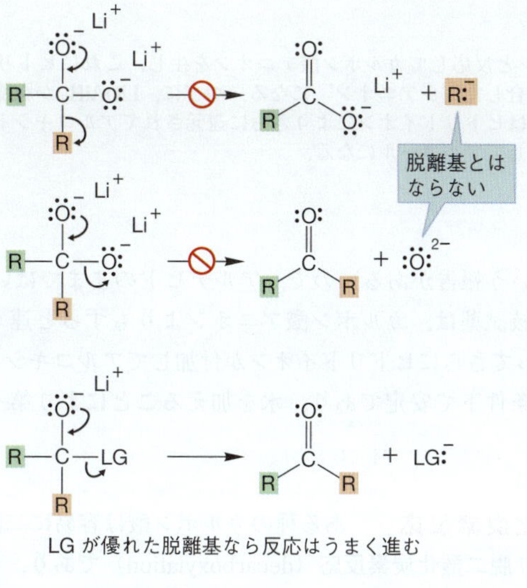

脱離基とはならない

LG が優れた脱離基なら反応はうまく進む

図 17・51 図 17・50 のジアニオンには脱離できる基がないので，負電荷を追い出すことができない．

カルボン酸は水素化アルミニウムリチウムによって還元され，加水分解を経て相当する第一級アルコールを与える（図 17・52）．反応機構の細部には異論があるかもしれないが，最初の段階がカルボン酸アニオンと水素分子の生成であることは疑いない．つぎ

図 17・52 カルボン酸のアルコールへの還元

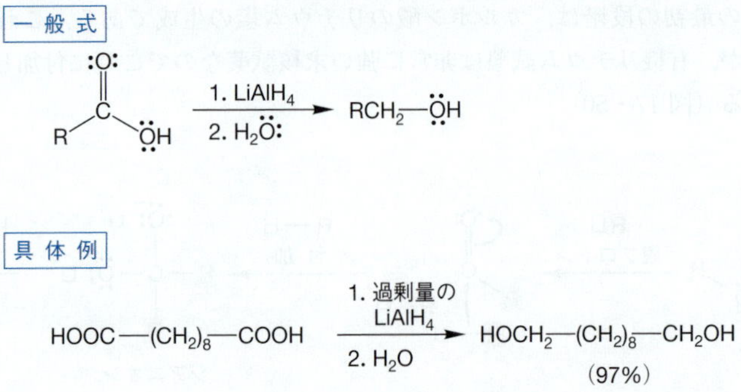

に，ヒドリドイオンがカルボニル基へ付加してジアニオンを生成する．この場合，アルミニウムが酸素アニオンの1つに強く結合しているので，図 17・50 におけるジアニオンとは異なり，酸化アルミニウムが脱離して，アルデヒドを生成する（図 17・53）．$LiAlH_4$ からヒドリドイオンがさらに供給される（1 mol の $LiAlH_4$ は 3.8 mol のヒドリドイオンを与えるという報告がある）ので，アルデヒドのままではいられない（p.787）．$LiAlH_4$ のような求核試薬は，カルボン酸アニオンよりもずっと速くアルデヒドと反応しやすい．したがってさらにヒドリドイオンが付加してアルコキシドを生成する．アルコキシドは塩基性条件下で安定であり，水を加えることにより第一級アルコールとなる．

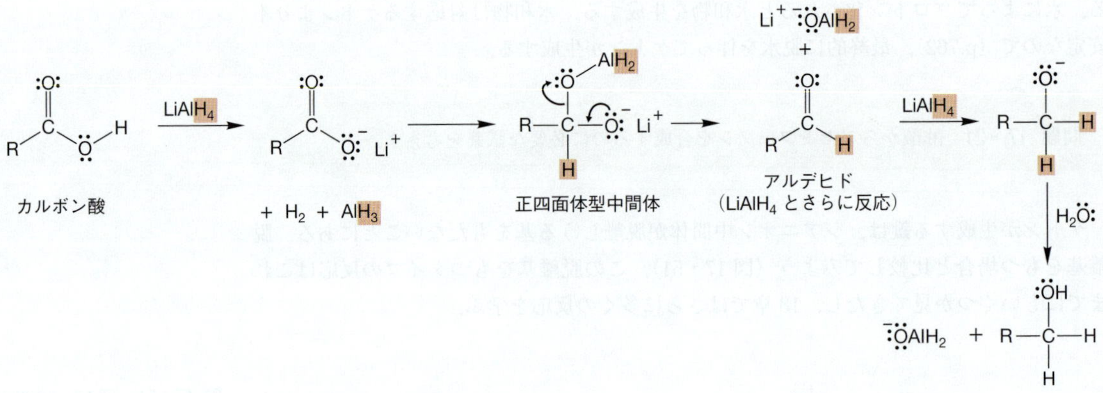

図 17・53 プロトンと反応してカルボン酸アニオンを生じ，これにヒドリドイオンが付加してアルミニウムと結合した‘ジアニオン’になる．つぎに，$LiOAlH_2$ が脱離してアルデヒドがまず生じるが，これはヒドリドイオンによりさらに還元されてアルコキシドとなり，水を加えることでプロトン化してアルコールになる．

17・7g 脱二酸化炭素反応

ある種のカルボン酸は容易に二酸化炭素を失う．この反応は文字どおり**脱二酸化炭素反応**（decarboxylation）であり，慣用的に脱炭酸ともよばれる．最もよい例として，β-ケト酸やマロン酸（プロパン二酸）などの 1,1-ジカルボン酸があげられる（図 17・54）．この反応は室温であるいは穏やかに加熱するだけで，しばしば起こる．ここで β-ケト酸や 1,1-ジカルボン酸の脱二酸化炭素反応は，それぞれケトンやカルボン酸の新たな合成法になることに注目しよう．

一般式

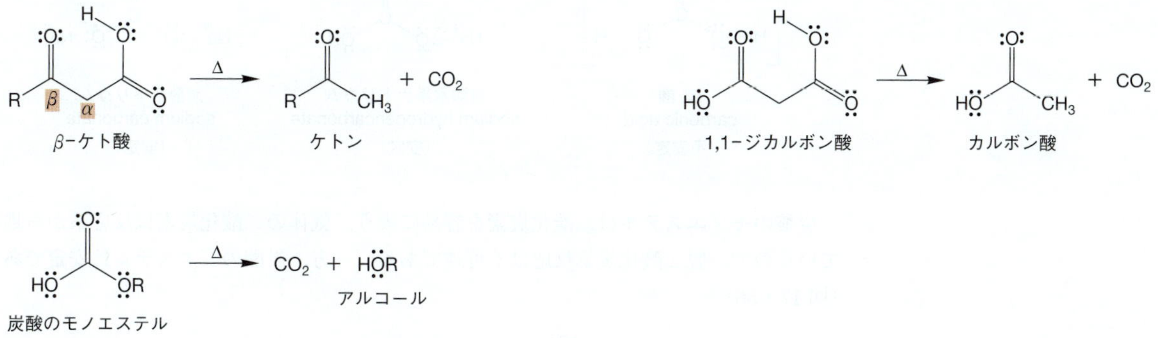

β-ケト酸 →(Δ) ケトン + CO_2

1,1-ジカルボン酸 →(Δ) カルボン酸 + CO_2

炭酸のモノエステル →(Δ) CO_2 + HOR（アルコール）

具体例

(> 60%)

(> 70%)

(~100%)

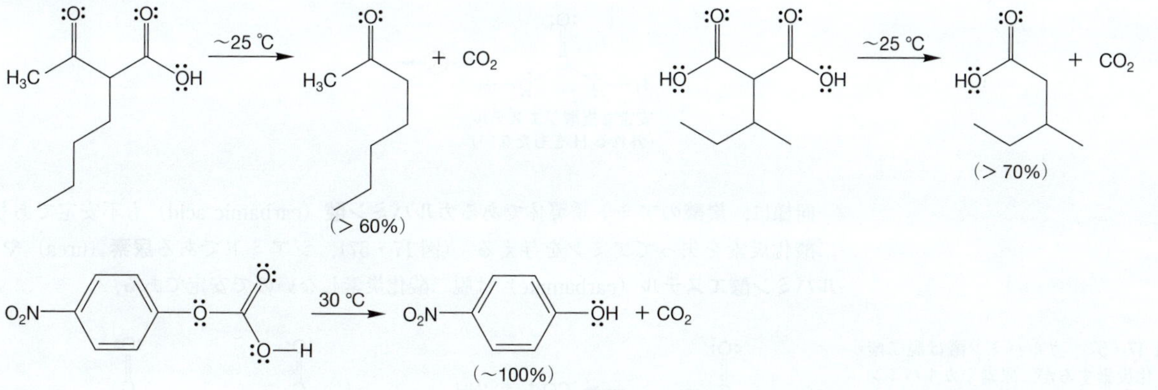

図 17・54 容易に脱二酸化炭素（CO_2 を失う）する 3 種類のカルボン酸

問題 17・22 つぎの各反応の生成物を示せ.

(a) HO_2C CO_2H →(Δ)

(b) CO_2H →(Δ)

この脱二酸化炭素反応では，二酸化炭素の脱離とエノール生成が同時に起こる．生成したエノールはより安定なカルボニル化合物へ速やかに異性化する．二酸化炭素は気体として失われるので，この反応は不可逆となる（図 17・55）．19 章でさらに多くの例が出てくる．

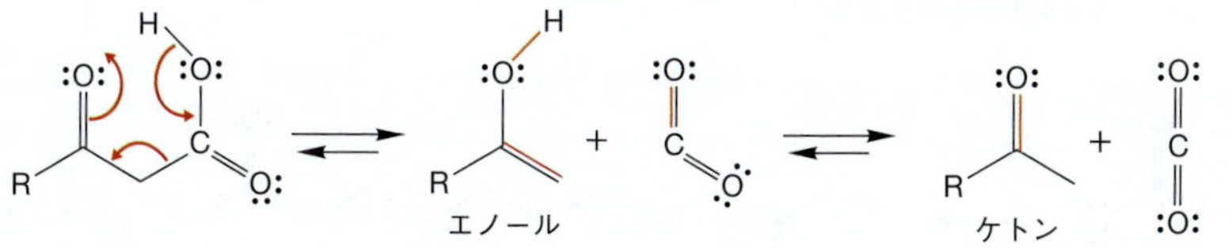

エノール　ケトン

図 17・55 脱二酸化炭素反応の機構

炭酸（H_2CO_3 または HOCOOH）自身は不安定であるが，炭酸の塩は，炭酸水素ナトリウムや炭酸ナトリウムなどで見られるように広く存在する．

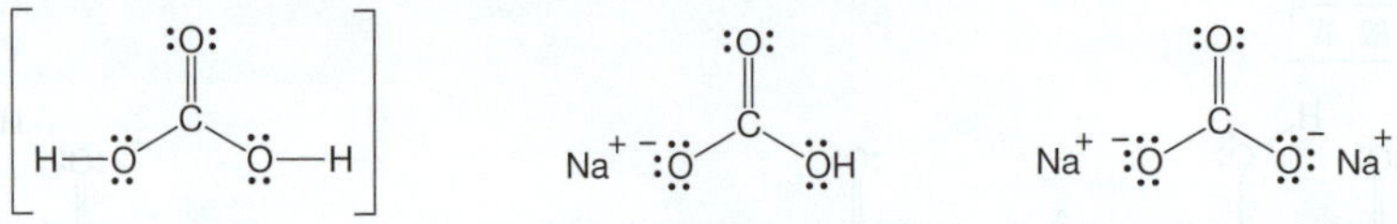

炭 酸
carbonic acid
(不安定)

炭酸水素ナトリウム
sodium hydrogencarbonate
(安定)

炭酸ナトリウム
sodium carbonate
(安定)

炭酸のモノエステルは二酸化炭素を容易に失う．気体の二酸化炭素は反応系から逃げていくので，脱二酸化炭素反応は不可逆である．一方，炭酸のジエステルは安定である（図 17・56）．

図 17・56 炭酸のモノエステルは容易に脱二酸化炭素するが，ジエステルは安定である．

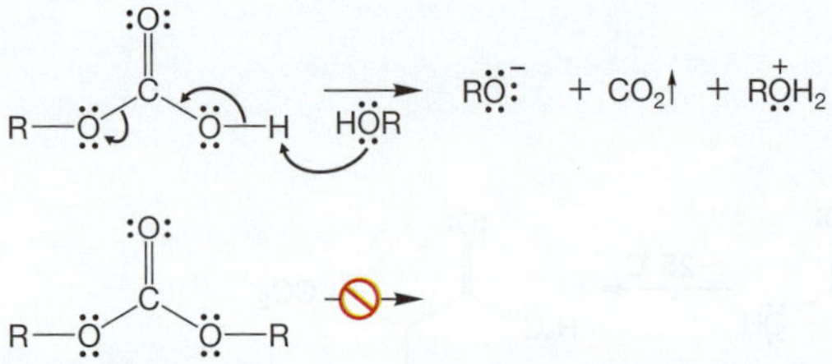

安定な炭酸ジエステル
(外れる H をもたない)

同様に，炭酸のアミド誘導体である**カルバミン酸**（carbamic acid）も不安定であり，二酸化炭素を失ってアミンを与える（図 17・57）．ジアミドである**尿素**（urea）や**カルバミン酸エステル**（carbamate）は脱二酸化炭素しないので安定である．

図 17・57 カルバミン酸は脱二酸化炭素するが，尿素やカルバミン酸エステルは安定である．

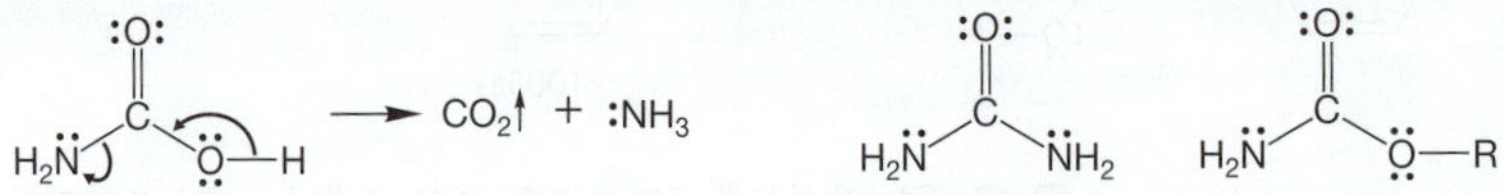

カルバミン酸

尿 素
(安定)

カルバミン酸エステル
(安定)

さらに，カルボン酸は電気化学的にも脱二酸化炭素され，最終的には，元のカルボン酸のアルキル基 2 個から成る炭化水素を与える．この反応は，Hermann Kolbe（1818～1884）にちなんで**Kolbe**（コルベ）**電解**（Kolbe electrolysis）とよばれる．カルボン酸アニオンが電気化学的酸化を受けてカルボキシルラジカルを生じ，このラジカルは脱二酸化炭素によりアルキルラジカルになり，二量化して炭化水素を生成する（図 17・58）．

一般式

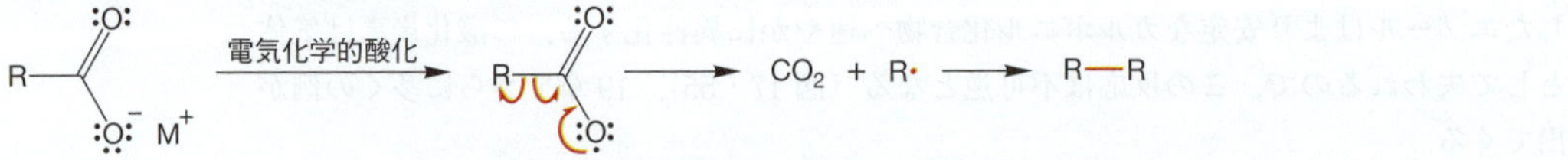

電気化学的酸化

カルボキシルラジカル

具体例

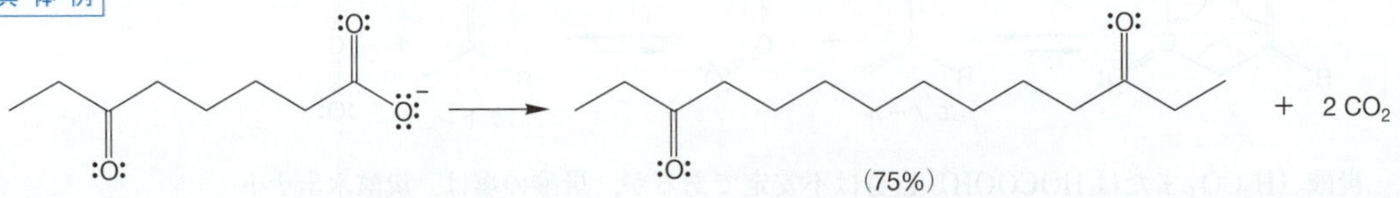

(75%)

図 17・58 Kolbe 電解により R−COOH の R が二量化した生成物 R−R が生じる．

17・7h 臭化アルキルの生成: Hunsdiecker 反応 図 17・58 のカルボキシルラジカルは，**Hunsdiecker 反応**（フンスディーカー，Hunsdiecker reaction）においても活性な中間体となり，この反応では，カルボン酸から臭化アルキルが生成する（Heinz Hunsdiecker, 1904〜1981; Cläre Dieckmann Hunsdiecker, 1903〜1995）．この反応名は Hunsdiecker にちなんではいるが，実は，この反応は，ロシアの作曲家であり医者であり化学者でもあった Alexander Borodin によって発見された*．Borodin は優れた化学者としてよりも，少し物悲しいメロディーの作曲家としての方がずっと有名である．Borodin は Hunsdiecker よりも 81 年も早く，1861 年に初めてこの反応を行った．カルボン酸の銀塩を臭素と反応させる方法が典型的である．第一の段階で次亜臭素酸エステルが生成し（図 17・59），これは加熱により弱い酸素－臭素結合が均一開裂して，カルボキシルラジカルと臭素原子を与える．Kolbe 反応のときと同様，カルボキシルラジカルは二酸化炭素を失ってアルキルラジカルとなるがこの場合は，アルキルラジカルは次亜臭素酸エステルを攻撃して，臭化アルキルともう 1 分子のカルボキシルラジカルを生成することで連鎖反応となる（図 17・59）．ラジカル連鎖反応については，12 章を参照せよ．

* Borodin はアルドール反応の発見者としても知られている (p.937)．

一般式

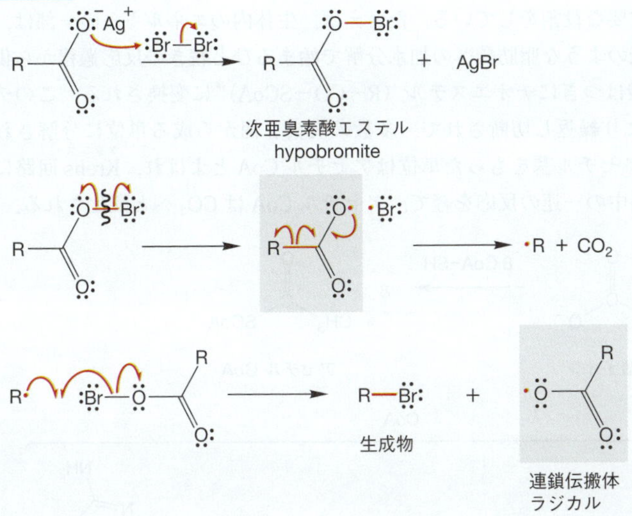

R–COO⁻ Ag⁺ + :Br–Br: → R–CO–O–Br + AgBr
次亜臭素酸エステル
hypobromite

R–CO–O–Br → R–CO–O· + ·Br → ·R + CO_2

R· + :Br–O–CO–R → R–Br + ·O–CO–R
生成物
連鎖伝搬体ラジカル

具体例

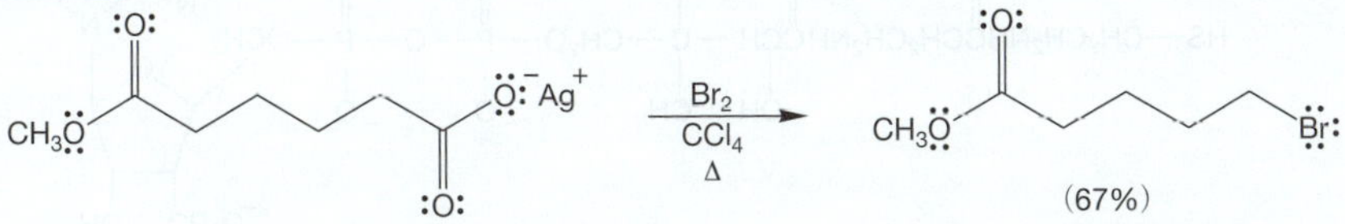

CH_3O–CO–$(CH_2)_4$–COO⁻ Ag⁺ $\xrightarrow[\Delta]{Br_2,\ CCl_4}$ CH_3O–CO–$(CH_2)_4$–Br (67%)

図 17・59 カルボキシルラジカルの脱二酸化炭素は，カルボン酸からの臭化アルキルの合成法となる Hunsdiecker 反応にも含まれる．連鎖伝搬ラジカルとして働くカルボキシルラジカルは，背景を灰色にして表示．

まとめ

ここまで多種類の新しい化合物とそれらがかかわる圧倒的な数の反応が登場した．しかし，心配することはない．ほとんどが付加-脱離反応の変形である．この共通の様式を忘れなければ，反応で何が起こっているのか，比較的容易に理解できる．全部を暗記しようとすることは必要でないし，生産的でもない．基本的な反応過程をしっかり学び，それを異なる場面に応用することのほうがずっと重要である．

この章では，カルボン酸がポリアミドやポリエステルの合成に使用できることを学んだ．またカルボン酸から酸塩化物，酸無水物，エステル，アミド，ケトン，第一級アルコールへ誘導できることも学んだ．最後に，いくつかの脱二酸化炭素反応にも触れた．この章で，たぶん最も重要な反応は，酸塩化物の生成とFischerのエステル化である．有機化学を学ぶなかで，この2つの反応にはこれからも出会うことになる．

17・8 トピックス：自然界で見いだされるカルボン酸

植物も動物もその生命はカルボン酸に依存していて，カルボン酸はあらゆる細胞機能にかかわっている．カルボン酸の大きさは大小さまざまで，たとえばアリの毒には炭素1個のギ酸，蜜蝋(みつろう)には炭素数30の長鎖のカルボン酸が含まれている．鎖と酸の両方の部分が，このような分子の働きに強い影響を与えている．この自然界に存在する長鎖カルボン酸は**脂肪酸**（fatty acid）と一般によばれる．生体内の反応では，酢酸誘導体を用いて1段につき炭素2個ずつ炭化水素鎖を伸ばしていくので，長鎖カルボン酸の炭素数は偶数となる．生体内での反応については21章で詳しく学ぶ．

問題 17・23 生体がカルボン酸に依存しているのはなぜか．

脂肪酸は非常に重要な役割をしている．たとえば，生体内のエネルギーの一部は，脂肪からパルミチン酸のような脂肪酸への加水分解で始まるひと続きの反応過程から供給されている．脂肪酸はつぎにチオエステル（R−CO−SCoA）*に変換される．このチオエステルは酵素により繰返し切断されて，多数の炭素2個から成る単位に分解される（図17・60）．このアセチル基をもった単位はアセチルCoAとよばれ，Krebs(クレブス)回路に供給される．この回路中の一連の反応を経て，アセチルCoAはCO_2へと酸化される．

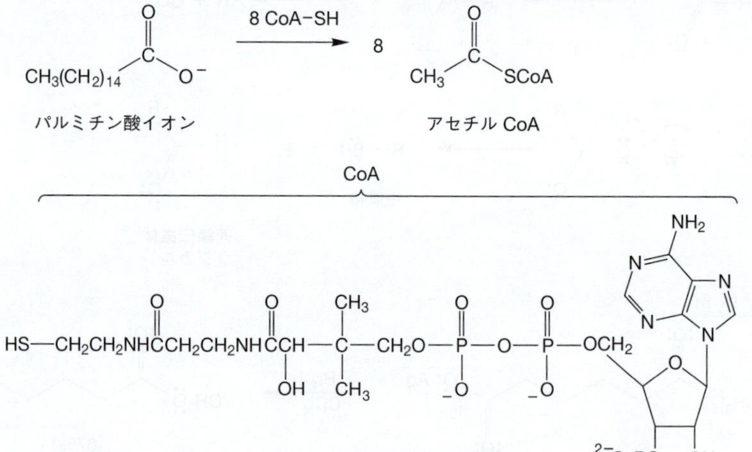

図 17・60 酵素は脂肪酸をアセチルCoAに変換する．炭素数16のパルミチン酸は最終的に8分子のアセチルCoAになる．

$CH_3(CH_2)_{14}COO^-$ (パルミチン酸イオン) $\xrightarrow{8\ \text{CoA-SH}}$ 8 $CH_3COSCoA$ (アセチル CoA)

CoA

HS−CH_2CH_2NHC(=O)CH_2CH_2NHC(=O)CH(OH)−C(CH_3)$_2$−CH_2O−P(=O)(O^-)−O−P(=O)(O^-)−OCH_2−(リボース, 3′-$^{2-}O_3$PO, 2′-OH)−アデニン(NH_2)

CoA−SH

アセチルCoAのメチル基炭素はもとの脂肪酸のα炭素由来であり，パルミチン酸アニオンの場合β炭素はミリスチン酸アニオンのカルボニル炭素になる（図17・61）．どのようにしてパルミチン酸のα−β炭素結合が切断されるのであろうか．生体反応の巧妙さには驚嘆せざるをえない．この反応の理解には19章で学ぶ事柄が必要なので，のちに立ち戻ることにしよう．

* CoAは補酵素A（coenzyme A）の略称である．補酵素とは酵素反応を促進するのに必要な分子で，アシル基と結合していない遊離のものをCoA−SHと略す．

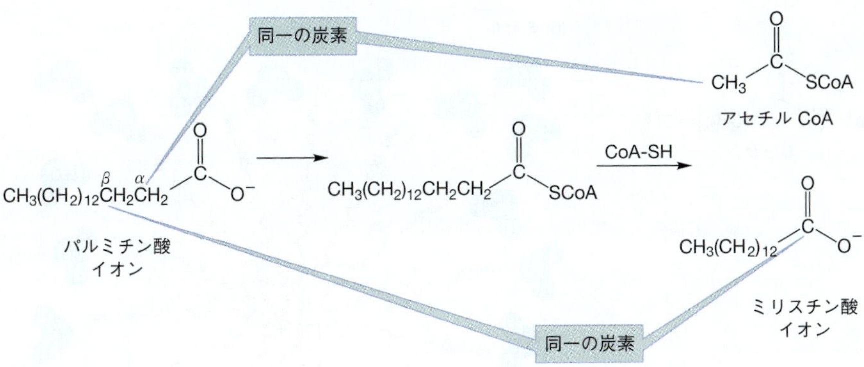

図 17・61　脂肪酸は炭素2個を単位として分解される．パルミチン酸のβ炭素は炭素数14のカルボン酸のカルボニル炭素になることに注意．

正常な細胞機能に必要な多くの脂肪酸がある．ヒトは必要な脂肪酸のほとんどを体内でつくっているが，ω(オメガ)−3脂肪酸（図17・62）は食事から摂らねばならない．ω−3脂肪酸とは，アルキル末端から3番目と4番目の炭素の二重結合がシス形をとる長鎖カルボン酸類をさす．ω−3脂肪酸の仲間には鎖の長さや他に存在する二重結合の数が異なるものが含まれる．FDA（米国食品医薬品局）は，ω−3脂肪酸が冠状動脈疾患のリスクを減少させることを示唆するデータを報告している．

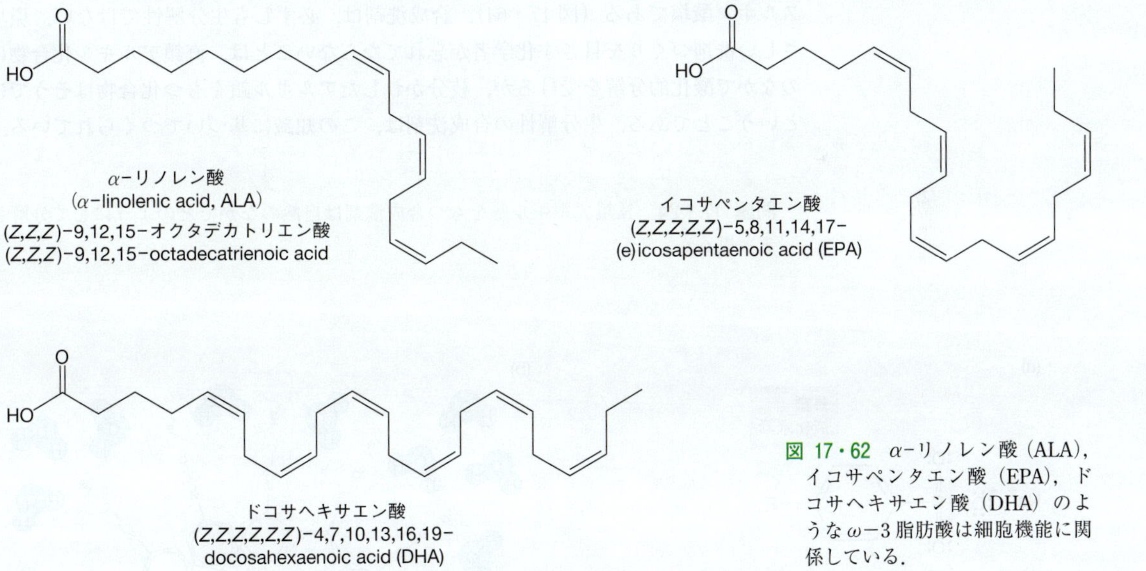

図 17・62　α−リノレン酸（ALA），イコサペンタエン酸（EPA），ドコサヘキサエン酸（DHA）のようなω−3脂肪酸は細胞機能に関係している．

脂肪酸には別の重要な話題がある．**セッケン**（soap）は長鎖脂肪酸のナトリウム塩であり，極性の高いカルボン酸塩末端と，ほとんど極性のない長鎖炭化水素からできているのでつぎのような機能を示す（図17・63）．水のような極性溶媒に極性末端は可溶であり，無極性の炭化水素末端は不溶である．水溶液中では，**疎水性**（hydrophobic）の炭化水素末端は球の内側に向かって並んだ集合体を形成する．そして，外表面の**親水性**（hydrophilic）を示すカルボン酸塩の部分で周りの水に接し，内部を水から隔てている．このような凝集体を**ミセル**（micelle）とよぶ．セッケンの洗浄作用はミセルの疎水性部分が油脂をとらえる性質をもつことによっている．衣類表面から油脂を取除くのである．ミセルは水溶性なので水に不溶な油脂を洗い流すことになる．

(a)

脂肪酸 —(塩基)→ セッケン

$HO-C(=O)-(CH_2)_n-CH_3$ → $Na^+\ ^-O-C(=O)-(CH_2)_n-CH_3$

(b) ミセル

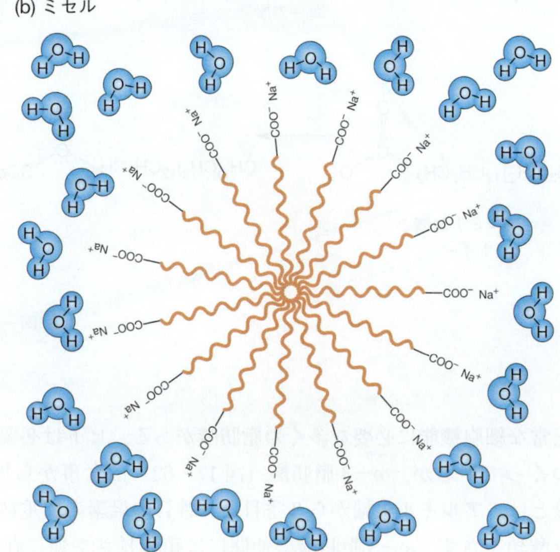

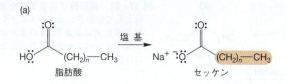

図 17・63 (a) 脂肪酸からのセッケンの生成. (b) 極性の高い媒質中でセッケンはミセルを形成する. そこでは, 疎水性の炭化水素鎖が極性溶媒から逃れるように球の中心に向かって凝集している. 球の外表面には, 極性のカルボン酸アニオンとその対イオンであるカチオンがいる.

合成洗剤(detergent)も, 同様のミセルを形成する. 最も一般的な合成洗剤は長鎖スルホン酸塩である(図 17・64). 合成洗剤は, 必ずしも生分解性ではない. 環境にやさしい洗剤づくりを目ざす化学者が忘れてならないことは, 直鎖アルキル化合物は自然のなかで酸化的分解を受けるが, 枝分かれしたアルキル鎖をもつ化合物はそうではないということである. 生分解性の合成洗剤は, この知識に基づいてつくられている.

問題 17・24 長鎖アルキル基をもつ合成洗剤は自然のなかでどのようにして分解されると思うか.

(a)

長鎖
炭化水素

$Na^+\ ^-O-S(=O)_2-C_6H_4-R$

アルキルベンゼンスルホン酸ナトリウム
sodium alkylbenzenesulfonate

(b)

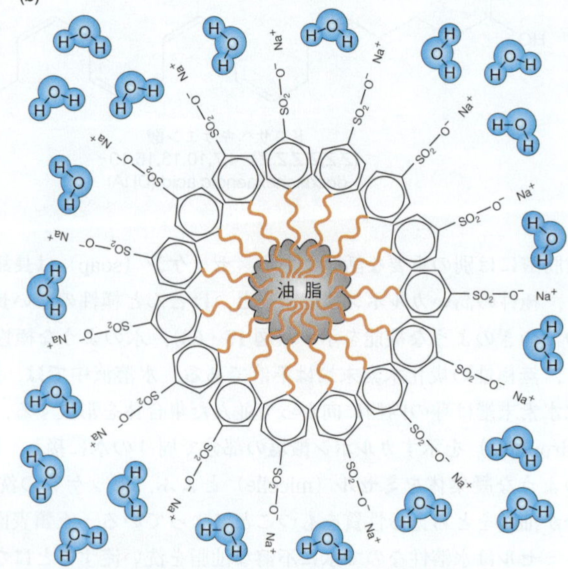

図 17・64 (a) 合成洗剤. (b) 合成洗剤のミセルは油汚れを可溶化する.

17・9 まとめ

■新しい考え方■

カルボン酸にはいくつかの異なる反応形式がある．求電子試薬と求核試薬のどちらにもなりうる多くの種類の分子（たとえば，アルデヒドやケトン）をこれまで見てきたが，カルボン酸はより多様な反応をする．カルボン酸は，ヒドロキシ基のプロトンを解離するブレンステッド酸である．同時に，カルボニル炭素で反応をする求電子試薬（ルイス酸）でもある．また，カルボン酸は塩基性のカルボニル酸素が働くブレンステッド塩基であり，また求核試薬（ルイス塩基）でもある．

カルボン酸のブレンステッド酸としての強さは，イオン化によって生じるカルボン酸アニオンでの非局在化によると長らく考えられてきたが，分極したカルボニル基の誘起効果にも依存している．

■重要語句■

アミド amide（p.833）
オルトエステル ortho ester（p.830）
活性化試薬 activating agent（p.834）
カルバミン酸 carbamic acid（p.844）
カルバミン酸エステル carbamate（p.844）
カルボン酸アニオン carboxylate anion（p.816）
合成洗剤 detergent（p.848）
Kolbe 電解 Kolbe electrolysis（p.844）
酸無水物 acid anhydride（p.839）
脂肪酸 fatty acid（p.846）
親水性 hydrophilic（p.847）
正四面体型中間体 tetrahedral intermediate（p.826）
セッケン soap（p.847）
疎水性 hydrophobic（p.847）
脱二酸化炭素反応 decarboxylation（p.842）
尿素 urea（p.844）
Fischer のエステル化 Fischer esterification（p.825）
Hunsdiecker 反応 Hunsdiecker reaction（p.845）
ミセル micelle（p.847）
ラクタム lactam（p.835）
ラクトン lactone（p.832）

■反応・機構・解析法■

この章の新しい反応のほとんどは付加-脱離過程の例である．この機構は以前にも出てきたが，この章で初めて特に強調した．図 17・65 に示すように，脱離基をもつカルボニル化合物はどれも，求核試薬の攻撃（付加）によって正四面体型の中間体を与え，つぎに脱離基が追い出される（脱離）．

カルボン酸では，付加-脱離反応が進行するかどうかは，カルボキシ基の OH をより優れた脱離基に変換できるかどうかにかかっている．この変換は酸触媒反応ではプロトン化によって起こる．そのよい例が Fischer のエステル化やその分子内版のラクトン化である（図 17・21）．

カルボキシ基の OH は他の化学変換によっても，より優れた脱離基へと変えられる．クロロスルフィン酸エステルを経由する酸塩化物の生成はその良い例である．このエステルのカルボニル基への塩化物イオンの付加によって正四面体型の中間体を与え，つぎに二酸化硫黄と塩化物イオンが脱離して，酸塩化物が生成する（図 17・42，図 17・43）．

酸塩化物は優れた脱離基をもち，付加-脱離反応がよく起こる（図 17・44）．

ときには，カルボン酸アニオンが S_N2 反応における求核試薬として使われる．ただし，相手のルイス酸の反応性が高くないとうまくいかない（図 17・30）．

カルボン酸アニオンの電気化学的反応によって炭化水素が生じる（Kolbe 電解）．脱二酸化炭素反応を伴う他の反応についても簡単に述べた（図 17・54）．

付加 :Nu⁻ / 脱離 / 正四面体型中間体 / + LG⁻

図 17・65 付加-脱離反応

■合　成■

1. 酸ハロゲン化物

RCOOH —$SOCl_2$→ RCOCl
クロロスルフィン酸エステルが中間体

RCOOH —PCl_5→ RCOCl

2. カルボン酸

$$R{-}CH_2{-}OH \xrightarrow{[O]} RCOOH$$

$[O] = KMnO_4, HNO_3, CrO_3/H_2O$
$K_2Cr_2O_7/H_2SO_4, RuO_4$

$$R{-}MgX \xrightarrow[2.\ H_3O^+/H_2O]{1.\ CO_2} R{-}COOH$$

X = I, Br, Cl

$$RCH{=}CHR \xrightarrow[2.\ H_2O_2/H_2O]{1.\ O_3} 2\ RCOOH$$

これは酸化的後処理によるもの；ジメチルスルフィドまたは H_2/Pd による還元的後処理を使えばアルデヒドが得られる

$$RCH{=}CHR \xrightarrow[2.\ H_3O^+/H_2O]{1.\ KMnO_4,\ 18\text{-クラウン-}6} 2\ RCOOH$$

$KMnO_4$ を可溶化するためクラウンエーテルが必須

$$RCOOR \xrightarrow[H_2O]{H_3O^+} RCOOH$$

酸触媒によるエステル加水分解

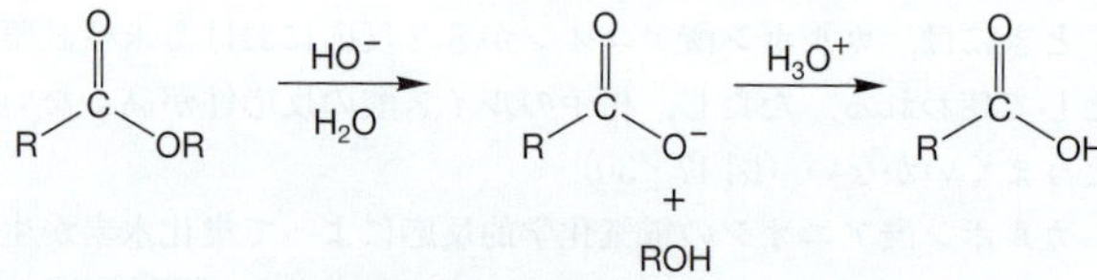

$$RCOOR \xrightarrow[H_2O]{HO^-} RCOO^- + ROH \xrightarrow{H_3O^+} RCOOH$$

塩基触媒によるエステル加水分解
(p. 874 参照)

3. アルコール

$$RCOOH \xrightarrow[2.\ H_2O]{1.\ LiAlH_4} RCH_2OH$$

$^-OAlH_2$ が脱離基である

$$ROCOOH \xrightarrow{\Delta} ROH + CO_2$$

炭酸モノエステルの脱二酸化炭素反応

4. ハロゲン化アルキル

$$RCH_2COO^-\,Ag^+ \xrightarrow[\Delta]{Br_2} RCH_2{-}Br + CO_2 + AgBr$$

Hunsdiecker 反応はもっぱら臭化物を合成するのに使われる

5. アミド（環状アミドについてはラクタムの項参照）

$$RCOOH \xrightarrow[DCC]{NHR_2} RCONR_2$$

付加-脱離反応

6. アミン

$$HOCONR_2 \xrightarrow{\Delta} HNR_2 + CO_2$$

カルバミン酸の脱二酸化炭素

7. 酸無水物

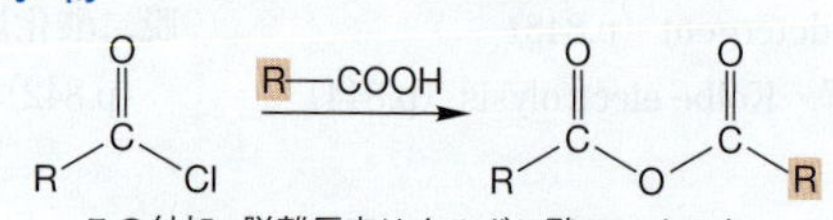

$$RCOCl \xrightarrow{R{-}COOH} RCOOCOR$$

この付加-脱離反応はカルボン酸アニオンを求核試薬として用いればさらに良好に進む

$$RCOOH \xrightarrow{P_2O_5} RCOOCOR$$

他の脱水剤でもよい；分子内の場合は単に加熱するだけで進行する場合もある

8. エステル（環状エステルについてはラクトンの項参照）

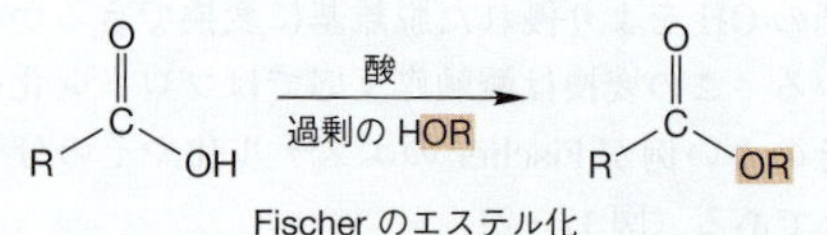

$$RCOOH \xrightarrow[\text{過剰の }HOR]{\text{酸}} RCOOR$$

Fischer のエステル化

$$RCOO^- \xrightarrow{R{-}LG} RCOOR$$

R-LG の反応性が高くないとこの S_N2 反応は進まない

$$RCOOH \xrightarrow{CH_2N_2} RCOOCH_3$$

メチルエステルの合成のみ

9. 炭化水素

$$2\ RCOO^- \xrightarrow{\text{電気分解}} R{-}R + 2\,CO_2$$

Kolbe 電解，ラジカル的二量化反応

10. ケ ト ン

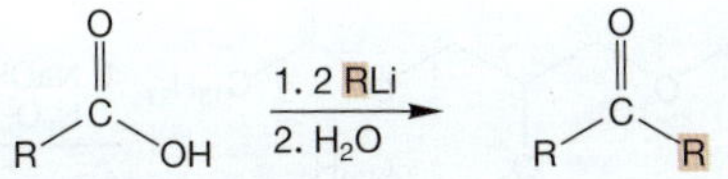

$RCOOH \xrightarrow[2.\ H_2O]{1.\ 2\ RLi} RCOR$

水和物が中間体として生成．2 モル量の RLi が必要

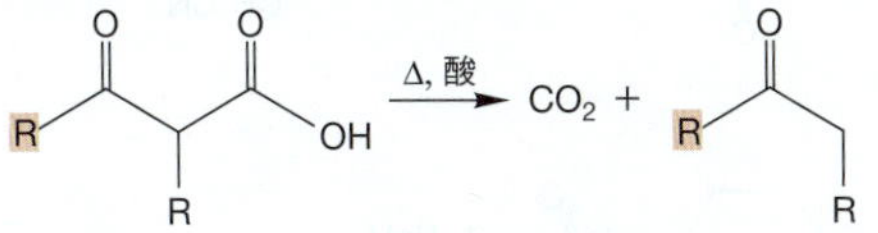

$RCOCH(R)COOH \xrightarrow{\Delta,\ 酸} CO_2 + RCOCH_2R$

β-ケト酸の脱二酸化炭素

11. ラクタム

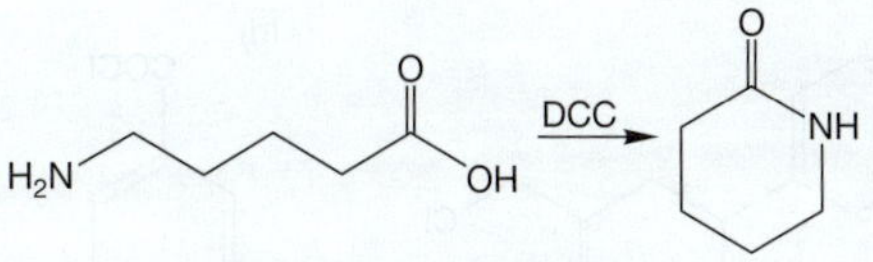

$H_2N(CH_2)_5COOH \xrightarrow{DCC}$ (環状アミド)

ひずみがないときに環状アミドの生成は特にうまく進む

12. ラクトン

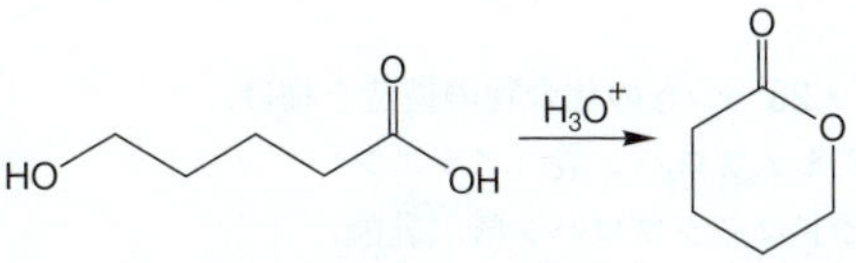

$HO(CH_2)_4COOH \xrightarrow{H_3O^+}$ (環状エステル)

分子内 Fischer エステル化

■間違えやすい事柄■

求核試薬がカルボニル基に付加した後に，脱離基が外れると同時にカルボニル基が再生するという単純な反応が付加-脱離反応である．しかし，多様な反応が可能で，これが反応を理解しにくくしている．求核試薬が反応しそうな部位がいくつもあり，また反応の鍵となるカルボニル基が隠されている．

また，これらの反応機構にはプロトン移動のような反応段階も数多く含まれ，これも理解をより困難にしている．

最後に，我々がときどきおかすミスがある．それはカルボキシ基の正しくない酸素に求電子試薬を付加させてしまうことである．より求核的で塩基性が強いのはヒドロキシ酸素ではなく，カルボニル酸素である．

17・10 追 加 問 題

問題 17・25 つぎのカルボン酸を命名せよ．

(a) (構造式: OH)

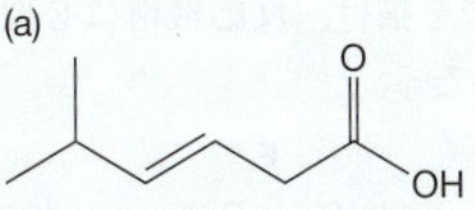

(b) H_2N, $CH(CH_3)_2$, COOH

(c) CO_2H, HO

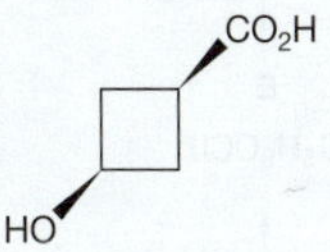

(d) COOH, HO

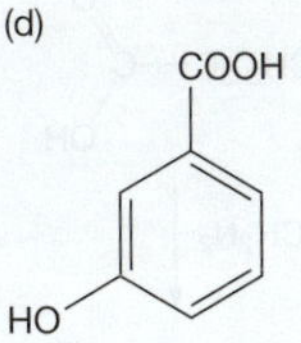

(e) OH, O

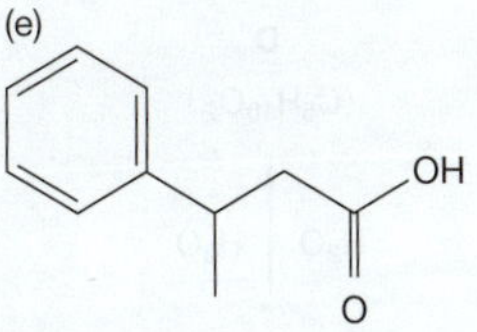

(f) CO_2H, Ph

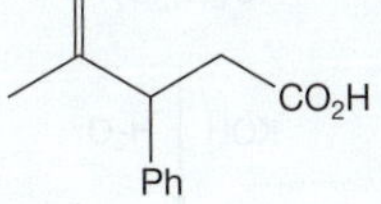

(g) HO_2C, Br, Br, Br

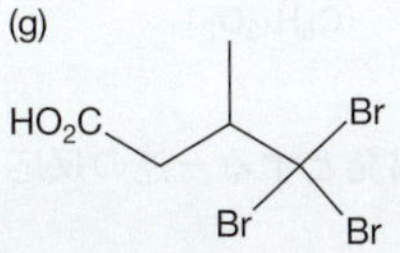

(h) H_2N, OH, O, OH

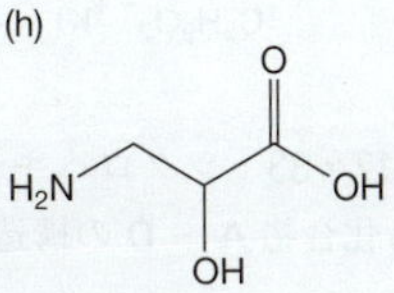

問題 17・26 つぎのカルボン酸塩を命名せよ．

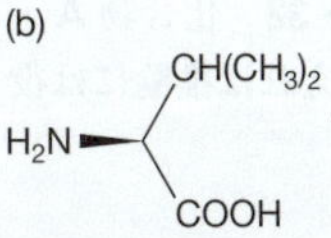

(a) O, $O^-\ Li^+$

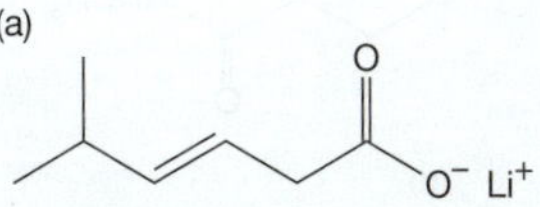

(b) $COO^-\ K^+$

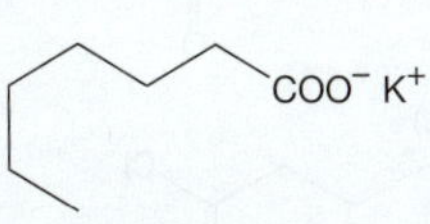

(c) $O^-\ Na^+$, O

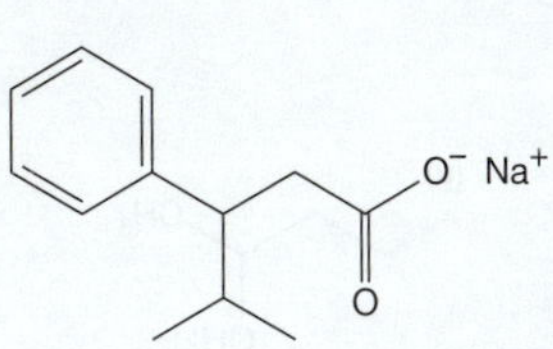

(d) $CO_2^-\ Na^+$, CH_3

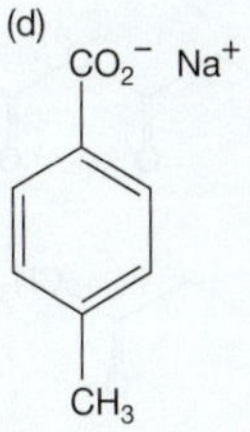

問題 17・27 つぎの化合物で官能基と考えられるのはどれか．その名前は何か．

(a) COOH, O, OCH_3, CHO

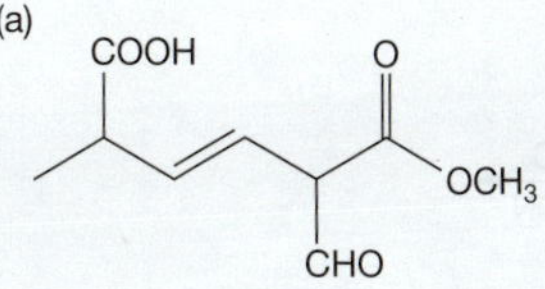

(b) HO, O, O, O

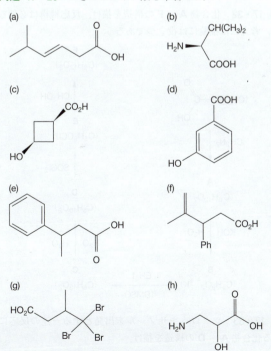

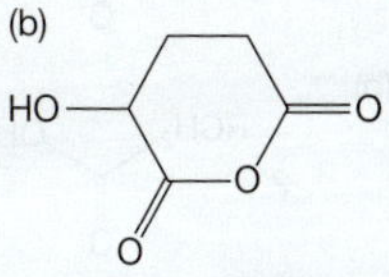

問題 17・27 (つづき)

(c)

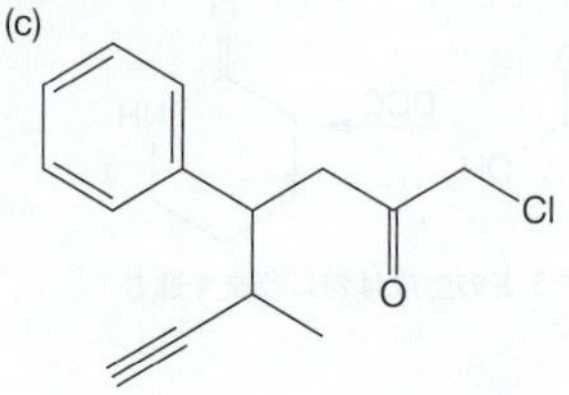

(d)

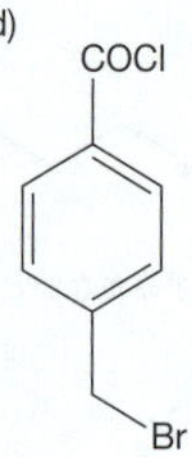

問題 17・28 つぎの化合物の構造を描け.

(a) 2-アミノプロパン酸 (アラニン)
(b) 2-ヒドロキシプロパン酸 (乳酸)
(c) (*Z*)-2-メチル-2-ブテン酸
(d) 2-ヒドロキシプロパン-1,2,3-トリカルボン酸 (クエン酸)
(e) 2-ヒドロキシ安息香酸 (*o*-ヒドロキシ安息香酸またはサリチル酸)
(f) 2-オキソプロパン酸 (ピルビン酸)

問題 17・29 つぎの化合物の構造を描け.

(a) 2-ヒドロキシ-3-メチルペンタン酸リチウム
(b) 安息香酸ナトリウム
(c) 2-アミノ-3-フェニルプロパン酸ナトリウム
(d) 酢酸カリウム
(e) 3-ブテン酸カリウム

問題 17・30 ブタン酸 (酪酸) をつぎの化合物に変換するのに必要な試薬を示せ. 反応機構は必要ない. 1段階の反応では済まない場合もある.

(a) OCH_3
(b) $NHCH_3$
(c) Cl
(d) OH
(e) 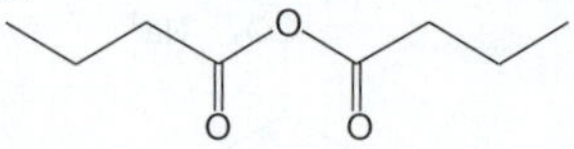
(f) CH_3
(g) CH_3 OH

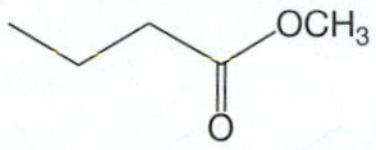

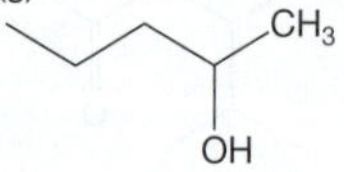

問題 17・31 つぎの各反応で生成するおもな有機化合物を記せ.

(a) Br, OH; $CH_3\overset{+}{O}H_2/CH_3OH$, Δ

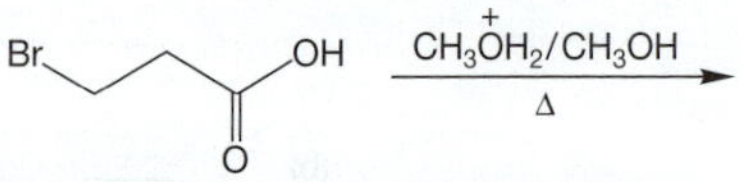

(b) 2 RCH_2, OH; DCC, CH_3CN

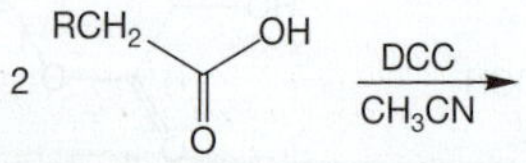

(c) $C_{13}H_{27}$, $C_{13}H_{27}$, $C_{13}H_{27}$; 1. NaOH/H_2O, Δ 2. H_3O^+/H_2O

(d) RCH_2, OH + $RRCHNH_2$; DCC, CH_3CN

(e) OH; 1. NaH 2. H_3O^+/H_2O

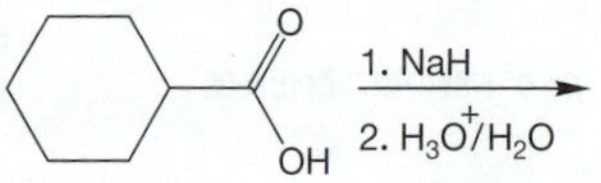

(f) OH; 1. NaH 2. CH_3Li 3. H_2O

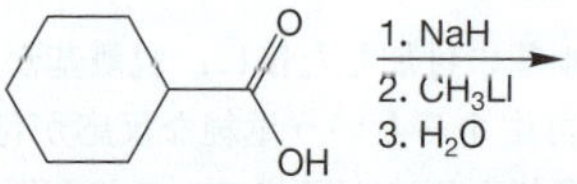

(g) OH; 1. $SOCl_2$ 2. ベンゼン $AlCl_3$

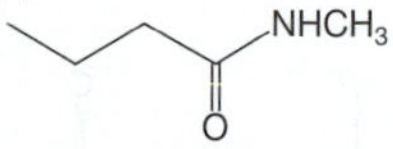

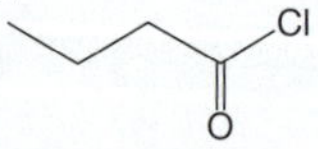

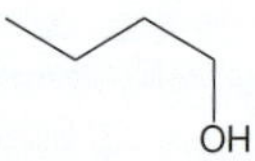

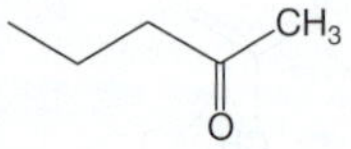

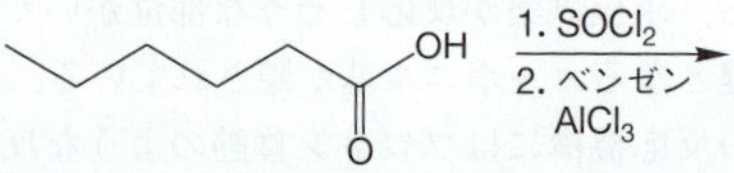

(h) Br; 1. Mg, エーテル 2. CO_2 3. H_2O/H_3O^+

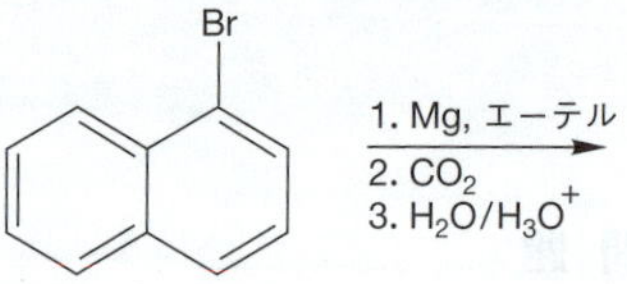

問題 17・32 化合物 **A** ~ **F** の構造を描け. 反応機構は必要ないが, 考えれば推論には役立つであろう.

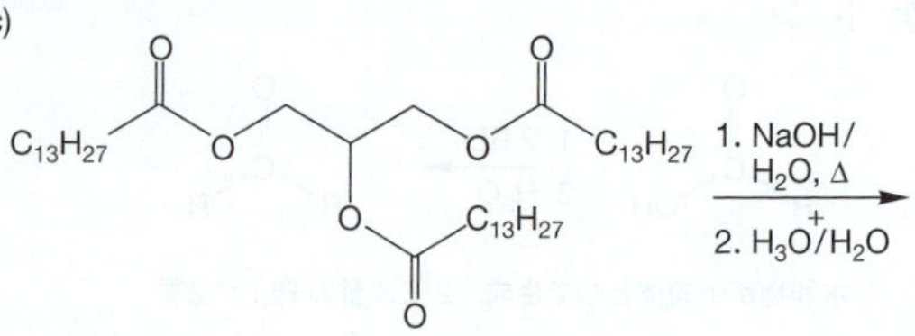

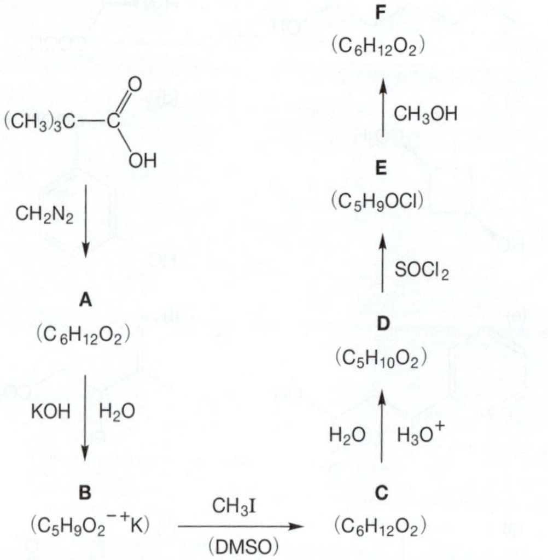

$(CH_3)_3C-C(=O)OH$ —CH_2N_2→ **A** $(C_6H_{12}O_2)$ —KOH, H_2O→ **B** $(C_5H_9O_2^{-}\,{}^{+}K)$ —CH_3I (DMSO)→ **C** $(C_6H_{12}O_2)$ —H_2O, H_3O^+→ **D** $(C_5H_{10}O_2)$ —$SOCl_2$→ **E** (C_5H_9OCl) —CH_3OH→ **F** $(C_6H_{12}O_2)$

問題 17・33 シクロヘキサノールを出発とする一連の反応における化合物 **A** ~ **D** の構造を描け.

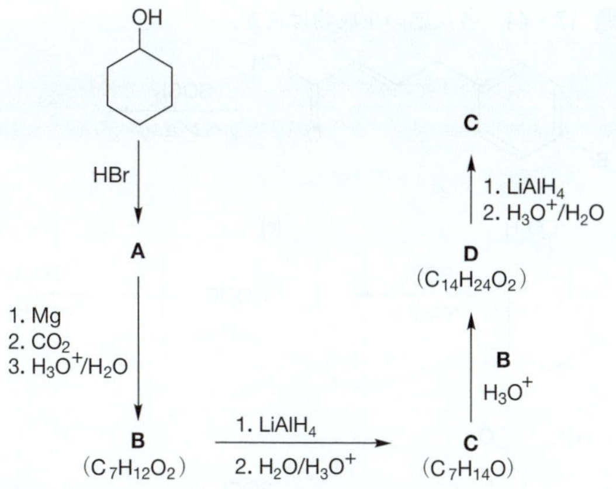

(Reaction scheme: 4-hydroxycyclohexane → HBr → A → 1. Mg, 2. CO_2, 3. H_3O^+/H_2O → B ($C_7H_{12}O_2$) → 1. $LiAlH_4$, 2. H_2O/H_3O^+ → C ($C_7H_{14}O$) → B, H_3O^+ → D ($C_{14}H_{24}O_2$) → 1. $LiAlH_4$, 2. H_3O^+/H_2O → C)

問題 17・34 化合物 **A**〜**D** の構造を示せ．

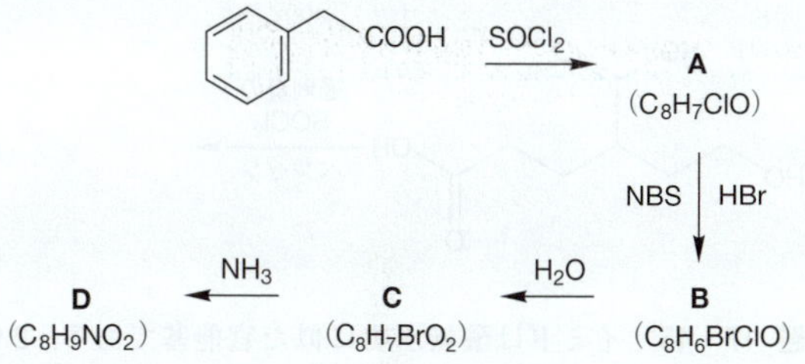

(Reaction scheme: $C_6H_5CH_2COOH$ → $SOCl_2$ → A (C_8H_7ClO) → NBS, HBr → B (C_8H_6BrClO) → H_2O → C ($C_8H_7BrO_2$) → NH_3 → D ($C_8H_9NO_2$))

問題 17・35 この奇妙なエステル化反応の機構を示せ．

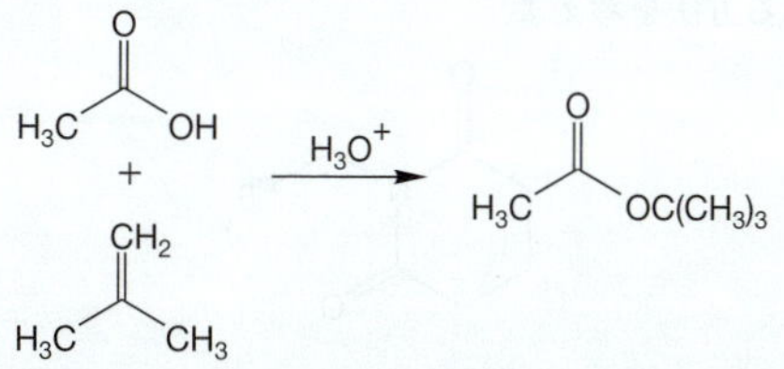

CH_3COOH + $(CH_3)_2C{=}CH_2$ → H_3O^+ → $CH_3COOC(CH_3)_3$

問題 17・36 つぎに示す2つのカルボン酸の pK_a の差を簡単に説明せよ．

(a) CH_3COOH 4.76　　O_2NCH_2COOH 1.68

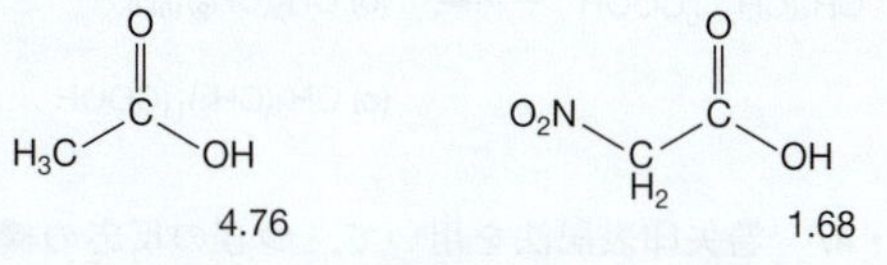

(b) CH_3CH_2COOH 4.87　　$CH_3COCOOH$ 2.50

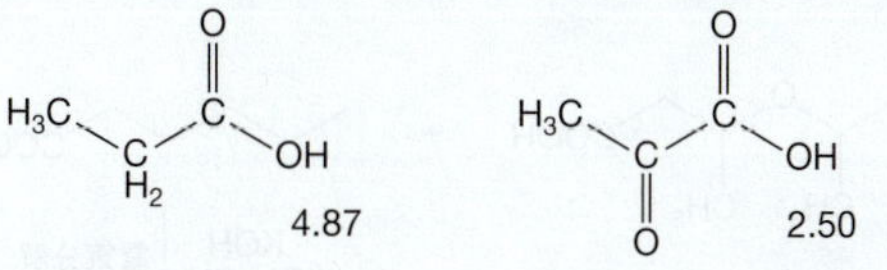

(c) フマル酸 3.02　　マレイン酸 1.92

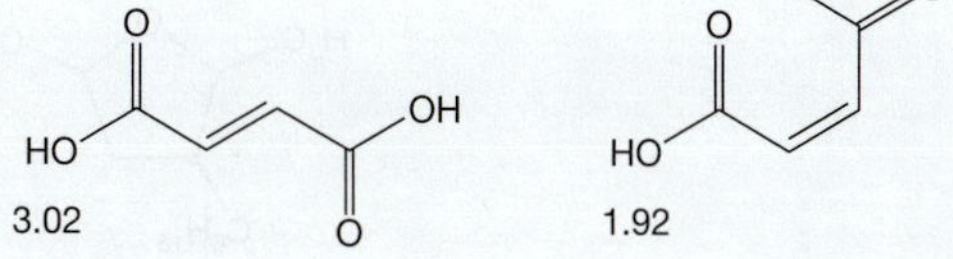

(d) p-メトキシ安息香酸 4.48　　安息香酸 4.19　　p-ニトロ安息香酸 3.49

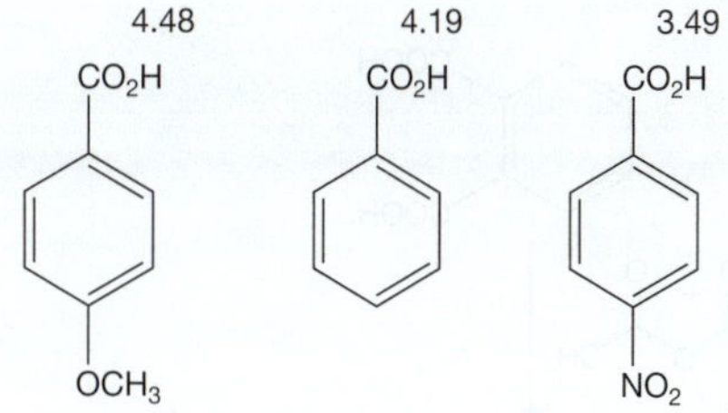

(e) フマル酸モノアニオン 4.38　　マレイン酸モノアニオン 6.23

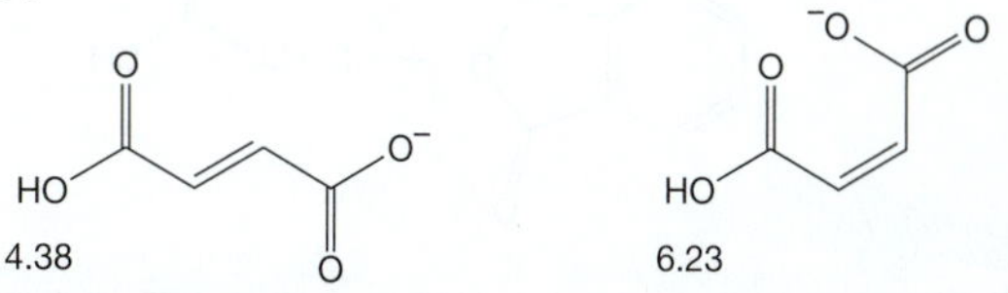

(f) CH_3COOH 4.76　　CH_3COSH 3.33

問題 17・37 17・7 b 節で，カルボン酸とアミンからアミドを合成するための縮合剤として，ジシクロヘキシルカルボジイミド（DCC）が有用であることを述べた．他の有用な試薬にホスゲンの誘導体である *N,N′*-カルボニルジイミダゾール（CDI）がある．カルボン酸と CDI は穏やかな条件で反応しイミダゾリド **1** を生成し，これはさらにアミンと反応してアミドを与える．カルボン酸と CDI からの **1** の生成，さらに，**1** とアミンからのアミドの生成の機構を考えよ．

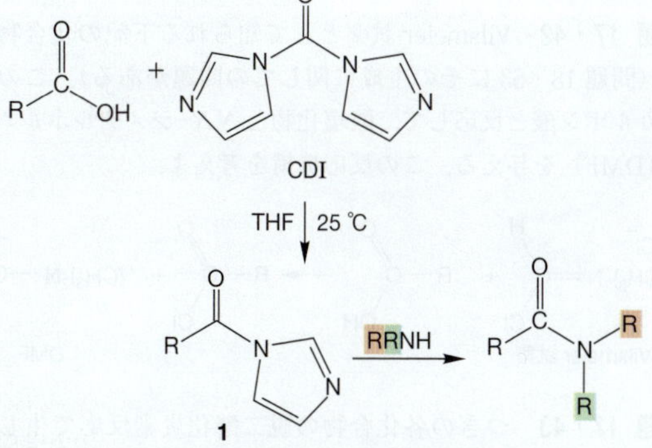

(Reaction scheme: RCOOH + CDI → THF, 25 ℃ → **1** (RCO-imidazole) → RRNH → RCONR₂)

問題 17・38 ジシクロヘキシルカルボジイミド（DCC）はエステルの合成においてもカルボン酸を活性化するのに利用できる．酢酸シクロヘキシルを合成する際の DCC によって活性化されたカルボン酸の分子構造を描け．またアルコールとして何を用いたらよいか．

問題 17・39 DCC を用いてペンタン酸をエタノールでエステル化するときの反応機構を示せ．

問題 17・40 二塩基酸を無水酢酸 Ac_2O と反応させると，次ページに示すように環状の酸無水物を生じる．この反応機構を示せ．

問題 17・40 (つづき)

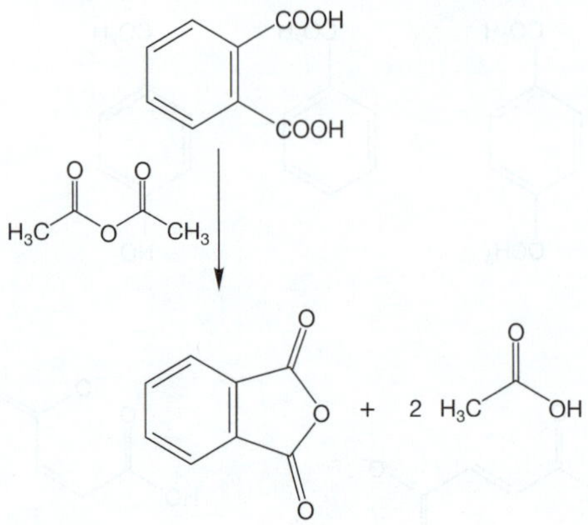

問題 17・41 イブプロフェンは非ステロイド系抗炎症薬 (NSAID) であり, 炎症や発熱を抑える薬として使われる. それは下図の *p*-イソブチルアセトフェノンから合成できる. ベンゼンと炭素数4以下のアルコールから *p*-イソブチルアセトフェノンを合成する方法を考えよ. つぎにこのケトンをイブプロフェンに変換するには, どのような反応を用いたらよいか. ここで合成されたイブプロフェンは, 光学活性体か, あるいはラセミ体か.

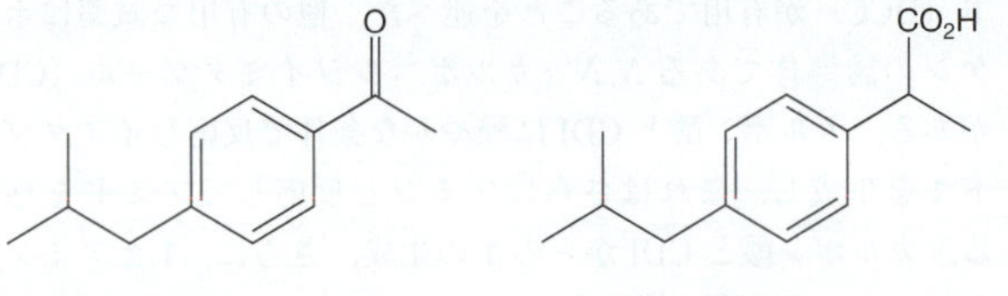

p-イソブチルアセトフェノン　　イブプロフェン ibuprofen

問題 17・42 Vilsmeier (フィルスマイヤー) 試薬として知られる下記の化合物がある (問題18・53にその生成に関しての問題がある). この試薬はカルボン酸と反応して, 酸塩化物と *N,N*-ジメチルホルムアミド (DMF) を与える. この反応機構を考えよ.

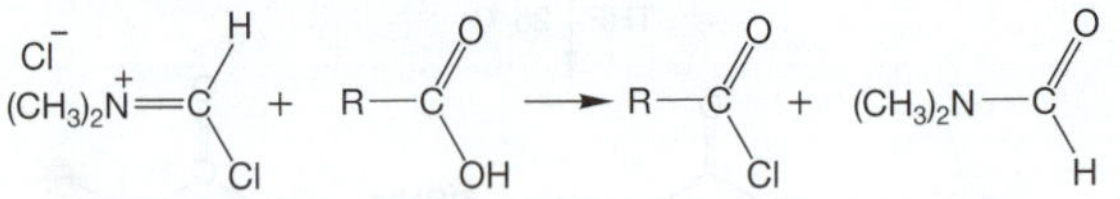

Vilsmeier 試薬　　DMF

問題 17・43 つぎの各化合物の脱二酸化炭素反応で生じる生成物は何か.

(a)　(b) 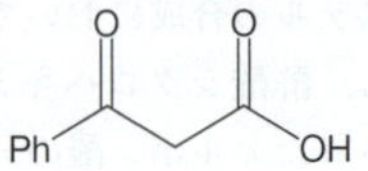　(c) 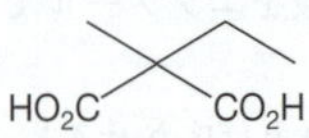　(d)

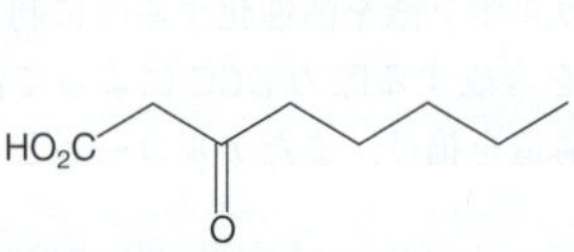

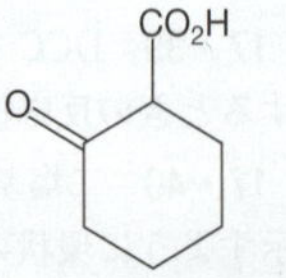

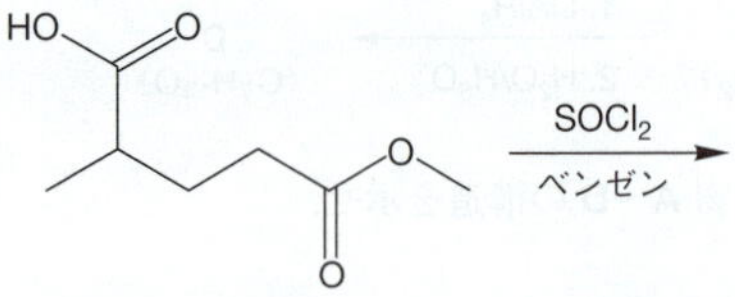

問題 17・44 各反応の生成物は何か.

(a) $SOCl_2$, ベンゼン

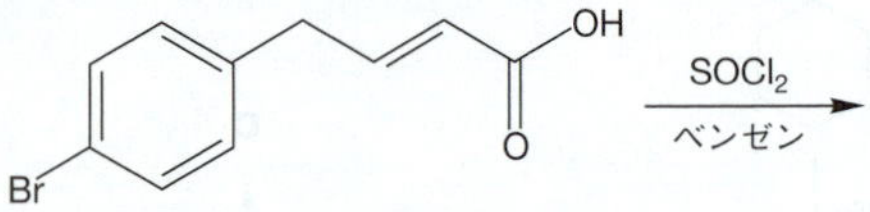

(b) $SOCl_2$, ベンゼン

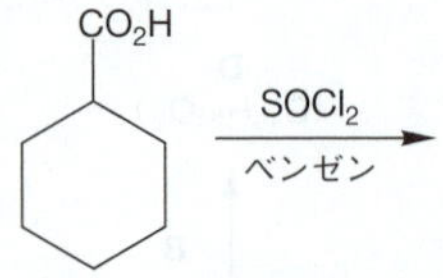

(c) $SOCl_2$, ベンゼン

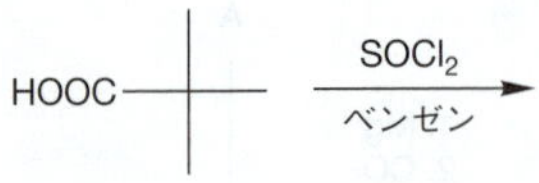

(d) $SOCl_2$, ベンゼン

(e) 過剰量の $SOCl_2$, ベンゼン

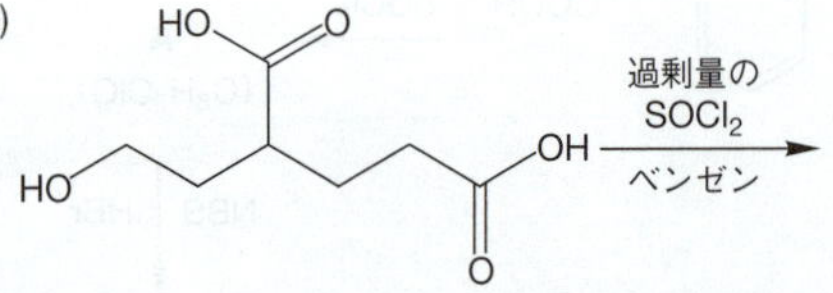

問題 17・45 イミドは酸無水物に似た官能基である. 2個のカルボニル炭素の間に酸無水物では酸素が, イミドでは窒素原子が挟まる. ペンタン二酸とベンジルアミンから, 図のイミドを合成する方法を考えよ.

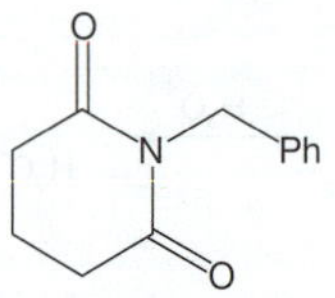

問題 17・46 入手容易な脂肪酸のラウリン酸 (**1**) から, それぞれの化合物を合成する反応経路を考えよ.

$CH_3(CH_2)_{10}COOH$ (**1**) ⟶ (a) $CH_3(CH_2)_{11}Br$　(b) $CH_3(CH_2)_{10}Br$　(c) $CH_3(CH_2)_{11}COOH$

問題 17・47 巻矢印表記法を用いて, つぎの反応の機構を示せ. ヒント: 17・7g 節および図 17・58 を参考にせよ.

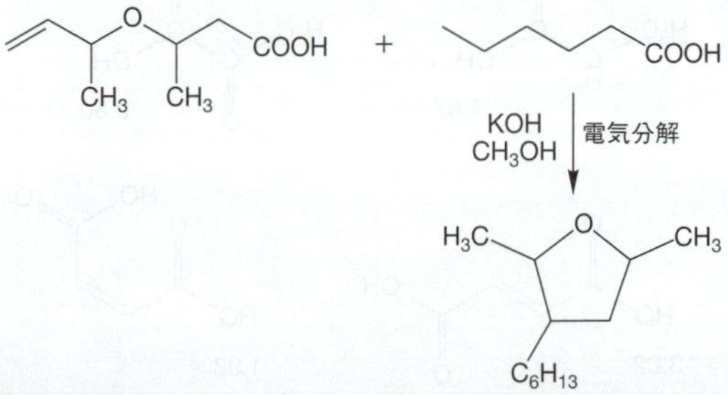

KOH, CH_3OH, 電気分解

問題 17・48 つぎの反応結果の差を説明せよ．それぞれの出発物質は炭素－炭素二重結合の立体化学のみが異なることに注意．

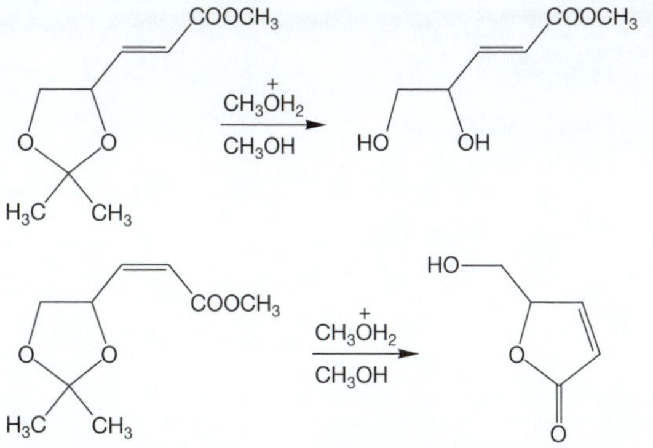

COOCH$_3$ / $CH_3\overset{+}{O}H_2$ / CH_3OH / O O / H_3C CH_3 → COOCH$_3$ / HO OH

COOCH$_3$ / O O / H_3C CH_3 / $CH_3\overset{+}{O}H_2$ / CH_3OH → HO / O / O

問題 17・49 シクロペンタンカルボン酸のみから出発して，つぎの 4 種類の化合物を合成する方法を考えよ．

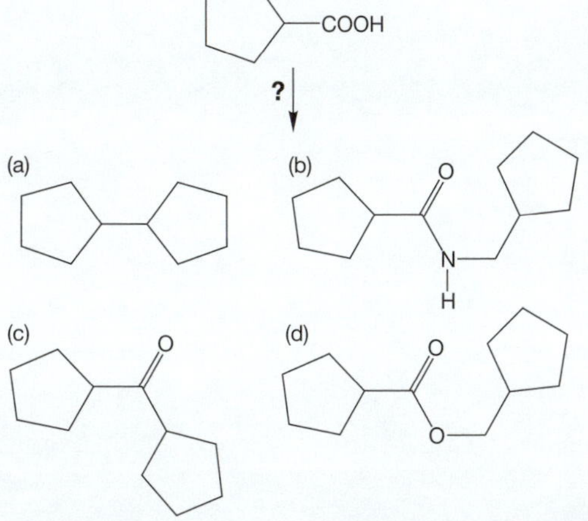

COOH

?

(a) (b) O N H (c) O (d) O O

問題 17・50 エストラゴール（estragole, **1**）はタラゴン油の主要成分である．**1** を過酸化物の存在下で臭化水素と反応させると化合物 **2** を生じる．**2** をエーテル中で Mg と反応させ，さらに二酸化炭素を加えた後，酸性にすると化合物 **3** ができる．**3** のスペクトルデータを下に示す．化合物 **3** の構造を推定せよ．さらにエストラゴール **1** と化合物 **2** の構造を推定せよ．

［化合物 **3**］

質量スペクトル：$m/z = 194$（M）

IR（Nujol）：3330～2500（br, s），1696（M）cm^{-1}

^1H NMR（$CDCl_3$）：δ 1.95（五重線，$J = 7$ Hz, 2H），2.34（t, $J = 7$ Hz, 2H），2.59（t, $J = 7$ Hz, 2H），3.74（s, 3H），6.75（d, $J = 8$ Hz, 2H），7.05（d, $J = 8$ Hz, 2H），11.6（s, 1H）ppm

問題 17・51 シクロペンタジエンと無水マレイン酸の反応で化合物 **1** ができる．**1** を加水分解すると **2** ができる．これを濃硫酸で処理すると，異性体 **3** を生じる．化合物 **1** ～ **3** のスペクトルデータを下に示す．化合物 **1** ～ **3** の構造を推定し，その生成機構を考えよ．

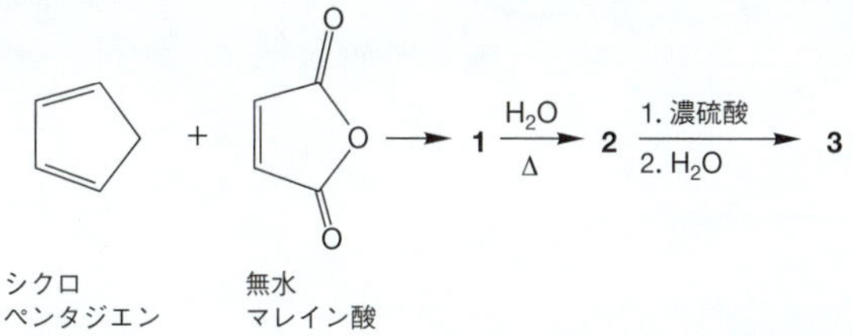

シクロペンタジエン ＋ 無水マレイン酸（O / O / O）→ **1** $\xrightarrow[\Delta]{H_2O}$ **2** $\xrightarrow[2.\ H_2O]{1.\ 濃硫酸}$ **3**

［化合物 **1**］

質量スペクトル：$m/z = 164$（M, 3%），91（23%），66（100%），65（22%）

IR（Nujol）：1854（m），1774（s）cm^{-1}

^1H NMR（$CDCl_3$）：δ 1.60～1.70（m, 2H），3.40～3.50（m, 2H），3.70～3.80（m, 2H），6.20～6.30（m, 2H）ppm

［化合物 **2**］

IR（Nujol）：3450～2500（br, s），1710（s）cm^{-1}

^1H NMR（$CDCl_3$）：δ 0.75～0.95（m, 2H），2.50～2.60（m, 2H），2.70～2.80（m, 2H），5.60～5.70（m, 2H），11.35（s, 2H）ppm

［化合物 **3**］

IR（KBr）：3450～2500（br, s），1770（s），1690（s）cm^{-1}

^1H NMR（$CDCl_3$）：δ 1.50～1.75（m, 3H），1.90～2.05（m, 1H），2.45～2.55（m, 1H），2.65～2.75（m, 1H），2.90～3.05（m, 1H），3.20～3.30（m, 1H），4.75～4.85（m, 1H），12.4（s, 1H）ppm

問題 17・52 *N*-メチル-*N*-ニトロソ尿素（NMU）を，水酸化カリウム水溶液とエーテルの混合液で撹拌すると，生成したジアゾメタンが溶け込んだエーテル層は速やかに黄色くなる（p.832）．この反応機構を考えよ．

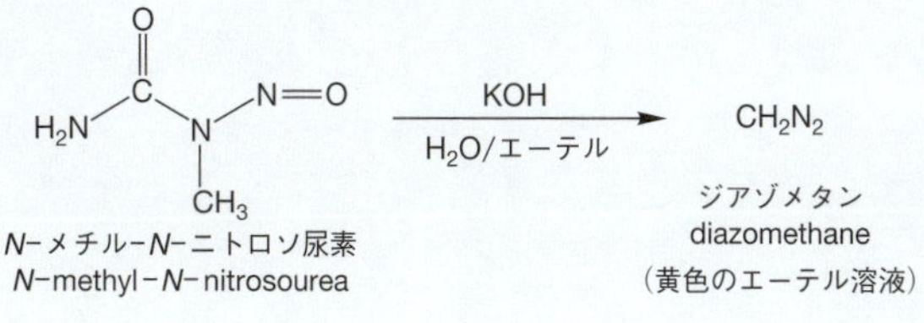

O / C / H_2N N N=O / CH_3 $\xrightarrow[H_2O/エーテル]{KOH}$ CH_2N_2

N-メチル-*N*-ニトロソ尿素
N-methyl-*N*-nitrosourea

ジアゾメタン
diazomethane
（黄色のエーテル溶液）

カルボン酸誘導体：アシル化合物

18

Strange shadows from the flames will grow,
Till things we've never seen seem familiar...

——Jerry Garcia and Robert Hunter*, "Terrapin Station"

18・1 はじめに

この章で扱う化合物は，詳細はさておき，これまで少なくとも一度は出てきたものである．たとえば，17 章で出てきた多くの分子をまた取扱う．酸ハロゲン化物，酸無水物，エステル，アミドはすべて一般式 R−CO−LG（LG は脱離基）をもつ**アシル化合物**（acyl compound）である．また，歴史的には最初にカルボン酸から誘導されたので**カルボン酸誘導体**（acid derivative）とも称される．関連するニトリルとケテンを含めて図 18・1 にその構造を示す．この章ではこの 6 種の官能基（酸塩化物，酸無水物，エステル，アミド，ニトリル，ケテン）すべてを扱う．ニトリルとケテンは加水分解すると他と同様にカルボン酸を与えるからである．この 6 種は同じ酸化状態にある．

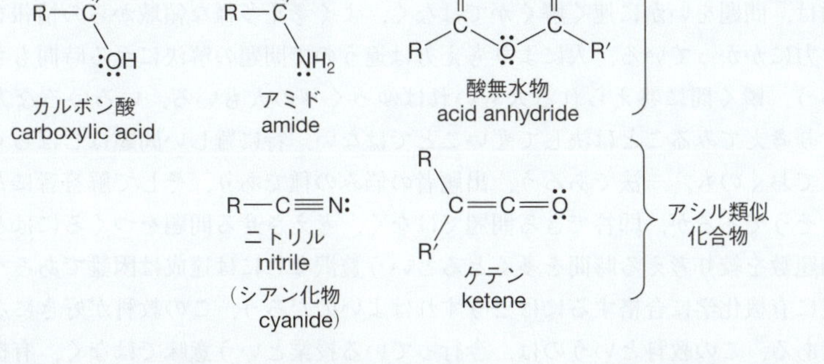

図 18・1　アシル化合物および関連のカルボン酸誘導体

* Jerry Garcia（1942～1995）は Grateful Dead バンドのリードギター奏者，Robert Hunter（1941 年生まれ）は，彼と何度も合作（コラボ）していたシンガーソングライター．

これらの分子は構造的に似ているだけでなく，化学反応も密接に関連している．たとえば，あるアシル化合物の反応は他のアシル化合物の合成になっている．おおいに異なるように見えるこれらの化合物も，共通の化学的な特徴をもち合わせている．アシル化合物はカルボニル基と脱離基が結びついている構造で特徴づけられ，おもな反応は付加−脱離機構によって，ある求核試薬と脱離基が入れ替わる置換反応である．その置換の際には，正四面体型中間体を経ることも忘れないでおこう（図 18・2）．また，この付加−脱離過程は平衡反応であり，前向きにも逆向きにも進みうるので，脱離基 LG は脱離後に新たな求核試薬にもなる．

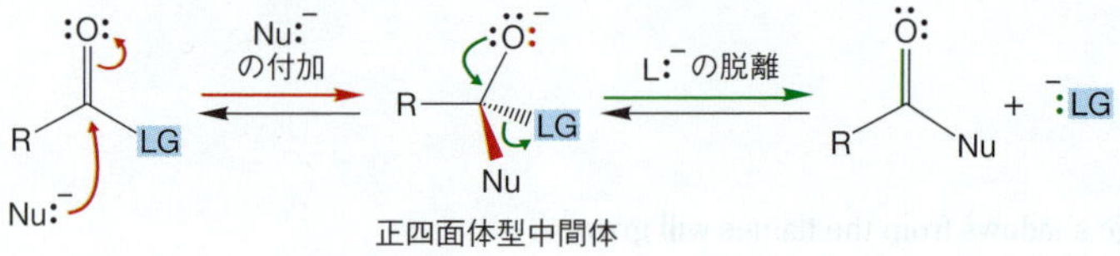

図 18・2 アシル化合物の反応における最も重要な機構は，付加−脱離過程である．

アシル化合物は身の回りの物質にも含まれるので，注目に値する．たとえば，香料工業ではエステルが最も重要物質であり，果実や香水の甘い香りはたいてい揮発性のエステルに由来する．また，生物化学ではアミドが主要化合物である．タンパク質の構造を決めているのはアミド結合であり，さらにいえば生体の構造もアミド結合で決められている．アミドの生物有機化学的な側面については 22 章で詳しく述べる．

この章では，まず基本的事項である命名法，構造，スペクトルについて解説し，つぎにさまざまな誘導体の反応や合成に入っていく．

つぎの 2 つの章では，基本反応への理解度に応じて，やる気を失ったり，逆にやる気を起こすような内容が続く．よく理解していれば，展開される新しい事項に基本を応用できるであろうし，不十分であれば，初めて見る複雑で難解な反応で埋め尽くされているように見えるかもしれない．心理的要素が強く働くのは化学の学習でも例外ではない．“ただの応用だ．それほど難しくはない．”と思えたとき，自信がつくし，書いてあることが自然に頭に入ってくる．

有機化学を学ぶうえで，どうしたら知識や才能を伸ばせるか，という質問があるかもしれないが，問題解法のコツのようなものを問われても困る．成功はこれまでの関連する問題をどれだけ多く解いてきたかによるからである．しかし，伝えることのできるコツも少しはある．問題を全部は解けなかったとしても心配することはない．著者自身が難しいと思う出題もある．解けないとしても不名誉なことではない．今後触れるかもしれないが，何年も関わっているのに解けない研究上の問題もいくつかある．化学における成功は，問題をいかに速く解くかではなく，よく考え多様な領域からの情報をまとめていく力にかかっている．人により考え方は違うので問題の解決に至る時間もさまざまであろう．瞬く間に答えられる人もいればゆっくりの人もいる．いろいろな方向からじっくり考えてみることは決して悪いことではない．特に難しい問題はしばらくそのままにしておくのも，一法であろう．出題者の悩みの種であり，そして解答者にとってはもっとそうであるが，即答できる問題ではなく，考えさせる問題をつくるにはどうするか．問題数を絞り考える時間を多くとるという贅沢なしには達成は困難であろう．

現実に有機化学に合格するにはどうすればよいのだろう．この教科が好きになるのが一番である．この教科というのは，今行っている授業という意味ではなく，有機化学そのもののことである．お決まりの手順・考え方を学ぶのも確かに役に立つけれども，問題の本質である有機化学を好きになるほうが役に立つ．後々の成功は受取った成績表の優の数に比例するわけではないのだから．

不可欠なスキルと要注意事項

1. いつも言っていることであるが，一般化できるということが重要である．この章ではさまざまなアシル化合物の反応が出てくる．多くの付加－脱離反応を個々に暗記することは難しいが，同じ機構が繰返し現れていることを見抜くのはそれほど難しくはない．化合物は異なっても反応の本質は同一である．
2. 求核試薬に対するアシル化合物の反応性の序列を覚えておくと役にたつ：

   酸塩化物 ＞ 酸無水物 ＞ エステル ＞ アミド

   この順を決めているのはおもに共鳴効果である．
3. よく勘違いされるが，アミドはアミンと似てはいない．その違いを認識し，なぜそれほど異なるのか説明できなければならない．
4. 炭素－窒素三重結合（ニトリル）はカルボニル化合物と同様，付加反応を起こす．

18・2 命 名 法

アシル化合物は母体のカルボン酸に基づいて命名する．IUPAC 命名法によれば，**エステル**（ester）R−COOR′ ではR−COO 部分はカルボン酸の “oic acid” を “oate” に置き換えて，R′ はアルキル基として 1 文字空けて前におく．つまり，alkyl alkanoate のようになる．日本語ではカルボン酸名にアルキル基名を直接続けて，アルカン酸アルキルのようになる．置換基があるときはカルボニル炭素を 1 番として番号付けを行う（図 18・3）．カルボン酸を慣用名でよぶ場合には慣用名の接尾語の “ic acid” を “ate” に置き換えて，たとえば，ギ酸アルキル（alkyl formate）や酢酸アルキル（alkyl acetate）のようになる．

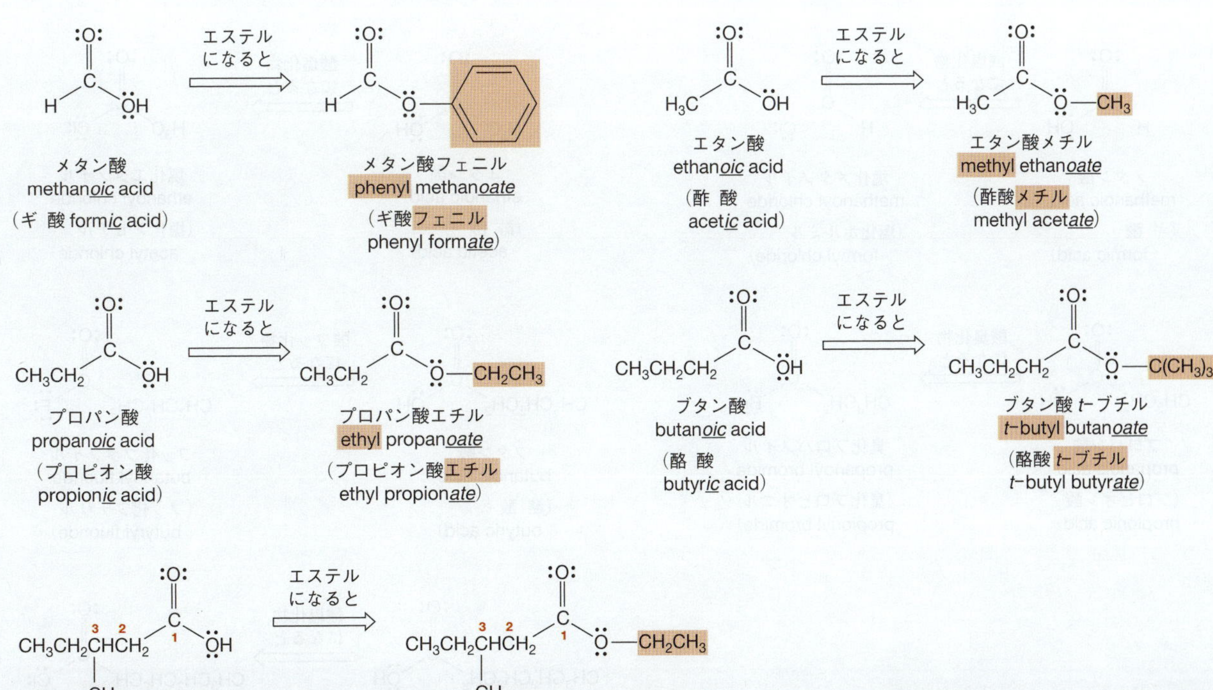

図 18・3 エステルの命名法の例．構造式と名称に赤で R′ 基を強調してある．

17 章（p.832）で学んだように，環状のエステルは**ラクトン**（lactone）とよばれ，IUPAC 命名法では *n*-アルカノリドあるいは 2-オキサシクロアルカノンのようになる（図 18・4）．ギリシャ文字でカルボニル炭素の隣の炭素から α, β, γ 位などとしてエステル酸素との結合を示す別の方法もある．

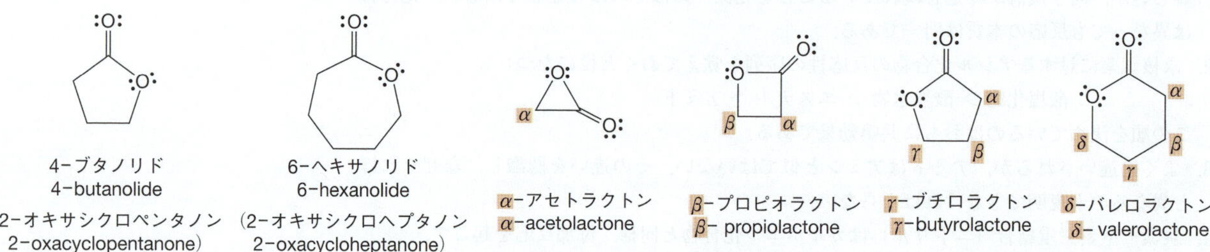

図 18・4 環状エステル（ラクトン）の命名法の例

酸ハロゲン化物（acid halide）は母体のカルボン酸の“oic acid”を“oyl halide”と換えて命名される．日本語では母体のカルボン酸の“ン酸”を“ノイル”に換えて“ハロゲン化”の後ろに付ける．つまり，ハロゲン化〜ノイルのようになる．実際的には，炭素数の少ない酸ハロゲン化物では対応するカルボン酸の慣用名に基づいて命名される．すなわち，塩化アセチル（acetyl chloride），フッ化ホルミル（formyl fluoride）などである*（図 18・5）．塩化ホルミルはきわめて不安定で，普通の条件で合成を試みても HCl と CO が生成するだけである．炭酸の二塩化物（Cl−CO−Cl）は既知であり，ホスゲン（phosgene）とよばれる猛毒である．この章を通して，酸ハロゲン化物の例として酸塩化物をとりあげるが，それは他の酸ハロゲン化物が不安定で扱いにくく，研究例も少ないからである．

*（訳注） カルボン酸の慣用名の接尾語“ic acid”を“yl halide”に換える．

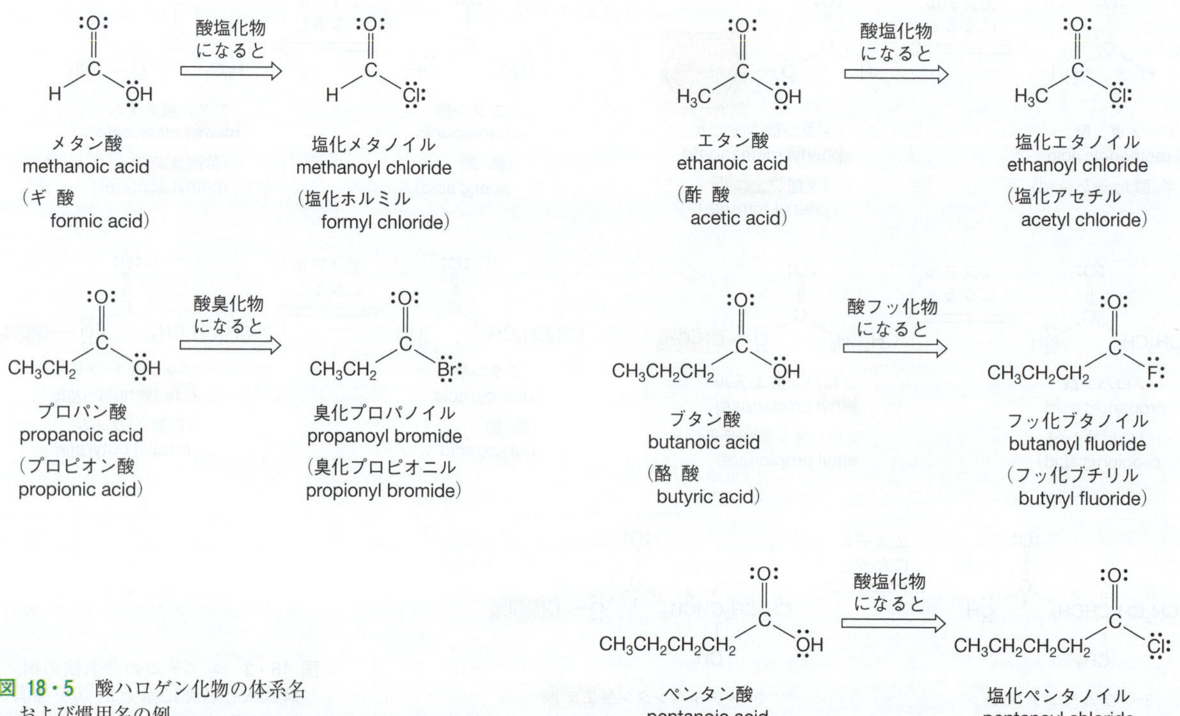

図 18・5 酸ハロゲン化物の体系名および慣用名の例

2分子のカルボン酸から水が取れてできる**酸無水物**（acid anhydride）は，体系名でも慣用名でも“acid”を“anhydride”に置き換えて命名される．日本語では“酸”を“酸無水物”に置き換えて命名される．ただし，酢酸の無水物に限って無水酢酸とよばれる（図 18・6）．

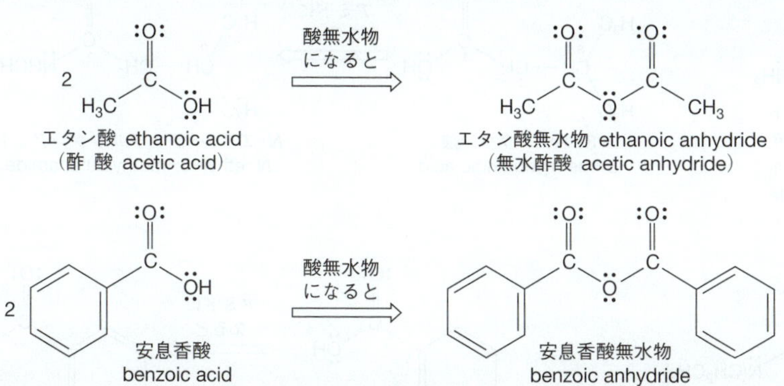

図 18・6 対称構造の酸無水物に対する命名法の例

2つの異なる酸から成る酸無水物では，酸の語幹名（〜(o)ic）をアルファベット順に並べて“anhydride”を加える．日本語では，英語のアルファベット順に並べた酸の日本語名に“無水物”を付ける．図 18・7 に例を示す．

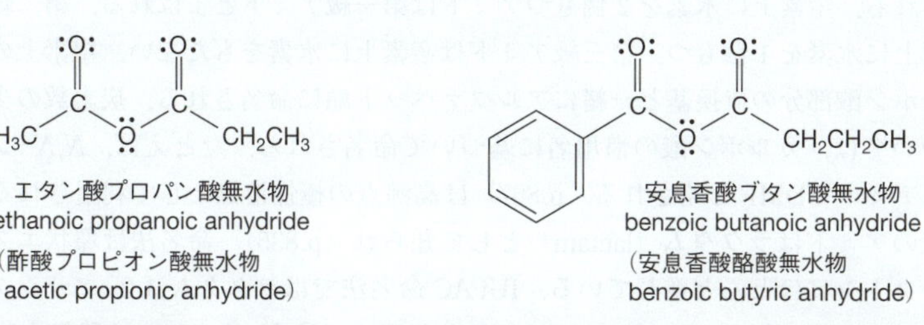

図 18・7 非対称構造の酸無水物に対する命名法の例

環状の酸無水物も同様に命名されるが，日本語ではコハク酸，マレイン酸，フタル酸に限って“無水”という接頭語をつける（図 18・8）．

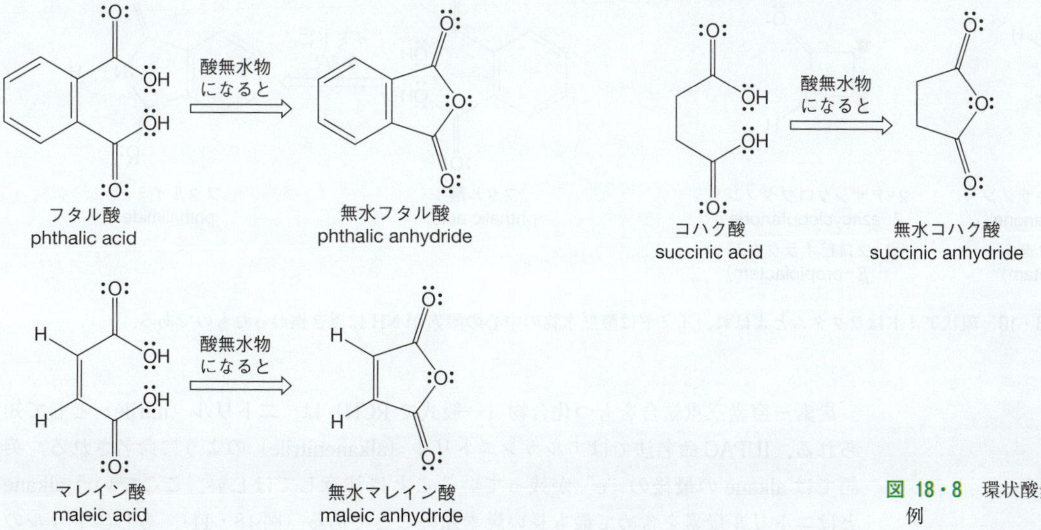

酸無水物になると
フタル酸 phthalic acid → 無水フタル酸 phthalic anhydride
コハク酸 succinic acid → 無水コハク酸 succinic anhydride
マレイン酸 maleic acid → 無水マレイン酸 maleic anhydride

図 18・8 環状酸無水物の命名法の例

アミド（amide）の体系名は，英語では母体カルボン酸の“oic acid”を“amide”に置き換えて命名され，日本語ではアルカンアミドとなる．窒素原子上の置換基は接頭語 N を付けて N-メチル，N,N-ジエチルなどと表される（図 18・9）．すなわち，窒素上にアルキル基を1個もつアミドは N-アルキルアルカンアミド（N-alkylalkanamide）と命名される．窒素上に水素を2個もつアミドは第一級アミドとよばれる．第二級アミドは窒素上に水素を1個もつ．第三級アミドは窒素上に水素をもたない．窒素上の置換基もカルボン酸部分の置換基と一緒にアルファベット順に命名される．炭素数の少ないものについては，カルボン酸の慣用名に基づいて命名される．たとえば，N,N-ジメチルホルムアミド（DMF と略される，p.867）は高沸点の極性溶媒として利用される．

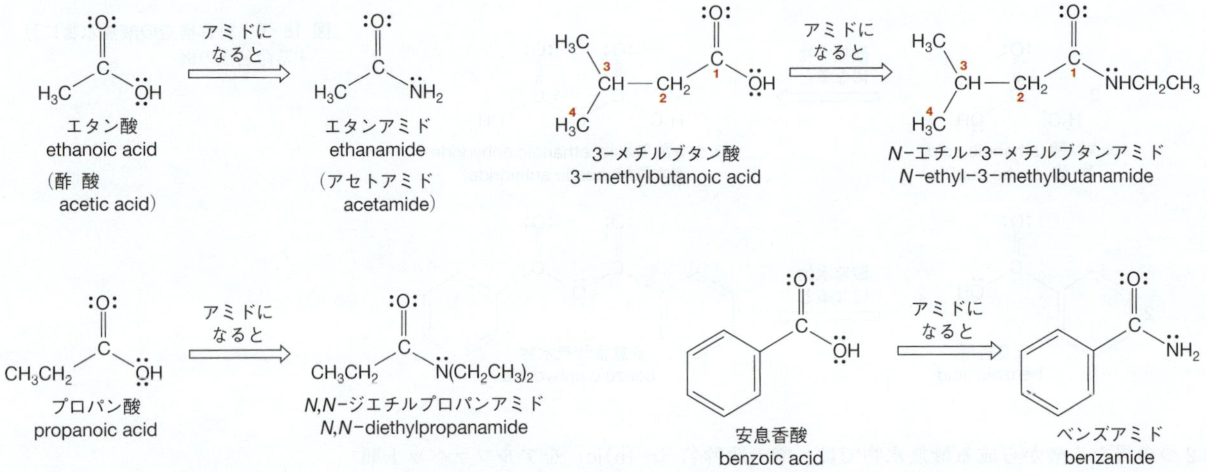

エタン酸 ethanoic acid（酢酸 acetic acid） → アミドになると → エタンアミド ethanamide（アセトアミド acetamide）

3-メチルブタン酸 3-methylbutanoic acid → アミドになると → N-エチル-3-メチルブタンアミド N-ethyl-3-methylbutanamide

プロパン酸 propanoic acid → アミドになると → N,N-ジエチルプロパンアミド N,N-diethylpropanamide

安息香酸 benzoic acid → アミドになると → ベンズアミド benzamide

図 18・9 アミドの命名法の例

環状のアミドは**ラクタム**（lactam）として知られ（p.835），命名法は環状エステルであるラクトンにほとんど準じている．IUPAC 命名法ではラクタムは 2-アザシクロアルカノン（2-azacycloalkanone）として命名される．**イミド**（imide）は酸無水物の中心の酸素が N−H に置き換わった化合物である（図 18・10）．

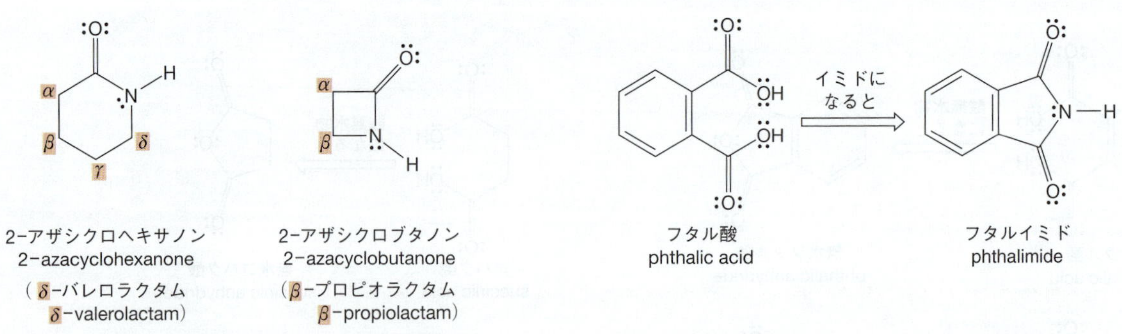

図 18・10 環状アミドはラクタムとよばれ，イミドは酸無水物の中心の酸素が NH に置き換わったものである．

炭素−窒素三重結合をもつ化合物（一般式で RCN）は，**ニトリル**（nitrile）として知られる．IUPAC 命名法ではアルカンニトリル（alkanenitrile）のように命名される．英語では alkane の最後の“e”が残っていることに注意してほしい．ここでいう alkane とはニトリル炭素を含めて最も長い炭素鎖のことである（図 18・11）．もしニトリルの

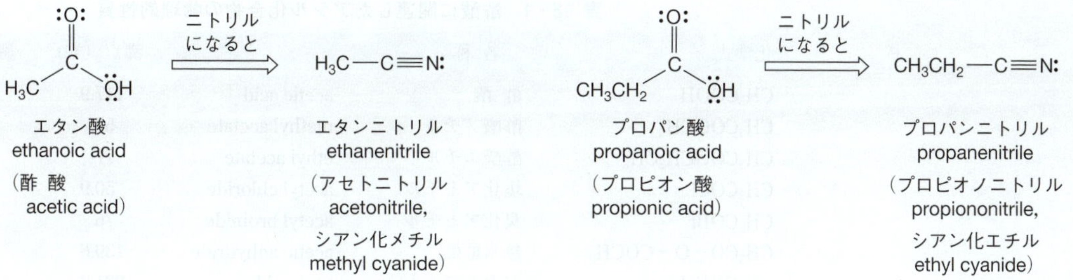

:O: ニトリルになると $H_3C-C\equiv N:$

エタン酸 ethanoic acid（酢酸 acetic acid）

エタンニトリル ethanenitrile（アセトニトリル acetonitrile, シアン化メチル methyl cyanide）

プロパン酸 propanoic acid（プロピオン酸 propionic acid） ニトリルになると $CH_3CH_2-C\equiv N:$

プロパンニトリル propanenitrile（プロピオノニトリル propiononitrile, シアン化エチル ethyl cyanide）

図 18・11 ニトリルの命名法の2つの例

優先順位が一番でないときは，CN は置換基として扱われ，シアノ（cyano）基として位置番号を付けて前に置かれる．低分子量のニトリルでは，母体のカルボン酸の慣用名の語尾“ic acid”を“onitrile”（オニトリル）に換えて命名されることが多い．またシアン化アルキル（alkyl cyanide）として命名されることもある．溶媒としてよく使われるエタンニトリル（ethanenitrile）はもっぱらアセトニトリル（acetonitrile）とよばれる．

ケテン（ketene，p.575）は IUPAC 命名法ではアルケンが置換したケトンとして命名される（図 18・12）．単純に置換基のついたケテンとしての慣用名もよく使用される．ケテンは，2 個の炭素－炭素二重結合が直接結合しているアレンと類似している（図 13・3，p.573）．

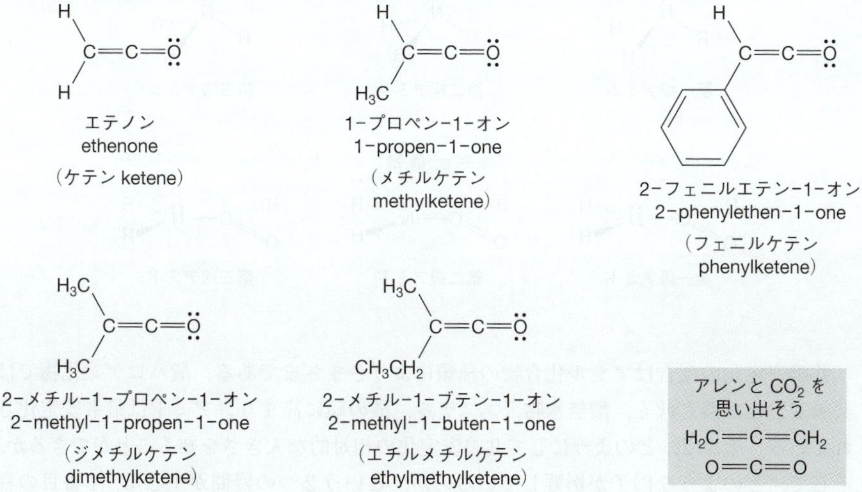

エテノン ethenone（ケテン ketene）

1-プロペン-1-オン 1-propen-1-one（メチルケテン methylketene）

2-フェニルエテン-1-オン 2-phenylethen-1-one（フェニルケテン phenylketene）

2-メチル-1-プロペン-1-オン 2-methyl-1-propen-1-one（ジメチルケテン dimethylketene）

2-メチル-1-ブテン-1-オン 2-methyl-1-buten-1-one（エチルメチルケテン ethylmethylketene）

アレンと CO_2 を思い出そう
$H_2C=C=CH_2$
$O=C=O$

図 18・12 ケテンはアルケニルケトンと命名されるか，あるいは母体となる無置換ケテンの誘導体として命名される．

問題 18・1 つぎの化合物の構造を記せ．
2-メチルブタン酸シクロプロピル，塩化 3-クロロブタノイル，安息香酸プロパン酸無水物，*N*,*N*-ジエチル-4-フェニルペンタンアミド，エチルプロピルケテン

18・3 アシル化合物の物理的性質と構造

アシル化合物は極性が大きく，同じ炭素数のアルカンに比べて著しく高い沸点をもつ．アミドもカルボン酸と同じく水素結合した二量体やオリゴマーを形成し，きわめて高い沸点をもつ．表 18・1 に酢酸に関連したアシル化合物の物理的性質を示す．

表 18・1 酢酸に関連したアシル化合物の物理的性質

化学式	名称		沸点（℃）	融点（℃）
CH_3COOH	酢酸	acetic acid	117.9	16.6
CH_3COOCH_3	酢酸メチル	methyl acetate	57	−98.1
$CH_3COOCH_2CH_3$	酢酸エチル	ethyl acetate	77	−83.6
CH_3COCl	塩化アセチル	acetyl chloride	50.9	−112
CH_3COBr	臭化アセチル	acetyl bromide	76	−98
$CH_3CO{-}O{-}COCH_3$	無水酢酸	acetic anhydride	139.6	−73.1
CH_3CONH_2	アセトアミド	acetamide	221.2	82.3
CH_3CN	アセトニトリル	acetonitrile	81.6	−45.7
$CH_2{=}C{=}O$	ケテン	ketene	−56	−151

アシル化合物において共鳴安定化が起こるには，カルボニル炭素の 2p 軌道と隣の原子上の非結合電子対が入った p 軌道が最大限重なる必要がある．この重なりが，そのアシル化合物の構造と反応性を決めている．たとえば，アミンは三角錐構造であるのに対し，アミドは図 18・13 のように平面構造をとっている．同時に，アミドにおける共鳴安定化は，アミンに比べてアミドの塩基性を低下させている．

図 18・13 アミンの三角錐構造とアミドの共鳴安定化を生みだす平面構造

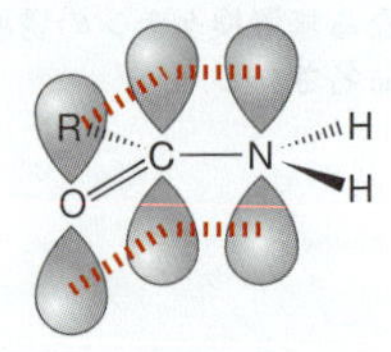

重なりが最大になるためには平面構造が必要

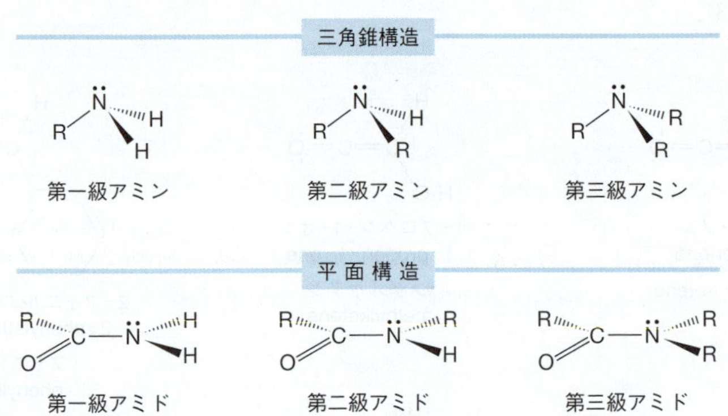

共鳴安定化の度合はアシル化合物の種類によりさまざまである．酸ハロゲン化物では共鳴安定化が最も低く，酸無水物，エステル，酸の順に高まり，アミドは最も安定化されている．そこで，どのようにして共鳴安定化の相対的な大きさを知ることができるか，そして，どのような因子が影響しているのか，という 2 つの疑問が生じる．1 番目の答はスペクトルを扱う節（18・5 節）まで待たねばならないが，2 番目については，ここで議論する．

まず最初に，分極した共鳴構造がもつ正電荷を，電気陰性度の低い窒素は適応できるが，電気陰性度の大きなエステルやカルボン酸の酸素や，酸塩化物の塩素はそうはいかない．つまり，分極した共鳴構造の寄与はアミドが最大で，安定化も最大となる．第二に，酸塩化物では，共鳴安定化のためには塩素の 3p 軌道とカルボニルの π 軌道（2p 軌道からできている）の重なりが必要となるが，十分重ならない．他のアシル化合物では 2p 軌道同士の重なりになるため，相互作用しやすくなる．

まとめると，共鳴安定化の度合はアミドが最も高く，酸塩化物は最も低い．他のアシル化合物は中間にくる．これらの共鳴構造を，図 18・14 にアルデヒドやケトンとともに示す．

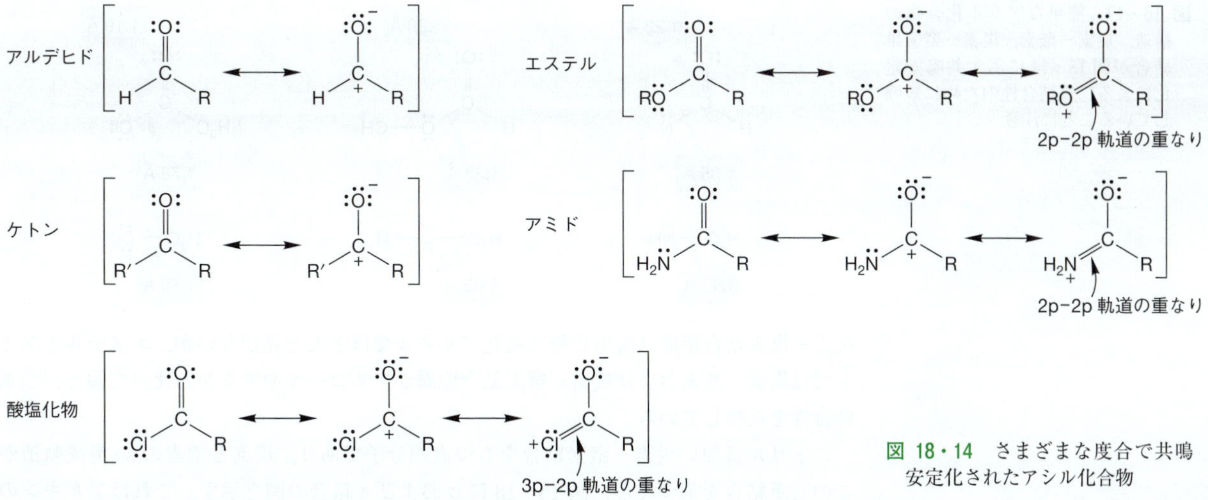

図 18・14 さまざまな度合で共鳴安定化されたアシル化合物

18・4 アシル化合物の酸性度と塩基性度

アシル化合物はカルボン酸のヒドロキシ基がないので，強いブレンステッド酸にはならない．しかし，優れたルイス酸であり，求電子試薬としてふるまう．カルボニル基がこのルイス酸性の源である．炭素−酸素二重結合はないが，ニトリルも求電子試薬である．炭素に比べて電気陰性度の大きな窒素は炭素−窒素三重結合を強く分極しているので，求核試薬はカルボニル炭素を攻撃するのと同様にニトリル炭素を攻撃する（図 18・15）．

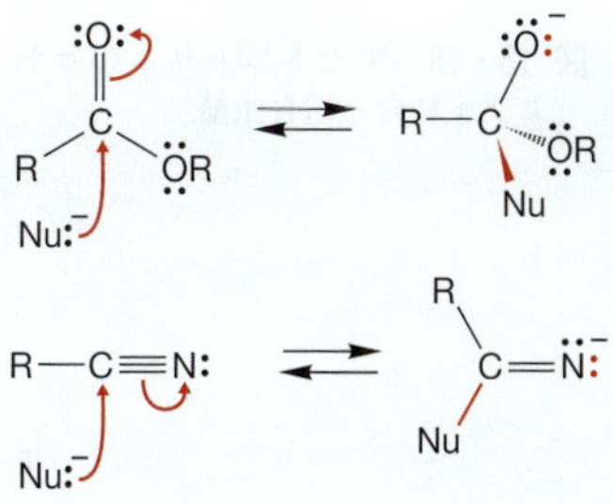

図 18・15 アシル化合物のカルボニル基はルイス酸として働き，アルデヒドやケトンのカルボニル基の場合と同様に，求核試薬により攻撃される．類似の反応はニトリルでも起こる．

同時にアシル化合物やニトリルはブレンステッド塩基であり，ルイス塩基でもある．カルボニル酸素またはニトリル窒素が塩基性の中心となる（図 18・16）．前節で見たように，これらの化合物はどれも，置換基（LG）部分が正電荷，カルボニル酸素が負電荷をおびた，分極した共鳴構造の寄与により安定化されている（図 18・14）．酸塩化物はこの共鳴安定化の寄与が最も小さく，それゆえに，そのカルボニル酸素の塩基性は最も低い．

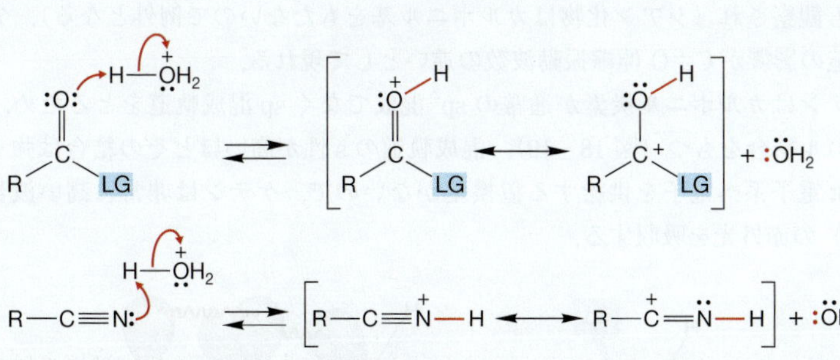

図 18・16 これらのプロトン化反応が示すように，アシル化合物やニトリルはブレンステッド塩基として働く．

エステル，カルボン酸はほぼ同じ度合で共鳴安定化されているため，それらの塩基性度も同程度である．アミドの場合，正電荷をおびているのは酸素ではなく窒素である．前にも述べたように，窒素は酸素より電気陰性度が小さく，酸素より正電荷に適応しやすい．その結果，カルボニル基はより分極し，カルボニル酸素はより塩基性になる．それゆえにアミドのカルボニル酸素はエステルのそれより強力な求核試薬となる．一方，酸塩化物のカルボニル酸素は求核試薬としては最も弱い（図 18・14）．

図 18・14 に示す共鳴安定化はこれらの化合物の結合距離にも影響する（図 18・17）．

図 18・17 簡単なアシル化合物の構造．炭素－酸素，炭素－窒素単結合が図 18・14 に示す共鳴安定化による二重結合性のために短縮していることに注意．

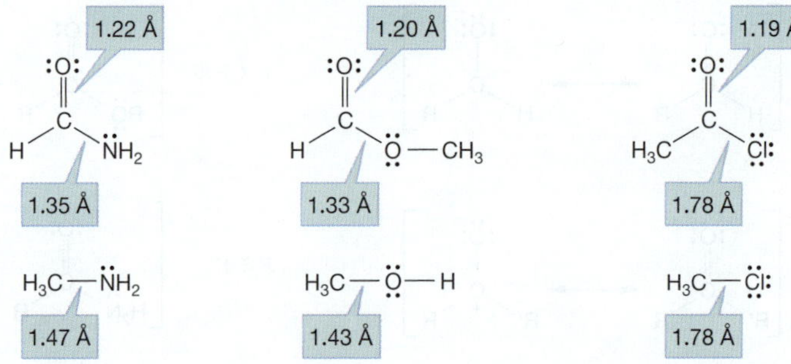

炭素－塩素結合距離は酸塩化物と塩化アルキルでほとんど差がないが，エステルとアミドでは炭素－酸素および炭素－窒素結合距離がアルコールやアミンと比べて短く，二重結合性を反映している．

ニトリルは短い炭素－窒素結合をもつ直線分子であり，炭素と窒素の sp 混成軌道がこの三重結合を形づくる．図 18・18 に σ および π 結合の図を示す．これはアルキンの結合様式によく似ている（p.121）．

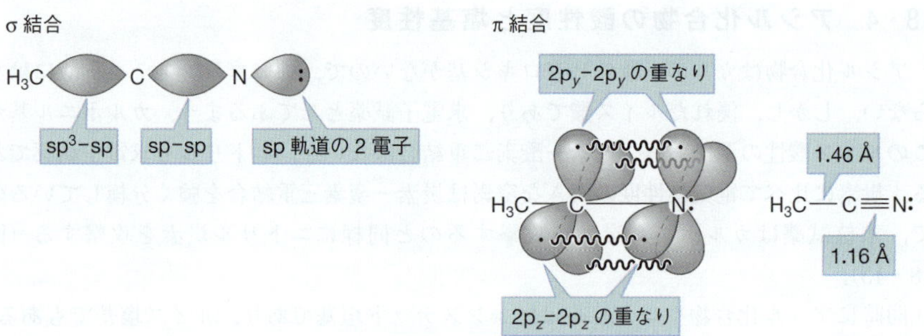

図 18・18 アセトニトリルの σ および π 結合と結合距離

18・5 スペクトルにおける特徴

18・5a 赤外スペクトル 特徴的な強いカルボニルの伸縮振動がどのアシル化合物にも観察され（シアン化物はカルボニル基をもたないので例外となる），分極した共鳴構造の影響が C=O 伸縮振動波数の違いとして現れる．

ケテンはカルボニル炭素が通常の sp^2 混成でなく sp 混成軌道をとるため，強固なカルボニル結合をもつ（図 18・19）．混成軌道の s 性が高いほどその結合は強くなり，加えて π 電子系へ電子を供給する置換基がないので，ケテンは非常に高い波数（~2150 cm^{-1}）の赤外光を吸収する．

図 18・19 ケテンの結合様式

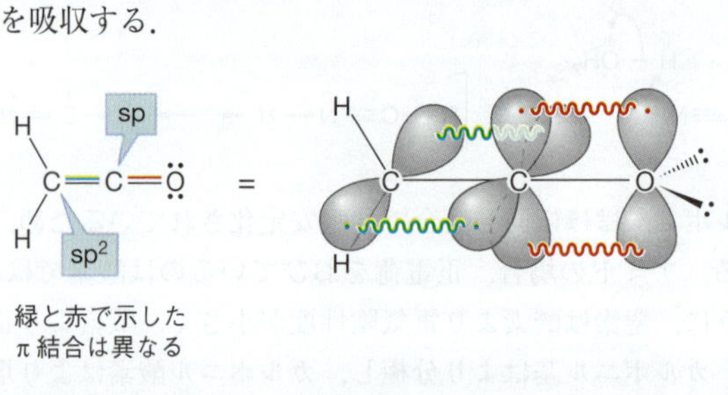

酸塩化物のカルボニル基はアシル化合物のなかで一番強い二重結合性をもち，最も強固である．ゆえに，C=O 伸縮振動は最も高い波数を示す．酸無水物，エステル，酸の C=O 伸縮振動がこれに続く．分極した共鳴構造の寄与が最も大きく，カルボニル基の

表 18・2 カルボニル化合物の赤外伸縮振動波数

化合物	C=O 伸縮振動波数 (CCl$_4$ 中, cm^{-1})	化合物	C=O 伸縮振動波数 (CCl$_4$ 中, cm^{-1})
$H_2C=C=O$ ケテン ketene	2151	CH_3CHO アセトアルデヒド acetaldehyde	1733
$CH_3C(=O)OC(=O)CH_3$ 無水酢酸 acetic anhydride	1833（逆対称伸縮振動） 1767（対称伸縮振動）	$CH_3C(=O)CH_3$ アセトン acetone	1719
$CH_3C(=O)Cl$ 塩化アセチル acetyl chloride	1799	$CH_3C(=O)OH$ 酢酸 acetic acid	1717
$CH_3C(=O)OCH_3$ 酢酸メチル methyl acetate	1750	$CH_3C(=O)NHCH_3$ *N*-メチルアセトアミド *N*-methyl acetamide	1688

単結合性が最も大きいアミドは，最も低いカルボニル伸縮振動波数を示す（表 18・2）.

2 個のカルボニル基をもつ酸無水物では，通常 2 本のカルボニル伸縮振動吸収が現れる．非対称な構造の酸無水物でも対称な酸無水物でも 2 本の赤外吸収が現れるので，この 2 本は個々のカルボニル基の独立の伸縮振動によるものではない．2 個の伸縮振動が対称的および逆対称的に位相を合わせた結果である（図 18・20）．分子の結合のそれぞれの振動は，つながれたバネと同様互いに独立ではない（p.381）.

ニトリルは，強い炭素－窒素三重結合に対応して，特徴的に高い波数の吸収を示す（2200～2300 cm^{-1}）．関連する炭素－炭素三重結合の波数（2100～2300 cm^{-1}）にきわめて近いことに注目しよう．

対称伸縮振動

逆対称伸縮振動

図 18・20 酸無水物における 2 種類のカルボニル伸縮振動様式

18・5b NMR スペクトル

^{1}H NMR スペクトルでは，α 水素はカルボニル基やシアノ基によって非遮蔽化される（deshielding）ので，比較的低磁場の δ 2.0～2.7 ppm に現れる．アシル化合物のカルボニル炭素やシアン化物のニトリル炭素は部分正電荷をもち，^{13}C NMR では比較的低磁場に現れる（表 18・3）．ケトン（またはアルデヒド）のカルボニル炭素は約 δ 200 ppm に，アシル化合物では約 δ 170 ppm に現れるので，^{13}C NMR は両者の識別に使える．

問題 18・2 室温で *N,N*-ジメチルホルムアミド（DMF）の ^{1}H NMR を測定すると，メチル基の吸収が 2 本現れる．温度を上げて測定すると，この 2 本は融合し 1 本になる．なぜか説明せよ．

$HC(=O)N(CH_3)_2$
N,N-ジメチルホルムアミド
N,N-dimethylformamide
(DMF)

表 18・3 カルボニル化合物とアセトニトリルの化学シフト (ppm, $CDCl_3$ 中)

化合物	δ ^{13}C (C=O, C≡N)	$\delta(H_\alpha)$	化合物	δ ^{13}C (C=O, C≡N)	$\delta(H_\alpha)$
H_α→H_3C–C(=O)–H アセトアルデヒド acetaldehyde	199	2.25	H_α→H_3C–C(=O)–OCH_2CH_3 酢酸エチル ethyl acetate	169	2.05
H_α→H_3C–C(=O)–CH_3 アセトン acetone	205	2.18	H_α→H_3C–C(=O)–$N(CH_3)_2$ *N,N*-ジメチルアセトアミド *N,N*-dimethylacetamide	170	2.09
H_α→H_3C–C(=O)–Cl 塩化アセチル acetyl chloride	169	2.66	H_α→H_3C—C≡N アセトニトリル acetonitrile	117	2.05

問題の解き方

測定温度を変えてNMRスペクトルが変化するときは，何らかの分子運動による位置交換が起こっていると考えてよい．結合の回転（この問題のように）によっても，シクロヘキサン環の反転によっても，起こりうる．

18・6 酸塩化物の反応: アシル化合物の合成

前に述べたように，すべてのアシル化合物は付加-脱離過程による反応を起こす．特に酸塩化物は求核試薬に対して反応性が高い．そのカルボニル基は共鳴安定化が最も少なく高エネルギー状態にあって，反応性も一番高い．最初の求核試薬の付加は比較的容易に進む．酸塩化物の塩素は優れた脱離基なので，正四面体型の付加生成物が生じさえすれば塩化物イオンとして容易に脱離していく（図 18・21）．その結果，付加-脱離機構が特に進みやすい例となっている．

問題 18・3 酸塩化物は塩酸の臭いがすることが多い．なぜか．図 18・21 中の具体例の最初の反応において，加えたピリジンの役割は何か．

多くの求核試薬がこの付加-脱離反応に使用可能なため，さまざまなアシル化合物が，酸塩化物を出発物質として合成される．

もちろん，強力な求核試薬である有機リチウム化合物，グリニャール試薬，金属水素化物もまた酸塩化物と速やかに反応する．むしろ，ここでは二次的な反応を制御することが問題となる．たとえば，酸塩化物の水素化アルミニウムリチウムによる還元はまずアルデヒドを生じ，このアルデヒドはさらに還元剤と反応してアルコキシドイオンへ還元される．最終的に水で処理すると，第一級アルコールが生成する（図 18・22）．

一般的な付加–脱離反応

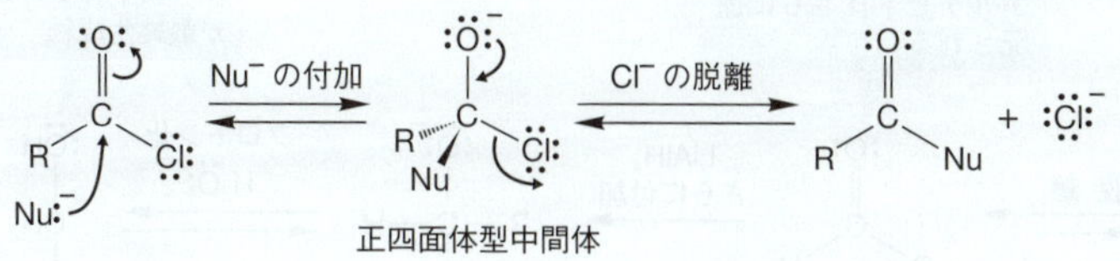

Nu⁻の付加

Cl⁻の脱離

正四面体型中間体

一般式

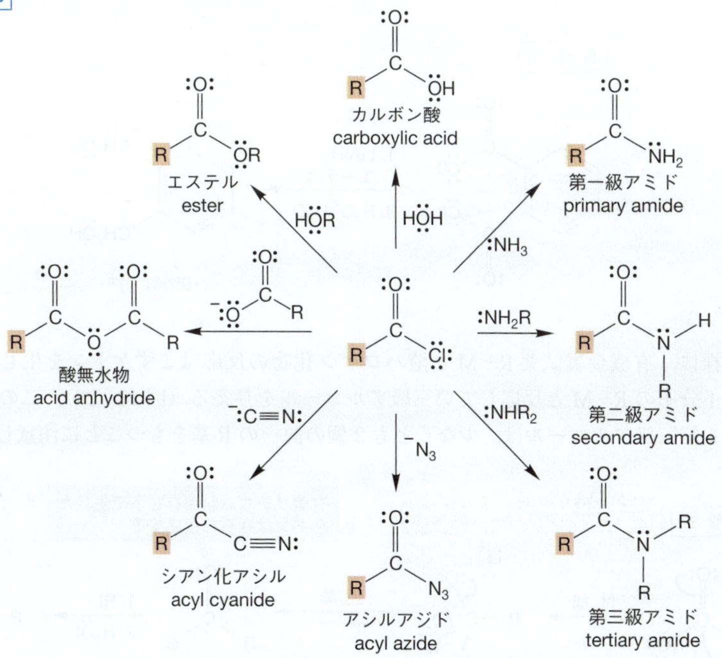

カルボン酸 carboxylic acid

エステル ester

第一級アミド primary amide

酸無水物 acid anhydride

第二級アミド secondary amide

シアン化アシル acyl cyanide

アシルアジド acyl azide

第三級アミド tertiary amide

具体例

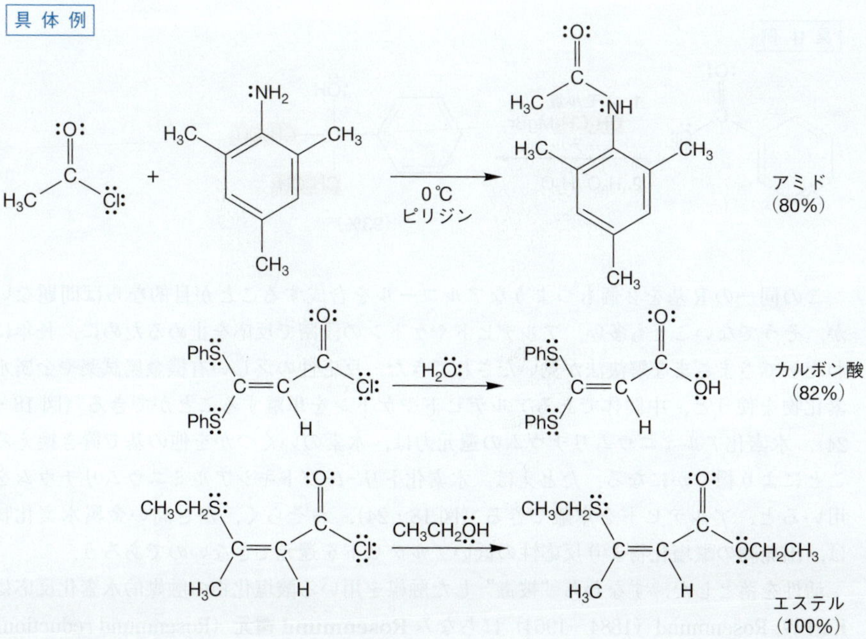

0℃ ピリジン

アミド (80%)

カルボン酸 (82%)

エステル (100%)

図 18・21 酸塩化物の付加–脱離反応．適用範囲の広い有効な合成手段になることに注目．

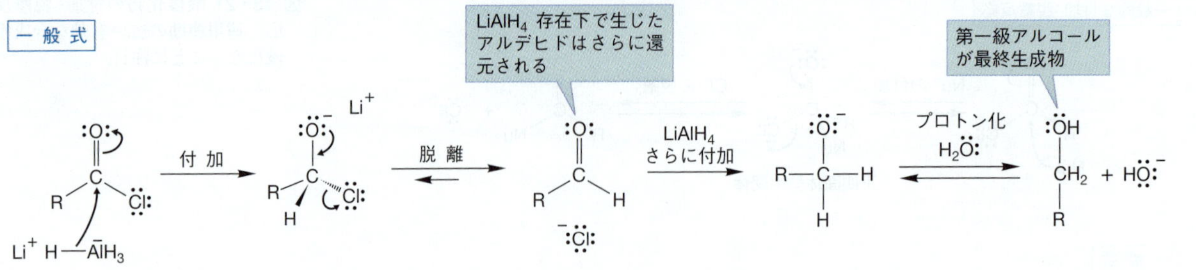

一般式

LiAlH_4 存在下で生じたアルデヒドはさらに還元される

第一級アルコールが最終生成物

付加　脱離　LiAlH_4 さらに付加　プロトン化 H_2O

具体例

1. LiAlH_4 エーテル
2. H_3O^+/H_2O

(95%)

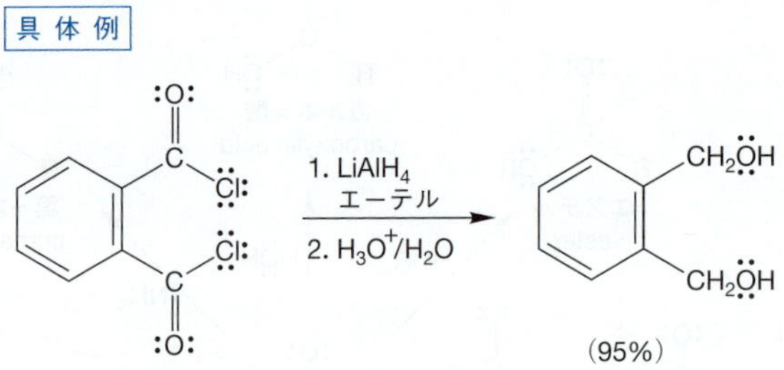

図 18・22 酸塩化物は水素化アルミニウムリチウムによって2度還元されて第一級アルコールを与える.

同様に，有機金属試薬 R−M と酸ハロゲン化物の反応はまずケトンを生じ，さらにもう1分子の R−M と反応して第三級アルコールを与える（図 18・23）．この反応で生成する第三級アルコールは，少なくとも2個の同一の R 基をもつことに注意しよう．

図 18・23 有機金属試薬と酸塩化物の反応は，第三級アルコールの生成まで進む．つまり有機金属試薬は2度付加する．

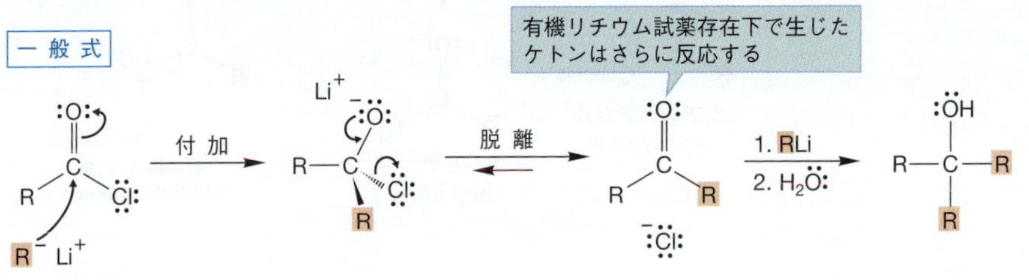

一般式

有機リチウム試薬存在下で生じたケトンはさらに反応する

付加　脱離　1. RLi　2. H_2O

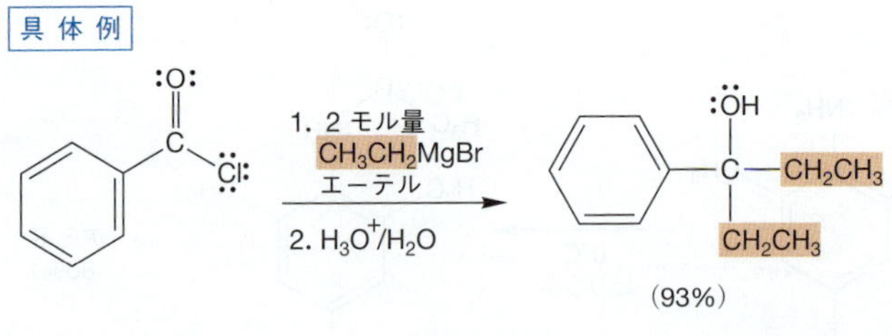

具体例

1. 2モル量 CH_3CH_2MgBr エーテル
2. H_3O^+/H_2O

(93%)

この同一の R 基を2個もつようなアルコールを合成することが目的ならば問題ないが，そうでないことも多い．アルデヒドやケトンの段階で反応を止めるために，長年にわたってさまざまな解決法が見いだされてきた．反応性の乏しい有機金属試薬や金属水素化物を使うと，中間体であるアルデヒドやケトンを単離することができる（図 18・24）．水素化アルミニウムリチウムの還元力は，水素のいくつかを他の基で置き換えることにより穏やかになる．たとえば，水素化トリ-*t*-ブトキシアルミニウムリチウムを用いると，アルデヒドを単離できる（図 18・24）．おそらく，かさ高い金属水素化物は，出発物の酸塩化物より反応性の低いアルデヒドを還元できないのであろう．

活性を落とした，すなわち“被毒”した触媒を用いる酸塩化物の触媒的水素化反応は Karl W. Rosenmund（1884〜1964）にちなみ **Rosenmund 還元**（ローゼンムント）（Rosenmund reduction）

一 般 式

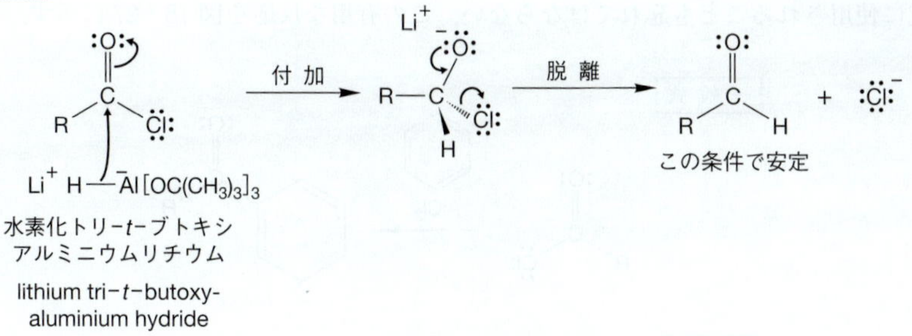

付 加　脱 離

この条件で安定

水素化トリ-*t*-ブトキシアルミニウムリチウム

lithium tri-*t*-butoxy-aluminium hydride

具 体 例

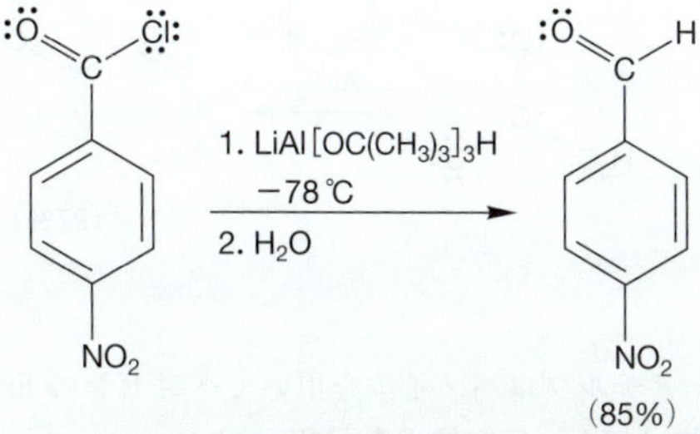

1. $LiAl[OC(CH_3)_3]_3H$ −78 ℃
2. H_2O

(85%)

図 18・24　水素化トリ-*t*-ブトキシアルミニウムリチウムは反応性が低く，最初に生成したアルデヒドにさらに付加することができない．

とよばれる（図 18・25）．この反応では反応性の高い酸塩化物だけが還元され，安定で反応性の低いアルデヒドはさらに還元されることなく単離される．アルキンのシス形アルケンへの水素化に用いられる被毒化触媒（Lindlar 触媒，p.514）とは異なるが，よく似ている．

図 18・25　酸塩化物は Rosenmund 還元によりアルデヒドになる．

一 般 式

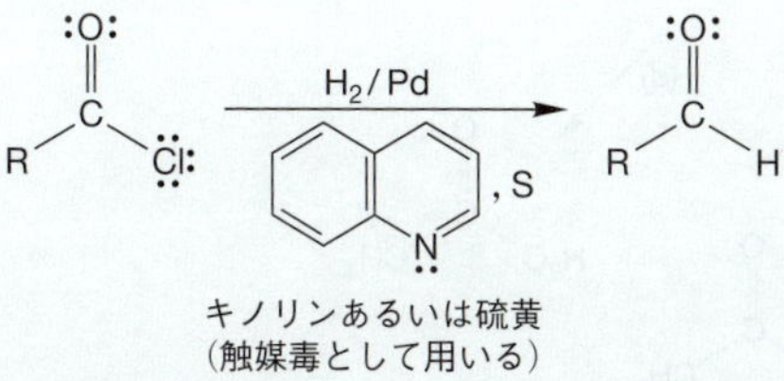

H_2/Pd

キノリンあるいは硫黄（触媒毒として用いる）

具 体 例

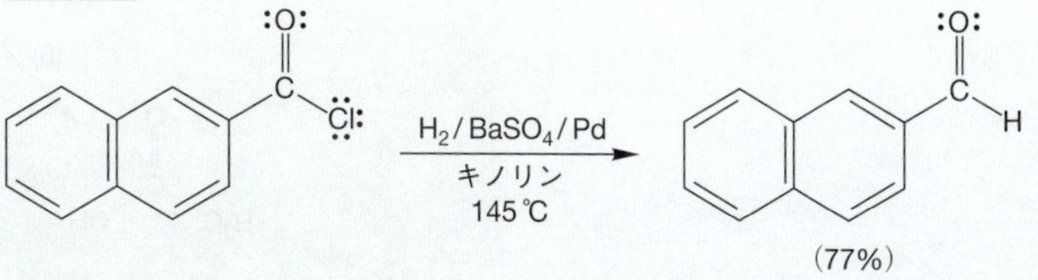

$H_2/BaSO_4/Pd$ キノリン 145 ℃

(77%)

有機クプラート（$R_2Cu^-\ Li^+$）は酸塩化物と反応してケトンを与えるが，生成したケトンとは反応しない（図 18・26）．

一 般 式

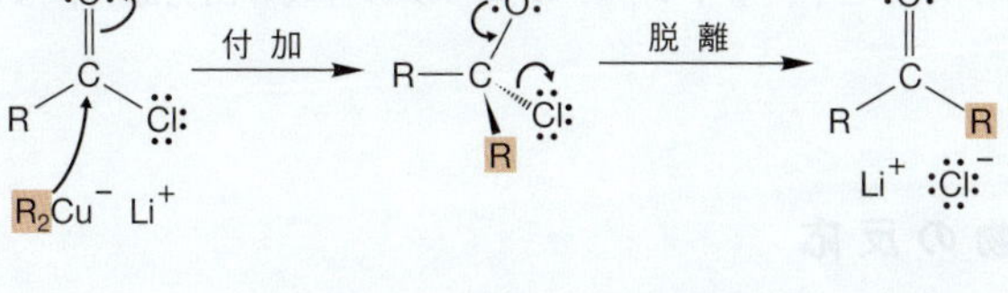

付 加　脱 離

具 体 例

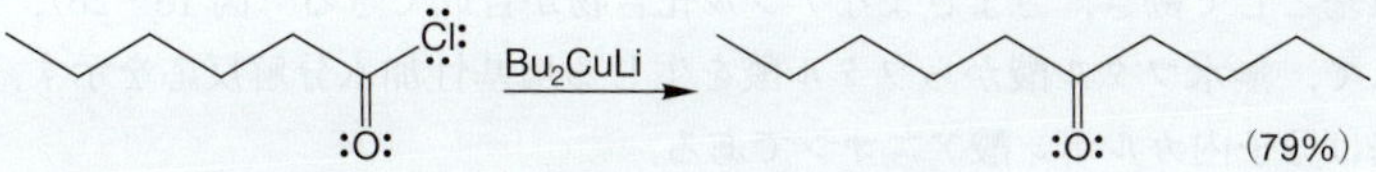

Bu_2CuLi

(79%)

図 18・26　クプラートは酸塩化物のカルボニル基に R^- を付加させることができるが，生成物のケトンに付加できるほど活性ではない．

最後に，酸塩化物がFriedel–Craftsアシル化反応（p.692）による，芳香族ケトンの合成に使用されることも忘れてはならない．この有用な反応を図18・27に示す．

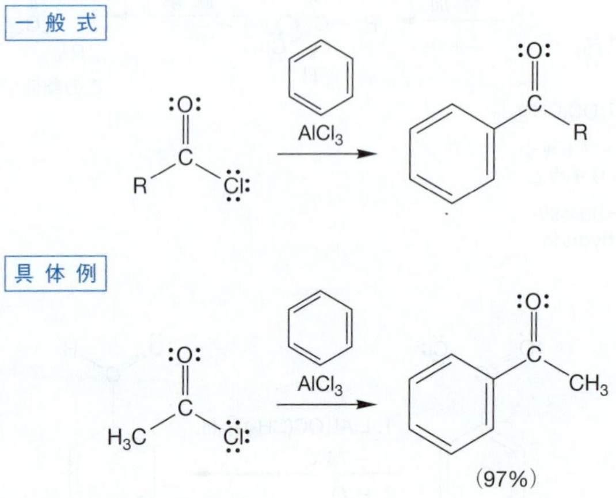

図 18・27 ベンゼンのFriedel–Craftsアシル化で芳香族ケトンが生成する．

一般式

$RCOCl \xrightarrow{C_6H_6,\ AlCl_3} C_6H_5COR$

具体例

$H_3CCOCl \xrightarrow{C_6H_6,\ AlCl_3} C_6H_5COCH_3$ (97%)

問題 18・4 塩化2-メチルプロパノイルを用いてベンゼンのFriedel–Craftsアシル化を行ったときの生成物は何か．反応機構を記せ．

問題 18・5 塩化アセチルを出発原料にして，つぎの各化合物を合成する際に必要な試薬を記せ．

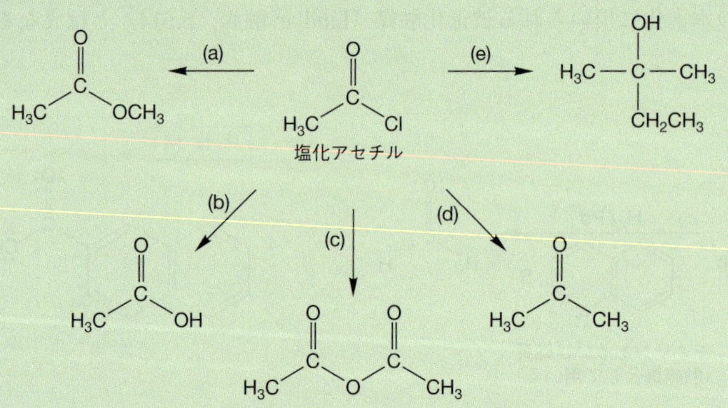

塩化アセチル H_3CCOCl

(a) $H_3CCOOCH_3$

(b) H_3CCOOH

(c) $H_3CCOOCOCH_3$

(d) H_3CCOCH_3

(e) $H_3C{-}C(OH)(CH_3){-}CH_2CH_3$

まとめ

カルボニル基に直接結合した塩素は，優れた脱離基として働くので，酸塩化物は多様な付加–脱離反応が可能となる．すなわち，酸塩化物は酸無水物，エステル，カルボン酸，アミド，アルデヒド，ケトン，アルコールの合成の出発原料になる．

18・7 酸無水物の反応

酸無水物の反応は酸塩化物に似ている．カルボン酸アニオンが付加–脱離過程における脱離基として働き，さまざまなアシル化合物が合成できる（図18・28）．その1つの例として，無水フタル酸からフタル酸を生じる塩基性加水分解反応を示す．この場合，脱離基は分子内カルボン酸アニオンである．

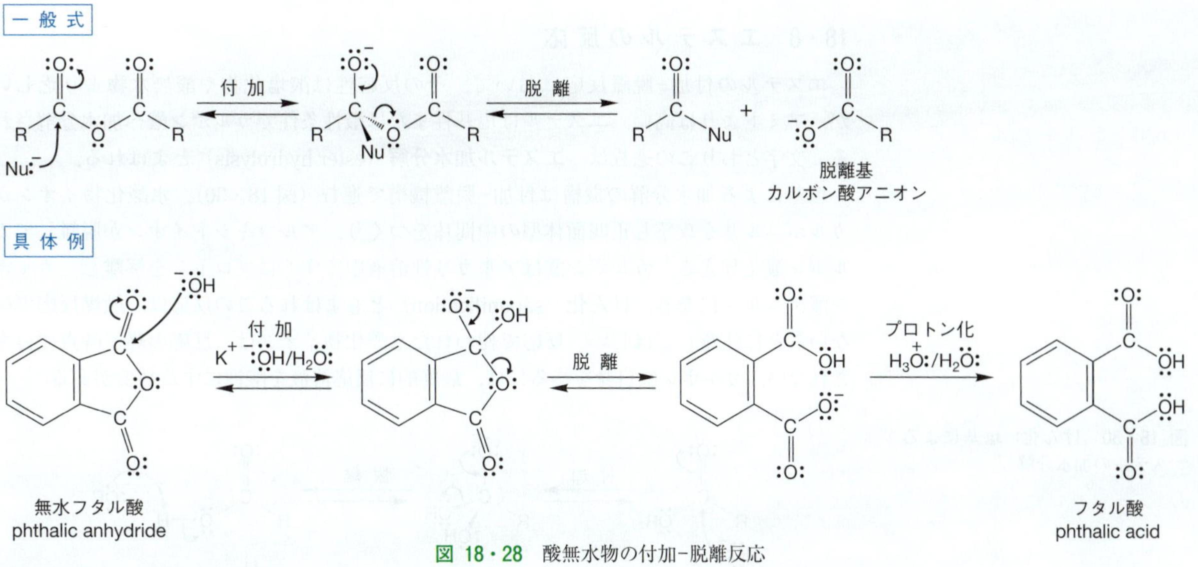

一般式

付加　脱離

Nu^-

脱離基
カルボン酸アニオン

具体例

付加 K^+ $^-$:ÖH/H_2Ö:　脱離　プロトン化 + H_3Ö:/H_2Ö:

無水フタル酸
phthalic anhydride

フタル酸
phthalic acid

図 18・28 酸無水物の付加-脱離反応

問題 18・6 つぎの反応における中間体 **A** の構造を描け．また 2 段の反応の機構を示せ．

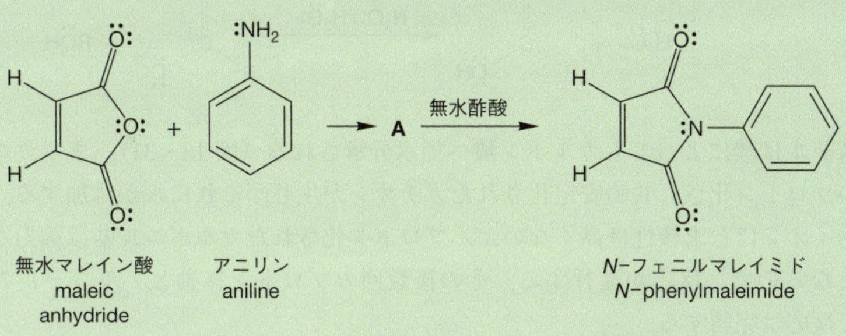

無水マレイン酸 + アニリン → A →(無水酢酸) N-フェニルマレイミド

無水マレイン酸
maleic anhydride

アニリン
aniline

N-フェニルマレイミド
N-phenylmaleimide

酸塩化物と同様，酸無水物も Friedel-Crafts アシル化反応に使われる（図 18・29）．ここでも，塩化アルミニウムのようなルイス酸が酸無水物を活性化するために用いられる．この反応機構は，以前に見た Friedel-Crafts アシル化反応の形式に従う（p.692）．

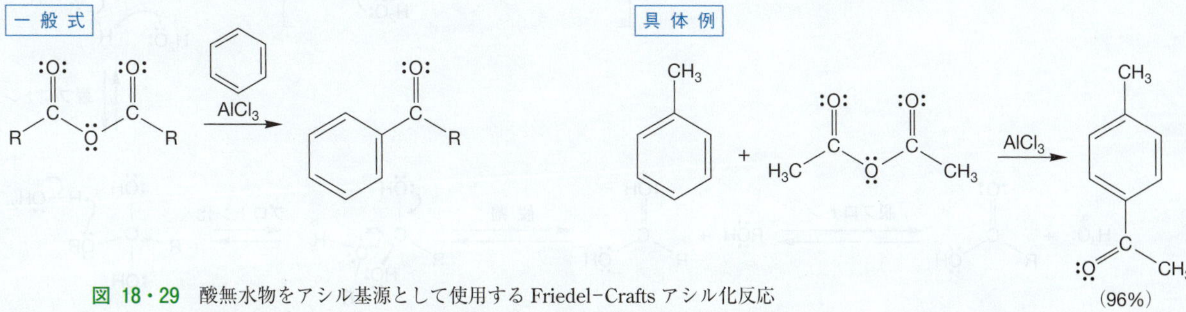

一般式　$AlCl_3$

具体例　$AlCl_3$

(96%)

図 18・29 酸無水物をアシル基源として使用する Friedel-Crafts アシル化反応

問題 18・7 図 18・29 中の具体例の反応の機構を示せ．

18・8 エステルの反応

エステルの付加−脱離反応において，その反応性は酸塩化物や酸無水物より乏しいが，アミドよりは高い．エステルは塩基性または酸性条件でカルボン酸へ加水分解される．文字どおりこの過程は，**エステル加水分解**（ester hydrolysis）とよばれる．

塩基による加水分解の機構は付加−脱離機構で進む（図18・30）．水酸化物イオンがカルボニル基を攻撃し正四面体型の中間体をつくり，アルコキシドイオンが脱離してカルボン酸を与える．カルボン酸はアルカリ性溶液中ですぐにプロトンを解離し，カルボン酸アニオンになる．**けん化**（saponification）ともよばれるこの反応は，触媒反応ではないことに注意してほしい．反応で使われた水酸化物イオンは，反応の終了時点で再生されない．カルボン酸自身を得るには，最終的に反応溶液を酸性にする必要がある．

図 18・30 けん化: 塩基によるエステルの加水分解

付 加
脱 離
正四面体型中間体
カルボン酸の脱プロトン
酸性にすると H_3O^+/H_2O

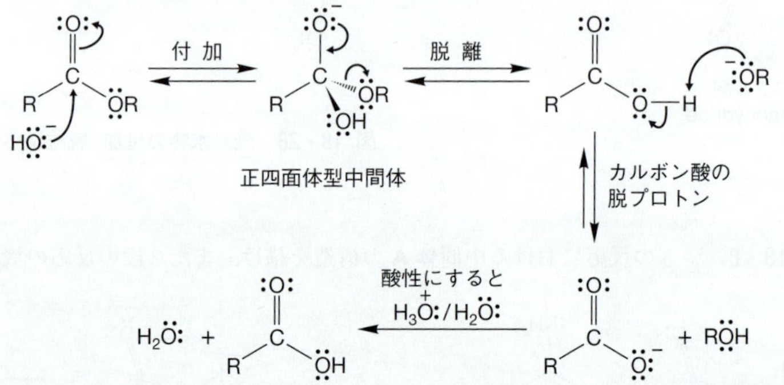

エステルは酸によってもカルボン酸へ加水分解される（図18・31）．まずカルボニル酸素がプロトン化され共鳴安定化されたカチオンが生じ，これに水が付加する．水は水酸化物イオンほど求核性は高くないが，プロトン化されたカルボニル基は強力な求電子試薬となるので，反応が進行する．その後数回のプロトン移動とアルコールの脱離を伴って反応は完結する．

図 18・31 酸触媒によるエステルの加水分解

プロトン化 H_3O^+/H_2O
付 加
脱プロトン
プロトン化
脱 離
脱プロトン

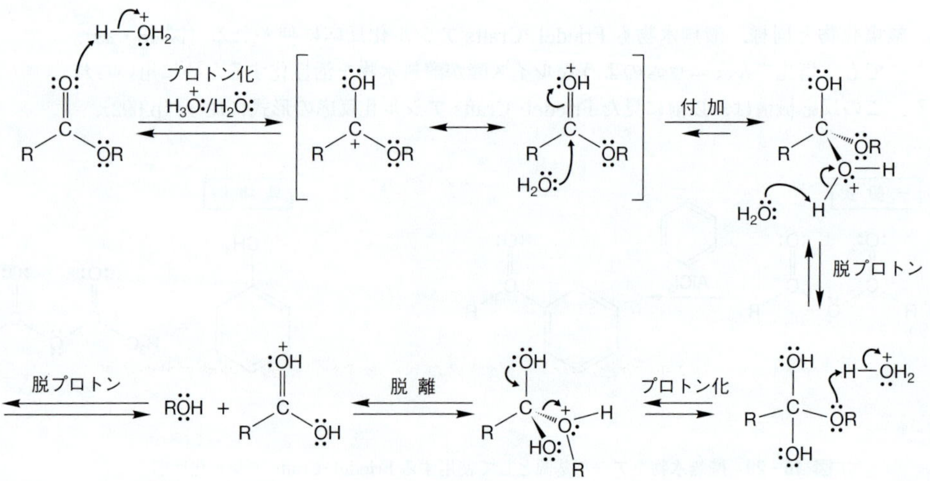

この反応を以前にどこかで見たことがあるだろう．そう，これはFischerのエステル化反応（p.824）の完全な裏返しであり，何も新しいものではない．反応全体の平衡位置を決めているのは何であろう．エステルの構造も重要であるが，それ以上に重要なの

は反応条件である．過剰量の水はカルボン酸の生成に有利であり，過剰量のアルコールはエステルの生成に有利に働く．ルシャトリエの原理（p.266）が働くので，化学者はいずれの方向へも平衡を偏らせることができる（図 18・32）．実際，ほとんどのカルボン酸とエステルは相互変換可能である．

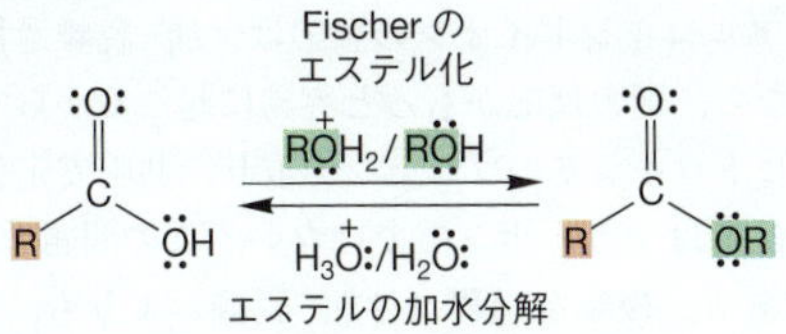

Fischer のエステル化
$R\ddot{O}H_2^+ / R\ddot{O}H$
H_3O^+/H_2O
エステルの加水分解

図 18・32 酸とエステルは相互に変換される．

問題 18・8 ブタン酸エチルの加水分解の反応機構を示し，中間体に共鳴構造があればそれを描け．

エステルの酸触媒加水分解反応にきわめて類似した反応に，酸触媒による**エステル交換反応**（transesterification）がある．この反応では，エステルを酸触媒の存在下に過剰のアルコールと処理する．その結果，エステルに含まれる OR 基がアルコールの OR 基に置換される（図 18・33）．エステルの加水分解と同様に，エステル交換反応も酸性条件でも塩基性条件でも進行する．その反応機構は，Fischer のエステル化反応や加水分解反応と同様である．

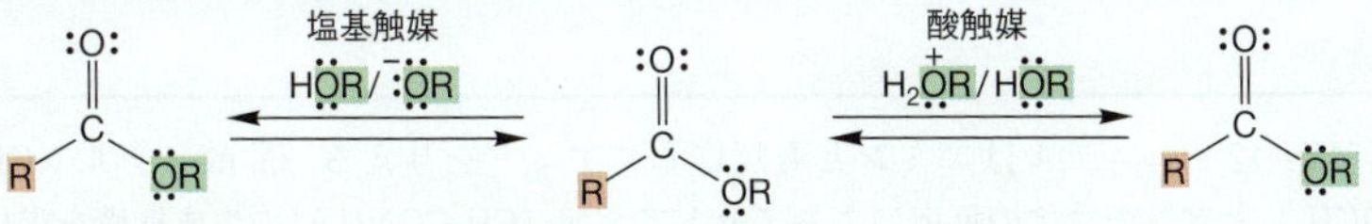

塩基触媒 HOR/ ⁻OR　　酸触媒 $H_2\overset{+}{O}R$/HOR

図 18・33 塩基触媒および酸触媒によるエステル交換反応

問題 18・9 酸性条件および塩基性条件でのエステル交換反応の機構を書け．

＊**問題 18・10** 水酸化物イオン（⁻OH）とアルコキシドイオン（⁻OR）のエステルへの反応には大きな違いがある．水酸化物イオンとの反応は触媒的に進行しないし，可逆反応でもない．一方，アルコキシドイオンの反応は触媒的に，しかも可逆的に進む．両反応の機構を比べて，この違いを説明せよ．

解 答 両反応の生成物を見よう．水酸化物イオンの反応ではカルボン酸（pK_a～4.5）とアルコキシドイオンがまず生成する．両者は速やかにプロトンを交換し，共鳴安定化されたカルボン酸アニオンとアルコール（pK_a～17）になり，より安定な生成物となる．水酸化物イオンはこのときに消費され，反応全体を見ると生成物が安定なので，事実上不可逆過程となる．

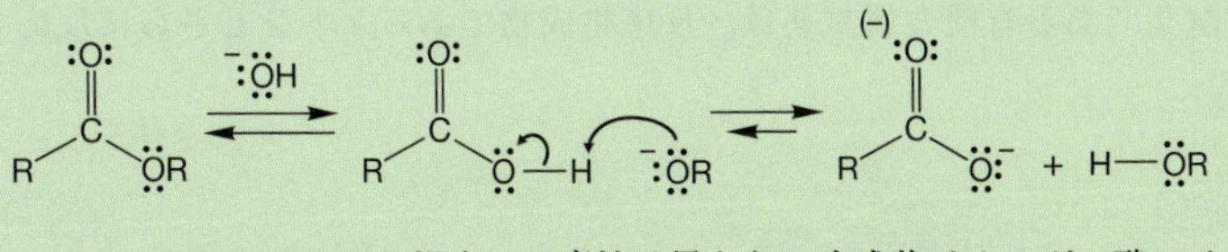

RCOOR + ⁻OH ⇌ RCOOH + ⁻OR ⇌ RCOO⁻ + H—OR

一方，アルコキシドイオンの場合には事情は異なり，生成物はカルボン酸ではなく新たなエステルである．生成したこのエステルには解離するプロトンがなく，出発物のエステルに含まれていたアルコキシドイオンが副成している．エステル交換反応の出発物と生成物の間には熱力学的に差がほとんどない．それゆえ，反応は可逆過程となる．

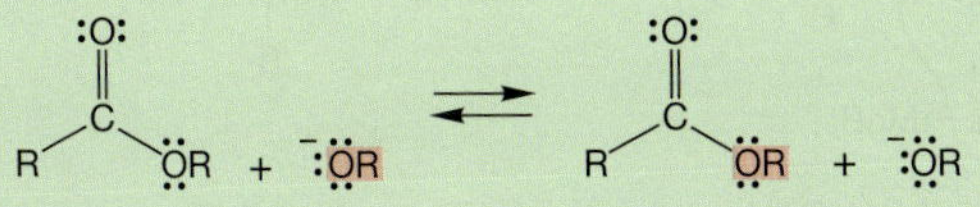

RCOOR + ⁻OR ⇌ RCOOR + ⁻OR

問題 18・11 エステル交換反応は酸触媒でも塩基触媒でも促進されるので，Fischer のエステル化反応もいずれの触媒でも進むと考えられるか．Fischer のエステル化が塩基触媒では進まないのはなぜか（すなわち，$RCOOH + RO^- \longrightarrow RCOOR + HO^-$ は起こらない）．

解 答 カルボン酸とアルコキシドイオンの反応は付加-脱離過程を経てエステルを与えることはない．なぜなら，別の反応がもっと容易に起こるからである．アルコキシドイオンはカルボン酸のヒドロキシ基のプロトンを取り，共鳴安定化されたカルボン酸アニオンを与える．これはもはやカルボン酸ではない．この問題を解くコツは，“単純に考えよ”ということである．複雑な過程（付加-脱離）よりも，まず，“ごくあたりまえ”の反応（プロトンの脱離）を考えればよい．

$$RCOOH + RO^- \not\rightleftharpoons RCOOR + HO^-$$

$$RCOOH + {}^-OR \rightleftharpoons [RCOO^- \longleftrightarrow RCOO^-] + H{-}OR$$

$pK_a \sim 4.5$ $\qquad$ $pK_a \sim 17$

問題 18・12 エステルはアミンとも反応してアミドを与える．酢酸メチル（CH_3-$COOCH_3$）とアンモニアの反応によるアセトアミド（CH_3CONH_2）の生成機構を書け．

エステルはアミンと反応してアミドを与える．最も重要な合成繊維の1つであるナイロンは，ジエステルとジアミンの重縮合で合成されるポリアミド（p.836）である．この電子顕微鏡写真はポリアミドでできた Velcro（面ファスナー；マジックテープ）の接着の様子を示している．

まとめ

酸無水物は水と反応してカルボン酸を，アルコールとならエステルを，アミンとならばアミドを与える．エステルの反応性もこれに似ている．エステルの加水分解には，酸触媒で進むものと塩基の水酸化物イオンの反応によるものがあり，どちらもカルボン酸を与える．新たなエステルを得るためのエステル交換反応では，酸または塩基触媒を用いてアルコールとエステルを反応させる．エステルはアミンとも反応してアミドを与える．

有機金属試薬や金属水素化物とエステルとの反応も，付加-脱離過程で進む．通常，強い求核試薬である有機金属試薬は，反応生成物であるケトンとさらに反応する（図

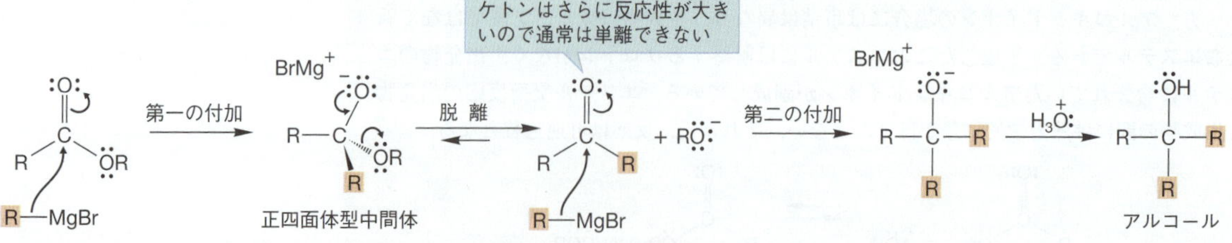

図 18・34 グリニャール試薬とエステルの反応による第三級アルコールの生成

18・34）．ケトンはエステルよりも共鳴安定化されていないので，付加反応を受けやすい．

図 18・34 の反応は，複雑な第三級アルコールの一般的合成法の 1 つである（図 18・23 と比較せよ）．エステルに対して 2 モル量の有機金属試薬が付加する際に 2 つの場合が生じる．有機金属試薬の R 基がエステルのアルキル基と同一であれば，第三級アルコールの 3 個の R 基はすべて同じになる．一方，有機金属試薬の R 基がエステルのものと異なると，第三級アルコールは 2 種の異なる R 基をもつことになる（図 18・35）．

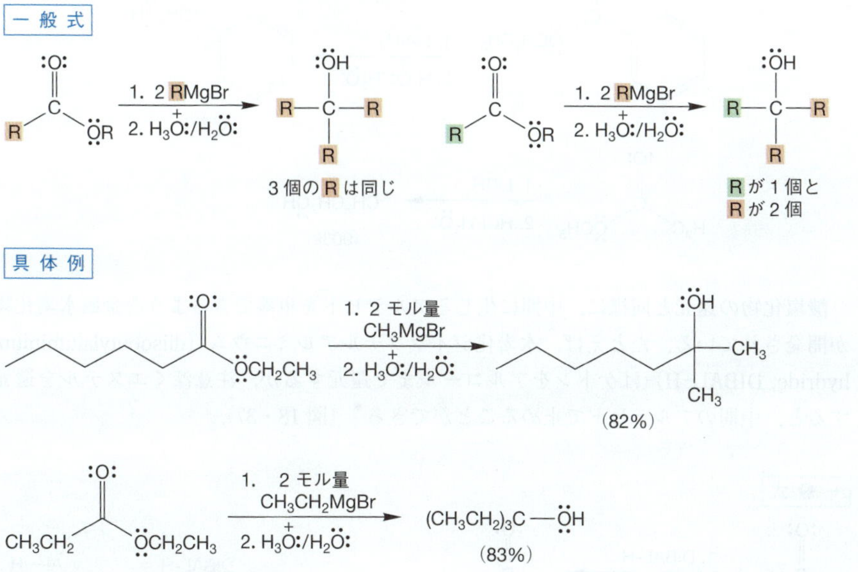

一般式

1. 2 RMgBr + 2. H_3O^+/H_2O

3 個の R は同じ

R が 1 個と R が 2 個

具体例

1. 2 モル量 CH_3MgBr + 2. H_3O^+/H_2O

(82%)

1. 2 モル量 CH_3CH_2MgBr + 2. H_3O^+/H_2O

$CH_3CH_2COOCH_2CH_3$ → $(CH_3CH_2)_3C—OH$ (83%)

図 18・35 この方法では，R 基が 3 個とも同じか，2 個が同じである第三級アルコールを合成できる．しかし，3 個とも異なるものは合成できない．アルキルリチウム試薬もグリニャール試薬と同様に使用できる．

2 個の R 基は有機金属試薬から導入されるので，3 個の R 基すべてが異なる第三級アルコールの合成にはこの反応は利用できない．

問題 18・13 つぎの各反応の生成物を予測せよ．

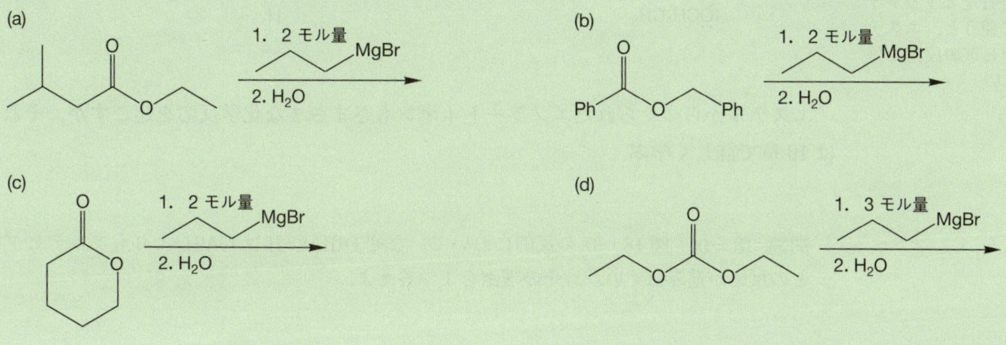

(a) 1. 2 モル量 MgBr 2. H_2O

(b) Ph, O, Ph 1. 2 モル量 MgBr 2. H_2O

(c) 1. 2 モル量 MgBr 2. H_2O

(d) 1. 3 モル量 MgBr 2. H_2O

エステルの金属水素化物による還元は中間のアルデヒドの段階で止めることは難しく，通常，第一級アルコールまで進む（図 18・36）．この還元には $LiAlH_4$ または $LiBH_4$ が使用され，$NaBH_4$ ではエステルを還元することができない．

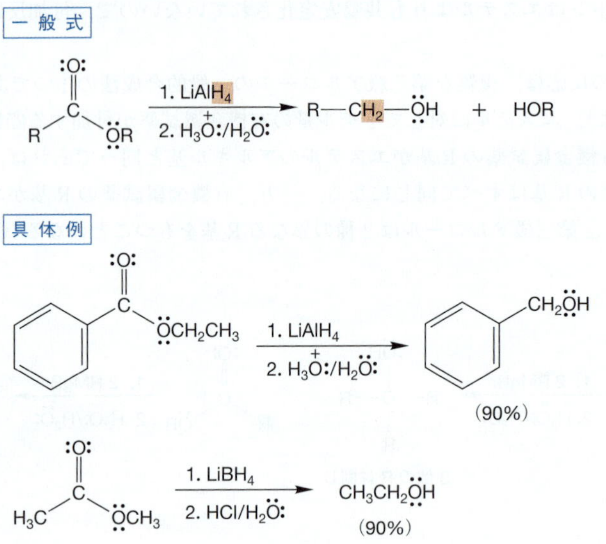

一般式

$$\mathrm{RCOOR} \xrightarrow[2.\ H_3O^+/H_2O]{1.\ LiAlH_4} \mathrm{R{-}CH_2{-}OH} + \mathrm{HOR}$$

具体例

$$\mathrm{C_6H_5COOCH_2CH_3} \xrightarrow[2.\ H_3O^+/H_2O]{1.\ LiAlH_4} \mathrm{C_6H_5CH_2OH}\ (90\%)$$

$$\mathrm{H_3CCOOCH_3} \xrightarrow[2.\ HCl/H_2O]{1.\ LiBH_4} \mathrm{CH_3CH_2OH}\ (90\%)$$

図 18・36 強力なヒドリドイオン供与体である水素化アルミニウムリチウムでエステルを還元すると，第一級アルコキシドイオンが生成し，これを酸性にすることにより第一級アルコールが得られる．

酸塩化物の還元と同様に，中間に生じるアルデヒドを単離できるような金属水素化物が開発されている．たとえば，水素化ジイソブチルアルミニウム（diisobutylaluminium hydride, DIBAL-H）はケトンをアルコールまで還元するが，注意深くエステルを還元すると，中間のアルデヒドで止めることができる*（図 18・37）．

* 還元を低温で行うことが必要であり，また反応後処理にも注意を払わなければならない．詳しくは問題 18・54 を参照．

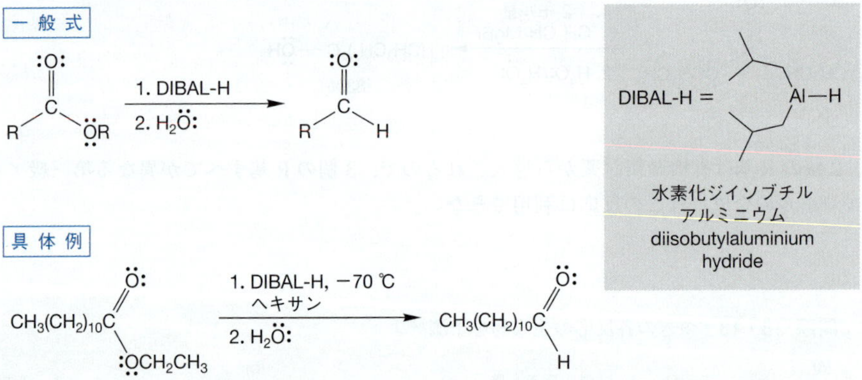

一般式

$$\mathrm{RCOOR} \xrightarrow[2.\ H_2O]{1.\ DIBAL\text{-}H} \mathrm{RCHO}$$

具体例

$$\mathrm{CH_3(CH_2)_{10}COOCH_2CH_3} \xrightarrow[2.\ H_2O]{1.\ DIBAL\text{-}H,\ -70\ ℃,\ ヘキサン} \mathrm{CH_3(CH_2)_{10}CHO}$$

DIBAL-H = $\mathrm{[(CH_3)_2CHCH_2]_2Al{-}H}$

水素化ジイソブチルアルミニウム
diisobutylaluminium hydride

図 18・37 DIBAL-H をヒドリドイオン供与体として使うと，エステルの還元はアルデヒドの段階で停止できることも多い．

エステルからつくられたエノラートイオンもさまざまな化学反応を起こすが，それらは 19 章で詳しく学ぶ．

問題 18・14 図 18・37 の反応において，なぜ DIBAL-H は $LiAlH_4$ よりもアルデヒドとの反応が進みにくいか，その理由を 1 つ答えよ．

18・9 アミドの反応

アミドは，アシル化合物のなかでは最も反応性が低いが，酸でも塩基でも加水分解される．反応性が低いということで，比較的高い反応温度が必要となる．この反応の機構は酸または塩基によるエステルの加水分解によく似ている．塩基性条件下では，$^-$OH

によりカルボニル基が攻撃されて正四面体型中間体 **A** を生じる（図 18・38）．つづいて，アミドイオン（$^-NH_2$）が脱離してカルボン酸を与える．さらにプロトンが引抜かれてカルボン酸アニオンが生成する．$^-NH_2$ は水酸化物イオン（^-OH）よりもはるかに強い塩基なのでその脱離は確かに困難である．アンモニアと水の pK_a の比較から両者の塩基としての相対強度を知ることができ，出発物へ戻る逆反応がはるかに速いことがわかる．しかし，いったんアミドイオンの脱離が起こればカルボン酸が生成し，それはさらにカルボン酸アニオンへと速やかに脱プロトンされる．つまり，アミドイオンの脱離は遅いけれども実質的に不可逆な過程なので反応は右へ進む．反応の最後に酸性にする（図 18・38 には示されていない）ことでカルボン酸が生じる．全体としては，やはり付加−脱離過程を経る反応である．

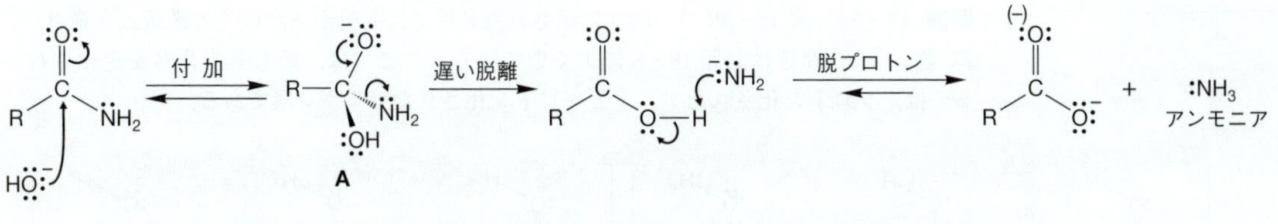

図 18・38 塩基によるアミドの加水分解でカルボン酸アニオンが生成する．酸性にすればカルボン酸が得られる．脱離しにくい $^-NH_2$ は，実際に脱離するときはプロトン化されているであろう．

付 加　遅い脱離　脱プロトン　A　アンモニア

> **問題 18・15** アミドの強塩基による加水分解には，2 モル量の水酸化物イオンが必要である．HO^- が 2 モル量必要なことを説明できる反応機構を書け．

酸性条件下では，カルボニル酸素がプロトン化されて強いルイス酸を生じ，これは比較的弱い求核試薬である水と反応する（図 18・39）．この酸による加水分解反応ではアミンが脱離基となる（図 18・40）ので，塩基による反応よりも容易に進む．NH_3 は $^-NH_2$ より優れた脱離基だからである．

一般式

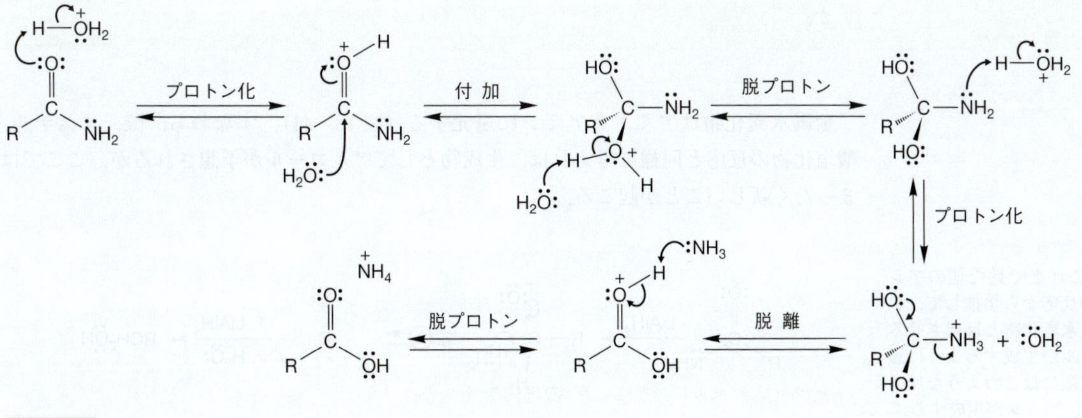

プロトン化　付 加　脱プロトン　プロトン化　脱 離　脱プロトン

具体例

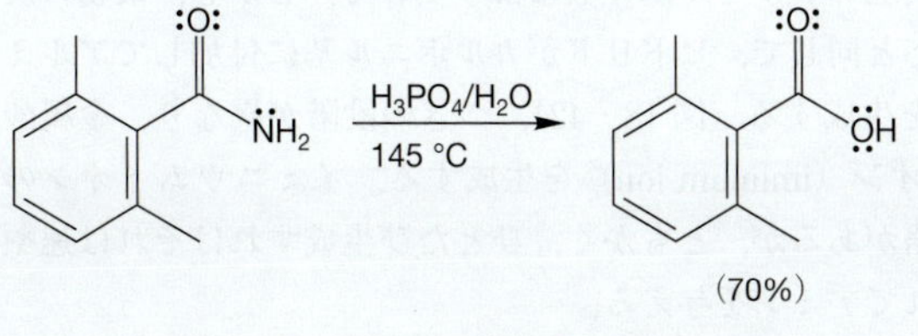

H_3PO_4/H_2O, 145 °C　(70%)

図 18・39 酸によるアミドの加水分解では，カルボン酸が直接得られる．

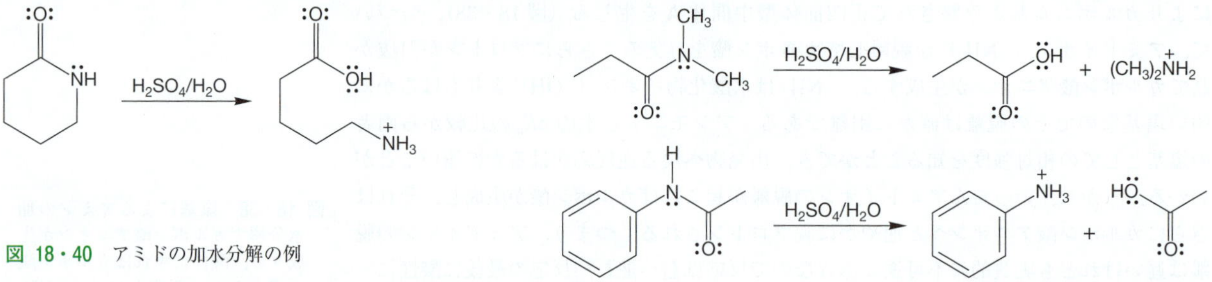

図 18・40 アミドの加水分解の例

***問題 18・16** 図 18・39 の一般式に示された各構造に共鳴があればその構造式を描け．

解 答 この問題は問題 18・8 によく似ている．ここでは，最も強く共鳴安定化されるのは，プロトン化されたアミドとプロトン化されたカルボン酸である．

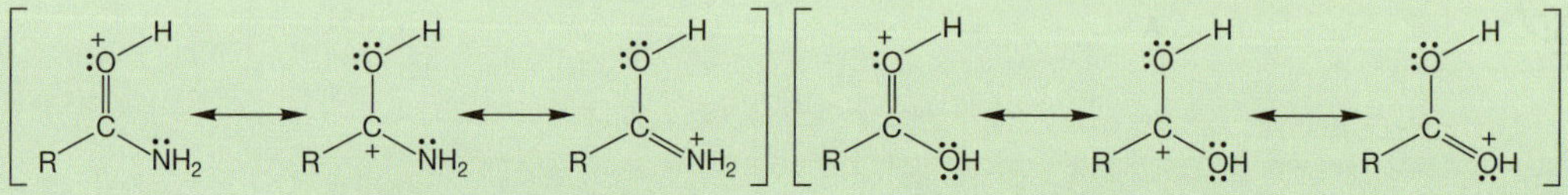

出発物のアミドやカルボン酸も共鳴安定化されているが，プロトン化されて電荷をもった中間体に対する共鳴安定化の方がずっと反応には重要となる．

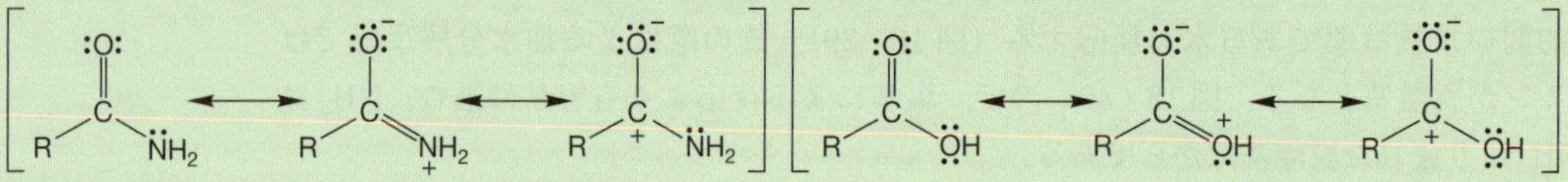

問題 18・17 *N*-フェニルペンタンアミドの酸による加水分解で生成する有機物は何か．

金属水素化物はアミドをアミンに還元する（図 18・41）．すなわち，酸，エステル，酸塩化物の反応と同様に考えれば，生成物としてアルコールが予想されるが，ここではまったく新しいことが起こる．

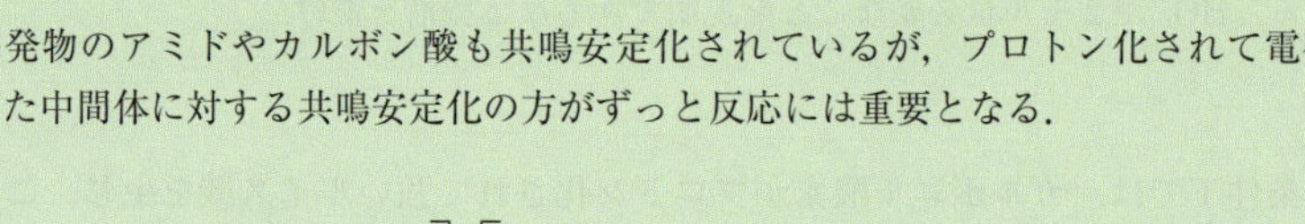

図 18・41 これまで見た他のアシル化合物の反応から類推して，アミドを金属水素化物と反応させるとアルコールが生成するように思われる．実際にはこのような反応は起こらず，アミンが生成する．

この反応の機構は複雑で，窒素上のアルキル基の数により変わる．しかし，最初の反応は金属水素化物による他の反応と同じで，ヒドリドがカルボニル基に付加してアルミニウムに配位したアルコキシドを生成する（図 18・42）．つぎの段階が異なり，金属酸化物が脱離して，**イミニウムイオン**（iminium ion）を生成する．イミニウムイオンの生成を説明できるいくつかの経路があるが，ともかく，ひとたび生成すればそれは速やかに金属水素化物により還元されてアミンを与える．

一般式

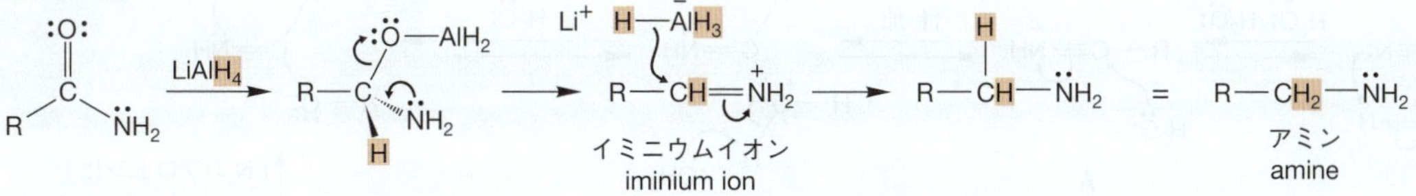

$$R\text{-}C(=O)\text{-}NH_2 \xrightarrow{LiAlH_4} R\text{-}C(H)(O\text{-}AlH_2)\text{-}NH_2 \longrightarrow R\text{-}CH{=}\overset{+}{N}H_2 \xrightarrow{Li^+\ H\text{-}\overset{-}{Al}H_3} R\text{-}CH(H)\text{-}NH_2 = R\text{-}CH_2\text{-}NH_2$$

イミニウムイオン iminium ion　　アミン amine

具体例

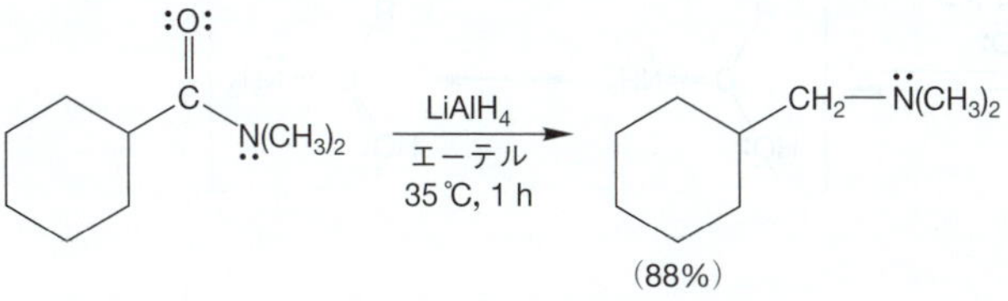

$$C_6H_{11}\text{-}C(=O)\text{-}N(CH_3)_2 \xrightarrow[35℃,\ 1\ h]{LiAlH_4,\ エーテル} C_6H_{11}\text{-}CH_2\text{-}N(CH_3)_2\ (88\%)$$

図 18・42　金属水素化物によるアミドの還元の生成物はアミンである．

18・10 ニトリルの反応

ニトリルは，もちろんカルボニル化合物ではないが，同族の化合物であり，当然その反応性の説明はこの章に含まれることになる．カルボニル化合物と同様に，ニトリルは求電子試薬であると同時に求核試薬でもある．カルボニル化合物と同様に，極性の共鳴構造がニトリルの構造に寄与している（図 18・43）．その結果，三重結合は分極し，ニトリル炭素がルイス酸として働き，求核試薬は炭素を攻撃し付加する．この類似性より，カルボニル化合物の反応の多くがニトリルでも可能となり，その機構も密接に関連する．しかし，ニトリルの反応に てこずっても，ちょっと見るだけで済ますことのないように気をつけよう．炭素－酸素二重結合から炭素－窒素三重結合を類推することは，必ずしも容易ではないことを覚えておこう．

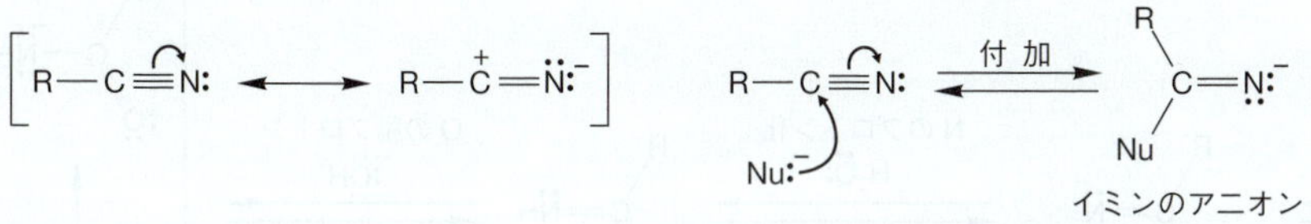

$$[R\text{-}C{\equiv}N: \longleftrightarrow R\text{-}\overset{+}{C}{=}\ddot{N}:^-] \qquad R\text{-}C{\equiv}N: + Nu:^- \xrightleftharpoons{付加} R(Nu)C{=}\ddot{N}:^-$$

イミンのアニオン

図 18・43　ニトリルは求電子試薬であり，求核試薬が付加しイミンのアニオンが生じる．カルボニル基の反応性に似ている．

ニトリルの窒素原子は非結合電子対をもつので，ブレンステッド塩基あるいは求核試薬として働く．しかし，この窒素は sp 混成をとるため，比較的弱い塩基である．

問題 18・18　sp 混成の窒素が sp^2 混成の窒素より弱い塩基であるのはなぜか．また，sp^3 混成の窒素はどうか．

ニトリルは酸または塩基によって水が付加して，まずアミドを与える．この反応は比較的厳しい反応条件を必要とするので，中間体のアミドはさらに加水分解されてカルボン酸を生成する（p.878）．塩基によるニトリルの加水分解は，酸による加水分解ほどうまくは進まない．副反応が起こる可能性があるからであるが，それについては 19 章で学ぶ．

酸による加水分解では，まずニトリル窒素がプロトン化されて強いルイス酸（**A**，図 18・44）を生じ，これが水の攻撃を受ける．一連のプロトン移動の後アミドが生成し，

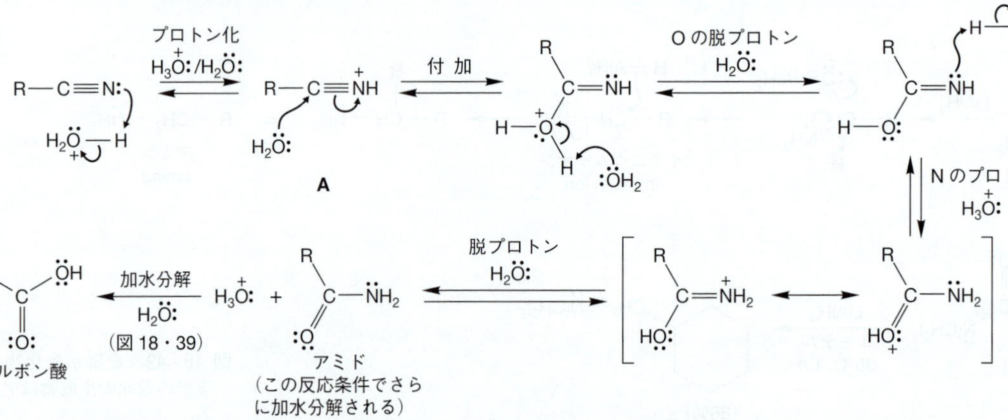

図 18・44 ニトリルの酸性加水分解によるカルボン酸の生成. ニトリル基は第1段階でブレンステッド塩基として働く.

さらに加水分解を受けてカルボン酸を与える.

塩基による加水分解では, まず求核的な水酸化物イオンが炭素−窒素三重結合に付加する (図 18・45). 窒素のプロトン化と酸素上の脱プロトンが起こり, アミダートアニオンが生成し, これがプロトン化されて中間体のアミドを生じる. さらにアミドの塩基性加水分解により, カルボン酸アニオンが生じる.

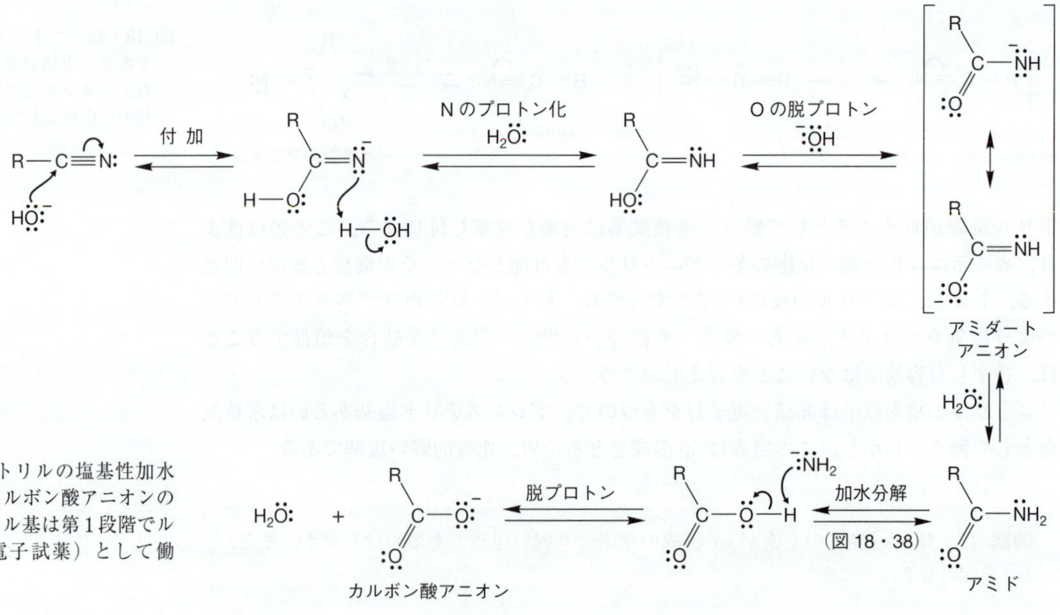

図 18・45 ニトリルの塩基性加水分解によるカルボン酸アニオンの生成. ニトリル基は第1段階でルイス酸 (求電子試薬) として働く.

より強い塩基である有機金属試薬もニトリルへ付加してケトンを与える. このとき, 加水分解の前段階での生成物はイミンである (図 18・46 a). 有機金属試薬のニトリルへの付加は容易に進行しイミンの塩がまずできる. 水による処理で, プロトン化が起こってイミンとなり, さらに酸によって加水分解されてケトンを生じる. この反応と, 酸塩化物やエステルとグリニャール試薬やアルキルリチウムの反応との違いに注意してほしい. 後者では生成物がアルコールまで一気に進むのに対して, ニトリルでは反応をケトンの段階で止めることができる (図 18・46 a). 酸塩化物やエステルでは中間体の

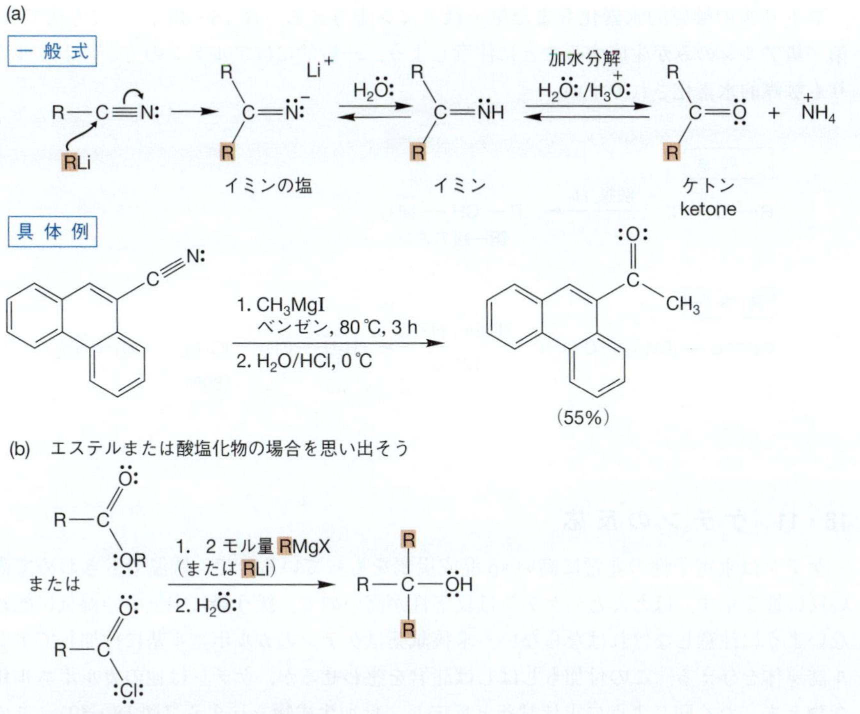

(a)

一 般 式

具 体 例

(b) エステルまたは酸塩化物の場合を思い出そう

図 18・46 (a) ニトリルは有機金属試薬と反応してイミンの塩を与える. 酸性にするとイミンを経てケトンを生じる. 有機金属試薬の付加は1度限りである. (b) 有機金属試薬とエステルや酸塩化物の反応では, 有機金属試薬の付加が2度起こり, アルコールが生成する.

カルボニル化合物が有機金属試薬の存在下で生成するため, さらに付加反応が進む. ニトリルの場合, 中間体のイミンの塩は脱離基をもたないため加水分解を受けるまで安定に存在できる.

問題 18・19 つぎの反応の機構を示せ.

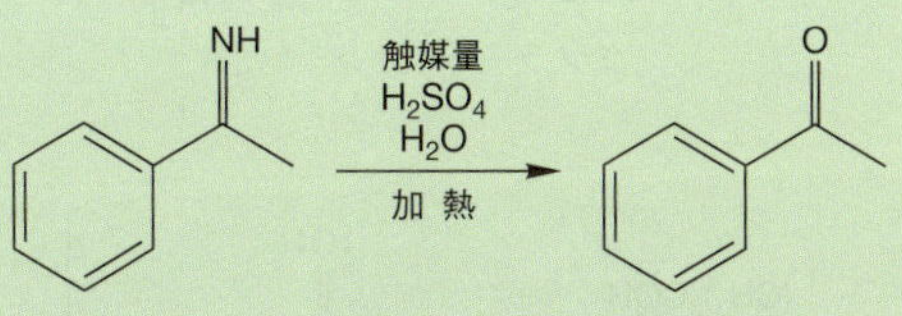

金属水素化物はニトリルを還元して第一級アミンを生成する (図 18・47). 2 モル量のヒドリドが使われ, ひきつづく加水分解によりアミンができる.

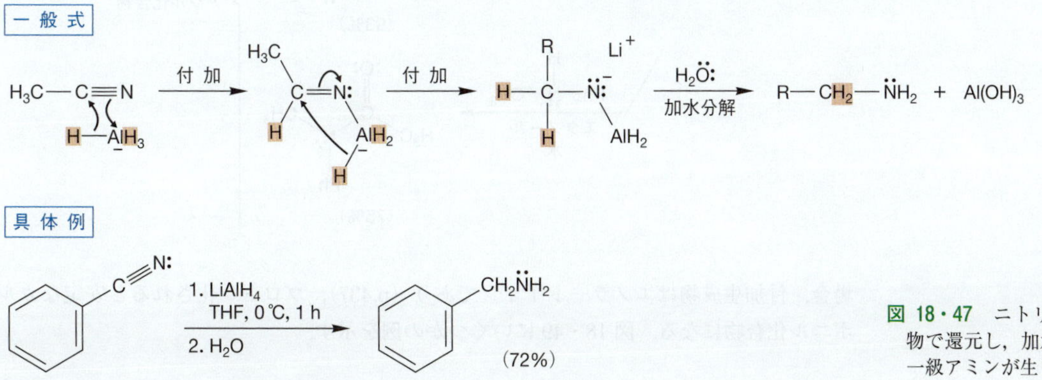

一 般 式

具 体 例

図 18・47 ニトリルを金属水素化物で還元し, 加水分解すると, 第一級アミンが生じる.

ニトリルの触媒的水素化もまた第一級アミンを与える（図18・48）．この方法では，第一級アミンのみが生成することに注意しよう．一般的にはアルケンの方がニトリルよりも触媒的水素化されやすい．

図 18・48 ニトリルの触媒的水素化により第一級アミンが得られる．

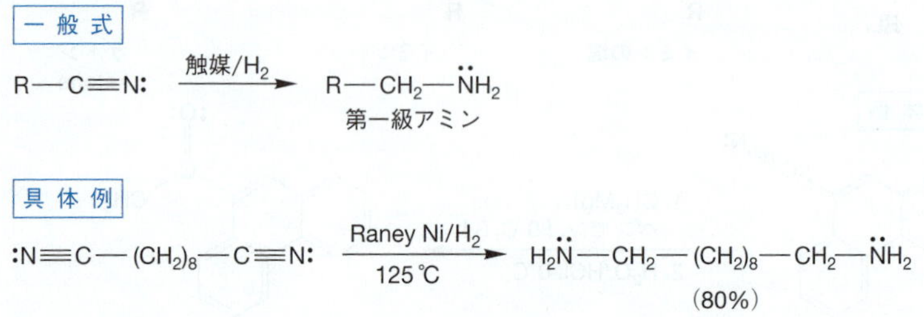

一般式

R—C≡N: —(触媒/H_2)→ R—CH_2—$\ddot{N}H_2$
第一級アミン

具体例

:N≡C—$(CH_2)_8$—C≡N: —(Raney Ni/H_2, 125 ℃)→ $H_2\ddot{N}$—CH_2—$(CH_2)_8$—CH_2—$\ddot{N}H_2$ (80%)

18・11 ケテンの反応

ケテンは求電子性の非常に高い sp 混成炭素をもっているので，低温でもきわめて高い反応性を示す．ほとんどのケテンは反応性が高いので，扱う際に空気中の湿気に触れないように注意しなければならない．求核試薬はケテンのカルボニル基に付加してアシル誘導体を与える．この付加もしばしば諸君を惑わせるが，ケテンは他のカルボニル化合物とまったく同じように求核試薬と反応し，付加生成物を与える（図18・49）．この場合，付加生成物はエノラートイオンであり（p.437），プロトン化されると安定なカルボニル化合物になる．図18・49にいくつかの例を示す．

図 18・49 ケテンは求核試薬と反応してさまざまなアシル化合物を与える．

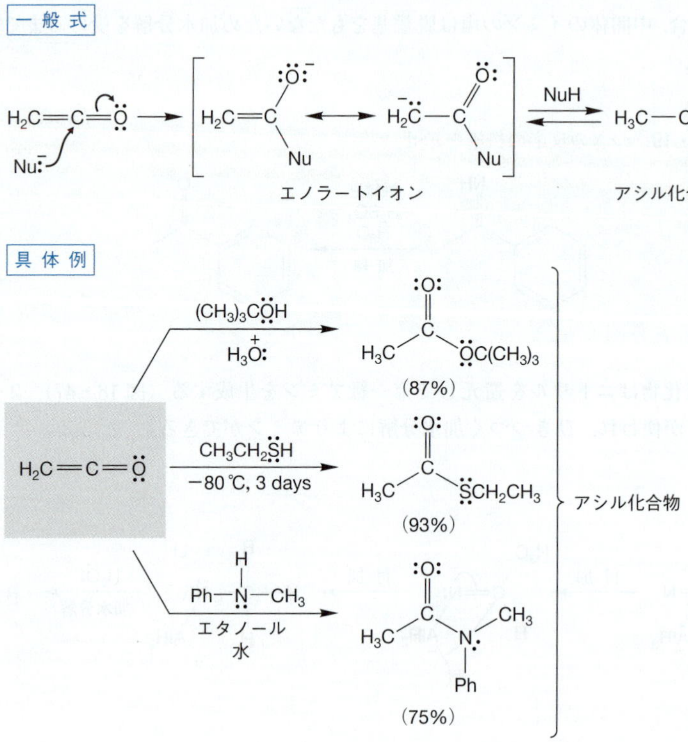

一般式

H_2C=C=$\ddot{O}$ + Nu:$^-$ → [H_2C=C($\ddot{O}$:$^-$)(Nu) ←→ $H_2\ddot{C}^-$—C(=$\ddot{O}$:)(Nu)] —(NuH)⇄ H_3C—C(=$\ddot{O}$:)(Nu)
エノラートイオン　　アシル化合物

具体例

H_2C=C=$\ddot{O}$ —($(CH_3)_3C\ddot{O}H$, $H_3\overset{+}{O}$:)→ H_3C—C(=O:)—$\ddot{O}C(CH_3)_3$ (87%)

H_2C=C=$\ddot{O}$ —($CH_3CH_2\ddot{S}H$, −80 ℃, 3 days)→ H_3C—C(=O:)—$\ddot{S}CH_2CH_3$ (93%)

H_2C=C=$\ddot{O}$ —(Ph—N(H)—CH_3, エタノール 水)→ H_3C—C(=O:)—$\ddot{N}(CH_3)$Ph (75%)

アシル化合物

18・12 トピックス：アシル化合物合成の別法

本章の導入部で述べたように，さまざまなアシル化合物の合成と反応は互いに深く関連しあっており，ある化合物の反応は他の化合物の合成法になっている．この章（および17章）でとりあげたアシル化合物のさまざまな相互変換は，18・14節にまとめられている．まず，エステルとアミドの合成に役立つ2つの転位反応について述べ，つぎにニトリルとケテンの合成法について簡単にふれる．

18・12a Baeyer–Villiger 反応 Adolf von Baeyer（p.180）とその弟子 Victor Villiger（1868〜1934）がこの **Baeyer–Villiger 反応**（バイヤー ビリガー）（Baeyer–Villiger reaction）を発見した．この反応では，通常，ペルオキシ酸（p.485）を用いてアルデヒドまたはケトンを酸化し，カルボニル炭素の隣に酸素原子の挿入された生成物を得る（図18・50）．一般式を見てもわかるようにこの反応には目を見張る点がある．どのようにして炭素−炭素結合に酸素原子が挿入されたのだろうか．しかし，実際の反応機構を見れば，この反応は不可解ではなくなる．第1段階はカルボニル基へのペルオキシ酸の単純な付加反応である（図18・51）．つぎの段階として，弱い酸素−酸素結合と，それが切断したときにできる優れた脱離基に着目しよう．酸素−酸素結合の切断に伴ってRの転位が起これば直接生成物に至る．

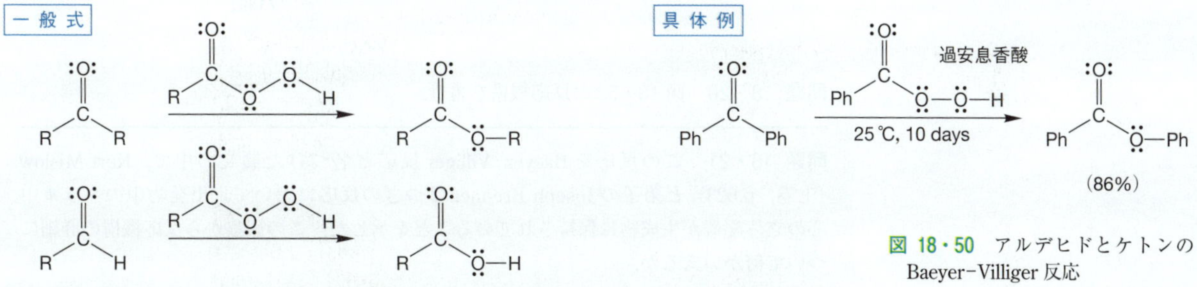

一般式　具体例　過安息香酸　25 ℃, 10 days　(86%)

図 18・50 アルデヒドとケトンの Baeyer–Villiger 反応

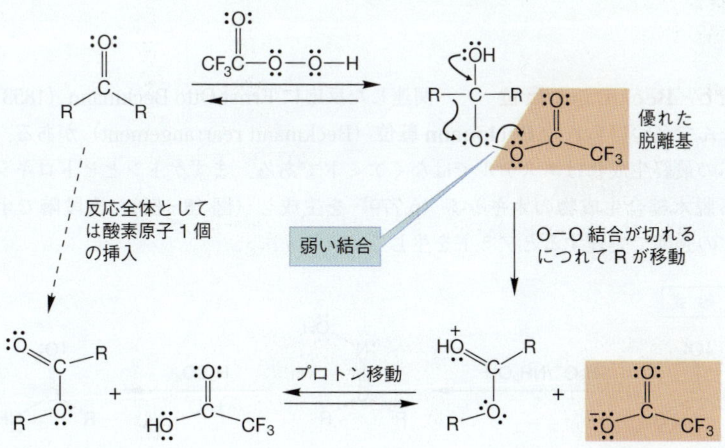

図 18・51 Baeyer–Villiger 反応の機構

もちろん，ケトンが2つの異なるRをもつときは，どちらのRが転位したかで，生成物には2種類の可能性がある．しかし，転位のしやすさについてはよく研究されていて，H＞第三級アルキル基＞第二級アルキル基＞第一級アルキル基＞メチル基の順に起こりやすいことがわかっており，かなりはっきりした生成物の選択性が認められる．図18・50のように，アルデヒドからカルボン酸が生じるのはこのためである．水素原子はアルキル基やアリール基に優先して転位する．

環状ケトンにBaeyer−Villiger反応を適用すると，環状エステル，すなわちラクトン（p.832）が合成できる．この反応には注意してほしい．環状になると複雑に見えるので，試験によく出題される（図18・52）．しかし，問題18・20を解けばわかるように，機構はまったく同じである．

図 18・52 環状ケトンのBaeyer−Villiger反応ではラクトンが生成する．

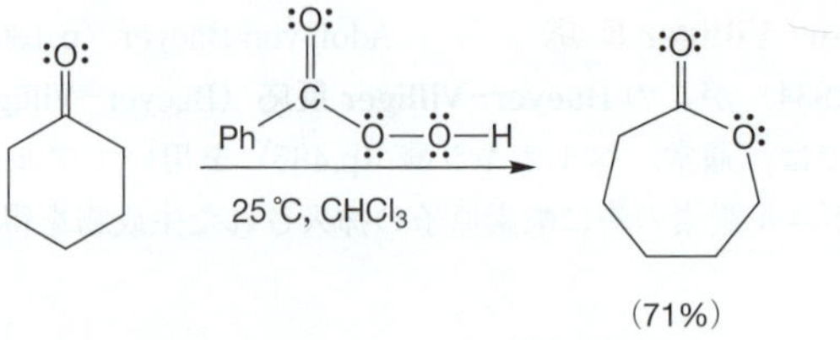

25 ℃, $CHCl_3$

（71%）

問題 18・20 図18・52の反応機構を書け．

問題 18・21 この反応をBaeyer−Villiger反応と名づけた論文の中で，Kurt Mislow（上巻，p.623）と弟子のJoseph Brennerはつぎの反応において，出発物中のキラル中心の立体配置が生成物に保持されていることを示した．この観察から反応機構の詳細について何がいえるか．

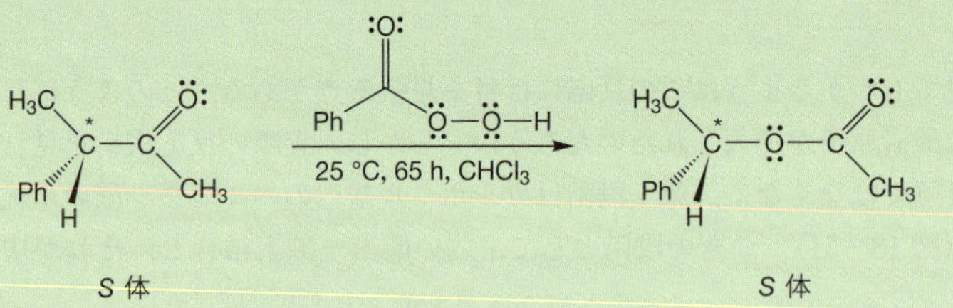

25 °C, 65 h, $CHCl_3$

S 体 　 *S* 体

18・12 b Beckmann 転位

関連した反応にErnst Otto Beckmann（1853～1923）にちなんで名づけられた**Beckmann（ベックマン）転位**（Beckmann rearrangement）がある．この転位反応の最終生成物はエステルではなくアミドである．まずケトンとヒドロキシルアミンから脱水縮合生成物のオキシム（p.779）を生成し（図18・53），次段階でオキシムを種々の強酸で処理するとアミドを生じる．

図 18・53 Beckmann転位によるケトンのアミドへの変換

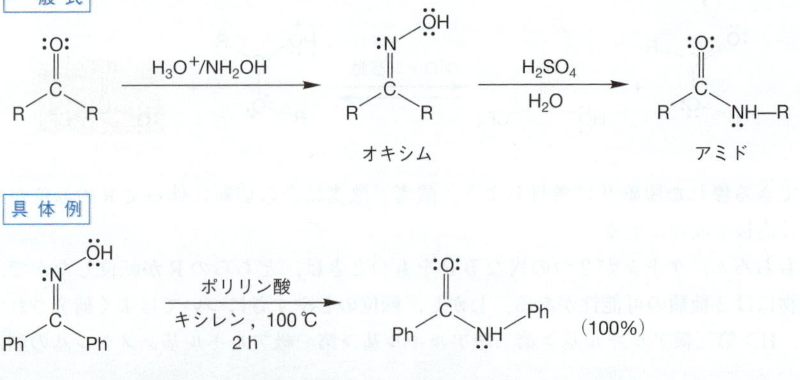

一般式

H_3O^+/NH_2OH 　 H_2SO_4 / H_2O

オキシム 　 アミド

具体例

ポリリン酸 / キシレン，100 ℃ / 2 h

（100%）

Beckmann 転位の機構（図 18・54）には Baeyer–Villiger 反応における転位とよく似た段階がある．しかし，Beckmann 転位は，弱い酸素－酸素結合の開裂によって始まるのではなく，優れた脱離基である水分子の脱離によって開始される．すなわちオキシムの OH がまず酸によりプロトン化されて優れた脱離基になる．つづいて分子内転位が起こり，共鳴安定化された中間体が生成し，これに水分子が付加する．さらに，プロトン移動を伴って最終的にアミドが生成する．

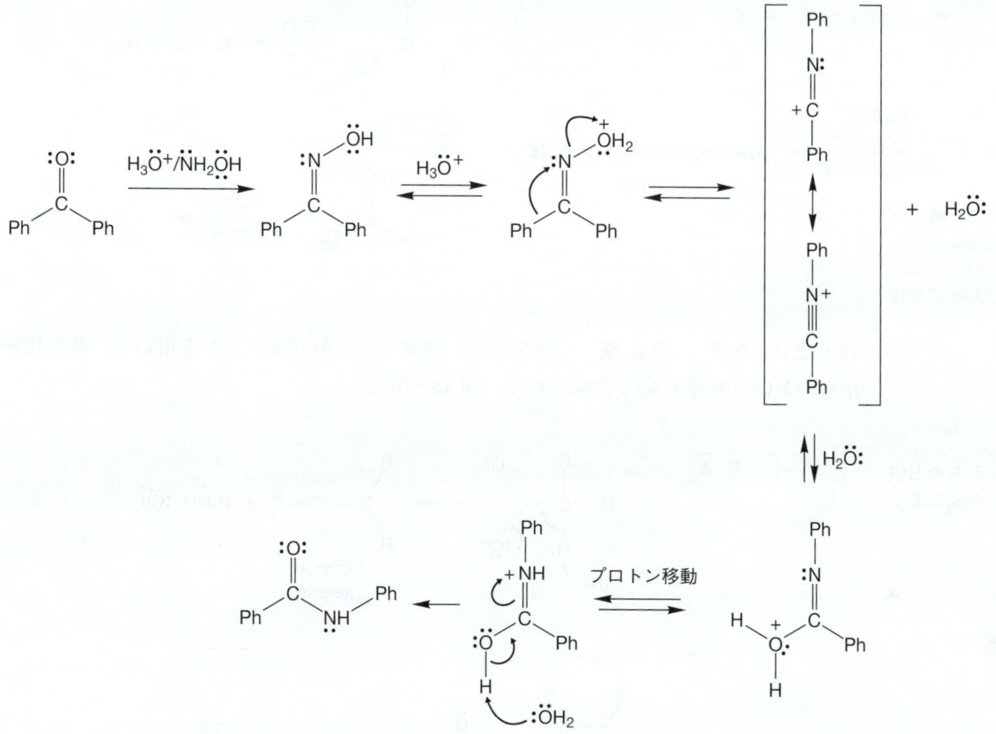

図 18・54 Beckmann 転位の機構

図 18・55 に示すように環状化合物の場合は，Beckmann 転位によってラクタムが生成する．

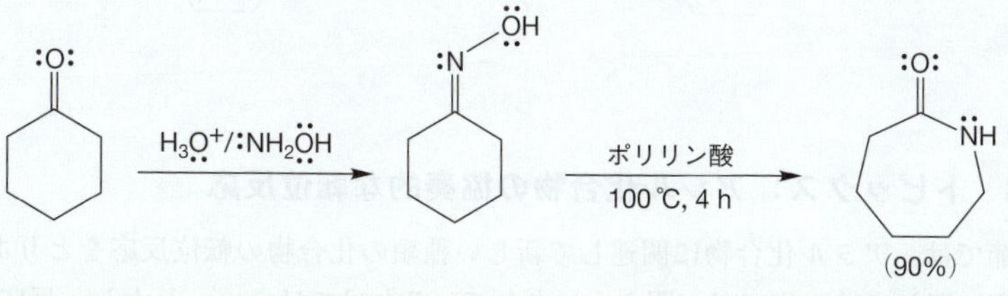

図 18・55 環状ケトンの Beckmann 転位ではラクタムが生成する．

問題 18・22 図 18・55 の環が拡大する反応の機構を示せ．

問題 18・23 オキシムには E と Z の立体異性体があり，両者はそれぞれ異なるアミドを与える．この結果を説明できる反応機構を示せ．

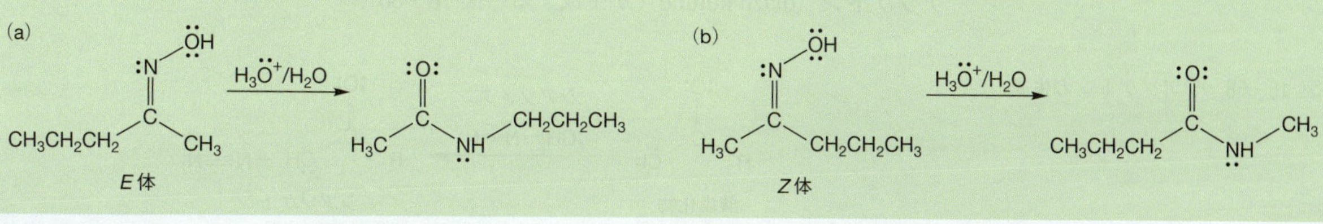

(a) E 体

(b) Z 体

18・12 c ニトリルの合成 ニトリルはハロゲン化アルキルのシアン化物イオンによる置換反応によるか，P_2O_5 によるアミドの脱水反応によって合成される（図 18・56）.

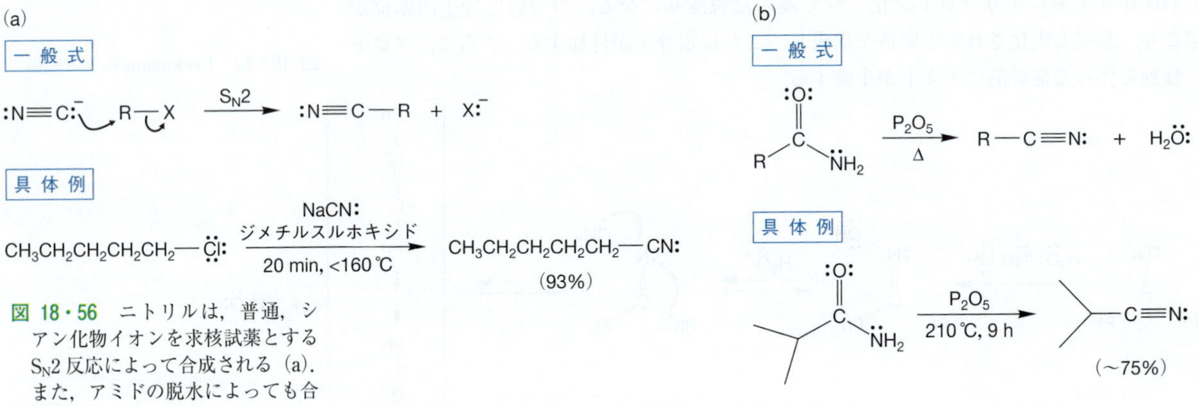

(a)

一般式

$$:N{\equiv}C:^- + R{-}X \xrightarrow{S_N2} :N{\equiv}C{-}R + X:^-$$

具体例

$$CH_3CH_2CH_2CH_2CH_2{-}\ddot{Cl}: \xrightarrow[\text{20 min, <160 °C}]{\text{NaCN: ジメチルスルホキシド}} CH_3CH_2CH_2CH_2CH_2{-}CN: \ (93\%)$$

(b)

一般式

$$RC(=O)NH_2 \xrightarrow[\Delta]{P_2O_5} R{-}C{\equiv}N: + H_2\ddot{O}:$$

具体例

$$(CH_3)_2CHC(=O)NH_2 \xrightarrow[\text{210 °C, 9 h}]{P_2O_5} (CH_3)_2CH{-}C{\equiv}N: \ (\sim 75\%)$$

図 18・56 ニトリルは，普通，シアン化物イオンを求核試薬とする S_N2 反応によって合成される (a). また，アミドの脱水によっても合成される (b).

18・12 d ケテンの合成 ケテンは，塩基として第三級アミンを用いて，酸塩化物からの HCl の脱離反応で合成される（図 18・57）.

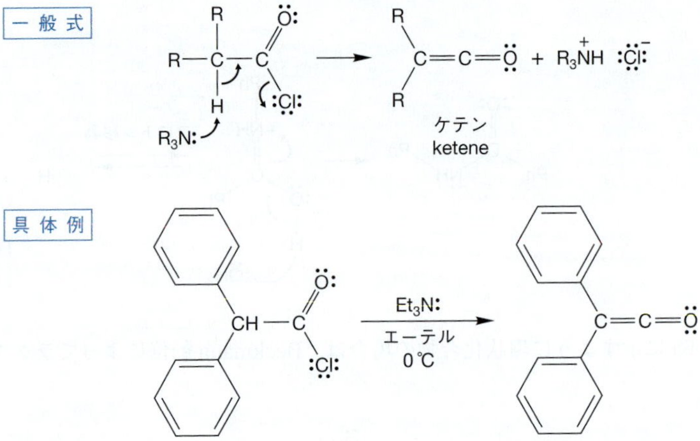

一般式

$$R_2CH{-}C(=\ddot{O}:){-}\ddot{Cl}: + R_3N: \longrightarrow R_2C{=}C{=}\ddot{O} + R_3\overset{+}{N}H \ :\ddot{Cl}:^-$$

ケテン
ketene

具体例

$$(C_6H_5)_2CH{-}C(=\ddot{O}:){-}\ddot{Cl}: \xrightarrow[\text{エーテル, 0 °C}]{Et_3N:} (C_6H_5)_2C{=}C{=}\ddot{O}$$

図 18・57 塩化アシルからの HCl の脱離反応はケテンの合成によく使われる.

18・13 トピックス: アシル化合物の協奏的な転位反応

この節では，アシル化合物に関連して新しい種類の化合物の転位反応をとりあげる. 反応機構に関しては，すべてが明らかにされているわけではない. しかし，反応そのものは大変興味深く合成的見地からも有用である.

18・13 a ジアゾケトン: Wolff 転位 酸塩化物にジアゾ化合物を作用させるとジアゾケトン（diazo ketone）が生成する（図 18・58）.

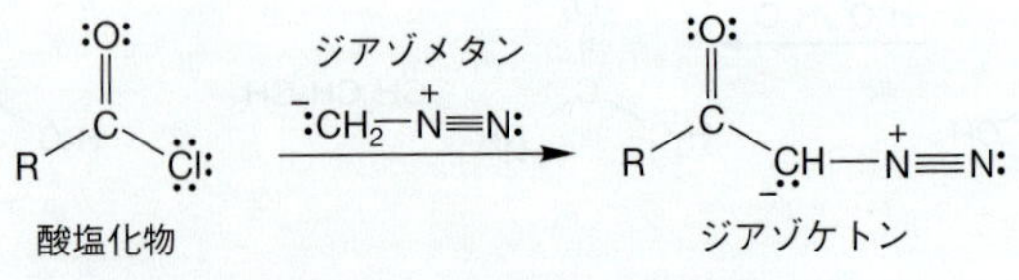

$$RC(=O:)\ddot{Cl}: \xrightarrow{\text{ジアゾメタン } ^-:CH_2{-}\overset{+}{N}{\equiv}N:} RC(=O:){-}\overset{-}{C}H{-}\overset{+}{N}{\equiv}N:$$

酸塩化物 　 ジアゾケトン

図 18・58 ジアゾケトンの生成

反応機構は求核試薬と酸塩化物との反応（p.838）よりも少し複雑なだけである．ジアゾ化合物は炭素原子が求核試薬となり，反応性の高い酸塩化物のカルボニル炭素へ付加する．通常の付加−脱離反応により，塩化物イオンが脱離する．さらに生成した塩化物イオンがメチレン水素の1つを引抜くことによりジアゾケトンが生成する（図18・59）．この水素は，共役塩基が共鳴安定化されるので，酸性である．

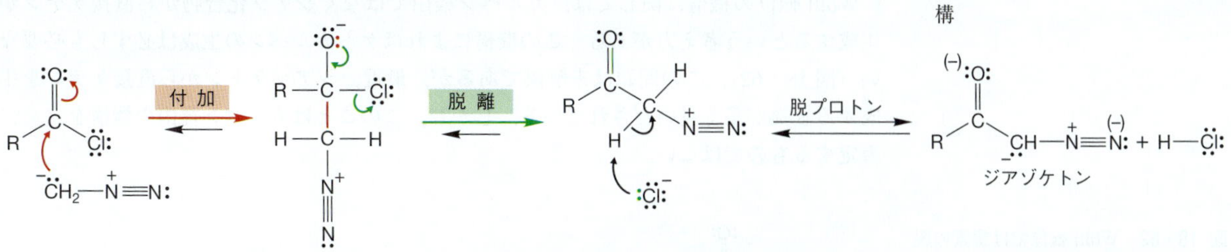

付加 脱離 脱プロトン ジアゾケトン

図 18・59 ジアゾケトンの生成機構

一般にジアゾ化合物は危険である．毒性が強く爆発性も高い．共鳴安定化されたジアゾケトンは単純なジアゾ化合物に比べ爆発性は低いものの，取扱いには細心の注意が必要である．

問題 18・24 ジアゾケトンの3個の共鳴構造式を描け．そのなかで最も寄与の大きなものはどれか．その理由も答えよ．

他のジアゾ化合物同様，ジアゾケトンは熱や光に敏感である．どちらによっても窒素分子が脱離してカルベン中間体（p.491），この場合はケトカルベンが生成する（図18・60）．

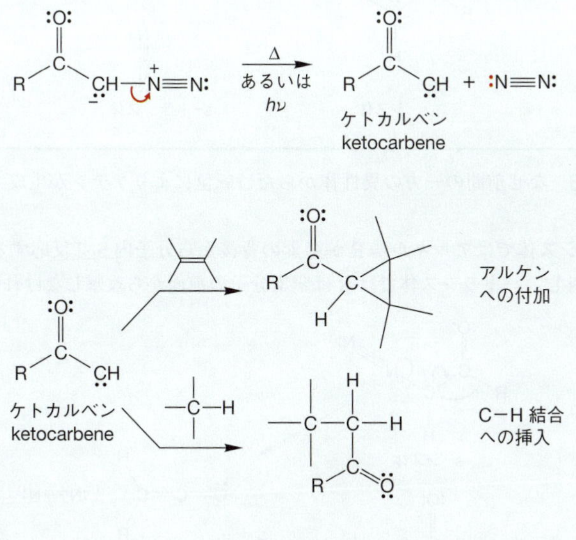

Δ あるいは $h\nu$ ケトカルベン ketocarbene

アルケンへの付加

ケトカルベン ketocarbene

C−H 結合への挿入

図 18・60 ジアゾケトンの加熱あるいは光照射によるケトカルベンの発生．ケトカルベンはアルケンへ付加したり炭素−水素結合間に挿入したりする．

ケトカルベンは通常のカルベンのように多重結合への付加反応や炭素−水素結合への挿入反応を起こす（図18・60）．また，ケトカルベンは分子内で炭素−炭素結合へ挿入することもあり，この反応はしばしば銀イオンによって触媒され，アルキル基の転位によってケテンを与え（図18・61），**Wolff 転位**（ウォルフ）（Wolff rearrangement）とよばれる．Ludwig Wolff〔1857〜1919；Wolff-Kishner 還元（p.695）の Wolff と同一人物〕にちなんでいる．

図 18・61 ケトカルベンのRの転位を含む分子内反応によるケテンの生成

Wolff 転位の機構に関しては，カルベン経由ではなくジアゾ化合物から直接ケテンが生成するという考え方がある．この機構によればケトカルベンの生成は必ずしも必要ない（図 18・62）．この問題は未解決であるが，最近，ジアゾケトンから直接ケテンを生成する証拠が多く見いだされている．しかし，このことはカルベン経由の機構を完全に否定するものではない．

図 18・62 Wolff 転位では窒素の脱離とともにC−R結合が開裂すると考えることもできる．ケトカルベン中間体は発生していないかもしれない．

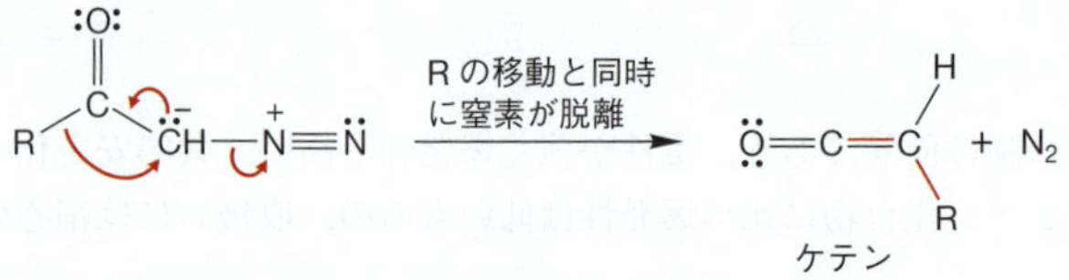

＊問題 18・25 ジアゾケトンには2つの立体異性体がある．そのうち一方の異性体からのみケテンが生成するという多くの実験結果がある．ジアゾケトンの2つの異性体とはどのようなものか．

解 答 ジアゾケトンにはs-シス体とs-トランス体が存在する．

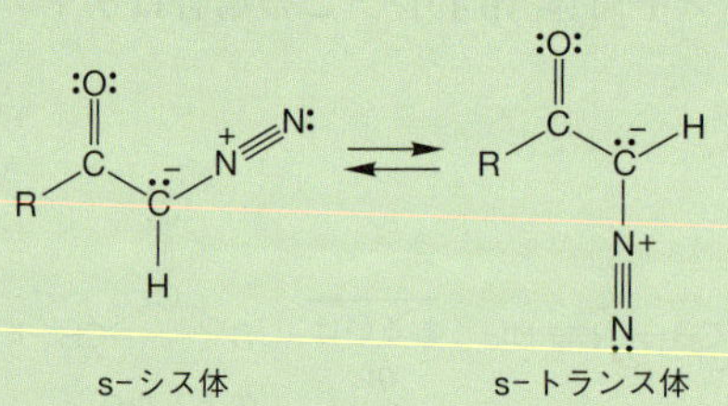

＊問題 18・26 なぜ前問の一方の異性体からだけ転位によりケテンが生成するのか説明せよ．

解 答 s-シス体ではアルキル基Rが窒素の背後から分子内 S_N2 反応することができる．これに対し，s-トランス体ではRは窒素分子の前面から攻撃しなければならない．

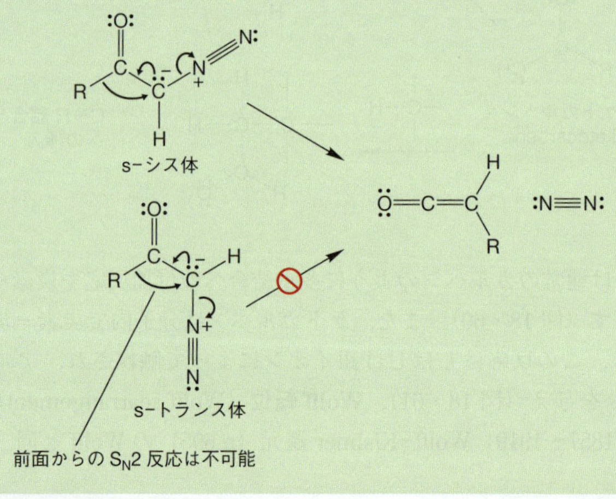

Wolff 転位の機構は完全に解明されてはいないが，合成的に大変有用である．Wolff 転位は求核試薬がない条件で起こるので，ケテンを単離することができる．このケテンに水が付加（水和）すれば，炭素が1つ増えたカルボン酸を合成できる（図 18・63）．

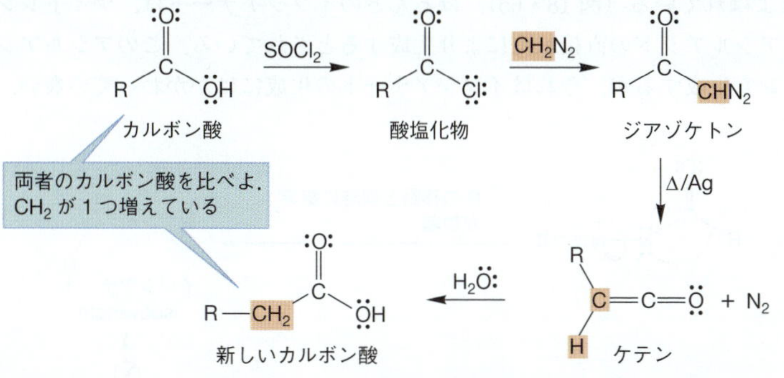

図 18・63 Arndt–Eistert 反応はメチレン基を1つ増やしたカルボン酸の合成に利用される．

この反応は発見者である Fritz Arndt（1885～1969）と Bernd Eistert（1902～1978）にちなんで，**Arndt–Eistert 反応**（アルント アイステルト）（Arndt–Eistert reaction）とよばれており，非常に有用な炭素鎖長を伸ばす反応である．図 18・58 の反応で必要な酸塩化物はカルボン酸からしか合成できない．そこで，カルボン酸を出発とする全経路はつぎのようになる：酸塩化物の合成，ジアゾケトンへの変換，このケトンのケテンへの転位，ケテンへの水の付加による新たなカルボン酸の生成．

問題 18・27 つぎに示す各化合物から 3-メチルブタン酸への合成経路を考えよ．

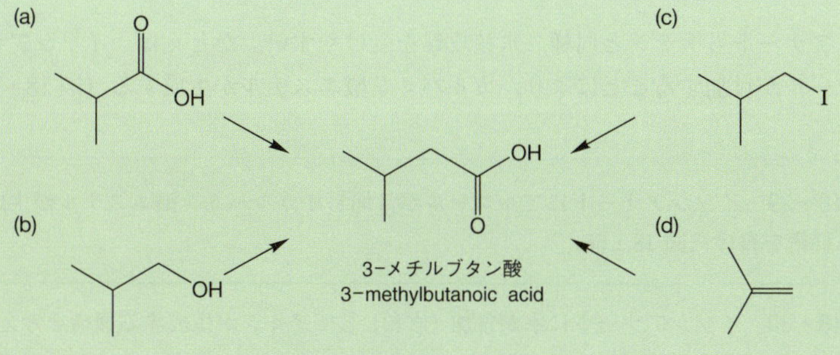

18・13b アシルアジド：Curtius 転位

ジアゾケトンの類似化合物にアシルアジドがある．アシルアジドは酸塩化物にアジドイオン（$^-N_3$）を作用させて合成する（図 18・64）．

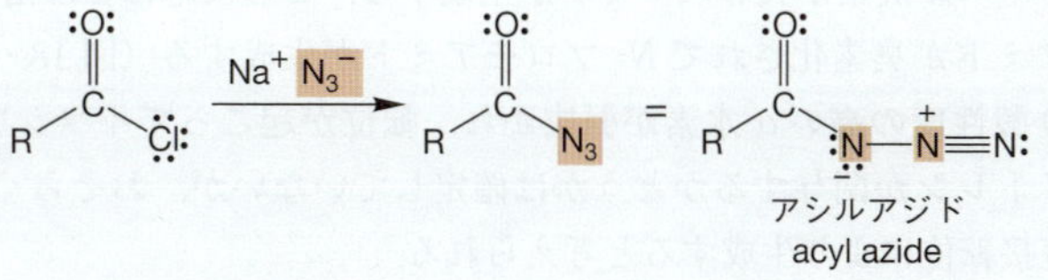

図 18・64 酸塩化物とアジドイオン（$^-N_3$）からのアシルアジドの生成

ジアゾケトンと同様に，アシルアジドは加熱や光照射によって窒素分子を放出し，**イソシアナート**（isocyanate）になる．これは**ナイトレン**（nitrene；カルベンの窒素同族体）からの転位あるいはアシルアジドの直接転位により生成する．この反応は発見者である Theodore Curtius（1857〜1928）にちなんで，**Curtius 転位**（クルチウス）（Curtius rearrangement）とよばれている（図 18・65）．ほとんどのイソシアナートは，ナイトレンを経由せずに，アシルアジドの直接転位により生成するとされている．このアシルアジドからナイトレンも生成するが，それはイソシアナートの生成にはかかわっていない．

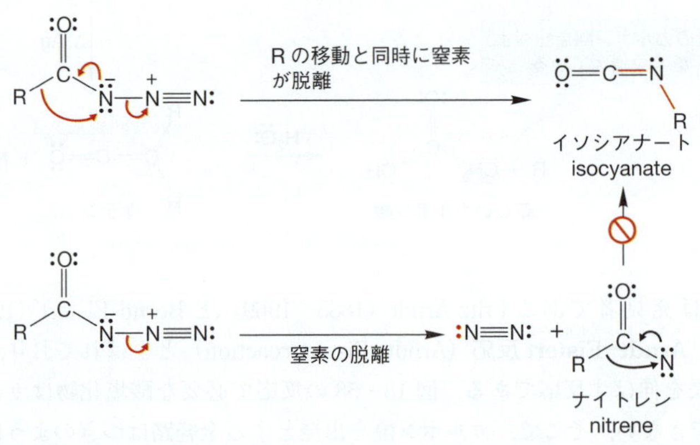

図 18・65 Curtius 転位によるイソシアナートの生成．反応は通常，協奏的な 1 段階の転位で進行する．

問題 18・28 ナイトレンはどんな反応をするだろうか．炭素－炭素二重結合にナイトレンを作用させたときの生成物は何か．炭素－水素結合に作用させた場合はどうか．ナイトレンがカルベンの類似体であることを思いだそう（p.491）．

イソシアナートもケテンと同様，求核攻撃を受けやすい．たとえば，イソシアナートにアルコールが付加することにより，カルバミン酸エステルが生成する（図 18・66）．

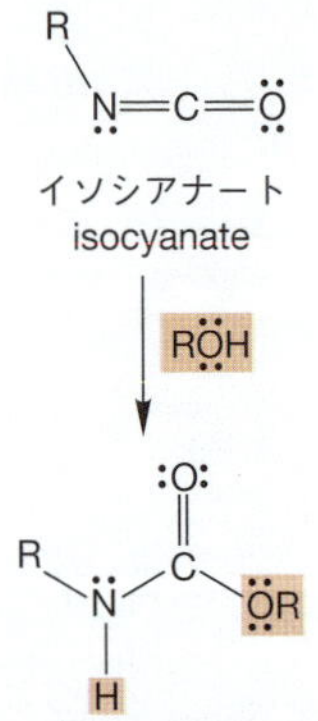

イソシアナート
isocyanate

ROH

カルバミン酸エステル
carbamate ester

図 18・66 イソシアナートとアルコールからのカルバミン酸エステルの生成

問題 18・29 イソシアナートにアルコールが付加してカルバミン酸エステルが生成する反応機構を書け（図 18・66）．

問題 18・30 イソシアナートに水が付加（水和）してアミンが生成する機構を考えよ．

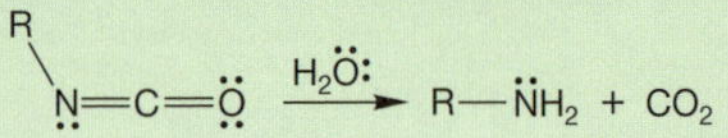

$$R{-}N{=}C{=}O \xrightarrow{H_2O} R{-}NH_2 + CO_2$$

18・13c アミドの Hofmann 転位 アミドは Wolff 転位や Curtius 転位と類似の転位反応を起こす．**Hofmann 転位**（ホフマン）（Hofmann rearrangement）とよばれる．この反応ではアミドのカルボニル炭素が失われアミンが生成する．この反応は 2 段階で進む．第 1 段階においてアミドが臭素化されて *N*-ブロモアミドが生成する（図 18・67）．ひき続き，塩基により酸性度の高い α 水素が引抜かれ，転位が起こってイソシアナートとなる．反応にナイトレンが関与するかどうかは確定していないが，おそらく図 18・67 に示したように直接転位により生成すると考えられる．

R の移動

イソシアナート
（この反応条件下では単離できない）

図 18・67 Hofmann 転位の第1段階．イソシアナートが中間体であるがこれは単離できない．

Hofmann 転位では，Curtius 転位とは異なりイソシアナートは単離されない．アルカリ性条件下でイソシアナートが発生するので，水酸化物イオンの付加を受けてただちに不安定なカルバミン酸へと変わり，さらに脱二酸化炭素が起こる（図 18・68，問題 18・30 参照）．したがって最終生成物はアミンとなる．Curtius 転位と Hofmann 転位には本質的な違いがある．どちらもイソシアナートが生成するが，Curtius 転位の場合の

付加

H_2O
プロトン化

カルバミン酸

脱二酸化炭素

アミンが Hofmann 転位の最終生成物

+ H_2O + CO_2

図 18・68 イソシアナートは水酸化物イオンあるいは水と反応し，カルバミン酸を与え，さらに脱二酸化炭素してアミンとなる．

ブロッコリーを食べよう！

この節で扱った反応は，累積した（隣接した）2つの二重結合をもつ中間体が生成する反応であった．累積二重結合を含む基本化合物はアレン $H_2C=C=CH_2$ である．これらの化合物は本書で説明されたような奇妙な反応性だけが目立つのではない，重要な働きをする物質でもある．たとえば，1992年にブロッコリーに含まれるイソチオシアナート（isothiocyanate）に，発がん物質の代謝に関与する解毒酵素の生成を誘起する作用があることが明らかにされた．

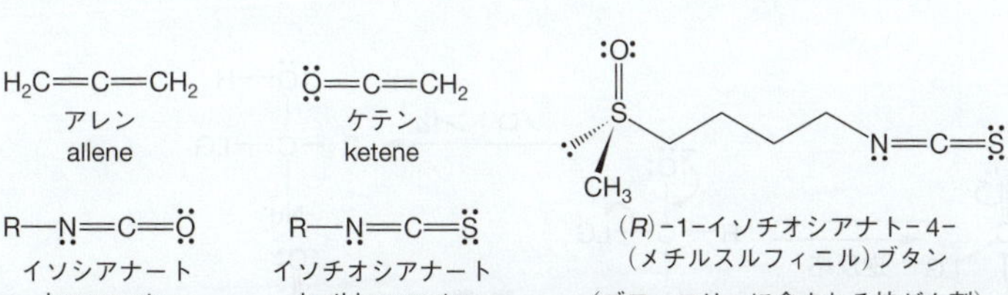

ブロッコリーを食べて
有機化学を勉強しよう！

みイソシアナートの単離が可能である．Hofmann 転位では反応溶液中に塩基が存在するため，イソシアナートは安定に存在できない（図 18・69）．このアミンの合成法は多段階反応を含むので，覚えるのは少しやっかいであるが，試験問題にはなりやすい．

図 18・69 Curtius 転位と Hofmann 転位の比較

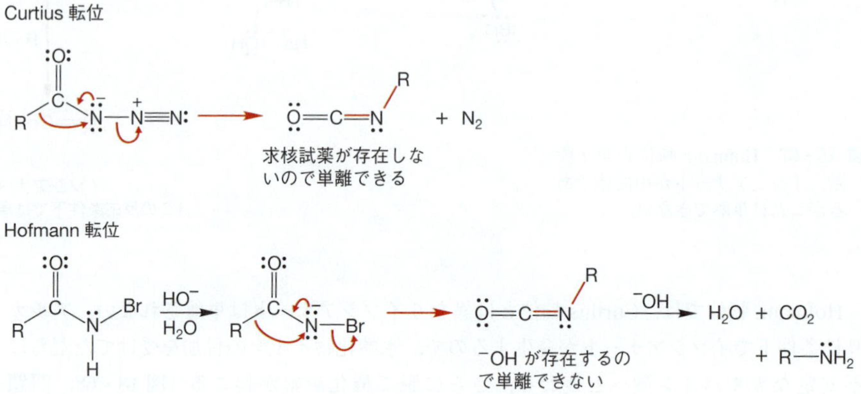

Curtius 転位

求核試薬が存在しないので単離できる

Hofmann 転位

⁻OH が存在するので単離できない

まとめ

この節では，ケテンまたはそれに似た中間体を含むいくつかの転位反応について述べてきた．どの転位反応も人名反応であることに注目しよう（Wolff，Arndt-Eistert，Hofmann*，Curtius）．しかし，個々の反応を名前に結びつけることに躍起になる必要はない．どの先生も名前で反応を再現させるようなことはしないはずである．将来，有機化学を専攻するならば，この反応に何度も出会い，特別なものではなくなるであろう．他分野に進むとしても，これらの反応の予測のつく反応性や特徴を十分味わえたはずである．

* Hofmann 脱離（p.335）の Hofmann と同一人物である．

18・14 まとめ

■新しい考え方■

この章では機構の詳しい説明がたくさん出てきたが，まったく初めての基本概念はない．最も重要なことは，17 章から述べてきたカルボニル化合物の付加-脱離反応の展開である．脱離基をもたないカルボニル化合物（たとえば，アルデヒドやケトン）へ求核試薬が付加したときには，付加の逆反応かプロトン化だけが起こりうる．しかし，アシル化合物のように，カルボニル基に脱離基が結合しているときはもう 1 つの選択肢があり，それは脱離基が外れる反応である（図 18・70）．

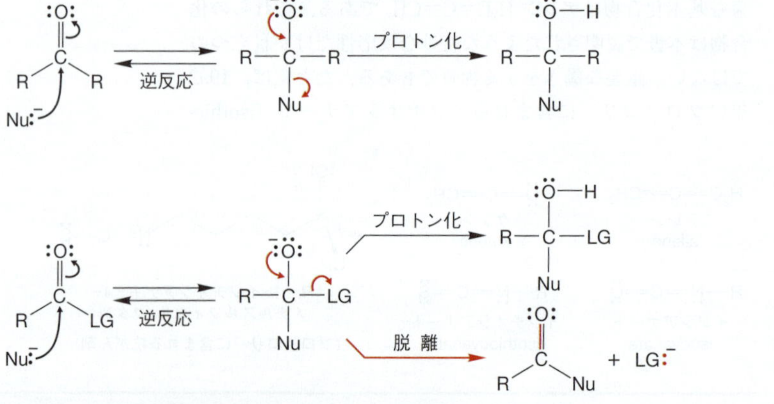

逆反応　プロトン化

逆反応　プロトン化　脱離

図 18・70 カルボニル基に優れた脱離基が結合している場合は付加-脱離反応が起こるが，脱離基がない場合は起こらない．

■重要語句■

アシル化合物 acyl compound（p.857）
アミド amide（p.862）
Arndt–Eistert 反応 Arndt–Eistert reaction（p.891）
イソシアナート isocyanate（p.892）
イミド imide（p.862）
イミニウムイオン iminium ion（p.880）
Wolff 転位 Wolff rearrangement（p.889）
エステル ester（p.859）
エステル加水分解 ester hydrolysis（p.874）
エステル交換反応 transesterification（p.875）
カルボン酸誘導体 acid derivative（p.857）
Curtius 転位 Curtius rearrangement（p.892）
ケテン ketene（p.863）
けん化 saponification（p.874）
酸ハロゲン化物 acid halide（p.860）
酸無水物 acid anhydride（p.861）
ジアゾケトン diazoketone（p.888）
ナイトレン nitrene（p.892）
ニトリル nitrile（p.862）
Baeyer–Villiger 反応 Baeyer–Villiger reaction（p.885）
Beckmann 転位 Beckmann rearrangement（p.886）
Hofmann 転位 Hofmann rearrangement（p.892）
ラクタム lactam（p.862）
ラクトン lactone（p.860）
Rosenmund 還元 Rosenmund reduction（p.870）

描き，思い浮かべて理解する　アシル化合物の反応性の序列

アシル化合物はそれぞれについて別個に論じられることが多い．そこで，反応全体を見渡すには，求核試薬との反応性の序列に注意すると考えやすい．一般に，求核試薬はアシル化合物の脱離基と置き換わる（図 18・71 a）．より反応の高い誘導体（酸塩化物や酸無水物）は加熱や酸を必要とせずに容易に反応する．図 18・71 の，どのアシル化合物も適当な求核試薬と反応して，それぞれの右側にある誘導体になる．

1. 図 18・71（b）の反応性の序列を自分の手で描いてみよう．
2. 傾向を読み取ろう．適当な求核試薬を用いれば反応を右へ進めることができる．

   酸塩化物は，①カルボン酸と反応して酸無水物を与え，②アルコールと反応すればエステルに，③アミンと反応すればアミドに，④水酸化物イオンと反応すればカルボン酸の共役塩基になる．

   酸無水物は，①アルコールと反応してエステルを与え，②アミンと反応すればアミドに，③水酸化物イオンと反応すればカルボン酸の共役塩基になる．

   エステルは，①アルコールと反応すれば別のエステルに，②アミンと反応すればアミドに，③水酸化物イオンと反応すればカルボン酸の共役塩基になる．

   アミドは，①アミンと反応すれば別のアミドに，②水酸化物イオンと反応すればカルボン酸の共役塩基になる．
3. 比較的反応性の乏しいカルボン酸の共役塩基に対しては塩化チオニルとの反応が有効で，反応性の高い酸塩化物となる．どの化合物からも別の化合物へ変換できる．
4. カルボン酸を中性の形（RCOOH）に保てれば，エステルと同様の反応性を示す．Fischer のエステル化は酸性条件であるので可逆になっている．反応条件が酸性でないとカルボン酸に求核試薬を加えても，反応性のないカルボン酸の共役塩基を生じるだけである．

(a)

$$\mathrm{RC(=O)LG} + \mathrm{Nu}^{-} \longrightarrow \mathrm{RC(=O)Nu} + \mathrm{LG}^{-}$$

(b) 求核試薬との反応性の序列

$$\mathrm{RC(=O)Cl} > \mathrm{RC(=O)OC(=O)R} > \mathrm{RC(=O)OR} > \mathrm{RC(=O)NR'R''} > \mathrm{RC(=O)O^{-}}$$

図 18・71 (a) 求核試薬によるアシル化合物変換の一般式．(b) 求核試薬に対するアシル化合物の反応性の序列．

反応・機構・解析法

この章に登場した反応機構の大部分は，17章で学んだ付加−脱離反応である．

ニトリルはカルボニル化合物と同様の化学的挙動を示す．炭素−窒素三重結合は付加反応において求核試薬の受容体として働く．

アルキル基の1,2-移動を含む一連の分子内転位を学んだ．これらの転位反応（18・12節および18・13節）は，環拡大エステル，環拡大アミド，アシルカルベン，炭素鎖を伸長したカルボン酸，アミンなどの合成反応に含まれている．

合　成

この章で学んだ多くの重要な合成反応を以下にまとめた．いくつかは17章ですでにふれたが，ほとんどは初めてのものである．このなかの多くの反応が，付加−脱離機構という共通の反応様式で進行している．

1. カルボン酸

RC(=O)X —[H_2O/H_3O^+ または H_2O/HO^-]→ RC(=O)OH

酸ハロゲン化物，酸無水物，エステル，アミドの酸または塩基による加水分解．塩基性条件ではカルボン酸イオンが生成；X = Cl, Br, I, O−CO−R, OR, NH_2

R−CN —[H_2O/H_3O^+ または H_2O/HO^-]→ RC(=O)OH

ニトリルの酸または塩基による加水分解；アミドが中間体として生成

R_2C=C=O —[H_2O]→ R_2CHC(=O)OH

ケテンの水和

2. アシルアジド

RC(=O)Cl —[$Na^+\ N_3^-$]→ RC(=O)N_3

付加−脱離反応

3. アルコール

RC(=O)Cl —[1. 2モル量 RLi　2. H_2O]→ R−C(OH)(R)−R

RC(=O)OR —[1. 2モル量 RLi　2. H_2O]→ R−C(OH)(R)−R

ケトンが中間体であるが単離できない; 少なくとも2個のRは同じ．RMgXも使用可

RC(=O)Cl —[1. $LiAlH_4$　2. H_2O]→ R−C(OH)(H)−H

アルデヒドが中間体であるが単離できない

RC(=O)OR —[1. $LiAlH_4$　2. H_2O]→ R−C(OH)(H)−H

アルデヒドが中間体であるが単離できない

ROC(=O)OR —[1. RLi　2. H_2O]→ R−C(OH)(R)−R

エステルとケトンが中間体であるが単離はできない; Rは3個とも同一

4. アルデヒド

RC(=O)Cl —[1. LiAlH$[OC(CH_3)_3]_3$　2. H_2O]→ RC(=O)H

反応性を弱めた他の金属水素化物でもよい

RC(=O)OR —[1. DIBAL-H　2. H_2O]→ RC(=O)H

慎重に還元すれば，水素化ジイソブチルアルミニウム（DIBAL-H）はアルデヒドを還元しない

RC(=O)Cl —[H_2　被毒した触媒]→ RC(=O)H

Rosenmund 還元

5. アミド

RC(=O)Cl —[2 NH_3]→ RC(=O)NH_2

置換アミンを使えば置換アミドが生成

$$\mathrm{RCOOR} \xrightarrow[\mathrm{Na^{+}\ ^{-}NH_2}]{\mathrm{NH_3}} \mathrm{RCONH_2}$$

$$\mathrm{R_2C{=}C{=}O} \xrightarrow{\mathrm{NH_3}} \mathrm{R_2CHCONH_2}$$

置換アミンを使えば置換アミドが生成

$$\mathrm{R(R)C{=}N{-}OH} \xrightarrow{\mathrm{H_3O^{+}}} \mathrm{RCONHR}$$

Beckmann 転位

6. アミン

$$\mathrm{R{-}CN} \xrightarrow[\text{触媒的水素化}]{\mathrm{H_2}/\text{触媒}} \mathrm{R{-}CH_2NH_2}$$

$$\mathrm{RCONHR} \xrightarrow[\mathrm{2.\ H_2O}]{\mathrm{1.\ LiAlH_4}} \mathrm{R{-}CH_2NHR}$$

最初に生成する中間体から金属酸化物が外れる反応が重要

$$\mathrm{RCONH_2} \xrightarrow[\mathrm{2.\ H_2O}]{\mathrm{1.\ LiAlH_4}} \mathrm{R{-}CH_2NH_2}$$

最初に生成する中間体から金属酸化物が外れる反応が重要

$$\mathrm{RCONH_2} \xrightarrow[\mathrm{2.\ H_2O/KOH}]{\mathrm{1.\ Br_2}} \mathrm{R{-}NH_2}$$

Hofmann 転位；イソシアナートが中間体

7. 酸無水物

$$\mathrm{RCOCl} \xrightarrow[\mathrm{^{-}OCOR}]{\mathrm{Na^{+}}} \mathrm{RCOOCOR}$$

$$\mathrm{R_2C{=}C{=}O} \xrightarrow[\mathrm{2.\ NH_4Cl}]{\mathrm{1.\ Na^{+}\ ^{-}OCOR}} \mathrm{R_2CH{-}CO{-}O{-}CO{-}R}$$

8. カルバミン酸エステル

$$\mathrm{RN{=}C{=}O} \xrightarrow{\mathrm{ROH}} \mathrm{RNHCOOR}$$

9. 炭酸エステル

$$\mathrm{ClCOCl} \xrightarrow{\mathrm{ROH}} \mathrm{ROCOOR}$$

R の異なる炭酸エステルはこの方法では生成しない

10. ジアゾケトン

$$\mathrm{RCOCl} \xrightarrow{\mathrm{CH_2N_2}} \mathrm{RCOCHN_2}$$

付加–脱離そして酸性水素の引抜き

11. エステル

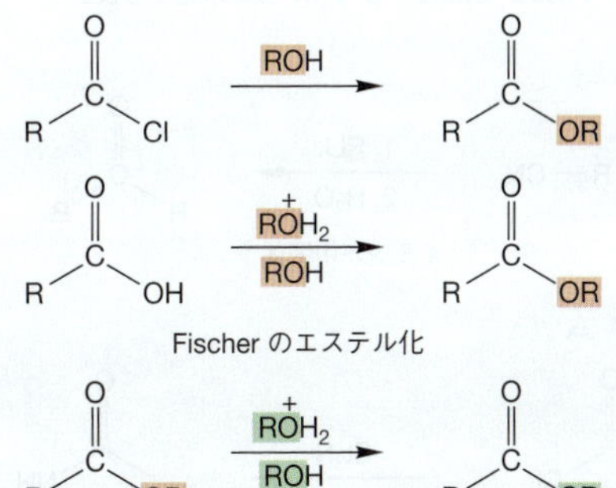

酸触媒エステル交換反応；塩基触媒でも可能

$$\mathrm{R_2C{=}C{=}O} \xrightarrow{\mathrm{ROH}} \mathrm{R_2CHCOOR}$$

$$\mathrm{RCOR} \xrightarrow{\mathrm{CF_3COOOH}} \mathrm{RCOOR}$$

Baeyer–Villiger 反応

12. イソシアナート

$$\mathrm{RCON_3} \xrightarrow[\text{あるいは}\ h\nu]{\Delta} \mathrm{R{-}N{=}C{=}O}$$

Curtius 転位

13. ケテン

$$\mathrm{RCH_2COCl} \xrightarrow{\mathrm{R_3N}} \mathrm{R(H)C{=}C{=}O}$$

塩基として第三級アミンを使用する脱離反応

$$\mathrm{RCOCHN_2} \xrightarrow[\text{あるいは}\ h\nu]{\Delta} \mathrm{RCH{=}C{=}O}$$

Wolff 転位

14. ケトン

$RCOCl \xrightarrow{Li^+ \; ^-CuR_2} RCOR$

クプラートは酸塩化物と反応するが，生成物のケトンとは反応しない

$RCOCl \xrightarrow{C_6H_6,\ AlCl_3} PhCOR$

Friedel–Crafts アシル化；酸無水物でもよい

$R{-}CN \xrightarrow{1.\ RLi \quad 2.\ H_2O} RCOR$

イミンが中間体

15. ラクタム

Et_3N

分子内で起こるアミド生成反応

ポリリン酸

環状オキシムで Beckmann 転位が起こるとラクタムが生成する

16. ラクトン

分子内で起こるエステル生成反応

$PhCO{-}O{-}O{-}H$

環状ケトンは Baeyer–Villiger 反応でラクトンを与える

17. ニトリル

$NC^- + R{-}X \xrightarrow{S_N2\ 反応} NC{-}R$

$RCONH_2 \xrightarrow[\Delta]{P_2O_5} R{-}CN$

アミドの脱水

■間違えやすい事柄■

問題をよく吟味してから解答にとりかかろう．答が明らかだからといって安易に考えてはいけない．分子式を使ってどんな分子同士が結合するべきか，よく考えよう．H_3O^+ や HCl などの酸の中では，カルボカチオンが有力な中間体である．^-OH や ^-OR などの塩基の中では，カルボアニオンが中間体になる．出題の意図を読み取らねばならない．それが困難で可能な中間体すべてを考慮せざるをえないときもあるが，普通は問題の中に検討すべきことがはっきりと述べられているはずである．

どの環が開裂しどの環が生成するべきか，どの原子が生成物に取込まれねばならないか，落ち着いて考え，標的を定めよう．停止信号にも注意しよう．第一級カルボカチオンは停止信号である．安定化していないカルボアニオンも停止信号である．解答にこのような中間体が出てくる場合は，その解答はたぶん誤りであり，元へ戻った方がよい．このようなことを心にとめておけば，難しい問題も容易に答えられるだろう．ここで述べたことは，いうまでもないことのようであるが，実はそうでもない．その問題の出題意図にちょっと注意するだけで，考える時間を節約できるし，滅茶滅茶な矢印を付けて誤った解答をしなくて済む．

18・15 追加問題

いくつかの簡単な問題で準備体操をして，この章で出てきた機構を完全に把握していることをまず確認しよう．その後，先へ進むことにする．この節の後半のより困難な問題に取組む前に，基本的問題がしっかりできていることが必要である．

問題 18・31 IUPAC 命名法により，つぎの分子を命名せよ．

(a) (b) 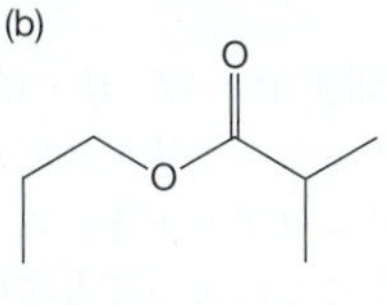 (c) 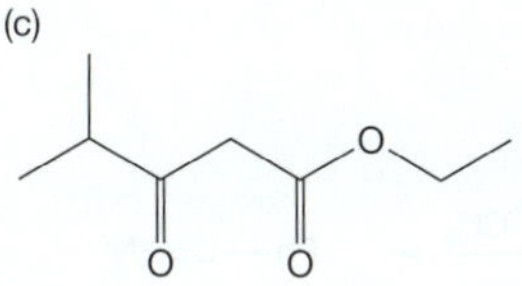 (d) OCH_3 (e) CHO, H_3CO (f) OCH_3, H_3CO

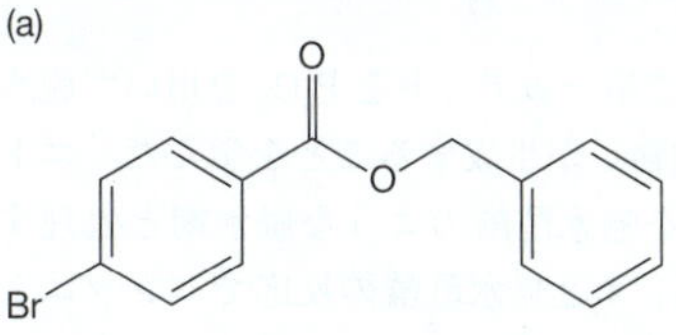

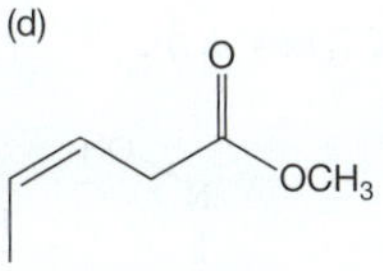

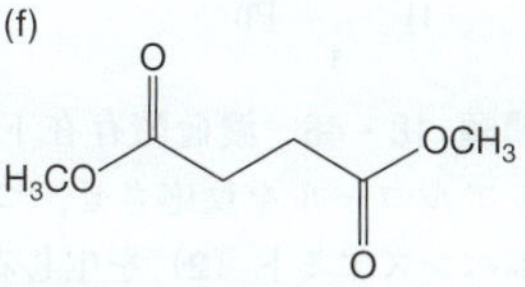

問題 18・32 プロパン酸エチルからプロパン酸無水物を合成する方法を考えよ．他にどんな試薬を使ってもよい．反応機構は必要ない．

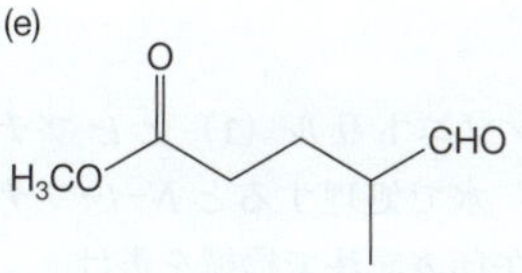

問題 18・33 つぎの変換反応の機構を示せ．

(a) $(CH_3)_2CHC(=O)Cl \xrightarrow{H_2NCH_3} (CH_3)_2CHC(=O)NHCH_3$

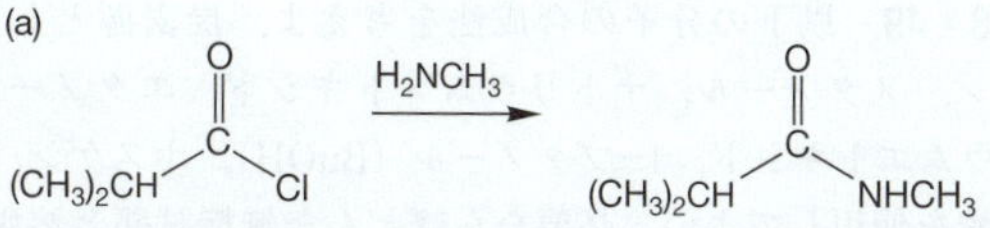

(b) $(CH_3)_2CHC(=O)Cl \xrightarrow{NaN_3} (CH_3)_2CHC(=O)N_3$

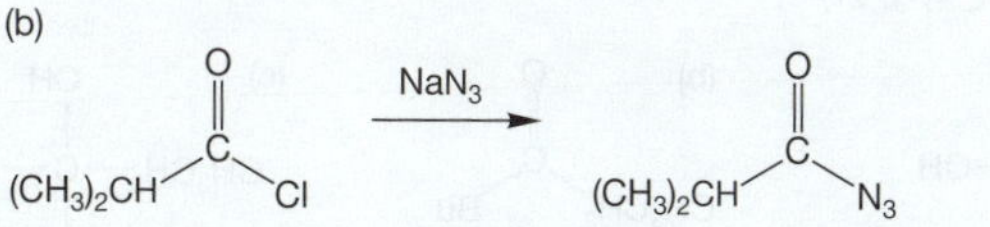

問題 18・34 酸によるつぎの変換反応の機構を示せ．

(a) $(CH_3)_2CHC(=O)OCH_3 \xrightarrow[H_2O]{H_3O^+} (CH_3)_2CHC(=O)OH + HOCH_3$

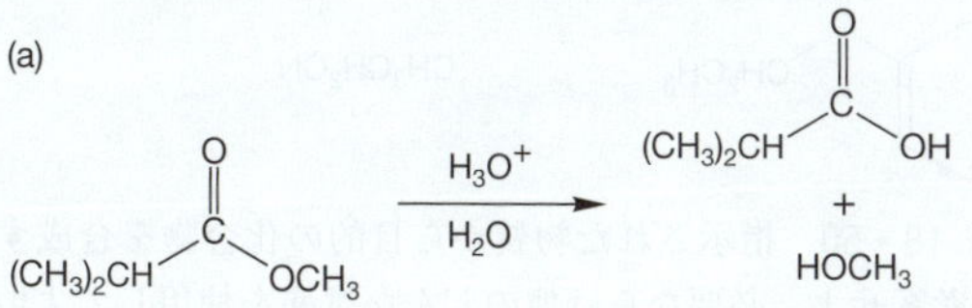

(b) $(CH_3)_2CHC(=O)OCH_3 \xrightarrow[CD_3OH]{CD_3\overset{+}{O}H_2} (CH_3)_2CHC(=O)OCD_3 + HOCH_3$

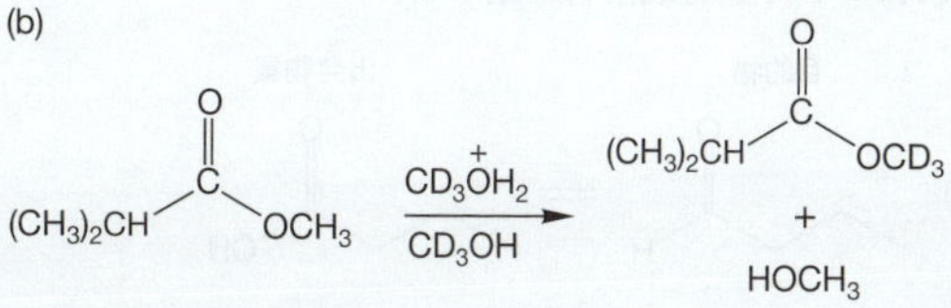

問題 18・35 つぎの酸加水分解の機構を示せ．

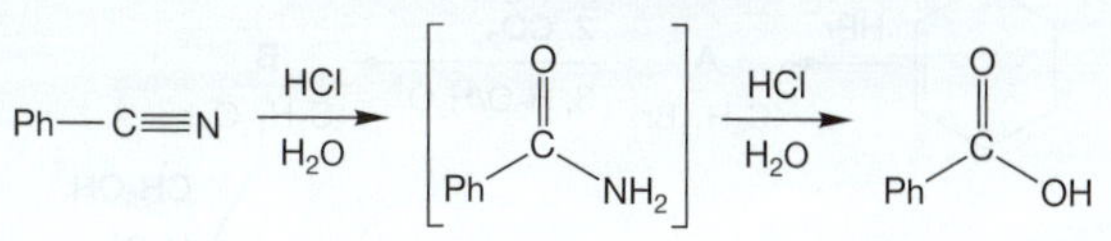

$$Ph{-}C{\equiv}N \xrightarrow[H_2O]{HCl} [PhC(=O)NH_2] \xrightarrow[H_2O]{HCl} PhC(=O)OH$$

問題 18・36 エタノールとヘキサン酸からヘキサン酸エチルを合成する酸触媒反応の機構を示せ．

問題 18・37 メタノールとトルエンから安息香酸メチルを合成する方法を示せ．必要な試薬は何でも使えることとする．

問題 18・38 つぎの化合物の Lewis 構造式を書け．

(a) プロパン酸
(b) 塩化プロパノイル
(c) *N,N*-ジエチル-2-フェニルプロパンアミド
(d) メチルケテン
(e) シクロプロパンカルボン酸プロピル
(f) 安息香酸フェニル

問題 18・39 つぎの化合物の IUPAC 名あるいは慣用名を答えよ．

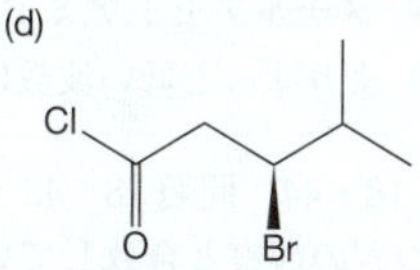

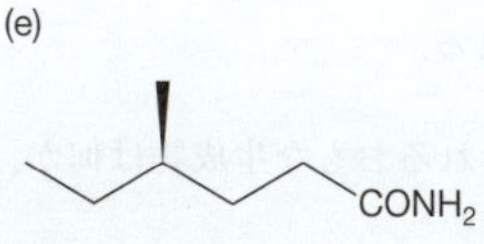

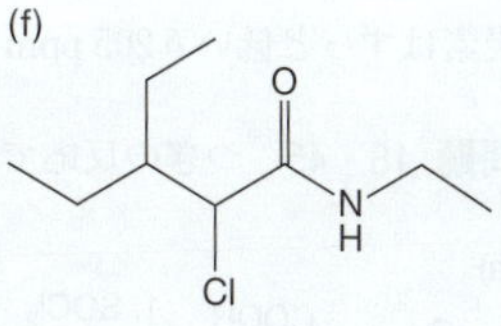

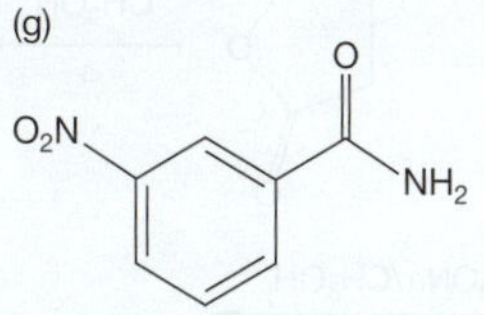

(a) $COOCH_3$ (b) 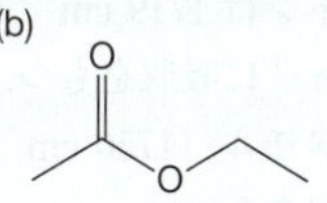 (c) 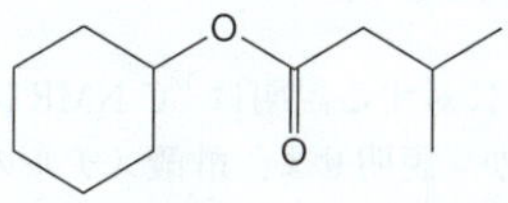 (d) Cl, Br (e) $CONH_2$ (f) Cl, N, H (g) O_2N, NH_2 (h) $NHCH_3$, H, NH_2

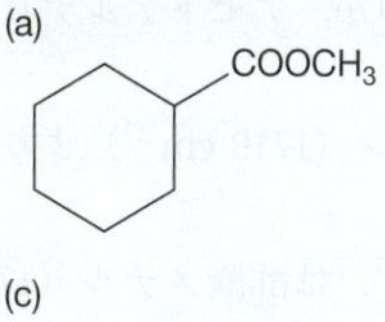

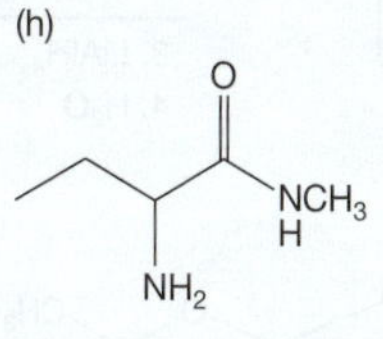

問題 18・40 1-ペンタノール，アニリン，塩化トシルおよび必要な無機試薬を用いて，*N*-フェニル-1-ペンタンアミンを合成する方法を考えよ．

問題 18・41 アミンオキシドは第三級アミンとペルオキシ酸の反応によって生成する．シクロヘキサンアミンからシクロヘキセンを合成する方法を示せ．必要な試薬は何でも使えることとする．ヒント：問題 8・18 (a) を参照．

問題 18・42 つぎの一連の反応中の化合物 **A**〜**F** の構造を描け．

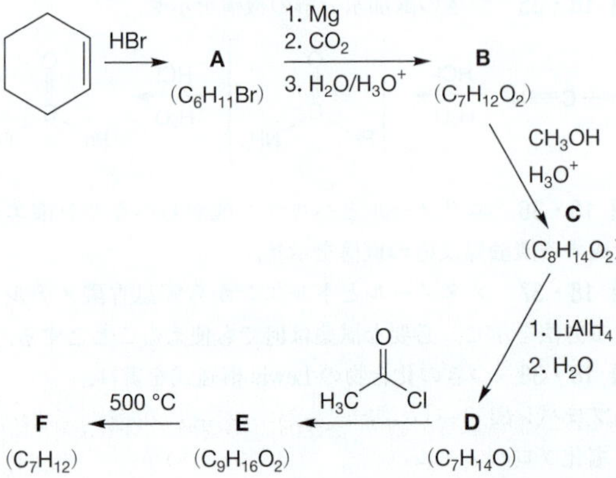

シクロヘキセン —HBr→ **A** ($C_6H_{11}Br$) —1. Mg 2. CO_2 3. H_2O/H_3O^+→ **B** ($C_7H_{12}O_2$) —CH_3OH, H_3O^+→ **C** ($C_8H_{14}O_2$) —1. $LiAlH_4$ 2. H_2O→ **D** ($C_7H_{14}O$) —H_3C–CO–Cl→ **E** ($C_9H_{16}O_2$) —500 °C→ **F** (C_7H_{12})

問題 18・43 カルボニル化合物の赤外伸縮振動数には，共鳴効果や誘起効果の影響が現れる．うまく説明できないこともたまにはあるが，表 18・2 にあるつぎのようなデータを説明することは可能である．アシル化合物のもつ重要な共鳴構造を考えながら説明せよ．

(a) アセトンは 1719 cm^{-1} に吸収をもつが，アセトアルデヒドは 1733 cm^{-1} に吸収をもつ．

(b) 酢酸メチル（1750 cm^{-1}）はアセトン（1719 cm^{-1}）より高波数に吸収をもつ．

(c) *N*-メチルアセトアミド（1688 cm^{-1}）は酢酸メチル（1750 cm^{-1}）よりずっと低い波数に吸収をもつ．

問題 18・44 問題 18・43 (b) に対する説明は ^{13}C NMR におけるつぎの観察と合致しているか，説明せよ．酢酸メチルのカルボニル炭素は δ 169 ppm に現れるが，アセトンのカルボニル炭素はずっと低い δ 205 ppm に現れる．

問題 18・45 つぎの反応で予想されるおもな生成物は何か．

(a) シクロヘキサンカルボン酸（COOH） 1. $SOCl_2$ 2. $HN(CH_3)_2$ 3. $LiAlH_4$ 4. H_2O →

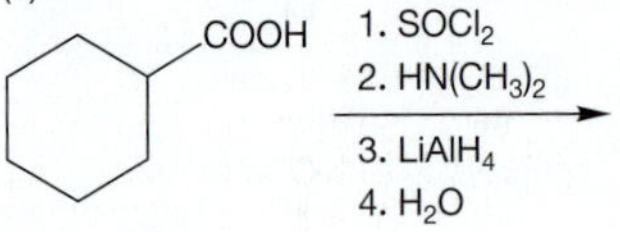

(b) 無水コハク酸 CH_3OH, Δ →

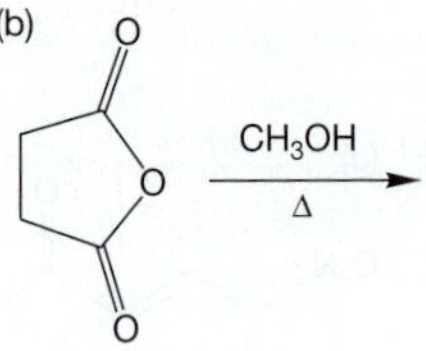

(c) ビシクロ環の酢酸エステル（O–CO–CH_3） CH_3ONa/CH_3OH, Δ →

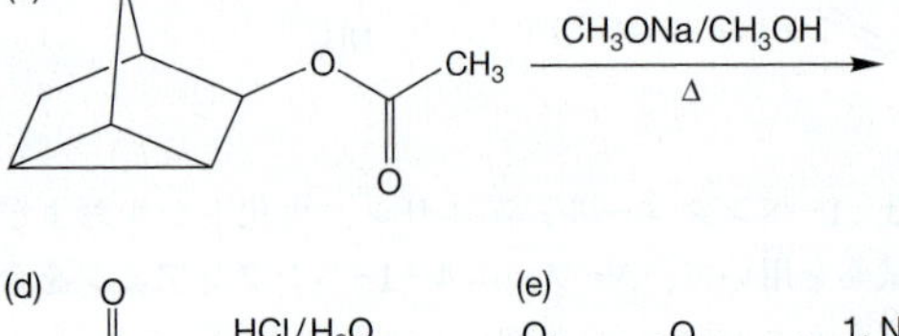

(d) カプロラクタム（NH） HCl/H_2O, Δ →

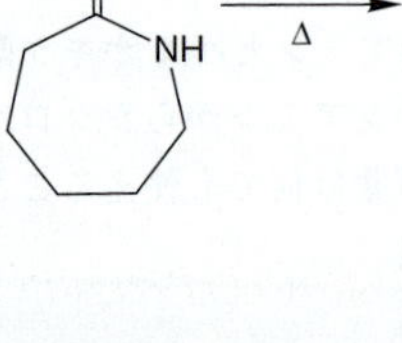

(e) エチルエステル（OH 置換シクロヘキサン） 1. NaH 2. CS_2 3. CH_3I 4. 210〜235 ℃ →

(p.351 を参照せよ)

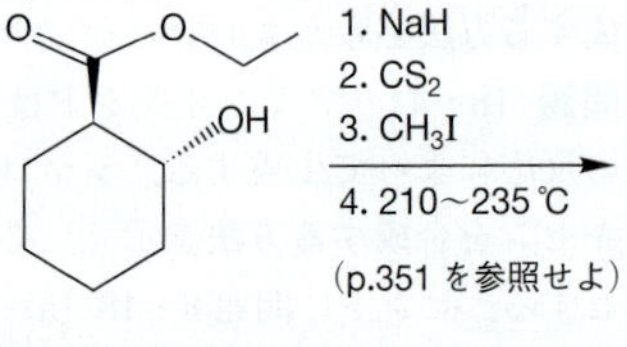

問題 18・46 17 章ですでに学んだように，ほとんどの β-ケト酸は容易に脱二酸化炭素反応を起こす（p.842）が，下図の化合物は例外である．この β-ケト酸を高温で加熱しても脱二酸化炭素反応を起こさない．その理由を説明せよ．

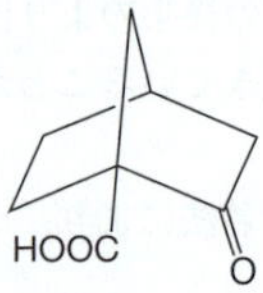

（ビシクロ化合物：HOOC，O）

問題 18・47 18・12 c 節で第一級アミドを P_2O_5 を用いて脱水するとニトリル（シアン化物）が生成することを学んだ．ニトリルはアルドキシム（**1**）を無水酢酸のような脱水剤と処理することによっても生成する．**1** と無水酢酸の反応でベンゾニトリルができる反応の機構を書け．またオキシムはどのようにして合成するか．

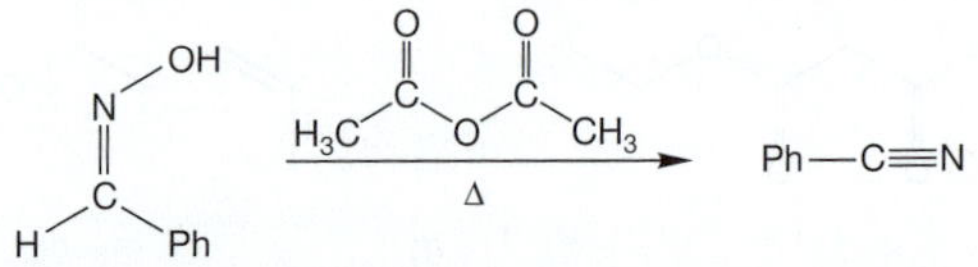

1（H(Ph)C=N–OH） + H_3C–CO–O–CO–CH_3, Δ → Ph—C≡N

問題 18・48 濃硫酸存在下，ベンゾニトリル（**1**）と *t*-ブチルアルコールを反応させ，つぎに，水で処理すると *N*-*t*-ブチルベンズアミド（**2**）を生じる．巻矢印表記法で機構を書け．

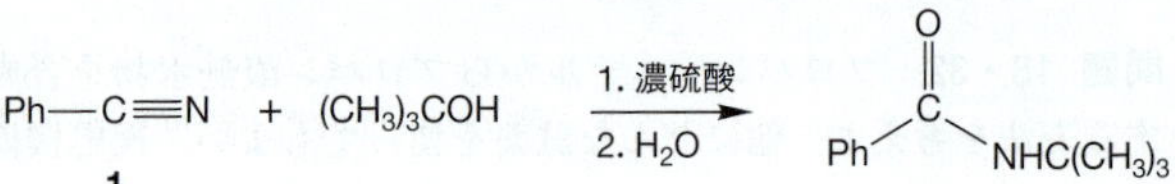

Ph—C≡N (**1**) + $(CH_3)_3COH$ —1. 濃硫酸 2. H_2O→ Ph–CO–$NHC(CH_3)_3$ (**2**)

問題 18・49 以下の分子の合成法を考えよ．炭素源として，ベンゼン，メタノール，ナトリウムメトキシド，エタノール，ナトリウムエトキシド，1-ブタノール（BuOH），ホスゲン，プロパン酸を使用してよい．必要ならばどんな無機試薬と溶媒を使用してもよい．

(a) Bu_3C—OH

(b) CH_3CH_2–CO–Bu

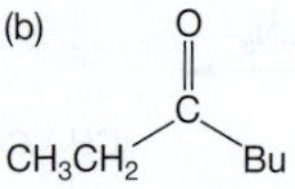

(c) CH_3CH_2–C(OH)(Bu)–Bu

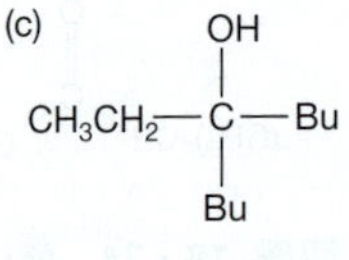

(d) Ph–CO–CH_2CH_3

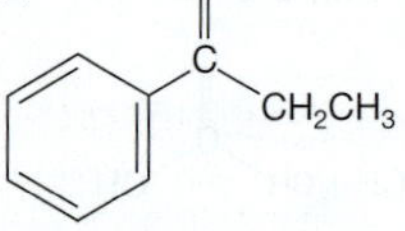

(e) CH_3CH_2CN

問題 18・50 指示された物質から目的の化合物を合成する方法を考案せよ．必要ならば他のどんな試薬を使用してよい．それぞれについて逆合成解析を用いよ．

	目的物		出発物質
(a)	ブタナール（CHO, H）	⟸	ブタン酸（COOH, OH）

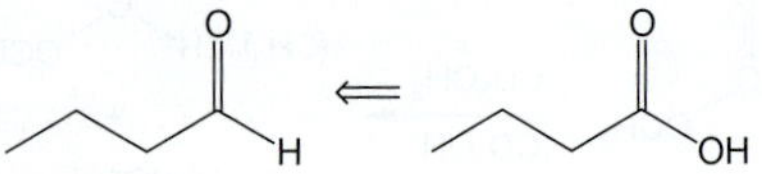

(b) [構造式: C(CH₃)₃, OH, CO₂H をもつシクロヘキサン ⟸ C(CH₃)₃ をもつシクロヘキセン]

(c) [構造式: γ-ブチロラクトン ⟸ エチル 3-ブテノアート]

(d) [構造式: N,N-ジメチルプロパンアミド ⟸ 1-プロパノール]

問題 18・51 シクロペンタノンからつぎの化合物をつくる合成法を考案せよ．

(a) [構造式: 2-ピペリドン（NH）] (b) [構造式: δ-バレロラクトン]

問題 18・52 つぎの反応について，巻矢印表記法で機構を書け．

R–NH–C(=O)–O–CH₂Ph →(HBr) R—NH₂ + CO₂ + Br–CH₂Ph

問題 18・53 17章で述べたVilsmeier試薬の生成に関する問題である．17・7 d節で見たように，酸塩化物は，塩化チオニル，五塩化リン，ホスゲン，塩化オキサリルのような試薬とカルボン酸から合成される．これらの反応条件はきわめて過酷な

$(CH_3)_2N$–CH=O (DMF) + Cl–CO–CO–Cl (塩化オキサリル oxalyl chloride) ⟶ $(CH_3)_2\overset{+}{N}$=CHCl Cl^- (Vilsmeier 試薬)

こともあるが，Vilsmeier試薬を使うことによりかなり穏やかな条件で酸塩化物を合成できる（問題17・42）．Vilsmeier試薬は*N,N*-ジメチルホルムアミド（DMF）と塩化オキサリルから合成される．巻矢印表記法でその機構を書け．ヒント：DMFは求核試薬として働くが，窒素原子からの反応ではない．

問題 18・54 18・8節において，低温（−70 °C）で水素化ジイソブチルアルミニウム（DIBAL-H）でエステルを還元すると，アルデヒドが得られることを学んだ（図18・37）．加水分解する前に反応混合物の温度を上げてしまうと，アルデヒドの収率は著しく低下する．たとえば，ブタン酸エチルを−70 °CでDIBAL-Hにより還元し，−70 °Cで加水分解すると，90 %の収率でブタナールが生成する．しかし，加水分解の前に，反応混合物を0 °Cまで温めてしまうと，収率は20 %以下になる．この条件での生成物のなかには，ブタン酸エチル（回収した出発物質）と，$CH_3CH_2CH_2CH_2O-AlR_2$（R＝イソブチル）の加水分解生成物である1-ブタノール（$CH_3CH_2CH_2CH_2OH$）がある．巻矢印表記法で機構を書け．

[ブタン酸エチル $CH_3CH_2CH_2CO–OCH_2CH_3$]

1. DIBAL-H −70 °C 2. H_2O → ブタナール（90%）

1. DIBAL-H −70 °C 2. 0 °Cまで温度を上げる 3. H_2O → ブタナール（20% 以下）＋ $CH_3CH_2CH_2CO–OCH_2CH_3$（回収物）

$[CH_3CH_2CH_2CH_2OAlR_2]$ →(H_2O) $CH_3CH_2CH_2CH_2OH$（主生成物）

問題 18・55 γ-アミノ酪酸アミノトランスフェラーゼ（GABA-T）は哺乳動物の抑制性神経伝達物質であるγ-アミノ酪酸（GABA）の代謝を制御する鍵酵素である．以下に示すGABA-Tの阻害剤である3-アミノ-1,4-シクロヘキサジエン-1-カルボン酸の塩酸塩（**G**）の合成中間体**A**〜**F**の構造を推定せよ．機構を示すことは必ずしも必要ではないが，役に立つ場合もある．

2,4-ペンタジエン酸（COOH） →(Cl–CO–OEt, EtN(*i*-Pr)₂, アセトン) **A** ($C_8H_{10}O_4$)

A →(NaN_3, H_2O) **B** ($C_5H_5N_3O$)

B →(1. トルエン Δ 2. $(CH_3)_3COH$) **C** ($C_9H_{15}NO_2$)

C →(O_2N–CH=CH–COOCH₃, ベンゼン, 25 °C) **D** ($C_{13}H_{20}N_2O_6$)

D →(塩基, THF) **E** ($C_{13}H_{19}NO_4$)

（次ページにつづく）

問題 18・55（つづき）

E → 1. NaOH/H_2O 55 ℃ 2. H_2O/H_3O^+ → F ($C_{12}H_{17}NO_4$) → HCl/H_2O 55 ℃ → G

問題 18・56 水酸化ナトリウム溶液中でフタルイミド（**1**）を臭素で処理し，酢酸で酸性にすると化合物 **2** が得られた．以下に示すスペクトルデータから **2** の構造を推定せよ．また，その生成の機構を書け．

1 → 1. Br_2/NaOH/H_2O Δ 2. HOAc → **2**

［化合物 **2**］

質量スペクトル: m/z = 137（M, 59%），119（100%），93（79%），92（59%）

IR（KBr）: 3490（m），3380（m），3300 ~ 2400（br），1665（s），1245（s），765（m）cm^{-1}

^1H NMR（DMSO-d_6）: δ 6.52（t, J = 8 Hz, 1H），6.77（d, J = 8 Hz, 1H），7.23（t, J = 8 Hz, 1H），7.72（d, J = 8 Hz, 1H），8.60（br s, 3H, D_2O 添加で消失）ppm.（長距離スピン結合はデータに含まれない）

^{13}C NMR（DMSO-d_6）: δ 109.5（s），114.5（d），116.2（d），131.1（d），136.6（d），151.4（s），169.5（s）ppm

問題 18・57 酸塩化物の反応を学んだので，塩化トシルとアルコールの反応も理解できるはずである．溶媒のピリジンの役割を含めてつぎの反応の機構を示せ．

$CH_3CH_2CH_2OH$ → TsCl, ピリジン → $CH_3CH_2CH_2OTs$

TsCl = $H_3C-C_6H_4-SO_2-Cl$

問題 18・58 図 18・71（b）の反応性の序列を参考に，1-ペンテンからペンタン酸無水物を合成する方法を示せ．無機試薬の使用に制限はない．

問題 18・59 つぎに示す Schmidt 反応の機構を書け．ヒント: 最初の段階はアシリウムイオン $R-C^+=O$ の生成であろう．試薬は HN_3（アジ化水素）であって NH_3 ではないことにも注意．

ペンタン酸 → HN_3/H_2SO_4, H_2O → ブチルアミン（72%）

問題 18・60 化合物 **A**〜**E** の構造を描け．機構は必要ない．

シクロヘキサンカルボン酸 → $SOCl_2$ 150 ℃ → **A** ($C_7H_{11}ClO$) → $(CH_3)_2NH$ ベンゼン → **B** ($C_9H_{17}NO$) → 1. $LiAlH_4$ エーテル, 35 ℃ 2. H_2O → **C** ($C_9H_{19}N$) → 30% H_2O_2 25 ℃ → **D** ($C_9H_{19}NO$) → 100 ℃ 2 h → **E** (C_7H_{12})

問題 18・61 1,3-ジフェニルイソベンゾフラン（**1**）と炭酸ビニレン（**2**）の反応で化合物 **3** が生成し，その酸性加水分解により化合物 **4** が得られる．化合物 **3** の構造を示し，その生成および **4** への加水分解の機構を記せ．

1 + **2** → Δ キシレン → **3** ($C_{23}H_{16}O_4$) → HCl/H_2O 酢酸 Δ → **4**

問題 18・62 つぎの反応の機構を巻矢印表記法により書け．

キノリン N-オキシド → 1. PhCOCl 2. KCN/H_2O → 4-シアノキノリン

カルボニル基の化学 2
α 位の反応

19

I want to beg you, as much as I can, dear sir, to be patient towards all that is unsolved in your heart and try to love the *questions themselves*.

——— Rainer Maria Rilke*, "Letters to a Young Poet"

19・1　は じ め に

16〜18 章でカルボニル化合物について学んだ．この章では，カルボニル化合物の α 位の化学について勉強する．この章を学ぶことにより，多段階反応を理解したり，複雑な構造をもつ分子を構築する能力が飛躍的に進歩するものと思う．この章には，基本的に新しい内容はほとんど含まれていない．本章で学ぶのは，すでに学んだ反応をより複雑な状況下で応用するということである．たとえば，16 章では炭素－酸素二重結合に対する種々の付加反応について学んだ．この章でも同じ反応が出てくるが，その反応は新しい求核試薬であるエノラートがカルボニル基に付加し，より複雑な生成物を与えるという反応である．反応自身は従来の付加反応とまったく同じであるが，ずっと難しそうに見える（図 19・1）．

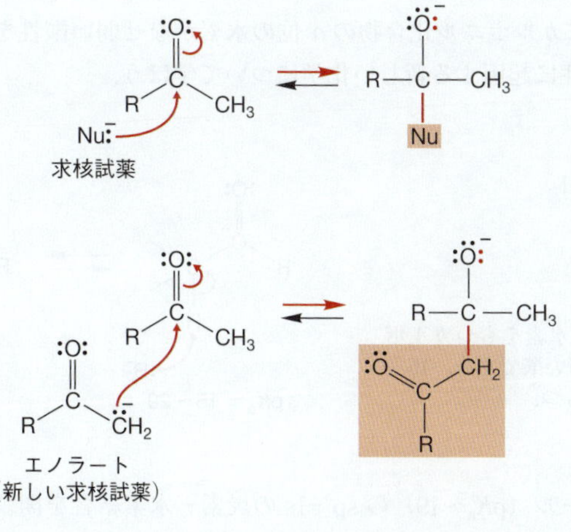

図 19・1　求核試薬のカルボニル化合物への付加

* Rilke（1875〜1926）はフランスの彫刻家の Rodin（ロダン）に強い影響を受けた，ドイツの叙情詩人である．イタリック体表記は Rilke 本人の指示である．

不可欠なスキルと要注意事項

1. 本章で必ず習得してほしい反応は，酸性条件下におけるエノールの生成，および塩基性条件下におけるエノラートの生成である．この 2 つの基本的反応を完璧に理解しよう．
2. 本章の中心課題はアルドール反応と Claisen 縮合である．アルドール反応は，酸触媒および塩基触媒の両方で起こる．Claisen 縮合は，塩基性条件下でのみ反応が進行する．
3. 酸および塩基触媒によるアルドール反応では，いずれも初期生成物として β-ヒドロキシカルボニル化合物を生じるが，一般に酸触媒条件下ではさらに反応が進み（塩基触媒でもときどきみられる），α,β-不飽和カルボニル化合物を与える．原理的には，すべての β-ヒドロキシカルボニル化合物およびすべての α,β-不飽和カルボニル化合物をアルドール反応あるいは関連する縮合反応によって合成することができる．このことは，問題を解く大事な鍵となる．いつも，α,β-不飽和カルボニル化合物を探そう．
4. α,β-不飽和カルボニル化合物に求核試薬が付加すると，エノラートが生成することに，注意してほしい．この反応は，Michael（マイケル）反応とよばれ，自然界でも有機合成化学でも，また有機化学の試験問題でもよくみられる反応である．
5. アセト酢酸エステル合成およびマロン酸エステル合成は非常に便利な手法である．アセト酢酸エステル合成はケトンの合成に用いられ，マロン酸エステル合成はカルボン酸の合成に用いられる．
6. エノラートのアルキル化は，炭素－炭素結合形成反応として優れた方法である．

表 19・1 単純なケトンとアルデヒドの pK_a 値

化合物	pK_a
$CH_3CH_2COC\underline{H}_2CH_3$	19.9†
CH_3COCH_3	19.3
$PhCOCH_3$	18.3
$PhCH_2COC\underline{H}_3$	18.3†
$PhC\underline{H}_2COCH_3$	15.9†
シクロヘキサノン	
（α 水素）	18.1
$C\underline{H}_3CHO$	16.7†
$(CH_3)_2C\underline{H}CHO$	15.5†

† 下線のプロトンが引抜かれる場合の pK_a 値

19・2 弱いブレンステッド酸としてのアルデヒドおよびケトン

カルボニル化合物に関して注目すべきことの 1 つは，それが求電子試薬であるばかりでなく（16～18 章の付加反応と図 19・1 を参照），プロトン供与体にもなりうるという点である．

19・2a ケトンやアルデヒドのエノラート 典型的なアルデヒドやケトンの pK_a 値は通常 15～20 の範囲にある（表 19・1）．プロトンとして塩基によって引抜かれるのは，炭素－酸素二重結合に隣接する位置，すなわち **α 位**（α position）の水素である（図 19・2）．最初にカルボニル化合物の α 位の水素がなぜ弱い酸性を示すかを調べ，そしてつぎにこの酸性に起因する新しい化学について学ぼう．

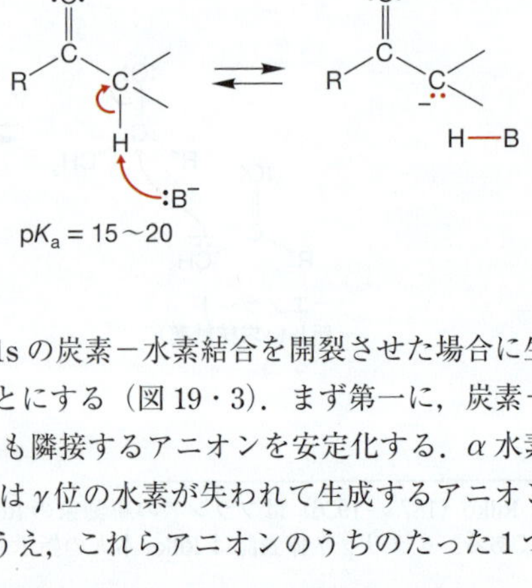

図 19・2 α 位に水素をもつカルボニル化合物は弱い酸であり，15～20 の pK_a 値をもつ．

初めに，ブタナール（pK_a～19）の sp^3-1s の炭素－水素結合を開裂させた場合に生成しうる，3 種のアニオンについて調べることにする（図 19・3）．まず第一に，炭素－酸素結合の双極子は遠い位置のアニオンよりも隣接するアニオンを安定化する．α 水素が失われて生成するアニオンは，β 位あるいは γ 位の水素が失われて生成するアニオンよりもずっと安定である（図 19・4）．そのうえ，これらアニオンのうちのたった 1 つだ

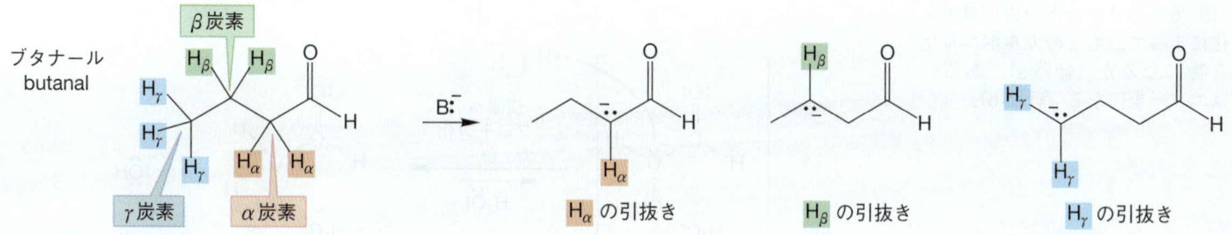

図 19・3 ブタナールの sp^3–1s 炭素–水素結合の開裂によって，3 種類のアニオンが生成する可能性がある.

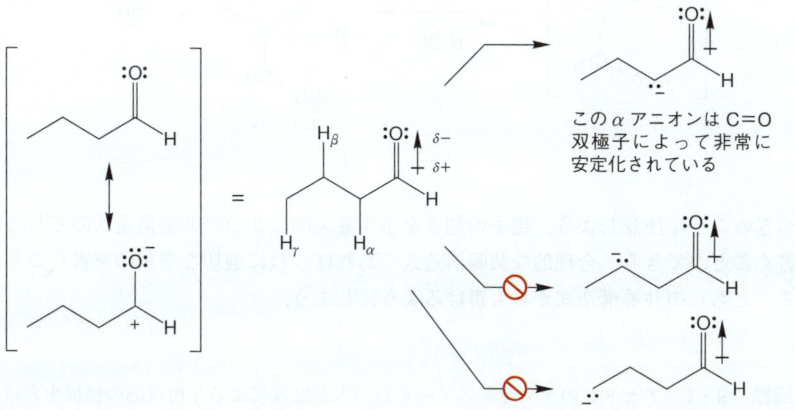

図 19・4 炭素–酸素結合の双極子は遠い位置のアニオンよりも隣接するアニオンを安定化する.

けが，酸素原子が負電荷をもつような共鳴によって安定化される（図 19・5）．安定化が起こるのはα位だけであり，α水素だけがプロトン源となりうる．この中間体はアルケン部分（*ene*），アルコール（*ol*），アニオン部分（*ate*）から成るので，**エノラート**（enolate）アニオンとよばれる．エノラートアニオンは，あるときはアルコキシドアニオンとして，またあるときはカルボアニオンとして存在するのではなく，つねに1つの化学種，共鳴安定化されたエノラートアニオン，として存在していることに十分注意してほしい．

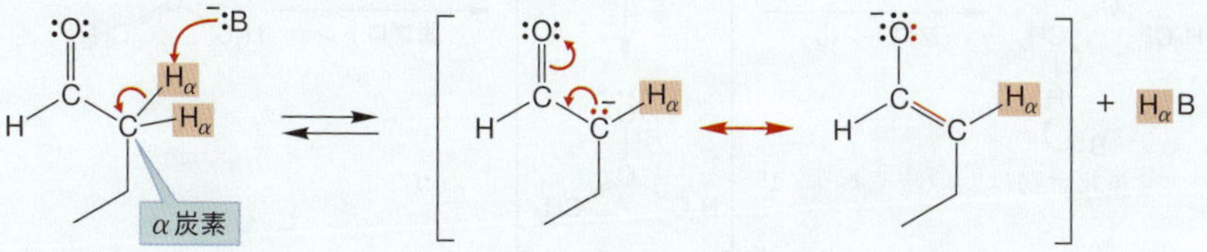

図 19・5 α水素が引抜かれると，共鳴安定化されたエノラートアニオンが生成する.

このエノラートアニオンの再プロトン化には2通りの方法がある．もし，プロトン源と炭素上で反応すると，もとのカルボニル化合物が再生される（図 19・6 a）．もし，酸素上でプロトン化されると中性のエノール（enol，p.508）が生成する（図 19・6 b）．塩基性水溶液中ではカルボニル化合物（ケト形）はそのエノール形と平衡にある．

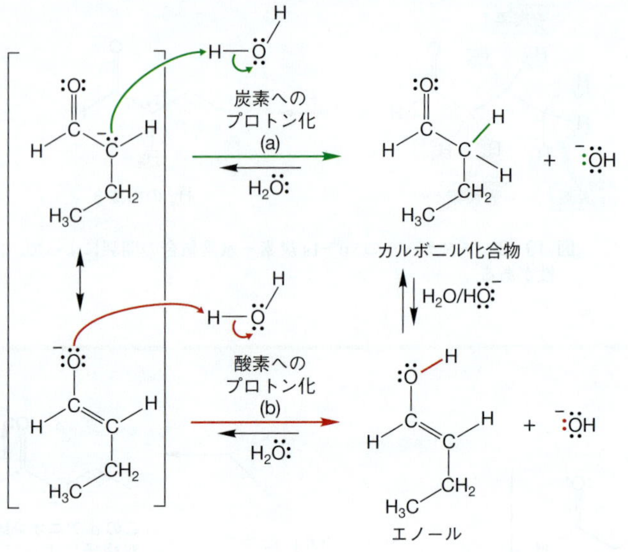

図 19・6 エノラートの再プロトン化によって，もとのカルボニル化合物になるか (経路 a)，あるいはエノールになる (経路 b).

つぎのことに注意しよう．電子の動きを示す巻矢印は 2 つの共鳴構造式のどちらからも書くことができる．合理的な共鳴構造式であればつねに適切な巻矢印を書くことができる．どちらの共鳴構造式からも書けるようにしよう．

⁑問題 19・1 アセトンのケト形とエノール形の塩基触媒による平衡反応の機構を書け．

解 答 この問題は難しくないが，今ここで正確にできるようにしておく必要がある．後で取扱うもっと複雑な化合物に対応できるようになるためには，この単純な相互変換に慣れ親しむ必要がある．これは練習問題であるが，非常に重要である．

アセトンの α 水素の引抜きによってもアセトンのエノール形からのヒドロキシ基の水素引抜きによっても，同じエノラートが生成する．炭素でのプロトン化はケトンを与え，酸素でのプロトン化はエノールとなる．平衡が成立するのはエノラートが生成するからである．

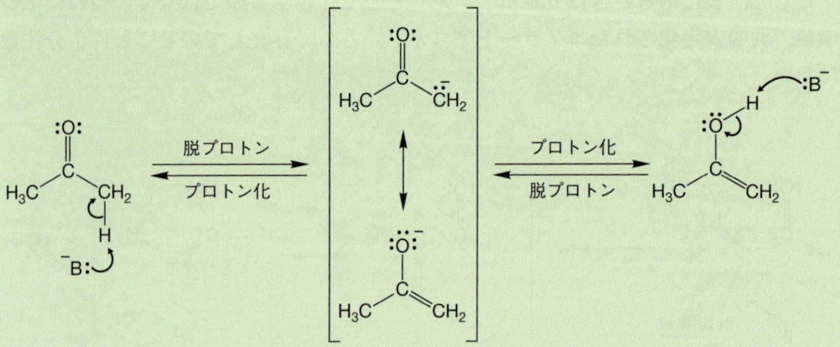

図 19・7 の分子軌道図をみれば，エノラートの安定化要因は明らかである．3 つの 2p 軌道は重なり合い，アリル類似の系を形成する (p.593)．4 つの π 電子のうちの 2 つは最低結合性分子軌道 Φ_1 に，残りの 2 つは非結合性軌道 Φ_2 に収容される．エノラートでは酸素原子が存在するために，3 つの炭素 2p 軌道から形成されるアリルアニオン

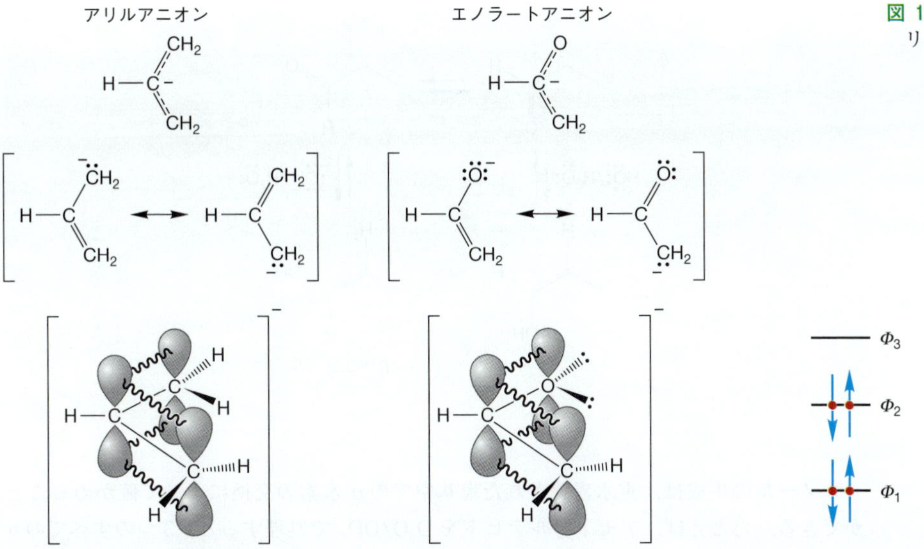

図 19・7 エノラートアニオンとアリルアニオンとの比較

に比べて対称性が低くなっている．エノラートの結合性軌道 Φ_1 では，酸素原子上で最も電子密度が高い．また，HOMO である軌道 Φ_2 では，ほとんどの電子がエノラートの炭素原子上に偏っている．Φ_2 軌道の電子が求電子試薬と反応するため，通常，炭素原子が求核部位となる．

電気陰性度の大きな酸素原子はエノラートの安定化にとってどれほど重要なのだろうか．プロペンの pK_a は 43 でアセトアルデヒドの pK_a は 16.7 である．この 2 つの分子の酸性度には 10^{26} 倍の差があり，これは酸素原子の影響であるといえる（図 19・8）．

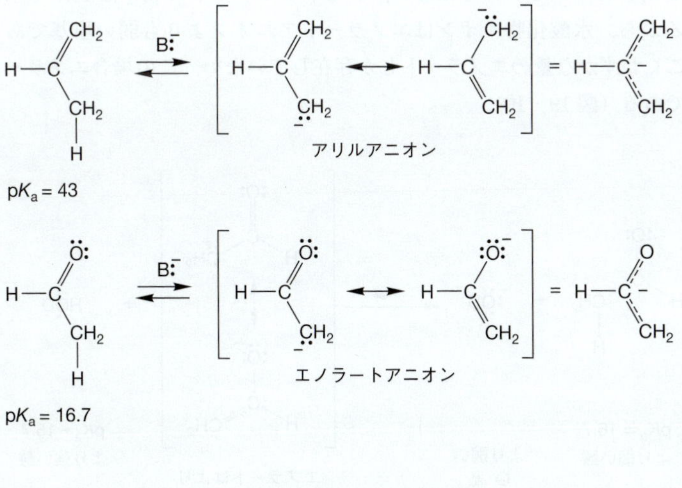

図 19・8 エノラートの酸素原子は α 位の酸性を高めるのに決定的な役割を果たしている．アセトアルデヒドはプロペンよりはるかに酸性が強い．

問題 19・2 プロパナールは，E 形あるいは Z 形のいずれのエノールも形成することができる．これら二つのエノールを描け．

解 答 2つのエノールには立体化学的な違いがある．他の非対称アルケンと同様に，このエノールにも Z 形と E 形が存在しうる（次ページ図）．

問題 19・2 解答（つづき）

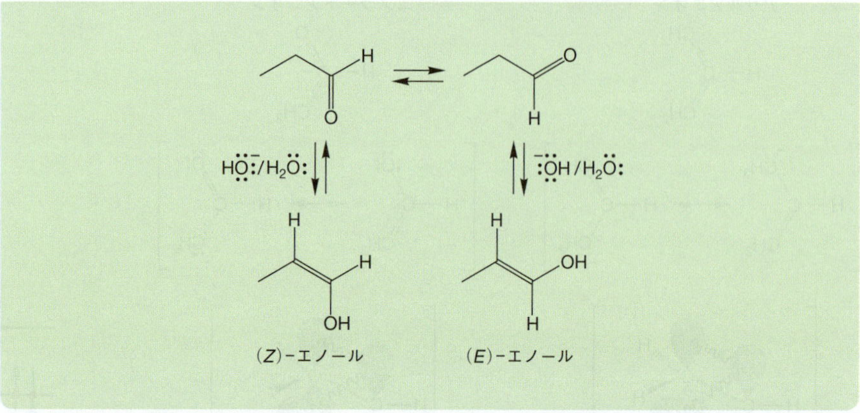

エノールの生成は，重水素化された塩基中での α 水素の交換によって確かめることができる．たとえば，アセトアルデヒドを D_2O/DO^- で処理すると，3 つのすべての α 水素が重水素と交換する（図 19・9）．

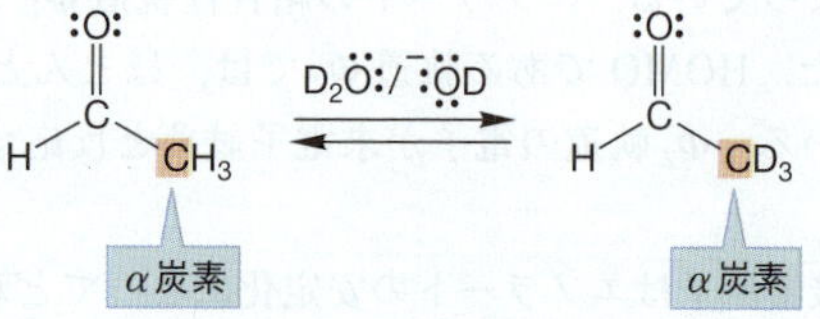

図 19・9 D_2O/DO^- 中ではアセトアルデヒドの 3 つの α 水素が重水素と交換する．

この交換過程を理解するには，脱プロトン反応の可逆性を考える必要がある．水酸化物イオン（ここでは重水酸化物イオン）存在下では，すべてのアセトアルデヒドがエノラートに変換されているわけではない．アセトアルデヒドの pK_a は 16.7 で水の pK_a は 15.7 であるから，水酸化物イオンはエノラートアニオンよりも弱い塩基であり，平衡状態ではごくわずかな量のエノラートしか存在していない．この場合エノラートの生成は吸熱的である（図 19・10）．

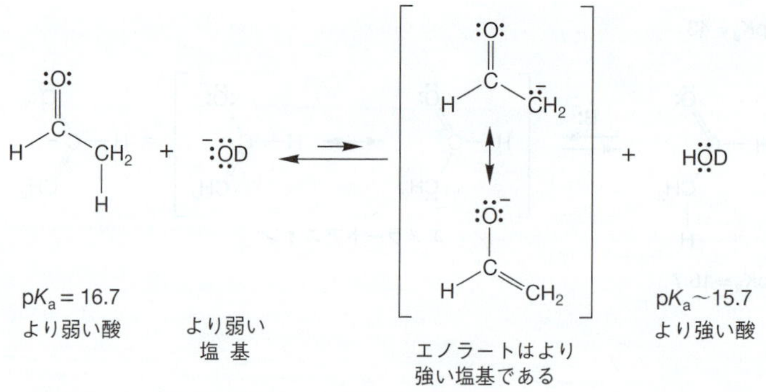

図 19・10 エノラート生成反応は平衡反応であり，アセトアルデヒドの場合は吸熱的である．

重水素交換反応は通常大過剰の D_2O 中で触媒量の塩基 DO^- を使用して行われる．その条件下では，ほんの少量のエノラートが生成するだけである．しかし，生じたエノラートはすぐに水（この場合は D_2O）と反応してジュウテロンを引抜く（図 19・11）．そして，新しい DO^- 分子が再び生成し，さらに反応が続けて起こる．最終的に，すべてのα水素が重水素と交換することになる．

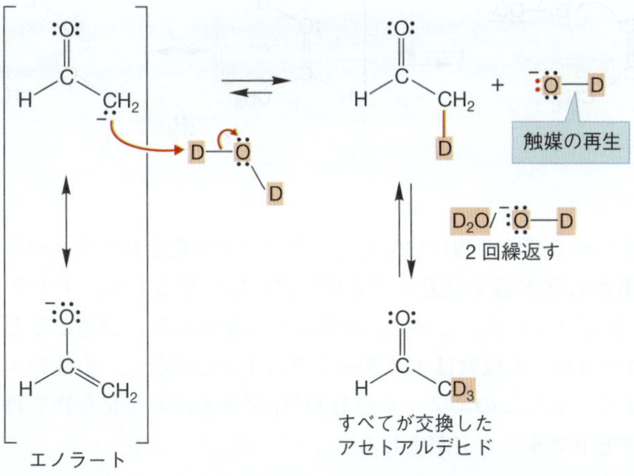

図 19・11　交換反応は重水素化物イオン（$^-$OD）が触媒として働く触媒的な過程である．

問題 19・3　なぜアセトアルデヒドのホルミル基水素（カルボニル炭素に結合している水素）はD_2O/DO^-中で交換しないのか，説明せよ．

問題 19・4　図の二環性ケトンにおいてはH_αで示した水素だけが交換し，橋頭位の水素はα水素であるにもかかわらず交換しない．理由を説明せよ．ヒント：分子模型を使って橋頭位の炭素－水素結合とカルボニル基のπ軌道との関係を調べよ．

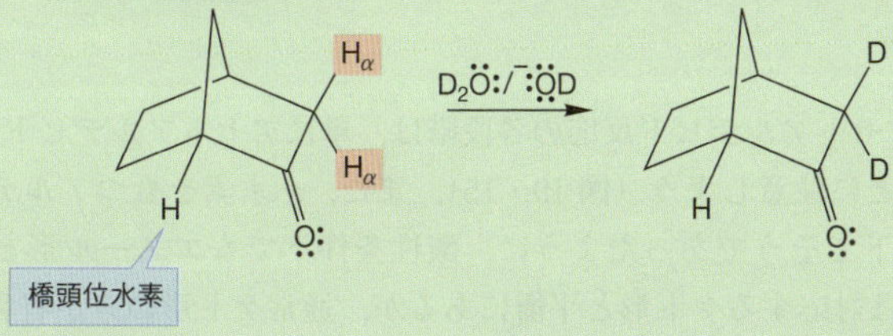

アセトアルデヒドのα水素は酸性条件下でも重水素交換される（図19・12）．このことは，カルボニル化合物の反応に関して，ある一般的な原則を提供する．すなわち，カ

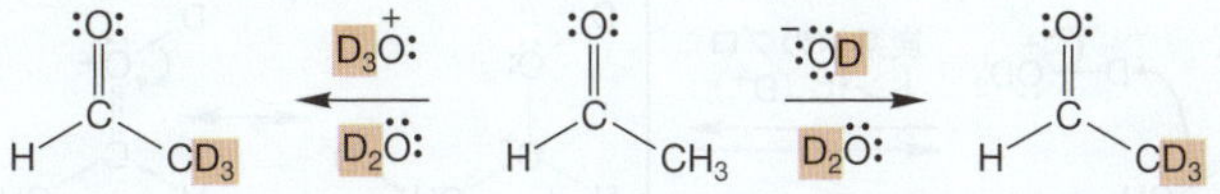

図 19・12　アセトアルデヒドのα水素の交換反応は重水素化された酸，D_3O^+/D_2O中でも行うことができる．

ルボニル基の化学では，通常（必ずとは限らないが），どの塩基触媒反応に対しても，対応する酸触媒の反応がある．最終生成物は類似しているかまったく同じであるが，この2つの反応の機構は異なる．たとえば，この酸触媒存在下での交換反応においては，出発物質のアセトアルデヒドからα水素を引抜くのに十分な強さの塩基は存在していない．唯一の理にかなった反応は，ブレンステッド塩基である酸素原子がD_3O^+によってプロトン化され，共鳴安定化されたカチオンが生成するというものである（図19・13）．

図 19・13 酸触媒交換反応の第1段階はカルボニル酸素への D^+ の付加であり，共鳴安定化されたカチオンを生じる．

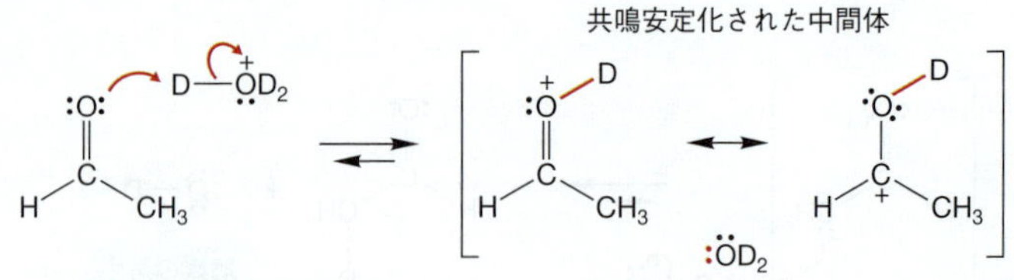

共鳴安定化された中間体

その結果，きわめて酸性の強い化学種であるプロトン化されたカルボニル化合物が生じる．その酸素から重水素を取去っても単に逆反応を起こして，アセトアルデヒドと D_3O^+ を再生するだけである．しかし，α 炭素から脱プロトンが起こると，エノールが生成する（図 19・14）．生成物はエノラートアニオンではなく，中性のエノールであることに注意しよう．もしこのエノールが D_3O^+ 中でカルボニル化合物を再生すれば，重水素交換したアセトアルデヒドが生じる．

図 19・14 炭素からプロトンが失われる（緑で示す）と中性のエノール形が生じる．酸素からプロトンが失われる（赤で示す）と出発物質が再生される．

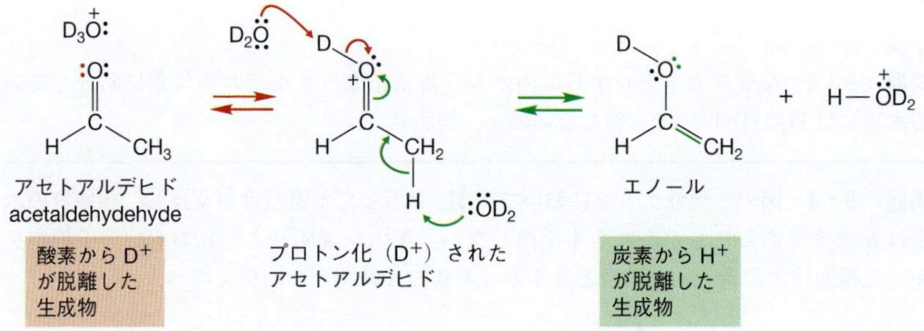

アセトアルデヒド
acetaldehydehyde
酸素から D^+ が脱離した生成物
プロトン化（D^+）されたアセトアルデヒド
エノール
炭素から H^+ が脱離した生成物

エノール → アセトアルデヒド反応の各段階は，単にアセトアルデヒド → エノール反応の逆であることに注意しよう（図 19・15）．また，α 水素をもつアルデヒドやケトンは，塩基性条件下でそうであったように，酸性条件下でもエノール形と平衡関係にある．エノール形は対応するケト形と平衡にあるが，通常ケト形の方が有利である．この平衡はケト-エノール互変異性とよばれ，カルボニル化合物とその対応するエノールは**互変異性体**（tautomer）とよばれる．

図 19・15 エノールと D_3O^+ との反応により，重水素化されたアセトアルデヒドが生成する．

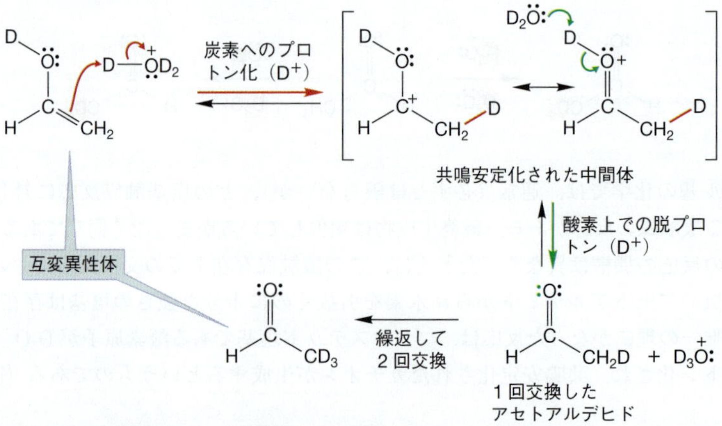

炭素へのプロトン化（D^+）
共鳴安定化された中間体
酸素上での脱プロトン（D^+）
互変異性体
繰返して 2 回交換
1 回交換したアセトアルデヒド

問題 19・5 酸性条件下でのアセトアルデヒドとそのエノール形の平衡化の機構を書け．この問題は，頭を使わないようにみえるかもしれない．たしかに現時点ではほとんど頭を使う内容ではないが，重要な練習問題である．この問題を解くことは“鉛筆を使って有機化学を勉強すること”の1つである．

解 答 この過程は，今後諸君の化学知識の一部になるに違いない．初めにカルボニル酸素がプロトン化され，それから生成したカチオンが炭素から脱プロトンされてエノールを与える．ここではアルデヒドを取扱っているが，この過程はケト－エノール互変異性化である．

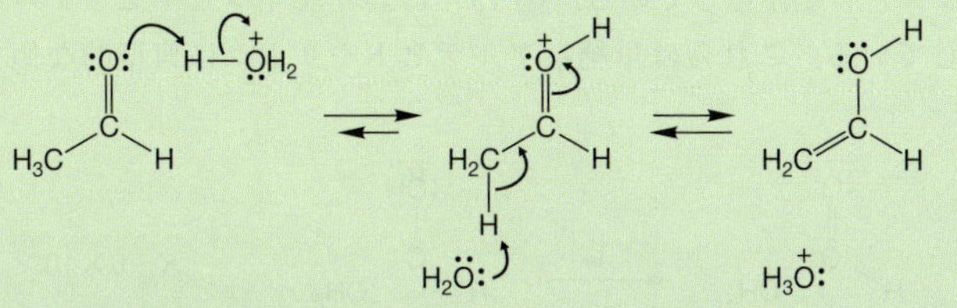

最近では，酸や塩基触媒が存在しないような方法で，最も単純なエノールであるビニルアルコールを生成させることが可能になっている（図 19・16）．酸や塩基と接触しない限りこのエノールは安定であり，単離して調べることができる．ビニルアルコールの詳細な構造には特に驚くような特徴はない．結合距離も結合角にも変わったところはない（図 19・17）．

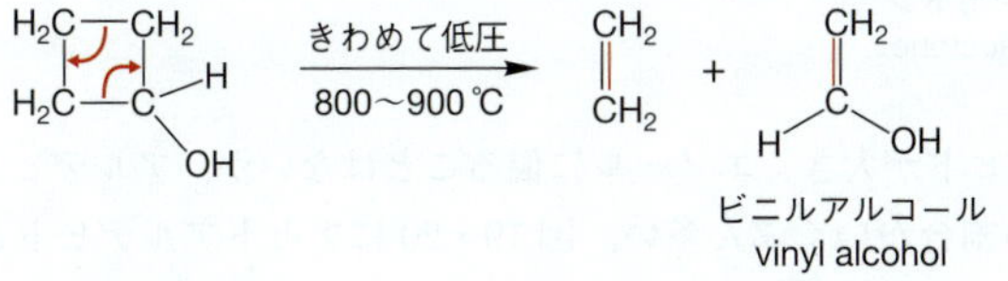

きわめて低圧
800～900 ℃
ビニルアルコール
vinyl alcohol
（最も単純なエノール）

図 19・16 すべてのエノールの母体化合物であるビニルアルコールは，酸または塩基触媒と接触することがない限り安定である．

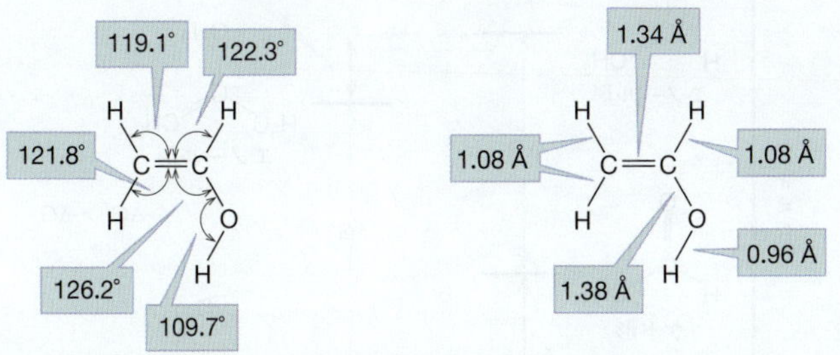

図 19・17 ビニルアルコールの構造

問題 19・6 ビニルアルコールは酸でもあり塩基でもあるので，ビニルアルコールをあらゆる酸性や塩基性物質から保護することは不可能である．2分子のビニルアルコールが反応して2分子のアセトアルデヒドを与える反応の機構を書け．

解 答

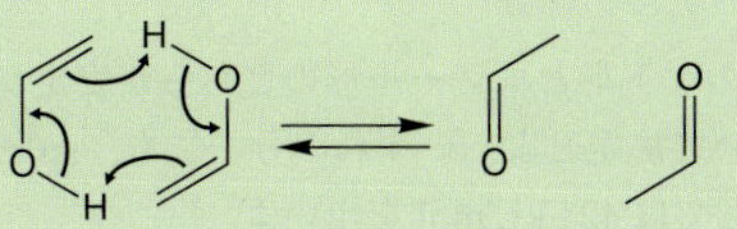

これまで，カルボニル化合物から α 水素を引抜くことができること，そしてカルボニル化合物はエノール形と平衡にあることを学んできた．つぎに調べる事柄はカルボニル化合物とその互変異性体であるエノールとの平衡の位置である．平衡はどこに位置していて，構造にどのように依存しているのだろうか（図 19・18）．単純なアルデヒドやケトンはほぼケト形で存在している．図 19・19 はアセトンとアセトアルデヒドの平衡定数 K を示している．これらは単純なアルデヒドやケトンに典型的な値である．単純なケトンやアルデヒドが大きくエノールに偏ることはないが，アルデヒドはケトンに比べるとエノールの割合がいくぶん多い．図 19・20 にアセトアルデヒドとアセトンとの比較を示すが，これは，ケトンの 2 つ目のアルキル基，すなわちアセトンの場合のメチル基は，炭素−炭素二重結合よりも炭素−酸素二重結合をより安定化するからである．

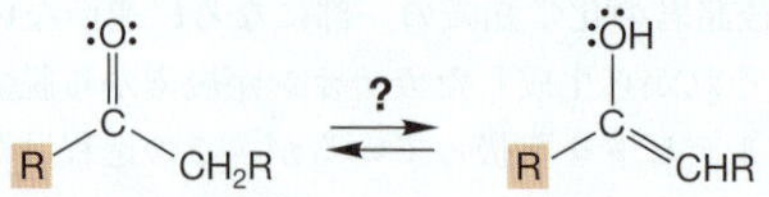

図 19・18 カルボニル化合物とエノールとの平衡点はどこにあるのだろうか．どちらの互変異性体がより安定だろうか．

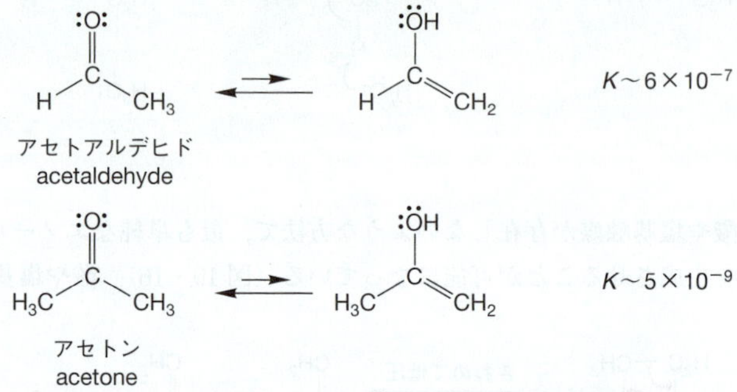

図 19・19 単純なアルデヒドあるいはケトンでは，平衡はケト形が優位になっている．

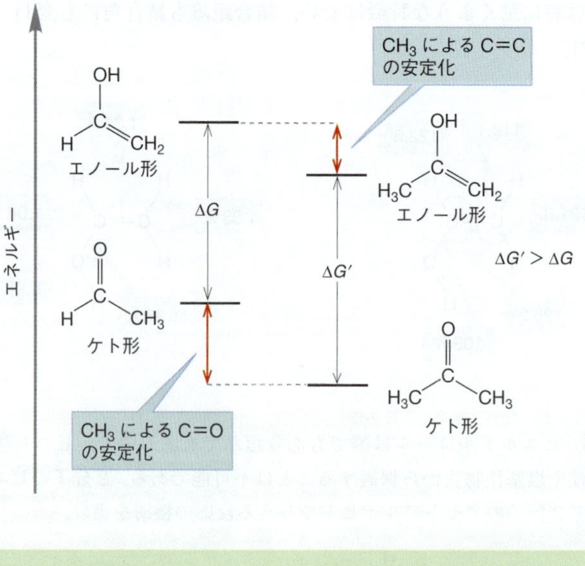

図 19・20 アセトンがアセトアルデヒドに比べてエノール化していないのは，第二のメチル基によってケト形がより安定化されているためである．

問題 19・7 アセトンのケト形とエノール形のどちらが安定かを表 7・2（p.267）の結合の強さのデータを用いて決定せよ．いずれの分子にも，sp^2–sp^3 C−C 結合があるが，その結合エネルギーとしては 424 kJ/mol を用いよ．

さらに複雑な構造をもつカルボニル化合物には，エノール形の割合がずっと大きいものがある．たとえば1,3−ジカルボニル化合物ではエノール形の割合が非常に大きい（図19・21）．これらの化合物のエノール形では分子内で水素結合を形成することが可能であり，これが平衡の位置をジケト形からエノール形の方へずらす原因の１つとなっている．さらに，これらのエノールは炭素−炭素二重結合と残ったカルボニル基が共役している（図19・22）．1,3−ジカルボニル化合物については，19・5c節で詳しく述べる．

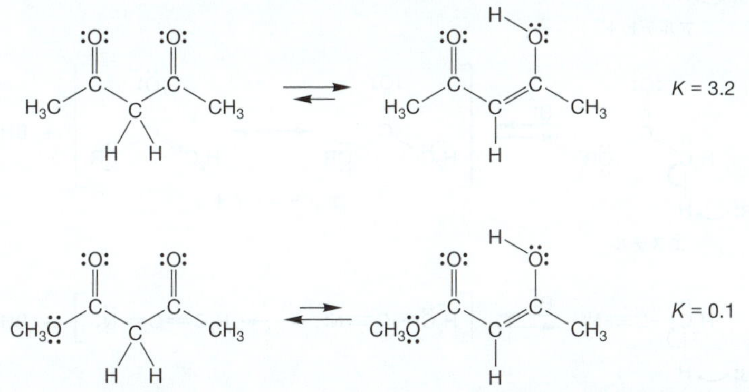

$K = 3.2$

$K = 0.1$

図19・21　1,3−ジカルボニル化合物はモノケトン類に比べてはるかにエノール化している．

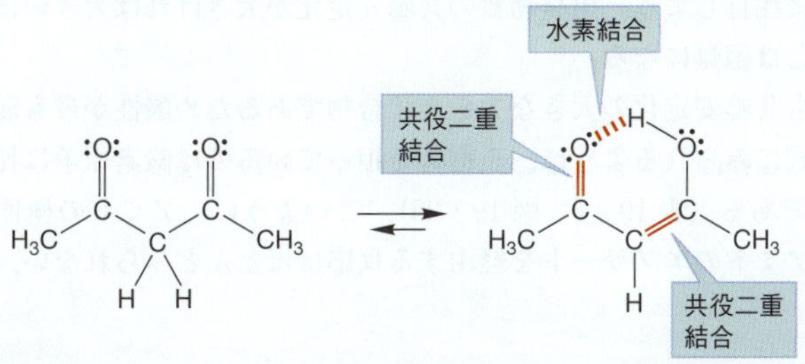

水素結合

共役二重結合

共役二重結合

図19・22　1,3−ジカルボニル化合物では，分子内水素結合の生成および炭素−炭素二重結合とカルボニル基との共役が，ともにエノールの安定化に寄与している．

究極の安定化されたエノールはフェノールである．非芳香族ケトンから芳香族エノール形の生成の平衡定数は10^{13}以上であると見積もられている（図19・23）．

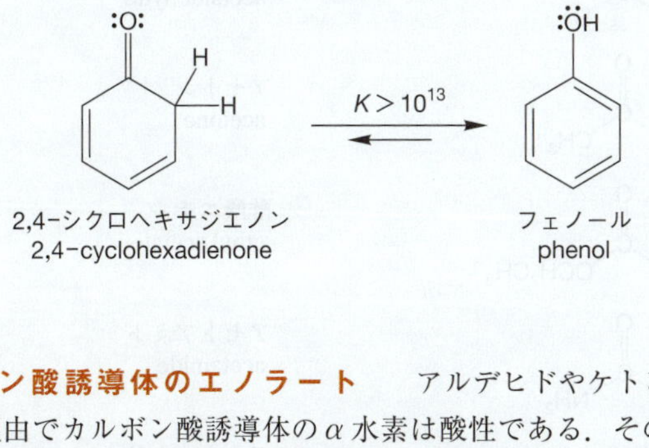

$K > 10^{13}$

2,4−シクロヘキサジエノン
2,4-cyclohexadienone

フェノール
phenol

図19・23　シクロヘキサジエノンのエノール化の平衡定数は10^{13}よりも大きいと見積もられている．

19・2b　カルボン酸誘導体のエノラート　アルデヒドやケトンのα水素が酸性であるのと同じ理由でカルボン酸誘導体のα水素は酸性である．その共役塩基は隣接したカルボニル基またはシアノ基により共鳴安定化されている（図19・24）．しかし，α水素の解離しやすさは，隣接のカルボニル基の安定化能力に依存してさまざまである（表19・2）．

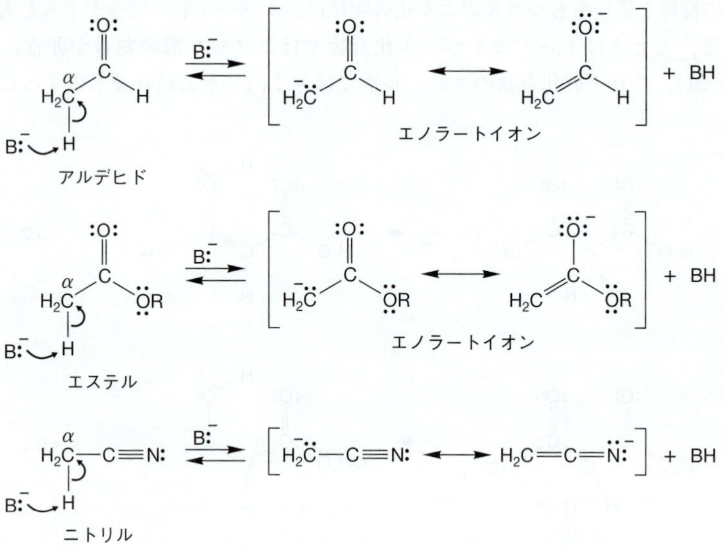

図 19・24 アシル化合物の α 水素は酸性であり，塩基により引抜かれ共鳴安定化されたエノラートイオンを生じる．ニトリルの場合も，エノラートイオンに似た構造の化学種を生成する．

アルデヒド

エノラートイオン

エステル

エノラートイオン

ニトリル

エステルやアミドは，アルデヒドやケトンに比べて共鳴による安定化がより大きい．したがって，そのカルボニル基は二重結合性が弱く，α 位の酸性は弱い．共鳴安定化と酸性度の関係に注目しよう．出発物質の共鳴安定化が大きければ大きいほど，プロトンを解離することは困難になる．

アミドは最も共鳴安定化の大きなアシル化合物であるため酸性が最も弱い．アミドの極性共鳴構造式にみられるように，正電荷を担っているのは酸素原子に比べれば電気陽性な窒素原子である（表 19・2；図 19・25）．このように，アミドの極性構造は比較的安定であり，アミドのエノラートを経由する反応はほとんどみられない．

表 19・2 アシル化合物の酸性度†

化合物	名　称	pK_a
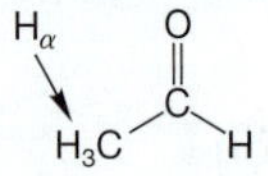 H_α → H_3C–C(=O)–H	アセトアルデヒド acetaldehyde	16.7
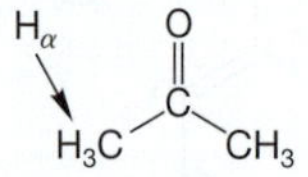 H_α → H_3C–C(=O)–CH_3	アセトン acetone	19.3
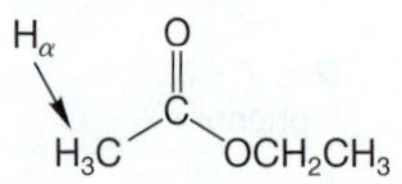 H_α → H_3C–C(=O)–OCH_2CH_3	酢酸エチル ethyl acetate	24
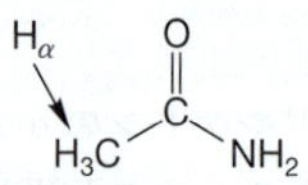 H_α → H_3C–C(=O)–NH_2	アセトアミド acetamide	25
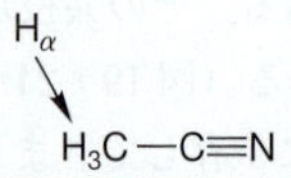 H_α → H_3C–C≡N	アセトニトリル acetonitrile	24

† 失われるプロトンを矢印で示す．

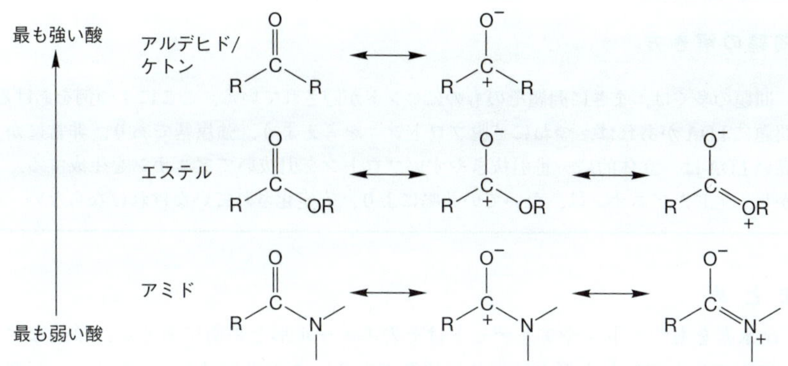

最も強い酸
アルデヒド/ケトン
エステル
アミド
最も弱い酸

図 19・25 エステルやアミドはアルデヒドやケトンよりも共鳴による安定化が大きい．安定な化合物のR基からα水素を取除くのは難しい．その大きいpK_a値でわかるようにこれらは弱い酸である．

第一級および第二級アミドからのエノラートの生成にはさらに問題がある．なぜなら，アミド窒素上のα水素が炭素上のα水素より酸性であり，より容易に塩基により引抜かれてアニオンを生じるからである（図 19・26）．

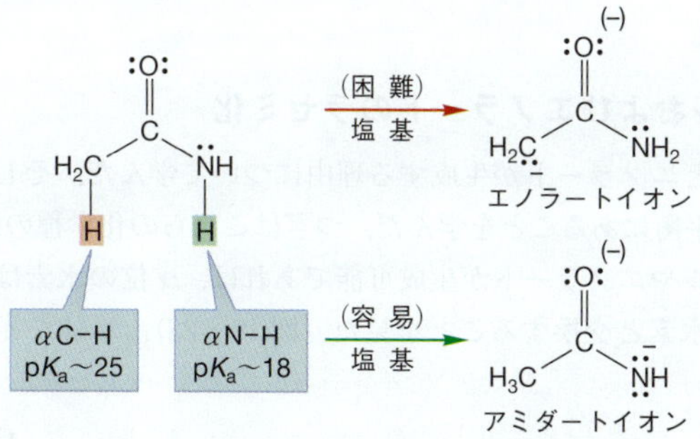

αC−H pK_a～25
αN−H pK_a～18
（困 難） 塩 基
エノラートイオン
（容 易） 塩 基
アミダートイオン

図 19・26 ほとんどのアミドには2種類のα水素がある．炭素に付いたプロトンが外れるよりも，窒素についたプロトンが外れる方がずっと容易である．

問題 19・8 アミド窒素上のα水素が炭素上のα水素より酸性であるのはなぜか（図 19・26）．

窒素上に水素がなければエノラートイオンの生成が可能となる．**リチウムジイソプロピルアミド**（lithium diisopropylamide；LDA，図 19・27）のようなかさ高い強塩基が，その十分な塩基性と低い求核性のため，よく用いられる．

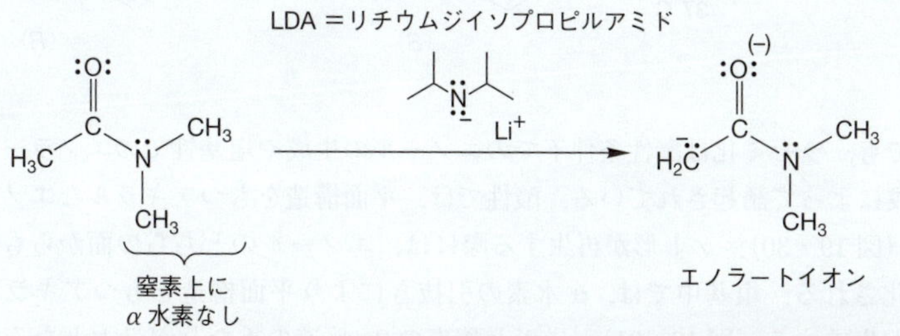

LDA ＝リチウムジイソプロピルアミド
窒素上にα水素なし
エノラートイオン

図 19・27 窒素上に水素のないアミドではエノラートイオンを発生しうる．

問題の解き方

問題の多くは，まさに問題そのものにヒントが隠されている．ここに 1 つ例をあげる．問題に LDA があれば，つねに“脱プロトン”を考えよう．強塩基であり，非常にかさ高い LDA は，立体的に一番引抜きやすいプロトンを引抜いてアニオンを生成する．しかし，生じたアニオンは，たいてい共鳴により，安定化されていなければならない．

ま と め

α 水素をもつケトンやアルデヒドはそのエノール形と平衡にあるが，単純なケトンやアルデヒドではケト形が圧倒的に優勢である．この平衡はケト−エノール互変異性とよばれ，酸と塩基のどちらも触媒として働く．特殊なカルボニル化合物の場合にだけ，エノール形が優勢になる．エステルや他のカルボン酸誘導体もまた酸性な α 水素をもつ．LDA は，ケトンやアルデヒド，あるいはエステルを対応するエノラートに完全に変換することができる強塩基である．

19・3 エノールおよびエノラートのラセミ化

前節でエノールとエノラートが生成する理由について学んだ．そして，エノールがカルボニル化合物と平衡にあることを学んだ．つぎはこれらの化学種の反応に目を移そう．

前節で，エノールやエノラートが生成可能であれば，α 位の水素は重水素化された酸や塩基によって重水素と交換することを見た（図 19・28）．単純な光学活性アルデヒドやケトンを酸や塩基で処理すると光学活性を失い，ラセミ化する．ただし，そのような反応が起こるのは炭素−酸素二重結合の α 位がキラル炭素であり，そこに α 水素が存在する場合に限られる（図 19・29）．

図 19・28 α 水素をもつカルボニル化合物の交換反応は，酸あるいは塩基によって触媒される．

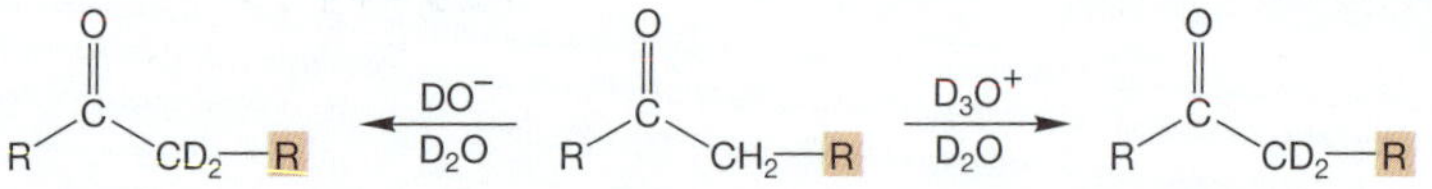

$$\mathrm{RC(=O)CD_2{-}R} \xleftarrow[\mathrm{D_2O}]{\mathrm{DO^-}} \mathrm{RC(=O)CH_2{-}R} \xrightarrow[\mathrm{D_2O}]{\mathrm{D_3O^+}} \mathrm{RC(=O)CD_2{-}R}$$

図 19・29 光学活性なカルボニル化合物は α 水素がキラル炭素上にあるならば，酸あるいは塩基でラセミ化する．

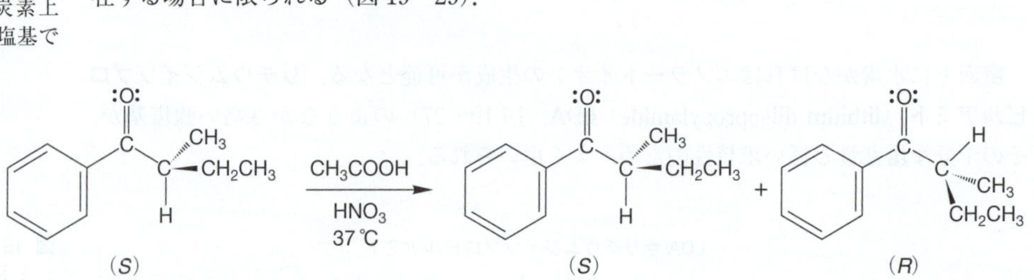

$$\underset{(S)}{\mathrm{PhC(=O)CH(CH_3)CH_2CH_3}} \xrightarrow[\mathrm{HNO_3},\ 37\,^\circ\mathrm{C}]{\mathrm{CH_3COOH}} \underset{(S)}{\mathrm{PhC(=O)CH(CH_3)CH_2CH_3}} + \underset{(R)}{\mathrm{PhC(=O)CH(CH_3)CH_2CH_3}}$$

ここでも，ラセミ化は酸性条件下でのエノールの生成や塩基性でのエノラートアニオンの生成によって誘起されている．酸性では，平面構造をもつアキラルなエノールが生成する（図 19・30）．ケト形が再生する際には，エノールのどちらの面からも等しくプロトン化される．塩基中では，α 水素の引抜きにより平面構造をもつアキラルなエノラートが生成する（図 19・31）．炭素と酸素の 2p 軌道の重なりが最大となるためにはエノラートは平面にならなければならず，平面構造になれば α 炭素はキラルではなく

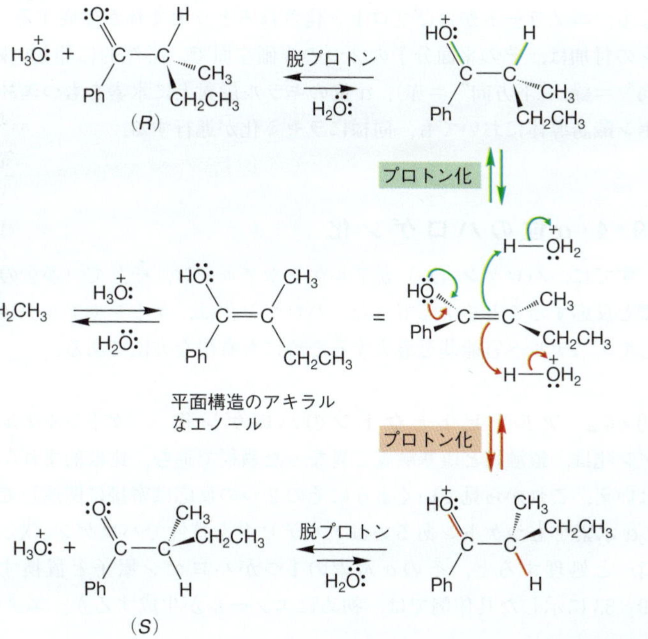

図 19・30 平面構造をしているエノールのプロトン化では，2つの鏡像異性体が等量ずつ生成する．光学活性なカルボニル化合物はエノール化によって光学活性を失う．

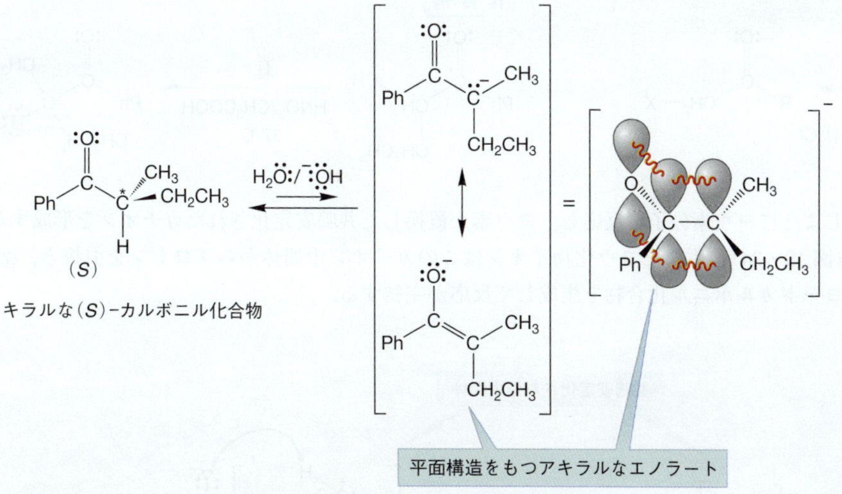

図 19・31 エノラートの共鳴安定化は，炭素原子と酸素原子の2p軌道の重なりに起因している．重なりが最大となるためには平面になることが必要であるが，平面のエノラートは必然的にアキラルである．キラリティーはエノラート化の段階で消失する．星印（*）は，その構造が単一の鏡像異性体であることを示していることを思い出そう．

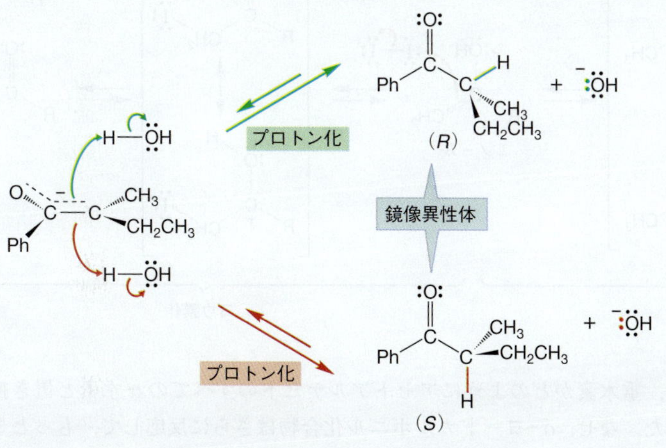

図 19・32 エノラートの再プロトン化が対等な上下2つの面から起これば1組の鏡像異性体が生成する．

なる．エノラートが再びプロトン化されるとラセミ体が生成する（図 19・32）．プロトンの付加は，その平面分子の 2 つの等価な面で，必然的に等しい確率で起こる（“上方向”＝緑，“下方向”＝赤）．α 位のキラル炭素上に水素をもつエステルやその他のカルボン酸誘導体においても，同様にラセミ化が進行する．

19・4 α 位のハロゲン化

すでに，ハロゲン（X_2）がアルケンやアルキン，そして（多少の助けがいるが）芳香環と反応することを学んできた．ハロゲン化は，ケトンやアルデヒド，カルボン酸，そしてエステルへ官能基を導入するためにも有用な方法である．

19・4a アルデヒドとケトンのハロゲン化　ケトンやアルデヒドの α 位のハロゲン化は，酸触媒と塩基触媒で異なった過程で進む，比較的まれな例の 1 つである．とはいえ，これから見ていくようにその 2 つの反応は密接に関連している．

α 水素をもつケトンあるいはアルデヒドを酸性でハロゲン（X_2，X＝I，Br，または Cl）と処理すると，その α 水素の 1 つがハロゲン原子と置換する（図 19・33）．図 19・33 に示した具体例では，初めにエノールが生成するが，エノールはアルケンと同

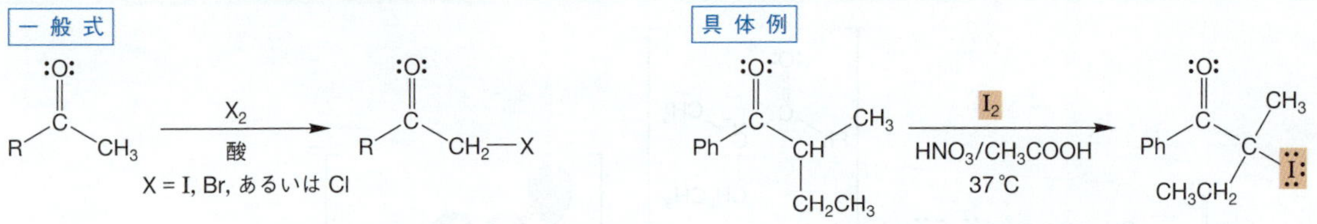

図 19・33　α 水素をもつケトンにヨウ素か臭素あるいは塩素を酸性で作用させると，α 位のハロゲン化が起こる．

一 般 式

$RCOCH_3$ —(X_2 / 酸)→ $RCOCH_2{-}X$

X = I, Br, あるいは Cl

具 体 例

$PhCOCH(CH_3)CH_2CH_3$ —(I_2 / HNO_3/CH_3COOH, 37 ℃)→ $PhCOC(I)(CH_3)CH_2CH_3$

じようにヨウ素分子と反応し，ヨウ素が置換した共鳴安定化されたカチオンを形成する（図 19・34）．生じたヨウ化物イオンはこのカチオン中間体からプロトンを引抜き，α-ヨードカルボニル化合物を生成して反応が完結する．

図 19・34　酸性条件下ではエノールが生成し，つぎにそれがヨウ素と反応して共鳴安定化されたカチオンを与える．ヨウ素あるいは水によって脱プロトンし α-ヨードカルボニル化合物になる．

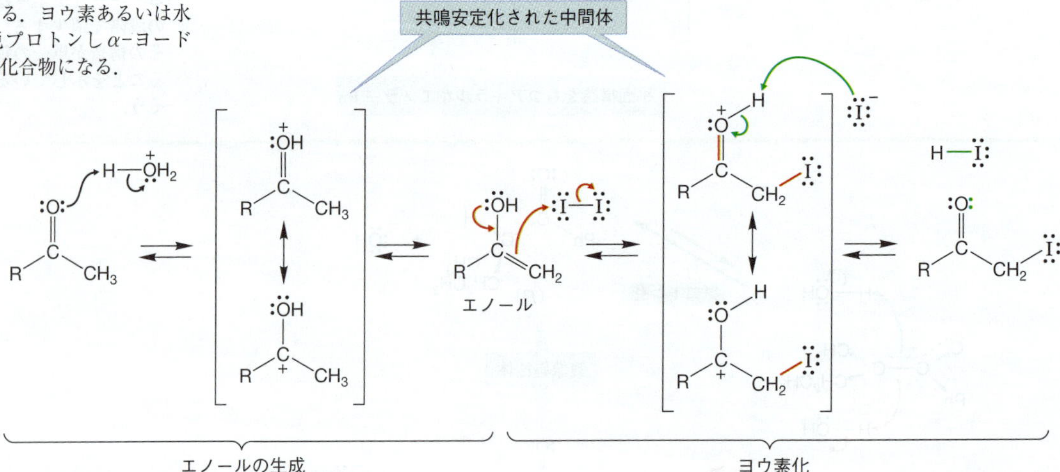

すでに，重水素がどのようにアセトアルデヒドのすべての α 水素と置き換わるのかを見てきた．なぜ，α-ヨードカルボニル化合物はさらに反応して，もっとヨウ素を取

込まないのだろうか．このような質問に答える方法は，仮想の反応が進む場合の機構を考え，その進行に不利な点を見つけることである．この場合は，簡単に見つかる．つまり，ハロゲンが導入されることによって，エノールの生成そのものが遅くなるのである．導入されたヨウ素は誘起効果によって電子を求引し，これによってエノール生成の第1段階であるカルボニル基のプロトン化が起こりにくくなっている（図19・35）．

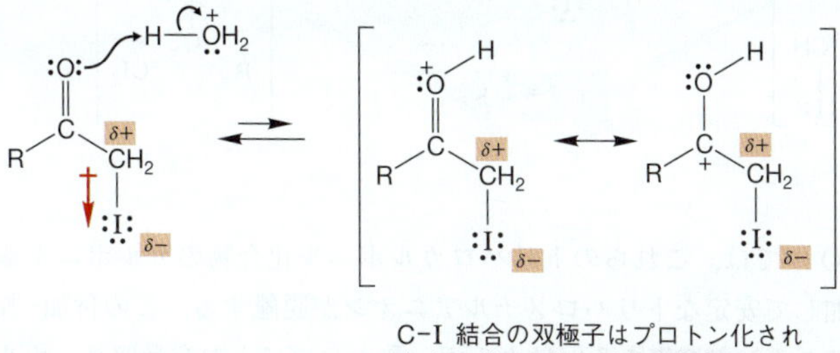

C−I 結合の双極子はプロトン化されたカルボニル基を不安定化するため，その生成を困難にしている

図 19・35 α−ヨードケトンのプロトン化は，ハロゲンの電子求引性のために起こりにくくなっている．

この連続するエノール生成とハロゲン化が，どの段階まで進むかを予想することは容易ではない．つぎのエノール生成が遅いために，モノヨード化合物が最終生成物になることを予想せよと，諸君に期待するのは無理であろう．でも，その原因を理解するのはそれほど難しいことではなく，結果を合理的に説明することは，新しい反応（この場合は反応しないこと）を予測することよりもずっと簡単である．

塩基性条件下では，その状況はまったく異なる．実際，モノヨード化合物の段階で反応を止めることは非常に難しい．一般にすべての α 水素がハロゲンで置換される．ケトンではカルボニル基の両側に α 水素があるかもしれないことに注意しよう．3つの α 水素をもつメチルケトンでは，反応はさらに**ハロホルム反応**（haloform reaction）とよばれる段階にまで進む．塩基中では，エノールではなくエノラートが生成する（図19・36）．このアニオンは S_N2 型でヨウ素と反応し α−ヨードカルボニル化合物を生成する．しかし，ヨウ素の電子求引的な誘起効果によって，α−ヨードケトンではエノラートの生成がより容易に（より難しくではない）なる．エノラートの負電荷が，電子求引効果によって安定化されるからである．第二，および第三のヨウ素の置換反応によって α,α,α−トリヨードカルボニル化合物が生成する（図19・37）．同様の反応は臭素や塩素についても知られている．

C−I の双極子はヨウ素化されたエノラートを安定化する

図 19・36 初めに生成した α−ヨードカルボニル化合物は，元のカルボニル化合物よりも酸性が強い．ヨウ素が導入されたことによって，エノラートがより容易に生成する．

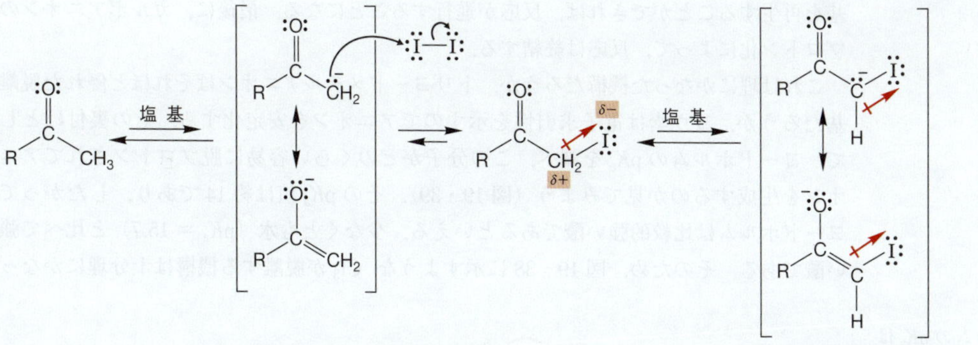

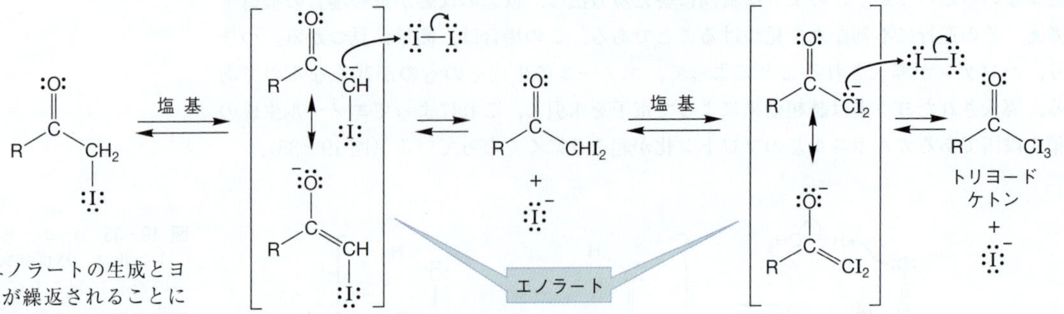

図 19・37 エノラートの生成とヨウ素化反応が繰返されることによって，α,α,α-トリヨードカルボニル化合物が生成する．

$NaOH/H_2O$ 中では，これらのトリハロカルボニル化合物のカルボニル基に水酸化物イオンが付加して安定なトリハロメチルアニオンが脱離する．この付加-脱離の段階の後，カルボアニオンが溶媒あるいはカルボン酸からプロトンを受取り，カルボン酸 1 分子と**ハロホルム**（haloform，トリハロメタンの慣用名）1 分子を与える（図 19・38）．塩基性条件下では，カルボン酸は脱プロトンされたままである．

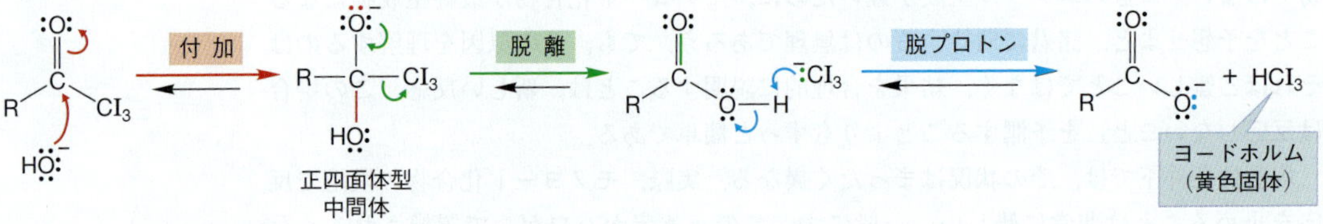

図 19・38 水酸化物イオンのカルボニル基への付加によって正四面体型中間体が生成する．その中間体からトリヨードメチルアニオンが脱離するとカルボン酸になり，プロトンの移動が起こって反応は完結する．

本質的に，すべての求核試薬はカルボニル基に付加し，多くの場合可逆的である．上記の反応では，付加反応はハロゲンが置換しているため，はるかに有利となっている（p.764）．それゆえ，水酸化物イオンのカルボニル基への付加は，間違いなく起こるだろう．いったん付加反応が起これば，トリヨードメチルアニオンが脱離してカルボニル基を再生することができれば，反応が進行することになる．最後に，カルボアニオンのプロトン化によって，反応は終結する．

これは理にかなった機構だろうか．トリヨードメチルアニオンはそれほど優れた脱離基だろうか．ヨウ素は電子求引性を示すのでアニオンを安定化する．その裏付けとして，ヨードホルムの pK_a を調べ，この分子がどのくらい容易に脱プロトンされてアニオンを生成するのか見てみよう（図 19・39）．その pK_a 値は約 14 であり，したがってヨードホルムは比較的強い酸であるといえる．少なくとも水（pK_a = 15.7）と比べて強い酸である．そのため，図 19・38 に示すような $^-CI_3$ が脱離する機構は十分理にかなっている．実際，このヨードホルム反応はメチルケトン類の存在を診断する反応として役に立つ．ヨードホルムの黄色い固体が生成すれば，カルボニル炭素についたメチル基の存在を示すことになる．

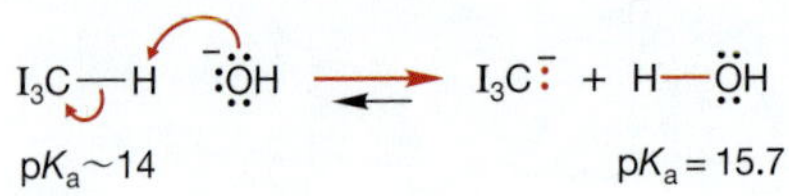

$$I_3C-H + {}^-OH \rightleftharpoons I_3C^- + H-OH$$

図 19・39 ヨードホルムの pK_a は約 14 である．ヨードホルムは比較的強い酸であり，$^-CI_3$ が脱離基となって抜けていく段階は理にかなっている．

問題 19・9 つぎの反応の生成物を予測し，反応機構を記せ．

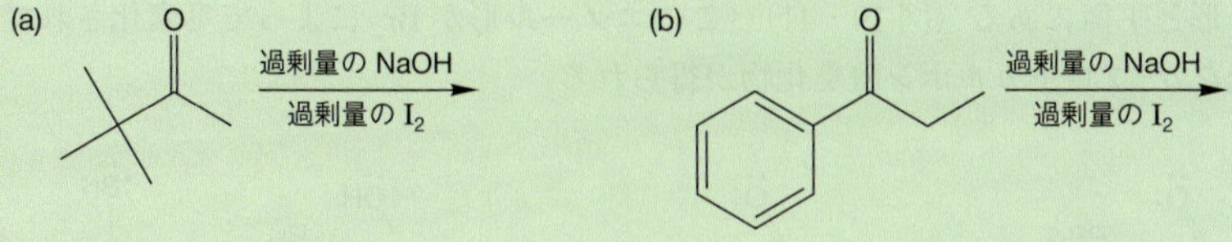

(a) 過剰量の NaOH / 過剰量の I_2 →

(b) 過剰量の NaOH / 過剰量の I_2 →

問題 19・10 以下の反応式に示したケトンの3つの反応，D_2O/DO^- 中での α 水素の重水素との交換，$Br_2/H_2O/HO^-$ を使った α 臭素化，H_2O/HO^- の中でのラセミ化の速度を測定すると，いずれも同じになる．なぜ3つの異なる反応の速度が同じなのか．エネルギーと反応進度の図を使って説明せよ．

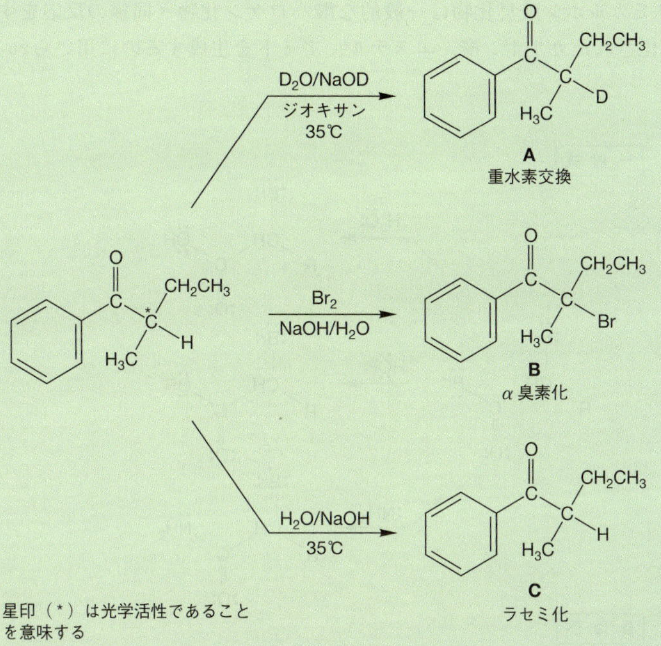

D_2O/NaOD, ジオキサン, 35℃ → **A** 重水素交換

Br_2, NaOH/H_2O → **B** α 臭素化

H_2O/NaOH, 35℃ → **C** ラセミ化

星印（*）は光学活性であることを意味する

19・4b カルボン酸のハロゲン化 ハロゲン化はカルボン酸の α 位でも進行する．カルボン酸を Br_2 と PBr_3 で，あるいはこれと同等なリンと臭素の混合物で処理すると，最終的に α-ブロモカルボン酸が生成する（図 19・40）．この反応は Carl M. Hell (1849〜1926)，Jacob Volhard (1834〜1910) および Nicolai D. Zelinsky (1861〜1953) にち

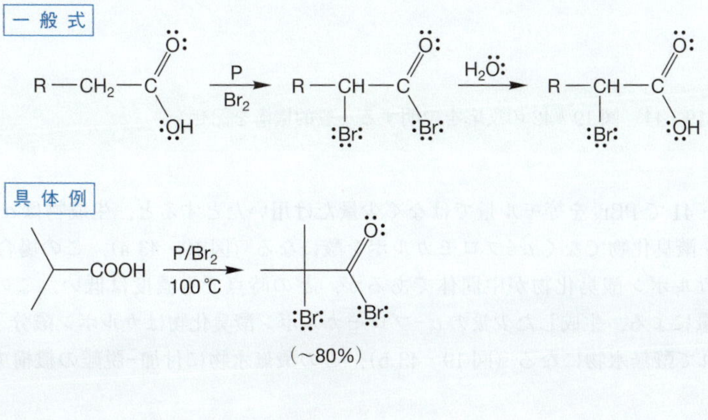

一般式

R—CH_2—C(=O)OH —(P, Br_2)→ R—CH(Br)—C(=O)Br —(H_2O)→ R—CH(Br)—C(=O)OH

具体例

$(CH_3)_2CH$COOH —(P/Br_2, 100℃)→ $(CH_3)_2CBr$—C(=O)Br (〜80%)

図 19・40 Hell-Volhard-Zelinsky 反応

なんで **Hell-Volhard-Zelinsky 反応**（Hell-Volhard-Zelinsky reaction）として知られている．最初の段階は PBr_3 との反応による酸臭化物の生成である．酸臭化物はそのエノール形と平衡にある（図 19・41）．このエノール形が Br_2 によって臭素化されて，単離可能な α-ブロモカルボン酸臭化物が得られる．

図 19・41 Hell-Volhard-Zelinsky 反応の中間体は α-ブロモカルボン酸臭化物である．この化合物は三臭化リン（PBr_3）を等モル量使用すれば単離できる．

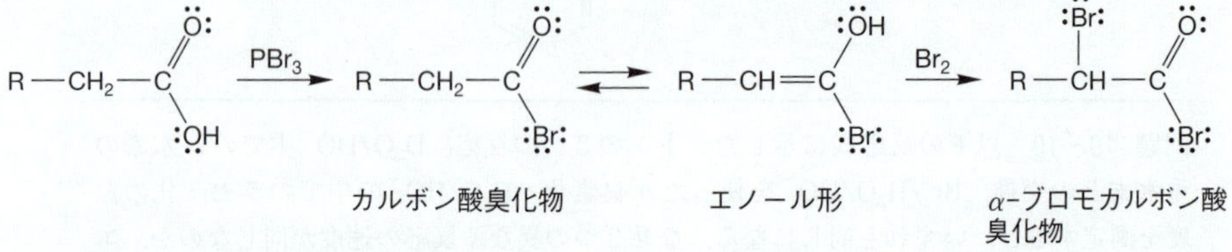

カルボン酸臭化物　エノール形　α-ブロモカルボン酸臭化物

α-ブロモカルボン酸臭化物は一般的な酸ハロゲン化物と同様の反応をするので，α 位が臭素化されたカルボン酸，エステル，アミドを生成するのに用いられる（図 19・42）．

図 19・42 α-ブロモカルボン酸臭化物の反応により得られる化合物

一般式

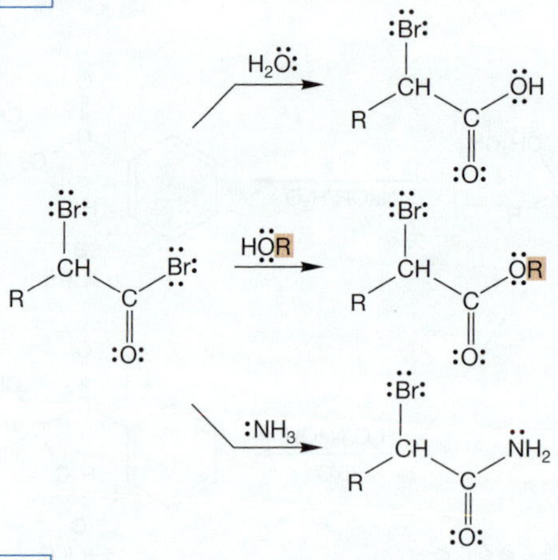

具体例

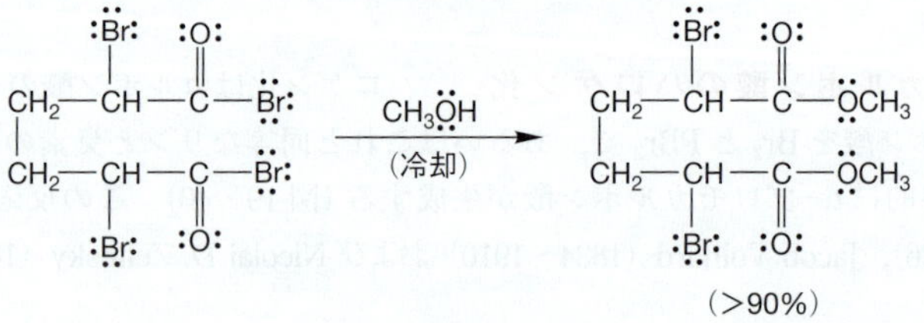

CH$_3$OH（冷却）

（>90%）

問題 19・11 図 19・42 の反応を説明する一般的機構を記せ．

図 19・41 で PBr_3 を等モル量ではなく少量だけ用いたとすると，生成物は α-ブロモカルボン酸臭化物でなく α-ブロモカルボン酸になる（図 19・43 a）．この場合も，α-ブロモカルボン酸臭化物が中間体であるが，どの時点でも濃度は低い．この濃度は PBr_3 の量による．生成した少量の α-ブロモカルボン酸臭化物はカルボン酸分子により攻撃されて酸無水物になる（図 19・43 b）．この酸無水物に付加-脱離の機構で臭化物

イオンが反応し，α-ブロモカルボン酸アニオンと新たなカルボン酸臭化物ができる．後者はつぎの触媒サイクルに入っていく．最後に加水分解すればα-ブロモカルボン酸が得られる．この反応は実際には複雑な反応機構で進行している．

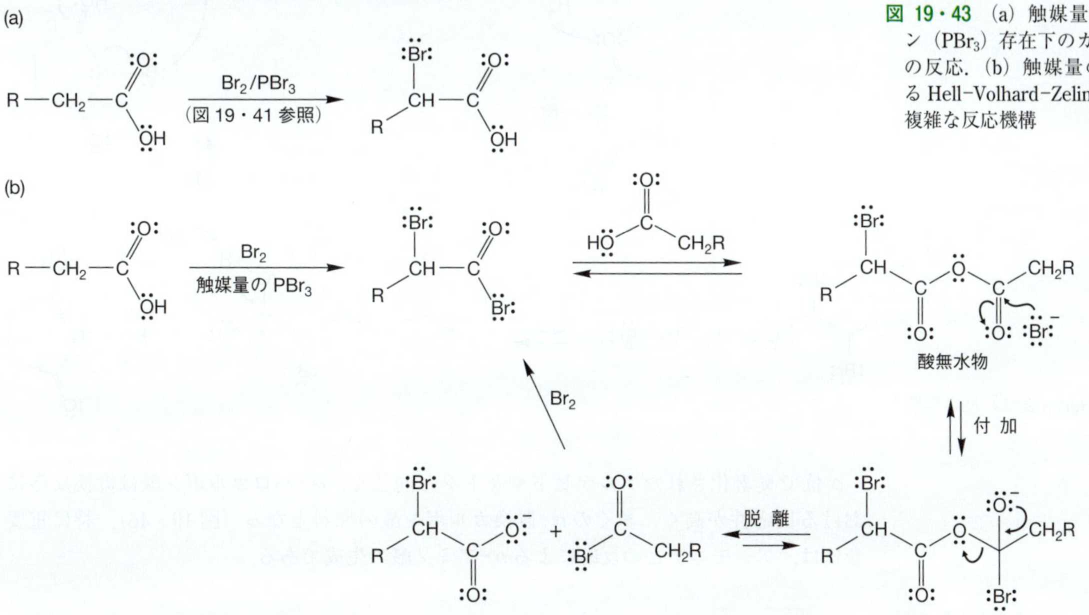

(a)
R—CH₂—C(=O)OH → Br₂/PBr₃ (図 19・41 参照) → R—CH(Br)—C(=O)OH

(b)
R—CH₂—C(=O)OH → Br₂ 触媒量の PBr₃ → R—CH(Br)—C(=O)Br ⇄ (HO—C(=O)—CH₂R) 酸無水物
付 加 / 脱 離 / Br₂

図 19・43 (a) 触媒量の三臭化リン (PBr_3) 存在下のカルボン酸との反応．(b) 触媒量の PBr_3 による Hell-Volhard-Zelinsky 反応の複雑な反応機構

α-ブロモ化合物の合成にのみ適用できるこの Hell-Volhard-Zelinsky 反応は，実は，使いづらい場合も少なくない．試薬の臭素とリンは有毒であり，たいてい反応時間が長く，反応条件も過酷である．このような理由により，この古典的な Hell-Volhard-Zelinsky 反応を発展させ，それに置き換わるような反応も生まれてきている．たとえば，マギル大学の David Harpp（1937 年生まれ）と共同研究者は少量の HBr の存在下で酸塩化物と *N*-ブロモスクシンイミド（NBS，p.559）を反応させてα-ブロモカルボン酸塩化物を容易に高い収率で得た（図 19・44）．

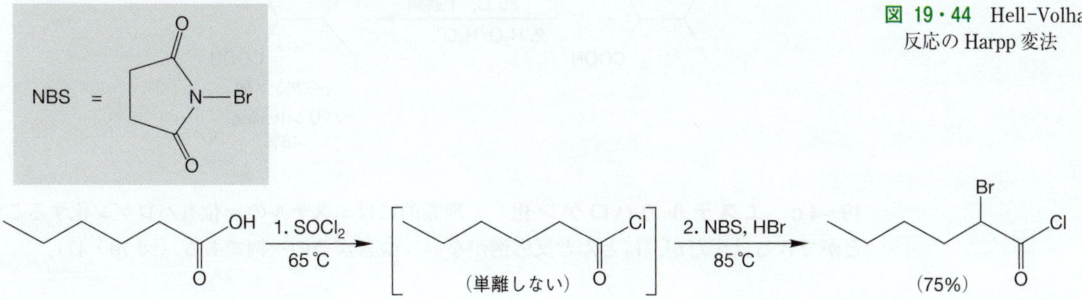

NBS = N—Br
1. SOCl₂ 65 ℃ → [(単離しない)] → 2. NBS, HBr 85 ℃ → (75%)

図 19・44 Hell-Volhard-Zelinsky 反応の Harpp 変法

Harpp（ハープ）変法の機構はイオン的なものであり，これまでに学んだ反応の組合わせである．触媒である HBr は酸ハロゲン化物のカルボニル基をプロトン化し（図 19・45），NBS がα炭素からプロトンを引抜いてエノールを与える．つぎに，このエノールは求核試薬として働き，NBS から臭素を受取る．最後に，プロトン化されたカルボニル基から脱プロトンが起こって最終生成物を生じ，一方で酸触媒分子が再生する．

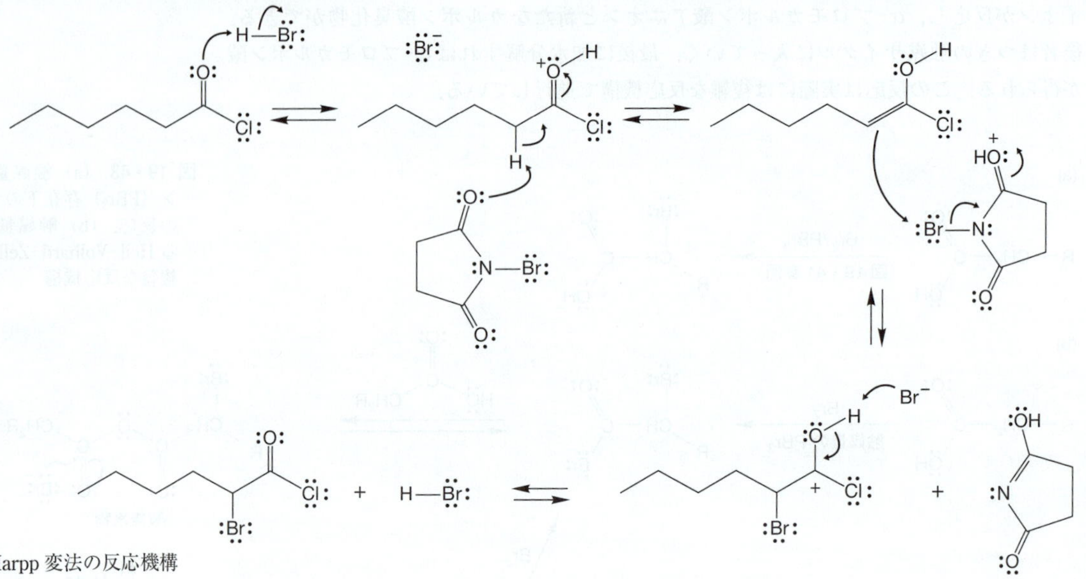

図 19・45 Harpp 変法の反応機構

α 位で臭素化されたアルデヒドやケトンと同じく，α-ハロカルボン酸は置換反応における反応性が高く，多くの α-置換カルボン酸の原料となる（図 19・46）．特に重要な例は，アンモニアとの反応による α-アミノ酸の生成である．

図 19・46 α-ハロカルボン酸の反応例

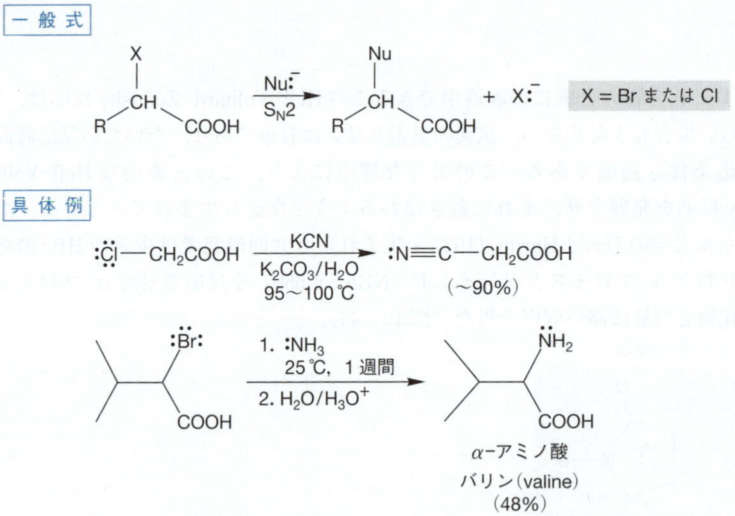

一般式

R–CH(X)–COOH $\xrightarrow[S_N2]{Nu:^-}$ R–CH(Nu)–COOH + $X:^-$ X = Br または Cl

具体例

:Cl–CH_2COOH $\xrightarrow[K_2CO_3/H_2O,\ 95\sim100\ ℃]{KCN}$:N≡C–CH_2COOH（~90%）

$\xrightarrow[2.\ H_2O/H_3O^+]{1.\ :NH_3,\ 25\ ℃,\ 1\ 週間}$ α-アミノ酸 バリン（valine）（48%）

19・4c エステルのハロゲン化

理論的にはエステルの α 位もハロゲン化することができるはずだが，ほとんど反応例がない．つぎがその一例である（図 19・47）．

図 19・47 α-ブロモエステルの合成（次ページにつづく）

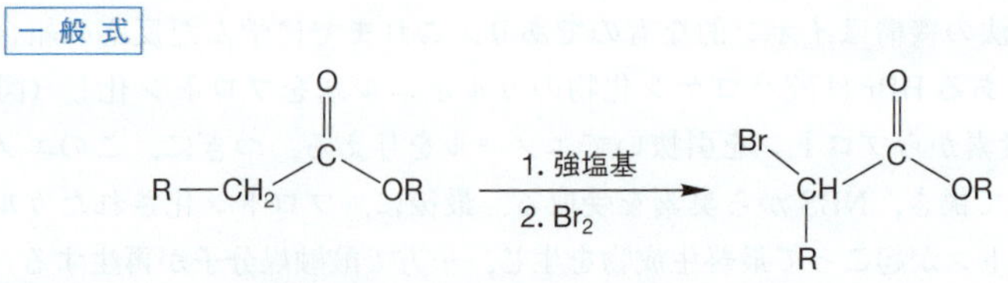

一般式

R–CH_2–C(=O)–OR $\xrightarrow[2.\ Br_2]{1.\ 強塩基}$ R–CH(Br)–C(=O)–OR

問題 19・47 (つづき)

具体例

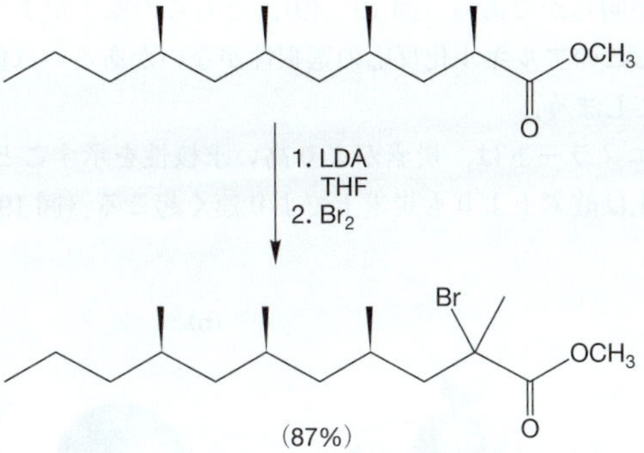

まとめ

これまでカルボニル化合物のα位で起こる2つの反応について学んできた．これらをもっと複雑なプロセスの原型として用いていくことにする．エノラートは求電子的なH^+あるいはX_2と反応する．主眼は一貫しており，(塩基中での) エノラートアニオンと (酸性中での) エノールの形成と，その求核試薬としての活用である．そのような求核試薬によって，どのような反応が起こるのだろうか．

19・5 α位のアルキル化

これまで，エノラートアニオンが求核試薬として作用する例をいくつか学んだ．論理的に考えると，エノラートをS_N2反応における求核試薬として用いることができそうである．もしそれが可能であれば，カルボニル化合物のα位をアルキル化する方法となり，非常に有用な炭素−炭素結合形成反応となるであろう (図19・48).

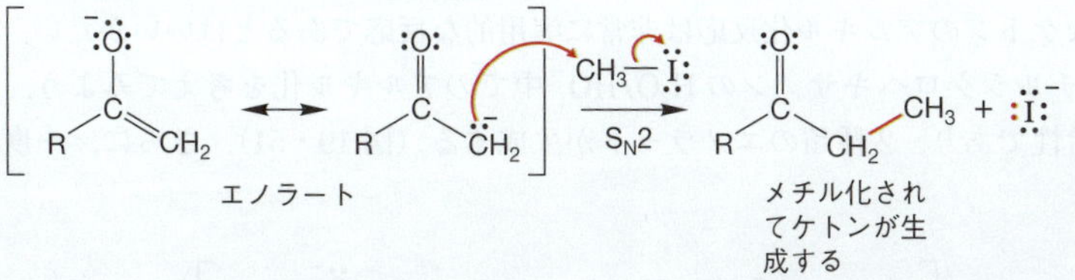

図 19・48 エノラートがS_N2反応における求核試薬として働くことができるならば，α位のアルキル化による新たな炭素−炭素結合形成の一方法になるであろう．

この反応には，いくつかの困難な点と制約があることにすぐに気づくだろう．まず，エノラートのアルキル化はS_N2反応であり，たいへん込み合っていてS_N2反応を起こさない第三級ハロゲン化物は用いることができない．

エノラートアニオンの共鳴構造式を見ると，負電荷は酸素原子と炭素原子とに共有さ

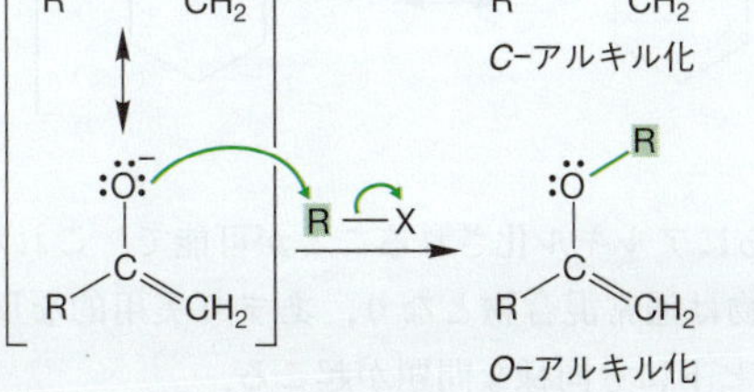

図 19・49 原理的には，エノラートのアルキル化は炭素上にも酸素上にも起こりうる．

れていることが明らかである（図 19・49）．どちらの原子がより速くアルキル化されるだろうか．もしこのアルキル化反応の選択性がないかあるいは低ければ，用途の限られた反応になってしまう．

ほとんどのエノラートは，炭素がより高い求核性を示すことがわかっている．つまり，アルキル化は酸素上よりも炭素上でより速く起こる（図 19・50）．このことは，エノラートの最高被占軌道では酸素上よりも炭素上の電子密度がより高いことから説明できる．また，エノラートと求電子試薬との対イオン（たとえば，Li）による配位の効果によっても，その選択性が説明できる．もし対イオンが全電子密度の高い部分，すなわちこの場合は酸素原子と錯体を形成すると，より立体障害の小さい炭素の位置でアルキル化が起こる．

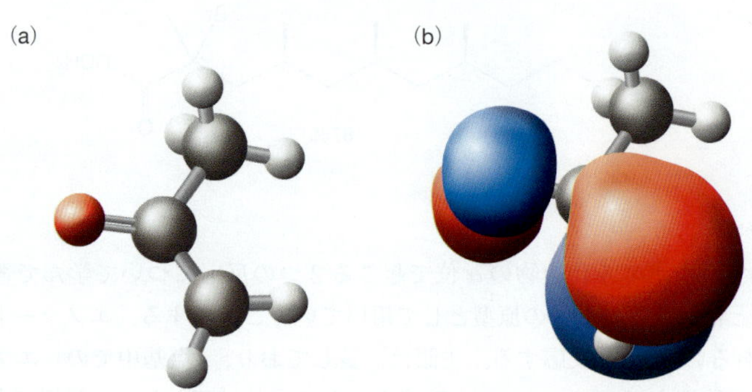

図 19・50 (a) アセトンのエノラート．(b) 理論計算によるアセトンエノラートの最高被占軌道図．エノラートの炭素上の電子密度が高いことに注目してほしい．実際，アルキル化は通常炭素上で起こる．これは，求核試薬の反応にかかわる分子軌道において炭素上の電子密度がより高いためである．

19・5a ケトンまたはアルデヒドのアルキル化 酸素上のアルキル化反応が進行しにくいことがわかったが，まだほかにも問題があり，水酸化物イオンを塩基として用いる単純なケトンのアルキル化反応は非常に実用的な反応であるとはいいがたい．例として 2-メチルシクロヘキサノンの H_2O/HO^- 中でのアルキル化を考えてみよう．両方の α 位が活性であり，2 種類のエノラートが生成する（図 19・51）．さらに，一度アルキル化された化合物はさらにアルキル化されることが可能で，これが望むモノアルキル化反応と競争する．生成物は通常混合物となり，あまり実用的な反応ではない（図 19・52）．ほとんどのアルデヒドにも同様な問題が起こる．

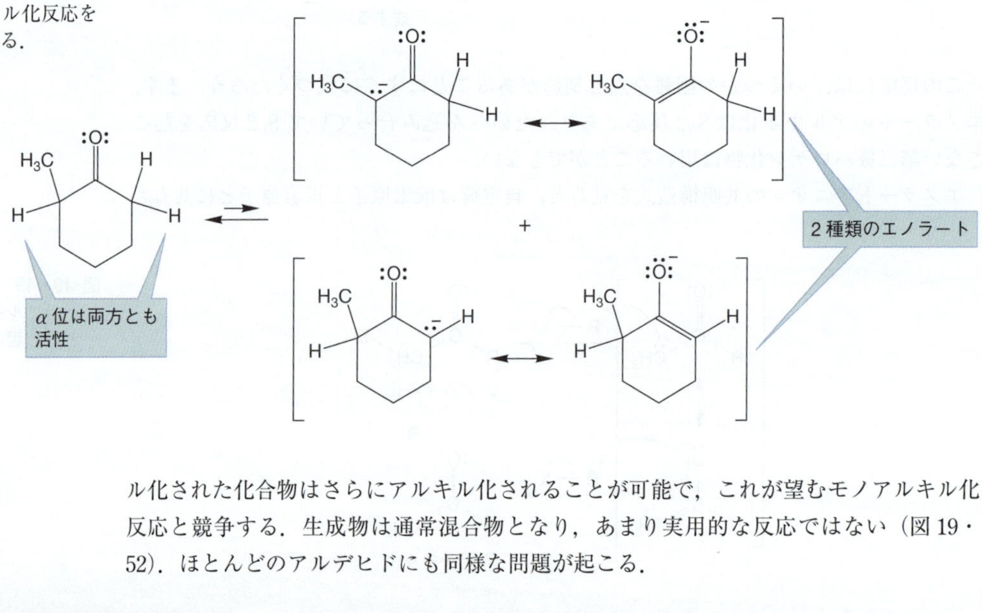

α 位は両方とも活性

2 種類のエノラート

図 19・51 多くのケトンでは，少なくとも 2 種類のエノラートが存在しうるので，アルキル化反応を行うと混合物が得られる．

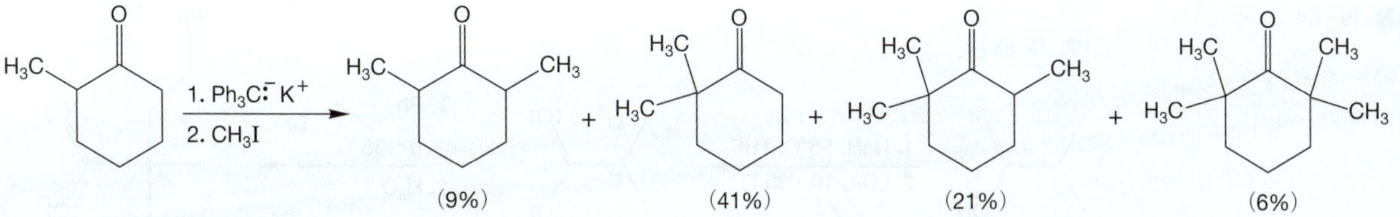

1. Ph_3C^- K^+ 2. CH_3I (9%) (41%) (21%) (6%)

図 19・52 多くのケトンでは，しばしばアルキル化が2回以上起こるため，生成物は混合物になる．

しかし，低温でLDAのような求核性の乏しい強塩基を用いてエノラートを形成した場合（図19・53），たいていモノアルキル化で止めることができる．LDAは，カルボニル化合物をすべてエノラートへ変換させるのに十分な塩基性をもつ．このモノアルキル化は，有機合成上有用な反応である．

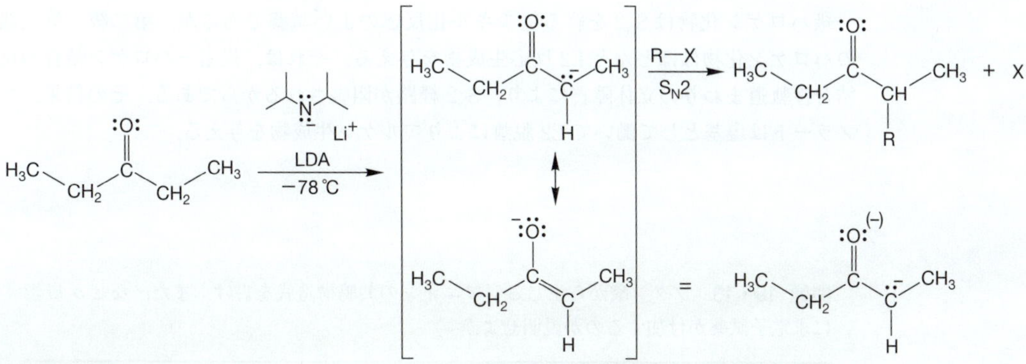

LDA −78℃ R—X S_N2 + X^-

図 19・53 LDAのような強塩基と低温条件は，エノラートの生成に効果的である．

図19・53での共鳴構造式の簡略化した表記法に，もう一度注意してほしい．重要な共鳴構造式をいちいち描く代わりに，それらを要約した1つの式が描かれている．電荷あるいは電子を分け合う位置は（+），（−），（・）のように括弧をつけて示される．

約束事についての注意

共鳴構造式の簡略表記法

問題 19・12 LDAは求核性に乏しい塩基であり，カルボニル炭素に付加しない．なぜLDAは求核性に乏しいか説明せよ．また，これまで用いた求核性の乏しい塩基をあげよ（特に8章）．

19・5b カルボン酸のアルキル化 アルキル化はカルボン酸でも起こる．ただし，この反応はジアニオンを経て進行するので2モル量の強塩基が必要である．最初の1モル量はカルボキシ基の水素を引抜いてカルボン酸アニオンを与える．もしも，使われた塩基が強い塩基でしかも求核性が弱ければ，第二の水素がα位から引抜かれる．よく

図 19・54 カルボン酸のジアニオンはエノラートイオンとして働く．それらは，第一級あるいは他の反応性の高いハロゲン化物により，α位でアルキル化される．

（次ページにつづく）

一般式

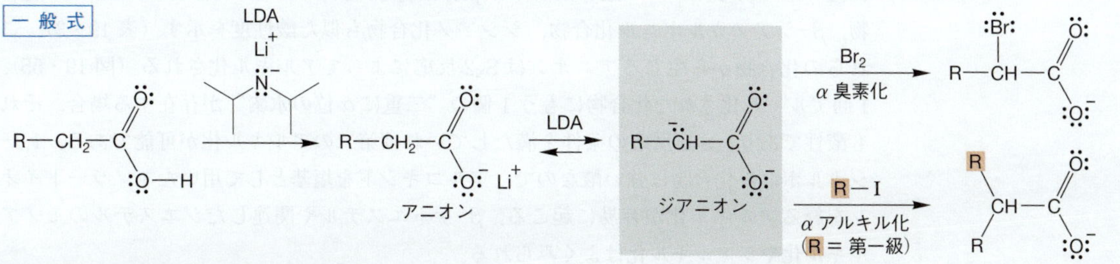

LDA Li^+ アニオン LDA ジアニオン Br_2 α臭素化 R−I αアルキル化 （R = 第一級）

問題 19・54 （つづき）

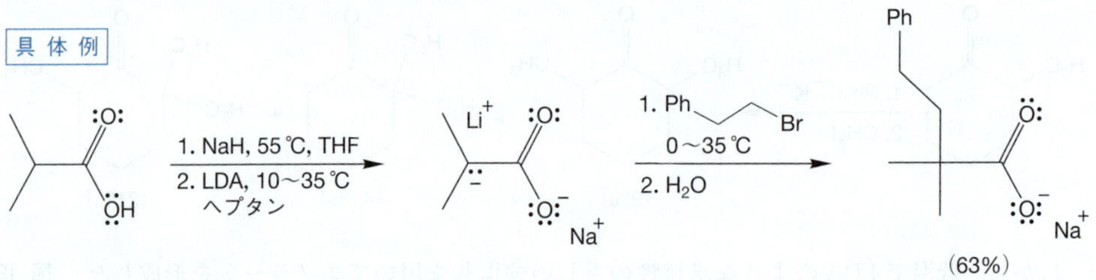
具体例
:O:
ÖH
1. NaH, 55 ℃, THF
2. LDA, 10～35 ℃
ヘプタン
Li+
:O:
:O:−
Na+
1. Ph Br
0～35 ℃
2. H2O
Ph
:O:
:O:−
Na+
(63%)

使われる典型的な塩基は LDA である．生成したジアニオンは α 位が臭素化されるし，反応性が高いアルキル化試薬を用いればアルキル化もされる（図 19・54）．アルキル化後は，生じたカルボン酸アニオンが再びプロトン化されて，中性な生成物を与える．第一級ハロゲン化物は S_N2 を経るアルキル化反応のよい試薬であるが，第二級，第三級のハロゲン化物はほとんど E2 反応生成物を与える．それは，炭素－ハロゲン結合の反結合性軌道まわりの立体障害により，S_N2 経路が阻害されるからである．その結果，エノラートは塩基として働いて E2 脱離によりアルケン生成物を与える．

問題 19・13 ブタン酸から生じるジアニオンの共鳴構造式を書け．また，なぜ α 炭素に求電子試薬が付加するのか説明せよ．

問題 19・14 つぎにカルボン酸の α 位と求電子試薬との 2 つの関連した反応を示した．反応機構を記せ．

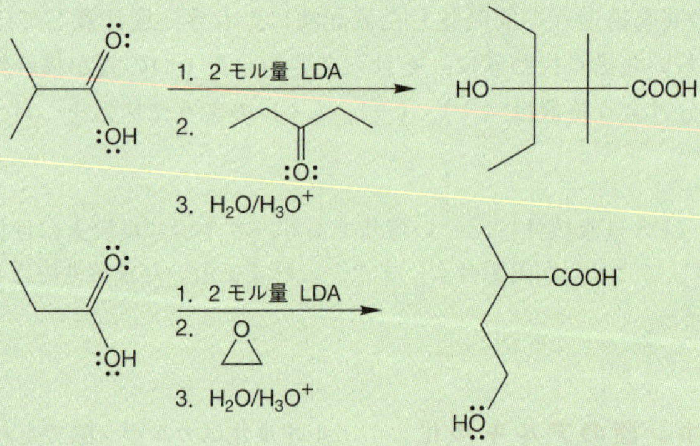
:O:
:OH
1. 2 モル量 LDA
2.
:O:
3. H2O/H3O+
HO
COOH
:O:
:OH
1. 2 モル量 LDA
2.
O
3. H2O/H3O+
COOH
HÖ

19・5c 1,3-ジカルボニル化合物のアルキル化　1,3-ジカルボニル化合物は非常に強い酸である．マロン酸ジエチルの pK_a は約 13 であり，他の 1,3-ジカルボニル化合物，β-シアノカルボニル化合物，ジシアノ化合物も似た酸性度を示す（表 19・3）．これらの化合物から生じるアニオンは S_N2 反応によってアルキル化される（図 19・55）．1 回アルキル化された化合物にもう 1 個の“二重に α 位の水素”が存在する場合，それも酸性であり，S_N2 反応の条件を満たしていれば第二のアルキル化が可能である．1,3-ジカルボニル化合物は強い酸なので，アルコキシドを塩基として用いたエノラートイオンを経るアルキル化が容易に起こる．β-ケトエステルや関連したジエステルのモノアルキル化やジアルキル化はよくみられる．

表 19・3 1,3-ジカルボニルおよび類似化合物の pK_a 値

化合物	共役塩基（エノラート）	pK_a
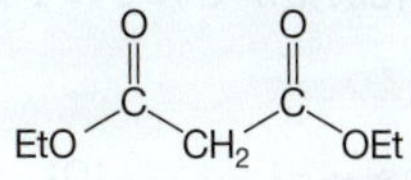 $EtOC(=O)CH_2C(=O)OEt$	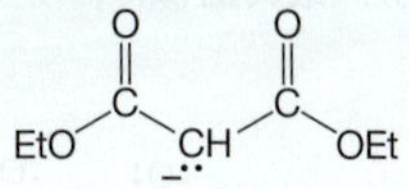 $EtOC(=O)\bar{C}HC(=O)OEt$	13.3
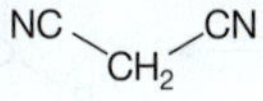 $NC-CH_2-CN$	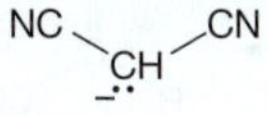 $NC-\bar{C}H-CN$	11
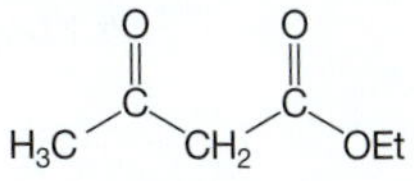 $H_3CC(=O)CH_2C(=O)OEt$	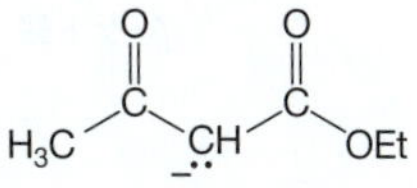 $H_3CC(=O)\bar{C}HC(=O)OEt$	10.7
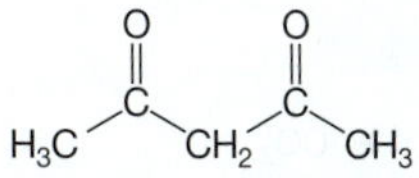 $H_3CC(=O)CH_2C(=O)CH_3$	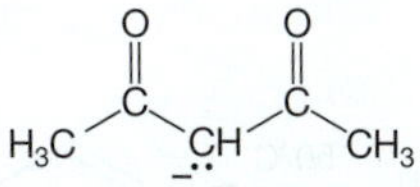 $H_3CC(=O)\bar{C}HC(=O)CH_3$	8.9
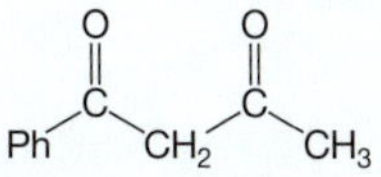 $PhC(=O)CH_2C(=O)CH_3$	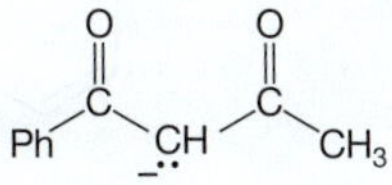 $PhC(=O)\bar{C}HC(=O)CH_3$	8.5
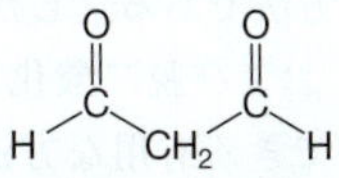 $HC(=O)CH_2C(=O)H$	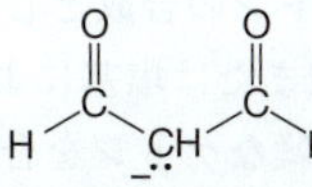 $HC(=O)\bar{C}HC(=O)H$	5

一般式

$ROC(=O)CH_2C(=O)CH_3$ —(RO^- / HOR)→ $ROC(=O)\bar{C}HC(=O)CH_3$ —(R−X, S_N2)→ $ROC(=O)CH(R)C(=O)CH_3$

アルキル化 1 回

$ROC(=O)CH(R)C(=O)CH_3$ —(RO^- / HOR)→ $ROC(=O)\bar{C}(R)C(=O)CH_3$ —(R−X, S_N2)→ $ROC(=O)C(R)(R)C(=O)CH_3$

アルキル化 2 回

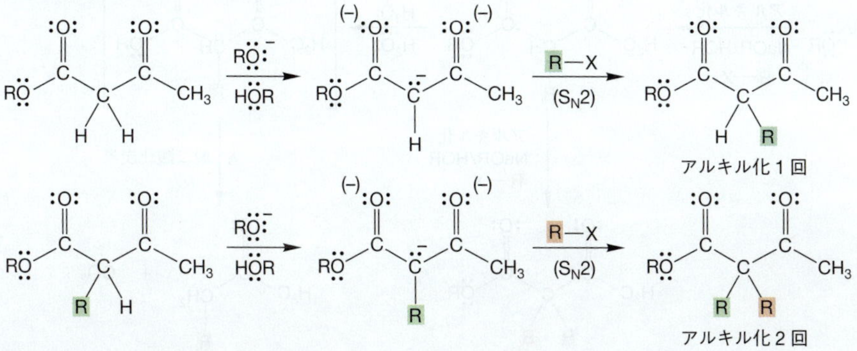

図 19・55 1,3-ジカルボニル化合物のアルキル化

具体例

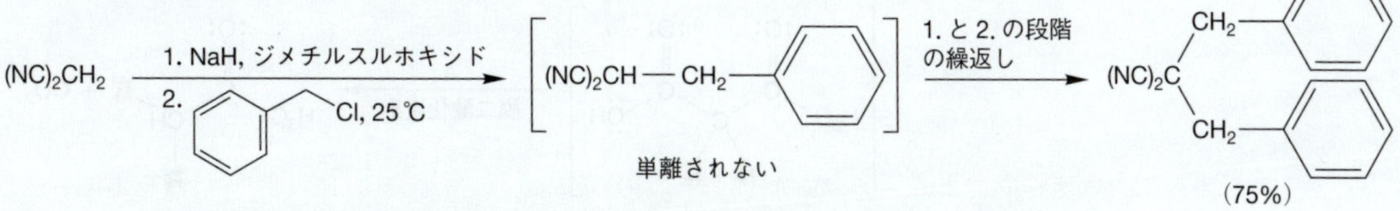

$(NC)_2CH_2$ —(1. NaH, ジメチルスルホキシド; 2. $PhCH_2Cl$, 25 ℃)→ [$(NC)_2CH-CH_2Ph$] —(1. と 2. の段階の繰返し)→ $(NC)_2C(CH_2Ph)_2$ (75%)

単離されない

問題 19・15 つぎの反応の生成物を予想し反応機構を記せ．

(a) 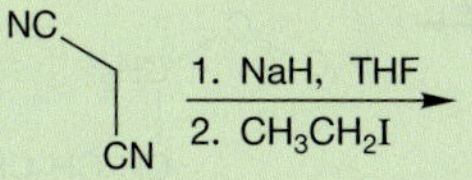 $NC-CH_2-CN$ —(1. NaH, THF; 2. CH_3CH_2I)→

(b) 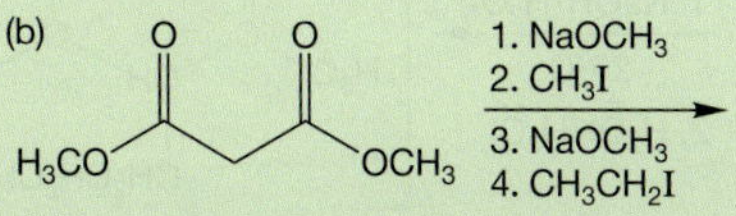 $H_3CO-C(=O)CH_2C(=O)-OCH_3$ —(1. $NaOCH_3$; 2. CH_3I; 3. $NaOCH_3$; 4. CH_3CH_2I)→

19・5d 1,3-ジカルボニル化合物の加水分解と脱二酸化炭素 17・7g 節で学んだように，アセト酢酸エステルのような β-ケトエステルを加水分解すると，生成する β-ケト酸は非常に不安定で容易に脱二酸化炭素（decarboxylation，脱炭酸ともよばれる）が起こる（図 19・56）．最終的には，ケトンと二酸化炭素がそれぞれ 1 分子生成する．この反応は，単純なケトンの合成としては遠回りな方法である．しかし，図 19・55 のアルキル化反応と，酸または塩基による加水分解，および脱二酸化炭素（p.842）とを組合わせると，より複雑なケトンを合成することができる有用な方法となる（図 19・57）．

図 19・56 β-ケトエステルの酸性加水分解と脱二酸化炭素

一般式

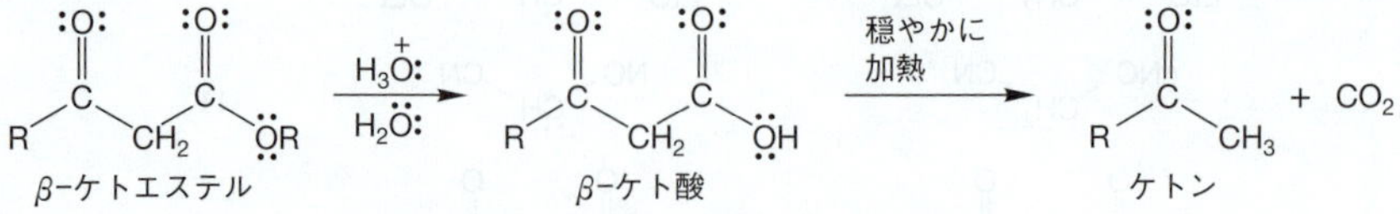

β-ケトエステル → (H_3O^+, H_2O) → β-ケト酸 → (穏やかに加熱) → ケトン + CO_2

具体例

(50 ℃) + CO_2

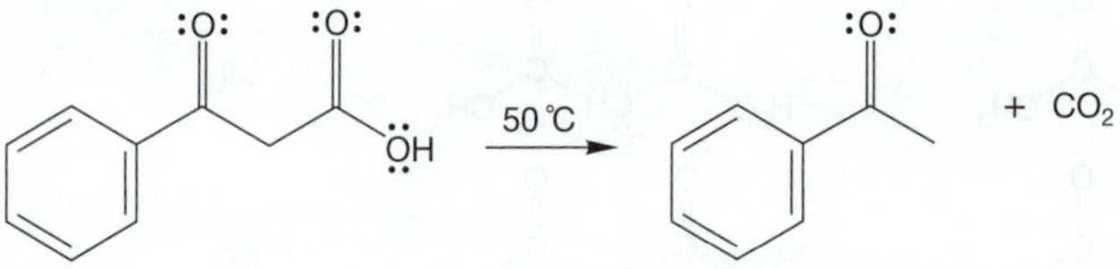

図 19・57 アルキル化-脱二酸化炭素によるケトンの合成

一般式

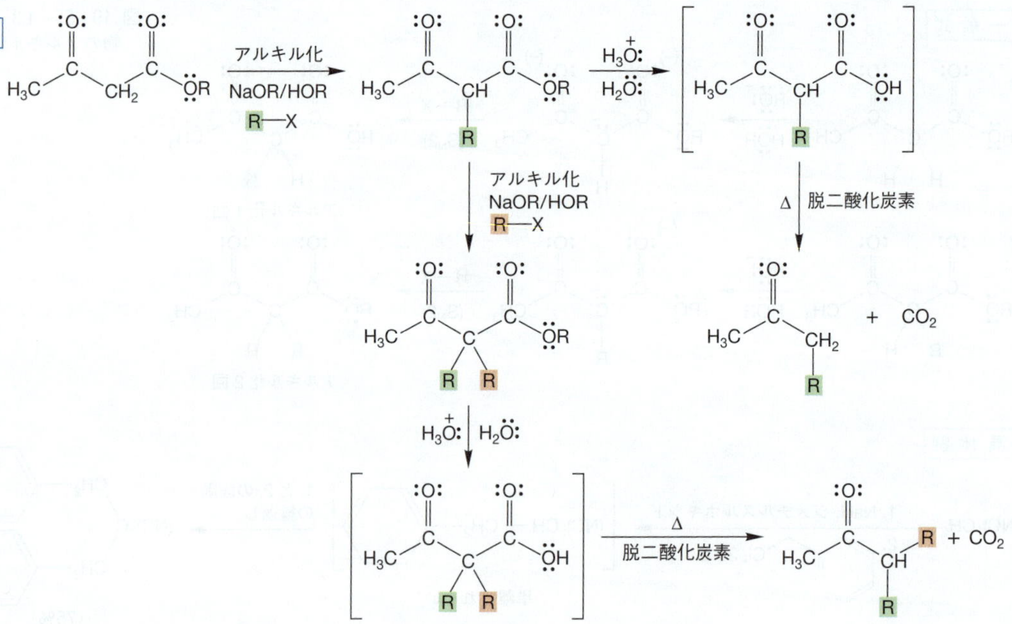

アルキル化 NaOR/HOR R—X

H_3O^+ H_2O

アルキル化 NaOR/HOR R—X

Δ 脱二酸化炭素

+ CO_2

H_3O^+ H_2O

Δ 脱二酸化炭素

+ CO_2

具体例

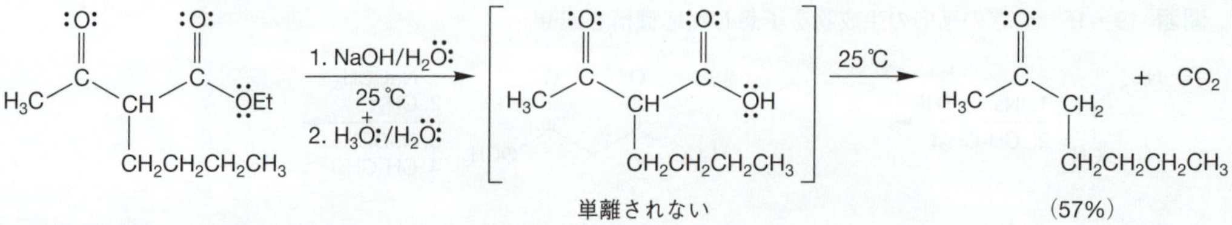

H_3C–CO–CH($CH_2CH_2CH_2CH_3$)–CO–OEt → (1. NaOH/H_2O 25 ℃ 2. H_3O^+/H_2O) → [H_3C–CO–CH($CH_2CH_2CH_2CH_3$)–CO–OH] 単離されない → (25 ℃) → H_3C–CO–CH_2–$CH_2CH_2CH_2CH_3$ + CO_2 (57%)

脱二酸化炭素では，ケトンのカルボニル酸素が塩基として作用し，酸性なカルボキシ基の水素を引抜く．この反応ではちょうどうまく6員環環状遷移状態を経由していることに注目しよう（図19・58）．このようにして，二酸化炭素が失われ，まずエノール体が生成する．そして，エノールの互変異性化により安定な最終生成物であるケトンが得られる．

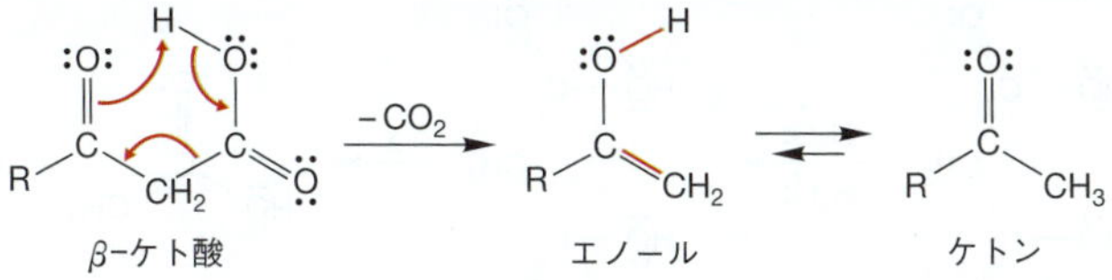

$-CO_2$

β-ケト酸　エノール　ケトン

図 19・58　β-ケト酸の脱二酸化炭素の機構

このようにβ-ケトエステルをアルキル化し，加水分解・脱二酸化炭素ののちにケトンを得る一連の反応を，**β-ケトエステル合成**（β-keto ester synthesis）あるいは**アセト酢酸エステル合成**（acetoacetic ester synthesis）という．この反応は一見しただけでは，全段階を見通すのは難しい．実際には，目的化合物を構成要素に分解して，この経路で合成できるかどうかを見極めなければならない．アルキル化によって付けるべきR基を特定し，元になるβ-ケトエステルを決定しなければならない（β-ケトエステルの合成法については19・8 b節で学ぶ）．

いつもと同様に，問題によって例を示すのがよいだろう．つぎの問題19・16を解いてみよう．

***問題 19・16**　アセト酢酸エステル合成を用いて，適切なβ-ケトエステルからつぎのケトンを合成する経路を示せ．機構は必要ない．

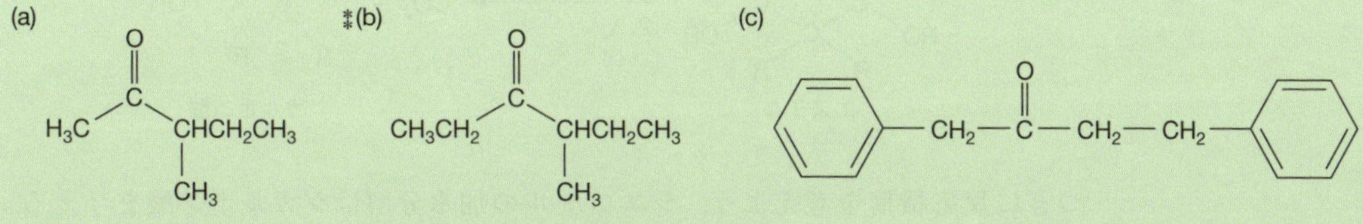

(a) $H_3C-CO-CH(CH_3)CH_2CH_3$　*(b) $CH_3CH_2-CO-CH(CH_3)CH_2CH_3$　(c) $C_6H_5-CH_2-CO-CH_2-CH_2-C_6H_5$

解答　(b) 3-オキソペンタン酸エチルを2回，はじめにヨウ化メチルで，つぎにヨウ化エチルでアルキル化を行う．加水分解と脱二酸化炭素により望みのケトンが得られる．

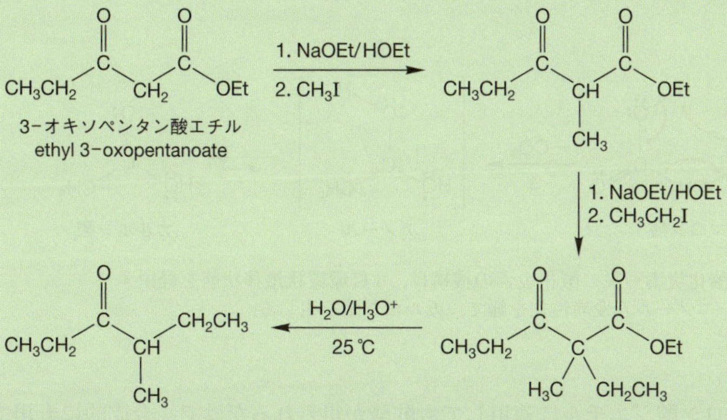

3-オキソペンタン酸エチル
ethyl 3-oxopentanoate

1. NaOEt/HOEt
2. CH_3I

1. NaOEt/HOEt
2. CH_3CH_2I

H_2O/H_3O^+
25℃

マロン酸エステルのようなジエステルもまた，この種の合成に利用される．生成したジエステルはまず酸または塩基によって加水分解され，ついで加熱によって脱二酸化炭素を起こす（図 19・59）．この一連の過程は，**マロン酸エステル合成**（malonic ester synthesis）として知られている．最終生成物はカルボン酸であり，β-ケトエステルからの生成物がケトンであるのと対応している．

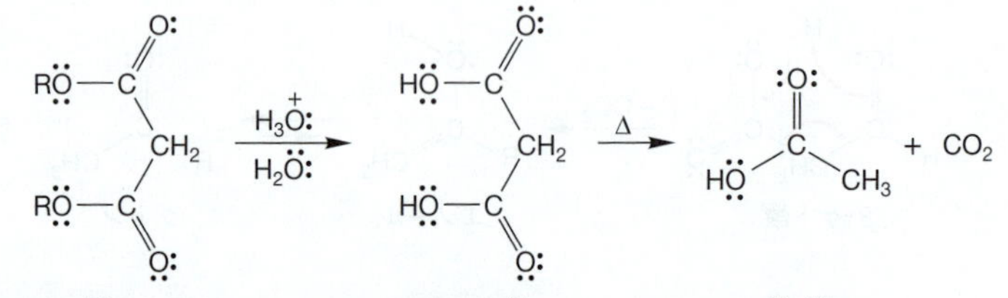

図 19・59　マロン酸エステルからの酢酸の生成

マロン酸エステル malonic ester　→ H_3O^+ / H_2O →　マロン酸 malonic acid　→ Δ →　酢酸 acetic acid ＋ CO_2

このことから，ケトンをもつ β-ケトエステルは脱二酸化炭素を経てケトンを与え，一方エステルだけをもつジエステルは脱二酸化炭素によりカルボン酸を与えることが容易に納得できるであろう（図 19・60）．

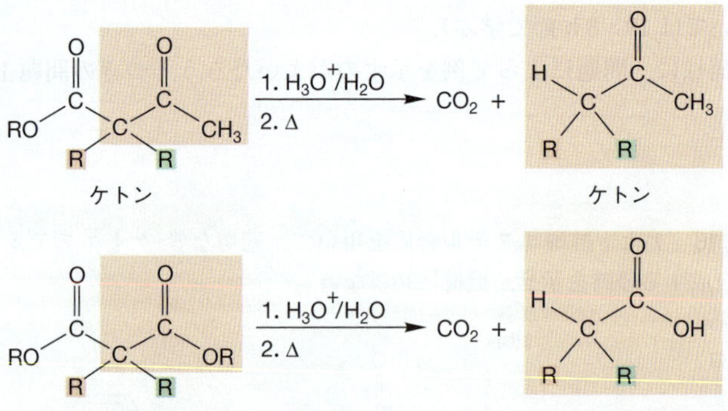

図 19・60　アセト酢酸エステルの加水分解と脱二酸化炭素ではケトンを生じるが，マロン酸エステルの場合はカルボン酸を生じる．

ケトン　→ 1. H_3O^+/H_2O　2. Δ →　CO_2 ＋ ケトン

エステル　→ 1. H_3O^+/H_2O　2. Δ →　CO_2 ＋ カルボン酸

つぎに反応機構を考えよう．ジエステルの加水分解はジカルボン酸を与える（図 19・61）．これは β-ケト酸と似ており，加熱により脱二酸化炭素して酢酸のエノールを与える．この脱二酸化炭素もまた 6 員環環状遷移状態を経ることに注意しよう．このエノールと平衡にある，より安定なカルボン酸が生成物として単離される．

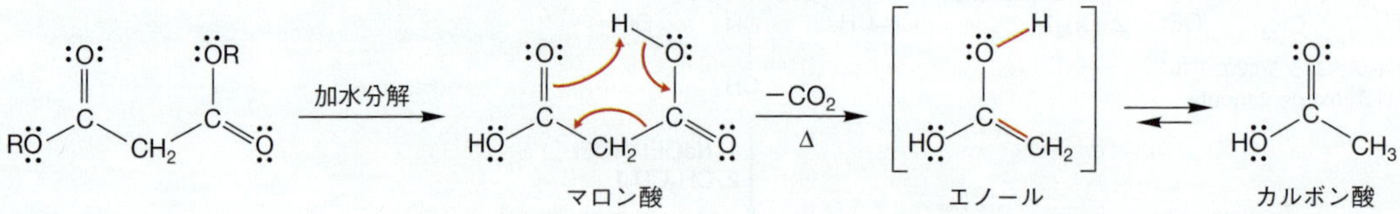

→ 加水分解 →　マロン酸　→ $-CO_2$ Δ →　［エノール］ ⇌ カルボン酸

図 19・61　ジエステルの加水分解と脱二酸化炭素．脱二酸化炭素の機構は，6 員環環状遷移状態を経由する．生じたエノールは単離されず，ケト-エノール互変異性化を経て，カルボン酸を生じる．

この反応をマロン酸ジエチルに適用しても酢酸が得られるだけで，合成的に有用ではない．しかし，β-ケトエステルから出発するケトンの合成と同様，アルキル化反応と組合わせることによりこの反応はきわめて有用な反応となる．マロン酸エステルをモノアルキル化あるいはジアルキル化することによって，置換ジエステルとし，これをさらに加水分解と脱二酸化炭素することにより，カルボン酸とすることができる（図19・62）．このようにして得られた置換酢酸は，エステルや酸塩化物などカルボン酸誘導体の有用な原料となる．

一般式

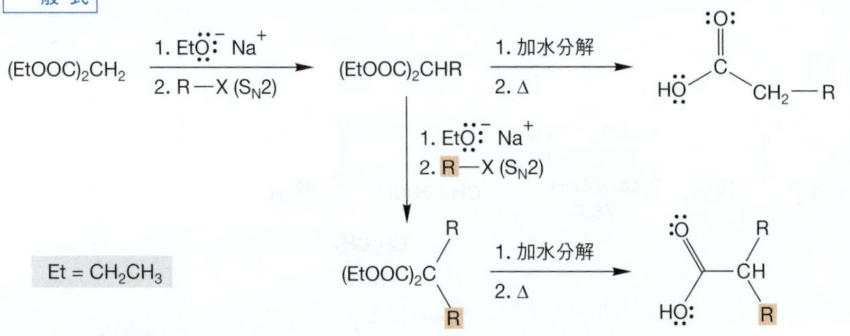

$(EtOOC)_2CH_2$ —(1. EtO^- Na^+ 2. R—X (S_N2))→ $(EtOOC)_2CHR$ —(1. 加水分解 2. Δ)→ $HO-C(=O)-CH_2-R$

$(EtOOC)_2CHR$ —(1. EtO^- Na^+ 2. R—X (S_N2))→ $(EtOOC)_2CR_2$ —(1. 加水分解 2. Δ)→ $HO-C(=O)-CHR_2$

Et = CH_2CH_3

図19・62 マロン酸ジエチルのアルキル化-脱二酸化炭素による置換酢酸の合成

具体例

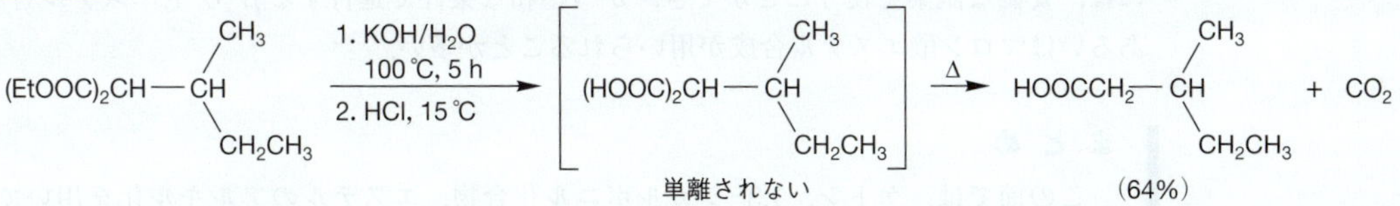

$(EtOOC)_2CH-CH(CH_3)(CH_2CH_3)$ —(1. KOH/H_2O, 100℃, 5 h 2. HCl, 15℃)→ [$(HOOC)_2CH-CH(CH_3)(CH_2CH_3)$]（単離されない）—Δ→ $HOOCCH_2-CH(CH_3)(CH_2CH_3)$ + CO_2 (64%)

問題 19・17 マロン酸エステル合成を用いた，つぎの化合物の合成経路を記せ．

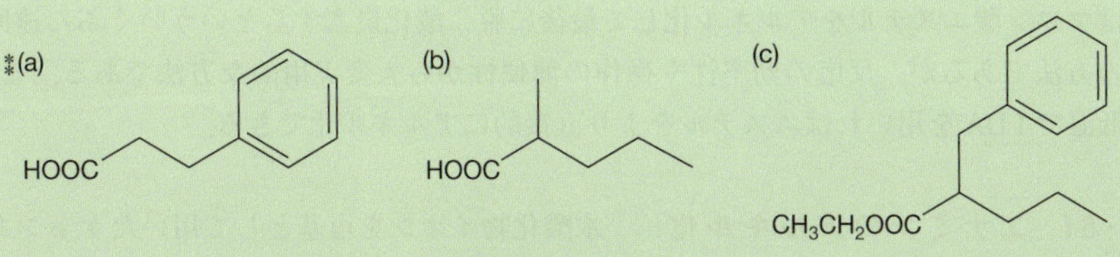

(a) HOOC-CH₂CH₂-Ph（3-フェニルプロパン酸構造）

(b) HOOC-CH(CH₃)-CH₂CH₂CH₃

(c) CH_3CH_2OOC-CH(CH₂Ph)-CH₂CH₂CH₃

解答 (a) マロン酸ジエチルをアルキル化し，つぎに，加水分解して脱二酸化炭素する．

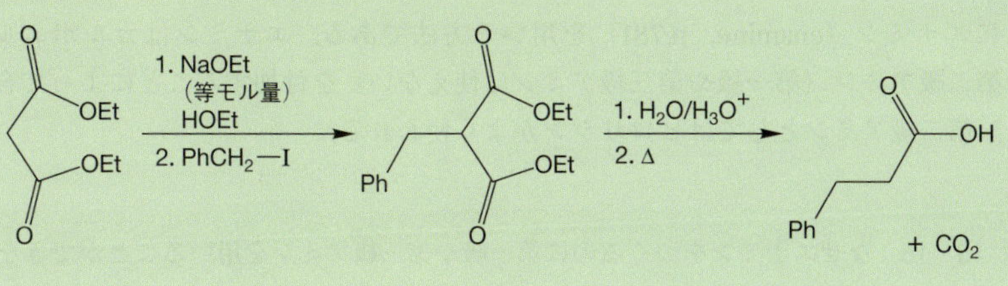

$CH_2(COOEt)_2$ —(1. NaOEt（等モル量）HOEt 2. $PhCH_2-I$)→ $PhCH_2CH(COOEt)_2$ —(1. H_2O/H_3O^+ 2. Δ)→ $PhCH_2CH_2COOH$ + CO_2

19・5e エステルの直接アルキル化 エステルを直接アルキル化できることもあり，このときはマロン酸エステル合成あるいはアセト酢酸エステル合成の余分な段階を省くことができる．LDAのような非常に強い塩基が，エステルのα水素を引抜くのに用いられる（図19・63）．エステルを低温でこのような塩基に加えると，α水素が引抜

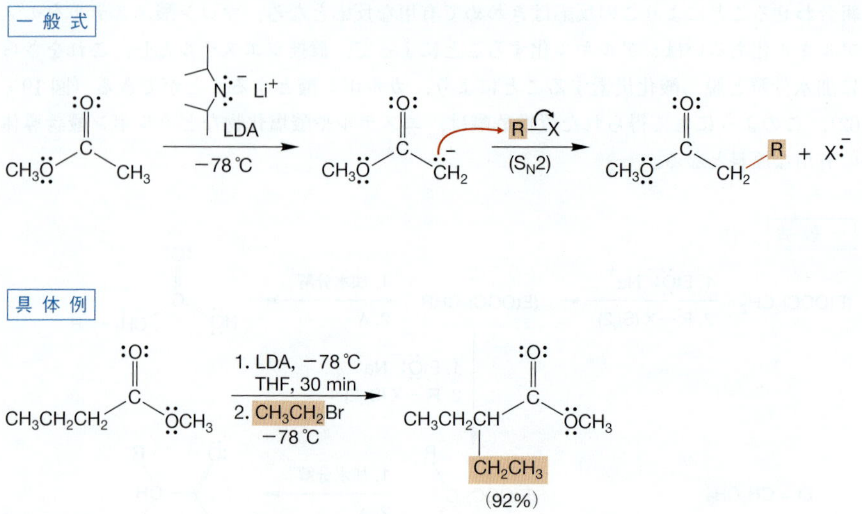

図 19・63 LDA を塩基として用いる，低温でのエステルのアルキル化

一般式

$$CH_3OC(=O)CH_3 \xrightarrow[-78\,^\circ C]{LDA\ (((CH_3)_2CH)_2N^-\ Li^+)} CH_3OC(=O)\ddot{C}H_2^- \xrightarrow[(S_N2)]{R-X} CH_3OC(=O)CH_2R + X^-$$

具体例

$$CH_3CH_2CH_2C(=O)OCH_3 \xrightarrow[2.\ CH_3CH_2Br,\ -78\,^\circ C]{1.\ LDA,\ -78\,^\circ C,\ THF,\ 30\ min} CH_3CH_2CH(CH_2CH_3)C(=O)OCH_3\ (92\%)$$

かれてエノラートイオンが生成する．このアニオンは，S_N2 反応を起こすようなハロゲン化アルキルによってアルキル化され，アルキル置換したエステルを生成する．研究室での少量の合成では，この方法がよく用いられる．一方，工業的に大量合成を行う場合には，安価な試薬を使うことができ，かつ穏和な条件で進行する β-ケトエステル合成あるいはマロン酸エステル合成が用いられることが多い．

まとめ

この節では，ケトン，1,3-ジカルボニル化合物，エステルのアルキル化を用いて，複雑な化合物を合成する新しい方法を述べた．1,3-ジカルボニル化合物は効率的にアルキル化することができ，アセト酢酸エステル合成やマロン酸エステル合成を経てケトンやカルボン酸へと変換することができる．この方法は，アセト酢酸エステルまたはマロン酸エステルをアルキル化して最後に脱二酸化炭素するといういくぶん遠回りの方法であるが，反応の効率性や操作の簡便性から大変実用的な方法である．また，低温で LDA を用いればエステルをより直接的にアルキル化できる．

19・5f エナミンのアルキル化　水酸化物イオンを塩基として用いたケトンあるいはアルデヒド α 位でのアルキル化は，混合物を与えることを思い出してほしい．これらの問題のいくつかを解決する方法が見いだされている．それはカルボニル化合物の代わりにエナミン（enamine，p.781）を用いる方法である．エナミンはカルボニル化合物に第二級アミン（第一級や第三級アミンは使えない）を付加することによって合成できる．第二級アミンとしてはピロリジンがよく使われる．

問題 19・18　なぜエナミンをつくるのに第一級や第三級アミンを用いることができないのか．

エナミンは電子豊富で求核的であり，エノラートと同様な反応性を示す．たとえば，S_N2 反応性に富むハロゲン化物（第三級ハロゲン化物を除く）を攻撃して，イミニウムイオンを生成する．生じたイミニウムイオンを対応するケトンに加水分解して，この反応は完結する（図 19・64）．

一般式

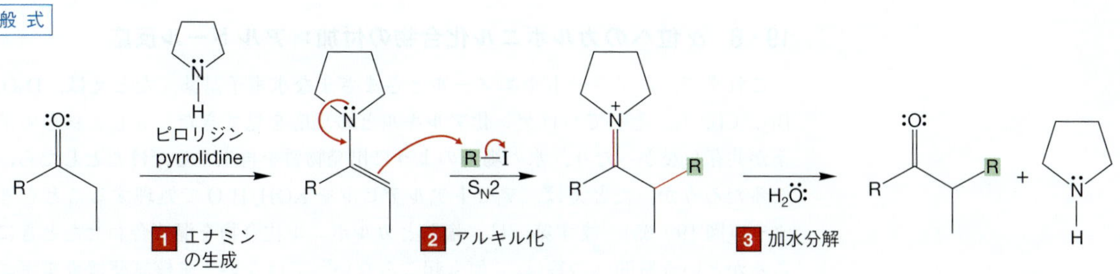

:O: / R — ピロリジン pyrrolidine → 1 エナミンの生成 → R—I, S_N2 2 アルキル化 → $H_2\ddot{O}$: 3 加水分解 → :O: R ... R + pyrrolidine (N—H)

具体例

:O: (cyclohexanone) — ベンゼン 78 ℃, 5〜8 h → (〜85%) — 1. (butyl iodide) I: トルエン, 110 ℃, 19 h 2. 10% H_2SO_4/H_2O → (57%)

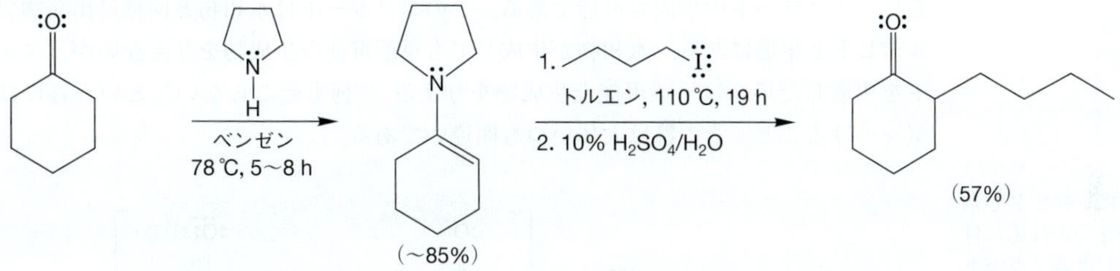

図 19・64 エナミンのアルキル化は，まずイミニウムイオンを与える．つぎに，イミニウムイオンが加水分解され，アルキル化されたカルボニル化合物を生じる．

問題 19・19 以下に示した一連の反応の各段階の生成物を予測せよ．つぎに **B** から **C** への加水分解の反応機構を書け．ヒント：この反応の逆反応は，酸触媒下でのエナミン合成の反応機構の中ですでに学んだ (p.781)．

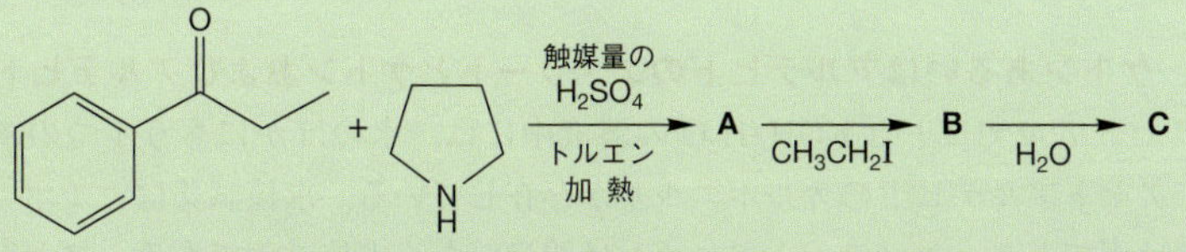

(propiophenone) + (pyrrolidine, N—H) —触媒量の H_2SO_4, トルエン 加熱→ **A** —CH_3CH_2I→ **B** —H_2O→ **C**

しかし，なおいくつかの問題がある．ケトンから2種類以上のエナミンが生成可能な場合にはエナミンをアルキル化するのは便利ではない．2つのα位が似たような構造であれば，エナミンの二重結合はどちらの方向にも形成し，両側でα-アルキル化が進行する．さらに，過剰アルキル化や窒素上のアルキル化といった問題もときどき起こる．ケトンの2つのα位が大きく異なっている場合は，立体障害の大きい側でエナミンの二重結合が優先的に生成することがある．

まとめ

これまで，エノラート生成に用いる塩基をいくつか学んだ．生成したエノラートは，S_N2 反応によりアルキル化される．有用な代替法としてエナミンを用いた反応がある．図19・64にこの手順を要約してある．ケトンやアルデヒドはまずエナミンに変換され，そのエナミンはアルキル化され，そして加水分解によってケトンやアルデヒドが再生される．

19・6 α 位へのカルボニル化合物の付加: アルドール反応

これまで，エノラートやエノールとさまざまな求電子試薬，たとえば，D_2O，H_2O，Br_2，Cl_2，I_2，そしてハロゲン化アルキルとの反応を見てきた．もしこれらの求電子試薬が共存しなかったり，水の場合のように出発物質を再生するだけだとしたら，何が起こるだろうか．たとえば，アセトアルデヒドを KOH/H_2O で処理することを考えてみよう（図 19・65）．まず第一に，塩基とカルボニル化合物を混ぜ合わせたときに何が起こるかという質問への答は，"何も起こらない" ではない．求核試薬はカルボニル化合物に付加するから，水酸化物イオンも間違いなく水和物を生成しているだろう．この水和物は通常単離することはできず，アルデヒドとの平衡混合物として存在している．さらに，エノラートの生成も可能である．このエノラートは水和物と同様に出発物質のアルデヒドと平衡にある．水和物が生成しても単離可能な生成物を与えないが，エノラートを生成した場合は単離可能な生成物を与える．"何も起こらない" という答には十分気をつけること．その答は大体いつも間違いである．

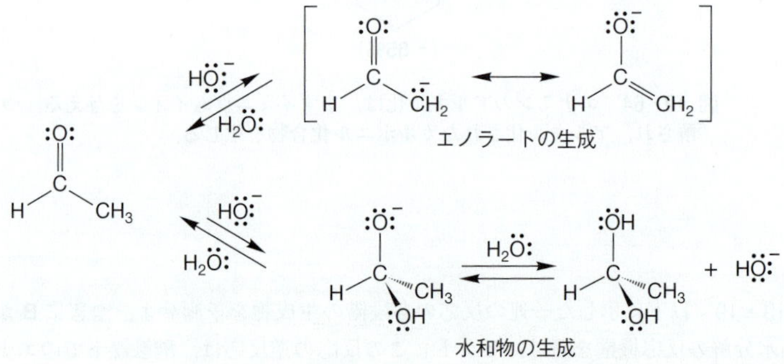

図 19・65 アセトアルデヒドと水酸化物イオンとの 2 つの反応: 付加（水和物の生成）とエノラートの生成

19・6a ケトンあるいはアルデヒドのエノラートとケトンおよびアルデヒドとの反応

アセトアルデヒドと KOH/H_2O の溶液中には，水のほかにもう 1 つの求電子試薬としてアセトアルデヒドのカルボニル基が存在している．求核試薬はカルボニル基に付加するはずであり，エノラートアニオンは間違いなく求核試薬である．アセトアルデ

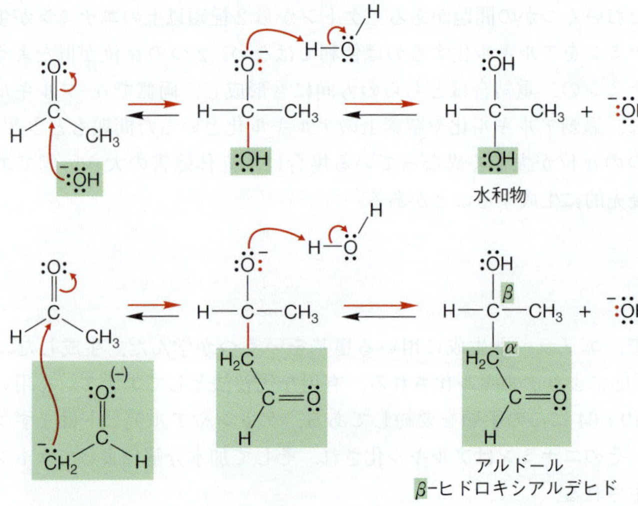

図 19・66 カルボニル基への水酸化物イオンおよびエノラートアニオンの付加は，いずれも通常みられる求核試薬と求電子試薬であるカルボニル基との反応である．2 段階目のプロトン化によって，上段では水和物が生成し，下段ではアルドールが生成する．

ヒドのカルボニル基への水酸化物イオンの付加とエノラートアニオンの付加には，本質的な違いはない（図19・66）．そしてまた，水酸化物イオンの付加生成物がプロトン化されて生じる水和物と，エノラートの付加生成物がプロトン化されて生じる"アルドール（aldol：アルデヒドの *ald* とアルコールの *ol* に由来する）"として知られる化合物にも，それほど大きな構造的な違いはない．水酸化物イオンは触媒として作用し，水和物生成およびアルドール生成どちらの場合も最終段階で再生されることに注意してほしい．しかし，アルドールは，確かに比較的単純な水和物よりもずっと複雑である．アルデヒドやケトンの β-ヒドロキシカルボニル化合物への変換は，アセトアルデヒドの反応生成物の名をとって**アルドール反応***（aldol reaction）とよばれており，α水素をもつカルボニル化合物にきわめて一般的な反応である．

他の反応と同じように，この塩基に触媒される反応は，酸によっても触媒される．酸で触媒される反応では触媒は水酸化物イオンではなく H_3O^+ であり，活性成分はエノラートではなくエノールである．この反応の第1段階は酸触媒によるエノールの生成であり，すでに学んだケト-エノール互変異性化である（図19・67）．このエノールは求

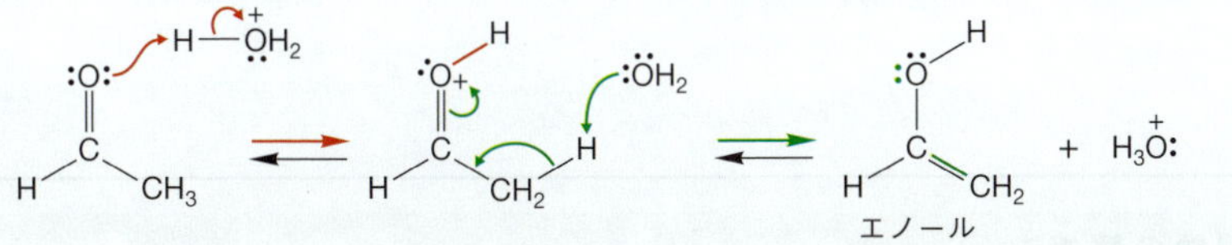

エノール

図 19・67 酸触媒アルドール反応は，エノール生成から始まる．

核性を示すが，水酸化物イオンほど強い求核試薬ではない．しかし，存在しているルイス酸はプロトン化されたカルボニル化合物であり，それはカルボニル化合物自身よりもはるかに強い求電子試薬である．エノールとプロトン化されたカルボニル基の反応は，エノールと H_3O^+ の反応に類似している（図19・68）．ここでも，反応の最終段階で触

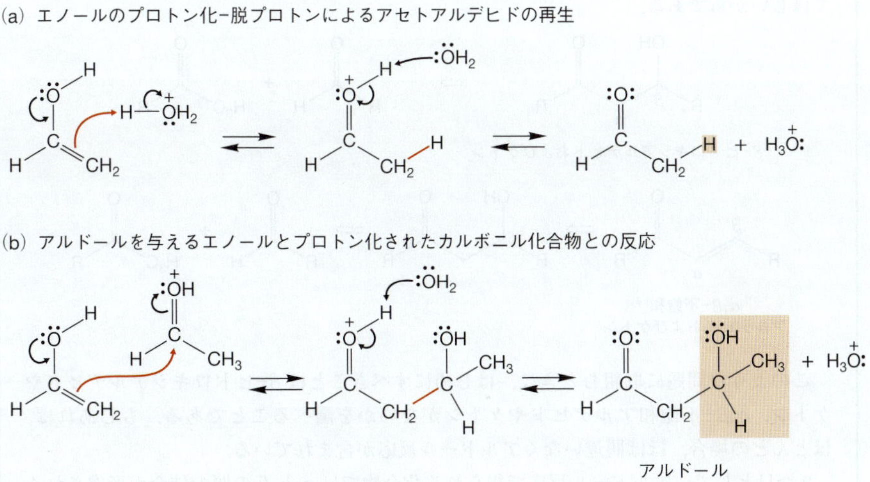

(a) エノールのプロトン化-脱プロトンによるアセトアルデヒドの再生

(b) アルドールを与えるエノールとプロトン化されたカルボニル化合物との反応

アルドール

図 19・68 求核性の低いエノールのルイス酸存在下での2つの反応．(a) の場合はプロトン化されてアセトアルデヒドを再生する；(b) の場合はきわめて強いルイス酸であるプロトン化されたカルボニル基に付加してアルドールを与える．

* アルドール反応の発見は，一般には1872年に"アルドール"という言葉をつくった Charles Adolphe Wurtz（1817～1884）の功績とされている．しかし，ロシアの作曲家で医者で化学者である Alexandr Porfir'yevich Borodin（1833～1887）も，少なくとも同じ名声を得てしかるべきである．Borodin は Prince Gedianov の私生児で，人格形成の時期を父の農奴として過ごした．運よく彼は自由を与えられ高名な化学者になった．しかし，彼の優れた化学の業績よりも，副業の音楽の方がはるかに有名である．Borodin は Hunsdiecker 反応も発見した（p.845）．

媒，今回はH_3O^+を再生する．アセトアルデヒドの酸あるいは塩基触媒によるアルドール反応では，同じ生成物，アルドールとよばれるβ-ヒドロキシカルボニル化合物，を与える．アルドール反応はβ-ヒドロキシケトンやβ-ヒドロキシアルデヒドの一般的な合成法である．

酸性条件下では，つづいて第二の反応である，β-ヒドロキシカルボニル化合物のα,β-不飽和アルデヒドやケトンへの脱水反応が速やかに進行し，一般に脱水生成物が単離される（図 19・69）．反応全体としては，2 つのカルボニル化合物が縮合してより大きなカルボニル化合物が生成し，小さな分子，この場合は水分子を失う．したがって，アルドール反応はしばしばアルドール縮合（aldol condensation）とよばれる．

図 19・69　アルドールの酸触媒脱水反応の推定機構

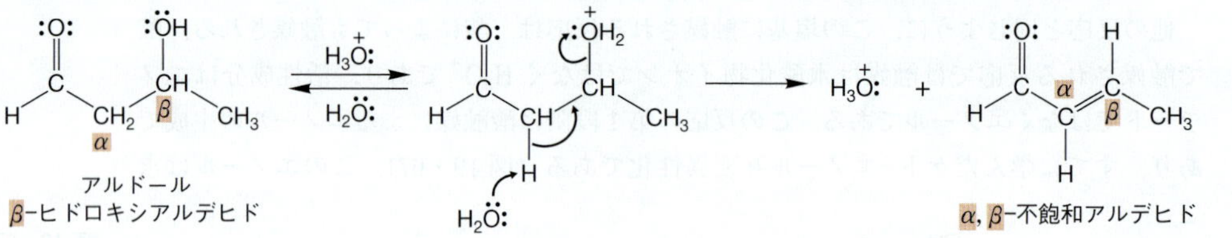

アルドール
β-ヒドロキシアルデヒド

α, β-不飽和アルデヒド

問題の解き方

“塩基の化学の面白さ”に関する問題をうまく解く秘訣は，ほとんどすべての問題に存在するヒントを見つけることと密接に関連している．これについては後でさらに言及するが，今のところは，“すべて”のβ-ヒドロキシアルデヒドやケトン，そして“すべて”のα,β-不飽和アルデヒドやケトンがアルドール反応によってつくられることを覚えておこう．“すべて”に“ ”をつけたのは，どんな場合にも例外があることを認識してほしいからである．

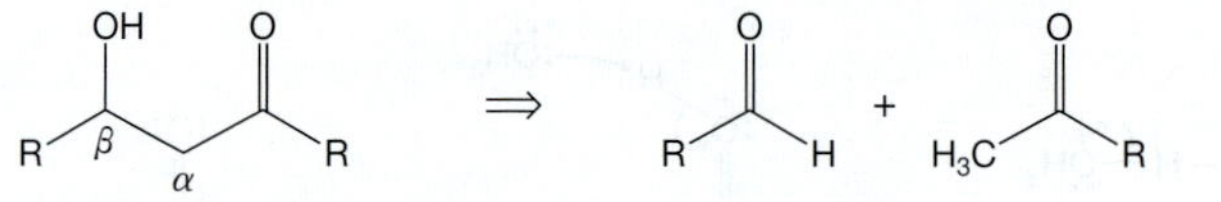

β-ヒドロキシアルデヒドおよびケトン

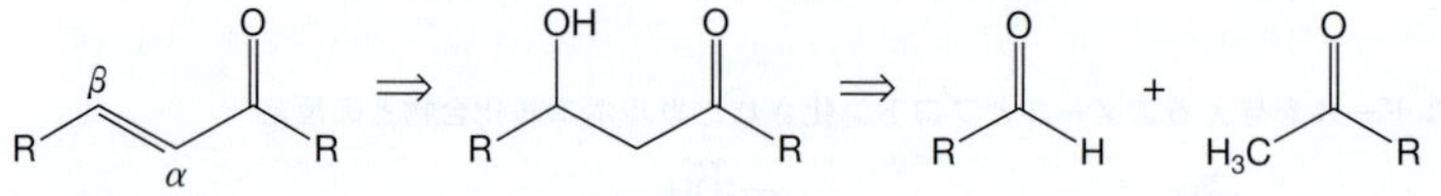

α,β-不飽和
アルデヒドおよびケトン

このような問題に取組むときに，はじめにすべきことはβ-ヒドロキシアルデヒドやケトン，α,β-不飽和アルデヒドやケトンがないかを調べることである．もしあれば，ほとんどの場合，ほぼ間違いなくアルドール反応が含まれている．

2 つ目として，アルドール反応で得られる化合物ではαとβの間の結合が形成されることを覚えておこう．

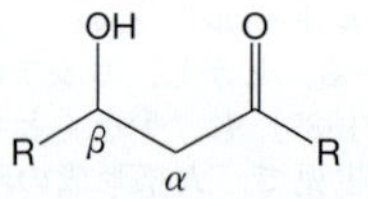

β-ヒドロキシアルデヒドおよびケトン 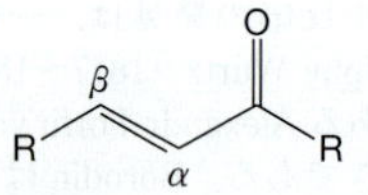　　α,β-不飽和アルデヒドおよびケトン

水を失う反応機構を考えてみよう．水酸化物イオンは脱離能に乏しい．そのため，脱水は塩基中ではもっと起こりにくく，しばしば β-ヒドロキシ化合物が単離できる．一方，塩基性条件であっても，比較的高温であれば脱水反応が進行し共役カルボニル化合物を与える．しかし，その反応機構は単純な E2 反応ではない（図 19・70）．まず，共鳴安定化されたエノラートアニオンが生成するため，α 水素の脱離が比較的容易に起こる．第 2 段階で水酸化物イオンが失われ，α,β-不飽和化合物が生成する．この種の脱離機構は E1cB 反応とよばれ，8 章（p.335）で述べた．

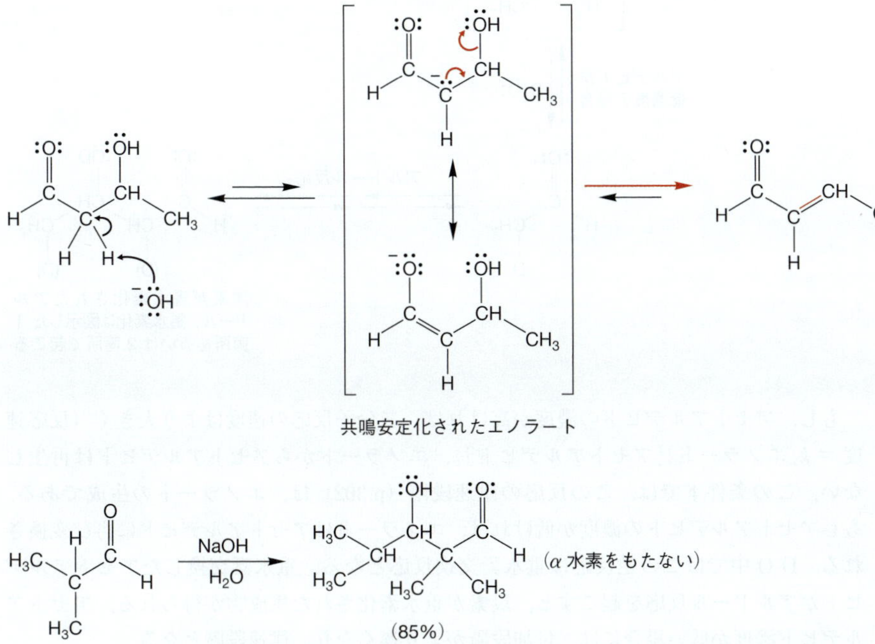

共鳴安定化されたエノラート

NaOH

H_2O

(85%)

（α 水素をもたない）

図 19・70 アルドールからの塩基触媒による水の脱離．反応機構は E1cB である．脱離する α 水素がない場合は，具体例が示すように初めのアルドール生成物が単離される．

問題 19・20 図 19・69 は，カルボニル基酸素ではなくヒドロキシ基酸素のプロトン化を示している．プロトン化されたアルコールの $\mathrm{p}K_\mathrm{a}$ は約 −2 で，プロトン化されたアルデヒドのそれは −10 なので，理にかなった説明図である．両者の $\mathrm{p}K_\mathrm{a}$ の違いが妥当であることを説明し，つづいて，なぜヒドロキシ基がホルミル基に優先してプロトン化されるか説明せよ．ヒント: 混成を考えよ．

多くの反応と同じように，アルドール反応は一連の平衡反応であり，どの段階が遅い反応，すなわち律速段階であるかは必ずしも明らかでない．たとえば，D_2O/DO^- 中におけるアセトアルデヒドの反応を考えてみよう（図 19・71）．生成したアルドールの炭素上への重水素の取込みは，アセトアルデヒドの濃度に関係している．アセトアルデヒドの濃度が高い状態では，初期のアルドール生成物はどの炭素も重水素化されないが，低濃度では 2 箇所で重水素化される．この濃度依存性の理由は，反応の最初の 2 つの段階の速度が似ているからである．いったんエノラートが生成すると，それはアセトアルデヒドに逆戻りして D_2O との交換に終わるか，もう 1 分子のアセトアルデヒドとの二分子反応によってアルドール生成物に進むか，どちらかである．アセトアルデヒドの濃度が高い状態では，エノラートはアルドールを優先して与える傾向にある．

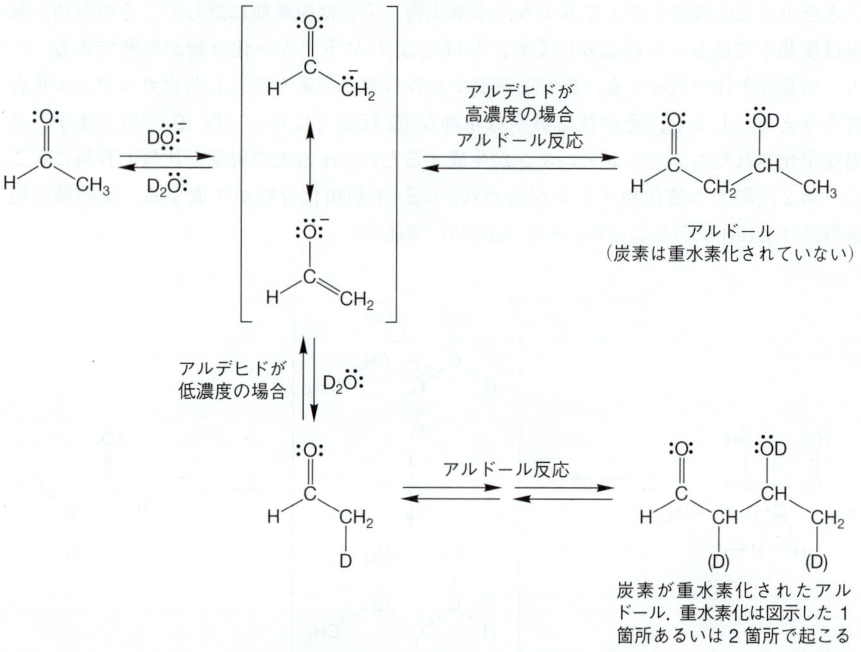

図 19・71 高濃度ではアセトアルデヒドのアルドール反応が比較的速く起こり，炭素上での重水素交換反応はほんの少しか，あるいはまったく起こらない．しかし，濃度が低いと二分子反応である付加反応の速度は遅くなり，エノラートはアセトアルデヒドに戻れるようになる．D_2O 中ではこれによって炭素上の水素の交換が起こる．重水素は (D) で示した2つの位置の一方あるいは両方に導入される．

アルデヒドが高濃度の場合 アルドール反応

アルドール（炭素は重水素化されていない）

アルデヒドが低濃度の場合

アルドール反応

炭素が重水素化されたアルドール．重水素化は図示した1箇所あるいは2箇所で起こる

もし，アセトアルデヒドの濃度が高ければ，二分子反応の速度はより大きく（反応速度 = k[エノラート][アセトアルデヒド]），エノラートからアセトアルデヒドは再生しない．この条件下では，この反応の律速段階（p.302）は，エノラートの生成である．もしアセトアルデヒドの濃度が低ければ，エノラートはアセトアルデヒドに再び変換される．D_2O 中ではこの逆反応は重水素交換反応となる．重水素交換したアセトアルデヒドがアルドール反応を起こすと，炭素が重水素化された生成物が得られる．アセトアルデヒド濃度が低い場合には，付加段階がより遅くなり，律速段階となる．

ケトンもアルドール反応を行うことができる．その反応機構もアルデヒドのアルドール反応と同様である．例としてアセトンを使って考えてみよう（図 19・72）．塩基性で

図 19・72 アセトンの塩基触媒アルドール反応

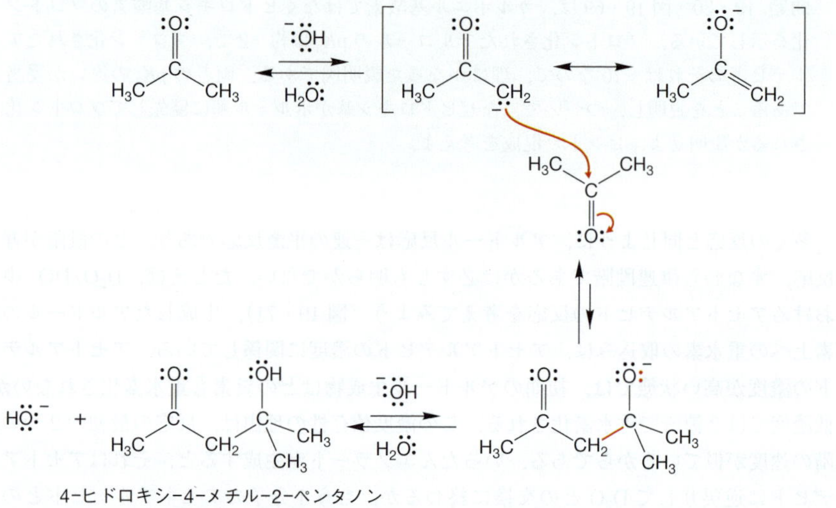

4-ヒドロキシ-4-メチル-2-ペンタノン
4-hydroxy-4-methyl-2-pentanone
（ジアセトンアルコール
diacetone alcohol）

は，エノラートがまず生成し，つぎにこれが求電子性を有するカルボニル化合物に付加する．水によってプロトン化され，ジアセトンアルコールともよばれる 4-ヒドロキシ-4-メチル-2-ペンタノンが生成する．

酸触媒条件下ではエノールが中間体で，非常に強いルイス酸であるプロトン化されたカルボニル基に付加し，塩基触媒反応と同じ生成物であるジアセトンアルコールを与える（図 19・73）．通常これにひき続いて脱水反応が進行し，α,β-不飽和ケトンである 4-メチル-3-ペンテン-2-オン（メシチルオキシド）を生成する．

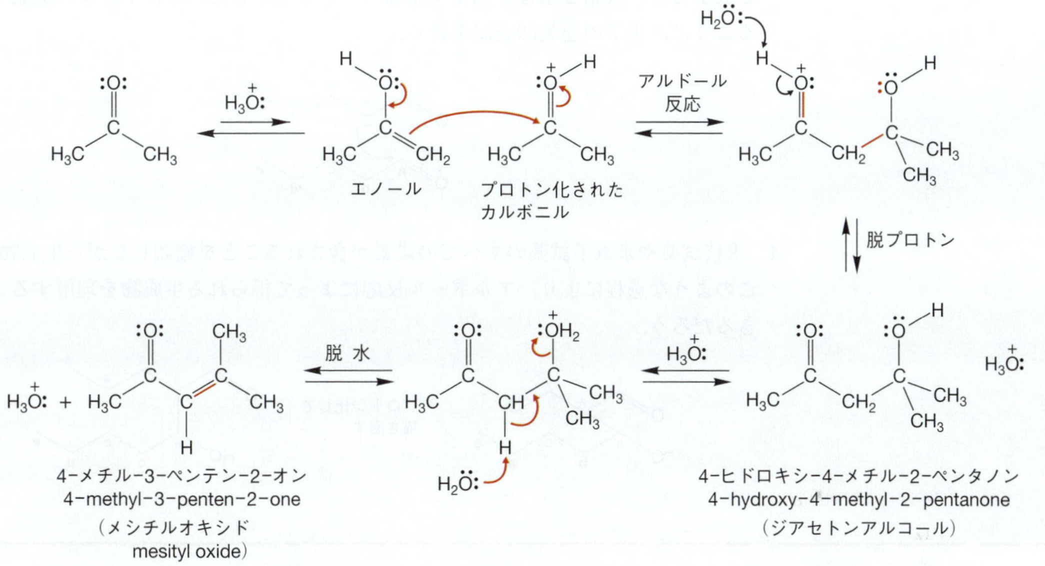

図 19・73　アセトンの酸触媒アルドール反応．最初の生成物のジアセトンアルコールは通常酸により脱水されて 4-メチル-3-ペンテン-2-オンを与える．

アルドール反応生成物の決定

描き，思い浮かべて理解する

経験上，アルドール反応の生成物を決めることは多くの学生にとって難しい課題である．ペンタナールを使って 1 つの解決法を教えよう．

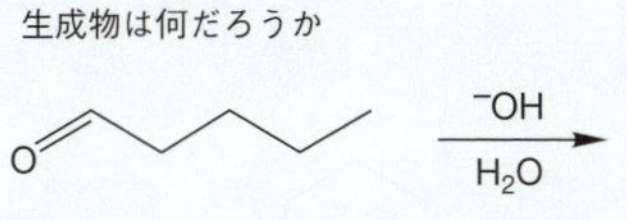

1. 反応で用いるエノラートを書く．この中間体は求核試薬である．エノラートの下に，求電子試薬として働くアルデヒドあるいはケトンを描く．

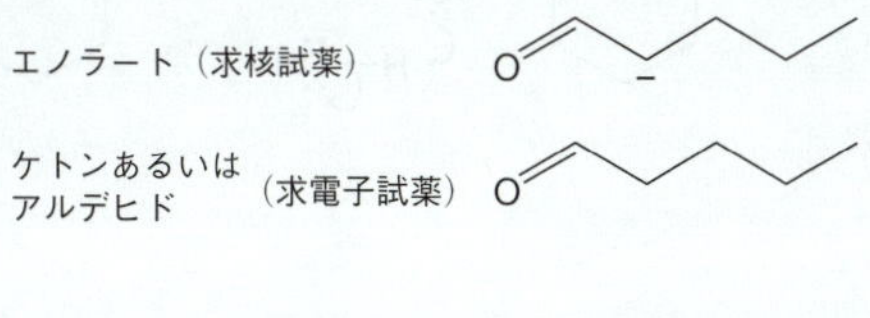

アルドール反応生成物の決定（つづき）

2. 以下のように，求核試薬である上の構造の炭素に数字を，そして，求電子試薬である下の構造の炭素に文字を，それぞれ割り振る．

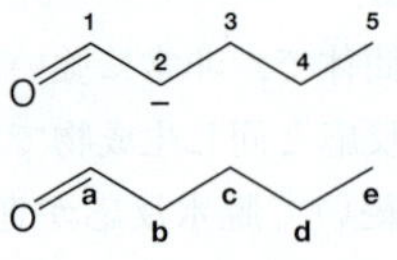

3. 求核試薬と求電子試薬との反応を可視化しよう．求核試薬であるエノラートの（“2”と表示した）炭素と求電子試薬である（“a”と表示した）カルボニルの炭素をつなげるように，電子の巻矢印表記を書く．

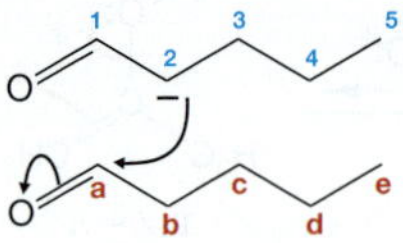

4. 求核試薬や求電子試薬のすべての炭素が含まれることを確認しながら生成物を書く．このような過程により，アルドール反応によって得られる生成物を理解することができるだろう．

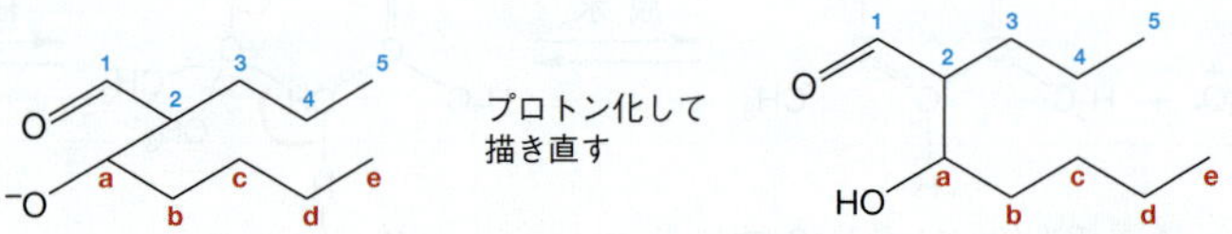

プロトン化して描き直す

問題 19・21 つぎの化合物のアルドール反応の生成物を書け．(b) について酸および塩基触媒による反応機構を書け．

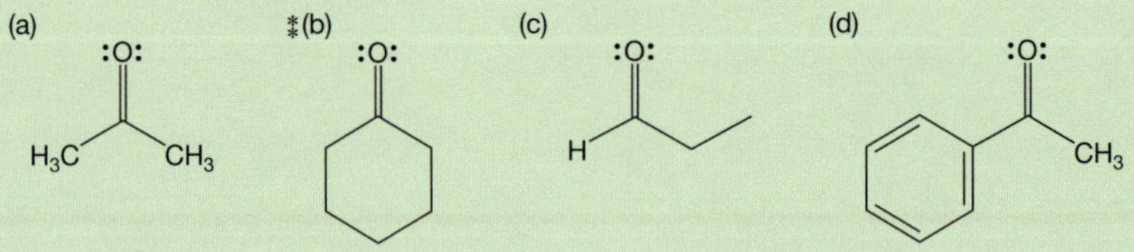

(a) (b) (c) (d)

解 答 (b) いつものように，塩基中でエノラートがまず生成し，つぎに別の分子のカルボニル基に付加する．最後にプロトン化によって付加生成物が生成し，触媒，ここでは水酸化物イオンが再生する．

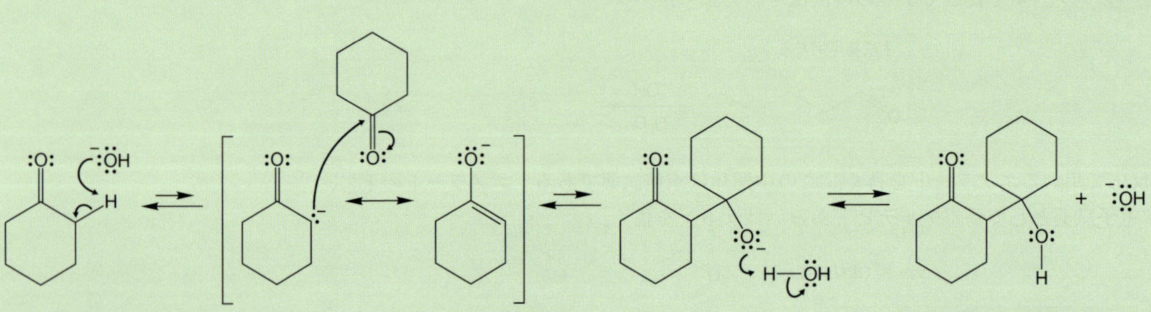

注意：前ページの図では，他の多くの図でもそうであるが，簡略化のために巻矢印は1対の共鳴構造式の一方のみにしか書いてない．もう1つの共鳴構造式についても巻矢印表記を書けるようにしておこう．

酸性では，プロトン化されたカルボニル基と反応するのはエノールである．

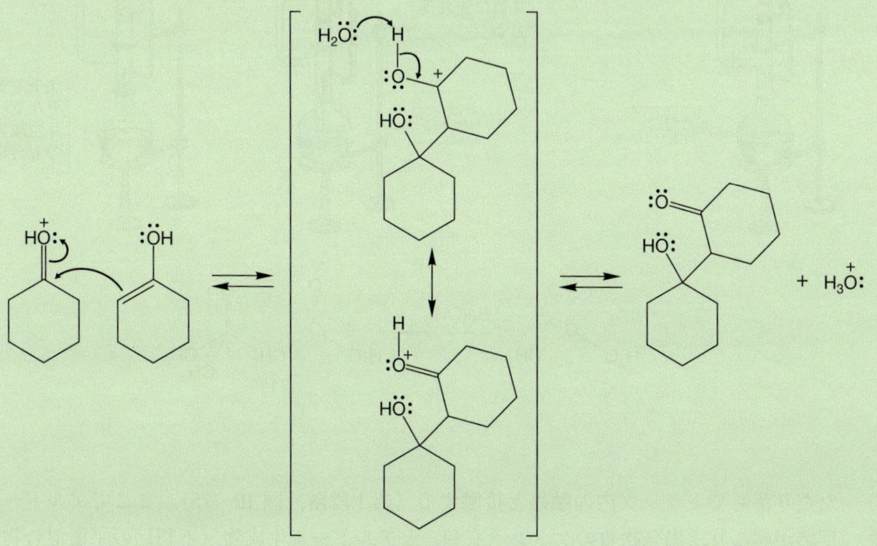

問題 19・22　問題 19・21の反応の脱水反応生成物を書け．

アルドール反応と他のカルボニル化合物への付加反応との類似性を指摘するのに労力を費やしてきた．水和のような単純な付加と同じように，アルドール反応も一連の平衡反応である．その平衡は単純な反応と同じように構造的な因子に影響される．水和反応と同じように，ケトンの塩基触媒によるアルドール反応も生成物に不利である（図19・74）．酸性条件下では，通常脱水が起こり，α,β-不飽和ケトンが生成するため平衡は右へ引寄せられる．

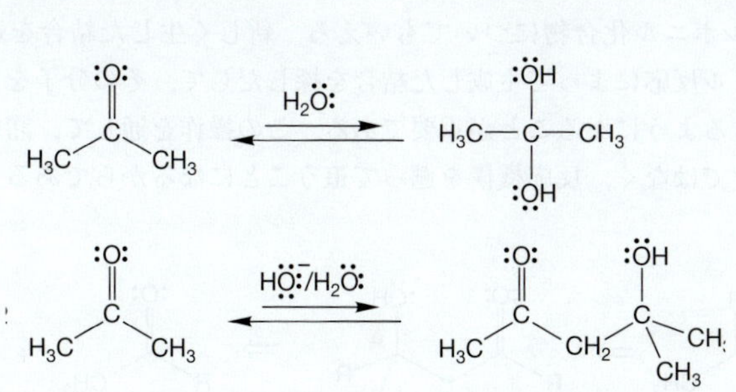

図 19・74　ケトンの水和反応が平衡状態にあるとき，通常水和物は優勢ではない．同様に，ケトンのアルドール反応でも通常初めの付加生成物は優勢ではないが，脱水生成物になることで平衡は右に偏る．

どのようにすればケトンのアルドール反応を有用なものにできるだろうか．もし平衡が出発物質に有利なら，どうすれば生成物を単離できるだろうか．熱力学的に不利な状況をかいくぐる，巧妙な方法が見いだされている．1つは，ソックスレー抽出器（Soxhlet extractor）とよばれる工夫が施された器具を使う方法である．触媒には通常，有機化合物に不溶である水酸化バリウム $Ba(OH)_2$ を使用し，触媒の入っていないフラスコ内にケトンを入れ，ケトンを沸騰させる．ケトンは冷却器で冷却され，そこからし

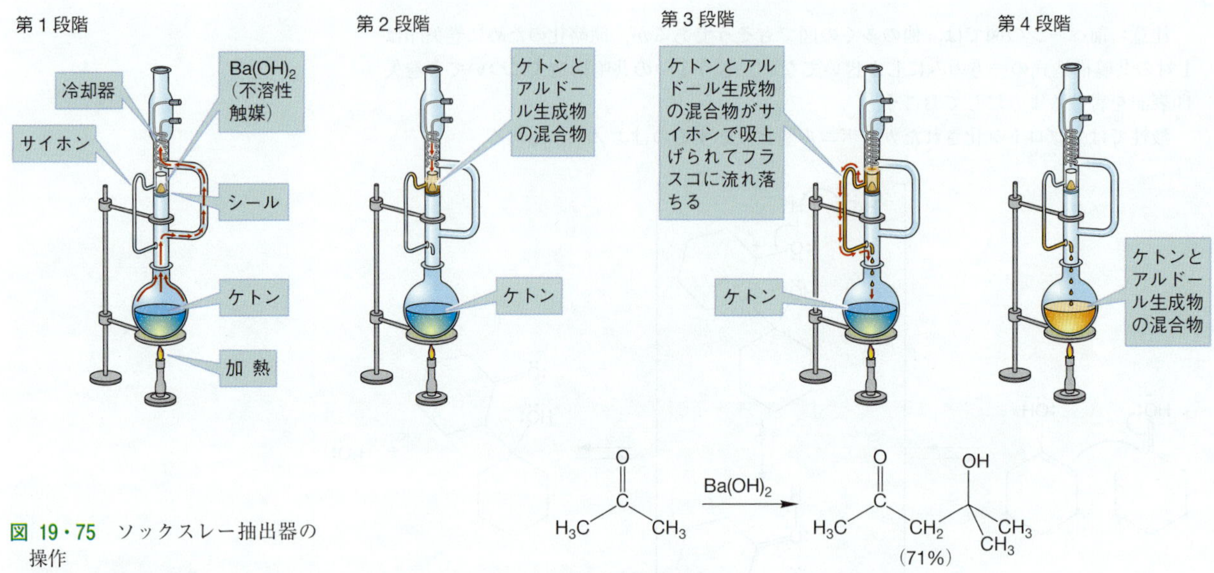

図 19・75 ソックスレー抽出器の操作

たたり落ちてトラップ内の触媒と接触する（第 1 段階，図 19・75）．ここでアルドール反応が起こり，出発物質のケトン（有利）とアルドール生成物（不利）の平衡混合物を与える（第 2 段階）．出発ケトンは沸騰し続けているのでトラップ内の液面は上がり，最終的にサイホンの作用により溶液全体がトラップからケトンだけが含まれている元のフラスコ内へ流れ落ちる（第 3 段階）．フラスコの中には触媒がないので，アルドール生成物は出発物質に戻ることはできない．フラスコ中の混合物は沸騰し続けているので，生成物よりもずっと沸点が低いケトンだけが蒸留されてトラップに入り，第 2 段階と第 3 段階が繰返されて，徐々にフラスコ内の生成物の量が増加していく（第 4 段階）．

あらゆる β-ヒドロキシカルボニル化合物が，原理的にはアルドール反応によって合成することができる．β-ヒドロキシカルボニル化合物を見たときには，その合成法として，まずアルドール反応を考えてみる必要がある．同じことが脱水生成物である α,β-不飽和カルボニル化合物についてもいえる．新しく生じた結合を速やかに見つけだし，アルドール反応によって生成した結合を探しだして，その分子を 2 つの部分に分けることができるようになることが重要である．この操作を通して，諸君は単に逆合成解析を行うだけではなく，反応機構を遡って追うことになるからである（図 19・76）．

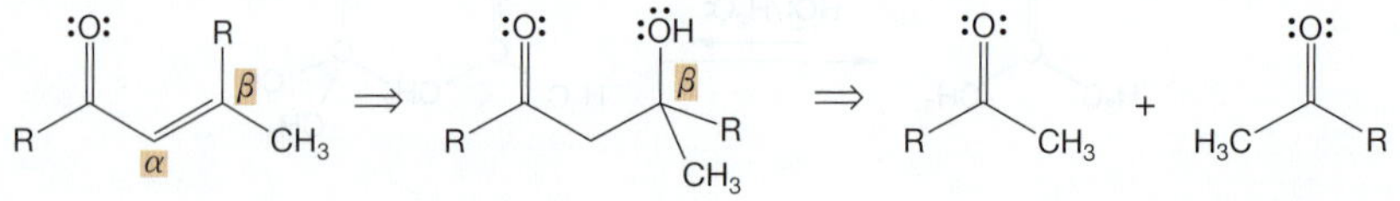

図 19・76 アルドール反応生成物の逆合成解析．逆合成の矢印は，"〜から合成できる" を意味するので，注意してほしい．

問題 19・23 ジアセトンアルコール（図 19・72）の酸および塩基を触媒とする逆アルドール反応の反応機構を書け．

問題 19・24 つぎの3つの分子の逆合成解析を行え．

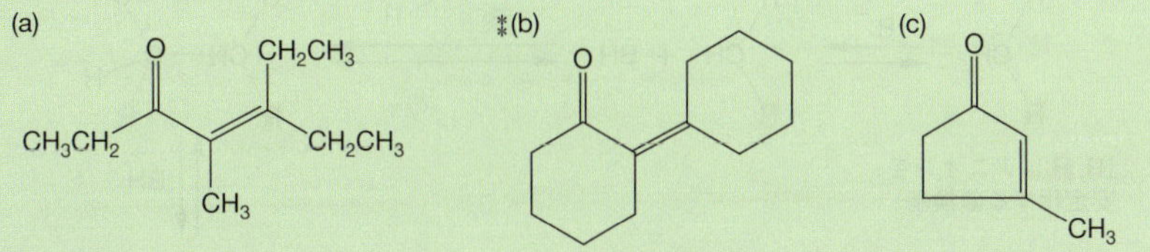

(a) (b) (c)

解 答 (b) アルドールおよびその関連縮合反応ではつねに，炭素－炭素π結合は脱離反応によって形成される（図19・73）．したがって，逆合成解析の最初の段階で，最終生成物の前駆体はβ-ヒドロキシケトン **A** であると判断される．

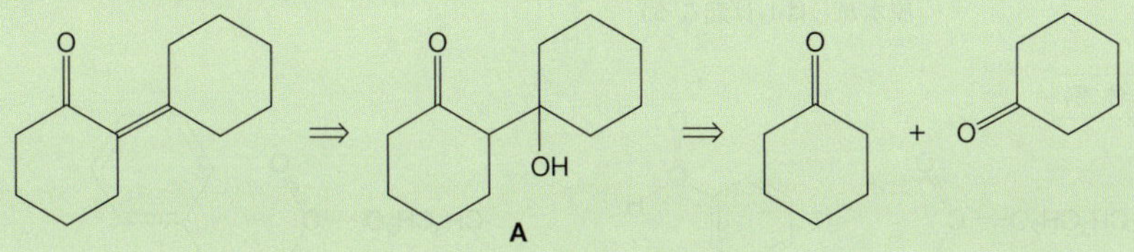

では，**A** は何から合成すればよいか．β-ヒドロキシケトンはすべてアルドール反応によって生成するので，2つの環を結んでいるσ結合は，以下に示すアルドール反応で構築できるはずである．

まとめ

塩基および酸によって触媒されるアルデヒドのアルドール反応は，一般に実用レベルの量のアルドール生成物であるβ-ヒドロキシアルデヒド，またはその脱水生成物であるα,β-不飽和アルデヒドを与える．ケトンのアルドール反応は，平衡が通常生成物に有利ではないので，それほど有用ではない．特別な技法（ソックスレー抽出器）が熱力学的に不利な状況を克服するために使われる．酸触媒によるアルドール反応でしばしば起こることであるが，もしα,β-不飽和カルボニル化合物への脱水が起これば，この反応は実用的なものになる．

19・6b エステルエノラートとケトンおよびアルデヒドとの反応 共鳴安定化されたアニオンを発生させることができるいかなる化合物もケトンあるいはアルデヒドを攻撃することができる．これまで学んだように，マロン酸エステルや類似の化合物は塩基で処理すると容易に共鳴安定化されたアニオンを形成する．

問題 19・25 表19・3（p.929）に示されたエノラートのそれぞれについて，最も寄与の大きい2つの共鳴構造式を書け．

塩基，特にアミンを用いて，表19・3の1,3-ジカルボニル化合物や類似の化合物から，エノラートを生成させることができる．受容体としてケトンあるいはアルデヒドが存在すると付加が起こり，最終的に図19・77に示すα,β-不飽和ジエステルに代表される縮合生成物を与える．この反応はEmil Knoevenagel（1865～1921）の名をとって，**Knoevenagel（クネベナーゲル）縮合**（Knoevenagel condensation）とよばれている．

図 19・77 Knoevenagel 縮合

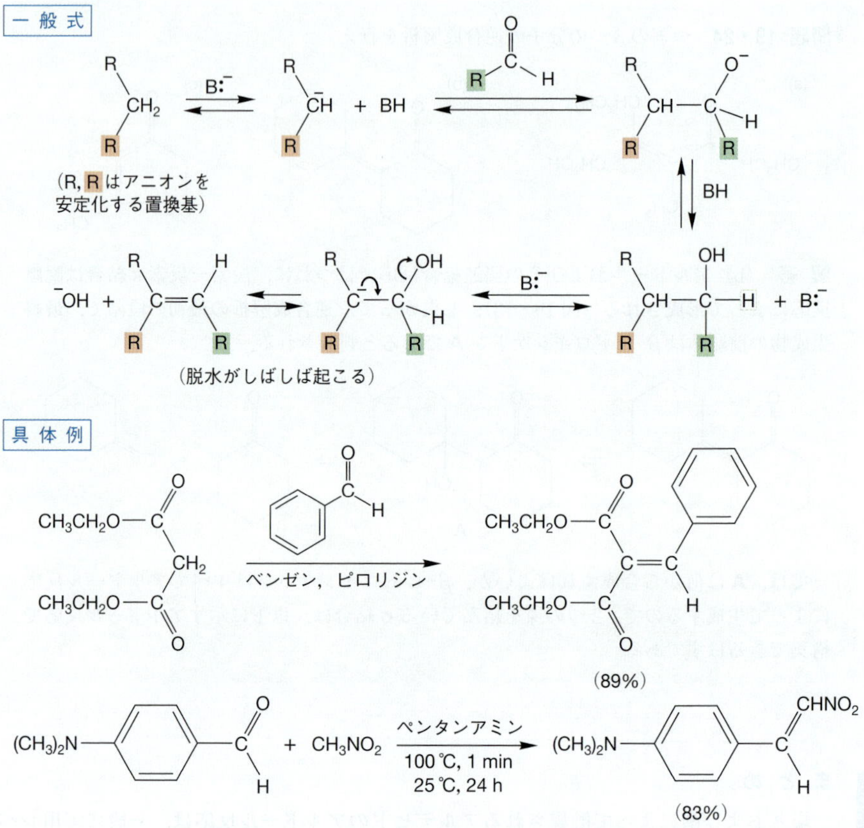

一般式

(R, R はアニオンを安定化する置換基)

(脱水がしばしば起こる)

具体例

ベンゼン, ピロリジン

(89%)

ペンタンアミン 100 ℃, 1 min 25 ℃, 24 h

(83%)

これ以外にも概念的に似ている人名反応や多くの無名の反応が知られており，いずれも複雑な構造をもつアニオンのケトンあるいはアルデヒドへの付加を含んでいる．しかし，これらの反応では，求核的なアニオンとなるのはエノラートとは限らない．たとえば，シクロペンタジエン（pK_a 15）は十分に強い酸であり，塩基で処理するとアニオンを与える．そのシクロペンタジエニルアニオン（p.641）はケトンに付加できる．最終

図 19・78 フルベンを生成する縮合反応

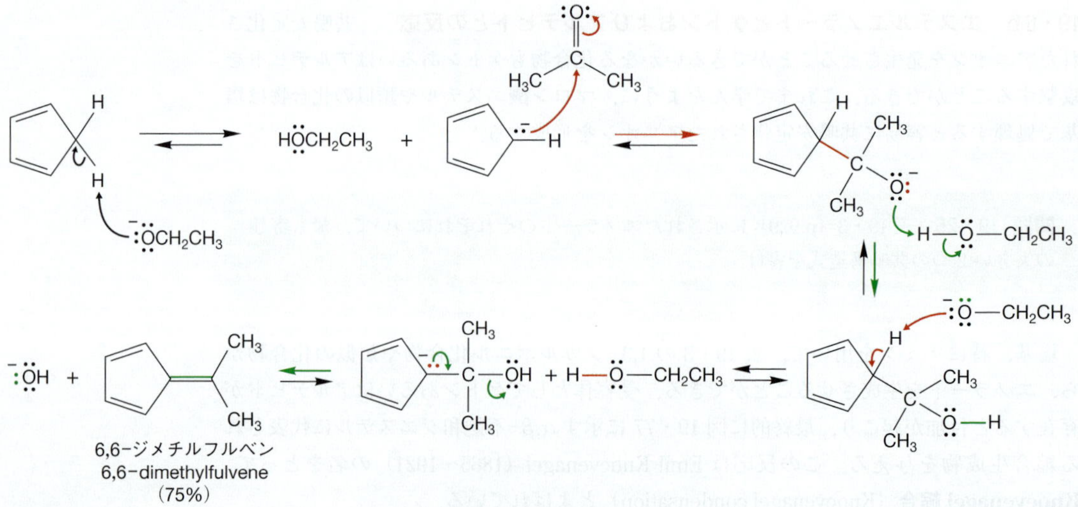

6,6-ジメチルフルベン
6,6-dimethylfulvene
(75%)

生成物は，フルベン（fulvene）として知られる，美しい色をもつ化合物である（図19・78）．

アルドール反応に比べKnoevenagel反応の解析は，より難しくなってくる．β-ヒドロキシケトンやα,β-不飽和ケトンが，どのような構成成分から合成できるか見分けることは比較的簡単である．しかしフルベンのように，構成成分がわかりにくい化合物を逆合成解析するにはどうすればよいのか．この質問に答えるのは容易でない．炭素－炭素二重結合は，つねに縮合反応で構築できる可能性をもっている．そのような考え方で二重結合を眺め，その二重結合をつくることが可能な構成成分を，考えるようにしなければならない（図19・79）．

Rはアニオンを安定化する置換基でなければならない

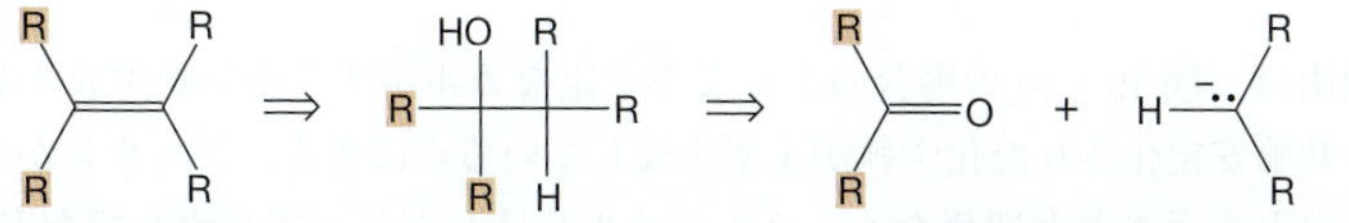

図 19・79 縮合反応によって，形式的にはどのような炭素－炭素二重結合でも構築できる．

つぎの問題は，縮合反応によってつくられる化合物の合成法を考える訓練となる．

問題 19・26 つぎの化合物を合成する方法を考えよ．

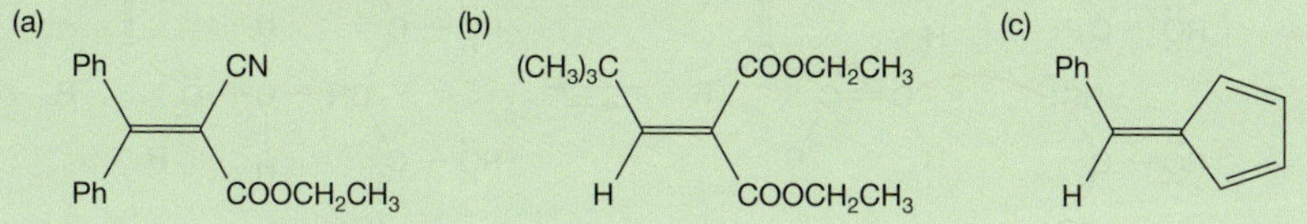

(a) (b) (c)

19・6c エノンへのエステルエノラートの付加反応：Michael反応

アルドール（および関連）反応による，α,β-不飽和カルボニル化合物の合成法について学んだ．この化合物に関連した特に重要な反応がある．それは，その発見者である米国人化学者Arthur Michael（1853～1942）の名をとり**Michael反応**（Michael reaction）とよばれている．

普通の炭素－炭素二重結合は，求核試薬とは反応しない．特に，付加反応が進行しないのは，安定化されていないアニオンであるアルカンの共役塩基を生成する必要があるためである．アルカンは極度に弱い酸である．そのpK_a値の測定は困難であるが，60以上の値が示唆されている（図19・80）．有機化学の反応機構の問題に取組むうえで，安定化されていないカルボアニオンの生成は，メチルカチオンや第一級カルボカチオンの生成と同じような意味をもつ．すなわち，停止信号であり，ほぼ確実に間違っているという印である．

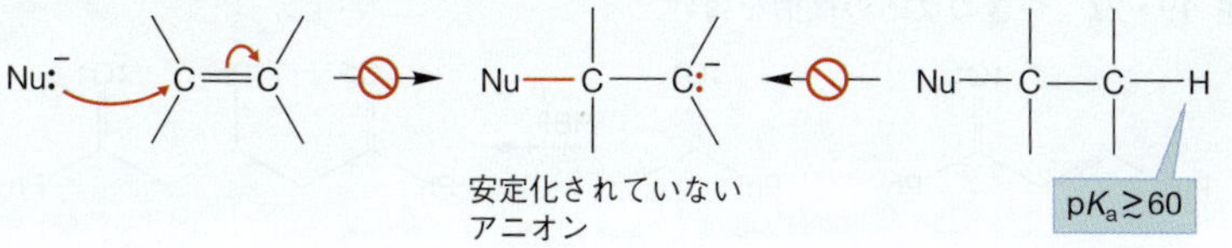

安定化されていないアニオン

$pK_a \gtrsim 60$

図 19・80 単純なアルケンにアルコキシドのような塩基を加えると，安定化されていないアニオンが生じることになる．この反応の起こりにくさは関連する炭化水素の酸性度で推しはかることができる．このような分子種は極端に酸性が弱く，そのpK_a値を測定することはきわめて難しい．

これに対し，**エノン**（enone）とよばれる α,β-不飽和カルボニル化合物の二重結合には多くの求核試薬が簡単に付加する．この反応を Michael 反応とよぶ．生じるエノラートアニオンの共鳴安定化に注目しよう（図 19・81）．

図 19・81 α,β-不飽和カルボニル化合物への求核付加は一般的である．

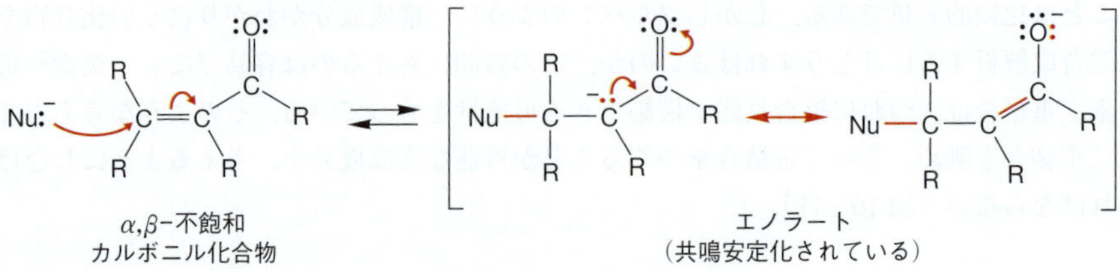

この理由は，図 19・80 の場合のような不安定なカルボアニオンが生成するのではなく，十分共鳴安定化された化学種がまず生成している点にある．アニオンがどのように生成したかということと関係なく，カルボニル基はどんな α アニオンでも安定化する．Michael 反応は，エノラートを生成させる 1 つの方法である．

厳密には，α,β-不飽和カルボニル化合物に付加する化学種がエノラートである場合に，Michael 反応とよぶ．しかし，エノラート以外の求核試薬が付加する関連反応も，しばしばこの名前のもとにひとまとめにされ，Michael 反応とよばれることが多い（図 19・82）．

図 19・82 Michael 反応の 2 つの例

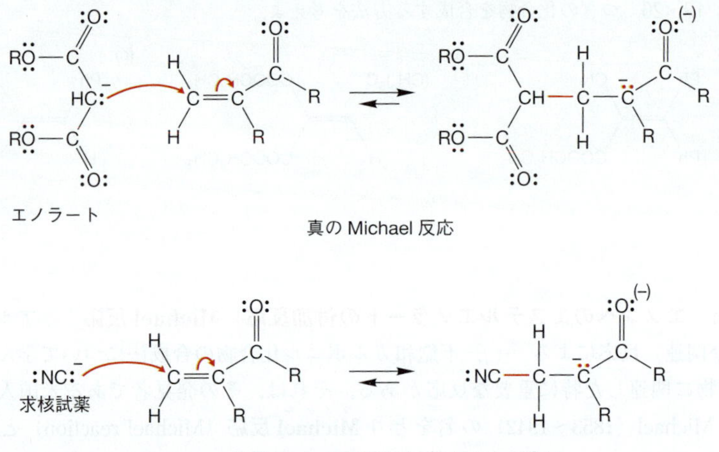

酸触媒による Michael 反応もまた知られており，まずカルボニル化合物がプロトン化され，つぎに炭素－炭素二重結合が求核試薬によって攻撃され，エノールを与える（図 19・83）．このエノールは，より安定なカルボニル化合物と平衡にあり，最終生成物である付加体を与える．

問題 19・27 つぎの反応の機構を書け．

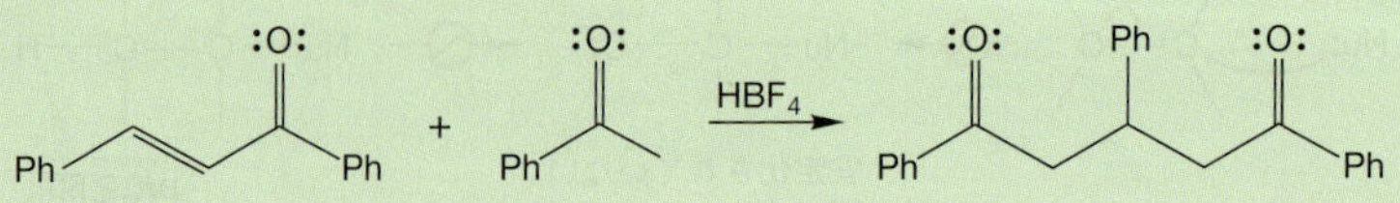

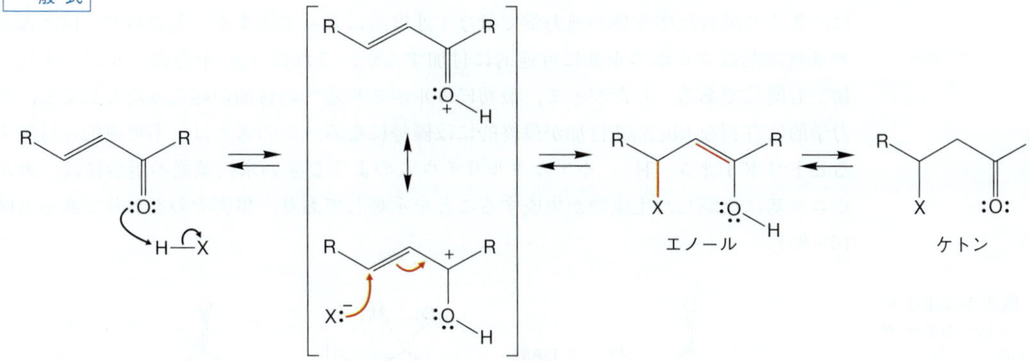

図 19・83 酸触媒 Michael 反応

一般式

エノール

ケトン

具体例

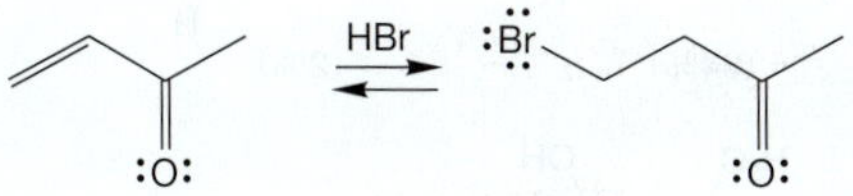

HBr

α,β-不飽和カルボニル化合物の反応生成物を予測するには，普遍的な問題が存在している．それは，実に多くの反応が起こる可能性をもっていることである．たとえば，求核試薬がカルボニル基（1,2-付加）と二重結合（Michael 付加）のどちらに付加するかを，どうして決めればよいのだろうか．この質問は，縮合反応や一般の多官能化合物の化学で提起されている困難な問題の縮図である．どうすれば，さまざまな反応のなかから，どれが最も進行する可能性があるか，決めることができるのだろうか（エネルギーの視点からでも，あるいは，試験問題の解答を見つけたり望みの化合物を合成するというもっと現実的なものでもよいが）．

少なくとも Michael 反応については，合理的な答がある．まず，Michael 反応の生成物が，カルボニル基への付加生成物よりも安定である点に注目しよう（図 19・84）．Michael 付加の生成物には強い炭素－酸素二重結合が残っているが，カルボニル基への付加生成物はそうでない．

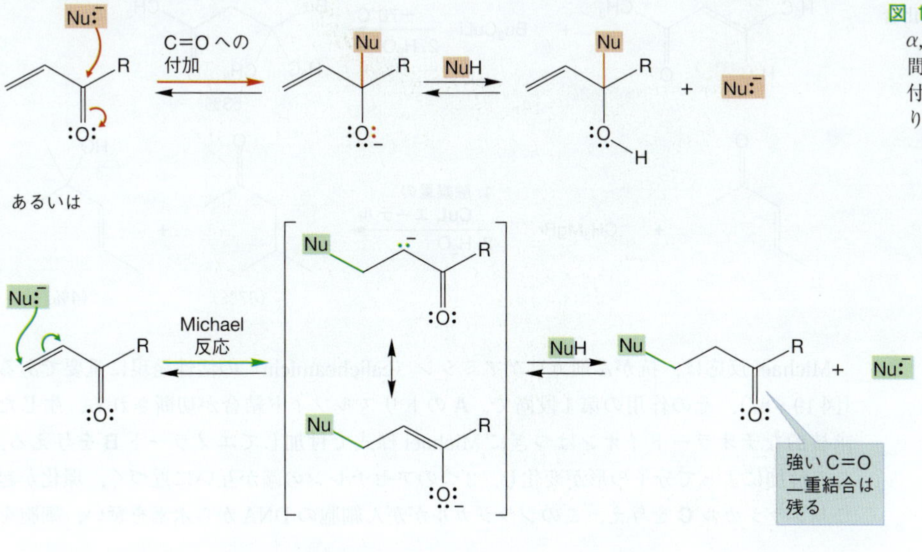

C=O への付加

あるいは

Michael 反応

強い C=O 二重結合は残る

図 19・84 求核試薬（Nu:⁻）と α,β-不飽和カルボニル化合物との間の可能な 2 つの反応．Michael 付加ではカルボニル基が残っており，通常熱力学的に有利である．

しかし，これは熱力学的な議論である．しばしば見てきたように，反応が起こる箇所は，多くの場合反応全体の熱力学ではなく速度論によって決まる．ところで，ほとんどの求核試薬はカルボニル基に可逆的に付加するが，これはα,β-不飽和カルボニル化合物でも同じである．したがって，最初にカルボニル基への付加が起こったとしても，熱力学的に有利な Michael 付加が最終的には優勢になる．この考えは，不可逆的に付加するヒドリドイオン（H^-）やアルキルリチウムのような強い求核試薬の場合には，カルボニル基に攻撃した生成物が生成することを示唆しており，事実そのとおりである（図 19・85）．

図 19・85 α,β-不飽和カルボニル化合物のカルボニル基への不可逆的な 2 つの付加反応

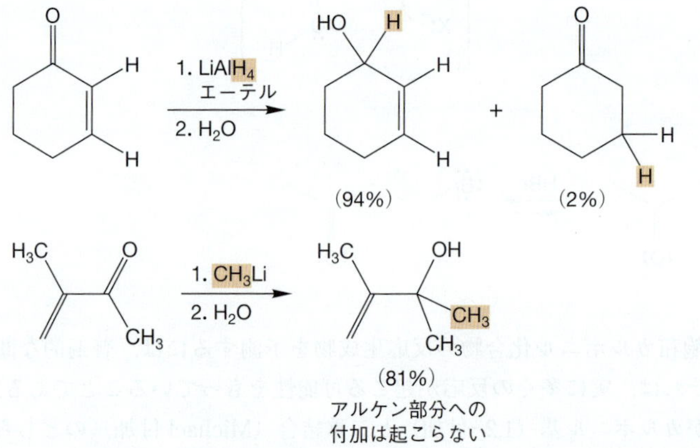

1. $LiAlH_4$ エーテル
2. H_2O
(94%) (2%)

1. CH_3Li
2. H_2O
(81%)
アルケン部分への付加は起こらない

有機合成においてよく目にする反応の 1 つが，エノンへのクプラート（p.783）の付加反応である．有機クプラートは強い塩基であるため，カルボニル炭素へ付加すると思うかもしれないが，この試薬は Michael 付加生成物を与える（図 19・86）．一般に，グリニャール試薬とα,β-不飽和アルデヒドとの反応は，1,2-付加物を与えるが，α,β-不飽和ケトンとの反応の生成物を予測するのは困難である．グリニャール反応の付加の選択性は立体的要因によって決まるものと考えられている．一方，銅触媒共存下でのグリニャール反応はα,β-不飽和化合物への Michael 付加が優先的に起こる．

図 19・86 クプラートおよび銅触媒共存下でのグリニャール試薬は，α,β-不飽和カルボニル化合物に Michael 型の付加を行う．

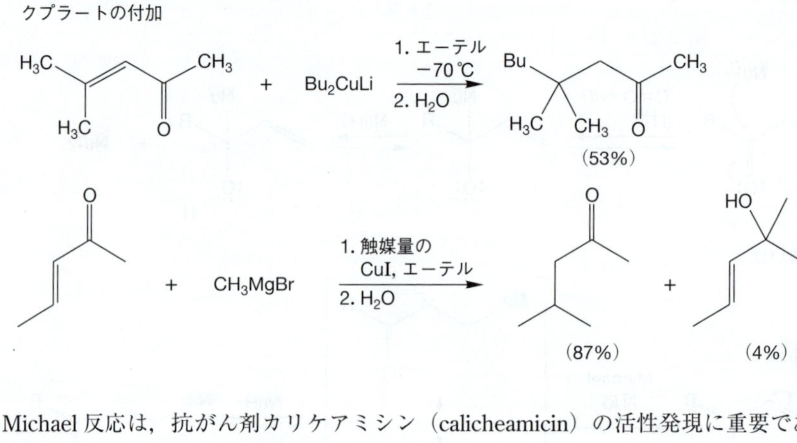

クプラートの付加

+ Bu_2CuLi
1. エーテル −70 ℃
2. H_2O
(53%)

+ CH_3MgBr
1. 触媒量の CuI, エーテル
2. H_2O
(87%) + (4%)

Michael 反応は，抗がん剤カリケアミシン（calicheamicin）の活性発現に重要である（図 19・87）．その作用の第 1 段階で，**A** のトリスルフィド結合が切断される．生じた求核的なチオラートイオンはつぎに Michael 様式で付加してエノラート **B** を与える．この付加によって分子の形が変化し，2 つのアセチレンの端が互いに近づく．環化が起こりジラジカル **C** を与え，このジラジカルががん細胞の DNA から水素を奪い，細胞を

殺す．このようにカリケアミシンの活性は構造の変化により発現する．すなわち，Michael 反応の起こる前は，2 つのアセチレンの端は遠く離れていて環化できない．硫黄が α,β-不飽和カルボニルに付加した場合のみ，環化できるようになる．

図 19・87　抗がん剤カリケアミシンの活性発現の機構

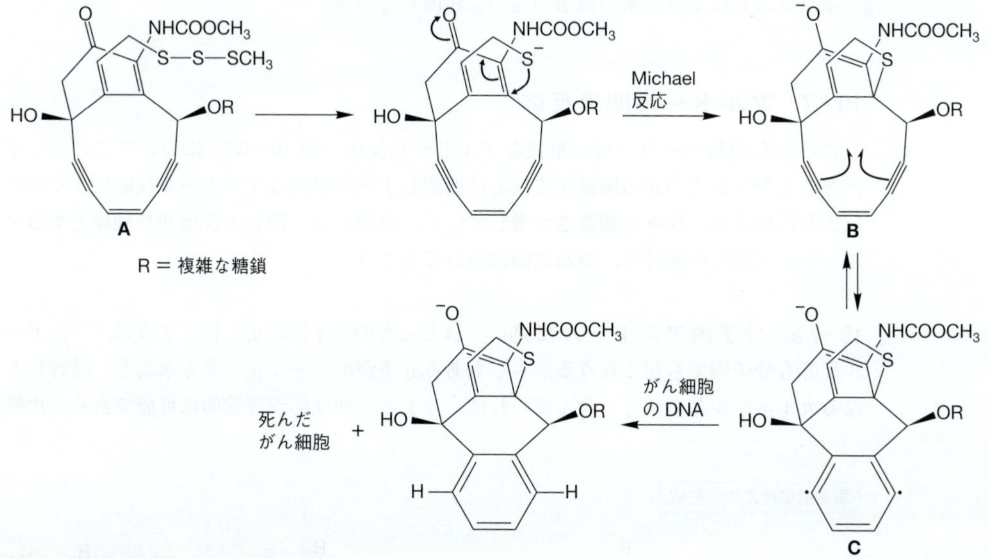

R = 複雑な糖鎖

基礎研究の重要性

図 19・87 に示したジラジカル **C** の形成反応は，カリケアミシンやその他多くの類縁化合物による細胞殺傷力に大きくかかわっている．おそらく，シスのエンジインが閉環して奇妙な構造のジラジカルを与える機構が，いかに普通でないことがわかるであろう．では，なぜ奇妙なのだろうか．それは 3 価の炭素を 2 つもっているためだ．これらの炭素がもつ高い反応性がカリケアミシンに強力な細胞殺傷力をもたらしている．これらのジラジカルは DNA からすさまじい勢いで水素原子を取去る．

そのような異常な性質にもかかわらず，カリケアミシンの作用機構はあっという間に解明された．どのように？　実は，その何年か前に，Robert G. Bergman 教授（1938 年生まれ）と共同研究者である R. R. Jones が，単純なエンジインから *p*-ベンザインとして知られるジラジカルが形成される熱反応を研究していた．彼らは，図に示した標識実験の結果から，*p*-ベンザインが関与しているに違いないと考えた．

まれにみる美しい化学の話はさておき，最も重要なのは，Jones と Bergman の研究の動機ががんの治療とはまったく無関係だったことである．彼らは，自然がどのように機能しているか解明するところに純粋に興味があった．数年後，彼らの実験結果に基づく考察が正しいことが明らかになった．彼らの研究によってカリケアミシンの作用機序解明がどれだけ容易になったのかはわからない．しかし，彼らの研究がその本質をついていたのは明らかである．

ここでの教訓は何だろうか．その実用性が現れるまでに何年もの年月が過ぎるかもしれないし，多くの研究は実際に応用されることはないかもしれないが，人類は，基本的な基礎研究から，きわめて多くの恩恵を受けているということである．我々は，困難な現実的課題の解決に向けて正確に研究を設定できるほど賢明ではないのである．

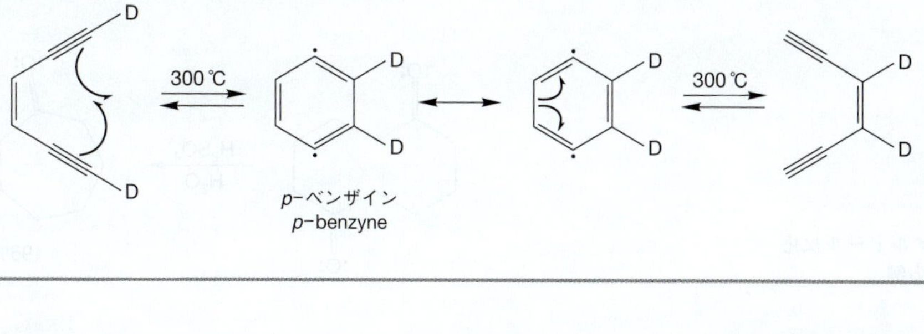

p-ベンザイン
p-benzyne

まとめ

この節では，アルドール反応に関連する 2 つの変法として Knoevenagel 縮合と Michael 反応を見てきた．これらはすべて，単一の求核試薬が単一の求電子試薬に付加する反応である．これらの反応はアルドール反応と基本的に同じであり，違っている点はおもに求核試薬の構造の違いに起因している．

19・7 アルドール関連反応

これからの数ページでは，単純なアルドール反応（図 19・66）についてこれまで学んだことを，いくつかの関連する反応に展開しよう．単純なアルドール反応によく似た反応から始まり，徐々に複雑さが増していく．原型となる酸および塩基を触媒とするアルドール反応との関連を，つねに頭においておこう．

19・7a 分子内アルドール反応　ほとんどの分子間反応と同じように，アルドール反応も分子内でも起こりうる．もしもある分子がエノール化できる水素と，受容体となるカルボニル基の両方を含んでいれば，分子内付加反応が理論的に可能である．比較

塩基触媒反応の一般式

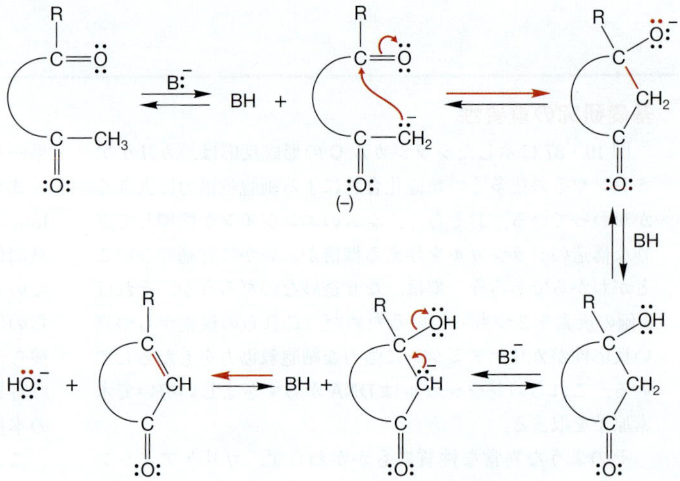

塩基触媒および酸触媒反応の具体例

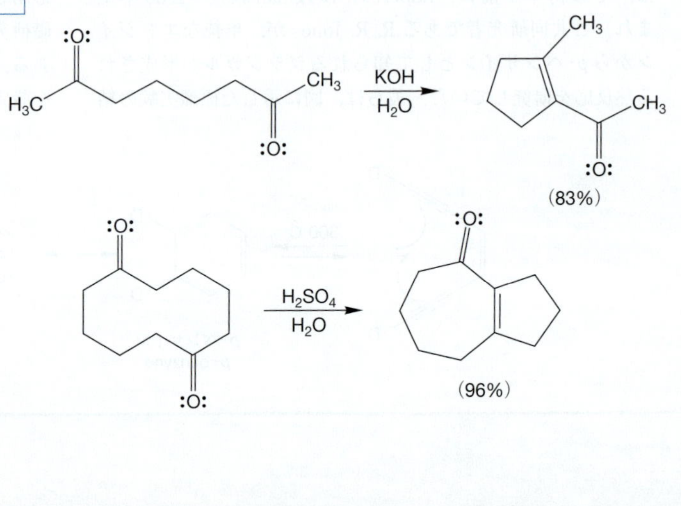

(83%)

(96%)

図 19・88 分子内アルドール反応の機構と 2 つの反応例

的ひずみの少ない5または6員環を形成する場合には，特に進行しやすい．生成物はここでもβ-ヒドロキシケトン（あるいは脱水生成物であるα,β-不飽和ケトン）であり，反応機構は分子間の場合と同じである（図19・88）．

問題 19・28 図19・88に示した分子内アルドール反応の具体例について，その機構を書け．

問題 19・29 3-ヒドロキシ-3-メチルシクロヘプタノンの逆アルドール開環反応について，酸および塩基触媒による反応機構を書け．ヒント：p.938の“問題の解き方”を見よ．

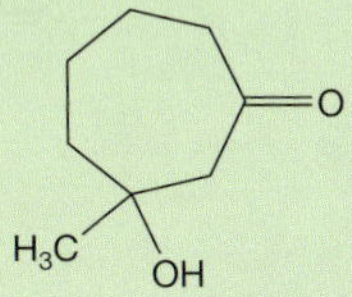

3-ヒドロキシ-3-メチルシクロヘプタノン
3-hydroxy-3-methylcycloheptanone

19・7b 交差アルドール反応 実際には，すべてのβ-ヒドロキシケトンがアルドール反応によって効率よく形成できるわけではない．5-ヒドロキシ-4,5-ジメチル-3-ヘキサノンを合成することになったとしよう（図19・89）．図に示すような逆合成解析により，この化合物は本質的にアルドール生成物であることがわかる．そして，ジエチルケトンとアセトンのアルドール反応が適した合成経路であると示唆される．2つの異なるカルボニル化合物間のアルドール反応は**交差アルドール反応**（crossed aldol reaction）あるいは**混合アルドール反応**（mixed aldol reaction）とよばれている．

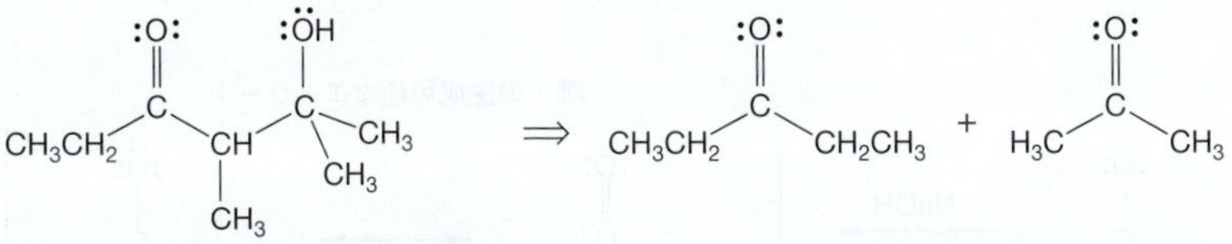

5-ヒドロキシ-4,5-ジメチル-3-ヘキサノン
5-hydroxy-4,5-dimethyl-3-hexanone

図 19・89 逆合成解析では，ジエチルケトンとアセトンとの間の交差アルドール反応によって5-ヒドロキシ-4,5-ジメチル-3-ヘキサノンが生成することを示唆している．

しかしその機構について少し考えてみると，いくつか問題が潜在していることが明らかになる．2種類のエノラートの生成が可能であり，そのおのおのが2種類のカルボニル基を攻撃しうる（図19・90）．したがって，**A**，**B**，**C**，**D**の4つの生成物が可能であ

塩基

A

B

図 19・90 この合成経路を試みると，4種類のβ-ヒドロキシケトン，**A**，**B**，**C**，および**D**が生成しそうである．（次ページにつづく）

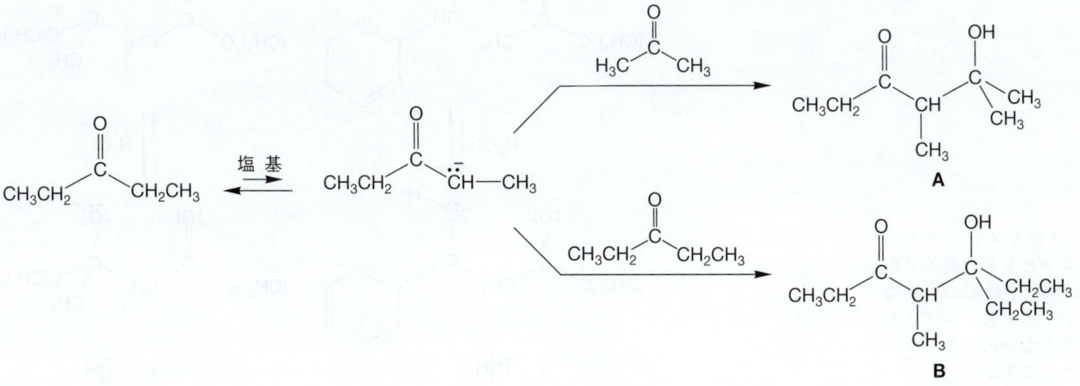

図 19・90 （つづき）

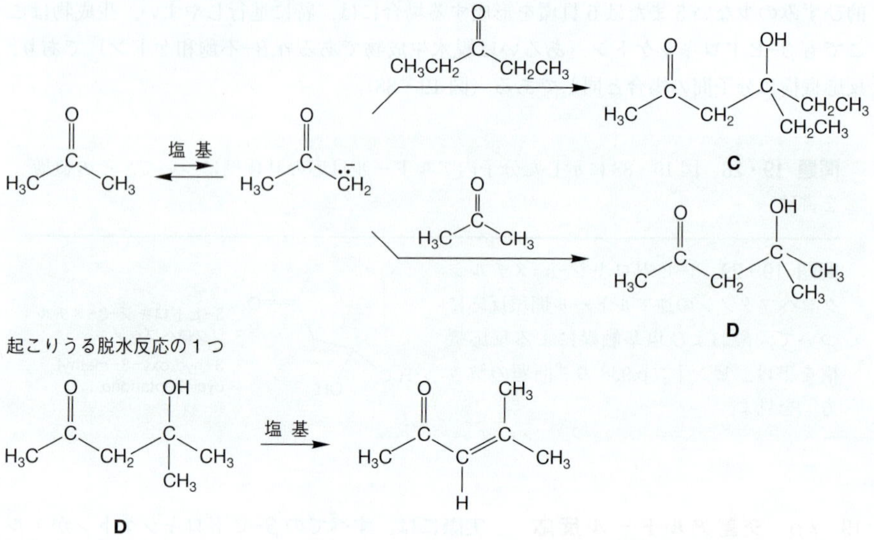

り（どの β-ヒドロキシケトンも α,β-不飽和ケトンに脱水しないとして），そのすべてが同じような収率で生成しそうである．ジエチルケトンのエノラートはアセトンまたはジエチルケトンのカルボニル基に付加して **A** と **B** を与える．同様に，アセトンのエノラートは２つのカルボニル化合物との反応によって **C** と **D** を与える．

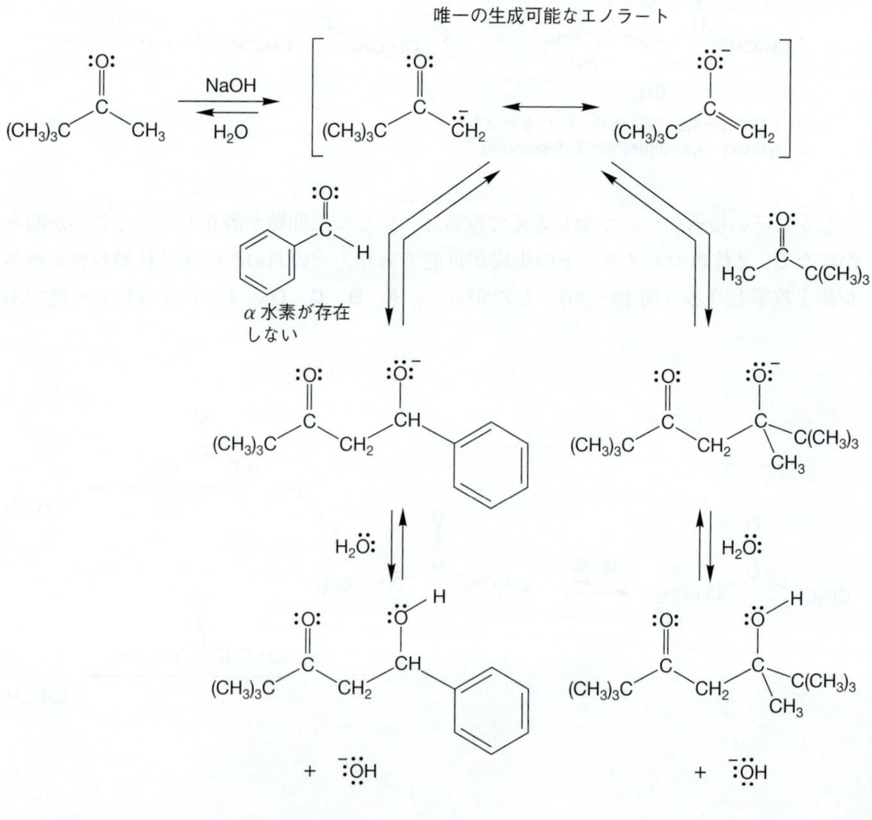

図 19・91 *t*-ブチルメチルケトンとベンズアルデヒドとの交差アルドール反応では，２種類の生成物しかできない．ベンズアルデヒドは α 水素をもたないのでエノラートになることができない．

交差アルドール反応で多種類の生成物が生じるのを抑制する簡単な方法がいくつかある．もし，片方の相手がα位に水素をもたなければ，それは受容体としてのみ働き，求核的なエノラートとしては作用しない（図19・91）．たとえば，*t*-ブチルメチルケトンとベンズアルデヒドを組合わせた反応では，ある程度の幸運が望めるかもしれない．しかしながら，原則として，依然2つの可能性がある．というのも，エノラートはケトンとアルデヒドのどちらにも付加することができ，2つの異なるβ-ヒドロキシケトンを生成するからである．しかし，この反応を行うと，ただ1つの生成物がかなりの収率で生成する（図19・92）．

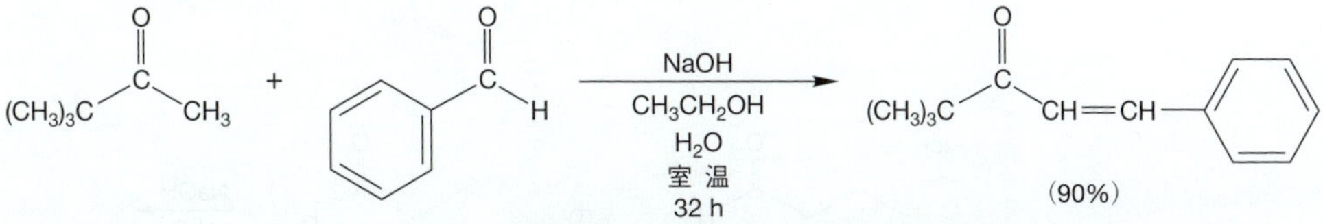

NaOH
CH_3CH_2OH
H_2O
室 温
32 h
(90%)

図 19・92 *t*-ブチルメチルケトンとベンズアルデヒドとのアルドール反応では，実際は1種類の生成物が得られるだけである．

この交差アルドール反応が成功した理由はいくつかある．第一は，エノラートがベンズアルデヒドのカルボニル基へ付加する速度が，*t*-ブチルメチルケトンへの付加と比べ，はるかに大きいことである．アルデヒドのカルボニル基はケトンのカルボニル基よりもずっと反応性が高い．第二に，アルデヒドのカルボニル基への付加の平衡定数は，ケトンのカルボニル基への付加の平衡定数よりも有利である（図19・93）．第三に，付加や脱水の段階は可逆反応であるため，脱水が起こるならば熱力学的支配により最も安定な生成物を与える．この場合にはフェニル基が置換したエノンが得られる．

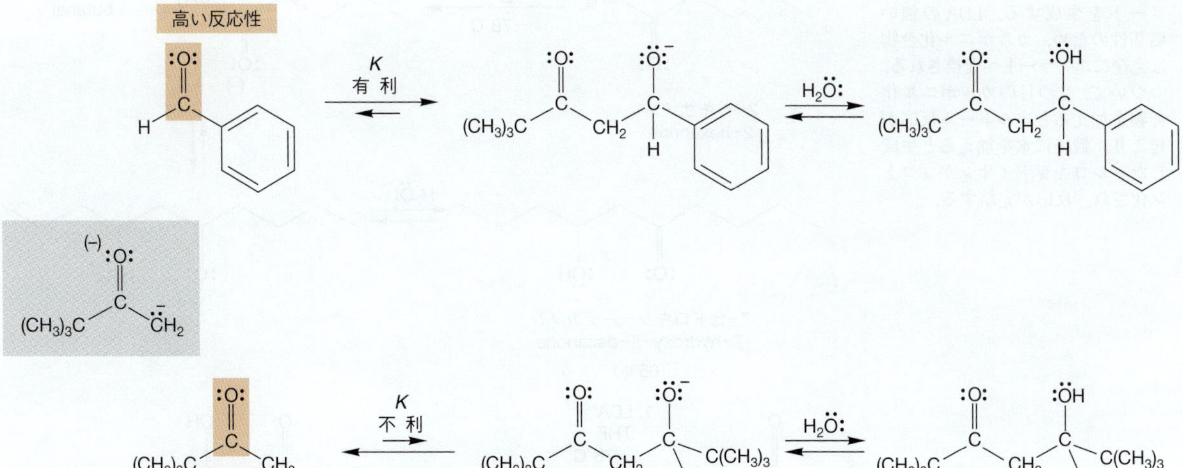

高い反応性
K
有 利
$H_2\ddot{O}$:
K
不 利
低い反応性

図 19・93 ベンズアルデヒドのカルボニル基は*t*-ブチルメチルケトンのカルボニル基より反応性が高く，しかもエノラートとベンズアルデヒドとの反応の平衡は生成物側に有利であるが，*t*-ブチルメチルケトンとの反応の平衡は生成物側に不利である．

問題 19・30 つぎの交差アルドール反応の生成物を書け.

(a) [phenyl ethyl ketone] + [benzaldehyde] $\xrightarrow[H_2O]{NaOH}$

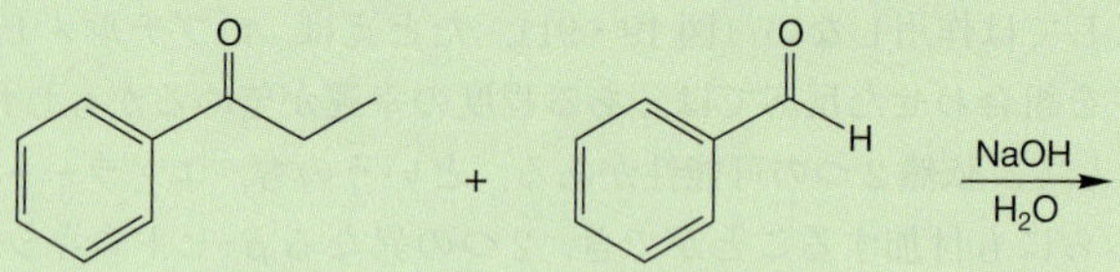

(b) [4-heptanone] + [benzaldehyde] $\xrightarrow[H_2O]{NaOH}$

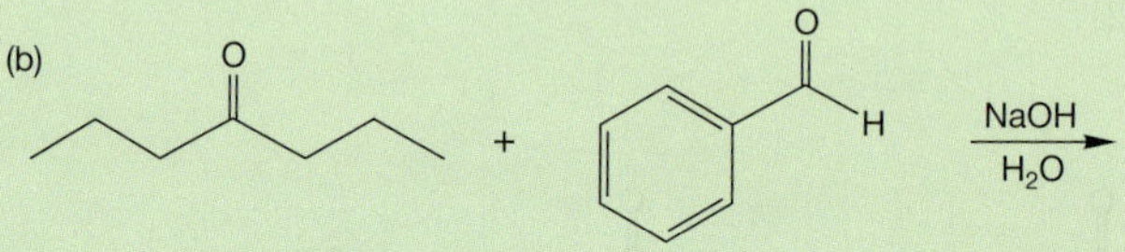

(c) [butanal] + [propanal] $\xrightarrow[H_2O]{NaOH}$

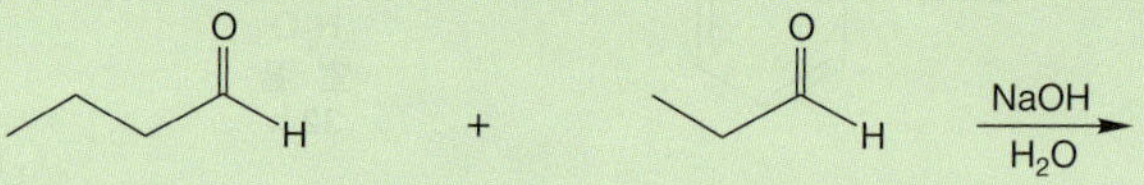

交差アルドール反応は非常に重要で,**Claisen–Schmidt 縮合**(クライゼン–シュミット)(Claisen–Schmidt condensation)という名がつけられている(Ludwig Claisen, 1851～1930).

この章で以前に,カルボニル基への付加というやっかいな問題を起こすことなく,エノラートを効率的に生成させる塩基として,リチウムジイソプロピルアミド(LDA)を学んだ.LDA は塩基性が強いため,1 つ目のカルボニル化合物はすべてエノラートへと変換される(図 19・94).LDA がすべて消費されてつぎに 2 つ目のカルボニル化合物を

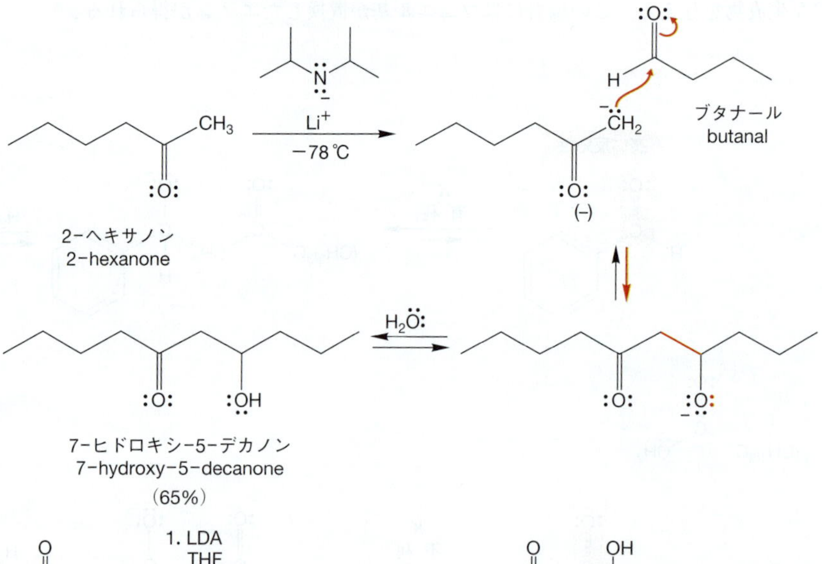

図 19・94 塩基として LDA を用いた場合の交差アルドール反応.LDA は,そのかさ高さのためケトンの置換基が少ない側のプロトンを選択的に引抜き,速度論的エノラートを生成する.LDA の強い塩基性のため,カルボニル化合物は完全にエノラートへ変換される.つづいて,2 つ目のカルボニル化合物を加えるとアルドール反応が起こり,最後に水を加えると生成したアルコキシドイオンがプロトン化され,反応が完結する.

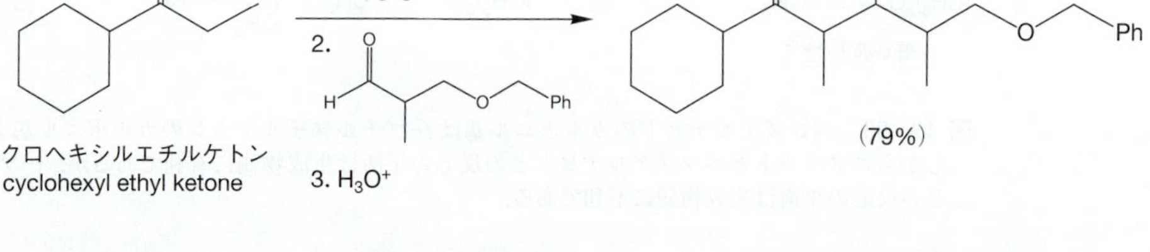

2-ヘキサノン
2-hexanone
$\xrightarrow[-78\,^\circ C]{Li^+}$
ブタナール
butanal
$H_2\ddot{O}$:
7-ヒドロキシ-5-デカノン
7-hydroxy-5-decanone
(65%)

シクロヘキシルエチルケトン
cyclohexyl ethyl ketone
1. LDA, THF, −78 ℃
2. [aldehyde with OCH$_2$Ph]
3. H_3O^+
(79%)

加えるまでアルドール反応は起こらない．交差アルドール反応を制御して行うには，この手順は有用である．2 種類のエノラートが生成する可能性がある場合は，置換基の少ないエノラートが生成する．LDA は非常にかさ高い塩基であり，立体障害の小さい位置からプロトンを引抜くため，いわゆる**速度論的エノラート**（kinetic enolate）が生成する．この反応で，互いが隣接した 2 つの新しいキラル中心が生じる点に注目しよう．この方法は非常に有用であり，ここ 30 年間高い関心を集めている．

19・8 α 位へのカルボン酸誘導体の付加：Claisen 縮合

エノラートとエステルの反応では，エノラートが求核試薬として作用して付加-脱離機構によりエステルのアルコキシ基と置き換わる．この反応は 18 章で学んだ多くの反応と似ている．

19・8a ケトンのエノラートとエステルの縮合　塩基性条件下ではエステルとケトンの間でさまざまな反応が起こりうる．ケトンのアルドール反応は可逆反応であり，通常，吸熱反応であるため，ケトンのエノラートともう 1 分子のケトンとのアルドール反応はまず問題にならない．アルドール反応が起こったとしても，出発のケトンが有利なので，ケトンがエステルとの反応で消費されると，逆反応でケトンを供給する源として働く．2 個のエステル同士の縮合は，ケトン（pK_a～19）がエステル（pK_a～24；表 19・2）よりも強い酸であり，ケトンのエノラートイオンがエステルのエノラートイオンより生成しやすいため，通常問題にならない．ケトンのエノラートとエステルとの反応では，エノラートがエステルのカルボニル基に付加しアルコキシドイオンが脱離して，1,3-ジカルボニル化合物が生成する（図 19・95）．さらに，等モル量の塩基が使われて

図 19・95　ケトンとエステルの交差縮合の機構

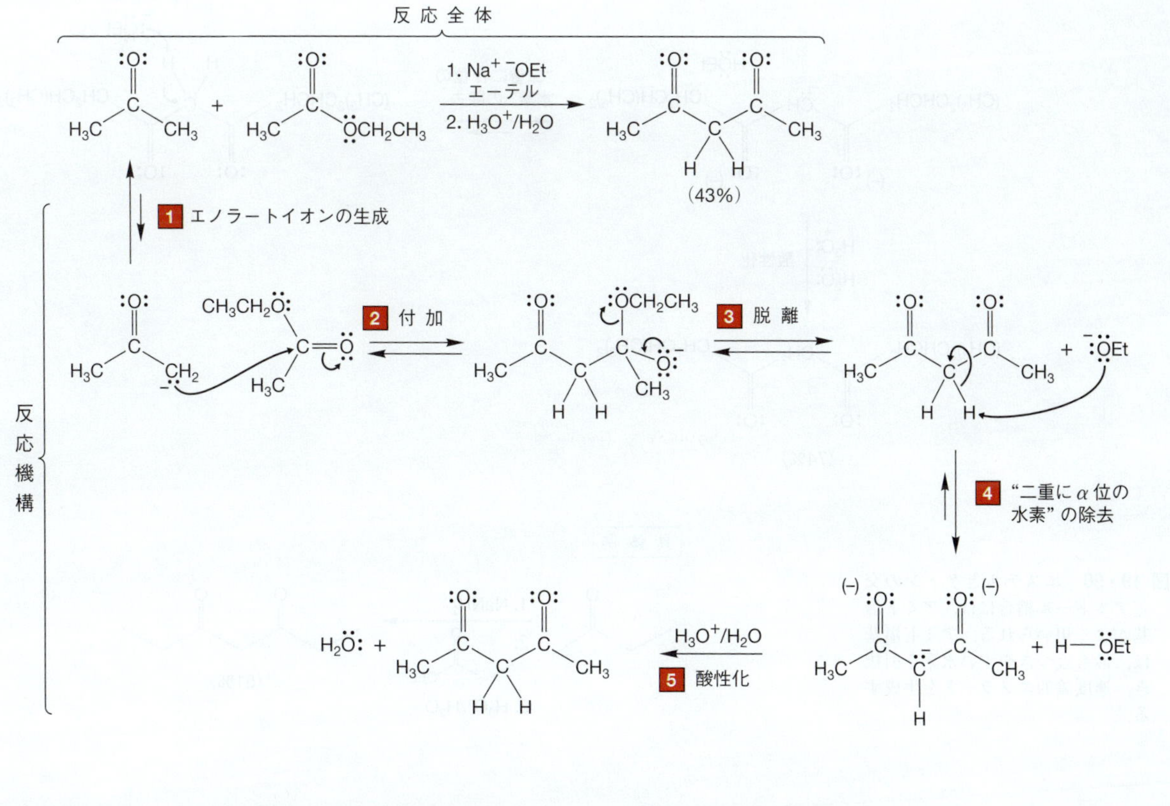

反応全体

CH_3COCH_3 + $CH_3COOCH_2CH_3$ —(1. $Na^+\ ^-OEt$ エーテル; 2. H_3O^+/H_2O)→ $CH_3COCH_2COCH_3$ (43%)

反応機構

1 エノラートイオンの生成

2 付加

3 脱離

4 "二重に α 位の水素" の除去

$H_3C-CO-CH^{-}-CO-CH_3$ + H—OEt

5 酸性化 (H_3O^+/H_2O)

H_2O + $H_3C-CO-CH_2-CO-CH_3$

いれば，2 個のカルボニル基に対して α 位の水素が引抜かれ，強く共鳴安定化されたアニオンが生成する．混合物を酸性にすると，1,3-ジカルボニル化合物を再生して反応が完結する．

問題 19・31 図 19・95 の交差縮合で，エステルがアルデヒドやケトンに比べてエノラートイオンとの反応性が低いのはなぜか．

エステルとケトンの縮合反応には，強い塩基であるナトリウムアミド（$NaNH_2$）や LDA がよく使用される．生成しうるエノラートイオンが 2 種類以上ある場合，速度論的に塩基が近づきやすい水素が優先して引抜かれる（図 19・96）．

一 般 式

$(CH_3)_2CHCH_2C(=O)CH_2$–H　$\xrightarrow[\text{エーテル}]{Na^+\ ^-NH_2}$（エノラートの生成）$(CH_3)_2CHCH_2C(=O)\ddot{C}H_2^-$ + EtO–C(=O)–$CH_2CH(CH_3)_2$

付 加

$(CH_3)_2CHCH_2C(=O)CH_2C(OEt)(O^-)CH_2CH(CH_3)_2$

脱 離

$^-$:ÖEt

$(CH_3)_2CHCH_2C(=O)CH_2C(=O)CH_2CH(CH_3)_2$　“二重に α 位の水素” の除去　$(CH_3)_2CHCH_2C(=O)\ddot{C}H^-C(=O)CH_2CH(CH_3)_2$ + HÖEt

酸性化（H_3O^+, H_2O）

$(CH_3)_2CHCH_2C(=O)CH_2C(=O)CH_2CH(CH_3)_2$

（74%）

具 体 例

2-ブタノン　1. $NaNH_2$　2. $CH_3CH_2CO_2Et$　3. H_3O^+/H_2O　→　3,5-ヘプタンジオン（51%）

図 19・96 エステルとケトンの交差アルドール縮合には，アミド塩基がよく用いられる．アミド塩基は，最も近づきやすい水素を引抜き，速度論的エノラートを生成する．

19・8b エステルエノラートとエステルの反応 エステルはアルコールより pK_a 値で約 7 単位ほど弱い酸である．それにもかかわらず，つまり，反応がかなり吸熱的であるにもかかわらず，アルコキシドイオンのような塩基が存在すれば，わずかではあるがエノラートイオンが生成する（図 19・97）．

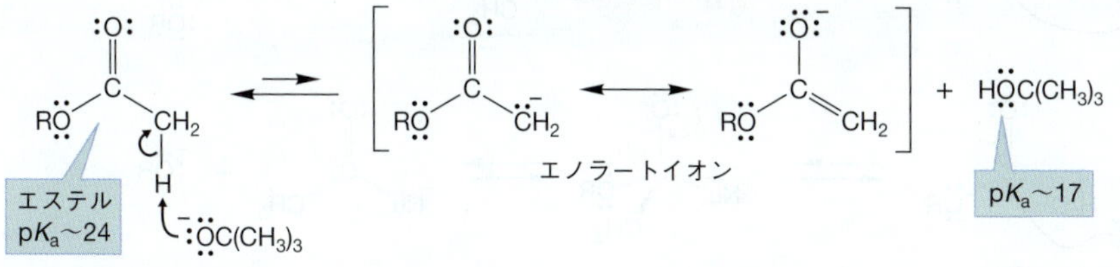

図 19・97 エステルからのエノラートイオンの生成．*t*-ブチルアルコールの pK_a は約 17 であり，エステルの pK_a は約 24 であるため，この反応は非常に吸熱的である．

なぜ，図 19・97 に示した反応ではアルコキシドイオンがカルボニル基に付加して，塩基触媒によるエステル交換反応が起こらないのであろうか．実はこの反応が起こるため，アルコキシドイオンとエステルの OR 基を同じにしなければ，エステルの混合物が生成してしまう（図 19・98）．しかし，OR 基が同一である限りは塩基触媒によるエステル交換は，生成物が出発化合物と同一であるという意味で，何の変化も起こさない．

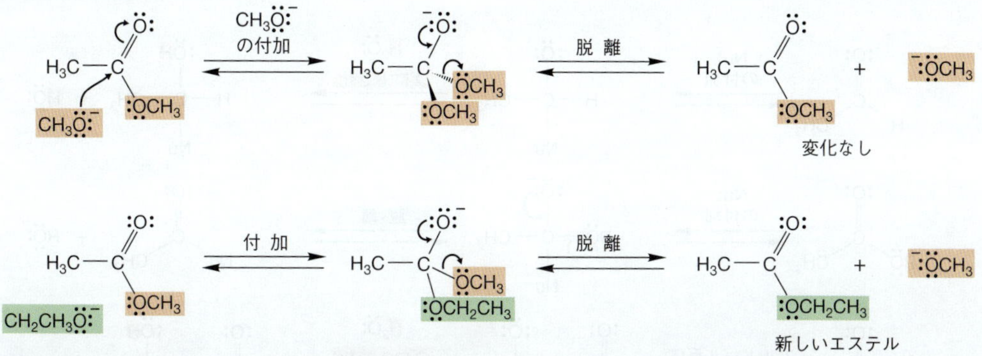

図 19・98 アルコキシドイオンの OR 基とエステルの OR 基が異なれば，塩基触媒によるエステル交換で新しいエステルが生成する．

エステルのエノラートイオンはどのように反応するであろうか．もちろん，酸性をもつアルコールのプロトンを引抜けば出発のエステルに戻る．これ以外にも系中にある求電子試薬ならどれとでも反応できる．エステルのカルボニル基はちょうどそのような反応種であり，エノラートイオンと付加反応をする．生成物は複雑であるが，この付加反応はエステルカルボニルに対する他の求核試薬の反応となんら変わりはない（図 19・99）．この反応の 2 段階目も，これまで学んだ反応に似ている．正四面体型中間体から，付加反応の単純な逆反応でエノラートイオンが脱離するか，アルコキシドイオンが脱離して β-ケトエステルを生成する．この反応は Ludwig Claisen にちなんで **Claisen**（クライゼン）**縮合**（Claisen condensation）とよばれる．たとえば，前述した Claisen-Schmidt 縮合（p.956）のように，Claisen の名の付いた多くの反応がある．今後も現れるであろう．

求核試薬がエステルへ付加するか，アルデヒドまたはケトンへ付加するかの違いだけで Claisen 縮合とアルドール反応は似た関係にある．アルドール反応では，アルデヒド

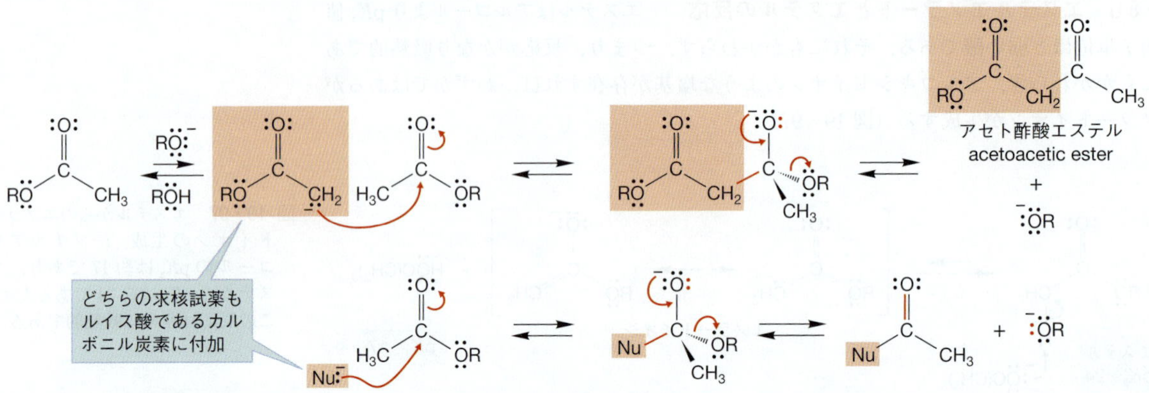

図 19・99 エステルエノラートとエステルとの反応の第1段階では，求核性の高いエステルエノラートが求電子性の高いエステルのカルボニル炭素に付加し，第2段階で，正四面体型中間体からアルコキシドイオンが脱離する．

またはケトンの反応で生成した正四面体構造をもつアルコキシドイオンは，出発物質に戻るかあるいはプロトン化を受ける．一方，エステルの場合はこれらも起こるが，さらにエステル由来のアルコキシドイオンの脱離という道が加わっている．エステルでは，このように新たに脱離過程が加わった結果，付加-脱離機構が可能になる（図 19・100）.

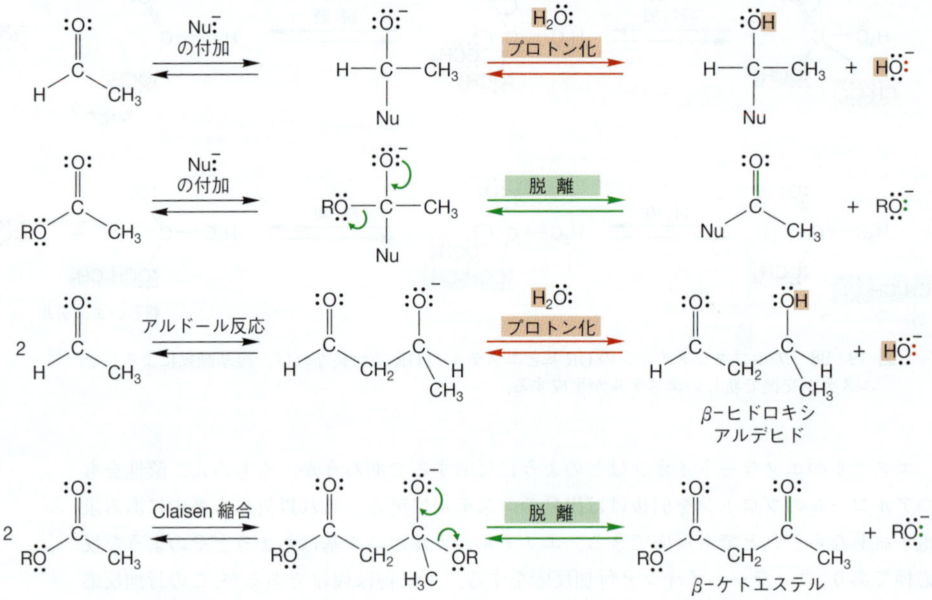

図 19・100 アルドール反応は求核試薬のカルボニルへの付加の一例であり，プロトン化が続いて起こる．Claisen 縮合は，エステルに特有の付加-脱離過程の一例である．

ケトンのアルドール反応のように，Claisen 縮合においても熱力学的に有利なのは出発物質である（図 19・101）．エステルは共鳴によって安定化されており，出発系には2個のエステルがあり生成系には1個しかない．その結果，2個の別々のエステルの方が熱力学的に有利なのである．

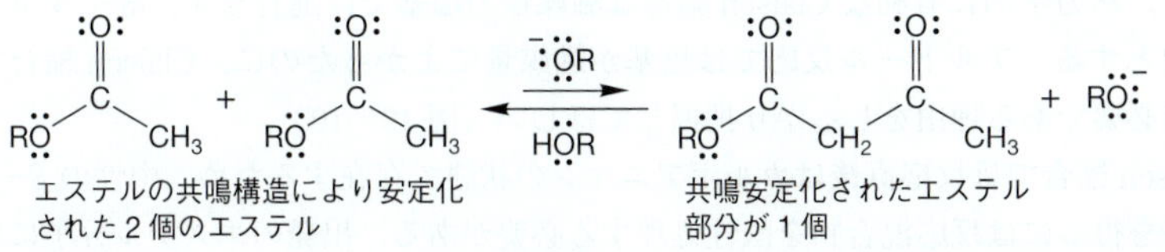

図 19・101 Claisen 縮合では，生成物のβ-ケトエステルよりも出発物質である2個のエステルの方が熱力学的に有利である．β-ケトエステルの生成は吸熱反応である．

しかし，実際には，この熱力学的に不利な状況はつぎのようにして解消されている．Claisen 縮合の最終段階で，触媒であるアルコキシドイオンが再生される．アルドール反応の場合もアルコキシドイオンは再生されるが，アルドール反応ではこのアルコキシドイオンはもう1分子のエノラートを生成させるのに使われる．しかし，Claisen 縮合では，再生したアルコキシドアニオンは別のより速い反応に使われる．生成したβ-ケトエステルは，2つのカルボニル基に対してα位に位置する水素，すなわち"二重にα位の水素"ともいうべき水素をもつので，系中で最も強い酸となる．アルコキシドイオンはこのプロトンを引抜き，その結果できるアニオンは2つのカルボニル基によって共鳴安定化を受ける（問題 19・25 を思い出そう）．β-ケトエステルの pK_a は約 11 であるので（表 19・3），この酸は出発のエステルよりも 10^{13} 倍も酸性が強い．縮合の最終段階で再生されるアルコキシドイオンの最も有利な反応は，"二重にα位の水素"を引抜いて大きく安定化されたβ-ケトエステルの塩を生成することである（図 19・102）．

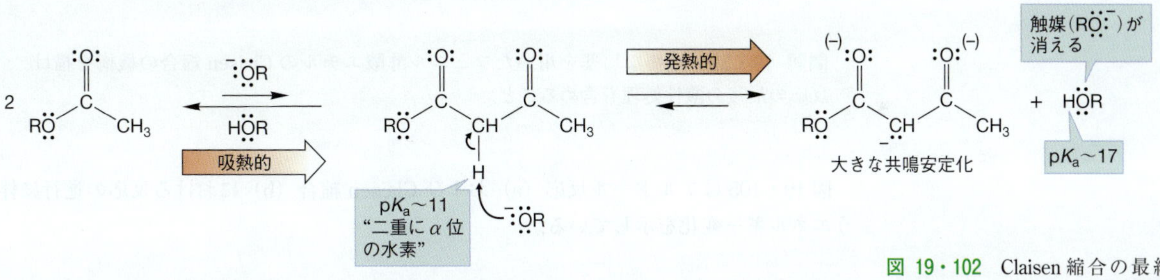

図 19・102 Claisen 縮合の最終段階で，アルコキシドイオンは二重にα位の水素を引抜いてアルコールになる．結果として安定なアニオンが生じる．

"二重にα位の水素"が引抜かれると，熱力学的にはすべてがうまく収まって，生成物は出発物質よりも安定となる．しかし，反応の触媒は消費されてしまう．したがって，もし触媒量の塩基で Claisen 縮合を試みてもそれは失敗する．用いた塩基と同量の生成物しか得られない．触媒量ではなく等モル量のアルコキシドを用いる必要がある．

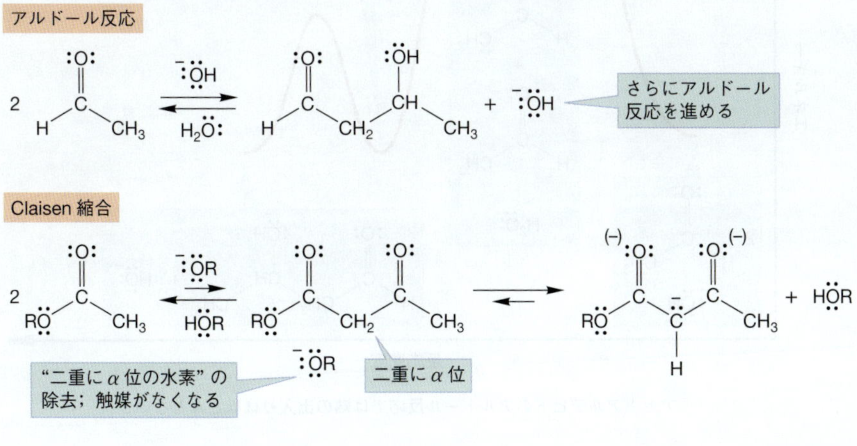

図 19・103 アルドール反応は触媒量の塩基で進行する．それは，最終段階のプロトン化によって水酸化物イオンが再生するからである．一方 Claisen 縮合では，アルコキシドイオンは，最終段階で，"二重にα位の水素"を引抜いてアルコールになってしまう．

つまり，熱力学的に有利な Claisen 縮合は触媒量の塩基では進行せず，等モル量の塩基を必要とする．アルドール反応では塩基が触媒量でよかったのに，Claisen 縮合では等モル量必要である理由をしっかり把握してほしい（図 19・103）．

Claisen 縮合では反応直後はカルボアニオンの状態で存在するため，中性の β-ケトエステルを得るには反応混合物を酸性処理する必要がある．出発のエステル分子に比べて熱力学的に不安定なこの生成物がエステルに戻らない理由は何だろう．たしかに，Claisen 縮合は可逆反応である．しかし，塩基性条件で得られる β-ケトエステルは，共鳴安定化されたエノラートを形成しているため，出発物質に戻ることはほとんどない．つまり，いったん安定なエノラートを生じると，求核試薬と求核試薬の関係になるので，アルコキシドとの反応はほとんど起こらない．そして，酸性処理後は塩基が存在しなくなるので，Claisen 縮合の逆反応は進行せず，生成物のエステルが得られる（図 19・104）．

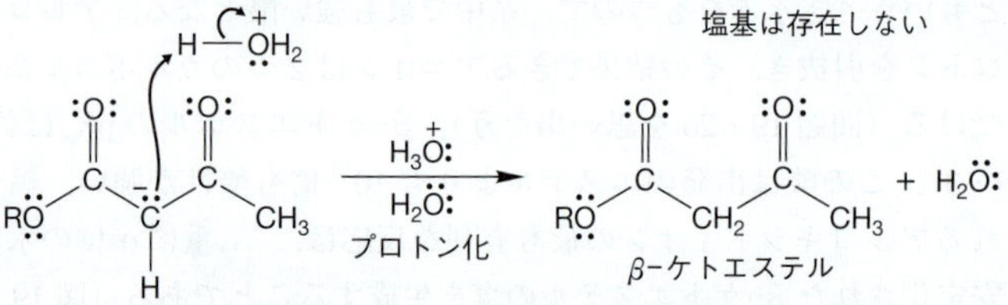

塩基は存在しない

$H_3\ddot{O}^+$ / $H_2\ddot{O}$ プロトン化 + $H_2\ddot{O}$

β-ケトエステル

図 19・104 Claisen 縮合後の酸性処理によって塩基が存在しない状態にすると，β-ケトエステルが得られる．

問題 19・32 適切な塩基を用いたフェニル酢酸エチルの Claisen 縮合の機構を描け．反応の最後の酸性処理も含めること．

図 19・105 はアルドール反応（a）および Claisen 縮合（b）における反応の進行に伴うエネルギー変化を示している．

図 19・105 アルドール反応（a）と Claisen 縮合（b）における反応の進行に伴うエネルギー変化（次ページにつづく）

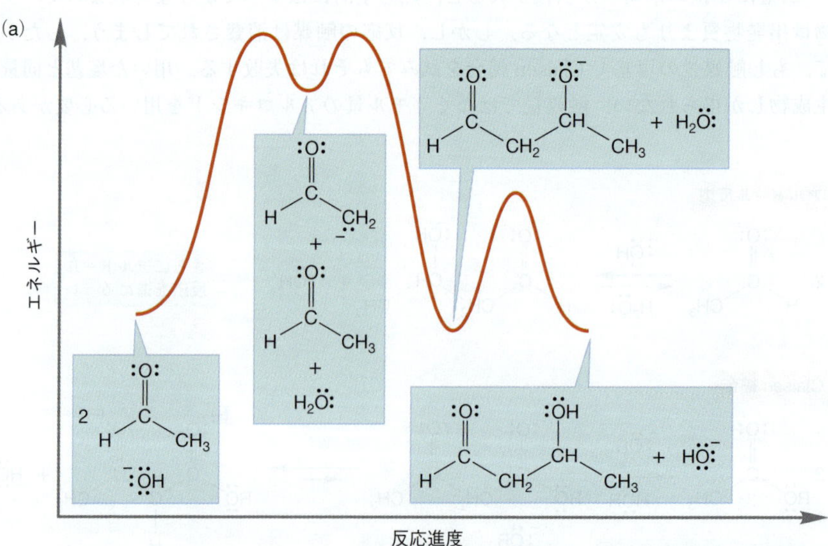
(a)
エネルギー
反応進度
アセトアルデヒドのアルドール反応では熱の出入りはほとんどない

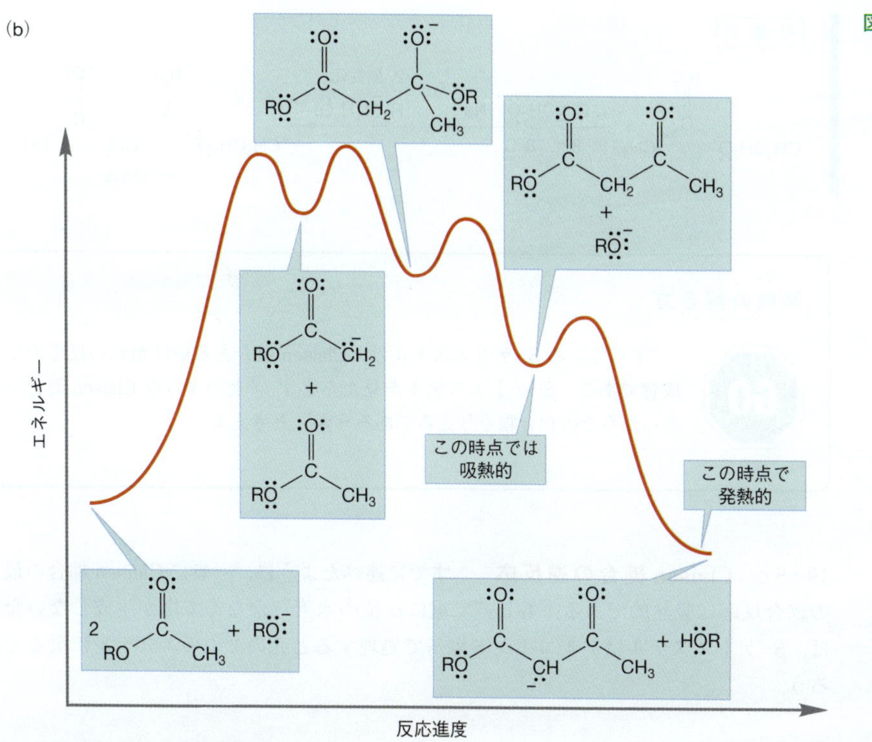

最後のアニオン生成まで含めると Claisen 縮合は発熱的

図 19・105 （つづき）

まとめ

等モル量の塩基を使用することで，Claisen 縮合はアセト酢酸エステル（β–ケトエステル）の実用的な合成法になっている．この反応の 5 つの段階を（図 19・106）にまとめた．

1. エノラートイオンの生成
2. カルボニル基への付加
3. 正四面体型中間体からのアルコキシドイオンの脱離
4. “二重に α 位の水素” の引抜き
5. 反応液の酸性化による β–ケトエステルの生成

一般式

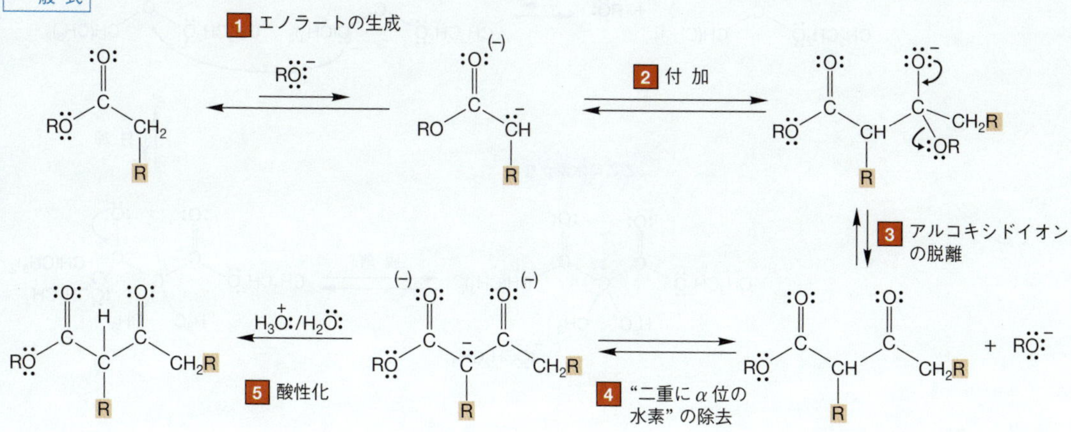

1 エノラートの生成

2 付 加

3 アルコキシドイオンの脱離

4 “二重に α 位の水素” の除去

5 酸性化

図 19・106 Claisen 縮合

（次ページにつづく）

図 19・106 （つづき）

具体例

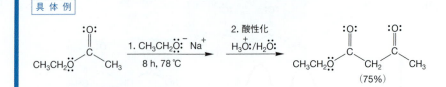

$CH_3CH_2OC(=O)CH_3$ $\xrightarrow[\text{8 h, 78 °C}]{\text{1. } CH_3CH_2O^- \ Na^+}$ $\xrightarrow{\text{2. 酸性化 } H_3O^+/H_2O}$ $CH_3CH_2OC(=O)CH_2C(=O)CH_3$ （75%）

問題の解き方

“すべて”の β-ケトエステルは，Claisen 縮合あるいは類似の反応の生成物である．β-ケトエステルを見たら必ず，“どのような Claisen 縮合であったらその化合物を与えるであろうか”と考えよ．

19・8c Claisen 縮合の逆反応　すでに述べたように，一般に Claisen 縮合の最初の縮合反応は吸熱的である．もし“二重に α 位の水素”がなくて塩が生成しないならば，β-ケトエステルはアルコキシド塩基で処理すると元の 2 つのエステルに戻るであろう．

問題 19・33　等モル量のナトリウムエトキシドを塩基に用いても，2-メチルプロパン酸エチルから対応する縮合生成物は十分量得られない．詳細な機構解析をもとに説明せよ．

$CH_3CH_2OC(=O)CH(CH_3)_2$ $\xrightarrow[HOCH_2CH_3]{Na^+ \ {}^-OCH_2CH_3 \text{（等モル量）}}$ 事実上 Claisen 縮合生成物はできない

2-メチルプロパン酸エチル
ethyl 2-methylpropanoate

解 答　よく知られた問題であり，通常の付加-脱離の反応機構を経る Claisen 縮合により生成物 **A** を与える．

$CH_3CH_2OC(=O)CH(CH_3)_2 + RO^- \rightleftharpoons CH_3CH_2OC(=O)C^-(CH_3)_2$ 　$CH_3CH_2OC(=O)CH(CH_3)_2$

↕ 付 加

$CH_3CH_2OC(=O)C(CH_3)_2C(=O)CH(CH_3)_2$ ＋ ${}^-OCH_2CH_3$ 　**A**　$\underset{\text{脱 離}}{\rightleftharpoons}$　$CH_3CH_2OC(=O)C(CH_3)_2C(O^-)(CH(CH_3)_2)OCH_2CH_3$

ここに水素がない

しかし，生成物 **A** には二重に α 位の水素がないため，Claisen 縮合の進行に重要な共鳴安定化されたアニオンが形成できない．出発物質は生成物に比べて熱力学的に安定であるため，生成物がほんの少しできた時点で反応は止まる．逆反応の機構も書いてある．図を逆向きに読めばよい．

19・9 Claisen 縮合の変形

2 個のエステルが等モル量の塩基により結合し，β-ケトエステルになるのが Claisen 縮合である．ここでは，出発物質の構造変化が生成物の構造や生成の機構にどのように影響するかを検討しよう．

19・9a 分子内 Claisen 縮合　Claisen 縮合によって環状化合物が生成する場合，Walter Dieckmann（1869〜1925）にちなんで，これを **Dieckmann**（ディークマン）**縮合**（Dieckmann condensation）とよぶ．この反応により鎖状ジエステルから環状 β-ケトエステルが得られる．5 または 6 員環生成が有利であり，分子内反応であるという以外には普通の Claisen 縮合との差はほとんどない（図 19・107）．Claisen 縮合と同じく Dieckmann 縮合も等モル量の塩基が必要である．十分な量の塩基が存在しないときは，“二重に α 位の水素”が取去られて熱力学的に有利な状態にならないので，この反応はうまくいかない．最終的に反応混合物を酸性化することによって，β-ケトエステルが得られる．

図 19・107 Dieckmann 縮合は，分子内で起こる Claisen 縮合であり環状化合物を与える．

標準的な Dieckmann 縮合

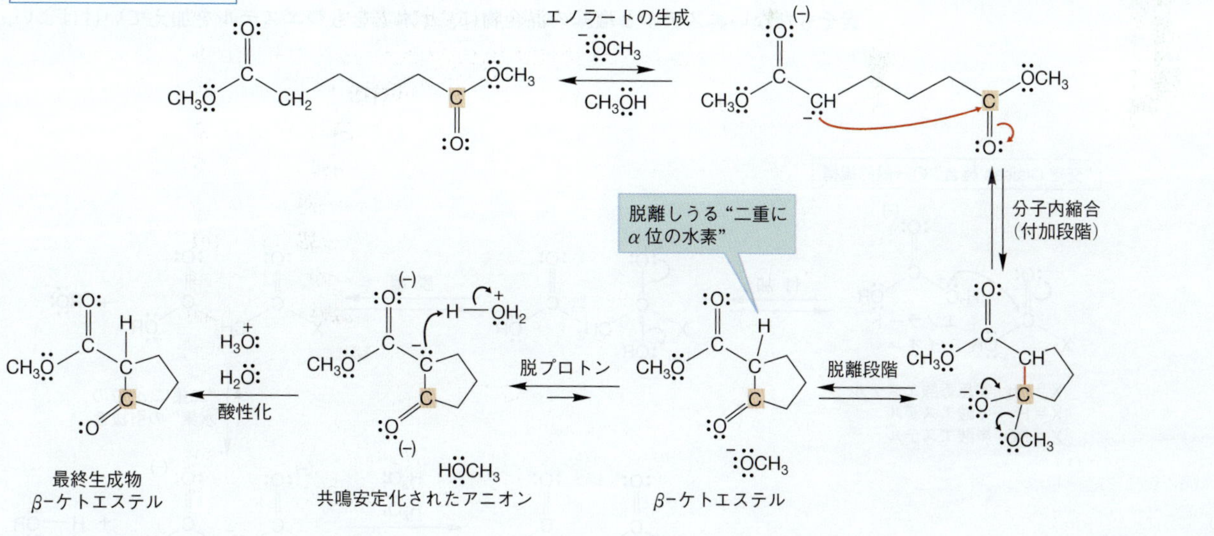

エノラートの生成　$^{-}$:ÖCH$_3$ / CH$_3$ÖH

分子内縮合（付加段階）

脱離しうる“二重に α 位の水素”

脱離段階

脱プロトン

$H_3\overset{+}{O}$: / H_2O: 酸性化

最終生成物 β-ケトエステル

共鳴安定化されたアニオン

β-ケトエステル

複雑な例

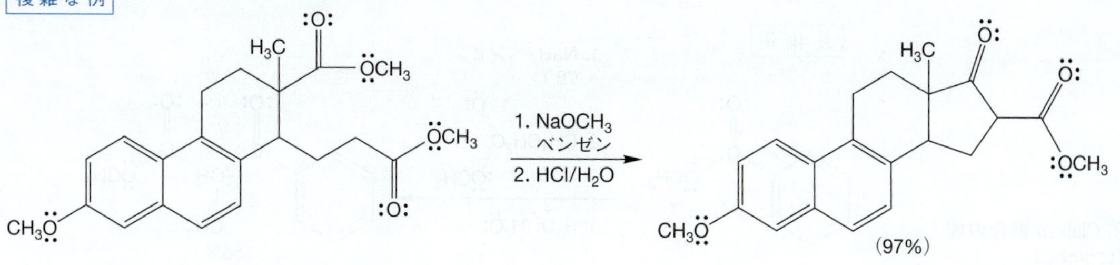

1. $NaOCH_3$ ベンゼン
2. HCl/H_2O

（97%）

19・9b 交差 Claisen 縮合 **交差 Claisen 縮合**〔crossed Claisen condensation，別名 **混合 Claisen 縮合**（mixed Claisen condensation)〕を単純に行っても，交差アルドール反応の場合と同じく失敗に終わる．4 種類の生成物（図 19・108）が可能であり，実用的な合成反応に必要な選択性に欠けている．

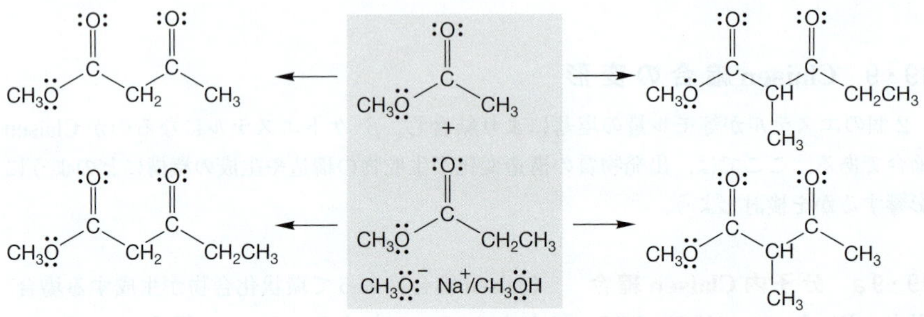

図 19・108 交差 Claisen 縮合では 4 種類の生成物の可能性がある．

問題 19・34 図 19・108 に示した 4 種類の生成物のうちの 1 つについて，詳細な反応機構を記せ．

しかし，交差アルドール反応のときもそうであったが，状況を改善するためのいくつかの簡単な手法がある．もし出発物のエステルの一方が α 水素をもたなければ，エノラートイオンは生成せず，求電子試薬としてのみ働き求核試薬としては働かない．α 水素をもたないエステルと塩基の混合物に，α 水素をもつエステルを加えていけばよい．

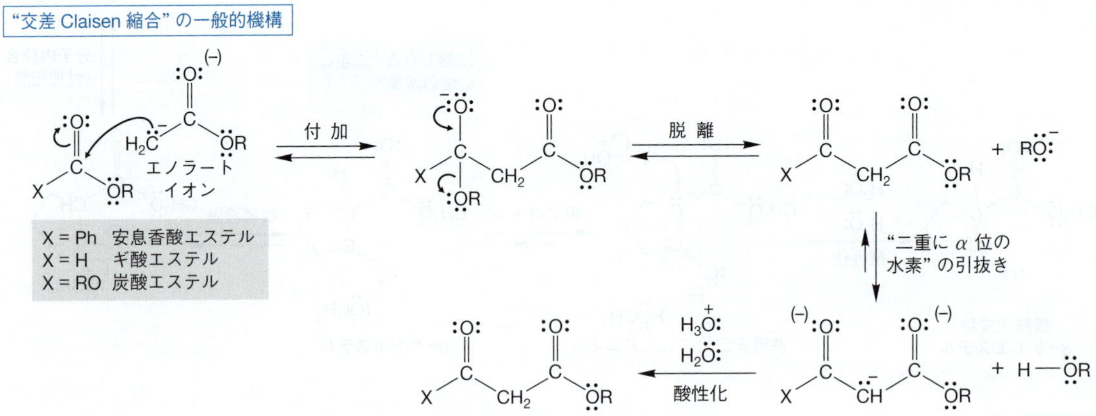

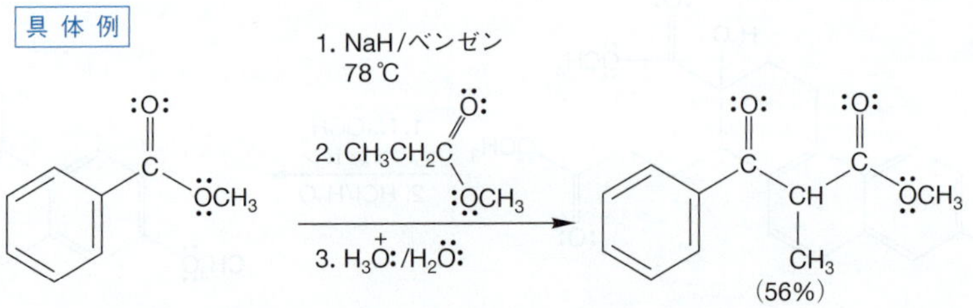

“交差 Claisen 縮合”の一般的機構

X = Ph 安息香酸エステル
X = H ギ酸エステル
X = RO 炭酸エステル

具体例

図 19・109 交差 Claisen 縮合の成功例（次ページにつづく）

類例

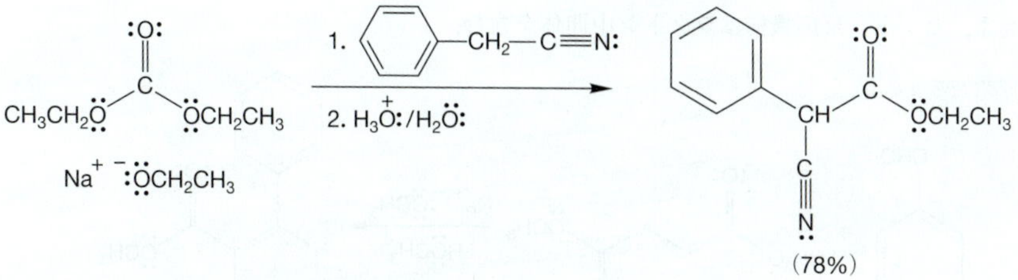

図 19・109 (つづき)

$CH_3CH_2\ddot{O}$–C(=O)–$\ddot{O}CH_2CH_3$ + Na^+ $^-\ddot{O}CH_2CH_3$ → 1. C_6H_5–CH_2–C≡N: 2. H_3O^+/H_2O → C_6H_5–CH(C≡N)–C(=O)–$\ddot{O}CH_2CH_3$ (78%)

エノラートイオンができると，すぐに大過剰に存在するα水素をもたないエステルと反応する．このような実験操作により，交差 Claisen 縮合がうまく進行する．安息香酸エステル，ギ酸エステル，炭酸エステルはα水素をもたないエステルの例であり，よく利用される（図 19・109）．

新しい反応を学んだので，つぎに問題を解いてみよう．新しい方法が登場するといっそう難しい問題が待ち受けているようにみえるが，実はそうではない．エノラートイオンによって攻撃されたカルボニル炭素から脱離基が離れる Claisen 型の反応が加わっただけである．つまり，付加-脱離過程をつねに頭に入れておくことである．

しかし，反応は我々の意のままに進んだり戻ったりするわけではなく，熱力学に従っていることに注意せねばならない．Claisen 縮合そのものに比べて，その逆反応が問題となっていることに気づくのは困難であるが，機構的には何の無理もない．ここでもまた経験がものをいい，多くの問題を練習する以外に道はない．

問題 19・35 つぎの反応の機構を書け．

(a) 2-COOR-2-CH_3-シクロヘキサノン —H_3O^+/H_2O, Δ→ 2-CH_3-シクロヘキサノン

—1. NaOR/HOR 2. H_2O→ ROOC–(CH$_2$)$_4$–CH(CH_3)–COOR

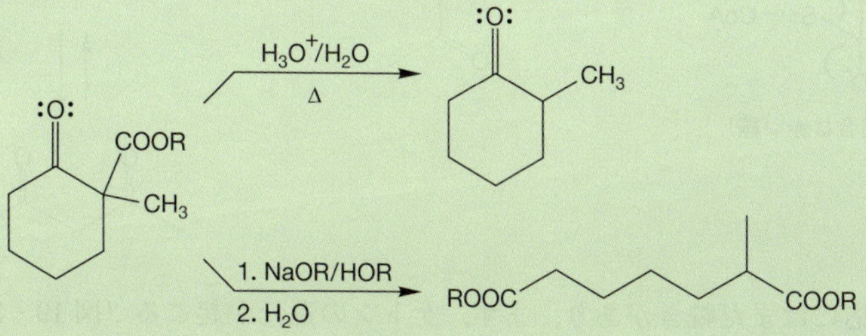

(b) 4H-ピラン-4-オン —$(CH_3OOC)_2CH_2$, $NaOCH_3/HOCH_3$→ 4,4-(CH_3OOC)$_2$-シクロヘキサ-2,5-ジエノン —1. $NaOCH_3/HOCH_3$ 2. H_3O^+/H_2O→ p-HO–C_6H_4–$COOCH_3$

(c) Ph–C(=O)–CH_2CH_2–(γ-ラクトン) —NaOR, HOR→ Ph–C(=O)–シクロプロピル–CH_2CH_2–COO^-

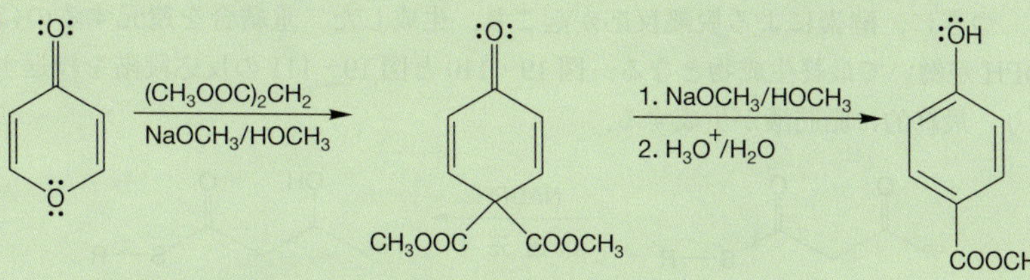

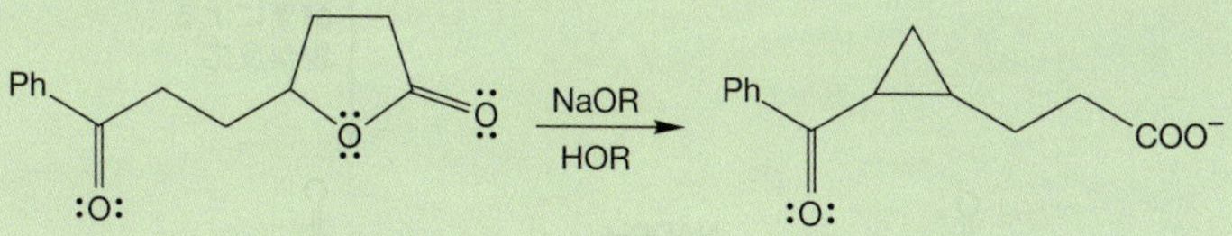

問題 19・36 つぎの反応の機構を書け．この問題は見掛けほどやさしくないので注意せよ．ヒント：反応機構はラクトン中間体を含む．

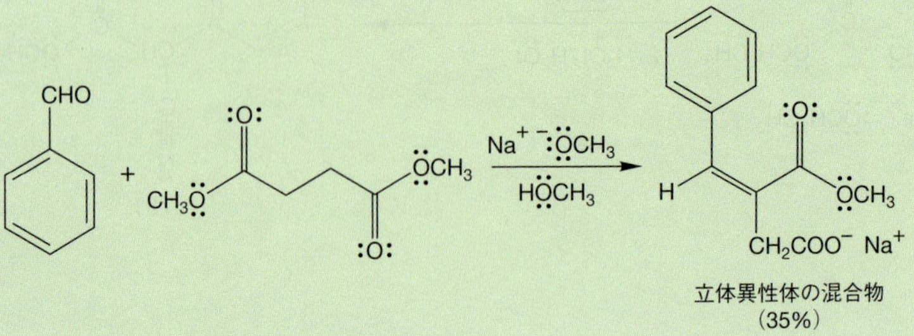
CHO
+
CH3O
OCH3
Na+ −:OCH3
HOCH3
H
OCH3
CH2COO− Na+
立体異性体の混合物
(35%)

19・10 トピックス：生体内における Claisen 縮合とその逆反応

Claisen 縮合とその逆反応は，どちらも脂肪酸の生化学的な合成と分解において重要な役割を果たしている（p.846）．長鎖カルボン酸の生合成における重要な段階は酵素が関与した Claisen 縮合であり，この反応で活性化された炭素 2 個の断片が結びつけられるのである．Claisen 縮合が吸熱的であるという熱力学的な問題は，縮合に活性化されたマロン酸アニオンを使うことで解決されている．すなわち，平衡を生成物側へ偏らせるために脱二酸化炭素反応が利用されている（図 19・110）．

図 19・110 CO_2 の脱離によって反応は生成物に向かって進行する．

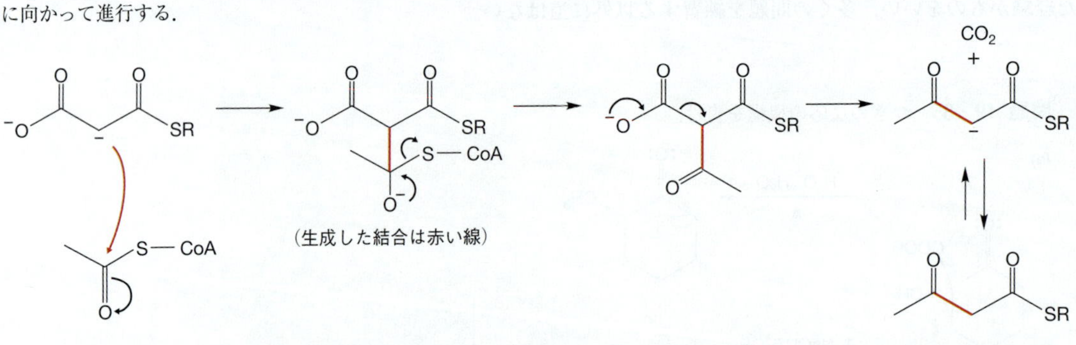
SR
S — CoA
(生成した結合は赤い線)
CO2
+

この生体内反応にはまだ続きがあり，まず，ケトンの還元が起こる（図 19・111）．このときの還元剤は 16 章（p.800）で述べた NADH にきわめて近い化合物 NADPH である．つぎに，酵素による脱離反応が起こり，生成した二重結合を還元するのに再び NADPH が働いて最終生成物となる．図 19・110 と図 19・111 の反応段階を繰返すことにより，最終的に脂肪酸が生成する．

図 19・111 カルボニル基の 1 つをメチレンへ還元するための一連の酵素反応

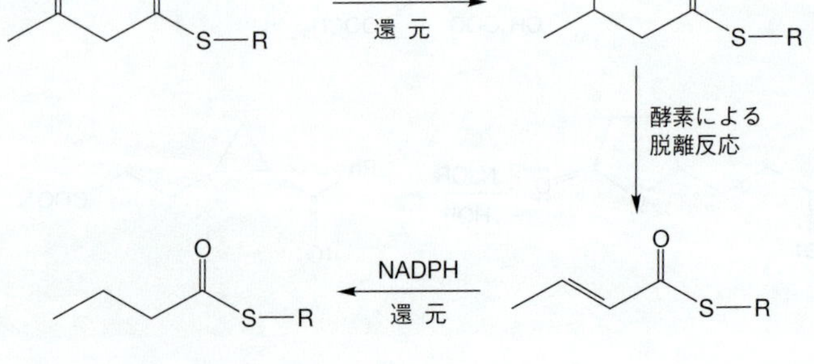
NADPH
還 元
S—R
OH
酵素による
脱離反応

17章で脂肪酸の代謝について簡単にふれたが（p.846），その際，脂肪酸がどのようにして$\alpha-\beta$結合を切り離して2炭素だけ短くなった化合物になるのかという疑問を提起した（図19・101）．問題はこの$\alpha-\beta$結合がなんらかの意味で活性化されていなければならないということである．もしβ炭素が酸化されたならβ–ケトエステルが生成するので，Claisen縮合の逆反応のお膳立てが整ったことになる．生体内ではまさしくこの経路が使われていて，まずパルミチン酸アニオンはS–CoA誘導体になり，それから3種類の酵素が順番に働いて，脱水素，水和，脱水素を起こし，β–ケトエステルが生成する（図19・112）．こうなれば，逆Claisen縮合により最初の炭素2個単位の切断が起こり，脂肪酸の代謝過程が開始される．

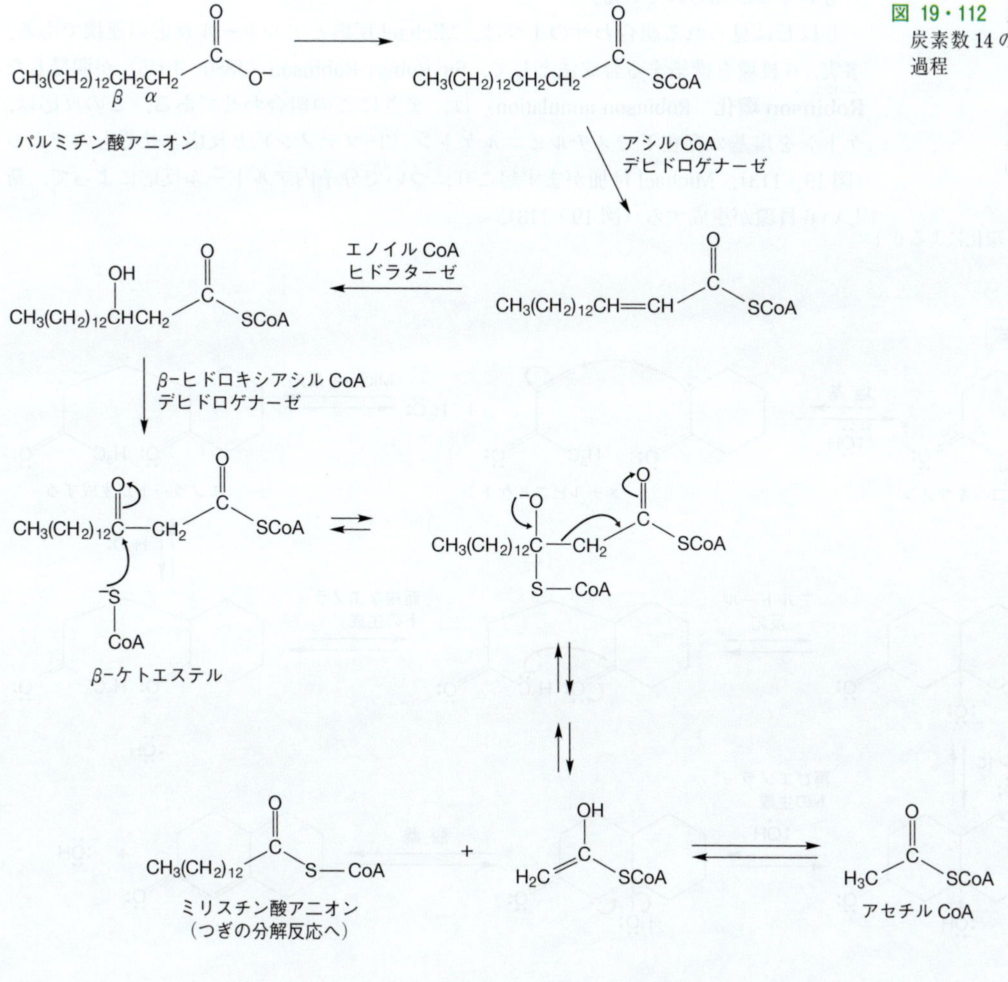

図19・112 炭素数16の脂肪酸を炭素数14の脂肪酸へと代謝する過程

まとめ

Claisen縮合にはいくつかの変法がある．分子内反応はDieckmann縮合とよばれる．2つの異なったエステル間での交差Claisen縮合も進行するが，多くの生成物が生成しうる．Claisen縮合は，“前向き”にも“逆向き”にも進行し，これら2つの過程によって脂肪酸の生体内での合成や分解が起こっている．

19・11 縮合反応の組合わせ

悲しいことに，縮合反応が組合わさると，なかなかそれに気づかない．神様も化学の教師も，すぐにそれとわかるような慈悲深さをもち合わせていなかったようである．どんな縮合反応も，単独ではそれを理解するのは特別難しいことではない．同様に反応の合成化学的な意義を把握するのも，単独の場合は比較的容易である．しかし，反応が組合わさると，そう単純にはいかない．縮合反応は，しばしば"塩基の化学の面白さ (Fun in Base)"とよばれているが (Fun in Acid という言葉はないので，この言葉は塩基と同様に酸条件下で進行する反応も含んでいると思われる)，大変難しい問題となる．上達する最良の方法は，問題をたくさん解くことであるが，一方で，助けになる手掛かりもいくつか知られている．

しばしば見られる組合わせの1つは，Michael 反応とアルドール反応の連携である．事実，6員環を構築する合成法として，Sir Robert Robinson (1886〜1975) が開発した **Robinson 環化**（ロビンソン）(Robinson annulation) は，まさにこの組合わせである．この反応は，ケトンを塩基の存在下でメチルビニルケトン (3-ブテノン) と反応させるものである (図 19・113)．Michael 付加がまず起こり，ついで分子内アルドール反応によって，新しい6員環が生成する (図 19・113)．

図 19・113 Robinson 環化による6員環の構築

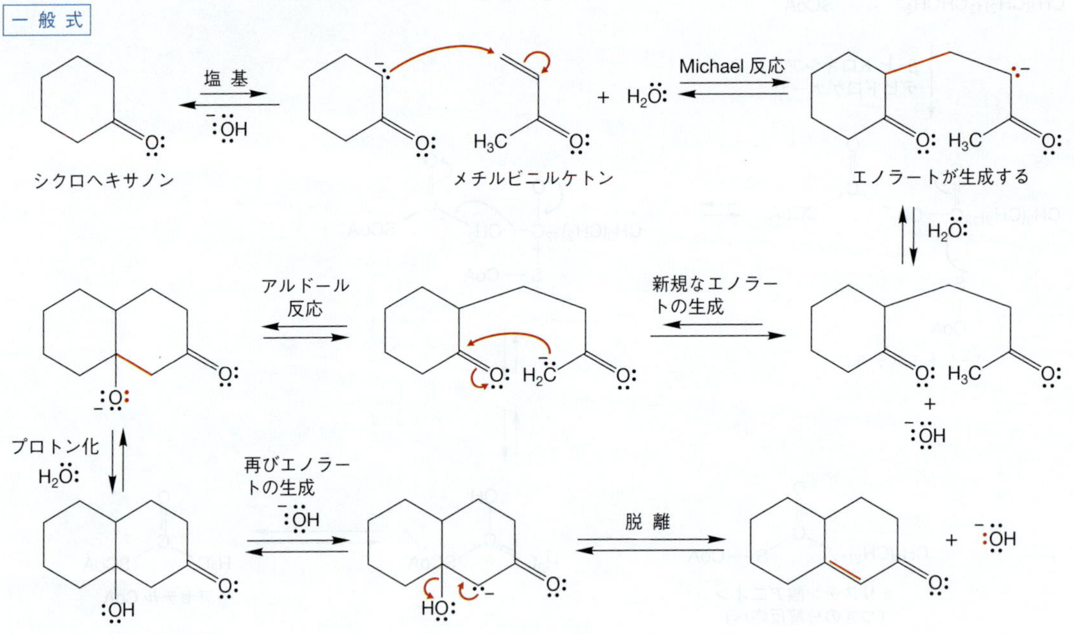

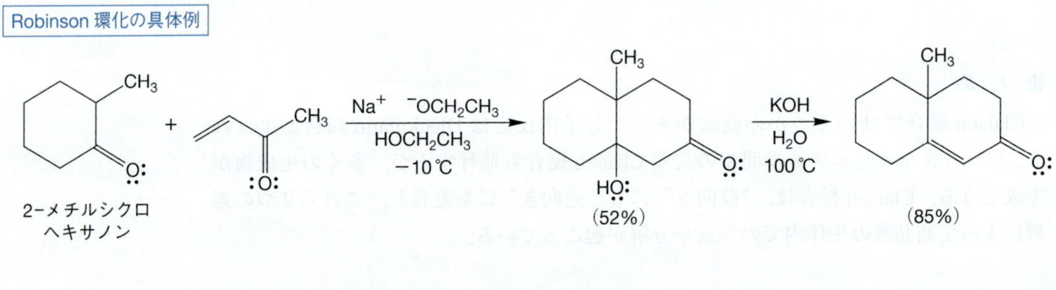

問題 19・37 図 19・113 に示すものが Robinson 環化の反応機構として一般に提唱されている反応経路であるが，別の複雑な反応経路も考えられる．図 19・113 の一般式に関して，まずアルドール反応から始まる反応機構を書け．

問題 19・37 は，深刻な現実的問題を提起している．起こりそうな反応経路をいくつか描きだすことはできるだろうが，そのなかから，妥当なものを選び出すのはとても難しい．どうすれば，望みの生成物に至る最も簡単な反応経路を（いくつかある場合も多い）見つけだすことができるだろうか．経験がものをいうのは間違いないが，諸君はまったくのところ経験が不足している．そんな場合には，良い忠告を受け入れるのが賢明である．ここに実践向けのヒントがある．これは，最も解答能力に秀でている人物の一人として知られるテネシー大学の Ronald M. Magid（1938 年生まれ）が言い出したもの*で，“選択に迷ったら，つねに Michael 反応を最初に試せ” というものである．

* これは，**Magid の第二法則**（Magid's second rule）として知られるものであり，Magid の第一法則は廃れてしまった．

Michael 反応を最初に試みるには，事実，しっかりとした理由がある．ケトンのアルドール反応生成物は平衡的に有利でないが，初めに Michael 反応が起こると続くアルドール反応が分子内反応となるため，効率よく進行する．

実践にまさるものはない．だから，問題 19・38 で，“塩基の化学の面白さ” に実際に取組んでみよう．まずはじめに ‘問題の解き方’ の項を読んでおこう．

問題の解き方

複雑な反応機構の問題は必ず解析が必要である．問題を解くのが得意な者は，つねに，矢印を書くより前に，問題の解析から始めている．まず，反応の出発物質と生成物の構造式を描いた図を作成することを勧める．出発物質のどの原子が生成物のどの原子になるのか考えてみよう．つねにすべての原子の成り行きを見極めることはできないだろうが，いくつかの原子に起こっていることはわかるはずである．反応で変化していない置換基を目印として用いるとよい．つぎに，図をみて，生成物のどの結合が形成されているか，出発物質のどの結合が開裂しているのか目印をつけ，一連の目標を明らかにしよう．

図の作製と目標の設定を行えば，目標をいかに達成するのか考え始めることができる．まず，問題 19・38(b) から始め，他の問題も同様に解いてみよ．そうすればより多く正解できることを保証する．たとえ，完全に正しい解答にたどり着けなかったとしても，採点者には解答者の考え方がわかり，確実に部分点がもらえる．

****問題 19・38** 以下に示した反応の機構を書け．

(a)

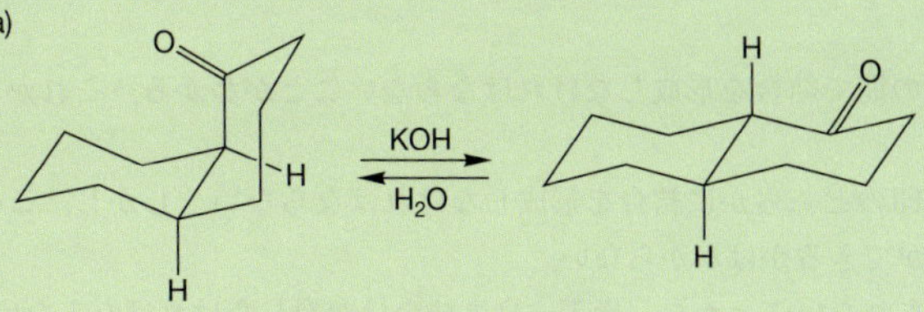

O H H KOH H_2O H O H

（次ページにつづく）

問題 19・38 (つづき)

**(b)

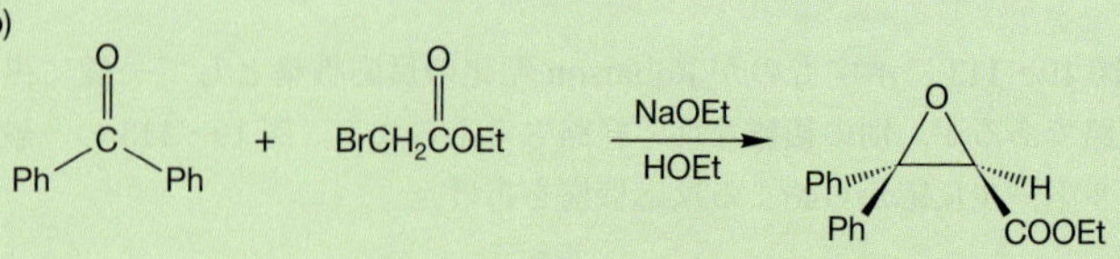

(c)

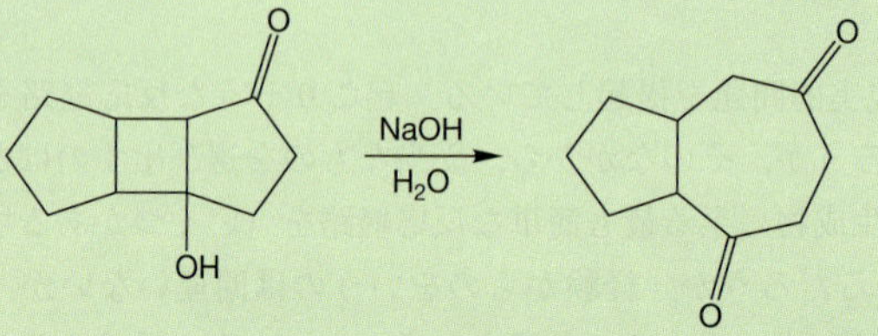

(d)

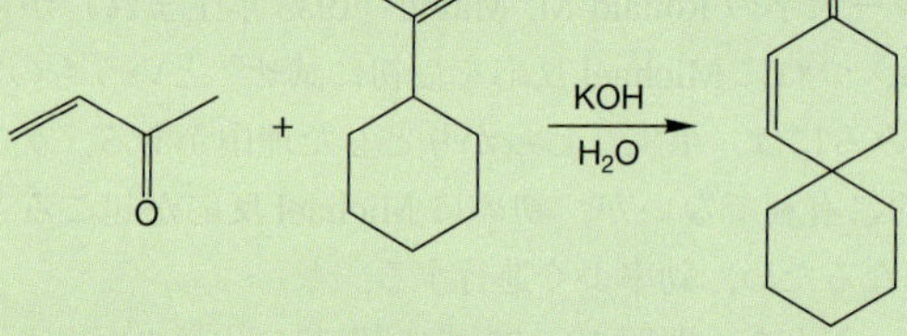

(e)

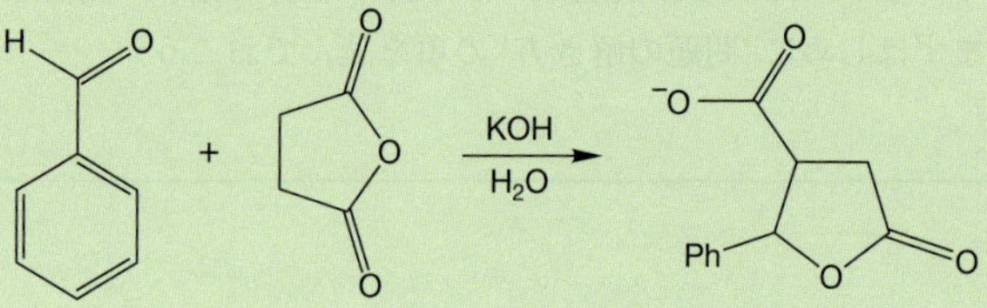

(f) ヒント: 10 員環が含まれている

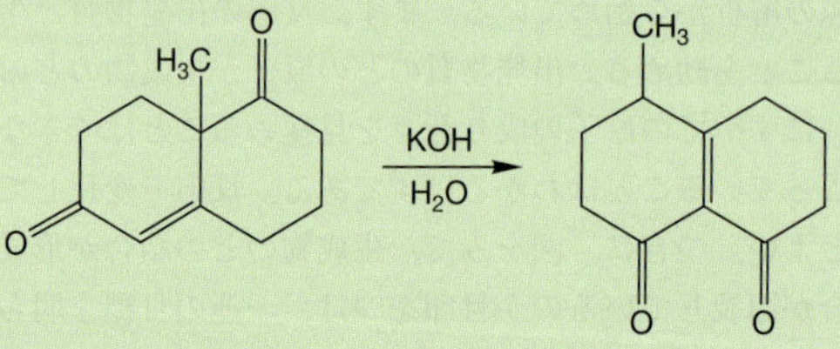

解 答 (b) 2つのフェニル基はただ結合しているだけで，反応には関与してない．2つのフェニル基を目印に，ケトンの炭素が生成物のどの炭素にあたるのか赤印をつけよ．生成物には，フェニル基と同様にエステル基も保存されている．エステル基を目印にして，その付け根の炭素が出発物質のどの炭素にあたるのか緑印をつけよ．

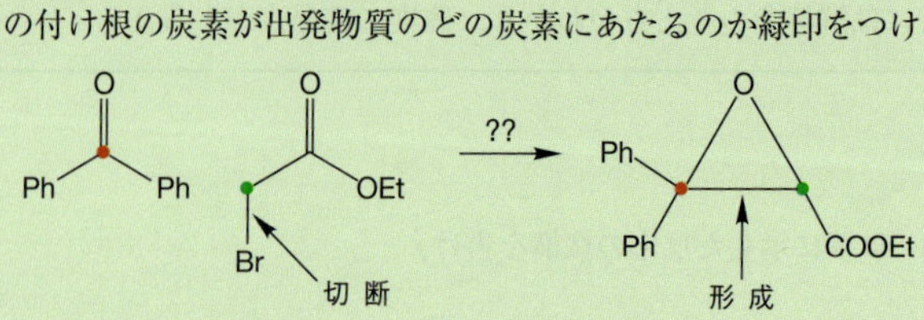

目 標:

1. 図から赤印と緑印の間で結合を形成しなければならないことがわかる．これが1番目の目標である．
2. 酸素から赤印か緑印のどちらかに結合を形成しなければならない．しかし，この時点ではどちらに結合ができるかはわからない．
3. 生成物に臭素が含まれないことから，炭素−臭素結合は開裂しなければならない．

ここで，君の番だ．赤印と緑印の間に結合を形成する方法を考えよう．そうすれば，どのようにBrが脱離し，酸素と印をつけた炭素の結合が形成されるのか簡単にわかるはずである．

19・12 トピックス: 1,3−ジチアンのアルキル化

カルボニル化合物を，そのカルボニル炭素部位でアルキル化する，賢明な方法がある．チオアセタールの1つである**1,3−ジチアン**（1,3−dithiane）は，カルボニル化合物とジオールの硫黄類縁体から合成できる（図19・114）．1,3−ジチアンは典型的なアルカンより酸性度が高く，アルキルリチウムにより容易に脱プロトンされる（図19・115）．

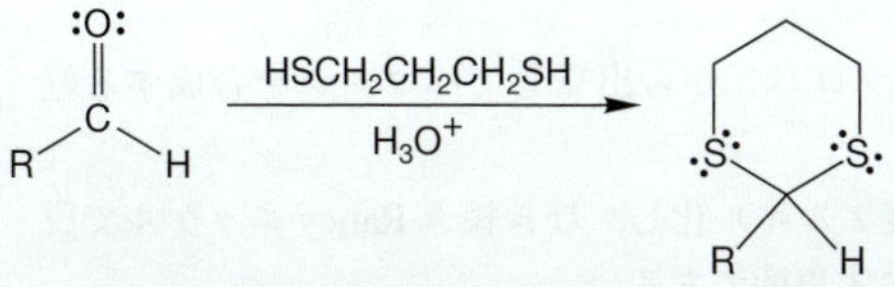

$\mathrm{HSCH_2CH_2CH_2SH}$ / $\mathrm{H_3O^+}$

図 19・114 1,3−ジチアン（チオアセタールの一種）の合成

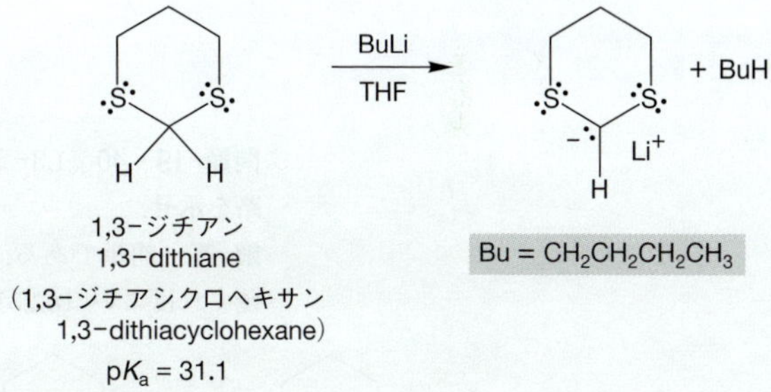

BuLi / THF　+ BuH　$\mathrm{Li^+}$

1,3−ジチアン
1,3−dithiane
（1,3−ジチアシクロヘキサン
1,3−dithiacyclohexane）
$pK_a = 31.1$

$\mathrm{Bu = CH_2CH_2CH_2CH_3}$

図 19・115 ブチルリチウムによる1,3−ジチアンの脱プロトン

問題 19・39 1,3−ジチアンの2つの硫黄原子に挟まれた炭素原子上のプロトンが高い酸性度を示すのはなぜか．

1,3−ジチアンから生成するアニオンは強力な求核試薬であり，S_N2型の置換反応（もちろん，通常のS_N2反応の制限は受けるが）やカルボニル化合物への付加を起こす（図19・116）．生成物も1,3−ジチアンであり，これを水銀塩の存在下で加水分解すれば，アルデヒドあるいはケトンが生成する．すなわち1,3−ジチアンは保護されたカルボニル基とみなされる．新しいアルデヒドやケトンの合成法が，もう1つ登場したことになる．

一般式

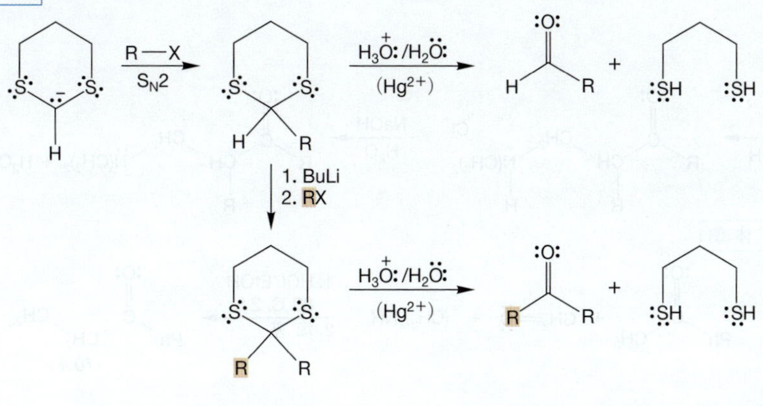

R—X / S_N2　$\mathrm{H_3\overset{+}{O}/H_2O}$ (Hg^{2+})　+ SH SH

1. BuLi
2. RX

$\mathrm{H_3\overset{+}{O}/H_2O}$ (Hg^{2+})　+ SH SH

図 19・116 1,3−ジチアンのアルキル化によるカルボニル化合物の合成（次ページにつづく）

図 19・116 (つづき)

具体例

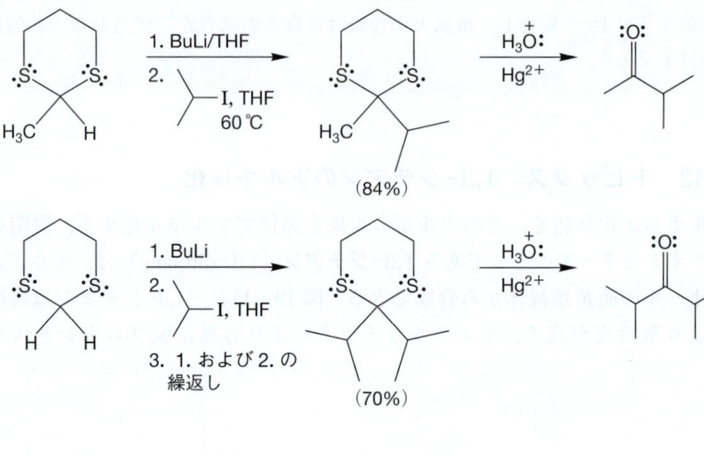

問題 19・40 1,3-ジチアンと 1-ヨードプロパンから出発してヘプタンを合成する経路を示せ.

解 答 簡単である. まずジチアンを 2 度アルキル化し, ひき続き Raney ニッケルで脱硫すればよい (p.251). この方法は非常に実用的である.

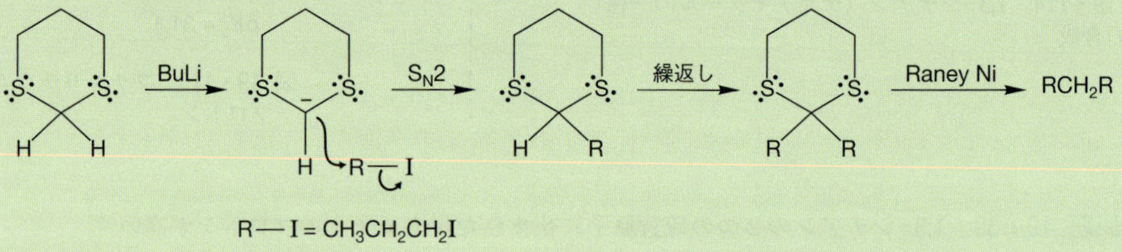

19・13 トピックス: アミンの縮合反応; Mannich 反応

Carl Mannich (1877〜1947) にちなんで命名されたこの **Mannich 反応**(マンニッヒ) (Mannich reaction) では, アルデヒドまたはケトンを, ホルムアルデヒドおよびアミンの存在下で酸触媒とともに加熱する. 生成するアンモニウム塩を塩基で処理すると, 最終の縮合生成物である β-アミノケトンが遊離する (図 19・117).

図 19・117 Mannich 反応

一般式

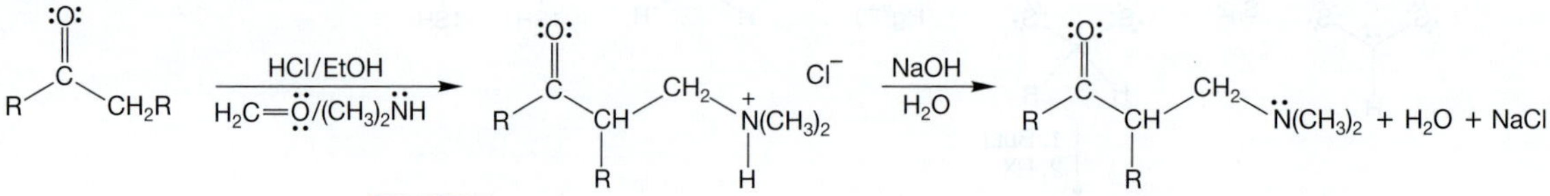

具体例

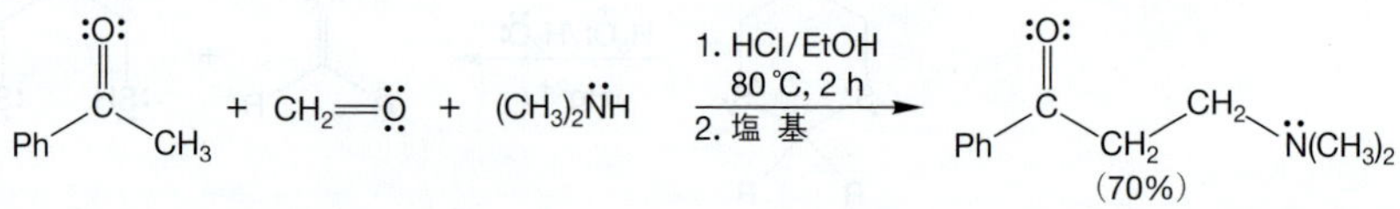

生成物に至るには2つの経路が考えられるので，Mannich反応は反応機構を考える良い問題になっている．しかし，すぐ思いつく簡単な経路は正しくない．おまけに直前でアルドール反応を学んだばかりなので，それを理解している人は，その反応から出発しようとするはずであり，それが間違いを起こしやすくしている．酸触媒による交差アルドール反応（p.953）はβ-ヒドロキシケトンを与える（図19・118）．プロトン化されたヒドロキシ基がアミンと置換されれば，最初の生成物であるアンモニウムイオンが生成する．これを塩基で処理すれば，確かにアミンが遊離するであろう．

図 19・118 いかにもそれらしいが間違っているMannich反応の機構

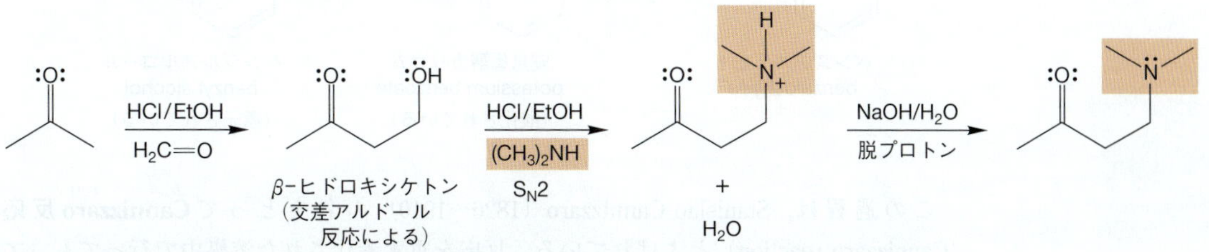

残念だが，あらかじめβ-ヒドロキシケトンを別の方法で合成して，同じ反応条件においてやってもMannich反応の生成物は得られないので，この機構は正しくない．では，何が起こっているのであろうか．アミンは求核試薬であり，酸触媒の存在下でカルボニル化合物とすぐに反応し，イミニウムイオンを生成する（p.780）．Mannich反応において実際に反応に関与するのは，このイミニウムイオンである．ホルムアルデヒドはケトンより反応性が高いので，イミニウムイオンはホルムアルデヒドからおもに生成する（図19・119）．アルドール反応と同様に，ケトンのエノール形がイミニウムイオンに反応し，アミン前駆体であるアンモニウムイオンを与える．つぎの段階で塩基によりプロトンが外れ，アミンが遊離する．

図 19・119 Mannich反応の正しい機構

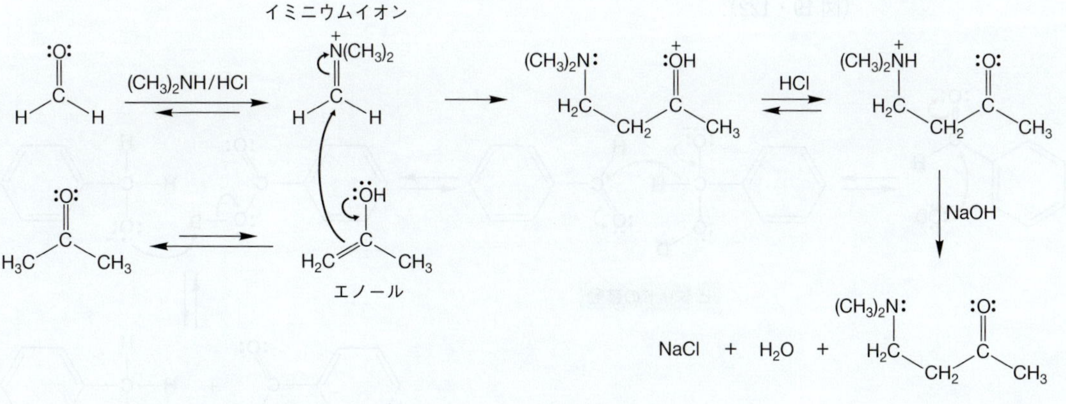

19・14 トピックス：α水素をもたないカルボニル化合物

この章では，エノラートやエノールのいずれかを生成することのできる化合物に話題を絞り，それに続く化学反応もこれらを中間体とするものであった．したがって，α水素をもたずエノラートアニオンを生成することのできないカルボニル化合物が，塩基によって反応を起こすかどうか疑問に思うのは，もっともなことである．

19・14a Cannizzaro 反応 エノール化しないカルボニル化合物を水酸化物イオンで処理すると，生成物が得られる．強い塩基中に置いておいたベンズアルデヒドの試料を調べてみると，酸化還元反応が起こっていることがわかる．アルデヒドのいくぶんかは安息香酸塩に酸化され，一部はベンジルアルコールに還元されている（図 19・120）．

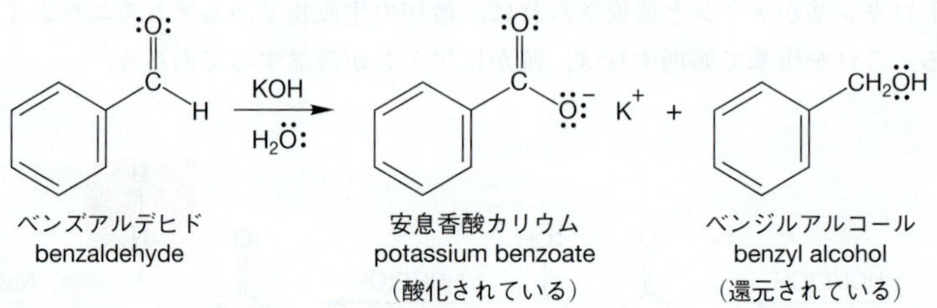

図 19・120 ベンズアルデヒドに水酸化物イオンを作用させると，安息香酸塩とベンジルアルコールを与える．

ベンズアルデヒド benzaldehyde　KOH / H_2O　安息香酸カリウム potassium benzoate（酸化されている）　ベンジルアルコール benzyl alcohol（還元されている）

この過程は，Stanislao Cannizzaro（1826〜1910）の名をとって **Cannizzaro 反応**（カニッツァロ）（Cannizzaro reaction）とよばれている．反応を重水素化された溶媒中で行っても，アルコールには炭素−重水素結合は現れない（図 19・121）．

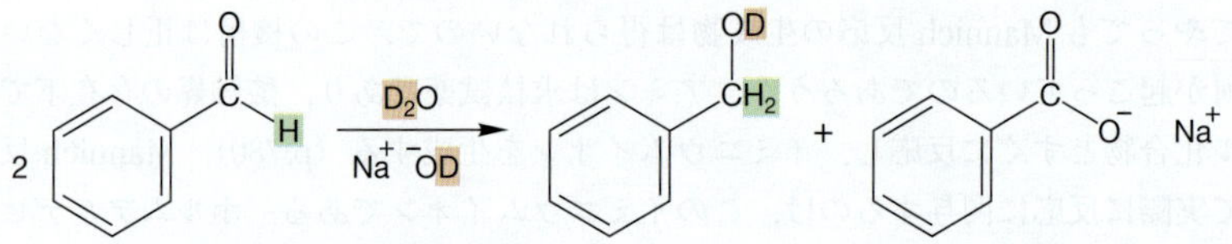

図 19・121 Cannizzaro 反応の標識実験で，溶媒中の重水素は炭素原子に結合しないことが示された．アルデヒドをアルコールへと還元している水素は間違いなく他のアルデヒド分子に由来しており，溶媒から取込まれていない．

ベンズアルデヒドは特に水和物を生成しやすく，Cannizzaro 反応の第 1 段階は水酸化物イオンのベンズアルデヒドへの付加である．付加中間体の大部分は単純な逆反応を起こし，水酸化物イオンとベンズアルデヒドを再生する．しかし，中間体のうちのいくつかは，水素を受取るのに適した位置にきたベンズアルデヒドに，ヒドリドを移動する（図 19・122）．

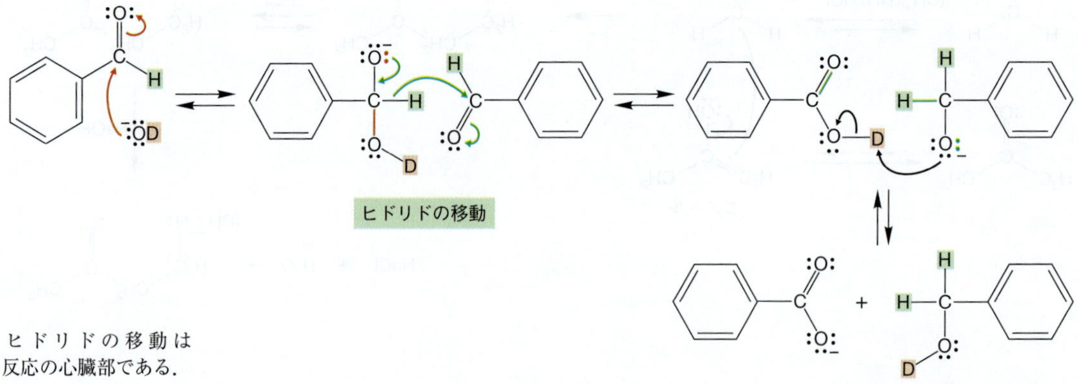

ヒドリドの移動

図 19・122 ヒドリドの移動は Cannizzaro 反応の心臓部である．

このヒドリド移動とヒドリドが脱離基として離れる反応とを，混同しないようにすること．ヒドリドイオンは普通の脱離基ではなく，それ自身が脱離することはない．しかし，もし，求電子試薬がそのヒドリドイオンを受取る場所にうまく位置していれば，ヒドリド移動が起こって受容体アルデヒドは還元され，供与体アルデヒドと水酸化物イオンとの付加体は酸化される．Cannizzaro 反応において特に重要なことは，ヒドリドイオンの受容体となるルイス酸が必要なことを理解することである．Cannizzaro 反応が起こるためにはヒドリドイオンが移動しなければならず，遷移状態ではヒドリドイオンと受容体であるカルボニル基の間にある程度結合が生成している．つづいて，生成したカルボン酸の脱プロトンとアルコキシドのプロトン化が同時に進行し，この反応は完結する．重水素化された溶媒が関与しないという実験事実がいかに重要であるかに注目しよう．それは，還元する水素原子の出所を明確にしている．ヒドリドイオンは溶媒に由来することができないので（溶媒中のすべての“水素”は重水素である），アルデヒドに由来することは明らかである．

問題 19・41　ヒドリド移動反応の遷移状態を描け．

もしヒドリド受容体を適切な位置に保つ方法さえあれば，Cannizzaro 反応はもっと容易に起こるであろう．というのは，反応物が適切な方向に配置されるという（エントロピー的な）要求が，もともと満たされているからである．そうなると，2つの反応基質は互いを探しまわる必要がなくなる．この概念は，つぎに述べる代表的なヒドリド移動反応の1つで，にぎにぎしく人名を冠した反応にも活用されている．

19・14b　Meerwein–Ponndorf–Verley–Oppenauer 反応

Meerwein–Ponndorf–Verley–Oppenauer **反応**（MPVO reaction）では，アルミニウム原子が Cannizzaro 反応の2つの鍵反応（酸化と還元）に関与する部分をつなぎとめるために使われている．アルミニウムアルコキシド，通常はアルミニウムトリイソプロポキシドが，カルボニル化合物を還元するためのヒドリド源となる（図 19・123）．

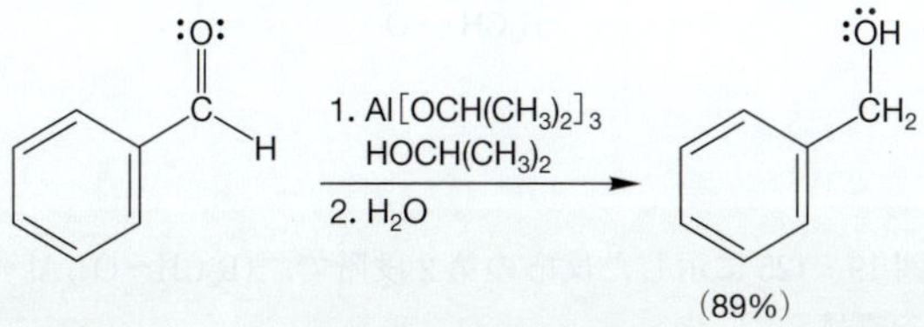

1. $Al[OCH(CH_3)_2]_3$, $HOCH(CH_3)_2$
2. H_2O

(89%)

図 19・123　Meerwein–Ponndorf–Verley–Oppenauer 反応を利用したベンズアルデヒドの還元

この反応の第1段階は，カルボニル酸素とアルミニウムとの結合の生成である．アルミニウムは非常に強いルイス酸であるので，カルボニル酸素との結合が容易に生成する（図 19・124）．この新しく生じた分子（**A**）ではアルミニウムにより2つの分子がつなぎとめられてヒドリドの分子内移動に都合のよい構造をしており，カルボニル化合物が還元されると同時に，イソプロポキシ基はアセトンに酸化される．

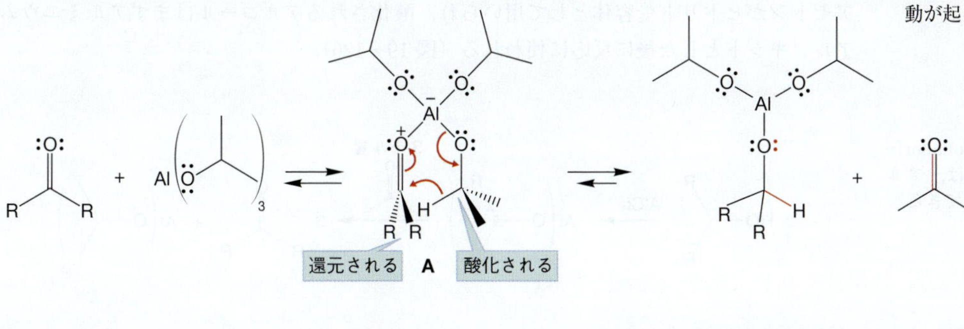

還元される　**A**　酸化される

図 19・124　求核的なカルボニル酸素とルイス酸であるアルミニウムアルコキシドとの間に結合ができ，錯体 **A** が生成する．アルミニウム原子によって化学的につなぎとめられていることによって，錯体 **A** での分子内のヒドリド移動が起こりやすくなっている．

問題 19・42 アルミニウムアルコキシドは，あまり見慣れない化合物かもしれない．$Al(OR)_3$ の構造を，10 章（p.462）で目にした $B(OR)_3$ のような 3 価のホウ素化合物と比較せよ．

この反応が 3 回繰返され，新しいアルミニウムアルコキシドが生成する．これは反応の最後で加水分解され，対応するアルコールを与える（図 19・125）．

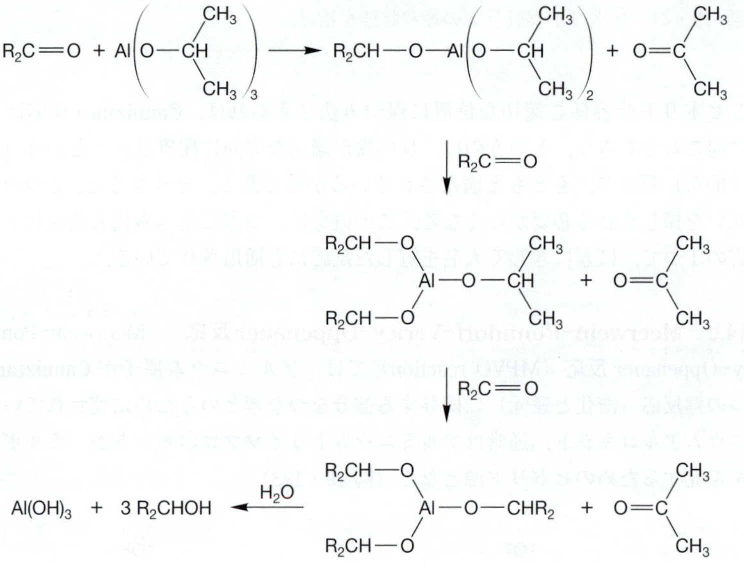

図 19・125 反応の繰返しと加水分解によって，アセトンと新しいアルコールが生成する．

$$R_2C{=}O + Al(O{-}CH(CH_3)_2)_3 \longrightarrow R_2CH{-}O{-}Al(O{-}CH(CH_3)_2)_2 + O{=}C(CH_3)_2$$

$$\xrightarrow{R_2C{=}O} (R_2CH{-}O)_2Al{-}O{-}CH(CH_3)_2 + O{=}C(CH_3)_2$$

$$\xrightarrow{R_2C{=}O} (R_2CH{-}O)_2Al{-}O{-}CHR_2 + O{=}C(CH_3)_2$$

$$(R_2CH{-}O)_2Al{-}O{-}CHR_2 \xrightarrow{H_2O} Al(OH)_3 + 3\ R_2CHOH$$

問題 19・43 図 19・125 に示した反応の第 2 段階で，$(R_2CH{-}O)_2Al{-}O{-}CH(CH_3)_2$ が生成する機構を書け．

問題 19・44 図 19・125 に示した反応の最終段階，$Al(OCHR_2)_3$ から $Al(OH)_3$ への加水分解の機構を書け．

アルミニウムが反応物質をつなぎとめているため，反応速度は大きく増大している．この還元反応は，非常に穏やかな条件下でほとんど副反応を起こすことなく進行する．

この反応は，アルコールをカルボニル化合物に酸化するのにも使われる．この場合，アセトンがヒドリド受容体として用いられ，酸化されるアルコールはまずアルミニウムアルコキシドとした後に反応に使われる（図 19・126）．

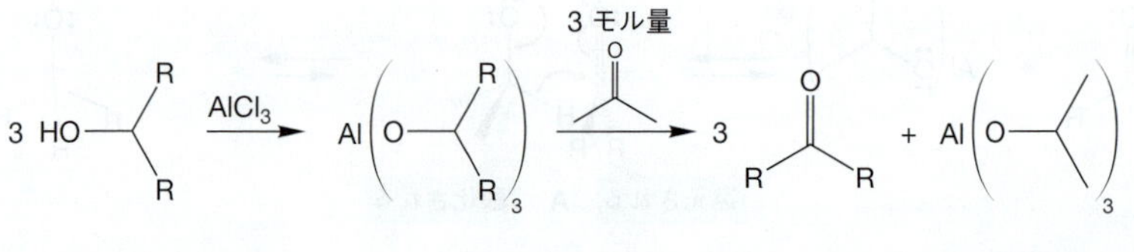

図 19・126 Meerwein-Ponndorf-Verley-Oppenauer 反応は，アルコールの酸化反応に利用できる．

$$3\ HO{-}CHR_2 \xrightarrow{AlCl_3} Al(O{-}CHR_2)_3 \xrightarrow{\text{アセトン（3 モル量）}} 3\ R_2C{=}O + Al(O{-}CH(CH_3)_2)_3$$

一般にヒドリド移動を含む問題は難しく，優秀な問題解答者でさえ裏をかかれることが多い*．問題 19・45 は，ヒドリド移動の実践問題である．

問題 19・45　つぎの反応の機構を書け．

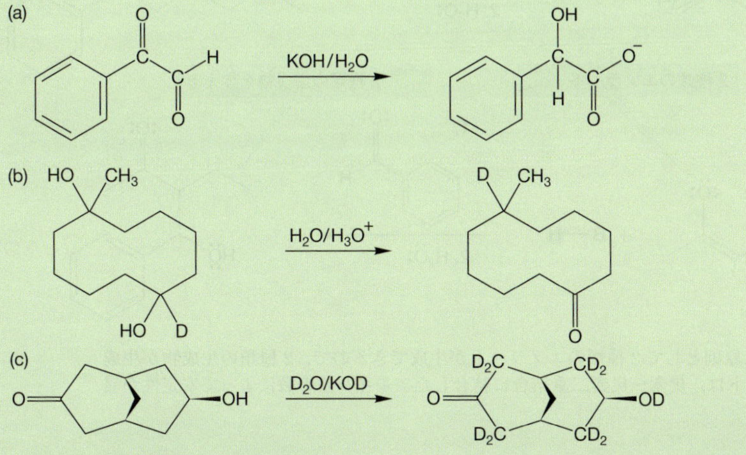

(a) KOH/H_2O

(b) HO CH$_3$ … HO D　H_2O/H_3O^+　D CH$_3$

(c) O=…OH　D_2O/KOD　O=… D_2C CD_2 OD

ヒント：まずこの分子の 3 次元構造を正しく描け．別の立体異性体では 5 個の水素が重水素に置き換わるだけである．

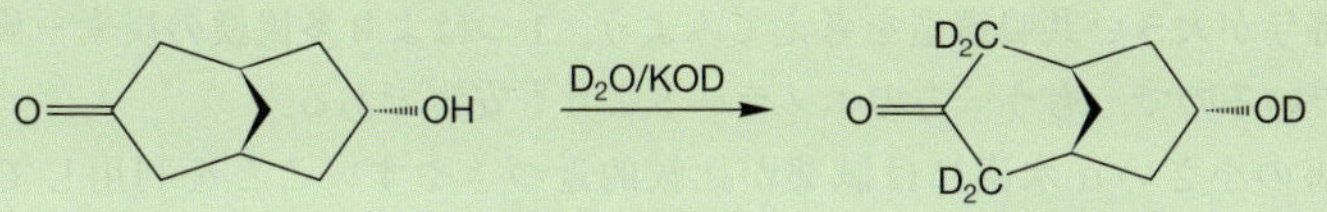

O=…OH　D_2O/KOD　O=… D_2C OD

19・15　トピックス：現実の世界でのアルドール反応；現代の合成化学入門

この節では，現実の化学の世界で遭遇する難しさについて，いくつか紹介する．ここでは，細かいことはそれほど重要ではない．ただし，もし諸君が合成化学者になろうとしているのなら，大いに重要なことではある．問題そのものの意義や，化学者がそれを解決しようと試みている方法の重要性を理解することが大切である．これまで学んできた一般原則や比較的簡単な反応（たとえば，単純なアルドール反応）を利用して，化学者が何かをしようと試みるとき，実際に遭遇する困難さを垣間見ることができる．

現実の有機合成の世界では，2 つの同じアルデヒドあるいは同じケトンの間で，単純なアルドール反応をする必要はほとんどない．2 つの異なるアルデヒド，2 つの異なるケトン，あるいはアルデヒドとケトンの間で交差アルドール反応をする必要性の方がはるかに高い．すでに記したように，交差アルドール反応を行う場合には，難問が存在する．たとえば，2-ペンタノンとベンズアルデヒドを反応させたいとしよう．ベンズアルデヒドは α 水素をもたない．したがって，それからエノラートは生成しない．したがって，Claisen-Schmidt 反応（p.956）の変法を利用できそうに思える．しかし，2-ペンタノンからは 2 種のエノラートが生成可能である．そして，解決すべき最初の問題は，どちらかのエノラートを選択的に生成するということである（図 19・127）．

＊ “他のすべてが失敗し，どうしようもない場合は，ヒドリド移動を探せ” という **Magid の第三法則**（Magid's third rule）へとつながる．

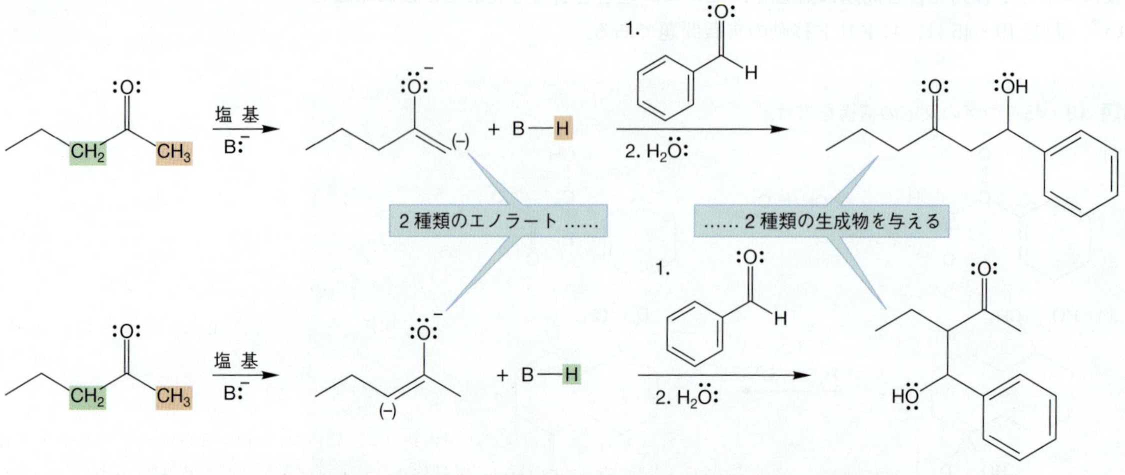

図 19・127 非対称ケトンからは原則として 2 種類のエノラートが生成できるので，2 種類の生成物が生成しうる．この 2 種類のエノラートは，炭素−炭素二重結合に結合したアルキル基の数によって安定性が異なる．

これらの 2 つのエノラートは安定性が大きく違っている．それぞれのエノラートの構造に最も寄与が大きい共鳴構造を考えてみよう．1 つはより多置換の炭素−炭素二重結合を含んでいるので，もう一方のエノラートよりも安定である．

立体障害の小さい α 水素には試薬が比較的近づきやすいことを利用して，より安定性の小さいエノラートを生成させる有効な方法が開発されている（図 19・128 a）．これまで学んだように，LDA はこのようなより安定性の小さい**速度論的エノラート**（kinetic enolate）を生成するうえで，特に有効である．鍵となる点は，この強力でしかもかさ高い塩基が，カルボニル化合物のより立体障害の大きな部分に接近するのが難しいことである．立体障害の少ない方のプロトンが引抜かれることによって，より不安定な速度論的エノラートが生成する．

より安定な**熱力学的エノラート**（thermodynamic enolate）を生成させる方法がある（図 19・128 b）．その 1 つに，ホウ素エノラート（boron enolate）の生成反応がある．もう 1 つは，エノラートの生成に，わずかに弱い塩基と高温条件（熱力学支配条件）を用いる方法である．

図 19・128 ホウ素エノラートを用いるかあるいは熱力学支配となる条件を使用した，より安定なエノラートの生成

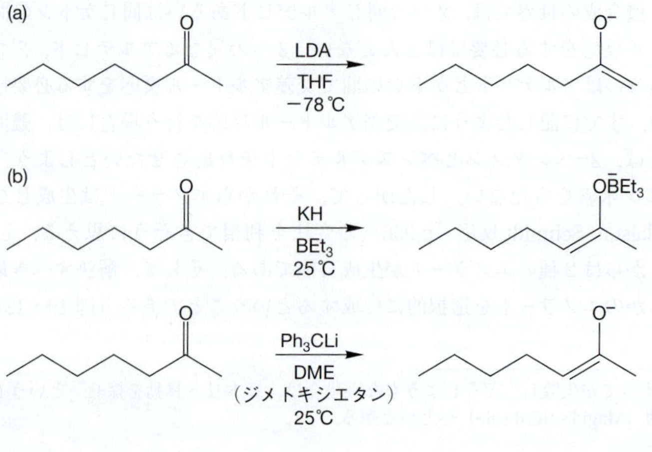

重要な合成反応のうちで，アルドール反応に具体例をとり，現実に遭遇する難題の1つについて述べたにすぎない．すべての合成化学者の目標の1つは，選択性，理想的には特異性である．ただ1つだけの反応が起こるようにするには，どのようにすればよいのだろうか．たとえば，たくさんの生成可能な立体異性体のうちのただ1つだけをつく

パリトキシン

ハーバード大学の岸 義人（1937年生まれ）と共同研究者たちは，パリトキシン（palytoxin）とよばれる分子式 $C_{129}H_{223}N_3O_{54}$ で表される，ハワイのマウイ島の小さな潮だまりの軟サンゴから見つけられた分子の合成に着手した．この桁違いの毒性をもつ分子の誘導体の1つ，パリトキシンカルボン酸をここに示す．パリトキシンはその大きさというよりも，立体化学の複雑さや繊細さのために合成が難しい．61個ものキラル炭素をもっているので，本物のパリトキシンを合成するためには，その1つ1つを選択的に生成させなければならない．

いくつかのアルドール関連反応が岸の見事な合成に利用されている．たとえば，パリトキシンをつくる最終段階での重要な反応の1つは Horner–Emmons（ホルナー–エモンス）反応とよばれるアルドール反応の変法であった．これによって，この分子の2成分を赤で示した部分で α,β-不飽和カルボニル基として結合させ，のちにこの部分を還元して（立体選択的に）パリトキシンに導いている．

パリトキシンの単離源の1つである軟サンゴ

パリトキシンカルボン酸
palytoxin carboxylic acid

るにはどうすればよいか．天然から見いだされる分子はときには，見事なまでに複雑な構造をしている．けれども，今やこれまでに述べてきた単純な反応を改良して，つぎの例に示すように驚くほど複雑な分子をつくることも可能になっている．

19・16 ま と め

新しい考え方

この章はほとんどすべて，カルボニル基の α 位の水素が酸性を示すためにひき起こされる種々の反応を扱ってきた．しかし，この概念は実際には新しいものではない．以前，エノラートの共鳴安定化の考えを学んでいる（たとえば問題 9・1）．そして塩基中で α 水素が引抜かれるのに，なぜ他の炭素－水素結合は酸性を示さないのかということについても議論したはずである．

塩基性では，α 水素をもつほとんどのカルボニル化合物はエノラートアニオンと平衡にある．酸性では，カルボニル化合物と平衡にあるのはエノールである（図 19・129）．

エノールあるいはエノラートが生成することによって，α 位での交換，ハロゲン化，アルキル化が起こり，さらにケトン，アルデヒドあるいはエステルへのさらに複雑な付加反応が起こる．縮合反応の多くは人名反応である．これらの反応は一見複雑に見えるが，基本的にはすべて単純な求核試薬-求電子試薬の反応である（図 19・130）．

この章では，α,β-不飽和カルボニル化合物への Michael 付加

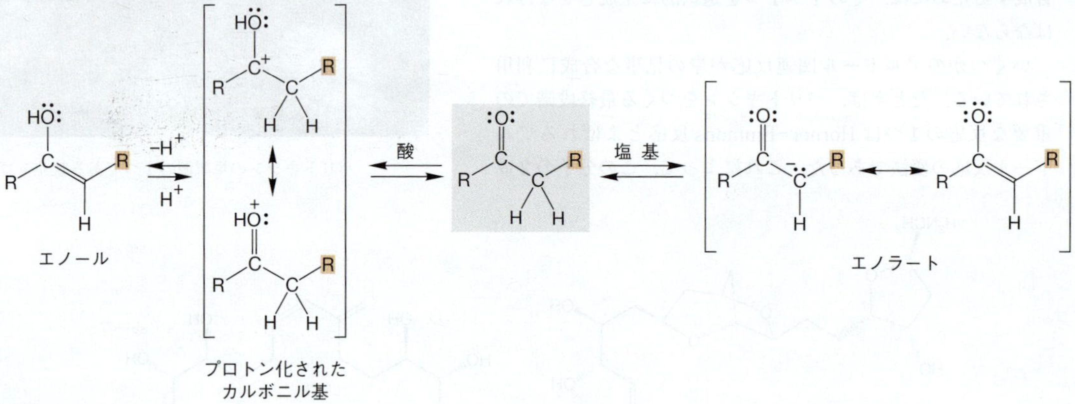

図 19・129 塩基性でのエノラートの生成と酸性でのエノールの生成は，α 水素をもつカルボニル化合物の典型的な反応である．

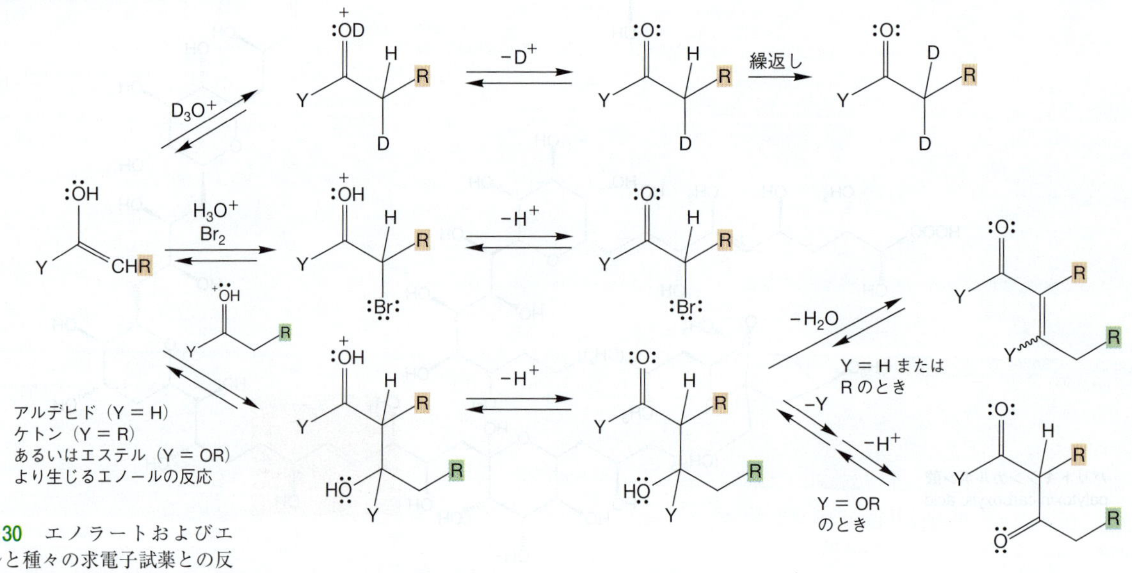

図 19・130 エノラートおよびエノールと種々の求電子試薬との反応（次ページにつづく）

図 19・130 （つづき）

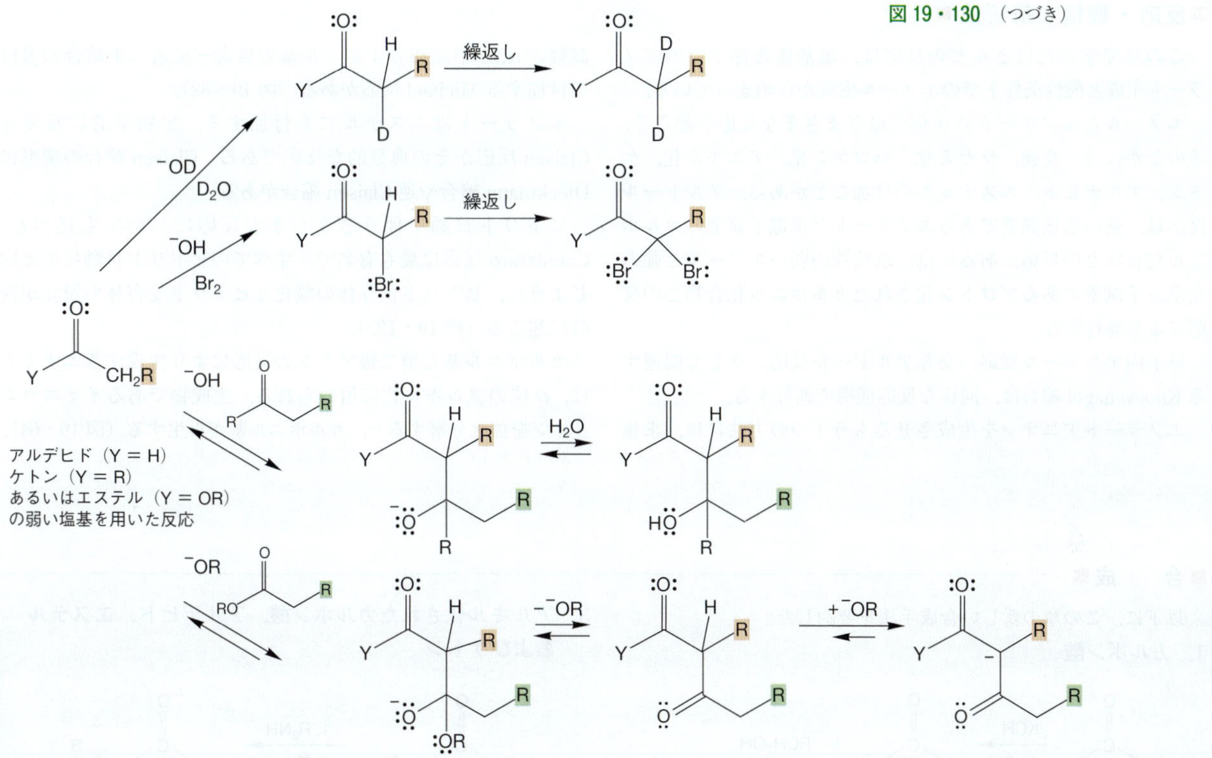

による間接的なエノラートの生成についても紹介している（図 19・82）．

ヒドリドイオン（H:⁻）の移動について，19・14 節で詳しく述べた．ヒドリドイオンは優れた脱離基ではないことを覚えておこう．したがって，求核試薬によって置換されることはないが，もし適当な受容体となるルイス酸が存在する場合には移動することができる．

■重 要 語 句■

アセト酢酸エステル合成 acetoacetate synthesis（p.931）
アルドール反応 aldol reaction（p.937）
α 位 α position（p.904）
エノラート enolate（p.905）
エノン enone（p.948）
Cannizzaro 反応 Cannizzaro reaction（p.976）
Knoevenagel 縮合 Knoevenagel condensation（p.945）
Claisen 縮合 Claisen condensation（p.959）
Claisen−Schmidt 縮合 Claisen−Schmidt condensation（p.956）
β−ケトエステル合成 β−keto ester synthesis（p.931）
交差（混合）アルドール反応 crossed (mixed) aldol reaction（p.953）
交差（混合）Claisen 縮合 crossed (mixed) Claisen condensation（p.966）
互変異性体 tautomer（p.910）
1,3−ジチアン 1,3−dithiane（p.973）
速度論的エノラート kinetic enolate（p.957）
Dieckmann 縮合 Dieckmann condensation（p.965）
熱力学的エノラート thermodynamic enolate（p.980）
ハロホルム haloform（p.920）
ハロホルム反応 haloform reaction（p.919）
フルベン fulvene（p.947）
Hell−Volhard−Zelinsky（HVZ）反応 Hell−Volhard−Zelinsky（HVZ）reaction（p.922）
Michael 反応 Michael reaction（p.947）
Magid の第二法則 Magid's second rule（p.971）
Magid の第三法則 Magid's third rule（p.979）
マロン酸エステル合成 malonic ester synthesis（p.932）
Mannich 反応 Mannich reaction（p.974）
Meerwein−Ponndorf−Verley−Oppenauer（MPVO）反応 Meerwein−Ponndorf−Verley−Oppenauer（MPVO）reaction（p.977）
リチウムジイソプロピルアミド lithium diisopropylamide（LDA）（p.915）
Robinson 環化 Robinson annulation（p.970）

■反応・機構・解析法■

この章で学んだほとんどの反応は，塩基性条件下でのエノラート生成と酸性条件下でのエノール生成から始まっている．

エノールとエノラートの α 位ではさまざまな反応が起こる．そのなかには，交換，ラセミ化，ハロゲン化，アルキル化，ケトン，アルデヒド，エステルへの付加などがある．アルドール反応は，強い求核試薬であるエノラートと求電子試薬のカルボニル化合物との反応，あるいは，求核性の弱いエノールと強力な求電子試薬であるプロトン化されたカルボニル化合物との反応により進行する．

分子内アルドール反応，交差アルドール反応，そして関連する Knoevenagel 縮合は，同様な反応機構で進行する．

エノラートアニオンを生成させるもう 1 つの方法には，求核試薬が α,β-不飽和カルボニル基の炭素－炭素二重結合の β 位に付加する Michael 反応がある（図 19・82）．

エノラートはエステルにも付加する．生物学的に重要な Claisen 反応がその典型的な反応である．Claisen 縮合の変形に Dieckmann 縮合や逆 Claisen 縮合がある．

ヒドリド移動を伴うさまざまな反応についても述べた．Cannizzaro 反応は最も有名で，すべてのヒドリド移動反応と同じように，ヒドリド供与体の酸化とヒドリド受容体の還元が同時に起こる（図 19・122）．

カルボニル基と第二級アミンの反応により生成するエナミンは，α 位のアルキル化に用いられる．生成物であるイミニウムイオンを加水分解すると，カルボニル基が再生する（図 19・64）．

■合　成■

以下に，この章の新しい合成手法を要約した．

1. カルボン酸

$RCHO \xrightarrow[H_2O]{KOH} RCOO^- + RCH_2OH$

Cannizzaro 反応；R に α 水素はない

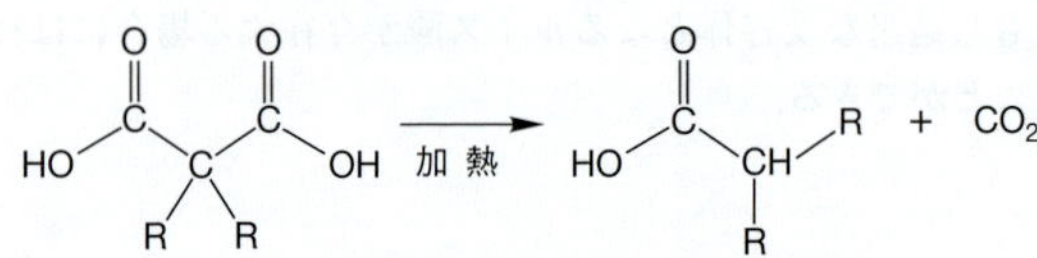

$HOOC-CR_2-COOH \xrightarrow{加　熱} HOOC-CHR_2 + CO_2$

$HOOC-CH_3 \xrightarrow[2.\ RX\quad 3.\ H_3O^+]{1.\ 2\ モル量\ LDA} HOOC-CH_2R$

$RCOCH_3 \xrightarrow[KOH/H_2O]{X_2} RCOO^- + HCX_3$

ハロホルム反応；ハロホルム（CHX_3）も同時に生じる；メチルケトンのみ進行する
X=Cl, Br, および I

2. アルコール

$RCOR \xrightarrow[2.\ H_2O]{1.\ Al[O-CH(CH_3)_2]_3} RCH(OH)R$ + 3 分子のアセトン

MPVO 反応；機構には錯体の生成とそれにひき続くヒドリドの移動が含まれる．“カルボン酸”の項の Cannizzaro 反応，“β-ヒドロキシアルデヒドおよびケトン”の項も見ること

3. アルキル化されたカルボン酸，アルデヒド，エステルおよびケトン

$RCOCH_2R \xrightarrow[2.\ RX\quad 3.\ H_2O]{1.\ R_2NH} RCOCHR_2$

中間体はエナミンである

$ROCOCH_2R \xrightarrow[2.\ RX]{1.\ LDA} ROCOCHR_2$

$RCOCH_2R \xrightarrow[2.\ RX]{1.\ LDA} RCOCHR_2$

$HOCOCH_2R \xrightarrow[2.\ RX\quad 3.\ H_3O^+]{1.\ 2\ モル量\ LDA} HOCOCHR_2$

$H_3C-CO-CH_2-CO-OR \xrightarrow[2.\ RX]{1.\ ^-OR} H_3C-CO-CHR-CO-OR$

第三級の R は利用できない

4. β-アミノケトン（および β-アミノアルデヒド）

$H_3C-CO-CH_3$ —[1. HCl/EtOH/$(CH_3)_2NH$, $CH_2{=}O$; 2. H_2O, NaOH]→ $H_3C-CO-CH_2-CH_2-N(CH_3)_2$

Mannich 反応；イミニウムイオン中間体を経るアミン合成法

5. 重水素化アルデヒドおよびケトン

$R-CO-CH_2R$ —[KOD/D_2O または D_3O^+]→ $R-CO-CD_2R$

酸性でも塩基性でもすべての α 水素が交換される

6. α-ハロカルボン酸，アルデヒド，ケトンおよびエステル

$R-CO-CH_2R$ —[H_3O^+, X_2]→ $R-CO-CHR(X)$

酸性ではハロゲン化が一度起こると反応はそれ以上進まない（X = Cl, Br, および I）

$R-CO-CH_2R$ —[塩基, X_2]→ $R-CO-CX_2R$

塩基性ではすべての α 水素が X に交換される．トリハロカルボニル化合物はさらにハロホルム反応を起こす

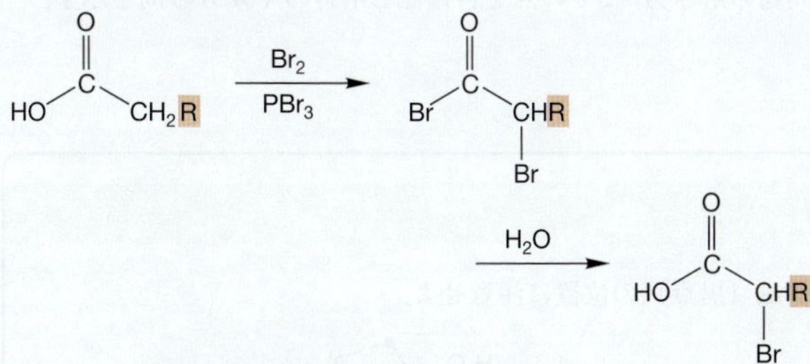

Hell-Volhardt-Zelinsky（HVZ）反応

$RO-CO-CH_2R$ —[RO^-, Br_2]→ $RO-CO-CHR(Br)$ ——→ $RO-CO-CR(Br)_2$

7. ハロホルム

$R-CO-CH_3$ —[1. 塩基, X_2; 2. H_3O^+]→ $R-CO-OH$ + HCX_3

出発カルボニル化合物にはメチル基がなければならない；X = Cl, Br, または I

8. β-ヒドロキシアルデヒドおよびケトン

$R-CO-CH_3$ —[酸または塩基]→ $R-CO-CH_2-C(OH)(R)(CH_3)$

アルドール反応；酸性ではふつう脱水が起こるが塩基性ではあまり起こらない

9. β-ケトエステル

2 $RO-CO-CH_2R$ —[1. 等モル量 RO^-; 2. H_3O^+]→ $RO-CO-CHR-CO-CH_2R$

Claisen 縮合

$RO-CO-CH_2R$ —[1. LDA; 2. $RO-CO-CH_3$; 3. H_3O^+]→ $RO-CO-CHR-CO-CH_3$

交差 Claisen 縮合

10. ケトン

$R-CH(OH)-R$ —[1. $AlCl_3$; 2. $H_3C-CO-CH_3$]→ $R-CO-R$

MPVO 反応；第 1 段階は新しいアルミニウムアルコキシドの生成；機構には錯体の生成とヒドリドの移動が含まれる

$RO-CO-CR_2-CO-CH_3$ —[1. NaOH; 2. H_3O^+; 3. 加熱]→ $R-CH(R)-CO-CH_3$

アセト酢酸の脱二酸化炭素

10. ケトン （つづき）

S⌒S(C, R, H) —1. LDA / 2. RX / 3. H_2O, Hg^{2+}→ R–C(=O)–R

11. α,β-不飽和カルボン酸，アルデヒド，エステルおよびケトン

R–C(=O)–CH_2–C(OH)(CH_3)–R —H_3O^+→ R–C(=O)–C(H)=C(R)–CH_3

アルドール反応生成物の脱水は，通常酸触媒反応である

RO–C(=O)–CH_2–C(=O)–OR —1. RO^- / 2. R′–C(=O)–R′→ RO–C(=O)–C(=CR′R′)–C(=O)–OR

Knoevenagel 縮合

間違えやすい事柄

縮合反応に関する問題は，たしかにとっつきにくいかもしれない．しかし，同時に，多くの化学者には楽しみを与えてくれるものであり，ほとんど誰でもお気に入りの問題をもっている．おかしやすい誤ちは，なんの準備もせずに問題に取りかかることであり，何をしなければならないかを解析することなしに，複雑な問題に着手してはいけない．その反応は酸性あるいは塩基性条件下で起こるのか．どの結合をまずつくるべきか．その反応では，環を開くのか閉じるのか．これらが問題を解くにあたって解析すべき事柄である．

この章でも広く使った2つの慣習的な構造表記法は，誤解を生じる可能性をもっている．2つのうちの危険性の少ない方は，構造式で括弧内に示す電荷や電子であり，これは本来2つ以上の共鳴構造式で表すべき分子において，電荷や電子を共有していることを示すのに使われている．

もう1つは巻矢印表記法で，いくつかの共鳴構造式の1つから矢印を書く慣習である．これは非常に便利である一方，誤解もまねきやすい．その共鳴構造式が実際の構造を表しているようにとられてしまう可能性がある．だがそれはそうではなく，1つの共鳴構造式で起こることは，つねにどの共鳴構造式でも起こるのである．簡潔に，そして見やすくするために，いくつかの共鳴構造式のただ1つだけを使って巻矢印表記をつけている．我々が使っているこの簡便表記の意味をはっきりと認識していないと，誤解をまねく危険性がある．

付加−脱離過程が出てきて，おもな反応のタイプがほぼすべて出そろったことになる．複雑さが増すにつれて問題点や間違うことも増えてくる．最もよくある間違いは問題をしっかり解析しないで巻矢印表記を書き始めるという失敗である．つぎの‘問題の解き方’でその点を再確認し解析のやり方の例を示す．

問題の解き方

つぎの変換反応の機構を書け．標識（黒点）の位置に注意せよ．

（H_3C，O，OH をもつ四環性化合物）—RO^- / ROH→（H_3C，O，O をもつ化合物）

メチル基を目印に使って，出発物質のどの原子が生成物のどの原子にあたるのか図を作製してみよう．メチル基はほとんど反応性を示さないため，たいていの反応（カルボニル基に隣接しない限り）で変化しない．メチル基に**1**，その隣の原子に**2**，**3**と続けて番号をつける．左にあるカルボニル基の炭素（**A**）は，2番の炭素の隣のままでいることに注意してほしい．

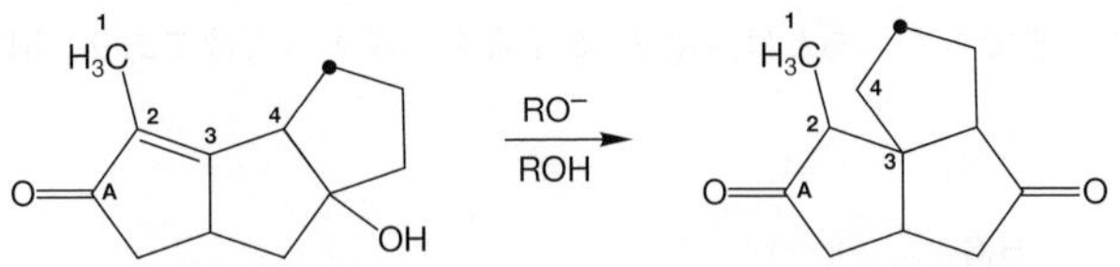

RO⁻ / ROH

A から反時計回りに原子を4つ数えると，酸素原子と結合している炭素 **E** へといきつく．生成物において，4番の炭素はまだ3番の炭素と結合しており，標識した炭素（黒点）と隣り合っている．しかし，出発物質では隣り合っていた炭素 **E** とはもはや結合していない．こうして，炭素 **4－E** 間の結合を切断しなければならないという目標が得られた．

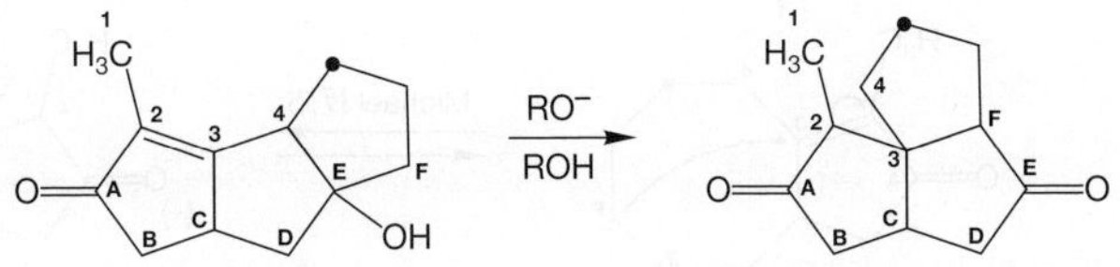

RO⁻ / ROH

どの結合を形成しなければいけないだろうか．図が示しているのは，炭素 **F－3** 間の結合である．どうしたらそれがわかるのだろうか．この結合は出発物質には存在しないが，生成物には存在しているからである．これで炭素 **F－3** 結合を形成するという2つ目の目標を手に入れた．3つ目の目標も手に入れている．炭素 **E** をアルコールからカルボニルへと酸化することである．

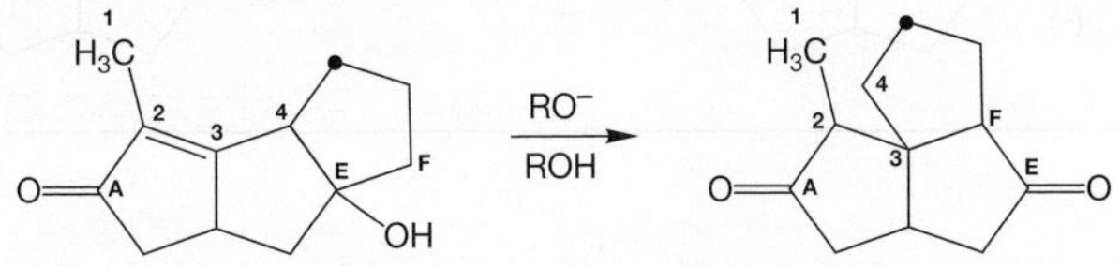

RO⁻ / ROH

このようにして，問題は"どうやって原料から生成物が得られるだろうか"という漠然とした疑問から，"どのようにして炭素 **4－E** 結合の開裂と炭素 **F－3** 結合の形成を行い，さらに必要な酸化を行うのか"という，より具体的な疑問へと発展してきた．このような解析をすることにより，困難な問題も解答可能な並の問題になる．解析を進めるに従って，目標を達成するために必要な反応が明確になるので，それをさらに追求していくが，目標達成に不必要と判断される反応は考えなくてよい．つぎにこの問題を解くための一連の反応を示す．

目標：炭素 E－4 結合の切断，炭素 E の酸化

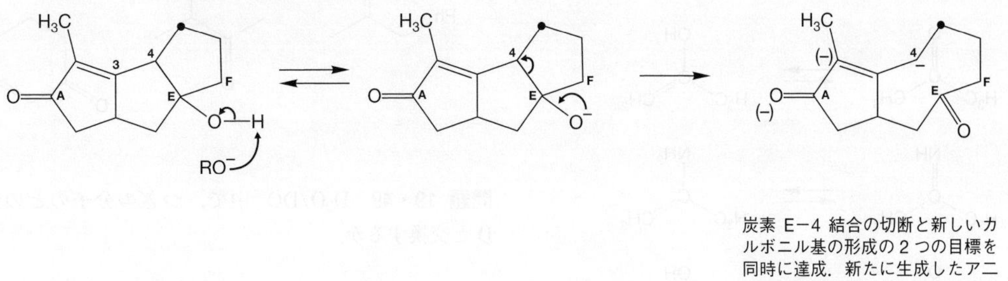

炭素 E－4 結合の切断と新しいカルボニル基の形成の2つの目標を同時に達成．新たに生成したアニオンは共鳴安定化されていることに注意しよう

ここで半分以上までできた．あとは炭素 **F−3** 結合を形成するだけであり，Michael 反応で簡単にできる．

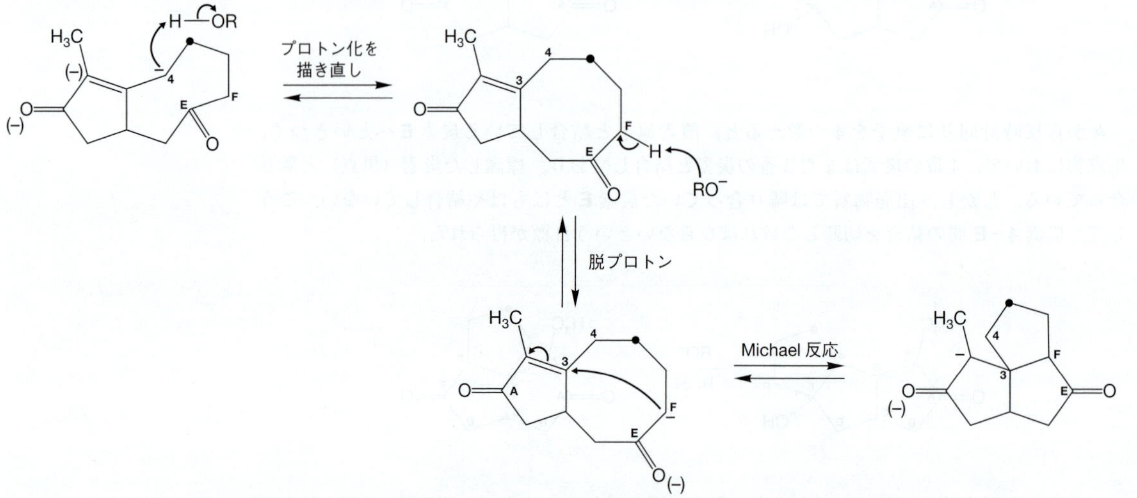

プロトン化を描き直し

脱プロトン

Michael 反応

最後にプロトン化して，この問題は解決された．

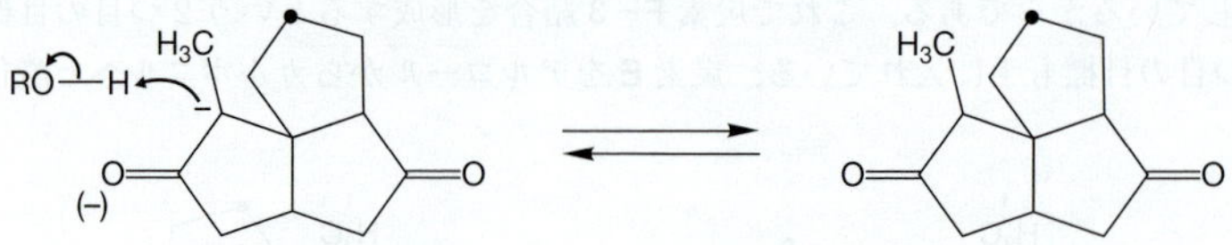

19・17 追加問題

問題 19・46 "通常"の炭素−酸素単結合の距離は，1.43 Å であるのに対して，アセトアルデヒドのエノール形であるビニルアルコールの場合，炭素−酸素単結合の距離はわずか 1.38 Å である．なぜ通常の結合に比べて短いのか．

問題 19・47 つぎの酸あるいは塩基触媒平衡反応の機構を書け．この練習問題は同じことの繰返しであるが，原型となる反応を素早く簡単にこなすことは，本質的に必要な技能である．もっと興味深い問題に取りかかる前に，この問題を簡単に解くことができるようにしておくこと．

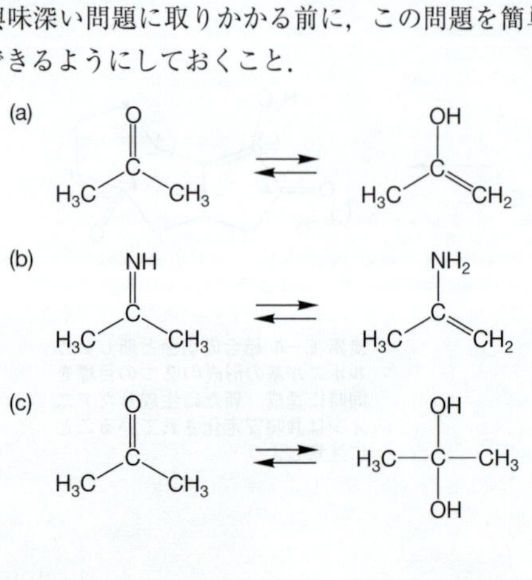

(a)

(b)

(c)

問題 19・48 つぎの化合物は 2 種類の異なった型の α 水素をもっている．それぞれの化合物の熱力学的エノラートを描き，それらが熱力学的エノラートである理由を説明せよ．また，それぞれの化合物の速度論的エノラートを描き，その理由を説明せよ．なぜ不安定なエノラートが安定なエノラートよりも速く生成するのだろうか．

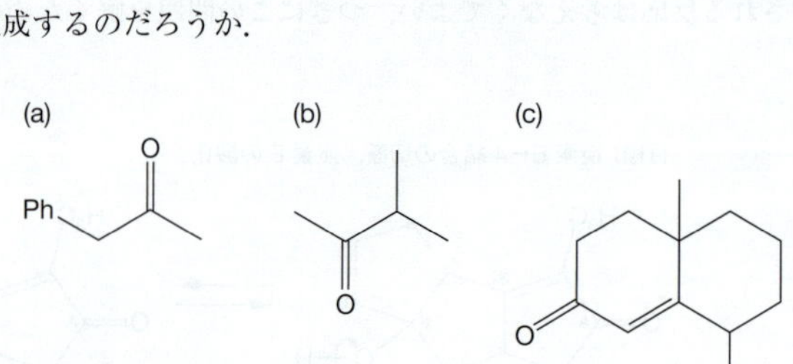

(a) (b) (c)

問題 19・49 D_2O/DO^- 中で，つぎの分子のどの位置の H が D と交換するか．

(a) (b)

(c) (d) 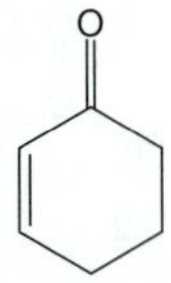 (e)

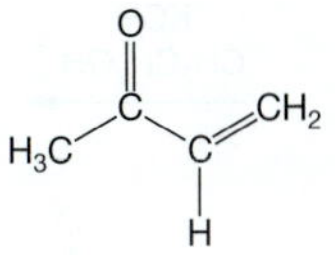

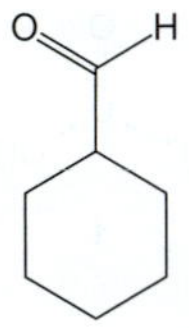

問題 19・50 問題 19・49 (c) で見たように，メチルビニルケトンの3つのメチル水素は D_2O/DO^- 中で重水素と交換する．なぜ残りの"α"水素は形式上は α 水素にもかかわらず同じように交換しないのか．

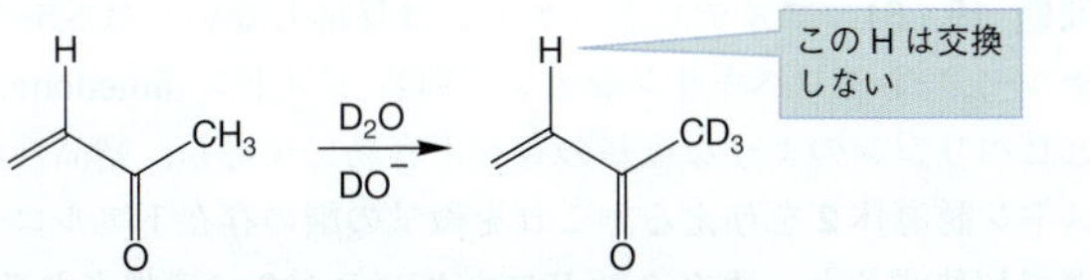

D_2O / DO^-

このHは交換しない

問題 19・51 2,4-ペンタンジオンの広帯域デカップリングした ^{13}C NMR スペクトルは6本の線（δ 24.3, 30.2, 58.2, 100.3, 191.4, 201.9 ppm）から成っており，"予測される"3本の線ではない．この理由を説明せよ．

問題 19・52 シクロヘキサノンからのつぎの化合物の簡単な合成法を示せ．ヒント：これは復習問題である．

(a) (b) 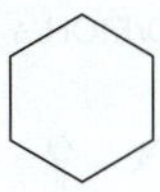 (c) 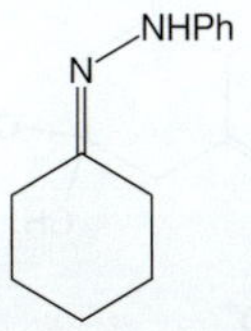 (d) 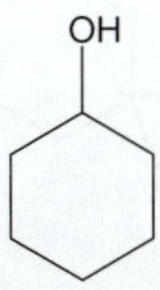 (e)

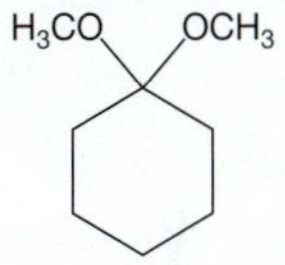

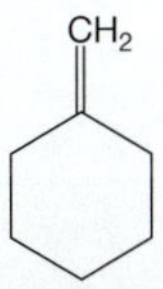

問題 19・53 シクロヘキサノンからのつぎの化合物の簡単な合成法を示せ．

(a) (b) 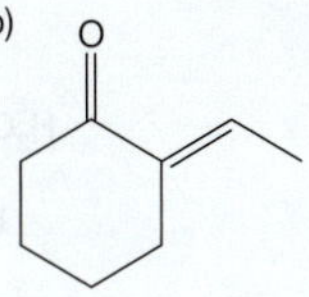 (c) 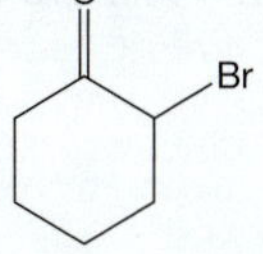 (d)

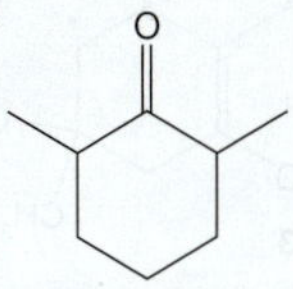

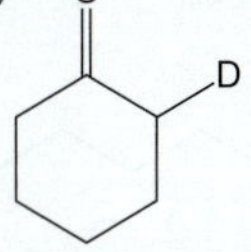

問題 19・54 つぎの異性化反応の機構を書け．

(a) H_2O/HO^-

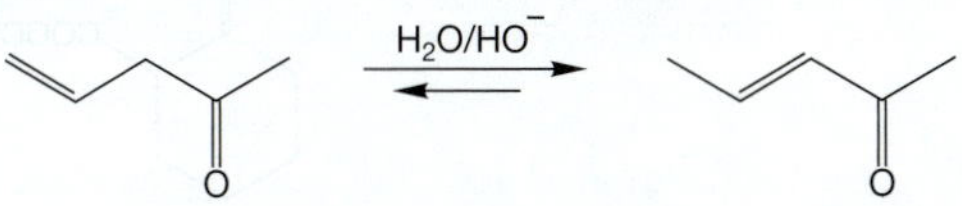

(b) H_2O/H_3O^+

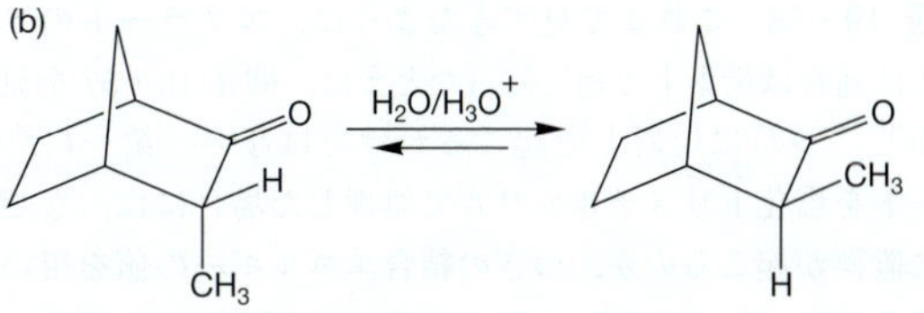

問題 19・55 以下の化合物の逆合成解析をしてみよう．原則的には，どの化合物も一連のアルドール反応-脱水反応によって合成することが可能である．実際に合成に使えるのはどれか．いくつかの化合物では，アルドール反応による合成経路は，実際には使えない．その理由を述べよ．何が問題なのか，考えよ．

(a) (b) 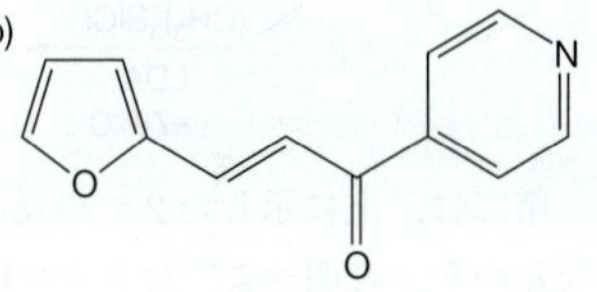 (c) 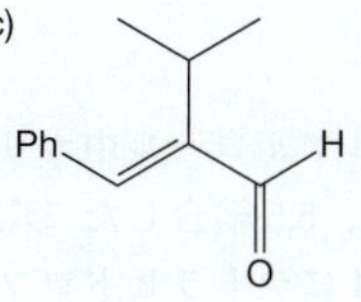 (d)

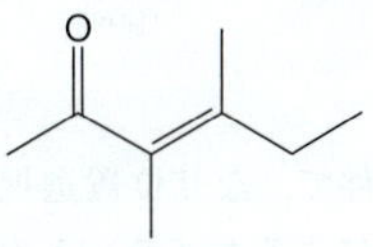

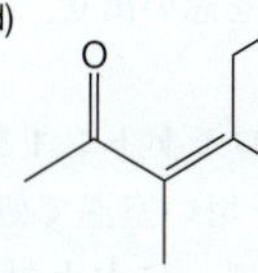

問題 19・56 化合物 **1** にヨウ素と水酸化ナトリウムの水溶液を作用させた後，酸性にしたところ，ピバル酸（pivalic acid, **2**）とヨードホルムが得られた．化合物 **1** の構造を推定し，**2** とヨードホルムへの変換反応の機構を巻矢印表記で示せ．その機構によれば，この反応には何モル量のヨウ素と水酸化ナトリウムが必要になるのか予測せよ．

$$\mathbf{1} \xrightarrow[\text{2. } H_2O/H_3O^+]{\text{1. } NaOH/I_2/H_2O} (CH_3)_3C—COOH + CHI_3$$

2

問題 19・57 *N,N*-ジメチルホルムアミド（DMF）溶媒中でケトン **1** に LDA を作用させ，続いてヨウ化メチルを加えると，2種類のメチル化されたケトンが生成する（図）．その生成機構を巻矢印表記で書き，なぜ一方の生成物が他方より圧倒的に多く生成するのか説明せよ．

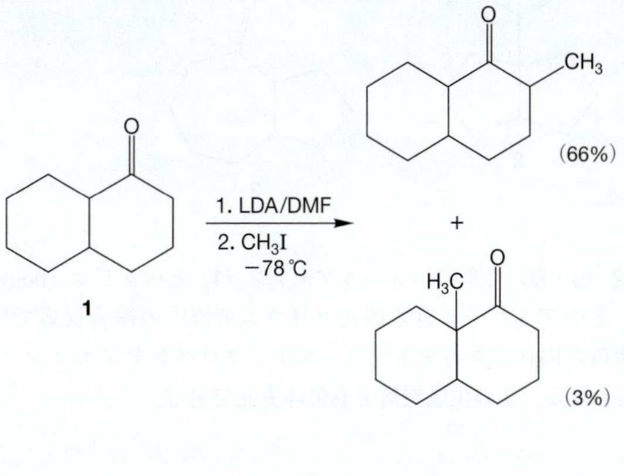

1. LDA/DMF
2. CH_3I −78 ℃

(66%) + (3%)

問題 19・58 これまで見てきたように，エノラートのアルキル化は通常は炭素上で起こる（たとえば，問題 19・57 を見よ）．しかし，つねに炭素上で起こるわけではない．第一に，エノラートを塩化トリメチルシリルで処理した場合には，なぜ酸素上に置換が起こるのか，つぎの結合エネルギーの値を用いて説明せよ（Si−C ~290 kJ/mol; Si−O ~460 kJ/mol）．

$(CH_3)_3SiCl$, $(CH_3CH_2)_3N$: (78%) + (22%)

$(CH_3)_3SiCl$, LDA, −78 ℃: (1%) (99%)

第二に，上に示した2つの反応条件で，なぜ位置選択性が異なるのか，説明せよ．ヒント：LDA によるエノラートの生成は不可逆であることを思い出せ．

問題 19・59 ブロモケトン **1** を *t*-ブチルアルコール中カリウム *t*-ブトキシドを用い室温で処理すると，5,5 縮合した二環性ケトン **2** が得られる．これと対照的に，**1** にテトラヒドロフラン（THF）中 LDA を−78 °C で作用させ，つぎに加熱すると 5,7 縮合したケトン **3** が得られる．この環化反応の機構を巻矢印表記で書き，なぜ反応条件が違うと，異なる生成物が優先するのか説明せよ．

1. $(CH_3)_3COK$, $(CH_3)_3COH$, 25 ℃ 2. H_2O → **2**

1. LDA/THF, −72 ℃ 2. Δ 3. H_2O → **3**

問題 19・60 1,3-ジフェニルアセトン（**1**）とベンジル（benzil）（**2**）とのアルコール性水酸化カリウム溶液中の縮合反応では，暗紫色の固体であるテトラフェニルシクロペンタジエノン（**3**）が得られる．**3** の生成機構を巻矢印表記で書け．

1 + **2** → (KOH, CH_3CH_2OH) → **3**

問題 19・61 アルデヒド（ケトンは反応しない）は 5,5-ジメチル-1,3-シクロヘキサンジオン（別名 ジメドン dimedone，**1**）とピペリジンのような塩基の存在下容易に反応し，結晶性のジメドン誘導体 **2** を与える．これを微量の酸の存在下アルコール中で加熱すると，オクタヒドロキサンテン **3** に変換される．**2** が **1** とアルデヒド（RCHO）から生成する機構と，**2** から **3** への変換機構を巻矢印表記で示せ．

1 + RCHO → (H_2O/EtOH/Δ, ピペリジン) → **2** → (Δ, H_3O^+) → **3**

問題 19・62 つぎの Dieckmann 縮合の機構を記せ．

1. $NaOCH_3$（等モル量）, $HOCH_3$ 2. CH_3COOH

問題 19・63 つぎの反応は Dieckmann 縮合の逆反応である．機構を記せ．

問題 19・64 つぎの一連の反応について，それぞれ各段階の生成物を書け．

(a) $CH_3COCH_2COOCH_3$ → 1. $NaOCH_3$ 2. CH_3I 3. $NaOCH_3$ 4. $CH_3(CH_2)_3Br$

(b) 1. NaOH（等モル量） 2. LDA（等モル量） 3. ICH_2CH_3 4. 5% HCl (aq.)

問題 19・65 つぎの反応（Darzens（ダルツェンス）縮合）の反応機構を書き，2つの立体異性体が生成する理由を説明せよ．

$K^+ \, {}^-OC(CH_3)_3$, $HOC(CH_3)_3$

問題 19・66 中間体 **A**～**D** の構造を記せ．反応機構は必要ない．

CH_3CH_2CHO → $HSCH_2CH_2CH_2SH$, H_3O^+ → **A** ($C_6H_{12}S_2$) → 1. BuLi 2. $PhCH_2Br$ → **B** ($C_{13}H_{18}S_2$)

B → H_2O, HBF_4, HgO → **C** ($C_{10}H_{12}O$)

B → Raney Ni → **D** ($C_{10}H_{14}$)

問題 19・67 化合物 **A**～**D** の構造を記せ．機構は必要ない．

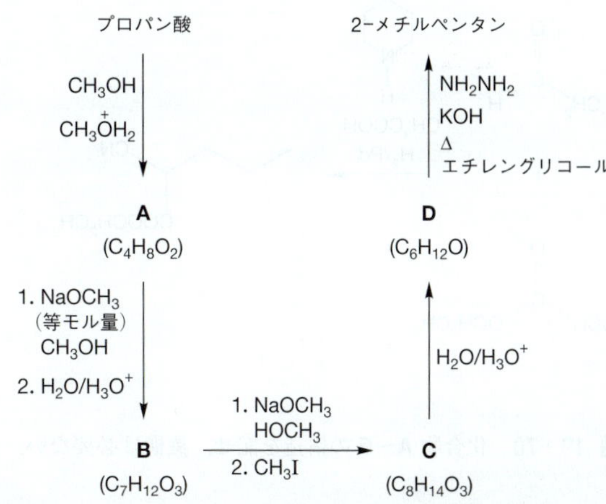

問題 19・68 下に2つの比較的単純な Knoevenagel 縮合の例を示した．この変換反応の機構を巻矢印表記で書け．

(a) PhCHO + CH_3NO_2 → 1. $NaOH/H_2O$, CH_3OH, Δ 2. HCl → (81%)

(b) $(CH_3)_3COK$, $(CH_3)_3COH$, Δ → (79%)

問題 19・69 つぎに，やや複雑な Knoevenagel 縮合を2例示した．反応機構を巻矢印表記で示せ．

(a) CH_3CHO + $CH_3COCH_2COOCH_2CH_3$ → CH_3CH_2OH, 0 ℃ → (>50%)

（次ページにつづく）

問題 19・69（つづき）

(b)

CH_3CH_2CHO ＋ $NCCH_2COOCH_2CH_3$ —(ピペリジン, CH_3COOH, H_2/Pd)→ $CH_3CH_2CH_2CH(CN)COOCH_2CH_3$

問題 19・70 化合物 **A**～**E** の構造を記せ．機構は必要ない．

シクロヘキセン —(1. O_3 2. HOOH)→ **A** ($C_3H_4O_4$) —(CH_3OH, $CH_3\overset{+}{O}H_2$)→ **B** ($C_5H_8O_4$) —(1. $NaOCH_3$, $HOCH_3$ 2. $CH_3CH_2CH_2CH_2I$)→ **C** ($C_9H_{16}O_4$) —(H_2O, H_3O^+)→ **D** ($C_7H_{12}O_4$) —(100 °C)→ **E** ($C_6H_{12}O_2$)

問題 19・71 ジケトン **1** を重要な香水成分である *cis*-ジャスモン（**2**）へ変換する機構を，巻矢印表記で書け．**1** からは別のシクロペンテノンも生成可能である．その構造は何か．その生成機構を巻矢印表記で書け．

1（H_3C–CO–CH_2CH_2–CO–CH_2CH_2CH=$CHCH_2CH_3$, cis）—(NaOH, CH_3CH_2OH/H_2O, Δ)→ **2**

cis-ジャスモン
cis-jasmone

問題 19・72 指示された物質から目的の化合物を合成する方法を考案せよ．必要ならば他のどんな試薬を使用してよい．機構は必要ない．それぞれについて逆合成の手段を用いよ．

(a) 出発物質：アセト酢酸エチル

(b) CO_2H 出発物質：マロン酸ジエチル

(c) O, Ph 出発物質：EtO(O)C–$(CH_2)_4$–C(O)OEt

(d) シクロペンタンカルボン酸（CO_2H） 出発物質：マロン酸ジエチルと 1,4-ブタンジオール

問題 19・73 水酸化ナトリウム水溶液の存在下ベンズアルデヒドと過剰量のアセトンを反応させると，主生成物 **1** が得られるが，同時に少量の化合物 **2** も生成する．しかし，同じ条件下でアセトンと過剰量（少なくとも 2 モル量）のベンズアルデヒドとを反応させると，優先的に生成する生成物は **2** となる．化合物 **1** と **2** のスペクトルデータを下に示した．化合物 **1** と **2** の構造を推定し，それらが優先して生成する理由を説明せよ．

PhCHO ＋ H_3C–CO–CH_3 —(NaOH, H_2O)→ **1** ＋ **2**

［化合物 **1**］
質量スペクトル：m/z = 146 (M, 75%), 145 (50%), 131 (100%), 103 (80 %)
IR (Nujol)：1667 (s), 973 (s), 747 (s), 689 (s) cm^{-1}
^1H NMR ($CDCl_3$)：δ 2.38 (s, 3H), 6.71 (d, J = 16 Hz, 1H), 7.30～7.66 (m, 5H), 7.54 (d, J = 16 Hz, 1H) ppm

［化合物 **2**］
質量スペクトル：m/z = 234 (M, 49%), 233 (44%), 131 (42%), 128 (26 %), 103 (90 %), 91 (32 %), 77 (100 %), 51 (49 %)
IR (融液)：1651 (s), 984 (s), 762 (s), 670 (s) cm^{-1}
^1H NMR ($CDCl_3$)；δ 7.10 (d, J = 16 Hz, 2H), 7.30～7.70 (m, 10H), 7.78 (d, J = 16 Hz, 2H) ppm

問題 19・74 1-モルホリノシクロヘキセン（**1**）と β-ニトロスチレン（**2**）と反応させ，続いて加水分解するとニトロケト

ン **3** が生成する．この一連の反応の機構を巻矢印表記で書き，そして位置選択性について説明せよ．

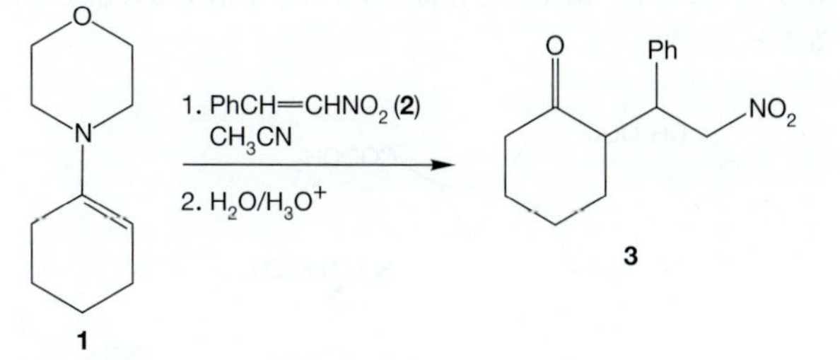

1. $PhCH{=}CHNO_2$ (**2**) CH_3CN
2. H_2O/H_3O^+

問題 19・75 つぎの変換反応の機構を示せ．ヒント：絶対に (b) の前に (a) を解くこと．

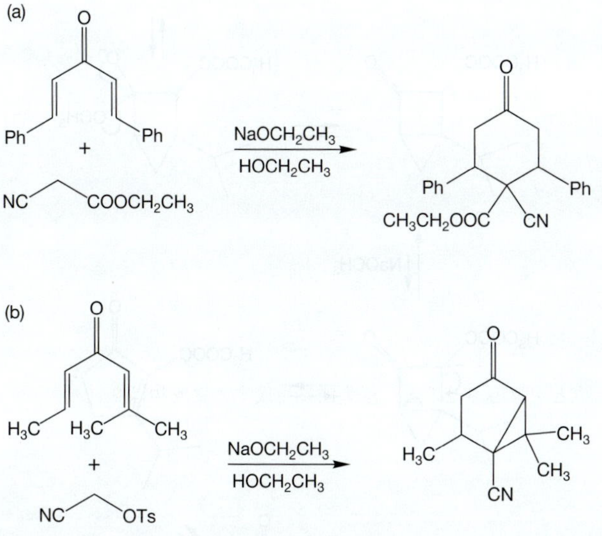

(a) $NaOCH_2CH_3$, $HOCH_2CH_3$

(b) $NaOCH_2CH_3$, $HOCH_2CH_3$

問題 19・76 つぎの変換反応の機構を書け．

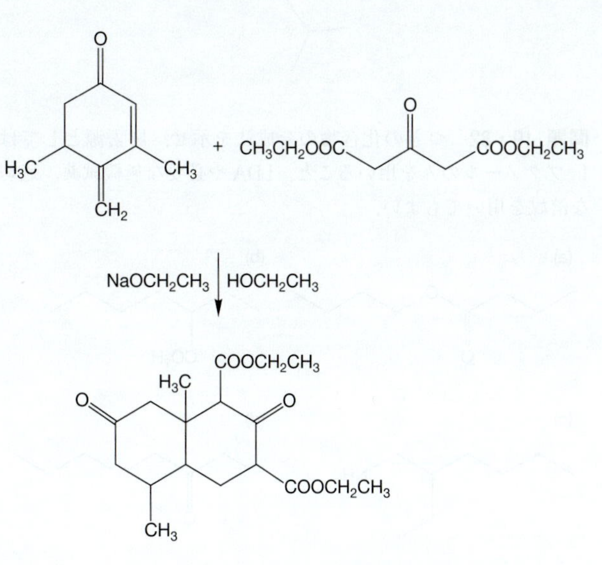

$NaOCH_2CH_3$ $HOCH_2CH_3$

問題 19・77 アルコール **1** をメチル化すると，驚いたことに酸素の立体化学が異なったメトキシ体が生成する．この理由を説明せよ．ヒント：**1** は β-ヒドロキシケトンであることに注意．

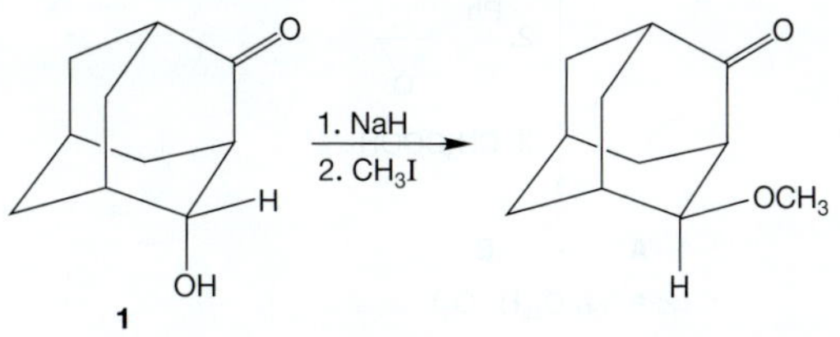

1. NaH
2. CH_3I

問題 19・78 1917 年に Robinson は，スクシンアルデヒド (**1**)，メチルアミン，1,3-アセトンジカルボン酸 (**2**) の縮合による，トロピノン (tropinone, **3**) の（ドイツの化学者 Willstätter がすばらしくエレガントであると言った）合成を報告している．つづいて，Schöpf はこの反応の収率を約 90% に引き上げた．考えられる反応機構を記せ．ヒント：この反応はある縮合反応を 2 度含んでいる．収率は低くなるが，**2** の代わりにアセトンを使うこともできる．

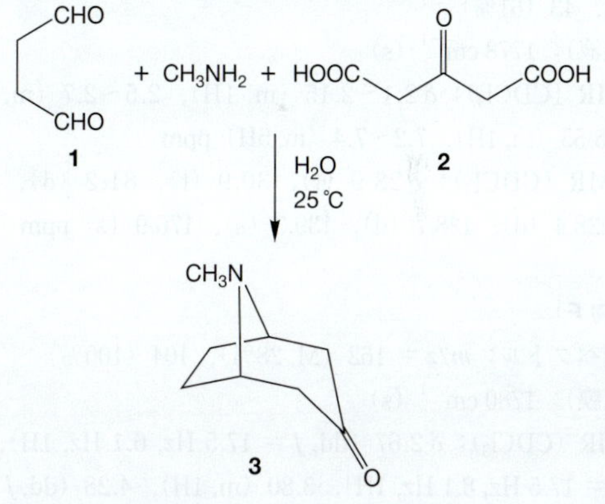

H_2O, 25 ℃

問題 19・79 つぎの反応について，巻矢印表記法で機構を記せ．

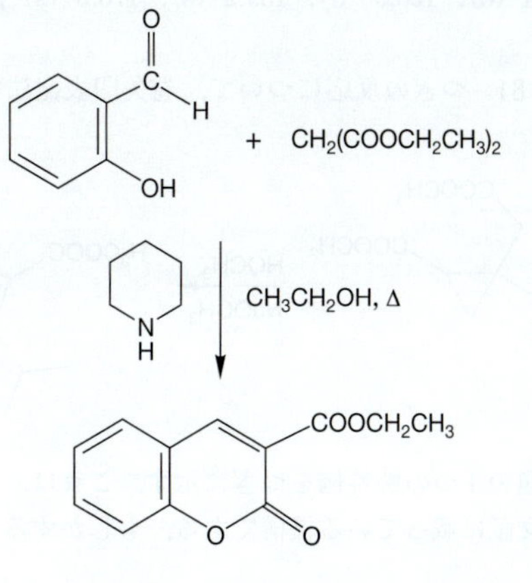

CH_3CH_2OH, Δ

問題 19・80 化合物 **A**～**F** の構造を記せ．化合物 **E** と **F** のスペクトルデータは以下にまとめてある．

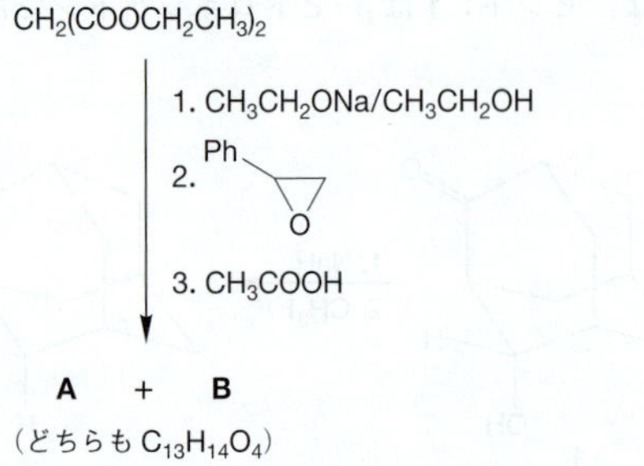

$CH_2(COOCH_2CH_3)_2$

1. CH_3CH_2ONa/CH_3CH_2OH
2. Ph（エポキシド）
3. CH_3COOH

A + **B**（どちらも $C_{13}H_{14}O_4$）

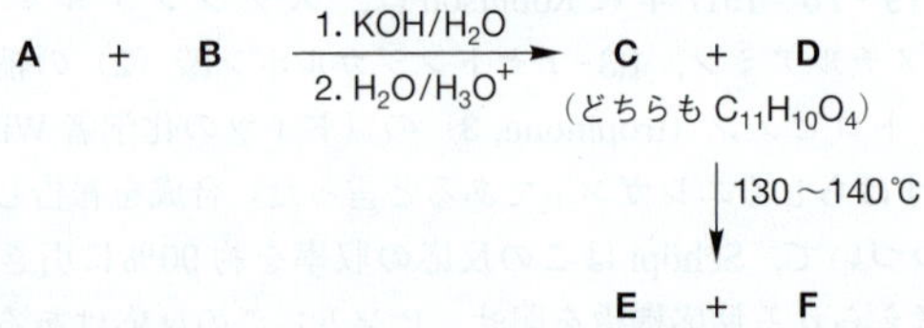

A + **B** → 1. KOH/H_2O 2. H_2O/H_3O^+ → **C** + **D**（どちらも $C_{11}H_{10}O_4$）

→ 130～140 ℃ → **E** + **F**

［化合物 **E**］

質量スペクトル：$m/z = 162$（M, 100％），106（77％），104（51％），43（61％）

IR（融液）：1778 cm^{-1}（s）

^1H NMR（$CDCl_3$）：δ 2.1～2.15（m, 1H），2.5～2.7（m, 3H），5.45～5.55（m, 1H），7.2～7.4（m, 5H）ppm

^{13}C NMR（$CDCl_3$）：δ 28.9（t），30.9（t），81.2（d），125.2（d），128.4（d），128.7（d），139.3（s），176.9（s）ppm

［化合物 **F**］

質量スペクトル：$m/z = 162$（M, 28％），104（100％）

IR（液膜）：1780 cm^{-1}（s）

^1H NMR（$CDCl_3$）：δ 2.67（dd, J = 17.5 Hz, 6.1 Hz, 1H），2.93（dd, J = 17.5 Hz, 8.1 Hz, 1H），3.80（m, 1H），4.28（dd, J = 9.0 Hz, 8.1 Hz），4.67（dd, J = 9.0 Hz, 7.9 Hz, 1H），7.22～7.41（m, 5H）ppm

^{13}C NMR（$CDCl_3$）：δ 35.4（t），40.8（d），73.8（t），126.5（d），127.4（d），128.9（d），139.2（s），176.3（s）ppm

問題 19・81 つぎの反応について，巻矢印表記法で機構を記せ．

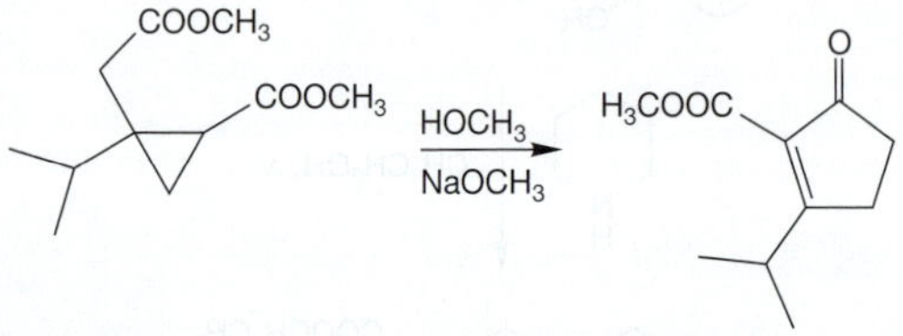

COOCH₃ / COOCH₃ → $HOCH_3$ / $NaOCH_3$ → H_3COOC / O

この問題の 1 つの解答例をつぎに示す．これは，この反応を報告した文献に載っている機構である．もしかすると諸君の解答もこれかもしれないが，まず，進行しそうにない無理な段階を指摘してみよう．そうすれば満足のいく他の答が見つかるであろう．ヒント：出発の化合物のひずみを解消する方法を考えること．

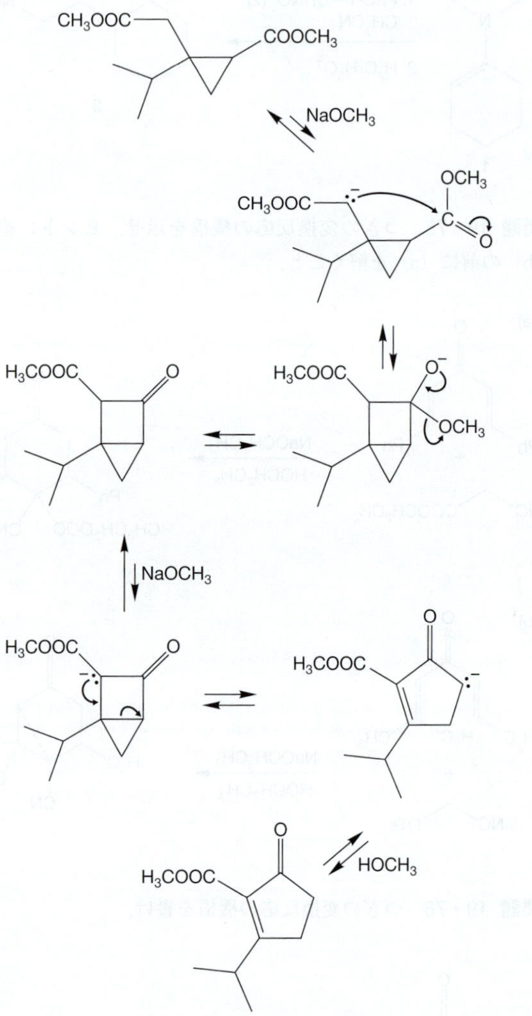

CH_3OOC / $COOCH_3$ ⇌ $NaOCH_3$ ⇌ CH_3OOC / OCH_3 / C / O ⇌ H_3COOC / O^- / OCH_3 ⇌ H_3COOC / O ⇌ $NaOCH_3$ ⇌ H_3COOC / O ⇌ H_3COOC / O ⇌ $HOCH_3$ ⇌ H_3COOC / O

問題 19・82 つぎの化合物の合成法を示せ．炭素源としては 1-ブタノールのみを用いること．LDA や必要な無機試薬，適切な溶媒を用いてもよい．

(a) O / O

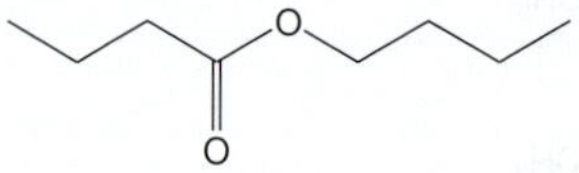

(b) CO_2H

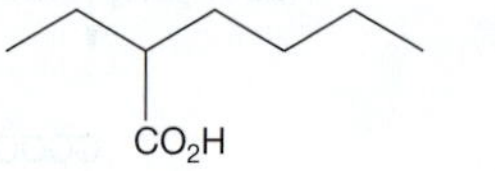

(c) NH_2

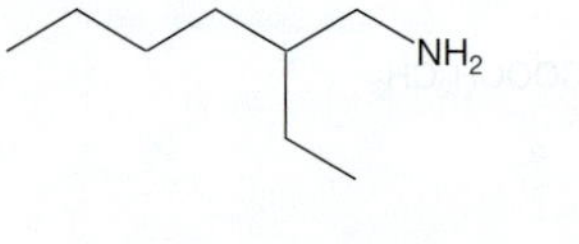

(d) O

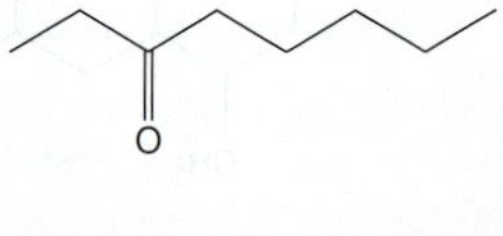

問題 19・83 キニーネの合成に使われた，つぎの変換過程の機構の概略を記せ．

(a)

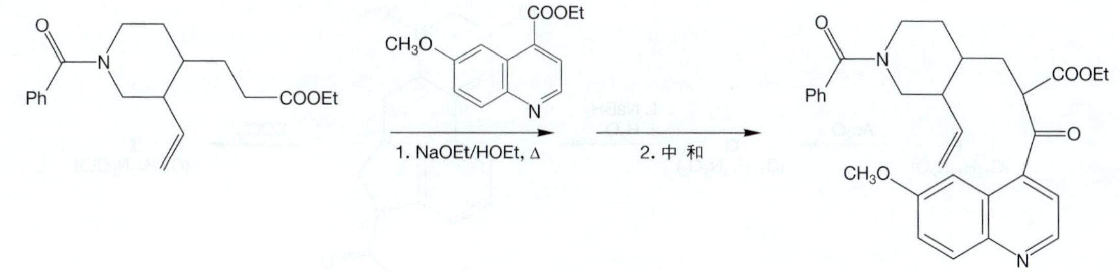

CH_3O　COOEt　N　1. NaOEt/HOEt, Δ　2. 中 和

Ph　N　COOEt　Ph　N　COOEt　O　CH_3O　N

(b)

NH　O　CH_3O　N　1. Br_2, NaOH, H_2O　2. NaOH, H_2O　H　N　H　O　CH_3O　N　還 元　H　N　H　H　HO　CH_3O　N　キニーネ

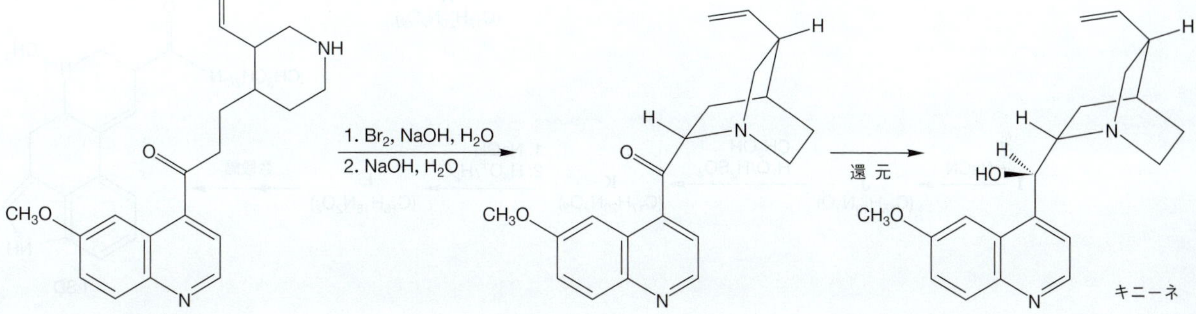

この複雑な構造をもつ分子の合成に多くの研究者が挑戦してきたが，1940 年代初頭に R. B. Woodward と William von E. Doering により完遂された．この合成は一見に値する．すばらしい仕事というだけでなく，これまで機構を学んだ反応が随所に出てくる．

問題 19・84 つぎに示す各反応は，リセルグ酸ジエチルアミド（LSD）合成の重要なプロセスである．各中間物質の構造を記せ．

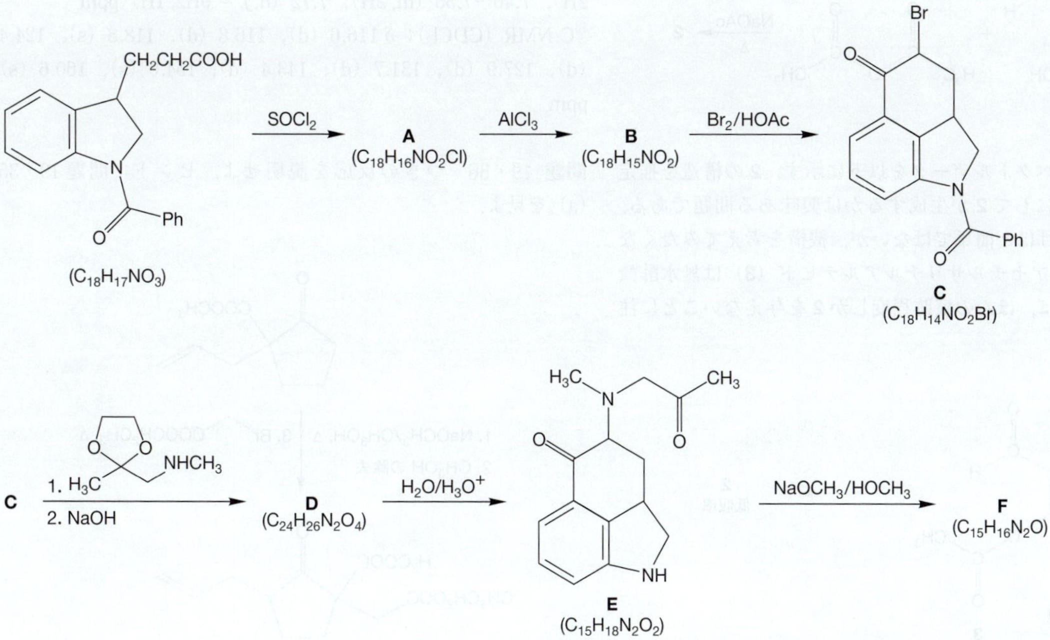

CH_2CH_2COOH　N　O　Ph　($C_{18}H_{17}NO_3$)　$SOCl_2$　**A** ($C_{18}H_{16}NO_2Cl$)　$AlCl_3$　**B** ($C_{18}H_{15}NO_2$)　Br_2/HOAc　Br　O　N　O　Ph　**C** ($C_{18}H_{14}NO_2Br$)

C　1. H_3C (O O) $NHCH_3$　2. NaOH　**D** ($C_{24}H_{26}N_2O_4$)　H_2O/H_3O^+　H_3C　N　CH_3　O　O　NH　**E** ($C_{15}H_{18}N_2O_2$)　$NaOCH_3/HOCH_3$　**F** ($C_{15}H_{16}N_2O$)

（次ページにつづく）

問題 19・84 (つづき)

F ($C_{15}H_{16}N_2O$) —Ac_2O→ G ($C_{17}H_{18}N_2O_2$) —1. $NaBH_4$ 2. H_2O→ H ($C_{17}H_{20}N_2O_2$) —$SOCl_2$→ I ($C_{17}H_{19}N_2OCl$)

I —NaCN→ J ($C_{18}H_{19}N_3O$) —CH_3OH, H_2O/H_2SO_4→ K ($C_{17}H_{20}N_2O_2$) —1. NaOH 2. H_3O^+/H_2O→ L ($C_{16}H_{18}N_2O_2$) —数段階→ LSD

問題 19・85 酢酸ナトリウムの存在下，サリチルアルデヒド (**1**) と無水酢酸が反応すると，シナガワハギ (sweet clover) に含まれる芳香物質 **2** を与える．

1 + 無水酢酸 —NaOAc, Δ→ **2**

化合物 **2** のスペクトルデータを以下に示す．**2** の構造を推定せよ．どのようにして **2** が生成するかは興味ある問題である．この問題は見掛けほど簡単ではないが，機構を考えてみたくなるであろう．*O*-アセチルサリチルアルデヒド (**3**) は無水酢酸が存在しなければ，ほんの痕跡程度しか **2** を与えないことに注意しよう．

3 ——→ **2** 低収率

[化合物 **2**]

質量スペクトル: $m/z = 146$ (M, 100 %), 118 (80 %), 90 (31%), 89 (26%)

IR (Nujol): 1704 cm^{-1} (s)

^{1}H NMR ($CDCl_3$): δ 6.42 (d, J = 9Hz, 1H), 7.23〜7.35 (m, 2H), 7.46〜7.56 (m, 2H), 7.72 (d, J = 9Hz, 1H) ppm

^{13}C NMR ($CDCl_3$): δ 116.6 (d), 116.8 (d), 118.8 (s), 124.4 (d), 127.9 (d), 131.7 (d), 143.4 (d), 154.0 (s), 160.6 (s) ppm

問題 19・86 つぎの反応を説明せよ．ヒント: 問題 19・35 (a) を見よ．

1. $NaOCH_3/CH_3OH$, Δ
2. CH_3OH の除去
3. $BrCH_2COOCH_2CH_3$, Δ

問題 19・87 つぎの反応について，巻矢印表記法で機構を記せ．

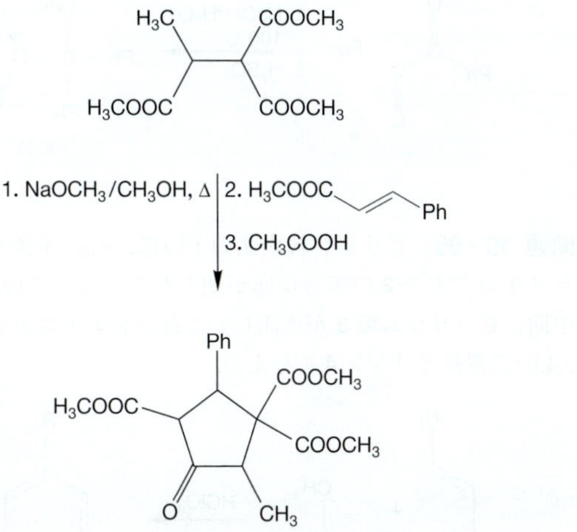

1. $NaOCH_3/CH_3OH$, Δ 2. H_3COOC–CH=CH–Ph 3. CH_3COOH

問題 19・88 水素化ジイソブチルアルミニウム（DIBAL-H）は，水素化アルミニウムリチウム（$LiAlH_4$）あるいは水素化ホウ素ナトリウム（$NaBH_4$）と同じように，アルデヒドおよびケトンをアルコールに還元することができる．

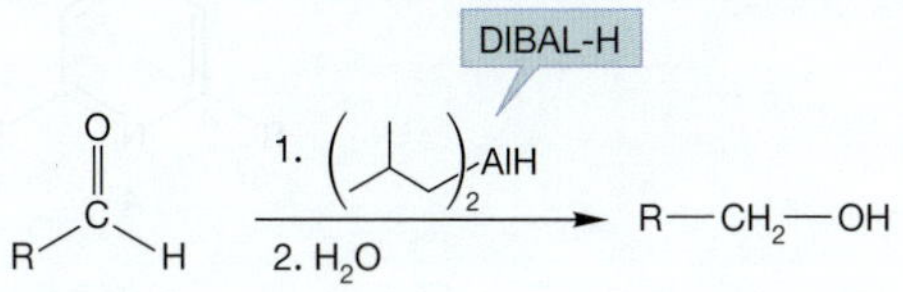

DIBAL-H

R–CHO → 1. (iBu)$_2$AlH 2. H_2O → R—CH_2—OH

その反応の機構を書け．注目すべきことに，DIBAL-H には見掛け上ヒドリドがたった1個しかないのに，1分子で3分子のアルデヒドを還元できる．このアルデヒド還元における，2個目および3個目のヒドリド源について，うまく説明できる機構を提案せよ．ヒント：Meerwein-Ponndorf-Verley-Oppenauer 反応を思い出すこと．

問題 19・89 以下に示す反応における中間体 **A**～**D** の構造を示せ．この問題では反応機構を解析する必要はないが，答を導き出すためには，間違いのない反応機構を考えなければならないだろう．ヒント：この問題は，構造を決めるのが難しい．つぎの実験結果は解答の助けになる．化合物 **B** を穏やかな条件下で加水分解すると，以下のスペクトルデータを示す化合物 **E**（$C_{12}H_{18}O_3$）を与える．

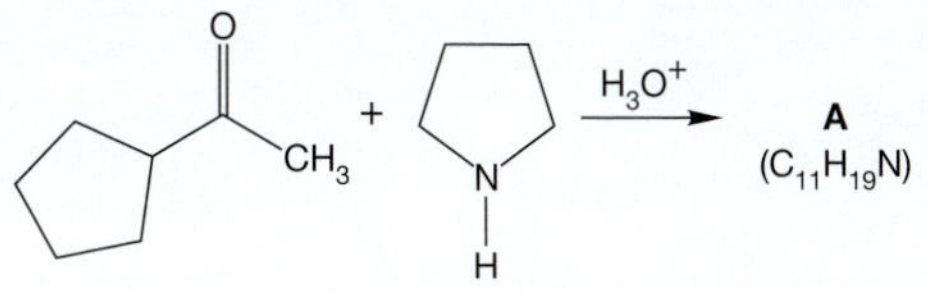

1 + **2** →(H_3O^+) **A** ($C_{11}H_{19}N$)

A + **3** →(ベンゼン) **B** ($C_{16}H_{26}NO_2^+\ Br^-$) →($(CH_3CH_2)_3N$, CH_3CN, Δ) **C** ($C_{16}H_{25}NO_2$) → **D** ($C_{16}H_{25}NO_2$) →(H_3O^+, H_2O) **4**

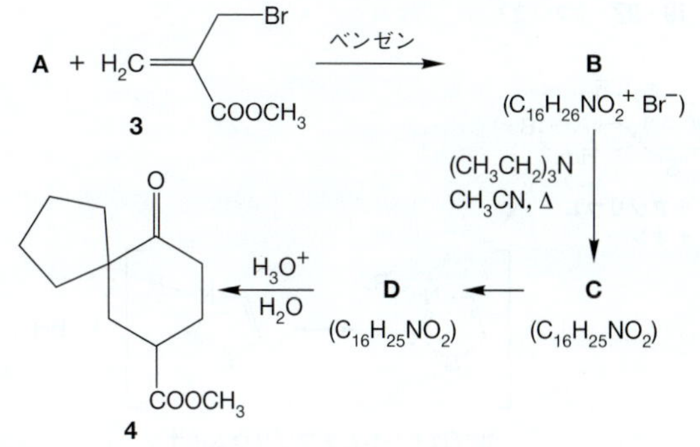

［化合物 **E**］

IR（$CHCl_3$）：1715 cm^{-1}

^{1}H NMR（$CDCl_3$）：δ 1.55～1.84（m, 9H），2.60（s, 4H），3.77（s, 3H），5.52（br d, 1H），6.08（d, 1H）ppm

問題 19・90 ベンズアルデヒドをメタノール中 KCN で処理すると，ベンゾインとよばれる化合物に変化する．この反応はベンゾイン縮合（benzoin condensation）とよばれる．この変換反応の機構を書け．

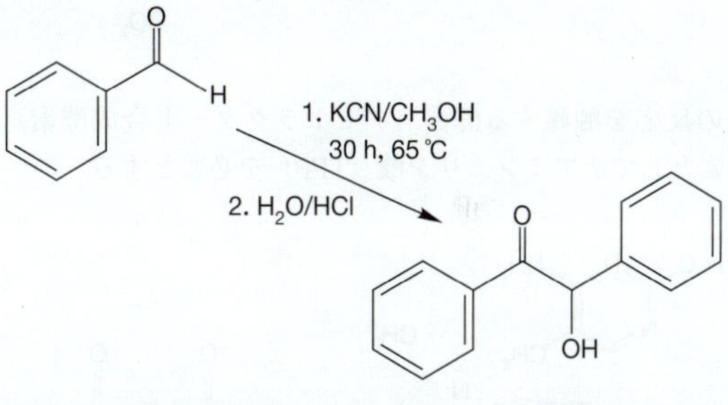

1. KCN/CH_3OH 30 h, 65 ℃ 2. H_2O/HCl

ベンゾイン
benzoin
（80%）

注意：この問題は難しい．アルデヒドプロトン（これは酸性ではない）を引抜くという誘惑に負けないこと．何か他の反応が起こっている．ヒント：求核試薬であるシアン化物イオンはベンズアルデヒドに対して何をするだろうか．なぜ，その反応によって，アルデヒド水素の性質が変わるのだろうか．

問題 19・91 なぜ，水酸化物イオンやエトキシドイオンは，問題 19・90 のベンゾイン縮合を促進するのに効果がないのだろうか．これらのアニオンはカルボニル基に付加してシアノヒドリンによく似た化合物をつくるのに．

問題 19・92 二，三の触媒がベンゾイン類似縮合反応を促進する．脱プロトンしたチアゾリウムイオンがその例である．この化合物はどのようにして，シアン化物イオンのように，ピバルアルデヒド（2,2-ジメチルプロパナール）のベンゾイン縮合を触媒しているのか示せ．

問題 19・92 （つづき）

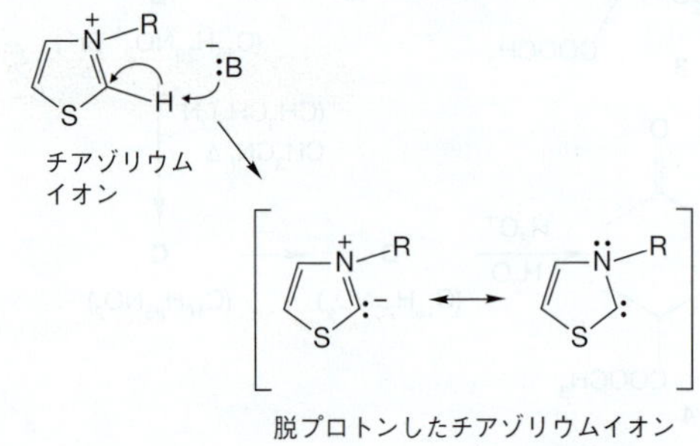

チアゾリウムイオン

脱プロトンしたチアゾリウムイオン

問題 19・93 アセトラクタート（**2**）は細菌細胞におけるアミノ酸バリンの前駆体である．アセトラクタートは 2 分子のピルビン酸イオン（**1**）の縮合によって合成される．

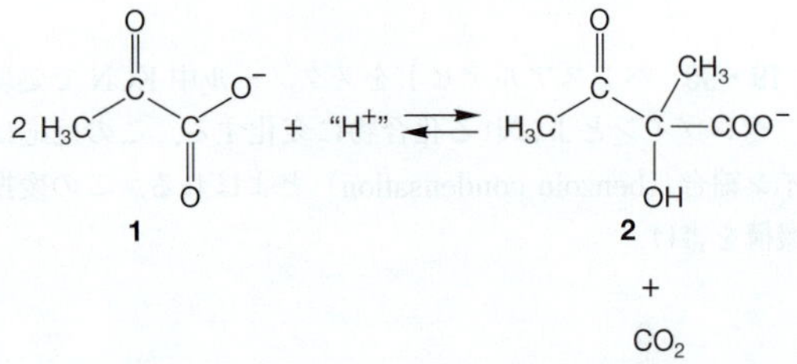

$$2\,H_3C-CO-COO^- + \text{“}H^+\text{”} \rightleftharpoons H_3C-CO-C(CH_3)(OH)-COO^- + CO_2$$

この反応を触媒する酵素（アセトラクタート合成酵素）は，補酵素としてチアミン二リン酸（TPP）を必要とする．

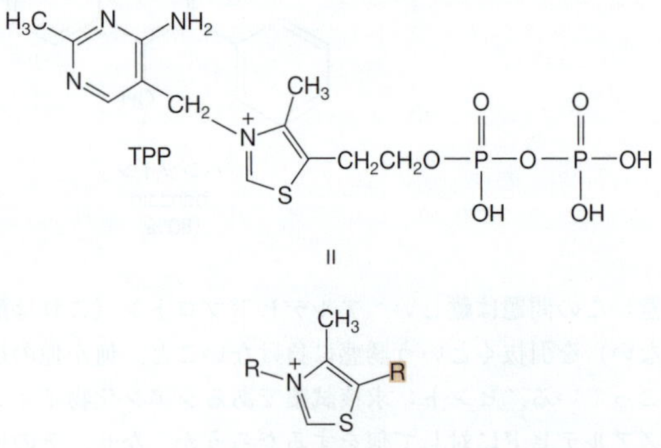

TPP

アセトラクタート（**2**）の生成機構を提案せよ．ヒント：問題 19・92 を復習せよ．この縮合反応は，カップリングに先んじて脱二酸化炭素を起こすことに注意せよ．最後に，酵素は必要に応じて酸あるいは塩基触媒として働かせてもよい．

問題 19・94 つぎの変換反応の機構を書け．

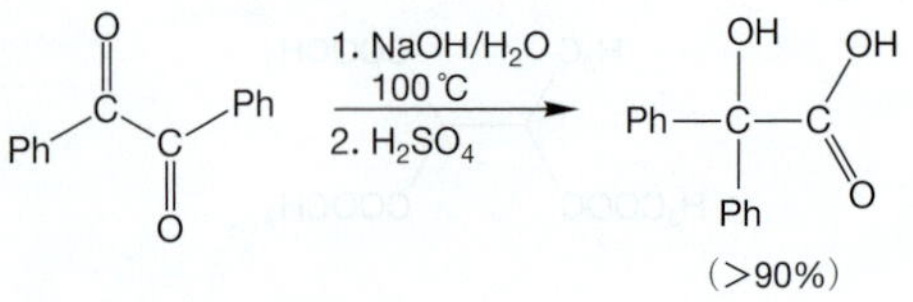

$$PhCO-COPh \xrightarrow[2.\ H_2SO_4]{1.\ NaOH/H_2O,\ 100\,℃} Ph_2C(OH)-COOH \quad (>90\%)$$

問題 19・95 ピリジン合成法の 1 つに，α,β-不飽和ケトン **1** とメチルケトン **2** の縮合反応が知られている．この反応では，中間にピリリウム塩 **3** が生成し，これがアンモニアと反応して 2,4,6-三置換ピリジン **4** を与える．

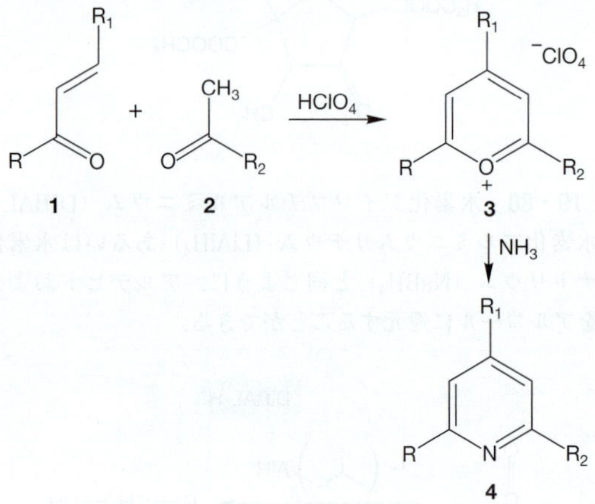

1 + **2** $\xrightarrow{HClO_4}$ **3** ($^-ClO_4$) $\xrightarrow{NH_3}$ **4**

1 と **2** の縮合でピリリウム塩 **3** が生成する機構，ならびに **3** とアンモニアからピリジン **4** が生成する機構を書け．ヒント：ピリリウム塩 **3** の生成は，1.5〜2.0 モル量の **1** を用いたときに最も具合よく進行する．ケトン **5** が縮合反応の副生成物として得られる．**5** はどのような機構で生成するか，酸化還元反応を考えよ．

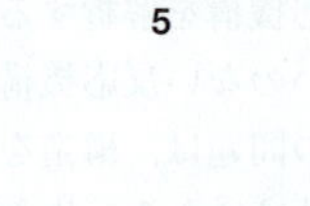

5

糖　質

20

There exists no better thing in the world than beer to blur class and social differences and to make men equal.

——— Emil Fischer[*1]

20・1　はじめに

前章では，同一分子内において，ある官能基が他の官能基に影響を及ぼしその化学反応性を支配することを学んだ．この章では官能基を多く含む分子を扱うが，ここでも同一分子内における化学が生成物の構造と反応性を決定する重要な役割を果たす．本章で紹介する化合物は $C_nH_{2m}O_m$ という一般式で表される**糖質**（carbohydrate）である．

糖質は**炭水化物**ともよばれる．これはこれらの化合物が $C_n(H_2O)_m$ という分子式で表され，炭素の水和物とみなすことができるからである．もちろん，炭素原子の周りに水分子がクラスターを形成するという文字どおりの水和物ではない．しかし，糖質が本当に炭素と水からできていることは，つぎのような古典的な実験からも容易に理解できる．すなわち角砂糖に硫酸をたらすと発熱的な脱水反応が起こり，水蒸気の発生とともに炭素の残りかすができる[*2]．糖質はまた，**糖類**（sugar）あるいは**サッカリド**（saccharide）ともよばれる．

糖質は緑色植物の光合成によって太陽エネルギーが貯蔵された物質である．また，糖質は核酸にも多く存在し，タンパク質合成を制御したり，遺伝情報をつかさどる（22 章参照）．砂糖は糖質の１つである．年間１億トン以上の砂糖が生産され，米国人１人当たりの年間消費量は約 30 kg である（数年前までは 50 kg 以上であった）．糖質は我々が生きるために欠くことができない物質であるのに，その化学が今日のような魅力ある研究領域に発展するまでに長い年月を要したことは驚きである．おそらく糖質化学の発展を妨げたのは，糖質が粘稠な物質であるために固体のようには容易に取扱えないという，単に技術的な理由であろう．糖質化学は今日再び多くの化学者の注目を集めている．その意味で，現代は化学におけるルネッサンス期といえるかもしれない[*3]．

＊1　Emil Fischer（1852～1919）はおそらく最も偉大な有機化学者の一人であろう．糖化学やタンパク質化学など多岐にわたる学問領域で多大な貢献をし，1902 年にノーベル化学賞を受賞した．

＊2　この実験は発熱を伴い大変危険であるので必ず指導者の立会いのもと行うこと．硫酸が飛び散って目に入らないよう十分に注意せよ．

＊3　一般に市販されている糖質は，ほとんどが植物（おもにサトウダイコンやサトウキビ）から取出されている．しかし，実験室ですばらしく巧みに合成する方法もある．私のお気に入りは，オーバーン大学の Philip Shevlin（1939 年生まれ）が行った風変わりな方法である．彼は発生させた原子状炭素と水を反応させて炭水化物をつくった．Shevlin は，この反応が凍った彗星の表面で起こっており，彗星は巨大な糖の塊となって軌道を回っている，と考えている．

本章で述べる糖質の化学には新しい反応はほんのわずかしか登場しないが，多官能性であるため多少複雑になってくる．将来糖化学者として大成するには，古くから知られている反応を的確に応用し，多くの複雑な立体化学の問題を扱えるよう心がける必要がある．本章を読み始める前に4章で学んだ考え方を復習しておこう．時間も限られているし，すぐに新しいことを学びたい気持もわかるが，少なくとも混乱したときには4章の要約を読み返して整理してみるとよい．分子模型の準備もしておこう．きっと役に立つはずである．

本章では Emil Fischer（1852〜1919）と再び出会う．彼は偉大な有機化学者であり，理論と実験の達人である．糖質の実験はおそろしく欲求不満のたまるものである．糖質はどろどろした液状で結晶化させるのに大変苦労する．Emil Fischer の時代，この性質は特に致命的であった．というのも当時の研究室にはクロマトグラフも高度な測定機器もなかったので，分離はすべて結晶化により行わなくてはならなかった．Fischer のおもな貢献の1つは，多くの糖質のフェニルヒドラゾン誘導体が結晶化しやすいことを発見したことである．これは今でこそ簡単なことであるが，1875年当時はそうではなかった．有機化学上最も偉大な業績の1つが Fischer によるアルドヘキソースの構造決定である（これが何を意味するのかは後で述べるが，人間のエネルギー源であるグルコースもアルドヘキソースの1つである）．Fischer はこの研究の中心的役割を果たし，この業績により1902年のノーベル化学賞が与えられた．

不可欠なスキルと要注意事項

1. 糖質化学では，糖質の構造を Fischer 投影式で表すことが多い．したがって，本章を理解するためには，Fischer 投影式を通常の化学構造式へと変換できなければならない．変換法については20・2節を参照すること．
2. 糖質の構造を決定するために必要な基礎的な反応を理解することも重要である．
3. Fischer によるグルコースの構造決定は，歴史的に最も偉大な業績の1つであり，しっかりと学んでおく必要がある．
4. 糖質化学をものにできるかどうかは，アノマー位に結合したヒドロキシ基（環状構造の C(1) に結合したヒドロキシ基）と，それ以外のヒドロキシ基の反応性の違いが理解できるかどうかにかかっている．
5. 糖質の反応は保護基により制御することができる．

20・2　糖質の命名法と構造

すべての糖は体系的に命名することができるが，歴史的な背景から慣用名でよばれることが多い．この節では複数のキラル炭素をもつ複雑な分子を簡単に表現するために，Emil Fischer が考案した表記法について紹介する．

最も簡単な糖質は2,3-ジヒドロキシプロパナールであり，通常グリセルアルデヒド (glyceraldehyde) とよばれている（図20・1）．この化合物にはキラル炭素が1つあり，したがって *R* あるいは *S* の鏡像異性体が存在する．

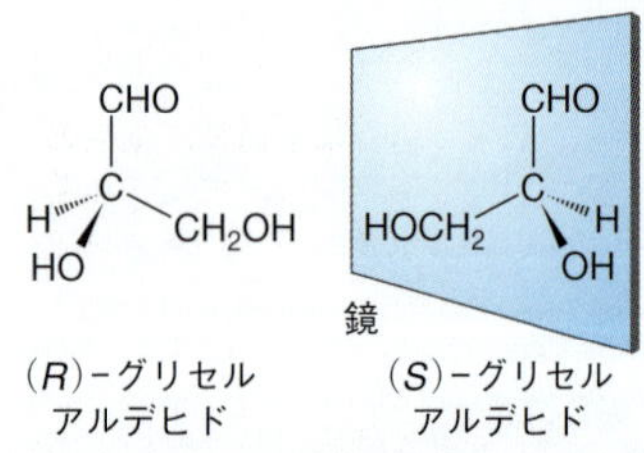

図 20・1　最も簡単な糖であるグリセルアルデヒドの鏡像異性体

グリセルアルデヒドは**アルドトリオース** (aldotriose) である．“トリ (tri)”は分子が3炭素から成ることを表し，“アルド (aldo)”は分子内にアルデヒドを含むという意味である．“オース (ose)”は，この分子が糖質であることを表している．**アルドース** (aldose) は，より一般的な命名であり，両端にアルデヒド (CHO) と第一級アルコール

(CH_2OH) が結合したH−C−OHの鎖から構成されている分子を意味する (図20・2). 当然のことながら, グリセルアルデヒドの場合は, H−C−OHは1つしかない.

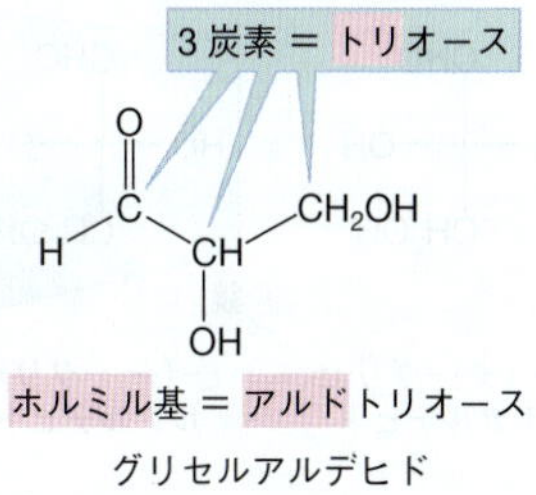

3炭素 = トリオース
ホルミル基 = アルドトリオース
グリセルアルデヒド

図 20・2 グリセルアルデヒドは炭素3個の骨格とアルデヒドをもっているのでアルドトリオースである. 他のアルドースはより長い炭素鎖をもつ.

問題 20・1 上述のトリオースの定義を一般化して, 4炭素から成るアルドースと5炭素から成るアルドースの構造を書け.

解答 "アルド" の意味はアルデヒドがあること. アルドースのアルデヒド部分と第一級アルコール部分は, いくつかのH−C−OHを介してつながっている. つまり, 4炭素から成る糖には, アルデヒドと第一級アルコールの間にH−C−OHが2個ある. 5炭素から成る糖には, アルデヒドと第一級アルコールの間にH−C−OHが3個存在する.

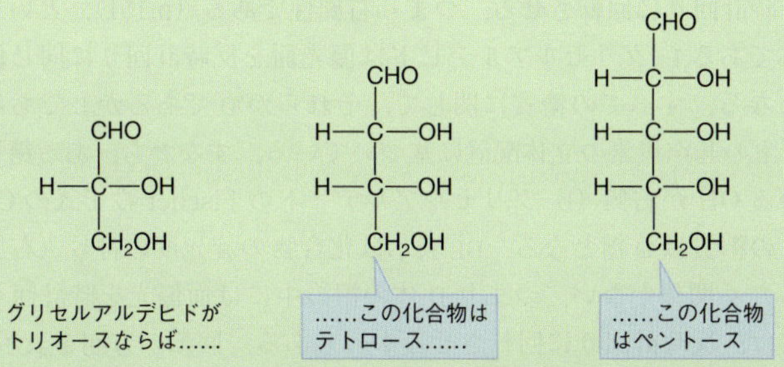

グリセルアルデヒドがトリオースならば……
……この化合物はテトロース……
……この化合物はペントース

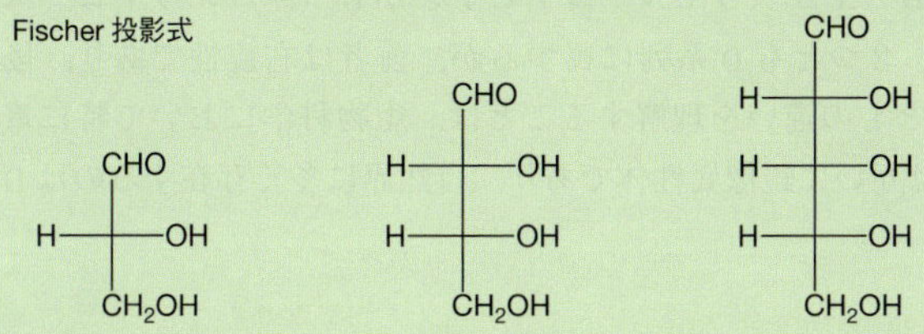

Fischer 投影式

Fischer 投影式 (Fischer projection) とよばれる立体化学の表記法により, 図20・1や問題20・1の式を立体的に表示することができる (図20・3). Fischer投影式において, 水平の結合は紙面の手前に突き出ており, 垂直の結合は後ろ向きに突き出ている. 中心の炭素原子は書かない. そして, 最も酸化された炭素 (アルドースの場合, アルデヒド部分) を一番上に, 第一級アルコール部分を一番下に書く.

約束事についての注意
Fischer 投影式

基準炭素
右
D-グリセルアルデヒド = (*R*)-グリセルアルデヒド
左
L-グリセルアルデヒド = (*S*)-グリセルアルデヒド

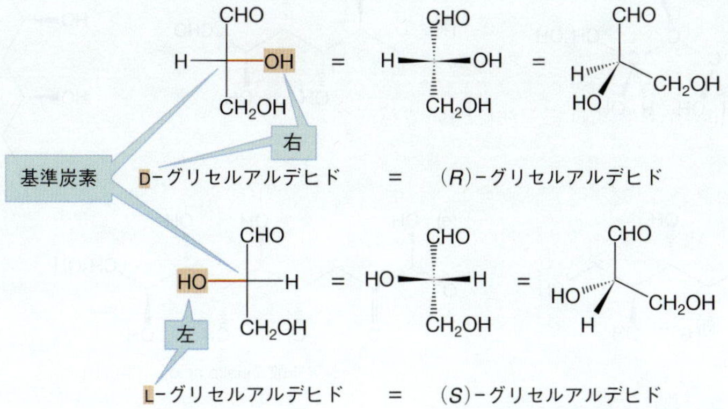

図 20・3 アルドースのFischer投影式ではアルデヒドを一番上に, 第一級アルコールを一番下に書く. 水平の結合は手前に, 垂直の結合は後ろ側に向かっている. 基準炭素上のOHが右側にあればD系列の糖, 左側にあればL系列の糖である. 構造の情報を正しく伝えるため, アルデヒドは常に上側に, 第一級アルコールは常に下側にくるように描かなくてはならない.

D-(+)-グリセルアルデヒド　　L-(−)-グリセルアルデヒド

D-(−)-エリトロース
D-(−)-erythrose　　L-(+)-エリトロース
L-(+)-erythrose

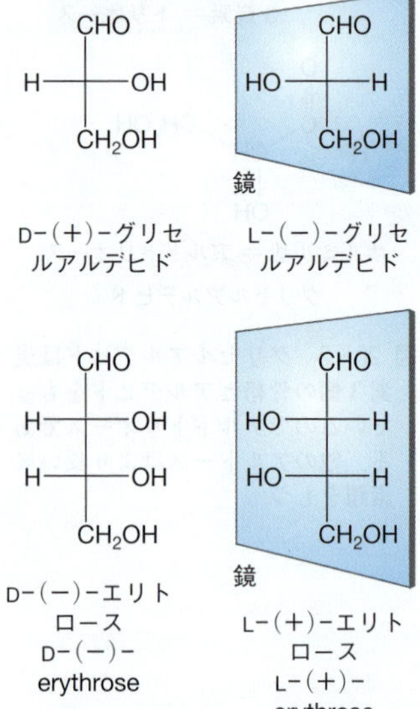

図 20・4　グリセルアルデヒド以外では，D と L の記号と旋光度の符号を表す (+)(−) とは何の関係もない．

Fischer 投影式は最も安定な立体配座を表そうとしているのではない．Fischer 投影式を使うことにより，どの立体異性体であるかを簡単に記述することができる．その方法はエタン誘導体を重なり形配座で表示することと似ている (p.63)．Fischer 投影式も重なり形で描かれているので大変理解しやすい．のちに Fischer 投影式を実際の 3 次元構造に近い図に書き直す方法を述べる．

第一級ヒドロキシ基 (Fischer 投影式の下端) から最も近い場所にあるキラル炭素のことを**基準炭素** (configurational carbon) という．この基準炭素に結合しているヒドロキシ基が Fischer 投影式で右側にある場合，その糖は "D" 系列に属する．逆にヒドロキシ基が左側にある場合，その糖は "L" 系列の糖となる．

DL 表示は，グリセルアルデヒドの旋光性を基にしている．D-グリセルアルデヒドは，偏光面を時計回りに回転させる．つまり右旋性である (p.151)．ということは，その鏡像異性体である L-グリセルアルデヒドは偏光面を反時計回りに同じ値だけ回転させる左旋性となる．すべての糖質に関して，それらが D であるか L であるかは，グリセルアルデヒドの基準炭素の立体配置に基づいている．すなわち，ある糖質の基準炭素に結合している OH が右側 (D-グリセルアルデヒドの Fischer 投影式の OH と同じ側) にあれば，この糖質は D 糖となる．DL 表示は化合物の旋光度の符号 (右旋性か左旋性か) とはまったく関係がない．つまり D 体の糖の中には面偏光を時計回りに回転させるものもあれば，反時計回りに回転させるものもある．回転の方向を表示したければ，時計回りの場合は化合物名の前に (+) を，反時計回りのものは (−) をつけて示せばよい．たとえば D-(+)-グリセルアルデヒドとか D-(−)-エリトロースのように表現する (図 20・4)．2 つとも D 系列に属するが，前者は右旋性であり，後者は左旋性である．糖質の D と L の違いを理解することは，生物科学において特に重要になってくる．D 糖と L 糖は互いに鏡像異性体であり，自然界に多く存在するのは D 糖である．

問題 20・2　以下の Fischer 投影式で示した分子を実線のくさび ▬ や破線のくさび ┅ を用いて描いてみよ．また各キラル炭素原子が R か S かを決定せよ．

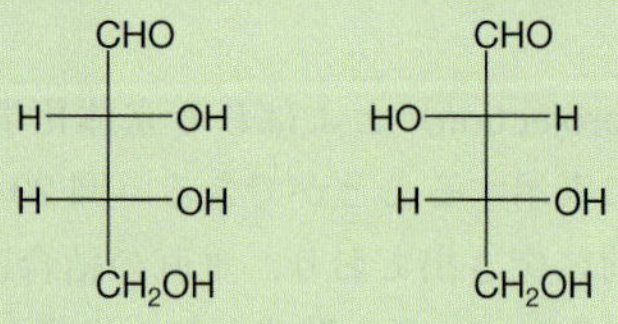

問題 20・3　以下に示した分子の Fischer 投影式を書け．

(a)

(b)

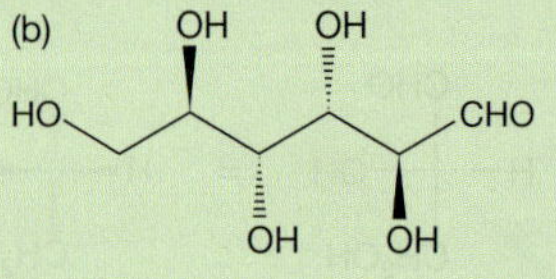

(c)

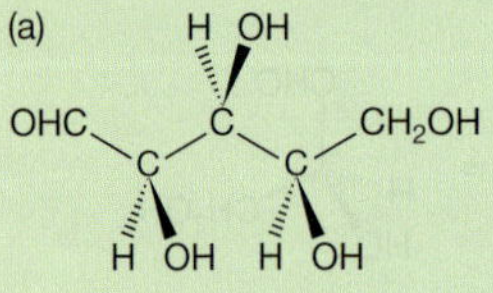

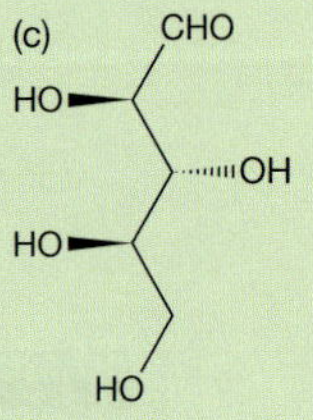

(d)

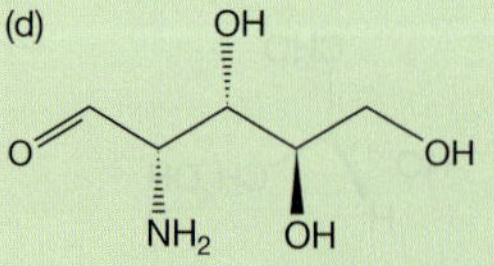

(e)

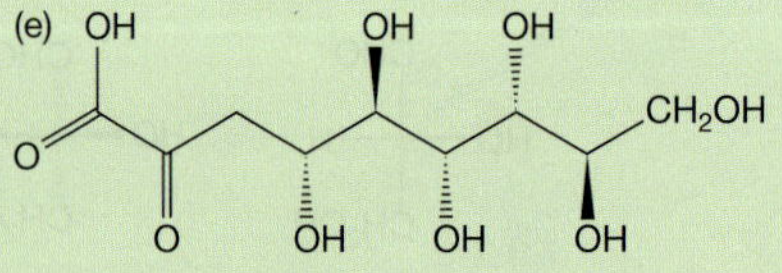

シアル酸　sialic acid

アルデヒドの代わりにケトンを含む糖質がある．このような糖質は**ケトース**(ketose)とよばれる．図20・5に簡単なケトトリオースである1,3-ジヒドロキシアセトンを示す．

4炭素から成る糖は**テトロース**（tetrose）とよばれる．4炭素から成りアルデヒドをもつ**アルドテトロース**（aldotetrose）には4種類の立体異性体が可能である（図20・6）．すなわちD-およびL-エリトロース，そしてD-およびL-トレオースである．これらは2組の鏡像異性体対である．Fischer投影式においてD体は基準炭素上のヒドロキシ基が右側にくることを思い出そう．

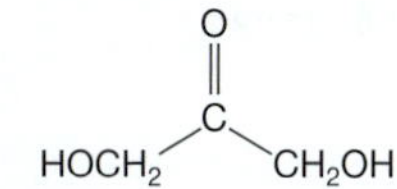

図 20・5 ケトトリオースである1,3-ジヒドロキシアセトン

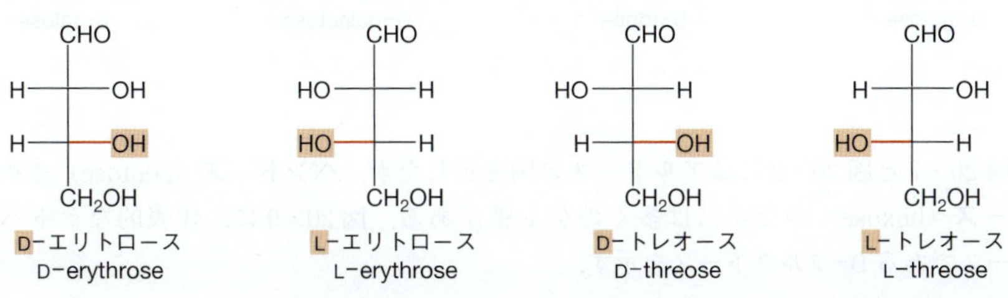

図 20・6 4種類のアルドテトロース

5炭素のアルドースである**アルドペントース**（aldopentose）はキラル炭素原子を3つもち全部で$2^3 = 8$個の立体異性体が存在する．図20・7にアルドペントースのうちD系列に属するものだけを慣用名とともに示した．

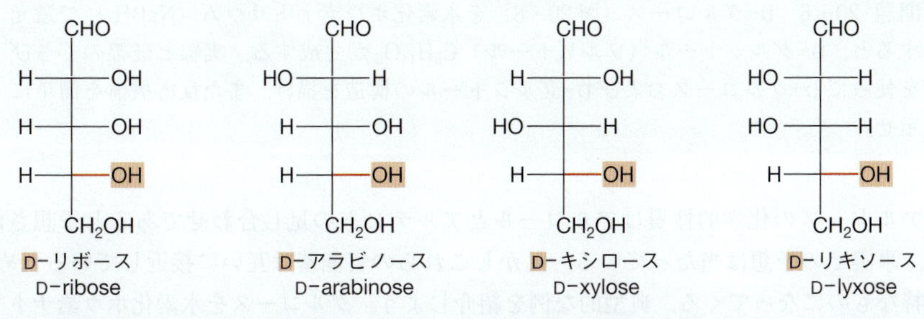

図 20・7 4種類のD-アルドペントースとその慣用名

6炭素のアルドースである**アルドヘキソース**（aldohexose）は4つのキラル炭素原子をもち，全部で$2^4 = 16$個の立体異性体が可能である．そのうちD系列に属するものが8個（図20・8），その鏡像異性体であるL系列に属するものが8個ある．アルドースは，アルデヒド炭素をC(1)として順番に炭素原子に番号を付ける．図20・8のアロースに番号付けを示した．

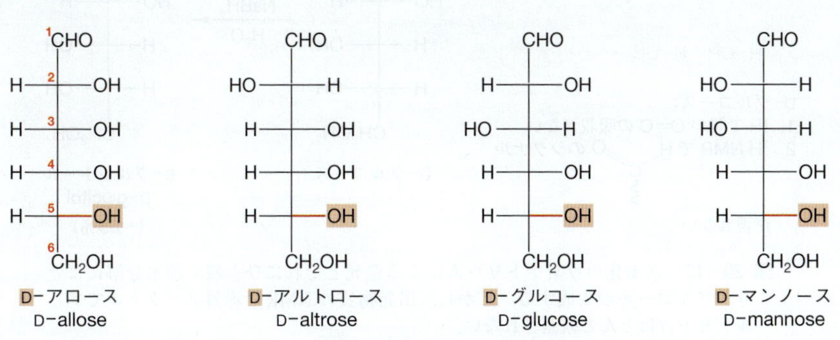

図 20・8 8種類のD-アルドヘキソースとその慣用名（次ページにつづく）

問題 20・8 （つづき）

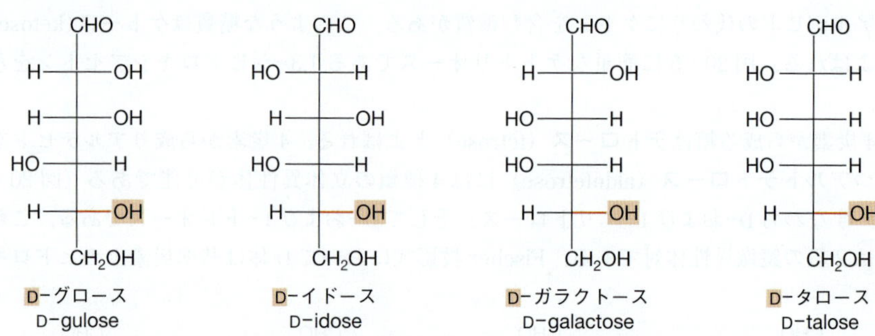

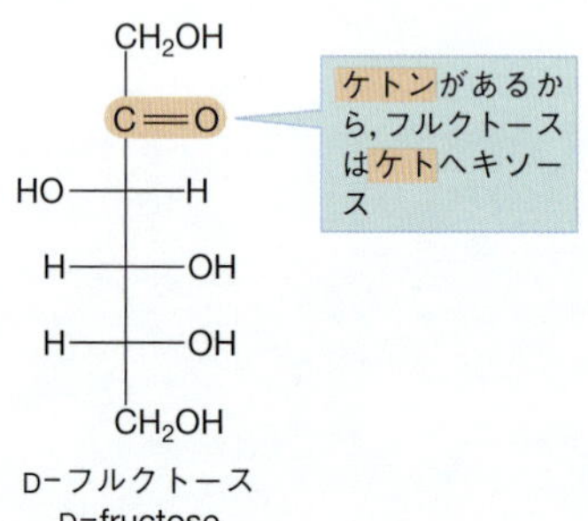

図 20・9　ケトヘキソースである D-フルクトース

図 20・7 と図 20・8 にはアルドースの例を示したが，**ペントース**（pentose）や**ヘキソース**（hexose）のなかには多くのケト糖がある．図 20・9 に，代表的なケトヘキソースである D-フルクトースを示す．

問題 20・4　4 個の L-アルドペントースの Fischer 投影式を描き，図 20・7 を参考にして慣用名を記せ．

問題 20・5　D-アルドヘプトースの異性体はいくつあるか．

問題 20・6　D-グルコース（図 20・8）を水素化ホウ素ナトリウム（$NaBH_4$）で還元すると，D-グルシトール（ソルビトール）$C_6H_{14}O_6$ が生成する．実線と破線のくさびを使って D-グルコースおよび D-グルシトールの構造を描け．また反応機構を簡単に示せ．

アルドースの化学的性質はアルコールとアルデヒドの足し合わせであると予想される．事実その予想は当たっている．しかしこれらの官能基は互いに接近しているため，独特なものになってくる．典型的な例を紹介しよう．グルコースを水素化ホウ素ナトリウムで還元し，ひき続き加水分解すると，問題 20・6 で示したように D-グルシトールが生成する．しかし，出発物質であるグルコースの赤外および NMR スペクトルはアルデヒドに由来する吸収をほとんど示さない（図 20・10）．この結果をどのように理解す

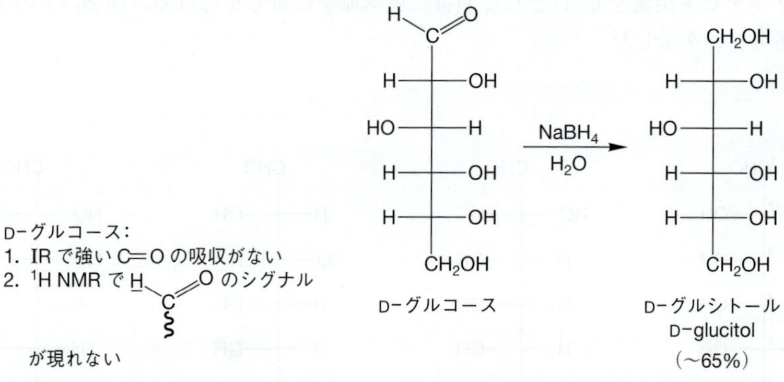

図 20・10　水素化ホウ素ナトリウムによる還元とそれにひき続く加水分解により，アルコールが生成する．しかし，出発物質の NMR と赤外スペクトルでアルデヒドはほとんど観測されない．

ればよいであろうか．アルドースの反応においては，Fischer 投影式に描かれているようなカルボニル基の反応が確かに起こる．しかし，なぜアルデヒドを分光学的に検出することができないのだろうか．

カルボニル基がさまざまな求核試薬と反応することはすでに学んだ（16 章参照）．水和やヘミアセタール生成はその典型例である（図 20・11）．

ヘミアセタール生成は分子内でも起こる．実際 4-あるいは 5-ヒドロキシアルデヒドは多くの場合環状ヘミアセタールの形で存在している（p.768 参照）．図 20・11 に典型例を示すが，この反応が水和や分子間のヘミアセタール生成とよく似ていることがわかる．

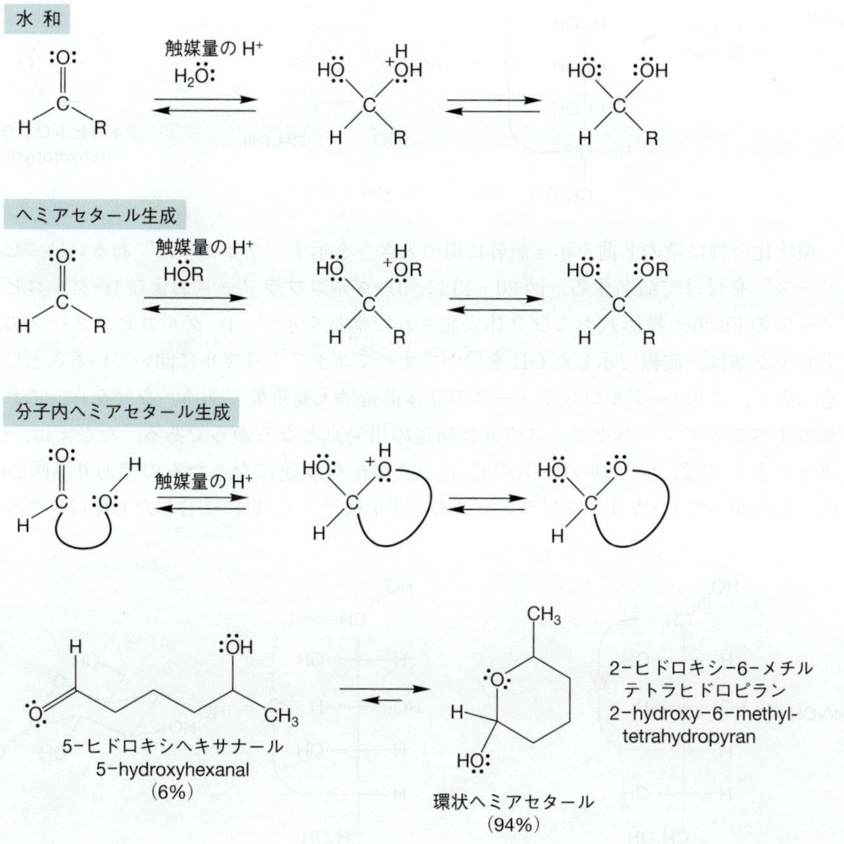

水 和

触媒量の H^+, H_2O

ヘミアセタール生成

触媒量の H^+, HOR

分子内ヘミアセタール生成

触媒量の H^+

5-ヒドロキシヘキサナール
5-hydroxyhexanal
(6%)

環状ヘミアセタール
(94%)

2-ヒドロキシ-6-メチルテトラヒドロピラン
2-hydroxy-6-methyltetrahydropyran

図 20・11 分子内ヘミアセタール生成は水和や分子間ヘミアセタール生成と似ている．5 員環や 6 員環の環状ヘミアセタールは生成しやすく，多くの場合鎖状構造よりも安定である．

先に述べたヘキソースの反応における“行方不明のアルデヒド”は，上記の事実により説明される．すなわち，水中においてヘミアセタール構造の方が鎖状構造よりも安定なのである．どのヒドロキシ基がヘミアセタール形成に関与するかについても推測が可能である．環状ヘミアセタール構造が鎖状構造よりも安定であるためには，環の形成によってひずみを生じてはいけない．以上のことから，5 個のヒドロキシ基のうち 3 個が除外される．残りの 2 つすなわち C(4) 上のヒドロキシ基および C(5) 上のヒドロキシ基が，ひずみを生じることなく環化でき，前者の場合 5 員環が，後者の場合は 6 員環が生成する（図 20・12）．これらの環は，それぞれ 5 員環状の糖質である**フラノース** (furanose) および 6 員環状の糖質である**ピラノース** (pyranose) とよばれる．この命名は，5 員環および 6 員環化合物であるテトラヒドロフランとテトラヒドロピランに由来する．

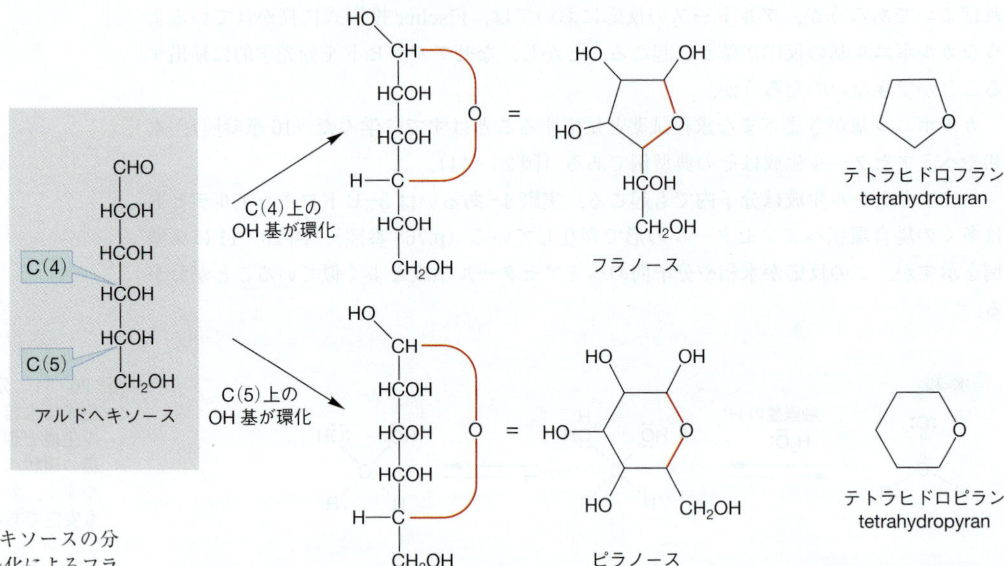

図 20・12　アルドヘキソースの分子内ヘミアセタール化によるフラノース（5員環）あるいはピラノース（6員環）の生成

環状化合物は糖の名前を示す語幹に環の大きさを示す“フラノース”あるいは“ピラノース”を付けて命名する．図 20・13 に，D-グルコフラノースおよび D-グルコピラノースの Fischer 投影式および立体表記された構造を示す．D-グルコピラノースのヒドロキシ基は，波線で示した OH を除いてすべてエクアトリアルに向いていることに注意しよう．この D-グルコピラノースの立体構造は大変重要である．なぜなら，これが他のすべてのアルドヘキソースの立体構造の出発点となるからである．たとえば，D-ガラクトースは，D-グルコースの C(4) の立体配置が逆になったものであり（図 20・8），したがって D-ガラクトピラノースのいす形構造で C(4) に結合した OH はアキシア

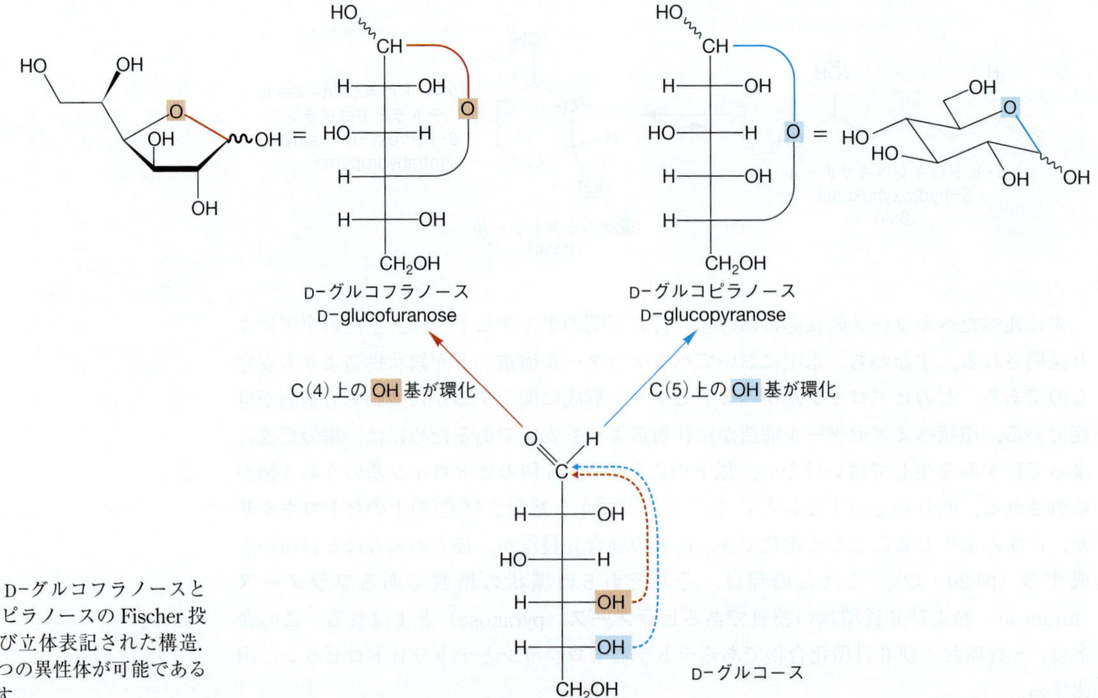

図 20・13　D-グルコフラノースと D-グルコピラノースの Fischer 投影式および立体表記された構造．波線は2つの異性体が可能であることを表す．

ルとなる．糖の1つの炭素原子のみの立体化学が異なる異性体のことを**エピマー**（epimer）とよぶ．すなわちD-ガラクトースはD-グルコースのC(4)エピマーである．

問題 20・7 D-ガラクトピラノース，D-マンノピラノース，L-グロピラノースを立体的に描いてみよ（図20・8参照）．

ほとんどすべてのアルドヘキソースからフラノースとピラノースの生成が可能であるが，通常は6員環の生成が優先する（表20・1）．現段階ではこの事実を認め，その理由については後述することにし，つぎに，なぜ環状ヘミアセタールが典型的なカルボニル化合物の反応（図20・10）を起こすかについて考えてみよう．この問に対する答は簡単である．すなわち分子は100％が環状構造をしているのではなく，鎖状化合物との平衡状態にあると考えればよい．鎖状構造はカルボニル基を含むので，たとえ少量でも水素化ホウ素ナトリウムと反応することができる．反応性の高い少量の鎖状化合物が消費されると，それは平衡によって補給される（図20・14）．ヘミアセタール構造を含む糖は少量の開環体と平衡にあり，**還元糖**（reducing sugar）とよばれる．これに関しては，のちに特徴的な反応について学ぶことになる．

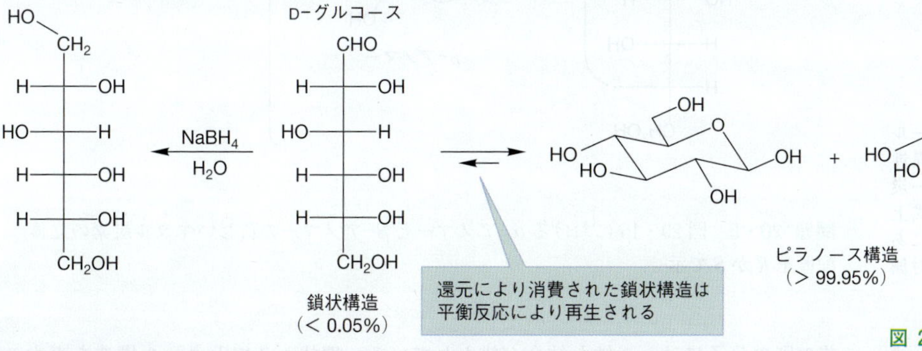

表 20・1 アルドヘキソースのピラノース形とフラノース形の割合（25°C，水中）

アルドヘキソース	ピラノース形	フラノース形
アロース	92	8
アルトロース	70	30
グルコース	~100	<1
マンノース	~100	<1
グロース	97	3
イドース	75	25
ガラクトース	93	7
タロース	69	31

HO–CH_2, H–OH, HO–H, H–OH, H–OH, CH_2OH ← $NaBH_4$ / H_2O ← D-グルコース CHO, H–OH, HO–H, H–OH, H–OH, CH_2OH ⇌ ピラノース構造

鎖状構造（< 0.05%）

ピラノース構造（> 99.95%）

還元により消費された鎖状構造は平衡反応により再生される

図 20・14 平衡混合物中の反応性に富む分子が不可逆な反応を起こすと，すべてが生成物へ変換される．反応性に富む分子が消費されると，それは平衡反応により補充される．

表20・1に典型的な糖質の水中におけるピラノース形とフラノース形との比率を示した．平衡状態では鎖状構造はきわめて微量しか存在しない．明らかにピラノースがフラノースよりも優先していることがわかる．これはおそらく6員環のいす形構造が熱力学的に安定なためであろう（p.186参照）．

しかし，反応系内にはアルデヒドである鎖状化合物がわずかながら存在するため，最終的にはすべてのアルドースが水素化ホウ素ナトリウムにより還元される．確かに分光計の感度を上げて注意深く観察すれば，微量の鎖状構造を検出することができる．

6員環のD-グルコピラノースの構造の話題に移ろう．C(5)のOHがカルボニル炭素と結合している．カルボニル酸素はC(1)上のOHになっており，C(5)上のヒドロキシ酸素はピラノース環内の酸素になっている点に注目しよう．ここで注意すべきことは，分子内環化反応によって，新たにC(1)の位置にキラル炭素原子が1つ増えたことである．カルボニル基の表面と裏面へOHが求核的に攻撃する結果，2つの立体異性体を新たに生じ，これらを**アノマー**（anomer）とよぶ．また，C(1)のことを**アノマー炭素**（anomeric carbon）とよぶ．つまり，D-グルコピラノースのアノマー同士はC(1)の立体化学のみが異なる．Fischer投影式において新しく生成したC(1)上のヒドロキシ基が，基準炭素上の酸素原子と同じ側にある異性体をα-アノマーとよぶ．また，このヒドロキシ基と基準炭素上の酸素原子が反対側にある異性体をβ-アノマーとよぶ．図

20・15 に D-グルコースの 2 種類のアノマーを Fischer 投影式ならびに立体構造式を用いて示した．立体構造式中の波線は，いす形構造でアキシアル配向の α-アノマーとエクアトリアル配向の β-アノマー（Fischer 投影式でいえば OH が右側と左側）の両方を表現している．

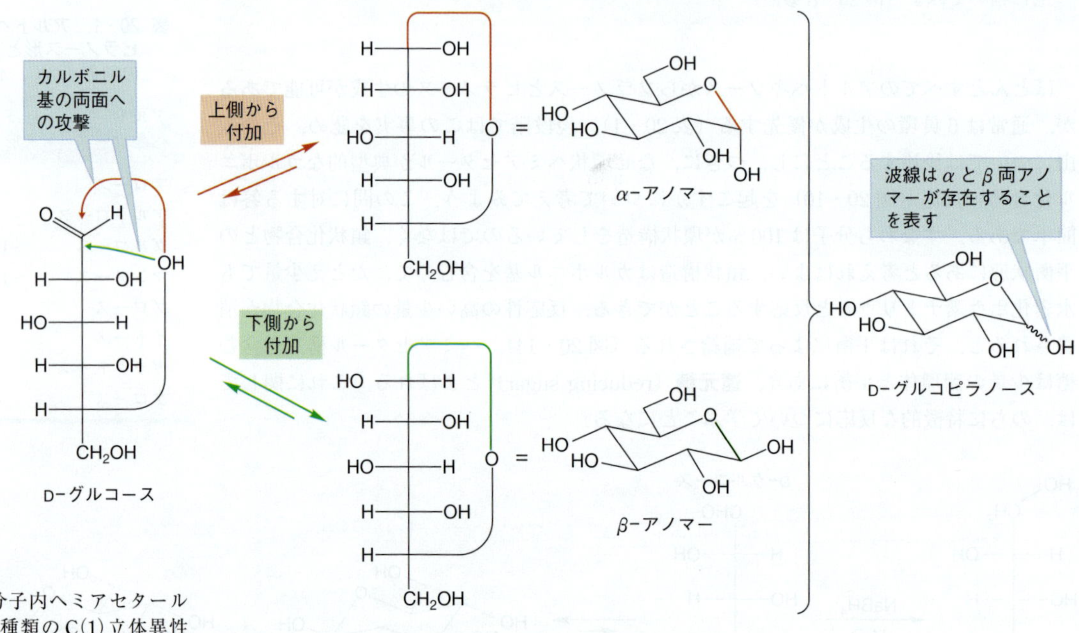

図 20・15　分子内ヘミアセタール化による 2 種類の C(1) 立体異性体，アノマーの生成．アノマー炭素上の OH が，Fischer 投影式上で基準炭素上の O と同じ側にある異性体が α-アノマー，反対側にある異性体が β-アノマー．

問題 20・8　図 20・15 における α-アノマーと β-アノマーの新しいキラル炭素の立体配置を *R* か *S* で示せ．

約束事についての注意
曲がった結合を描く

前の図の分子には，奇妙な結合が描かれている．環状ヘミアセタール構造を表すのに，環内酸素原子と炭素を結ぶ結合が曲線となっていることに注目しよう（図 20・16 a）．また，波線で表された結合は両方のアノマーを表す（図 20・16 b）．通常は D 糖を

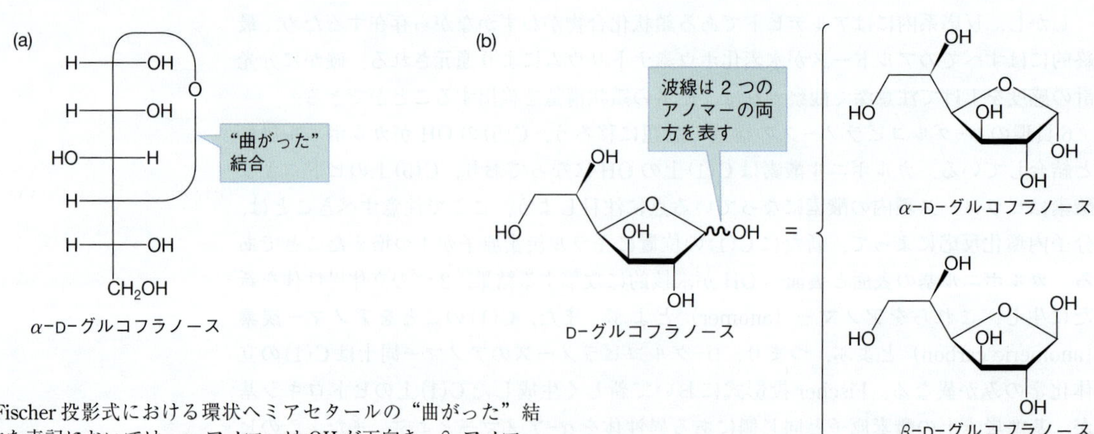

図 20・16　Fischer 投影式における環状ヘミアセタールの "曲がった" 結合．立体的な表記においては，α-アノマーは OH が下向き，β-アノマーは OH が上向き．

扱うことが多いので，ピラノースあるいはフラノースを立体的に表示する際は，アノマー炭素が構造式の右端に，そして環内酸素が後方にくるように描く．α-アノマーの C(1) の OH は下を向き，β-アノマーでは上を向く．

アルドヘキソースは，α-およびβ-ピラノースならびにα-およびβ-フラノースの混合物として存在する．表 20・2 にアルドヘキソースに関してこれら 4 種類の構造が水溶液中で占める割合を示した．

表 20・2 アルドヘキソースの環状構造の存在割合（%）(25°C，水中)

アルドヘキソース	α-ピラノース形	β-ピラノース形	α-フラノース形	β-フラノース形
アロース	16	76	3	5
アルトロース	27	43	17	13
グルコース	36	64	<1	<1
マンノース	66	34	<1	<1
グロース	16	81	<1	3
イドース	39	36	11	14
ガラクトース	29	64	3	4
タロース	37	32	17	14

曲線で描かれた“曲がった”結合は実際に曲がっているわけではない．Fischer の投影式をより実際の分子に近い構造式へ書き直してみよう．これには人それぞれやり方があるかもしれない．以下 D-グルコースを 3 次元的な形に変換する方法の一例を紹介する．

Fischer 投影式をピラノース・フラノースへ変換する

描き，思い浮かべて理解する

描　く： Fischer 投影式（図 20・17 a）を実線と破線のくさびを用いて描き直す（図 20・17 b）．

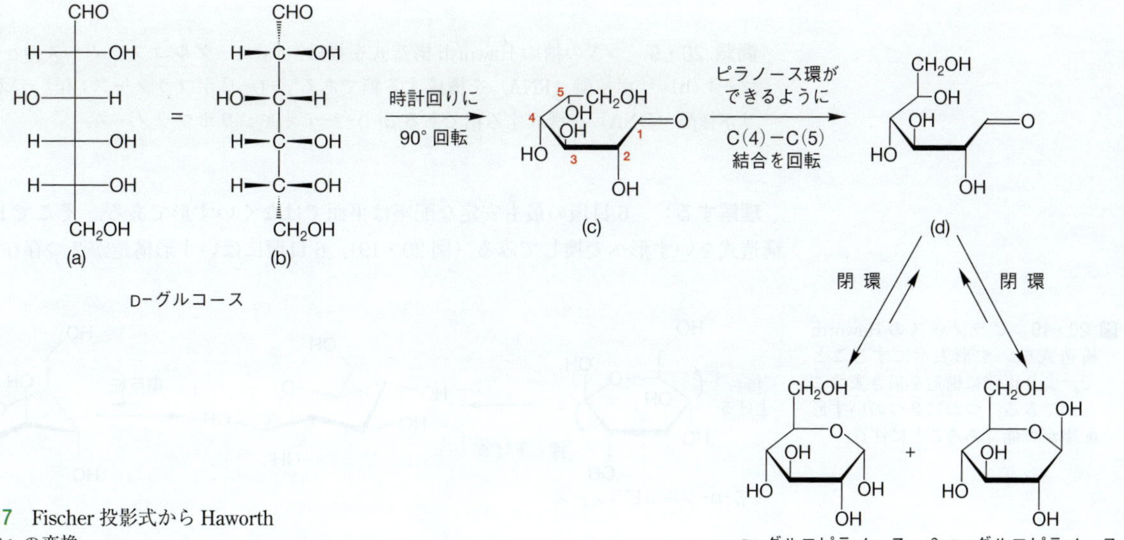

CHO / H—OH / HO—H / H—OH / H—OH / CH_2OH (a) = (b) D-グルコース
時計回りに 90° 回転 (c) ピラノース環ができるように C(4)−C(5) 結合を回転 (d) 閉環 閉環
α-D-グルコピラノース + β-D-グルコピラノース

図 20・17　Fischer 投影式から Haworth 構造式への変換

思い浮かべる：　分子全体を時計回りに 90° 倒してみよう．このようにすると，C(1) が右側になり紙面から向こう側へ引っ込んだかたちになる（図 20・17 c）．つぎに，

C(4)−C(5) 結合を回転させて，C(5)上のOHがC(1)に向くようにする（図20・17 d）．もしフラノース環をつくりたければ，C(3)−C(4) 結合を回転させてC(4)上のOHがC(1)を向くようにすればよい．最後に，C(5)（フラノースの場合はC(4)）上のOHとC(1)とを結ぶ．α−アノマーならばC(1) OHを下向きに，β−アノマーならば上向きに，両方のアノマーを表現するには波線で描く．

すると平面的な6員環あるいは5員環構造ができあがるだろう．この表示法はWalter N. Haworth（1883〜1950）により考案されたもので，**Haworth構造式**（Haworth form）とよばれる．図20・18にD−リボースからα−およびβ−D−リボフラノースへの変換過程を示した．

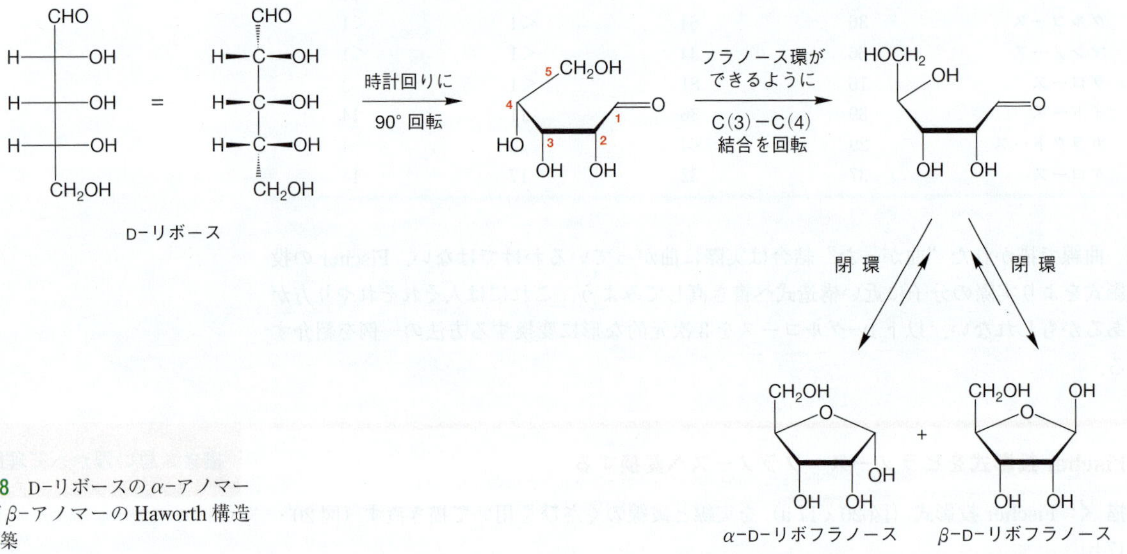

図 20・18 D−リボースのα−アノマーおよびβ−アノマーのHaworth構造式の構築

問題 20・9 つぎの糖のHaworth構造式を描け．(a) D−グルコフラノースのα−アノマー；(b) リボ核酸（RNA）を構成する糖であるβ−D−リボフラノース；(c) デオキシリボ核酸（DNA）を構成する糖であるβ−D−2−デオキシリボフラノース．

理解する： 6員環の最も安定な配座は平面ではなくいす形である．そこでHaworth構造式をいす形へ変換してみる（図20・19）．6員環にはいす形構造が2つ存在する．

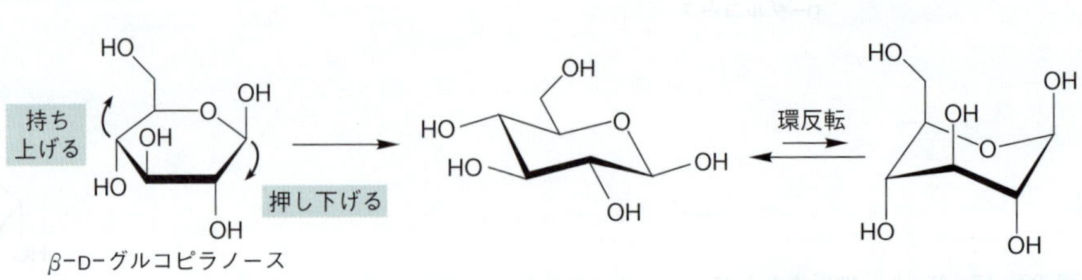

図 20・19 ピラノースのHaworth構造式をいす形表示にすることで，より正確に構造を描き表すことができる．つねに2つのいす形配座が可能であることに注意．

この2つは炭素−炭素結合間の回転による環反転（p.185参照）によって相互変換する．どちらの形がエネルギー的に安定かを確認しよう．安定な配座を決めるのは困難な場合もあるが，β−D−グルコピラノースに関しては簡単である．すべての置換基がエクアトリアルとなる配座の方が，すべての置換基がアキシアルのものよりもはるかに安定である．

⁑問題 20・10 α-D-グルコピラノース（図 20・17）の Haworth 構造式をいす形の表記に変換せよ．

解 答 2 つの異なるいす形が考えられるが，C(1) 以外の 4 つの置換基がエクアトリアルとなる形の方が安定である．α-アノマーの C(1) 上のヒドロキシ基はこの配座ではアキシアル配向となる．

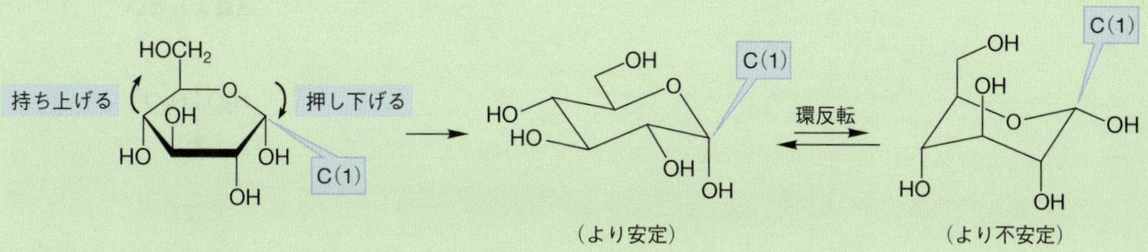

（より安定）　（より不安定）

問題 20・11 D-マンノース（図 20・8）の Fischer 投影式を β-D-マンノピラノースのいす形表記へ変換せよ．図 20・17 と図 20・19 に示したやり方を参照せよ．D-マンノースが D-グルコースの C(2) エピマーであることを用いて答を確認せよ．

まとめ

糖質の名称は以下のことを特定している：1）炭素数，2）アルデヒドであるかケトンであるか，3）D 糖であるか L 糖であるか，4）構造が鎖状であるか 6 員環状であるかそれとも 5 員環状であるか，5）α 体か β 体か．必ずしもすべての糖質の慣用名を覚える必要はない．しかし，β-D-グルコピラノースの構造を立体的に描けるようになることは必須である．

20・3 糖質の合成

糖質は自然が生みだす芸術作品である．植物は糖質を合成するためにいくつもの酵素を利用している．たとえば，リブロース-1,5-ビスリン酸カルボキシラーゼ/オキシゲナーゼ（Rubisco）という酵素は，大気中からの二酸化炭素の固定化を触媒する．この酵素の助けでリボースは CO_2 によってカルボキシ化される．生成した六炭糖は，逆アルドール反応により 2 分子のグリセリン酸エステルを生成するが，この化合物はエネルギー貯蔵物質として最も重要な糖であるグルコースの合成に利用されている．Rubisco は，地球上に最も多量に存在するタンパク質であると考えられている．二酸化炭素をエネルギー（糖質）に変換するという Rubisco の機能が，大気中の温室効果ガスとして増加の一途をたどっている二酸化炭素に対する解決策の論理的な出発点となっている．

20・3a 糖質の炭素鎖伸長反応 糖質は植物だけがつくれるわけではなく，実験室でも人工的に合成できる．一例をあげてみよう．D-リボースをシアン化物イオンで処理し，ひき続き触媒的水素化，加水分解すると，2 種類の新しい糖，D-アロースと D-アルトロースが生成する（図 20・20）．

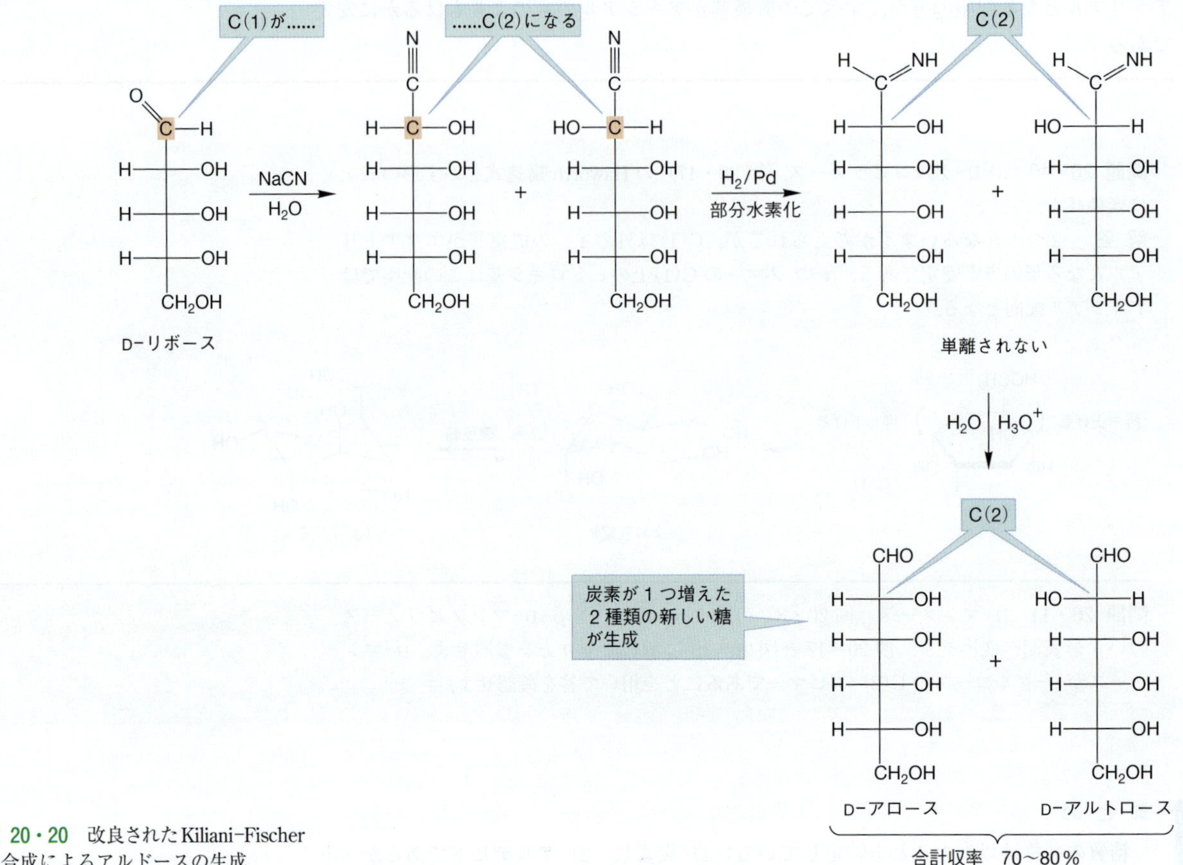

図 20・20　改良されたKiliani-Fischer合成によるアルドースの生成

この反応は**Kiliani-Fischer合成**（キリアニ フィッシャー）〔Kiliani-Fischer synthesis；Emil FischerとHeinrich Kiliani (1855～1945)〕とよばれる．この反応の第１段階は，シアン化ナトリウム (NaCN) のカルボニル基への付加によるシアノヒドリン（p.766参照）の生成である．ここで新たなキラル中心ができ，*R*あるいは*S*のエピマーが生成することに注目しよう．つまり反応により生成するヒドロキシ基はFischer投影式で右側にも左側にもなりうる．

Kiliani-Fischer合成の第２段階は，被毒したパラジウム触媒を用いる水素化（p.511参照）による１組のイミンの生成である．この反応条件下で，イミンはさらに加水分解されアルドースとなる．その結果，それぞれの出発物質よりも炭素が１つ増えた２種類の新しい糖が合成される．これらの新しい糖はC(2)の立体配置だけが異なる異性体，つまりC(2)エピマーである．

問題 20・12　Kiliani-Fischer合成法をL-リボースに適用してみよ．どんな糖が新しく生成するか．反応機構は描かなくてよい．

問題 20・13　ある糖からKiliani-Fischer合成法によりつぎの図に示す２種類の糖が得られた．出発糖の構造を描け．

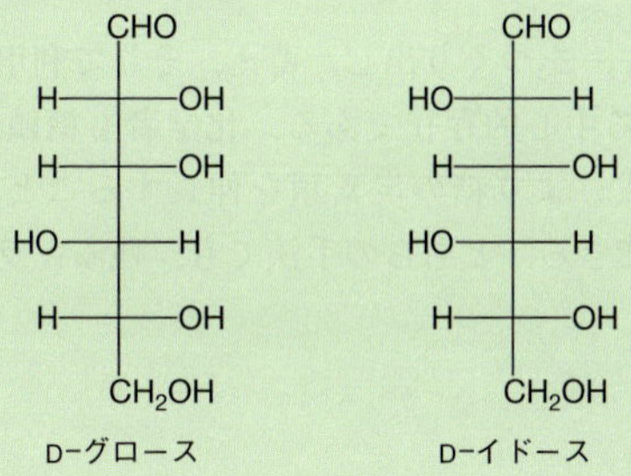

問題 20・13 (つづき)

20・3b 糖質の炭素鎖短縮反応 **Ruff分解**(ルッフ)(Ruff degradation; Otto Ruff, 1871〜1939)により糖の炭素鎖を1つ短くすることができる. すなわちC(1)のアルデヒド部位を除去して, 出発原料糖のC(2)に新しいアルデヒド部分を生成させる(図20・21). まず, アルドースのアルデヒド部分を酸化してカルボン酸に変換する. ひき続き, 生成カルボン酸のカルシウム塩を三価の鉄イオンと過酸化水素で酸化的に脱二酸化炭素する. この反応機構はいまだ不明であるが(化学は成長しつつある科学であり, すべてのことが解明されているわけではない), ラジカルが関与するらしい. 金属イオンにより電子移動が起こり, カルボキシルラジカルが生成すると推定される. ひき続き脱二酸化炭素, ヒドロキシルラジカルとの結合が起こり, 最後に水が脱離してアルデヒドが生成する. もとのC(2)のキラリティーは消失する. しかし, C(3), C(4), C(5) の立体配置は保持される.

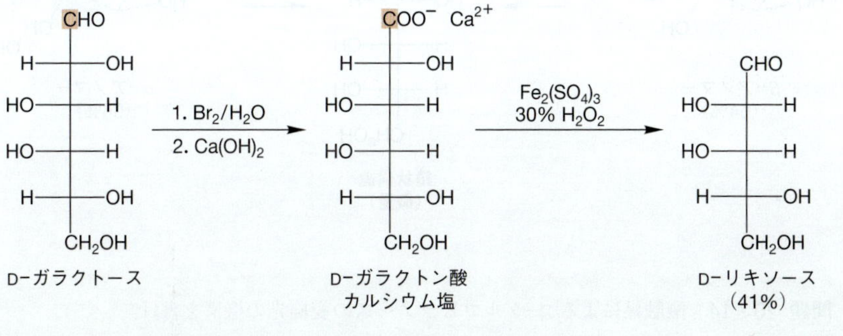

図 20・21 Ruff分解による炭素が1つ少ないアルドースの合成. 出発糖にあったアルデヒドが失われる. この例では, D-ガラクトースのアルデヒドが酸化されD-ガラクトン酸となり, ひき続きD-リキソースへと変換される.

糖質がより短い炭素鎖から生合成されたように, 自然界には, グルコースを3炭素化合物にまで分解し, 2分子のピルビン酸を与える**解糖**(glycolysis)**系**とよばれる仕組みが存在する(図20・22). この炭素鎖を短縮する経路は, ほとんどすべての生物に備わっているきわめて重要な代謝系である. この解糖系によりアデノシン三リン酸(ATP)やNADHが細胞に供給される(p.800参照).

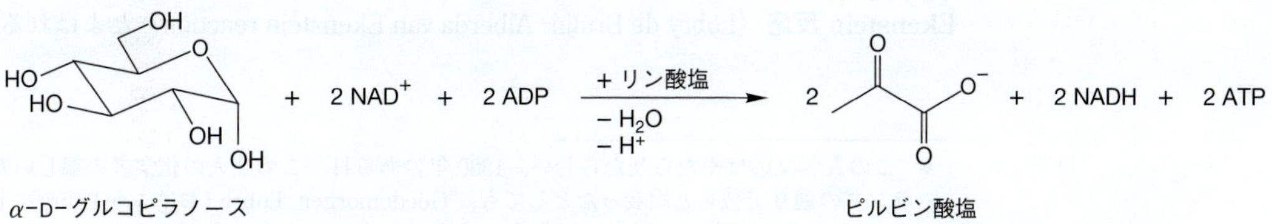

図 20・22 解糖系は重要な代謝経路である. 10種類の中間体を経由してピルビン酸に至る. グルコースに含まれるエネルギーを必要時に取出すための代謝経路である.

まとめ

自然は，化学エネルギーをつくり出し，蓄え，そして利用している．糖質はまさにこの生命の躍動における中心的存在である．化学者も糖鎖を自由に操ることができる．Kiliani–Fischer 合成により糖の炭素鎖を伸長することも，Ruff 分解によって炭素鎖を短縮することもできる．どちらの手法でも，残るキラル炭素の立体配置は保たれる．

20・4 糖質の反応

20・4a 変旋光 純粋なα–D–グルコピラノースの結晶を水に溶かし比旋光度（p.154）を測定すると+112° を示す．一方純粋なβ–アノマーの比旋光度は+18.7° という値をとる．ところがそれぞれの水溶液の比旋光度は，時間の経過とともに+52.7° という一定の値に収れんする．これは糖質に特徴的な現象であり，**変旋光**（mutarotation）とよばれる．この現象を説明してみよう．α–D–グルコピラノースとβ–D–グルコピラノースはどちらも水溶液中でヘミアセタール構造が優先するが，わずかながらそれと平衡にある鎖状のアルドヘキソースも存在する（図 20・23）．鎖状化合物はヘミアセタールに環化する際に，α–ピラノースとβ–ピラノースの両方を形成するので，2 つのアノマーは平衡状態となる．+52.7° という比旋光度の値は，平衡に達したアノマー混合物に由来するものである．

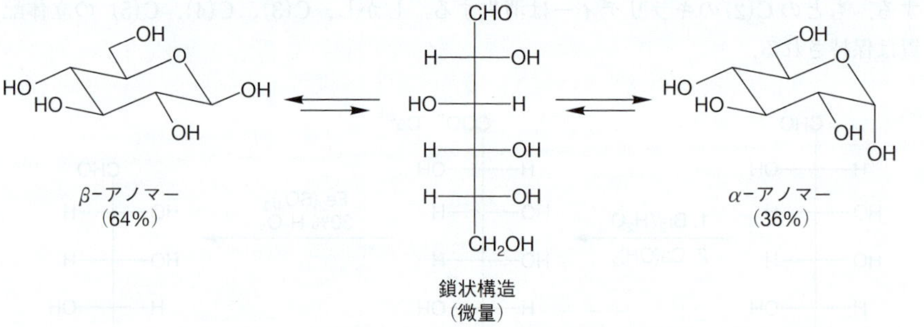

図 20・23 糖のα–アノマーとβ–アノマーは微量の鎖状構造を介して平衡にある．

問題 20・14 酸触媒による D–グルコピラノースの変旋光の機構を書け．

20・4b 塩基によるエピマー化 糖はアルカリ水溶液中において別の糖に速やかに異性化する．これは前項で述べたアノマーの異性化よりも複雑な過程である．D–グルコースを例に説明してみよう．アルカリ水溶液中で，D–グルコピラノースは，別の D–アルドヘキソースである D–マンノピラノースおよびケトースである D–フルクトースと平衡になる（図 20・24）．この異性化反応は **Lobry de Bruijn–Alberda van Ekenstein 反応**（ロブリー ド ブリュン アルバーダ ファン エケンスタイン）（Lobry de Bruijn–Alberda van Ekenstein reaction）とよばれる*．

---

* この人名反応はやたら長たらしい．1880 年のある日，この 2 人の化学者の親しい友人がオランダの通りで彼らと出会ったとしても，“Goedemorgen, Lobry（おはよう Lobry）; hoe gaat het, Alberda?（元気かい Alberda）” という具合にはいかなかっただろう．Cornelius Adriaan van Troostenbery Lobry de Bruijn（1857～1904）と，そこまで長くはないが，Willem Alberda van Ekenstein（1858～1937）というのがこの 2 人の化学者の正式な名前なのである．

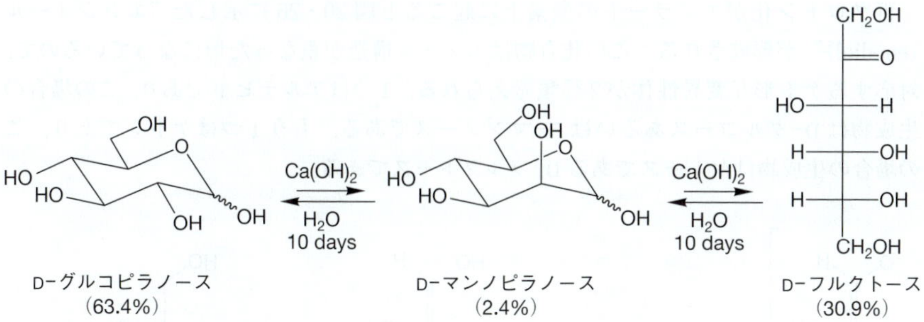

D-グルコピラノース (63.4%) ⇄ $Ca(OH)_2$ / H_2O 10 days ⇄ D-マンノピラノース (2.4%) ⇄ $Ca(OH)_2$ / H_2O 10 days ⇄ D-フルクトース (30.9%)

図 20・24 塩基性条件下では D-グルコースは D-マンノースおよび D-フルクトースと平衡になる.

問題 20・15 図 20・24 には鎖状の D-フルクトースを示したが，実際はピラノース形（約 67%）と，C(5) 上のヒドロキシ基とケト基から生成したフラノース形（約 31%）の混合物である．ピラノース形ならびにフラノース形の D-フルクトースの Fischer 投影式を書け．

この反応の機構はその名前に比べればずっと簡単である．何度も述べてきたように，環状ヘミアセタール構造は微量の鎖状構造と平衡状態にある．アルカリ水溶液中では，鎖状化合物のカルボニルの α 水素がプロトンとして引抜かれ，共鳴安定化されたエノラートが生成する（図 20・25）．生成エノラートが再プロトン化される際，プロトンが脱離したのと同じ側から付加すれば D-グルコースに戻る．一方，反対側からプロトンが付加すれば D-マンノースが生成する．

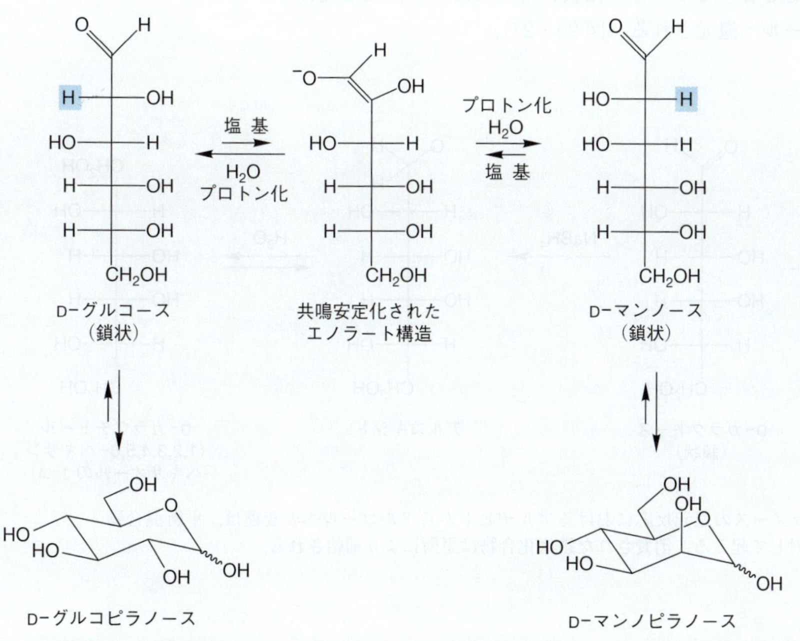

図 20・25 D-グルコースと D-マンノースの平衡は，エノラート生成とそれにひき続く再プロトン化によって起こる．

問題 20・16 図 20・25 のエノラート構造を実線と破線のくさびを使って描き，再プロトン化により D-グルコースと D-マンノースが生成することを示せ．

再プロトン化がエノラートの酸素上に起こると図20・26に示した“エンジオール (enediol)”が形成される．この化合物はエノール構造が重なった形になっているので，対応するケト形互変異性体が2種類考えられる．1つはアルデヒドであり，この場合の生成物はD-グルコースあるいはD-マンノースである．もう1つはケトンであり，この場合の生成物はケトースであるD-フルクトースである．

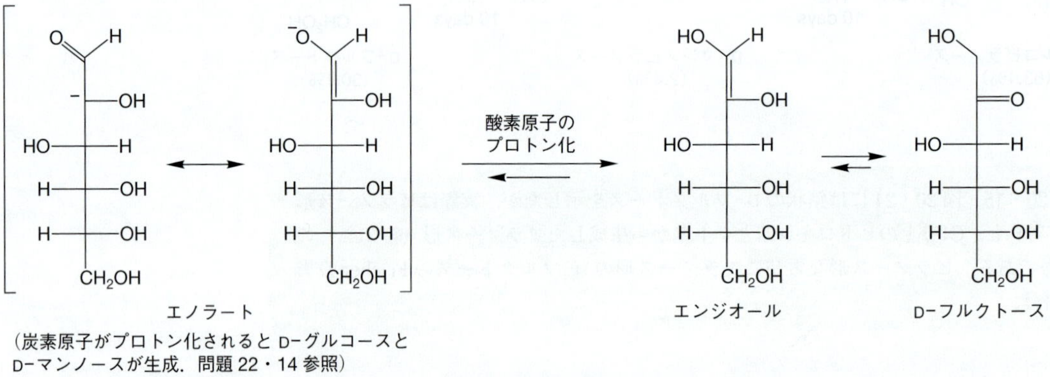

図 20・26　エノラートの酸素原子のプロトン化により生じるエンジオールを経由して，D-フルクトース，D-グルコース，あるいはD-マンノースが生成する．

20・4c　還　元　すでにアルドースの還元反応について述べた．たとえばD-グルコースを水素化ホウ素ナトリウムで還元すると，D-グルシトール (1,2,3,4,5,6-ヘキサンヘキサオールの1つ) が得られる (図20・10参照)．この還元反応はヘミアセタール構造を有するすべての糖質に対して起こる．たとえば，D-ガラクトースはD-ガラクチトールへ還元される (図20・27)．

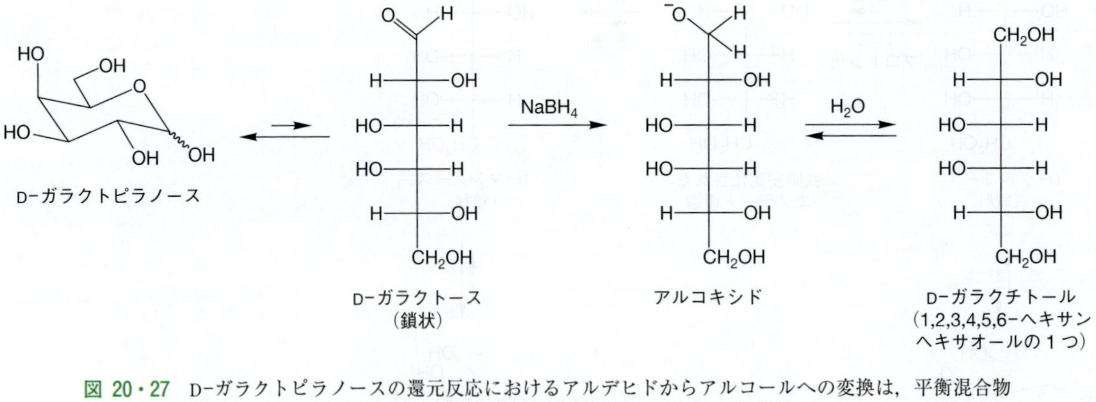

図 20・27　D-ガラクトピラノースの還元反応におけるアルデヒドからアルコールへの変換は，平衡混合物中の少量の鎖状化合物に対して起こる．消費された鎖状化合物は平衡により補給される．

問題 20・17　D-アルトロースを水中で水素化ホウ素ナトリウムを用いて還元すると，光学活性なD-アルトリトール (D-altritol) を与える．しかし同じ反応をD-アロースに対して行うと，光学不活性な生成物を与える．この2つの反応を説明せよ．

解 答 この問題は簡単であるが，Fischerがグルコースの立体化学を証明したときに重要な役割を果たした．アルデヒドをアルコールへ還元することで鎖の両端がCH_2OH基となり，対称的な分子が生成する点に注目しよう．D-アロースは還元すると対称面をもつメソ体（光学不活性）になるが，D-アルトロースからは対称性をもたない光学活性なアルコールが得られる．

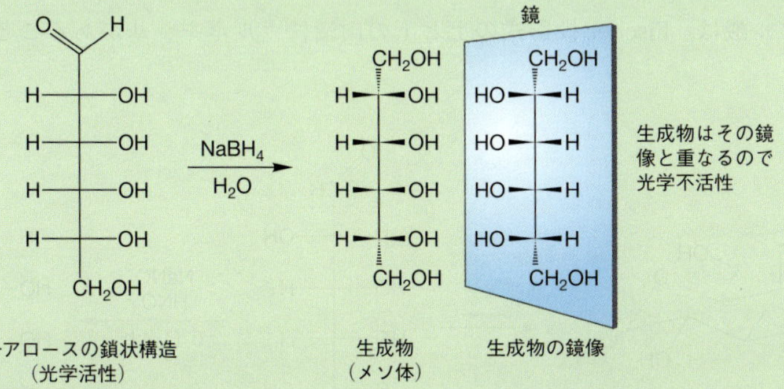

鏡

$NaBH_4$ / H_2O

生成物はその鏡像と重なるので光学不活性

D-アロースの鎖状構造（光学活性）　生成物（メソ体）　生成物の鏡像

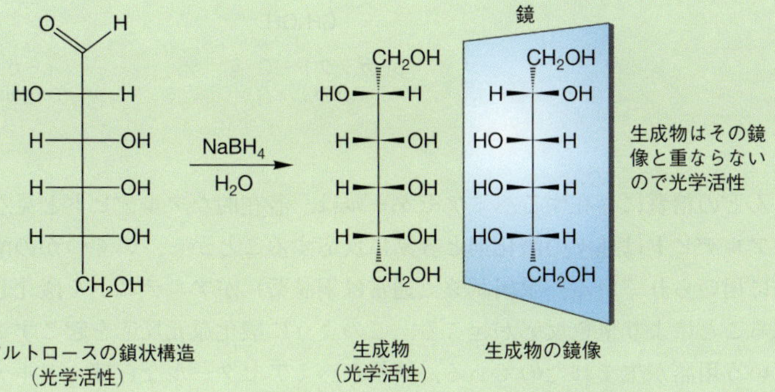

鏡

$NaBH_4$ / H_2O

生成物はその鏡像と重ならないので光学活性

D-アルトロースの鎖状構造（光学活性）　生成物（光学活性）　生成物の鏡像

20・4d 酸 化 糖質には酸化されうる官能基がいろいろあるが，それらのうちのいくつかを選択的に酸化する方法が開発されてきた．穏やかな酸化剤を使えば，第一級あるいは第二級ヒドロキシ基を損なうことなく，アルデヒドをカルボン酸に変換することができる．酸化剤としては臭素水が用いられる．生成物は**アルドン酸**（aldonic acid）とよばれている（図20・28）．

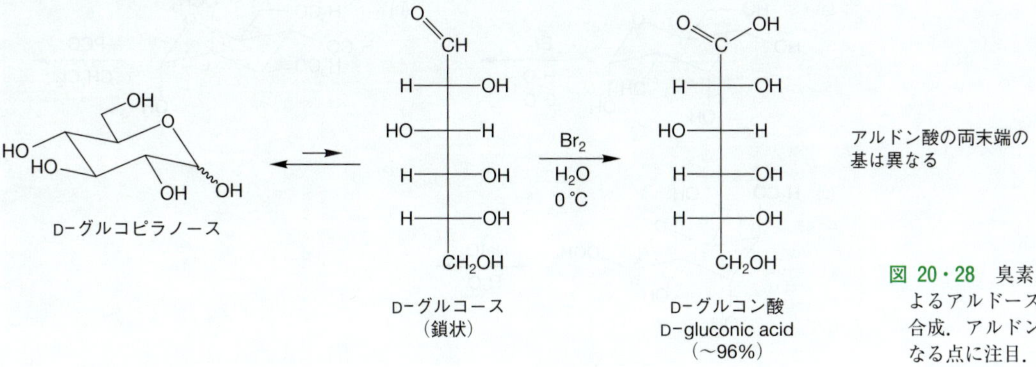

D-グルコピラノース ⇌ D-グルコース（鎖状） —Br_2, H_2O, 0 °C→ D-グルコン酸 D-gluconic acid（～96%）

アルドン酸の両末端の基は異なる

図 20・28 臭素水を用いる酸化によるアルドースからアルドン酸の合成．アルドン酸の両末端基は異なる点に注目．

問題 20・18 典型的なアルドン酸のNMRおよび赤外スペクトルにおいて，カルボキシ基がほとんど検出されない場合がある．この現象を説明せよ．

アルドースをより強力な酸化剤である亜硝酸または硝酸で処理すると，アルデヒドと第一級アルコール部分が酸化され**アルダル酸**（aldaric acid）が生成する（図20・29）．アルダル酸は，Fischer投影式の上と下の両端にカルボキシ基があることに注意しよう．

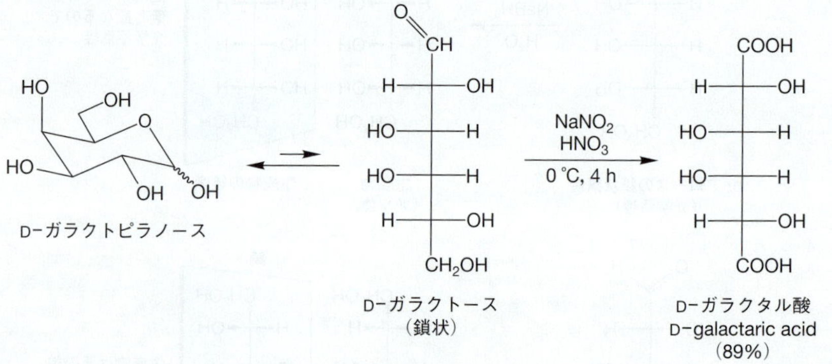

図 20・29 糖の硝酸酸化によるアルダル酸の合成．アルダル酸の両末端はどちらもカルボキシ基となる．

D-ガラクトピラノース ⇌ D-ガラクトース（鎖状） → ($NaNO_2$, HNO_3, 0 °C, 4 h) D-ガラクタル酸 D-galactaric acid (89%)

ほとんどの糖質に存在するヘミアセタールは，潜在的なアルデヒドと見なすことができる．アルデヒドは種々の酸化剤と容易に反応することから，いくつかの酸化剤は糖質の検出に用いられている．金属試薬（通常は銅試薬）がアルデヒドを酸化し，自らは還元されることにより呈色反応が起こる．このように酸化還元反応を起こすことから，還元糖という用語が生まれたのである．糖質がヘミアセタールならば，アルデヒドと平衡にあるため，金属試薬を還元することができる．

さらに強力な酸化剤を用いることにより，ヒドロキシ基が結合している第二級炭素骨格を開裂することができる．すでに隣接するジオール（1,2-ジオール）を過ヨウ素酸塩により切断できることを学んだ（p.793）．糖を過ヨウ素酸塩を用いて酸化すると，1,2-ジオールが開裂されたような開裂混合物が得られる．この方法により炭素骨格を断片化することができ，各断片の構造から糖の構造決定を行える．

問題 20・19 以下の反応の生成物を推測せよ．

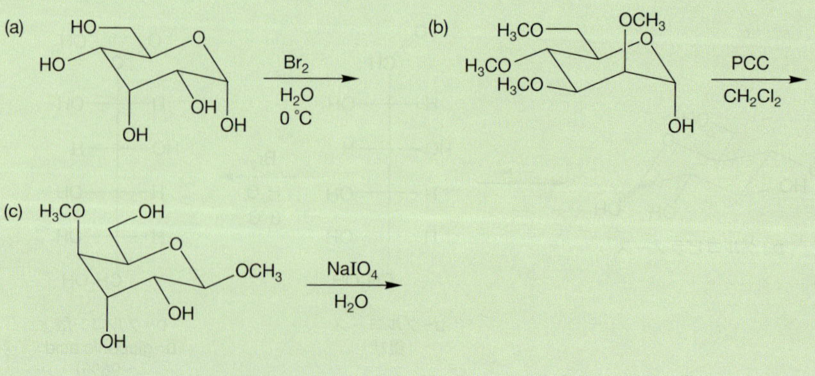

(a) → Br_2, H_2O, 0 °C

(b) → PCC, CH_2Cl_2

(c) → $NaIO_4$, H_2O

20・4e オサゾンの生成 酸性条件下，アルドースにフェニルヒドラジンを作用させる反応は大変有用である．どのような反応が予想されるだろうか．環状アルドヘキソースはアルデヒドをもつ鎖状化合物と平衡にあることをすでに述べた．ヒドラジン誘導体はこのアルデヒドと反応しヒドラゾンを与える（p.778）．アルドースの C(1) のカルボニル基で反応し，フェニルヒドラゾン誘導体を与えることは容易に理解できるだろう（図 20・30）．

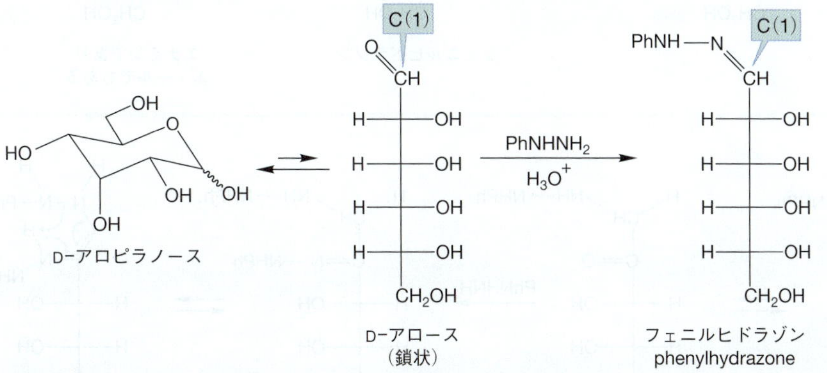

D-アロピラノース ⇌ D-アロース（鎖状） —$PhNHNH_2$, H_3O^+→ フェニルヒドラゾン phenylhydrazone

図 20・30 C(1) でのフェニルヒドラゾン生成は平衡混合物中に少量存在する鎖状化合物とフェニルヒドラジンが反応した結果である．

ここで注目すべきは，過剰量のヒドラジン存在下では，C(1) だけでなく C(2) においてもフェニルヒドラゾンが生成することである．生成物である 1,2-ビス(フェニルヒドラゾン）は**オサゾン**（osazone）とよばれる（図 20・31）．この反応機構を解く鍵は2つある．1つ目は，反応の完結には3モル量のフェニルヒドラジンが必要なこと，2つ目は，アニリンとアンモニアが副生することである．

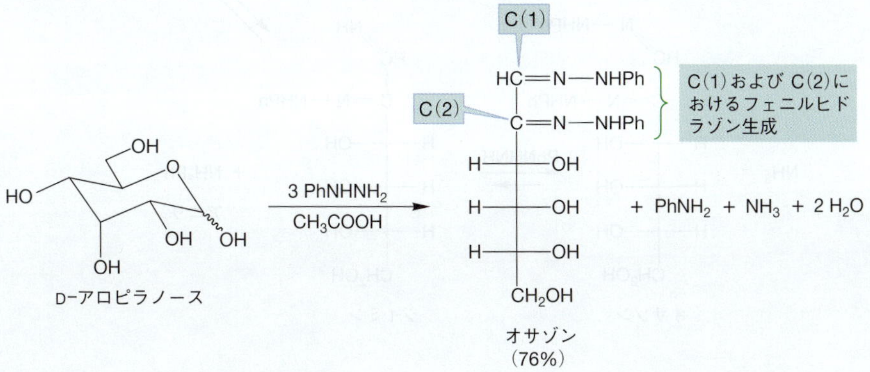

D-アロピラノース —3 $PhNHNH_2$, CH_3COOH→ オサゾン（76%） + $PhNH_2$ + NH_3 + 2 H_2O

C(1) および C(2) におけるフェニルヒドラゾン生成

図 20・31 アルドースの C(1) だけでなく C(2) もフェニルヒドラゾンになることでオサゾンが生成する．

まず1モル量のフェニルヒドラジンが，C(1) において対応するフェニルヒドラゾンを形成する（p.779）．このフェニルヒドラゾンは置換イミンであり，一般にイミンは，ケトンがエノールと平衡にあるのと同様に，エナミンと平衡にある（p.781）．イミン-エナミンの平衡を図 20・32 に示す．このエナミンはエノールでもあるので，ケトンと平衡にある．このケトンに，もう1モル量のフェニルヒドラジン分子が反応することにより，新しいフェニルヒドラゾンが生成する（図 20・33）．つぎに，生成したフェニルヒドラゾンから，図 20・33 に示した電子移動を伴って，アニリン（$PhNH_2$）が脱離し，ジイミンが生成する．このジイミンは第三のフェニルヒドラジン分子と反応して，最終的にオサゾンを与える．

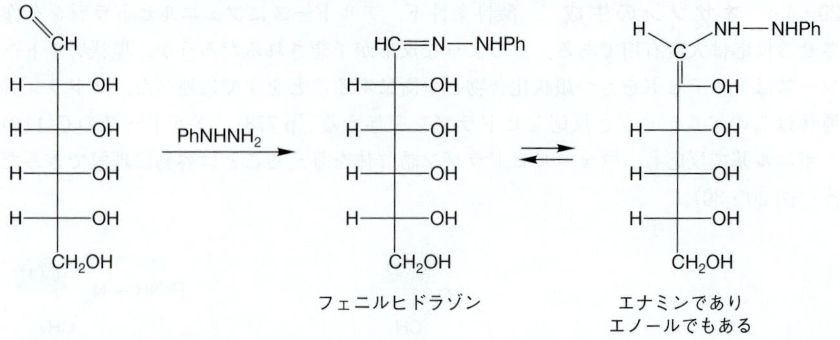

図 20・32　フェニルヒドラジンとアルドースから得られるフェニルヒドラゾンはイミンであり，エナミンと平衡にある．このエナミンは同時にエノールでもある．

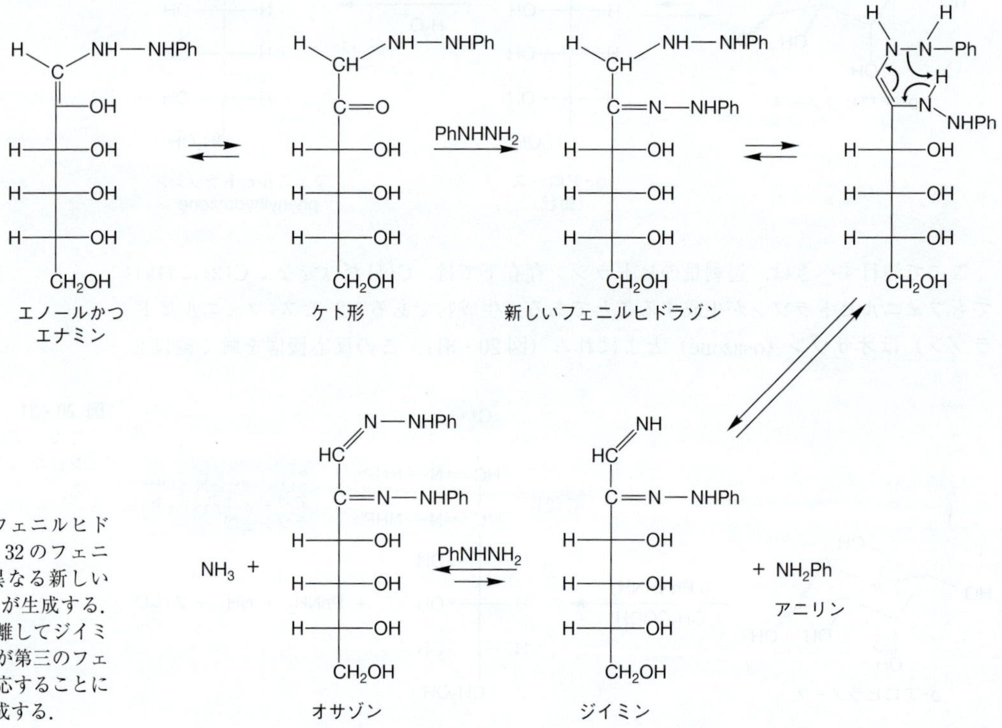

$PhNHNH_2$

フェニルヒドラゾン

エナミンであり
エノールでもある

エノールかつ
エナミン

ケト形

$PhNHNH_2$

新しいフェニルヒドラゾン

NH_3 +

オサゾン

$PhNHNH_2$

ジイミン

+ NH_2Ph
アニリン

図 20・33　ケト形とフェニルヒドラジンから，図 20・32 のフェニルヒドラゾンとは異なる新しいフェニルヒドラゾンが生成する．ここでアニリンが脱離してジイミンが生成する．これが第三のフェニルヒドラジンと反応することにより，オサゾンが生成する．

オサゾン生成によりC(2)のキラリティーが消失する点に注意しよう．このようにしてC(2)の立体配置が異なる互いにエピマーである2種類の糖から同じオサゾンが生成

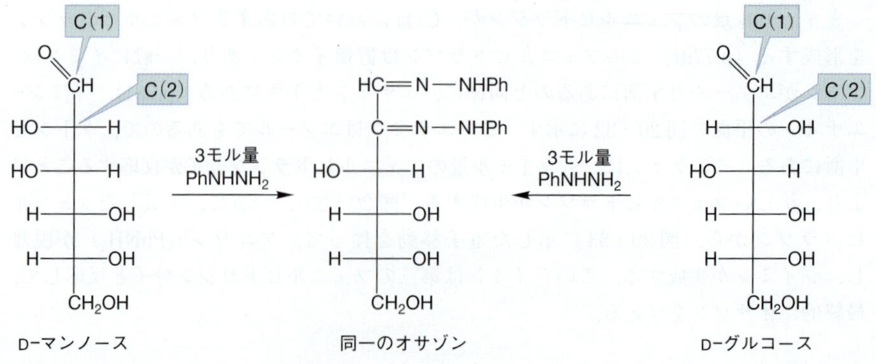

図 20・34　C(2) の立体配置だけが異なる2種の糖から同じオサゾンが生成する．C(2) 上のキラリティーがなくなることに注意．

する．図20・34にD-グルコースおよびD-マンノースからのオサゾン生成を示した．この2つのアルドヘキソースは同じオサゾンを与える．のちにFischerによるグルコースおよびその他のアルドヘキソースの構造決定について学ぶ際にこの反応を多用するので，ここでしっかり覚えてほしい．

20・4f エーテルおよびエステルの生成 糖のアルコールをエーテルに変換することができる．糖質化学の古典的な反応としてヨウ化メチルと酸化銀によるメチル化反応があり，すべてのヒドロキシ基がメチル化されポリエーテルを与える（図20・35）．

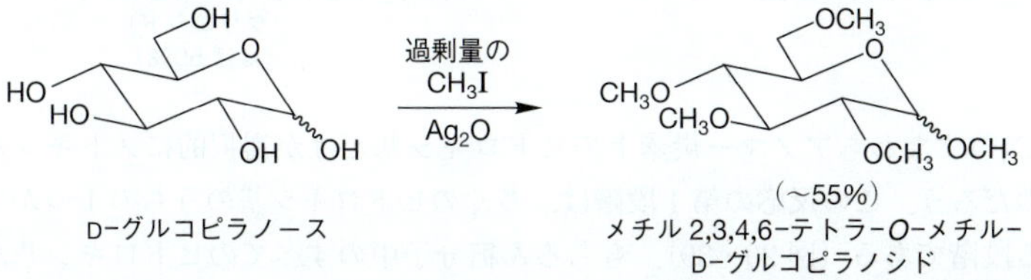

D-グルコピラノース → 過剰量の CH_3I, Ag_2O → メチル 2,3,4,6-テトラ-*O*-メチル-D-グルコピラノシド（～55%）

図 20・35 糖を過剰量のヨウ化メチルおよび酸化銀と反応させるとすべてのヒドロキシ基がメチル化される．

利用価値の高い古典的な S_N2 反応の1つに，アルコキシドとハロゲン化アルキルからエーテルが生成するWilliamsonのエーテル合成（p.309）がある．この反応の変法がよく用いられる．アルドヘキソース誘導体のメチルD-グルコピラノシドに水酸化カリウム存在下，塩化ベンジルを作用させると，一連のWilliamsonのエーテル合成反応によって，アセタール部分1個およびエーテル部分4個をもつ化合物が生成する（図20・36）．C(1)の置換基がメトキシ基になっている点に着目しよう．C(1)のアルコキシ基はアセタール構造の一部であり，このアセタールは塩基性条件下で安定である．もし，ヘミアセタールを出発原料にしてエーテル化を行うと，鎖状構造に由来する種々の副生物が生成してしまうであろう．アセタールを出発原料とすることで，C(1)上のアルコキシ基やピラノース環内のエーテル結合はまったくベンジル化に影響されない．

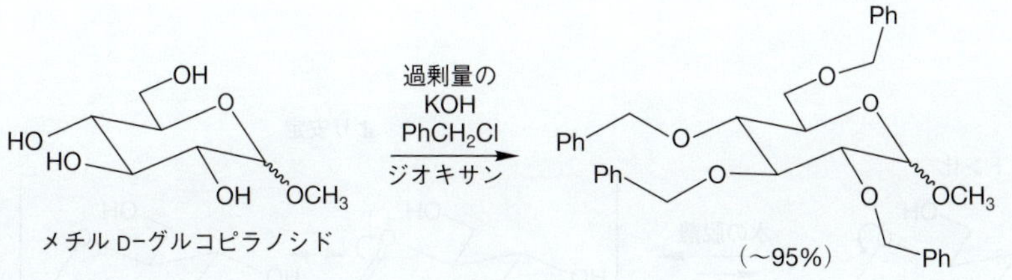

メチル D-グルコピラノシド → 過剰量の KOH, $PhCH_2Cl$, ジオキサン → （～95%）

図 20・36 Williamsonのエーテル合成を用いる糖ヒドロキシ基のベンジル化

糖を無水酢酸あるいは塩化アセチルで処理すると，すべてのヒドロキシ基がアセチル化された生成物が得られる（図20・37）．

これらのアルキル化およびアシル化反応において，C(5)位の酸素は，アセタール構造のまま，エーテルにもエステルにも変化していないことに注意しよう．

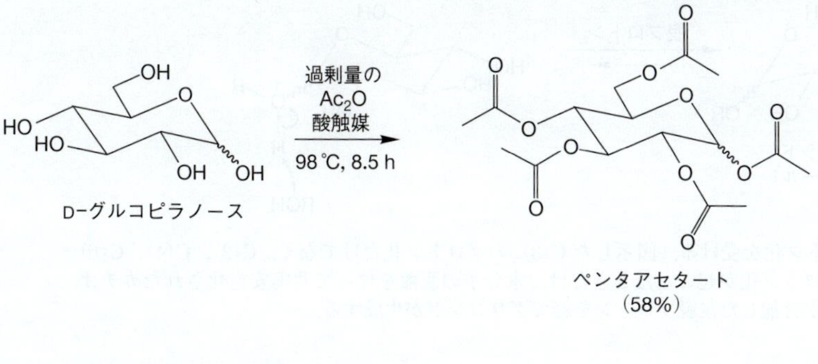

D-グルコピラノース → 過剰量の Ac_2O, 酸触媒, 98 ℃, 8.5 h → ペンタアセタート（58%）

図 20・37 無水酢酸によってグルコピラノースのすべてのヒドロキシ基がアセチル化される．

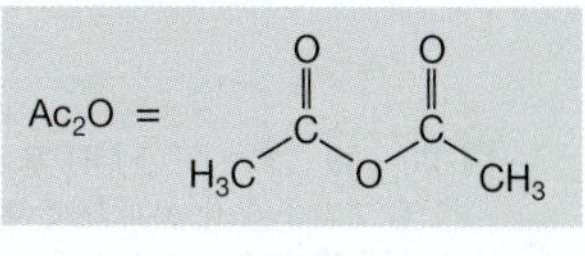

Ac_2O = H_3C–C(=O)–O–C(=O)–CH_3

糖を希酸存在下アルコールで処理すると，ヘミアセタールを構成しているC(1)上のヒドロキシ基が選択的にエーテル化される．生成物はアセタールであり（図20・38），**グリコシド**（glycoside）の一般名でよばれる．特に，6員環状のグリコシドを**ピラノシド**（pyranoside），5員環状のグリコシドを**フラノシド**（furanoside）とよぶ．

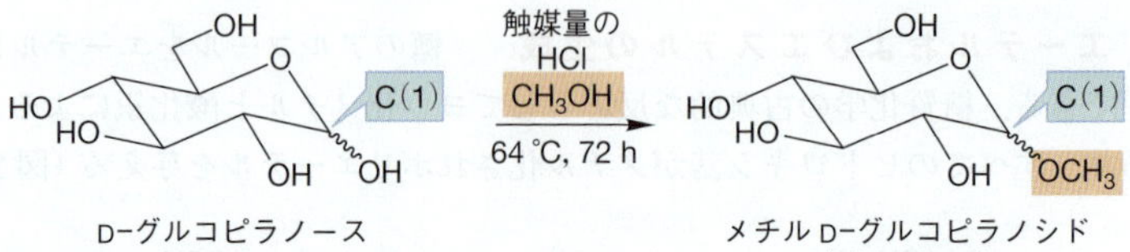

図 20・38 糖を希塩酸で処理すると，アノマー炭素上のヒドロキシ基だけがエーテル化され，アセタールとなる．生成物はグリコシドとよばれる．

なぜC(1)すなわちアノマー炭素上のヒドロキシ基だけが選択的にメトキシ基に変換されるのだろう．この反応の第1段階は，多くのヒドロキシ基のうちの1つがプロトン化される段階である（図20・39）．もちろん糖分子中のすべてのヒドロキシ基が可逆的にプロトン化されるが，このうちC(1)上のヒドロキシ基だけが水の脱離を伴って共鳴安定化されたカチオンを生成できる点に注意しよう（図20・39）．C(1)のヒドロキシ基が最も外れやすい理由は，環内の酸素原子が水分子を追い出すのを助けているからである．このようにして生成した求電子的なC(1)に対してアルコールが攻撃し，ひき続き

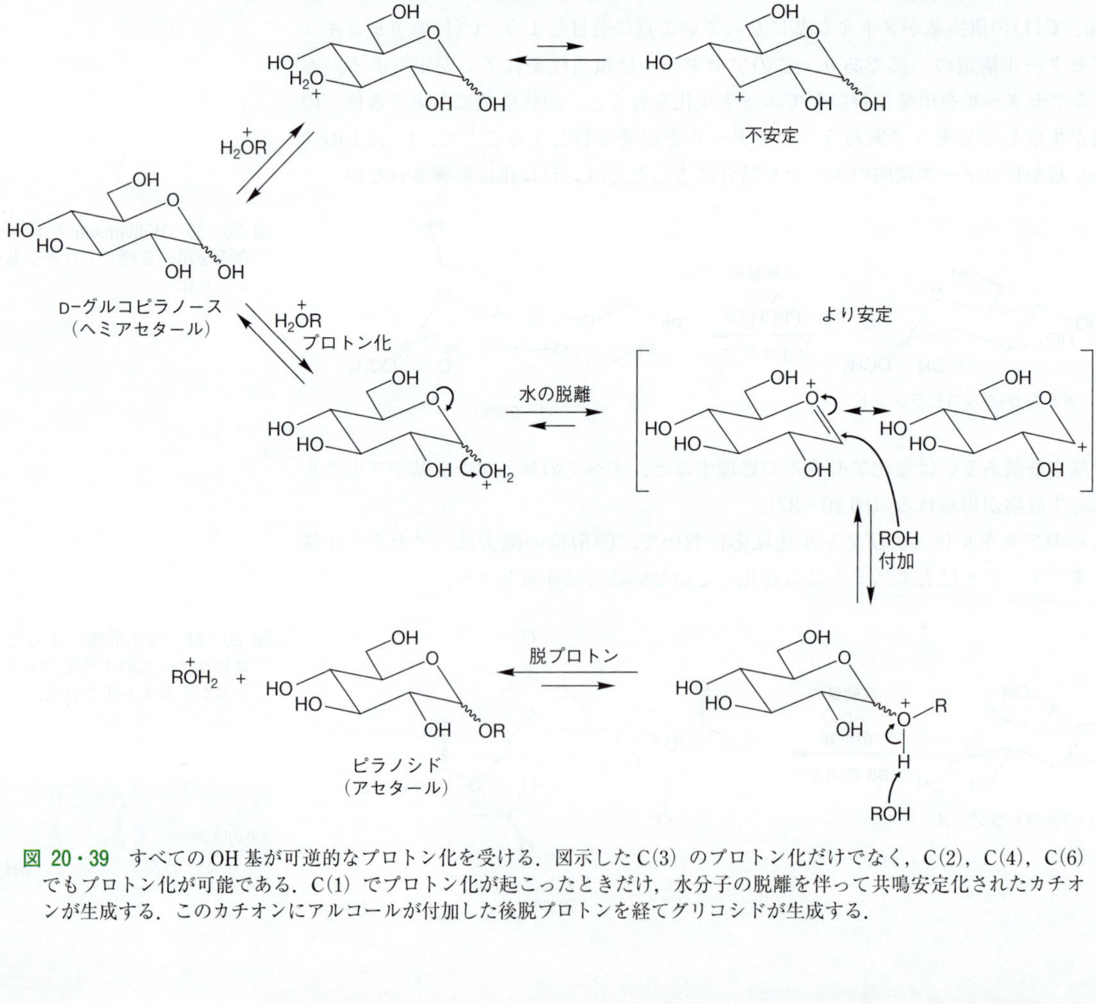

図 20・39 すべてのOH基が可逆的なプロトン化を受ける．図示したC(3) のプロトン化だけでなく，C(2)，C(4)，C(6)でもプロトン化が可能である．C(1) でプロトン化が起こったときだけ，水分子の脱離を伴って共鳴安定化されたカチオンが生成する．このカチオンにアルコールが付加した後脱プロトンを経てグリコシドが生成する．

脱プロトンすることにより，グリコシドが生成する．反応全体を見れば，出発グルコピラノースのヘミアセタール OH が OR により置換されてアセタールとなったのである．

グリコシドの命名は，まずエーテル結合しているアルキル基名を先頭に置き，つぎに糖の名前の“オース（ose）”の部分を“オシド（oside）”に置き換える．たとえば，ヘミアセタールである D-グルコピラノースをメタノールでアセタールに変えると，メチル *α*-D-グルコピラノシドとメチル *β*-D-グルコピラノシドが生成する（図 20・40 a）．水中でアセタールはヘミアセタールよりも安定である点に注意しよう．生体条件下では，グリコシドは変旋光を起こさない．

アルコール以外の求核試薬からもグリコシドがつくられている．たとえば *N*-グリコシドは RNA や DNA の構成成分として使われている．図 20・40(b) に，RNA の成分の 1 つである *N*-*β*-グリコシドとしてアデノシンの構造を示した．

(a)

メチル *α*-D-グルコピラノシド
methyl *α*-D-glucopyranoside

メチル *β*-D-グルコピラノシド
methyl *β*-D-glucopyranoside

(b)

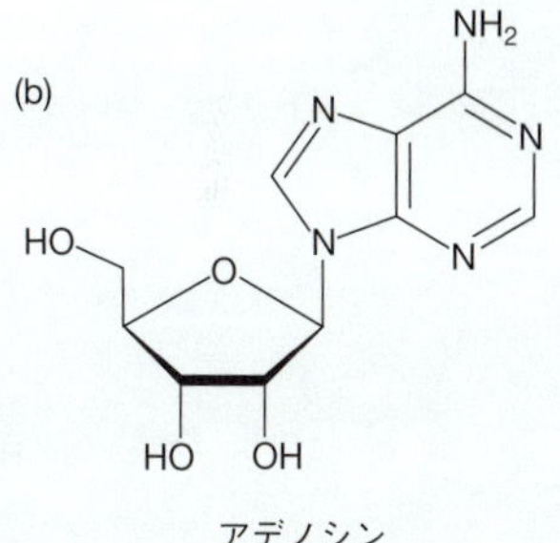

アデノシン
adenosine
（*N*-*β*-リボフラノシド）

図 20・40 (a) D-グルコピラノースとメタノールから合成されるメチル *α*-D-グルコピラノシドとメチル *β*-D-グルコピラノシド．(b) D-リボースと含窒素化合物アデニンから生成するアミノアセタールである *N*-*β*-グリコシドのアデノシン（22 章参照）．

問題 20・20 Koenigs–Knorr（ケーニヒス クノル）反応は有用なグリコシド合成法である．まず，図 20・37 のペンタアセタートを HBr と反応させて C(1)を臭素化する．この臭化物を Ag_2O の存在下アルコールで置換する．この反応の選択性は高く，*β*-アノマーのみが得られる．これは単純に S_N2 反応が進行したからではない．*β*-アノマーが選択的に生成する理由を考えよ．

ROH / Ag_2O

グリコシドは強酸性条件下では安定でない．Williamson のエーテル合成により合成した 4 個のメチルエーテル結合と 1 個のメチルアセタールをもつグリコシドを，酸で処理すると，アセタール部分のみが加水分解されて，C(1) メトキシ基をヒドロキシ基に変換することができる（図 20・41）．

触媒量の HCl / H_2O

テトラエーテル，モノアセタール　　テトラエーテル，ヘミアセタール

図 20・41 完全メチル化体を酸性加水分解すると，C(1) 上のメトキシ基だけがヒドロキシ基に変わり，ヘミアセタールとなる．

問題 20・21 図 20・41 においてアノマー炭素上のメトキシ基のみがヒドロキシ基に変換されるのはなぜか．理由を説明せよ．

解答 すべてのエーテル酸素がプロトン化されるが，そのなかでアセタール酸素へのプロトン化のみが，アルコールの脱離により安定化されたカルボカチオンを与える．そ

問題 20・21　解答（つづき）　こへ水が付加し，ついで脱プロトンすることにより図 20・41 に示すテトラエーテルヘミアセタールが生成する（両方のアノマーが生成）．

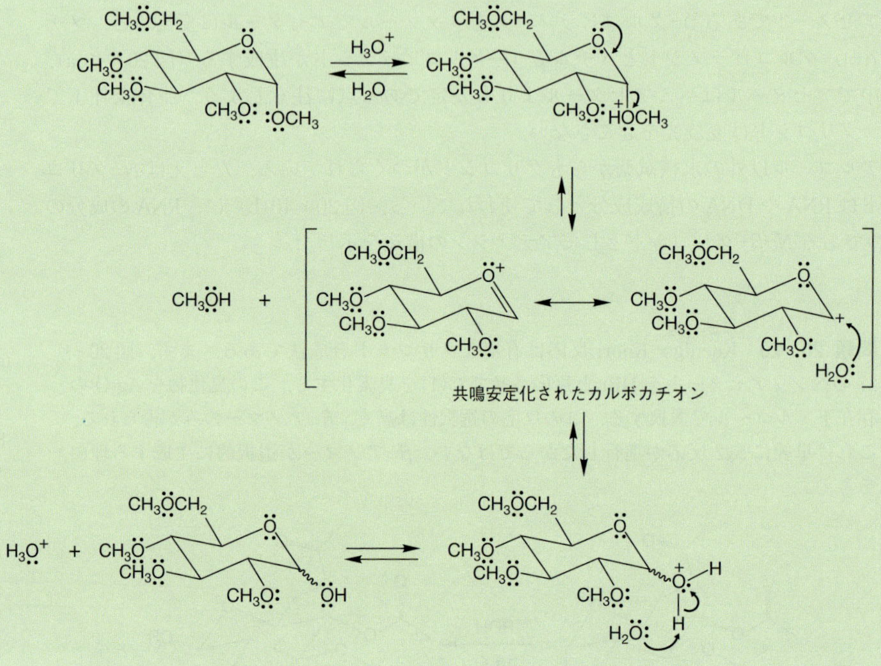

グルコースおよび他のアルドヘキソースの環の大きさを，ここで学んだ反応と酸化反応を組合わせ用いることにより決定してみよう．まず D-グルコースに酸存在下，メタノールを反応させることにより，対応するメチルグリコシドへと変換する（図 20・42）．ここで 1,2-ジオールは過ヨウ素酸で開裂できることを思い出してほしい．そこで，つぎに生成したメチル D-グルコピラノシドを過ヨウ素酸で処理すると，図 20・42 に示したジアルデヒドが生成する．もし D-グルコースがおもにフラノース形であったとしたら，まったく異なる構造をもつ化合物が得られたであろう．このようにしてグルコースの環構造は，主として 6 員環すなわちピラノースであることが明らかとなった．

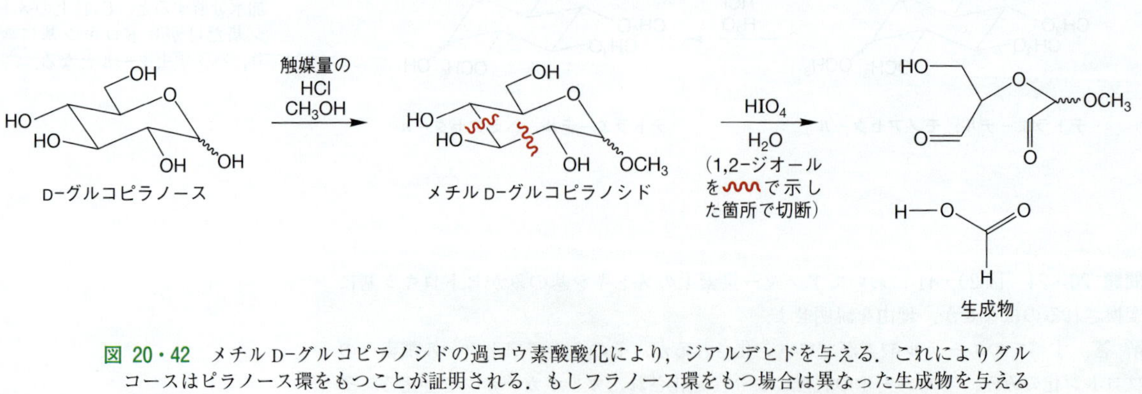

図 20・42　メチル D-グルコピラノシドの過ヨウ素酸酸化により，ジアルデヒドを与える．これによりグルコースはピラノース環をもつことが証明される．もしフラノース環をもつ場合は異なった生成物を与えるであろう．

20・4g 糖質化学の最前線 天然物や生理活性物質の多くが糖質と結合することにより機能を発揮する．たとえばタンパク質に糖質が結合したものは，細胞シグナル，遺伝情報，免疫応答などに深くかかわっている．糖質を結合する反応は，単にヒドロキシ基の１つが求核試薬として反応する単純なことに見えるかもしれない．しかし，糖質は多くのヒドロキシ基をもつため，ただ混ぜるだけでは多種の生成物ができてしまう．これではとても制御された合成法とはいえない．自然界では，酵素の働きによって糖質の付加が制御されているが，化学者は選択的な保護基（p.774）の導入法を駆使することによって反応を制御する．たとえばD-グルコースのC(2) OHだけを反応させるには，D-グルコシドのC(3)，C(4)，C(6) のOHを保護しなければならない．図20・43に，α-D-グルコピラノシドから，特定のOH基だけを残すように選択的に保護されたグルコピラノシド誘導体を合成する経路を示した．ここでは，アセタール生成反応，アルキル化反応，アシル化反応，シリル化反応，還元反応が組合わされて使われている．

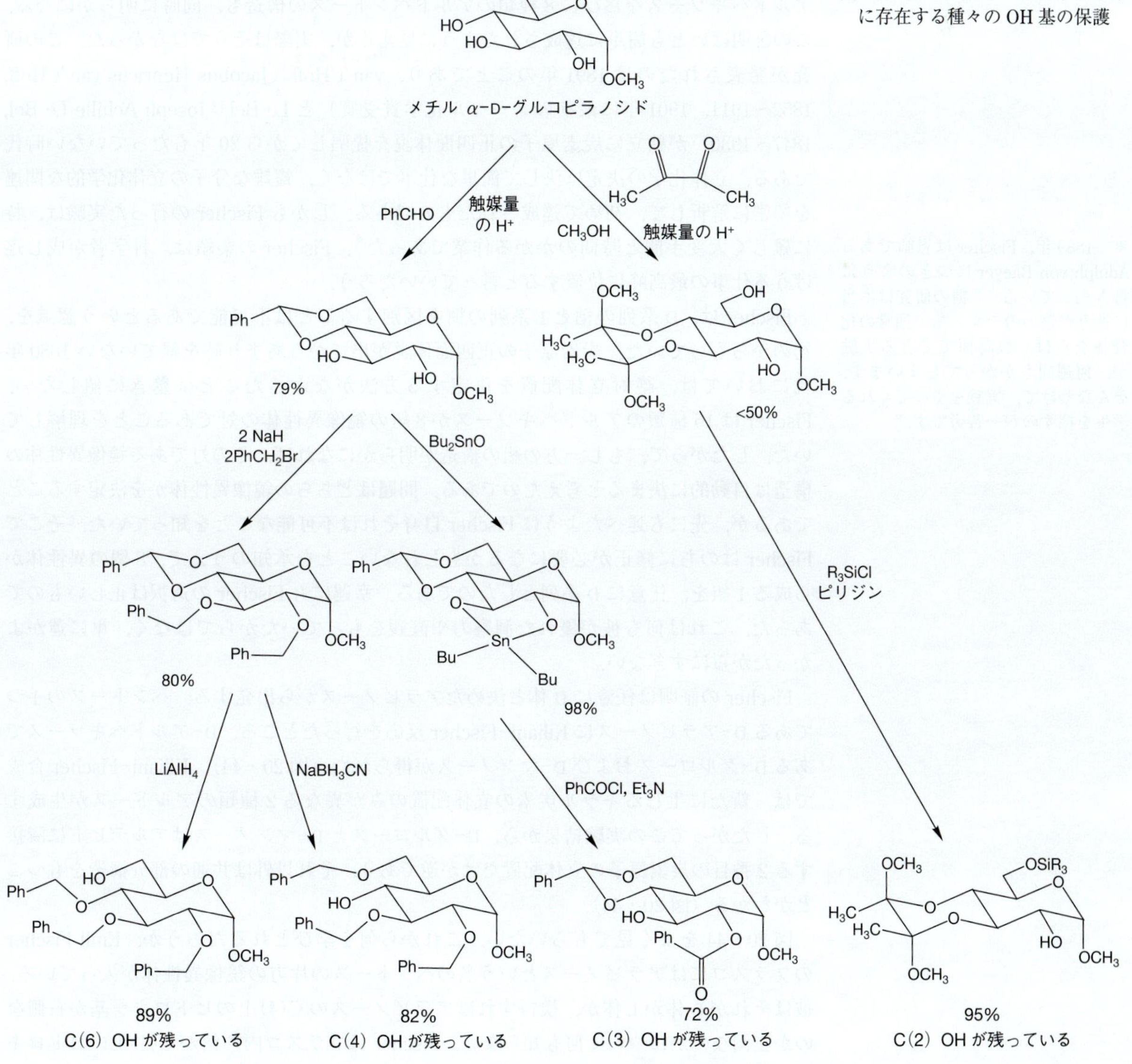

図 20・43 α-D-グルコピラノシドに存在する種々のOH基の保護

しかし，糖質は多様である．たとえD-グルコースでうまくいってもD-マンノースに適用できるとは限らないことを心にとめておこう．

まとめ

糖質の反応は，糖のカルボニル基あるいはヒドロキシ基の位置で起こる．たとえば，アルデヒドは酸化・還元することができ，またアミンを反応させることによりイミンへと変換できる．一方，ヒドロキシ基は，アルキル化やアシル化が可能である．保護基を巧みに駆使することにより，グリコシドのヒドロキシ基を選択的に保護することができる．

20・5 トピックス: Fischer による D-グルコース（および他の 15 種類のアルドヘキソース）の構造決定

ここではEmil FischerによるD-グルコースの構造決定を概説する．他の15種類のアルドヘキソースならびに8種類のアルドペントースの構造も，同時に明らかになる．この証明はいとも簡単に達成されたように見えるが，実際はそうではなかった．この研究が発表されたのは1891年のことであり，van 't Hoff（ファント ホッフ）（Jacobus Henricus van 't Hoff, 1852～1911，1901年に最初のノーベル化学賞受賞）と Le Bel（ル ベル）（Joseph Achille Le Bel, 1847～1930）が独立に炭素原子の正四面体説を提唱してから20年もたっていない時代である．立体化学の決定は決して簡単な仕事ではなく，複雑な分子の立体化学的な関連を綿密に解析して，初めて達成されたものである．しかもFischerの行った実験は，特に難しく大変手間と時間のかかる作業であった*．Fischerの業績は，科学者が成し遂げうる仕事の最高峰に位置すると言っていいだろう．

* 1889年，Fischerは恩師であるAdolph von Baeyerにつぎのように書き送っている．“糖の研究は本当に進みが遅いのです...... 通常の化合物ならば，数時間でできる実験が，何週間もかかってしまいます．そんなわけで，実験をやってくれる学生を探すのが一苦労です．”

Fischerは，D系列の糖とL系列の糖を区別することは不可能であるという認識を，初めからもっていた．炭素原子の正四面体説が出てからあまり時を経ていない1880年代においては，絶対立体配置を決定する方法がなかったことは驚きに値しない．Fischerは16種類のアルドヘキソースが8組の鏡像異性体の対であることを理解していた．したがって，もし一方の組の構造が明らかになれば，その対である鏡像異性体の構造は自動的に決まると考えたのである．問題はどちらの鏡像異性体かを決定することであるが，先にも述べたようにFischer自身それは不可能なことを知っていた．そこでFischerはのちに修正が必要になるかもしれないことを承知のうえで，8個の異性体から成る1組を，任意にD系列としたのである．幸運にもFischerの選択は正しいものであった．これは何も彼が優れた洞察力や直観をもっていたからではなく，単に運がよかったからにすぎない．

Fischerの証明は任意にD体と決めたアラビノースから出発する．ペントースの1つであるD-アラビノースにKiliani-Fischer反応を行ったところ，D-アルドヘキソースであるD-グルコースおよびD-マンノースが得られた（図20・44）．Kiliani-Fischer合成では，新たに生じるキラル炭素の立体配置のみが異なる2種類のアルドースが生成する．したがってこの実験結果から，D-グルコースとD-マンノースはアルデヒドに隣接する2番目の炭素原子の立体配置だけが逆であり，それ以外は共通の部分構造をもつことがわかる（図20・44）．

図20・44をよく見てもらいたい．これから何を学びとれるだろうか．Emil Fischerのフラスコにはアラビノースという名のペントースの片方の鏡像異性体が入っている．彼はそれがD体かL体か，換言すればアラビノースのC(4)上のヒドロキシ基が右側なのか左側なのかについて何も知らない．FischerはフラスコC内の糖がC(4)上のヒドロキ

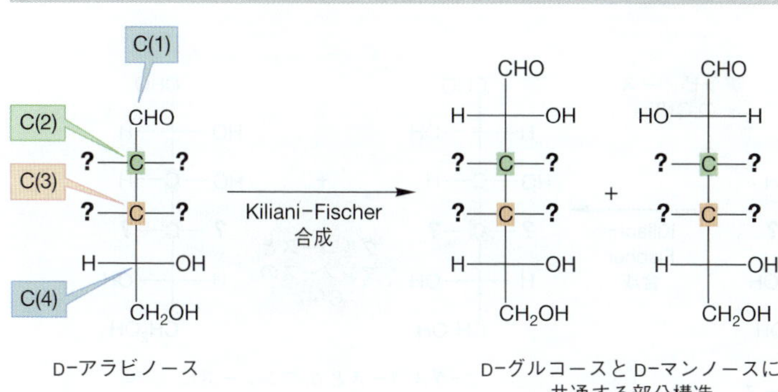

図 20・44 Fischer によるグルコースの構造の証明の第 1 段階．D-アラビノースに対して Kiliani-Fischer 合成を適用すると，図に示すような共通の部分構造をもつ D-グルコースと D-マンノースが生成する．

シ基が右側にある D 系列の糖であると仮定したのである．現在ではその仮定は正しかったことが明らかになっている．また Fischer はアラビノースの C(2) と C(3) 上の OH 基の配置については何もわかっていなかった．D-アラビノースに Kiliani-Fischer 合成を行うと D-グルコースと D-マンノースが生成し，そのうちの一方はアルデヒドの隣の炭素上の OH が右側にあり，他方ではそれが左側にある．

Fischer の証明の第 2 段階は D-アラビノースの C(2) の立体配置の決定である（この炭素は D-グルコースと D-マンノースの C(3) に相当する）．Fischer は D-アラビノースを硝酸で酸化して得られるジカルボン酸が光学活性体であることを見いだした．図 20・45 に D-アルドペントースの酸化反応により生成可能な 3 種類のジカルボン酸を示す．これらのうち 2 つは光学不活性なメソ化合物である．残りの 1 つが光学活性ジカルボン酸であり，Fischer が得たのはまさにこの化合物である．したがって酸化生成物の C(2)（この炭素はアルドヘキソースでは C(3) に相当する）上のヒドロキシ基は左側にあることが明らかになった．

図 20・45 D-アラビノースを酸化すると光学活性なジカルボン酸が生成する．D-アラビノースの C(2) の OH 基は左側にあることが決まる．

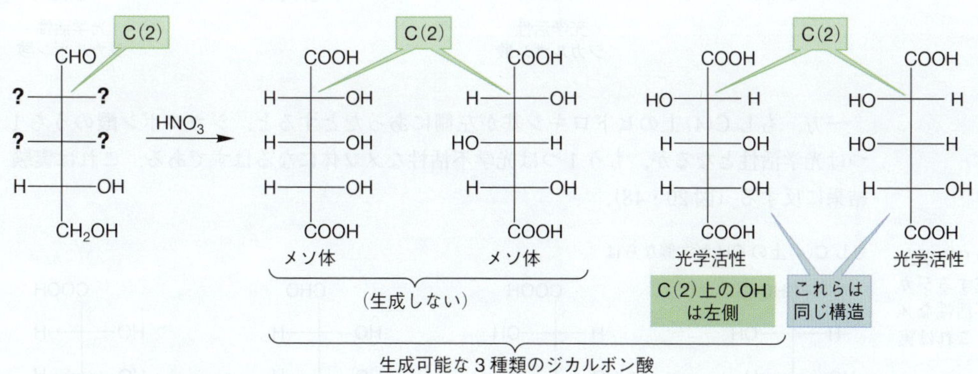

この実験で D-アラビノース，D-グルコース，および D-マンノースの部分構造がだいぶわかってきた．すなわち，D-アラビノースのアルデヒドの隣のヒドロキシ基は左側にくることがわかった．したがって，まだ決定されていないのは，C(3)（この炭素はアルドヘキソースの C(4) に相当する）上のヒドロキシ基の立体配置，および 2 つの D-アルドヘキソースのどちらが D-グルコースでどちらが D-マンノースかということである（図 20・46）．

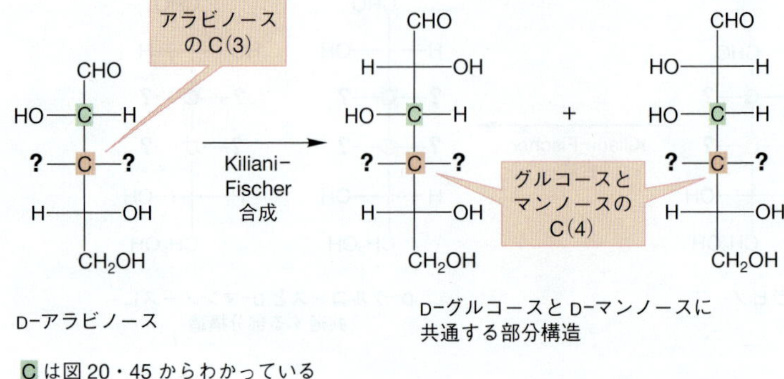

図 20・46 ここまでで明らかになったD-アラビノース，D-グルコース，D-マンノースの構造．D-アラビノースのC(3)すなわちD-グルコースとD-マンノースのC(4)の立体配置がまだ決まっていない．

Fischerの証明の第3段階において，残りのヒドロキシ基の立体配置が決定される．D-グルコースとD-マンノースを硝酸で酸化すると，どちらからも光学活性ジカルボン酸が得られることがわかった．ここでC(4)上のヒドロキシ基が右側にある場合と左側にある場合で，どのように生成物が異なるか検討してみよう．もし右側にある場合は，D-グルコースおよびD-マンノースいずれからも光学活性体が生成するであろう．これは実験結果と一致する（図 20・47）．

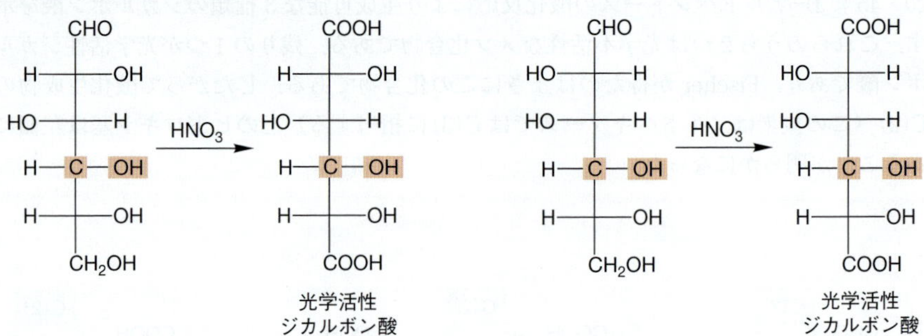

図 20・47 もしD-アラビノースのC(4)上のOHが右側であると仮定すると，D-グルコースとD-マンノースの硝酸酸化で生成するジカルボン酸はともに光学活性となるはずである．これは実験事実と一致する．

一方，もしC(4)上のヒドロキシ基が左側にあったとすると，ジカルボン酸のうち1つは光学活性となるが，もう1つは光学不活性なメソ体になるはずである．これは実験結果に反する（図 20・48）．

もし C(4)上の OH が左側ならば

HNO_3 → メソ体の ジカルボン酸

HNO_3 → 光学活性 ジカルボン酸

図 20・48 もしC(4)上のOHが左側であったならば，生成するジカルボン酸の一方は光学不活性なメソ体になるはずであり，これは実験事実に反する．

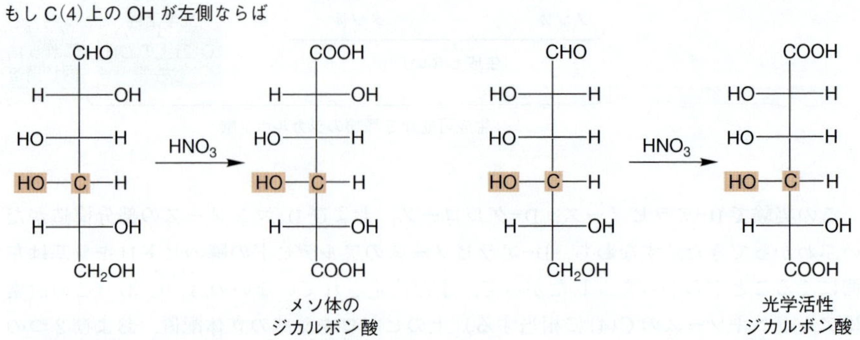

以上の結果から，D-アラビノースのC(3)上のヒドロキシ基，すなわちD-グルコースとD-マンノースのC(4)上のヒドロキシ基は，右側にあることが明らかとなった．

まとめると，D-グルコースと D-マンノースは図 20・49 に示した 2 つの構造のいずれかであることがわかった．つぎの課題はどちらがグルコースでどちらがマンノースかを決定することである．

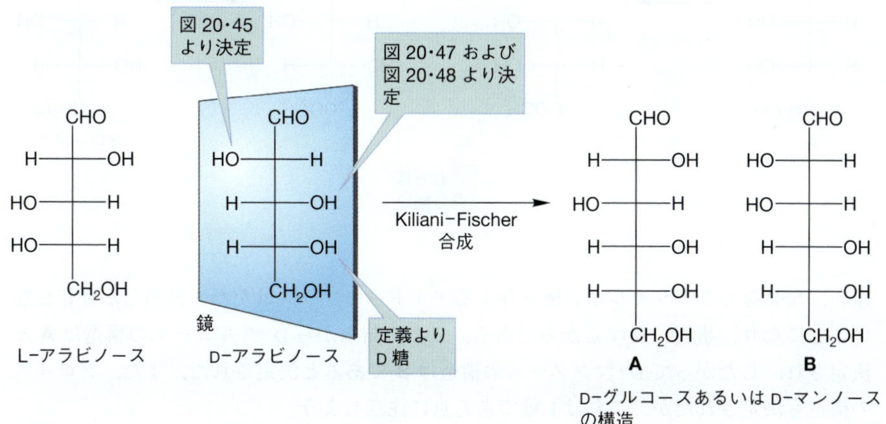

図 20・49 これまでに D-アラビノースと L-アラビノースの構造が決まった．また D-グルコースと D-マンノースの構造が **A** あるいは **B** であることがわかったが，どちらがどちらであるかは決まっていない．

ここまでで，D-アラビノースの 3 つのヒドロキシ基の相対立体配置はすべて明らかになった．D 鏡像異性体の絶対立体配置が決まれば，L 体の立体配置も自動的に決まることはいうまでもない（図 20・49）．

Fischer がつぎに決定しなければならなかったのは，図 20・49 に示した 2 つの構造（**A** と **B**）のどちらが D-グルコースでどちらが D-マンノースか，ということであった．

Fischer はこの証明のためにグロースという別の糖を用いた．アルドヘキソースの 1 つであるグロースを硝酸で酸化すると，D-グルコースを硝酸酸化して得られるのとまったく同じジカルボン酸が生成した（図 20・50）．硝酸酸化により両端のアルデヒドと第一級アルコールがともにカルボン酸へと変換される．この過程でキラル炭素は変化しない．糖の投影式を逆さまにして CH_2OH を一番上に，CHO を一番下になるように書き直してみると，これを酸化してもやはりアルダル酸が生成するのがわかるだろう（図 20・50）．

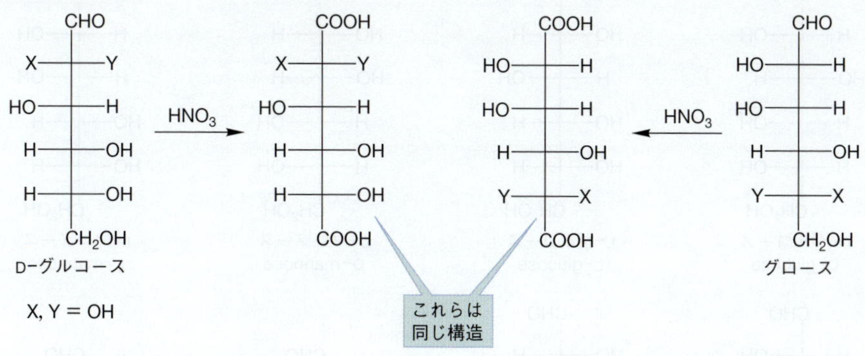

図 20・50 硝酸酸化により末端のアルデヒドと第一級アルコールの両部位はいずれもカルボキシ基となる．D-グルコースとグロースは，どちらからも同じアルダル酸を生成することから，Fischer 投影式を逆さにしたものは当然異なっていなければならない．

さて，D-グルコースが **A** の構造である場合，グロースは同じ酸化生成物を与えるような図 20・51 の右側に示す構造でなければならない．

もし D-グルコースの構造が **B** であった場合はどうだろうか．グロースが同一のアルダル酸を与えるためには図 20・52 の右側に示す構造でなければならない．しかしこれは論理的におかしい．なぜなら **B** は D-グルコースと同一となり，2 種類の糖が同じ構造をもつことになってしまうからである（図 20・52）．D-グルコースは **B** ではありえ

HNO3
HNO3
A
グロース？
これらは同じ構造

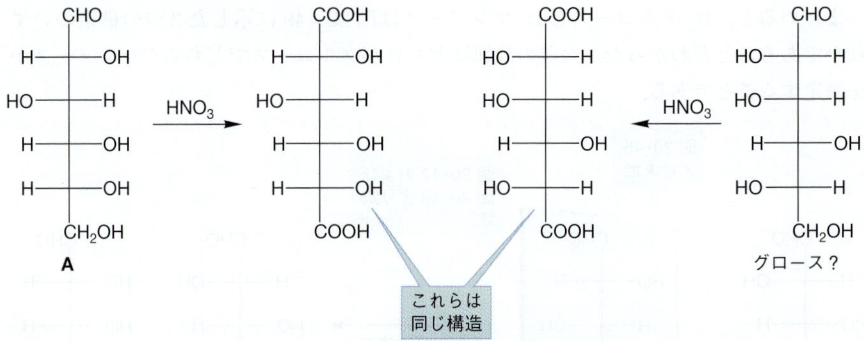

図 20・51　もしD-グルコースの構造がAならば，グロースは図に示した構造になる．グロースの酸化により得られるアルダル酸は，D-グルコースの酸化により得られるアルダル酸と同一である．グロースの酸化生成物のFischer投影式を180°回転すると，2つの酸化生成物は同じであることがわかる．

ない．なぜならこのジカルボン酸を与えるアルドヘキソースはただ1種類しか存在しないことになり，事実に反するからである．以上の結果からD-グルコースの構造は**A**と決定され，したがってD-マンノースの構造は**B**であると決定された．また，グロースの構造も決定されたが，これはL糖である点に注意しよう．

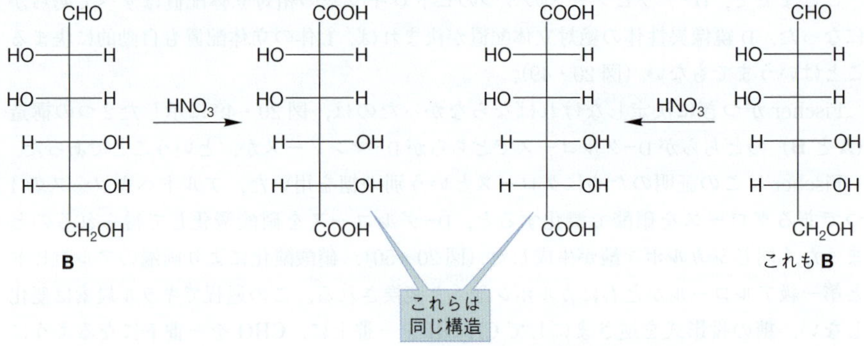

HNO3
HNO3
B
これもB
これらは同じ構造

図 20・52　もしD-グルコースの構造がBであった場合，同一のアルダル酸を与えるグロースの構造は図の右側に示したものとなるであろう．しかし，これだとグロースはD-グルコースとまったく同じ化合物になってしまう．これは，硝酸酸化により同じアルダル酸を与える糖がD-グルコースのほかにもう1つ存在する，というFischerの知見と矛盾する．

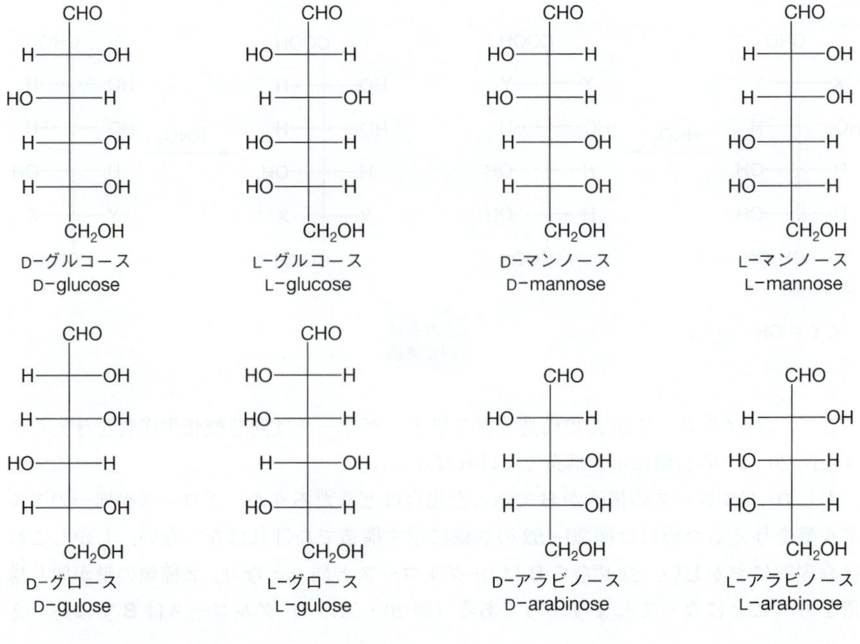

D-グルコース
D-glucose
L-グルコース
L-glucose
D-マンノース
D-mannose
L-マンノース
L-mannose
D-グロース
D-gulose
L-グロース
L-gulose
D-アラビノース
D-arabinose
L-アラビノース
L-arabinose

図 20・53　構造が明らかになったアルドヘキソースとアルドペントース

ここまでで当初の予想よりもずっと多くのアルドースの構造を知ることができた．すなわち可能な 16 個のアルドヘキソースのうち 6 個の構造を明らかにすることができた．それらは，D-グルコース，D-マンノース，L-グロース，およびその鏡像異性体である L-グルコース，L-マンノース，D-グロースである．そのほかに D-アラビノースと L-アラビノースの構造も決定された（図 20・53）．

残りのアルドペントースおよびアルドヘキソースの構造を決める方法はいくつもあるが，ここではそのうちの 1 つを見てみよう．まず，構造既知の D-アラビノースをもとに，3 種類の D-アルドペントースの構造決定を行う．D-リボースから誘導されるオサゾンは，D-アラビノースから得られるオサゾンと同一物であった（図 20・54）．この実験事実はこれら 2 種類の糖の C(2) の立体配置のみが異なることを示している．したがって，D-リボースの構造は図 20・54 のように決定された．

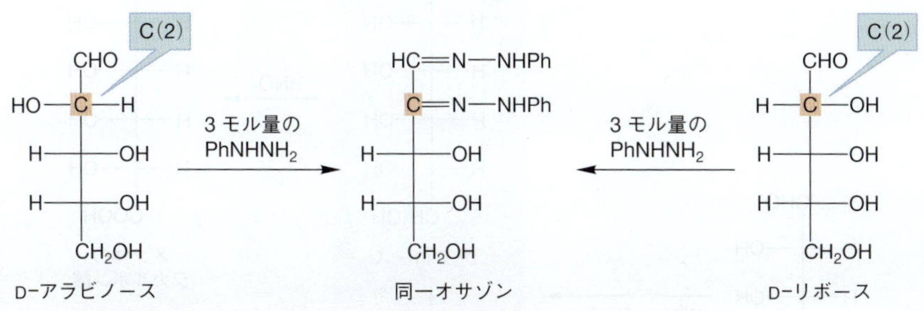

図 20・54　D-アラビノースと D-リボースは同一のオサゾンを与えることから，C(2) の立体配置だけが異なっている．したがって D-リボースの構造が決まる．L-リボースは D 体の鏡像異性体である．

この段階で構造未決定の D-アルドペントースは，D-キシロースと D-リキソースの 2 つになった．D-キシロースを硝酸で酸化するとメソ体のジカルボン酸が得られた．一方，D-リキソースからは光学活性なジカルボン酸が生成した．以上の結果からこれら 2 つの糖の構造は図 20・55 のように決定された．

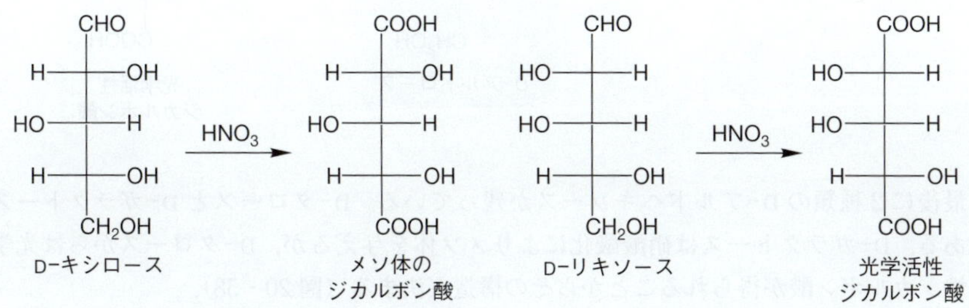

図 20・55　D-キシロースからはメソ体のジカルボン酸が生成し，D-リキソースからは光学活性ジカルボン酸が生成する．これで D-アルドペントースの構造がすべて決まったことになる．

これで D-アルドペントースの 4 個の立体異性体すべての立体配置が明らかになった．また，これらの鏡像異性体が L 系列のアルドペントースであることはいうまでもな

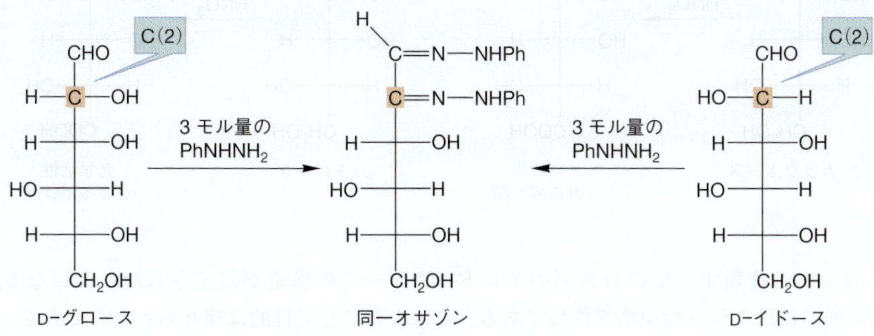

図 20・56　D-グロースと D-イドースは同一オサゾンを与える．これで，D-イドースとその鏡像異性体である L-イドースの構造が決まる．

い．したがってアルドペントースの 8 個すべての構造が決まったことになる．

つぎにアルドヘキソースの構造決定に移ろう．D-グロースと D-イドースからは同一のオサゾンが生成した．このことからこれらの糖は C(2) の立体配置のみが異なることがわかる（図 20・56）．

D-リボースに Kiliani-Fischer 合成を施すと，D-アロースと D-アルトロースが生成する．したがってこれらの糖は図 20・57 に示す 2 つの構造のどちらかである．この 2 つの糖は以下の実験により区別される．すなわち，両者を硝酸で酸化すると D-アロースからは光学不活性なメソ体のジカルボン酸が，D-アルトロースからは光学活性なジカルボン酸が得られる．

図 20・57　D-リボースに Kiliani-Fischer 合成を適用することにより，D-アロースと D-アルトロースならびにそれらの鏡像異性体の構造が確定する．

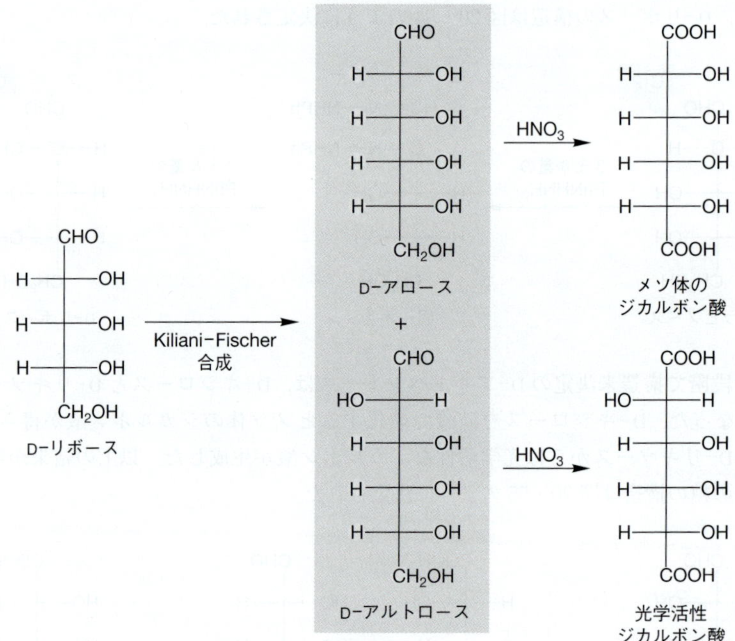

最後に 2 種類の D-アルドヘキソースが残っている．D-タロースと D-ガラクトースである．D-ガラクトースは硝酸酸化によりメソ体を与えるが，D-タロースからは光学活性ジカルボン酸が得られることからその構造が決まる（図 20・58）．

図 20・58　D-ガラクトースを酸化するとメソ体のジカルボン酸が生成し，D-タロースを酸化すると光学活性ジカルボン酸が生成する．

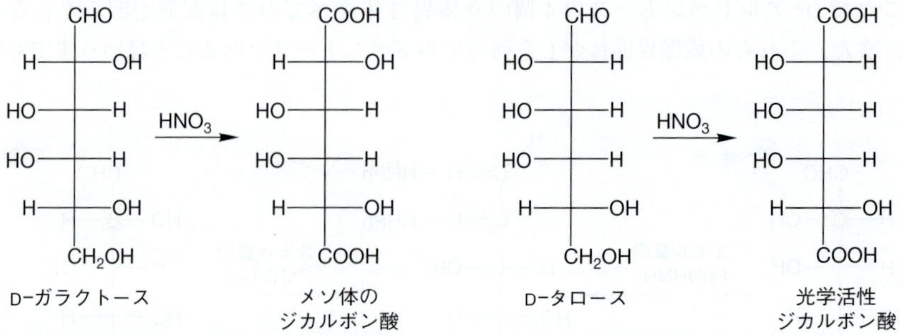

以上で 8 種類すべての D 系列のアルドヘキソースの構造が決定されたことになる．L 系列の糖はこれらの鏡像異性体である．このようにして目的は達せられたのである．

20・6 トピックス: 二糖類と多糖類

炭素数が 12, 18, という具合に 6 の倍数であるような糖類が数多く知られている. $C_nH_{2n}O_n$ で表される糖質は 1 個の糖からできており**単糖類** (monosaccharide) とよばれる. 2 個の糖から成る糖質 (C_{12} のものが多い) は**二糖類** (disaccharide) とよばれ, 2 つの糖が脱水縮合しており $C_nH_{2n-2}O_{n-1}$ という一般式で表される. いくつかの二糖類には慣用名がついている. たとえば, スクロース (sucrose, ショ糖), ラクトース (lactose, 乳糖), マルトース (maltose, 麦芽糖) などである. また**デンプン** (starch) や**セルロース** (cellulose) は, 数多くの単糖が脱水縮合してつながった高分子であり, **多糖類** (polysaccharide) とよばれる.

ここでは, ラクトースを例にとって, どのようにしてその構造が決定されたかを見てみよう. (+)-ラクトース ($C_{12}H_{22}O_{11}$) を酸で加水分解すると, D-グルコースと D-ガラクトースが生成する (図 20・59). この実験により (+)-ラクトースを構成している 2 種類の糖が決定された.

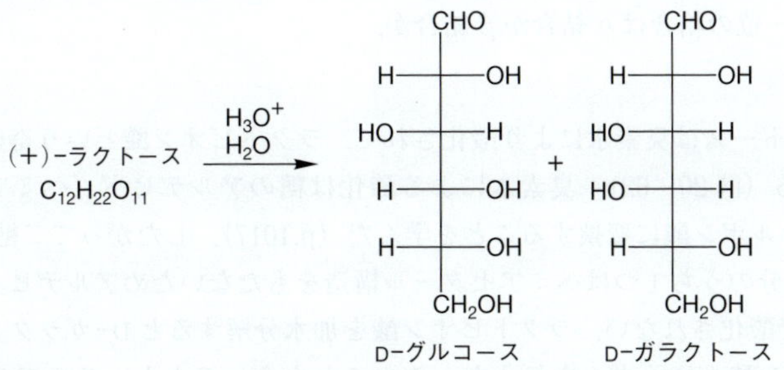

図 20・59 (+)-ラクトースの酸性加水分解による D-グルコースと D-ガラクトースの生成. これらの糖は C(4) エピマーである.

実はこの実験はもう 1 つ他の情報も与えてくれる. すでに酸性加水分解条件では, グリコシド結合のみが開裂し, 通常のエーテル結合は開裂しないことを学んだ. たとえば, すべてのヒドロキシ基がメチル化された D-グルコース誘導体の酸性加水分解では, メチルグリコシド部位だけが開裂する (p.1023). したがって D-グルコースと D-ガラクトースはどちらかの糖の C(1) ヒドロキシ基を介して結合していなければならない (図 20・60). なぜなら, もし C(1) 以外の位置で結合していたとすると, この化合物は希酸によって加水分解されないからである.

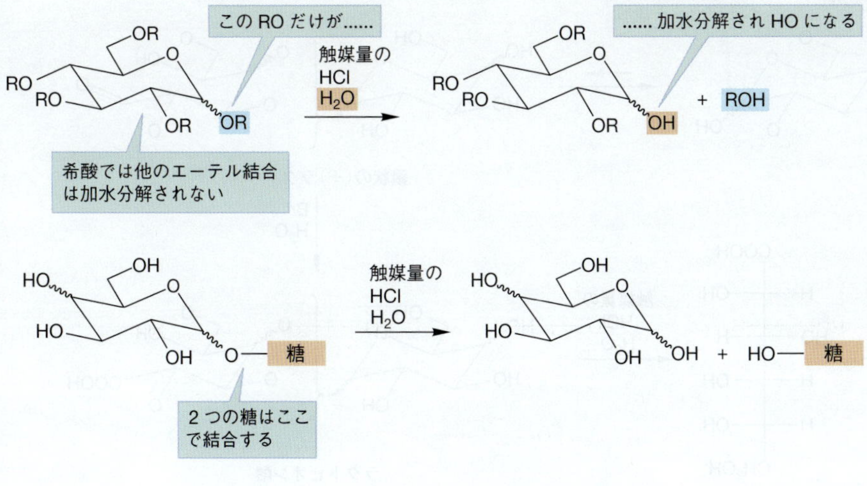

図 20・60 希酸により加水分解されることから (+)-ラクトースを構成する単糖はグリコシド結合を介して結合している.

この時点で，ラクトースの二糖構造に関して以下の3点がまだ明らかにされていない（図20・61）．

図 20・61　(＋)-ラクトースの構造を決定するために明らかにしなければならないこと

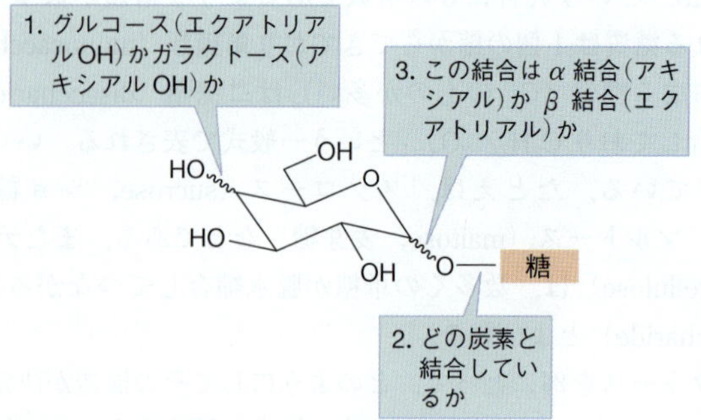

1. どちらの単糖のアノマー位で結合しているのか．
2. そのアノマー位で結合しているのは，もう一方の糖のどのヒドロキシ基か．
3. アノマー位の結合はα結合かβ結合か．

(＋)-ラクトースは臭素水により酸化されて，ラクトビオン酸という奇妙な名前の化合物を与える（図20・62）．臭素水による酸化は糖のアルデヒド（ヘミアセタール炭素）のみをカルボン酸に変換することを学んだ（p.1017）．したがって二糖の酸化では，2つの単糖部分のうち1つはヘミアセタール構造をもたないためアルデヒドと平衡になく，臭素水で酸化されない．ラクトビオン酸を加水分解するとD-ガラクトピラノースとD-グルコン酸1分子ずつを与えた．このことから，ラクトースのアルデヒド部位（ヘミアセタール部位）はグルコースの方に存在していたことがわかる．つまり，ラクトース骨格はガラクトースのC(1)にグルコースが結合していると結論づけられる．

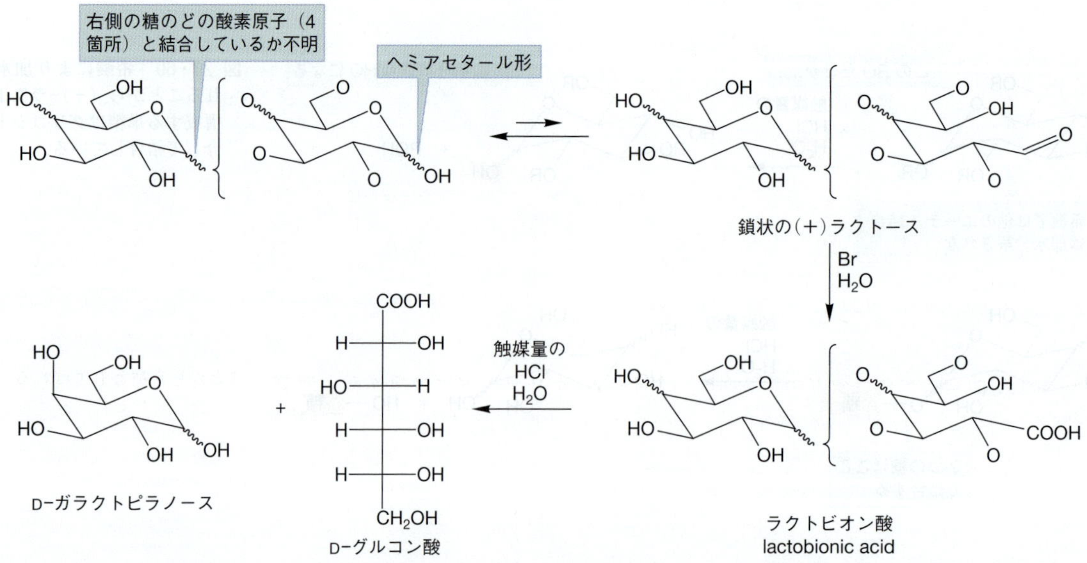

図 20・62　ラクトビオン酸のカルボキシ基の位置で（＋)-ラクトースのアルデヒド（ヘミアセタール）の位置がわかる．ラクトビオン酸の加水分解生成物はグルコン酸でありガラクトン酸ではないことから，(＋)-ラクトースのアルデヒドはグルコースの方に存在する．

問題 20・22 もし（+）-ラクトースの2種類の糖が逆向きに，つまりグルコースのC(1) がアセタールを形成しガラクトースがアルデヒド（ヘミアセタール）をもつように結合していた場合，図 20・62 の反応の生成物はどのようになっていたであろうか．

解 答 糖の順番が逆になると，ガラクトースのアルデヒド部位が酸化され COOH となり，加水分解により生成するのは，D-ガラクトン酸と D-グルコピラノースとなるはずである．

右側の糖のどの OH が結合しているかは不明

D-グルコース部分 D-ガラクトース部分

仮想ラクトースのアルデヒド形

Br_2, H_2O

仮想ラクトビオン酸

触媒量の HCl, H_2O

D-グルコピラノース + D-ガラクトン酸 D-galactonic acid

さて，ガラクトースの C(1) と結合しているのはグルコースのどの炭素であろうか．問題はつぎのようにして解決される．まず，Williamson のエーテル合成を用いて D-ラクトースのすべての OH 基をメチル化する（図 20・63）．つぎに，これを酸で加水分解すると，2,3,4,6-テトラ-*O*-メチルガラクトピラノースと 2,3,6-トリ-*O*-メチルグルコピラノースが生成した．酸性加水分解により，ラクトースに存在するヘミアセタールおよびアセタールを形成しているヒドロキシ基だけが遊離の状態となる．他の位置のメチルエーテルは加水分解されない．この結果から，メチル化されていなかったのは，グルコースの C(4) OH であることがわかり，したがって，グルコースの C(4) の OH 基がガラクトースの C(1) と結合していることが明らかにされた．

最後に（+）-ラクトースに存在するグリコシド結合が α，β どちらかであるかを決める．そのために，β-グリコシドのみを加水分解し，α-グリコシドには働かない酵素としてラクターゼを利用する．結果は，（+）-ラクトースは，ラクターゼ（lactase）* により加水分解されることがわかった．したがって β-グリコシド結合をもつことがわかる．^{1}H NMR スペクトルによってもこの二糖が α 結合をもつのか β 結合をもつのかを決定することができる．すなわち，アノマー炭素上の水素は，他の水素に比べ非遮蔽されており，さらに C(1) 上のエクアトリアル水素（δ～5.2 ppm）は C(1) 上のアキシアル水素（δ～4.6 ppm）よりも，低磁場に検出される．図 20・64 に最終的に決定されたラクトースの構造式を示す．

＊ ラクトースは乳製品に含まれることから乳糖ともよばれる．血液中に取込むため，ラクトースのような二糖類は，単糖へと分解される．ラクトースのアセタール結合を切る酵素がラクターゼである．ラクターゼを体内でつくれない多くの成人はラクトース不耐性となり，ラクトースが体内にたまってしまい，その結果下痢などのさまざまな症状が現れる（ラクトース不耐症あるいは，乳糖不耐症）．

ガラクトース　グルコース

過剰量の CH_3I Ag_2O

ガラクトースの C(1)

グルコース中の１つの酸素が ガラクトースの C(1) に結合

3 つの ? が CH_3
1 つの ? が D-ガラクトースと結合

触媒量の HCl H_2O

2,3,4,6-テトラ-*O*-メチル-D-ガラクトース　＋　2,3,6-トリ-*O*-メチル-D-グルコース

C(4) の OH が 2 つの糖の結合に使われた

図 20・63　徹底的なメチル化と加水分解により，ガラクトースの C(1) とグルコースのどの OH が結合しているかを決定できる．

合成甘味料

図の 4 つの人工甘味料，サッカリン，チクロ，アスパルテーム，スクラロース，の構造は大きく異なっている．しかしこれらの化合物には，味見することによって偶然見いだされたという共通点がある．事実，チクロは実験中に吸ったタバコが甘く感じられたことから見つかった．現在の我々にとって，実験室での喫煙は言うに及ばず，化学物質を口にするなど自滅行為に思えるかもしれないが，当時は当たり前であった．1960 年代においてさえ，できたものは何でも慎重に臭いを嗅いだものである．この行為により何人の化学者が嗅覚を損なったことであろうか．今では実験室の換気は大きく改善され，試験管からわずかに漂う臭いを嗅ぐことで非常に用心深くテストできる．

サッカリンは，1879 年に発見されて以来 100 年に及ぶ調査と議論の末，適度な摂取であれば健康を害さない甘味料として認可されている．1937 年に発見されたチクロの毒性に関しては，米国食品医薬品局（FDA）は健康被害の明らかな証拠はないとしたけれども，米国では全面的に禁止されたままとなっている．1965 年に開発されたアスパルテームは，おそらく最もよく研究されている食品添加物であろう．加水分解によりフェニルアラニンが生成するためフェニルケトン尿症患者は避けなければならないが，一般に広く許容されている．アスパルテームは加熱によりメタノールを生成するが極微量であるので問題はないとされている．1976 年に開発されたスクラロースはすべての毒性試験をパスしている人工甘味料である．一般にハロゲン化アルキルには発がん性があるとされるが，スクラロースは塩素原子をもってはいるが，体内に蓄積されるほど脂溶性が高くないのである．

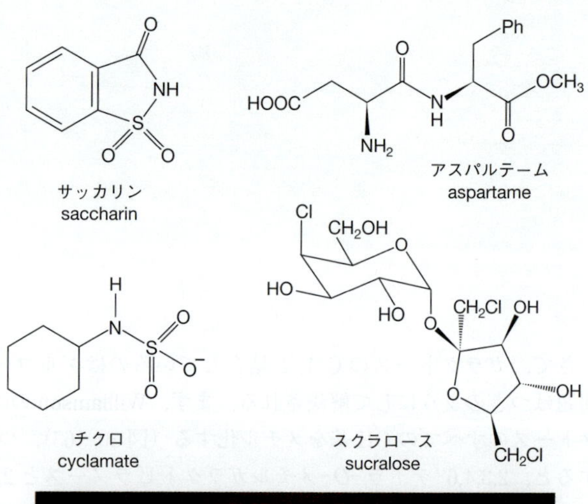

340 g のソフトドリンク缶で 35 g 以上，栄養ドリンクでは，しばしば 50 g 以上のスクロース（ショ糖）が含まれている．ノンカロリー飲料やダイエット飲料には通常スクロースは含まれないが，人工甘味料が 0.2 g 以内で含まれている．

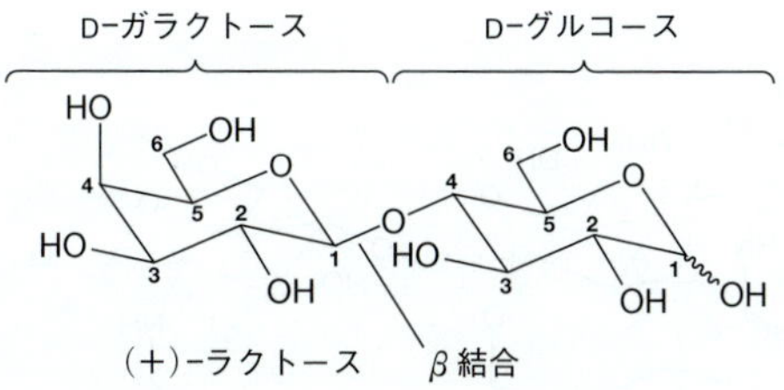

D-ガラクトース D-グルコース

(+)-ラクトース β結合

図 20・64 (+)-ラクトースの構造式．ガラクトースのC(1)とグルコースのC(4)がβ-グリコシド結合を介してつながっている．

問題 20・23 (+)-ラクトースのFischer投影式を描け．ヒント：いくつかの長い“曲がった結合”（図20・16参照）が必要である．

問題 20・24 二糖のセロビオース（cellobiose）を加水分解すると，2分子のD-グルコースが生成する．セロビオースをメチル化すると，オクタメチル体を与え，それを酸で加水分解すると，2,3,6-トリ-*O*-メチル-D-グルコピラノースと2,3,4,6-テトラ-*O*-メチル-D-グルコピラノースが1分子ずつ生成する．セロビオースはラクターゼによって酵素的に開裂する．以上の実験事実に基づいてセロビオースの構造を推定せよ．セロビオースには2つの構造が可能である．1つは ^{1}H NMRスペクトルにおいて，δ4.5とδ4.7 ppmにシグナルが観測される．もう1つの異性体は，δ4.5とδ5.2 ppmにシグナルが観測される．2種類のセロビオースの構造を描け．

問題 20・25 赤血球の表面には免疫応答を担う重要な糖タンパク質（タンパク質に糖鎖が共有結合した分子；22章参照）が存在する．ヒトでは3種類の糖タンパク質が知られており，糖鎖の違いによって血液型（A型，B型，AB型，O型）が決定される．動物の種類によって赤血球上の糖タンパク質は異なる．たとえばウマには8種類の血液型があることが知られている．ヒトの血液型を決定する糖鎖を図に示した．O型糖鎖は，*N*-アセチル-D-グルコサミン，D-ガラクトース，そしてL-フコース（フコースは6-デオキシガラクトースの慣用名）から成る．B型糖鎖は四糖であり，O型糖鎖にD-ガラクトースが結合したものである．A型糖鎖も四糖であり，O型糖鎖に*N*-アセチル-D-ガラクトサミンが結合している．

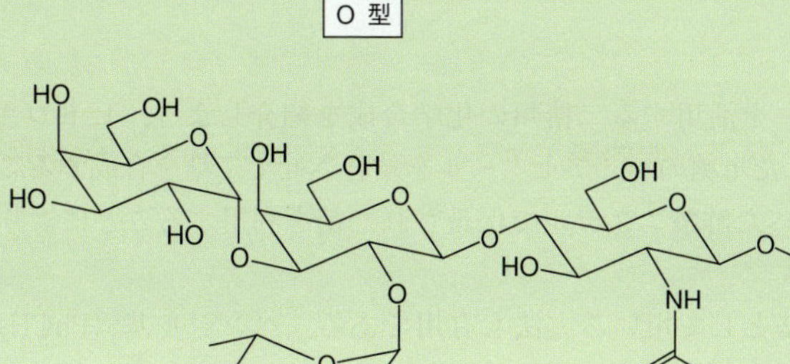

タンパク質

O型

タンパク質

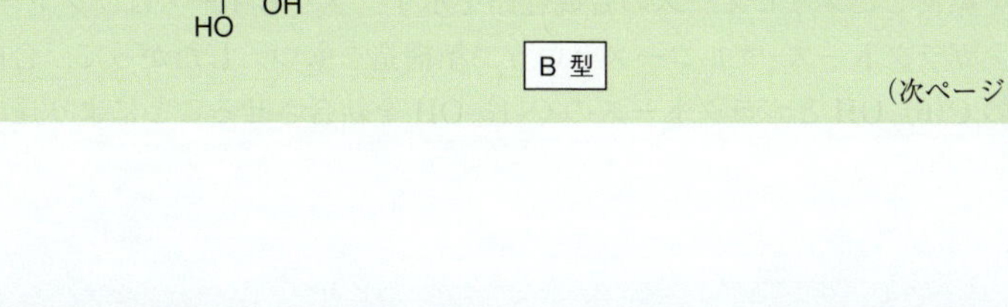

B型

（次ページにつづく）

問題 20・25 （つづき）

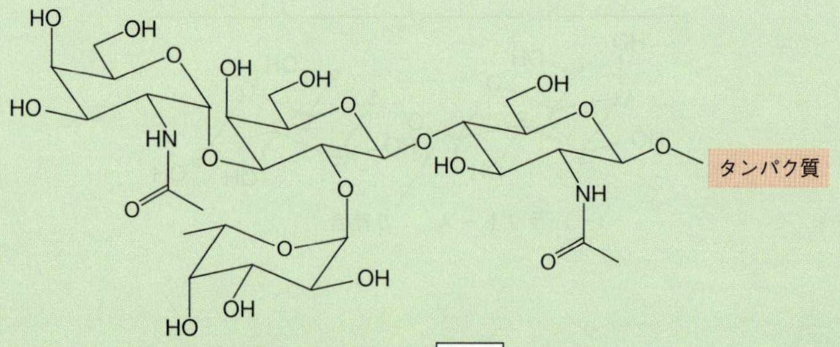

(a) L-フコースの Fischer 投影式を書け．

(b) すべてのアノマー炭素原子に α あるいは β を記せ．

(c) これらの糖は還元糖であるか．あるいはそうでないのか．理由を付して答えよ．

自然界には，ラクトースのグリコシド結合を開裂するラクターゼ以外にも，数多くのグリコシダーゼ（グリコシド結合を加水分解する酵素）が存在し，消化などに深くかかわっている．植物バイオマスを分解するのにグリコシダーゼは必要不可欠である．糖と糖をつないでいるアセタール部位を加水分解することによりアノマー位における切断を担うのがグリコシダーゼの役目である．

2 種類の糖が，互いにアノマー炭素間で酸素原子を介して結合した二糖も知られている．このような分子はアセタール構造のみをもちアルデヒド部位をもたないため，酸化してもアルドン酸（図 20・28）を与えない．これらの糖は，酸化可能なアルデヒドを少量でも含んでいる糖とは異なり，**非還元糖**（nonreducing sugar）とよばれる．その典型例が図 20・65 に示したスクロース（ショ糖）である．スクロースは D-グルコースのアノマー炭素〔C(1)〕と D-フルクトースのアノマー炭素〔C(2)〕同士が酸素原子を介して結合した二糖である．

図 20・65 非還元糖は遊離のアルデヒドをもたない．スクロースの場合，糖のアノマー炭素間で結合している．したがって砂糖として利用されるスクロースは非還元糖に分類される．

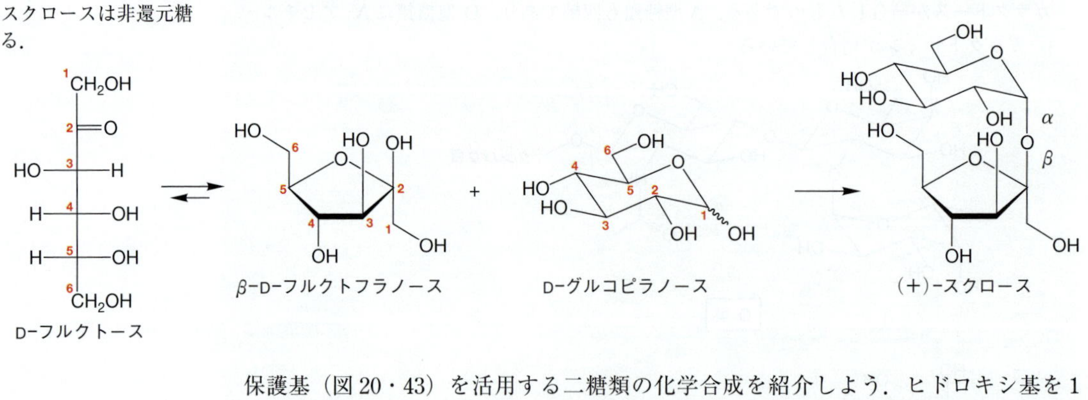

保護基（図 20・43）を活用する二糖類の化学合成を紹介しよう．ヒドロキシ基を 1 つもつ単糖と保護された単糖のヘミアセタールを結合させて二糖を合成することができる．問題 20・20 で述べた酢酸エステルで保護された糖を利用することにより二糖類とすることができる．

ベンジル基を保護基として用いる方法も有用である．ベンジル基（$PhCH_2$）の利点は，水素化（H_2/Pd）により穏和な条件下で除去できることである．図 20・66 にベンジル保護を駆使したメリビオースの合成経路を示す．メリビオースはラクトースの異性体であり，ガラクトース-グルコースという二糖構造をもつ．したがって，合成は D-グルコースの C(6) OH とガラクトースの C(1) OH を結合させることにより達成される．

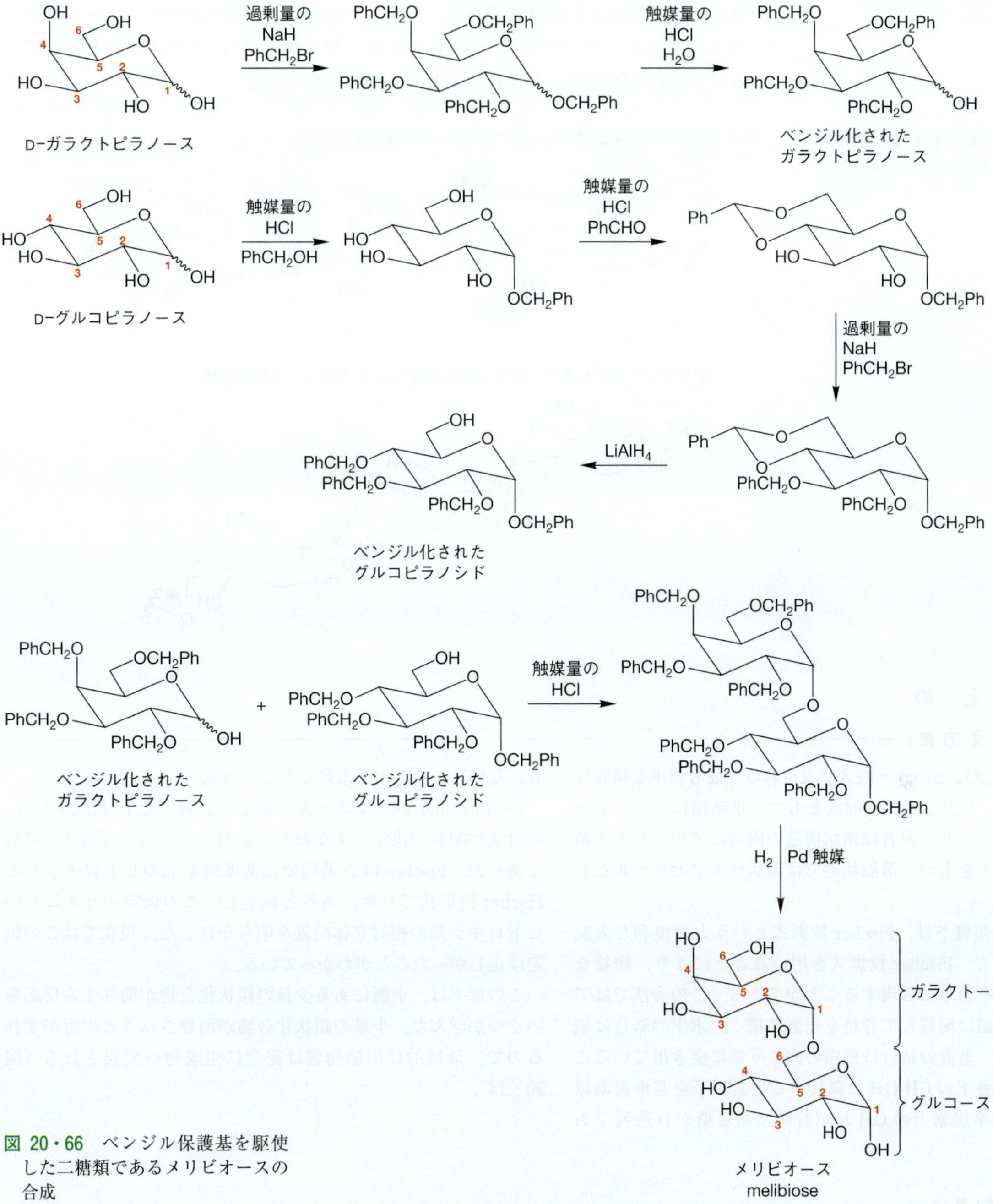

D-ガラクトピラノース →（過剰量の NaH, $PhCH_2Br$）→ →（触媒量の HCl, H_2O）→ ベンジル化されたガラクトピラノース

D-グルコピラノース →（触媒量の HCl, $PhCH_2OH$）→ →（触媒量の HCl, PhCHO）→ →（過剰量の NaH, $PhCH_2Br$）→ →（$LiAlH_4$）→ ベンジル化されたグルコピラノシド

ベンジル化されたガラクトピラノース + ベンジル化されたグルコピラノシド →（触媒量の HCl）→ →（H_2 Pd 触媒）→ メリビオース melibiose（ガラクトース, グルコース）

図 20・66　ベンジル保護基を駆使した二糖類であるメリビオースの合成

自然界には単糖が2つ以上グリコシド結合した化合物が数多く存在し，それらは多糖類とよばれる．セルロースは，D-グルコースのC(1) OHと隣接するグルコースのC(4) OHが，β-グリコシド結合を介して直線的につながった多糖である（図20・67 a）．植物の構成成分であるセルロースは，地球上に最も豊富に存在する多糖である．綿花の90％が，また樹木の50％がセルロースである．ヒトをはじめ哺乳動物はセルロースを消化することができない．一方，トウモロコシ，米，ジャガイモから得られるデンプンはグルコースから成る別の多糖であり，我々の主食として重要である．デンプンは，グルコース同士がC(1) とC(4) で結合するほかに，C(1) とC(6) の間でも結合

した枝分かれ構造をとる多糖類である．しかし，直線状の多糖部分のアミロースをデンプンから単離することができる（図 20・67 b）．アミロースはα-グリコシド結合でつながっている点を除けば，セルロースと同じ構造をしている．

図 20・67　最も一般的な天然多糖類：(a) セルロースと (b) アミロース

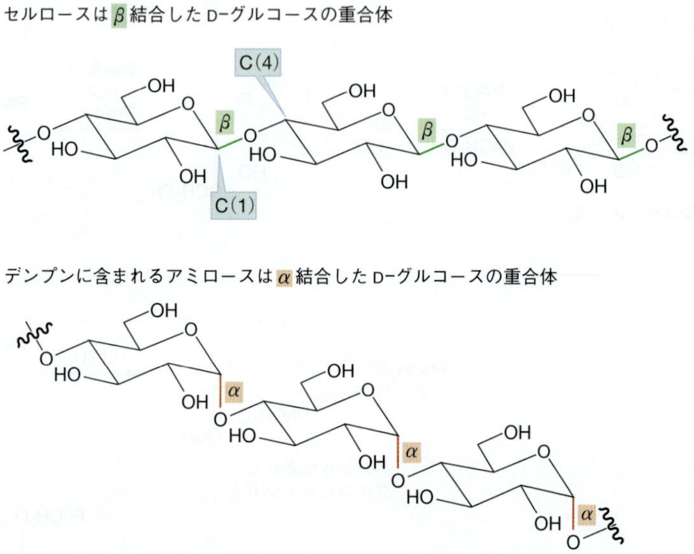

セルロースはβ結合したD-グルコースの重合体

デンプンに含まれるアミロースはα結合したD-グルコースの重合体

20・7　ま　と　め

■新しい考え方■

糖質は$C_nH_{2m}O_m$という一般式で表される．最も簡単な糖質は単糖類であり，$C_nH_{2n}O_n$の一般式をもつ．単糖類にはアルドースとケトースがあり，前者は鎖状構造の両端にアルデヒドと第一級アルコールをもつ．溶液状態では環状ヘミアセタールとして存在する．

立体化学の複雑さは，Fischer 投影式という大変便利な表記法を生みだした．Fischer 投影式を用いることにより，複雑な糖の立体構造を簡単に表現することができる．この方法ではアルデヒドを上側に配置して骨格を垂直に描く．水平の結合は紙面から手前に，垂直の結合は紙面の向こう側に突き出ていることを表す．一番下のCH_2OHに隣接する炭素原子を基準炭素原子という．基準炭素上の OH 基が右側にある糖が D 系列であり，左側にある糖が L 系列である（図 20・3）．

Emil Fischer がグルコースの構造を証明した 19 世紀末には，絶対立体配置の決定，すなわち D 系列と L 系列の区別は不可能であった．Fischer は D 系列では基準炭素上のヒドロキシ基が Fischer 投影式で右側にあると仮定し，この仮定のうえに他のヒドロキシ基の相対立体配置を明らかにした．現在ではこの仮定は正しかったことがわかっている．

この章では，平衡にある少量の鎖状化合物が関与する反応をいくつか学んだ．少量の鎖状化合物が消費されると平衡がずれるので，最終的に出発物質は完全に生成物へ変換される（図 20・14）．

■重要語句■

アノマー　anomer（p.1007）
アノマー炭素　anomeric carbon（p.1007）
アルダル酸　aldaric acid（p.1018）
アルドース　aldose（p.1000）
アルドテトロース　aldotetrose（p.1003）
アルドトリオース　aldotriose（p.1000）
アルドヘキソース　aldohexose（p.1003）
アルドペントース　aldopentose（p.1003）
アルドン酸　aldonic acid（p.1017）
エピマー　epimer（p.1007）
オサゾン　osazone（p.1019）
解　糖　glycolysis（p.1013）
還元糖　reducing sugar（p.1007）
基準炭素　configurational carbon（p.1002）
Kiliani-Fischer 合成　Kiliani-Fischer synthesis（p.1012）
グリコシド　glycoside（p.1022）
ケトース　ketose（p.1003）
サッカリド　saccharide（p.999）
セルロース　cellulose（p.1033）
多糖類　polysaccharide（p.1033）
炭水化物　carbohydrate（p.999）
単糖類　monosaccharide（p.1033）
テトロース　tetrose（p.1003）
デンプン　starch（p.1033）

糖質 carbohydrate または sugar (p.999)
二糖類 disaccharide (p.1033)
Haworth 構造式 Haworth form (p.1010)
非還元糖 nonreducing sugar (p.1038)
ピラノシド pyranoside (p.1022)
ピラノース pyranose (p.1005)
Fischer 投影式 Fischer projection (p.1001)
フラノシド furanoside (p.1022)
フラノース furanose (p.1005)
ヘキソース hexose (p.1004)
変旋光 mutarotation (p.1014)
ペントース pentose (p.1004)
Ruff 分解 Ruff degradation (p.1013)
Lobry de Bruijn–Alberda van Ekenstein 反応 Lobry de Bruijn–Alberda van Ekenstein reaction (p.1014)

■反応・機構・解析法■

この章で紹介した反応はほとんどがアルデヒドとケトンの化学（16 章），エノラートの化学（19 章），そしてアルコールの化学（7 章，8 章）である．しかしそのほかに新しい反応も登場した．

その 1 つが分子内ヘミアセタール生成である．カルボニル基に求核試薬が付加をする反応はすでに学んだ（16 章参照）．求核試薬がアルコールであればヘミアセタールが生成するが，一般に平衡では不利である．しかし生成物が比較的ひずみの少ない環状化合物の場合，分子内環化による環状ヘミアセタールの生成が有利となる．アルドヘキソース（および他の多くの糖）はまさにその例であり，主として 6 員環のピラノース構造で存在する（図 20・12）．

環状ヘミアセタールは少量の鎖状アルドヘキソースと平衡にある．α-アノマーあるいはβ-アノマーが両者の平衡混合物へ変化する現象は，変旋光とよばれる（図 20・23）．

ヘミアセタールの OH 基の反応性はその分子中の他の OH 基と異なる．たとえば，C(1)上のヘミアセタールの OH 基がプロトン化されると，水が脱離して共鳴安定化されたカチオンが生成する．このカチオンへアルコールなどの求核試薬が付加することにより，アセタールが生成する．糖のアセタールのことをグリコシドとよぶ．この反応を起こすのは C(1)上の OH だけである（図 20・38）．このアノマー炭素に特徴的な性質により，ヘミアセタールをアセタールへと変換することができる．

糖質の炭素鎖を伸長する反応（Kiliani–Fischer 合成）および短縮する反応（Ruff 分解）が開発されている．

糖の特定の位置を選択的に反応させるためには保護基を利用する．

■合　成■

- 炭素鎖を長くする反応：Kiliani–Fischer 合成により新たな C(1)アルデヒドをつくることができ，その結果 2 種類の C(2)立体異性体が生成する（図 20・20）．
- 炭素鎖を短くする反応：Ruff 分解では，アルデヒドが失われ，その結果，もとの糖の C(2)の位置がアルデヒドとなる（図 20・21）．
- オサゾンの生成（図 20・31）
- 糖質のアセタール化体，アシル化体，エーテル化体の合成（図 20・35～図 20・38）
- アルドースの酸化によるアルドン酸およびアルダル酸の合成（図 20・28，図 20・29）

■間違えやすい事柄■

糖質化学では C(1)炭素（アノマー炭素）と他の炭素を区別することが大切である．この区別を忘れると，環の員数を決めるための標識反応や，二糖類の結合位置を決める反応を理解することが困難になる．

鎖状構造と環状（ヘミアセタール）構造ならびにその他の糖誘導体を，つねに念頭におくことが重要である．反応の理解を助けるため，場合によっては現実を正確には反映していない構造を描く必要がある．たとえば，環状ヘミアセタールに比べ微量にしか存在しない鎖状構造を描くことがある．この理由は，たとえ微量でも鎖状化合物の反応性が高いからである．鎖状化合物と環状化合物が平衡にあることをきちんと認識しておかないと，反応を理解することが困難になる．

20・8 追加問題

問題 20・26 つぎの化合物を描け．

(a) D-アルドヘプトースを 1 つ，Fischer 投影式で描け．

(b) L-ケトペントースを 1 つ，Fischer 投影式で描け．

(c) 希硝酸で酸化するとメソ体のジカルボン酸を与える D-アルドテトロースを 1 つ，Fischer 投影式で描け．

(d) メチル α-D-ガラクトピラノシドをいす形で描け．

(e) D-アロースのオサゾンを Fischer 投影式で描け．

(f) フェニル β-D-リボフラノシドを Haworth 構造式を描け．

問題 20・27 D-アルトロースのすべてのピラノース構造を立体的に描け．まず何種類あるかを考えよ．

問題 20・28 (a) D-グロースをRuff分解するとどのような糖が得られるか．

(b) D-リキソースに対してKiliani-Fischer合成を適用するとどのような糖が得られるか．

問題 20・29 (a) D-タロースを硝酸で酸化した場合と同じアルダル酸を与える糖がもしあればあげよ．

(b) D-キシロースを硝酸で酸化した場合と同じアルダル酸を与える糖がもしあればあげよ．

(c) D-イドースを硝酸で酸化した場合と同じアルダル酸を与える糖がもしあればあげよ．

問題 20・30 L-タロースと同じオサゾンを与える糖は何か．

問題 20・31 D-リキソースに対してつぎの (a) から (e) の反応を行った場合のおもな生成物は何か．ただし反応機構は書かなくてよい．D-リキソースは鎖状構造で示してあるが，水溶液中ではおもに環状構造をとることに注意せよ．

CHO / HO—H / HO—H / H—OH / CH_2OH
D-リキソース

(a) $NaBH_4$, H_2O
(b) Br_2, H_2O
(c) HNO_3
(d) 過剰量の CH_3I, Ag_2O
(e) 触媒量の HCl, CH_3OH
→ ?

問題 20・32 D-リボースに対してつぎの (a) から (e) の反応を行った場合のおもな生成物は何か．反応機構は書かなくてよい．D-リボースはおもに環状構造をとることに注意せよ．

CHO / H—OH / H—OH / H—OH / CH_2OH
D-リボース

(a) Ac_2O, H_3O^+
(b) CH_3OH, $CH_3\overset{+}{O}H_2$
(c) $PhNHNH_2$（3モル量）
(d) 1. NaCN
2. H_2/Pd
3. H_2O
(e) 1. Br_2/H_2O
2. $Ca(OH)_2$
3. $Fe_2(SO_4)_3$
4. H_2O_2
→ ?

問題 20・33 グルコサミン（2-アミノ-2-デオキシ-D-グルコピラノース）は重要な糖質であり，骨関節炎の治療に使われる．グルコサミンのβ体を描け．

問題 20・34 ある糖がD-タロースであるかD-ガラクトースであるかを見分けたい．まず，酸化してアルダル酸にする．つぎに，メチルエステルに誘導する．そして最後に……．さてどうすればよいだろうか．言い忘れたが，第2段階も終わりに近づいたころ，有害物質を扱ういかなる実験もやってはいけないという条例が議会を通過したようだ．つまり分光学的な方法しか使えないのである．

問題 20・35 25 ℃におけるD-アロースのα-ピラノース形とβ-ピラノース形のエネルギー差を，表20・2（p.1009）を使って計算せよ．

問題 20・36 α-D-グルコピラノースとβ-D-グルコピラノースの平衡存在比を計算せよ．ただし純粋なアノマーの比旋光度は，α体：+112°，β体：+18.7°；平衡値＝+52.7°である．その結果を表20・2の値と比較せよ．

問題 20・37 二糖類であるマルトース（$C_{12}H_{22}O_{11}$）を酸性加水分解すると，2分子のD-グルコースが生成する．また，マルターゼというα-グリコシド結合を選択的に加水分解する酵素によっても同じ生成物が得られる．マルトースは臭素水により対応するマルトビオン酸（MBA, $C_{12}H_{22}O_{12}$）へ変換される．MBAを塩基存在下ヨウ化メチルで処理し，ひき続き酸性加水分解すると，2,3,4,6-テトラ-*O*-メチル-D-グルコピラノースと2,3,5,6-テトラ-*O*-メチル-D-グルコン酸が生成する．マルトースの3次元構造を描け．また，そのように結論した理由を述べよ．

問題 20・38 D-アロースとD-アルトロースから構成される非還元二糖のいす形構造を描け．まず何種類の構造が可能かを考え，つぎにそれらがどのような構造をしているかを適当な方法で示せ．

問題 20・39 D-アルドペントースを酸によりフルフラールへ変換する反応の機構を書け．

CHO / H—OH / H—OH / H—OH / CH_2OH —(H_3O^+, H_2O)→ フルフラール furfural（CHO）

問題 20・40 Lobry de Bruijn-Alberda van Ekenstein反応の1つの機構が図20・25と図20・26に示してある．D-グルコースがD-マンノースとD-フルクトースと平衡にある例を使って，ヒドリド移動を含むもう1つの機構を示せ．

問題 20・41 α-D-キシロピラノースに塩酸存在下メタノールを作用させると，主生成物としてメチルD-キシロピラノシドの2つの異性体が生成する．

(a) 出発物質と2種類の主生成物の構造を描け．また，単一出発物質から2種類の生成物が得られるのはなぜか説明せよ．

(b) ほかに2種類のメチルフラノシドが少量生成する．これらの化合物の構造を描け．また生成機構を述べよ．

問題 20・42 つぎに示した反応の機構を書け．

β-D-グルコピラノース（OH, HO, HO, OH, OH, O）—(NH_3, CH_3OH, 25 ℃, 2 days)→ β-D-グルコピラノシルアミン（OH, HO, HO, OH, NH_2, O）(40%)

問題 20・43 つぎに示した反応の機構を書け．

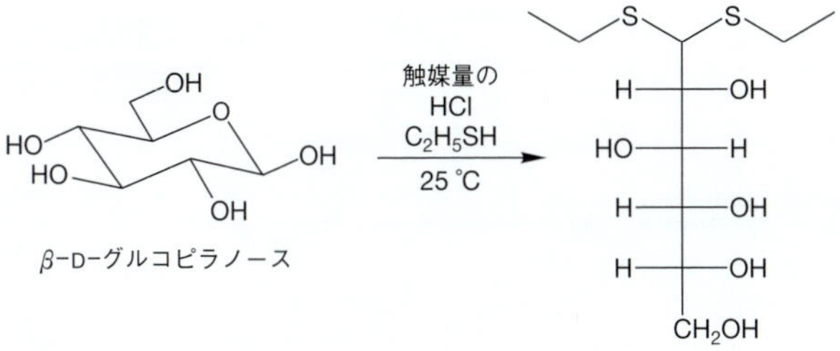

β-D-グルコピラノース → 触媒量の HCl, C_2H_5SH, 25 °C

問題 20・44 D-グルコースを，あるいはセルロースのような D-グルコース単位をもつ多糖なら何でもよいのだが，酸の存在下で熱分解すると，レボグルコサン（levoglucosan；**1**）が生成する．D-グルコースから **1** が生成する反応の機構を書け．

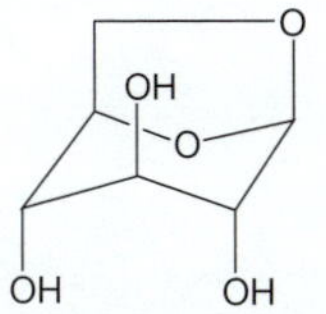

1

問題 20・45 α-D-ガラクトピラノースに硫酸存在下でアセトンを作用させると，第一級アルコールを含む化合物（$C_{12}H_{20}O_6$）が生成する．生成物の構造と反応機構を記せ．ヒント：ケトンとジオールの反応に関する問題 16・14 を参照せよ．

問題 20・46 問題 20・45 の生成物を出発原料とし，以下に示す一連の反応を行った．化合物 **A**〜**D** の構造式を描き，おのおのの反応を説明せよ．

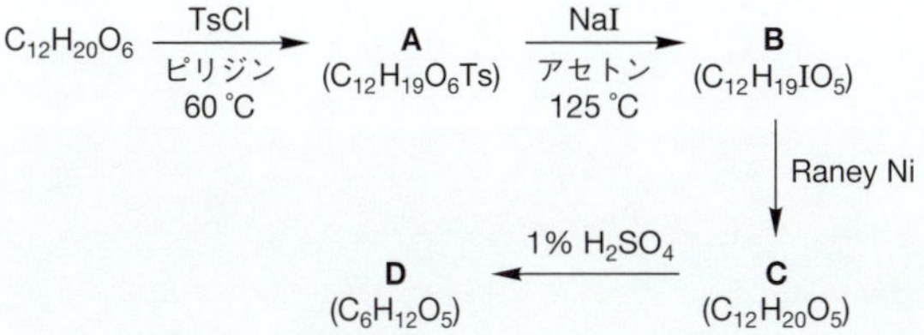

$C_{12}H_{20}O_6$ →(TsCl, ピリジン, 60 °C) **A** ($C_{12}H_{19}O_6Ts$) →(NaI, アセトン, 125 °C) **B** ($C_{12}H_{19}IO_5$) →(Raney Ni) **C** ($C_{12}H_{20}O_5$) →(1% H_2SO_4) **D** ($C_6H_{12}O_5$)

問題 20・47 通常糖質は第一級アルコールをもつので，種々のカルボニル化合物と反応する．たとえば，酸性条件下，糖にベンズアルデヒド（PhCHO）を作用させると，第一級ヒドロキシ基が関与して 6 員環状アセタールが生成する（図 20・43 参照）．第一級アルコールは，第二級および第三級アルコールに比べ速く反応する．一方，問題 20・45 で述べたように，アセトンを作用させると 5 員環状アセタールが生成し，この場合第一級アルコールは関与しない．まず α-D-グルコピラノースのいす形構造を描いてみよ．そして α-D-グルコピラノースの C(4) および C(6) ヒドロキシ基とベンズアルデヒドとの反応により生成するアセタールを描け．つぎに，グルコピラノースの C(3) および C(4) ヒドロキシ基とアセトンからアセタールをつくってみよ．なぜベンズアルデヒドとアセトンでは挙動が異なるのかを説明せよ．ヒント：C(4) と C(6) ヒドロキシ基とアセトンが反応した場合のアセタールを描き，立体的な相互作用を比較してみよ．

問題 20・48 D 糖のピラノース環においては，電気的に陰性の置換基は，アノマー効果により β 体よりも α 体の方が安定になる．この現象は超共役により説明することができる．超共役の考え方を使ってアノマー効果をいかに説明すればよいか．

問題 20・49 図 20・30 に示された反応の機構を書け．

問題 20・50 抗酸化作用をもつビタミン C は食物として欠かすことのできない重要な化合物である．ヒトはこのビタミンを果物や野菜からとっている．他のほとんどの動物は体内でビタミン C を合成することができるので菜食に頼る必要はない．ビタミン C は D-グルコースから生合成される．その構造から推して前駆体はグルコフラノースであろうか？ グルコフラノースからビタミン C に至る経路（酸化，還元，置換，脱離を含む）を考えてみよ．

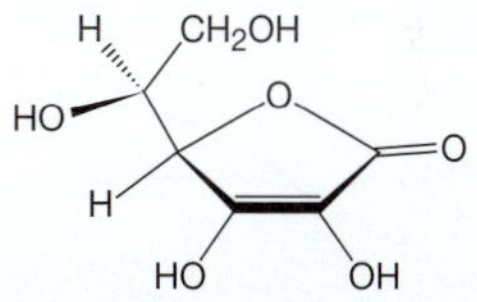

ビタミン C　vitamin C

問題 20・51 マルトースはその構造がセロビオースとわずかに異なるだけである．マルトースは問題 20・24 で述べたセロビオースと同様な性質を示す．しかし，マルトースはラクターゼにより加水分解されない（マルターゼという酵素により加水分解される）．マルトースの構造を立体的に図示せよ．ヒント：2 つの糖はどのように結合しているのかを考えよ．

生物有機化学

21

Buttercup: And to think, all that time it was your cup that was poisoned.
Westley: They were both poisoned. I spent the last few years building up an immunity to iocane powder.

——— William Goldman, The Princess Bride*

21・1　はじめに

この章では，植物や動物などにより自然界で合成された有機化合物を取扱う学問である**生物有機化学**（bioorganic chemistry）を取上げる．そのような化合物は天然物とよばれる．人間も動物なので，実験室で合成された化合物も天然物といえるかもしれない．また，宇宙空間由来の天然物に関する章を設けることもできる．しかし，ここでは，主として植物や動物によって生合成された有機化合物を取扱う．はじめに，中性ないし酸性を示す天然物について述べた後，塩基性を示す化合物を紹介する．

20 章で取扱った糖質を思い出してほしい．糖質はもちろん天然物であるが，自然界には，他の有機化合物に結合した形で存在することも多い．たとえば，糖タンパク質は，糖がアミノ酸の重合体（タンパク質）に結合したものである．また，天然にみられる他の例として，カルコン（chalcone，1,3-ジフェニル-2-プロペン-1-オンの慣用名）に糖が結合した化合物群がある．ペンタヒドロキシカルコン（図 21・1）は，一般にみられる置換カルコンの 1 つである．このヒドロキシカルコンは，キンギョソウやダリアの黄色の成分である，糖が結合した閉環型カルコンの前駆体である（図 21・2）．

＊ William Goldman は米国の脚本家．映画“マラソンマン”や“明日に向かって撃て！”，“大統領の陰謀”の脚本を書いた．

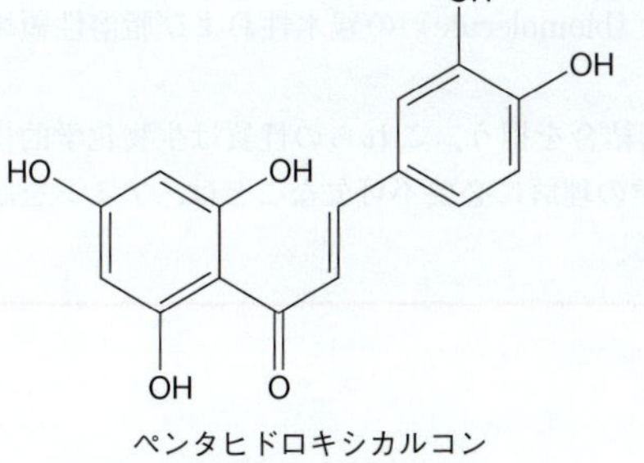

図 21・1　ペンタヒドロキシカルコンの構造

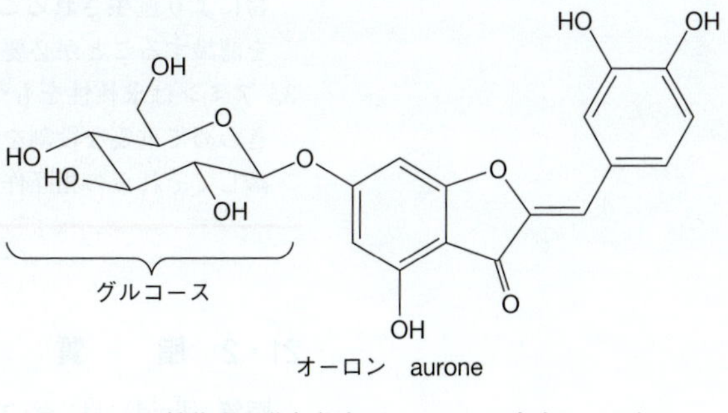

図 21・2　植物中の黄色色素はカルコンに由来しており，オーロン類（aurones）とよばれる．

カルコンが5員環ではなく6員環を形成すると，アントシアニン（anthocyanin）になる．アントシアニンには，通常グルコースが1分子結合している（図21・3）．フェノール性ヒドロキシ基の1つは共鳴によって酸性度が高い．イチゴやさまざまなベリー，赤ブドウ，紫イモや赤キャベツなどでなじみ深い赤い色素は，水溶性であり，酸性水溶液中では赤色を示すが，塩基性になるにつれて，紫から青へと変化する．

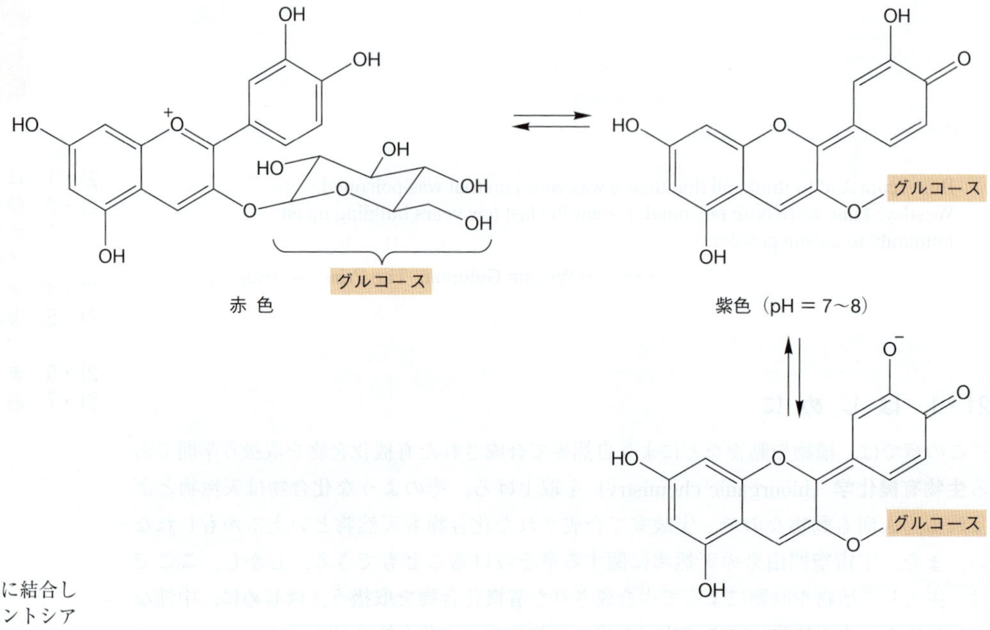

図 21・3 カルコン誘導体に結合したグルコースを有するアントシアニン色素の一例

問題 21・1 植物および動物が生成する有機化合物の多くは，糖が結合している．なぜ，進化の過程で糖を有するようになったのかその理由を3つあげよ．

不可欠なスキルと要注意事項

1. この章では多くの生物活性分子を目にする．個別の構造を覚えるより，異なる化合物群の一般的な構造を学ぶ方がより有意義である．
2. 脂質は通常脂溶性が高い．生物的に重要な分子の間の相互作用を理解するためには，生物により産生されるこれらの大きな**生体分子**（biomolecule）の親水性および脂溶性領域を認識することが必要になる．
3. アミンは求核性をもつ．また，アミンは水素結合を担う．これらの性質は生物化学的にきわめて重要な役割を果たしている．生物化学の理解に必要不可欠なことは，アミンを認識してそれらの相互作用を予想することである．

21・2 脂　　質

脂質（lipid）は，ジエチルエーテルのような非極性溶媒に溶ける天然物であり，水にはまったく溶けない．脂質にはいくつかの分類があるが，それらの区別はやや曖昧である．一般には，トリグリセリド，リン脂質，プロスタグランジン，テルペン，ステロイドに分類されることが多い．

21・2a トリグリセリド　油脂類は**トリグリセリド**（triglyceride）または**トリアシルグリセロール***（triacylglycerol）とよばれる（図21・4）．グリセリンとは1,2,3-トリヒドロキシプロパンの慣用名であり，油脂ではグリセリンの3つのアルコールはエステルになっている．エステルのR部分は，通常長い炭素鎖である．炭素鎖同士が互いを引きつけ合う力は弱いが，トリグリセリドが存在する細胞内の環境では，炭素鎖同士をまとめるためには十分な強さである．R部分が飽和炭素鎖（二重結合なし）や*E*（またはトランス）形の二重結合を含む場合はより重なりやすい構造になっており，*Z*（またはシス）形の二重結合を含むと炭素鎖同士の引力は弱くなる．飽和脂肪酸エステルによって構成されているトリグリセリドは，室温で固体である（**脂肪**，fat）．一方，1つ以上のシス二重結合をもつトリグリセリドは，室温では液体である（**油**，oil）．飽和脂肪酸（および脂肪）は分子状酸素などのラジカル開始剤に対して安定であるが，二重結合を含む不飽和脂肪酸（および油）はこれらに対して不安定であり酸化されやすい．

＊（訳注）日本化学会ではglycerolに対する和名としては，慣用名グリセリンを用いる．

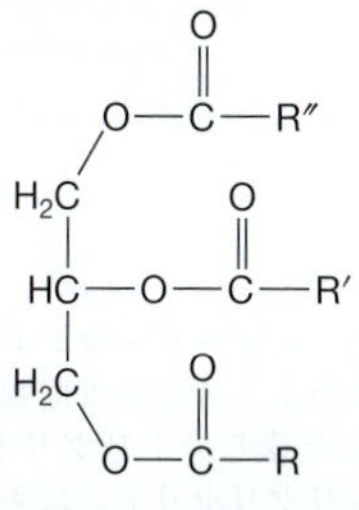

O—C(=O)—R″
H_2C
HC—O—C(=O)—R′
H_2C
O—C(=O)—R

図21・4　トリエステルであるトリグリセリドの一般構造式

なじみ深い脂肪の例として，カカオ豆から取れるココアバターがある（表21・1）．最近までホワイトあるいはミルクチョコレートの原料として用いられていたが，現在は他の植物油に取って代わられつつある．ココアバターは，強く不快な臭いと味感があるが，天然の油脂のなかで最も安定なものの1つである．多くの天然油脂と同じように純粋な物質ではなく，ココア豆から単離されるココアバターは長さの異なる脂肪酸の混合

表21・1　天然由来の脂肪および油とそれらの脂肪酸の含有率[†1]

	飽和脂肪酸				不飽和脂肪酸		
タイプ	ラウリン酸 lauric acid (C12)	ミリスチン酸 myristic acid (C14)	パルミチン酸 palmitic acid (C16)	ステアリン酸 stearic acid (C18)	オレイン酸 oleic acid (二重結合1個)	リノール酸 linoleic acid (二重結合2個)	α-リノレン酸 α-linolenic acid (二重結合3個)
脂 肪							
牛 脂	0	6	27	14	49	2	0
豚 脂	0	1	24	9	47	10	0
バター	3	12	27	10	25	3	0
人 脂	1	3	27	8	48	10	0
ニシン油	0	5	14	3	0[†2]	0	30
クジラ脂肪	0	8	12	3	35	10	—
タラ油	0	6	9	1	21[†3]	1	1
油							
ココナッツ油	50	18	8	2	6	1	—
ココアバター	0	微 量	25	33	33	3	微 量
コーン油	0	1	10	3	50	34	0
オリーブ油	0	微 量	7	2	84	5	2
大豆油	微 量	微 量	10	2	29	51	7
サラダ油	0	0	2	7	54	30	7
亜麻仁油	0	微 量	7	1	20	20	52
ピーナッツ油	0	0	8	3	56	26	0
ベニバナ油	0	0	3	3	19	70	3

†1　本表は7種類の脂肪酸しか取りあげていないので，含有率の総計は100%にならない．
†2　二重結合1つを含む他の脂肪酸，C16（10%），C20（14%），C22（21%）．
†3　二重結合1つを含む他の脂肪酸，C16（8%），C20（10%），C22（7%）．

物であり，シス二重結合をもつものを含んでいる．表 21・1 にあるように，炭素鎖の長さが 16（R = $C_{15}H_{31}$）のものが約 25%，18（R = $C_{17}H_{35}$）のものが約 33%，シス二重結合を 1 つ含む炭素数 18（R = $C_{17}H_{33}$）のものが約 33%，シス二重結合を 2 つ含む炭素数 18（R = $C_{17}H_{31}$）のものが約 3% 含まれている．ココアバターのよいところは，その適度な融点（34 °C）である．室温（25 °C）では固体なので，手の上では融けないが口の中に入れると（約 36 °C）融ける．

天然にみられるトリグリセリドに含まれる三つのアルキル鎖は，同じであるとは限らない．最近，さまざまな異なる組合わせのアルキル鎖を有する珍しいトリグリセリドの例が報告され，一例を図 21・5 に示した．この化合物は，ニュージーランドに生息する爬虫類の一種ムカシトカゲの皮膚腺から単離された．

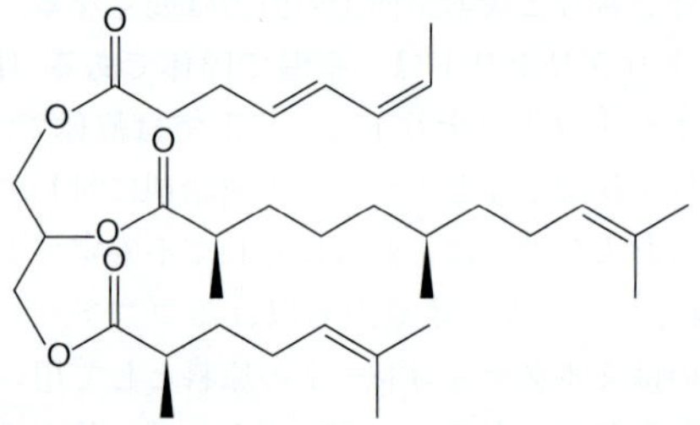

図 21・5　ニュージーランドに生息するムカシトカゲの皮膚腺から単離された珍しいトリグリセリド．通常トリグリセリドにはキラル炭素がなく，14〜20 炭素の側鎖をもつ．

問題 21・2　図 21・5 に示したトリグリセリドのどの場所が最もラジカル開始剤と反応しやすいと予想されるか．どのような中間体が生成すると考えられるのか，またそれはなぜか．

セッケンの泡は，長鎖脂肪酸塩が同じ向きに並んで形成された薄膜でできている．

油脂のエステルが塩基性条件下で加水分解されると，セッケンができる（p.848）．セッケンは，脂肪酸（p.846）とよばれる長鎖カルボン酸の塩である．この過程をけん化といい，反応機構はすでに 18 章で学習した．炭酸カリウム（暖炉からとってきた炭）と水を入れた大きな平たい容器に動物性脂肪を加え，数時間熱することを想像してみよう．この操作によりセッケンができる．ここに服を入れてかき回してみよう —— 1750 年ごろのコインランドリーにようこそ！　このようにしてつくられたセッケン分子は，疎水性の長い炭素鎖の先に親水性のカルボン酸を有している．この鎖状分子のアルキル鎖は，弱いファンデルワールス力により凝集し，親水基は水と水素結合を形成するために外側を向くので，水中で球状のミセルを形成する．セッケンのミセルは，有機物である油を中心の疎水部に取込み，水とともに流し去ることができるので，セッケンは服や肌の皮脂や油の汚れを除くことができる．

問題 21・3　オクタンのような有機溶媒にセッケンを溶解させるとどうなるか．

トリグリセリドや脂肪酸は，我々の食事において必要不可欠なものである．エネルギー源として重要であるのに加え，ミネラルやビタミンを血中に運ぶ役割を担っている．残念なことに，脂質は不要な元素も血液中に引き入れることができる．したがって，水中の重金属は，脂質との相互作用によって，海洋あるいは河川に棲む生物に蓄積されることがある．たとえば，ヒ素が含まれる水に生物を暴露すると，脂質中にヒ素が取込まれることがわかっている．実際に，ヒ素を含む脂肪酸類似体（図 21・6）が，高

図 21・6 ヒ素に暴露させた魚に含まれるヒ素を含む脂肪酸

濃度のヒ素を含む水に暴露された魚から単離されている．さらに，人間が重金属に汚染された生物を食べると重金属が人間の体内に蓄積される．

21・2b リン脂質　**リン脂質**（phospholipid）は細胞膜を形成している．リン脂質は，トリアシルグリセロールではなくジアシルグリセロール（ジグリセリド diglyceride）であり，残ったもう1つのアルコールはリン酸エステルになっている（図 21・7 a）．何十億個の分子を含む細胞の電荷のつり合いを保つため，極性の高いリン酸エステル部分にアンモニウムイオンがついている（図 21・7 b）．リン脂質は細胞を形づくる細胞膜を構成するので，細胞構造に必須の要素である．リン脂質が，進化の過程で初めて集合構造を形成した有機化合物であると考えられている．

リン脂質は，長い炭素鎖が互いに引きつけ合い，極性をもつリン酸エステル–アンモニウムイオンが水と親和性を示すため，膜を形成することができる．有機化学者は，膜の内側と外側にリン酸エステル基を描いて膜の構造を表現する（図 21・8）．さらに，疎水基を示す波線と，親水基を示す円を使って簡略化することもある．

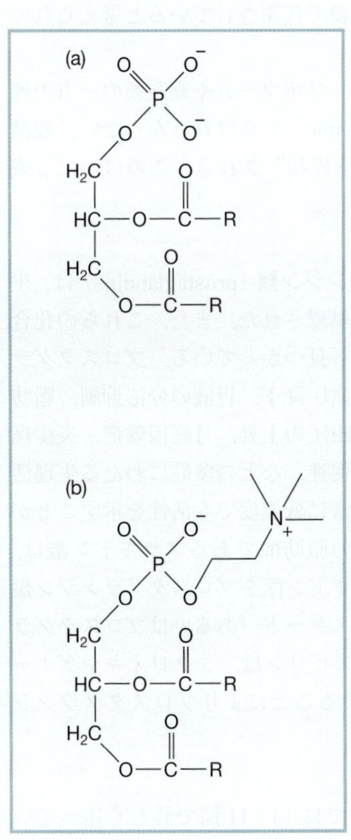

図 21・7 (a) ジアシルホスファチジルグリセロール，(b) リン脂質

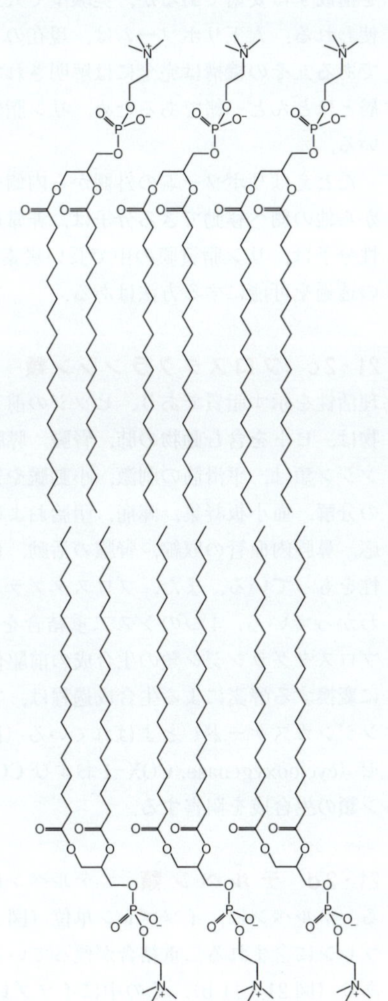

図 21・8 リン脂質二重層の一部と，簡略化した図

今述べてきたリン脂質の二重層を3次元的に考えてみよう．図21・8のように2次元的に並べて視覚化するのも1つの方法であるが，前後に層状に重ね合わせることも必要である．そうするとリ**ポソーム** (liposome) とよばれる構造が出てくる．リポソームは，

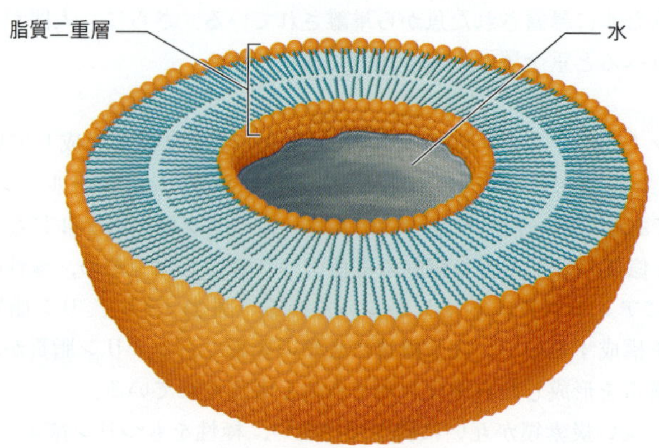

図 21・9 リポソームの断面図（原寸比でない）．脂質二重層の幅は約6 nm，リポソームの直径は約1000 nm．非常に小さいビーチボールを思い浮かべるとよい．

内側と外側に水が存在するビーチボールのようなものと考えるとよい（図21・9）．もちろん，実際のリポソームの形は完全な球体であるとは限らない．リポソームは，細胞を構成する要素であるが，実験室で人工的につくることもでき，細胞内への物質輸送に使われる．人工リポソームは，現在のところ，経口で栄養物を運搬する最も有用な方法である．その機構は完全には解明されていないが，リポソームの二重層は細胞膜の二重層とほとんど一緒であるため，リン脂質の二重層は肝臓で代謝されていると考えられている．

たとえばリポソームの外側から内側へというように，リポソームや細胞膜の一方の側から他の側へ移動できる分子は，非常に**親油性** (lipophilic) でなければならない．親油性分子は，リン脂質膜の中で長い炭素鎖によって，“溶媒和”される．このほかにも膜の透過を可能にする方法はある．

21・2c プロスタグランジン類

プロスタグランジン類 (prostaglandins) は，生理活性を示す脂質であり，ヒツジの前立腺から最初に単離された．また，これらの化合物は，ヒトを含む動物の肺，腎臓，膵臓および脳からも見つかっている．プロスタグランジン類は，平滑筋の刺激，小動脈や気管支の拡張，血圧降下，胃液の分泌抑制，脂肪の分解，血小板凝集，陣痛，堕胎および月経の誘発，眼圧の上昇，月経困難症，炎症反応，鼻腔内血管の収縮，腎臓の活動，自律神経伝達の促進，などの多岐にわたる生理活性をもっている．また，プロスタグランジン類は，非常に低濃度でも活性を示すことがわかっている．4つのシス二重結合をもつ炭素数20の脂肪酸であるアラキドン酸は，プロスタグランジン類の生合成の前駆体である．アラキドン酸をプロスタグランジン類に変換する酵素による生合成過程は，アラキドン酸カスケード（あるいはプロスタグランジンカスケード）とよばれている（図21・10）．アスピリンは，シクロオキシゲナーゼ (cyclooxygenase, COX-1 および COX-2) と反応することによりプロスタグランジン類の生合成を阻害する．

表 21・2 テルペン類の分類

テルペン	イソプレンの数
モノテルペン	2
セスキテルペン	3
ジテルペン	4
トリテルペン	6

21・2d テルペン類

テルペンについては，すでに13・11節で詳しく述べている．テルペンは，イソプレン単位（図21・11 a）から生合成される天然物であり，イソプレンに含まれる二重結合が残っている．ビタミンA (vitamin A) もテルペンの1つであり（図21・11 b），その中にイソプレン構造が含まれていることがわかる（図21・11

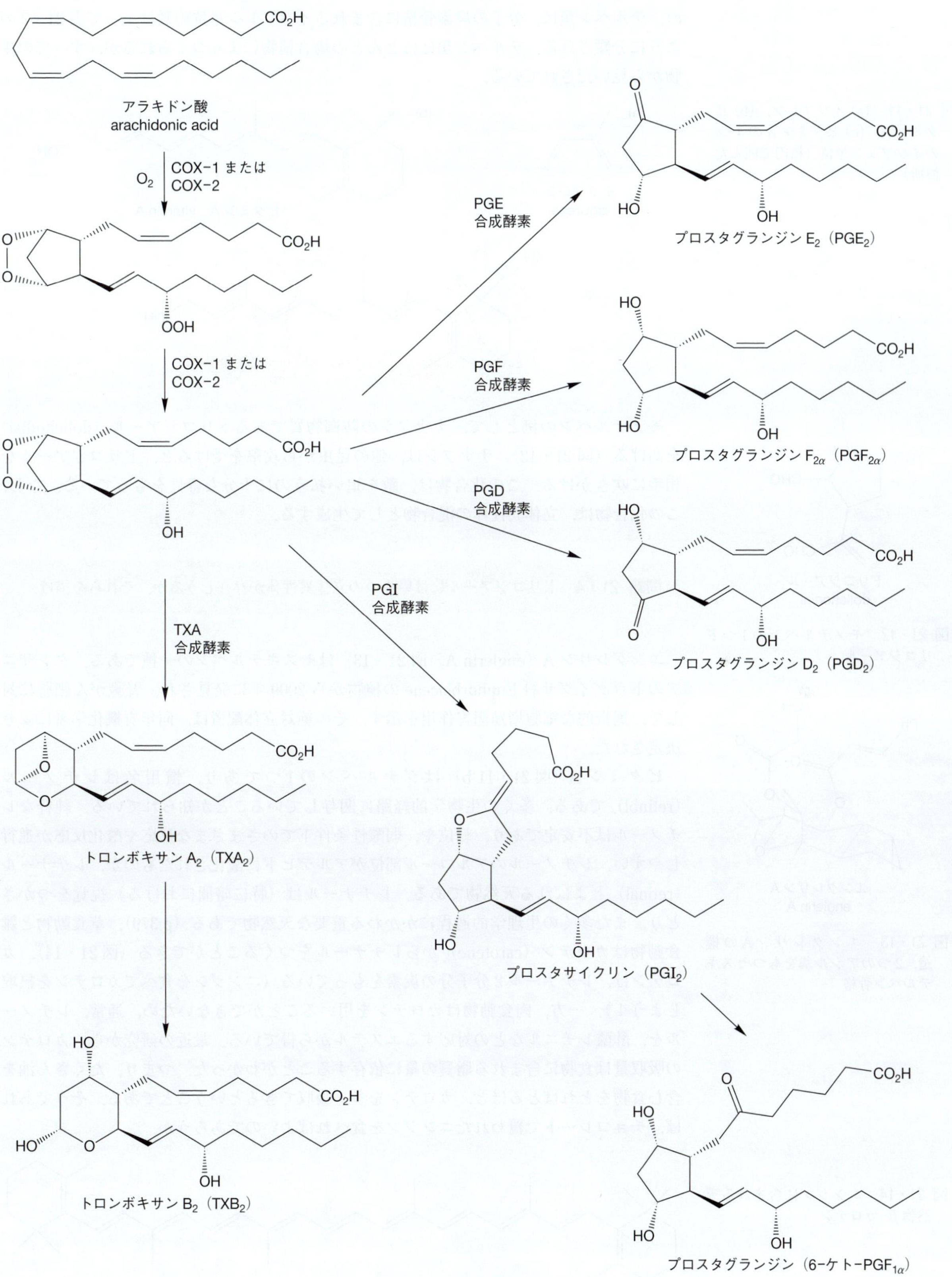

図 21・10　アラキドン酸カスケード（プロスタグランジンカスケード）

c)．テルペン類は，分子の炭素骨格に含まれるイソプレン単位の数によって表21・2のように分類される．テルペン類はほとんどの場合植物によりつくられるが，すべての生物から見いだされている．

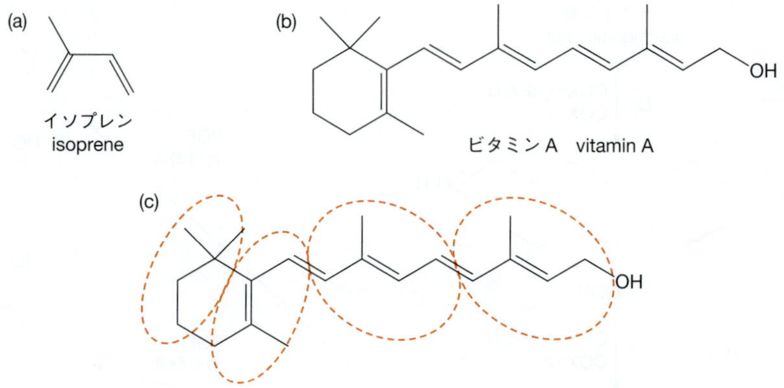

図 21・11　(a) イソプレン．(b) ビタミンA．(c) ビタミンAの4つのイソプレン単位（楕円で囲んだ箇所）

モノテルペンの例として，ナナフシの防御物質であるドリコジアール（dolichodial）をあげる（図21・12）．ナナフシは，他の昆虫から攻撃を受けると，ドリコジアールを相手に吹きかける．この化合物は，敵を追い払うのに十分な毒性をもっている．なお，この化合物は，立体異性体の混合物として生成する．

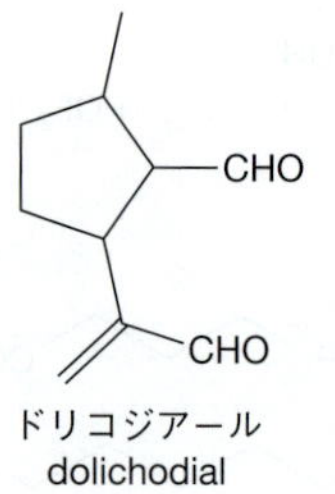

図 21・12　モノテルペンの1つドリコジアール

問題 21・4　ドリコジアールにはいくつの立体異性体が存在しうるか．それらを描け．

エングレリンA（englerin A，図21・13）はセスキテルペンの一種である．タンザニアのトウダイグサ科Euphorbiaceaeの植物から2009年に発見され，腎臓がん細胞に対して，選択的な細胞増殖阻害作用を示す．その絶対立体配置は，同年有機化学者により決定された．

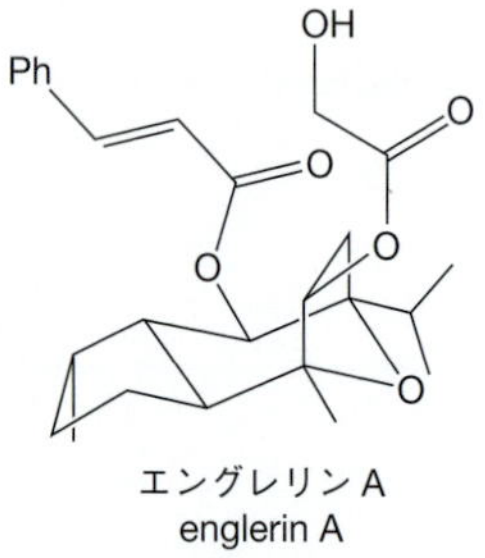

図 21・13　エングレリンAの構造．2つのアシル基をもつセスキテルペン骨格

ビタミンA（図21・11 b）はジテルペンの1つであり，慣用名はレチノール（retinol）である．多くの生物学的経路に関与していることが知られている．純粋なレチノールは不安定であり，転位や，弱酸性条件下でのさまざまな反応や酸化反応が進行しやすい．レチノールのアルコール部位がアルデヒドに酸化されたものが，レチナール（retinal）とよばれる天然物である．レチナールは（特に暗闇における）視覚をつかさどり，また多くの生理学的過程にかかわる重要な天然物である（p.379）．草食動物と雑食動物はカロテン（carotene）からレチナールをつくることができる（図21・14）．カロテンは，レチナール2分子分の炭素をもっている（ニンジンを食べてカロテンを摂取しよう！）．一方，肉食動物はカロテンを用いることができないため，通常，レチノールを，酢酸レチニルなどの対応するエステルから得ている．最近の研究から，カロテンの吸収量は食物に含まれる脂質の量に依存することがわかった．つまり，たくさん油を含む食物をとればとるほど，カロテンを多く吸収できるということである．そうであれば，チョコレートで覆われたニンジンを食べればよいのであろうか．

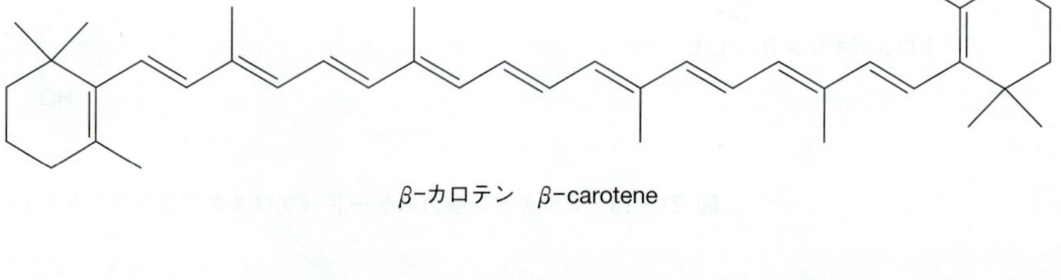

図 21・14　ニンジンに含まれる天然物 β-カロテン

問題 21・5 純粋なレチノールが酸水溶液と反応して生成すると予想される生成物を描け．なぜ，この反応の障壁は低いのか，言い換えれば，なぜ，レチノールは不安定なのだろうか．

ウルソール酸（ursolic acid，図 21・15）は，リンゴの皮に多く含まれているトリテルペンである．クランベリーやプルーン，バジルやローズマリー，タイムにも含まれている．さまざまながん細胞の増殖を阻害し，マウスの筋肉の発達を促進する．“1日1個の皮付きリンゴ医者いらず”ということわざがある．

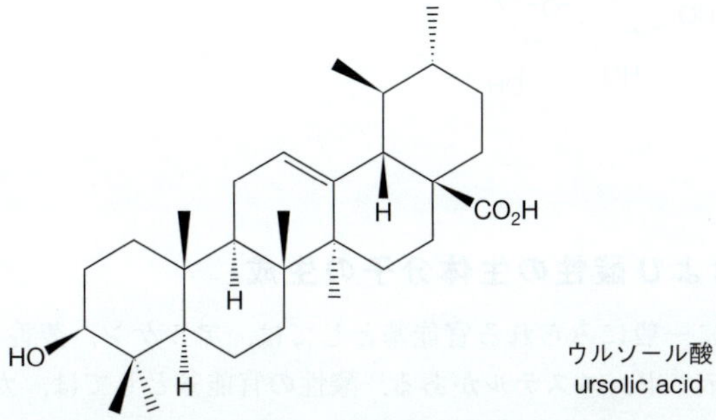

ウルソール酸
ursolic acid

図 21・15 ウルソール酸の構造

問題 21・6 ウルソール酸の分子構造の中の1つ1つのイソプレン単位を丸で囲め．

21・2e ステロイド類 ウルソール酸の構造（図 21・15）は，13・12 節で説明したステロイド類の構造に容易につながるであろう．ステロイド類は，トリテルペンのスクアレン（squalene）から生合成される．コレステロール（cholesterol）は，さまざまな天然のステロイド類の前駆体となるステロイドである（図 21・16）．

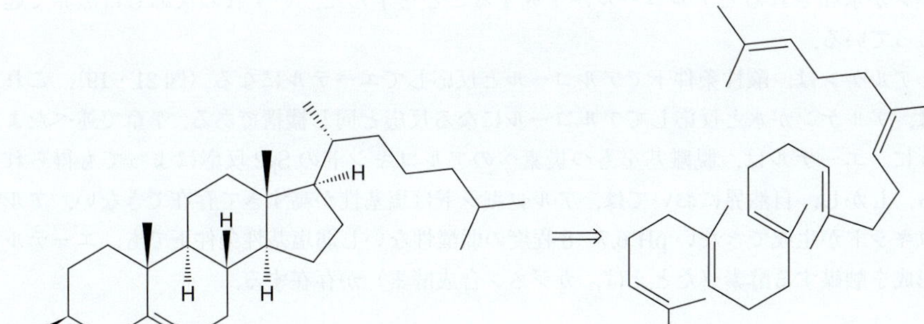

コレステロール cholesterol ⟹ スクアレン squalene

図 21・16 コレステロールはスクアレンから生合成される（p.611，図 13・72 参照）．

天然には，糖類が結合した多くのステロイドが見いだされる．図 21・17 に，三糖がステロイド誘導体に結合した化合物を示した．このような，テルペンやステロイドなどの脂質に糖が共有結合した化合物はサポニン（saponin）とよばれる．図 21・17 に示した化合物は，サツマイモ，リュウゼツラン，ユッカなど，多くの植物から見つかっている．ステロイド骨格に糖質が結合しているために，この化合物は抗ウイルス活性をもつ．生物活性の発現には，ヒトの細胞表面に存在する9つの炭素から成る糖であるシアル酸と水素結合するための三糖構造が必要である．サポニンは魚類に対して毒性を示す．

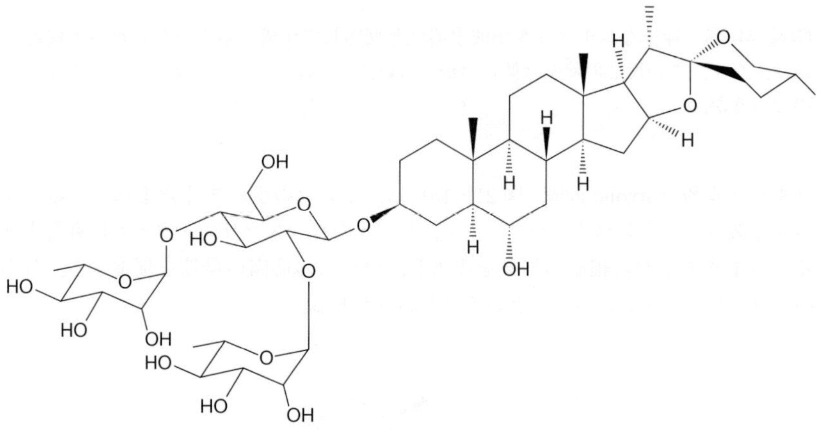

図 21・17 抗ウイルス活性を示すサポニンの一例．C(3)位のアルコールに三糖が結合している．D環（p.612）上にさらに2つの環が存在する．

21・3 中性および酸性の生体分子の生成

中性の天然物に一般にみられる官能基としては，アルケン，芳香環，アルコール，エーテル，アルデヒド，エステルがある．酸性の官能基としては，カルボン酸やフェノールがある．それぞれの官能基の性質についてはこれまで学習した．アルケン，芳香環やエーテルは無極性であり，分子間力は弱い．ケトンやアルデヒド，エステルは，これらよりも少し極性が高い．アルコールやフェノールは極性で，水素結合に関与する．カルボン酸は酸性を示し，生体内では多くの場合その共役塩基として存在する．これらのヒドロキシ基を有する化合物群は，脱プロトンされると特に高い極性を示す．ヒドロキシ基やカルボキシ基が増えると水溶性が高くなる．

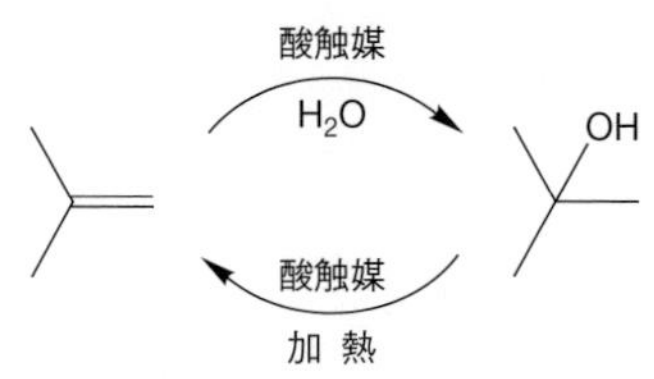

図 21・18 アルケンからアルコールへ，およびアルコールからアルケンへの変換

生体内での官能基の形成は，実験室で行うものとよく似ている．8章で学んだように，アルコールの脱水によりアルケンが生成する（図 21・18）．3章や10章では，アルケンが水和されるとアルコールが生成することを学んだ．いずれの反応も自然界で起こっている．

アルケンは，酸性条件下でアルコールと反応してエーテルになる（図 21・19）．これは，アルケンが水と反応してアルコールになる反応と同じ機構である．7章で述べたように，エーテルは，脱離基をもつ炭素へのアルコキシドのS_N2反応によっても得られる．しかし，自然界においては，アルコキシドは塩基性が高すぎて存在できない．アルコキシドが生成できない pH 6.7〜8 程度の弱酸性ないし弱塩基性条件下でも，エーテル形成を触媒する酵素（たとえば，カジネン合成酵素）が存在する．

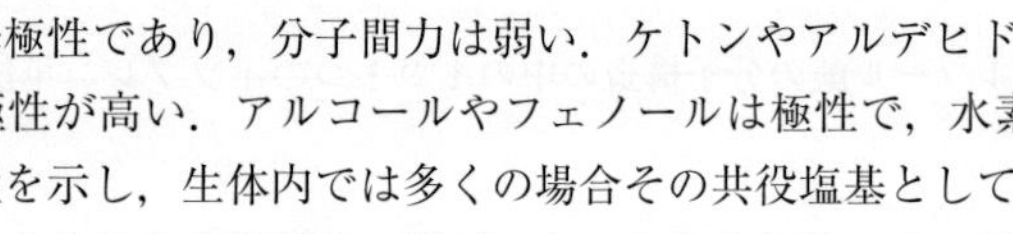

図 21・19 アルケンにアルコールが結合してエーテルが生成する．

芳香環化合物は，他の芳香環化合物からの変換で得られる．さまざまな芳香環化合物を得るために必要な芳香環化合物は，シキミ酸経路（p.736）とよばれるかなり複雑な過程を経て，微生物の食餌に含まれる有機化合物から合成される．フェノール類は，芳香環の酸化によって生体内で合成される（図 21・20）．この変換は，通常肝臓において鉄試薬と酸素により行われ，類似の反応を実験室で行うこともできる．

アルケンも肝臓で酸化されて，エポキシドになる（p.484）．この反応は，たとえば，

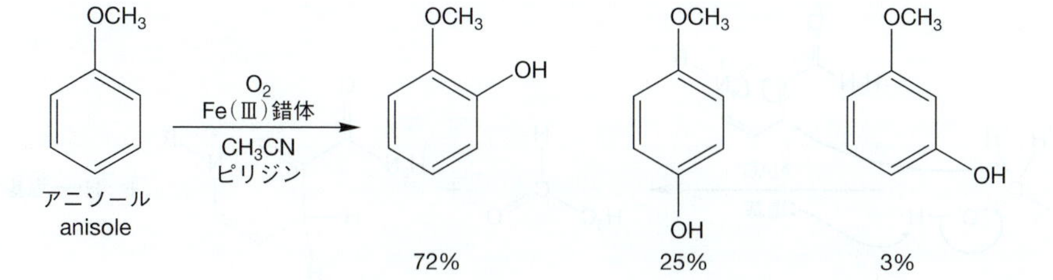

図 21・20 アニソールの芳香環の酸化によるヒドロキシアニソールの生成

スクアレンがコレステロールに変換される反応の最初の段階である（図 13・71）．アルケンは，プロスタグランジン生合成経路にみられるように，アリル位でも酸化を受ける．この反応は典型的なラジカル反応であり（図 21・21），まず，最も安定なラジカル種が発生し，つぎに，この共鳴安定化されたラジカル種が酸素と反応してヒドロペルオキシドを与える．もし酵素のヘモグロビンが関与しなければ，前駆体のジエンはほぼ同じ比率で，共鳴構造の端で反応した生成物を与える（21%＋30%：20%＋29%）．一方，ヘモグロビンが存在すると，高い位置選択性（どちらの端が酸化されるか）および立体選択性（生成する二重結合のシス/トランス比，および，生成物の *R*/*S* 比）が発現する．

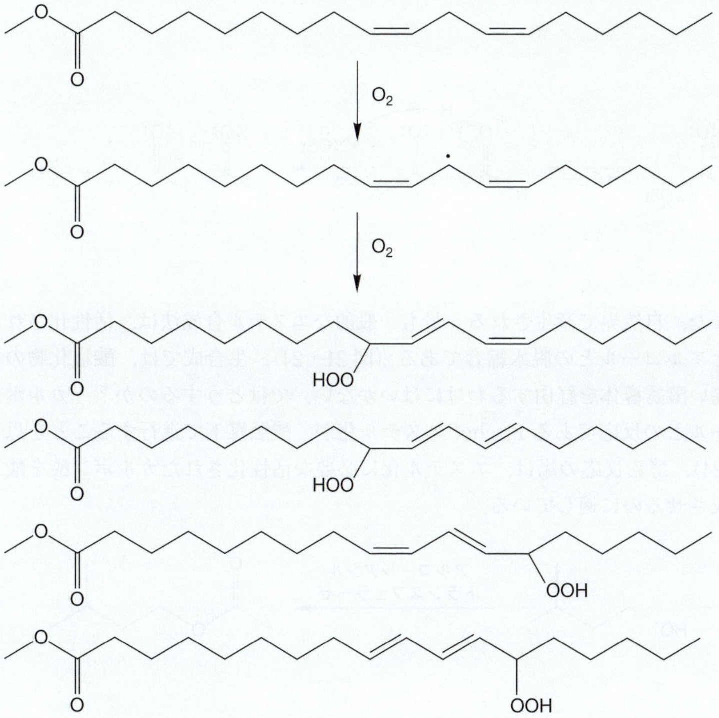

図 21・21 ジエンのアリル位のラジカル酸化

ヘモグロビンがない場合	ヘモグロビンがある場合
21%	23%
30%	6%
20%	62%
29%	9%

ケトンやアルデヒドは，通常アルコールの酸化により得られる（図 16・65）．実験室で酸化反応を行う場合，クロム試薬がよく用いられる．より環境にやさしい代替法としては，ジメチルスルホキシドもしくはペルオキシ硫酸塩が用いられる．しかし，自然界ではこれらの酸化剤を使う代わりに，NAD^+（p.729）をヒドリド受容体として用いて，デヒドロゲナーゼにより酸化を行っている（図 21・22）．

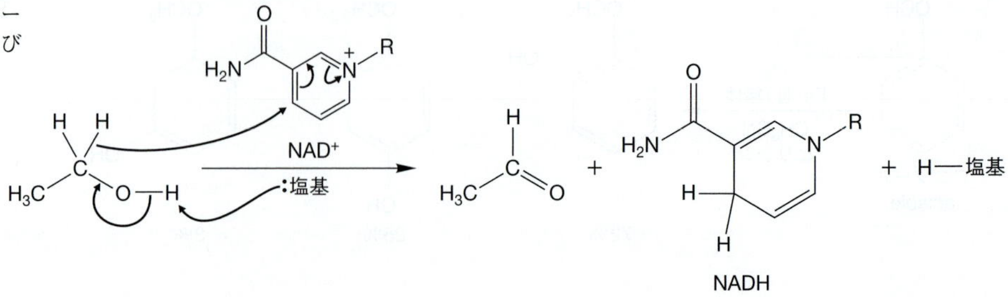

図 21・22 NAD^+を用いるアルコールの酸化によるアルデヒドおよびケトンの生成

19 章で学んだように，ケトンやアルデヒドはエノラートの反応を用いて合成することができる．たとえば，エノールもしくはエノラートと，酢酸エチルとの反応により，ケトンから 1,3-ジケトンを得ることができる（図 21・23）.

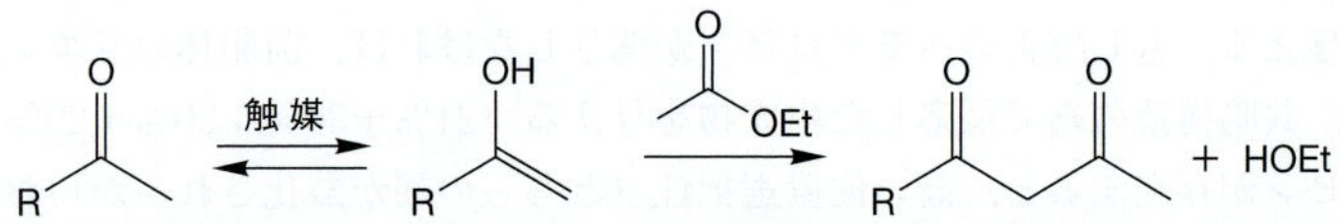

図 21・23 アルドール反応による新たなケトンまたはアルデヒドの生成

⁑問題 21・7 エノールと酢酸エチルとの反応機構を示せ．生成物は図 21・23 に示されている．

解 答

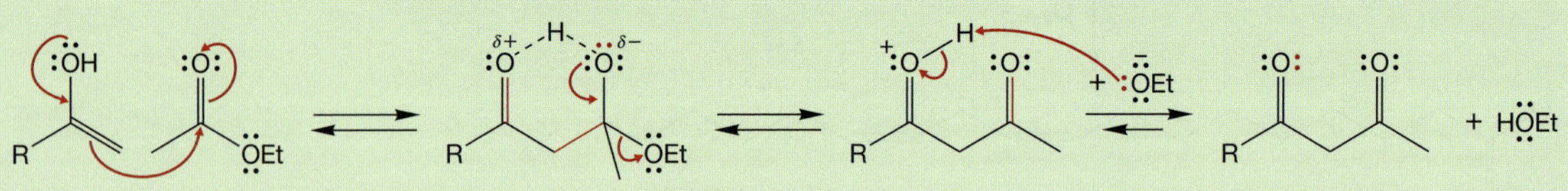

エステルもまた，自然界で産生される．最も一般的なエステル合成法は，活性化されたカルボン酸とアルコールとの脱水縮合である（図 21・24）．生合成では，酸塩化物のような活性の高い酸誘導体を経由するわけにはいかない．ではどうするのか？ カルボン酸とアルコールとの反応である Fischer（フィッシャー）エステル化が，酸触媒下で進行することを思い出そう（p.824）．酵素反応の場は，エステル化に必要な活性化されたカルボン酸を酸触媒反応で生成させるのに適している．

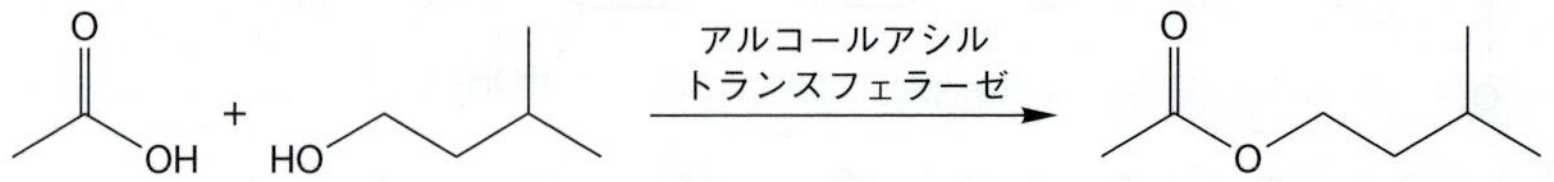

図 21・24 生体内でのエステル化

問題 21・8 自然界には，なぜ酸塩化物が存在しないのであろうか．

第一級アルコールやアルデヒドが酸化されると，カルボン酸が生成する（17 章参照）．自然界でよくみられるカルボン酸生成の別の反応に，エノラートと二酸化炭素との反応がある（図 21・25）．この反応は，Rubisco（ルビスコ）として知られている普遍的な酵素であるリブロース-1,5-二リン酸カルボキシラーゼ/オキシゲナーゼの中で起こる．Rubisco は，緑色植物が二酸化炭素を糖に固定化するために使う酵素である．

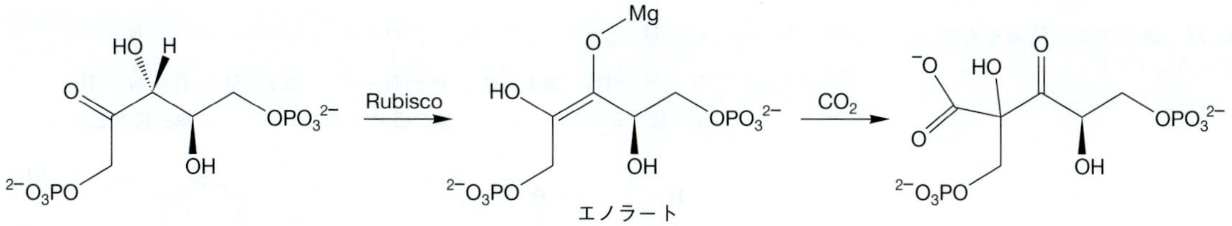

図 21・25 エノラートと CO_2 の反応によるカルボン酸の生成

21・4 アルカロイド

アミン窒素を含む天然物は，**アルカロイド**（alkaloid）と総称される．このアルカロイドという言葉は，1819 年にドイツの薬屋 Carl F. W. Meissner（1800～1874）によって最初に使われた．今日，アルカロイドは，塩基性を示す天然有機化合物の総称として広い意味で定義されているが，アミノ酸から誘導される単純なアミンや，RNA または DNA に含まれる含窒素複素環には用いない（22 章）．天然物のアミンが示す塩基性は，アルカロイドの重要な性質であるが，重要なのはこれだけではない．アミンは水素結合を担うことができ，さらに，有機分子に極性を付与する．いずれの特徴もアルカロイドの生理的な活性発現に必須である．

アミドの形で窒素を含む天然物は，アミンに比べて塩基性が弱い．たとえば，イヌサフランから得られるコルヒチン（colchicine，図 21・26）は，アミドであるため，きわめて弱い塩基性しか示さない．コルヒチンは，下剤，吐剤，抗痛風薬としての活性を示すのみならず，抗がん剤としても期待されているなど多くの薬理活性をもっている．

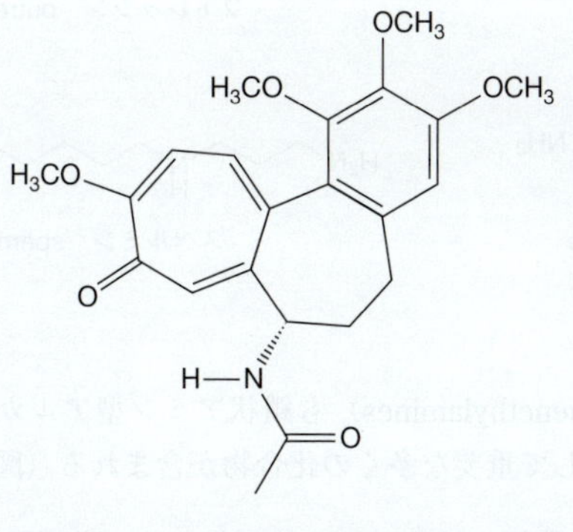

図 21・26 コルヒチンはアミンではなくアミドなので，厳密にはアルカロイドではない．多くのアルカロイドのように塩基性を示さない．

ほとんどのアルカロイドの生化学的な機能はわかっていない．おそらく，すべてのアルカロイドは，生化学的に，シキミ酸経路またはメバロン酸経路とアミノ酸との組合わせに由来している（22 章）．一般に，アルカロイドは植物により生合成されるが，動物によって生合成されるものも知られている．海水魚はきわめて多くのアミンを含んでいるが，アルカロイドは海藻からはほとんど見いだされていない．

アルカロイドはその構造的な特徴によって，いくつかのグループに分類することができる．以下の節では，そのような分類に従って，アルカロイドの興味深い医薬的または生理学的な性質を紹介する．

21・4a アルキルアミンから成るアルカロイド 鎖状アミン構造を有する多くのアルカロイド群が知られている．おもなタイプを図 21・27 に示した．

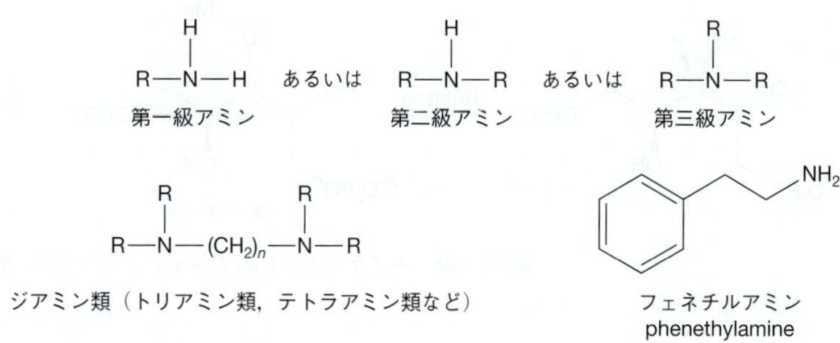

図 21・27 鎖状アミン構造を有するアルカロイド群

◆ **ポリアミン類**（polyamines）は，第一級，第二級，第三級アルキルアミンを含んでおり，多くの生物に含まれている．一般に，細胞死や生体内物質の分解によって，以下のようなアミンやジアミンが生成する（図 21・28）．

1. カダベリン（cadaverine）：タンパク質が分解されてできる有毒なジアミン．
2. プトレッシン（putrescine）：哺乳類細胞に含まれるアルカロイドで，細胞の分化や増殖に関与するジアミン．
3. スペルミジン（spermidine，トリアミン）およびスペルミン（spermine，テトラミン）は哺乳類細胞に含まれる重要なアルカロイドで，これも細胞の分化や増殖に関与している．

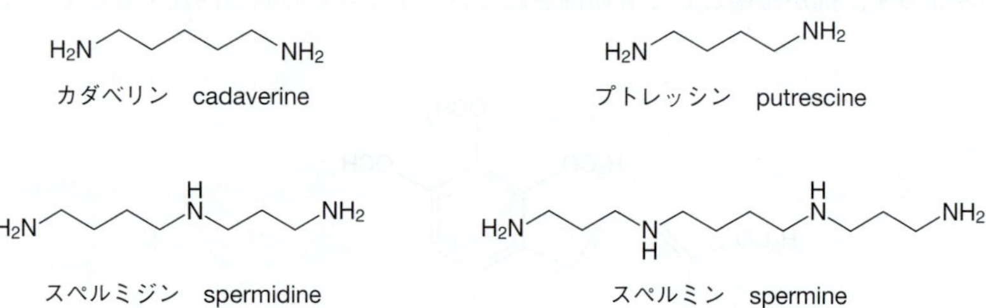

図 21・28 ポリアミン類の例

＊（訳注） 図 21・28，29，31〜33，35〜38 は，原出版社の許可を得て改変した．構造上の特徴を明確にするため，本文で取上げられているすべてのアルカロイド化合物の構造式を示した．

◆ **フェネチルアミン類**（phenethylamines）も鎖状アミン型アルカロイドの一種であり，つぎに示すような医薬として重要な多くの化合物が含まれる（図 21・29）．

1. L-ドーパ（L-dopa）：哺乳類や植物がつくる，抗コリン作動性や抗パーキンソン性を示すアルカロイド．
2. ドーパミン（dopamine）：脊椎動物，無脊椎動物，一部の植物がつくるアドレナリン作用物質．脳内で神経伝達物質として働き，体内では，局所的な化学的メッセンジャーとして機能する．
3. アドレナリン（adrenaline；エピネフリン epinephrine ともよばれる）：L-ドーパから生合成される天然ホルモンであり，すべての動物にみられる．
4. メスカリン（mescaline）：サボテン（ペヨーテ）の花から得られ，精神異常をひき起こす．

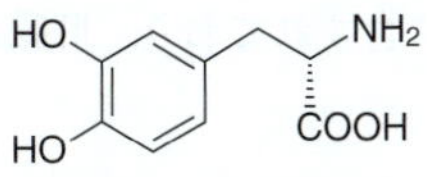

HO / NH2 / COOH / HO
L-ドーパ L-dopa

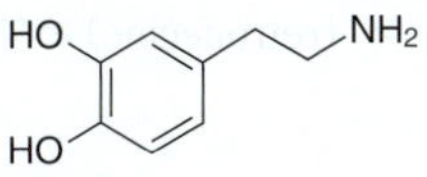

HO / NH2 / HO
ドーパミン dopamine

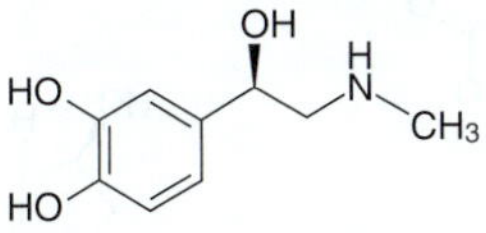

OH / HO / H N / CH3 / HO
アドレナリン adrenaline

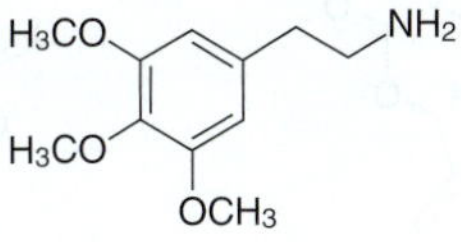

H3CO / NH2 / H3CO / OCH3
メスカリン mescaline

図 21・29 フェネチルアミン型のアルカロイド

21・4b 飽和環内に窒素をもつアルカロイド 飽和環内に窒素をもつアルカロイドに分類される化合物群としては，トロパン，ピロリジジン，ピペリジンの誘導体が知られている．これらに分類されるアルカロイドの基本骨格を図 21・30 に示した．

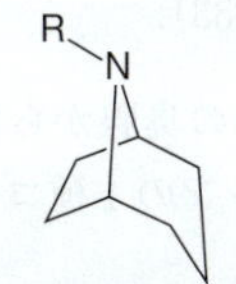

トロパン tropane

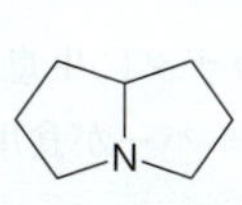

ピロリジジン
pyrrolizidine

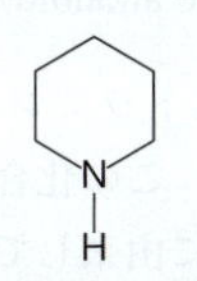

ピペリジン piperidine

図 21・30 窒素原子を環内にもつアルカロイドの骨格構造

◆ トロパン誘導体は，8-アザビシクロ[3.2.1]オクタン骨格を有しており，最も短い架橋部位に窒素原子をもっている．医薬として重要な化合物であるが，しばしば乱用されることもある．**トロパンアルカロイド**（tropane alkaloid）の例として以下の化合物がある（図 21・31）．

1. アトロピン（atropine）: ナス科の植物から単離され，抗コリン作用や抗ウイルス性を示す．瞳孔散大，血管拡張，興奮，精神錯乱をひき起こす．目の手術に用いられ，その他のさまざまな目的にも処方される．
2. スコポラミン（scopolamine）: アトロピンと同様にナス科の植物から単離され，抗コリン作用をもつ．
3. コカイン（cocaine）: コカの葉から単離され，局所麻酔や疼痛を和らげるための麻薬として使われる．

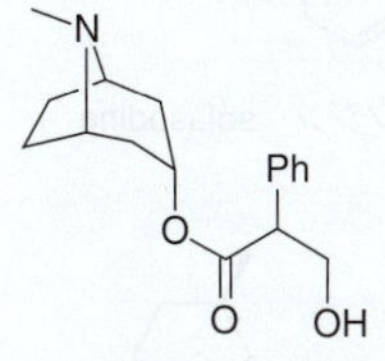

アトロピン atropine

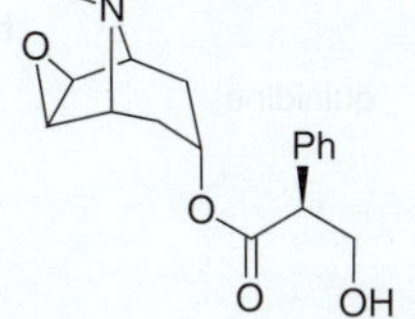

スコポラミン scopolamine

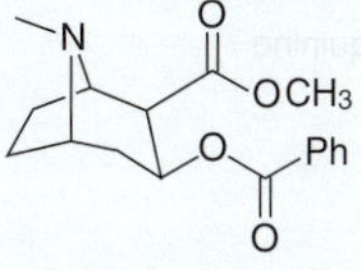

コカイン cocaine

図 21・31 トロパンアルカロイド

◆ ピロリジジン誘導体は 1-アザビシクロ[3.3.0]オクタンの骨格をもち，窒素原子は橋頭位に位置している．以下の例に見られるように多くの**ピロリジジンアルカロイド**（pyrrolizidine alkaloid）は有毒である（図 21・32）．

1. インジシン（indicine）: インド原産の植物ナンバンルリソウ *Heliotropium indicum* に含まれており，鎮痛剤であるが化学的に肝臓を損傷する．
2. モノクロタリン（monocrotaline）: 実験動物の血圧を上げるために使われる．マメ科の植物 *Crotalaria spectabilis* の毒の主要成分である．

3. レトロネシン (retronecine): ワスレナグサに含まれており，肝臓に対して毒性をもつ.

図 21・32 ピロリジジンアルカロイド

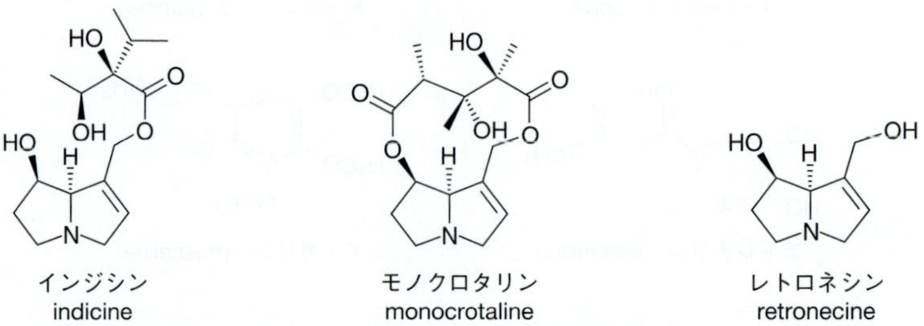

インジシン indicine　モノクロタリン monocrotaline　レトロネシン retronecine

◆ 窒素を含む飽和 6 員環化合物であるピペリジンは 6 章で学んだ (p.226). ピペリジン誘導体は，自然界で最も一般的な環状アミンであり，**ピペリジンアルカロイド** (piperidine alkaloid) は医薬，生理学的に幅広い活性を示す (図 21・33).

1. カストラミン (castoramine): カナダに生息しているビーバーの臭腺から単離された. この化合物は，おそらくビーバーが食用にしているスイレンの 1 種コウホネの根に由来していると思われる.

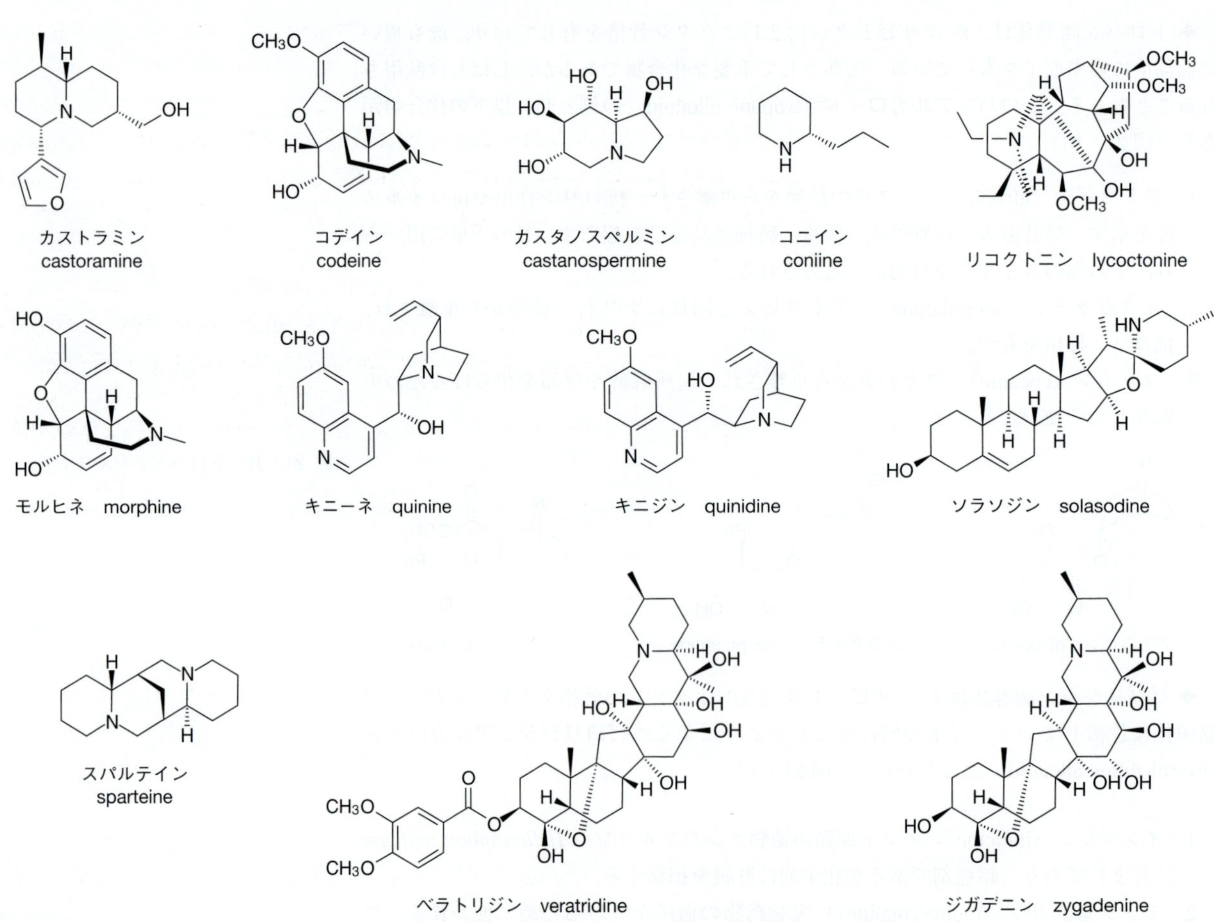

図 21・33 ピペリジンアルカロイド

2. コデイン (codeine): アヘンから得られる麻酔性の鎮痛鎮咳薬.
3. カスタノスペルミン (castanospermine): オーストラリア産のマメ科植物から見いだされた抗ウイルス性物質. ウシに対して毒性を示す.
4. コニイン (coniine, p.164): ドクニンジンから単離され, 古代ギリシャ時代に処刑に用いられた (ソクラテスはこれで処刑されたともいわれる).
5. リコクトニン (lycoctonine): スウェーデンの北極圏に自生している毒性植物 *Sarek* から単離されたジテルペンアルカロイドであり, 刺痛やしびれをひき起こす.
6. モルヒネ (morphine): アヘンから単離される強力な麻酔性の鎮痛物質.
7. キニーネ (quinine, p.378): キナの樹皮から得られる抗マラリア作用をもつ化合物.
8. キニジン (quinidine): 同様にキナの樹皮から得られるキニーネの異性体であり, 血管拡張作用や抗不整脈作用を示す.
9. ソラソジン (solasodine): ナス科の植物から得られるステロイド性アルカロイドで家畜がよく中毒を起こす. ジャガイモの芽の毒性成分である.
10. スパルテイン (sparteine): アンデス産のハウチワマメ属の植物から見いだされた, 抗不整脈作用および分娩誘発作用を有するアルカロイド.
11. ベラトリジン (veratridine): キンポウゲ科クリスマスローズ属の植物あるいはユリ科のツバメオモト属の植物から得られ, 粘膜を強く刺激し, 吸入するとひどいくしゃみをひき起こす.
12. ジガデニン (zygadenine): リシリソウから得られる血圧降下剤.

21・4c 窒素を含む芳香環をもつアルカロイド ここに分類されるアルカロイドは, 窒素原子を芳香環に含んでおり, たとえば, 図21・34に示すピリジン, インドール, イソキノリン, β-カルボリンなどの基本骨格をもつ.

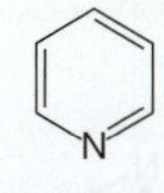

ピリジン
pyridine

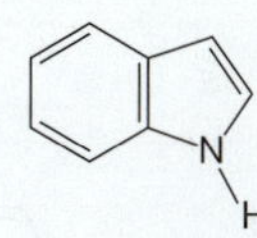

インドール
indole

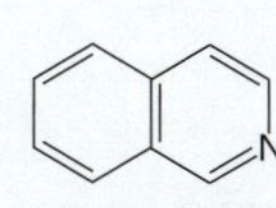

イソキノリン
isoquinoline

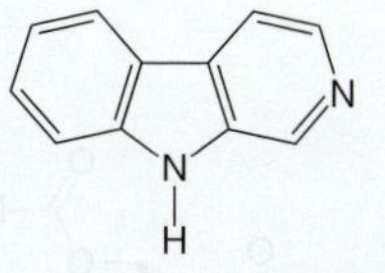

β-カルボリン β-carboline

図21・34 窒素原子を芳香環内にもつアルカロイドの骨格構造

◆ピリジン環を含むアルカロイドには, 他の窒素官能基をもっているものも数多いため, これらの化合物の分類は厳密ではなく, 別の基準での分類が可能である. ピリジンは, アンモニアに比べると塩基性が弱い. **ピリジンアルカロイド** (pyridine alkaloid) の例を以下にあげる (図21・35).

1. アクチニジン (actinidine): ネコが大好きなイヌハッカ (西洋マタタビともよばれる) から単離されたカビ臭いにおいの化合物.

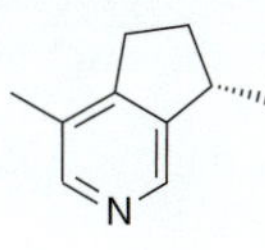

アクチニジン
actinidine

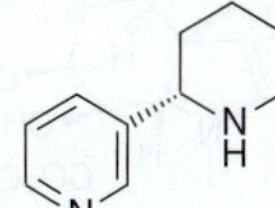

アナバシン
anabasine

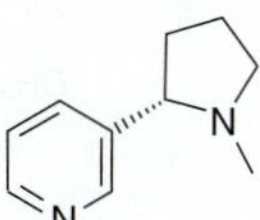

ニコチン
nicotine

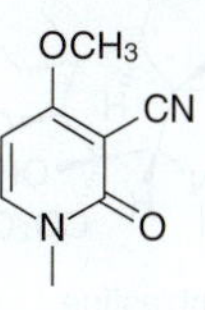

リシニン
ricinine

図21・35 ピリジンアルカロイド

2. アナバシン（anabasine）：タバコ類の木から単離される強力な殺虫作用をもつ化合物．複数の分類がされる化合物の例である．ピペリジン環を有するため，ピペリジンアルカロイドに分類されることもある．
3. ニコチン（nicotine）：同じくタバコ類の木から単離される強力な殺虫剤．
4. リシニン（ricinine）：トウゴマやトウダイグサ科の植物の種子から得られる毒性化合物．

◆ インドール（図 21・34）は，芳香族性を示す二環性化合物であり，ピロール（p.644）と同様に塩基性を示さない．**インドールアルカロイド**（indole alkaloid）の例を以下にあげる（図 21・36）．

1. リセルグ酸ジエチルアミド（lysergic acid diethylamide; LSD，問題 19・84 参照）：麦角菌から単離された幻覚薬であり，統合失調症をひき起こす副作用をもつ．誘導体は，高血圧，片頭痛，パーキンソン病の治療に用いられている．
2. マイトマイシン（mitomycin）：放線菌 *Streptomyces caespitosus* が産生する，DNA の損傷を起こす抗腫瘍性抗生物質．
3. シロシビン（psilocybin）：シビレタケ属のキノコに含まれる活性成分で，古代マヤ人の祈祷師が神（超自然的存在）と交信する際に用いた．
4. ストリキニーネ（strychnine，p.166）：インド原産のマチン科マチン属の樹木（ホミカ）の種子から単離された，安定な致死性毒薬．
5. ビンブラスチン（vinblastine）：ニチニチソウから単離された化学療法剤．
6. ビンドリン（vindoline）：ニチニチソウに含まれるインドールアルカロイドで，ピペリジンアルカロイドでもある．単独で用いると何も生理活性を示さないが，ビンブラスチンとともに用いると腫瘍増殖抑制作用を示す．

問題 21・9 なぜインドールはアルキルアミンに比べて塩基性が低いのか．

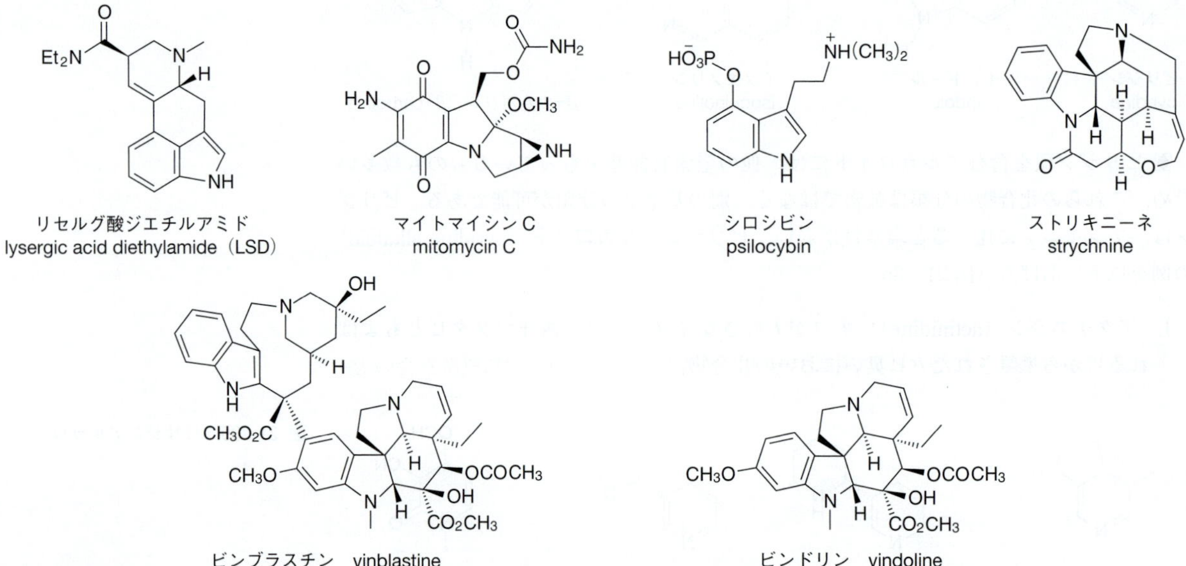

図 21・36 インドールアルカロイド

◆ 塩基性の芳香環をもつ別の化合物群として，イソキノリン誘導体がある（問題 14・20）．**イソキノリンアルカロイド**（isoquinoline alkaloid）として以下の例があげられる（図 21・37）．

1. ベルベリン（berberine）：メギ科の植物や他の多くの植物の根に含まれ，抗菌，抗マラリア，解熱作用を示す．
2. エメチン（emetine）：トコンの根から単離された抗アメーバ薬であり，やや毒性のある化合物．
3. ガランタミン（galantamine）：ヒガンバナ科の植物から得られるコリンエステラーゼ阻害剤であり，アルツハイマー病の治療に用いられる．
4. リコリン（lycorine）：同様にヒガンバナ科スイセン属の植物から得られるアルカロイドで，毒性を示す．
5. ナルシクラシン（narciclasine）：ラッパスイセンの球根から得られる抗有糸分裂作用および細胞毒性を示す化合物であり，抗がん剤として期待されている．
6. パパベリン（papaverine）：アヘンから単離され，抗ウイルス活性を示す．平滑筋弛緩薬および大脳血管拡張薬として用いられている．
7. ツボクラリン（tubocurarine）：南米のつる性植物から単離された毒性成分で，しばしば矢毒に用いられる．筋弛緩剤として用いられている．

ベルベリン berberine　エメチン emetine　ガランタミン galantamine　リコリン lycorine

ナルシクラシン narciclasine　パパベリン papaverine　ツボクラリン tubocurarine

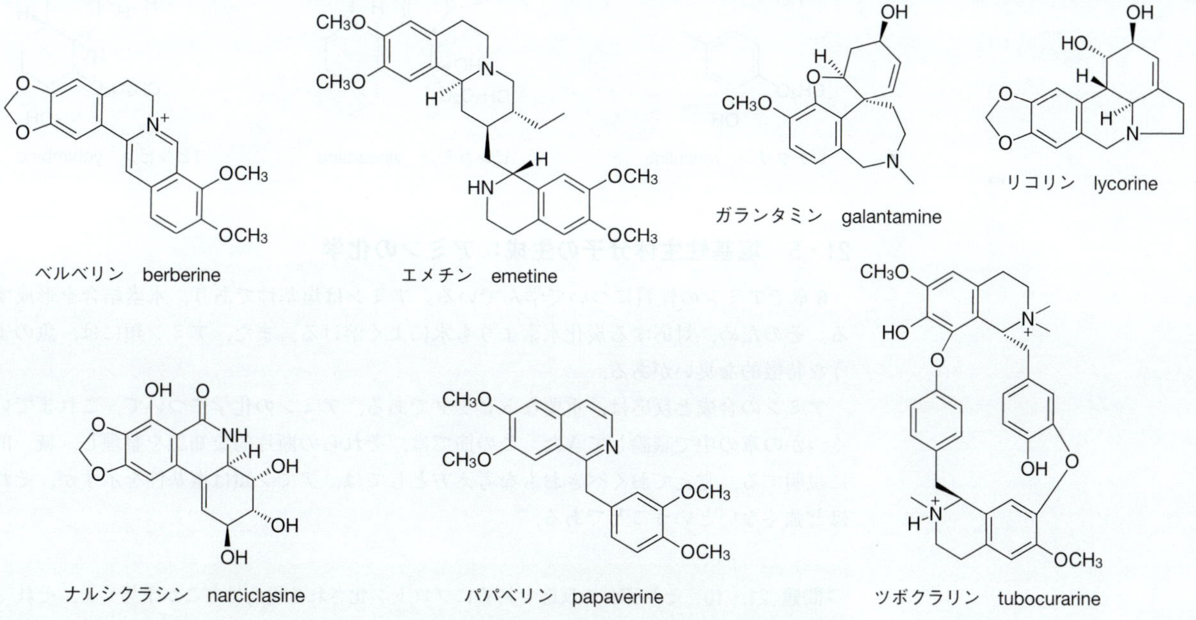

図 21・37 イソキノリンアルカロイド

◆ 芳香環を含むアルカロイドの最後の例は，三環性骨格に2つの窒素原子を含む β-カルボリン誘導体である．どちらの窒素原子も，アルキルアミンほど塩基性を示さない．**β-カルボリンアルカロイド**（β-carboline alkaloid）も，幅広い医薬的および生理学的活性を示す（図 21・38）．

1. ハルミン（harmine）：トウヒの木の種子から単離され，中枢興奮作用を示す抗ウイルス性化合物．
2. レセルピン（reserpine）：古くからインドで使われてきた精神安定剤であり，インドジャボクから単離できる．

3. レチクリン（reticuline）：ケシから見つかった化合物で，モルヒネに似たアルカロイドの生物学的前駆体．
4. ビンカミン（vincamine）：ツルニチニチソウ属の植物（ヒメツルニチニチソウ）から見つかった血管拡張作用を示す抗加齢薬．
5. ヨヒンビン（yohimbine）：アフリカ産のアカネ科の植物ヨヒンベから単離された化合物で，アドレナリン受容体遮断薬や強精薬としても使われている．

図 21・38 *β*-カルボリンアルカロイド

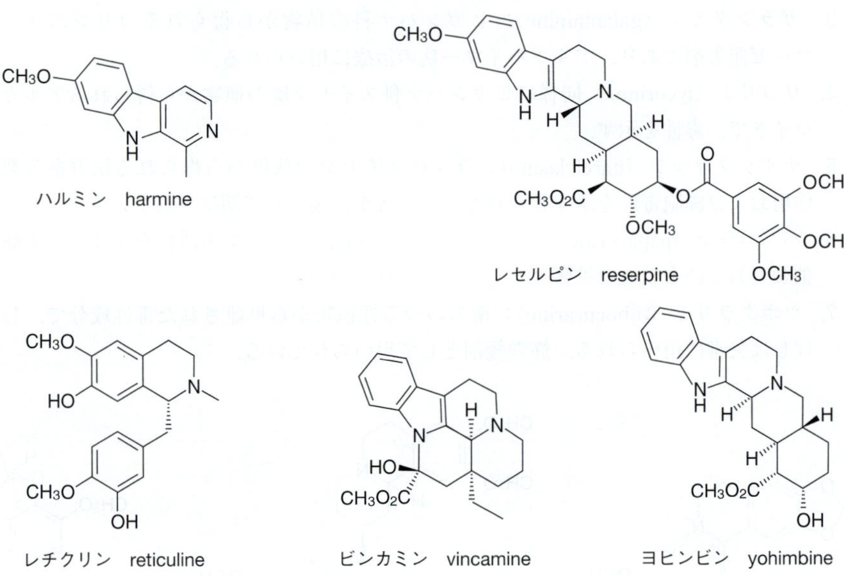

21・5 塩基性生体分子の生成：アミンの化学

6 章でアミンの性質について学んでいる．アミンは塩基性であり，水素結合を形成する．そのため，対応する炭化水素よりも水によく溶ける．また，アミン類には，魚のような特徴的な臭いがある．

アミンの合成と反応は，重要なトピックである．アミンの化学について，これまでいくつかの章の中で議論してきた．この節では，それらの断片的な知識を整理し，統一的に説明する．覚えておくべきおもな考え方としては，アミン類は塩基性を示すが，それほど強くないということである．

問題 21・10 それぞれの反応で初めにプロトン化される場所はどこか予想せよ．それぞれ巻矢印表記で示せ．

(a) H—Cl:, H_2O

(b) H—Cl:, H_2O

解 答 (a)

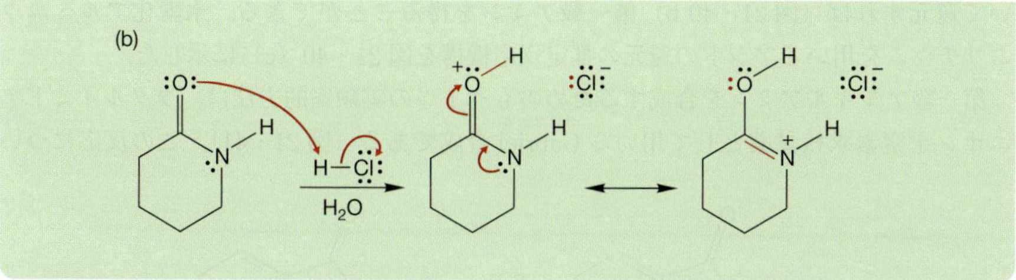

21・5a　アミンの合成　非結合電子対をもつ窒素は求核性を示す．7章で学んだように，求核試薬は S_N2 反応を起こす．アミンの S_N2 反応を行う際の問題は，一度窒素原子がアルキル化されても，過剰のハロゲン化アルキルが残っていれば，生成したアルキルアミンの求核性のためにさらに反応が起こることである（p.311）．その結果，ジアルキルアミン，トリアルキルアミン，テトラアルキルアンモニウムイオンまでも生成する可能性がある（図 21・39）．類似の反応は生体内でも起こっているが，酵素による反応のため生成物は混合物にならない．

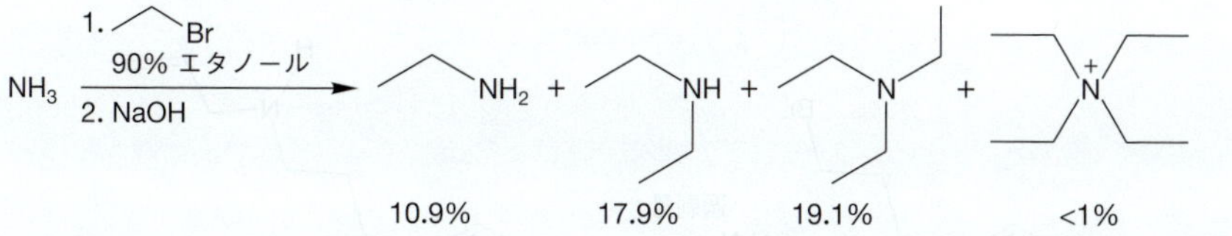

図 21・39　アミンとハロゲン化アルキルの S_N2 反応における生成物

実験室で，ハロゲン化アルキルから第一級アミンを得るための1つの方法として，アジドイオンとハロゲン化アルキルとの S_N2 反応を行い，生じたアルキルアジドを第一級アミンに還元する方法がある．得られたアジドを，パラジウム触媒存在下で水素化するか（図 21・40 a），または，水素化アルミニウムリチウムなどのヒドリド還元剤を用

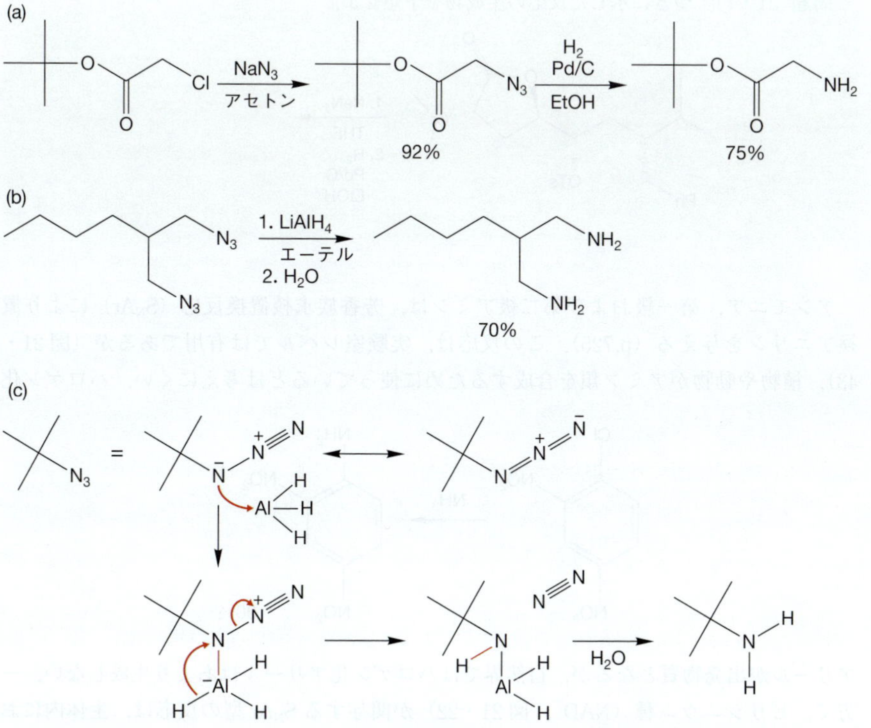

図 21・40　アジドを用いた第一級アミンの合成．(a) アジドの水素化，(b) 水素化アルミニウムリチウムによるアジドの還元．(c) 水素化アルミニウムリチウムによるアジドの還元の推定反応機構．ここでは $LiAlH_4$ から生成する AlH_3 を用いている．

いて還元すれば（図21・40 b）第一級アミンを得ることができる．水素化アルミニウムリチウムを用いるアジドの還元の推定反応機構を図21・40（c）に示した．

第一級アルキルアミンを合成するためのもう1つの実験室的方法は，フタルイミドアニオンを窒素求核試薬として用いるGabriel（ガブリエル）合成である（図21・41）．この反応については，つぎの22章で学ぶ．第二級または第三級アミンをS_N2反応により合成することは，第一級アミン合成ほどは難しくはない．たとえば，第一級アミンを過剰量加えると，アルキル化を1回で止めて第二級アミンを得ることができる（図21・42）．

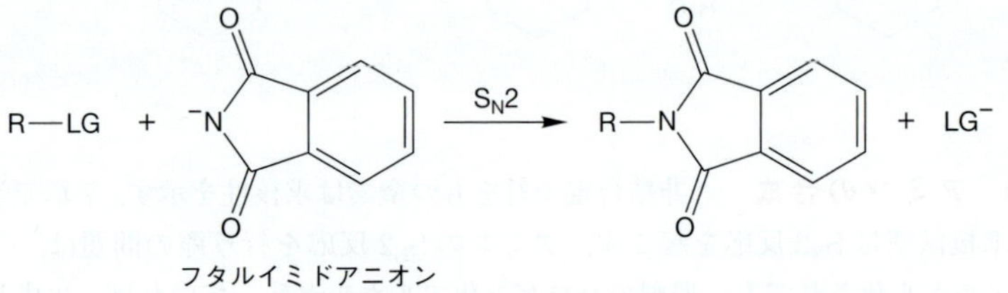

図21・41 S_N2反応によるC−N結合形成．フタルイミドアニオンを用いるGabriel反応

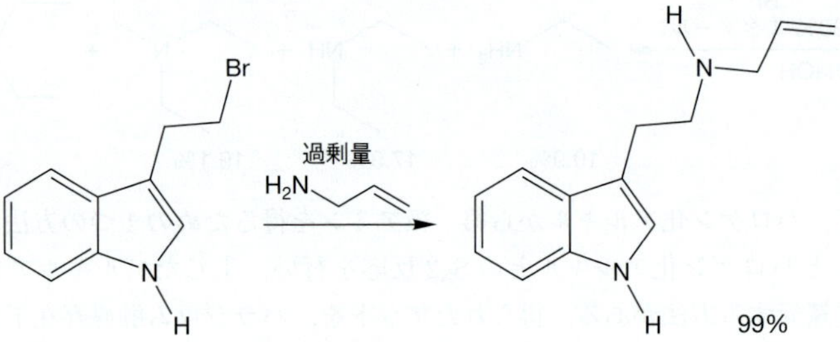

R—LG + ⁻N(フタルイミド) —S_N2→ R—N(フタルイミド) + LG^-

フタルイミドアニオン
phthalimide anion

図21・42 S_N2反応を用いたC−N結合形成反応の具体例

過剰量 H_2N～(アリルアミン)　99%

問題 21・11 つぎに示した反応の生成物を予想せよ．

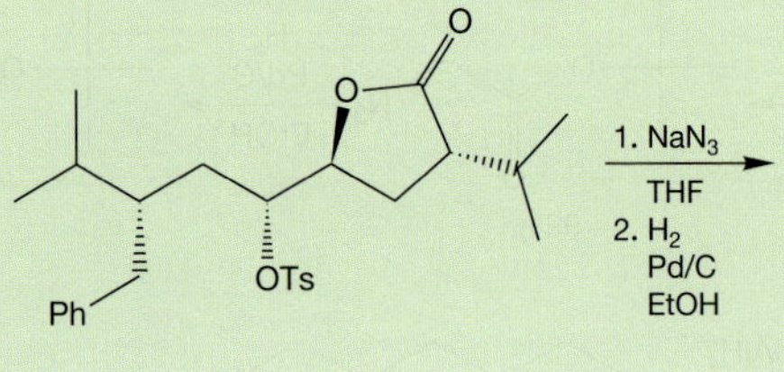

1. NaN_3, THF
2. H_2, Pd/C, EtOH

OTs　Ph

アンモニア，第一級および第二級アミンは，芳香族求核置換反応（S_NAr）により置換アニリンを与える（p.725）．この反応は，実験室レベルでは有用であるが（図21・43），植物や動物がアミン類を合成するために使っているとは考えにくい．ハロゲン化アリールが出発物質となるが，自然界ではハロゲン化アリールはあまり生成しない．一方で，ピリジニウム種（NAD^+，図21・22）が関与するS_NAr型の反応は，生体内にお

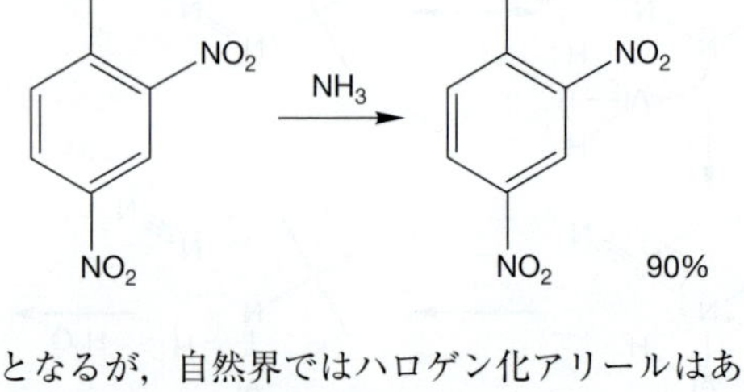

図21・43 S_NAr反応を用いたアミンの合成

Cl, NO_2, NO_2 —NH_3→ NH_2, NO_2, NO_2　90%

いてはきわめて重要である．

アミンを合成するもう1つの方法は，イミン，アミド，ニトリル，ニトロ基の還元である．これらの官能基はいずれも還元を受けるが，適切な還元剤は官能基によって異なる．生体内における還元剤はNADH（p.800）が多く，イミンの還元が最も一般的である．NADHは，多くの酵素経路において，しばしばイミンの還元剤として働く．たとえば，フェニルアラニン生合成の最終段階は，ケトンからイミンを経て，アミンへと変換される過程である（p.776）．実験室では，イミンからアミンへの還元反応には，シアノ水素化ホウ素ナトリウム（$NaCNBH_3$，あるいは$NaBH_3CN$と表記される）が用いられる（図21・44）．なお，イミンの形成も同じフラスコで行うことができる．この反応はケトンやアルデヒドの**還元的アミノ化**（reductive amination）とよばれる．

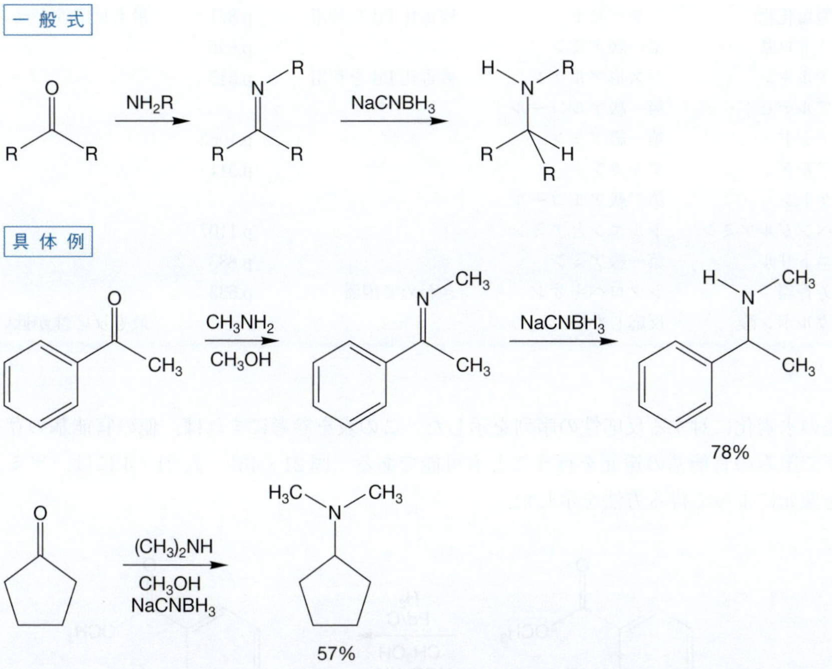

一般式

NH_2R　$NaCNBH_3$

具体例

CH_3NH_2 / CH_3OH　$NaCNBH_3$　78%

$(CH_3)_2NH$ / CH_3OH / $NaCNBH_3$　57%

図 21・44　ケトンやアルデヒドと第一級アミンとの反応によるイミン形成と還元

アミドを還元するのに最もよく使われるのは，金属水素化物である（p.784）．水素化アルミニウムリチウム$LiAlH_4$は，最も反応性の高いヒドリド源であり，アミドをアミンに還元することができる（図21・45）．しかし，水素化アルミニウムリチウムにより，

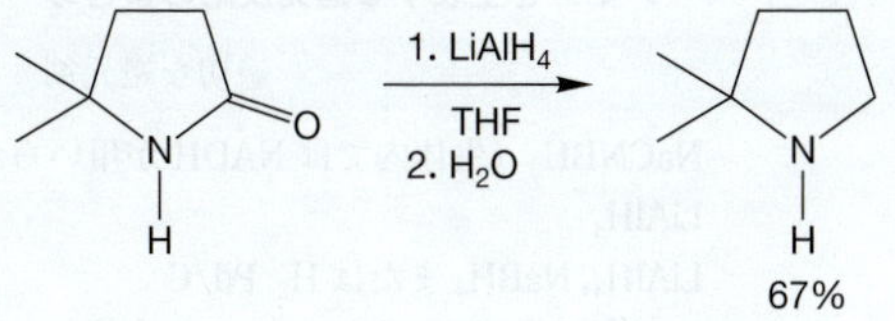

1. $LiAlH_4$ / THF / 2. H_2O　67%

図 21・45　アミドの水素化アルミニウムリチウム還元によるアミンの生成

他の官能基も還元されうる．アミドはもともと反応性が低いので，アミドの還元反応は，分子内に他のカルボニル基を含まない場合に，うまく行うことができる．

問題 21・12　金属水素化物を用いるアミドの還元は，生体内反応において用いられているだろうか．またそれはなぜか．

シアノ基の還元によっても第一級アミンが得られることは，すでに説明した(p.881)．シアノ基は，金属水素化物によりあるいは水素化反応により還元することができる．ニトロ基の還元も第一級アミンの合成に利用できる．$LiAlH_4$ によりニトロアルカンは容易に第一級アルキルアミンに変換できるが，芳香環に結合したニトロ基はうまく還元できない．ニトロ基を還元する最も信頼性の高い反応は，水素化である(p.696)．活性炭上に担持したパラジウムを触媒として用いる水素化は，他の官能基の還元にも使われていることに気づいているだろう(p.511)．表 21・3 にさまざまな官能基の水素化に対する反応性の序列を示した．この表を参考にすれば，他の官能基の存在下で望みの官能基の還元を行うことも可能である（図 21・46）．表 21・4 には，アミンを還元によって得る方法を示した．

表 21・3　触媒を用いる水素化（H_2，Pd/C）における官能基の反応性

官能基	結果（生成物）	備考	本文中の参照箇所	反応性
酸塩化物	アルデヒド	被毒化 Pd を利用	p.871	最も反応性が高い
ニトロ基	第一級アミン		p.696	
アルキン	シス形アルケン	被毒化 Pd を利用	p.515	
アルデヒド	第一級アルコール			
アジド	第一級アミン		p.1065	
アルケン	アルカン		p.511	
ケトン	第二級アルコール			
ベンジルアミン	トルエンとアミン		p.1107	
ニトリル	第一級アミン		p.883	
芳香環	シクロヘキサン	きわめて困難	p.633	
カルボン酸	反応しない			最も反応性が低い

図 21・46　他の官能基共存下でのニトロ基の還元

表 21・4　アミンを生成する還元反応のまとめ

官能基	適切な還元剤
イミン	$NaCNBH_3$（生体内では NADH が用いられる）
アミド	$LiAlH_4$
アジド	$LiAlH_4$, $NaBH_4$ または H_2, Pd/C
ニトリル	$LiAlH_4$ または H_2, Pd/C
ニトロ基	H_2, Pd/C

問題 21・13　イソプロピルアルコールと必要な無機試薬を用いて，2-メチル-1-プロパンアミン（イソブチルアミン）をどのように合成したらよいか示せ．

21・5b アミンの反応 第一級アミンとケトンまたはアルデヒドとの反応により，イミンが生成する（図 21・47）.

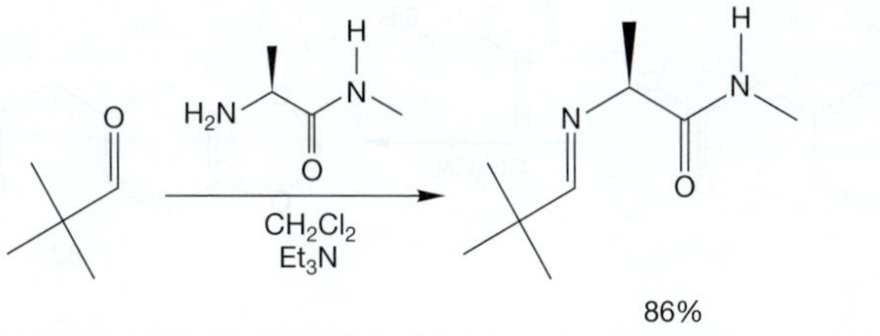

CH_2Cl_2
Et_3N
86%

図 21・47 イミンの合成

このような反応例は自然界に多く存在する．たとえば，レチナールはイミン結合によりタンパク質オプシンに結合する（p.380）．このイミンは，視覚をつかさどるプロセスで中心的な役割を果たしている．さらに別の生体内反応として，酵素アミノトランスフェラーゼ（図 21・48）によるイミンの生成がある．この酵素はさまざまなアミノ酸の生合成を触媒している．

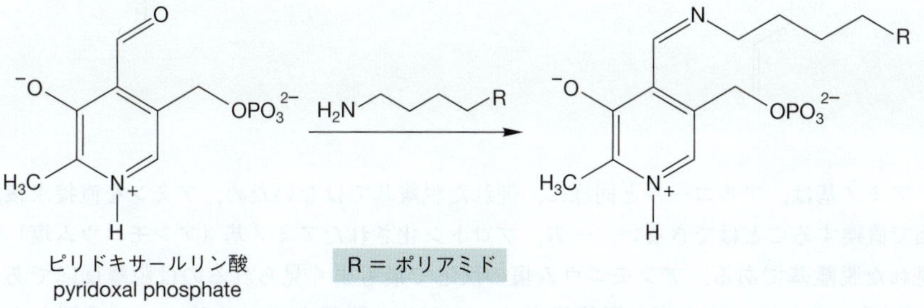

ピリドキサールリン酸
pyridoxal phosphate
R = ポリアミド

図 21・48 アミノトランスフェラーゼによる還元の第 1 段階．ピリドキサールリン酸とポリペプチドのリシン残基のアミノ基との反応によるイミンの生成

第二級アミンもケトンやアルデヒドと反応し，この場合には，エナミンが生成する．19 章（p.934）で学んだように，エナミンは炭素求核試薬として用いられる．一方，アミン（アンモニア，第一級および第二級アミン）と α,β-不飽和カルボニル化合物とは，Michael 型の付加反応を起こす（p.947，図 21・49）．このような 1,4-付加は，自然界で

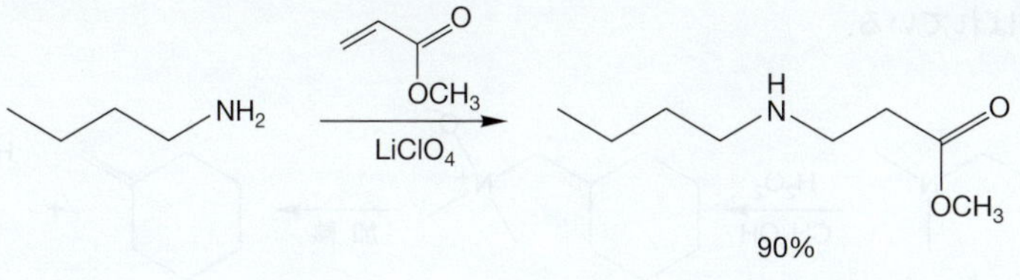

$LiClO_4$
90%

図 21・49 Michael 付加反応

ごく一般的な反応である（p.950）．クエン酸回路では，酸素原子が求核試薬となる 1,4-付加が繰返し起こる．また，脂肪酸合成では，NADPH が Michael 付加のためのヒドリド求核試薬を供与する．生体内にはアミンが豊富にあるので，アミンの Michael 反応が頻繁に起こっていることは間違いない．

アミン類は，カルボン酸誘導体と反応してアミドを形成する．すでに，酸塩化物とアミンとの反応（p.869），酸無水物とアミンとの反応（p.872），アミンとエステルとの反応（p.876）の反応例を紹介した．タンパク質をつくるすべての生物は，まさにアミドを合成する装置であり，その生合成の過程は効率性が高い．実験室では，アミンと反応してアミドを生成するために，カルボン酸を活性化する．たとえば，酸塩化物として活性化すると，アンモニア，第一級および第二級アミンと速やかに反応してアミドを与える（図21・50）．つぎの22章では，カルボン酸からアミドを得るためのその他の活性化法について学ぶ．

図 21・50 アミドの形成

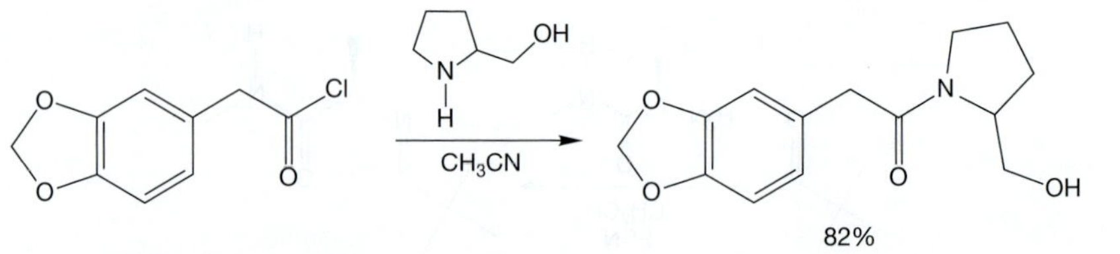

CH$_3$CN

82%

問題 21・14 つぎの反応の生成物を予測せよ．

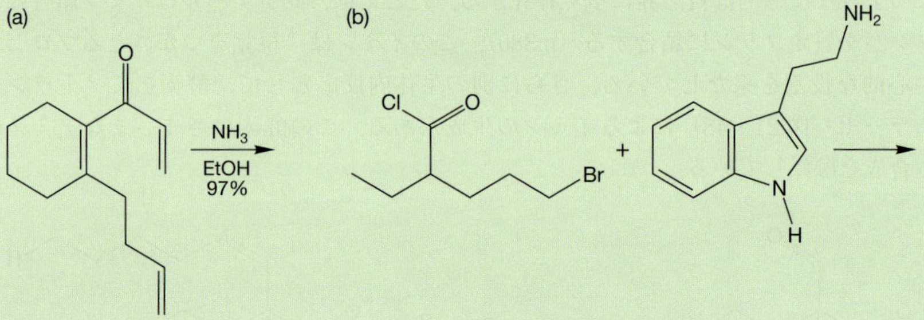

(a)

NH$_3$
EtOH
97%

(b)

アミノ基は，アルコールと同様に，優れた脱離基ではないため，アミンを直接求核試薬で置換することはできない．一方，プロトン化されたアミノ基（アンモニウム塩）は優れた脱離基である．アンモニウム塩の反応で最もよく見られるのは脱離反応である（p.335）．アンモニウム塩の脱離反応は，Hofmann（ホフマン）脱離あるいはHofmann分解とよばれており，生合成経路にも含まれている．

生体内で最もよく見られるアミンの変換反応は酸化である．窒素は，過酸や過酸化水素，オゾンのような求電子的な酸素と反応する．空気中の酸素でさえも，アミンの酸化をひき起こす．酸化剤の種類にかかわらず，*N*-オキシドが生成し，続いて脱離反応が進行する（図21・51）．8章（p.351）で学んだように，*N*-オキシドの脱離反応はCope（コープ）脱離とよばれている．

図 21・51 アミンの酸化とそれに続く脱離反応

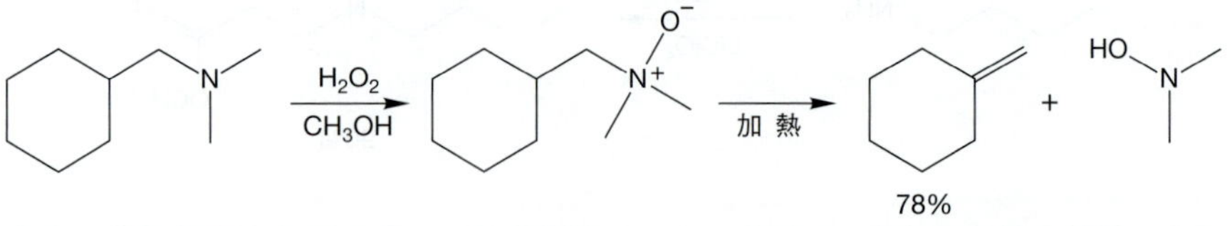

H_2O_2
CH_3OH

加 熱

78%

問題 21・15 図21・51の反応の加熱段階（2段階目）の反応機構を示せ．

アミンがジアゾニウムイオンに変換される反応はすでに学んだが（p.696），この反応も生物学的なプロセスと関連性をもっている．実験室では，第一級アミンを塩酸存在下，亜硝酸ナトリウムで処理してジアゾニウムイオンを得ている．一方，我々の食物中には多くのアミン類が含まれており，また野菜に含まれる亜硝酸ナトリウムを摂取している．亜硝酸ナトリウムは，ボツリヌス中毒症を防ぐための食肉の保存料としても使われている．胃に含まれる塩酸の酸性は，HONOを発生させるのに十分なので，発生したHONOによりアミン類がジアゾニウムイオンに変換される．発生したジアゾニウムイオンは，最も優れた脱離基であるN_2を含んでいる．

アリールアミンから誘導されるジアゾニウムイオンは，実験室では有用性が高く，そのジアゾニウム基は，Sandmeyer（ザンドマイヤー）反応によりさまざまな有用な官能基へと変換できる(p.698)．一方，アルキルアミンから導かれるジアゾニウムイオンは，きわめて不安定である（図21・52）．最も優れた脱離基であるN_2が脱離した後に生じたカルボカチオンは，求核性をもつどのような官能基とも反応できる．それには，DNAやRNA，タンパク質，糖質，脂質，水が含まれる．いくつかの学派では，亜硝酸塩を多く摂取する人が胃がんになりやすいのは，このようなDNAとの反応によるものだと考えられている．すなわち，酸性の胃の中で，亜硝酸塩によりジアゾニウムイオンが生成し，最終的にカルボカチオンとなる．生じたカルボカチオンは，さらに5つの経路，すなわち，脱離反応，求核試薬との反応，転位，芳香環への付加反応，ポリマー化，をとりうる．このようなさまざまな経路が可能なのでカルボカチオンの化学反応は混合物を与えることが多い．

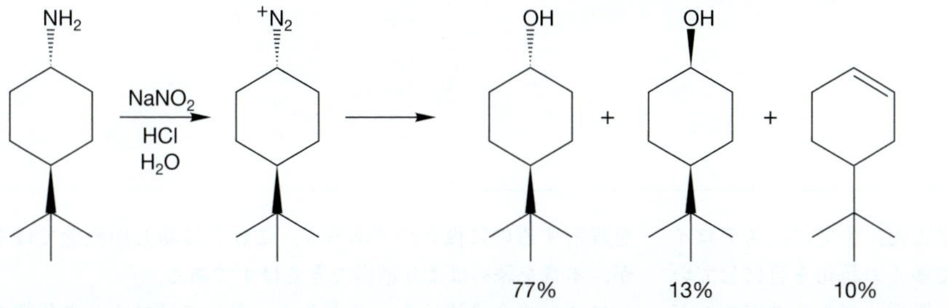

NH2 → NaNO2 / HCl / H2O → +N2 → OH (77%) + OH (13%) + (10%)

図 21・52 アルキルジアゾニウム塩から得られるさまざまな生成物

問題 21・16 ジアゾニウムイオンが優れた脱離基をもっているならば，芳香族アミンの化学ではどのように制御されて用いられているのであろうか．なぜ，芳香族ジアゾニウムイオンはアルキルジアゾニウムイオンより安定なのか．なぜ，ジアゾニウムイオンは優れた脱離基をもっているのか．

問題 21・17 図21・52に示した3つの生成物が生成する機構を説明せよ．

解答

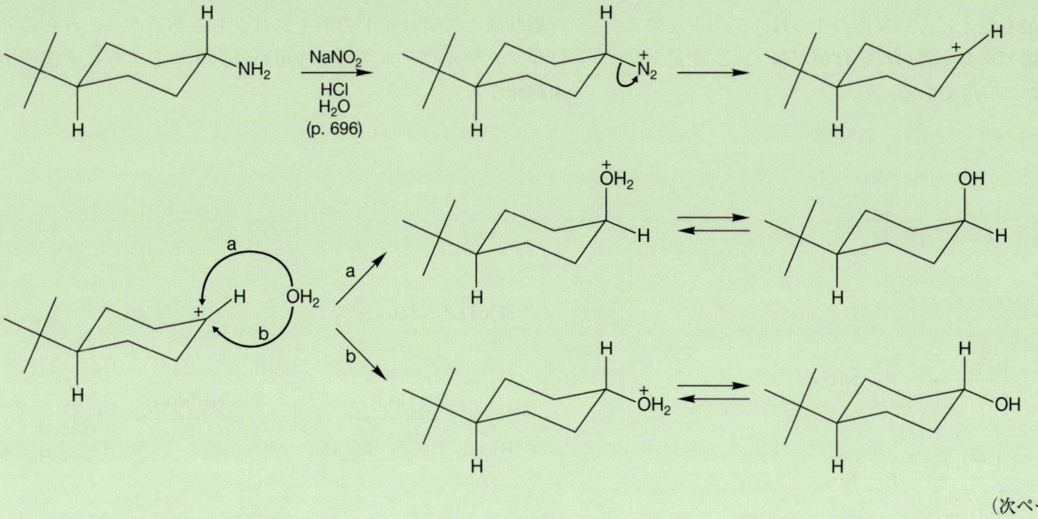

H, NH2 → NaNO2 / HCl / H2O (p. 696) → H, +N2, H → H, +

a, b, OH2, +, H → a: +OH2, H ⇌ OH, H; b: H, +OH2 ⇌ H, OH

（次ページにつづく）

問題 21・17 解答（つづき）

$\xrightarrow{OH_2}$

21・6 ま と め

■新しい考え方■

脂質の構造多様性について新たに学んだ．すでに，ステロイドやリン脂質などの脂質にふれた章で多くの語句を目にしていたであろうが，トリグリセリド，リン脂質，プロスタグランジン，テルペン，ステロイドなどのさまざまな脂質の構造上の定義を学んだのは今回が初めてであろう．

21・4 節では多くの生物学的に活性な含窒素化合物をあげた．おそらくこのリストは，窒素原子の塩基性や水素結合の重要性を理解するのに役立つであろう．これらは新しい概念ではないが，本章を読めばより納得できるはずである．

アミンの合成法はたくさんある．本章ではアミンの化学のすべてを1つの節にまとめて整理した．21・5 節で議論したほとんどの反応は見覚えがあったであろうが，アジドの反応は新たに学んだ．さまざまな還元法（表 21・4）を比較することで，還元によるアミンの合成法がしっかり頭に入ったことであろう．

■重 要 語 句■

油 oil（p.1047）
アルカロイド alkaloid（p.1057）
還元的アミノ化 reductive amination（p.1067）
脂 質 lipid（p.1046）
脂 肪 fat（p.1047）
親油性 lipophilic（p.1050）
生体分子 biomolecule（p.1046）
生物有機化学 bioorganic chemistry（p.1045）
トリグリセリド triglyceride（p.1047）
プロスタグランジン類 prostaglandins（p.1050）
リポソーム liposome（p.1050）
リン脂質 phospholipid（p.1049）

■間違えやすい事柄■

学生にとって最も覚えにくい反応の1つは，アミドをアミンへと還元する反応である．この反応は第二級アミンや第三級アミンを合成するのに有用である．

脂肪酸とステロイドの形を忘れがちであるが，これらの分子はファンデルワールス相互作用を最大化するように水溶液中で組織化する．

■合　成■

1. アミン

アジドの還元

$$R{-}N_3 \xrightarrow[\text{EtOH}]{H_2,\ Pd/C} R{-}NH_2$$

$$R{-}N_3 \xrightarrow[\text{2. } H_2O]{\text{1. } LiAlH_4\text{, エーテル}} R{-}NH_2$$

還元的アミノ化

$$R_2C{=}O \xrightarrow{NH_2R} R_2C{=}NR \xrightarrow{NaCNBH_3} R_2CH{-}NHR$$

21・7 追 加 問 題

問題 21・18 4炭素以下のアルコールと必要な無機試薬を用いて，つぎの化合物を合成する合成経路を提案せよ．それぞれについて逆合成解析を行うとよい．

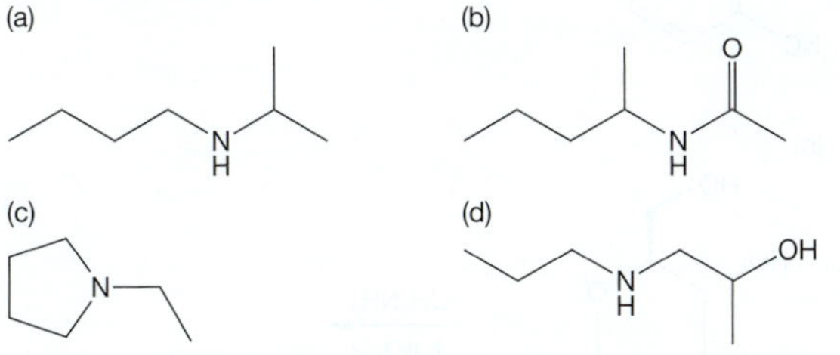

(a) (b) (c) (d)

問題 21・19 マルビジンは年数を経たワインの深い赤色のもとになる化合物であり，アントシアニン（図21・3）がメトキシ化された誘導体である．下記の化合物は2つのアントシアニン部位と1つのマルビジン部位から成る三量体であり，年数を経たワインから単離された．アントシアニジン（糖をもたないアントシアニン）とマルビジンが結合する機構を示せ．H^+源（プロトン化されたアミンなど）とH^-（NADH）を用いてもよい．マルビジンのグリコシル化の機構は示さなくてもよい．

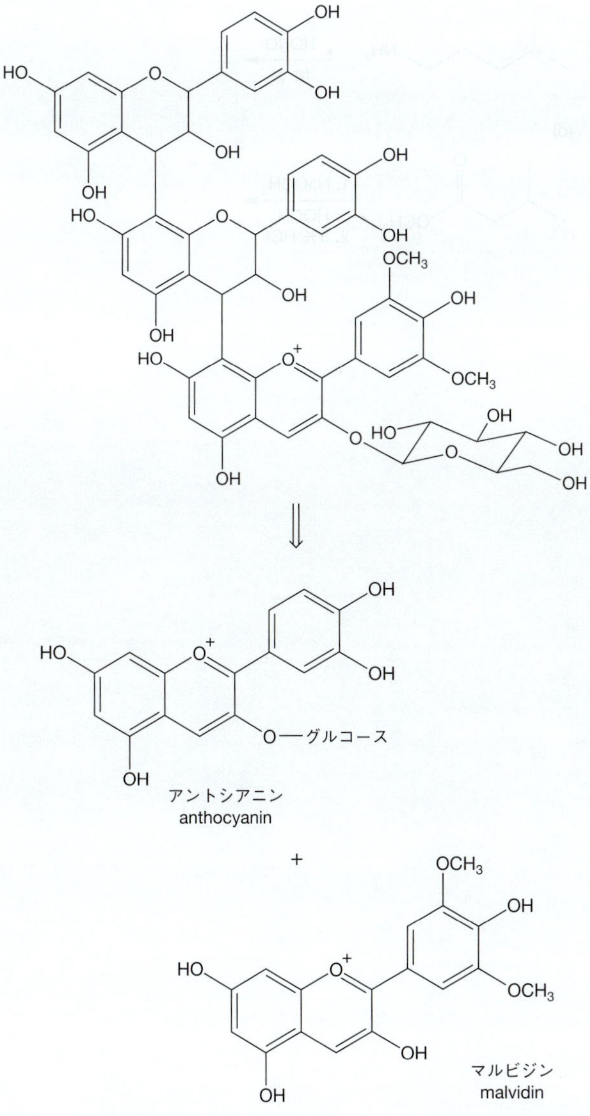

アントシアニン
anthocyanin

マルビジン
malvidin

問題 21・20 つぎの反応の反応機構を示せ．

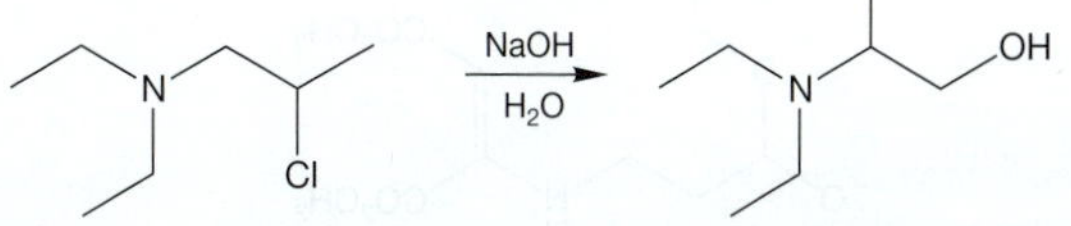

問題 21・21 それぞれの反応の生成物を予想せよ．

(a) (b) (c) (d)

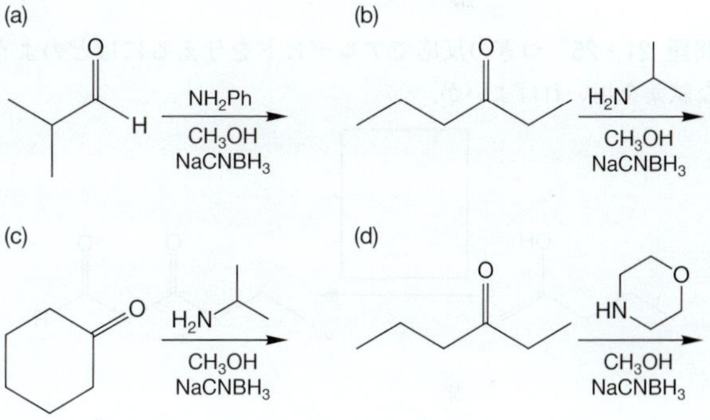

問題 21・22 つぎの結果を説明せよ．

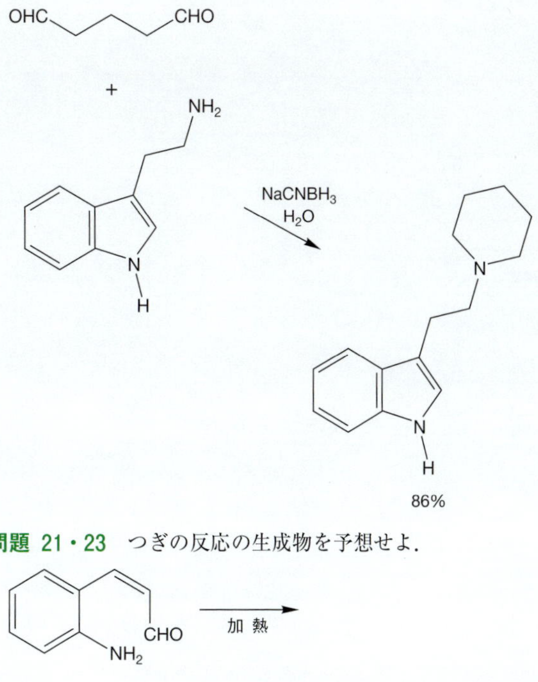

86%

問題 21・23 つぎの反応の生成物を予想せよ．

問題 21・24 つぎの反応の反応機構を示せ.

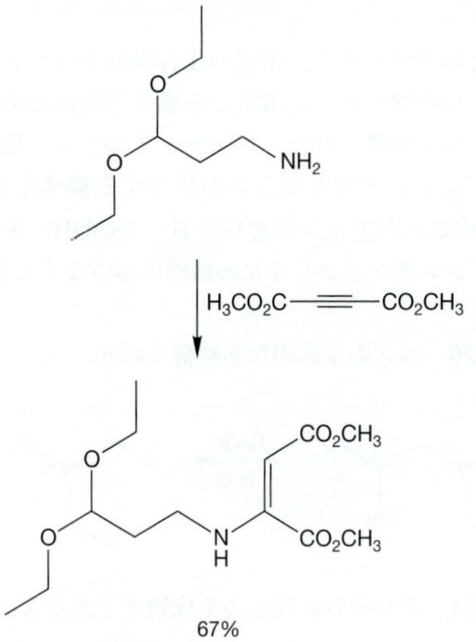

$H_3CO_2C—≡—CO_2CH_3$

NH_2 CO_2CH_3 CO_2CH_3 O O N H

67%

問題 21・25 つぎの反応でアルデヒドを与えるにはどのような試薬を用いればよいか.

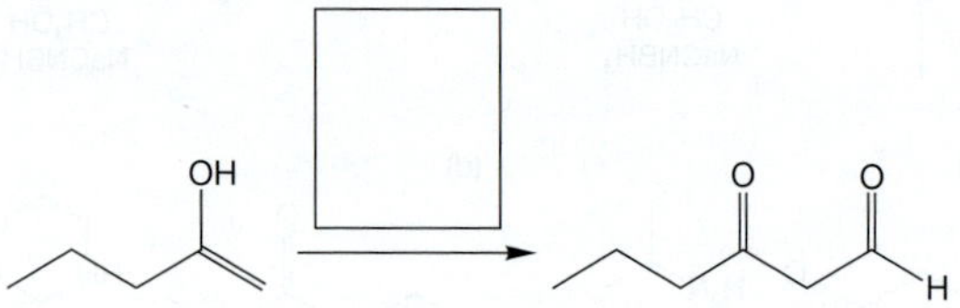

OH O O H

問題 21・26 それぞれの反応の生成物を予想せよ.

(a)

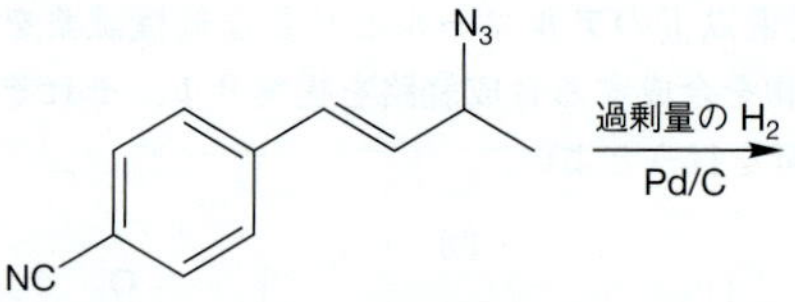

N_3 NC 過剰量の H_2 Pd/C

(b)

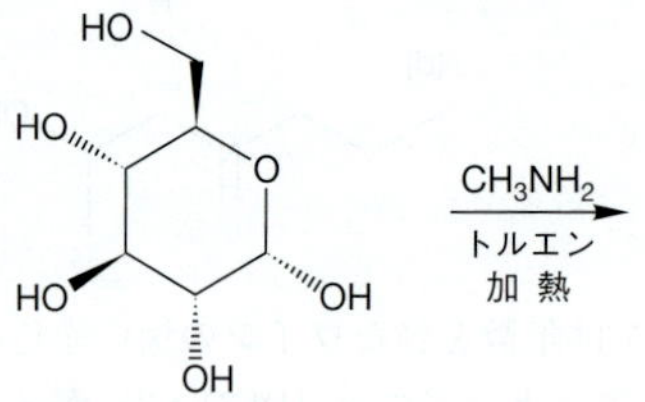

HO HO OH HO O OH OH CH_3NH_2 トルエン 加 熱

(c)

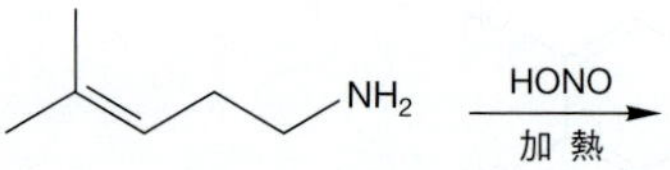

NH_2 HONO 加 熱

(d)

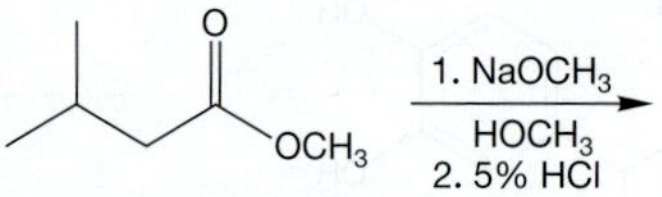

O OCH_3 1. $NaOCH_3$ $HOCH_3$ 2. 5% HCl

22

アミノ酸，ペプチド，タンパク質

When I returned from the physical shock of Nagasaki..., I tried to persuade my colleagues in governments and the United Nations that Nagasaki should be preserved exactly as it was then. I wanted all future conferences on disarmament...to be held in that ashy, clinical sea of rubble. I still think as I did then, that only in this forbidding context could statesmen make realistic judgements of the problems which they handle on our behalf.

Alas, my official colleagues thought nothing of my scheme. On the contrary, they pointed out to me that delegates would be uncomfortable in Nagasaki.

——— Jacob Bronowski*1

22・1　はじめに

多くの科学者が，研究の対象となる物質と生命現象とのかかわりに，強い関心を抱いている．これは当然のことであろう．なぜなら，近年の生物化学や分子生物学の急速な進歩は，すべての科学者にとってきわめて刺激的だからである．しかし，分子生物学者といえどもまずは化学者でなければならない．とりわけ有機化学は，基礎学問として非常に重要な位置を占める．分子生物学は，伝統的に“小分子”を扱う有機化学（無機化学や物理化学を含めてもよいが）を，巨大生体分子へ応用した学問といえる*2.

分子が巨大化し構造が複雑になると，まさに新しい化学が誕生する．我々はこれまで比較的小さな分子において分子の形が重要であることを学んできた．巨大生体分子において立体化学はますます複雑になり，しかも機能を理解するためにさらに重要になる．なぜなら生物学的な機能は分子の形に大きく依存するからである．たとえば，アミノ酸の重合体である酵素が示す触媒活性は，活性中心が基質分子の形をうまく認識することに起因する．

この章では複雑な生命現象のほんの入口を紹介するにとどめるが，有機化学が生物化学にとっていかに重要であるかがわかるだろう．トピックスは，かなり任意に選択しており，他にも紹介しきれない数多くのものがあることを忘れないでほしい．ここで扱う

---

*1　Jacob Bronowski（1908～1974）は，数学者・詩人としてだけでなく脚本家としても活躍した．“The Ascent of Man（人類の向上）”というすばらしいテレビのシリーズ番組を書き下ろし，解説者としても出演した．再放送はぜひお見逃しなく．

*2　分子の大きさは，見る観点により異なってくる．理論化学者にとって，水素より重い原子がたくさん結合してできあがった分子は，大きすぎて簡単に研究対象とはならない．生体分子の計算は時間がかかりすぎるのである．一方，重原子 10 個程度から成る分子は，わずか数分で計算することができる．しかし，このような分子は，分子生物学者にとっては，核酸や酵素に比べると目に入らないほど小さいということになる．〔訳注：一方で，きわめて小さな化合物が，分子生物学者の重要な研究対象となることもある．R. F. Furchgott, L. J. Ignarro および F. Murad は，一酸化窒素（NO）が生体内で重要な働きをしていることを明らかにし，この業績によって 1998 年度のノーベル医学生理学賞を受賞している〕

化合物はいずれも窒素原子を含んでいる．窒素はアルカロイドの構成原子であるが（21章参照），この章ではアミノ酸を構成する重要な要素となっている．

不可欠なスキルと要注意事項

1. 本章では，これまで学んできた小さな分子から，大きな分子について学んでいく．そこでは，小さな分子の化学を，複雑な巨大分子に適用することが求められる．
2. ペプチド合成では，保護と活性化をいかにうまく行うかが鍵となる．保護基と活性化基の選択，また，それらをいつ，どのように導入し除去するかを知ることが肝要である．
3. 本章で紹介するポリヌクレオチドの一般的な複製機構を理解することは大変重要である．この機構に関しては，生物学や生化学でさらに詳しく学ぶことになるだろう．

22・2 アミノ酸

22・2a アミノ酸の命名法 他の有機化合物と同様にアミノ酸にも体系的命名法があるが，これが日常的に用いられることはまれであり，慣用名が用いられることが多い．一般にアミノ酸といえば**α-アミノ酸**（α-amino acid）をさす．αは，アミノ基がカルボキシ基の隣の炭素上に結合していることを示している．これと異性体の関係にあるβ-アミノ酸やγ-アミノ酸，アミノ基がさらに離れた位置にあるアミノ酸も存在するが重要性は低い（図22・1）．

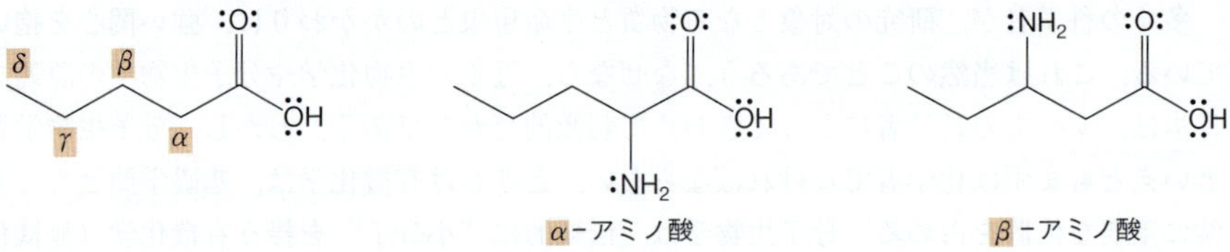

図 22・1 アミノ基の位置はギリシャ文字（α, β, γ, δ）で表される．

δ β γ α :O: ÖH
α-アミノ酸
β-アミノ酸

“α” の代わりに “2” という表示を用いるIUPAC命名法もある．これによればアミノ酸は2-アミノカルボン酸として命名される（図22・2）．

図 22・2 α-アミノ酸は2-アミノ酢酸に置換基Rが結合したものである．天然に存在するいくつかのアミノ酸のIUPAC名および慣用名を示す．

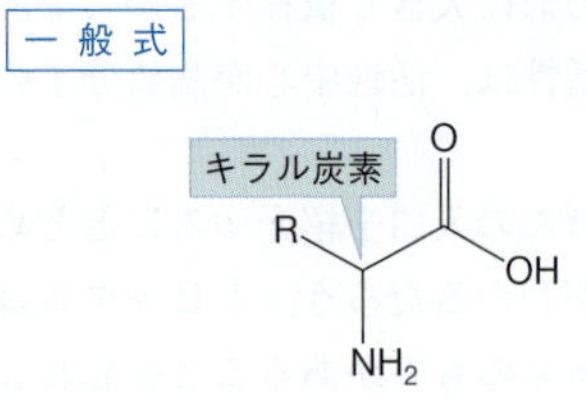

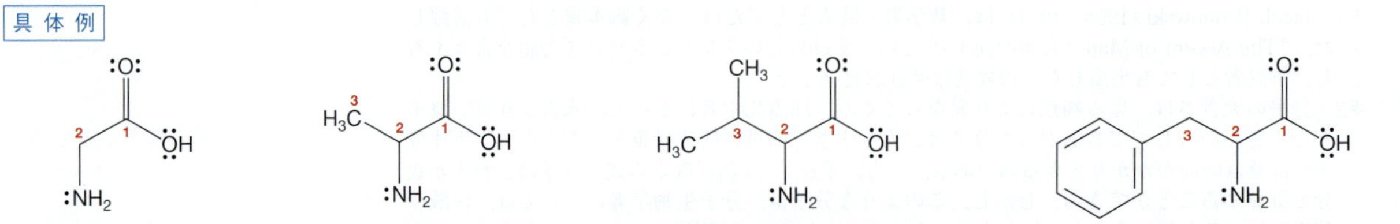

一般式

キラル炭素

具体例

2-アミノ酢酸
2-aminoacetic acid
（グリシン glycine）

2-アミノプロパン酸
2-aminopropanoic acid
（アラニン alanine）

2-アミノ-3-メチルブタン酸
2-amino-3-methylbutanoic acid
（バリン valine）

2-アミノ-3-フェニルプロパン酸
2-amino-3-phenylpropanoic acid
（フェニルアラニン phenylalanine）

表 22・1 一般的なアミノ酸の性質

R（側鎖）	慣用名[†]		略号	融点（°C） L体	pK_a (COOH)	pK_a ($^+NH_3$)	pK_a（その他）	等電点 (pI)
水素およびアルキル基								
$-H$	グリシン	glycine	Gly, G	229（分解）	2.3	9.6		6.0
$-CH_3$	アラニン	alanine	Ala, A	297（分解）	2.3	9.7		6.0
$-CH(CH_3)_2$	バリン*	valine	Val, V	315（分解）	2.3	9.7		6.0
$-CH_2CH(CH_3)_2$	ロイシン*	leucine	Leu, L	337（分解）	2.3	9.6		6.0
$-CH(CH_3)CH_2CH_3$	イソロイシン*	isoleucine	Ile, I	284（分解）	2.3	9.6		6.0
芳香族を含む置換基								
$-CH_2-C_6H_5$	フェニルアラニン*	phenylalanine	Phe, F	283（分解）	1.8	9.2		5.9
$-CH_2-C_6H_4-OH$	チロシン	tyrosine	Tyr, Y	316（分解）	2.2	9.1	10.1	5.7
$-CH_2$-(イミダゾール環, N–H)	ヒスチジン*	histidine	His, H	288（分解）	1.8	9.0	6.0	7.6
$-CH_2$-(インドール環, N–H)	トリプトファン*	tryptophan	Trp, W	290（分解）	2.4	9.4		5.9
ヒドロキシ基を含む置換基（Tyr も見よ）								
$-CH_2OH$	セリン	serine	Ser, S	228（分解）	2.2	9.2		5.7
$-CH(CH_3)OH$	トレオニン*	threonine	Thr, T	226（分解）	2.2	9.2		5.6
硫黄を含む置換基								
$-CH_2SH$	システイン	cysteine	Cys, C		1.7	10.8	8.3	5.0
$-CH_2CH_2SCH_3$	メチオニン*	methionine	Met, M	283（分解）	2.3	9.2		5.8
カルボニル基を含む置換基								
$-CH_2COOH$	アスパラギン酸	aspartic acid	Asp, D	270（分解）	1.9	9.6	3.7	2.9
$-CH_2CH_2COOH$	グルタミン酸	glutamic acid	Glu, E	211（分解）	2.2	9.7	4.3	3.2
$-CH_2CONH_2$	アスパラギン	asparagine	Asn, N	214（分解）	2.0	8.8		5.4
$-CH_2CH_2CONH_2$	グルタミン	glutamine	Gln, Q	185（分解）	2.2	9.1		5.7
アミノ基を含む置換基（Trp と His も見よ）								
$-(CH_2)_4NH_2$	リシン*	lysine	Lys, K	224（分解）	2.2	8.9	10.3	9.7
$-(CH_2)_3NH-C(=NH)NH_2$	アルギニン*	arginine	Arg, R	207（分解）	2.2	9.1	12.5	10.8
第二級アミン								
(ピロリジン環, N–H, COOH)	プロリン	proline	Pro, P	221（分解）	2.0	10.6		6.1

† 星印は必須アミノ酸．ヒトはアルギニンやヒスチジンを合成できるが，幼児の成長期には必要な量がまかなえないので必須アミノ酸に分類した（成人ではアルギニンは非必須）．

実際に体系的名称はほとんど使用されず，ほとんどのアミノ酸は慣用名が用いられる．生化学では，アミノ酸をα-アミノ酢酸の置換体とみなしている．つまりC(2) 上に置換基Rが存在すると考える．この置換基Rは，アミノ酸の**側鎖**（side chain）とよばれる．置換基Rが水素原子以外のとき，そのアミノ酸はキラル炭素原子をもつことに注意しよう．

アルファベット三文字の略記がアミノ酸の略号として用いられ，これは**ペプチド**（peptide）や**タンパク質**（protein）のようなアミノ酸重合体を表記するときに大変便利である．2つ以上のアミノ酸がアミド結合を介してつながった分子をペプチドという．また，そのアミド結合を**ペプチド結合**（peptide bond）とよぶ．タンパク質は長いポリペプチド鎖をもつ．比較的短いペプチドやポリペプチド（polypeptide）と，大きなタンパク質との間に明確な境界はなく，これらの語句はしばしば区別されずに使われる．1960年代からアルファベット一文字略記法も用いられるようになっている．表22・1に20種類のアミノ酸とその慣用名，略号，および物理的性質を示した．置換基Rとして簡単なアルキル基だけでなく，もっと複雑な酸性基や塩基性基をもつアミノ酸も存在することに注意しよう．

なぜ数多くのアミノ酸のなかから20種類だけを表に示したのだろうか．それはこれらが天然に存在するペプチドやタンパク質を構成しているアミノ酸だからである．20種類のうち，10種類はヒトの体内で合成されている．摂取タンパク質の分解によって得られるアミノ酸を直接利用する方が理にかなっていると思うかもしれないが，実際にそういうことは起こっていない．アミノ酸は代謝（化学的に分解）されてより小さな分子へと変換され，そこから10種類のアミノ酸が合成される．しかし，我々の体は完璧な合成化学者ではなく，残りの10種類のアミノ酸については，体内で合成することができないか，必要な量が合成できないため，外からのものを直接利用しているのである．このようなアミノ酸は，直接食事から摂取する必要があることから，**必須アミノ酸**（essential amino acid）とよばれる．必須アミノ酸を摂取できないと長生きできない．表22・1では必須アミノ酸を星印で示してある．

22・2b アミノ酸の構造 20種類のアミノ酸は，1つを除きすべて第一級アミンである．唯一の例外はプロリンであり，これは第二級アミンである（表22・1）．システインおよびキラル（不斉）炭素をもたないグリシンを除き，生物学的に重要なアミノ酸はすべて*S*配置をもつ．(*R*)-アミノ酸も自然界に数多く見いだされているが，ヒトにとってあまり重要ではない．なぜなのだろうか．この大変興味深い問題に対する明確な答は存在しない．最初に鏡像異性体（p.163）の分割が起こったとき偶然に(*S*)-アミノ酸が生成し，それが後に生成するアミノ酸のキラリティーを決定したのだろうか．*S*配置であることはまったくの偶然にすぎないのだろうか．もしそうならば，我々人類は遠い未来に，その時まで生き長らえていれば話であるが，宇宙のどこかで(*R*)-アミノ酸の文明に遭遇するかもしれない．

問題 22・1 (*R*)-および(*S*)-バリンならびに(*R*)-および(*S*)-アスパラギン酸の構造を実線および破線のくさびを用いて立体的に描け．

一般にアミノ酸の立体配置は*RS*表示ではなくFischer投影式に基づくDL表示を用いて表される（p.1001）．カルボキシ基を上側に描く．糖のFischer投影式と同様に，垂直の結合は紙面の向こう側へ，水平の結合は紙面のこちら側へ向いていることを表す．アミノ基が右側にくるか左側にくるかによって，アミノ酸のDかLかが決まる．

図 22・3 に示すように (*S*)-アラニンは L である. 自然界において, 糖質は D 系列, アミノ酸は L 系列であるのは興味深い.

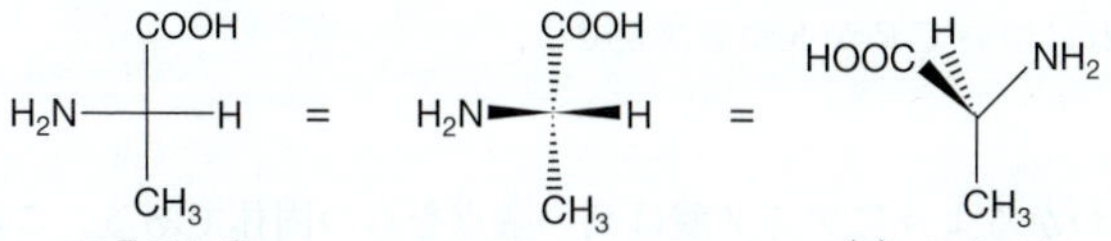

L-アラニンの Fischer 投影式　(*S*)-アラニン

図 22・3 (*S*)-アミノ酸の Fischer 投影式. たいていは L 配置であることに注意.

Fischer 投影式を 3 次元表示に変換する

描き, 思い浮かべて理解する

20 章において Fischer 投影式について学んだ. ここでは L-バリンを例に 3 次元表示に変換してみよう (図 22・4).

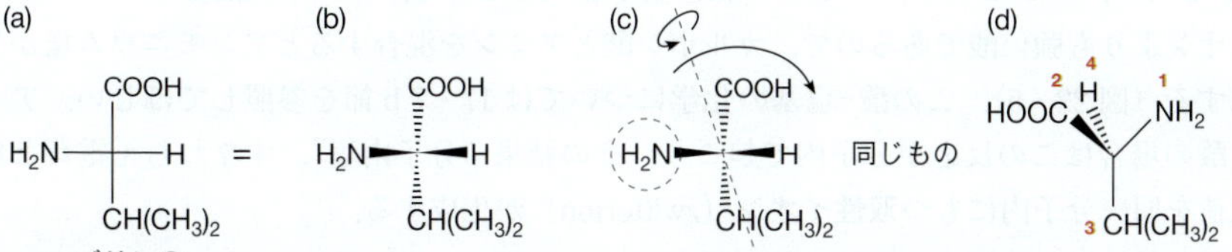

L-バリンの Fischer 投影式　回 転　(*S*)-バリン

図 22・4 (a) L-バリンの Fischer 投影式. (b) L-バリンの実線と破線のくさびを用いた表記. (c) 矢印のように回転すると, (d) *S* の立体配置をもつことがわかる.

まず, L-バリンの Fischer 投影式を描く (図 22・4 a). カルボキシ基を上に側鎖 R〔この場合は $CH(CH_3)_2$〕を下に描く. アミノ酸が D ならばアミノ基は右に, L ならば左に描く.

つぎに, 図 22・4(b) のように実線と破線のくさびを用いて描き直す.

そして, 左側のアミノ基をつまんで回転することにより右側に持っていく (図 22・4 c). この回転に伴って, もともと右に位置した置換基 (ここでは H) が左側に, しかも紙面の背面に移動する.

最後に, *R* か *S* かの判定を行う (図 22・4 d).

カナバニン: 変わったアミノ酸

植物は捕食動物に対して受動的で無防備であると思われがちであるが, この考え方は奇妙である. 植物は, 逆境にあればそれに対する防御機構が働き, 捕食動物に食べられるのを防ぐすべを探すはずである. 事実, 植物は捕食動物を阻止すべく進化させたあらゆる種類の毒をもっている. いうまでもなく, 植物のこうした防御は, 捕食動物に対する進化的な圧力となり, このような植物の防御をなんとかくぐり抜けようとする. このことの示唆となるのが, その植物を食べる捕食動物が 1 種だけ存在するということである. つまりある種の捕食動物は, 植物の防御システムを打破する道を見つけたのである. 例をあげてみよう. *Dioclea megacarpa* というマメ科植物は, アルギニンの代わりにカナバニンという変わったアミノ酸を利用している (アルギニン中の CH_2 を酸素原子に置換したものがカナバニンである). この植物の唯一の捕食動物であるのが *Caryedes brasiliensis* というカブトムシ (甲虫) である. ほとんどの動物は, カナバニンをアルギニンと間違って取込んでしまい, その結果タンパク質が正しく折りたたまれず発育が阻害される. ところがこの *Caryedes brasiliensis* というカブトムシは, アルギニンとカナバニンを見分け, カナバニンを分解する酵素をもっている. このことから *Caryedes brasiliensis* は, 他のカブトムシが忌避するなかで, *Dioclea megacarpa* を好んで食するのである.

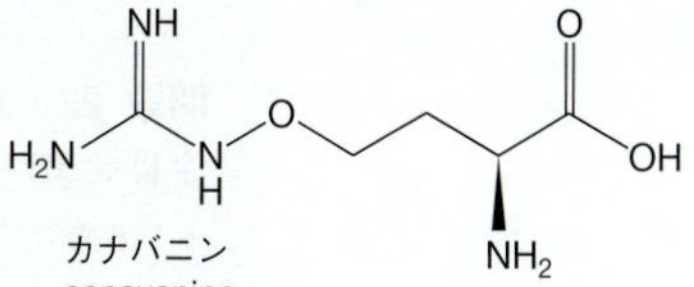

カナバニン
canavanine

問題 22・2 L-フェニルアラニンおよびL-システインをFischer投影式で描け．L-フェニルアラニンおよびL-システインの構造を実線と破線のくさびを用いて立体的に描け．それぞれについて*R*か*S*かを決定せよ．

表22・1からわかるようにアミノ酸は高い融点をもつ固体である．これは奇妙ではないだろうか．普通のアミノ酸の分子量は75から204の範囲に収まっており，固体となるほど十分大きいとは思えない．つぎの22・2c節でその理由を考えてみよう．

22・2c 酸–塩基としてのアミノ酸 アミノ酸が固体であるのはなぜだろうか．この問に答えるために，少し別の質問をしてみよう．一般のカルボン酸とアミンの間ではどのような反応が起こるだろうか．酢酸のような通常のカルボン酸の pK_a 値はほぼ4.5であり，アンモニウムイオンの pK_a 値は8〜10である．カルボン酸はアンモニウムイオンよりも強い酸であるので，カルボン酸とアミンを混合するとアンモニウム塩が生成する（図22・5）．この酸–塩基の化学については17・7b節を参照してほしい．アミノ酸の場合はこの反応が分子内で起こり，その結果“分子内塩”，すなわち正電荷と負電荷を同一分子内にもつ**双性イオン**（zwitterion）が生成する．

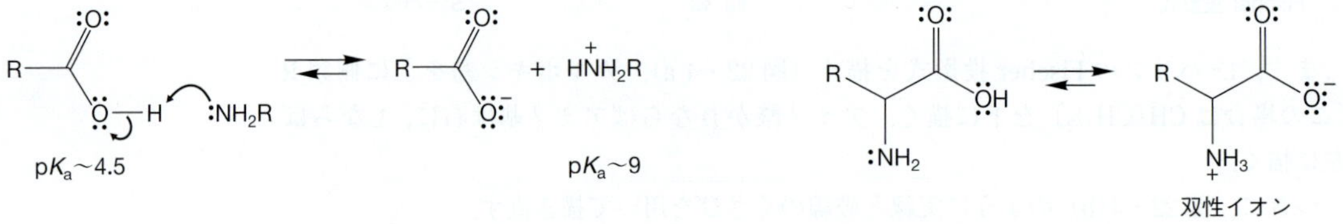

図 22・5 カルボン酸とアミンは酸–塩基反応を起こし，カルボン酸のアンモニウム塩を生成する．アミノ酸では分子内で同様の反応が起こり，双性イオンが生成する．

アミノ酸が高い融点をもつ理由は，それがイオン性化合物だからである．アミノ酸はイオン性化合物に特徴的なさまざまな性質を示す．たとえばアミノ酸は水とは混ざり合うが，非極性有機溶媒には非常に溶けにくい．またアミノ酸は大きな双極子モーメントをもつ．もちろんアミノ酸の電荷状態は溶媒のpHによって変化する．中性付近では図22・5のような双性イオンとして存在する．それよりも低いpH領域では，カルボン酸アニオンはプロトン化されカルボン酸となり，そのアミノ酸はカチオンとして存在する．一方，高pH領域では，アンモニウムイオンは脱プロトンされアミンとなるので，アミノ酸はカルボン酸アニオンとして存在する（図22・6）．

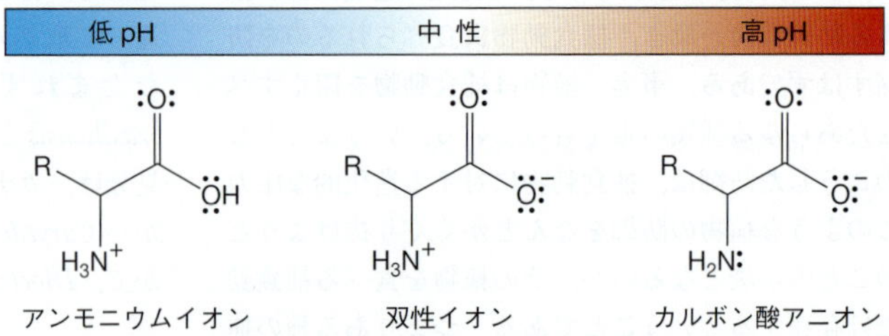

図 22・6 低pH領域（強酸性溶液）においては双性イオンがプロトン化されて正電荷をもつ分子が生成し，高pH領域（強塩基性溶液）においては脱プロトンが起こり，負電荷をもつ分子が生成する．

問題 22・3 一般にカルボン酸の pK_a は4から5の範囲にある．アミノ酸の pK_a 値に注目せよ（表22・1の5番目の列）．アミノ酸の方が酸性度が高いのはなぜか．ヒント：6章で学んだ酸性度に影響を与えるいくつかの要素（ISHAREという頭字語で表現される）を思い出せ（p. 242）．

アミノ酸はいくつかの pK_a 値を使って表現することができる．1つはカルボン酸の脱プロトンについてのものであり，20種類のアミノ酸すべてについて 1.7～2.4 の値を示す．2つ目の pK_a はアンモニウムイオンの脱プロトンに関するものであり，その値は 8.8～10.8 の範囲にある（表 22・1）．

アンモニウムイオンとカルボン酸アニオンの濃度が等しくなる pH を，**等電点**（isoelectric point，pI）とよぶ．この pH において，分子のもつ正味の電荷はゼロとなる．等電点においてアミノ酸は主として双性イオンとして存在し，この pH を等電点 pI と定義する．ほとんどすべてのアミノ酸の等電点は，カルボン酸の pK_a（pK_{a1}）とアンモニウムの pK_a（pK_{a2}）の中間点として求められる．すなわち，p$I = \frac{1}{2}$(pK_{a1} + pK_{a2}) となる．

問題 22・4 表 22・1 の 5 番目と 6 番目の列に記載されている pK_a 値を用いて，アラニンの pI（等電点）を計算せよ．

アミノ酸のなかには酸性官能基や塩基性官能基をもつものがあり（表 22・1），このようなアミノ酸の等電点の決定は多少難しくなる．これらの官能基は酸−塩基平衡に関与するので，それら自身の pK_a 値が存在する．たとえばアルギニンは非常に低い pH 領域では 2 箇所がプロトン化される（図 22・7）．

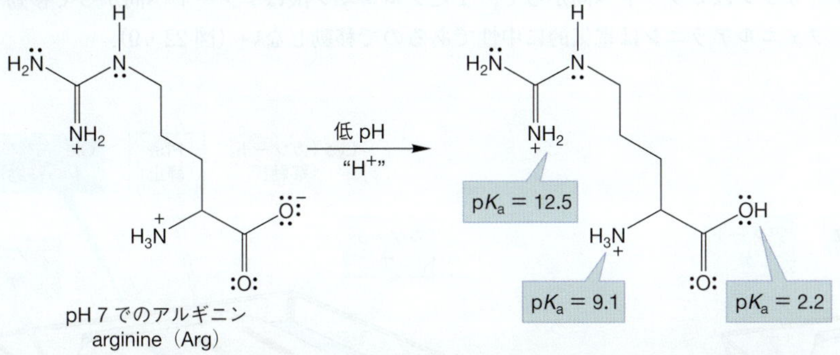

図 22・7 低 pH においてアルギニンは 2 箇所でプロトン化される．側鎖に塩基性基があるので 3 つの pK_a 値をもつ．

問題 22・5 表 22・1 を参照しながら，pH 12 におけるアルギニンの構造を描け．pH 7 において図 22・7 のどの窒素原子がプロトン化されているかに注目せよ．なぜこの窒素原子がプロトン化されるのかを説明せよ．

アルギニンの官能基のなかで最も酸性度が高いのはカルボン酸であり（pK_a = 2.2），そのつぎに酸性度が高いのはアンモニウムイオンである（pK_a = 9.1）．側鎖の pK_a は 12.5 であり，溶液の酸性度を低くしていったとき一番最後に脱プロトンする．

問題 22・6 ヒスチジン溶液を pH 7 から酸性にしていくと，ヒスチジンの 5 員環（イミダゾール環）のどの窒素原子が一番最初にプロトン化されるか，理由とともに述べよ（表 22・1 参照）．

アミノ酸の酸−塩基特性を利用することにより，アミノ酸混合物の強力な分析法が開発された．この方法は**電気泳動**（electrophoresis）とよばれる．以下，方法と理論を述べる．まず，アミノ酸の混合物をぬれた紙の上にのせる．ある特定の pH 条件下において，おのおののアミノ酸は，カチオン，双性イオン，あるいはアニオンとして存在している．つぎにこの紙に電流を流すと，正電荷をおびているアミノ酸はカソード（陰極）へ向かって移動し始める．電気的に中性な双性イオンは止まったままである．一方，負電荷をもつアミノ酸はアノード（陽極）へ向かって移動する．移動速度は，pH や電場の強さに依存する．したがって種類の異なるアミノ酸は異なる速度で移動する．このようにしてアミノ酸が分離される．具体例を示そう．リシン，フェニルアラニン，グルタミン酸は，pH 5.5 において図 22・8 に示した形で存在する．これらの混合物に電流を流すとリシンはカソードへ向かって，またグルタミン酸はアノードへ向かって移動するが，フェニルアラニンは電気的に中性であるので移動しない（図 22・9）．

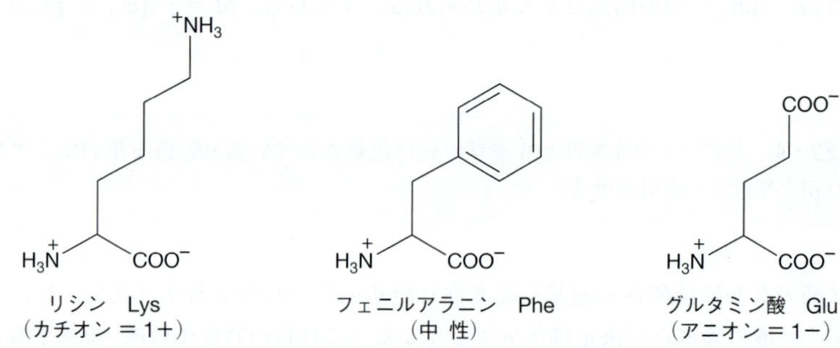

図 22・8 pH 5.5 におけるリシン，フェニルアラニン，グルタミン酸の電荷状態

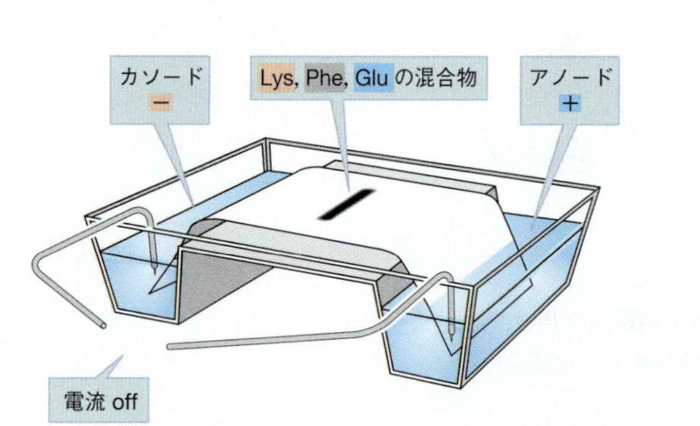

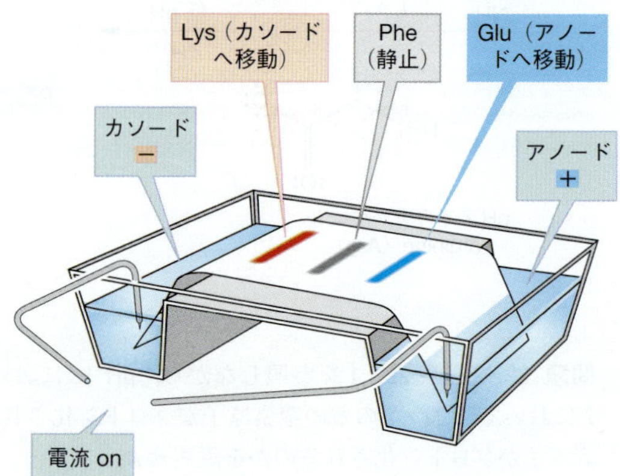

図 22・9 電気泳動による 3 種類のアミノ酸の分離

22・2d アミノ酸の合成 最も簡便なアミノ酸の合成法は，α-ハロカルボン酸とアンモニアとの S_N2 反応である（図 22・10）．

7 章（p.306）と 21 章（p.1065）で，同様なアルキル化によるアルキルアミン類の合成法について述べた．アンモニアを単純にアルキル化する方法は，過剰アルキル化を伴うため，アルキルアミンの合成法として実用的ではない．しかしこの方法は α-アミノ酸の合成法として有用である．

α-ブロモカルボン酸は入手容易であり，また大量のアンモニアを作用させれば過剰アルキル化を最小限にとどめることが可能である．さらに最初に生成する α-アミノ酸は，それ以上 S_N2 反応に関与しにくい．これはアミノ酸が立体的に込み合っており，かつアンモニアに比べ塩基性度が低下するためである．この方法は，天然型および非天然型アミノ酸の優れた合成法である．

一般式

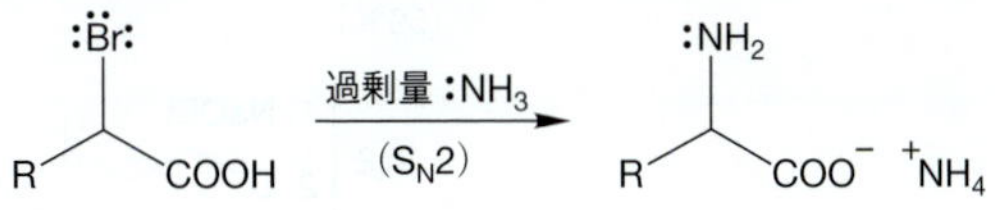

$$\text{R-CH(Br)-COOH} \xrightarrow[(S_N2)]{\text{過剰量 } NH_3} \text{R-CH}(NH_2)\text{-COO}^- \ {}^+NH_4$$

具体例

$$\text{Cl-CH}_2\text{-COOH} \xrightarrow[\text{48 h, 25℃ / 2. 中和}]{1.\ NH_3/H_2O} {}^+H_3N\text{-CH}_2\text{-COO}^-$$

グリシン
glycine
（65%）

$$CH_3(CH_2)_3\text{-CH(Br)-COOH} \xrightarrow[\text{25 h, 55℃ / 2. 中和}]{1.\ NH_3/H_2O} CH_3(CH_2)_3\text{-CH}(NH_3^+)\text{-COO}^-$$

2-アミノヘキサン酸
（ノルロイシン norleucine）
（65%）

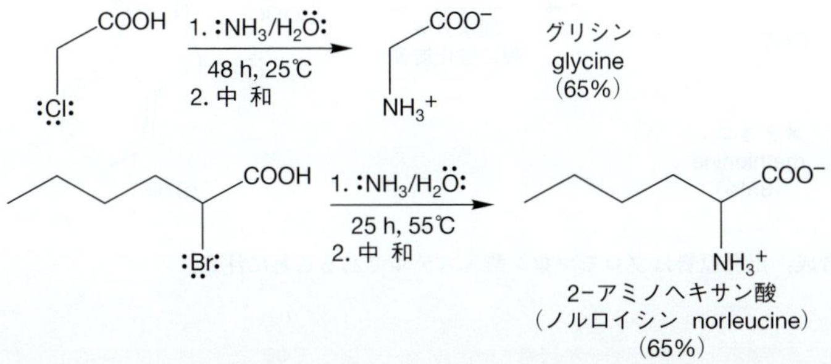

図 22・10 α-ハロカルボン酸とアンモニアから α-アミノ酸の合成

問題 22・7 炭素数 4 以下のアルコールと無機試薬を使って，つぎに示す α-ブロモカルボン酸を合成する経路を示せ．ヒント：p.921 を見よ．

(a) $CH_3CH_2CH(Br)COOH$　　(b) $(CH_3)_2CHCH(Br)COOH$

問題 22・8 α-ブロモカルボン酸が，通常の臭化アルキルに比べ S_N2 反応性が高いのはなぜか説明せよ．ヒント：図 13・41 を見よ．

保護されたアミンのアルキル化によるアミノ酸合成を，1 つ紹介しよう．この方法は **Gabriel 合成**（ガブリエル）（Gabriel synthesis; Siegmund Gabriel, 1851〜1924）とよばれる．まず，ブロモマロン酸エステルにカリウムフタルイミドを作用させ，臭化物イオンの脱離を伴う S_N2 反応によりマロン酸エステル誘導体を合成する（図 22・11）．この段階で後にアミノ酸のアミン部分となる窒素原子が導入されるが，2 つのカルボニル基に挟まれているため求核性をもたない．つぎに，マロン酸エステル誘導体を塩基で処理した後，ハロゲン化アルキルを作用させることにより，アミノ酸の側鎖 R を導入する．最後に，塩基あるいは酸処理して中和すると，フタロイル基が除去されアミンが生成する．フタルイミドはフタル酸に，マロン酸エステルはマロン酸へと加水分解される．マロン酸は穏やかに加熱することにより脱二酸化炭素され，アミノ酸が合成される．この方法にはいくつかの変法がある．

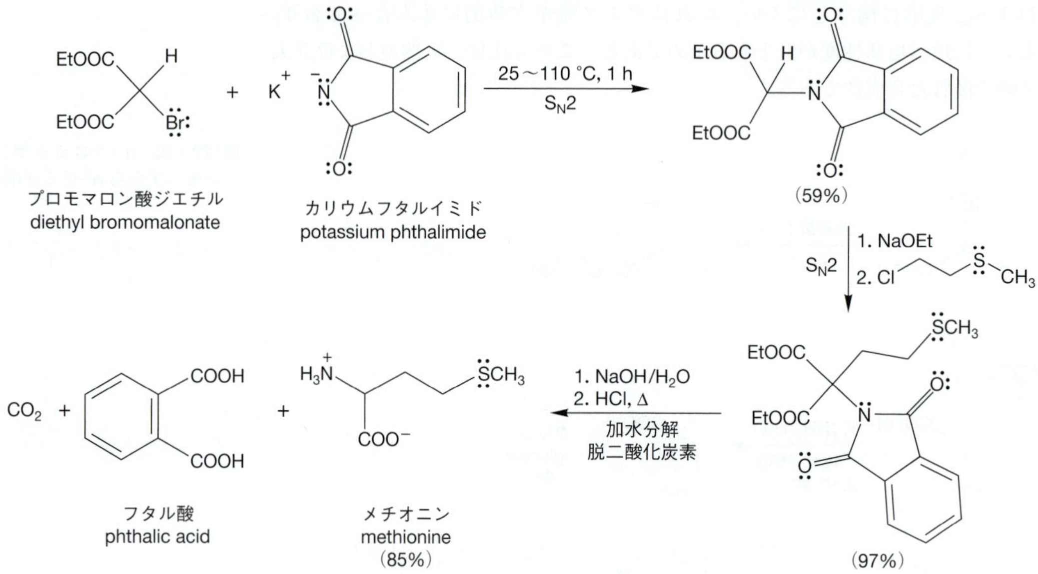

プロモマロン酸ジエチル
diethyl bromomalonate

カリウムフタルイミド
potassium phthalimide

25～110 °C, 1 h
S_N2

(59%)

1. NaOEt
2. $Cl\frown\frown SCH_3$

(97%)

1. $NaOH/H_2O$
2. HCl, Δ
加水分解
脱二酸化炭素

CO_2 + フタル酸 phthalic acid + メチオニン methionine (85%)

図 22・11　Gabriel 合成．出発原料はブロモマロン酸エステルであることに注意．

問題 22・9　図 22・11 の反応の機構を書け．

***問題 22・10**　フタルイミドマロン酸エステルを用いた図 22・11 の反応よりも簡便な方法としてアセトアミドマロン酸エステルから出発する方法がある．この類似反応の各反応段階を示せ．

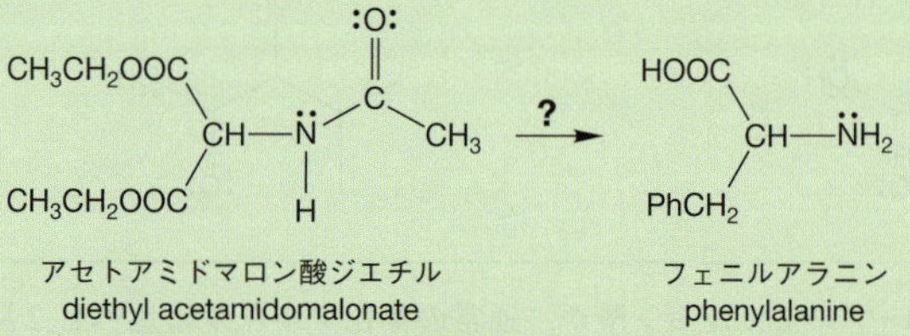

アセトアミドマロン酸ジエチル
diethyl acetamidomalonate
→ ?
フェニルアラニン
phenylalanine

解 答　これは基本的に図 22・11 および問題 22・9 と同じである．2 つのカルボニル基に挟まれた二重に α 位の水素は酸性度が高いので置換基 R の導入に大変有利である．

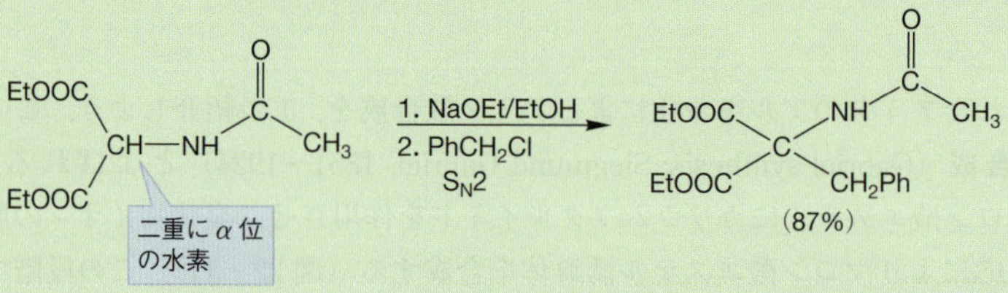

1. NaOEt/EtOH
2. $PhCH_2Cl$
S_N2
(87%)

二重に α 位の水素

得られたマロン酸エステル誘導体は酸（あるいは塩基）により対応するマロン酸誘導体へと変換され，同時にアミド部位は加水分解されアミンとなる．最後に加熱によって脱二酸化炭素が起こりアミノ酸が生成する．

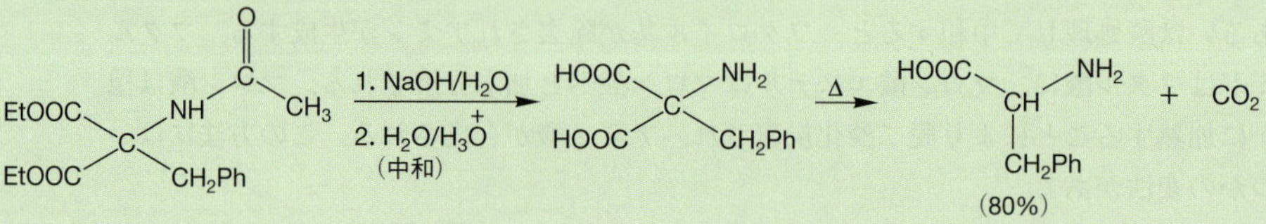

1. $NaOH/H_2O$
2. H_2O/H_3O^+（中和）
Δ
+ CO_2
(80%)

Strecker 合成（Strecker synthesis；Adolph Strecker，1822〜1871）では，カルボン酸部分がニトリルから誘導される（図 22・12）．まず，アルデヒドを窒素源であるアンモニアとシアン化物イオンで処理する．アンモニアとアルデヒドとの反応によりアミノメタノールが中間体として生成し（p.776），ひき続き脱水が起こってイミンとなる．生成したイミンをシアン化物イオンが攻撃して，正四面体構造をもつ α-アミノニトリルを与える．最後にシアノ基を酸性加水分解することにより，アミノ酸が得られる（p.882 参照）．

図 22・12　アミノ酸の Strecker 合成

一般式

R–CHO →(NH_3, KCN)→ R–CH(OH)(NH$_2$)（アミノメタノール）→($-H_2O$)→ R–CH=NH（イミン）→(KCN)→ R–CH(CN)(NH$_2$)（α-アミノニトリル）→(H_3O^+/H_2O)→ R–CH(COO^-)(NH_3^+)

具体例

PhCHO + NaCN →(1. H_2O/CH_3OH, $NH_4^+Cl^-$, 45 °C, 2 h)→ PhCH(NH$_2$)CN →(HCl, 2 h)→ PhCH(NH_3^+ Cl^-)COOH →(NH_3/H_2O)→ PhCH(NH_3^+)COO^-

全収率（36%）

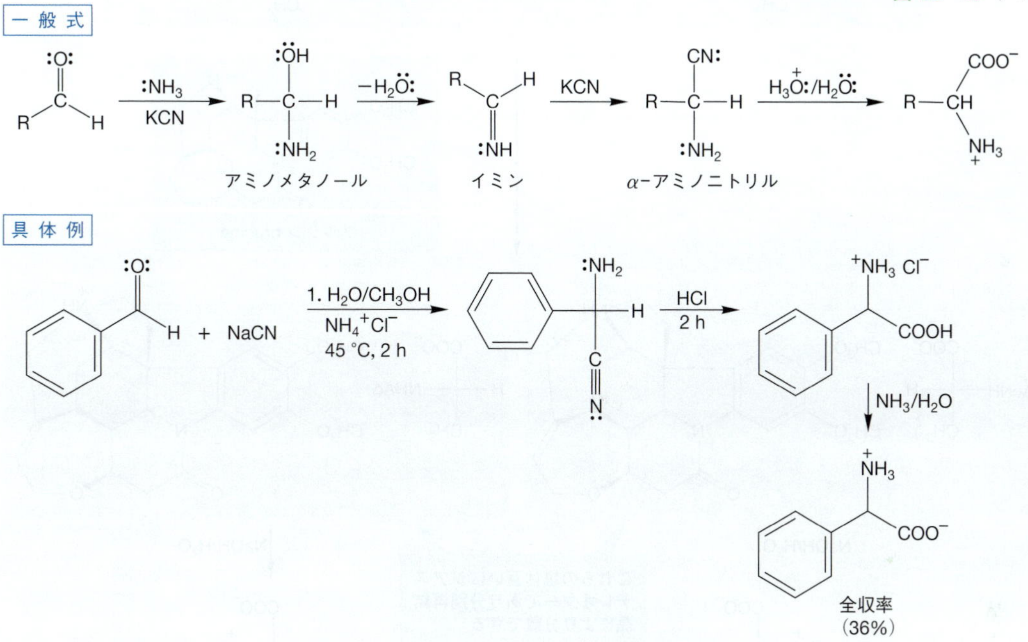

この反応の第 1 段階は，アミンが反応性の高いイミンの生成に使用される Mannich 縮合の第 1 段階と似ている（p.974）．

天然のアミノ酸はアキラルなグリシンを除いてほとんどすべてが，光学活性であり *S* 配置をもつ L 体である．しかしこの節で述べた方法で生成するアミノ酸はすべてラセミ体である．したがって単一の鏡像異性体を得るには，このようにして得られたラセミ体の分割か，あるいは *S* 体のみを選択的に合成する方法が必要となる．

22・2e アミノ酸の分割　標準的な方法はキラリティーについての章（p.163）で学んだもので，まったく同一の物理的性質を示す鏡像異性体対を異なる物理的性質をもつジアステレオマー対へと変換した後，再結晶やクロマトグラフィーなどにより物理的に分離するという方法である．

問題 22・11　鏡像異性体によって異なる物理的性質が 1 つだけある．それは何か．

アミノ酸の鏡像異性体対の混合物を，互いにジアステレオマーの関係にあり，再結晶によって分離することのできるアンモニウム塩へ変換するために，光学活性アミンが用いられる．なかでも天然物から容易に得られる光学的に純粋なアルカロイドがよく用いられる（p.1057）．図 22・13 に分割の例を示す．

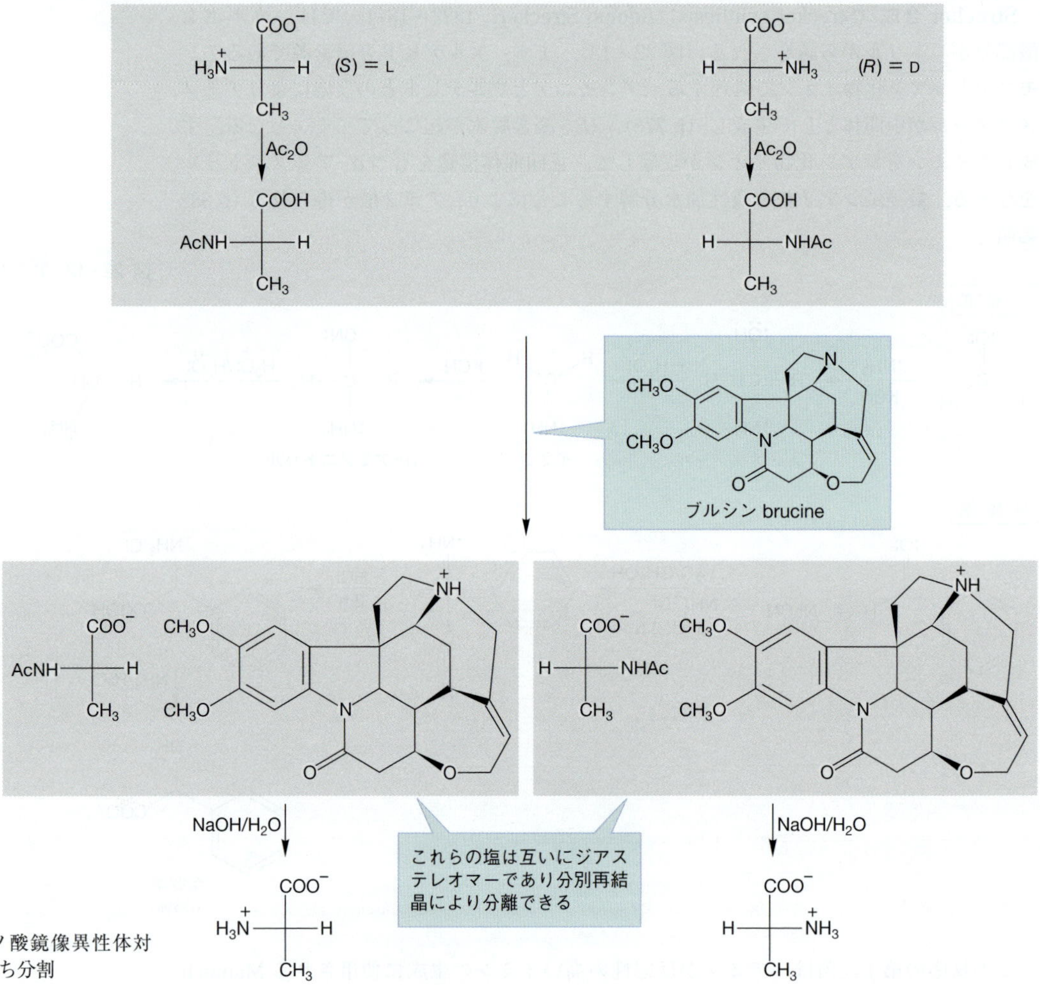

図 22・13 アミノ酸鏡像異性体対の分離，すなわち分割

しかし煩雑な分別再結晶を避けて，光学活性体を直接合成する方法が強く求められる．実際，"自然" はそれをやっているのだから，それがどのように起こっているのかを理解すれば，その過程をまねることができるはずである．自然界で光学活性なアミノ酸ができる過程の1つに，還元的アミノ化がある（図 22・14）．そこでは NADH をヒドリド源として（p.800），アンモニアと α-ケト酸から光学活性なアミノ酸が酵素の作用によって生成する．

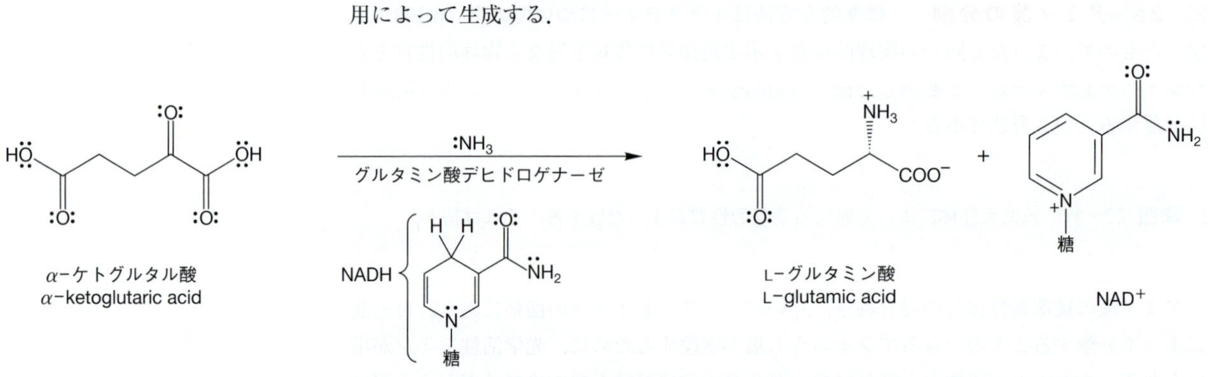

図 22・14 還元的アミノ化による光学活性 L-アミノ酸の合成

一般に化学者が生体反応を利用するのに，基本的に２つの方法がある．１つは微生物そのものを用いる発酵法であり，いくつかのL-アミノ酸がこの方法によって合成されている．

もう１つ巧妙な方法として，鏡像異性体に対する酵素の認識能の差を利用する方法がある．そもそも酵素はL-アミノ酸の世界で進化した化合物である．したがって，L体を好んで“食べる”ことは想像にかたくない．これに対し，D体は通常酵素から無視されることになる．このような天然型L体と非天然型D体に対する認識の差をうまく利用したのが，以下に述べる酵素による**速度論的分割**（kinetic resolution）である（図22・15）．まず鏡像異性体の混合物をアセチル化し対応するアミドとする．それをアミノアシラーゼで処理すると，L-アミノ酸から誘導したアミドだけが選択的に加水分解されてL-アミノ酸となる．一方，D体のアミノ酸から誘導されたアミドは未反応で残る．このようにしてL-アミノ酸とD-アミノ酸を分離することができる．

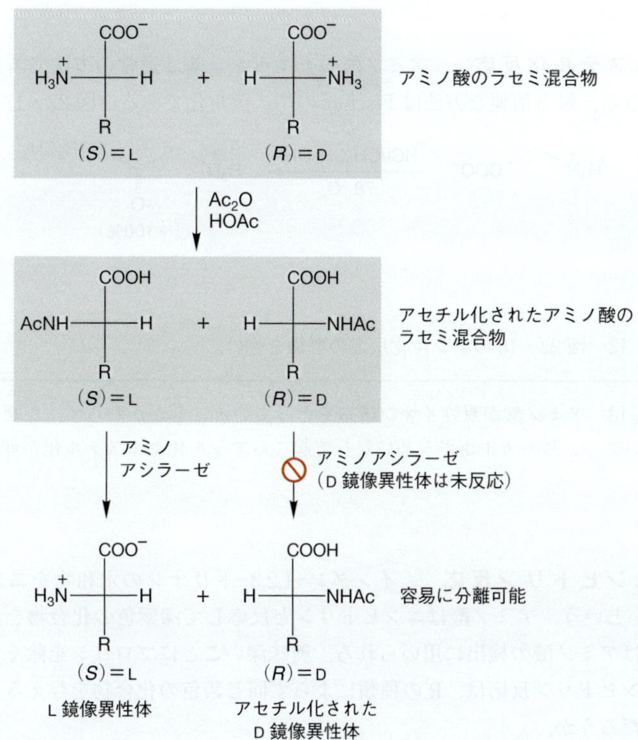

図 22・15 アミノ酸鏡像異性体対の速度論的分割

22・3 アミノ酸の反応

アミノ酸の反応はカルボン酸の反応（17章参照）とアミンの反応（6章と21章参照）とが組合わさったものである，という予想はおそらく正しいだろう．22・2c節で述べた酸-塩基の化学はそのよい例である．以下にさらにいくつかの重要な反応を紹介する．

22・3a アシル化反応

アミノ酸のアミノ基を，各種アシル化剤を用いてアシル化することができる．典型的なアシル化剤として，無水酢酸，塩化ベンゾイル，塩化アセチルなどが知られている（図22・16）．

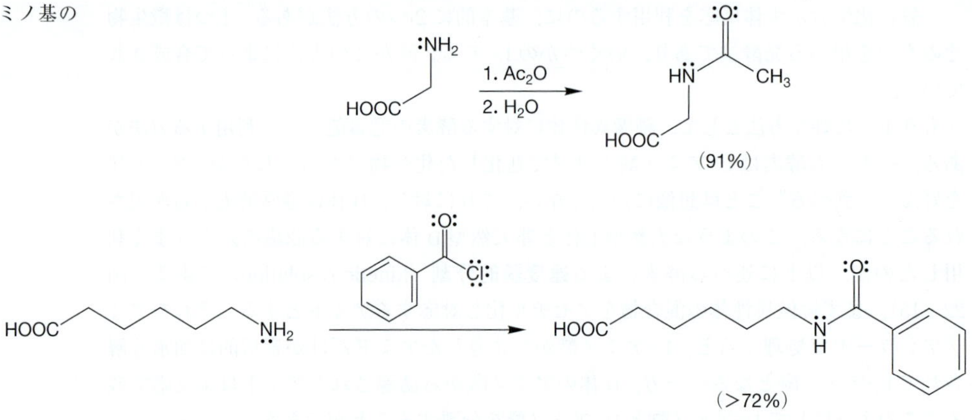

図 22・16 アミノ酸のアミノ基のアシル化

22・3b エステル化反応 アミノ酸のカルボキシ基は通常の方法でエステル化することができる．最も簡便な方法は Fischer（フィッシャー）のエステル化である（図 22・17）．

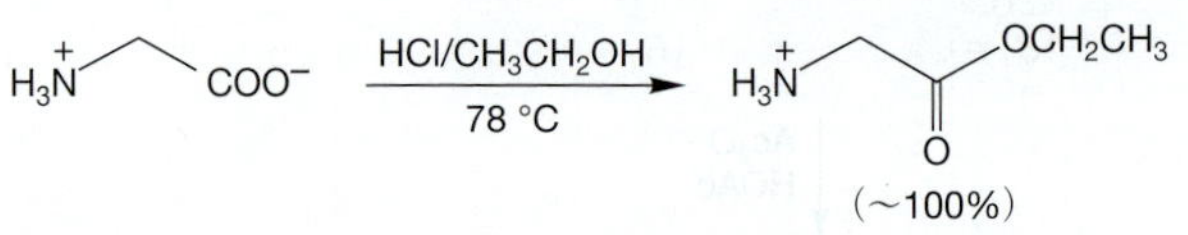

図 22・17 アミノ酸のカルボキシ基の Fischer のエステル化

> 問題 22・12 図 22・16 のアシル化反応の機構を書け．
>
> 問題 22・13 アミノ酸が双性イオン構造をとっているにもかかわらず，なぜイオン化していないアミノ基やカルボキシ基に対して起こるアシル化やエステル化が可能なのだろうか．

22・3c ニンヒドリン反応 インダン-1,2,3-トリオンの水和物を**ニンヒドリン**（ninhydrin）という．アミノ酸はニンヒドリンと反応して深紫色の化合物を与える．この呈色反応はアミノ酸の検出に用いられる．興味深いことにプロリンを除くすべてのアミノ酸のニンヒドリン反応は，R の種類によらず同じ紫色の化合物を与える．これはどうしてなのだろうか．

ニンヒドリンは，あらゆる水和物がそうであるように，水分子がとれたカルボニル化合物と平衡にある（図 22・18）．まず平衡状態にあるアミノ酸の微量の遊離アミノ基がトリオンと反応して，対応するイミンが生成する．この種の反応についてはすでに述べた（p.779）．イミンは脱二酸化炭素を起こし第二のイミンとなり，さらに水溶液中で加水分解されアミンとなる．この段階で R 基が失われることに注意しよう．生成アミンはさらにもう 1 分子のニンヒドリンと反応し，第三のイミンへ変換される．生成物はその広がった共役系のために可視光（p.374）の長波長領域の吸収を起こすので，紫色を呈する．

> 問題 22・14 図 22・18 に示したトリオン化合物は中央のカルボニル基が水和される．その理由を述べよ．

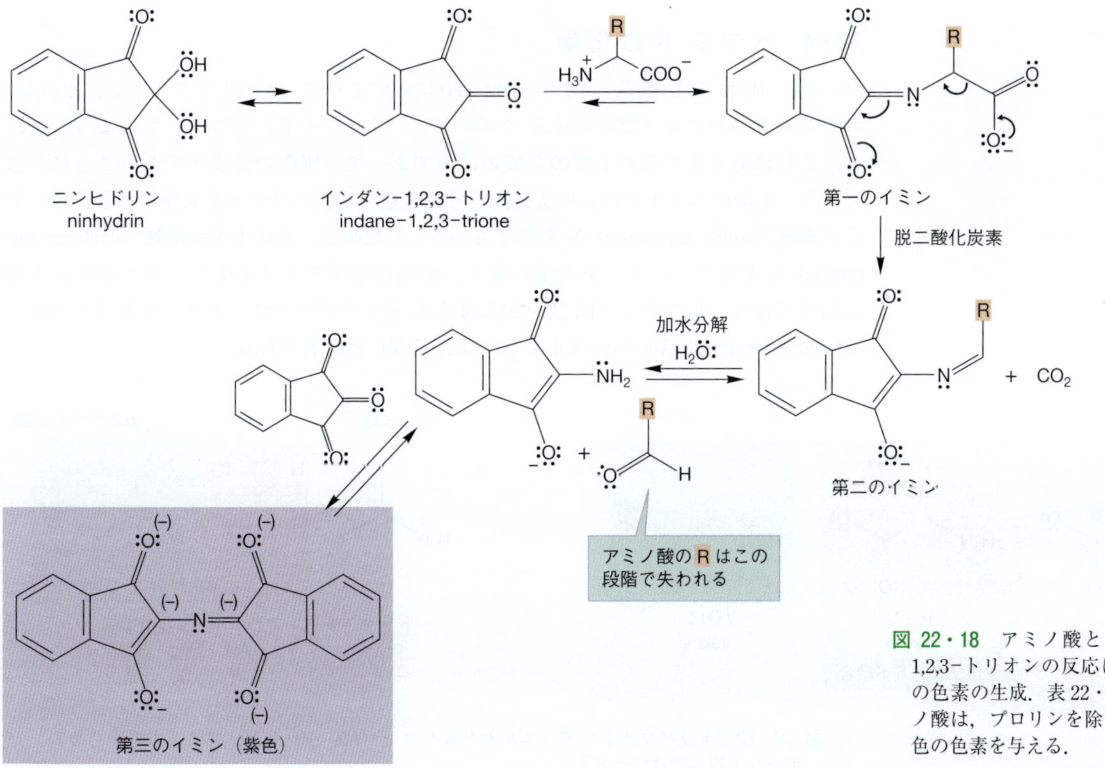

ニンヒドリン
ninhydrin

インダン-1,2,3-トリオン
indane-1,2,3-trione

第一のイミン

脱二酸化炭素

加水分解

H_2O

第二のイミン

+ CO_2

アミノ酸の R はこの段階で失われる

第三のイミン（紫色）

図 22・18 アミノ酸とインダン-1,2,3-トリオンの反応による紫色の色素の生成．表 22・1 中のアミノ酸は，プロリンを除き，同じ紫色の色素を与える．

アミノ酸の反応のなかで最も重要なものは，アミド結合をつくってペプチドやタンパク質へと重合する反応である（図 22・19）．22・4 節では，そのような反応とその結果について述べる．

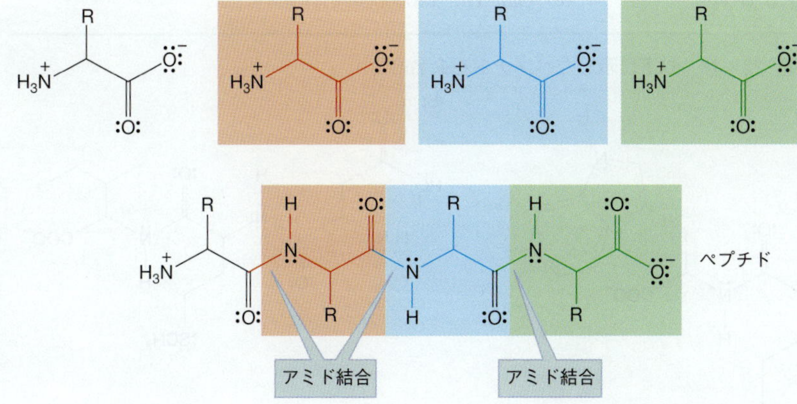

図 22・19 ペプチドはアミド結合を介してつながったアミノ酸の重合体である．

まとめ

アミノ酸の化学では，通常のカルボン酸の反応および通常のアミンの反応が数多く登場した．アシル化と Fischer のエステル化はその代表例である．また，ニンヒドリン反応のような，カルボン酸とアミンの両方が同時に関与する反応もいくつか紹介した．

22・4 ペプチドの化学

22・4a 命名法と構造 まず図 22・20 に示すように，式の上でアラニン，セリン，バリンの3つのアミノ酸から成るペプチド（トリペプチド）をつくってみよう．ただし，これはあくまで紙の上での合成の試みであって，実際の合成法でないことに注意しよう．実際のペプチドの合成法に関しては後述する．ペプチドを表現するときは，**アミノ末端**（amino terminus；N 末端ともいう）を左端に，**カルボキシ末端**（carboxy terminus；C 末端ともいう）を右端に書く．命名は必ずアミノ末端からカルボキシ末端に向けて行う．したがって図 22・20 に示したトリペプチドは，アラニルセリルバリン（alanylserylvaline；Ala–Ser–Val あるいは A·S·V）と命名される．

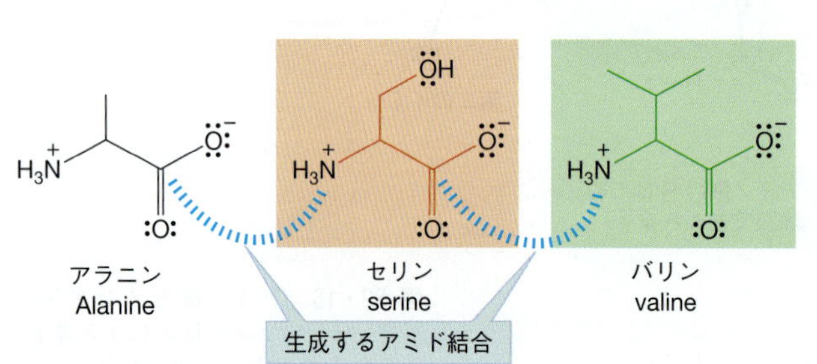

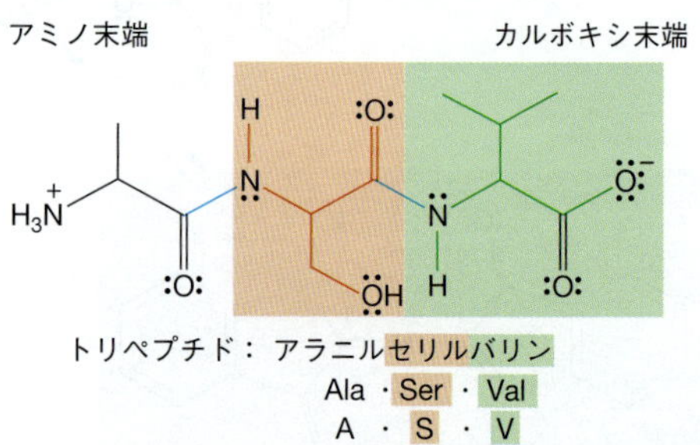

図 22・20 トリペプチド：アラニルセリルバリン（Ala–Ser–Val）．アミノ末端からカルボキシ末端へ向けて命名する．

問題 22・15 以下に示したペプチドの構造を書け（表 22・1 を活用し，pH は7とせよ）．

(a) Pro–Gly–Tyr　(b) K·F·C　(c) Asp–His–Cys
(d) S·N·Q　(e) Glu–Thr–Pro

問題 22・16 以下に示したペプチドを命名せよ．

(a)

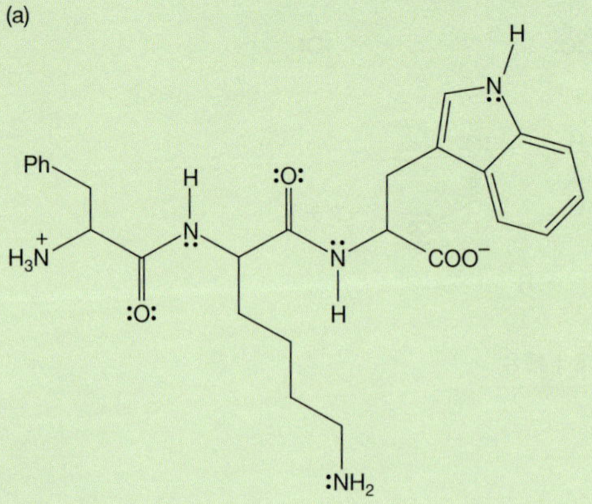

(b)

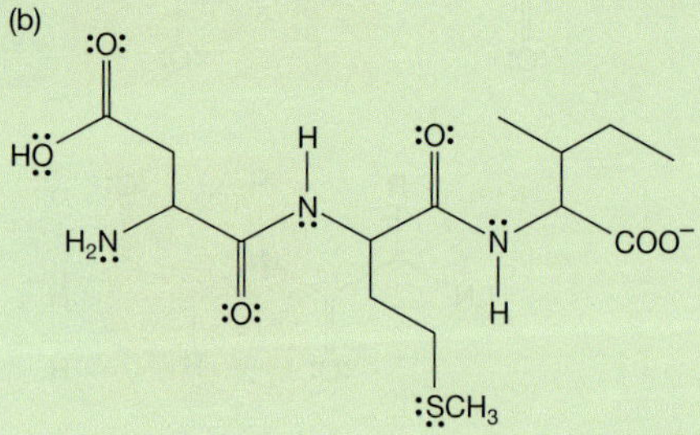

ペプチドやタンパク質中のアミノ酸の結合順を，ペプチドの**一次構造**（primary structure）とよぶ．ペプチド鎖はしばしば分子間あるいは分子内で橋かけされる．この

橋かけは多くの場合，ジスルフィド結合による橋かけ，すなわち**ジスルフィド架橋**（disulfide bridge）で，チオール（p.796）の酸化により生成する（図 22・21）．したがって，橋かけに関与するアミノ酸はシステインである．

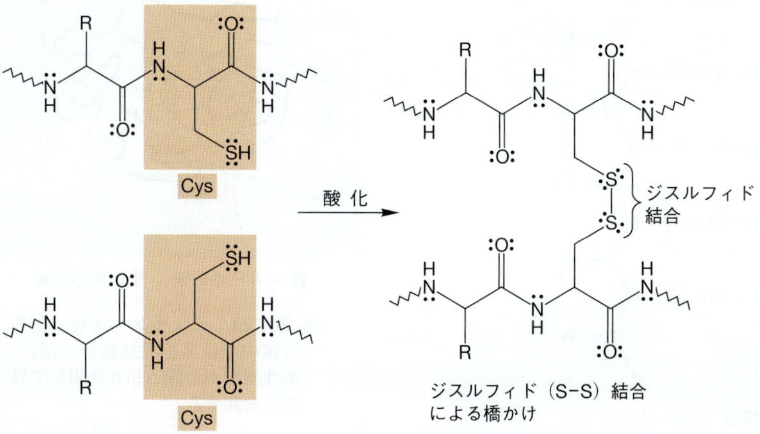

図 22・21 ジスルフィド結合によるペプチド鎖間の橋かけ

ペプチドの構造には一次構造のほかにも重要な構造化学的な特徴がある．ジスルフィド結合による構造的な制約に加えて，アミド結合が平面構造であることやアミド水素とアミドのカルボニル酸素間の水素結合により，ほとんどのペプチドではある種の秩序だった構造が形成される．

問題 22・17 アミドはなぜ平面構造をとりやすいのか説明せよ．

解 答 アミドは共鳴によって安定化される．窒素，炭素，および酸素の 2p 軌道の重なりが最大になるとき，最も強い共鳴安定化が起こる．そのためには sp^2 混成と平面性とが必要である．

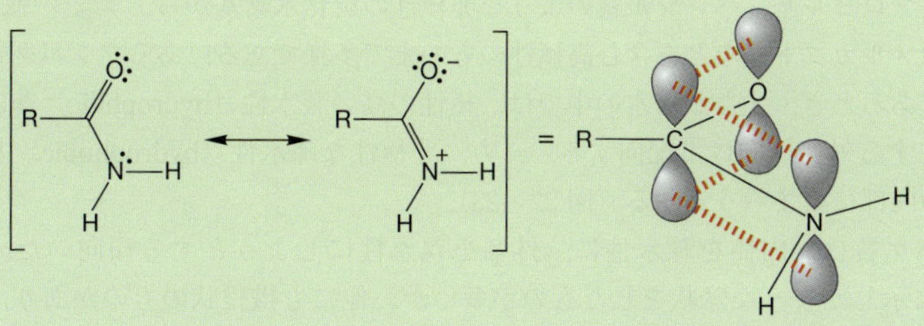

最も典型的なものは，右巻きらせん構造をもつ**αヘリックス**（α-helix）および**β構造**（β-structure；βプリーツシート構造 β-pleated sheet structure）とよばれる折りたたみの繰返し構造である（図 22・22）．これら 2 種類の構造により水素結合の規則的なパターンが可能になり，形式的に一列に並んだアミノ酸のつながりが秩序をもつようになる．αヘリックス領域においては，らせんとらせんとの間に水素結合が形成され，β構造領域では水素結合が鎖と鎖をほぼ平行に結んでいる．このほかにまったく不規則な構造の**ランダムコイル**（random coil）とよばれる領域が存在する．これら 3 種類の構造が組合わさることにより，ポリペプチドの折りたたみ（folding），すなわち**二次構造**（secondary structure）が決まる．

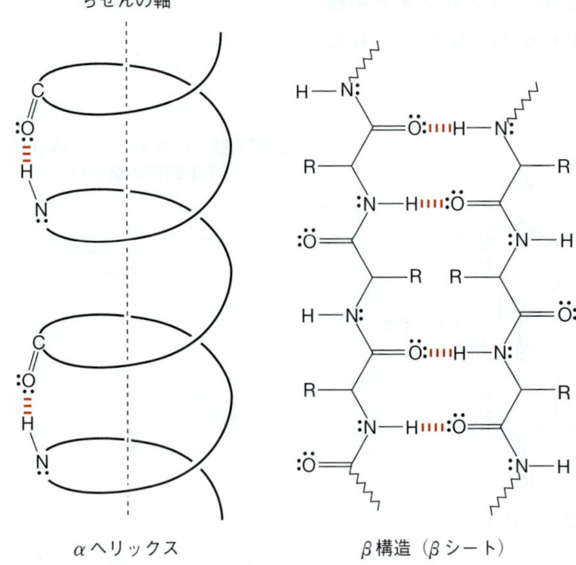

図 22・22 ポリペプチドの二次構造の例．αヘリックスとβ構造（βシート）

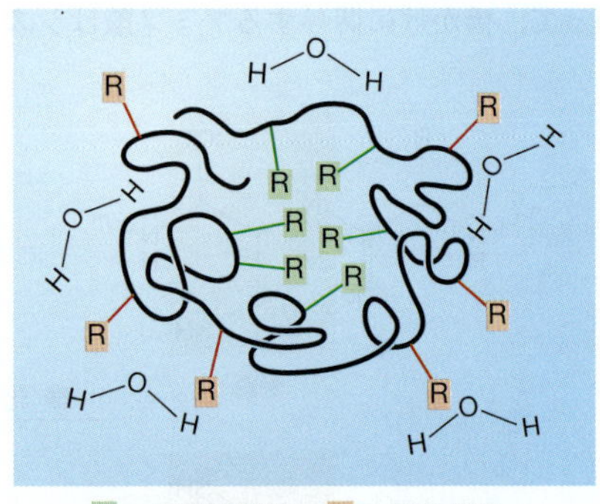

図 22・23 球状タンパク質．極性溶媒中では非極性側鎖が内部に，極性側鎖が溶媒と相互作用して外側に配向する．

ペプチド類には，これから説明を加えるが，さらに高次の構造が存在する．タンパク質の構造は，αヘリックスあるいはβ構造がランダムコイル部分を介してつながったものと考えればよいのであろうか．もしそうだとすると，二次構造以外の部分では一定の決まった構造をもたないということになろう．しかし実際はそうではないことがわかってきた．X線結晶構造解析の結果，タンパク質には二次構造のほかにさらに高次な構造的秩序（三次構造）が存在することがわかった*．タンパク質の**三次構造**（tertiary structure）を決めるのは，水素結合もあるがファンデルワールス力や静電的引力も寄与する．タンパク質は側鎖Rをもつ骨格から成る巨大分子である．側鎖（R）は，メチル基，イソプロピル基，ベンジル基のような非極性の炭化水素基から，アミノ基，ヒドロキシ基，メルカプト基などを含む高極性のものまで多様である．あるタンパク質が自然な状態にあるとき，すなわち水の中では，極性の高い親水性（hydrophilic）基は極性溶媒の存在する外側へ向けて配向する．一方，非極性な疎水性（hydrophobic）基はタンパク質の内部に集まろうとする（図22・23）．

タンパク質は，内側を疎水性に，外側を親水性にしようとする傾向のために，図22・23に示したような球状をしたものが多いが，他にも繊維状のものがあり，これはαヘリックスのひも状コイルから成る超らせん構造をとっている．図22・24に，典型的なタンパク質である乳酸デヒドロゲナーゼという酵素の構造を示す．これは5個のαヘリックスと6個のβ構造を含んでいる．

タンパク質の三次構造は大変重要である．なぜなら三次構造によって分子の形が決ま

＊ つい最近までタンパク質の構造は，結晶化したタンパク質のX線回折だけでしか決めることができなかった．したがってよい結晶が得られるかどうかで，研究の成否が大きく左右された．タンパク質の結晶化は通常大変困難であり，X線回折用の結晶がうまくできれば，構造決定を始める前に，すでにお祝いが始まった（あるいは論文にすることもできた）．しかし結晶構造と溶液中の構造が同じといえるだろうか．生物学的な機能は分子の微細構造と密接に関連することを思い出そう．固体状態の構造は結晶の充填の仕方に依存するので，溶液中の構造とはまったく違うということがあるのではないだろうか．確かにありうることである．今日では，非常に強い磁場をもつ核磁気共鳴（NMR）装置が使えるようになりさらにNMRパルス技術の急速な進歩により，溶液中での構造を直接解析することができるようになった．

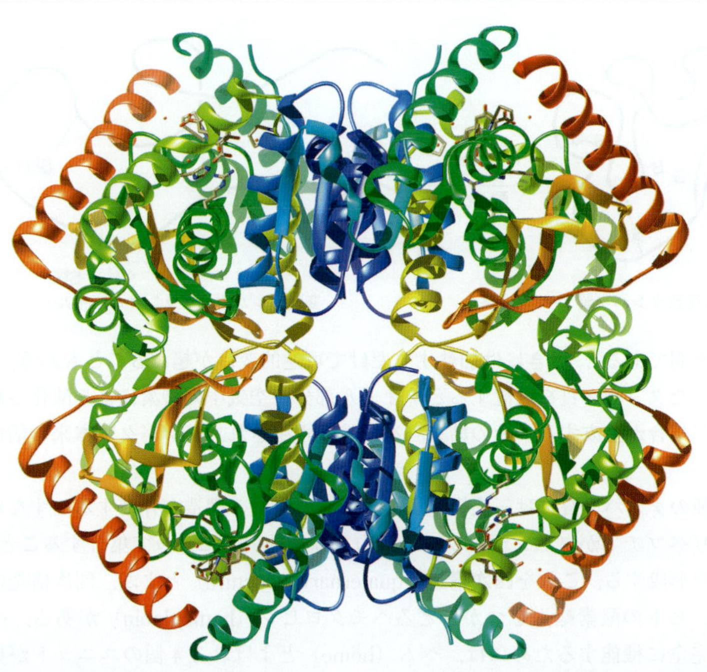

図 22・24 乳酸デヒドロゲナーゼは，三次構造が明確にわかっている巨大タンパク質である．この結晶構造は，タンパク質構造データバンク（Protein Data Bank, PDB）の PDB ID: 1U5A による．赤色のコイル部分（α ヘリックス）やオレンジ色の平たい部分（β 構造）に注目しよう．

り，生物活性はその形に強く依存するからである．タンパク質はその進化の過程で，ある特定の基質が反応に適した配向で取込まれるようなポケットを形成した．タンパク質の関与する反応は，複雑なものからエステルの加水分解のような簡単なものまでさまざまである．ある種のタンパク質では，基質が単なる輸送のために取込まれる場合もある．**結合部位**（binding site）は，二次構造や三次構造の基になっている一次構造によって直接決まる．図 22・25 にタンパク質が小分子を取込む過程の模式図を示す．

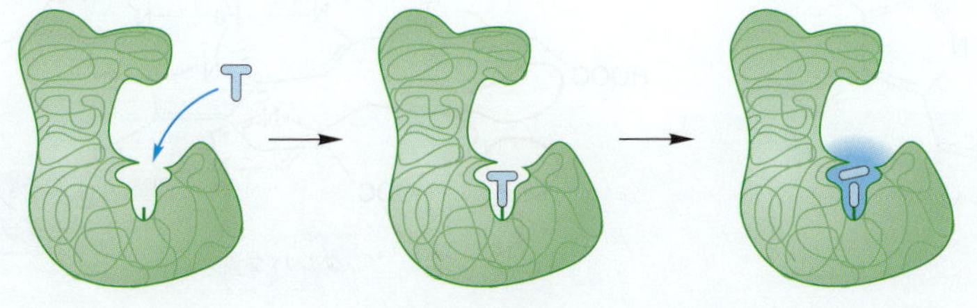

図 22・25 タンパク質の結合部位で小さな分子を捕捉（結合）して，輸送したり特定の反応部位で反応させたりする．

アミノ酸配列すなわち一次構造が与えられれば，三次構造も決まるのだろうか．この疑問を解く 1 つの鍵は，合成タンパク質が天然タンパク質とまったく同じ活性を示す，という事実である．つまり一次構造を正確に再現さえすれば，タンパク質本来の生物活性が発現される．活性の発現には分子の構造の細部もかかわるので，そのためにはタンパク質分子が適切な三次構造に折りたたまれなくてはならない．

もう 1 つの鍵はタンパク質の三次構造をわざと破壊する，いわゆる**変性**（denaturing）実験から得られる．タンパク質の変性は不可逆的であるものが多い．たとえば卵を調理すると，熱により卵白タンパク質は不可逆的に変性する．つまり目玉焼きは決して生卵に戻らない．類似の現象を pH 変化によってもひき起こすことができ，牛乳の凝固はその 1 つである．タンパク質の変性には可逆的なものもある．たとえばタンパク質中のジスルフィド結合はタンパク質をチオールで処理することにより切断される（図 22・26）．このような二次構造を壊す操作により，タンパク質の秩序だった部分がランダムコイルに変化する．またタンパク質を尿素で処理しても可逆的な変性が起こる（ただし詳細な

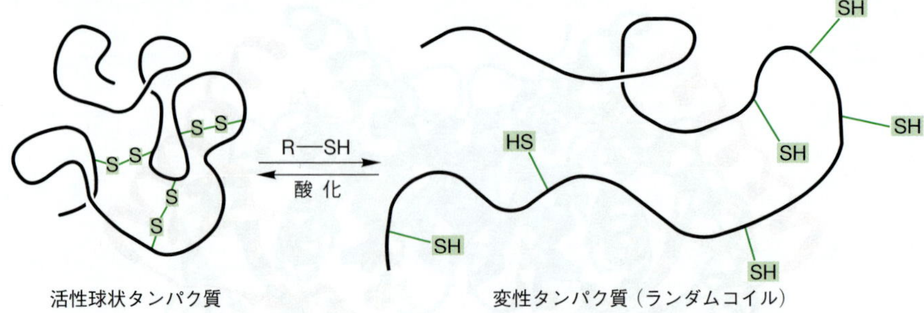

図 22・26 ジスルフィド結合の開裂によってタンパク質の二次構造・三次構造の可逆的な破壊，すなわち変性が起こる．空気酸化によってジスルフィド結合が生成すると，これらの高次構造は再生され，生物活性が復活する．

機構は不明である）．ときには加熱するだけで可逆的変性が起こることもある．

変性したタンパク質を放置するとチオール部分が空気中の酸素により酸化され，ジスルフィド結合が生成する．その結果三次構造が再生され，タンパク質本来の活性が復活する．

ある種のタンパク質には三次構造よりもさらに高次の構造が存在する．すなわち，類似のポリペプチドがファンデルワールス力や静電的引力によって集合することにより，超構造を形成する．これを**四次構造**（quaternary structure）とよぶ．四次構造の典型例として，ヒトの酸素輸送をつかさどるヘモグロビン（hemoglobin）がある．ヘモグロビンが完全に機能するためには，ヘム（heme）とよばれる 4 個のユニットが集合することが必要である．1 つのヘムユニットには鉄原子があり，これに複素環が取囲んで配位することにより安定化される（図 22・27）．

図 22・27 ヘモグロビンのヘム部分およびヘム部分へ酸素が配位した構造

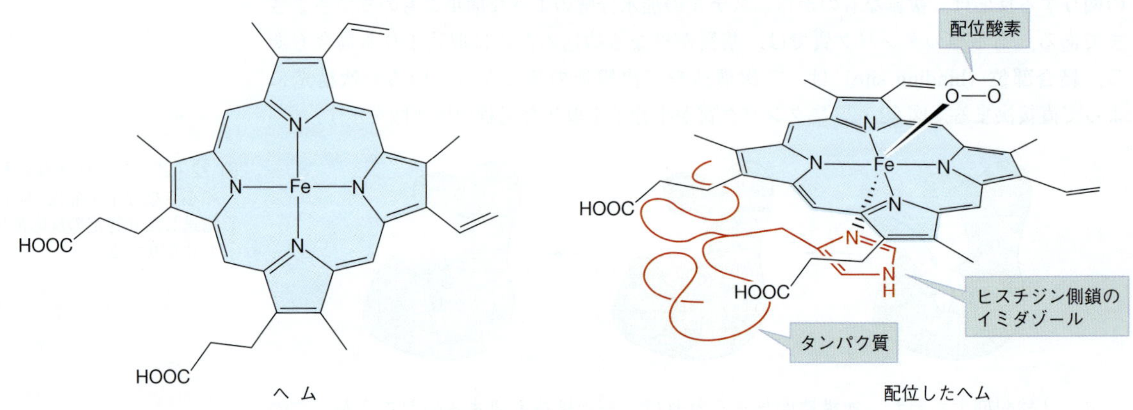

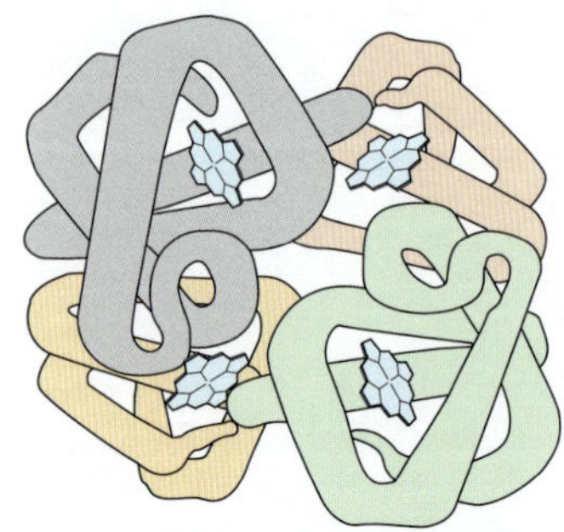

図 22・28 ヘモグロビンの四次構造．それぞれのヘム部分がグロビンとよばれるサブユニットと結合している．

ヘムを取囲んでいるタンパク質はグロビン（globin）とよばれる．グロビンユニット中に存在するヒスチジンの側鎖（イミダゾール）が，ヘムを固定化する役目を果たしている．ヘモグロビンは構造が少し異なる 2 種類のサブユニットが 2 つずつ集合したものである（図 22・28）．これらのサブユニットは静電的引力，ファンデルワールス力，および水素結合で寄り集まって，巨大な四面体構造を構築している．

以上でタンパク質の構造の概略を述べたが，ペプチド化学における 2 つの大きな問題が残っている．すなわちタンパク質のアミノ酸配列をどのようにして決定するか，そしてそれをどのように合成するかという問題である．

22・4b タンパク質の構造決定 タンパク質が結晶化し X 線回折が解析できれば構造が決定できる．しかしこれはいつでも使える方法ではない．タンパク質の結晶化は困難であり，しかも低分子化合物とは異なり，構造決定には膨大な時間がかかる．

まずジスルフィド結合，つづいてすべてのペプチド結合を切断することにより，タンパク質を構成するアミノ酸のすべての組成を原理的に知ることができる．ペプチド結合はアミド結合であり，酸でアミノ酸に加水分解されることを思い出そう (p.879)．この方法で，ペプチドを構成しているすべてのアミノ酸が回収される．図 22・29 にこの加水分解反応のモデルを示す．もちろん，この手法では一次構造や高次構造に関する情報を得ることはできない．

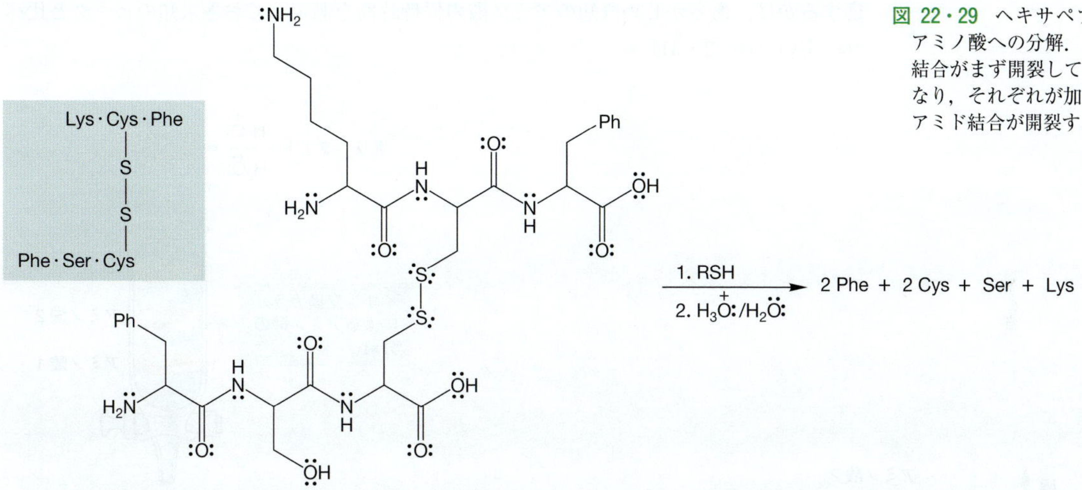

Lys・Cys・Phe
S
S
Phe・Ser・Cys

1. RSH
2. H_3O^+/H_2O
→ 2 Phe + 2 Cys + Ser + Lys

図 22・29 ヘキサペプチドの構成アミノ酸への分解．ジスルフィド結合がまず開裂して 2 つの断片となり，それぞれが加水分解されてアミド結合が開裂する．

実際のやり方としては，まずジスルフィド結合を切断してタンパク質を断片化する．これを分離した後加水分解する．分離はかなり労力のいる仕事であるが，いくつかの優れた方法が開発されている．アミノ酸を検出するには電気泳動が有用であることはすでに述べた (p.1082)．この方法はアミノ酸だけでなくペプチドにも使える．そのほかに各種クロマトグラフィーが有効である．充塡剤として細孔を有するポリマービーズを用いるのが**ゲル沪過クロマトグラフィー** (gel-filtration chromatography) である．細孔は小さな分子を大きな分子よりも強く取込む．したがってこのカラムへ分解混合物を流すと，大きな断片の方が小さな断片よりも先に溶出する．一方，静電的引力の差を利用するのが**イオン交換クロマトグラフィー** (ion-exchange chromatography) である．この場合は，より多く帯電した分子の方が中性分子に比べカラム内に長時間滞在する．すべてのクロマトグラフィーにおいて，充塡剤との相互作用が大きい分子は相互作用の小さな分子よりも遅く溶出する (図 22・30)．

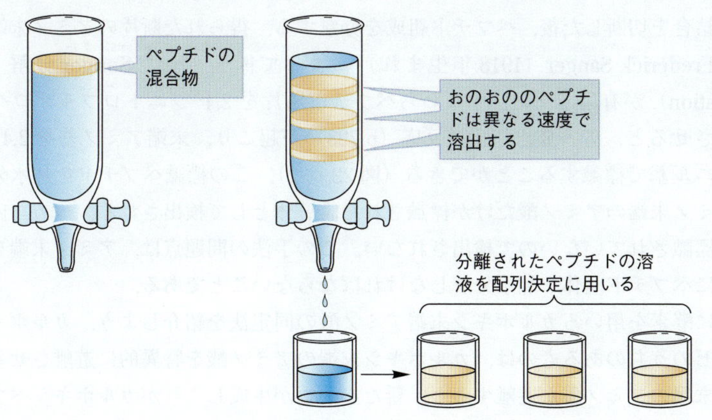

図 22・30 断片化されたペプチドのクロマトグラフィーによる分離の模式図

分離されたペプチド断片は，構成アミノ酸へと加水分解される．つぎに，各アミノ酸がどのくらい生成したかを決定する手段が必要となる．ここで再びクロマトグラフィーを用いる．アミノ酸はイオン交換カラムクロマトグラフィーにより分離される．カラムから溶出したおのおののアミノ酸は，画分ごとにニンヒドリン検出器へと導かれ，そこでニンヒドリン（p.1089 参照）と反応して紫色に呈色する．紫色の強度はアミノ酸の量に比例するので，時間あるいは溶出量に対してプロットすることにより，アミノ酸によって強度の異なるクロマトグラムが得られる．おのおののピークがどのアミノ酸に対応するかは，あらかじめ既知のアミノ酸の保持時間を測定しておき未知のピークと比べればよい（図 22・31）．

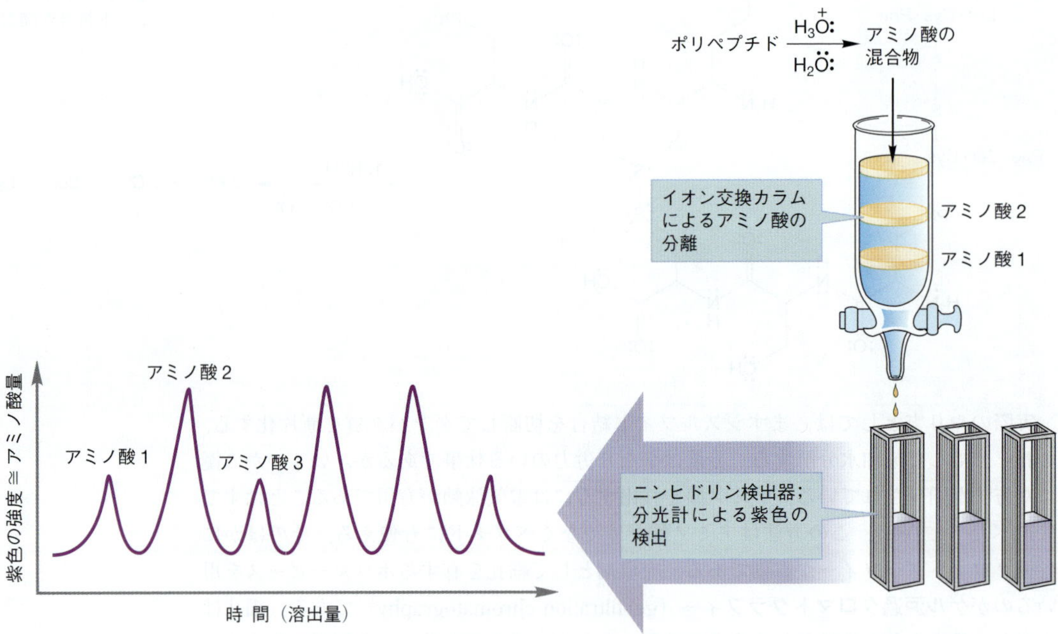

図 22・31 ポリペプチド断片の加水分解によって得られたアミノ酸はクロマトグラフィーによって分離される．それぞれのアミノ酸はニンヒドリンとの反応によって紫色の色素を生成し，その量は分光計によって定量される．紫色の強度は生成アミノ酸の量に比例する．

この手法によりアミノ酸の組成を知ることはできるが，配列すなわち一次構造を決めることはできない．つぎに，アミノ酸配列を決定する方法を紹介しよう．まずジスルフィド結合を切断した後，ペプチド組成を分離する．得られた断片のアミノ末端の決定には，Frederick Sanger（1918 年生まれ）によって開発された **Sanger**（サンガー）**分解**（Sanger degradation）が有用である．すなわちペプチド断片を 2,4-ジニトロフルオロベンゼンと反応させると，芳香族求核置換反応（p.723）が起こり，末端アミノ基を 2,4-ジニトロフェニル基で標識することができる（図 22・32）．この標識ペプチドを加水分解すれば，アミノ末端のアミノ酸だけが標識された誘導体として検出される．一方，内部アミノ酸は標識されていないので検出されない．この手法の問題点は，アミノ末端を決定するためにペプチド全体を加水分解しなければならないことである．

つぎに酵素を用いるカルボキシ末端アミノ酸の同定法を紹介しよう．カルボキシペプチダーゼのうちのあるものは，カルボキシ末端のアミノ酸を特異的に遊離させる．カルボキシ末端のアミノ酸が遊離すると，新たな末端が生成しこれがカルボキシペプチダー

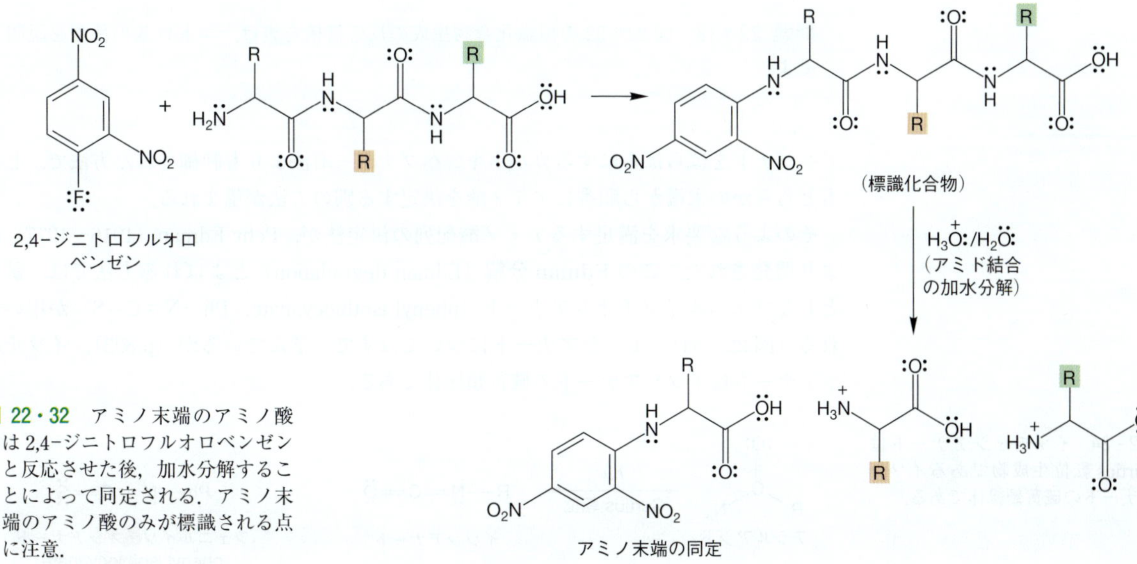

2,4-ジニトロフルオロベンゼン

(標識化合物)

H_3O^+/H_2O (アミド結合の加水分解)

アミノ末端の同定

図 22・32 アミノ末端のアミノ酸は2,4-ジニトロフルオロベンゼンと反応させた後，加水分解することによって同定される．アミノ末端のアミノ酸のみが標識される点に注意．

ゼにより順番に遊離されていく．したがって，生成するアミノ酸の経時変化を注意深く追跡することにより，アミノ酸配列を知ることができる（図 22・33）．この方法の問題

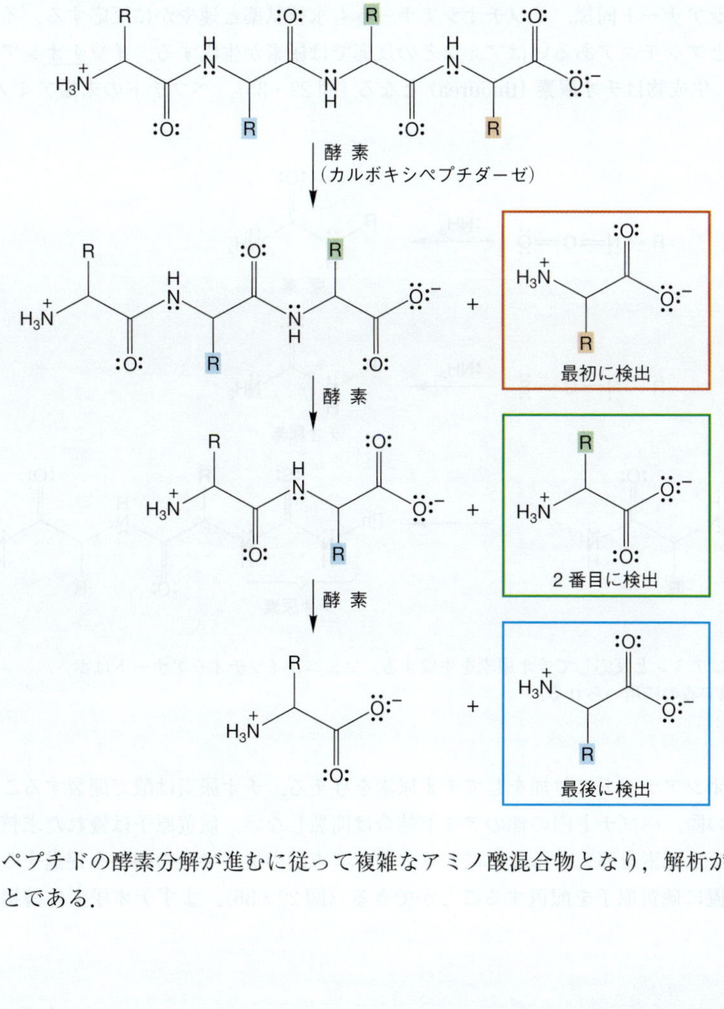

図 22・33 カルボキシペプチダーゼによるカルボキシ末端アミノ酸の遊離

酵素 (カルボキシペプチダーゼ)

最初に検出

酵素

2 番目に検出

酵素

最後に検出

点は，ペプチドの酵素分解が進むに従って複雑なアミノ酸混合物となり，解析が困難になることである．

問題 22・18 図 22・32 の標識化合物生成の反応機構を書け．ニトロ基の役割を説明せよ．

ペプチドをばらばらにするカルボキシペプチダーゼ法よりも制御された方法で，しかもどちらかの末端から順番にアミノ酸を決定する別の方法が望まれる．

そのような要求を満足するアミノ酸配列の決定法が，Pehr Edman（1916〜1977）により開発された．この **Edman 分解**（エドマン）（Edman degradation）とよばれる方法では，試薬としてフェニルイソチオシアナート（phenyl isothiocyanate，Ph−N=C=S）が用いられる（図 22・34）．イソシアナートについてはすでに学んでいるが（p.892），イソチオシアナートはイソシアナートの硫黄類縁体である．

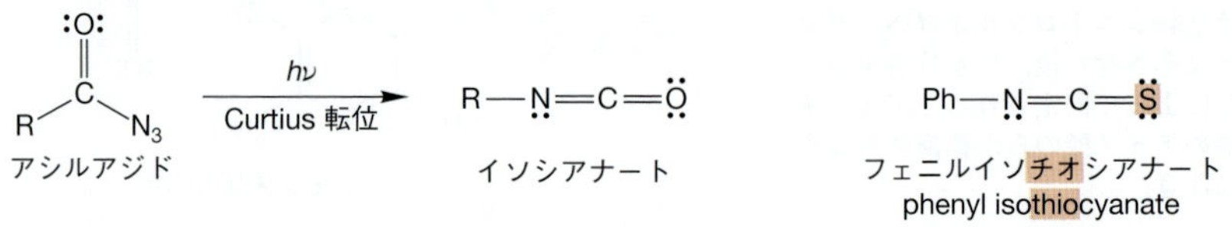

図 22・34 イソチオシアナートは Curtius 転位生成物であるイソシアナートの硫黄類縁体である．

アシルアジド $\xrightarrow[\text{Curtius 転位}]{h\nu}$ R−N=C=O イソシアナート

Ph−N=C=S フェニルイソチオシアナート phenyl isothiocyanate

問題 22・19 フェニルイソチオシアナートの N，S，および C はどのような混成か．

イソシアナート同様，イソチオシアナートも求核試薬と速やかに反応する．イソシアナートとアンモニアあるいはアミンとの反応では尿素が生成する．イソチオシアナートの場合，生成物は**チオ尿素**（thiourea）となる（図 22・35）．ペプチドの末端アミノ基は，

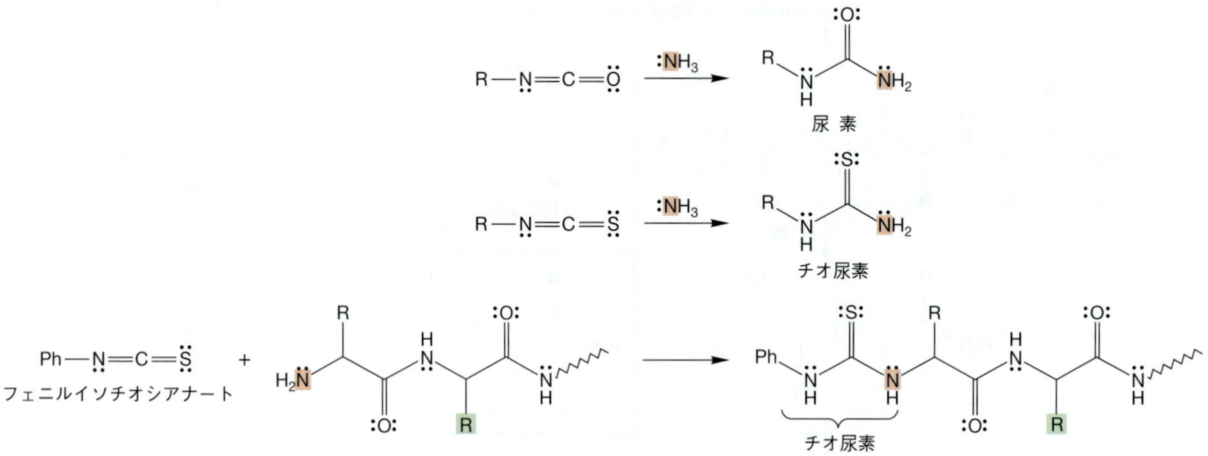

R−N=C=O $\xrightarrow{:NH_3}$ 尿素

R−N=C=S $\xrightarrow{:NH_3}$ チオ尿素

Ph−N=C=S（フェニルイソチオシアナート）＋ H_2N−ペプチド ⟶ Ph−NH−C(=S)−NH−ペプチド（チオ尿素）

図 22・35 イソチオシアナートはアミンと反応してチオ尿素を生成する．フェニルイソチオシアナートはポリペプチドのアミノ末端を標識するのに用いられる．

イソチオシアナートに付加をしてチオ尿素を与える．チオ尿素は酸で開裂することができ，その際，ペプチド内の他のアミド結合は開裂しない．硫黄原子は優れた求核試薬であり，チオ尿素を導入することにより，アミノ末端のアミノ酸の開裂を促進するのに適した位置に硫黄原子を配置することができる（図 22・36）．まずチオ尿素に隣接するア

ミノ末端のカルボニル酸素がプロトン化され，硫黄原子がカルボニル炭素に付加する．ついで開裂反応が起こって，チアゾリノンが生成するとともにペプチド鎖が遊離する．

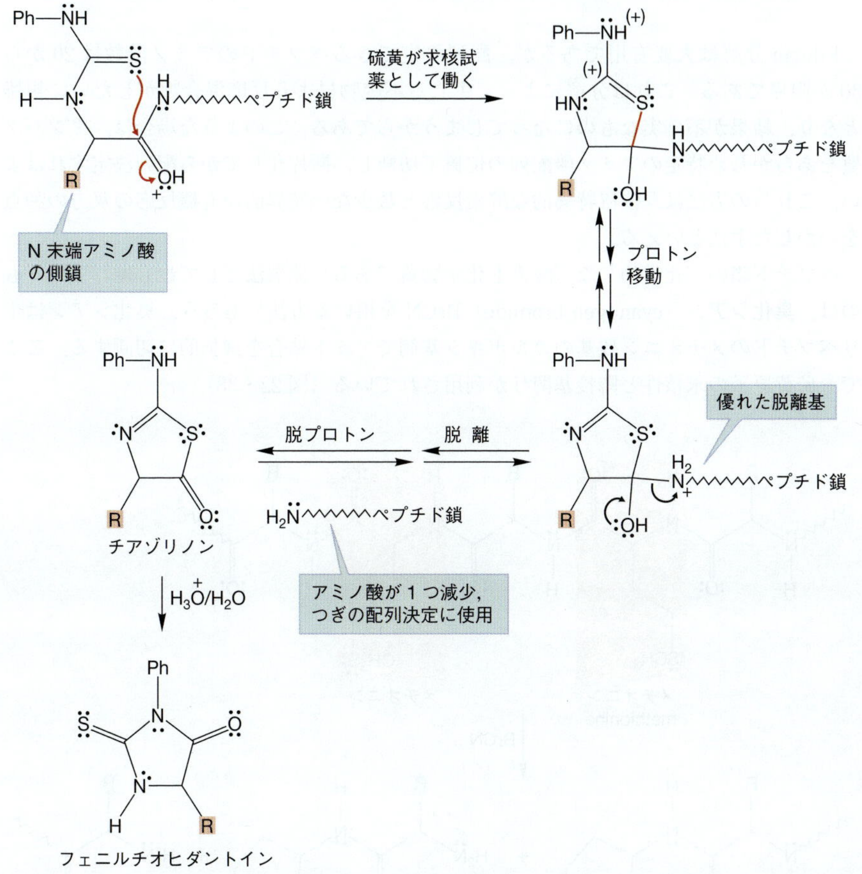

硫黄が求核試薬として働く

N末端アミノ酸の側鎖

プロトン移動

脱プロトン

脱離

優れた脱離基

ペプチド鎖

H_2N〜〜〜ペプチド鎖

アミノ酸が1つ減少，つぎの配列決定に使用

チアゾリノン

$H_3\overset{+}{O}/H_2O$

フェニルチオヒダントイン

図 22・36 アミノ酸配列の決定法である Edman 分解にはフェニルイソチオシアナートを用いる．生成するフェニルチオヒダントインの構造から，アミノ末端のアミノ酸が同定される．Sanger 法と異なり，ペプチド鎖が壊れないことに注意．

チアゾリノンはさらに酸と反応し，アミノ末端のアミノ酸に由来するRを含むフェニルチオヒダントインへと変換され，これが検出される．ポリペプチドの他の部分は反応中まったく変化しないから，ペプチドに対して Edman 分解を何回も繰返し行えば，ペプチド全体の配列を決定することができる（図 22・37）．

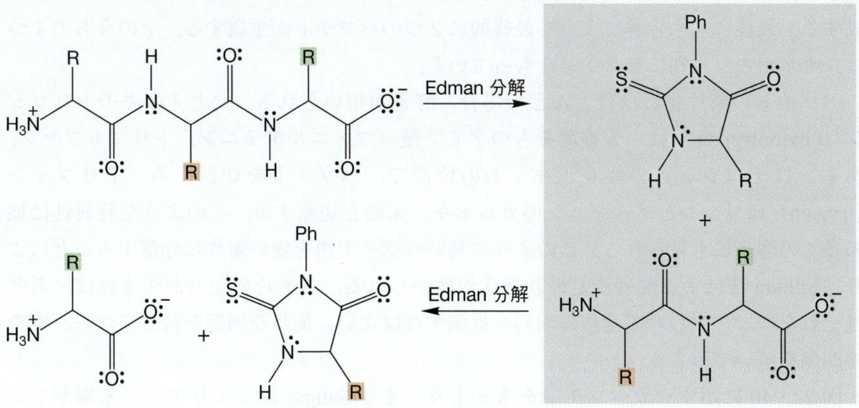

Edman 分解

Edman 分解

図 22・37 Edman 分解の繰返しによってアミノ酸配列が決定される．

問題 22・20 チアゾリノンからフェニルチオヒダントインが生成する反応機構を書け（図 22・36）.

Edman 分解は大変有用であるが，配列決定できるペプチドのアミノ酸数は 20 から 30 が限界である．これは分解によって生じる不純物により反応混合物がしだいに複雑となり，結果が不確実なものになってしまうからである．このような場合は，タンパク質をあらかじめ特定のアミノ酸配列の位置で切断し，断片化してから配列決定すればよい．これらの方法は，位置特異的な酵素反応と数少ない特異的な有機反応の双方の利点をいかした手法といえる．

ペプチド鎖の“化学的”な（酵素も化学物質である）開裂法として最も優れているものは，**臭化シアン**（cyanogen bromide）BrCN を用いる方法であろう．臭化シアンはポリペプチドのメチオニン残基のカルボキシ基側でアミド結合を選択的に切断する．ここでも硫黄原子の求核性と隣接基関与が利用されている（図 22・38）.

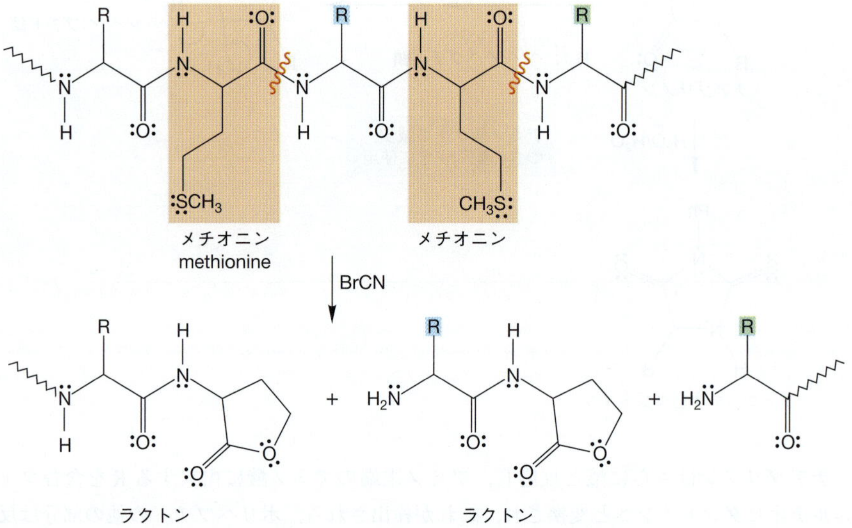

図 22・38 臭化シアン（BrCN）によってメチオニンのカルボキシ基側が開裂する．メチオニンの位置にラクトンが生成する．

まずメチオニンの硫黄原子が臭化シアンの臭素原子と置換してスルホニウムイオンを生成する（図 22・39）．このスルホニウムイオンをメチオニン残基のカルボニル酸素が攻撃し，チオシアン酸メチルの脱離を伴ってホモセリンラクトンとよばれる 5 員環が生成する．最後に加水分解によって最終的に 2 つのペプチドが生成する．そのうちの 1 つは，カルボキシ末端にラクトンをもっている．

ペプチドの断片化にはほとんどの場合，酵素が用いられる．たとえばキモトリプシン（chymotrypsin）は，芳香環をもつアミノ酸（フェニルアラニン，トリプトファン，あるいはチロシン）のカルボキシ基の位置で，ペプチドを切断する．トリプシン（trypsin）はリシンとアルギニンのカルボキシ末端を切断する．このような特異性は他の多くの酵素にも見られる．このように長いペプチド鎖を短い断片に分解することにより，Edman 法による配列決定の効率化がはかられる．各断片の配列が決まれば，あとはそれをつなぎ合わせて全体の配列を推測すればよい．簡単な例題を行ってから，実際の問題を解いてみよう．

図 22・40 に示すデカペプチドを考えよう．まず Sanger 法によりアミノ末端がフェ

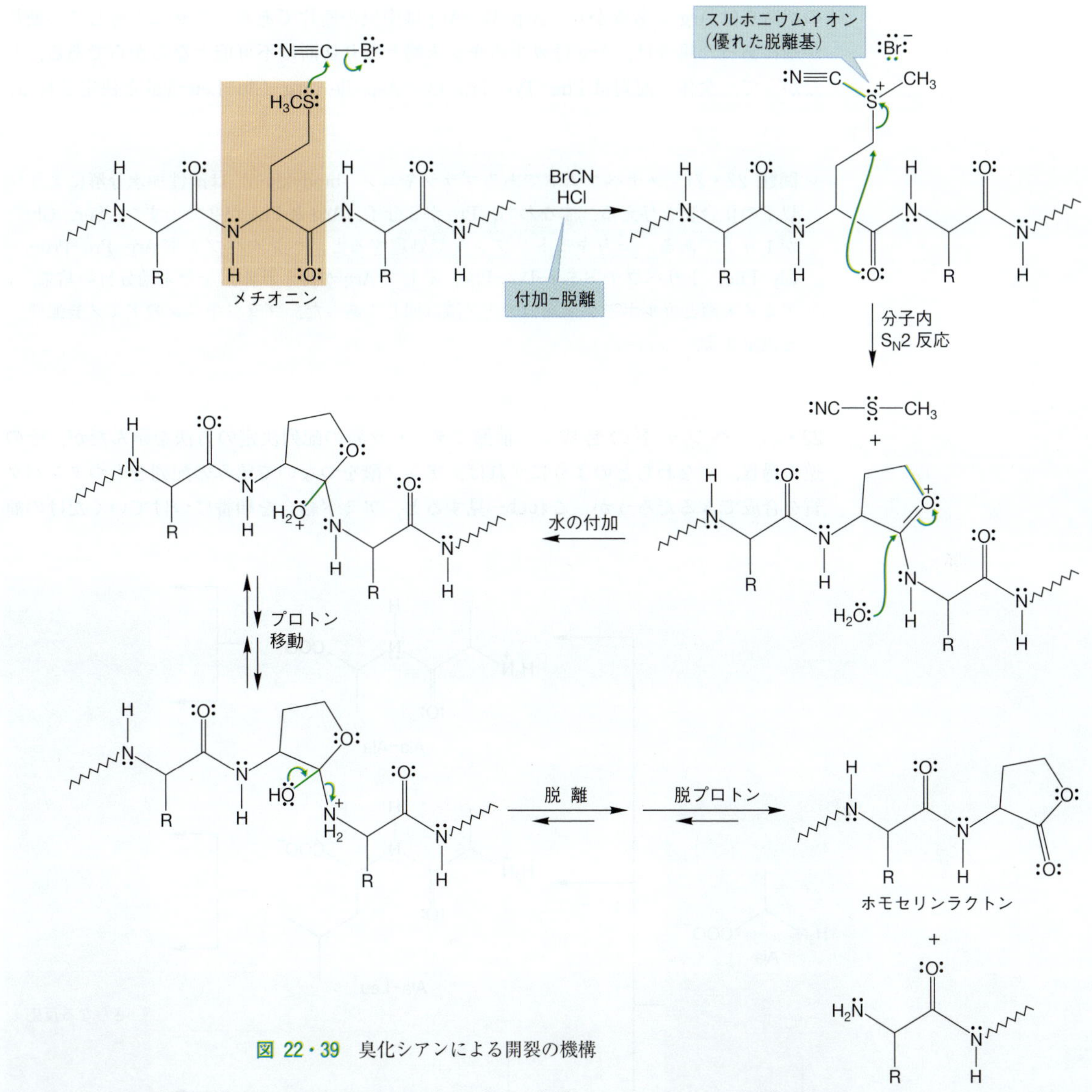

図 22・39 臭化シアンによる開裂の機構

ニルアラニンであることがわかる．つぎに，トリプシンを使ってこのデカペプチドを3個の断片に切断する．すでにペプチドのアミノ末端はフェニルアラニンであることがわかっているので，初めの4個の配列は Phe–Tyr–Trp–Lys である．酵素によるもう1つ

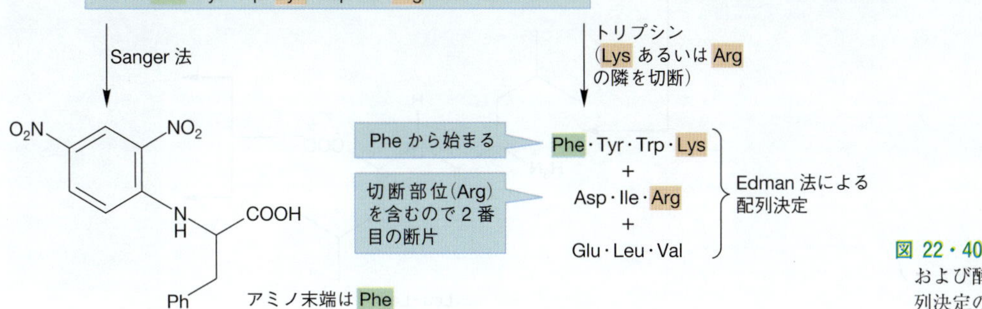

図 22・40 Sanger 法，Edman 法，および酵素法による，アミノ酸配列決定の例

の切断点は Arg であるから，Asp–Ile–Arg は中央の断片である．なぜならもしこの断片が端にあった場合は，Arg はカルボキシ末端となり切断は不可能となるからである．したがって，全体の配列は Phe–Tyr–Trp–Lys–Asp–Ile–Arg–Glu–Leu–Val と決定される．

問題 22・21 ノナペプチドであるブラジキニン（bradykinin）は酸性加水分解により以下の化合物を与える．すなわち，Pro が 3 分子，Arg と Phe が 2 分子ずつ，Ser，Gly が 1 分子である．一方キモトリプシンで処理すると，ペンタペプチド Arg–Pro–Pro–Gly–Phe，トリペプチド Ser–Pro–Phe，そして Arg が得られる．また末端分析の結果，アミノ末端とカルボキシ末端のアミノ酸は同じであった．ブラジキニンのアミノ酸配列を決定せよ．

22・4c ペプチドの合成 前節でタンパク質の配列決定の方法を学んだが，その逆の過程，すなわちどのようにすれば，アミノ酸をつないで望みの配列をもつタンパク質を合成できるだろうか．これは一見すると，アミド結合を順番につけていくだけの簡

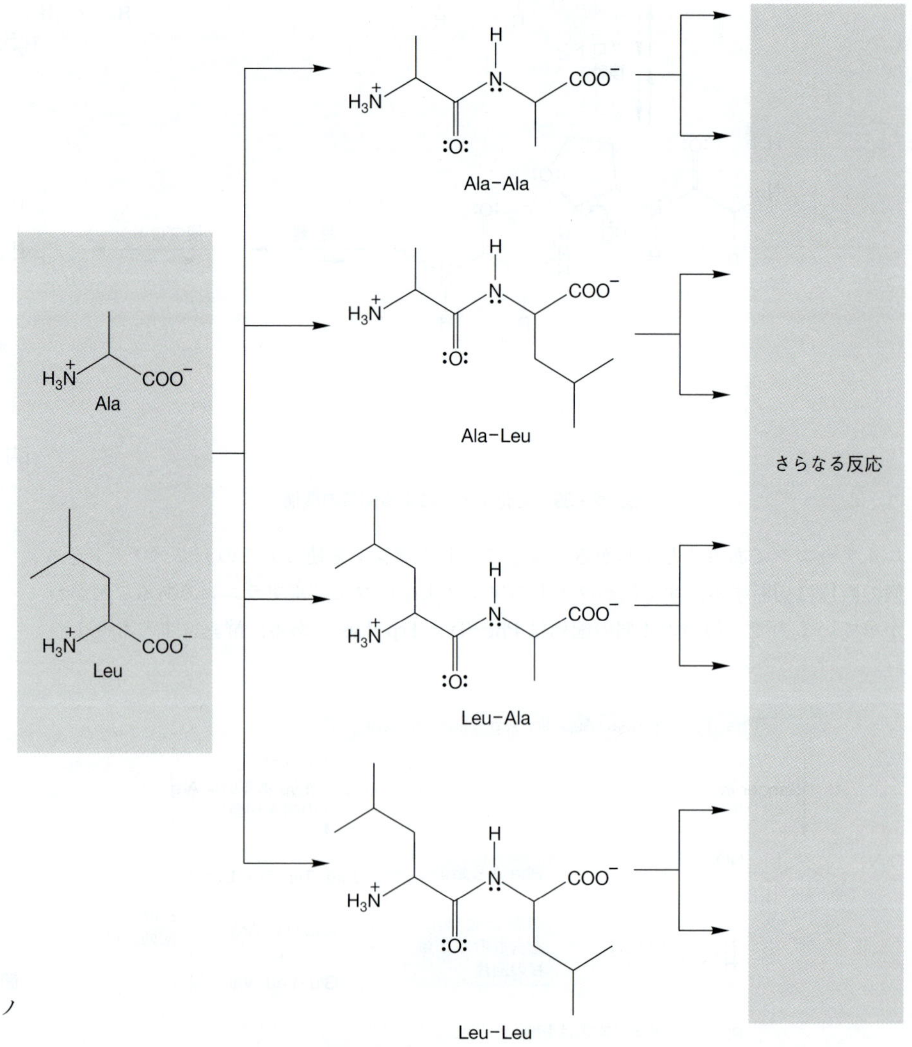

図 22・41 2 種類の無保護アミノ酸の可能な組合わせ

単な問題に見える．しかし実行するとなると，ただちに2つの困難な問題に直面する．まず第一に，標的化合物が小さなタンパク質でも，その合成には多段階の反応を必要とすることである．たとえば図22・40のデカペプチドの合成には9個のアミド結合をつくらなければならない．たとえ1回のアミド結合生成が95％の収率で進行したとしても，全収率は $(0.95)^9 = 63\%$ となってしまう．アミノ酸が数百以上のタンパク質では，きわめて高いアミド化の収率が要求される．

第二に選択性の問題がある．たとえば，簡単なジペプチドであるAla-Leuを合成したいとしよう．単純な酸-塩基反応が起こらないと仮定しても，2つのアミノ酸をただ反応させた場合には少なくとも4種のジペプチドが生成する可能性があり，実際には，さらに大きなペプチドも得られるであろう（図22・41）

このような行き当たりばったりの反応を避けるために，アラニンのカルボキシ基を対応する酸塩化物として活性化した後，ロイシンと反応させることを考えてみよう（図22・42）．

Ala　$SOCl_2$　酸塩化物　Leu　Ala-Leu

図 22・42　1つのアミノ酸を酸塩化物とした後，もう1つのアミノ酸と反応させれば選択性が発現するだろうか．

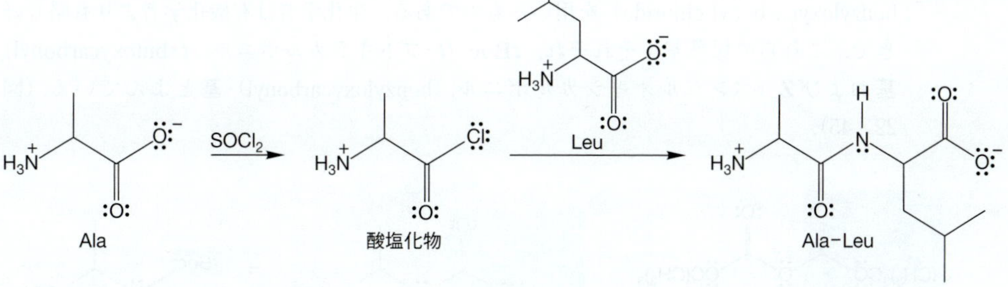

しかし，このやり方もうまくいかないであろう．アラニンのアミノ基も酸塩化物と反応してしまうからである（図22・43）．タンパク質の合成には数十個あるいは数百個のアミド結合の生成が必要であるので，目的とするペプチドを望みの量だけ得るには，高収率でアミド結合生成が進行しなければならない．そこで副成物の生成を伴わない，望みの位置だけでアミド化が進行する選択的で効率のよいアミド化手法が求められる．

アラニン（Ala）の酸塩化物（活性化されたカルボン酸）　Ala　Ala-Ala　Leu　Ala-Leu

図 22・43　この場合も2種類のジペプチドの生成は避けられない．なぜなら，酸塩化物は，反応系内のあらゆるアミンと反応するからである．

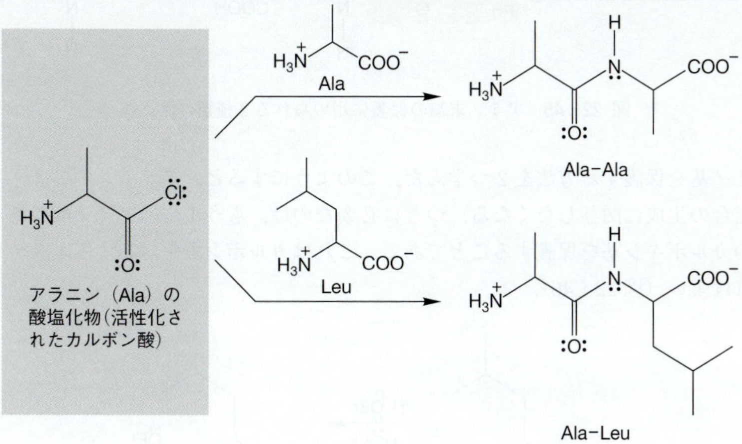

上記の例の場合，アラニンのカルボキシ基を活性化するだけでなく，アラニンのアミノ基とロイシンのカルボキシ基での反応を抑えなければならない．すなわち3箇所（ア

ラニンとロイシンのカルボキシ基とアラニンのアミノ基）に手を加えなければならない．このようにして，アラニンの活性化されたカルボキシ基とロイシンの遊離のアミノ基の間で反応が起こるようにしてやる必要がある．当然のことながら，保護基は反応後に除去しなければならない（図 22・44）．

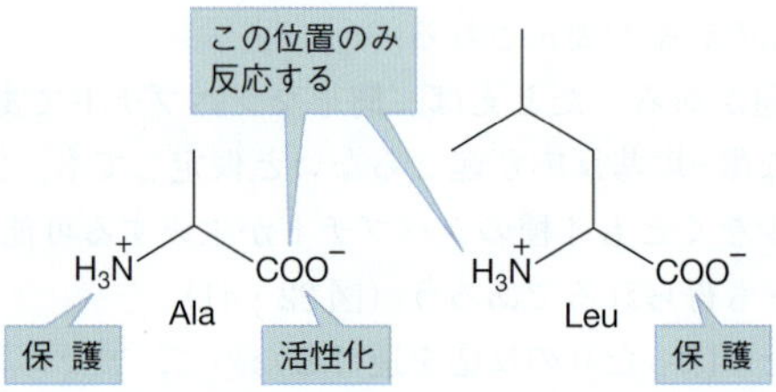

図 22・44 望みのジペプチドを合成するためには，一方のアミノ酸のアミノ基を保護してカルボキシ基を活性化すると同時に，もう一方のアミノ酸のカルボキシ基を保護しておかなければならない．

アミノ基は簡単な付加–脱離反応によりカルバミン酸エステルに変換することができる（p.878）．最も代表的な方法は，二炭酸ジ-*t*-ブチル（di-*t*-butyl dicarbonate）あるいはクロロギ酸ベンジル（benzyl chloroformate；塩化ベンジルオキシカルボニル，benzyloxycarbonyl chloride）を用いるものである．生化学者は有機化学者よりも略号好きで，これらの保護基をそれぞれ，***t*Boc**（*t*-ブトキシカルボニル，*t*-butoxycarbonyl）**基**および **Z**（ベンジルオキシカルボニル，benzyloxycarbonyl）**基**とよんでいる（図 22・45）．

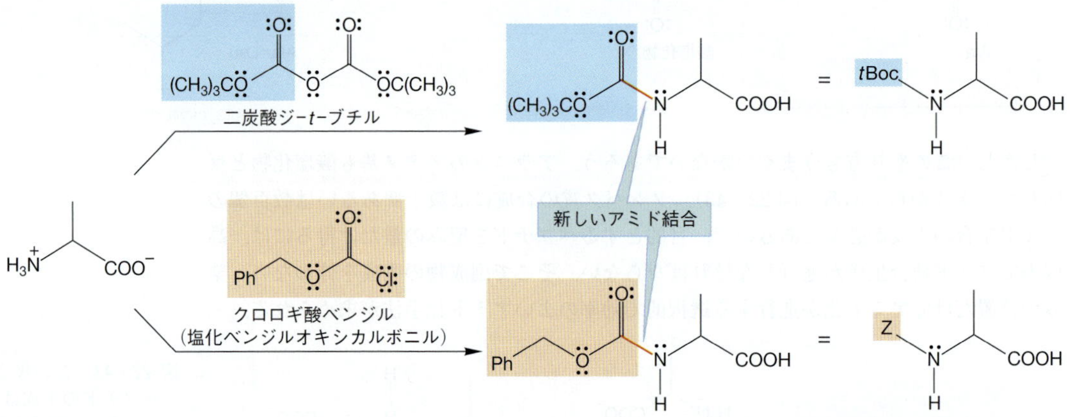

図 22・45 アミノ末端の保護に用いられる 2 種類の保護基

アミノ基を保護する方法を 2 つ学んだ．このようにすると，アラニンのアミノ基はアミド結合の生成に関与しなくなる．つぎに必要なのは，もう 1 つのアミノ酸であるロイシンのカルボキシ基を保護することである．これはカルボン酸を対応するエステルに変換すればよい（図 22・46）．

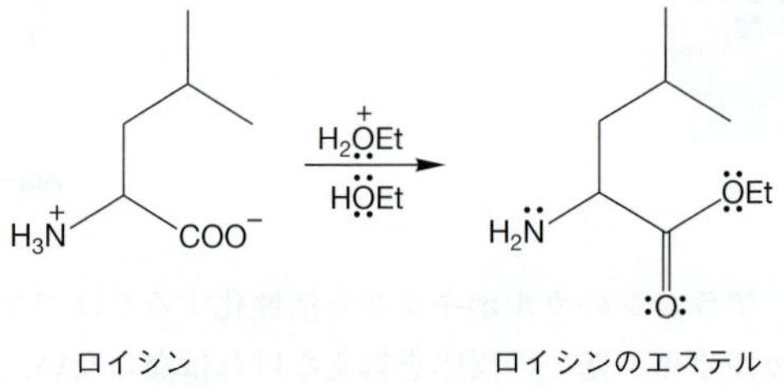

図 22・46 カルボキシ末端はエステル化によって保護すればよい．

ここまできてさらに解決すべき問題が2つ残されている．すなわち保護されていないロイシンのアミノ基とアラニンのカルボキシ基を，できるだけ穏やかな条件下で効率的に結合させること，そして縮合反応の後，アミノ基とカルボキシ基の保護基を除去することである．

アミド結合は脱水縮合反応により生成する．**ジシクロヘキシルカルボジイミド**（dicyclohexylcarbodiimide，DCC）は大変有用な脱水縮合剤であり，ペプチド合成に頻繁に用いられる．反応の進行に伴い，DCCに水が付加したジシクロヘキシル尿素（DCU）が生成する（図22・47）．

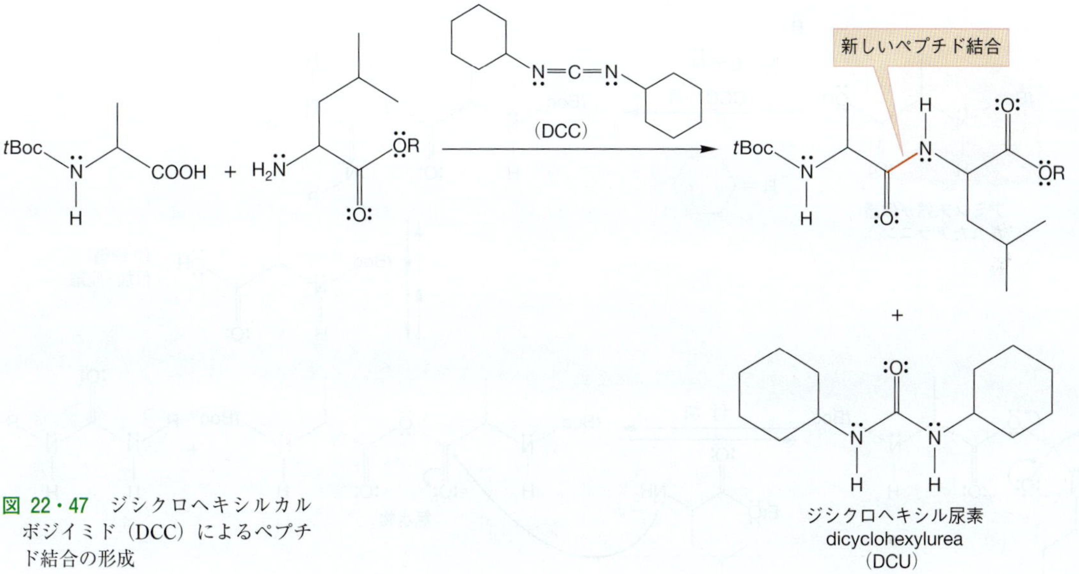

図 22・47　ジシクロヘキシルカルボジイミド（DCC）によるペプチド結合の形成

図22・47に示した縮合反応の機構はどのようなものであろうか．ケテン（p.575），イソシアナート（p.892），イソチオシアナート（p.893）のような累積二重結合（p.571）に対し求核試薬が速やかに付加することを思いだそう．累積二重結合をもつDCCも同

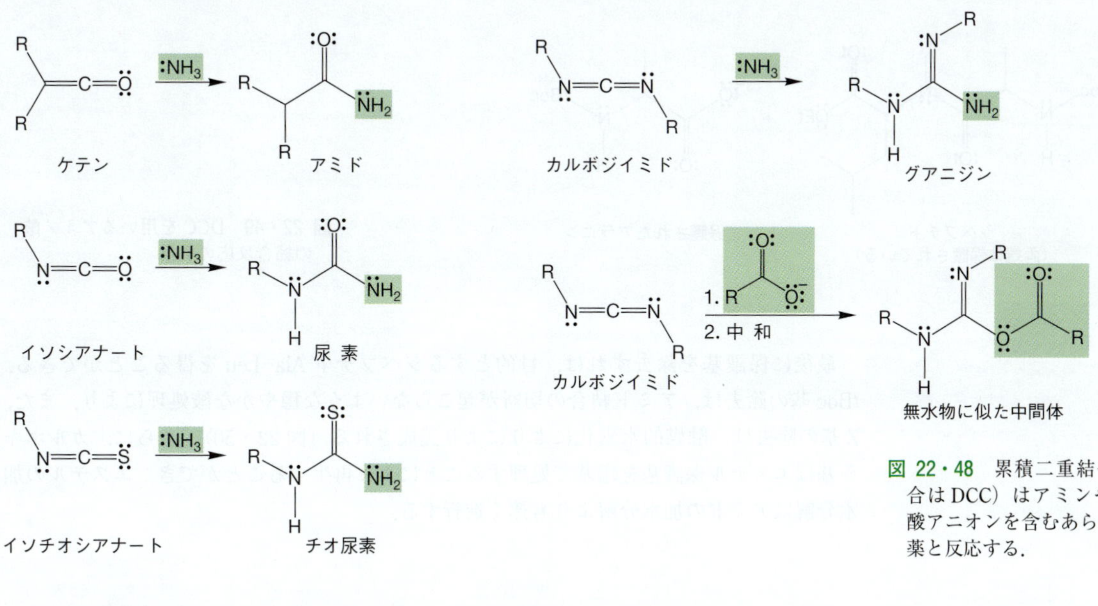

図 22・48　累積二重結合（この場合はDCC）はアミンやカルボン酸アニオンを含むあらゆる求核試薬と反応する．

様で，アミンが容易に付加をしてグアニジンが生成する．またカルボン酸アニオンもDCCへ付加をする（図22・48）．

図22・47の縮合反応では，アラニンの保護されていないカルボキシ基がDCCへ付加することにより中間体が生成し，そこへもう1分子のカルボン酸が反応して酸無水物を与える．この酸無水物とロイシンとの付加–脱離反応によりジペプチドが生成する（図22・49）．このジペプチドのアミノ末端とカルボキシ末端にはまだ保護基がついている点に注意しよう．

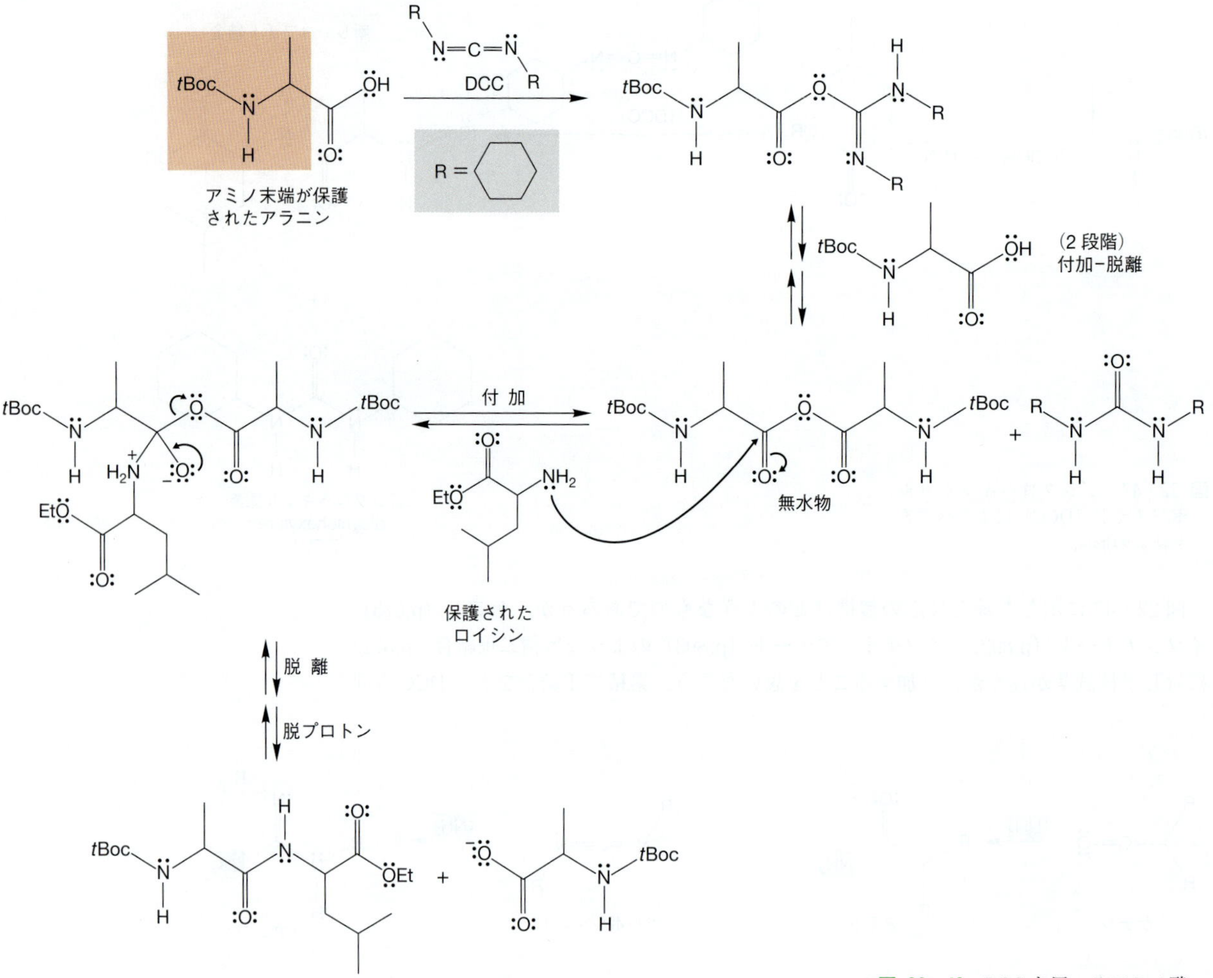

図 22・49 DCCを用いるアミノ酸の縮合反応の機構

最後に保護基を除去すれば，目的とするジペプチドAla–Leuを得ることができる．*t*Boc基の除去は，アミド結合の切断が起こらないような穏やかな酸処理により，また，Z基の除去は，触媒的水素化によりにより達成される（図22・50）．さらに，カルボキシ基はエステル保護基を塩基で処理することにより再生することができ，エステルの加水分解はアミドの加水分解よりも速く進行する．

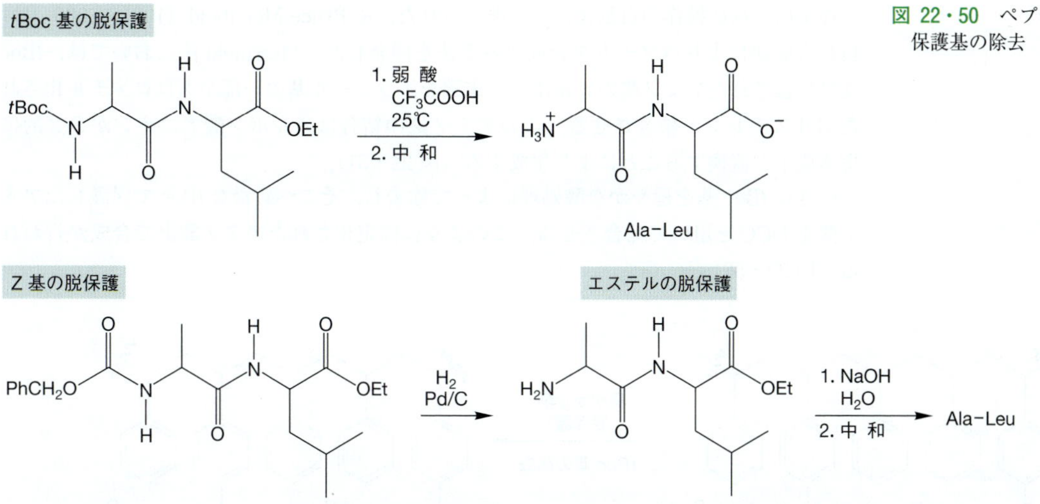

図 22・50 ペプチド合成における保護基の除去

問題 22・22 Z 基を除去する反応はここで初めて登場した．ベンジル-X という分子をパラジウム触媒存在下水素で処理すると，トルエンと HX が生成する．ここで X は，エーテル，エステル，スルフィド，アミン，アミド，ハロゲン化物などさまざまである．Z 基で保護されたアミンの脱保護過程を示せ．

つぎに反応収率について考えてみる．大きなタンパク質やペプチドを合成する際には，保護基の脱着を含むこのような反応を何回も何回も繰返さなくてはならない．各段階は基本的に副反応を伴わないので，きわめて効率的に高収率で進行する．単純な繰返

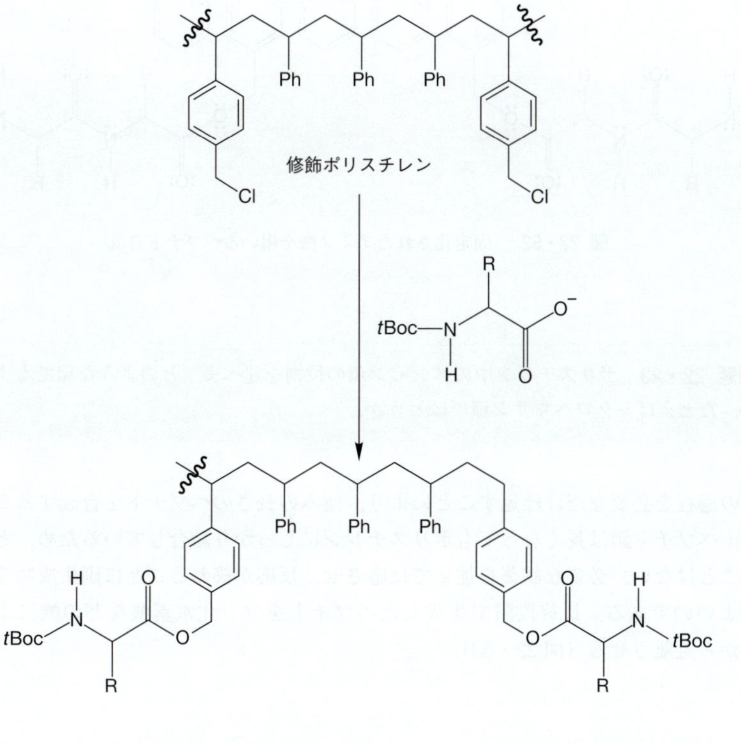

図 22・51 Friedel-Crafts 反応によってクロロメチル化されたポリスチレンの塩素原子は S_N2 反応でアミノ酸のカルボキシ末端と置換され，アミノ酸がポリマー鎖へ担持される．

し作業は，反応操作の自動化により解決された．R. Bruce Merrifield（1921〜2006）は，自動合成法によりペプチドを合成する手法を開発した．Merrifield（メリフィールド）法においては，*t*Boc 基で保護されたアミノ酸のカルボキシ末端を，フェニル基の一部がクロロメチル化されたポリスチレンと結合させる．このアミノ酸の結合はカルボン酸アニオンが S_N2 的に塩素原子と置換することにより生成する（図 22・51）．

つぎに *t*Boc 基を穏やかな酸処理によって除去し，そこへ新たな *t*Boc で保護したアミノ酸を DCC を用いて縮合させる．このように固定化されたアミノ酸上で合成が行われる（図 22・52）．

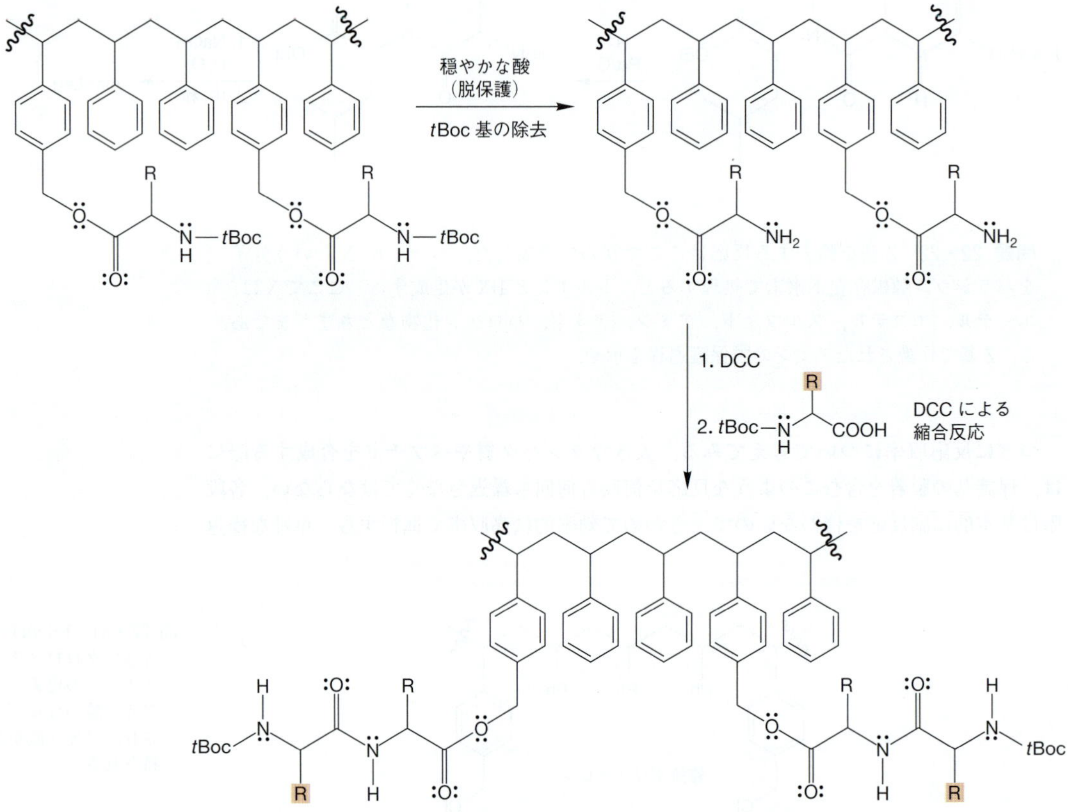

穏やかな酸
（脱保護）
*t*Boc 基の除去

1. DCC
2. *t*Boc—NH—CH(R)—COOH
DCC による
縮合反応

図 22・52　固定化されたアミノ酸を用いるペプチド合成

問題 22・23　ポリスチレン中のベンゼン環の役割を述べよ．どのような環でもよいのか．たとえばシクロヘキサン環ではどうか．

この過程を必要なだけ繰返すことにより，望みの長さのペプチドを合成することができる．ペプチド鎖は長くなってもポリスチレンにしっかり結合しているため，とれてしまうことはない．必要な試薬を加えて反応させ，反応が終わるごとに副生成物を洗い流せばよいのである．最終段階で生成したペプチドをフッ化水素酸などの酸によりポリマーから遊離させる（図 22・53）．

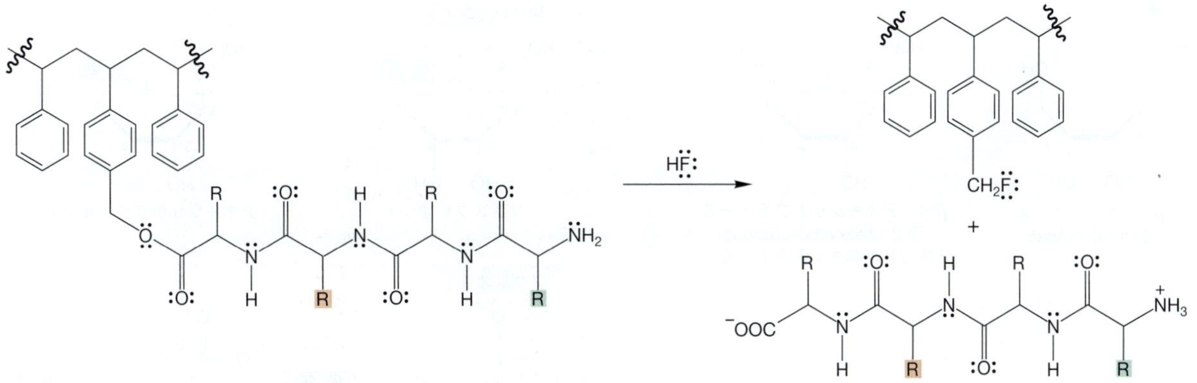

図 22・53 合成されたポリペプチドはフッ化水素酸によってポリマー骨格から取外される．

Merrifieldの試作した最初の合成装置を使用して，アミノ酸数125のペプチドが全収率17%で合成された．Merrifieldはペプチドの自動合成法の開発により，1984年のノーベル化学賞を受賞した．

まとめ

タンパク質は，一次構造，二次構造，三次構造，そして四次構造をもつ．一次構造は，酵素と有機試薬を組合わせて用いることにより，決定することができる．いくつかの解析手法についても紹介した．ペプチドを合成する際には，保護基および活性化剤の使用が必須である．アミノ基の保護には*t*Boc基あるいはZ基が，カルボキシ基の保護にはエチルエステルが，活性化にはDCCを使用するのが一般的である．

問題 22・24 ロイシンとアラニン，および本章に記載されている他の試薬を使って，ジペプチドLeu-Alaを合成する方法を考えてみよ．反応機構は示さなくてよい．

22・5 ヌクレオシド，ヌクレオチド，核酸

22・4 c節ではペプチドの人工的化学合成について述べた．自然界においてはペプチド合成はまったく異なる経路に沿って行われる*．ペプチド合成がどのように起こっているかを解明したことは，人類の歴史における最も偉大な業績の1つである．

タンパク質合成を理解するために，まず核酸の構成単位である**ヌクレオシド**(nucleoside)について学ぶ．ヌクレオシドは，糖と塩基(base)とよばれる複素環化合物がβ-グリコシド結合で結ばれたものである(p.1023)．リボヌクレオシドを構成する糖はリボースである．デオキシリボヌクレオシドではリボースがデオキシリボースに置き換わっている．5′位がリン酸化されたヌクレオシドのことを**ヌクレオチド**

* 人工か天然かという区別は，“このビタミンCは人工物ではなく，天然のものです”と表示してあるラベルのようなもので，少しおかしいかもしれない．Merrifield法は，これから紹介する生体内タンパク質合成に劣らず自然な方法であり，人工的というよりも人間の手でなされた方法といった方がよいだろう．

糖

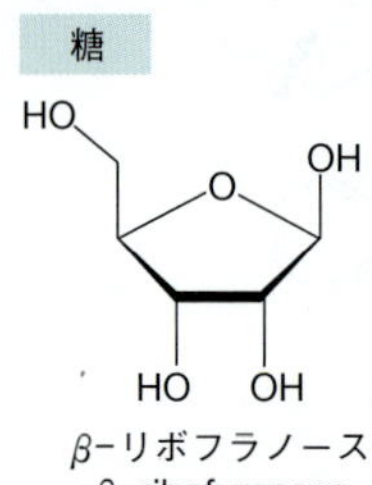

β-リボフラノース
β-ribofuranose

β-2-デオキシリボフラノース
β-2-deoxyribofuranose
（2 位にヒドロキシ基をもたない）

ヌクレオシド

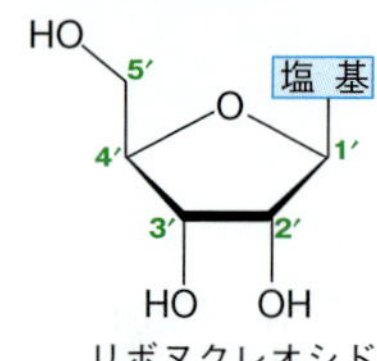

リボヌクレオシド

デオキシリボヌクレオシド

ヌクレオチド

図 22・54 リボースおよびデオキシリボースならびに対応するヌクレオシドおよびヌクレオチドの構造

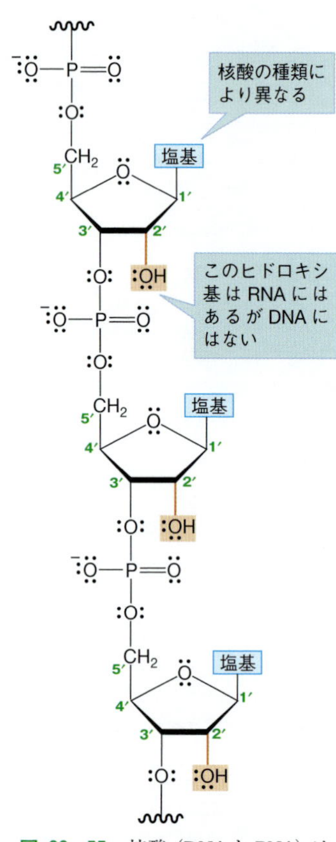

図 22・55 核酸（DNA と RNA）はヌクレオチドの重合体である．

（nucleotide）という（図 22・54）．複素環を構成する原子から先に番号をつけていくため，糖部分の番号にはたとえば 5′ のようにプライムをつける．

核酸（nucleic acid），すなわち**デオキシリボ核酸**（deoxyribonucleic acid，**DNA**）および**リボ核酸**（ribonucleic acid，**RNA**）は，ヌクレオチドの重合体である．DNA 中のデオキシリボースおよび RNA 中のリボースは，いずれも糖の 5′ 位と別の糖の 3′ 位がリン酸エステル結合を介してつながっている（図 22・55）．おのおのの糖の 1′ 位には複素環塩基が結合している．

この精巧な複製装置の特筆すべき点は，その機構がきわめて効率よく経済的なことである．DNA や RNA の C(1) に結合している塩基は，わずかに 5 種類である．そのなかの 3 種類（シトシン，アデニン，グアニン）は DNA と RNA に共通であり，他の 2 種類，すなわち DNA だけにあるチミンと RNA だけにあるウラシルの違いはメチル基 1 つの有無によるものである（図 22・56）．

これらの環状塩基は C，A，G，T，U と略記される．精密な情報の伝達は何か特別な仕組みで達成されなければならない．

核酸とこれまで学んできた他の高分子，たとえばタンパク質との間の対比に注目しよう．タンパク質の場合，おのおののユニットはアミド結合を介してつながっている．DNA や RNA では，リン酸エステルを形成して結合している．タンパク質の情報はアミノ酸残基（R）の多様性によるものであり，その立体的あるいは電子的な要請により高次構造すなわち二次構造，三次構造，四次構造が決定される．DNA や RNA において，タンパク質の R に相当するのが複素環塩基である．タンパク質の場合 R はわずか 20 種類であるが，塩基の種類はさらに少なく，たったの 5 種類である．それにもかかわらず，核酸にも高次構造が存在する．つぎに高次構造がどのように構築されるか見てみよう．

決定的な発見は，1950 年に Erwin Chargaff（1905〜2002）によりなされた．彼は多くの DNA の塩基の組成を調べた結果，アデニン（A）とチミン（T）の量がつねに等しいこと，またグアニン（G）とシトシン（C）の含量が等しいことを明らかにした．つまり 4 種類の塩基が対をなしていると考えられた．この事実から，**塩基対**（base pair）は水素結合によって結びついた構造をしており，A はつねに T と結合し，G はつねに C

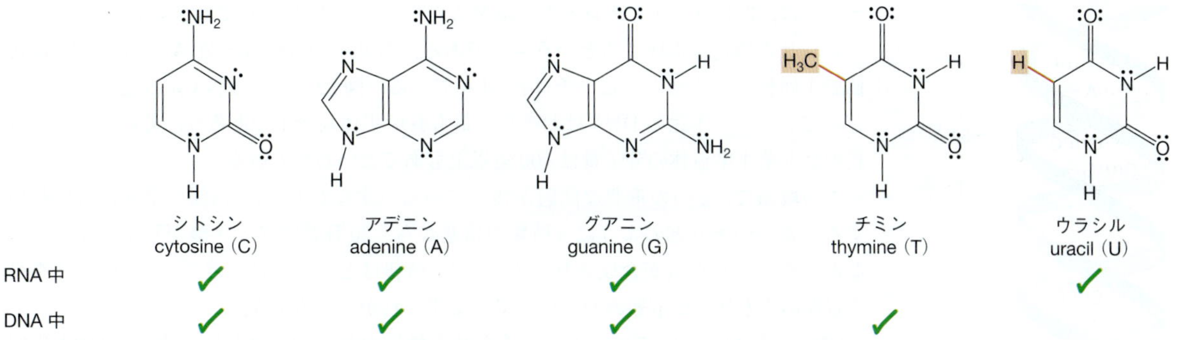

	シトシン cytosine (C)	アデニン adenine (A)	グアニン guanine (G)	チミン thymine (T)	ウラシル uracil (U)
RNA 中	✓	✓	✓		✓
DNA 中	✓	✓	✓	✓	

図 22・56　RNA と DNA を構成する 5 種類の塩基．このうち 3 種類は両方の核酸に共通である．

と結合するという考え方が生まれた．この組合わせは，分子がうまく適合して水素結合がきわめて容易に形成されることからきている（図 22・57）．

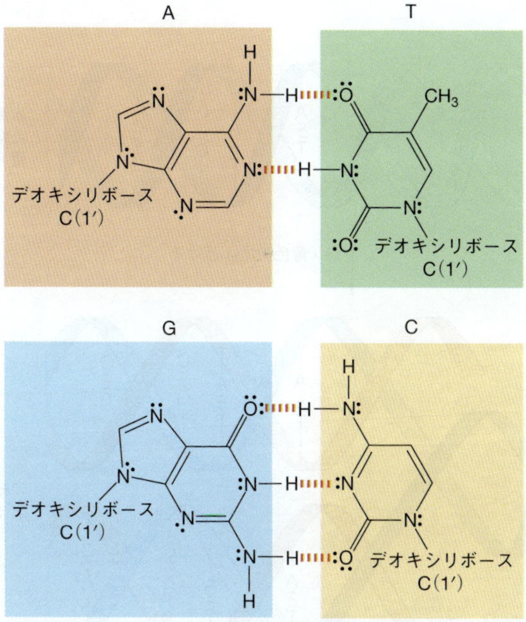

A　T　G　C
デオキシリボース C(1′)

図 22・57　アデニンとチミンそしてグアニンとシトシンは水素結合を介して塩基対を形成する．

塩基対の存在を考えることにより，DNA の一方の鎖がそれと相補的なもう 1 つの鎖の構造を決定する仕組みが理解できる．たとえば，CCATGCTA という塩基配列があったとすると，水素結合による塩基対が形成されるためには，相補的な配列は GGTACGAT とならざるをえない（図 22・58）．

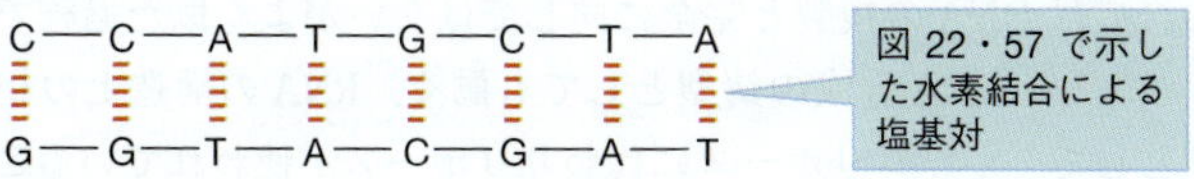

C—C—A—T—G—C—T—A
G—G—T—A—C—G—A—T
図 22・57 で示した水素結合による塩基対

図 22・58　一方のヌクレオチド配列が C–G および A–T の塩基対形成を通してもう 1 つのヌクレオチド配列を決定する．

この考え方は，Rosalind Franklin（1920～1958）と Maurice Wilkins（1916～2004）による X 線回折の研究により裏付けられ，あの有名な James D.Watson（1928 年生まれ）と Francis H.C. Crick（1916～2004）の DNA モデルの提唱へと発展した．この DNA モ

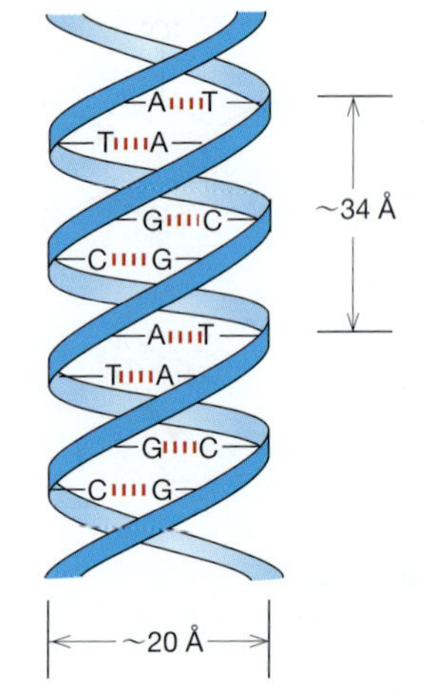

図 22・59 塩基対間の水素結合による DNA の二重らせん構造の形成

デルとは，2本のポリヌクレオチド鎖が A–T，G–C の塩基対間での水素結合によって，二重らせん構造を形成するというものである．らせんの直径は約 20 Å であり，残基 10 個で1回転するらせんのピッチは約 34 Å である（図 22・59）．DNA 鎖は遺伝をつかさどっている．一本鎖の DNA はおそらく最も長い生体高分子であろう．そのなかでも最長のヒト第1染色体の分子量は 400 億以上もあるといわれている．

この段階で，2つの重要な問題が残っている．すなわち，1）情報の濃縮は何に起因するのか．つまりどのように5種類の塩基から，20 種類のアミノ酸が特定の配列でつながったタンパク質が合成されるのか．2）情報はどのように伝達されるのか．2番目の疑問の方が比較的取組みやすいので，まずこれから始めよう．

DNA の複製においては，まず二重らせん構造が部分的にほどけ，新しい DNA 生成の鋳型となる2本のポリヌクレオチド鎖が現れる．新しい DNA 鎖の成長を決めるのは，ほぐれたおのおのの DNA 鎖の塩基配列である．すなわち，T に対して A が，G に対して C が対を形成しながら鎖が生成する．DNA の一本鎖は，それと対をなす鎖を正確に複製していく（図 22・60）．

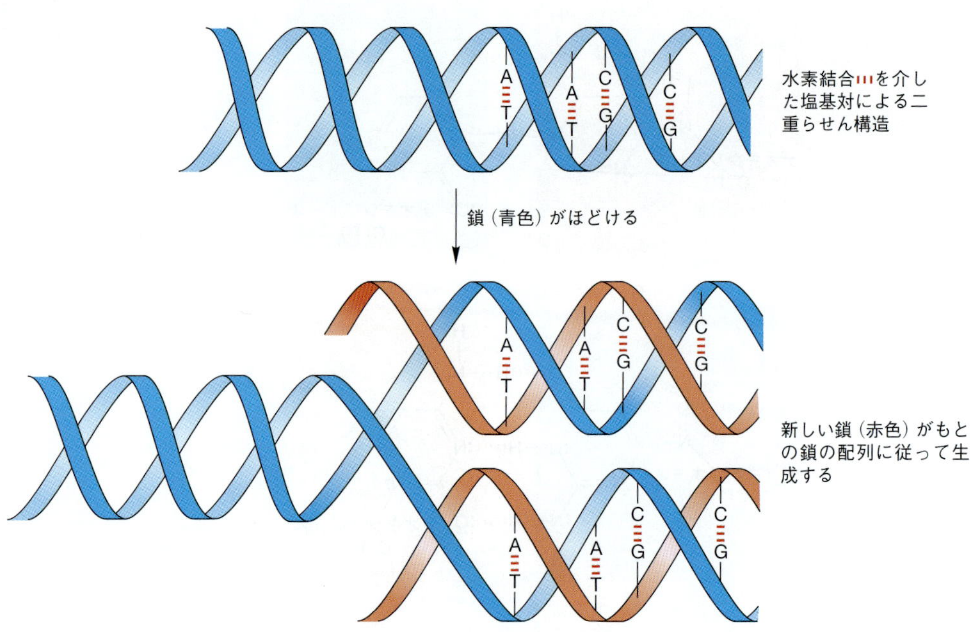

図 22・60 DNA の複製はらせんがほどけて一本鎖になることから始まる．A には必ず T が結合し，G には C が結合するので，一本鎖における塩基配列から新しくできる鎖における配列が決まる．

タンパク質の合成は DNA の複製と完全に同じではないがよく似た過程で始まる．すなわち DNA の一本鎖は RNA 合成の鋳型としても働く．RNA の構造上の相違点は，骨格を構成する糖としてデオキシリボースに代わりリボースが使われていることと，塩基の1つチミンがウラシルに置き換わっていることである．このようにして合成される RNA は，**メッセンジャー RNA**（messenger RNA，mRNA）とよばれる（図 22・61）．

mRNA 分子は，以下に述べるようなきわめて単純な方法で，タンパク質合成に関与する．20 種類のアミノ酸は，それぞれ**コドン**（codon）とよばれる3塩基の並びに対応

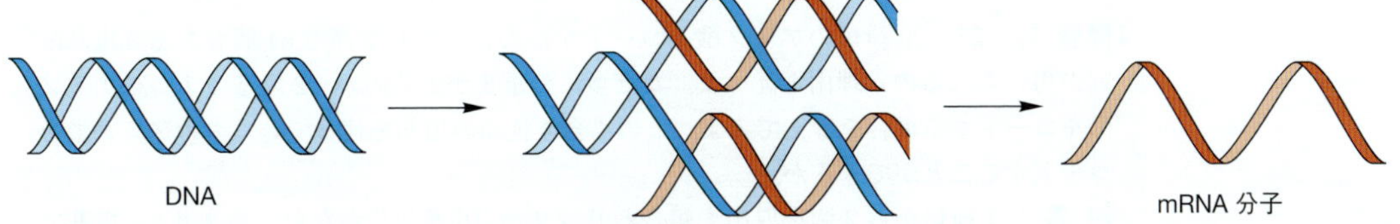

図 22・61 mRNA（メッセンジャーRNA）の合成

して合成される．4 種類の RNA 塩基からいくつの組合わせが可能であろうか．その答は $4^3 = 64$ であり，これは 20 種類のアミノ酸をコードするのに十分な数である．事実，いくつかのアミノ酸は複数のコドンにより重複コードされている．さらにタンパク質合成を開始するコドンと終止させるコドンが存在する．20 種類のアミノ酸に対応するコドンと頻繁に使用されるコドンを，表 22・2 に示した．

この過程を例をあげてたどってみよう．今，TACCGAAGCACGATT という塩基配列をもつ DNA があるとしよう．すると mRNA の配列は，AUGGCUUCGUGCUAA となる（RNA では T ではなく U となる点に注意）．表 22・2 よりこの塩基配列をつぎのように読み取ることができる．すなわち，最初のコドンは AUG であり，これは開始コドンである（まずコドンの最初の文字を左側のカラムから選び，2 番目の文字を中央のカラムから選択し，3 番目の文字を右側のカラムから選ぶ）．mRNA の 2 つ目のコドンは GCU であり，これはアラニンに対応する．さらに次のコドンは，UCG であり，これはセリンに対応している．同様にして，UGC はシステインに，UAA は終止コドンであることがわかる．すなわちこの断片は“開始-Ala-Ser-Cys-終止”という情報へ翻訳される．

表 22・2 遺伝暗号表

第一塩基(5′)	第二塩基				第三塩基(3′)
	U	C	A	G	
U	Phe	Ser	Tyr	Cys	U
	Phe	Ser	Tyr	Cys	C
	Leu	Ser	終止	終止	A
	Leu	Ser	終止	Trp	G
C	Leu	Pro	His	Arg	U
	Leu	Pro	His	Arg	C
	Leu	Pro	Gln	Arg	A
	Leu	Pro	Gln	Arg	G
A	Ile	Thr	Asn	Ser	U
	Ile	Thr	Asn	Ser	C
	Ile	Thr	Lys	Arg	A
	Met†	Thr	Lys	Arg	G
G	Val	Ala	Asp	Gly	U
	Val	Ala	Asp	Gly	C
	Val	Ala	Glu	Gly	A
	Val	Ala	Glu	Gly	G

† AUG は，タンパク質合成開始のコドンであると同時に，中間のメチオニンに対するコドンでもある．

問題 22・25 20種類のアミノ酸をコードするのに，なぜ全部で64個もある3塩基配列が用いられるのか理由を述べよ．なぜ多くの重複があるのか．2塩基で1つのアミノ酸をコードする場合を考えてみよ．この場合4種類の塩基を使っていくつのアミノ酸をコードすることができるか．

解 答 4種類から2個を取出す組合わせは $2^4 = 16$ 通りしかない．つまり，2塩基で1つのアミノ酸をコードした場合は，16種類のアミノ酸しかコードできない．これでは20種類のアミノ酸をコードするには不十分である．3塩基によるコドンは，20種類のアミノ酸をコードする最も経済的な方法なのである．

つぎの問題はどのようにmRNAがタンパク質合成を行うかである．ここでは，**転移RNA**（transfer RNA，tRNA）とよばれる別のRNAが関与する．tRNAは比較的小さな分子である．tRNAは，アミノアシルtRNA合成酵素とよばれる酵素に作用して，ある特定のアミノ酸をmRNAに運ぶ役目をする．mRNAに運ばれたアミノ酸はコドンに従って順番に縮合していき，タンパク質が合成される．図22・62に，tRNA分子の結晶構造を示した．

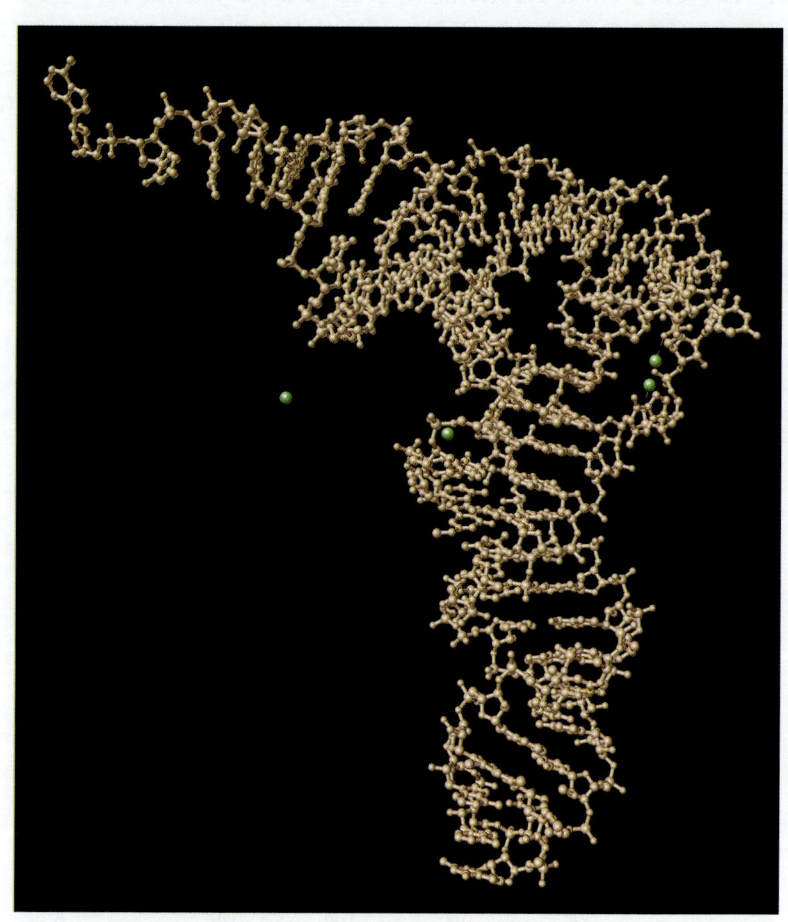

図 22・62 tRNA（転移RNA）の構造

22・6 ま と め

■新しい考え方■

この章での最も重要な考え方は，α-アミノ酸が集まって長い重合体の鎖をつくることによって，高次構造が形成されるということである．このようなペプチドあるいはタンパク質には，規則性をもつ領域が存在する（二次構造）．それは多くの場合αヘリックス構造かβ構造である．これらの領域はランダムコイルとよばれる不規則な領域によってつながっている．さらにジスルフィド結合，静電的引力，ファンデルワールス力，水素結合によって，そのタンパク質特有の形が形成される（三次構造）．二次構造および三次構造はタンパク質を変性させると破壊されるが，それが回復する場合もある．分子間力によりいくつかのタンパク質分子が集まり，超分子を形成する（四次構造）．

これらの高次構造はアミノ酸残基Rの影響を受ける．すなわち，Rの立体的あるいは電子的な効果によってタンパク質分子の二次，三次，四次構造が決まる．

このような高次構造の解析や合成には新しい手法が必要である．たとえば，ペプチドやタンパク質のアミノ酸配列を決定するには，X線回折のような物理的手段や末端アミノ酸の化学的決定法，そして全配列を決定する技術が必要となる．

もう1つの生体高分子である核酸は，ヌクレオチドの重合体である．ヌクレオチドは複素環塩基をもつ糖がリン酸結合を介して集合したものである．核酸も高次構造を有する．最も有名なのはDNAの二重らせん構造である．核酸は遺伝情報をコードする重要な働きをする．DNAは二重らせんをほどいて自分自身を複製するばかりでなく，RNAを仲介役としてタンパク質合成の指令塔となる．核酸の情報はペプチドのように置換基の多様性に依存するのではなく，むしろ数少ない塩基の組合わせによりもたらされる．塩基間の水素結合によって正確な複製反応が起こり，コドンとよばれる3塩基の並びによって，アミノ酸から正確にタンパク質分子が合成される．

■重 要 語 句■

α-アミノ酸　α-amino acid（p.1076）
アミノ末端　amino terminus（p.1090）
αヘリックス　α-helix（p.1091）
イオン交換クロマトグラフィー　ion exchange chromatography（p.1095）
一次構造　primary structure（p.1090）
Edman 分解　Edman degradation（p.1098）
塩基対　base pair（p.1110）
核 酸　nucleic acid（p.1110）
Gabriel 合成　Gabriel synthesis（p.1083）
カルボキシ末端　carboxy terminus（p.1090）
キモトリプシン　chymotrypsin（p.1100）
結合部位　binding site（p.1093）
ゲル沪過クロマトグラフィー　gel-filtration chromatography（p.1095）
コドン　codon（p.1112）
Sanger 分解　Sanger degradation（p.1096）
三次構造　tertiary structure（p.1092）
ジシクロヘキシルカルボジイミド　dicyclohexylcarbodiimide，DCC（p.1105）
ジスルフィド架橋　disulfide bridge（p.1091）
臭化シアン　cyanogen bromide, BrCN（p.1100）
Strecker 合成　Strecker synthesis（p.1085）
双性イオン　zwitterion（p.1080）
側 鎖　side chain（p.1078）
速度論的分割　kinetic resolution（p.1087）
タンパク質　protein（p.1078）
チオ尿素　thiourea（p.1098）
デオキシリボ核酸　deoxyribonucleic acid，DNA（p.1110）
転移 RNA　transfer RNA, tRNA（p.1114）
電気泳動　electrophoresis（p.1082）
等電点　isoelectric point（p.1081）
トリプシン　trypsin（p.1100）
二次構造　secondary structure（p.1091）
ニンヒドリン　ninhydrin（p.1088）
ヌクレオシド　nucleoside（p.1109）
ヌクレオチド　nucleotide（p.1109）
必須アミノ酸　essential amino acid（p.1078）
フェニルイソチオシアナート　phenyl isothiocyanate（p.1098）
t-ブトキシカルボニル基　*t*-butoxycarbonyl group，*t*Boc group（p.1104）
β構造　β-structure（p.1091）
ペプチド　peptide（p.1078）
ペプチド結合　peptide bond（p.1078）
ヘモグロビン　hemoglobin（p.1094）
ベンジルオキシカルボニル基　benzyloxycarbonyl group，Z group（p.1104）
変 性　denaturing（p.1093）
ポリペプチド　polypeptide（p.1078）
メッセンジャー RNA　messenger RNA，mRNA（p.1112）
四次構造　quaternary structure（p.1094）
ランダムコイル　random coil（p.1091）
リボ核酸　ribonucleic acid，RNA（p.1110）

反応・機構・解析法

アミノ酸の重合体の配列を決定する反応には，いくつかの末端分析法が含まれている．タンパク質のカルボキシ末端のアミノ酸を選択的に加水分解する酵素（それ自身タンパク質である）が存在する．アミノ末端はSanger法により決定できる．

全配列を決定するには基本的にEdman分解が用いられる．Edman分解とは，フェニルイソチオシアナートを用いてアミノ末端のアミノ酸を切断してそれをフェニルチオヒダントインとして標識する方法である．

タンパク質を特定の位置で切断してEdman分解用のペプチド断片を調製するために，種々の酵素やブロモシアンなどの反応試薬が用いられる．

ポリペプチドの合成はアミド結合生成反応の繰返しである．DCCによる脱水縮合反応は大変有用な方法である．縮合を効率よく行うためには，反応部位以外の末端を保護しておくと同時に，反応部位を活性化するか少なくとも反応可能な状態にする必要がある．保護基と活性化基を適切な部位に導入し，反応後に除去することが必要である．

アミノ酸の合成も重要である．通常のアミンの場合と同様に，S_N2型のアルキル化反応を用いることはできない．最良の方法はGabriel合成法とStrecker合成法である．

天然のアミノ酸はグリシンを除き光学活性体であり，L系列である．ジアステレオマーへの変換およびその分別結晶という古典的な手法によって，分割することができる．また酵素を用いる速度論的分割法も大変有用である．これは酵素が天然由来の*S*鏡像異性体のみと反応し，*R*体とは反応しないことを利用している

合　成

1. アミノ酸

1. NH_3　2. 中和

α-ブロモ酸によるアンモニアのアルキル化；過剰アルキル化が起こる

1. （フタルイミドアニオン）　2. R—X, 塩基　3. $H_3O^+/H_2O/\Delta$

Gabriel 合成．R－X は S_N2 活性でなければならない

R—CHO　1. KCN/NH_3　2. H_2O/H_3O^+

Strecker 合成

2. ジスルフィド結合による橋かけ

空気(酸素)

システインの SH 基の酸化によるジスルフィド結合の生成

3. 光学活性アミノ酸

R と *S* の
ラセミ混合物

1. 光学活性アルカロイド
2. ジアステレオマーの分離
3. アミノ酸の再生

R + *S*

古典的な分割

HOOC, OH
グルタミン酸デヒドロゲナーゼ
NH_3, NADH
$^+NH_3$, HOOC, COO^-, *S*

酵素を用いる還元的アミノ化による *S* 鏡像異性体の合成

R,S

1. $Ac_2O/HOAc$
2. アミノアシラーゼ

S + NHAc, OH, *R*

速度論的分割による(*S*)-アミノ酸の合成；アシル化された
(*R*)-アミノ酸の生成を伴う

4. アミノ酸の保護

$H_3\overset{+}{N}$, O^-, R
$(CH_3)_3CO$, O, $OC(CH_3)_3$
$(CH_3)_3CO$, H N, OH, R

*t*Boc-アミノ酸

$H_3\overset{+}{N}$, O^-, R
$PhCH_2O$, Cl
$PhCH_2O$, H N, OH, R

Z-アミノ酸

P, H N, OH, R + H_2N, OR, R
1. DCC
2. 脱保護
$H_3\overset{+}{N}$, N H, COO^-, R, R

DCC による縮合；反応後除去可能な保護基を用いる点に注意

P = *t*Boc または Z

5. チオヒダントイン

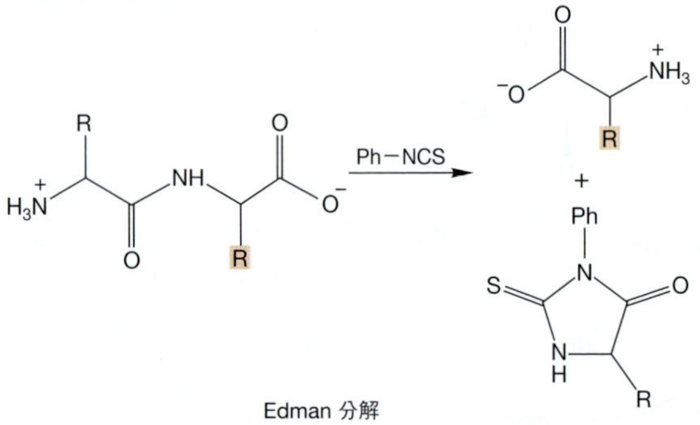

Edman 分解

6. チオ尿素

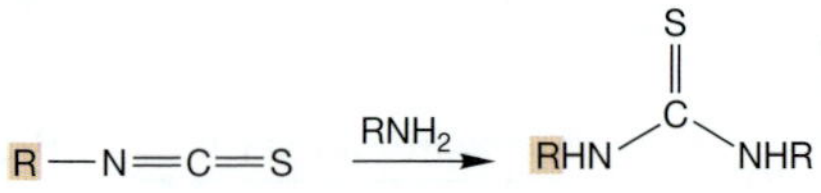

イソチオシアナートへのアミンの付加

7. 尿 素

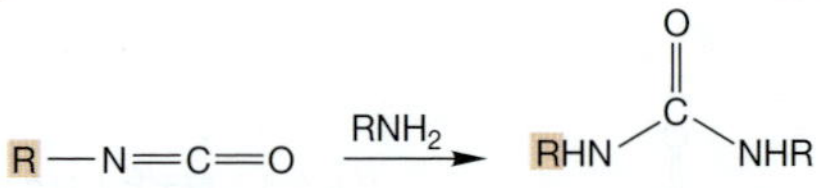

イソシアナートへのアミンの付加

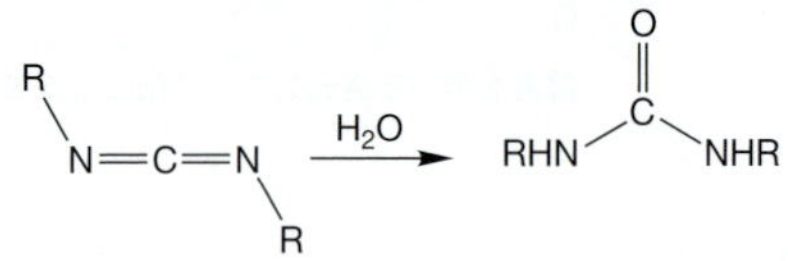

カルボジイミドの水和

22・7 追加問題

問題 22・26 (a) アミドは窒素原子よりも酸素原子が優先的にプロトン化される．この理由を述べよ．

(b) アミド（pK_b ∼14）はアミン（pK_b ∼5）よりも弱い塩基である．その理由を述べよ．

問題 22・27 つぎのトリペプチドの構造を書き命名せよ．

(a) Ala-Ser-Cys-Arg (b) Met-Phe-Pro

(c) Val-Asp-His (d) W·I·L·L

(e) R·A·K

問題 22・28 つぎのジペプチドを命名せよ．

(a)

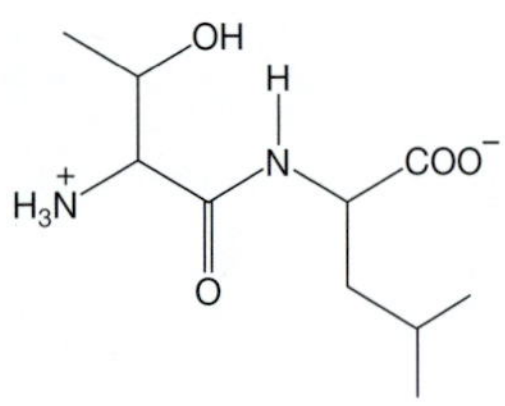

(b)

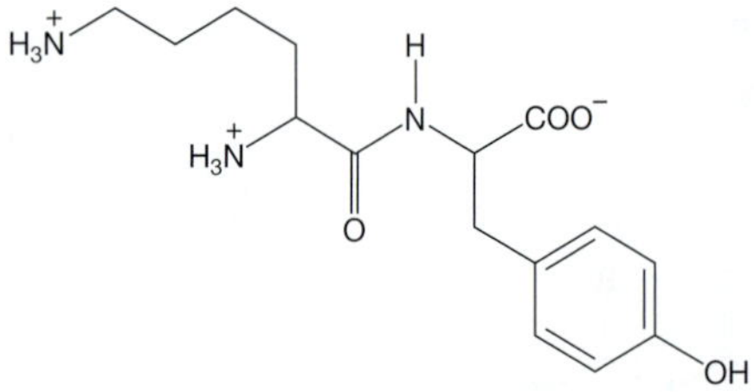

問題 22・29 (*S*)-セリンおよび (*S*)-プロリンを実線と破線のくさびを用いて立体的に描け．

問題 22・30 L-ロイシンおよびL-プロリンの Fischer 投影式を書け．プロリンとイソロイシンにはキラル炭素が何個あるか．

問題 22・31 pH 3 および pH 12 におけるヒスチジン，アルギニン，フェニルアラニンの構造を書け．

問題 22・32 アスパラギン酸およびリシンは pH 7 ではどちらの電極（アノードあるいはカソード）に向かって移動するか．表 22・1 の等電点を参考にせよ．

問題 22・33 表 22・1 に記載されているアミノ酸は，グリシンを除いて，すべて L の立体配置を有する．19 個の L 配置をもつアミノ酸のうち，18 個は (*S*)-アミノ酸である．どのアミノ酸が *R* 配置となるのか．またその理由を述べよ．

問題 22・34 22・3 c 節において，表 22・1 に記載されているプロリン以外のアミノ酸をニンヒドリン処理すると紫色を呈することを述べた．一方，プロリンをニンヒドリン処理すると **1** の構造をもつと考えられる黄色化合物が生成する．この反応の機構を推察せよ．

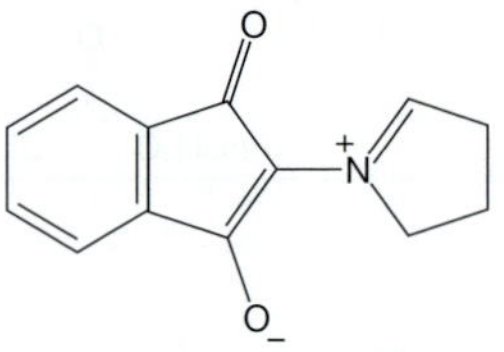

1

問題 22・35 (a) 構造未知のペプチドに Sanger 試薬（2,4-ジニトロフルオロベンゼン）を作用させ，ひき続き酸性加水分解した．生成物の ^{1}H NMR は 8 個の芳香族水素を示した．このペプチドの構造について何がいえるか．

(b) 同様に，あるペプチドを処理し生成物の ^{1}H NMR を測定したところ，δ3.5 ppm に 8 本線が検出された．このペプチドの構造について何がいえるか．

問題 22・36 構造未知のトリペプチドがある．これを酸性加水分解するとアラニン，システイン，およびメチオニンが生成する．またこのトリペプチドにフェニルイソチオシアナートを作用させ，ひき続き酸で処理したところ，フェニルチオヒダントインが生成した．その ^{1}H NMR は δ2 ppm 付近に水素 3 個分の二重線が見られるだけであった．また，このトリペプチドは臭化シアンで開裂されなかった．このトリペプチドの構造を推測せよ．

問題 22・37 あるドデカペプチドを酸性加水分解したところ，つぎのようなアミノ酸組成であった．2Arg, Asp, Cys, His, 2Leu, Lys, 2Phe, 2Val. Edman 法により生成するフェニルチオヒダントインの ^{1}H NMR は，δ4.0 ppm 付近に水素 3 個分の二重線が 2 つと水素 1 個分の多重線を与えた．このペプチドにトリプシンを作用させると，Val–His–Phe–Leu–Arg, Asp–Cys–Leu–Phe–Lys, および Val–Arg を与えた．また，キモトリプシンを作用させると，Val–His–Phe, Leu–Arg–Asp–Cys–Leu–Phe および Lys–Val–Arg を与えた．このペプチドの構造を推察せよ．

問題 22・38 22・4 節において，*t*Boc 基がペプチド合成の際にアミノ基のよい保護基となることを述べた．この保護基はアミノ酸を二炭酸ジ-*t*-ブチル（**1**）で処理することにより導入できる．アミド結合をつくった後，*t*Boc 基は穏やかな条件下，酸処理により除去される．この 2 つの反応を以下に示した．反応機構を書け．ヒント：分解生成物の 1 つは 2-メチルプロペンである．

(a)
R
$H_3\overset{+}{N}$ COO⁻ ＋ O O $(H_3C)_3CO$ C O C $OC(CH_3)_3$
1
1. NaOH, $(CH_3)_3COH/H_2O$
2. 中 和
O R
$(H_3C)_3CO$ N H COOH

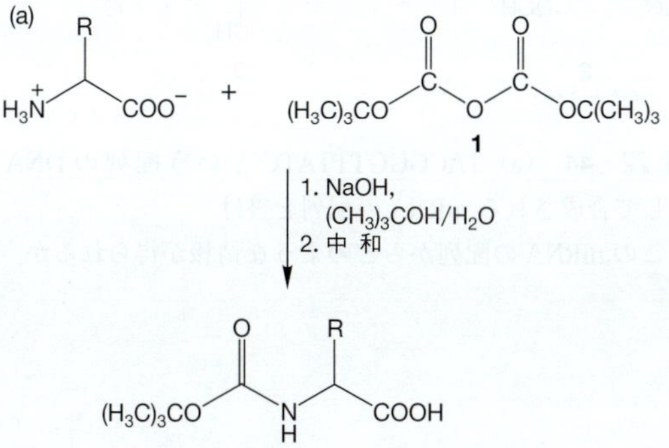

(b)
O R
$(H_3C)_3CO$ N H NH— ペプチド
O
1. CF_3COOH
2. $(CH_3CH_2)_3N$
R
H_2N NH— ペプチド ＋ CO_2 ＋ $(CH_3)_2C{=}CH_2$
O

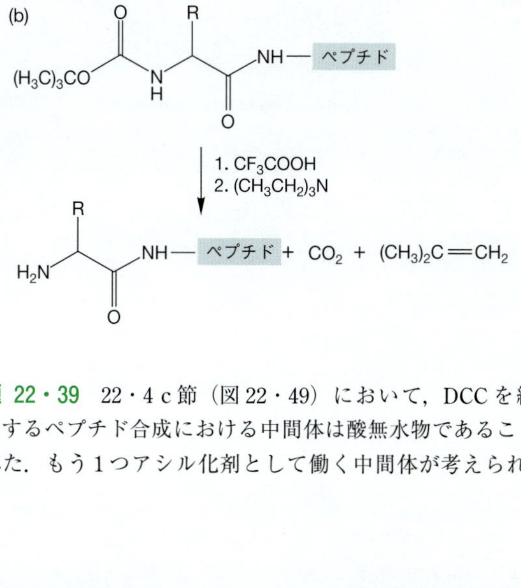

問題 22・39 22・4 c 節（図 22・49）において，DCC を縮合剤とするペプチド合成における中間体は酸無水物であることを述べた．もう 1 つアシル化剤として働く中間体が考えられる．それはどのようなものか．また，どのようにアシル化剤として振舞うのか．ヒント：この中間体は図 22・49 の中に登場している．

問題 22・40 *N*-フェニルアラニン（**1**）に亜硝酸を作用させると，*N*-ニトロソアミノ酸（**2**）が生成する．さらに無水酢酸で処理すると，シドノン（sydnone）**3** が得られる．シドノンは，電荷が分離した Lewis 構造式を用いないと正しく表現できない，いわゆるメソイオン化合物（mesoionic compound）である．シドノンという名前は 1935 年に最初の化合物が合成されたシドニー大学に由来している．**3** をアセチレンジカルボン酸ジメチル（DMAD）と反応させると，ピラゾール **4** が生成する．**2**，**3**，および **4** の生成機構を書け．ヒント：**4** の生成については，**3** に対して別の Lewis 構造式を考えるとよい．

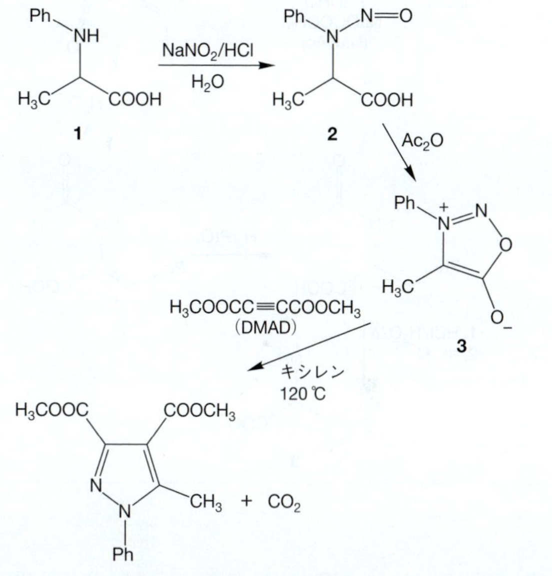

Ph NH
H_3C COOH
1
$NaNO_2/HCl$
H_2O
Ph N N=O
H_3C COOH
2
Ac_2O
Ph $\overset{+}{N}$ N
O
H_3C
O⁻
3
$H_3COOCC{\equiv}CCOOCH_3$
(DMAD)
キシレン
120 ℃
H_3COOC $COOCH_3$
N
N CH_3 ＋ CO_2
Ph
4

問題 22・41 問題 22・12 でグリシンのアシル化反応機構を扱った．しかし，答に示した機構は少なくとも過剰の無水酢酸の存在下では不完全である．第 2 段階における水の役割は何か．この反応には中間体として 2-オキサゾリン-5-オン（**1**；いわゆるアズラクトン，azlactone）が関与する．アズラクトン **1** の生成機構ならびに *N*-アセチルグリシンへの加水分解の機構を書け．

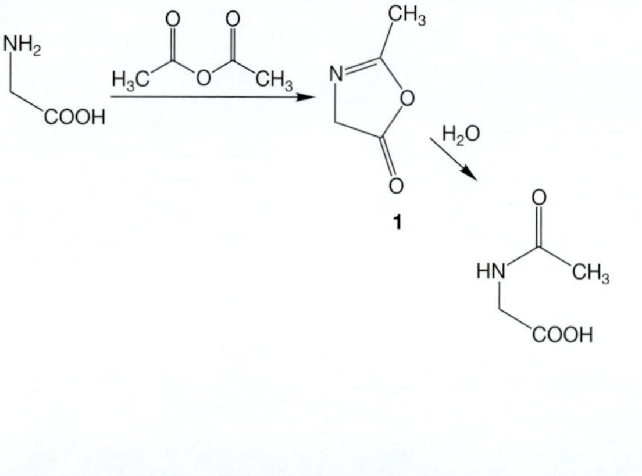

NH_2
COOH
O O
H_3C O CH_3
CH_3
N
O
O
1
H_2O
O
HN CH_3
COOH

問題 22・42 問題22・41において過剰の無水酢酸存在下では，グリシンのアセチル化反応の中間体としてアズラクトン**1**が生成することを述べた．アズラクトンの生成は，古典的なアミノ酸合成における最も重要なポイントである．たとえばグリシン（あるいは*N*–アセチルグリシン）をベンズアルデヒドと酢酸ナトリウム存在下無水酢酸で処理すると，ベンジリデンアズラクトン**2**が生成する．このアズラクトン**2**は以下に示した経路によりラセミ体のフェニルアラニン（**3**）へと変換される．**2**の生成機構を書け．ヒント：ここでもアズラクトン**1**が中間体である．

H_3C–CO–O–CO–CH_3, PhCHO, $NaOCOCH_3$ (NaOAc)

2

H_2O, Δ

H_2/PtO_2

1. $HCl/H_2O/\Delta$
2. 中 和

3

問題 22・43 光学活性な*N*–メチル–L–アラニン（**1**）を過剰の無水酢酸と加熱し，ひき続き水で処理するとラセミ体の*N*–アセチル–*N*–メチルアラニン（**2**）が得られる．アセチル化をアセチレンジカルボン酸ジメチル（DMAD）の存在下で行うと，ピロール**3**がよい収率で単離される．**2**のラセミ化を説明せよ．また，**3**の生成機構を書け．ヒント：これら2つの反応に共通の反応中間体を考えよ．問題 22・40も参考にせよ．

1
光学活性

1. H_3C–CO–O–CO–CH_3, Δ
2. H_2O

H_3C–CO–O–CO–CH_3
$H_3COOCC{\equiv}CCOOCH_3$
(DMAD)
Δ

2
（ラセミ体）

3

問題 22・44 (a) TACGGGTTTATCという配列のDNAを鋳型として合成されるmRNAの配列を書け．
(b) このmRNAの配列からどのような情報が得られるか．

遷移状態における芳香族性：軌道の対称性

23

The fascination of what's difficult
Has dried the sap of my veins, and rent
Spontaneous joy and natural content
Out of my heart.

——— William Butler Yeats*1, "The fascination of what's difficult"

23・1　はじめに

13〜15 章において，2p 軌道同士が側面で重なって生じる共役構造の重要性を学び，芳香族化合物がもつ大きな安定性は，低エネルギーの結合性分子軌道を占める電子配置に由来することがわかった．また，遷移状態も非局在化によって安定化される．芳香族性などの基底状態を安定化する効果は，当然遷移状態の安定にも寄与する．

本章では，どのように反応が進行するのか，化学者が長年理解できずに頭を悩ませてきた問題を取上げる．ここまで諸君は，まず反応中間体が生じた後，生成物を与えると同時に触媒種が再生されるというような，酸触媒反応や塩基触媒反応について学んできた．酸触媒によるアルケンへの付加反応はその古典的な例であり，他にも同様な触媒反応をすでに学んでいる．一方，触媒の有無にはまったく関係しない反応も存在する．この反応は，溶液中はもとより，気相中でも良好に進む．それでは，こういう反応をどう利用したらよいだろうか．また，反応機構はどのように説明できるだろうか．これまでは反応中間体の構造を推定し，それをもとに遷移状態を予測してきた．しかし，触媒作用を受けることなく，出発物からただ 1 つの遷移状態を経て生成物へ変化するような反応（**協奏反応** concerted reaction とよぶ）では，反応機構を解き明かすのに必要な情報がほとんどない．むしろ"反応機構"という言葉自身が当てはまらないのかもしれない．実際にこういう反応は"無機構"反応（no-mechanism reaction）とよばれてきた．また，出発物が転位して再び出発物に戻る反応（**縮重反応** degenerate reaction とよぶ*2）は，"無機構−無変化"反応（no-mechanism no-reaction reaction）とよべるだろう．図 23・1 に典型的な"無機構−無変化"反応の例を示す．

1965 年ハーバード大学の R. B. Woodward（1917〜1979）と Roald Hoffmann（1937 年生まれ）は，"無機構"反応の反応機構を提案し，**ペリ環状反応**（pericyclic reaction：環状遷移状態を経る協奏反応の意）と名づけて，これに属する反応に関する一連の論文を発表し始めた．"協奏的なペリ環状反応では，反応を通して軌道間で結合性相互作用が維持される"という彼らが主張したこの重要な **Woodward（ウッドワード）−Hoffmann（ホフマン）則**（Woodward−Hoffmann theory）は，今ではあまりに当たり前の考え方となっているので，読者はこのような考え方が多くの化学者に理解されるまでに，なぜ長年を要したのか不思議に思うかもしれない．1 ついえることは，単純なことは頭脳明晰な人にでさえ，なかなか見え

*1　William Butler Yeats（1865〜1939）はアイルランドの詩人．1923 年ノーベル文学賞受賞．

*2（訳注）　この言葉は英語では広く用いられているが，日本語では一般的ではない．

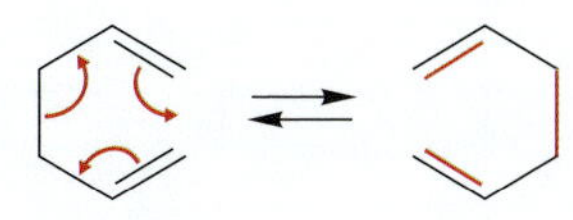

図 23・1　"無機構−無変化"反応は，エネルギー障壁や遷移状態は 1 つで，出発物と生成物がまったく同一である．

にくいということである．多くの研究者が“Woodward–Hoffmann 則”のごく近くまではきていたが，最後の“あっ，そうだ”というところへは到達できなかった．化学の未解決な問題点をいろいろ知っていた優れた実験化学者の Woodward と，理論的知識の豊富な若き理論化学者の Hoffmann が，それぞれの知識を重ね合わせることにより，初めてこの理論を完成しえた．この理論の発見とその後の発展により，1981 年，Hoffmann にノーベル化学賞が授与された〔フロンティア軌道論を提唱した京都大学の福井謙一（1918～1998）と共同受賞〕．このとき Woodward が存命であったなら，彼にとって 2 つ目のノーベル化学賞となったに違いない．

当初，化学者の間での Woodward–Hoffmann 則の評価は，熱烈な賞賛から，取るに足らぬわかりきった理論との厳しい声までさまざまであった．賞賛を集めたのは当然のことであり，手厳しい声は偉大な理論の発見への嫉妬からきたのであろう．Woodward–Hoffmann 則の優れた点は，長いこと未解決であった困難な問題に答を与えただけでなく，有機化学をはじめさまざまな分野にわたって，化学現象を大胆に予言できるようにしたことにある．既知の現象を単に合理的に説明するだけの理論と，さらに新しい実験結果による裏付けを必要とする理論をはっきり区別すべきである．Woodward–Hoffmann 則の是非をめぐって多くの実験がなされた．もちろんすべての実験が直截（ちょくせつ）的なものであったわけではないし，その解釈がすべて妥当であったわけでもない．Woodward と Hoffmann によって提出された初期の論文の最大の功績は，現代の科学を特徴づけている実験と理論の融合にあるといえる．

本章では，開環や閉環反応が起こる**電子環状反応**（electrocyclic reaction），2 つの分子が結合して環状化合物を生成する**付加環化反応**（cycloaddition reaction），および分子の一部分が別の特定部分へ移動する**シグマトロピー転位**（sigmatropic shift）について学ぶ．これらの反応の特徴は，原子がある特定方向に結合をつくったり，ある特定の位置間を移動するという，特異性にある．化学者はこの“立体特異的（stereospecific）”反応の機構を長い間理解することができなかったが，Woodward–Hoffmann 則やその関連則の登場で，最後には驚くほど簡単な考え方で説明できるようになった．本章ではこのすばらしい化学について説明しよう．

不可欠なスキルと要注意事項

1. “無機構反応”を理解するには，どんな協奏反応（ただ 1 つの遷移状態を経由する反応）においても，軌道同士の結合的な重なりを保つことだけを考えればよい．それ以外は些細なことばかりである．
2. 開環–閉環反応（専門用語でいえば，電子環状反応）では，開環状態の分子の最高被占軌道（HOMO，p.129）に着目して考えると理解しやすい．閉環反応は，結合性の相互作用を生じる場合にのみ許される．
3. 付加環化反応では，一方の反応分子の HOMO と，他方の分子の最低空軌道（LUMO）（p.129）間の相互作用を考えればよい．分子間に 2 つの結合性の相互作用を生じる反応のみが許される．それ以外の反応は起こらない．
4. シグマトロピー転位反応とは，分子中の一部分が切れて，同じ分子の別の位置に再結合する反応のことである．その遷移状態は，原子（あるいは原子団）がポリエンラジカル構造を飛び越して移動する形として描かれる．この反応でも，ポリエンラジカルの HOMO の軌道の対称性に着目する．結合を形成する部分に結合性相互作用を生じる反応が許される．

23・2 協奏反応

Woodward と Hoffmann は**協奏反応**（concerted reaction）を洞察した．p.348 で見たように，出発物がただ1つの遷移状態を経て生成物に至る反応を協奏反応とよぶので，協奏反応は“単一障壁（single barrier）”の反応過程となる．すでに学んだ S_N2 反応と Diels-Alder 反応は，協奏反応の典型例である（図 23・2）．

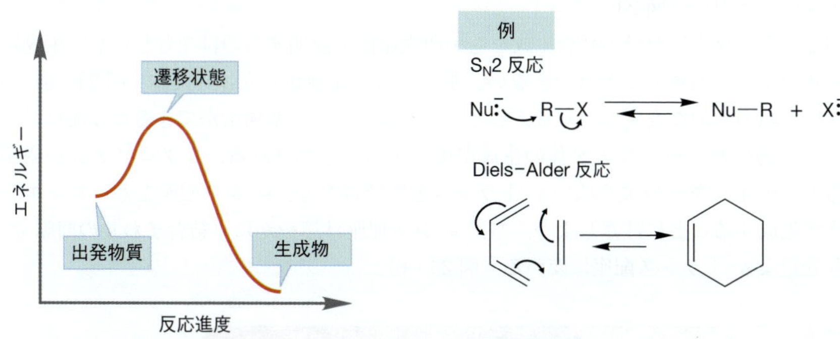

図 23・2　S_N2 反応や Diels-Alder 反応は協奏反応である．

一方，反応中間体が存在し複数の遷移状態を経て生成物を与える反応は，非協奏反応（nonconcerted reaction）あるいは逐次反応（stepwise reaction）とよばれる．S_N1 反応やアルケンへの HBr の付加反応がその例であり，2つの反応ともカルボカチオン中間体を経て進む（図 23・3）．

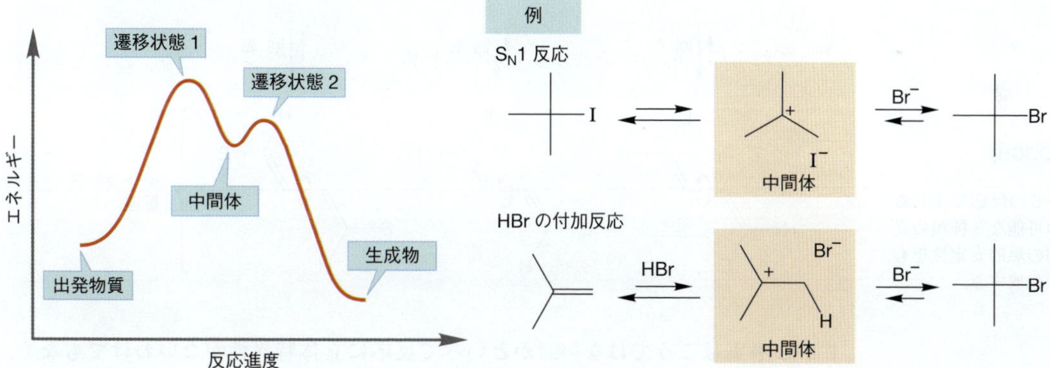

図 23・3　S_N1 反応や HBr のアルケンへの付加反応は，非協奏反応である．

非協奏反応を“単一障壁”の協奏反応が連続したものとみなすと，それぞれの協奏反応を，その前後にどんな反応が起ころうとも，それらと無関係に解析することができる（図 23・4）．

Woodward と Hoffmann は，なぜある反応は協奏的に進み，また別の反応はそうでないのかを説明する理論をうち立てた．それは，反応の進行に伴って分子軌道のローブ間で結合性相互作用をもち続けられる反応経路があるかないかにより，反応形式が決まるという考え方であり，軌道の対称性と遷移状態の芳香族性を用いて解析を行う．以下の節では，Woodward-Hoffmann 則でよく説明できる反応例を学ぶ．

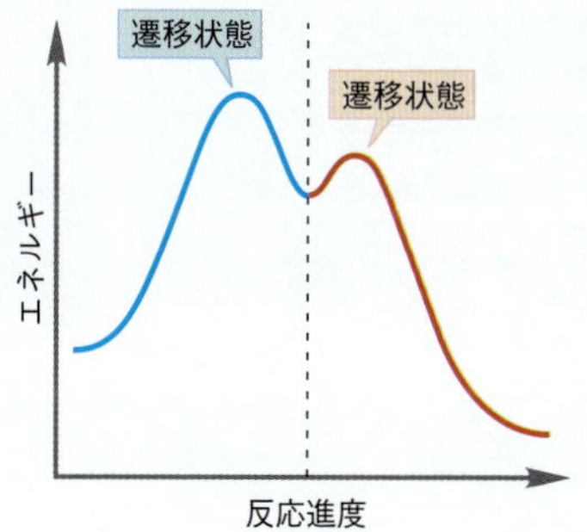

図 23・4　どんな非協奏反応も，協奏反応の連続とみなせる．

23・3 電子環状反応

1957 年，ドイツの若き化学者 Emanuel Vogel（1927～2011）は，ドイツの大学教授資格（Habilitation）をとるために，シクロブテン類の熱的転位反応の研究を行ってい

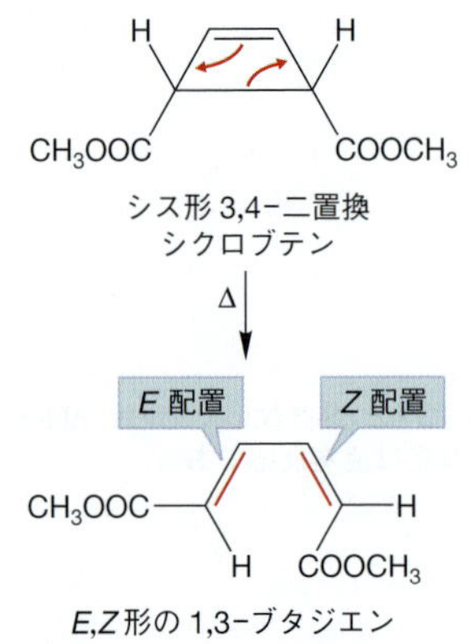

図 23・5 シクロブテンから 1,3-ブタジエンへの熱的開環反応．シス形の二置換シクロブテンは *E,Z* 形のブタジエンへ変わる．

た．シクロブテン自身は 1905 年に R. Willstätter（1872～1942；1915 年クロロフィルの研究でノーベル化学賞受賞）によって研究されており，また 1,3-ブタジエンへの熱的転位反応は，1949 年に米国の John D. Roberts（1918 年生まれ）によって見いだされていた．注意深く実験を行っていた Vogel は，シクロブテンから 1,3-ブタジエンへの熱的転位反応が立体特異的に進むことに気づいた．たとえば，シス形の 3,4-二置換シクロブテンからは，*E,Z* 形の 1,3-ブタジエンのみが生成し，*E,E* 形や *Z,Z* 形の 1,3-ブタジエンはできない（図 23・5）．

図 23・5 の反応における結合生成を巻矢印表記法で説明するのはやさしいが，生成物の立体化学を予測することはできない．生成物には 3 種類の立体異性体（図 23・6）が存在し，熱力学的な安定性から考えると，大きなエステル基同士ができるだけ離れてエネルギー的に最も有利な *E,E* 体の生成が優先すると予想される．シクロブテンが開環すると，エネルギーのより低い s-トランス配座ではなく，s-シス配座をとったジエンがまず生成することに注意しよう．当然 s-シス配座は速やかに単結合まわりの回転で，より安定な s-トランス配座に変わる（図 23・6）．

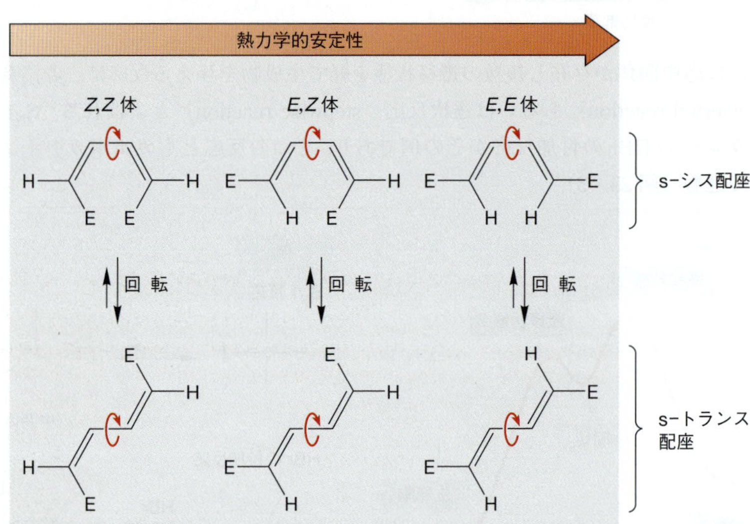

E = $COOCH_3$

図 23・6 図 23・5 の反応で生じるジエン生成物の可能な 3 種類の立体異性体．中間の熱的安定性をもつ *E,Z* 体だけが生成する．

しかし事実はこうではない．かといって反応に立体特異性がないわけでもなく，Vogel が最初に見いだしたように，実際の反応では 1 種類の立体異性体しか生成しない．Vogel はこの事実が何か重要なことを意味していることには気づいていた．その後も多くの類似反応が報告されたが，Woodward と Hoffmann による論文の登場を待って，初めてそのわけが見事に解き明かされた．

この反応の立体化学が，反応を起こすのに必要なエネルギー源の種類によって変わることも見いだされた．すなわち，熱による反応ではある 1 つの立体異性体を生じるが，光照射による反応では別の異性体を生じる．図 23・7 にシクロブテンと 1,3-ブタジエンの熱および光による相互変換の結果をまとめた．熱反応ではシス形 3,4-二置換シクロブテンは *E,Z* 形ジエンを与えるのに対して，光反応では *Z,Z* 形ジエンおよび *E,E* 形ジエンを与える．

図 23・7 の一般式は，シス形二置換シクロブテンは熱反応と，続く光反応を経てトランス形シクロブテンに変わりうることを示している．出発物によらず，一般に熱反応では，より安定な 1,3-ブタジエン構造の生成を優先するのに対して，光反応では，照射する光の波長にもよるが，1,3-ブタジエンよりもエネルギー的に不安定なシクロブテン構造

一般式

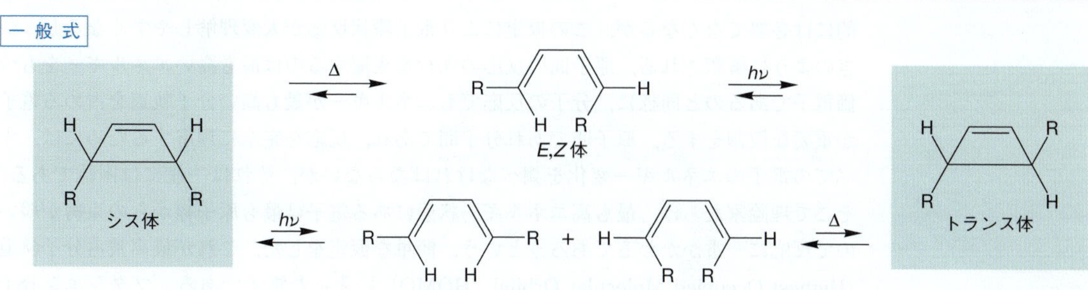

具体例

シス体 ⇌(Δ) Z,E 体 (99.995%) + E,E 体 (0.005%)

シス体 ⇌(hν) Z,Z 体

図 23・7 シクロブテン⇌ブタジエンの反応は，熱あるいは光によって異なる立体化学を示す．

を生じる向きに，反応が進むことも覚えておこう（平衡を示す矢印の長短に注意せよ）．

まず，シクロブテンから1,3-ブタジエンへの熱的開環反応から考えていこう．この種の反応を調べるのに役立つ一般的な見方がある．すなわち実際の反応の進行がどちら向きであっても，この**電子環状反応**（electrocyclic reaction）とよばれる反応過程は，非環状の分子側から考える方が理解しやすい．図 23・8 にシクロブテンから1,3-ブタジエンへの変換にかかわる分子軌道を示す．

図 23・8 ブタジエンとシクロブテンの相互変換にかかわる分子軌道

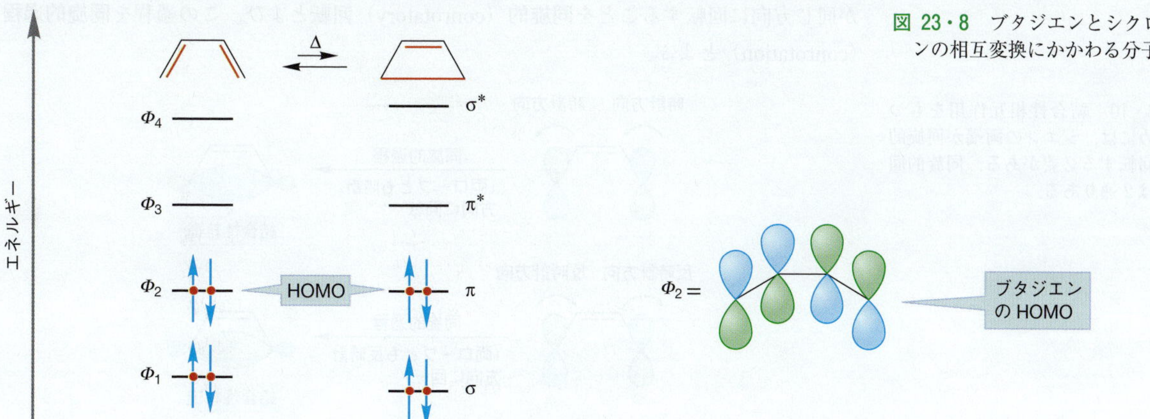

右方向への反応では1,3-ブタジエンの4つのπ分子軌道が，シクロブテンのσ，σ*，π，π*分子軌道になる．ここで，反応の進行を決めるのは反応分子の HOMO であるという最も重要な仮定をおく．この仮定は遷移状態の芳香族性から導かれたもので，最終

的には必要でなくなるが，この仮定により電子環状反応が大変理解しやすくなるし，つぎのように解釈される．原子間の反応の進行を支配するのは最も高いエネルギーをもつ価電子であるのと同様に，分子の反応でもエネルギーが最も高い分子軌道を占める電子が重要な役割をする．原子間であれ分子間であれ，反応を完全に理解するためには，すべての電子のエネルギー変化を調べなければならないが，それは一般には困難である．そこで理論家たちは，最も高エネルギー状態にある電子は最も原子核からの束縛が緩いので反応に一番かかわるであろうという，簡単な仮定をした．これが最高被占分子軌道（Highest Occupied Molecular Orbital，HOMO）に入った電子である．ブタジエン分子の場合，HOMO は Φ_2 であり，これが反応を支配すると仮定する．シクロブテンへの変換において，Φ_2 がどのように変化するかをつぎに考える．ここで，ブタジエンからシクロブテンへの変換は熱反応で進行する実際の方向と逆であるが，心配することはない．それは，一方向の反応過程が理解できれば，逆方向過程も理解できるからである．ブタジエンの末端炭素間で結合ができるためには，末端炭素の p 軌道は結合性軌道（σ）をつくるように同じ方向に 90° 回転しなければならない．もしそれぞれが逆方向に回転すると反結合性軌道（σ*）になるからである（図 23・9）．

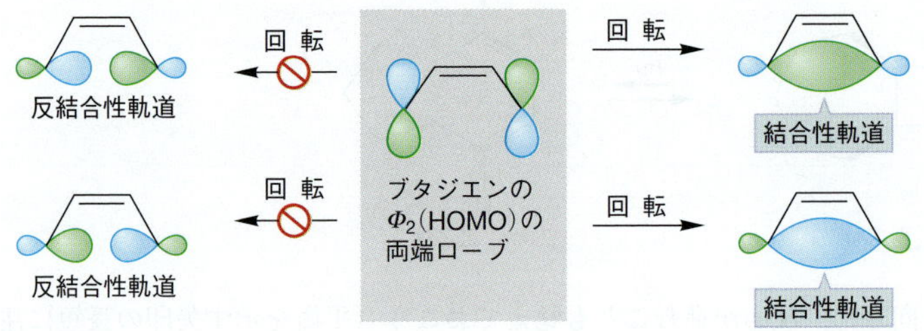

図 23・9 1,3-ブタジエンとシクロブタジエンの相互変換において，ブタジエンの両端の p 軌道は，反結合性軌道（σ*）ではなく結合性軌道（σ）ができるように回転しなければならない．

HOMO となる Φ_2 分子軌道の両端のローブの位相（対称性，orbital symmetry）に注目すると，結合ができるには，正のローブ（青色）同士が重なる場合と，負のローブ（緑色）同士が重なる場合の 2 つの場合がある（図 23・10）．両者とも結合性相互作用が働いている．正のローブ同士が重なるには，両端の炭素はともに時計方向に，また負のローブ同士が重なるには反時計方向に回転しなければならない．このように鎖の両端が同じ方向に回転することを**同旋的**（conrotatory）回転とよび，この過程を**同旋的過程**（conrotation）とよぶ．

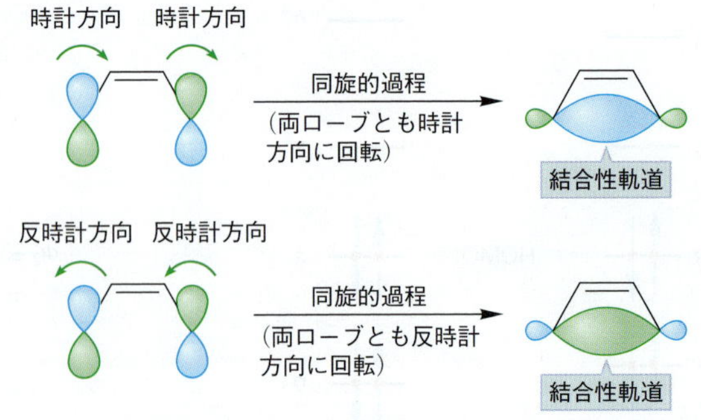

図 23・10 結合性相互作用をもつためには，ジエンの両端が同旋的に回転する必要がある．同旋的回転は 2 通りある．

同旋的回転とは逆に，両端が反対方向（**逆旋的**，disrotatory）に回転する反応過程もあり，これを**逆旋的過程**（disrotation）とよぶ．図 23・11 に逆旋的に回転した様子を示す．いずれも反結合性軌道ができるだけで，結合性軌道はできない．したがって，この反応では逆旋的過程は好ましくないといえる．

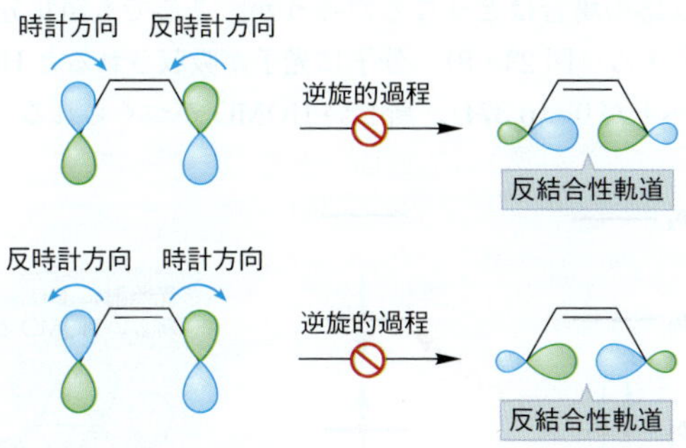

図 23・11 ジエンの両端でローブが逆旋的に回転すると，反結合性相互作用を生じる．したがって，いずれの逆旋的回転もブタジエンの好ましい反応過程ではない．

結局この反応では，まずHOMOを見つけだして，その分子軌道のローブから，どちらに回転すればよいかを考えればよい．すべての電子環状反応はこの単純な考え方で説明できる．この理論によれば，シクロブテンと1,3-ブタジエンとの熱的な相互変換は，同旋的過程で進まなければならない．これによって，Vogelが発見した反応の立体化学的な特徴が見事に説明される．シス形3,4-二置換シクロブテンは同旋的に開環することだけが許されるので，*E,Z*形ジエン異性体のみを与える．ここで，同旋的過程にはつねに2つの回転方向があるが（図23・12），この例ではどちらでも同一生成物を生じることに注意しよう．

H H CH_3OOC $COOCH_3$ 同旋的過程 → CH_3OOC H H $COOCH_3$ *E,Z* 体

同一分子

H H CH_3OOC $COOCH_3$ 同旋的過程 → H $COOCH_3$ CH_3OOC H *Z,E* 体

図 23・12 Vogelが研究したシス形二置換シクロブテンは，どちらの同旋的回転様式でも，シスとトランスの二重結合を1つずつもつジエンを与える．

問題 23・1 同様な考え方で，トランス形3,4-二置換シクロブテンの熱的開環反応では，*Z,Z*形ジエンと*E,E*形ジエンの混合物が得られることを説明せよ．

解 答 熱的開環反応であるので，同旋的過程となる．2通りの回転の仕方があり，一方からは*Z,Z*形ジエンが，他方からは*E,E*形ジエンが生成する．

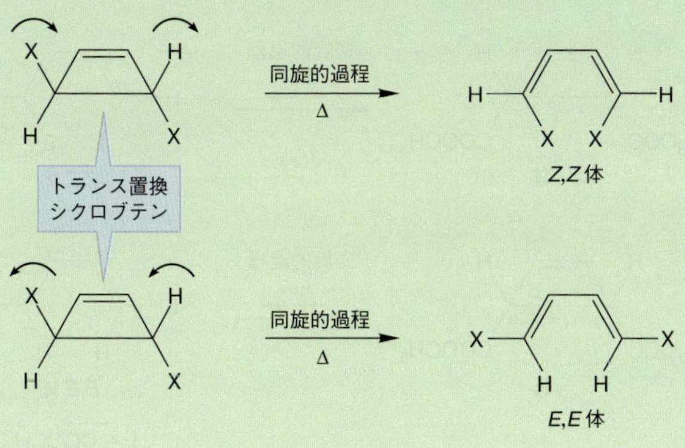

それでは光化学反応の場合はどうなるだろうか．ここでも鎖状分子の1,3-ブタジエンの分子軌道に注目する（図23・8）．分子に光子が吸収されるとHOMO（Φ_2）の1電子がLUMO（Φ_3）へ上がり（p.374），新しいHOMOがつくられる（図23・13）．

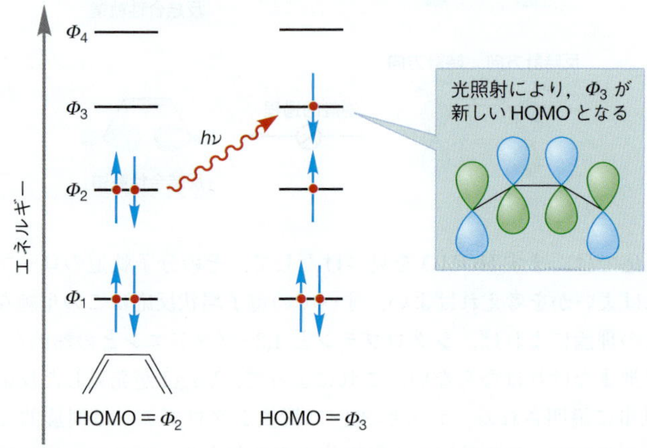

図 23・13　ブタジエンの光化学反応では，Φ_3 がHOMOとなる．

この新しいHOMO（Φ_3）が同旋的に回転しても，末端炭素間に結合はできない．軌道の対称性からみて，できるのは反結合性軌道である．光による反応では結合性軌道を生じるためには，逆旋的過程をとらなくてはならない（図23・14）．

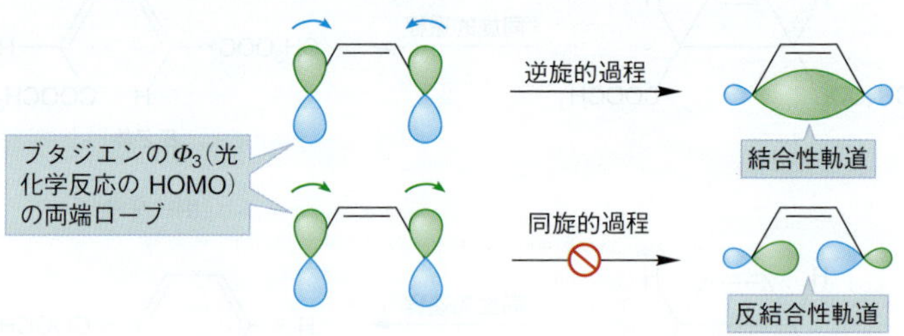

図 23・14　"光化学的HOMO(Φ_3)"からは逆旋的回転が必要となる．同旋的な回転では反結合性軌道を生じる．

問題 23・2　図23・14の逆旋的および同旋的回転は一方しか示されていない．もう一方の逆旋的回転からは結合性軌道が，同旋的回転からは反結合性軌道がつくられることを確かめよ．

逆旋的回転の方向に応じて，シス形3,4-二置換シクロブテンは*Z,Z*形ブタジエンまたは*E,E*形ブタジエンと相互変換する（図23・15）．

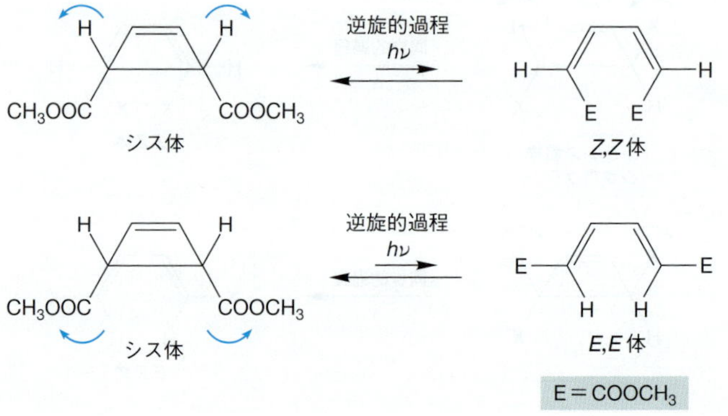

逆旋的過程 $h\nu$
CH_3OOC　$COOCH_3$　シス体　*Z,Z*体
逆旋的過程 $h\nu$
CH_3OOC　$COOCH_3$　シス体　*E,E*体
E＝$COOCH_3$

図 23・15　シス形二置換シクロブテンは，逆旋的回転で*Z,Z*形ジエンおよび*E,E*形ジエンと相互変換する．

問題 23・3 つぎのトランス形3,4-二置換シクロブテンの光化学反応では，逆旋的開環反応により *E,Z* 形ブタジエン化合物が生成することを示せ．

CH$_3$OOC, H, H, COOCH$_3$ —逆旋的過程, $h\nu$→ CH$_3$OOC, H, H, COOCH$_3$ *E,Z* 体

さてこの考え方を用いて，(*Z*)-1,3,5-ヘキサトリエンと1,3-シクロヘキサジエンの相互変換を予想してみよう（図23・16）．

この場合でも鎖状のポリエン分子側から考える．図23・17のヘキサトリエンのπ分子軌道図から，熱反応では Φ_3 がHOMO，光化学反応では Φ_4 がHOMOになることがわかる．

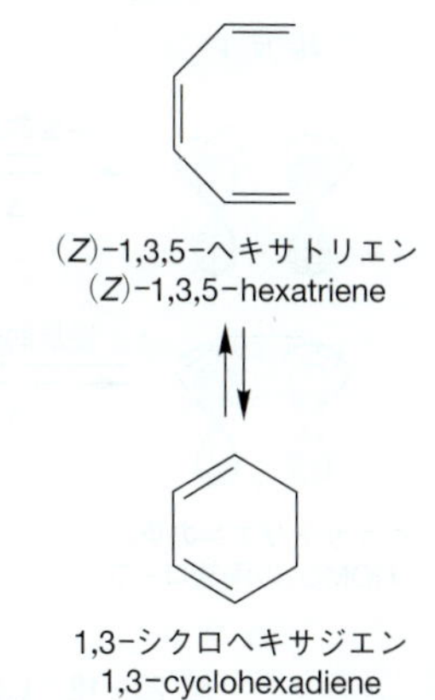

図 23・16 (*Z*)-1,3,5-ヘキサトリエンと1,3-シクロヘキサジエンは電子環状反応により相互変換する．

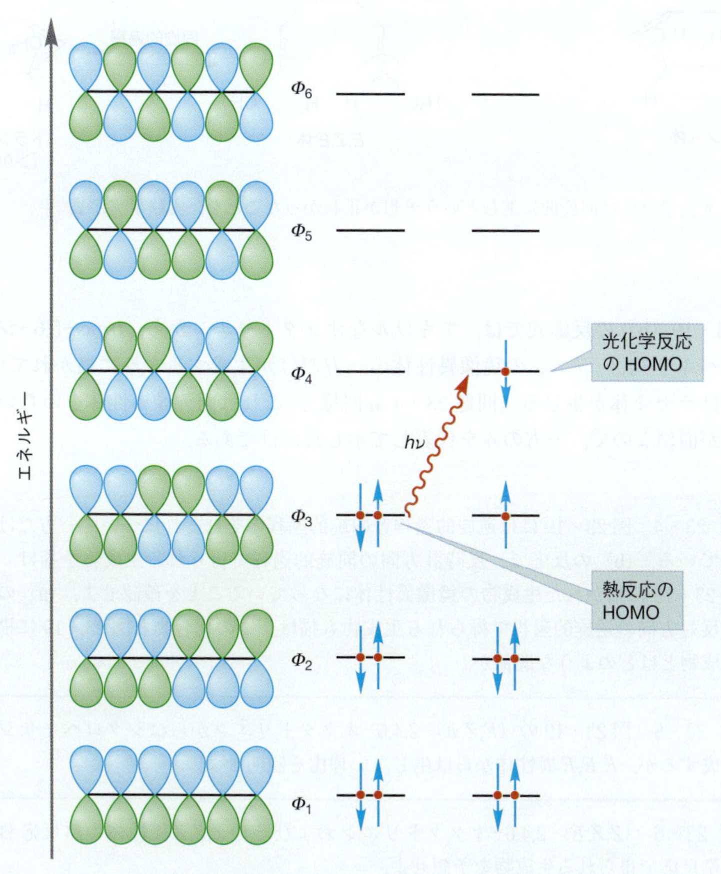

図 23・17 1,3,5-ヘキサトリエンのπ分子軌道．熱反応のHOMOは Φ_3，光化学反応のHOMOは Φ_4 となる．

鎖状のトリエン分子の両端の炭素間で結合性軌道をつくってシクロヘキサジエンになるためには，Φ_3 では逆旋的回転，Φ_4 では同旋的回転が必要となる（図23・18）．したがって，熱反応では逆旋的過程が，光化学反応では同旋的過程が進むと予想できる．

この予想が正しいことを確かめるために，図23・19に示す (*E,Z,E*)-2,4,6-オクタトリエンを用いると，熱による逆旋的閉環反応により *cis*-5,6-ジメチルシクロヘキサ-1,3-ジエンが，また光による同旋的閉環反応により *trans*-5,6-ジメチルシクロヘキサ-1,3-ジエンが生成する．

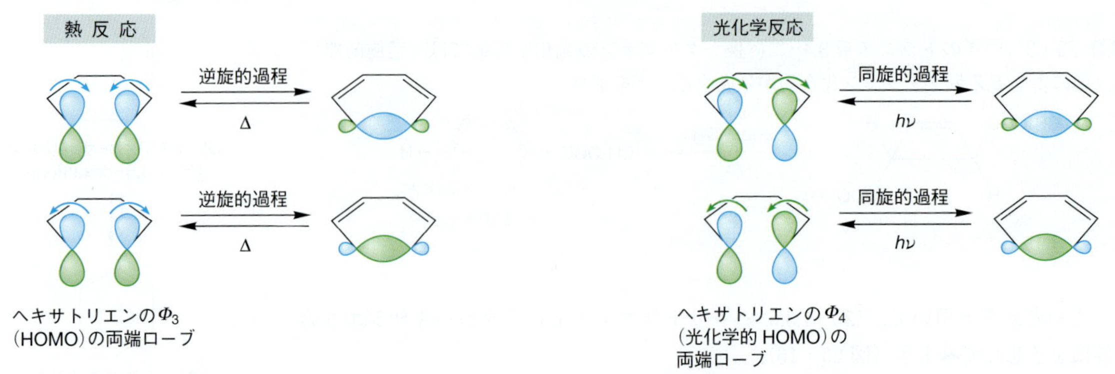

図 23・18 1,3,5-ヘキサトリエンと 1,3-シクロヘキサジエンの相互変換において，結合性相互作用を生じるためには，熱反応は逆旋的に，光化学反応は同旋的に回転することが必要である．

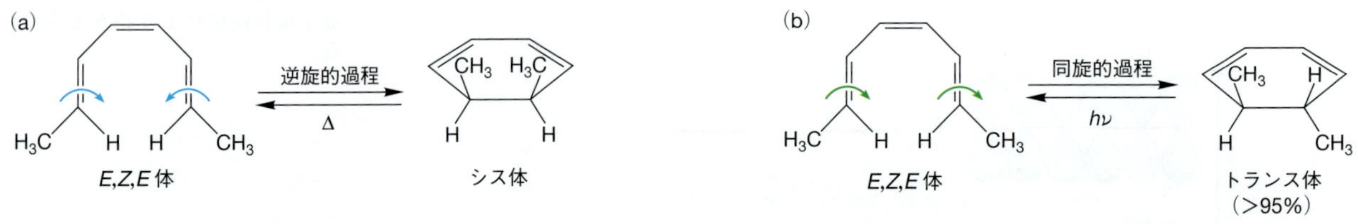

図 23・19 熱反応は逆旋的に，光化学反応は同旋的に進むという予想が正しかったことを，実験事実が裏付けた．

約束事についての注意
通常は両鏡像体を描き表すことを省略

図 23・19 (b) の反応式では，アキラルなオクタトリエンから，*trans*-5,6-ジメチルシクロヘキサ-1,3-ジエンの鏡像異性体の一方だけが生成するように描かれているが，実際にはラセミ体が生じる（問題 23・4 も同様）．これは両鏡像異性体をいちいち描き表すのが面倒なので，一方のみを代表して示しただけである．

問題 23・4 図 23・19 には逆旋的過程と同旋的過程のそれぞれについて一方だけが示されている．(b) の反応で，反時計方向の同旋的過程で得られる生成物を描け．これが図 23・19 に描かれた生成物の鏡像異性体になっていることを確認せよ．(a) の反応で，反対方向の逆旋的過程で得られる生成物も描け．この化合物と図 23・19 に描かれた生成物とはどのような関係か．

問題 23・5 図 23・19 の (*E*,*Z*,*E*)-2,4,6-オクタトリエンからはシクロヘキサジエンが生成するが，*E*,*E*,*E* 異性体からは生じない理由を説明せよ．

問題 23・6 (*Z*,*Z*,*E*)-2,4,6-オクタトリエンおよびその *Z*,*Z*,*Z* 異性体の熱反応および光化学反応で得られる生成物を予想せよ．

今までの反応結果を表 23・1 の上 2 行にまとめた．シクロブテンと 1,3-ブタジエンの相互変換は 4 電子を含む過程であり，一方 (*Z*)-1,3,5-ヘキサトリエンと 1,3-シクロヘキサジエンの相互変換は 6 電子を含む過程となる．シクロブテンとブタジエンの反応では，シクロブテンの σ 軌道と π 軌道にあった 4 電子が，1,3-ブタジエンの Φ_1 と Φ_2 を占める．同様に 1,3-シクロヘキサジエンの σ，Φ_1，Φ_2 軌道にあった 6 電子が，(*Z*)-1,3,5-ヘキサトリエンの Φ_1，Φ_2，Φ_3 に入る．

表 23・1 電子環状反応の回転様式

反 応	π電子数	熱反応	光化学反応
シクロブテン–ブタジエン	4	同旋的	逆旋的
ヘキサトリエン–シクロヘキサジエン	6	逆旋的	同旋的
すべての $4n$ 電子環状反応	$4n$	同旋的	逆旋的
すべての $4n+2$ 電子環状反応	$4n+2$	逆旋的	同旋的

$4n$ 電子構造と $4n+2$ 電子構造の化合物に分けてみると，$4n$ 電子構造では熱反応は同旋的過程，光化学反応は逆旋的過程で進み，また $4n+2$ 電子構造では熱反応は逆旋的過程，光化学反応では同旋的過程で進む（表 23・1）．したがって，どのような電子環状反応に対しても，分子軌道をすべて書き表す必要はなく，ただ関与する電子数を正確に数えるだけで反応に伴う立体化学を予想できる．

問題 23・7 つぎに示す反応の機構を説明せよ．

(a)

CH_3 CH_3 Δ → CH_3 CH_3

トランス体

黒丸は水素原子が上向きに結合していることを表す

(b) Dewar（デュワー）ベンゼン（p.627）は，その構造異性体のベンゼンに比べて 250 kJ/mol 不安定となる．単純に Dewar ベンゼンの中心の結合が伸びれば容易にベンゼンに変わると思われるが，実際の変化は非常に遅い．その理由を説明せよ．

Δ →

(c)

Δ → X Δ →

トランス体

(d)

Δ ← hν →

シス，シス体　　トランス，トランス体

23・4 付加環化反応

付加環化反応（cycloaddition reaction）も軌道対称性が支配するペリ環状反応の１つである．すでに学んだ Diels–Alder（ディールス アルダー）反応はこの反応の仲間であり，これを例に話を進める．この反応が熱により進行し，しかも協奏的に１段階で進むことを学んだ（13 章）．Diels–Alder 反応が示す立体化学的な特徴から，この反応はジラジカル中間体や極性中間体を経由しないことが明らかになった（p.601）．軌道対称性の考え方は協奏反応にのみ適用されるので，立体特異性を示すことは非常に重要である．もちろんどんな反応も，1 段階で起こる単一障壁反応の素過程に分解し，それぞれの過程を軌道対称性で議論することは可能である．しかし，多段階過程全体を軌道対称性理論で論じることは意味がない．

Diels–Alder 反応では，ジエンと求ジエン試薬が互いに近づいたとき，HOMO と LUMO との軌道相互作用が重要になる．この場合，ジエンの HOMO と求ジエン試薬の LUMO，および求ジエン試薬の HOMO とジエンの LUMO の 2 通りの相互作用が考えられる（図 23・20）．

図 23・20 ブタジエンとエチレンの Diels–Alder 反応における，可能な 2 通りの HOMO–LUMO 相互作用

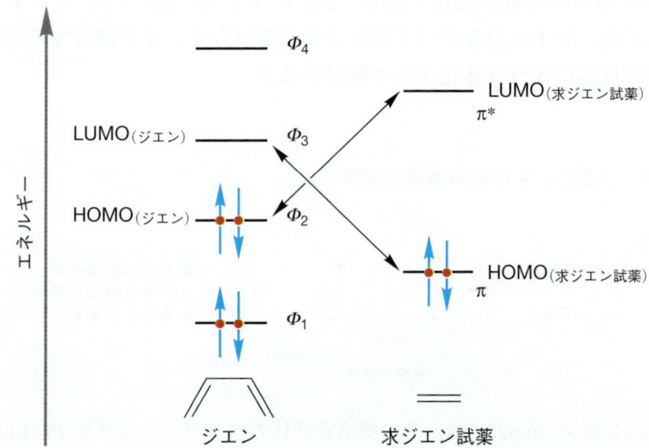

これらのうち，より強い軌道相互作用が反応を支配する．一般に，軌道間の重なりの強さ，したがって重なりによって生じる安定化の大きさは，重なる軌道間のエネルギー差に依存し，2 つの軌道のエネルギー準位が近ければ近いほど相互作用は強くなるということをよく覚えておこう．

対称的なエチレンと 1,3-ブタジエンとの最も単純な Diels–Alder 反応では，可能な 2 通りの HOMO–LUMO 相互作用が同じエネルギーをもっているので，両方の軌道対称性を調べる必要がある．図 23・21 にそれぞれの軌道対称性の相関関係を示す．ここで，Diels–Alder 反応やその関連反応では，2 つの分子が，分子面を平行にして近づくことを思い出そう（p.600）．

図 23・21 Diels–Alder 反応の 2 通りの HOMO–LUMO 相互作用における軌道の重なり．どちらの重なりからも生成物を与える．

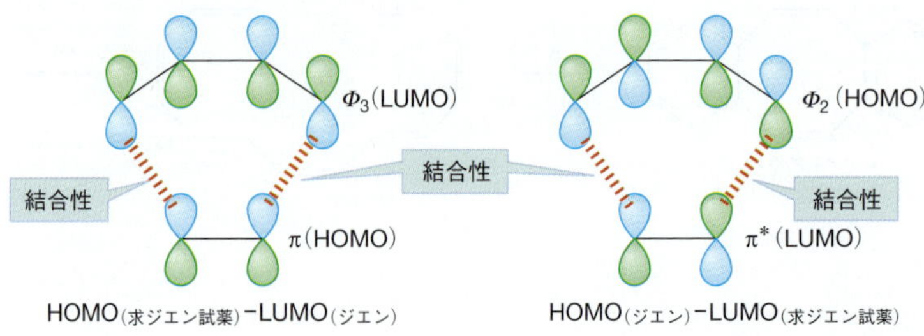

図 23・21 の両図とも，新しく生成するべき 2 つの σ 結合部分では，結合性相互作用になる．したがって，Diels–Alder 反応が熱的に起こるのは何ら不思議でない．これを“軌道対称性により許容された”反応過程とよぶ．

Diels–Alder 反応は光照射でも起こるだろうか．実際には，光 Diels–Alder 反応は知られていないから，起こらない理由がありそうである．通常，光子 1 個の吸収により

HOMOからLUMOへ1電子が昇位する．この場合，HOMOとLUMO間のエネルギー差は求ジエン試薬よりもジエンの方が小さいので，光吸収によりジエン側のΦ_3が新たな光化学的HOMOとなる．このHOMOと求ジエン試薬側のLUMOとの相互作用は，一方の重なりが反結合的となる．したがって，2つの新しい結合は同時にはできない（図23・22）．すなわち，光化学的Diels–Alder反応は“軌道対称性によって禁制の”反応過程である．

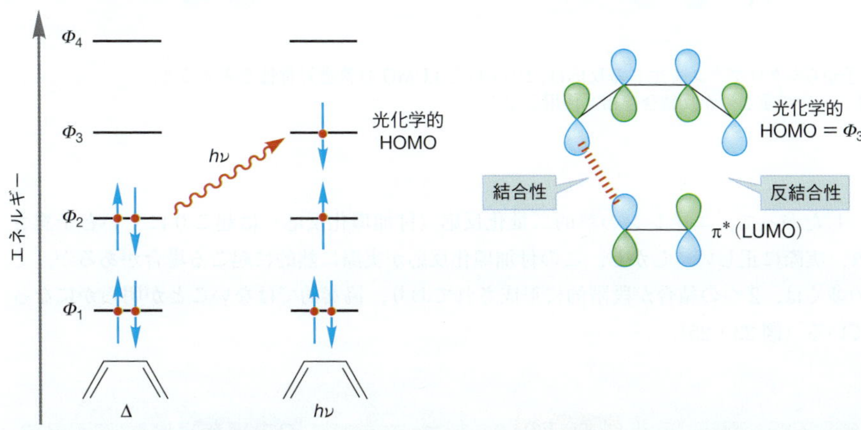

図 23・22 光子の吸収により，Φ_3が光化学的HOMOとなる．そのHOMOとLUMOの相互作用には，反結合的な重なりが含まれる．したがって，軌道対称性から光化学的Diels–Alder反応は起こらない．

問題 23・8 もし光照射によってエチレンのπ軌道（HOMO）から1電子をπ*軌道（LUMO）へ昇位したとするなら，Diels–Alder反応は許容であるか，あるいは禁制であるか考えよ．

つぎに，もう1つの付加環化反応，すなわちエチレン2分子の付加環化反応によりシクロブタンを生じる反応を考えてみよう（図23・23）．この反応は，2個のπ電子をもつアルケン同士が付加する反応なので，[2+2]付加環化反応とよばれる．このよび方にならえば，Diels–Alder反応は［4+2]付加環化反応ということになる．ここで各数字は反応にあずかるπ電子の数を意味していることに注意しよう．同時に，これらの数字は環をつくりあげる原子の数も表している．

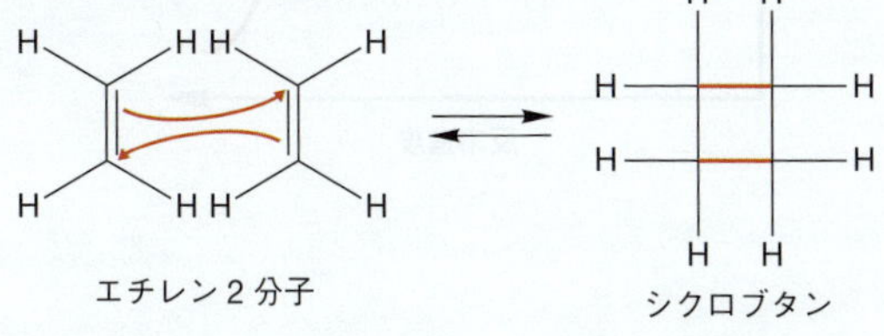

図 23・23 エチレン2分子からシクロブタンを生じる仮想反応

問題 23・9 エチレン2分子の付加環化反応でシクロブタンを生成する反応は，発熱反応か，あるいは吸熱反応か．

エチレンには分子軌道が2つしかないので，そのHOMOとLUMOは容易に決まる．エチレン2分子からシクロブタンが生成する反応は，図23・23で示したように巻矢印表記法で表すことができるが，軌道対称性の考え方からは反結合性相互作用を生じるため禁制であることがわかる（図23・24）．

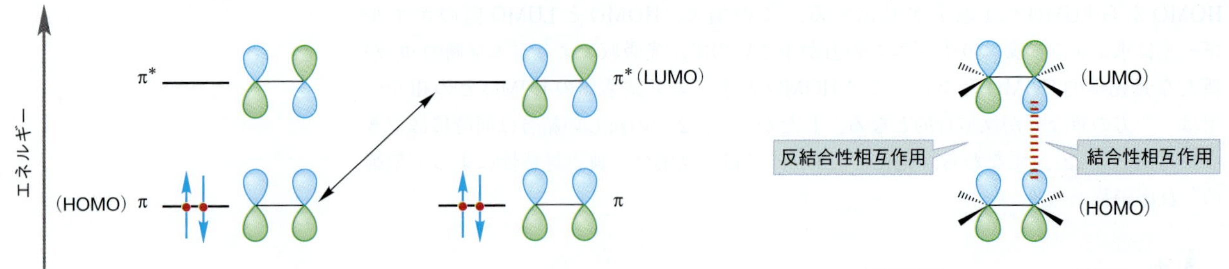

図 23・24 エチレン2分子からシクロブタンを生じる反応は，HOMO と LUMO の軌道対称性を考えると，禁制であることがわかる．一方の重なりが反結合性相互作用となる．

したがって，エチレンの熱的二量化反応（付加環化反応）は起こりにくいと予想され，実際に正しい．しかし，この付加環化反応が実際に熱的に起こる場合があるが，その多くは，2つの結合が段階的に形成されており，協奏的ではないことが明らかになっている（図 23・25）．

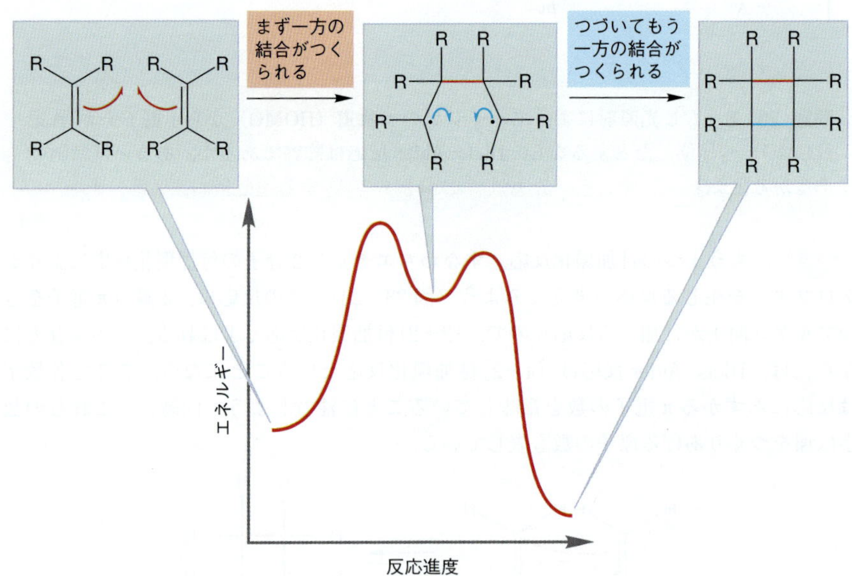

図 23・25 置換エチレンの二量化反応は，ジラジカル中間体を経由するもので，協奏的反応ではない．

問題 23・10 (*Z*)-スチルベン（Ph−CH=CH−Ph）のジラジカル中間体を経由する [2+2]付加環化反応生成物の立体化学を予想せよ（図 23・25 参照）．

つぎに光の照射でアルケンの二量化反応は起こるだろうか．光の照射により1電子が昇位して光化学的 HOMO を生成し，これは HOMO-LUMO 相互作用によって2箇所で結合性の重なりを生じる（図 23・26 a）．つまり熱反応とは対照的に，アルケンの光化学的二量化は許容反応である．たとえば，(*E*)-2-ブテンの光二量化反応により，2種類のシクロブタン類が生じる（図 23・26 b）．

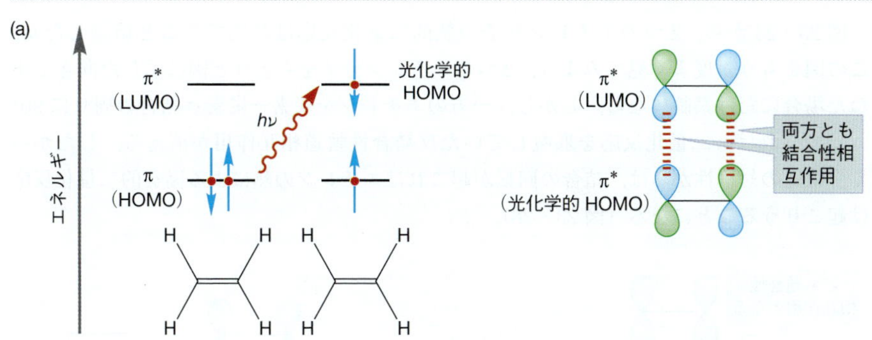

図 23・26 アルケンの光二量化反応

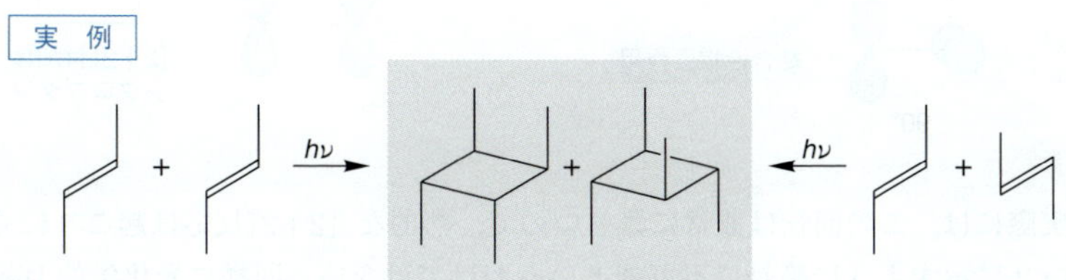

以上の結果をまとめると，表 23・2 の上段 2 行のようになる．

さらに，4*n* 電子系反応および 4*n*+2 電子系反応として拡張される（表 23・2 下段）．すなわち，4*n* 系反応はエチレンの［2+2］反応の規則に従って進み，また 4*n*+2 系反応は Diels–Alder 反応として知られる［4+2］付加環化反応と同様に起こる．ここで (4*n*+2) 個の π 電子と聞くと，芳香族性の有無を判断する Hückel 則が思い出される．付加環化反応の遷移状態は環状でしかも芳香族性に必要な電子数，つまり熱反応では (4*n*+2) 個，光化学反応では 4*n* 個の場合に許容となる．

表 23・2 付加環化反応の規則

反　応	π 電子数	熱反応	光化学反応
アルケン＋アルケン ⇄ シクロブタン	4	禁 制	許 容
アルケン＋ジエン ⇄ シクロヘキセン（Diels–Alder 反応）	6	許 容	禁 制
すべての 4*n* 電子付加環化反応	4*n*	禁 制	許 容
すべての 4*n*+2 電子付加環化反応	4*n* + 2	許 容	禁 制

表 23・1 の電子環状反応に比べると，表 23・2 の付加環化反応の規則は何か物足りなく感じられるだろう．たとえば，電子環状反応では反応の立体化学を正確に予想できる．4*n* 反応を例にとると，熱的閉環反応は同旋的過程で，光閉環反応は逆旋的過程で進むことが示されている．これに対して付加環化反応では，光照射では反応が起こるが，熱的には起こらないとしか説明されない．

電子環状反応と付加環化反応は本質的には違いがない．図 23・27 に，1,3–ブタジエンとシクロブテン間の平衡（電子環状反応）をエチレンの［2+2］二量化（付加環化反応）と並べて示す．唯一の違いは，ブタジエンに σ 結合が余分についている点のみである．しかもこの結合は反応に重要な役割を果たすのではなく，ただ横に付いているだけである．軌道対称性の考え方によって可能な反応の予想が，付属する結合の有無で変わるのだろうか．そんなはずはないし，実際変わらない．

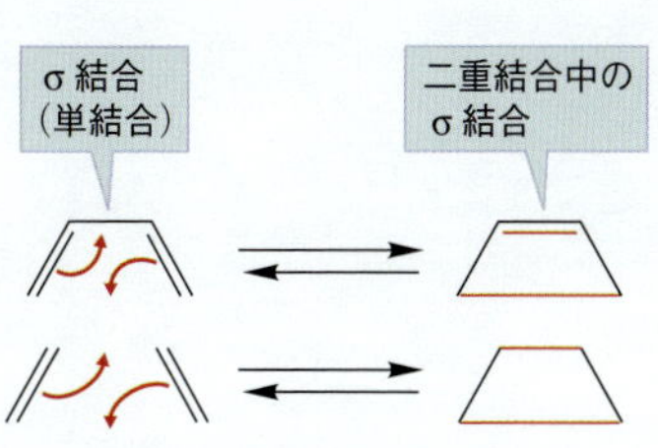

図 23・27 シクロブテンと 1,3–ブタジエンの平衡と，エチレンの［2+2］二量化反応とは，密接に関連した反応である．

図 23・24 から，2 つのエチレン分子の熱的二量化反応は禁制であると結論したが，この図をもう一度よく見てみよう．2 つのエチレン分子をちょうど図に示した向きで重ねた場合にだけ禁制になる．しかし，一方のエチレンを炭素−炭素 σ 結合の周りに 90° 回転できれば，二量化反応を邪魔していた反結合性軌道相互作用が消える．したがって，軌道の対称性からは，結合の回転が起こればエチレンの熱による協奏的二量化反応は起こりうることになる（図 23・28）.

図 23・28 反応の際に一方のエチレンの一端が回転できれば，熱的 [2+2]二量化反応は許容となる．

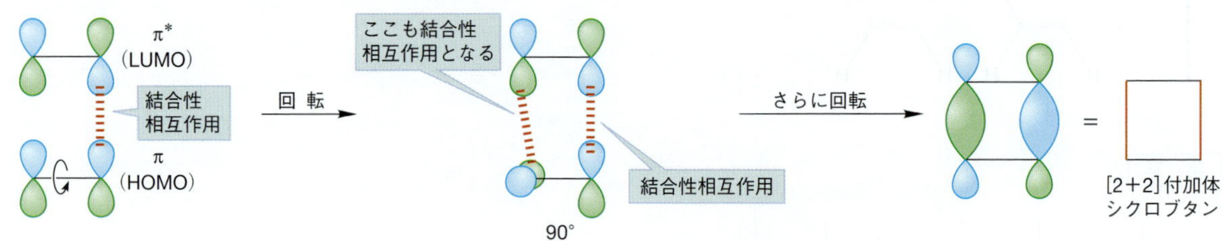

しかし実際には，この回転は非常に難しいので，熱的な [2+2]反応は起こりにくいが，表 23・2 に示すように絶対に不可能というわけではない．同様に光化学的 Diels-Alder 反応も，反応中に一方の反応物の回転が許されるか，あるいはジエンと求ジエン試薬が結合的に重なるように向くならば許容となる（図 23・29）.

図 23・29 光化学的 [4+2] 反応（Diels-Alder 反応）も，反応中に回転が起こるか，適した相対配置がとれるなら許容となる．

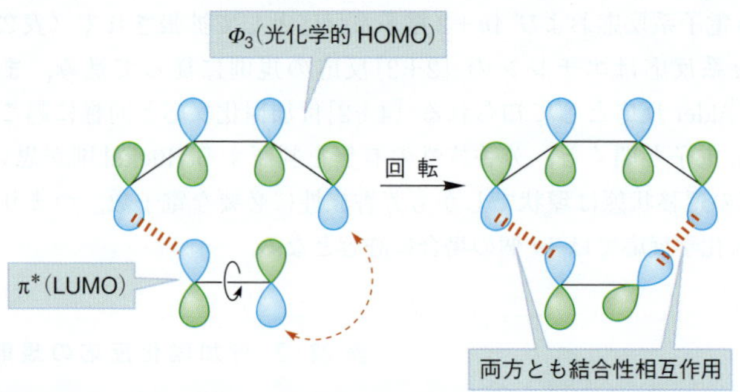

この規則は熱力学的な面をまったく考慮していないことに注意してほしい．すなわち，たとえ軌道対称性に関して反応が許されても，回転を必要とする反応は熱力学的には有利な過程ではない．

ま と め

付加環化反応では，2 分子（まれには 3 分子以上のこともある）が互いに近づいて環をつくる．その際，それぞれの分子の HOMO と LUMO の相互作用を考えればよい．

23・5 シグマトロピー転位

(*Z*)-1,3-ペンタジエンを加熱しても明らかな変化は認められず，出発物がただ回収されるので，一見何も起こっていないように見える．さらに高温で熱すると，炭素−水素結合が切れてラジカル反応が開始する．しかし，重水素で標識した 1,3-ペンタジエンを用いると，ラジカル反応が起こるまで加熱しなくても，化学的に変化していることがはっきりする（図 23・30）.

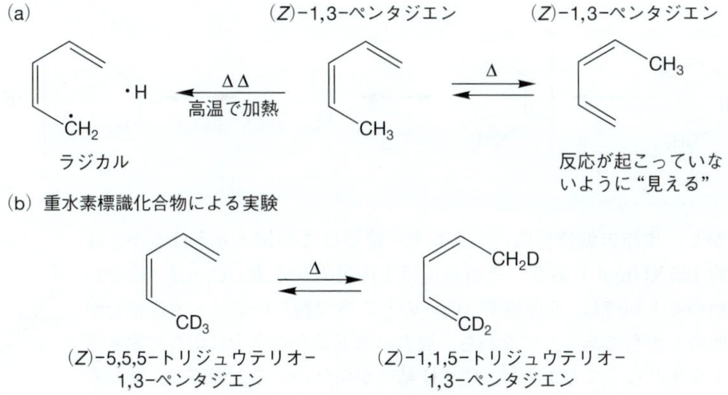

(a)

(Z)-1,3-ペンタジエン　(Z)-1,3-ペンタジエン

$\dot{C}H_2$ ・H ← ΔΔ 高温で加熱 ― CH_3 ⇌ Δ ― CH_3

ラジカル　反応が起こっていないように“見える”

(b) 重水素標識化合物による実験

CD_3 ⇌ Δ CH_2D / CD_2

(Z)-5,5,5-トリジュウテリオ-1,3-ペンタジエン　(Z)-1,1,5-トリジュウテリオ-1,3-ペンタジエン

図 23・30　重水素標識化合物を用いると，縮重反応である(Z)-1,3-ペンタジエンの熱転位が起こっていることがわかる．

このように生成物が出発物と同じになる反応を，**縮重反応**（degenerate reaction）とよぶ（p.1121 参照）．同位体で標識した分子を用いると縮重反応が起こっていることがわかり，活性化パラメーターを求められる．この反応の活性化エネルギーは 150〜160 kJ/mol となる．同位体標識という面倒な方法でなく，置換基が付いた分子を用いても，反応の進行を調べられる．しかし多くの場合，出発物と転位生成物は異なるので，平衡定数 K は 1 にはならない（図 23・31）．

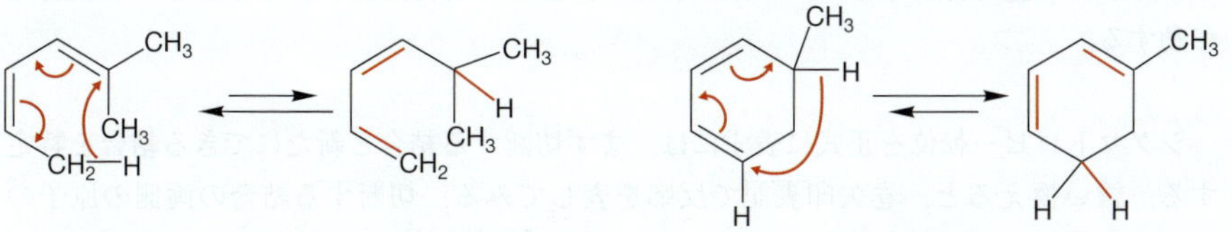

CH_3, CH_3, CH_2–H ⇌ CH_3, H, CH_3, CH_2　　CH_3, H, H ⇌ CH_3, H H

図 23・31　置換基をもつ化合物を用いても，反応の進行がわかる．しかし，出発物と生成物は異なるので，この転位反応はもはや縮重していない．

問題 23・11　図 23・31 の 2 つの反応において，平衡はどちらに偏っていると予想されるか．その理由も述べよ．(Z)-3-メチル-1,3-ペンタジエンを加熱したときの生成物を描け．これは縮重反応といえるか．

＊＊問題 23・12　図 23・31 の 1,3-ペンタジエン類の転位反応において，水素が転位する際の炭素−水素結合の結合解離エネルギー（BDE）を予測せよ．その値に比べ，実際の水素の［1,5］転位反応の活性化エネルギー 150〜160 kJ/mol がはるかに小さな値である理由を説明せよ．

解 答　エタンの炭素−水素結合の結合解離エネルギーは 423 kJ/mol（p.267, 表 7・2 参照）．しかし，ペンタジエニルラジカルがもつ共鳴安定化効果は，炭素−水素結合が切れ始めたときから効きだすので，その結合解離エネルギーはさらに低下するはずである．アリルラジカルの共鳴安定化エネルギーを 54 kJ/mol とすると（p.535 参照），ペンタジエンの炭素−水素の結合解離エネルギーは約 423 − 54 ＝ 369 kJ/mol と見積もられる．

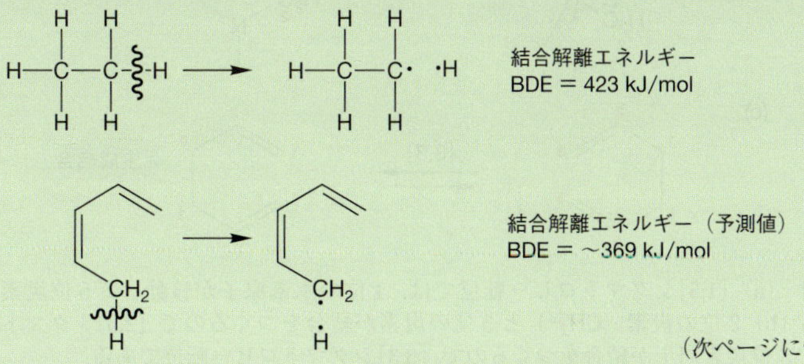

H_3C–CH_2–H ⟶ H_3C–$\dot{C}H_2$ ・H　結合解離エネルギー BDE ＝ 423 kJ/mol

CH_2–H ⟶ $\dot{C}H_2$ ・H　結合解離エネルギー（予測値） BDE ＝ ~369 kJ/mol

（次ページにつづく）

問題 23・12 解答（つづき）

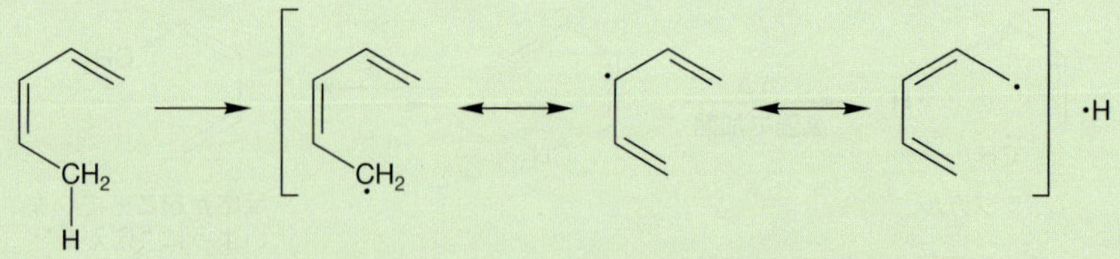

しかし，実際の転位反応のエネルギー障壁はこの値よりもはるかに低く，約 155 kJ/mol である．その理由は 1 位炭素－水素（C_1−H）結合が切れ始めると同時に，5 位炭素（C_5）のところで新しい炭素－水素結合ができ始めるからである．すなわち，炭素－水素結合が完全に切れて水素ラジカルを生じなくてもよい[*1]．C_1−H 結合が切れかかると同時に，新しく C_5−H 結合ができつつある．これにより C_1−H 結合の切断に必要なエネルギーは小さくて済むことになる．

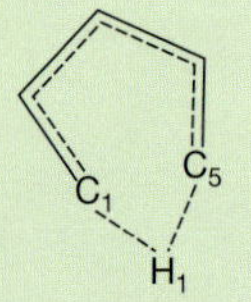

＊1（訳注）ここでの炭素に付けられた番号は，命名法に基づいた番号付けとは異なっていることに注意．

図 23・30（b）の重水素標識化合物を用いた実験は，高温でのラジカル反応が起こる前に別の何かが起こったことを示している．つまり水素原子（この場合には重水素原子）が，ある位置から分子内の別の位置に移っている．この種の反応を**シグマトロピー転位**（sigmatropic shift）とよぶ[*2]．一般にシグマトロピー転位では，水素，炭素，ヘテロ原子の移動を伴いながら，σ結合がある位置から別の位置に移るとともにπ結合も移動する．

＊2 Woodward−Hoffmann 則には，数多くの専門用語が出てくるが，1 つ 1 つ覚えるしかない．

約束事についての注意
シグマトロピー転位の命名法

シグマトロピー転位を正式に表すには，まず切断する結合と新たにできる結合を特定する．言い換えると，巻矢印表記で反応を表してみる．切断する結合の両側の原子の位置を 1 位として，結合が生成する位置まで順に番号を付ける．この位置番号を *m* 位，*n* 位とすると，これを［*m,n*］シグマトロピー転位とよぶ．たとえば，図 23・32 の（a）の場合は［1,5］転位，（b）は［2,3］転位，（c）は［3,3］転位となる．ただし，この番号付けは化合物命名法で用いられる番号付けとは関係ないことに注意してほしい．

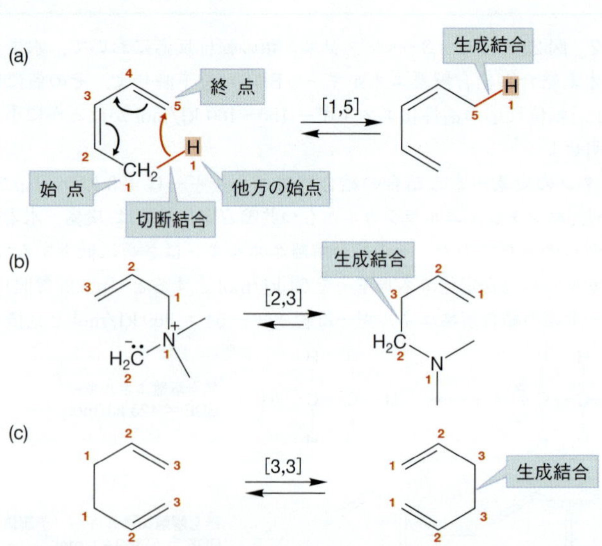

図 23・32 （a）［1,5］シグマトロピー転位では，1 位の水素原子が移動して 5 位炭素と結合をつくる．（b）2 位の炭素（CH_2−）と 3 位の炭素が結合をつくるので［2,3］シグマトロピー転位，（c）3 位炭素同士が結合をつくるので［3,3］シグマトロピー転位である．

問題 23・13 つぎに示す反応を，[*x*, *y*]シグマトロピー転位の形式で表せ．このなかでどれが縮重反応であるか．

(a) (b) (c) (d) (e)

(c)と(d)は[1, *x*]転位でないことに注意せよ．

シグマトロピー転位は“無機構”反応であり，酸や塩基によってほとんど影響されない．また溶媒の有無や極性にも影響されず，気相中でも速やかに進む．巻矢印表記法を用いて反応を表せるが，これは単に転位による全体的な変化を示す形式的なものにすぎない．図 23・33 の矢印は，時計回りでも反時計回りでも同じ転位を表す．これは求核試薬（電子対，ルイス塩基）から求電子試薬（ルイス酸）へ向けて，矢印を描く約束になっている一般的な極性反応の表記法とは異なる．

このシグマトロピー転位において，奇妙なことに [1,3]転位は見られない．水素が 5 位へ転位する途中，なぜ 3 位で止まらないのだろうか．巻矢印表記法では [1,3]転位も表せる（図 23・34）．[1,5]転位より短い移動距離で済むので，より容易に起こるようにも思われるが，なぜ [1,3]転位は実際に起こらないのだろうか．

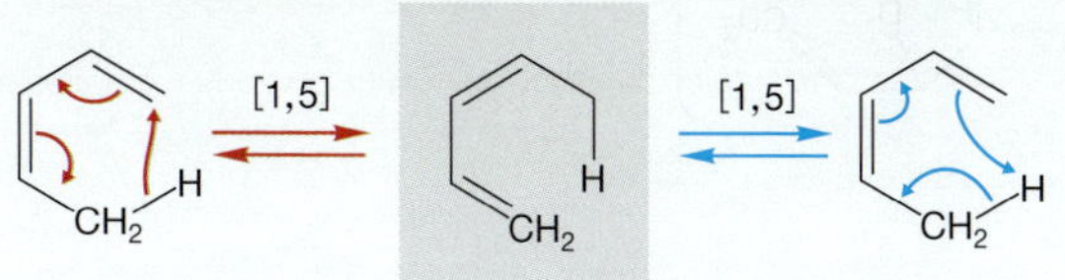

図 23・33 (*Z*)-1,3-ペンタジエンの [1,5]転位を示す 2 通りの巻矢印表記法

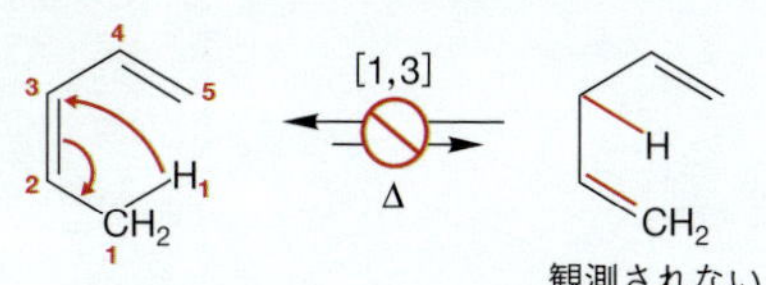

図 23・34 [1,3]転位を示す巻矢印表記法．しかし，実際には起こらない．

この反応に関するもう 1 つ奇妙な現象が，光化学反応で明らかになる．すでに見てきたように反応をひき起こすエネルギーを与えるには，加熱のほかに光照射による方法もある．共役分子は光子を吸収し（p.374），光子のもつエネルギーが分子に与えられる．1,3-ペンタジエンに光を当てると，[1,3]転位による生成物は得られるが，[1,5]転位によるものはない（図 23・35）．光反応では，しばしば他の反応も同時に起こるので，複雑な生成物を与えることも多いが，転位生成物だけに絞ると，エネルギー源の違いによって異なる転位様式が認められる．

図 23・35 1,3-ジエンに光照射すると，[1,3]転位が起こる．

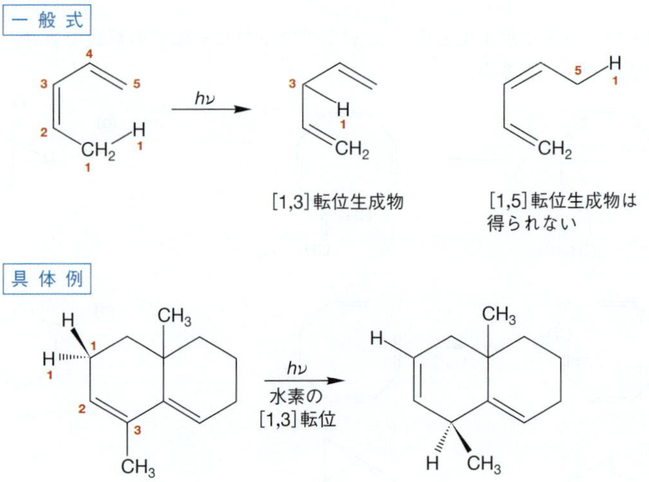

問題 23・14 図 23・35 中の［1,5］転位生成物は共役ジエン構造を保つのに対して，［1,3］転位生成物は孤立した 2 つの二重結合が残る．したがって，［1,5］転位の方がエネルギー的に有利であると説明できそうに思われるが，実はこれは正しくない．これを調べるのに適した分子を考案せよ．

解 答 反応を設計することに慣れていない人にとっては，難しい問題かもしれない．［1,5］転位生成物は共役 1,3-ジエン構造をもつので［1,3］転位より優先する，という説明が妥当かを調べるには，［1,5］転位生成物も［1,3］転位生成物も，ともに共役ジエン構造をもつような分子を設計する必要がある．つぎのような重水素化した分子を用いると，［1,5］転位と［1,3］転位を区別できる．もちろんこの場合，［1,7］転位も起こりうる．

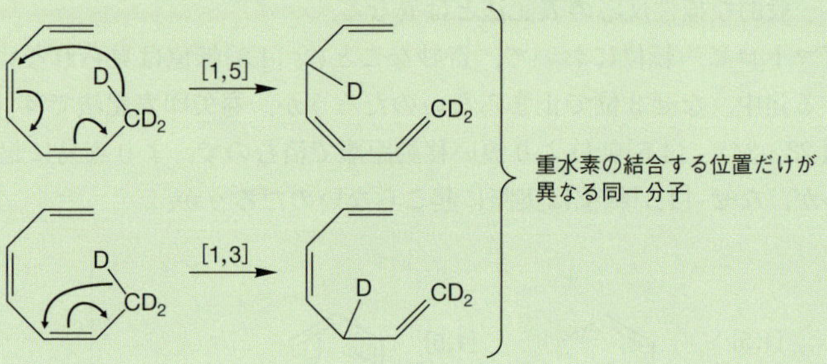

これまでをまとめると，熱反応では［1,5］転位が進み，光化学反応では［1,3］転位が優先する（図 23・35）．そこで次に，これらの事実を説明できる反応機構を考えよう．

まず［1,5］転位反応の初期段階を考える．反応が始まると，メチル基の炭素－水素結合が伸び始める（図 23・36 a）．もし完全に伸びきると，水素原子とペンタジエニルラジカルの 2 つのラジカル種を生じるはずである（図 23・36 a）．しかし，ペンタジエニルラジカル同士が再結合した生成物が見られないことから，実際にはラジカルは生じていないことがわかる（図 23・36 b）．

図 23・36 a 反応のごく初期に，炭素－水素結合が伸び始める．結合が伸び続ければ切れてラジカル対を生じる．

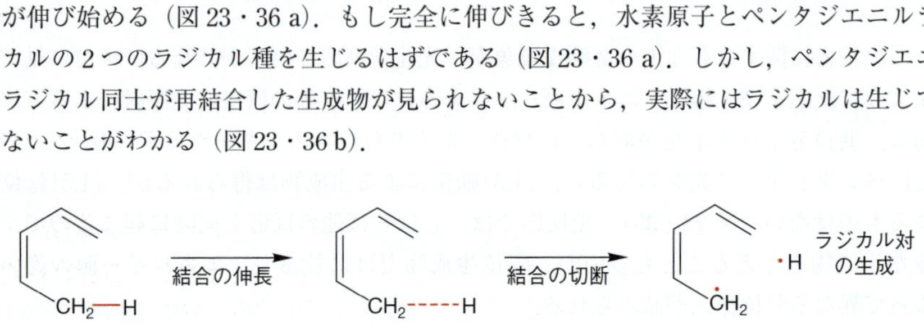

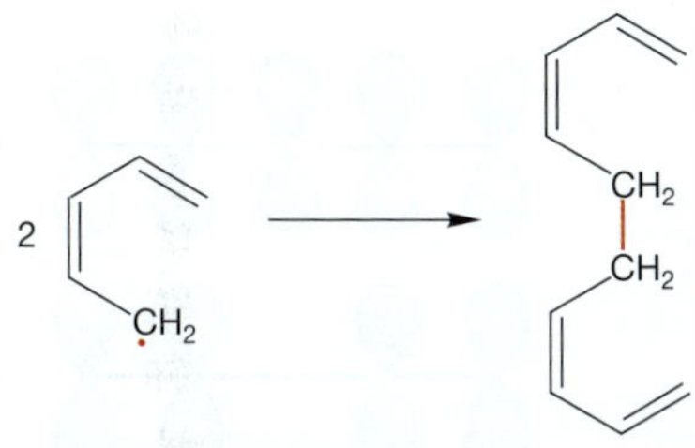

2 CH_2 → CH_2–CH_2 ラジカルの二量化体（実際には生成しない）

図 23・36 b 実際にはラジカルの二量体が生成しないことから，結合の切断が起こっていないことがわかる．

ここで，炭素－水素結合がラジカル的に切れる均一開裂ではなく，プラスとマイナスのイオン対が生成する不均一開裂を考えることはできないだろうか（図 23・37）．

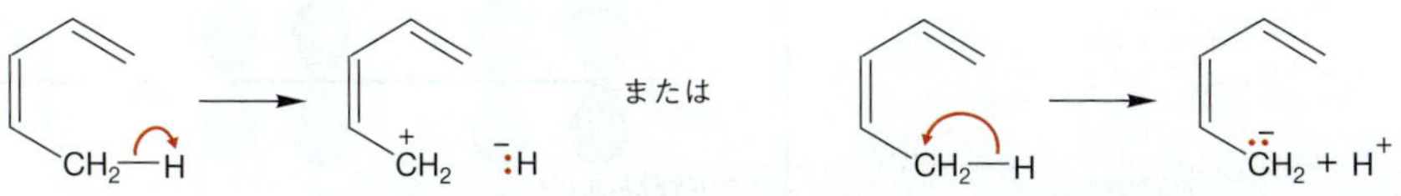

CH_2—H → $\overset{+}{C}H_2$:$\overset{-}{H}$ または CH_2—H → $\ddot{C}H_2^-$ + H^+

図 23・37 炭素－水素結合がイオン的に切れる（不均一開裂）ならば，2 通りの切れ方が可能．どちらの切断も溶媒の極性に大きく影響されると考えられるが，実際の反応速度は溶媒の極性に依存しないので，結局イオン的切断機構は否定される．

イオンの安定性は溶媒和に大きく依存するので，イオン的に結合が切れるならば，溶媒の極性に大きく影響されるはずだが，溶媒の極性を変えても，この転位の反応速度はほとんど変化しない．ラジカル的な結合の切断機構だけが，溶媒の影響を受けない事実を説明できる．

そこで，メチル基の炭素－水素結合が伸び始めたときに（図 23・36 a），ラジカルが生成しないような仕掛けがあると考える．問題 23・12 で見たように，おそらく 1 位の炭素（C_1）との結合が緩みだした水素原子は，同時に 5 位の炭素（C_5）と結合をつくり始めているのであろう．これを分子軌道論的には，C_1−H 結合が切れるにつれて，水素原子の 1s 軌道は C_5 の 2p 軌道と重なり始めているといえる．これでようやくシグマトロピー転位の遷移状態を大まかに示すことができた（図 23・38）．ここで環状の遷移状態を経ていることに注意しよう．

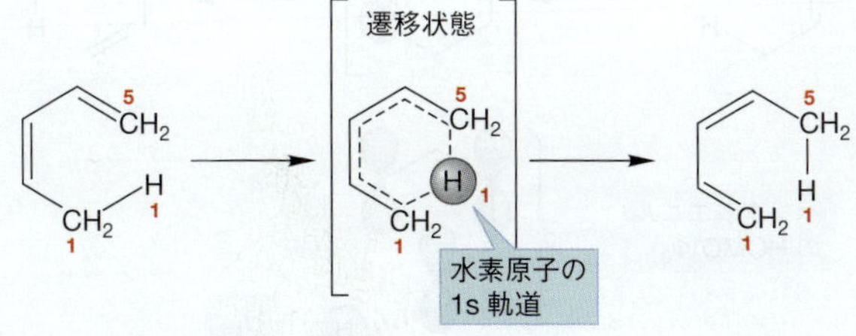

図 23・38 転位反応の遷移状態において，水素原子は C_1 および C_5 の両炭素原子と部分的な結合をつくるので，ラジカル種の生成は抑えられる．すなわち，C_1−H 結合が伸びるにつれて，水素の 1s 軌道は C_5 の 2p 軌道と重なり始める．

しかし，図 23・38 の遷移状態モデルでは，水素原子がなぜ熱反応では 5 位に，光化学反応では 3 位に移るのかを説明できない．つまり，エネルギー源が熱であるか光であるかによって，[1,5] あるいは [1,3] 転位が選択的に起こる理由付けができていない．

もう一度この遷移状態モデルをよく見ると，水素原子がペンタジエニルラジカルの π 共役構造を飛び越えて移動している（図 23・39）．

水素原子は陽子と 1s 軌道に入った 1 個の電子からできている．一方，ペンタジエニルの分子軌道も簡単な構造であり，その 5 個の π 分子軌道は 5 個の炭素の 2p 軌道からつくられている．ここで反応に最も関与する電子は，最もエネルギーが高く原子核からの束縛が最も緩い電子，すなわち HOMO に存在する電子であろう．この仮定に従うと，転位反応の遷移状態は図 23・40 の下図のように描ける．ここで [1,5] 転位の遷移状態では，切断される σ 結合と共役する 2 つの二重結合に含まれる 6 個（$4n+2$）の電子がかかわっていることに注意してほしい．

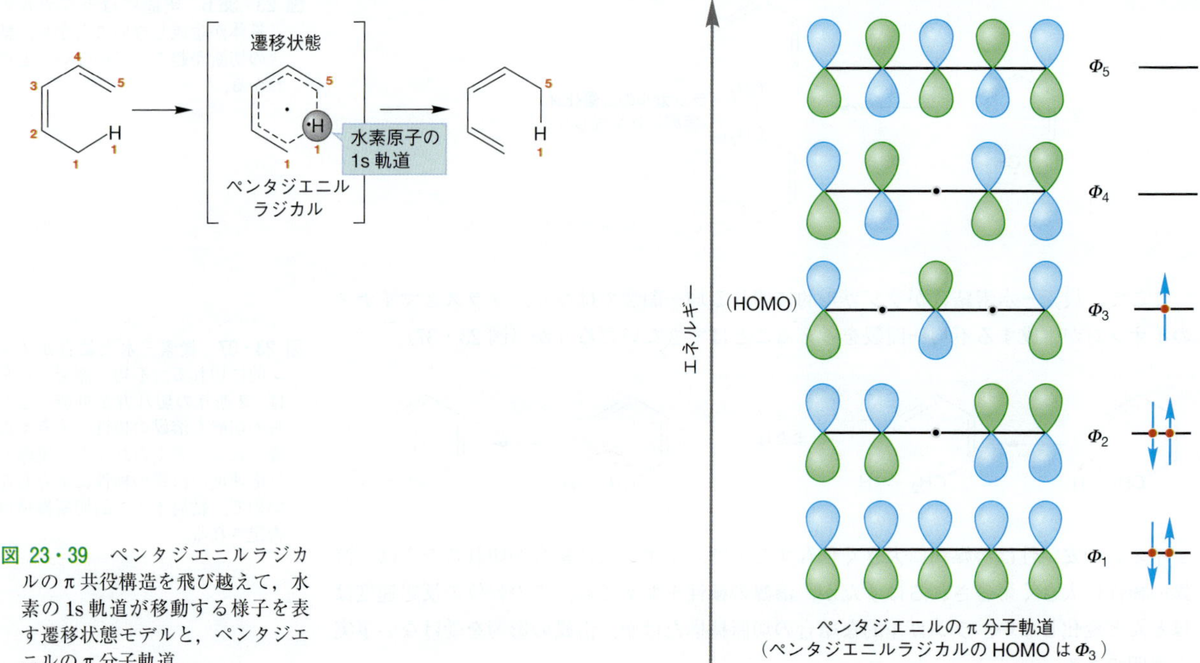

図 23・39 ペンタジエニルラジカルのπ共役構造を飛び越えて，水素の 1s 軌道が移動する様子を表す遷移状態モデルと，ペンタジエニルのπ分子軌道

図 23・40 には遷移状態を考えるうえで，とても重要なことが描かれている．出発物のペンタジエンでは，水素の 1s 軌道と C_1 の混成軌道との結合は，同じ符号（位相ともよび，図では青と緑色で区別される）のローブが重なっている（図 23・41）．C_1−H 結

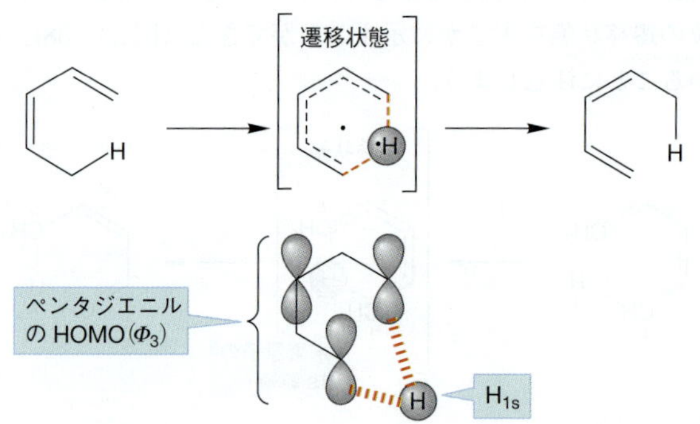

図 23・40 遷移状態における，水素 1s 軌道とペンタジエニルの HOMO（Φ_3）との相互作用の概略図

合が伸びても，ローブの符号は変わらない．したがって，水素の 1s 軌道はつねに同じ符号の炭素ローブと結合（あるいは部分的な結合）をつくっている（図 23・41）．

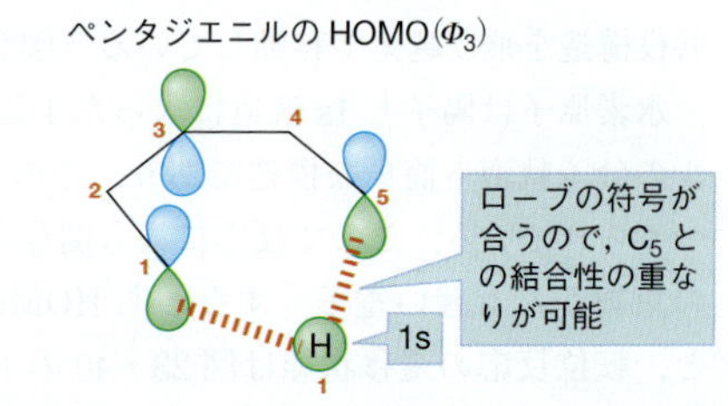

図 23・41 ペンタジエニルの HOMO（Φ_3）のローブを色分けして遷移状態を表す．

このように，反応の遷移状態におけるいくつかのローブの位相を考えなければいけない．図 23・39 中のペンタジエニルの HOMO となる Φ_3 をもとにして，遷移状態のすべての原子のローブの位相図が描ける．ローブの位相が一致しているので，[1,5]転位が許される．

このように水素原子が C_1 から離れ，同じ側から C_5 に再結合する反応過程は，つねに同符号のローブ同士の結合的な重なりが保たれている．これを“軌道対称性から許容”という．一方 [1,3]転位を考えると，この反応では切断される σ 結合の 2 電子と，π 結合の 2 電子の合計 4 個 4*n* の電子がかかわっている．[1,3]転位の場合，移動する水素原子と C_3 との再結合は，異なる位相の軌道間の反結合的な重なりなので，“軌道対称性から禁制”ということになる（図 23・42）．

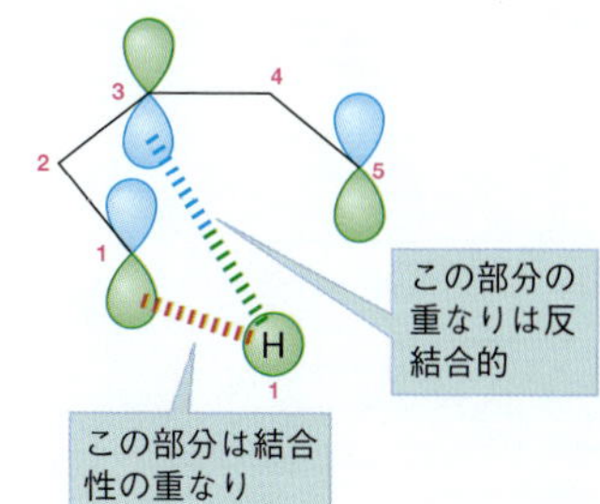

図 23・42 4 電子がかかわる [1,3]転位では，水素原子と C_3 の同じ側（下側）のローブとの間に反結合的重なりが生じる．

ここで重要な専門用語を紹介する．これまで見てきたような原子（あるいは原子団）が π 共役構造の同じ側の別の位置に移る過程を，**スプラ型移動**（suprafacial motion）とよぶ．反対に，原子（あるいは原子団）が π 共役構造の反対側へ移る場合，この過程を**アンタラ型移動**（antarafacial motion）とよぶ（図 23・43）．水素の [1,5]転位（4*n*＋2 個の電子がかかわる典型的なシグマトロピー転位）では，スプラ型移動が軌道対称性から許されるが，[1,3]転位（4*n* 個の電子がかかわるシグマトロピー転位）ではスプラ型移動は禁制となる（図 23・41，図 23・42）．

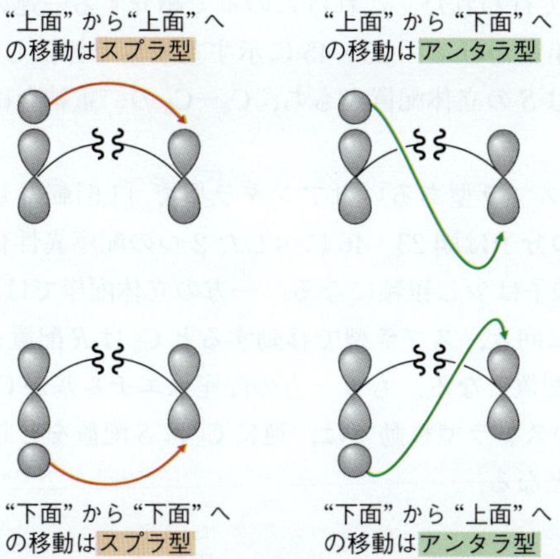

図 23・43 スプラ型移動では，π 共役構造の同じ面で結合の切断と形成が起こる．一方，アンタラ型移動では，結合の切断と形成が異なる面で起こる．

アンタラ型移動ができれば，軌道対称性から [1,3]転位は可能になるのに，なぜ水素原子は π 共役構造の反対側へ移動できないのだろうか（図 23・44）．実は，水素の 1s 軌道が小さすぎて，アンタラ型移動に必要な転位先に届かないからである．つまり，アンタラ型 [1,3]移動が起こらないのは，それが電子軌道論で禁制であるからではなく，立体的に無理だからである．

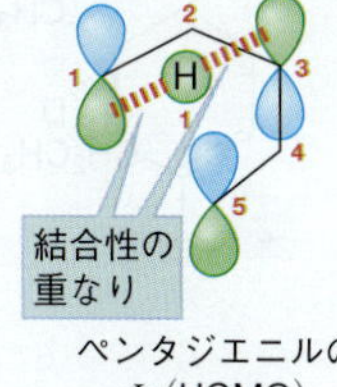

ペンタジエニルの Φ_3(HOMO)

図 23・44 軌道対称性からは，アンタラ型 [1,3]移動は許されるが，1s 軌道が小さいために，ローブの重なりを保てない．

ここまでを簡単にまとめると，シグマトロピー転位反応は分子内で起こるので，結合性相互作用を保つために，[1,5]転位は可能となるが，[1,3]転位は難しい．しかし，以上のことからは，転位形式が熱反応と光化学反応で異なることを説明できない．

問題 23・15 プロペンを熱すると，図のような [1,3]転位は起こると考えられるか．分子軌道論に基づいて説明せよ．

H_2C=CH–CH_3 (3, 2, 1; H 1)　⇄ (Δ / [1,3])　H_3C–CH=CH_2

ここが非常に重要なことであるが，これまでに学んだ考え方を用いれば，すでに知られている反応の結果をうまく説明できるだけでなく，未知の反応の結果も正確に予測できる．Woodward–Hoffmann 則は，[1,5]転位がスプラ型で進行することを予測し，かつそれを要請している．つまり，水素原子が C_1 から C_5 へ結合性相互作用を保ったまま移動するには，スプラ型しかないことを示している．しかし，今までに見てきた実験結果からは，この転位反応がスプラ型なのかアンタラ型なのか，あるいは両者が混ざっているのか，何もわからない．

スプラ型 [1,5]転位の理論的要請を確かめる実験を考えてみよう．もし実験により [1,5]転位がスプラ型で起こっていることが確かめられたなら，Woodward–Hoffmann 則が支持されることになる（ただし証明ではない）．逆に，もしアンタラ型転位あるいはスプラ型とアンタラ型の混ざった転位が見つかったならば，この法則が誤りであることが証明される（これはまさに証明である）．なぜなら Woodward–Hoffmann 則によれば [1,5]転位はスプラ型でしか進行しないはずだからである．このことは，理論が，実験によっていつそれが覆るかわからない不安定さをつねに持ち合わせていることを示している．

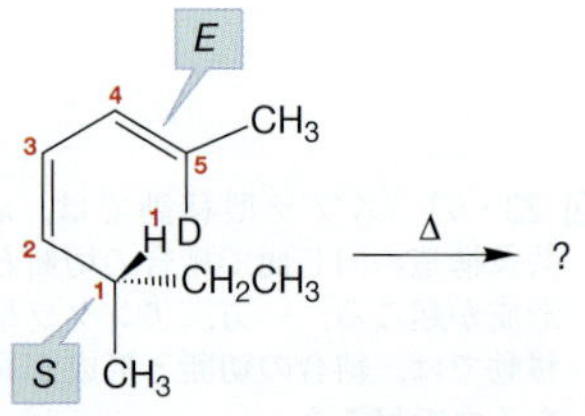

図 23・45　水素原子の [1,5]転位が厳密にスプラ型で進むかどうかを調べるために Roth らが用いた 1,3-ジエン化合物

Woodward–Hoffmann 則を支持する決め手となる実験が，ドイツの化学者 W. R Roth* (1930〜1997) によって行われた．これはこの章で紹介する一連の見事な実験の最初の例である．彼らは数年をかけて図 23・45 に示す重水素で標識した化合物を合成した．この化合物では，C_1 は S の立体配置をもち，C_4−C_5 の二重結合は E 配置をとっていることに注意しよう．

図 23・45 の分子がスプラ型あるいはアンタラ型で [1,5]転位した場合の生成物を考えよう．ただし，この分子は図 23・46 に示した 2 つの配座異性体から反応を起こしうるので，転位反応の様子は少し複雑になる．一方の立体配座では，C_1 位のメチル基が，C_4−C_5 二重結合方向に向き，スプラ型で移動すると C_5 は R 配置をとり，新しくできる C_1−C_2 二重結合は E 配置となる．もう一方の配座はエチル基が C_4−C_5 二重結合方向に向き，この配座からのスプラ型移動では，逆に C_5 は S 配置をとり，新しくできる C_1−C_2 二重結合は Z 配置となる．

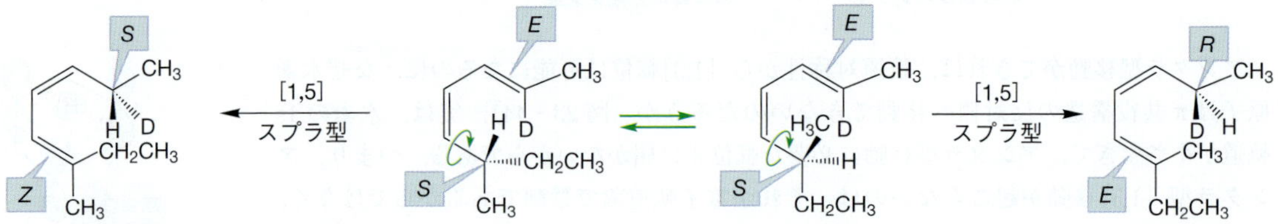

図 23・46　Roth の用いたジエンの 2 種類の回転異性体から，スプラ型移動で生じる生成物

アンタラ型移動の場合には，水素原子は一方の面から反対側へ移動する．この場合にも 2 つの立体配座からの転位が考えられ，それぞれ異なる立体化学の生成物を与える（図 23・47）．これらの生成物は互いに異なっているだけでなく，スプラ型移動の生成物とも異なっていることに注意せよ．

---

* 中間のイニシャル R の後ろにピリオドがないのは，誤植ではない．エール大学で Roth が博士研究員をしていたときに，その指導者の William von Eggers Doering が，ドイツ人化学者名簿に多く見いだされる W. Roth の中に埋もれないように，中間のイニシャルを入れるように勧めたという．

図 23・47 Roth の用いたジエンの 2 種類の回転異性体から，アンタラ型移動で生じる生成物

Roth らには転位生成物を精密に分離する技量があり，スプラ型移動の生成物しかできていないことを確認した．この実験で Woodward−Hoffmann 則の正しさが強く支持された．

最後に残された問題は，エネルギー源が熱か光によって，なぜ転位の様式が異なるかである．普通の熱で起こる転位は [1,5] であり，光化学転位は [1,3] となる．分子が一定のエネルギーをもつ光子を吸収すると，HOMO の 1 電子が LUMO へ昇位する．新しくできた HOMO は光化学的 HOMO とよばれ，その π 共役構造の両端のローブの対称性はもとの HOMO と異なる．このとき何が起こるだろうか．

図 23・48 に，最も単純なプロペンの [1,3] 転位の様子を示す．プロペンが光子を吸収すると HOMO は Φ_2 から Φ_3 へ変わる．

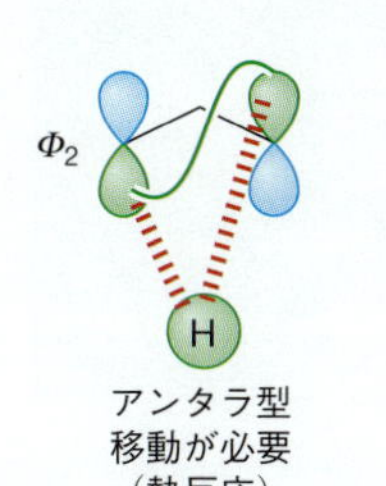

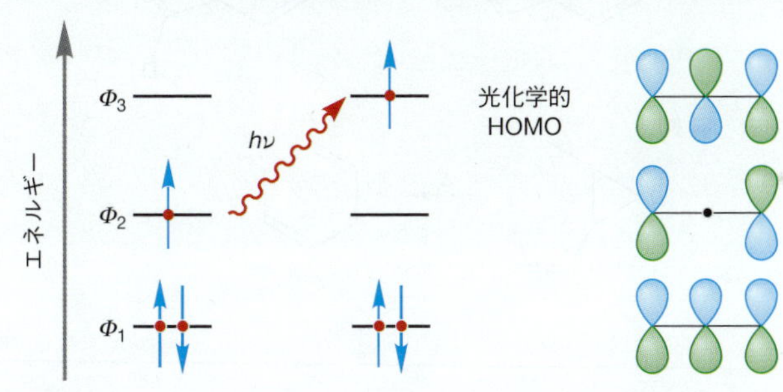

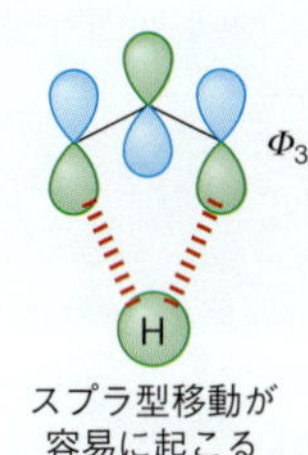

図 23・48 光化学的 HOMO (Φ_3) では，水素原子のスプラ型移動が可能となる．

軌道の対称性から，光化学的 HOMO である Φ_3 を用いるとスプラ型で移動でき，熱反応のアンタラ型移動に見られるような距離的な困難さはない．結局，水素原子は Φ_3 を用いることで，容易なスプラ型移動が可能になる．

シグマトロピー転位にかかわる電子数の違い，熱か光かのエネルギー源の違い，スプラ型移動かアンタラ型かの違いによる相関関係を，表 23・3 にまとめた．

表 23・3 シグマトロピー転位の許容則

反 応	関与する電子数	熱反応	光化学反応
代表的な $4n$ 反応	$4n$	アンタラ型	スプラ型
代表的な $4n+2$ 反応	$4n+2$	スプラ型	アンタラ型

ま と め

ここまで一見奇妙な 3 種類の協奏反応について学んできた．いずれの反応も軌道対称性が支配し，電子環状反応が同旋的あるいは逆旋的に進むかは，反応にかかわる電子の数と，加熱か光照射かの駆動法の違いで決まる．付加環化反応は反応物同士の軌

道の重なりで進み，HOMO と LUMO が示す軌道の対称性で反応結果が決まる．

以上の二つに比べると，シグマトロピー転位は理解するのが最も難しいだろう．すなわち反結合性相互作用を避けて，結合性相互作用を保つよう注意さえすれば，HOMO のローブの対称性を見るだけで水素あるいはその他の原子団の移動先を決められる．その移動がスプラ型で進むか，アンタラ型かを決める際には，水素の 1s 軌道のローブが小さいので，近い位置への移動でもアンタラ型移動は一般には起こりにくいことを考慮する必要がある．

問題 23・16 つぎの反応の機構を説明せよ．ヒント：反応 (a) と (b) にはそれぞれ複数のシグマトロピー転位が考えられる．

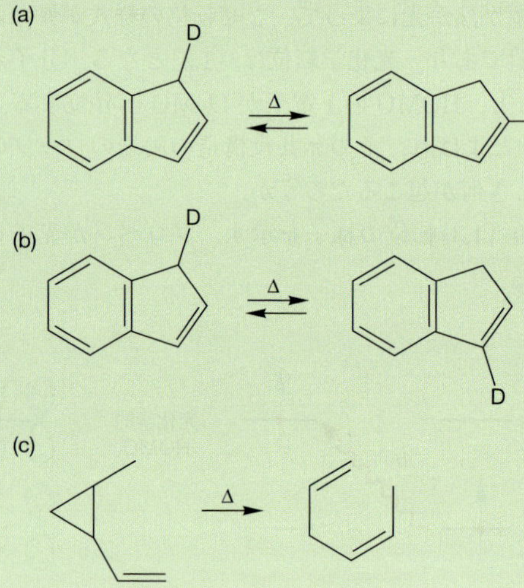

(a)

D

Δ

D

(b)

D

Δ

D

(c)

Δ

23・6 Cope 転位

問題 23・13 で見たように，転位反応の形式は［1, x］型ばかりではない．非常によく見掛けるシグマトロピー転位反応の 1 つに，Arthur C. Cope（1909～1966，8 章 p.351 で登場した Cope 脱離もこの Cope にちなむ）の名前が冠せられた，**Cope 転位**（コープ）（Cope rearrangement）がある*．

Cope 転位は炭素原子の［3,3］転位であり，ほぼすべての 1,5-ジエン化合物で起こる．図 23・49 の 1,5-ヘキサジエン分子は，2 つのアリル炭素骨格が 1 位同士で結合しているとみなすことができる（シグマトロピー転位で用いる位置番号は，化合物命名法で用いられる位置番号の付け方とは異なることに注意せよ）．反応は 2 つのアリル基の 1 位-1 位間で結合が切れて，3 位同士が再結合するので［3,3］転位とよぶ．この簡単な

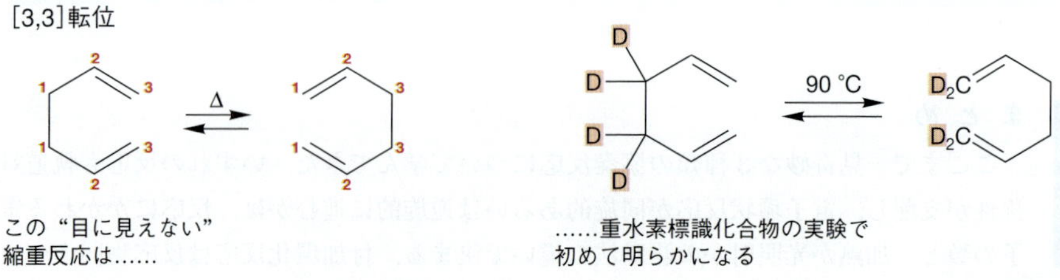

* Cope は，大部分の研究生活を米国の MIT で送った．この転位反応は Cope による発見ではなく，ノースウェスタン大学の C. Hurd（1897～1998）によるものであるが，MIT の Cope らの研究グループがこの反応を詳細に調べた．

［3,3］転位

2 1 3 1 3 2 Δ 2 1 3 1 3 2

この“目に見えない”縮重反応は……

D D D D 90 °C D_2C D_2C

……重水素標識化合物の実験で初めて明らかになる

図 23・49 ［3,3］転位である Cope 転位は，標識化合物を用いることで明らかになる．

1,5-ヘキサジエンでは反応物と生成物が同一となる縮重反応となり，重水素標識化合物を用いないと化学変化を確認できない．

前に見た［1,5］転位反応と同様に，Cope 転位も分子内で無触媒で起こり，また反応溶媒の極性に大きく影響されない．この Cope 転位の活性化エネルギーは約 140 kJ/mol であり，炭素－炭素結合を切って，2 つのアリルラジカルを生じるのに必要なエネルギーに比べると，はるかに小さな値である．Cope 転位で 2 つの遊離したアリルラジカルが生じるならば，重水素化された 1,5-ヘキサジエンは 2 種類の転位生成物を与えるはずだが，実際に得られるのは 1 種類だけである（図 23・50）．

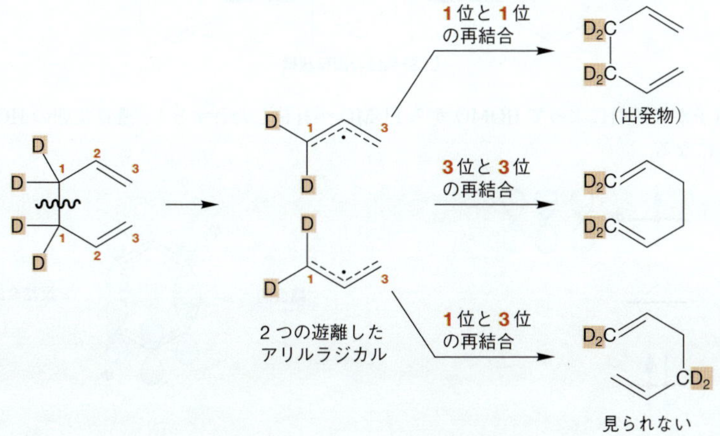

1位と1位の再結合
（出発物）
3位と3位の再結合
2つの遊離したアリルラジカル
1位と3位の再結合
見られない

図 23・50　標識化合物を用いた実験結果から，Cope 転位は遊離アリルラジカル対を中間に生成するのではないことがわかった．ラジカルが生じているならば，1 位と 3 位が再結合した異性体もできるはずだが，実際は生じない．

Cope 転位反応は図 23・51 のような非極性の遷移状態を経て進む．このとき，移動するのは水素原子ではなく，アリルラジカルである．Woodward-Hoffmann 則から，Cope 転位が熱によっては比較的容易に起こるが，光の照射では一般に起こらないことがわかる．C_1-C_1 結合が切れるときは，重なっていたローブの符号（位相）は同じである．アリルラジカルの HOMO が Φ_2 であることを考えると，遷移状態を形成する 2 つのアリルラジカルのそれぞれのローブの符号がわかる．

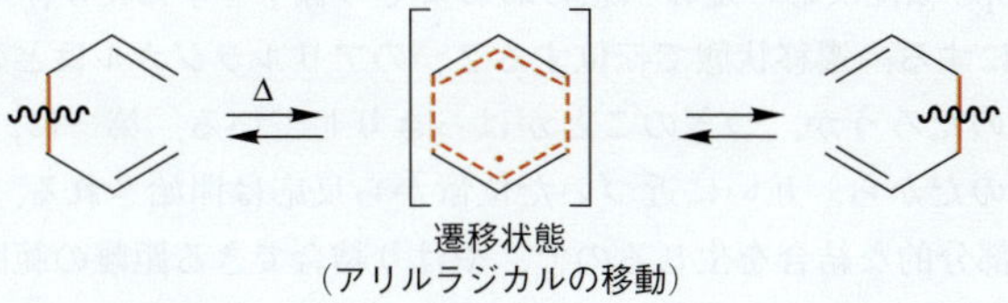

遷移状態
（アリルラジカルの移動）

図 23・51　Cope 転位の遷移状態では，アリルラジカルが移動する．

2 つのアリルラジカルの C_3 位のローブの符号は同じで，結合性の重なりとなるので，C_3 同士は再結合できる．さまざまな 1,5-ジエンを加熱すると容易に Cope 転位が起こるのは，このためである（図 23・52）．

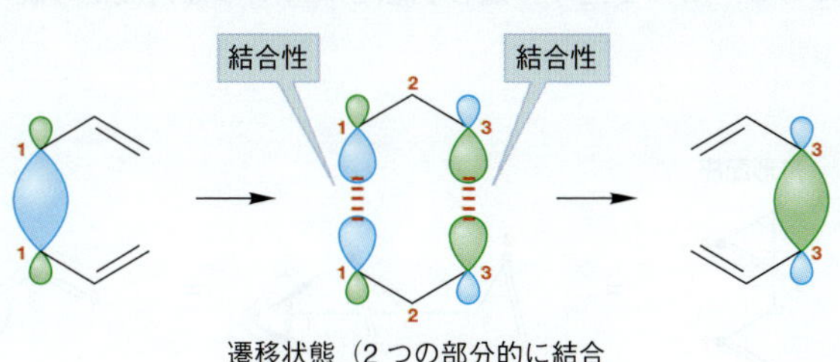

図 23・52　軌道対称性から，熱による Cope 転位は許される．

*問題 23・17 軌道対称性から，1,5-ヘキサジエンの光による [3,3] シグマトロピー転位が起こるか起こらないかを判断せよ．ここで，光子は一度に 1 個だけしか吸収されないことに注意せよ．特別な実験装置を用いると，1 箇所だけ励起し，その後 2 個目の光子を吸わせることが可能になる．ゆえにここでは 1 箇所だけ励起した分子状態を考えればよい．

解 答 [3,3]転位では，相互作用している 2 つのアリルラジカルの遷移状態を考える．

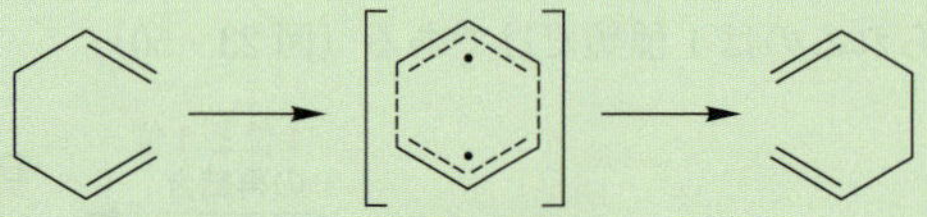

[3,3] 転位の遷移状態

1 電子が光照射によって HOMO から LUMO へ昇位したとすると，遷移状態の HOMO は Φ_3 になる．

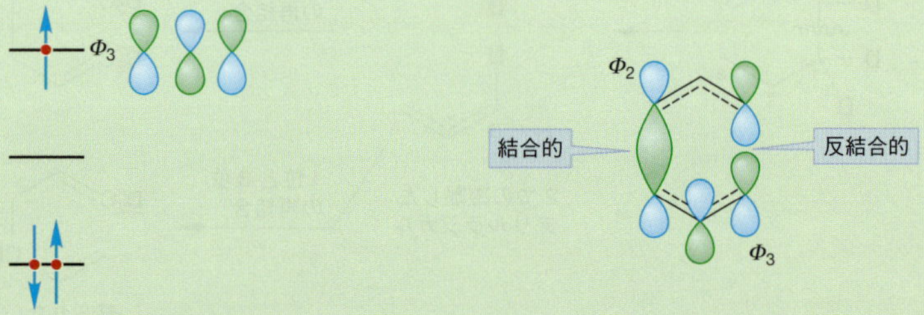

Φ_3 Φ_2 結合的 反結合的 Φ_3

この場合どうしても一方の相互作用は反結合的になるので，光による [3,3]転位は難しいことがわかる．

もし結合の回転がエネルギー的に可能ならば，一方のアリルラジカルの一端のローブは反転し，反結合的重なりから結合的重なりに変われる．しかし sp^2 炭素間の回転は大きなエネルギーを必要とするので，結局不可能である．

ここまでで Cope 転位反応の遷移状態のおおよその様子を学んだが，さらにもう少し詳しく見ることにする．遷移状態で転位する 2 つのアリルラジカルはどのような空間配置をとっているのだろうか．つぎのことがはっきりしている．第一に，2 つの C_1 炭素は結合していたのだから，互いに近づいた位置から反応は開始される．第二に，C_3 同士は遷移状態で部分的な結合を生じるので，やはり結合できる距離の範囲内に位置しているはずである（図 23・52）．

残された問題は，遷移状態で 2 つの C_2 炭素がどのような位置にあるかである．図 23・53 に示すように，2 つの可能性が考えられる．一方は，C_2 炭素が接近した舟形遷移状態（6 中心遷移状態），もう一方は C_2 同士が離れた位置をとるいす形遷移状態（4 中心遷移状態）である．この 2 通りの遷移状態をいろいろな角度から眺めた図を示す．

図 23・53 Cope 転位の遷移状態を表す舟形配座といす形配座（次ページにつづく）

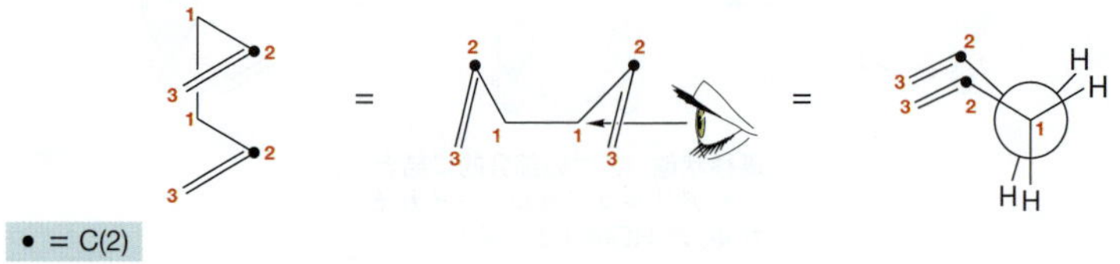

舟形配座

● = C(2)

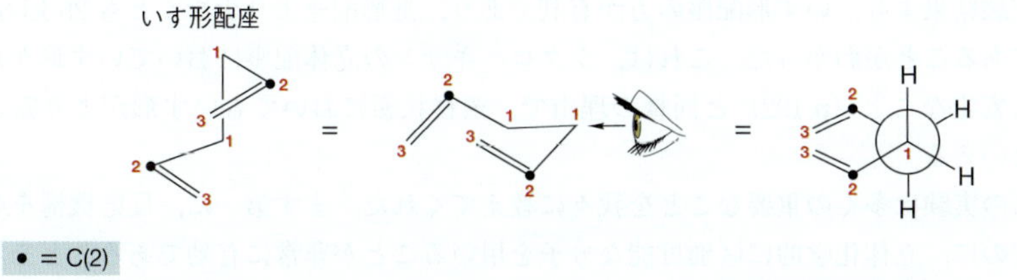

いす形配座

● = C(2)

図 23・53 (つづき)

1962 年に W. von E. Doering と W. R Roth は，メチル基の配置で立体化学的に区別された 3,4−ジメチル−1,5−ヘキサジエンを用いた巧みな実験により，どちらの遷移状態が有利であるかを決定した．この分子にはアキラルなメソ体と，1 対の鏡像異性体 (p.158) の 3 種類の立体異性体が存在する（図 23・54）．

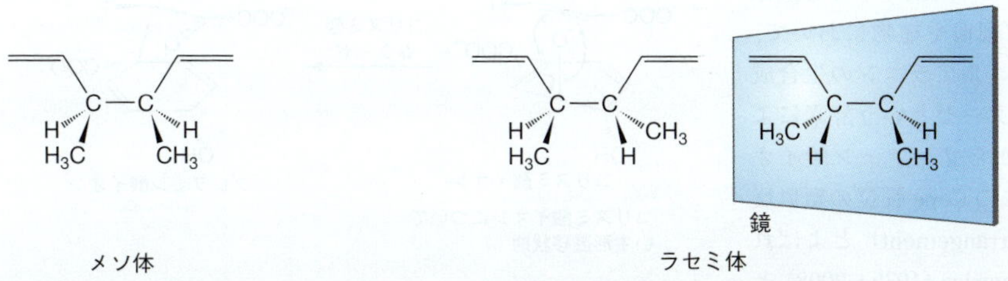

メソ体　　ラセミ体　　鏡

図 23・54 3,4−ジメチル−1,5−ヘキサジエンのメソ体とラセミ体

これ以降登場する鏡像異性体の図では，鏡像異性体の一方のみを表示する．しかし，実際の実験では，鏡像異性体が同量ずつ混ざったラセミ体を用いていることに注意．

約束事についての注意
一方の鏡像異性体のみ表示する

3,4−ジメチル−1,5−ヘキサジエンのメソ体もラセミ体も，舟形配座あるいはいす形配座をとれる．図 23・55 にメソ体の反応結果を示す．Doering と Roth が行った実験で重要なことは，メソ体でもラセミ体でも遷移状態が舟形かいす形かによって，立体化学の異なる生成物を与える点である．

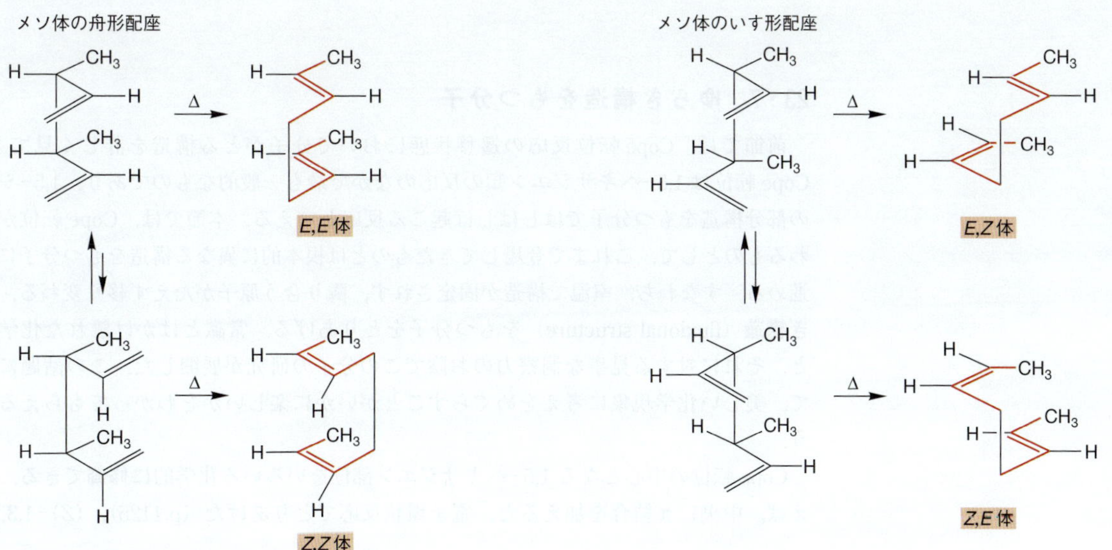

図 23・55 *meso*−3,4−ジメチル−1,5−ヘキサジエンの舟形配座およびいす形配座から生じる転位生成物

実験結果より，いす形配座の方が有利であり，舟形配座より少なくとも 25 kJ/mol 安定であることがわかった．これは，シクロヘキサンの立体配座においていす形が舟形よりも安定なこと（p.192）と同様の理由で，遷移状態においてもいす形がより安定になるといえる．

この実験は多くの重要なことを我々に教えてくれた．まず第一に，反応機構を解き明かすのに，立体化学的に区別可能な分子を用いることが非常に有効であることを示したこと，そしてさらに重要なことは，23・7 節で述べるように，Cope 転位の研究が知的で想像力にあふれた考え方に直接結びついた点である．

生体中でみられる Cope 転位：コリスミ酸からプレフェン酸への変換

Cope 転位は実験室だけの反応ではなく，生体中でも類似した反応が起こっている．たとえば細菌や植物において，必須アミノ酸であるチロシンやフェニルアラニンの生合成過程で重要な段階は，コリスミ酸ムターゼという酵素によるコリスミ酸イオン（chorismate）からプレフェン酸イオン（prephenate）への転位である．この Cope 転位の類似反応は，特に Claisen（クライゼン）転位（Claisen rearrangement）とよばれる*．ハーバード大学の Jeremy Knowles（1935～2008）と MIT の Glenn Berchtold（1932～2008）は，Doering と Roth の実験と同様に，三重水素（^{3}H = T，トリチウム；水素の放射性同位体）で標識した分子を用いて調べた結果，この酵素反応も舟形ではなくいす形遷移状態を経て進むことがわかった．すなわち，いす形遷移状態を経ると，Z 配置の二重結合部位をもつコリスミ酸イオンからは，S 配置のキラル炭素をもつプレフェン酸イオンが生成する．なお，右上図はいす形，右下図は舟形の遷移状態を経る Cope 型転位（Claisen 転位）を表している．

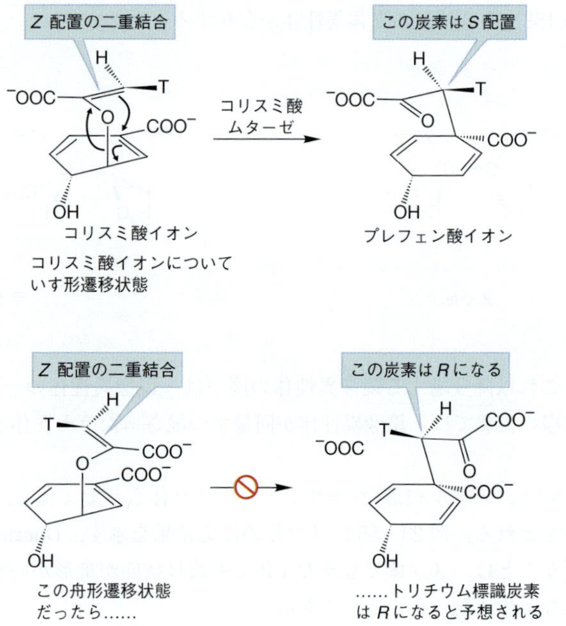

23・7 ゆらぎ構造をもつ分子

前節では，Cope 転位反応の遷移状態において分子がとる構造を詳しく見てきた．Cope 転位は 1,5-ヘキサジエン類の反応のなかで最も一般的なものであり，1,5-ジエンの部分構造をもつ分子ではしばしば起こる反応といえる．本節では，Cope 転位がかかわるものとして，これまで登場してきたものとは根本的に異なる構造をもつ分子に話を進める．すなわち，室温で構造が固定されず，隣り合う原子がたえず移り変わる，**ゆらぎ構造**（fluxional structure）をもつ分子をとりあげる．常識とはかけ離れた化学現象と，それに対する見事な洞察力のお陰でこの分子の研究が展開した．この話題によって，美しい化学現象に考えをめぐらすことがいかに楽しいかをわかってもらえるだろう．

Cope 転位の中心となる 1,5-ヘキサジエン部位をいろいろ化学的に修飾できる．たとえば，中央に π 結合を加えると，電子環状反応でとりあげた（p.1125），(Z)-1,3,5-ヘ

* Claisen 縮合（p.959）や Claisen-Schmidt 反応（p.956）の Claisen と同一化学者．

キサトリエンになる．この分子のCope転位を巻矢印表記法で示すと，1,3-シクロヘキサジエンに至る（図23・56）．

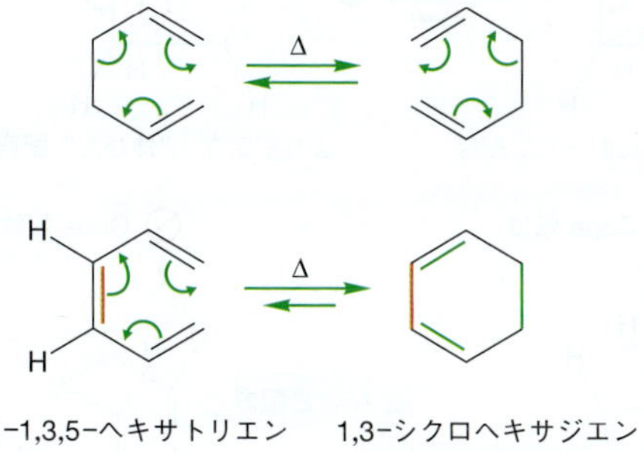

縮重反応である
1,5-ヘキサジエン
のCope転位

Δ

H
H

Δ

この電子環状反応は
Cope転位の変形

(*Z*)-1,3,5-ヘキサトリエン　1,3-シクロヘキサジエン

図 23・56　(*Z*)-1,3,5-ヘキサトリエンから1,3-シクロヘキサジエンへの電子環状反応は，Cope転位の変形とみなせる．

しかし，ここで立体化学に関する問題が生じる．中央の二重結合が*Z*配置をとる異性体では転位が起こるが，*E*異性体は両端炭素が遠く離れているので，反応しない（図23・57a）．

このような立体化学の違いは，1,5-ヘキサジエン誘導体である1,2-ジビニルシクロプロパン（図23・57 b）でも同様である．この場合もシス体だけがCope転位を起こすが，トランス体では両端が接近できない．

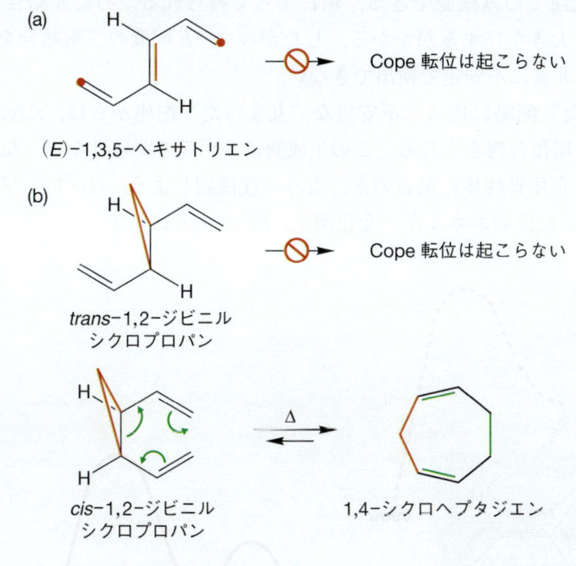

図 23・57　(a) (*E*)-1,3,5-ヘキサトリエンの場合，結合をつくらなければならない分子の両端（赤丸で表示）が遠く離れているので，転位は起こらない．
(b) *cis*-1,2-ジビニルシクロプロパンはCope転位するが，トランス体では起こらない．

問題 23・18　*cis*-1,2-ジビニルシクロプロパンのCope転位は室温でも容易に進む．これまでに見てきた他のCope転位に比べて極端に起こりやすい理由を説明せよ．

さらにこの分子のCope転位には，立体化学に関する別の問題もある．*cis*-1,2-ジビニルシクロプロパンの最も安定な立体配座は，2つのビニル基がシクロプロパン環上の内側を向いた水素とぶつかり合わないように，環から遠ざかる方向を向いている（図23・58）．しかし，この“伸びた”配座からはCope転位は起こらない．転位を起こすには，不安定な“丸まった”配座をとらねばならないが，この場合2つのビニル基は環上の水素と向き合わなければならない．

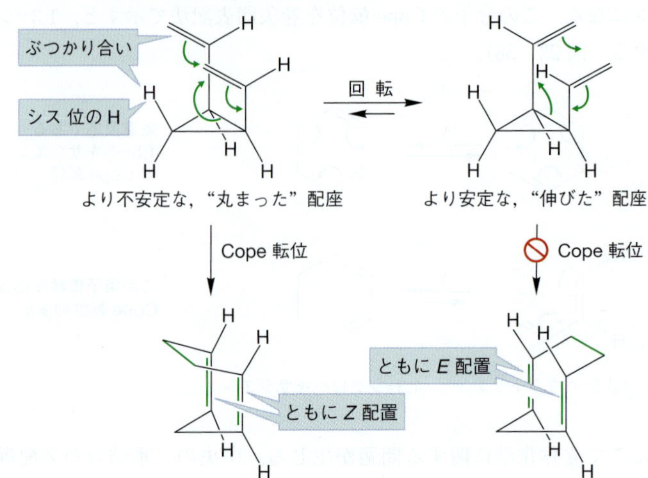

図 23・58 *cis*-1,2-ジビニルシクロプロパンでは，より不安定な“丸まった”配座のみがCope転位が可能である．より安定な“伸びた”配座からは，非常に不安定な(*E,E*)-シクロヘプタ-1,4-ジエンを生じなければならない．

“伸びた”配座から転位が起こると，*E*配置の二重結合を2つもつ1,4-シクロヘプタジエンを生成することになる．しかし，紙の上ではこの分子構造式は描けても，実際には存在しがたい．それは*E*配置の二重結合を含む7員環化合物は，非常に不安定だからである．たとえば，(*E*)-シクロヘプテンは，かろうじて検出できるくらいの不安定な中間体で，低温でのみ確認できる．環によって縛られるためにπ結合は大きくねじれ，そのために大きなひずみがかかる．したがって，*E*配置の二重結合を2つも含む7員環化合物は，非常に不安定で検出できない．

一方，“伸びた”配座に比べて不安定な“丸まった”配座からは，*Z*配置の二重結合を2つ含む7員環化合物を生じる．この生成物はひずみの問題はない．なぜ2つの配座異性体が異なる立体異性体に至るのか，もう一度確認しよう．*cis*-1,2-ジビニルシクロプロパンのCope転位のエネルギー変化図を，図23・59に示す．

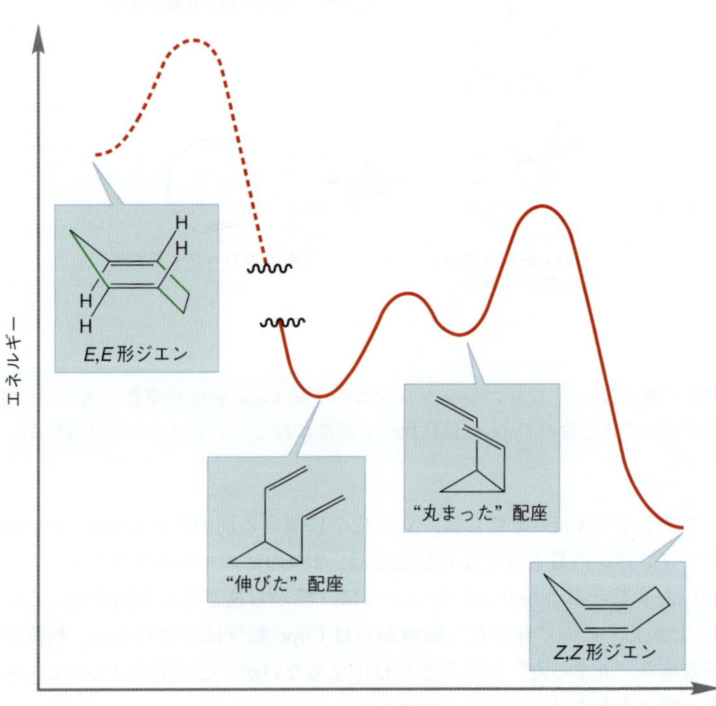

図 23・59 *cis*-1,2-ジビニルシクロプロパンのCope転位にかかわるエネルギー変化図

つぎに，1,5-ジエンにメチレン基が結合した分子であるホモトロピリデン（homotropilidene）を考える．この分子にも巻矢印表記法を用いて転位反応が描けるし，実際にその Cope 転位は速やかに進む．ただし，この反応は縮重 Cope 転位であり，出発物と生成物は同一となる（図 23・60）．

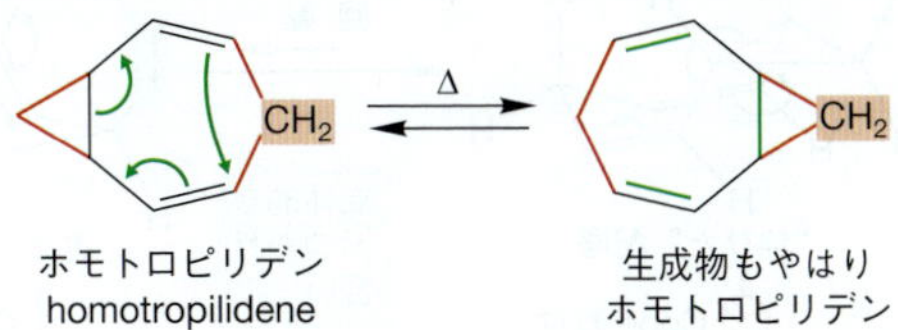

図 23・60 ホモトロピリデンの縮重 Cope 転位

問題 23・19 W. R Roth によって初めて合成されたホモトロピリデンは，速やかに Cope 転位を起こし，複雑な ^{1}H NMR スペクトル（下図）を示す．すなわち，低温および高温条件下では比較的鋭い NMR スペクトルを与えるが，20 ℃では 2 つの幅広いピークとなる．NMR スペクトルの各ピークを詳細に解析する必要はないが，この複雑な NMR スペクトルの変化から，何が起こっていると考えられるか．

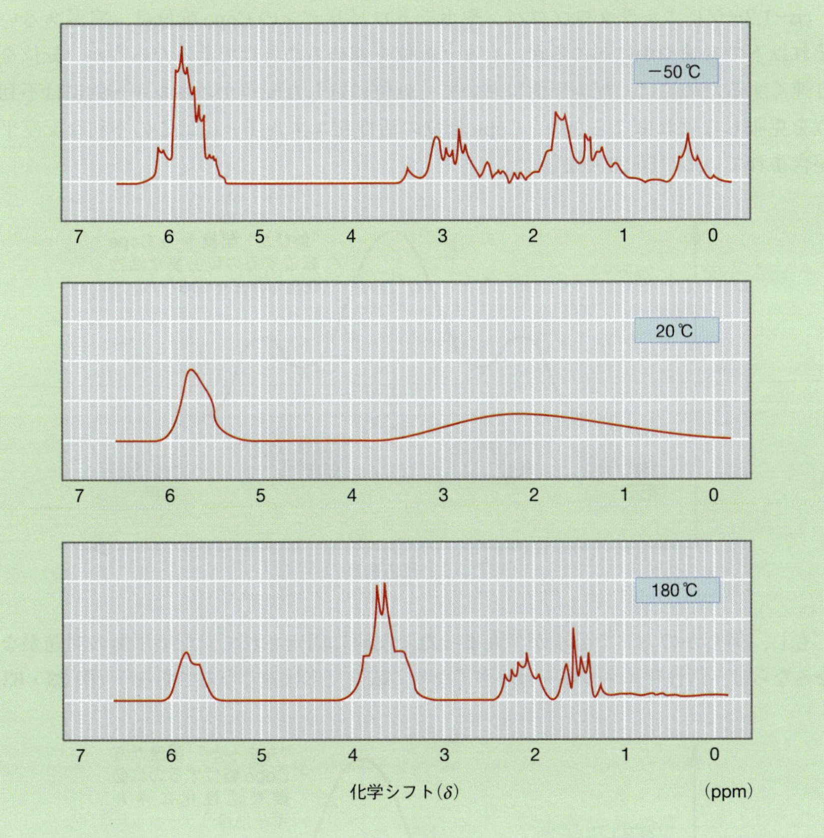

この分子にも立体化学の問題がある（図 23・61）．すなわち，ホモトロピリデンが Cope 転位を起こすには，1,2-ジビニルシクロプロパンと同じく，最安定の“伸びた”配座では無理なので，よりエネルギーの高い“丸まった”配座をとらねばならない．“丸まった”配座は，メチレン基の水素同士が向き合うので，明らかに不安定である．“伸びた”配座からは 2 つの E 配置の二重結合を含む非常に不安定な 7 員環化合物を生

じることになるが，“丸まった”配座からの生成物はZ配置の二重結合をもつので，ひずみの問題はない．

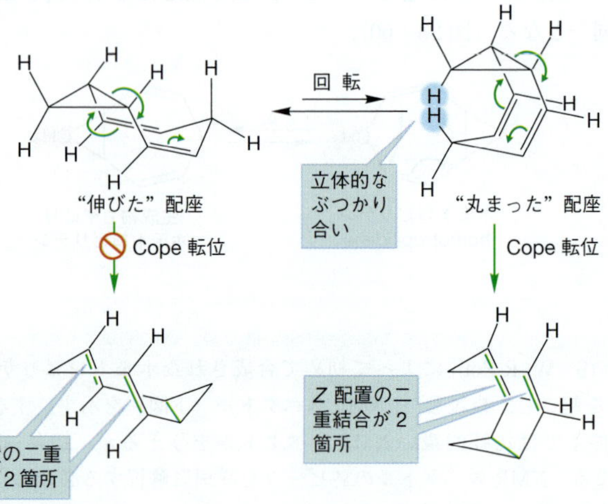

図 23・61 ホモトロピリデンのCope転位では，よりエネルギーの高い“丸まった”配座からのみ，安定な転位生成物が得られる．より安定な“伸びた”配座からは，7員環中に2つのE配置の二重結合をもつ転位生成物が生じることになる．

cis-1,2-ジビニルシクロプロパンやホモトロピリデンのCope転位は，室温あるいはそれ以下でも速やかに起こるが，もっと転位を速めることはできるだろうか．転位をより速くするためには，配座平衡において，転位に適した配座がエネルギー的には不利な点を克服しなければならない．Cope転位の活性化エネルギーにはこの不利な配座平衡が含まれている（図 23・62）．

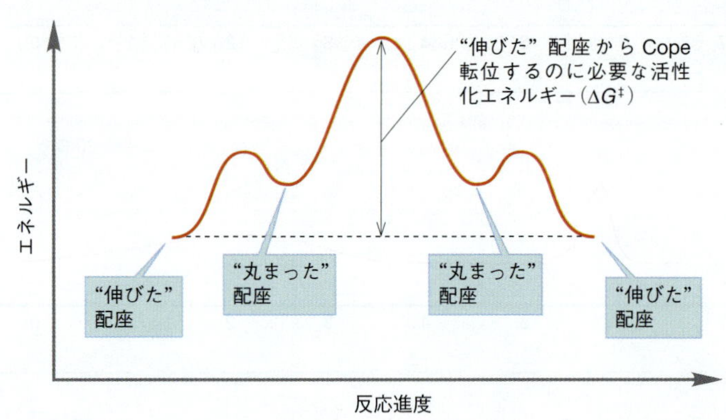

図 23・62 ホモトロピリデンがCope転位する際の，反応進度に対するエネルギー変化図．この場合，反応の活性化エネルギー（$\Delta G^{\ddagger}$）には，“伸びた”配座と“丸まった”配座間のエネルギー差も含まれている．

もし，何らかの方法で分子が“丸まった”配座に固定されて，配座平衡の問題がなくなるならば，活性化エネルギーは小さくなり，転位反応は速くなるであろう（図 23・63）．

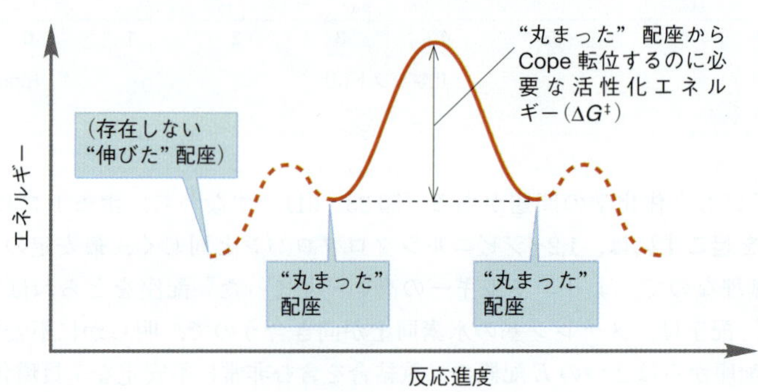

図 23・63 “丸まった”配座に固定されたホモトロピリデンがCope転位する際の，反応進度に対するエネルギー変化図．この場合，より安定な“伸びた”配座との配座平衡の問題がなくなるので，活性化エネルギーは図 23・62より小さくなる．

そこでつぎに，ホモトロピリデンの2つのメチレン部位を結びつけて，“丸まった”配座に固定した分子のCope転位について考えてみよう（図23・64）．この分子は，“丸まった”配座に固定されているので，もはや“伸びた”配座との化学平衡の問題はなくなり，Cope転位の活性化エネルギーは減少し，その結果転位速度は著しく高められると予想される（図23・63）．多くの橋かけ構造のホモトロピリデン化合物が合成されている．その一部を図23・65に示す．

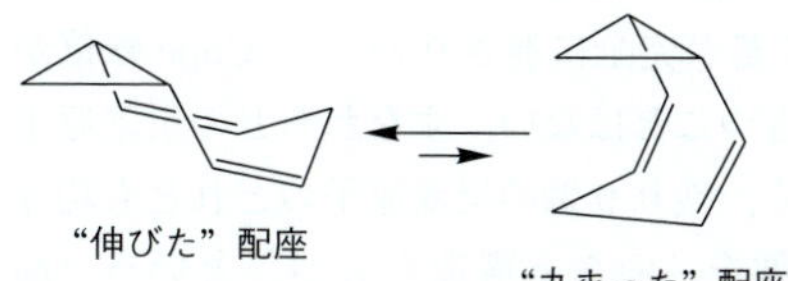

この橋かけにより，分子が“丸まった”配座に固定される

図 23・64　2つのメチレン基を橋かけすれば，ホモトロピリデンを“丸まった”配座に固定できる．

ジヒドロブルバレン
dihydrobullvalene

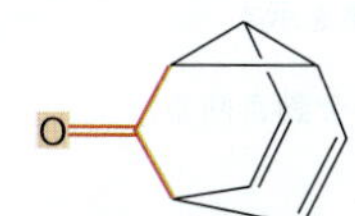

バルバラロン
barbaralone

バルバララン
barbaralane

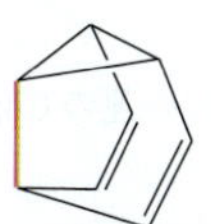

セミブルバレン
semibullvalene

図 23・65　4種類の橋かけされたホモトロピリデン化合物．いずれも速やかにCope転位を起こす．

この橋かけの考え方は妙案で，いくつかの対応する分子がつくられ，興味深い結果が得られた．しかしここまでは単なる“良い考え”にすぎない．つぎに出てきた発想は，誰もがうらやむほどの洞察と独創性にあふれたものであった．ホモトロピリデンの2つのメチレン基を二重結合でつなぐと，**ブルバレン**（bullvalene）*とよばれる，一見何の変哲もない分子ができる．図23・66に示すように，複雑な構造をしているが，1,5-ヘキサジエン部位でCope転位が起こりうる．

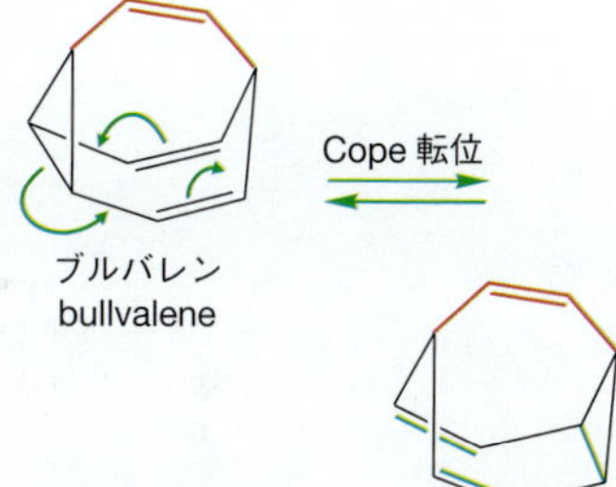

図 23・66　炭素－炭素二重結合で橋かけすると，ブルバレンとよばれる化合物になる．

ブルバレンには3回回転軸があり，赤色で示した結合部分を黒色で表せば，3つの二重結合は区別がつかなくなる．分子の3つの面のいずれにおいてもCope転位は可能であり，どの転位が起こっても同じ分子を再生する（図23・67）．分子模型を使えば，このことはもっと理解しやすい．

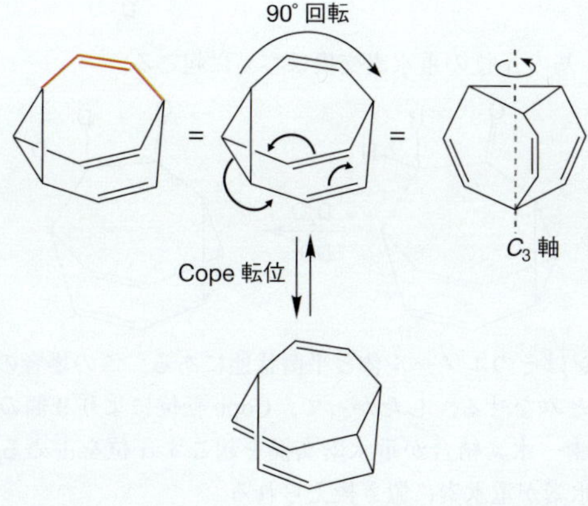

図 23・67　ブルバレンには3回回転軸があり，3つの二重結合はすべて等価となる．分子のいずれの面においてもCope転位が可能であり，どの転位でも出発物と生成物は同一になる．

* ブルバレンとは何と奇妙な名前だろうか．この名前の由来に興味をもつ読者は，化合物の命名に関してAlex NickonとErnest F. Silversmithによって書かれた“The Name Game”〔Pergamon, New York（1987）；『化学者たちのネームゲーム（I, II）』，大澤映二監訳，化学同人（1990, 1991）〕を読んでみるとよい．この本は化合物の体系的な命名法について述べたものではなく，化学者が苦労してつくった分子に，いかにお気に入りの名前を付けたかについて多くの例を紹介している．

ブルバレンの構造変化をもっと詳しく眺めてみよう．ブルバレンがCope転位を起こすと，各炭素原子は離ればなれに動き始める．図23・68から，黒点で示した任意の隣り合う炭素が動き回る様子がうかがえる．Cope転位が連続して3回起こったところまでしか示されていないが，最終的に10個のCH基が完全に混ざり合う*．Cope転位が速く起こる限り，ブルバレンは固定した構造をもつことはない．すなわちどの炭素原子も決まった炭素原子と隣り合っているのではなく，残り9個の炭素原子のどれとも均等に隣り合っていることになる．このような状態を“ゆらぎ構造をもつ”という（図23・68）．

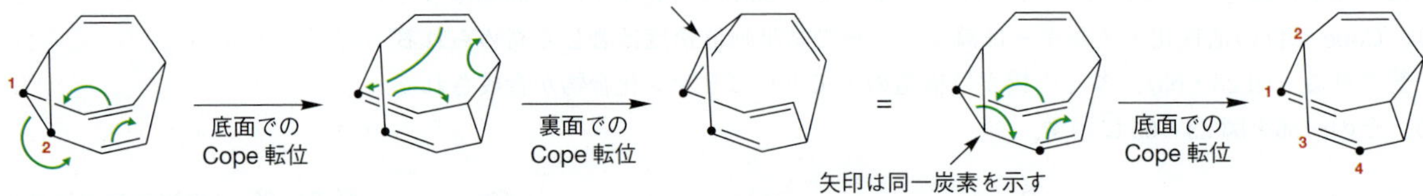

図 23・68　一連のCope転位により，どの炭素原子も分子中を動き回る．

問題 23・20　室温よりいくぶん高い温度でのブルバレンの^{1}H NMRスペクトルは，δ 4.2 ppmの位置に，幅広いピークを1つ示すだけである．これを説明せよ．

解 答　すべての炭素−水素結合が時間平均で同一ならば，NMRスペクトルは1本線を与えるだけである．すなわち，平均化されたスペクトルが観測される．

問題 23・21　下図のケトンを，重水素化した塩基で処理すると，分子中のすべての水素原子は重水素原子に置き換わる．その理由を説明せよ．

D_2O / DO^-

解 答　カルボニル基のα位の重水素交換は容易に起こる．

D_2O / DO^-

一般の単純ケトンはそのエノール体と平衡状態にある．この場合のエノール体は置換されたブルバレンとみなせる．したがって，Cope転位により9個の炭素原子は等価となり，すべての炭素−水素結合が重水素交換を起こすα位を占める．重水素化が繰返されて，すべての水素が重水素に置き換えられる．

---

* Doeringが初期の論文で，ブルバレンの2個の隣り合う炭素だけが入替わり，残りの炭素の位置は変わらない状態になるには，Cope転位が連続47回起こればよく，また1,209,600通りの異性体があると述べている．のちにプリンストン大学の学生Allan FisherとKarl Bennettがコンピューターを用いて調べ，この状態になるのにCope転位を17回起こすだけで十分なことを見つけた．

問題 23・21 解答（つづき）

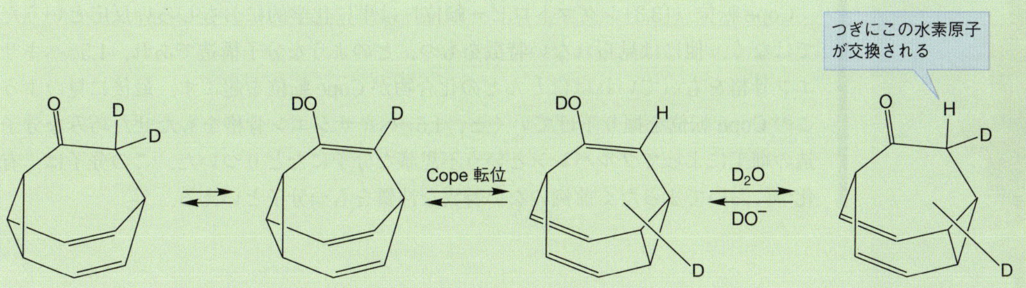
つぎにこの水素原子が交換される
O
D
D
DO
D
Cope 転位
DO
H
D
D$_2$O
DO$^-$
O
H
D
D

ブルバレンの特異な性質を予想する論文が登場すると，当然ブルバレンを合成しようと多くの試みがなされた．しかし，効率的な合成法が登場するはるか前に，ベルギーで研究をしていたドイツ人の Gerhard Schröder（1929 年生まれ）がブルバレンを初めて合成した．当時，Schröder はシクロオクタテトラエンの数種類の二量体の構造を明らかにしようとしていた．その中の 1 つの二量体に光を当てると，都合よいことにベンゼンとブルバレンに分解することを偶然見つけた（図 23・69）.

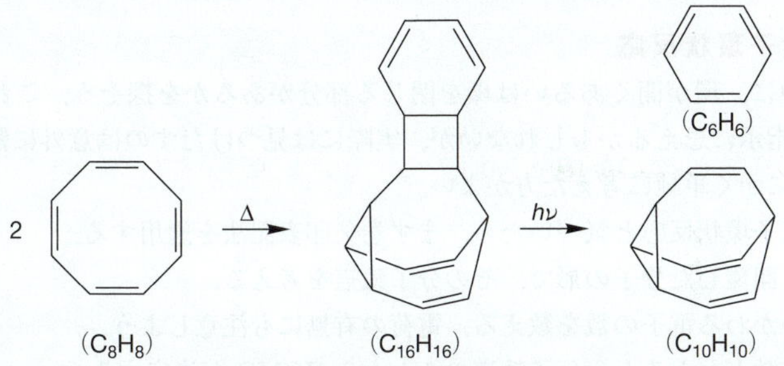
2
Δ
hν
(C_6H_6)
(C_8H_8)
($C_{16}H_{16}$)
($C_{10}H_{10}$)

図 23・69 Schröder により偶然に見いだされたブルバレンの合成反応

問題 23・22 図 23・69 の光化学反応を説明せよ．なぜ分解反応は速いのだろうか．

Schröder はすぐにどのような反応が起こったかを理解し，ブルバレンやブルバレンの置換体の性質をつぎつぎと明らかにし，華々しい研究成果をあげた．このようにして Doering の予想は，Schröder によるブルバレンの合成によって，完全に確かめられた*．

＊（訳注） Doering らも，のちにバルバラロンを経由する別の経路で，独自にブルバレンを合成した．

ブルバレン以外に，完全なゆらぎ構造をもつ中性の分子は見つかっていない．しかし，有機カチオンや有機金属化合物では，たえず化学構造を変える現象がよく見られる．

問題 23・23 つぎの反応の機構を説明せよ．

(a)

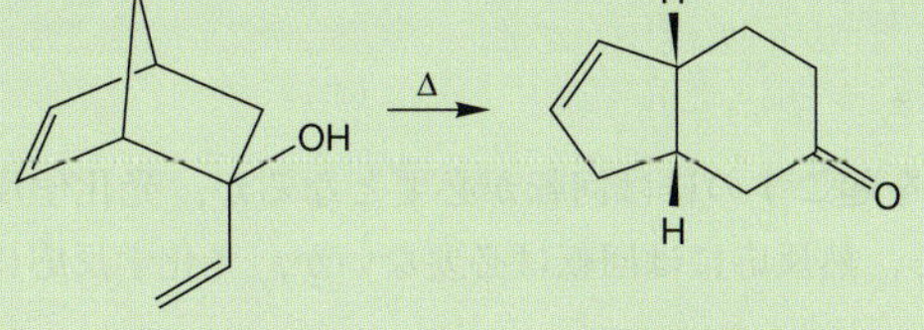
OH
Δ
H
H
O

(b)

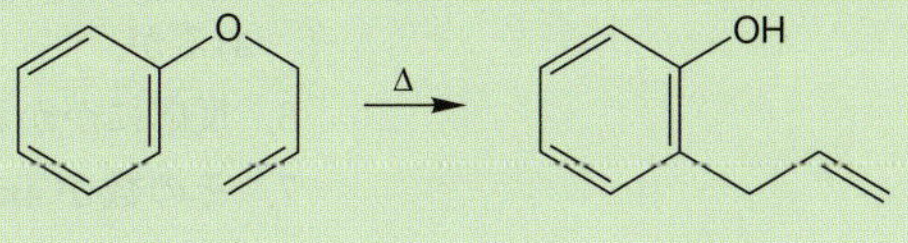
O
Δ
OH

ゆらぎ構造の分子の姿は，フィギュアスケーターがスピンするように，原子と電子が高速で動く結果によるものである．

まとめ

Cope転位（[3,3]シグマトロピー転位）は単に化学的におもしろい反応というだけではなく，他には見られない特徴をもつ．どのような分子構造であれ，1,5-ヘキサジエン骨格をもっていればほとんどの化合物がCope転位を起こす．最後に見たようにこのCope転位を掘り下げていくと，1,5-ヘキサジエン骨格をもたせた巧みな分子構造の細工によってブルバレンという不思議な分子にたどりついた．この分子は，有機化学においてまったく前例のない特異な性質をもつ分子といえる．

23・8 軌道対称性の問題の解き方

問題の解き方

一般に人間も問題も多様だが，当てはまる一般則はある．ここでは，3つの型の反応について，軌道対称性の問題の取組み方やその解き方をまとめてみよう．

23・8a 電子環状反応

1. 分子の中に，環が開くあるいは環を閉じる部分があるかを探そう．これはあまりにも簡単な指示に思えるかもしれないが，実際には見つけだすのは意外に難しいことがある．とにかく単純に考えた方がよい．
2. 反応が電子環状反応と気づいたら，まず巻矢印表記法を適用する．
3. つぎに，開環した分子の形で，その分子軌道を考える．
4. 反応にかかわる電子の数を数える．電荷の有無にも注意しよう．
5. 4.で電子数がわかると，分子軌道のなかからHOMOが決定する．
6. HOMOのローブ同士が反結合的ではなく，結合的な相互作用をして閉環するためには，同旋的回転と逆旋的回転のいずれを必要とするかを考える．反応に$4n$個の電子がかかわる場合には，熱反応は同旋的，光反応は逆旋的となる．$4n+2$個の電子がかかわる場合には，熱反応は逆旋的，光反応は同旋的となる．

23・8b 付加環化反応

1. 2分子から1つの環ができる，あるいは環が開いて2分子を生じる過程があるかを探そう．そのような過程があるならば，その過程は付加環化反応である．
2. 丁寧に巻矢印表記法を適用する．
3. それぞれの分子のπ分子軌道を描く．
4. それぞれの分子軌道のHOMOとLUMOを決める．
5. 2組の可能なHOMO-LUMO相互作用を考える．このとき一般に，開環過程よりも閉環過程を取上げた方が，考えやすい．もちろんどちら向きに考えても結論は同じであるが．
6. 反応にかかわる電子数を数える．
7. その数が$4n$個なら，熱反応を起こすのには回転が必要となるが，光化学反応では必要ない．一方，$4n+2$個なら，熱反応には回転は必要ないが，光化学反応には必要となる．

23・8c シグマトロピー転位 3つのなかでこのタイプの反応が諸君にとって最もつかみにくいものであろう．

1. 最大の難しさは，反応の見極めである．分子の一部がある箇所から別の場所へ移動しているだろうか．もしそうなら，たいていそれはシグマトロピー転位反応といえる．それに気づけば，移動している原子あるいは原子団に印を付けてみよう．
2. その原子(団) はどこで切れて，どこで再結合しているだろうか．巻矢印表記法を適用してみる．
3. 反応の遷移状態を描いてみる．移動する原子(団) が接続している結合を均一開裂させる．決して不均一開裂させないこと．そのとき，あとに残る母体部分はどんな形か．また，移動する部分は何か．
4. 3. で切断した2つの化学種の分子（あるいは原子）軌道を描いてみる．
5. ここで，移動する原子(団) は結合性相互作用で結合をつくっていたことを，忘れてはいけない．そして，原子(団) が移動していく先のHOMOの対称性を考えてみよう．
6. 移動する原子(団) は，再結合する際に結合性相互作用を生じるだろうか．可能ならば，その転位反応は許される．反結合的にしか結合できないならば，その転位は許されない．
7. 反応にかかわる電子数を数えよ．
8. その数が $4n$ 個なら，熱反応では水素（あるいは他の原子(団)）はアンタラ型で，光化学反応ではスプラ型で進む．一方，$4n+2$ 個なら，熱反応はスプラ型，光化学反応はアンタラ型となる．

それでは，具体的な問題にあたってみよう．つぎの3つの問題を上に示した考え方を使って解いてみよ．

問題 23・24 つぎの反応は許容か禁制か．詳しく述べよ．

Δ

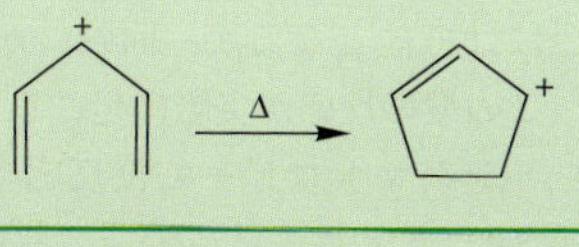

問題 23・25 つぎの熱反応は許容か禁制か．詳しく述べよ．

H_2C $\ddot{C}H_2^-$ $H_2C{=}CH_2$ Δ

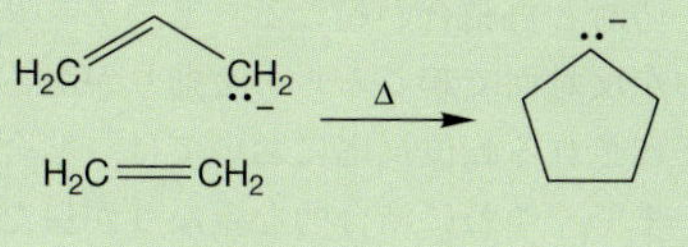

問題 23・26 つぎの熱反応はスプラ型，アンタラ型のどちらで起こるか．詳しく述べよ．

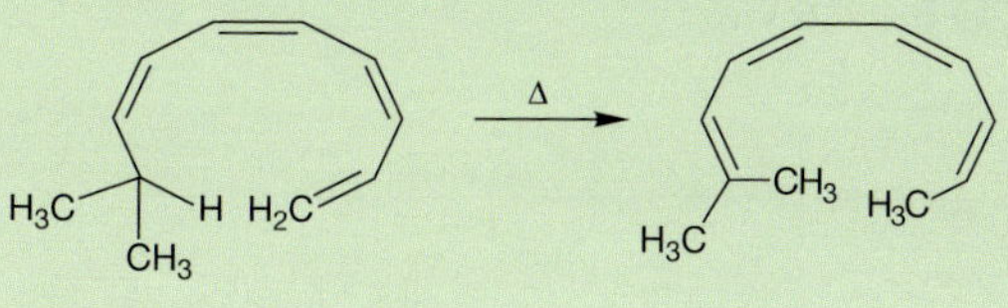

H_3C H CH_3 H_2C Δ CH_3 H_3C H_3C

23・9 まとめ

■新しい考え方■

Woodward–Hoffmann 則の最も重要な点は，協奏反応における相互作用する軌道同士の位相関係に着目することである．反応を通して結合的な重なりが維持されるならば，その反応は許容される．そうでなければ，軌道の対称性から禁制となる．ペリ環状反応とよばれる他の方法では説明しにくいさまざまな反応の機構が，この軌道対称性の保存の考え方で説明できる．

ゆらぎ構造という考え方を，ブルバレンという $(CH)_{10}$ 分子を通して学んだ．ブルバレン中のある炭素原子に注目すると，特定の炭素原子と隣り合うのではなく，平均すると他の 9 個の炭素のそれぞれと等しく結合している．このゆらぎ構造は，縮重 Cope 転位が速やかに起こる結果である．

この章では，反応による立体化学的な特徴を調べるための標識実験をいろいろ紹介した．分子構造上の印を巧みに付けることで，反応機構の詳細を知ることができる．たとえば，W. R Roth は，水素原子の［1,5］転位反応がスプラ型で進むことを示し，Doering と Roth は［3,3］シグマトロピー反応である Cope 転位の遷移状態の構造を明らかにした．

■重要語句■

アンタラ型移動 antarafacial motion（p.1143）
Woodward–Hoffmann 則 Woodward–Hoffmann theory（p.1121）
逆旋的過程 disrotation（p.1126）
協奏反応 concerted reaction（p.1123）
Cope 転位 Cope rearrangement（p.1146）
シグマトロピー転位 sigmatropic shift（p.1138）
縮重反応 degenerate reaction（p.1137）
スプラ型移動 suprafacial motion（p.1143）
電子環状反応 electrocyclic reaction（p.1123）
同旋的過程 conrotation（p.1126）
付加環化反応 cycloaddition reaction（p.1131）
ブルバレン bullvalene（p.1155）
ペリ環状反応 pericyclic reaction（p.1121）
ゆらぎ構造 fluxional structure（p.1150）

■反応・機構・解析法■

ある種のポリエンと環状化合物は，電子環状反応とよばれるペリ環状反応により相互変換する．たとえば，1,3-ブタジエンとシクロブテンの相互変換，1,3-シクロヘキサジエンと (*Z*)-1,3,5-ヘキサトリエンの相互変換などがあげられる（図 23・5 および図 23・16 参照）．

軌道の対称性を考慮すると，$4n$ 個の π 電子が関与する反応において，熱反応は同旋的に，また光化学反応は逆旋的に進む．一方，$4n+2$ 個の π 電子が関与する場合は，熱反応では逆旋的な過程が，光化学反応では同旋的な過程が許容となる．要するに，新たに σ 結合が生じる過程で，鎖状 π 電子系の両端の p 軌道同士が結合性相互作用を保つように回転しなければならない．

付加環化反応は，電子環状反応に大変似ている．反応の遷移状態において結合的な重なりが維持されるように，HOMO と LUMO の位相が一致しなければならない．平行な面上に存在する 2 つの π 電子系が近づいて，2 箇所で結合的な重なりを生じる型の反応は一般に容易に進行し，多くの例が知られている．Diels–Alder 反応もその一例である（図 23・21 参照）．

HOMO と LUMO が単純に接近すると反結合的な重なりになる場合は，同位相のローブ同士が近づくように，結合を回転させる必要がある（図 23・28）．回転で結合的な重なりが原理的には可能となるが，回転にかなりのエネルギーが必要なので，この型の反応が実際に起こることはまれである．

シグマトロピー転位反応では，水素原子あるいは他の原子（団）が π 電子系に沿って移動する．移動にかかわる電子数に応じて，許される転位はスプラ型（π 電子系の同じ面で結合の切断と再結合が起こる）と，アンタラ型（結合の切断と再結合が反対面で起こる）の 2 通りがある．ここで重要なことは，許容される転位反応においては，結合が切れて再び結合ができるまで，つねに結合的な重なりが保たれれているということである．さらに転位する原子の軌道の大きさも重要となる．特に，水素原子はその 1s 軌道が小さいことを考えに入れなければならない．

■合　成■

光照射によるアルケンの［2+2］二量化反応で，シクロブタン類が生成する（右図）．

$$\| + \| \xrightarrow{h\nu} \square$$

■間違えやすい事柄■

どのタイプの反応が起こっているかを見極めることは，多くの学生にとってやさしいことではない．付加環化反応と電子環状反応の区別は少しまぎらわしいものの，付加環化反応が一番見つけやすいと思われる．一方，シグマトロピー転位反応に気づくのは，少し難しいかもしれない．

2つの分子が近づいて環状化合物ができるならば，付加環化反応，分子内で開環あるいは閉環しているならば，電子環状反応，分子内を何かが移動していれば，シグマトロピー転位と判断できる．

シグマトロピー転位反応において，何が起こっているかを正しく理解するのはしばしば難しい．ある原子あるいは原子団が，ある場所から別の場所へ移動する場合，かなり大きな構造変化を伴うことが多い．生成物の構造が出発物とは大きく異なることもしばしば見られる．他の反応試薬を使って変化をもたらそうとしても，シグマトロピー転位反応の場合は，すべての試薬成分が分子中に含まれているのだから，変えようがない．

23・10 追加問題

問題 23・27 熱および光による1,3,5-ヘプタトリエンの水素原子の［1,7］転位を考える．ヘプタトリエニルのπ分子軌道を上から見た位相関係を下図に示す．1,3,5-ヘプタトリエンの可能なすべての立体異性体を考えることにすると，熱的に，あるいは光照射で，どのような［1,7］転位が許容であるかを説明せよ．また，出発物のヘプタトリエンの立体化学がどのように［1,7］転位に影響するか．

$H_2C{=}CH{-}CH{=}CH{-}CH{=}CH{-}CH_3$

1,3,5-ヘプタトリエン

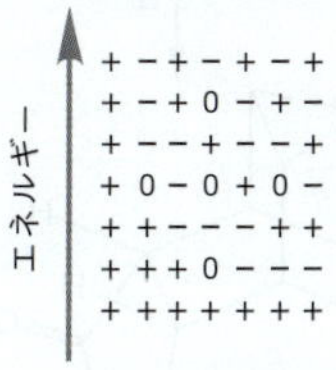

エネルギー

+ − + − + − +
+ − + 0 − + −
+ − − + − − +
+ 0 − 0 + 0 −
+ + − − − + +
+ + + 0 − − −
+ + + + + + +

ヘプタトリエニルのπ分子軌道を上から眺めた位相関係図（＋は青色ローブ，－は緑色ローブを表す）

問題 23・28 皮膚に紫外線が当たると，ビタミンD_3（**3**）がつくられる．以前は，7-デヒドロコレステロール（**1**）が紫外線により直接**3**に変化すると考えられていた．しかし現在では，中間体にプレビタミンD_3（**2**）を経由することがわかっている．この**1**→**2**および**2**→**3**の代謝過程は，それぞれペリ環状反応である．この2つの反応を詳しく説明せよ．

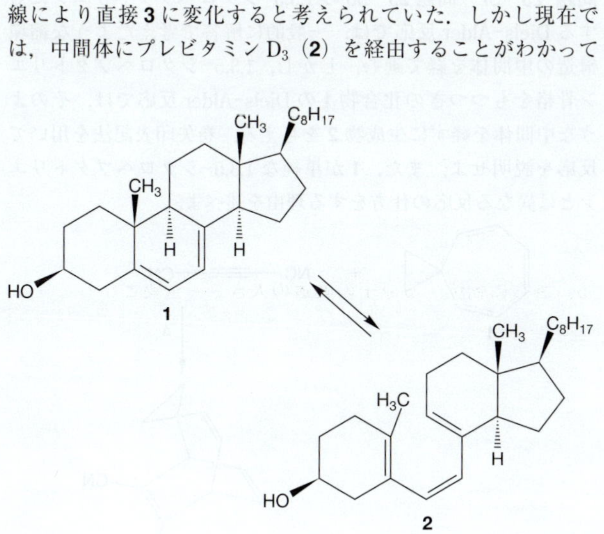

CH_3 C_8H_{17} CH_3 H H HO **1**

CH_3 C_8H_{17} H_3C H HO **2**

（右上へつづく）

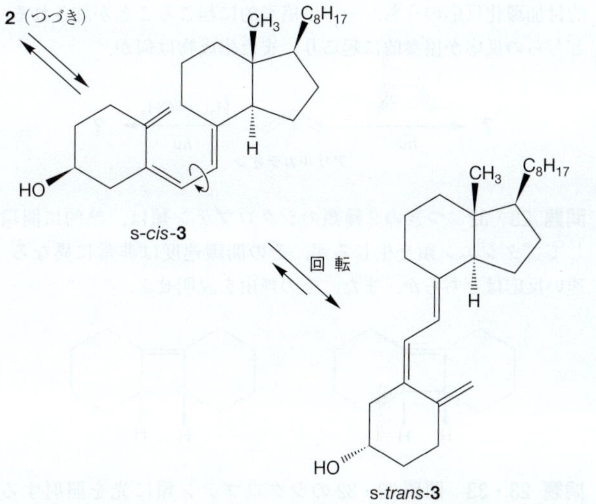

2（つづき）

CH_3 C_8H_{17} H HO s-*cis*-**3**

回転

CH_3 C_8H_{17} H HO s-*trans*-**3**

問題 23・29 熱でひき起こされるシクロオクタテトラエン（**1**）とビシクロ[4.2.0]オクタ-2,4,7-トリエン（**2**）の相互変換は，2通りの巻矢印表記法で表される．両者とも同じ結果を与えるように見えるが，実は一方の表記は正しくない．その理由を説明せよ．

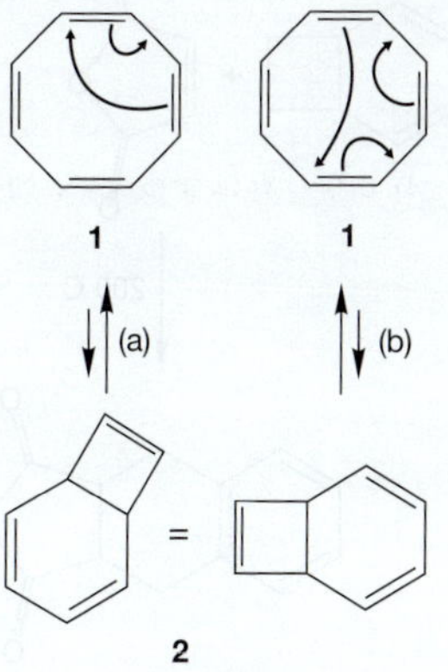

1 **1**

(a) (b)

= **2**

問題 23・30 つぎに示す2種類のシクロプロピルイオンが熱的に開環して，アリルイオンを生じる反応を考える．生成物の立体化学，および開環反応が同旋的あるいは逆旋的に起こるかを予想せよ．出発物のもつ電荷も考慮して，電子数を正しく数えよ．

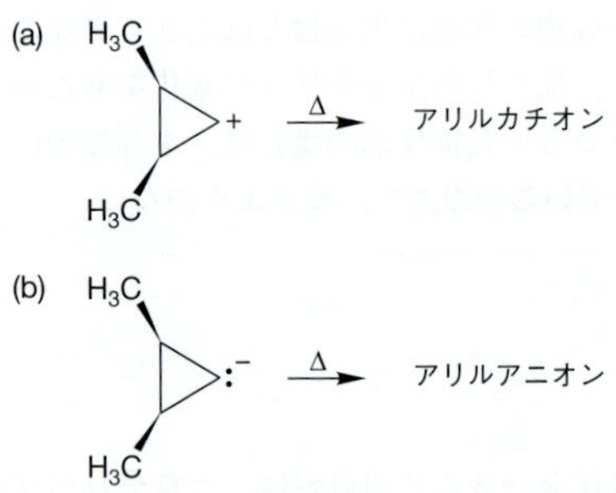

(a) H_3C, H_3C ＋ —Δ→ アリルカチオン

(b) H_3C, H_3C :⁻ —Δ→ アリルアニオン

問題 23・31 軌道対称性理論によれば，つぎの2つの光化学的付加環化反応のうち，一方は協奏的に起こることが許される．どちらの反応が協奏的に起こり，また生成物は何か．

? ←hν— アリルカチオン —$H_2C{=}CH_2$, hν→ ?

問題 23・32 つぎの2種類のシクロブテン類は，熱的に開環してブタジエン類を生じるが，その開環速度は非常に異なる．速い反応はどちらか．また，その理由を説明せよ．

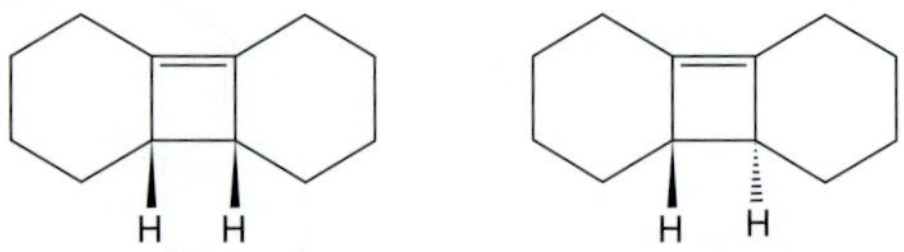

H H　　H H

問題 23・33 問題23・32のシクロブテン類に光を照射すると，出発物の異性体である2種類の単環性化合物を生じる．生成物を予想し，反応がなぜ立体特異的に進むのかを説明せよ．

問題 23・34 ベンゾシクロブテン (**1**) を200 °Cで無水マレイン酸と反応させると，図に示す化合物のみを生じる．この反応機構を書け．

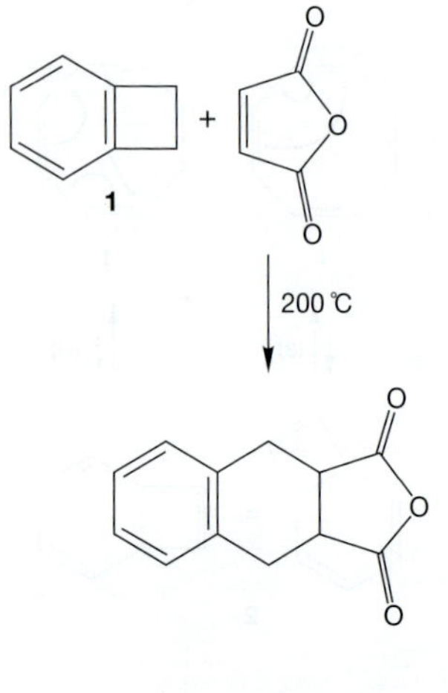

1 ＋ (無水マレイン酸) —200 ℃→ (生成物)

問題 23・35 問題23・34の解答をふまえて，つぎの反応で見られる立体化学を説明せよ．

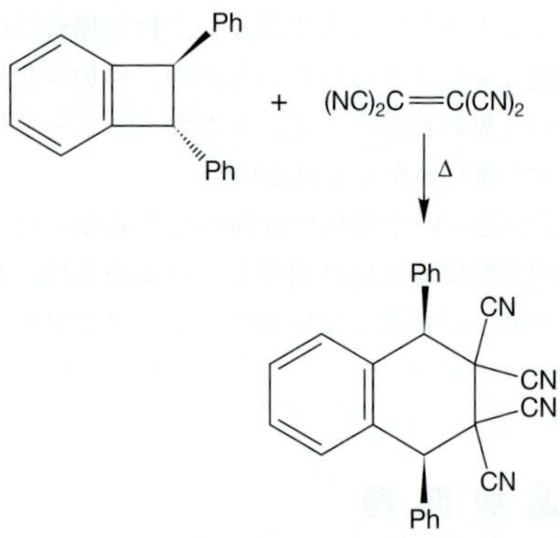

(Ph, Ph) ＋ $(NC)_2C{=}C(CN)_2$ —Δ→ Ph, CN, CN, CN, CN, Ph

問題 23・36 つぎの反応の機構を示せ．生成物から逆に反応をたどると理解しやすくなる．この生成物をつくる原料となる分子が何かを考えればよい．

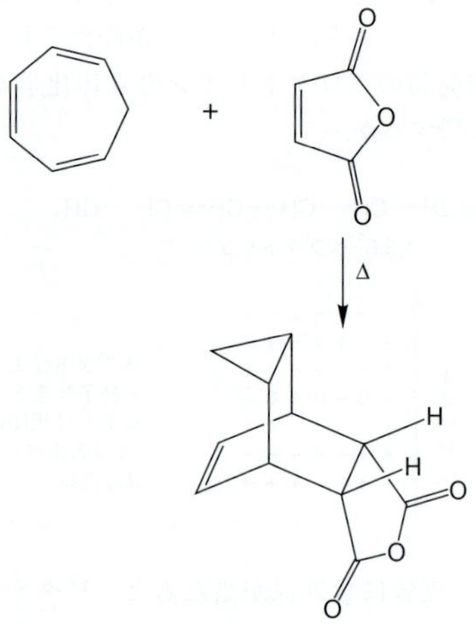

＋ —Δ→ H, H

問題 23・37 問題23・36の1,3,5-シクロヘプタトリエンに対するDiels-Alder反応では，一般的に解答で考えたような縮環構造の中間体を経て進む．しかし，1,3,5-シクロヘプタトリエン骨格をもつつぎの化合物**1**のDiels-Alder反応では，そのような中間体を経ずに生成物**2**を与える．巻矢印表記法を用いて反応を説明せよ．また，**1**が単純な1,3,5-シクロヘプタトリエンとは異なる反応の仕方をする理由を述べよ．

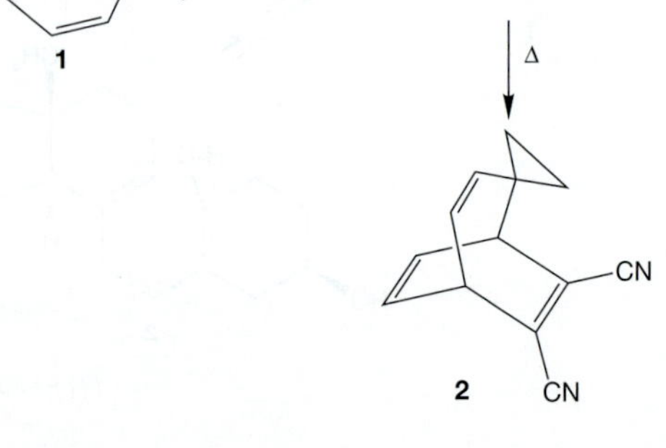

1 ＋ NC—C≡C—CN —Δ→ **2** (CN, CN)

問題 23・38 つぎの熱反応の機構を巻矢印表記法で示せ．また，立体特異的にトランス体生成物が得られる理由を説明せよ．ただし，この反応は酸触媒反応であることに注意せよ．

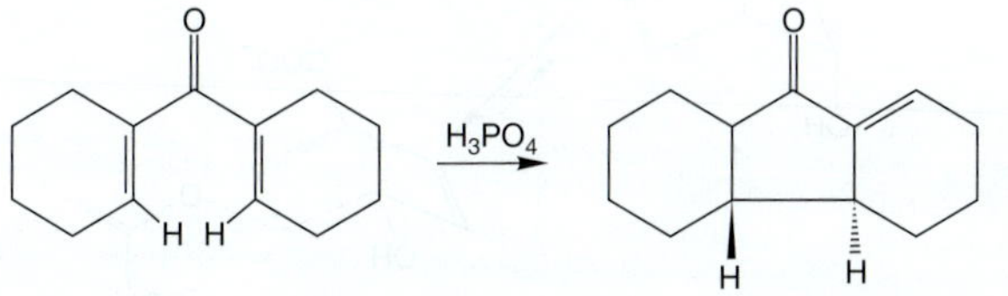

H_3PO_4

問題 23・39 つぎの反応の機構を巻矢印表記法で示せ．また，立体特異的にトランス体生成物が得られる理由を説明せよ．

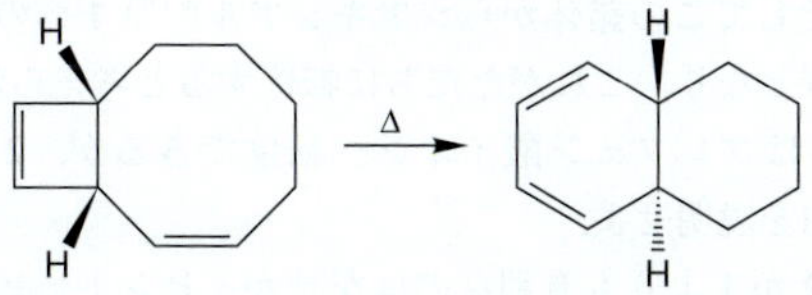

問題 23・40 つぎの2つの反応において，生成物の立体化学が異なる理由を説明せよ．

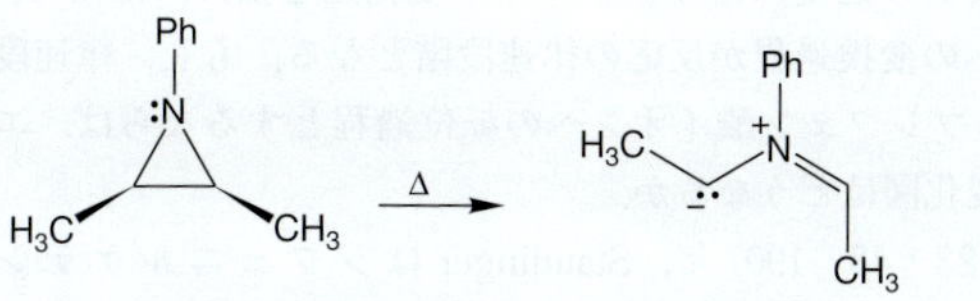

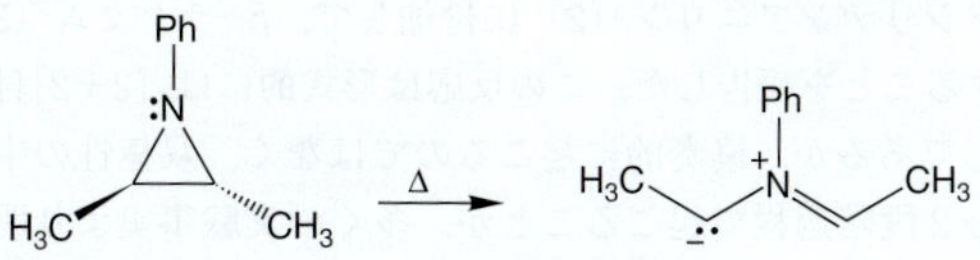

問題 23・41 つぎの化学変換の機構を示せ．

(a)

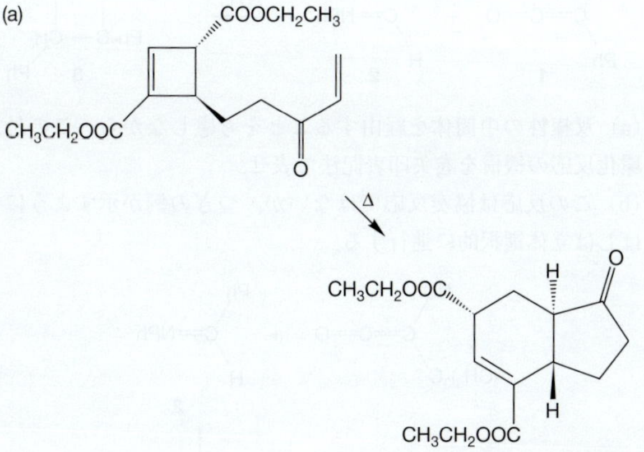

(b)

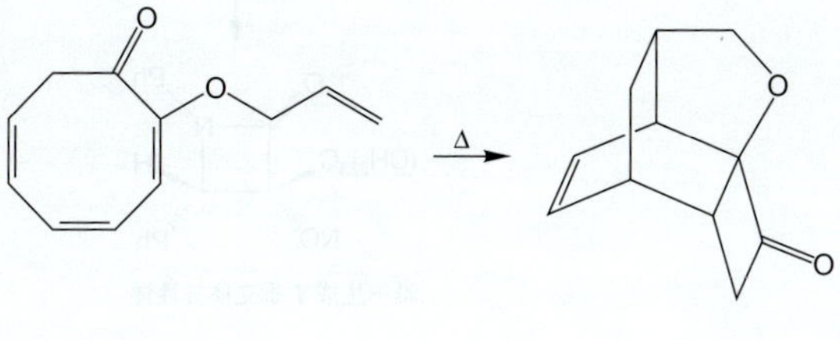

問題 23・42 各反応過程に必要な反応試薬は何か．また，それぞれの反応過程で生じた化合物が，なぜ図に描かれた立体化学になるかを説明せよ．

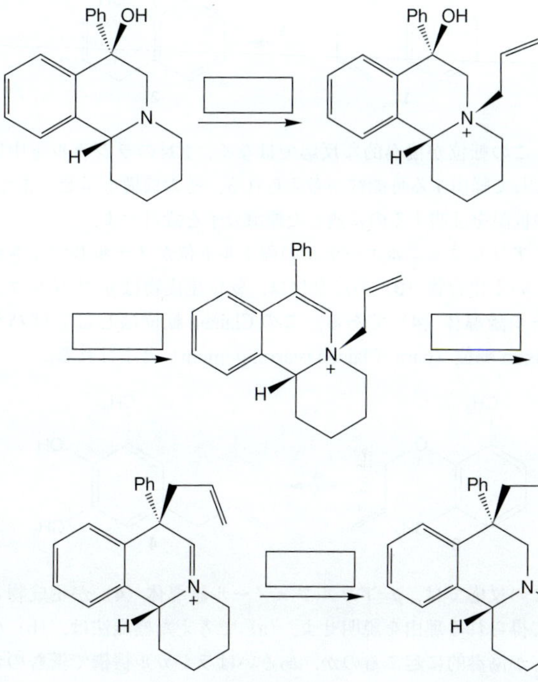

問題 23・43 つぎの反応が塩基性条件下，低温で進むことを考慮して，その反応機構を示せ．

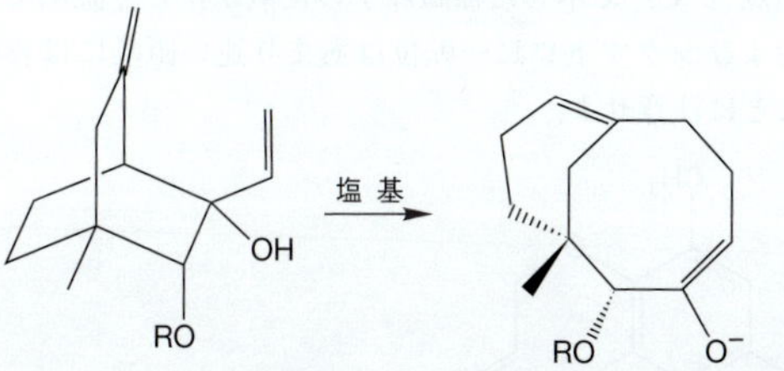

塩基

問題 23・44 つぎの化学変換の機構を示せ．ただし，(a) の問題は見た目よりも難しい（ヒント：3員環構造をもたない2つの中間体を経由する）．(b) の問題は見た目よりもやさしい（ヒント：光によるシグマトロピー転位を思い浮かべよ）．

(a)

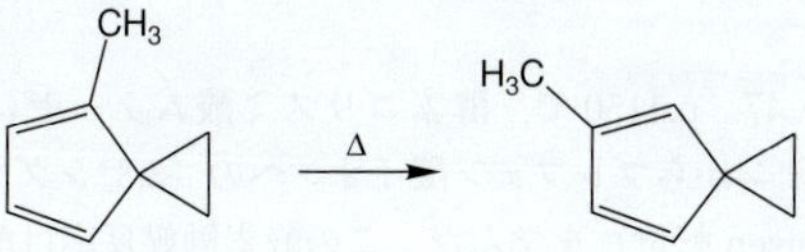

(b)

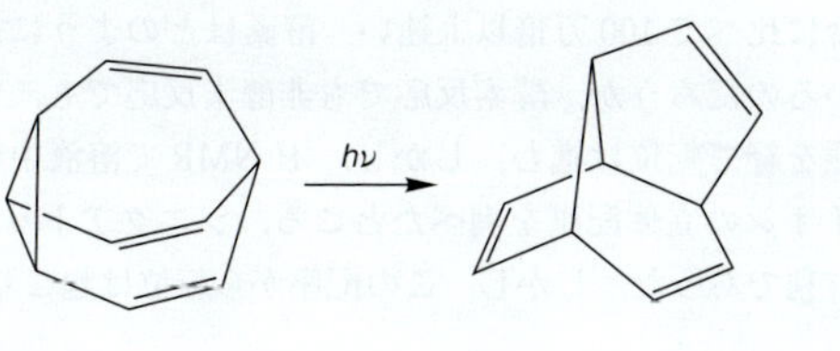

$h\nu$

問題 23・45 問題23・23 (b) は，Claisen転位とよばれる[3,3]転位反応である．熱的な分子内転位により，アリルフェニルエーテル (**1**) から *o*-アリルフェノール (**2**) が生成する．

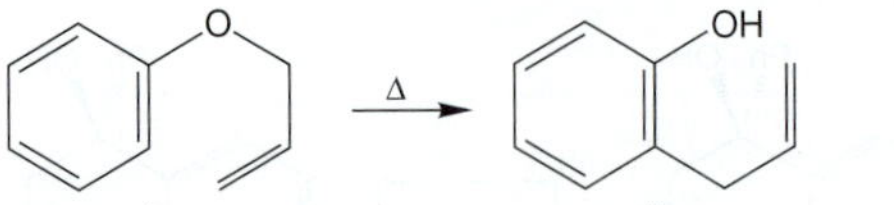

(a) この転位が協奏的な反応ではなく，1対のラジカルを中間体として経由する可能性が考えられる．その機構を示せ．また，その仮説を証明するのに適した標識分子を設計せよ．

(b) アリルフェニルエーテルの両オルト位がメチル基でふさがれている化合物 (**3**) の場合には，転位生成物は *p*-アリルフェノール誘導体 (**4**) である．このClaisen転位はしばしば**パラClaisen転位** (para-Claisen rearrangement) とよばれる．

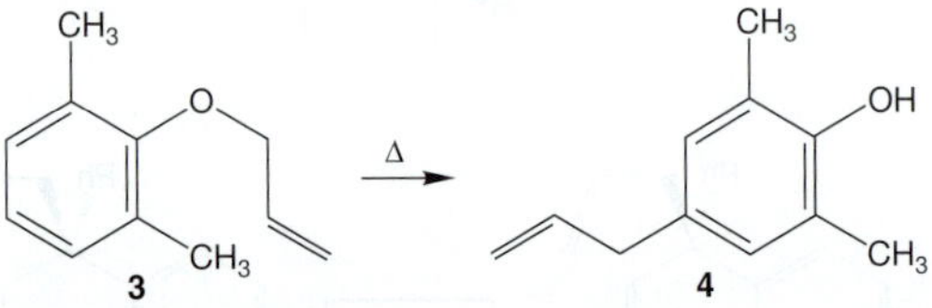

この反応では，*p*-アリルフェノール誘導体 (**4**) が生成物として得られる理由を説明せよ．(a) で考えた標識法は，(b) の反応が協奏的に起こるのか，あるいはラジカル機構で進むのかを区別するのに役立つだろうか．

問題 23・46 つぎの反応の機構を巻矢印表記法で表せ．ただし，黒点 (^{14}C) で示した標識原子の位置が正しく説明できること，およびシグマトロピー転位はあまり遠い距離には移動できないことに注意せよ．

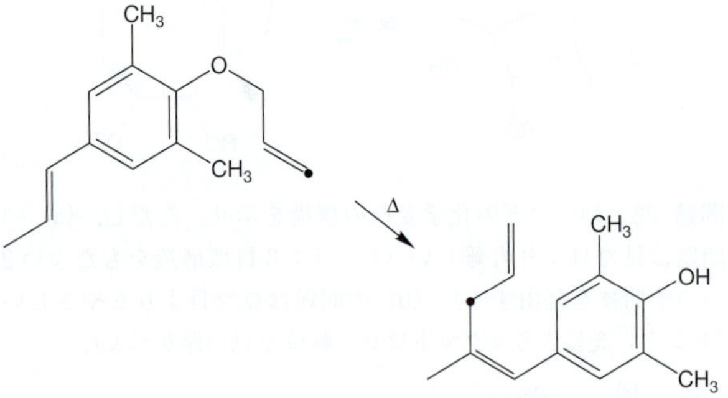

問題 23・47 p.1150で，酵素コリスミ酸ムターゼによるコリスミ酸イオンからプレフェン酸イオンへの [3,3]シグマトロピー転位 (Claisen転位) を学んだ．この酵素触媒反応は酵素がない場合に比べて100万倍以上速い．酵素はどのように反応を速めているのだろうか．酵素反応でも非酵素反応でも，いす形遷移状態を経て転位は進む．しかし，^{1}H NMRで溶液中のコリスミ酸イオンの立体配座を調べたところ，ジエクアトリアル配座**2**が有利であった．しかし，この配座から転位は起こりえない．

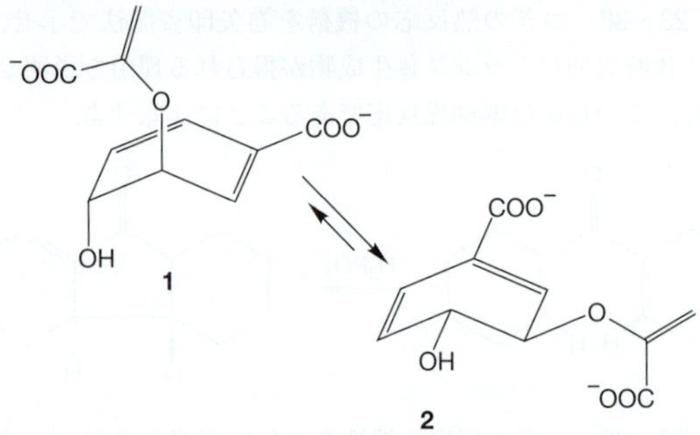

おそらく酵素は安定配座である**2**と結合して錯体をつくるのだろう．そしてこの錯体からジアキシアル配座**1**への配座変換が律速過程となり，これがただちに転位すると考えられる．

(a) **1**からはプレフェン酸イオンへ転位できるが，**2**からはできない理由を説明せよ．

(b) 配座**2**が**1**よりも有利なのはなぜか．ヒント：ヒドロキシ基に着目し，**2**では可能で，**1**では不可能なヒドロキシ基の働きを考えよ．

(c) 反応の進度に伴うエネルギー変化図を描け．ただし，**2**から**1**への変換過程が反応の律速段階となる．もし，律速段階が**1**からプレフェン酸イオンへの転位過程とするならば，エネルギー変化図はどうなるか．

問題 23・48 1907年，Staudingerはジフェニルケテン (**1**) がベンジリデンアニリン (**2**) に付加して，β-ラクタム (**3**) が生成することを報告した．この反応は形式的には [2+2]付加環化反応であるが，協奏的に起こるのではなく，双極性の中間体を含む2段階過程で起こることが，多くの実験事実より明らかにされている．

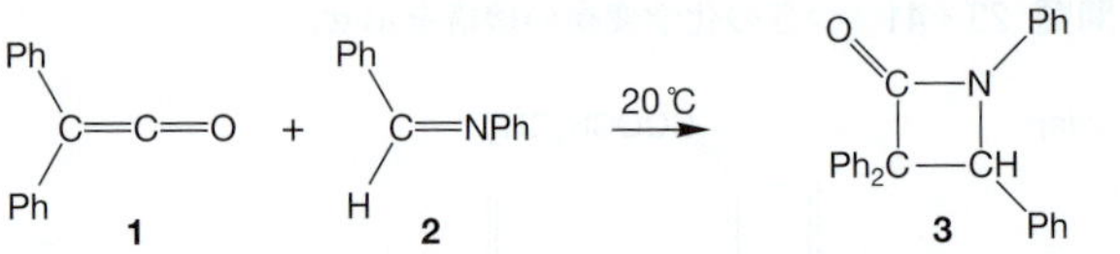

(a) 双極性の中間体を経由することを考慮しながら，この付加環化反応の機構を巻矢印表記法で表せ．

(b) この反応は協奏反応ではないが，つぎの例が示すようにしばしば立体選択的に進行する．

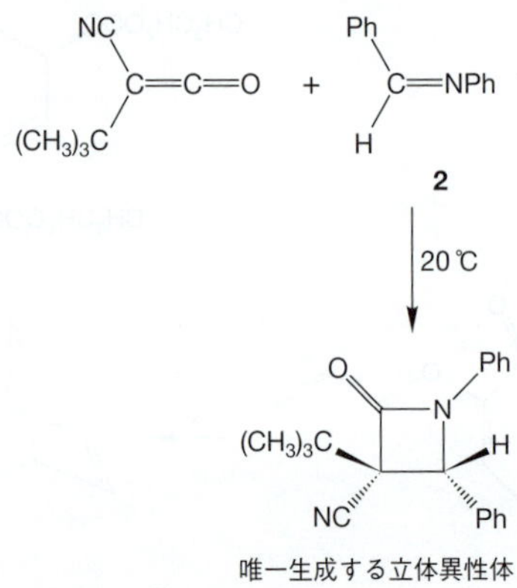

唯一生成する立体異性体

この立体化学をつぎの指示に従って説明せよ．1）*t*-ブチル基はシアノ基よりもずっとかさ高い．2）立体的な反発が最も小さくなるような双極性中間体をまず考えよ．3）つぎにその双極性中間体から実際に生じるβ-ラクタムへ変換する協奏的過程を考えよ．

問題 23・49 酢酸α-フェニルアリル（**1**）を加熱すると，異性体**2**を生じる．化合物**2**のスペクトルデータをもとに，その構造を推定せよ．この異性化反応の機構を巻矢印表記法で表せ．

［化合物**2**のスペクトル］

IR（液膜）：1740（s），1225（s），1025（m），960（m），745（m），690（m）cm^{-1}

^{1}H NMR（$CDCl_3$）：δ 2.08（s，3H），4.71（d，$J = 5.5$ Hz，2H），6.27（dt，$J = 16$，5.5 Hz，1H），6.63（d，$J = 16$ Hz，1H），7.2～7.4（m，5H）ppm

^{13}C NMR（$CDCl_3$）：δ 20.9（q），65.0（t），123.1（d），126.5（d），128.0（d），128.5（d），134.1（d），136.1（s），170.6（s）ppm

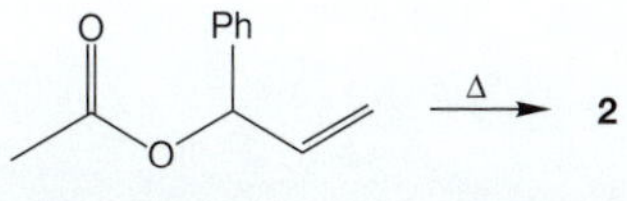

問題 23・50 ビシクロプロペニル（**1**）が*s*-テトラジン（*s*-tetrazine，**2**）と反応するとセミブルバレン（**3**）を生じる．この反応機構を巻矢印表記法で示せ（ヒント：少なくとも1つの単離不可能な中間体を経由する）．生成物**3**のスペクトルデータを下に示す．この比較的単純な^{1}Hおよび^{13}C NMRスペクトルを説明せよ．

［化合物**3**のスペクトル］

^{1}H NMR（$CDCl_3$）：δ 1.13（s，6H），3.73（s，6H），4.79（s，4H）ppm

^{13}C NMR（$CDCl_3$）：δ 14.9（q），51.4（q），60.6（s），93.7（d），127.2（s），164.7（s）ppm

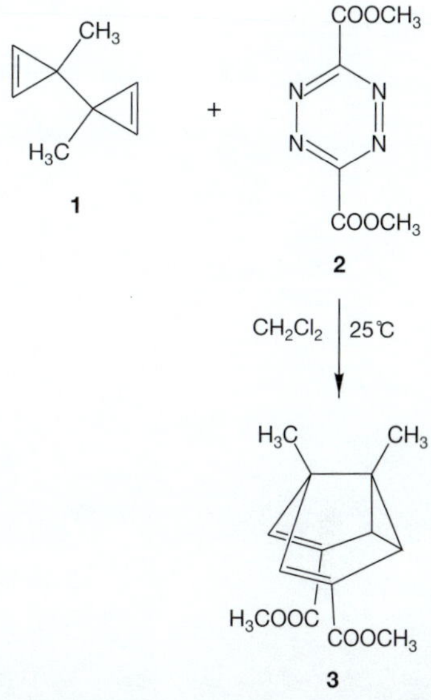

問題 23・51 図23・55には，*meso*-3,4-ジメチル-1,5-ヘキサジエンのCope転位において，いす形遷移状態および舟形遷移状態から生じる生成物が示されている．もう1組の異性体であるラセミ体の3,4-ジメチル-1,5-ヘキサジエンから生じうると考えられる複数の生成物を描け．そのなかで，実際にはどの化合物が得られるか予想せよ．

分子内反応と隣接基関与

24

Our race would not have gotten far,
Had we not learned to bluff it out
And look more certain than we are
Of what our motion is about.

——— W. H. Auden*

24・1　はじめに

本章では多官能性化合物（polyfunctional compound）の化学を扱うが，ここでは各論を詳細に述べることはしない．二官能性および多官能性化合物の化学の詳細は上級コースに譲るとして，ここではいくつかのハイライトに焦点を当てることにする．

今ここに分子内に官能基を2つもつ化合物があって，もし仮に2つの官能基間にまったく相互作用がなかった場合，この化合物の反応は単に2つの官能基の化学を足し合わせたものになるだろう．しかし，実際にはそのようなことはきわめてまれである．なぜなら，分子内のいくつかの官能基は，両者が離れた位置にあっても，互いに相互作用をする場合が多いからである．たとえば，誘起効果や共鳴効果を通して，遠く離れた官能基が分子内で互いに影響しあう．その結果，複数の官能基の化学の単純な足し算以上の，何かまったく新しい化学が生まれる．そのような例は大変興味深いものである．

ある反応で隣接基の影響によって，生成物のできる速度だけでなく，生成物の構造そのものが変わってしまうことがある．この**隣接基関与**（neigh-boring group participation）という考え方は，ここで初めて出てきたものではない．すでに多くの分子内反応を学んだが，これらは必ず隣接基間の相互作用を伴うものである．図24・1にこれまで学んだいくつかの反応を示した．この章ではさらに多くの例を紹介する．

* Wystan Hugh Auden（1907～1973）は当時の英国で最も代表的な詩人の一人であった．"Reflections in a Forest" より抜粋（©1976 by Edward Mendelson, William Meredith, and Monroe K. Spears, Executors of the Estate of W. H. Auden）．

(a) :Br:　HO:　$\xrightarrow[H_2O]{KOH}$　+ KBr

（p.311 参照）

(b) :Cl:　O:　:OH　⟶　+ H—Cl:

（p.868 参照）

(c) CH_3　O=C　:O:　H　R　R　R　R　$\xrightarrow{\Delta}$　R　R　C=C　R　R　+　:O:　HO:　C　CH_3

（p.350 参照）

図 24・1　隣接基関与の例

問題 24・1 図 24・1 の反応の機構を書け.

解 答 (a) まず第 1 段階でヒドロキシ基が脱プロトンされてアルコキシドが生成する．第 2 段階で分子内 S_N2 反応により環状エーテルが得られる．

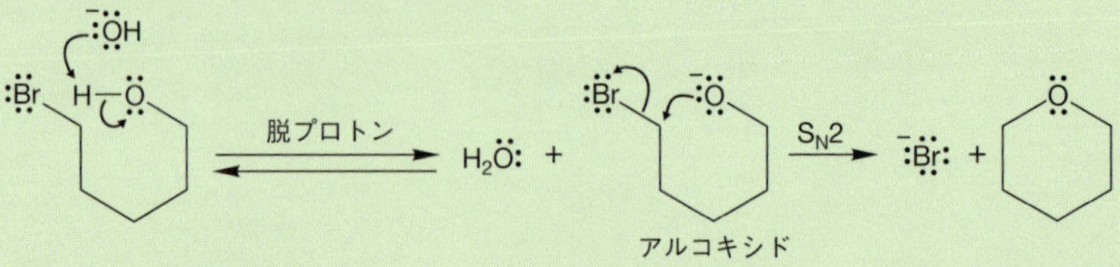

脱プロトン　H_2O ＋　S_N2　アルコキシド

(b) 以下に示す付加–脱離によりラクトン（環状エステル）が生成する．

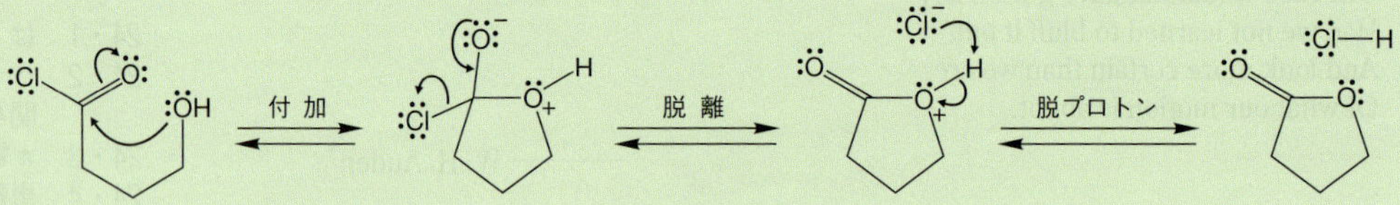

付 加　脱 離　脱プロトン

(c) カルボニル酸素が求核試薬（隣接基）として，また，隣接する水素が求電子試薬として働くことにより，分子内脱離が起こる．

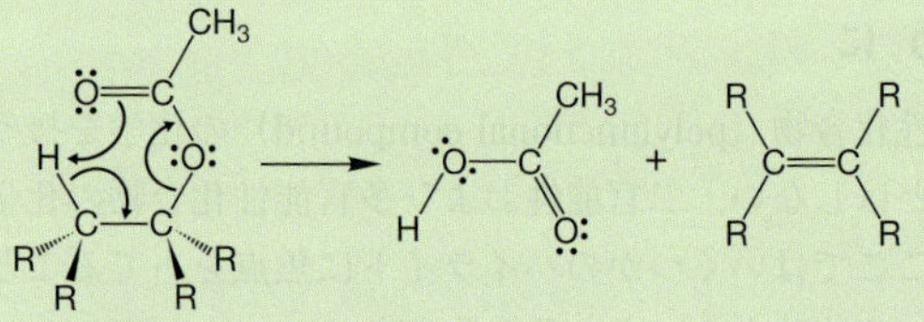

複数の官能基が互いに相乗的な作用をもたらすという考え方は，20 世紀半ばに登場し，今日でもひき続いて大変魅力的な考え方である．この分野を調べると，この研究領域は化学と同時に一種の社会学とも思える．これまで有機化学の歴史で繰り広げられた最も熱っぽい論争の 1 つが，この研究領域で起こっている．ひどく感情に走ったこの論争について知ることも，科学を学ぶ諸君にとって役立つことと思う．この論争についてはいろいろな意見もあるだろうが，ありのままに述べることとする．

不可欠なスキルと要注意事項

1. 隣接基関与が働いているかどうかを判断するには，下記の 3 つの事柄を手掛かりにすればよい．このことは反応を理解するうえで大変重要である．たいていの場合，少なくとも 1 つないしはそれ以上の手掛かりがすぐに見つかるものである．“難しく見えるものほどやさしい”という例であろう．
   a. 立体化学に関して予想外の結果が得られた場合．たとえば，立体反転が予想されたのに結果は立体保持であった場合など．
   b. 異常な転位がみられた場合．分子を標識することによってわかることもよくある．
   c. 予想外の大きな反応速度が見られた場合．
2. ある反応において，中間体の構造がいくつか書けるとき，それらが互いに平衡状態にあるのか，あるいは共鳴構造の組合わせなのかを明確に区別することが重要である．図 24・40 に一例を示したので確認してほしい．

24・2 ヘテロ原子による隣接基関与

最も簡単な隣接基関与は，非結合電子対をもつヘテロ原子が分子内置換反応において求核試薬として作用することである．この反応の形式は，外部求核試薬による分子間 S_N2 反応とまったく同じである．以前に見た例（p.311）であるが，ハロヒドリンに塩基を作用させるとエポキシドが生成する（図 24・2）．

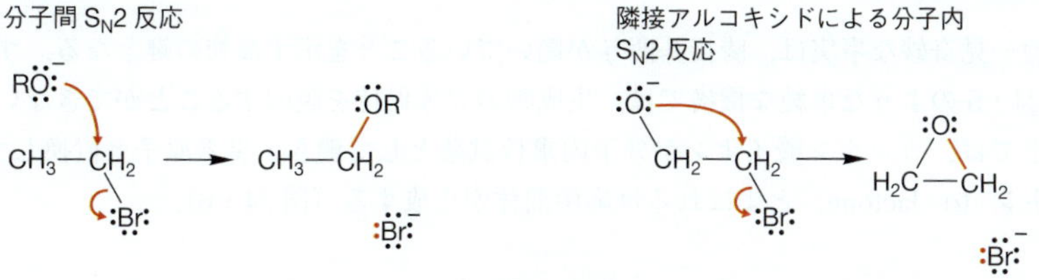

図 24・2 アルカリ性条件下，ブロモヒドリンからエポキシドの生成．アルコキシドが隣接基として関与している．

まず初めに塩基の作用でヒドロキシ基の水素が引抜かれてアルコキシドへ変換される．つぎにアルコキシドが分子内 S_N2 反応によって臭素原子と置換し，エポキシドが生成する．この反応では，アルコキシドは隣接基として働いており，非常に単純な反応過程である．

もう 1 つの例は分子内ヘミアセタールの生成である．生成する環のひずみが比較的小さければ，カルボニル基とヒドロキシ基をもつ化合物と環状ヘミアセタールの間で平衡が成立する（図 24・3；p.768 参照）．

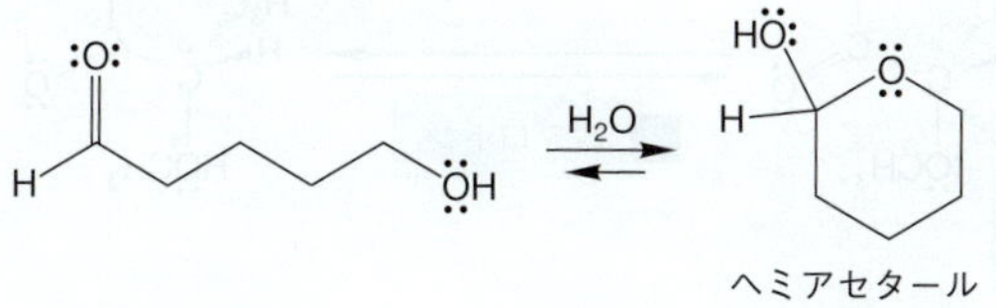

図 24・3 ケトンあるいはアルデヒドに対してヒドロキシ基が分子内で隣接基として働くことにより環状ヘミアセタールが生成する．

問題 24・2 図 24・3 の反応の機構を書け．

これから述べる例は先に述べた確とした分子内反応に比べると，もう少し複雑にみえるが，明らかに隣接基関与が働いている．メタノール中での光学活性 2-ブロモプロパン酸イオンの反応を見てみよう（図 24・4）．

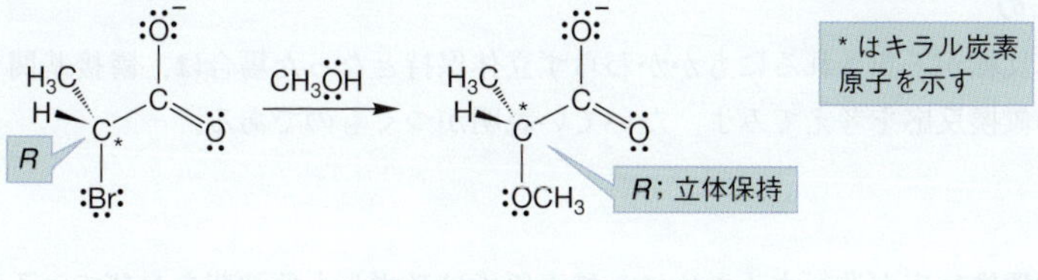

図 24・4 2-ブロモプロパン酸イオンとメタノールの反応は立体保持で進行する．

単純に考えた予測とは逆の立体化学をもった生成物が生じる．反応が仮に臭素原子に対するメタノールあるいはメトキシドイオンの S_N2 型置換で進行したとすると，立体反転した生成物が得られるであろう（図 24・5）．しかし生成物の立体化学は通常の S_N2 反応から予想されるのものと逆であった．

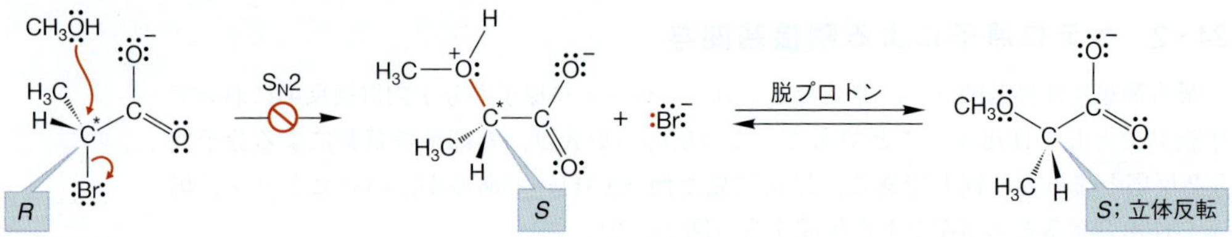

図 24・5 臭素が直接メタノールで置換される機構であるならば，立体反転した生成物を与えるはずであるが，実際には立体反転は起こらない．

この一見奇妙な事実は，隣接基関与が働いていることを示す最初の鍵となる．すなわち図 24・5 のような単純な機構では，生成物の立体保持を説明することができない．この反応では，カルボン酸イオンが分子内求核試薬として働き，臭素原子と置換して α–ラクトン（α–lactone）とよばれる反応中間体が生成する（図 24・6）.

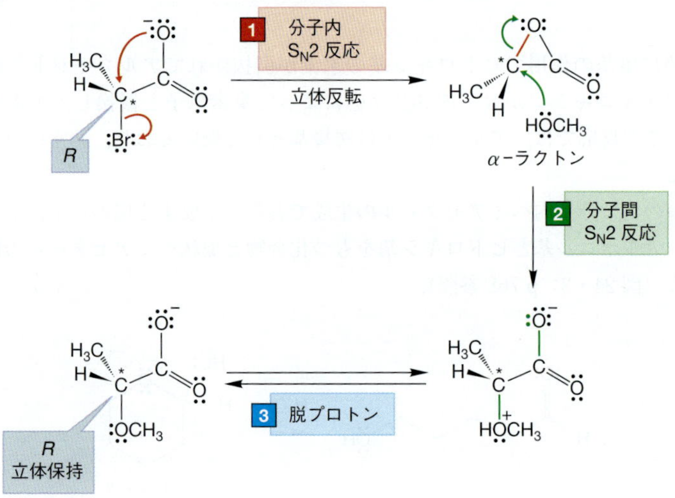

図 24・6 カルボン酸アニオンが隣接基として分子内で臭化物イオンを置換すると α–ラクトンが生成し，これがメタノールの攻撃により開環する．反転が 2 回起こる機構によって反応全体は立体保持となる．

最も小さな環状エステルである α–ラクトンは単離こそできないが，活性な中間体として存在することがわかっている．第 2 段階において，メトキシドイオンあるいはメタノールが α–ラクトンに対して分子間で S_N2 反応を起こす．この反応の立体化学を注意深く見てみよう．この反応の第 1 段階はカルボン酸イオンが求核試薬として働き，臭化物イオンが脱離基となる分子内 S_N2 反応である．すべての S_N2 反応がそうであるように，立体反転が起こる．そして第 2 段階の S_N2 反応は分子間で起こり，α–ラクトンがメタノールの攻撃を受けて開環する．ここでも立体反転が起こる．したがって 2 回（偶数回）の立体反転の結果，全体として反応は立体保持となる．

ま と め

立体反転が予想されるにもかかわらず立体保持となった場合は，隣接基関与による分子内置換反応を考えてみよ．たいてい説明がつくものである．

分子内置換反応が進行するために，酸素原子は必ずしも負電荷をおびている必要はない．4–メトキシ–1–ブタノールのブロシラート（brosylate；*p*–ブロモベンゼンスルホン酸エステル）に酢酸を作用させると，対応するアセタート（酢酸エステル）が生成する（図 24・7）.

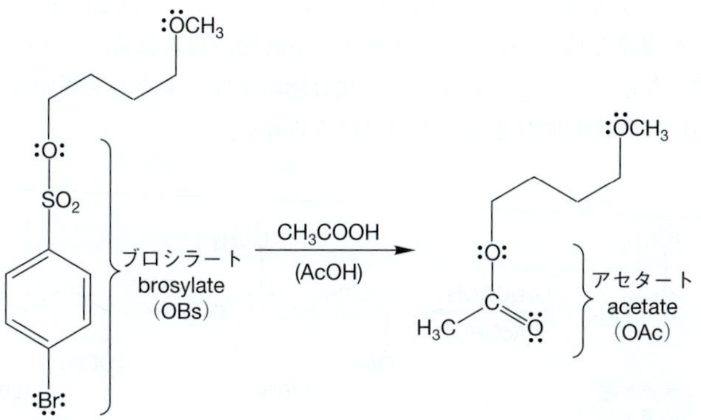

図 24・7 4-メトキシ-1-ブタノールのブロシラートの加酢酸分解（アセトリシス，acetolysis）による酢酸エステルの生成

スルホン酸イオンは非常に優れた脱離基として知られている．したがって，まず考えられる機構は，酢酸あるいは酢酸イオンによる分子間置換反応である（図 24・8）．

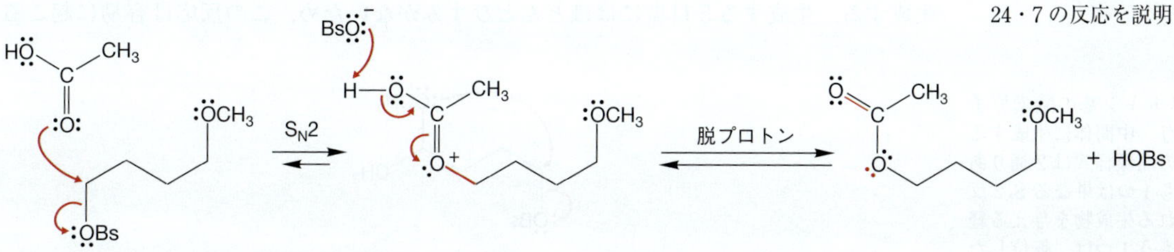

図 24・8 ブロシラートが酢酸により S_N2 的に置換される機構でも図 24・7 の反応を説明できる．

酢酸（CH_3COOH）は，HOAc あるいは AcOH と略記されることが多い．また，酢酸の反応によって生成する酢酸エステルは ROAc と表すことが多い．

約束事についての注意
酢酸の略号

＊問題 24・3 図 24・8 の S_N2 反応における求核試薬は，酢酸である．この場合，なぜ置換部位はカルボニル酸素でありヒドロキシ基ではないのか理由を述べよ．

解 答 カルボニル酸素の方が求核種として優れているからである．酢酸のプロトン化はカルボニル酸素上で優先的に起こる（p.821）．カルボニル酸素がプロトン化されたときのみ，つぎに示すような共鳴安定化が可能となる．ヒドロキシ基のプロトン化では共鳴安定化は起こらない．これは酢酸にどのような求電子試薬が作用するときにも当てはまる．図 24・8 では 1 つの共鳴構造式のみを示してあるが，炭素原子上に正電荷のある通常の共鳴構造式ももちろん寄与している．

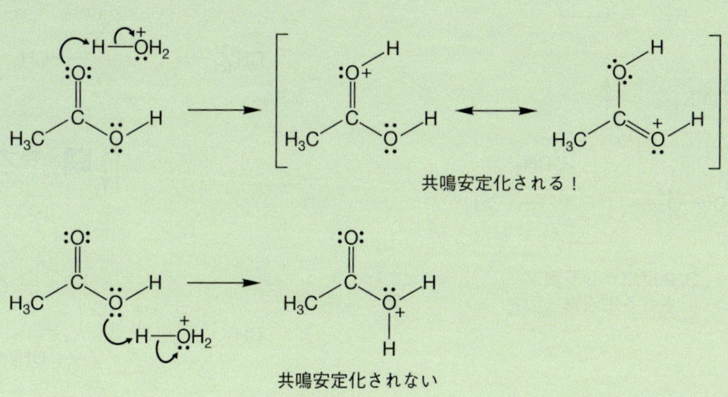

上記の反応をメチル基をもつブロシラートに適用すると（図24・9），図24・8に示した反応よりも複雑な反応が起こり，2種類の生成物が得られる．一方の生成物は上述の機構で説明できる．しかし，もう1つの化合物の生成，すなわち異常な転位反応，を説明するためには隣接基関与を考えなければならない．

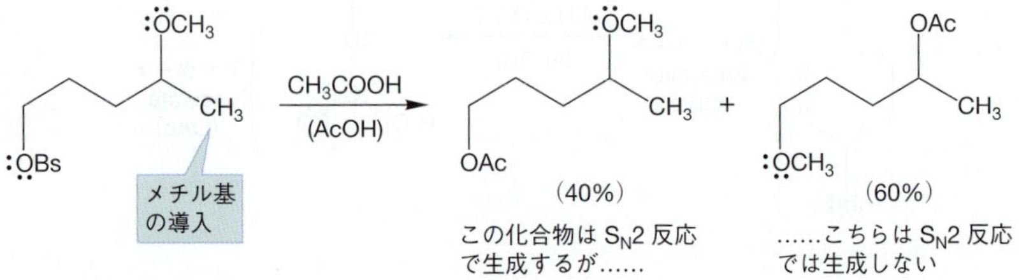

図 24・9 メチル基をもつブロシラートの反応は図24・8の機構では説明できない．

この場合は，エーテル酸素が隣接基として働く．スルホン酸イオン（$^{-}$OBs）は優れた脱離基であるので，エーテル酸素の分子内置換によって環状オキソニウムイオンが生成する．生成する5員環にはほとんどひずみがないため，この反応は容易に起こる

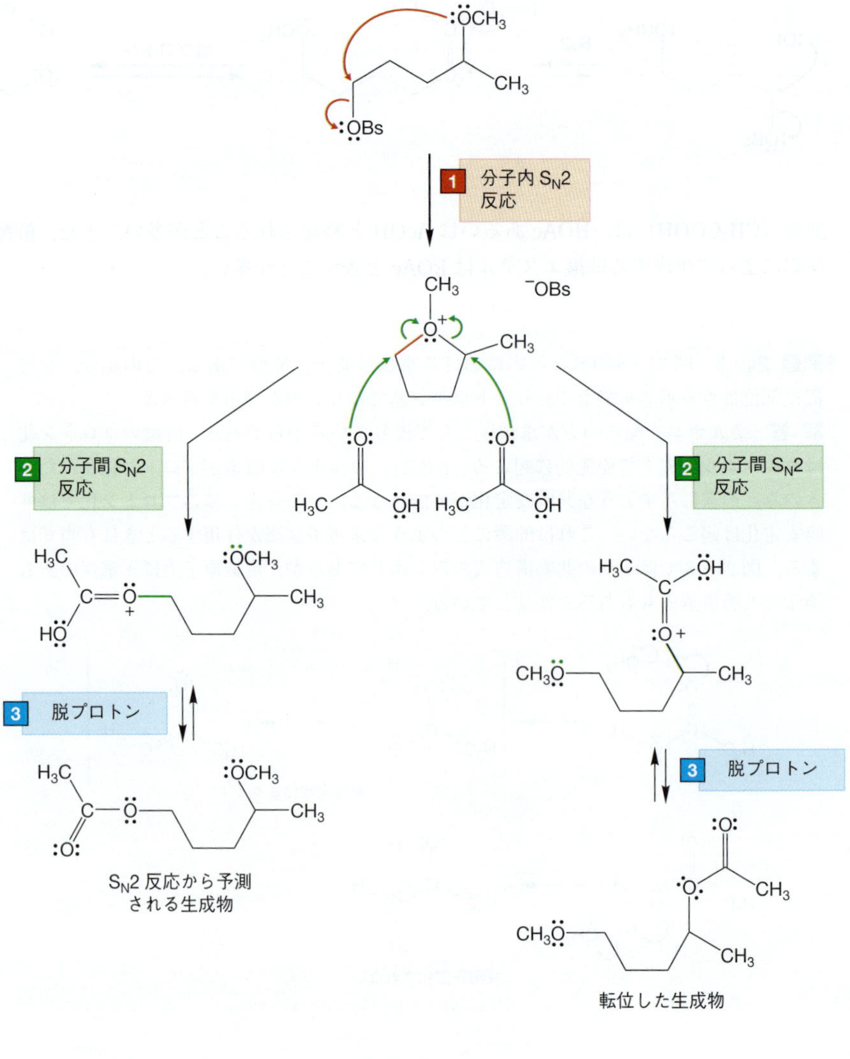

図 24・10 メトキシ基の酸素原子の隣接基関与．中間体に生成する環状イオンの開環様式は2通りある．そのうち1つは単なるS_N2反応で予測される生成物を与える経路であり，もう1つは，転位した生成物を与える経路である．

(図 24・10). 環状オキソニウムイオンには酢酸が攻撃する箇所が 2 つあり，その結果 2 種類の生成物が得られる. ここではメトキシ基の転位を伴った生成物が優先的に得られる.

問題 24・4 図 24・9 の反応では，2−メチルテトラヒドロフランも少量生成する（右図参照）. この副生成物の生成機構を考察せよ. ヒント：どうすれば 5 員環中間体が生成物に移行されるか考えてみよ.

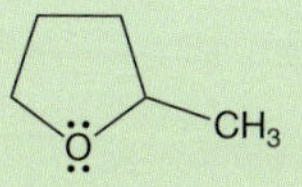

2−メチルテトラヒドロフラン

まとめ

予想しない転位が見られた場合は，分子内反応すなわち隣接基関与がないかどうか調べてみよ.

硫黄原子は強力な求核試薬であり，しばしば隣接基関与する. 隣接基関与の第 3 番目の手掛かりの典型例として，反応の異常な加速効果があげられる（図 24・11）. 塩化ヘキシルと 2−クロロエチルエチルスルフィドは，いずれも水と反応して対応するアルコールを与える. 興味深いことに，硫黄を含む化合物の方が塩化アルキルに比べ約 10^3 倍も速く反応する. ハロゲン化第一級アルキルからアルコールが生成する機構は，水を求核試薬とする S_N2 反応である（図 24・12）. ところがスルフィドの場合に反応速度が増加することを，この機構で説明することができない.

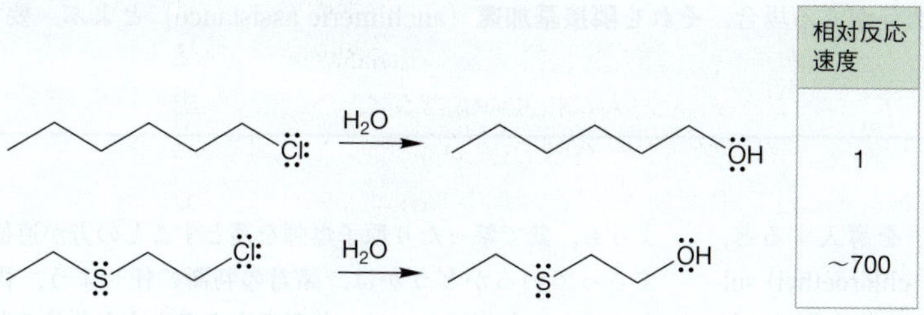

	相対反応速度
塩化ヘキシル $\xrightarrow{H_2O}$ ヘキサノール	1
2−クロロエチルエチルスルフィド $\xrightarrow{H_2O}$ アルコール	~700

図 24・11 硫黄原子を導入することにより，アルコールの生成は大きく加速される.

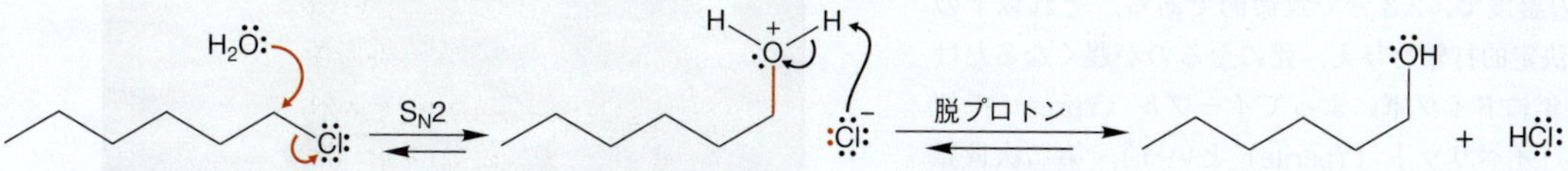

S_N2　脱プロトン　+ HCl

図 24・12 塩化ヘキシルの反応は，塩化物イオンが水で置換されその後脱プロトンする単純な S_N2 反応である.

図 24・11 に示したスルフィドの反応では，硫黄原子が塩素原子と分子内で置換反応を起こす（図 24・13）. この反応は，塩化アルキルやクロロスルフィドにおいて塩素が水と分子間で置換するよりもはるかに速く起こり，その結果，**エピスルホニウムイオン**（episulfonium ion）が生成する. つづいて，生じた中間体は水との分子間 S_N2 反応によって，アルコールを与える.

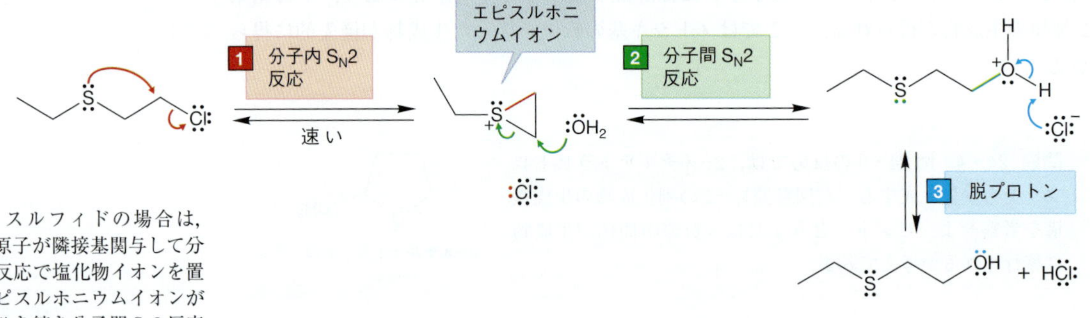

図 24・13　スルフィドの場合は，まず硫黄原子が隣接基関与して分子内 S_N2 反応で塩化物イオンを置換してエピスルホニウムイオンが生成し，ひき続き分子間 S_N2 反応により開環して生成物となる．

問題 24・5　図 24・13 で示したクロロスルフィドの反応機構を支持する（証明ではない）ような標識実験がいくつか考えられる．メチル基を標識として用いる方法および同位体標識を用いる方法を考案せよ．

スルフィド化合物における反応加速の原因を理解することは大変重要である．分子内反応では分子間反応に比べて反応速度が増加する場合がよくあり，それは求核試薬と反応点が溶液内で互いを捜し求める必要がないからである．ある反応の律速段階において分子内関与がある場合，それを**隣接基加速**（anchimeric assistance）とよぶ．要するに，

マスタードガス

上記の含硫黄化合物にもう 1 つ塩素原子を導入すると，ビス（2-クロロエチル）スルフィド〔bis（2-chloroethyl）sulfide〕になる．一見どこにでもありそうなこの化合物は，科学の暗黒部を露呈するものである．この化合物の歴史を概観すると，まさに人間が陥りうる深淵を思わせる．この化合物は，マスタードガス（mustard gas）として，防毒マスクの登場で効果が小さくなった他の毒ガスに代わるものとして，20 世紀初頭に開発され第一次世界大戦で使用された．マスタードガスは当時の防毒マスクのゴムを透過する性質をもっていたので，大変効果的であった．マスタードガスはわずか 0.02〜0.05％の濃度で，2,3 分で致命的である．それ以下の量でも細胞に決定的打撃を与え，死に至るのが遅くなるだけである．1917 年にドイツ軍によってイープル（Ypres）で初めて使用され〔イペリット（Yperite）という〕，第二次世界大戦では日本軍が中国で使用した．戦争捕虜に対して実験が行われたということは，文献で読むことはなくても話はよく聞かされる．この薬品を最初に使用しなかったといっても，決して国家が自慢できることではない．実際，米軍は，ゼリー状に固めた炭化水素であるが，簡単に定義すれば 1 つの化学兵器というべきナパーム（napalm）弾を第二次世界大戦とベトナム戦争で使用している．

人々にマスタードガスを吸わせたりナパーム弾で焼くことよりも，銃で撃ったり原子爆弾を落とすことの方が道徳的にまさっているかどうかは，諸君の判断に任せよう．我々にとってもっと複雑なのは，化学者がそのような薬品の開発に参加する問題である．もちろん，自分の研究がどのように使われるかを予見することは簡単ではない．しかし，もし予見できるとしたらどうだろう．限界はどこにあるのだろうか．

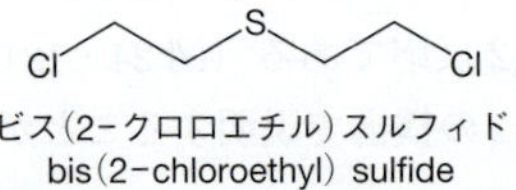

ビス（2-クロロエチル）スルフィド
bis（2-chloroethyl）sulfide

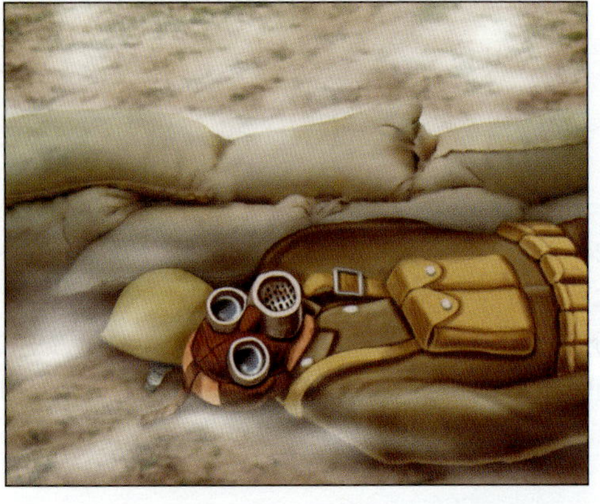

分子内求核試薬は分子間の求核試薬よりも有効であるということである．比較的弱い求核試薬でも有利な場所に位置している場合には，分子内反応と分子間反応が競争するため反応予想が難しくなることがある．

ま と め

予想外の大きな反応速度がみられた場合には，分子内反応で隣接基関与がないかどうか調べてみよ．

問題の解き方

隣接基関与が働いていることを示す手掛かりが3つある．第一は予想とは逆の立体化学をもつ生成物が得られること，つまり本来は立体反転が起こるはずなのに，予想に反して立体保持で反応が進んだ場合などである．第二は2通り以上の反応を起こしうる中間体が生成し，しばしば予想外の転位生成物が得られること．そして第三に分子内求核試薬の関与によって，反応速度の著しい増加がみられることである．

問題 24・6　問題 20・20（p.1023）で述べた Koenigs-Knorr 反応における隣接基加速の証拠を示せ．

非結合電子対をもつヘテロ原子が隣接基として関与する他の例を見てみよう．たとえば窒素原子は非結合電子対をもっており，分子内求核試薬となりうる．図 24・14 に二環性クロロアミンとアルコールの反応を示す．エンド形の塩化物をエタノールで処理するとエンド形のエーテルが生成する．一方，エキソ形の塩化物からは，エキソ形のエーテルもエンド形のエーテルも得られない．その理由を考えてみよう．

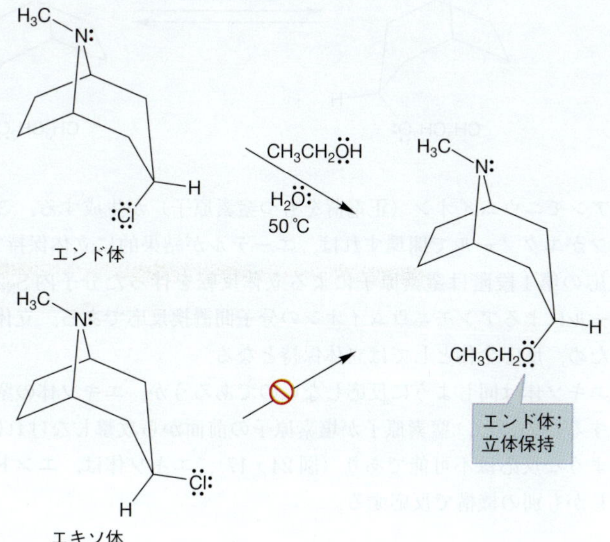

図 24・14　二環性アミンの一方の異性体だけがエーテルを与える．立体配置が保持されることに注意せよ．

エンド体の反応は，単純な S_N2 反応すなわちエタノールによる塩素原子の直接置換ではない．なぜならそのような反応が起こった場合，生成物の立体配置は反転するからである（図 24・15）．ところが実際の反応は立体保持されたエーテルを生成する．

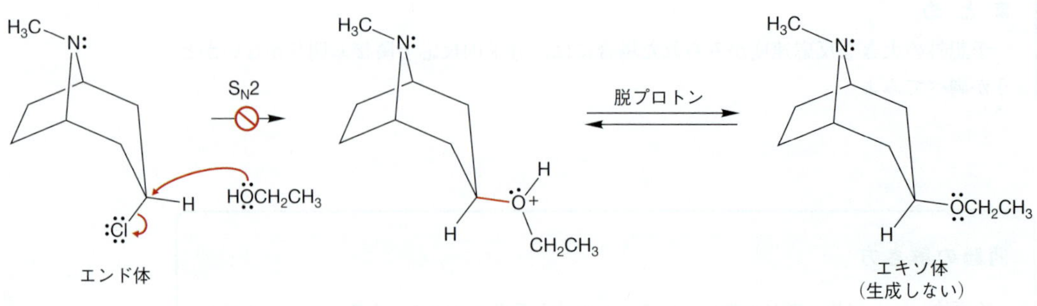

図 24・15　分子間 S_N2 反応では立体反転が予想されるが，実際に得られた結果はそうではない．

この反応では，隣接基関与を示す手掛かりのうち，少なくとも 1 つが見られる．すなわち，生成物の立体配置が単純な置換反応から予想されるものと逆になっている．

では，どのような反応が起こっているのだろうか．すぐに分子内置換反応に気づくはずである．非結合電子対をもつ窒素原子が隣接基として働くことは明らかであり，しかも窒素原子は塩素原子の背後から攻撃しやすい場所に位置している（図 24・16）．その

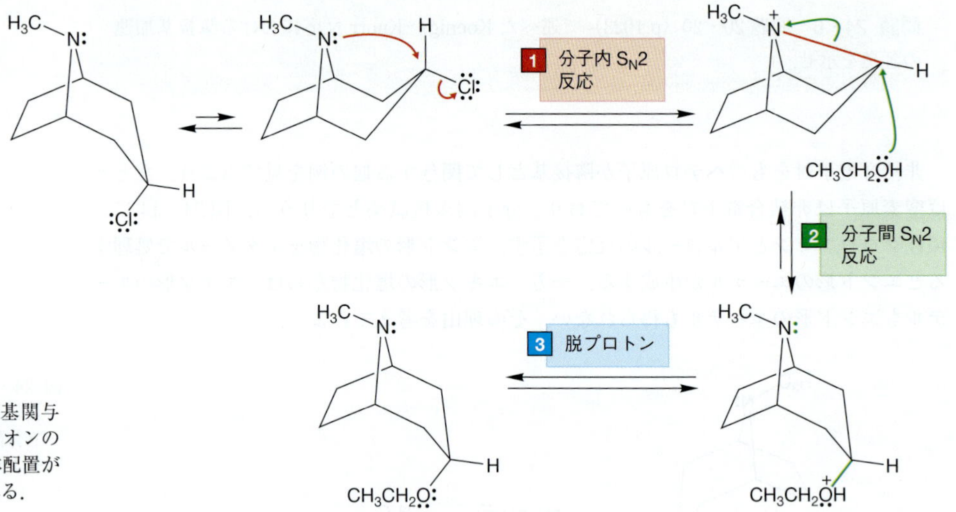

図 24・16　窒素原子の隣接基関与による環状アンモニウムイオンの生成．これが開環して立体配置が保持された生成物が得られる．

結果，環状のアンモニウムイオン（正電荷をもつ窒素原子）が生成する．この環状アンモニウムイオンがエタノールで開環すれば，エーテルが結果的に立体保持で生成する．すなわち，反応の第 1 段階は窒素原子による立体反転を伴った分子内 S_N2 反応，第 2 段階はエタノールによるアンモニウムイオンの分子間置換反応である．立体反転が続けて 2 回起こるため，反応全体としては立体保持となる．

では，なぜエキソ体は同じように反応しないのであろうか．エキソ体の窒素原子が塩素原子と置換するためには，窒素原子が塩素原子の前面から攻撃しなければならない．しかし，このような反応は不可能であり（図 24・17），エキソ体は，エンド体によりもゆっくりと，しかも別の機構で反応する．

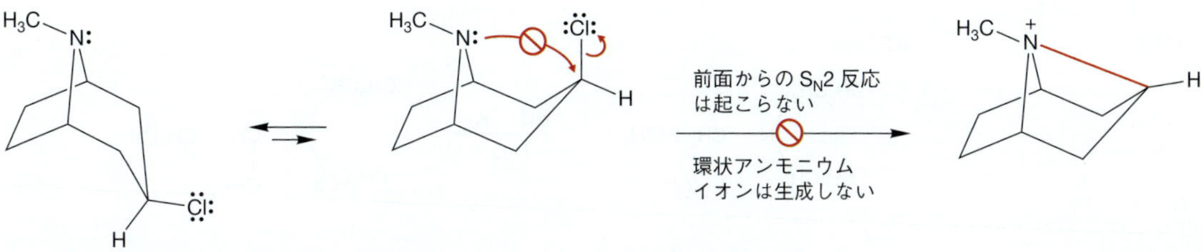

前面からの S_N2 反応は起こらない

環状アンモニウムイオンは生成しない

図 24・17 エキソ形塩化物は窒素原子による置換を受けない．なぜなら，前方からの S_N2 反応はできないからである．

問題 24・7 図 24・14 のエキソ形の塩化物からは，つぎの化合物が生成する．反応機構を書け．

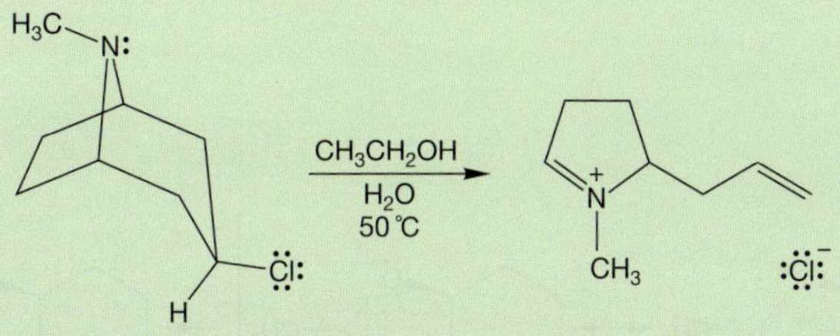

CH_3CH_2OH, H_2O, 50℃

二環性化合物の反応を理解することは，なかなか難しい．分子の構造を描くのも楽ではないし，ましてや骨格部分にヘテロ原子が組込まれているとなおさらである．しかし，基本的に二環性化合物の反応は決して難しいことはない．分子の描き方さえ覚えてしまえば，むしろ二環性の分子が剛直であるだけに理解しやすいともいえる．炭素－炭素単結合の回転を考える必要はなく，反応の立体化学はかご状構造によって一義的に決まる．また，反応する分子に対して適切な配向を探し出す必要もない．以下の練習問題をやってみよう．分子模型を用いるとわかりやすいであろう．

****問題 24・8** つぎに示す反応の機構を書け．

**(a)

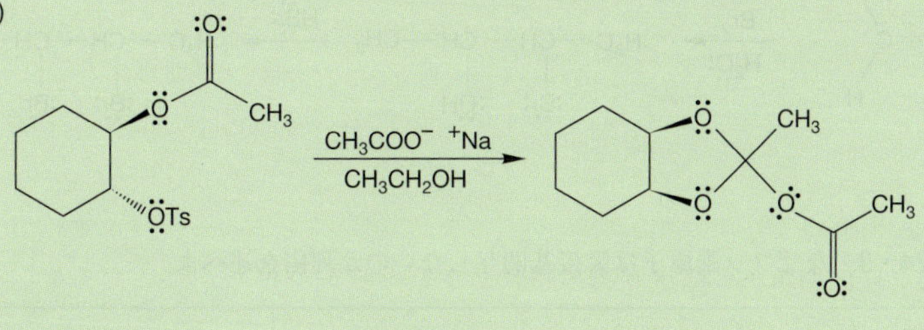

$CH_3COO^-\ ^+Na$, CH_3CH_2OH

(b)

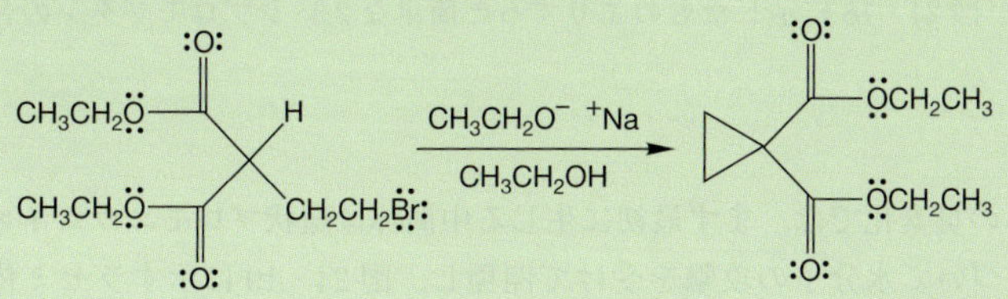

$CH_3CH_2O^-\ ^+Na$, CH_3CH_2OH

（次ページにつづく）

問題 24・8 （つづき）

(c)

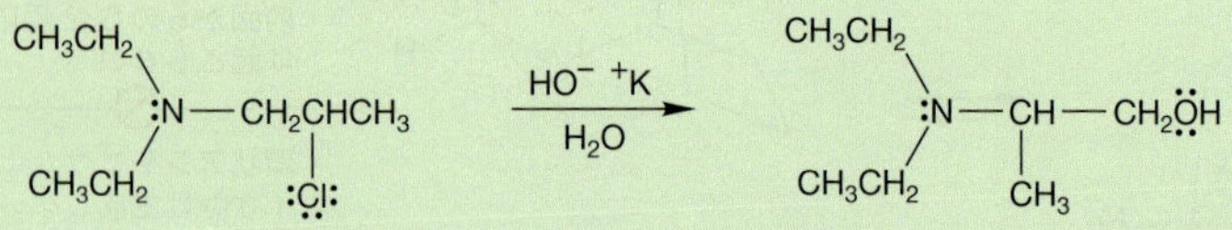

解 答 (a) 分子内求核試薬となるのはカルボニル酸素である．出発物質の立体配置はトランスであり，優れた脱離基であるトシラートの背面から S_N2 的に攻撃することができる．置換反応により生成する環状カチオンは共鳴安定化される．ひき続き酢酸イオンが正電荷をもつ炭素を攻撃することにより，生成物が得られる．

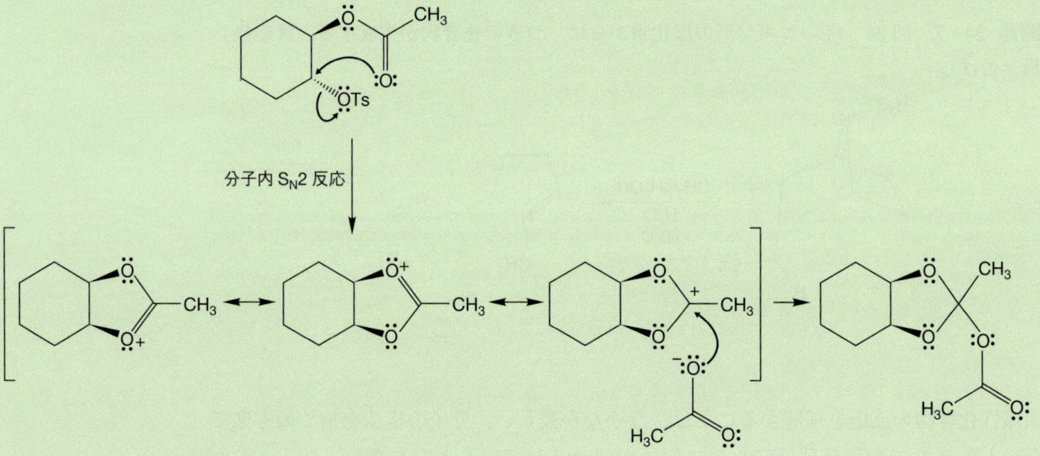

分子内 S_N2 反応

非結合電子対をもつヘテロ原子としてハロゲンがある．ハロゲンのなかで隣接基関与をするのは，ヨウ素，臭素，そして塩素である．隣接基関与が起こったことは，生成物の立体化学から明らかになる場合が多い．一例として，図 24・18 に示す経路による *cis*-2-ブテンから 2,3-ジブロモブタンへの変換について考えてみよう．

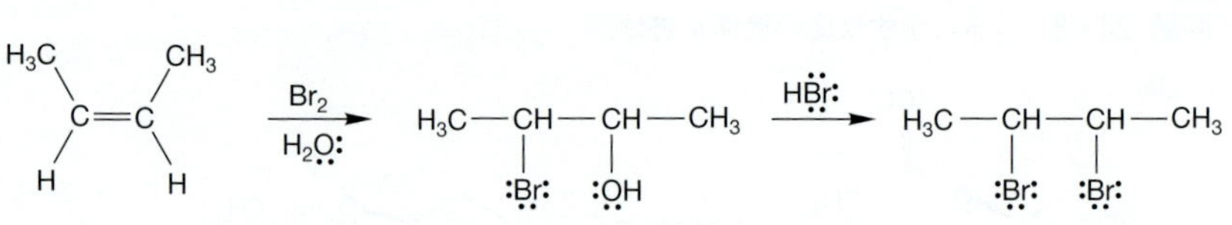

図 24・18 2,3-ジブロモブタンの合成例

問題 24・9 なぜフッ素原子は隣接基関与しないのか理由を述べよ．

問題 24・10 図 24・18 に示したものよりずっと簡単な 2,3-ジブロモブタンの合成法を述べよ．

cis-2-ブテンの臭素化では，まず最初に生じる中間体は環状ブロモニウムイオンである (p.476)．つづいて水分子の攻撃を受けて開環し，図 24・19 に示すラセミ体のブロモヒドリンを与える．

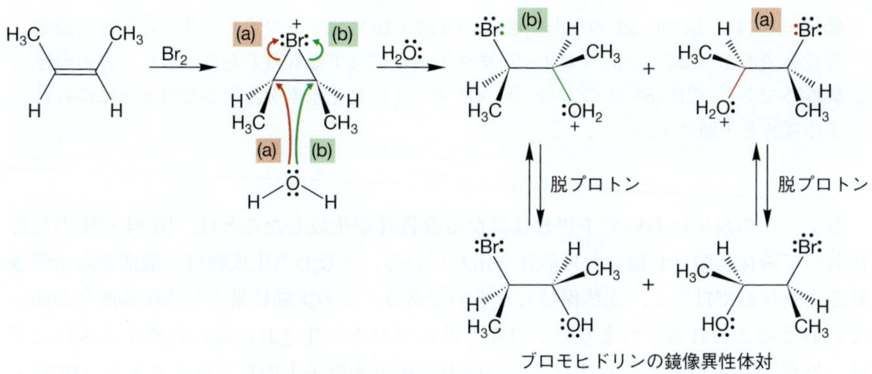

図 24・19 ブロモニウムイオンの生成と水による開環によりブロモヒドリンの鏡像異性体対が得られる．

第一級アルコールあるいは第二級アルコールを臭化水素で処理すると，図 24・20 に示す機構で対応する臭化物が生成する．

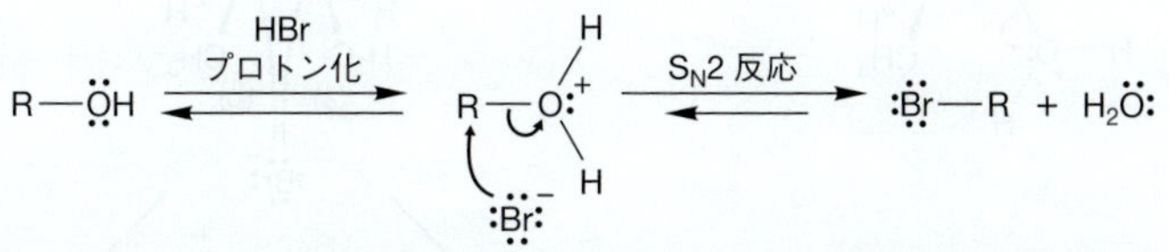

図 24・20 第一級あるいは第二級アルコールと臭化水素から臭化アルキルが生成する機構

したがって，図 24・19 中のブロモヒドリンからは，図 24・20 の S_N2 反応に従って *meso*-2,3-ジブロモブタンが生成すると予想される．しかし，実際に反応を行ってみるとそうはならない．生成物は 2,3-ジブロモブタンであるがメソ体ではなくラセミ体である（図 24・21）．メソ体とラセミ体の違いについては，4 章を復習してほしい．

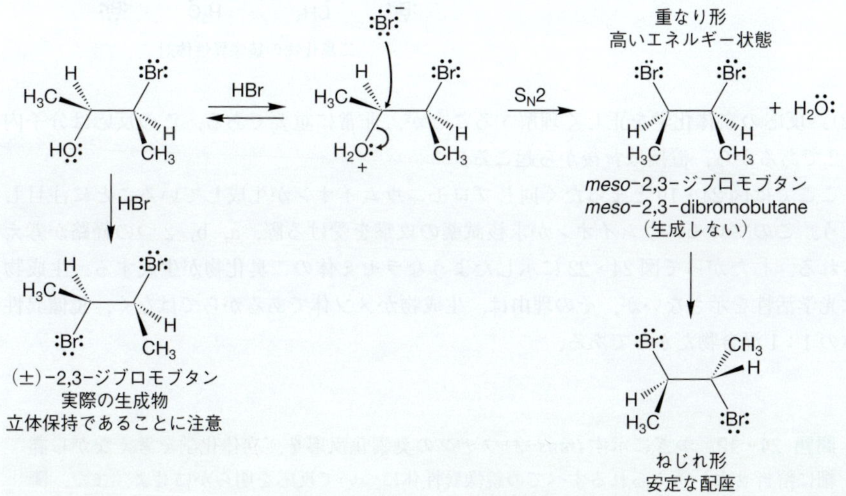

図 24・21 図 24・19 に示されたブロモヒドリンが S_N2 置換すれば，*meso*-2,3-ジブロモブタンが得られるはずである．しかし実際はそうはならない．

以下の 2 つの約束事に注意しよう．第一に，通常反応式は一方の鏡像異性体に関して書く．これに関しては，問題 24・11 を参照せよ．第二に，わかりやすくするために構造を重なり形配座で表すことがあるが，この配座は高いエネルギー状態であり，安定な立体配座ではないことを確認しておこう．

約束事についての注意

構造式の書き方

問題 24・11 図 24・21 の反応機構は，図 24・19 に示すブロモヒドリンの一方の鏡像異性体である (2*S*,3*S*)-3-ブロモ-2-ブタノールに関するものである．もう一方の鏡像異性体である (2*R*,3*R*)-3-ブロモ-2-ブタノールに臭化水素を作用させたときに得られる生成物を予測せよ．

さて，この反応において予想とは異なる異性体が生成したことは，図 24・21 の反応において隣接基関与が働いた可能性を示している．すなわち生成物は，機構から予測される立体反転ではなく，立体保持したものである．この実験結果から隣接基関与が働いていると考えられる．つまりヒドロキシ基がプロトン化された後に攻撃する求核試薬は，外部の臭化物イオンではなく分子内の隣接炭素原子上の臭素原子である（図 24・22）．反応の立体化学を正しく理解することが，非常に重要である．この反応は分子内 S_N2 であるから，置換は背後から起こる．

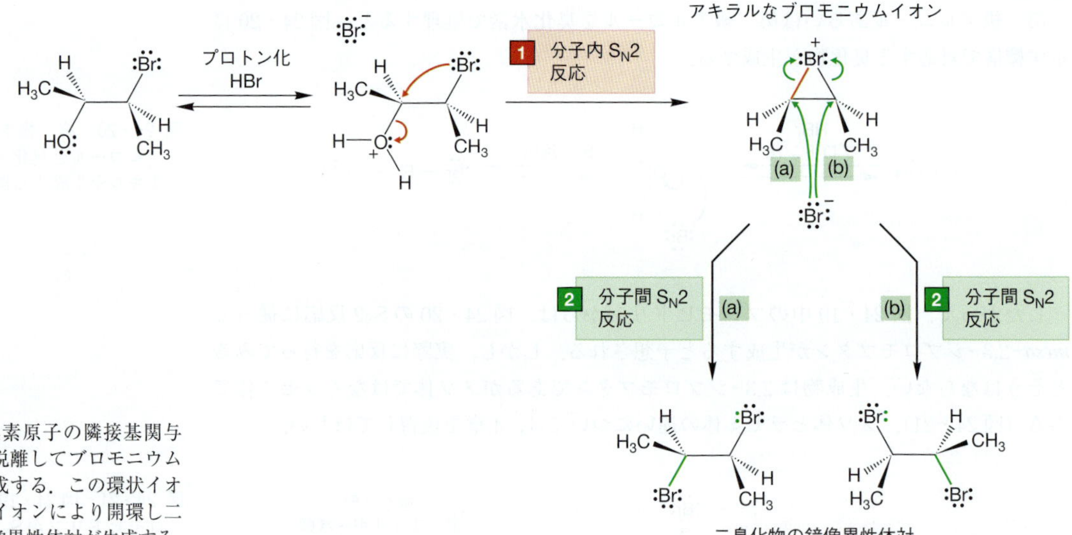

図 24・22 臭素原子の隣接基関与により水が脱離してブロモニウムイオンが生成する．この環状イオンが臭化物イオンにより開環し二臭化物の鏡像異性体対が生成する．

ここでは図 24・19 とまったく同じブロモニウムイオンが生成していることに注目しよう．このブロモニウムイオンが求核試薬の攻撃を受ける際，a，b，2 つの経路が考えられる．したがって図 24・22 に示したようなラセミ体の二臭化物が生成する．生成物は光学活性を示さないが，その理由は，生成物がメソ体であるからではなく，鏡像異性体の 1：1 混合物だからである．

問題 24・12 つぎに示す *trans*-2-ブテンの臭素化反応を，立体化学を考えながら詳細に解析せよ．考えられるすべての鏡像異性体について反応を明らかにせよ．また，隣接基関与がない場合と比較せよ．

1. Br_2/H_2O
2. HBr

meso-2,3-ジブロモブタン

問題 24・13 非結合電子対を用いる環状イオン生成とσ電子対を用いる環状イオン生成は，本質的に異なる．それぞれの場合における環状イオンを描き，両者の違いを説明せよ．ヒント：電子の数を数えよ．

解 答 問題24・12のように，非結合電子対を用いて3員環が形成される例は多い．ここで生成するのはすべての結合が2電子結合である普通の化合物である．

σ結合の関与により環が生成する場合はまったく異なる結合様式となる．この場合は電子不足となり通常の3員環は生成しない．その代わりσ結合に使われていた2電子が3原子に共有される．これはヒドリドの移動やアルキル基の移動の過程である．

24・3 π電子の隣接基関与

24・3a 芳香環の隣接基関与 これまでアルコキシドや硫黄など強い求核試薬およびハロゲンのような比較的弱い求核試薬の隣接基関与を学んだ．ここでは，さらに弱い求核試薬である芳香族化合物やアルケンのπ電子の隣接基関与を扱う．さらに進んで，もっと弱い求核試薬であるσ結合による隣接基関与についてもふれる．

芳香族のπ電子は隣接基としてふるまうことがある．典型例として3-フェニル-2-ブタノールのトシラート（*p*-トルエンスルホン酸1-メチル-2-フェニルプロピル）の反応をあげる．D. J. Cram（1919～2001，クラウンエーテルの研究で1987年ノーベル化学賞受賞；p.251）らは図24・23に示す光学活性な3-フェニル-2-ブタノールのトシラートを酢酸で処理すると，生成する3-フェニル-2-ブタノールのアセタート（酢酸1-メチル-2-フェニルプロピル）はラセミ体であることを見いだした．

Neighboring pi: Not to be confused with neighborly pies!（隣接するπ：隣人からもらったパイと混同しないように！）

光学活性 —— CH_3COOH (AcOH) → アセタートのラセミ体

図 24・23 この光学活性な3-フェニル-2-ブタノールのトシラートからは対応するアセタートのラセミ体が得られる．

この結果はS_N2反応によってもS_N1反応によっても説明できない．仮にS_N2反応ならば，立体反転を伴い図24・24に示す光学活性アセタートが生成するはずである．

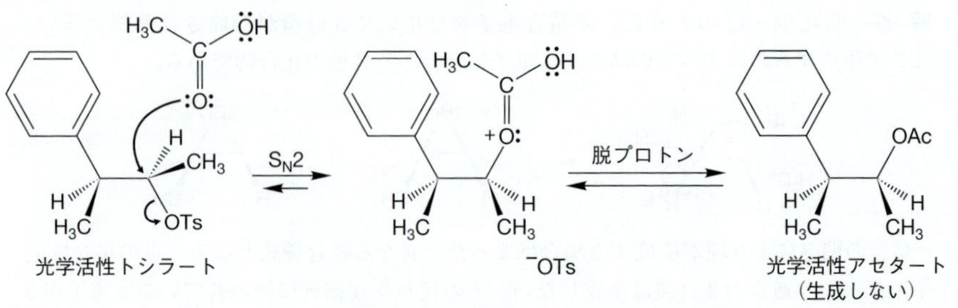

図 24・24 単純なS_N2反応では正しい生成物を予想できない．重なり形配座で示してあるが，これは反応機構をわかりやすくするためであり，実際にはねじれ形配座で存在することに注意せよ．

光学活性トシラート　S_N2　脱プロトン　光学活性アセタート（生成しない）

また，S_N1反応であればカルボカチオン中間体が生成し，どちらの面からも酢酸の攻撃が起こりうるから，図24・25に示す2種類の光学活性な生成物を与えるはずである．

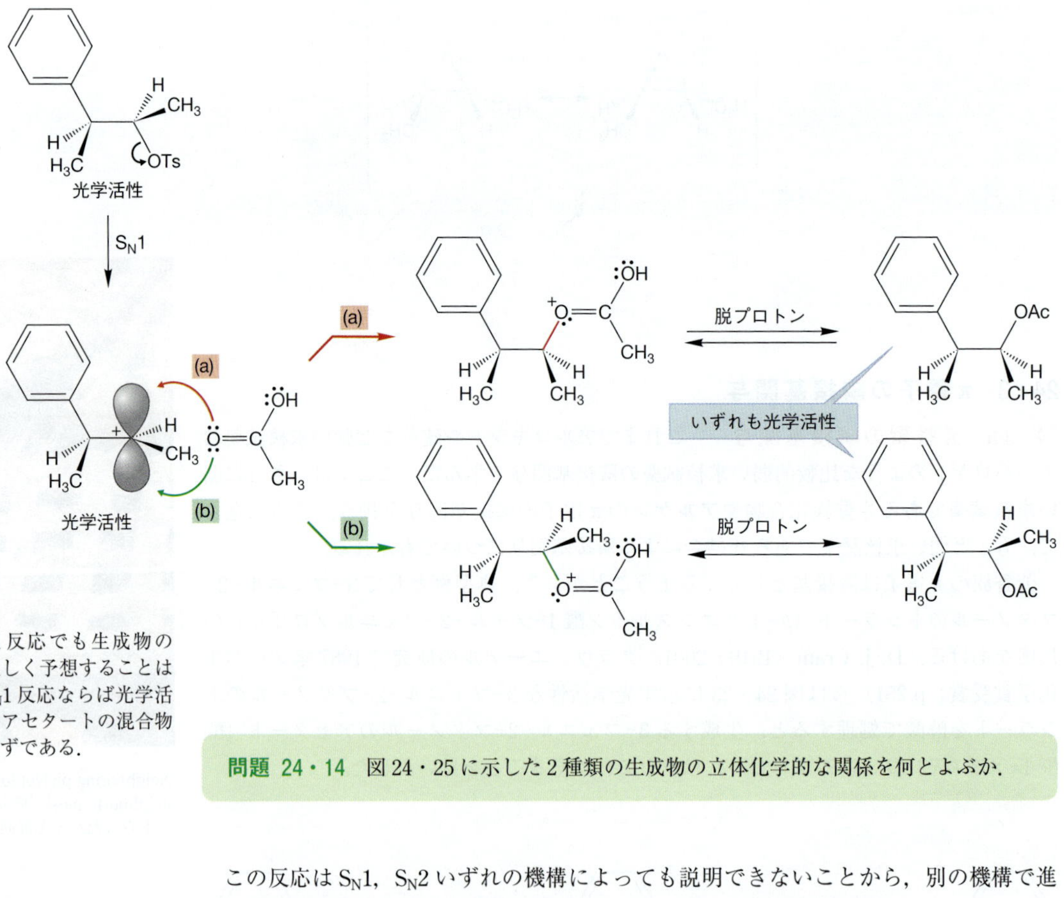

光学活性　S_N1　光学活性　(a)　(b)　脱プロトン　いずれも光学活性

図 24・25 S_N1反応でも生成物の立体化学を正しく予想することはできない．S_N1反応ならば光学活性な2種類のアセタートの混合物が得られるはずである．

問題 24・14 図24・25に示した2種類の生成物の立体化学的な関係を何とよぶか．

この反応はS_N1，S_N2いずれの機構によっても説明できないことから，別の機構で進行しているはずである．立体化学に関して予想と異なる結果が得られたことから，ここでも隣接基関与が働いたと考えられる．それでは分子内求核試薬は何であろうか．

芳香族置換反応において芳香環が求電子試薬に対する求核試薬として働くのと同様，ここで求核試薬として働くのは芳香環である（14章）．3-フェニル-2-ブタノールのトシラートのフェニル基上のπ電子が求核試薬となる．その際，当然のことながら求核試薬は背後から攻撃するので，図 24・26 に示す**フェノニウムイオン**（phenonium ion）が生成する．

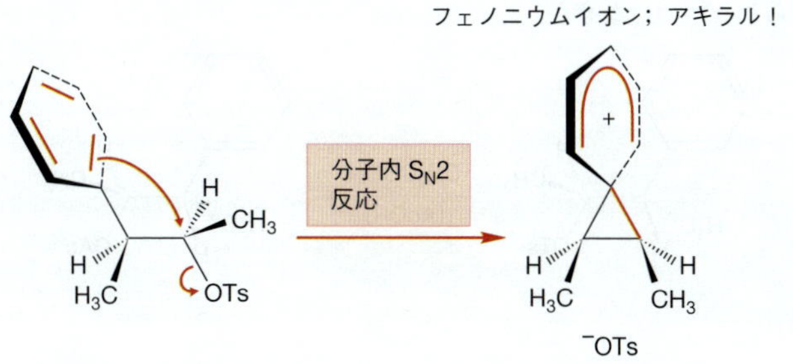

図 24・26 ベンゼン環の隣接基関与によるフェノニウムイオン中間体の生成．この中間体が対称面をもちアキラルであることに注意せよ．

問題 24・15 図 24・26 に示したフェノニウムイオンの共鳴構造式を書け．

フェノニウムイオンの構造に注意しよう．2 つの環は同一平面上にはなく直交している．したがって，このイオンはアキラルでメソ体である．この段階で，光学活性の要素はすべて失われている．フェノニウムイオンが，芳香族求電子置換反応の中間体であるベンゼノニウムイオンの構造と密接に関連していることに注目しよう（図 24・27）．

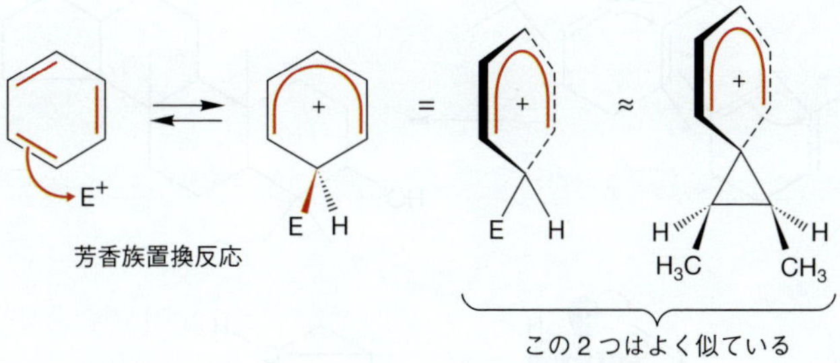

図 24・27 フェノニウムイオンは芳香族求電子置換反応における中間体イオンと類似している．

このスピロ型環状中間体に特に変わったところがあるわけではなく，ついで分子間 S_N2 反応で求核試薬がこの中間体を攻撃する場合，反応する箇所は 2 つある．2 つの生成物は互いに鏡像の関係にあり，図 24・28 に示すラセミ体が実際に得られてくる．

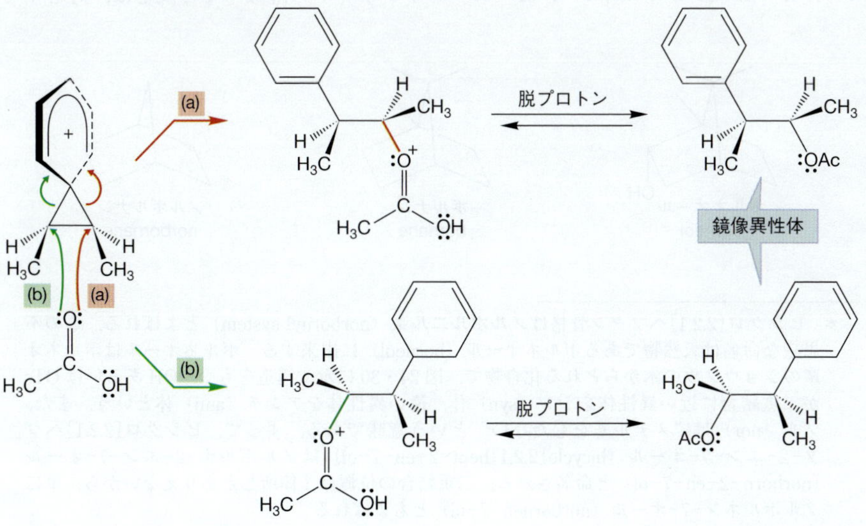

図 24・28 図 24・26 に示されたフェノニウムイオンは 2 通りの等価な経路（a と b）により開環し，ラセミ体を与える．

問題 24・16 3-フェニル-2-ブタノールのトシラートの光学活性な *R,R* 異性体と酢酸との反応を書け．この場合，生成物は図に示した光学活性アセタートとなる．2 種類の生成物が得られないのはなぜか．

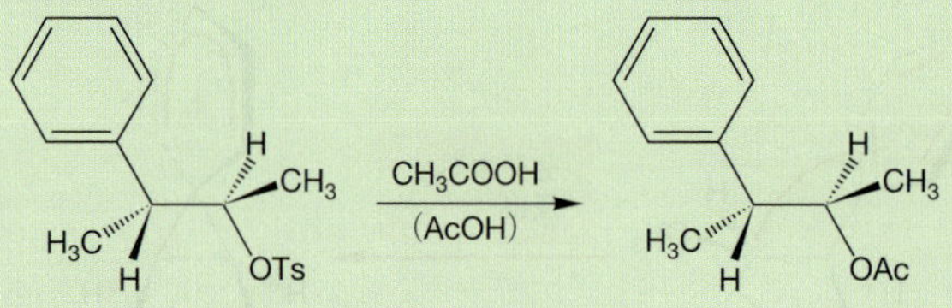

24・3b 炭素－炭素二重結合の隣接基関与

炭素－炭素二重結合も求核試薬であり，分子内置換反応において隣接基として働くことができる．すでに出てきた例では，ステロイド合成におけるカルボカチオンへの分子内付加反応（p.611）や，カルベンの分子内付加反応（p.491）などがあげられる．いずれも，求電子試薬である空の炭素 2p 軌道に対し炭素－炭素二重結合が求核試薬として作用する（図 24・29）．

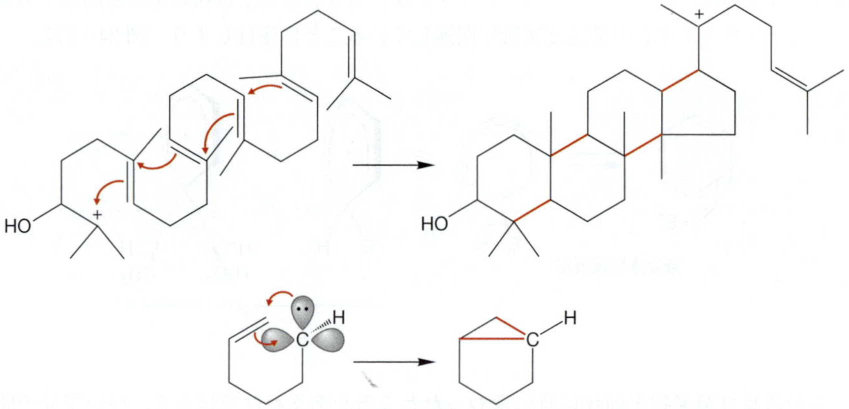

図 24・29 炭素－炭素二重結合が分子内求核試薬として働く 2 つの例

ヘテロ原子の隣接基関与の場合と同様，隣接する炭素－炭素二重結合は反応速度に影響を及ぼし，立体化学も制御している．たとえば，*anti*-ビシクロ[2.2.1]ヘプタ-2-エン-7-オール（ノルボルネン-7-オール）* のトシラートの酢酸中での反応は，対応する

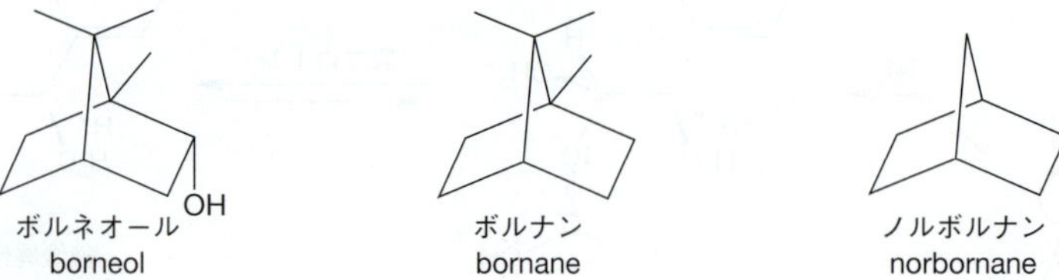

図 24・30 ノルボルナン（ビシクロ[2.2.1]ヘプタン）は，天然物のボルネオール（*endo*-1,7,7-トリメチルビシクロ[2.2.1]ヘプタン-2-オール）と関連している．

* ビシクロ[2.2.1]ヘプタン骨格は**ノルボルニル系**（norbornyl system）とよばれる．この不思議な命名は天然物であるボルネオール（borneol）に由来する．ボルネオールはボルネオ産のショウノウの木からとれる化合物で，図 24・30 に示す構造をもつ．OH あるいは OTs が二重結合に近い異性体をシン（syn）体，遠い異性体をアンチ（anti）体という．また，ノル（nor）は“メチル基をもたない”という意味である．よって，ビシクロ[2.2.1]ヘプタ-2-エン-7-オール（bicyclo[2.2.1]hept-2-en-7-ol）はノルボルナ-2-エン-7-オール（norborn-2-en-7-ol）と命名される．二重結合の位置は 1 箇所しかありえないから，単にノルボルネン-7-オール（norbornen-7-ol）ともよばれる．

シン体に比べ約 10^7 倍速く，二重結合をもたないノルボルナン-7-オールのトシラートに比べると約 10^{11} 倍も速い．しかもその生成物はアンチ形のアセタートだけである（図 24・31）.

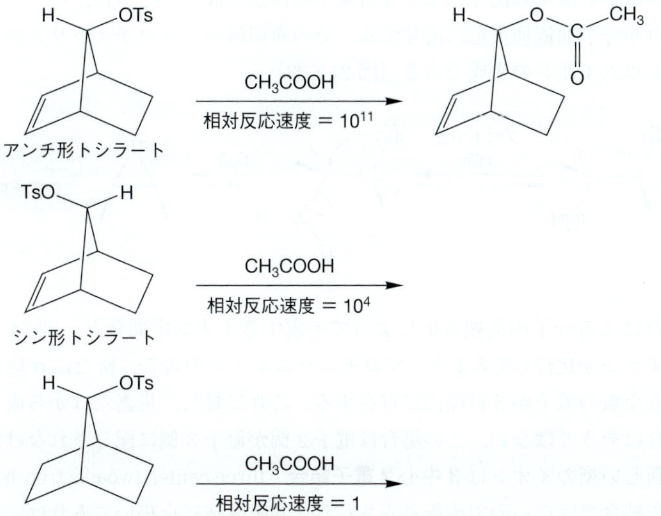

H OTs
アンチ形トシラート
CH_3COOH
相対反応速度 = 10^{11}
H O C CH_3 O

TsO H
シン形トシラート
CH_3COOH
相対反応速度 = 10^4

H OTs
CH_3COOH
相対反応速度 = 1

図 24・31 7-ノルボルネニルトシラートのアンチ体を酢酸で処理すると，アンチ形アセタートが生成する．アンチ形トシラートは，シン体より 10^7 倍，二重結合をもたない化合物より 10^{11} 倍速く反応する．

問題 24・17 図 24・31 の中央に示した *syn*-ノルボルネン-7-オールのトシラートの反応における転位生成物を予測し，その生成機構を記せ．

アンチ体では二重結合のπ電子系がトシラートのイオン化を促進するのに都合のよい位置にあるため，容易に分子内置換が起こる．これに対しシン体で二重結合がイオン化を促進するためには前方からの S_N2 反応が起こらなければならないが，このような反応は知られていない．

反応の加速は二重結合の隣接基関与に起因する．すなわち，分子内置換が分子間置換よりも速く支配的となる．この反応で立体が保持されるのはつぎのように説明できる．すなわち，二重結合による分子内置換で生成したイオン中間体に酢酸が攻撃する際，酢酸分子は脱離基の背後から S_N2 機構で攻撃する．したがって，反応全体では分子内と分子間の 2 回の S_N2 反応が起こるため，見掛け上立体保持となる（図 24・32）．

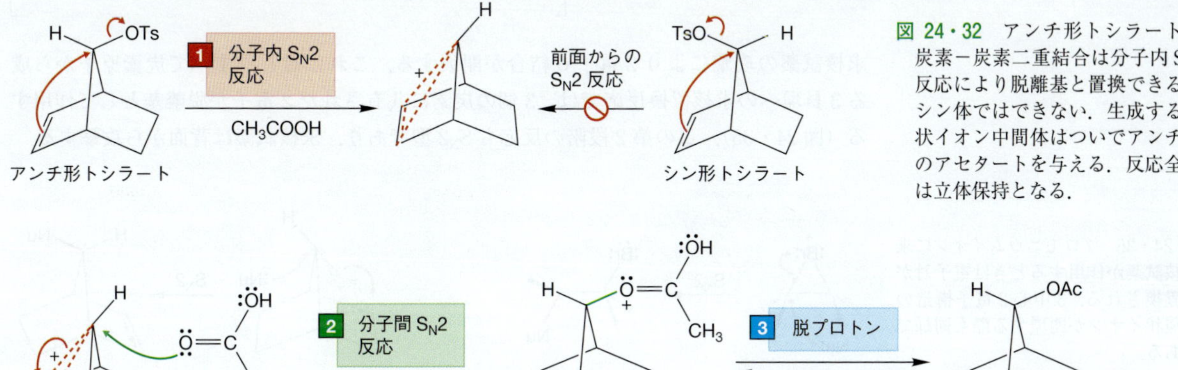

図 24・32 アンチ形トシラートの炭素－炭素二重結合は分子内 S_N2 反応により脱離基と置換できるがシン体ではできない．生成する環状イオン中間体はついでアンチ形のアセタートを与える．反応全体は立体保持となる．

この反応の第2段階である分子間S_N2反応における，脱離基の性質について考えてみよう．この反応の脱離基は何だろうか．破線で示した結合は何を意味するのか．この問にきちんと答えるためには，提案された中間体の構造をもう少し詳しく見る必要がある．ヘテロ原子の隣接基関与により3員環中間体が生成するときは，ヘテロ原子上の非結合電子対が分子間置換反応に関与する．その典型例が，ブロモヒドリンの反応におけるブロモニウムイオンの生成である（図24・33）．

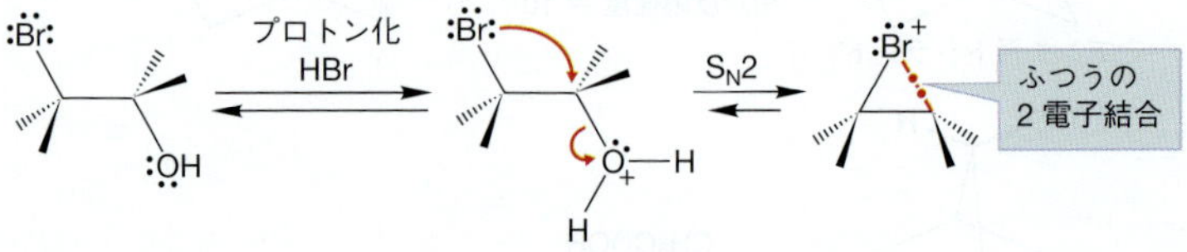

図 24・33 ブロモニウムイオンのすべての結合は通常の2電子結合である．

二重結合による分子内置換反応によって生成するイオン中間体と，図24・33のブロモニウムイオンを比較してみよう．ブロモニウムイオンの場合，新たにσ結合を生成させるに十分な数の電子が3員環内に存在する．これに対し，炭素だけから成るイオン中間体の場合はそうではない．この場合は電子2個が原子3個に配分されなければならない．この新しい型のイオンは**3中心2電子結合**（three-center two-electron bonding）であり完全な結合ではないので破線で表される．共鳴構造式を描いてみれば，どのように電荷が3個の原子に配分されるか理解できるはずである．図24・34に示されている環状イオンとブロモニウムイオンは，性質がまったく異なる．ブロモニウムイオンの場合，

図 24・34 図24・32の環状イオンとその共鳴構造式を2つの方向から見た図．特に下段の図を見るとその対称性がよくわかる．

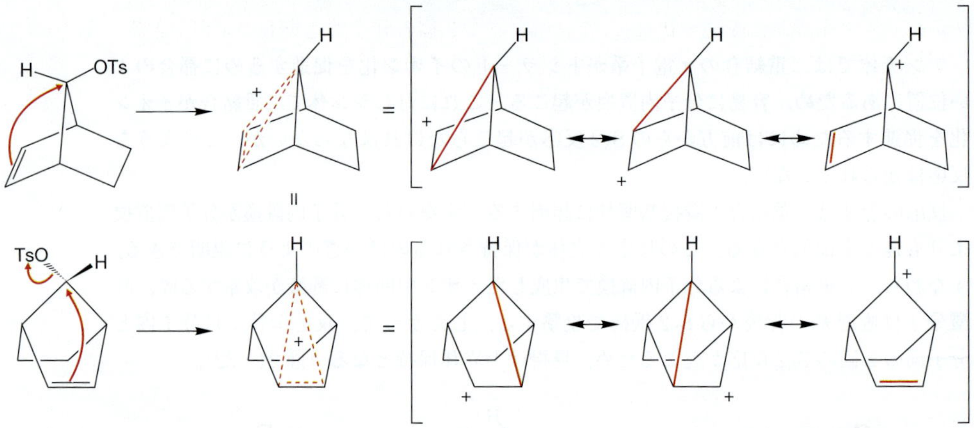

求核試薬の攻撃により2電子σ結合が開裂する．これに対し，すべて炭素原子から成る3員環への求核置換反応では，3個の炭素に共有された2電子が脱離基として作用する（図24・35）．この第2段階の反応もS_N2型であり，求核試薬は背面から攻撃する．

図 24・35 ブロモニウムイオンに求核試薬が作用するときは電子対が置換される．3中心2電子構造の環状イオンが開環する際も同様である．

このように，炭素−炭素二重結合の隣接基関与を認めるならば，化学結合に対する考え方を拡張しなければならない．すなわち，3中心2電子系を構成していることを示す

破線で示した部分的な結合を，根拠あるものとして受入れる必要がある．もちろんこの考え方に強く反対した化学者もいる．最終的には彼らが間違っていたことが明らかになったと私は考えているが，彼らの反論は決して理にそぐわないものではない．この中間体は特殊な化学種であるため，きわめて慎重に吟味しなければならない．

問題 24・18 図 24・34 において，3 個の炭素原子が正電荷を共有するのであれば，なぜ求核試薬の攻撃が 7 位で選択的に起こるのか説明せよ．他の炭素原子が攻撃を受けた場合にはどのような構造の生成物となるか考えてみよ．そのような生成物が得られない理由を述べよ．

? なぜ生成しないか

2 つの電子が炭素の 2p 空軌道との対称的な相互作用を通して安定化されることを，分子軌道論を使って説明してみよう．環状 H_3^+ 分子における分子軌道を考える．この系は図 24・36 に示すように，水素イオン H^+ の 1s 軌道を H_2 の σ 軌道および $σ^*$ 軌道と相互作用させることにより構築することができる（12 章におけるアリルあるいはシクロプロペニル π 系の議論を思い出せ）．これによって 3 個の分子軌道をもつ系ができる．1 つは結合性であり，あとの 2 つは反結合性である．2 個の電子は結合性軌道に収容され，したがって系は安定化される．炭素からなる軌道でも三角形型に重なれば同様の軌道様式ができ，安定化が起こる．

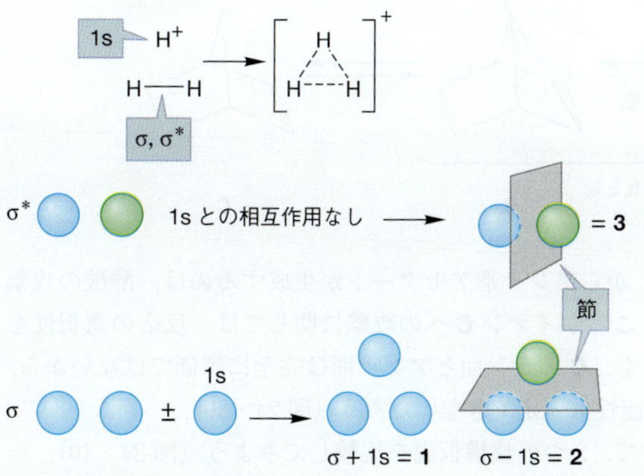

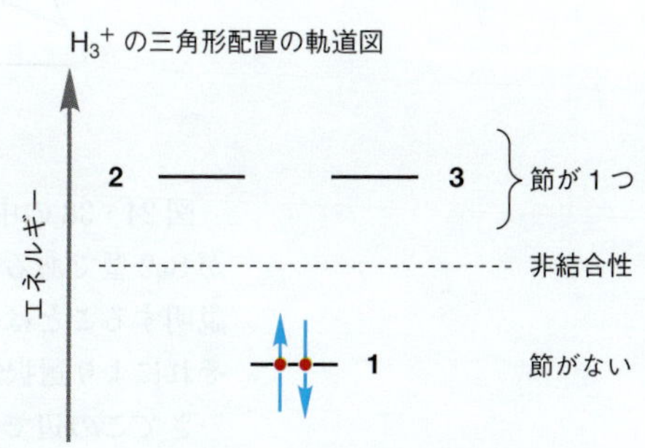

図 24・36 環状 H_3^+ の分子軌道

問題 24・19 シクロプロペニルカチオンの π 分子軌道について考察せよ．

シクロプロペニルカチオン
cyclopropenyl cation

この新しい非局在化した結合の考え方を支持しない古典的な化学者たちは，通常の2電子モデルで十分実験結果を説明できると主張した．どのような論拠に基づいて，彼らはそう主張するのだろうか．当然のことながら，彼らもまたアンチ体の方がシン体よりも反応速度が大きく，しかも反応は立体保持で進むという2つの事実を説明しなければならない．

シン形トシラートとアンチ形トシラートとは違う化合物なので，速度の差があるのは当然である．したがって，非局在化したイオン中間体を証明するためには，反応加速の程度と方向性を議論せざるをえない．古典主義者たちは，なにも非局在化したイオン中間体をもち出さなくても，従来どおり局在化したカルボカチオン中間体を考えれば十分反応の加速を説明できると主張する．事実，アンチ体では脱離基が炭素－炭素二重結合が分子内求核攻撃をするのに有利な配向をとっているのに対し，シン体では不利な配置となっている（図24・37）．

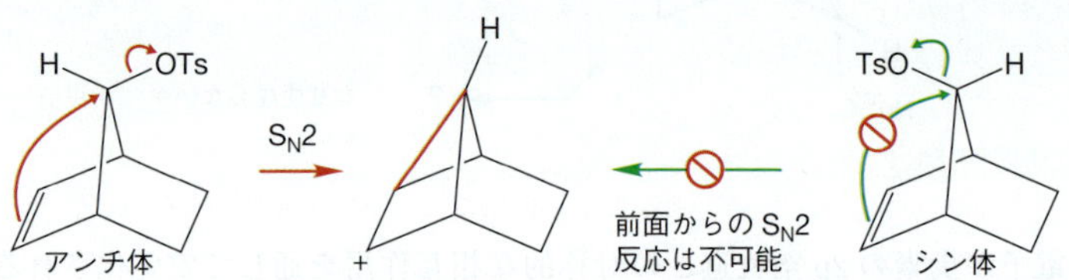

図 24・37 π結合による“古典的な”置換反応で生成する局在化したイオンによってもアンチ体とシン体の反応性の違いを説明することができる．

カルボカチオン中間体の生成においても，脱離基の背後からの攻撃が可能なのはアンチ体の方である．当然のことながら2種類の中間体（**A**と**B**）は等価であり（図24・38），平衡状態にあると考えられる．さらに7位に電荷をもつ中間体（**C**）も平衡に関与する可能性がある．ここで，図24・34の共鳴構造と図24・38の平衡構造との違いを，しっかりと認識しなければならない．

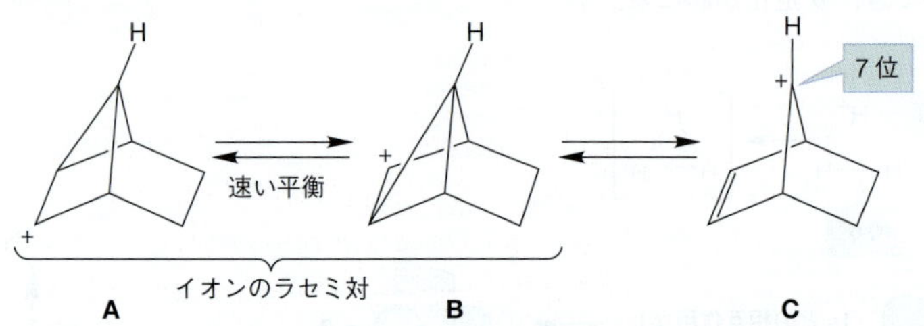

図 24・38 最初に生成するイオン中間体**A**は**B**と，またおそらく**C**とも平衡にある．

図24・38の中間体（**A**と**B**）からアンチ形アセタートが生成するのは，酢酸の攻撃がS_N2型であるからである．ところがイオン**C**への攻撃に関しては，反応の選択性を説明することは難しい．もっとも，**C**のシン面とアンチ面は完全に等価ではないから，それにより選択性が発現した可能性は否定できないだろう（図24・39）．

さてこの辺で一度立ち止まって，2つの機構仮説を比較してみよう（図24・40）．一方の機構では，脱離基に対して対称的に置換が起こり，共鳴安定化され非局在化したイオン中間体が生成する．これに対し，他方の機構では，脱離基が非対称に置換されて3員環カルボカチオン中間体（**A**あるいは**B**）が生成し，これがもう1つのイオン**C**に平衡になるか，あるいは中間体**C**がS_N1反応により生成する．

これら2つの機構の違いは中間体の構造の表し方にあり，その違いは微妙なものである．前者は非局在化した単一のイオン中間体の共鳴構造で表され，後者は異なる分子の平衡で表される．

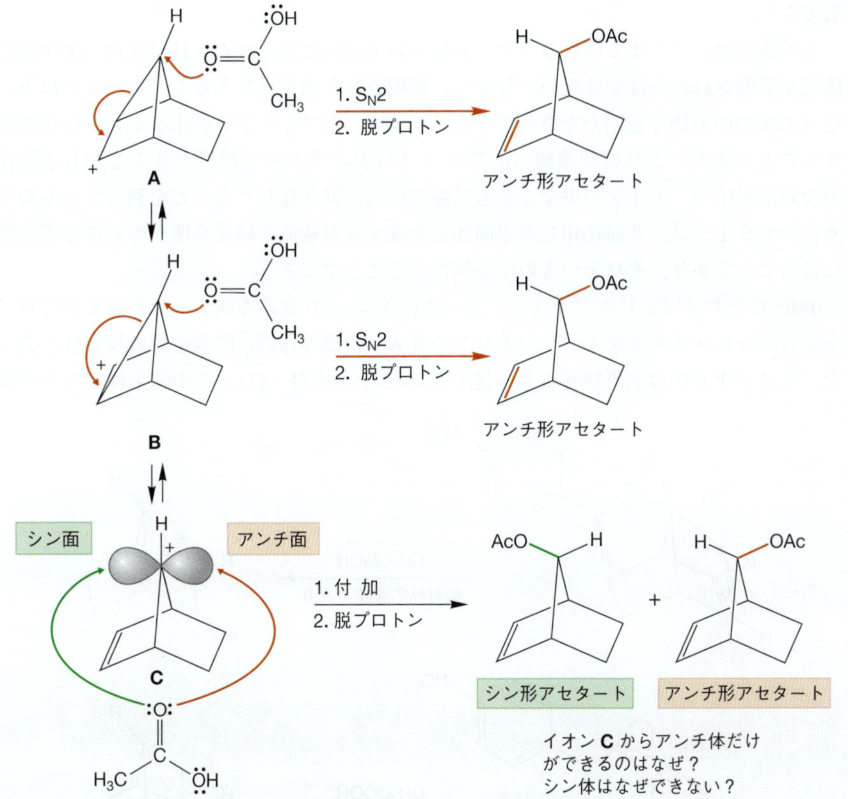

図 24・39 A と B の平衡混合物に酢酸を作用させればアンチ形のアセタートを与える．イオン C の7位への攻撃によってアンチ体だけができると考えるのは困難である．

それでは，この論争は化学的に見て，ささいなものなのだろうか．そのように考える化学者が多くいるなかで，そうではないと主張したい．機構に関するすべての問題は，中間体の存在とその構造の証明，そしてエネルギー最小構造を隔てる障壁の数に帰

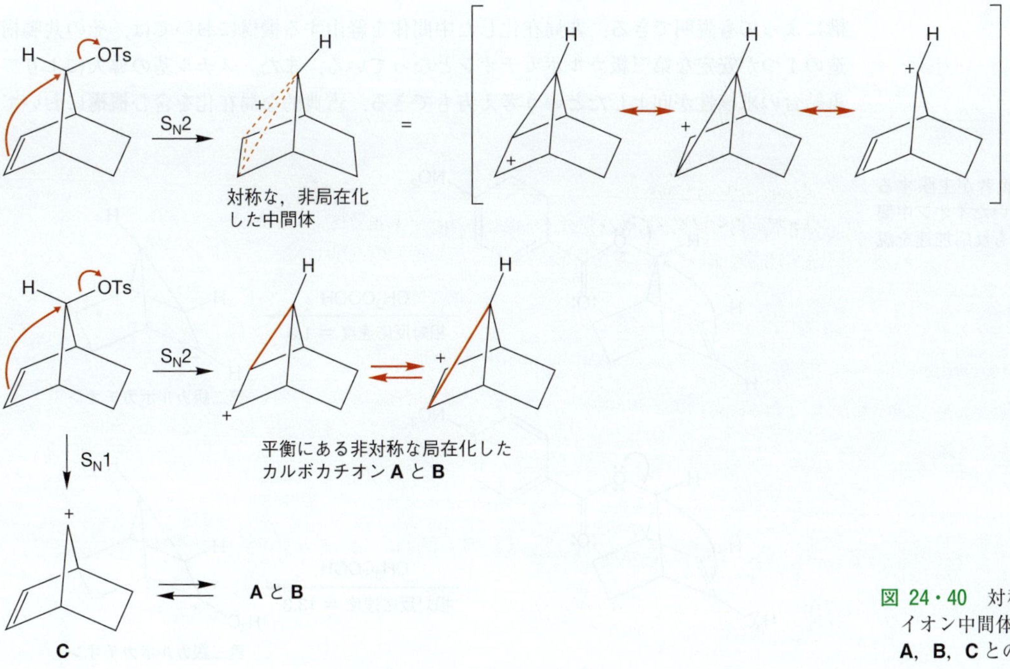

図 24・40 対称的な非局在化したイオン中間体と局在化したイオン A，B，C との比較

着できる．

この議論は，これまで似たような反応について何回となく繰返されてきた．すべての機構が解明されたわけではない．しかし，解明された例を見てみると，たいてい以下に述べる２つの方法で証明がなされている．１つは，そのような中間体イオンを直接観測することである．これは超強酸（p.735）とよばれるきわめて酸性が強くしかも求核性のない溶媒中で，イオンが少なくとも低温では安定に存在しうることを利用するものである．もう１つは，非局在化した中間体を生成する対称的な隣接基関与の証拠を実験的に得ることであり，それをつぎの反応例に見ることができる．

anti-ビシクロ[2.2.1]ヘプテン-7-オールの *p*-ニトロ安息香酸エステルおよびその二重結合部分にメチル基を１つ，および２つ導入した誘導体の，酢酸中での反応性を調べた．モノメチル体は無置換体よりも速く反応した（図 24・41）．この結果はどちらの機構によっても説明できる．非局在化した中間体を経由する機構においては，その共鳴構造の１つが安定な第三級カルボカチオンとなっている．また，メチル基の導入により二重結合の求核性が向上したという考え方もできる．古典的な局在化を含む機構において

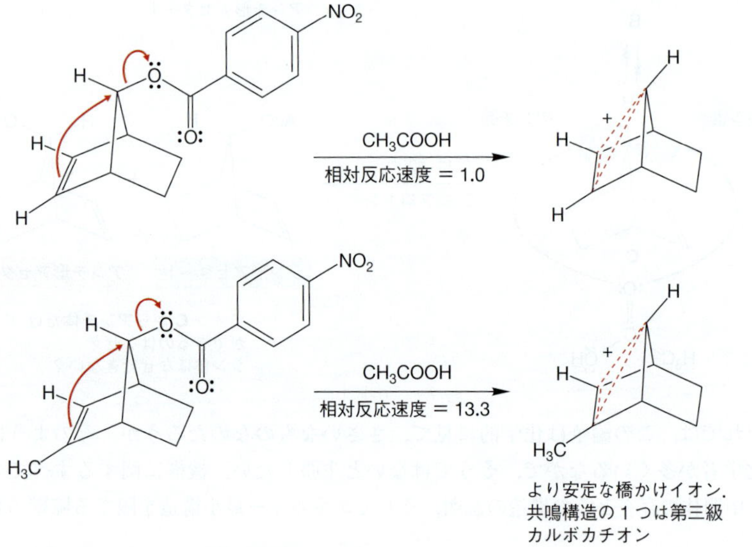
NO2
H
O
O
H
H
CH3COOH
相対反応速度 = 1.0
H
+
H
H
NO2
H
O
O
H
H3C
CH3COOH
相対反応速度 = 13.3
H
+
H
H3C
より安定な橋かけイオン．
共鳴構造の１つは第三級
カルボカチオン

図 24・41　メチル置換体からの非局在化したイオン中間体の生成速度は，無置換体よりも速くなるはずである．

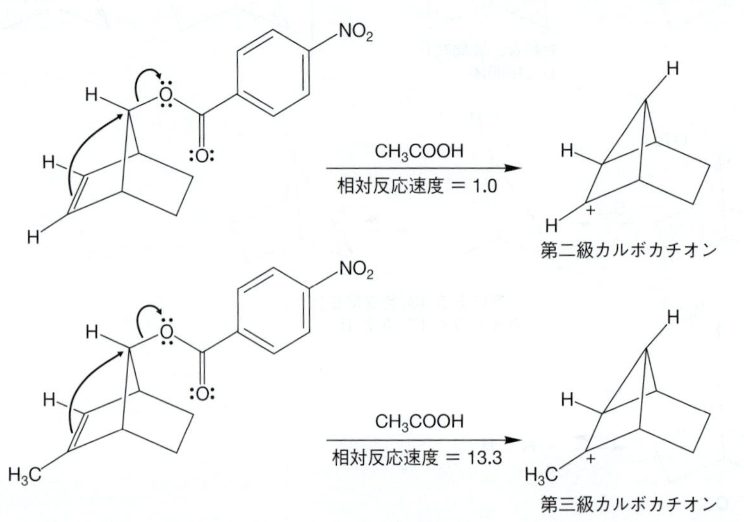
NO2
H
O
O
H
H
CH3COOH
相対反応速度 = 1.0
H
H
+
H
第二級カルボカチオン
NO2
H
O
O
H
H3C
CH3COOH
相対反応速度 = 13.3
H
H
+
H3C
第三級カルボカチオン

図 24・42　古典主義者が主張するような非対称な開いたイオン中間体の生成によっても反応加速を説明できる．

は，不安定な第二級カルボカチオンが生成する無置換体よりも，安定な第三級カルボカチオンが生じるモノメチル体の方が速く反応したと考えることができる（図 24・42）．モノメチル体を使用したときに観測された 13.3 倍の速度増大はどちらの機構でも説明できる．

問題 24・20 図 24・41 のモノメチル中間体の共鳴構造式を描け．

さてジメチル体ではどうであろうか．非局在化した中間体は対称的な隣接基関与により生成するのであるから，2 つのメチル基は同時に反応を加速するであろう．したがって，1 つのメチル基による加速が 13.3 倍であるから，ジメチル体では 13.3×13.3 = 177 倍の加速が予想される（図 24・43）．

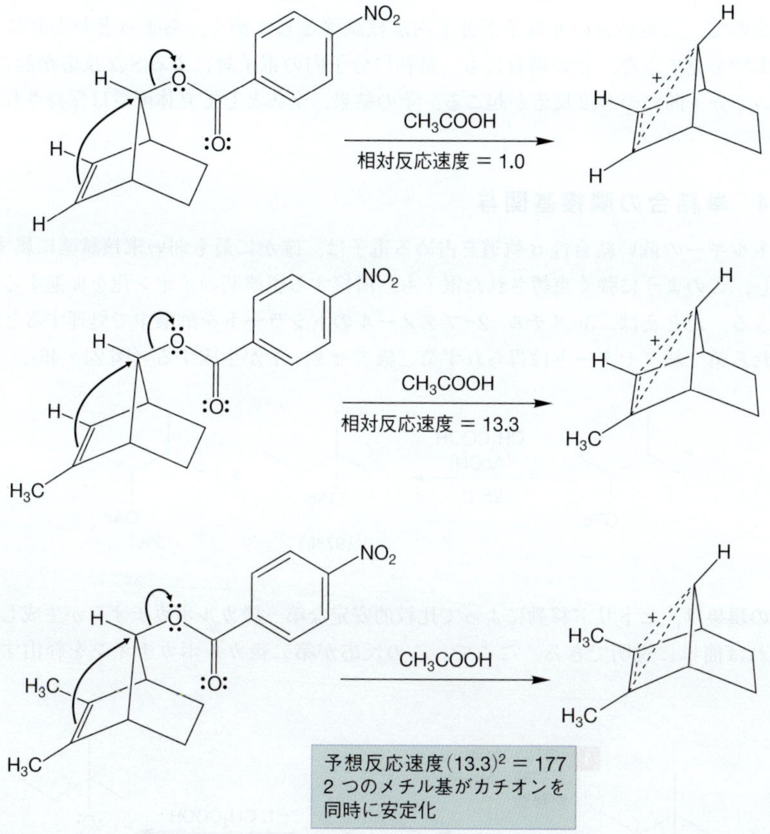

CH_3COOH
相対反応速度 = 1.0

CH_3COOH
相対反応速度 = 13.3

CH_3COOH

予想反応速度 $(13.3)^2 = 177$
2 つのメチル基がカチオンを同時に安定化

図 24・43 ジメチル体から非局在化したイオン中間体が生成する反応では，2 つのメチル基が同時にカチオンを安定化する．したがって，モノメチル体よりもさらに反応は速くなるはずである．

これに対し，局在化している第三級カルボカチオン中間体が生成する場合はメチル基が 2 個になることで可能性は 2 倍になるが，2 つのメチル基が同時に反応を加速することは不可能である．したがって速度の変化はせいぜい 2 倍程度という予測になる（図 24・44）．

まとめると，これら 2 つの機構の間で根本的な違いがある．すなわち対称な非局在化したイオンを含む機構では 2 つのメチル基が同時に安定化に寄与するが，非対称な局在化を含む機構では，2 つのメチル基が同時に寄与することはありえない．

実際に実験を行ってみると，ジメチル体では 148 倍の反応加速が見られた．この値は非局在化した中間体に対して予測された値に近い．

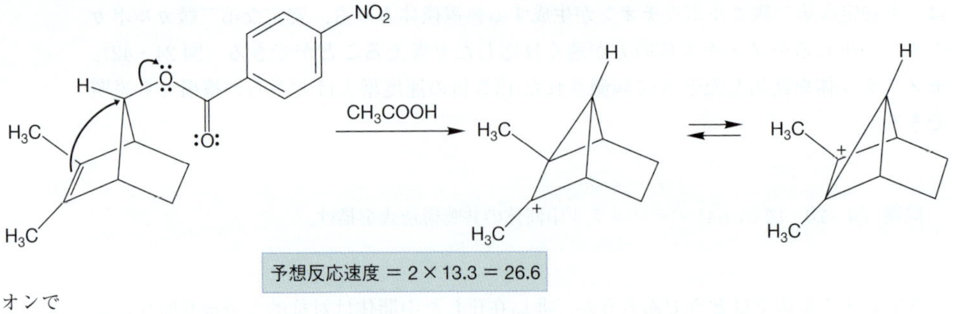

図 24・44 局在化したイオンでは2つのメチル基が同時にイオンを安定化することはできない.

まとめ

これまでに，一目で隣接基とわかる非結合電子対をもつヘテロ原子が関与する例から始めて，二重結合のπ電子が分子内求核試薬として働く，ちょっとわかりにくい例までを見てきた．どの場合にも，最初に分子内の電子対による S_N2 反応が起こり，ついで分子間での S_N2 反応が起こる．その結果，全体として立体配置は保持される．

24・4 単結合の隣接基関与

エネルギーの低い結合性σ軌道を占める電子は，確かに最も弱い求核試薬に属する．しかし，このように強く束縛された電子も，隣接する脱離基のイオン化を促進することができる．たとえば，3-メチル-2-ブタノールのトシラートを酢酸中で処理すると，予想される第二級アセタートは得られず第三級アセタートが生成する（図 24・45）．

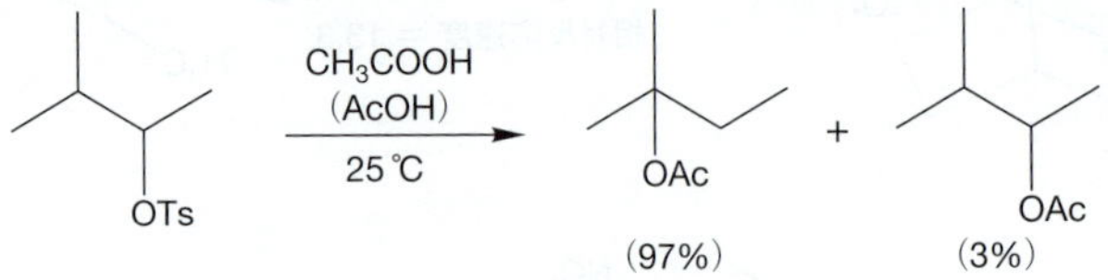

図 24・45 3-メチル-2-ブタノールのトシラートに酢酸を作用させると転位が起こる.

この現象は，ヒドリド移動によって比較的安定な第三級カルボカチオンが生成したと考えれば簡単に説明できる．ここで，この反応が第二級カルボカチオンを経由するの

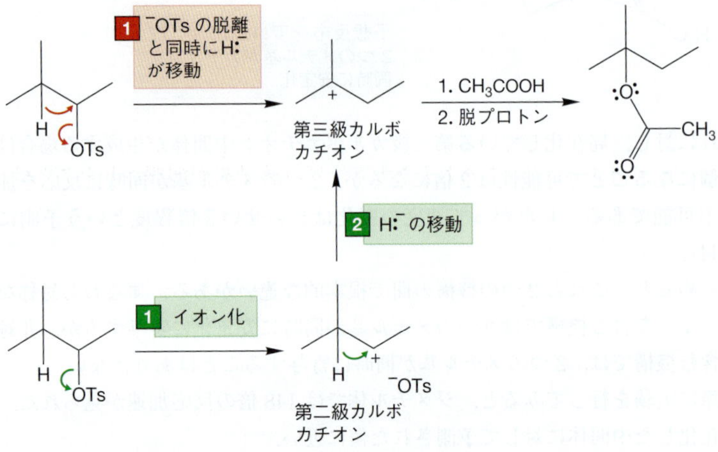

図 24・46 3-メチル-2-ブタノールのトシラートの加酢酸分解で考えられる2通りの経路．緑色で示した経路は2段階から成る．赤色で示した経路は1段階である.

か，それとも脱離基の遊離と同時にヒドリドが移動するのか，という興味ある機構上の問題に突き当たる（図 24・46）．第三級カルボカチオンの生成するタイミング，つまり 2 段階反応なのか，1 段階反応で生じるのかという問題である．これは，反応中間体（この場合は第二級カルボカチオン）が存在するのか，それとも協奏的に第三級カルボカチオンが生成するのか，という反応機構に関する古典的な問題のよい例といえるだろう（図 24・46）．

問題 24・21 図 24・46 に示した 2 通りの経路について，反応のエネルギー図を描け．出発物質と第三級カルボカチオンとの間にエネルギー障壁はいくつ存在するか．

反応機構がいくつの段階から成るのかという問題は，**同位体効果**（isotope effect）を観測することによって解決された．図 24・47 に示すような重水素化されたトシラートと，されていないものとの反応速度を比較してみる．もしこの反応の機構が第二級カルボカチオンの生成が律速段階で，その後にヒドリド移動が速やかに起こるとすると，水素を重水素に置換しても反応速度はほとんど変化しないだろう．なぜなら，反応の律速段階に炭素−重水素結合の開裂が含まれないからである．これに対し，トシラートイオンの脱離と同時にヒドリド（あるいはジュウテリド）移動が起こる場合は，律速段階で炭素−水素（あるいは炭素−重水素）結合の開裂が起こるので，大きな同位体効果が予想される．

(a)

H(D) OTs —遅い→ H(D) + —速い→ + H(D) —1. CH_3COOH 2. 脱プロトン→ H(D) O C CH_3 O

予想 $k_H/k_D \approx 1.1$

(b)

H(D) OTs —遅い→ + H(D) $^-$OTs —1. CH_3COOH 2. 脱プロトン→ H(D) O C CH_3 O

実測 $k_H/k_D > 2.2$

図 24・47 (a) 2 段階機構では小さな同位体効果が予測される．(b) 炭素−水素結合（あるいは炭素−重水素結合）の開裂が律速段階（イオン化段階）で起こればかなりの同位体効果が観測されるであろう．実際に大きな同位体効果が観測されたことは，炭素−水素結合（あるいは炭素−重水素結合）の開裂がイオン化段階で起こったことを示す．

実際に重水素標識されていない化合物は，重水素化された化合物に比べ，2 倍以上の速度で反応した．この同位体効果（$k_H/k_D = 2.2$）は，ヒドリドが脱離基の遊離と同時に移動することを示している．もし第二級カルボカチオンの生成が律速段階で，その後にヒドリドが移動したとすると，小さな同位体効果しか観測されないはずである（おそらく $k_H/k_D = 1.1 \sim 1.3$）．このような大きな同位体効果が観測されたことは，隣接基関与，すなわち C−H σ 結合の関与を強く支持する．

ここで，さらに難解な問題に突き当たる．イオン化反応に単結合が関与したとすると，環状の非局在化した中間体は生成するのであろうか．

問題 24・22 今から考えるとなぜそうなったのかよくわからないのだが，フェノニウムイオン（p.1183）は，提案された当初大変な論争になった．芳香族置換反応の中間体

問題 24・22（つづき）

との明らかに類似性をもつにもかかわらず（図 24・27），その存在に対しては根強い抵抗があった．π電子の隣接基関与とσ電子の隣接基関与が混同されたために誤解が生じたのであるが，その理由を説明せよ．

問題 24・23 エチルカチオン $CH_3CH_2^+$ の構造についてはちょっとした論争がなされてきた．単純な鎖状のカチオンと，エチレンの二重結合の中央にプロトン化が起こったとして考えられる非局在化したカチオンのそれぞれについて，軌道図を描いて比較せよ．最近，分子軌道が三角形状に重なる例を見たはずである．それからの類推で考えよ．

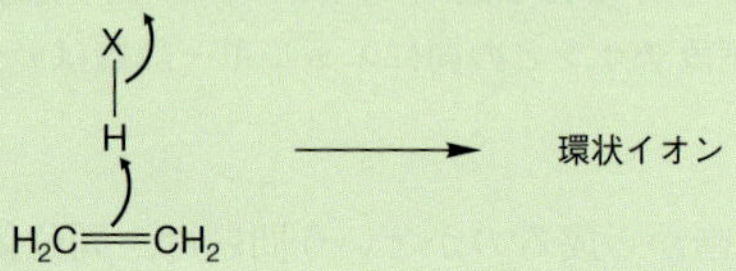

X—H ＋ $H_2C{=}CH_2$ ⟶ 環状イオン

図 24・48 2-ノルボルニルトシラートはエンド体，エキソ体いずれも酢酸と反応して，エキソ形の 2-ノルボルニルアセタートを与える．エキソ体の方が反応が速い．

ビシクロ[2.2.1]ヘプタン-2-オールのトシラートの加酢酸分解（S_N1）の速度は，エキソ体とエンド体どちらが大きいだろうか．C−Hσ結合の関与による非局在化したイオン中間体が存在するか否かは，現代有機化学での最も有名な論争に発展した（図 24・48）．

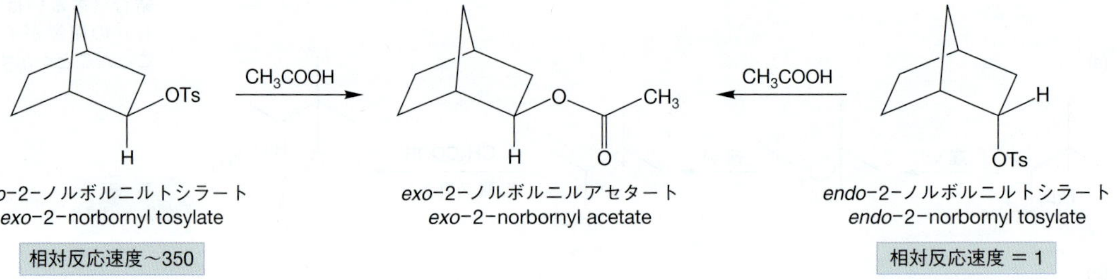

exo-2-ノルボルニルトシラート *exo*-2-norbornyl tosylate ——CH_3COOH⟶ *exo*-2-ノルボルニルアセタート *exo*-2-norbornyl acetate ⟵CH_3COOH—— *endo*-2-ノルボルニルトシラート *endo*-2-norbornyl tosylate

相対反応速度～350 　　　　相対反応速度 = 1

実験はエキソ体の方がエンド体よりも速く反応することを示した．この結果からただちに隣接基関与の存在を認めてもよさそうだが，つぎのような反論があった．すなわち，エキソ体の反応の加速はわずかであり（相対反応速度 約 350），この程度の差はエキソ体とエンド体の何か別の違いに起因するかもしれないというのである．この議論は大変重要な点を指摘している．たとえ反応速度に差が観測されても，いったいどの反応過程を議論しているかを明確にしなければならない．350 倍の違いが見られたのは，アセタートの生成に関する過程である．しかし，今問題にしなくてはならないのはこの過程ではない．今問題にすべきはイオン化過程における隣接基関与であり，これは生成物ができる過程とは必ずしも一致しない．イオン化過程が生成物ができる過程よりもはるかに速いならば，生成物ができる遅い段階ではなく，反応初期のイオン化段階の反応加速を測定しなければならない（図 24・49）．

図 24・49 反応速度としてアセタートの生成速度を測定すると，可逆的な速いイオン化段階を見逃す可能性がある．

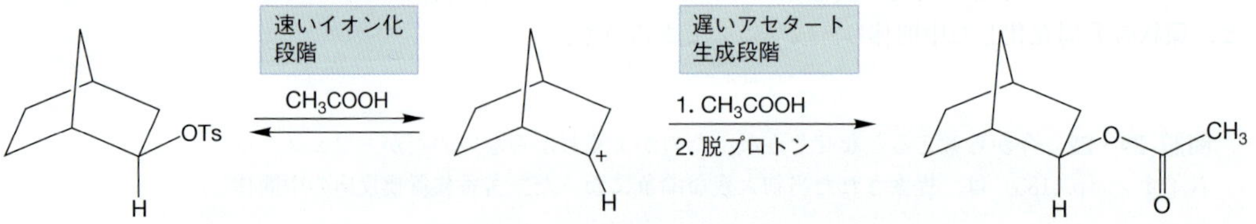

速いイオン化段階（CH_3COOH，⇄） 　遅いアセタート生成段階（1. CH_3COOH　2. 脱プロトン）

理解しやすいように反応のエネルギー図を見てみよう．アセタート生成（緑色）の速度を測定した場合には，より速いイオン化（赤色）の速度を見落としてしまうことになる（図 24・50）．

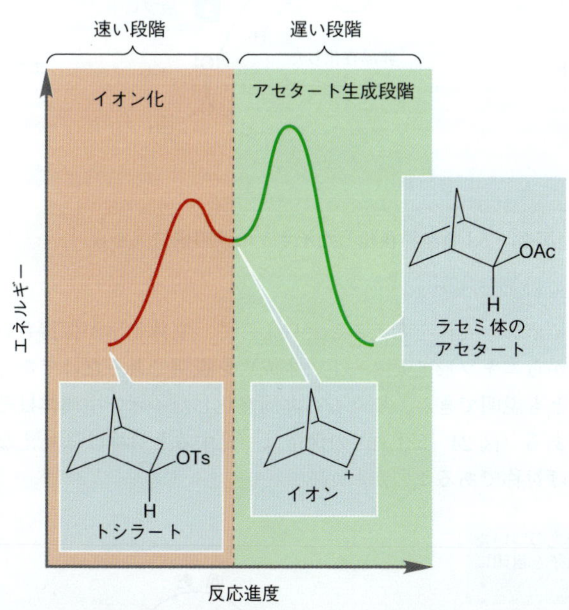

図 24・50 *exo*-2-ノルボルニルトシラートの S_N1 加酢酸分解反応のエネルギー図．速いイオン化が遅いアセタート生成に先だって起こる．

隣接基関与の存在は生成物の立体化学からわかる．光学活性なエキソ体トシラートから得られる生成物は，普通の S_N2 反応で予想される反転した光学活性なエンド形アセタートではない（図 24・51）．生成するのは立体が保持されたエキソ形アセタートであり，しかもラセミ体である．この種の立体化学的な結果が隣接基関与の証拠になることを，これまで学んできた．

図 24・51 酢酸による単純な S_N2 反応が起こったとすると，生成物は光学活性なエンド形アセタートになるはずである．しかし，実際はそうはならない．生成物はエキソ形アセタートであり，しかもラセミ体である．

S_N2

脱プロトン

光学活性なエンド形アセタート
（生成しない）

CH_3COOH

光学活性なエキソ形トシラート
（＊は光学活性であることを示す）

エキソ形アセタート：立体保持，
ラセミ化

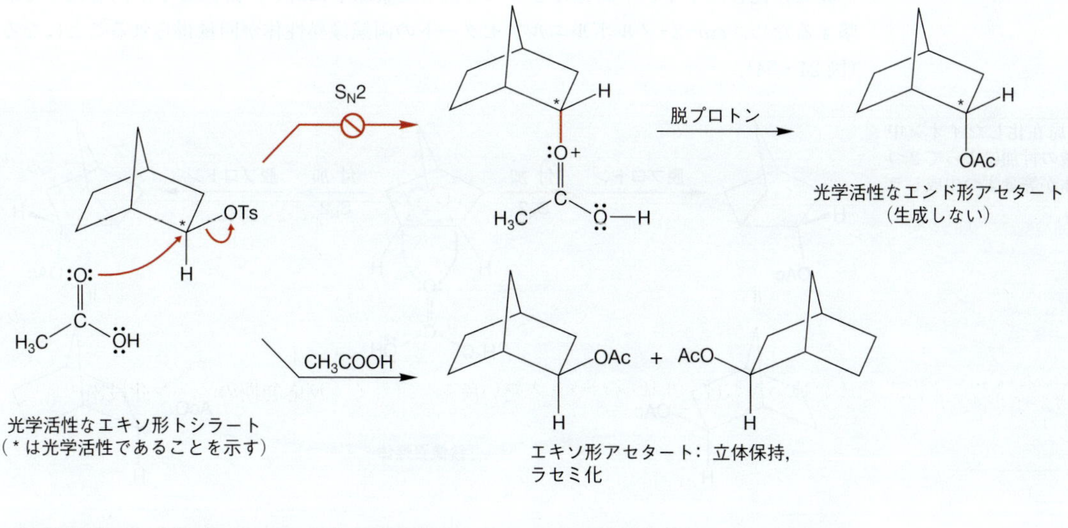

隣接基関与の支持者は，このような立体化学的なデータは非局在化したイオン中間体の存在を強く示唆すると主張した．このようなイオン構造を直接生成しうるのはエキソ体のトシラートのみであり，事実エキソ体はエンド体よりも速く反応する（図 24・52）．

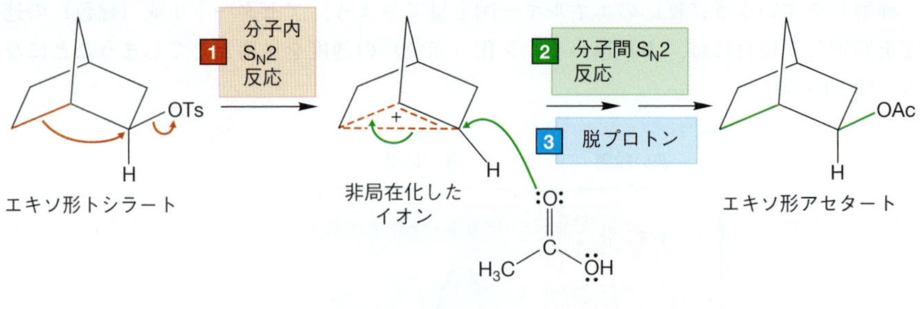

図 24・52 炭素－炭素σ結合がイオン化に関与すると（隣接基効果），環状の非局在化したイオン中間体が生成する．この中間体が酢酸で開環し脱プロトンして実際の生成物となる．

問題 24・24 図 24・52 の非局在化したイオンの共鳴構造式を書け．

非局在化したイオン中間体を考えることによって，立体化学が保持されること（エキソ形トシラートからエキソ形アセタートの生成）を説明できるだけでなく，生成物がラセミ体であることも説明できる．なぜなら非局在化したイオン中間体はそれ自身アキラルであるからである（図 24・53）．この構造は一見すると対称には見えないが，分子全体を回転させれば対称であることがわかる．

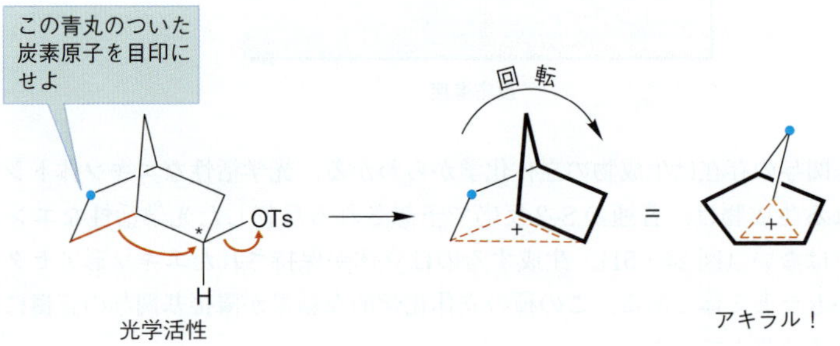

図 24・53 ラセミ体が得られたこと（あるいは回収した出発物質のトシラートがラセミ化すること）は，環状イオンがアキラルであることを示す．

非局在化したイオン中間体の 2 つの等価な炭素原子に対し，酢酸分子が同じ確率で攻撃するため，*exo*-2-ノルボルニルアセタートの両鏡像異性体が同量得られることになる（図 24・54）．

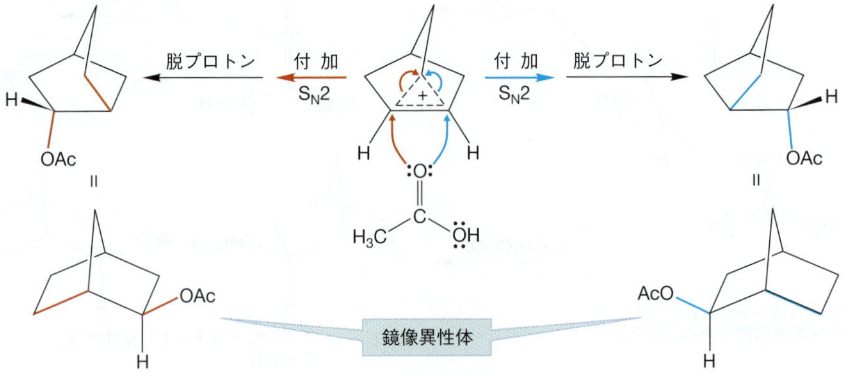

図 24・54 非局在化したイオン中間体への酢酸の付加によって 2 つの鏡像異性体が等量ずつ生成しラセミ体となる．

以上のような考えに基づくと，アセタート生成過程の速度ではなく，イオン化過程の速度を測定する方法がわかってくる．すなわち，最初のイオン化過程が可逆的だとすると，遊離した脱離基が生成カチオンと対称的に反応し，トシラートのラセミ化が起こるであろう（図 24・55）．そのためには，トシラートアニオンがノルボルナン骨格から十

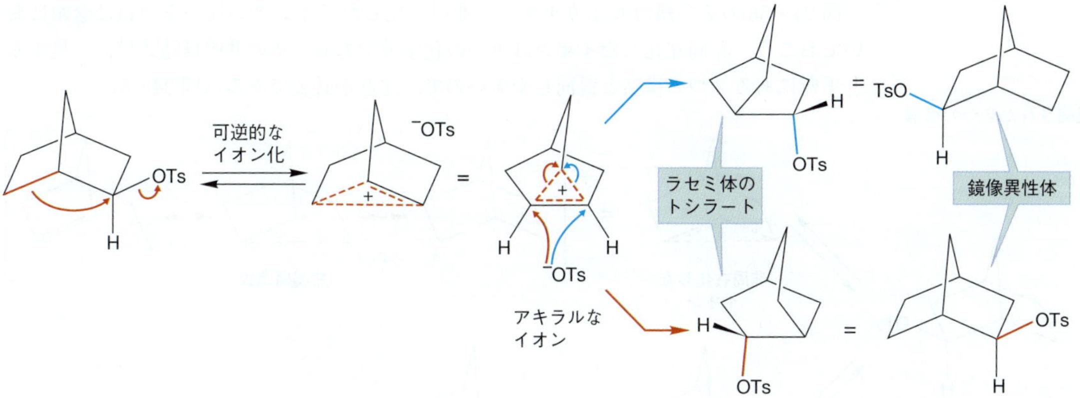

図 24・55 脱離基（トシラートイオン）が環状イオン中間体に再度付加することにより，ラセミ化した出発物質が再生する．

分離れたところに存在しなければならない．

このことから，出発物質であるトシラートのラセミ化速度を測定することで，イオン化速度を評価することができる．これは大変理にかなった実験であり，事実エキソ形トシラートのラセミ化速度は，エンド体のラセミ化速度に比べ，約 1500 倍も速いことが明らかになった．この値は，先の 350 倍に比べはるかに大きな数字である．

ここまで，隣接基関与を支持する 3 つの証拠が得られた．すなわち，反応速度の増大，転位および立体配置の保持である．これで隣接基関与は強力に支持されたように見える．これでもまだ 3 中心 2 電子結合系を支持しない化学者の反論はどのようなものだろうか．

まず初めに，彼らは反応加速の程度はまだ小さすぎるという（彼らの主張はもともとの 350 という数値に基づいているが，1500 でもそれほど大きくない）．さらに，環状イオン中間体を考えなくても，通常の σ 結合の関与を考えればエキソ体の反応速度がエンド体に比べて大きいことを説明できると主張する．なぜなら，エンド体からの σ 結合の関与はありえないからである*（図 24・56）．

＊ 古典論者たちは，エキソ体のイオン化速度がどちらかといえば正常であり，エンド体のイオン化が特に遅いのだ，と主張した．

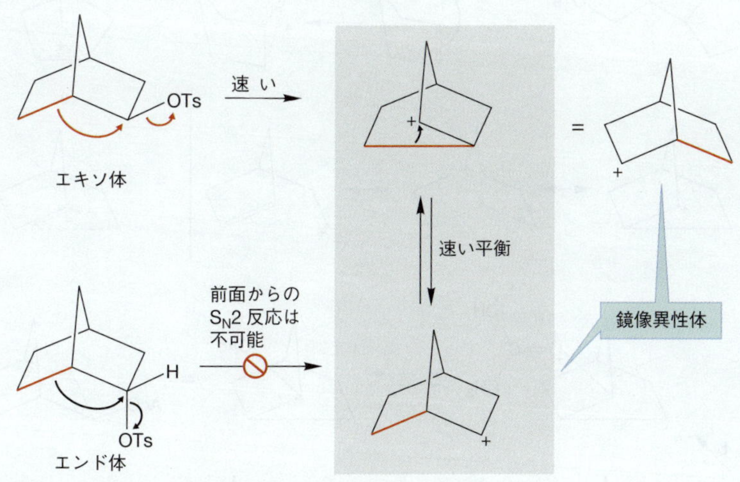

図 24・56 平衡にある古典的イオンの生成によってもエキソ体の速い反応速度ならびにラセミ化を説明できる．

しかし，どうやってラセミ化とエキソ配置の保持を説明できるのだろうか．最初に生成するイオンとその鏡像異性体が平衡にあると考えれば，ラセミ化に関しては簡単に説明できるだろう（図 24・56）．

図 24・56 の第二級カルボカチオンと非局在化したイオンとの違いをつねに念頭においておこう．非局在化したイオンは単一の化学種である．その共鳴構造式は，一見すると平衡にある 2 つの構造と混同しやすいので，注意が必要である（図 24・57）．

図 24・57 提唱された 2 つの機構

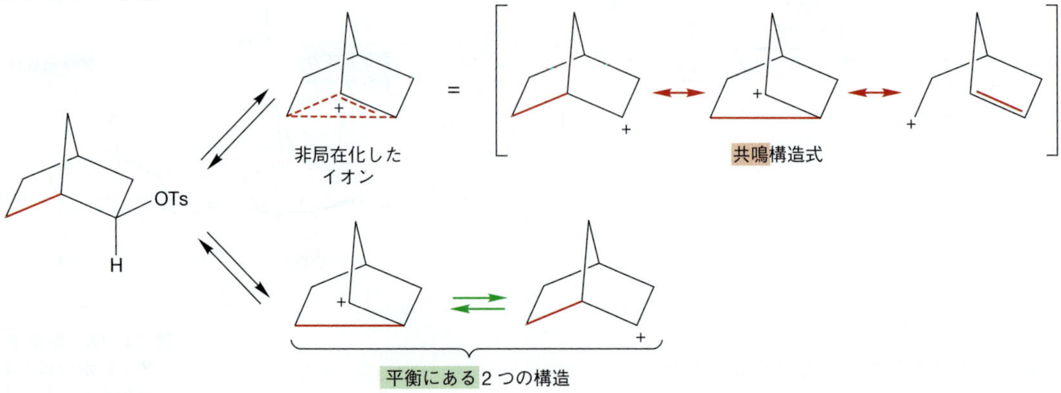

OTs
H
非局在化した
イオン
共鳴構造式
平衡にある 2 つの構造

問題 24・25 つぎの反応でラセミ体の *exo*-2-ノルボルニルアセタートが生成する機構を書け．

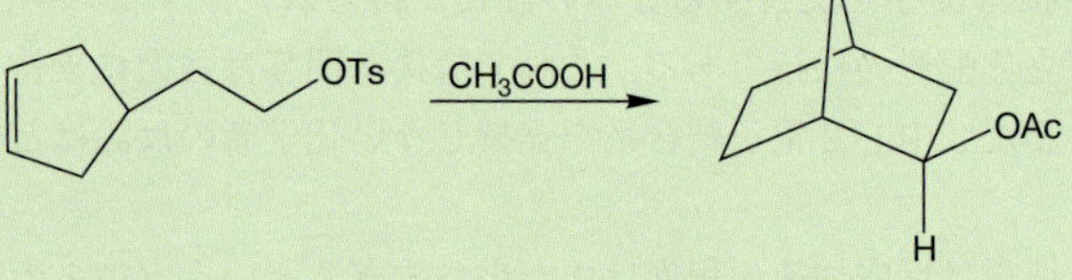

OTs
CH_3COOH
OAc
H

解 答 この反応でも 2-ノルボルニルカチオンが生成する．5 員環内の二重結合が対称的に脱離基を置換してイオン化が起こる．酢酸が生成したイオン中間体のいずれかの炭素原子を S_N2 的に攻撃することにより，ラセミ体のエキソ形アセタートが生成する．

OTs
TsO
90° 回転
OH
CH_3
OAc
AcO
b
a
OAc

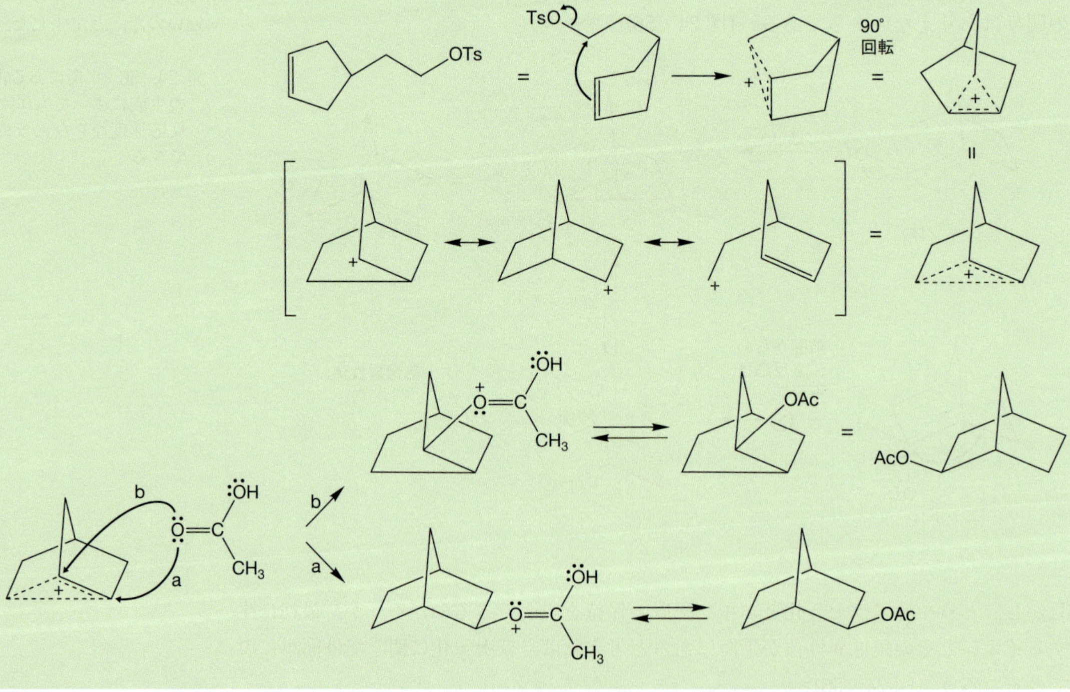

さて，反応の立体保持すなわちエキソ形アセタートだけが生成することについて，古典論者たちはどのように説明するのだろうか．古典的な機構による説明はなかなか苦しい．もっとも，この分子の上側と下側とでは環境が異なるのだから，エキソ体が選択的に生成する可能性は十分に認めなくてはならない（図 24・58）．事実ノルボルナンの化学では，エキソ体の生成が優先する場合が多い．したがって問題は，局在化したイオン中間体からエキソ体がどの程度生成するかに帰着される．

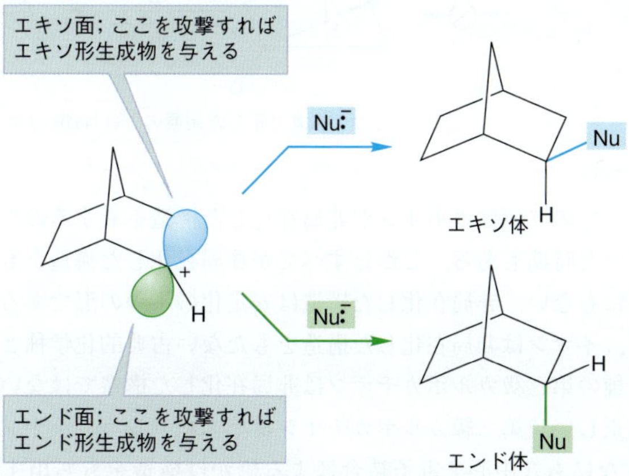

エキソ面：ここを攻撃すれば
エキソ形生成物を与える

エンド面：ここを攻撃すれば
エンド形生成物を与える

Nu:⁻ エキソ体 Nu H

Nu:⁻ エンド体 H Nu

図 24・58 局在化したイオンのエキソ面とエンド面の環境は異なる．求核試薬の攻撃がエキソ面からのみ起こることがあってもよい．

この長年の議論に対し，最近種々の分光学的手法が適用されるようになった．2-ノルボルニルカチオンの NMR スペクトルが，非常に極性が高いが求核性をもたない溶媒中，低温において測定された．また，エール大学の Martin Saunders（1931 年生まれ）らは ^{13}C NMR スペクトルにより，平衡構造と橋かけ構造の違いを識別することに成功した．図 24・59 の共鳴安定化された重水素標識シクロヘキセニルカチオンのスペクトルにおいて，正電荷をもつ 2 つの炭素原子はほとんど等価であった．

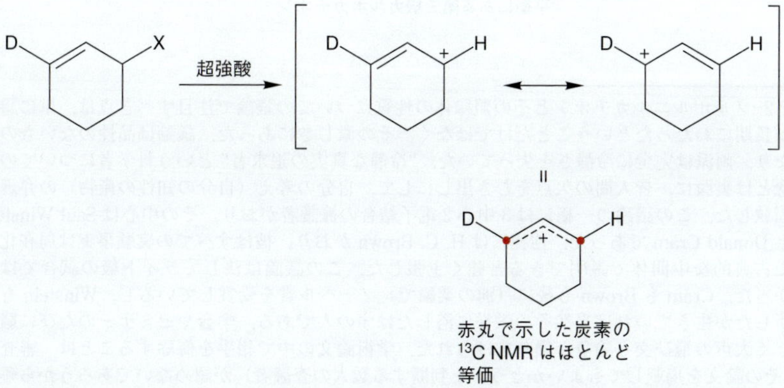

D X 超強酸 D H D H

赤丸で示した炭素の
^{13}C NMR はほとんど
等価

図 24・59 共鳴安定化されたカルボカチオン上の正電荷をもつ 2 つの赤い炭素原子は，重水素置換しても ^{13}C NMR スペクトルにおいて明確に区別できない．

Saunders らは中間体の構造が平衡状態にある場合は，約 100 ppm もの大きな化学シフトの差が観測されることを示した．Saunders らの実験は，2-ノルボルニルカチオンが共鳴安定化された単一の化学種であるか，それとも 2 種類の独立なイオンの平衡なのかという本質的な問題の解決といえよう．2-ノルボルニルカチオンではヒドリド移動を伴うためいくぶん複雑になるが，得られた証拠は非局在化した構造を強く支持している（図 24・60）．

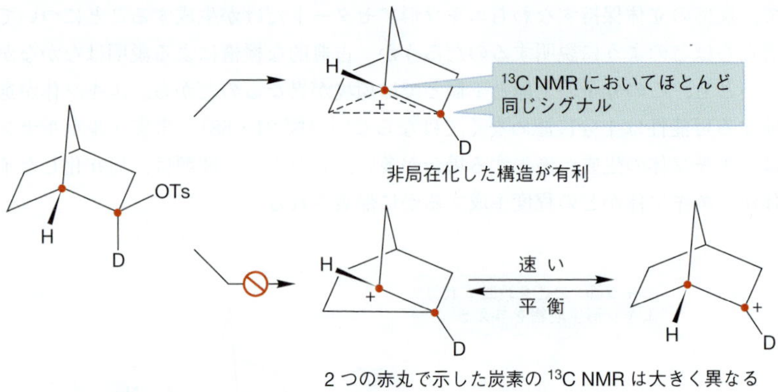

図 24・60 重水素化された炭素とされていない炭素の ^{13}C NMR スペクトルはほとんど差がない．2-ノルボルニルカチオンは非局在化した構造をもつ．

^{13}C NMR においてほとんど同じシグナル

非局在化した構造が有利

速い

平衡

2 つの赤丸で示した炭素の ^{13}C NMR は大きく異なる

それでは，すべての二環性カチオンが非局在化した構造を有するのだろうか．そのように考えられていた時期もある．しかしすべてが非局在化した構造をもたなければならない理由はどこにもない．非局在化した構造は安定化の 1 つの形である．もし他の安定化が可能ならば，イオンは非局在化した構造をもたない古典的化学種となる．古典主義者たちは，ある種の第三級カルボカチオンは非局在化した構造ではないと主張しているが，この見解は正しい．第三級カルボカチオンは第二級カルボカチオンに比べ安定であり，この場合はなにも 3 中心 2 電子結合による橋かけ構造をもち出す必要はない[*1,*2]（図 24・61）．

図 24・61 すべてのイオン中間体が非局在化した構造をもつわけではない．第三級カルボカチオンは橋かけ構造ではない．

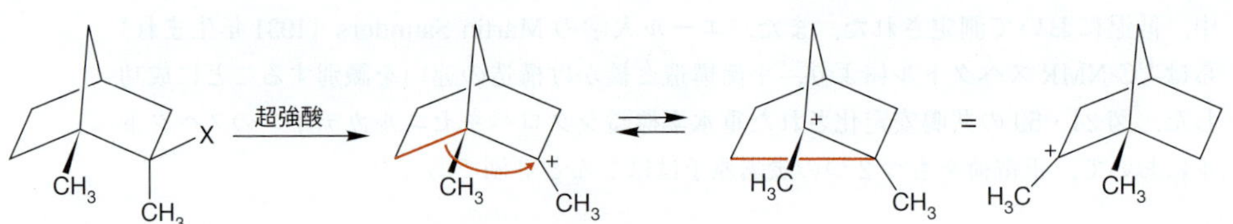

平衡にある第三級カルボカチオン

*1 2-ノルボルニルカチオンとその類縁体の性質についての議論で注目すべき点は，単に議論が長期にわたったということだけではなく，その激しさにあった．議論は品性のないものとなり，両派は完全に冷静さを失っていた．“冷静な真実の追求者”という科学者についての観念とは裏腹に，皆人間の欠点をむき出しにして，自分の考え（自分の知性の産物）の弁護に固執した．この議論の一極には 3 中心 2 電子結合の擁護者がおり，その中心は Saul Winstein と Donald Cram であった．他極には H. C. Brown がおり，彼はすべての実験事実は局在化した古典的な中間体で説明できると強く主張した．この議論は決してライト級の試合ではなかった．Cram も Brown も後に（別の業績で）ノーベル賞を受賞しているし，Winstein も夭折したが生きていれば当然その栄誉に浴したはずの人である．学会やセミナーのたびに騒々しく大声の飛び交う論争が繰り広げられた．学術論文の中で相手を侮辱することは，審査員（その論文を掲載してもよいかどうかを判断する数人の査読者）が認めないであろうから難しいが，脚注ではそのような傾向があった．この議論を扱った文献には実にきわどい脚注が見られる．思うに，両派とも極端に走ってしまった．新しく根拠の不明確な説明を鵜呑みにしないということも見識ではあるが，それにしても古典論者は自説に固執しすぎたと思う．非局在化したイオンそれ自身には，おかしなことは何もないのである．3 中心 2 電子結合は分子の結合様式としては正常なものであり，無機化学や有機化学のいくつかの分野では，ごくふつうに見られる．擁護論者たちにも行きすぎがあった．いくつかのイオンが非局在化しているからといって，どんなイオンもすべて非局在化しているわけではないからである．

*2 最新情報：2013 年に，2-ノルボニルカチオンの構造が低温 X 線回折により決定された．それはたしかに橋かけ構造であった．詳細は次を参照．F. Scholz *et al.*, “Crystal Structure Determination of the Nonclassical 2-Norbonyl Cation”, *Science*, **341**, 62（2013）.

24・5 Coatesのカチオン

イリノイ大学のRobert M. Coates(コーツ)(1938年生まれ)は，非局在化した構造の明確な証拠をもつイオンを発見した．これは速い平衡にある局在化したイオンでは表すことができない．図24・62にCoatesの分子の酢酸中での反応を示す．

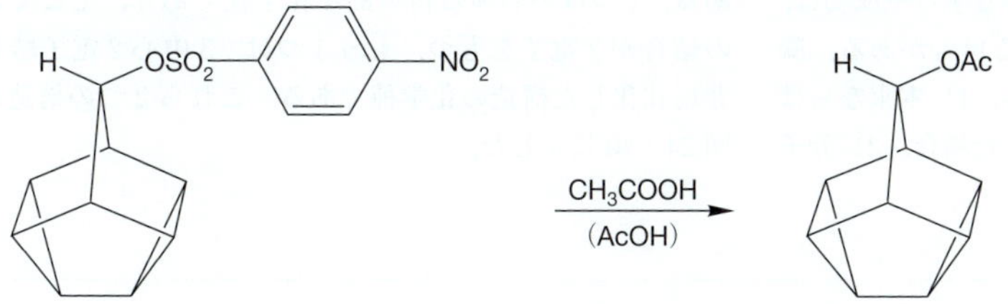

図24・62 このスルホナートを酢酸中で加溶媒分解すると，アセタートが生成する．

超強酸中，低温においてシクロプロパン環のσ結合が隣接基関与することにより，非局在化したカチオンが生成する．生成カチオンの^{13}C NMRスペクトルは3本のシグナルを示す(図24・63)．

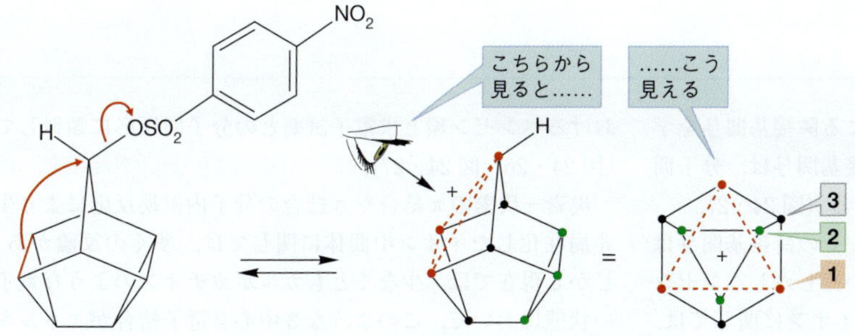

図24・63 炭素−炭素σ結合の関与による非局在化したイオン中間体の生成．3種類の炭素原子が存在することに注目せよ．^{13}C NMRも3本のピークを与える．

カチオン中間体が平衡状態にあるとしたら，これとは非常に異なったスペクトルを与えるであろう．

問題 24・26 “Coatesのカチオン”が速い平衡にあったとすると，^{13}C NMRスペクトルは何本のシグナルを与えるか．

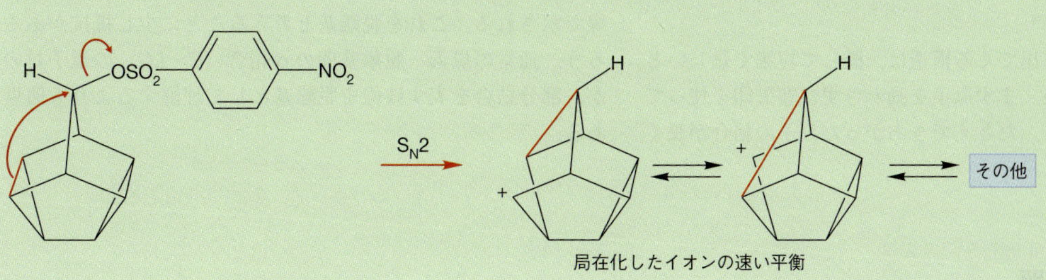

幸いこのスルホナートは，超強酸中，低温で安定なイオンを与え，そのスペクトルは非局在化した構造で予測される通りのシグナルを与えた．このようにしてCoatesのカチオンは疑う余地なく3中心2電子系であることが証明された．

24・6 ま と め

■新しい考え方■

この章では，脱離基を含む有機分子が示す化学は，分子内求核試薬すなわち隣接基によって大きく影響される，という考え方を学んだ．分子内求核試薬は隣接基関与によってイオン化を加速する．さらに，このようなイオンを中間体とする生成物は，単なる分子間置換反応による生成物とは異なる場合がある．隣接基関与の証拠として以下の3つがあげられる．1）本来ならば立体反転が予想される反応が立体保持で進行した場合，2）分子内置換反応により生成した環状イオンに起因する転位反応，3）反応速度の著しい増加，である．

隣接基関与により生じる環状イオンとして2種類の化学種がある．1つはいわゆる古典的な化学種であり，そこではすべての結合が2電子をもつ．もう1つは，3中心2電子結合による非局在化した構造の化学種である．これら2つの構造の違いを図24・40に示した．

■重要語句■

エピスルホニウムイオン episulfonium ion（p.1173）
3中心2電子結合 three-center two-electron bonding（p.1186）
同位体効果 isotope effect（p.1193）
ノルボルニル系 norbornyl system（p.1184）
フェノニウムイオン phenonium ion（p.1183）
隣接基加速 anchimeric assistance（p.1174）
隣接基関与 neighboring group participation（p.1167）

■反応・機構・解析法■

この章ではさまざまな分子内求核試薬による隣接基関与を学んだ．非結合電子対をもつヘテロ原子の隣接基関与は，分子間置換反応の延長として比較的容易に理解できる（図24・2）．

π結合およびσ結合電子は求核性が低く，その隣接基関与はこれまで学んできた考え方では説明できない．しかしベンゼン環が隣接基関与して生成するフェノニウムイオンに関しては，比較的明確な説明が可能である．すなわち，芳香族置換反応におけるベンゼン環と求電子試薬との分子間反応に類似している（図24・26，図24・27）．

炭素－炭素のπ結合やσ結合の分子内置換反応により生じる非局在化したイオン中間体に関しては，多くの反論があった．しかし現在では，少なくともカルボカチオンのような電子不足の状態において，このような3中心2電子結合がエネルギー的に有利であることが明らかになっている（図24・57）．

■間違えやすい事柄■

本章では，問題点がどこにあるか認識することが重要である．それが隣接基関与に関する問題とわかってしまえば，分子内S_N2反応とそれにひき続く分子間S_N2反応の組合わせを考えれば解決できるだろう．まずは分子内求核試薬を見つけ，脱離基と置換してみよう．

隣接基関与の問題に出てくる構造は，概して複雑で難しいと思われるかもしれない．まず原子を動かさずに巻矢印を使って反応を完成させること．たとえできあがった分子の結合が長くなってしまったり曲がってしまっても構わない．その後で全体の形を整えればよい．この2つの操作を同時に行うのは危険である．

非局在化したイオン中間体において，3中心2電子結合は破線で示される．これを脱離基と考えることに少し抵抗があるだろう．通常の炭素－脱離基間のσ結合（C－LG）の電子対の方が，部分結合を表す破線を脱離基として理解するよりも簡単である．

24・7 追 加 問 題

問題 24・27 つぎの反応の機構を述べよ．

$BrCH_2CH_2CH_2CH_2NH_2$ —(1. H_2O, $(CH_3)_2CHOH$; 2. KOH/H_2O（中和）)→ ピロリジン（N－H）

問題 24・28 4-クロロ-1-ブタノールの加水分解反応が，3-クロロ-1-プロパノールの加水分解反応に比べ，速く進行するのはなぜか（反応式は次ページ）．また，それぞれの反応の機構を説明せよ．

$ClCH_2CH_2CH_2CH_2OH \xrightarrow{H_2O}$ (テトラヒドロフラン)

$ClCH_2CH_2CH_2OH \xrightarrow{H_2O} HOCH_2CH_2CH_2OH$

問題 24・29 つぎの反応の機構を詳しく述べよ．中間体を示すこと．どちらの生成物が優先するか理由とともに述べよ．

Br, H_2SO_4, H_2O, OH, Br, +, Br, OH

問題 24・30 つぎの反応の機構を詳しく述べよ．中間体を示すこと．どちらの生成物が優先するか理由とともに述べよ．

Br, H_2SO_4, H_2O, OH, Br, +, Br, OH

問題 24・31 つぎの2つの反応で生成物の構造が異なるのはなぜか．

Et_2N, Cl, CH_3, KOH/H_2O, CH_3, Et_2N, OH

Bn_2N, Cl, CH_2CH_3, H_2O, Bn_2N, OH, CH_2CH_3

$Et = CH_3CH_2$
$Bn = PhCH_2$

問題 24・32 以下に示す化合物に対する HCl の付加は，シクロペンテンに対する HCl の付加に比べ，10^4 倍も遅く進行する．この反応では（1*R*,2*R*)-1,2-ジクロロ-1-メチルシクロペンタンのみが生成する．反応が立体特異的に進むのはなぜか説明せよ．反応が遅いのはなぜか．塩素はそれほど大きな原子ではないことを思い出そう．

H_3C, H, Cl, HCl, THF

問題 24・33 以下に示す3種類の化合物を酢酸で処理した．化合物 **1** の反応が化合物 **2** の14万倍，化合物 **3** の19万倍速く起こるのはなぜか説明せよ．この結果から，非局在化した中間体が関与しているかどうかを判断できるだろうか．

OBs **1**

Bs = SO_2-C_6H_4-Br

OBs **2**　　OBs **3**

問題 24・34 化合物 **1** はそのシス異性体 **2** よりも 10^5～10^6 倍速く反応して **3** を与える．これらの結果を説明せよ．

Cl, SPh **1** $\xrightarrow[CH_3CH_2OH]{H_2O}$ OH, SPh **3**

Cl, SPh **2**

問題 24・35 化合物 **1** の加ギ酸分解反応において，Z = OCH_3 の場合，生成物の93%はフェニル基が隣接基関与したものである．これに対し，Z = NO_2 の場合，フェニル基の隣接基関与は起こらない．この理由を述べよ．

Z, OTs **1** $\xrightarrow{HCOOH}$

問題 24・36 図24・31では *syn*-7-ノルボルネニルトシラート（**1**）の反応について述べなかった．実は加水分解によって **2** の構造をもつ化合物が生成する．巻矢印を使って反応機構を示せ．また，**3** に比べ 10^4 倍も加水分解速度が速くなる事実を説明せよ．

TsO, H **1** 相対反応速度 = 10^4 $\xrightarrow{H_2O}$ HO **2**（立体異性体の混合物）

TsO, H **3** 相対反応速度 = 1

問題 24・37 化合物 **1** の反応の機構を示せ．生成物の立体化学およびトランス体 **2** ではこの反応は起こらないことを説明せよ．

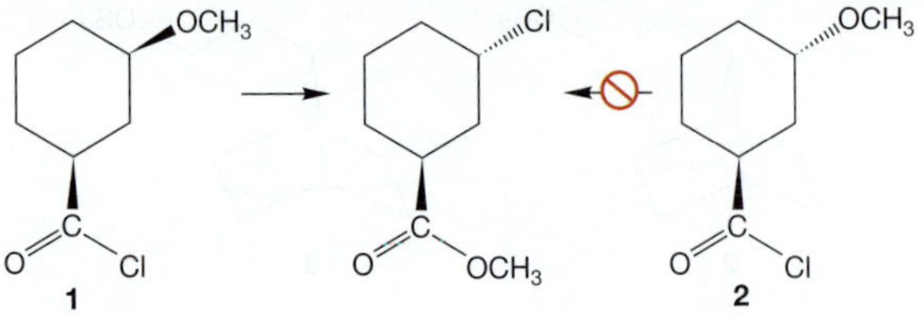

問題 24・38 化合物 **1** に臭素を作用させると，中性分子 $C_{18}H_{17}BrO_2$ が生成する．生成物の構造と反応機構を示せ．

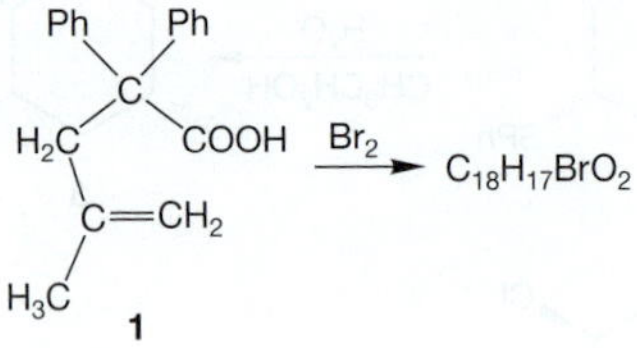

問題 24・39 つぎの反応を巻矢印を使って示せ．

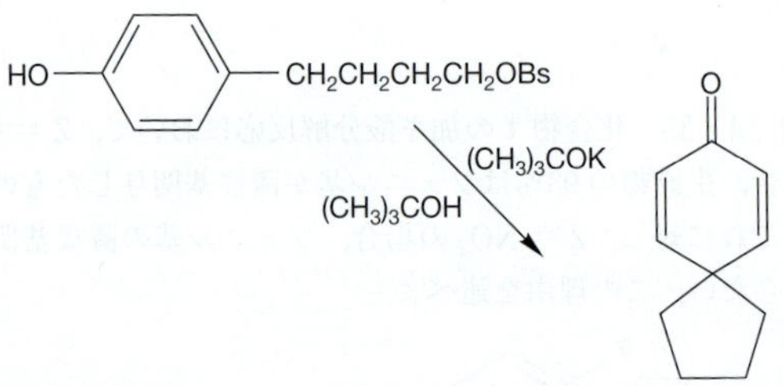

問題 24・40 以下の反応の機構を立体化学に注意しながら説明せよ．

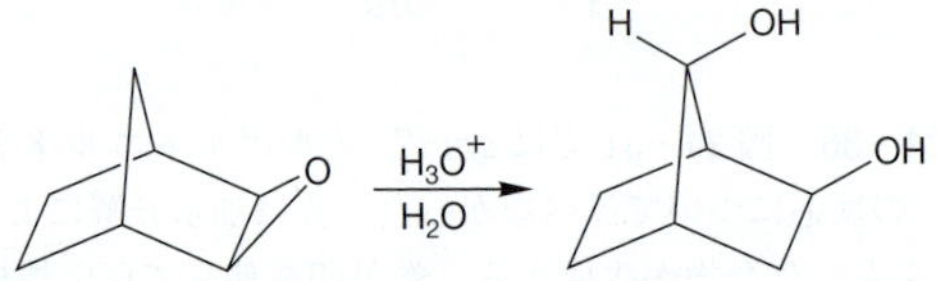

問題 24・41 以下の加酢酸分解における相対反応速度のデータからカルボカチオン中間体の性質が読取れるか．ヒント：図 24・43 および問題 24・25 を参照せよ．

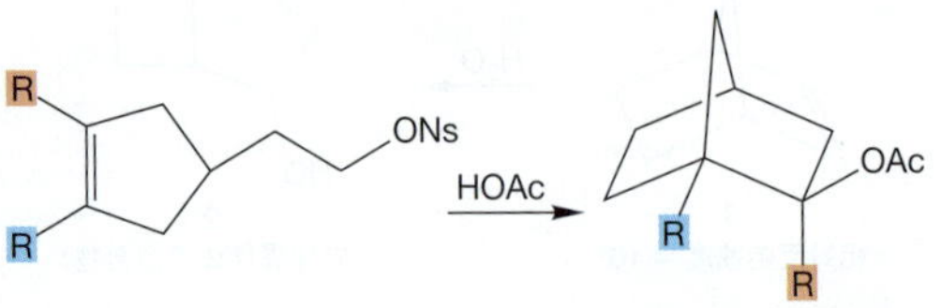

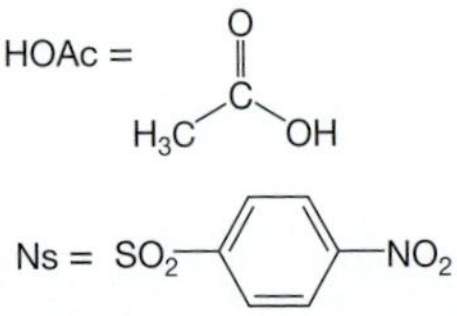

HOAc = CH_3COOH

Ns = SO_2–C_6H_4–NO_2

R	R	相対反応速度
H	H	1.0
CH_3	H	7.0
CH_3	CH_3	38.5

問題 24・42 18・13 節（p.888）の協奏的な転位反応には隣接基関与が含まれている．そのことをヒントにして，以下の反応の機構を巻矢印を使って書け．ヒント：pp.889, 892 を見よ．

(a)

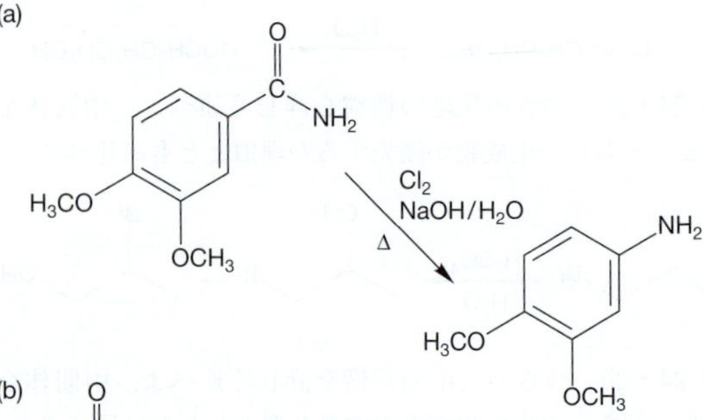

(b)

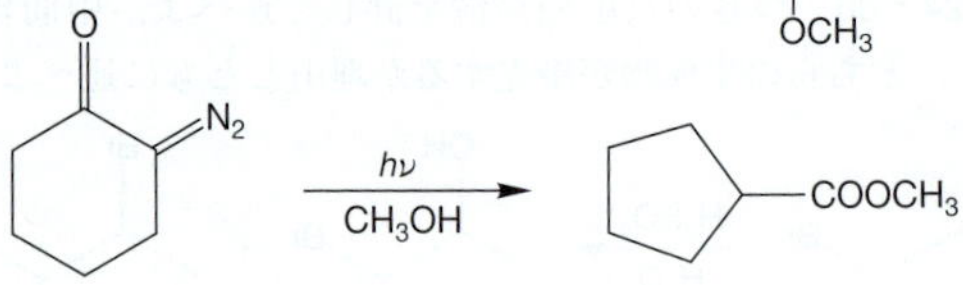

問題 24・43 化合物 **1** はネオペンチルブロシラート（**2**）よりも約 15 倍速く加水分解反応する．生成物はイソブチルアルデヒドである．反応機構を示し，加速効果を説明せよ．また，化合物 **2** を加水分解するとどのような生成物が得られるか．

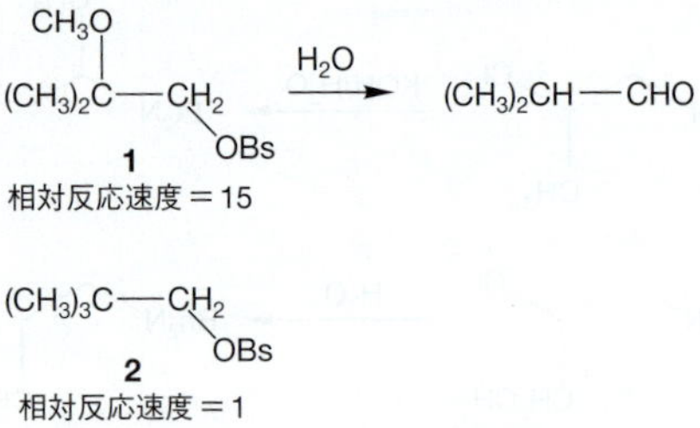

1 相対反応速度＝15

2 相対反応速度＝1

問題 24・44 以下の条件下で化合物 **2** を反応させて得られる生成物は **1** のみである．巻矢印を用いて反応機構を示せ．また，**1** の立体化学から **2** の立体化学を推測せよ．

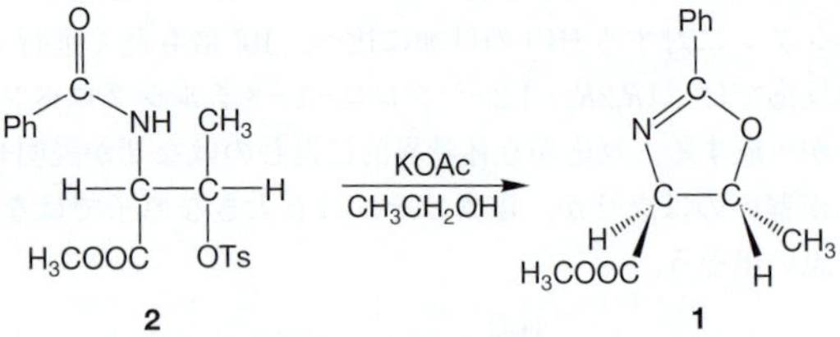

問題 24・45 以下に示す 2 種類の化合物を塩酸で処理したところ，同一の塩化物が得られた．この反応の機構を書け．ヒント：硫黄原子に注目せよ．酸素原子がプロトン化された後，硫黄原子はどのように振舞うか考えてみよ．

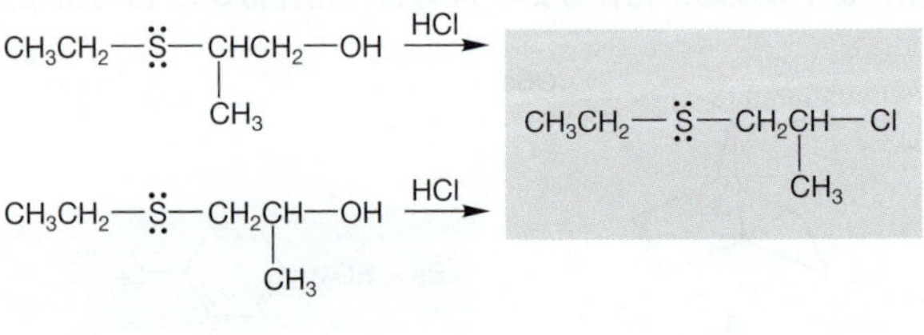

問題 24・46 以下の2つの化合物が生成する機構を述べよ.

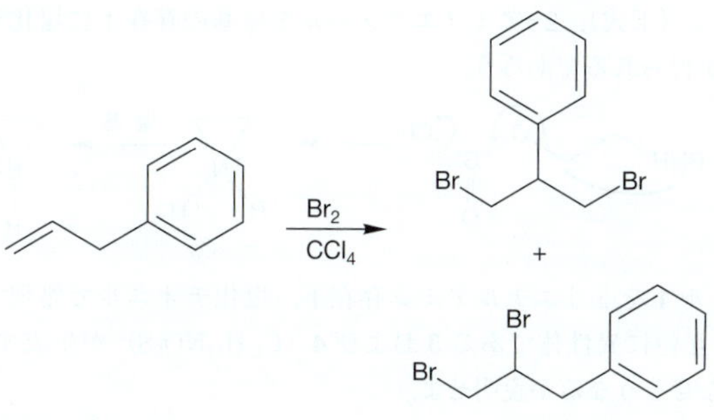

Br$_2$ / CCl$_4$

問題 24・47 β-ヒドロキシエチルアミド（**1**）を塩化チオニルと加熱するとβ-クロロエチルアミド（**2**）が生成する. さらにアミド**2**に水酸化ナトリウムを作用させるとオキサゾリン**3**を与える.

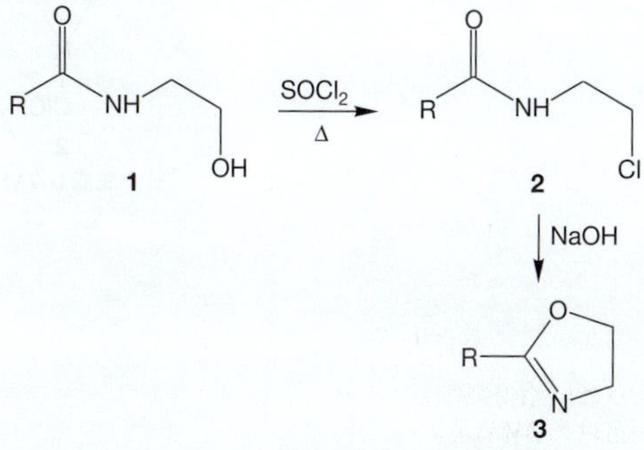

SOCl$_2$, Δ ; NaOH

(a) **2**および**3**が生成する機構を巻矢印を用いて示せ. この問題は見掛けよりも難しい. たとえば, **1**に塩化チオニルを25℃以下で作用させると, **2**ではなく**4**が得られる. 化合物**4**は**2**と同じ組成をもつが, **2**とは違って水に可溶である. 加熱すると**4**は**2**となり, 炭酸ナトリウム水溶液で処理すると**3**となる.

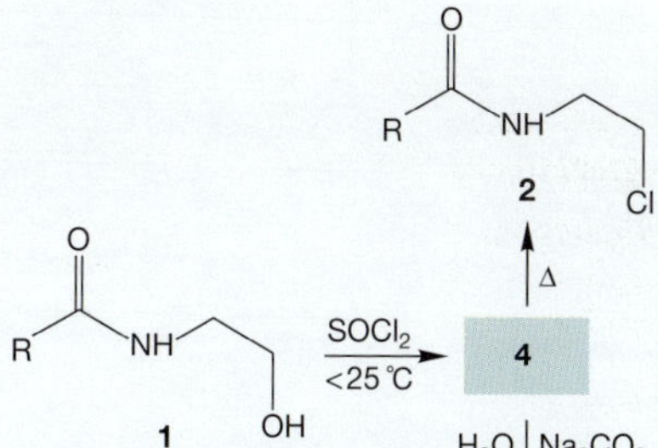

SOCl$_2$ <25℃ ; Δ ; H$_2$O Na$_2$CO$_3$

(b) **4**の構造を書け. また, どのように**4**が生成し, **2**および**3**となるか説明せよ.

問題 24・48 アルケンにヨウ素（I$_2$）を作用させても二ヨウ化物は得られない. 以下の反応は, 有機合成において一般的な手法である. すでにアルケンの化学を十分に学んでいるので以下の問題を解くのは簡単であろう. 生成物の立体化学に関して, 光学活性体, メソ体, ラセミ体のうちのどれが得られるか. また, 立体化学がわかるように反応の機構を書け. 6員環ではなく5員環が生成するのはなぜか.

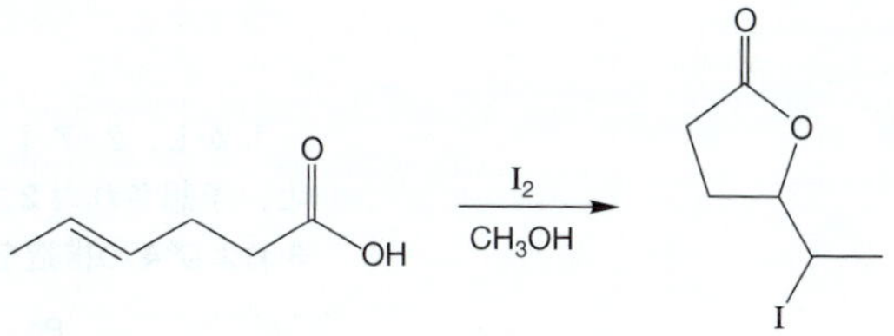

I$_2$ / CH$_3$OH

問題 24・49 つぎの一連の反応の機構を示せ.

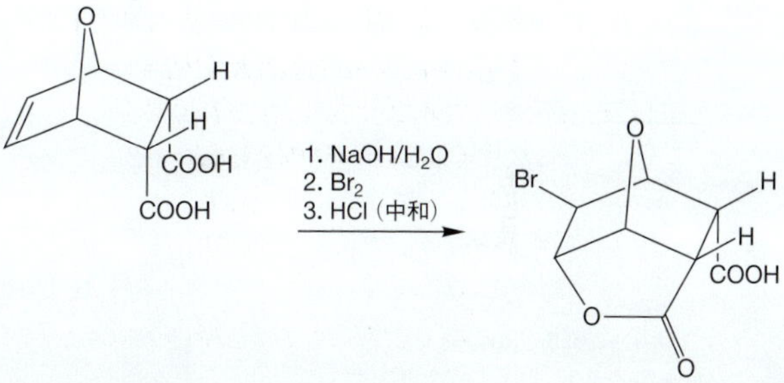

1. NaOH/H$_2$O
2. Br$_2$
3. HCl（中和）

さらに複雑なつぎの反応の場合はどうか.

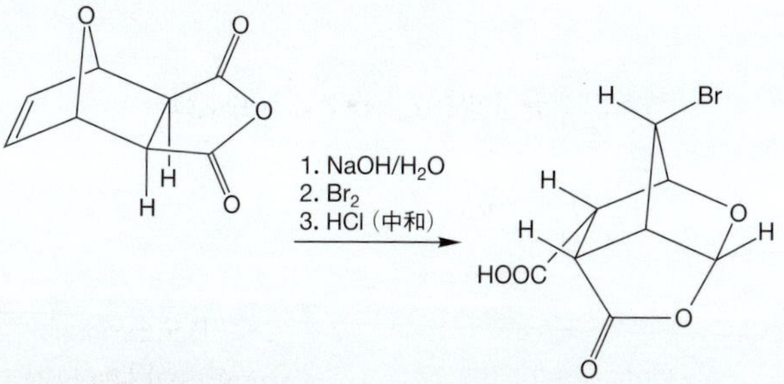

1. NaOH/H$_2$O
2. Br$_2$
3. HCl（中和）

問題 24・50 SbF$_5$/SO$_2$ClF/SO$_2$F$_2$中の2-ノルボルニルカチオンの50 MHz ^{13}C NMRは興味深い温度依存性を示す. −159℃では5本のシグナルが, δ20.4〔C(5)〕, 21.2〔C(6)〕, 36.3〔C(3), C(7)〕, 37.7〔C(4)〕, 124.5〔C(1), C(2)〕ppmに観察される. しかし, −80℃では3本のシグナルがδ30.8〔C(3), C(5), C(7)〕, 37.7〔C(4)〕, 91.7〔C(1), C(2), C(6)〕ppmに現れる. これらのスペクトルを解釈せよ. ヒント: 低温でのスペクトルから先に解析せよ.

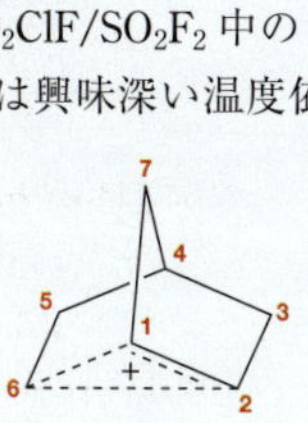

問題 24・51 2-アミノエタノール類のヒドロキシ基をまず優れた脱離基に変換すると，アジリジンの合成が可能になる（下式）．2-アミノエタノールを塩基の存在下に塩化チオニルで処理しても同様の結果が得られるであろう．

RNH–CH₂CH₂–OH —($SOCl_2$)→ RNH–CH₂CH₂–O–S(=O)–Cl → アジリジニウム（R, H） —(塩基)→ N-R アジリジン

しかし，2-アミノエタノール **1** をトリエチルアミン存在下，塩化チオニルで処理すると，予想された **2** ではなく，互いに異性体である **3** および **4**（$C_{12}H_{17}NO_2S$）が生成する．**3** および **4** の構造を推定し，なぜそうなるか説明せよ．

$(CH_3)_3CNH$–CH(Ph)–CH₂OH (**1**) + $SOCl_2$ —($(CH_3CH_2)_3N$, ヘキサン, 25 ℃)→ **3** ($C_{12}H_{17}NO_2S$) + **4** ($C_{12}H_{17}NO_2S$)

Ph-アジリジン–N–$C(CH_3)_3$
2
生成しない

用 語 解 説

アキシアル水素（axial hydrogen）［5·2 節］　いす形シクロヘキサンで真上あるいは真下を向いた 6 個の水素．環反転によってそろってエクアトリアル水素に変わる．

アキラル（achiral）［4·2 節］　キラルではない．

アシリウムイオン（acylium ion）［9·3 節］　$R-\overset{+}{C}=O$．$R-C\equiv O^+$という共鳴構造式も書ける．

アジリジン（aziridine）［6·2 節］　窒素原子を 1 つ含む飽和 3 員環化合物．アザシクロプロパン．

アシル化合物（acyl compound）［18·1 節］　つぎの一般式で表される化合物．

$R-C(=O)-X$　　X = ハロゲン，$\overset{O}{\|}$OCR，OR，NR_2

アシル基（acyl group）［12·2 節］　$R-C=O$ 基の慣用名

アセタール（acetal）［16·9 節］　$RCH(OR)_2$ あるいは $R_2C(OR)_2$ の構造をもつ．R 基は同じである必要はない．すべてのアセタールは OR 基が 2 個結合した炭素をもつ．

$HC(R')(OR)(OR)$　　$R''C(R')(OR)(OR)$

アセチリド（acetylide）［3·14 節］　アセチレンから末端の水素を塩基によって取除いてできるアニオン．

アセチレン類（acetylenes）［3·9 節］　一般式 C_nH_{2n-2} の炭化水素．アルキンともよばれ，炭素－炭素三重結合をもつ．母体化合物 $HC\equiv CH$ はアセチレンあるいはエチンとよばれる．

アゾ化合物（azo compound）［12·2 節］　$R-N=N-R'$ という構造をもつ化合物．

アニオン（anion）［1·2 節］　陰イオン．負に荷電した原子あるいは分子．

アヌレン（annulene）［14·6 節］　少なくとも形式的に完全共役している環状ポリエン．

アノマー（anomer）［20·2 節］　C(1) の立体化学だけが異なるアルドースの異性体．

アノマー炭素（anomeric carbon）［20·2 節］　環状糖のアセタール炭素．

油（oil）［21·2 節］　室温で液体であるトリグリセリド．脂肪（fat）を見よ．

アミド（amide）［1］［6·4 節］　H_2N^-，RHN^-，R_2N^-，$RR'N^-$ のようなイオン．［2］［17·7 節］　つぎの構造をもつ化合物．

$R-C(=O)-NR_2$　　R: H，アルキル，アリール

α-アミノ酸（α-amino acid）［22·2 節］　α 位にアミノ基をもつカルボン酸．ペプチドやタンパク質の構成単位．

アミノ末端（amino terminus）［22·4 節］　N 末端．ポリペプチドの末端にあり結合していないアミノ基をもつアミノ酸．

アミノメタノール（aminomethanol）［16·11 節］　カルボニル基を含む化合物 $R_2C=O$ とアミンとの反応で最初に生成する中間体．ヘミアセタールに類似する．

$R_2C(NHR)(OH)$

アミン（amine）［6·2 節］　R_3N:の構造の化合物．ここで R は H またはアルキル基，アリール基である（アシル基は除外）．環状のアミンあるいは芳香族のアミンもある．

アミンの反転（amine inversion）［6·3 節］　アミンの一方の三角錐構造から sp^2 混成の遷移状態を経てもう一方の三角錐構造に変換する過程．

アリル（allyl）［3·3 節］　$H_2C=CH-CH_2$ という基の慣用名．

アリル位のハロゲン化（allylic halogenation）［12·8 節］　炭素－炭素二重結合に隣接する位置に選択的に起こる炭素－ハロゲン結合の生成．

アルカロイド（alkaloid）［21·4 節］　一般的に植物由来の多環含窒素化合物．他の天然由来のアミンを含める場合もある．

アルカン（alkane）［2·1 節］　一般式 C_nH_{2n+2} の飽和炭化水素．

アルキル化合物（alkyl compound）［2·5 節］　置換されたアルカン．1 つあるいはそれ以上の水素原子が他の原子あるいは原子団と置き換わっている．

アルキン（alkyne）［3·1 節］　一般式 C_nH_{2n-2} の炭化水素．アセチレン類ともよばれ，炭素－炭素三重結合をもつ．

アルケン（alkene）［3·1 節］　一般式 C_nH_{2n} の炭化水素．オレフィンともよばれ，炭素－炭素二重結合をもつ．

アルケンのハロゲン化（alkene halogenation）［11·2 節］　π 結合に X_2 が付加して 1,2-二ハロゲン化物を生成する反応．

アルケンのハロゲン化水素化（alkene hydrohalogenation）［10·2 節］π 結合に HX が付加してハロゲン化アルキルを生成す

る反応．

アルコキシドイオン（alkoxide ion）［6·4 節］ アルコールの共役塩基．RO^-

アルコール（alcohol）［3·20 節］ 単純なヒドロキシ基を(1 つ）もつ分子．R−OH

アルダル酸（aldaric acid）［20·4 節］ アルドヘキソースを硝酸で酸化して得られるジカルボン酸．HOOC−(CHOH)$_n$−COOH で表される．もとの糖のアルデヒド末端と第一級アルコール末端がともに同じ基になる．

アルデヒド（aldehyde）［11·6 節］ 炭素−酸素二重結合に少なくとも 1 つの水素が結合した化合物の総称．

R
\
C=O
/
H

アルドース（aldose）［20·2 節］ ホルミル基をもつ糖質分子．

アルドテトロース（aldotetrose）［20·2 節］ つぎの構造をもつテトロース．O=CH−(CHOH)$_2$−CH$_2$OH

アルドトリオース（aldotriose）［20·2 節］ つぎの構造をもつトリオース．O=CH−CHOH−CH$_2$OH

アルドヘキソース（aldohexose）［20·2 節］ つぎの構造をもつヘキソース．O=CH−(CHOH)$_4$−CH$_2$OH

アルドペントース（aldopentose）［20·2 節］ つぎの構造をもつペントース．O=CH−(CHOH)$_3$−CH$_2$OH

アルドール反応（aldol reaction）［19·6 節］ 酸または塩基触媒によるアルデヒドあるいはケトンの β-ヒドロキシアルデヒドあるいは β-ヒドロキシケトンへの変換反応．酸性ではエノールが，塩基性ではエノラートが中間体である．これらの初期生成物は水を失って α,β-不飽和ケトンあるいはアルデヒドとなることがある．

アルドン酸（aldonic acid）［20·4 節］ アルドヘキソースを臭素水で酸化して得られるモノカルボン酸誘導体．ホルミル基だけが酸化される．つぎの構造をもつ．

HOOC−(CHOH)$_n$−CH$_2$OH

α 位（α position）［19·2 節］ 官能基に隣接する位置．たとえばケトンの α 位は炭素−酸素二重結合に隣接する位置である．

α ヘリックス（α-helix）［22·4 節］ 多くのタンパク質の二次構造でみられる右巻きらせん構造．

Arndt-Eistert 反応（Arndt-Eistert reaction）［18·13 節］ Wolff 転位を利用して炭素数が 1 つ多いカルボン酸を合成する方法．

アレン（allene）［4·13 節］ 1,2-ジエン．2 つの二重結合に共有される炭素原子をもつ化合物．

アレーン（arene）［14·8 節］ ベンゼン環あるいは縮合芳香環をもつ芳香族化合物．

安息香酸（benzoic acid）［14·12 節］ ベンゼンカルボン酸．PhCOOH

アンタラ型移動（antarafacial motion）［23·5 節］ シグマトロピー転位において，原子(団)が π 電子系の一方の面から反対側の面へ移動すること．

アンチ脱離（anti elimination）［8·3 節］ 開裂する 2 つの結合（通常 C−H と C−LG で表される）の二面角が 180° で進行する脱離反応．

アンチペリプラナー（antiperiplanar）［8·3 節］ 隣接する炭素上の 2 つの基が互いに 180°（アンチ）の位置にある．

アンモニア（ammonia）［6·2 節］ :NH$_3$

アンモニウムイオン（ammonium ion）［6·2 節］ R_4N^+ の構造をもつ 4 価の窒素化合物．ここで R はアルキル，アリールまたは H である．

E1 反応（E1 reaction）［8·2 節］ 一分子脱離反応．出発物質がイオン化し，つづいて塩基によって脱プロトンされてアルケンが生成する．

E1cB 反応（E1cB reaction）［8·3 節］ 脱離反応の 1 つ．最初の段階は脱プロトンによるカルボアニオンの生成である．つづいて第 2 段階で，アニオンから脱離基が抜けてアルケンを与える．

E2 反応（E2 reaction）［8·3 節］ 二分子脱離反応．プロトンと脱離基が塩基の作用で 1 段階で失われてアルケンが生成する．

イオン（ion）［1·2 節］ 電荷をもった原子あるいは分子．

イオン化電位（ionization potential）［1·2 節］ イオン化ポテンシャル．原子や分子がどのくらい電子を失いやすいかを示す目安．

イオン結合（ionic bond）［1·2 節］ 正電荷をもった原子あるいは原子団と負電荷をもった原子あるいは原子団の間の静電的引力．

イオン交換クロマトグラフィー（ion-exchange chromatography）［22·4 節］ 電荷をもつ基質に対する親和性の相違を利用した分離方法．

異性体（isomer）［2·5 節］ 分子式は同じであるが構造が異なる分子．

イソシアナート（isocyanate）［18·13 節］ R−N=C=O という一般式で表される化合物．

イソブチル基（isobutyl group）［2·8 節］ (CH$_3$)$_2$CHCH$_2$ という基．

イソプレン（isoprene）［13·11 節］ 2-メチル-1,3-ブタジエンのこと．

イソプレン則（isoprene rule）［13·11 節］ 多くのテルペン類は，イソプレン単位が頭-尾結合で連結しているという経験則．

イソプロピル基（isopropyl group）［2·7 節］ (CH$_3$)$_2$CH という基．

1,3-双極子（1,3-dipole）［11·6 節］ 1,3 位に正電荷と負電荷をもち，電荷をもたない共鳴構造式を描くことができない分子．オゾンがその典型例である．アルケンの π 結合と反応して 5 員環を与える．

一次オゾニド（primary ozonide）［11·6 節］ オゾンとアルケンの反応の一次生成物．3 つの連続する酸素を含んだ 5 員環構造をもつ．

O
O O
−C−C−

一次構造（primary structure）［22·4 節］ タンパク質中のアミノ酸の配列順序．

一次スペクトル（first-order spectrum）［9·8 節］ 結合定数と化学シフトを直接解析できる NMR スペクトル．一次スペクトルでは水素間のスピン結合は $n+1$ の規則に従う．

一次反応（first-order reaction）［7·4 節］ 反応速度が，反応速度定数と 1 つの反応物の濃度の積によって決まる反応．

一重項カルベン（singlet carbene）［11·5 節］ 一重項カルベンは対になった電子だけから成る．一重項カルベンにおいては，2 つの非結合電子は逆向きのスピンをもっており，同じ軌道を占める．

位置選択性（regioselectivity，regiochemistry）［3·19 節］ 複数の構造異性体を生成しうる反応で，そのうちの 1 つが優先的に生じる場合，位置選択的であるという．

イプソ攻撃（ipso attack）［15·8 節］ 置換基の結合している芳香族炭素への付加．

イミド（imide）［18·2 節］ つぎのような O=C−NH−C=O 構造を含む化合物．

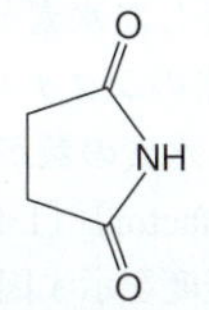

O
NH
O

イミニウムイオン（iminium ion）［16·11 節］ つぎの一般式で表される化合物．

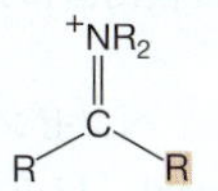

$^+NR_2$
C
R R

イミン（imine）［16·11 節］ ケトンあるいはアルデヒドの窒素類縁体．シッフ塩基ともいう．

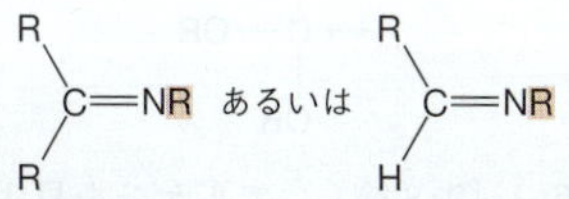

R R C=NR あるいは R H C=NR

イリド（ylide）［16·17 節］ 分子中の隣合った原子が反対の電荷をもっている化合物．

Wittig 反応（Wittig reaction）［16·17 節］ リンイリドとカルボニル化合物とから最終的にはアルケンを与える反応．

Williamson のエーテル合成（Williamson ether synthesis）［7·9 節］ アルコキシドと R−LG からエーテルを生成する S_N2 反応．

Wolff 転位（Wolff rearrangement）［18·13 節］ ジアゾケトンが熱あるいは光によって分解してケテンを生成する反応．

右旋性（dextrorotatory）［4·4 節］ 面偏光の面を時計回りに回転させる性質．

Woodward−Hoffmann 則（Woodward−Hoffmann theory）［23·1 節］ 軌道間の位相関係を考慮して，反応機構を説明する理論．協奏反応では，結合性の軌道相互作用がつねに保たれるように反応が進行する．

エキソ（exo）［13·10 節］ 二環性分子が形づくる空間の“外側”を向いたという意味．Diels−Alder 反応では，エキソ生成物は一般に新しく生成する二重結合の反対側を向く置換基をもつ．

エクアトリアル水素（equatorial hydrogen）［5·2 節］ いす形シクロヘキサンにおいて，“上向き·下向き”はあるものの，ほぼ環平面内にある 6 個の水素．環反転によってそろってアキシアル水素に変わる．

S_N1 反応（S_N1 reaction）［7·7 節］ 一分子求核置換反応．まずイオン化が起こり，つづいて求核試薬の攻撃を受ける．

S_N2 反応（S_N2 reaction）［7·5 節］ 二分子求核置換反応．求核試薬が脱離基の後方から攻撃し，置換が起こる．出発物質の立体化学は反転する．

エステル加水分解（ester hydrolysis）［18·8 節］ 過剰の水の中で酸触媒で処理することによるエステルの酸への変換．Fischer のエステル化の逆反応．加水分解は塩基によっても起こり，その場合は“けん化”とよばれる．

エステル交換反応（transesterification）［18·8 節］ あるエステルから他のエステルを生成する反応で，酸でも塩基でも触媒される．

sp 混成軌道（sp hybrid）［2·2 節］ s 原子軌道 1 個と p 原子軌道 1 個の組合わせで 2 個の sp 混成軌道ができる．混成していない 2 個の p 軌道が残る．

sp^2 混成軌道（sp^2 hybrid）［2·2 節］ s 原子軌道 1 個と p 原子軌道 2 個の組合わせで 3 個の sp^2 混成軌道ができる．混成していない p 軌道が 1 個残る．

sp^3 混成軌道（sp^3 hybrid）［2·2 節］ s 原子軌道 1 個と p 原子軌道 3 個の組合わせで 4 個の sp^3 混成軌道ができる．

エチル化合物（ethyl compound）［2·5 節］ 置換されたエタン．CH_3CH_2−X 型の化合物．

エチレン（ethylene）［3·2 節］ $H_2C=CH_2$．最も簡単なアルケン．体系名はエテンであるが，めったに使われない．

エーテル（ether）［6·2 節］ ROR あるいは ROR′ の構造式で表される化合物．

エテン（ethene）［3·2 節］ エチレンを見よ．

Edman 分解（Edman degradation）［22·4 節］ フェニルイソチオシアナートを用いるペプチドアミノ末端アミノ酸の開裂．この操作を繰返すことによってアミノ酸配列を決めることができる．

エナミン（enamine）［16·11 節］ アルデヒドあるいはケトンと第二級アミンとの反応で生成する化合物．この化合物は求核性をもち，アルキル化反応に有用である．

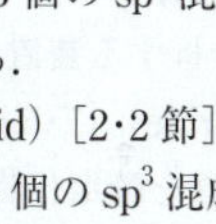

R
N
R′

エナンチオトピック（enantiotopic）［9·7 節］ エナンチオトピック水素は，光学活性な（鏡像異性体の一方のみの）試薬が存在しない限りは，化学的にも分光学的にも等価である．

NMRスペクトル（NMR spectrum）［2·14節］ 核磁気共鳴分光法で得られるスペクトル．x軸にppm，y軸にシグナル強度をとる．

***n*+1の規則**（n+1 rule）［9·7節］ 隣接する等価な水素の数がnであるとき，水素シグナルの分裂線の数はn+1であるという規則．

エノラート（enolate）［19·2節］ α水素をもつアルデヒドあるいはケトンに塩基を作用させると生成する共鳴安定化されたアニオン．

エノール（enol）［11·8節］ ビニルアルコール．エノールはより安定なケト形との平衡にある．

エノン（enone）［19·6節］ アルケンとケトンあるいはアルデヒドをもつ分子．通常π系は共役している．

エピスルホニウムイオン（episulfonium ion）［24·2節］ 硫黄原子上に正電荷を有する含硫黄3員環化合物．

エピマー（epimer）［20·2節］ 1つのキラル中心の立体配置だけが異なる立体異性体．

エポキシ化（epoxidation）［11·4節］ π結合がペルオキシ酸と反応してエポキシドを与える反応．

エポキシド（epoxide）［6·2節］ オキシランともいう．酸素原子を1つ含む飽和3員環化合物．

M+1ピーク（M+1 peak）［9·3節］ 質量スペクトルにおいて分子イオンピークより質量数が1だけ多いピーク．通常^{13}Cに由来する．

LC/MS［9·3節］ 試料を液体クロマトグラフィー（LC）で分離し質量分析計（MS）で分析する装置．

塩化チオニル（thionyl chloride）［7·5節］ $SOCl_2$．アルコールを塩化物に，またカルボン酸を酸塩化物に変換する有用な試薬．

塩基対（base pair）［22·5節］ 水素結合により対をなす塩基．DNAではアデニン–チミン（A–T）およびシトシン–グアニン（C–G）が対をなし，RNAではアデニン–ウラシル（A–U）およびシトシン–グアニン（C–G）がつねに対となる．

エンタルピー変化（enthalpy change）ΔH°［1·7節］ 標準状態での出発物質の全結合エネルギーと生成物の全結合エネルギーとの差．

エンド（endo）［13·10節］ 二環性分子が形づくる空間の“内側”を向いたという意味．Diels–Alder反応では，エンド生成物は一般に新しく生成する二重結合に向いた置換基をもつ．

エントロピー変化（entropy change）ΔS°［7·4節］ 標準状態での出発物質と生成物の秩序の乱れの差．

オキサホスフェタン（oxaphosphetane）［16·17節］ Wittig反応の中間体であり，2つの炭素原子と1つのリン原子および1つの酸素原子から構成される4員環化合物．

オキシ水銀化（oxymercuration）［11·3節］ 水銀触媒によるアルケンのアルコールへの変換．付加はMarkovnikov則に従い，転位は起こらない．水銀を含む3員環が反応の中間体である．アルキンもオキシ水銀化を受け，エノールを与える．エノールは反応条件下で速やかにカルボニル化合物に異性化する．

オキシラン（oxirane）［6·2節］ 酸素原子を1つ含む飽和3員環．エポキシドあるいはオキサシクロプロパンともよばれる．

オキソニウムイオン（oxonium ion）［3·20節］ 正電荷をもつ3価の酸素原子を含む分子（R_3O^+）．

オクテット則（octet rule）［1·2節］ 2s軌道と2p軌道を満たすと，貴ガスであるネオンの電子配置となり，特別の安定性が得られるという概念．

オサゾン（osazone）［20·4節］ 糖質を3モル量のフェニルヒドラジンで処理して得られる1,2-ビス(フェニルヒドラゾン)．

オゾニド（ozonide）［11·6節］ オゾンとアルケンの反応によって生じた一次オゾニドが転位してできる生成物．

O—O
C　C
O

オゾン分解（ozonolysis）［11·6節］ オゾンとπ系の反応．オゾニドが中間に生成し，さらに多種のカルボニル化合物へと変換される．

オフレゾナンスデカップリング（off-resonance decoupling）［9·9節］ 炭素に直接結合した水素とのスピン結合だけを残す^{13}C NMRの手法．その炭素のシグナルの多重度から，着目している炭素に直接付いている水素の数がわかる．

重み付け因子（weighting factor）［1·5節］ 共鳴混成体への特定の共鳴構造式の寄与の程度を示す因子．

親イオン（parent ion, p）［9·3節］ 分子イオンともいう．質量分析計の中で，試料分子から電子1個がたたき出されてできる最初のイオン．親イオンは検出器に到達するまでに普通多くの断片化を起こす．

オルト（ortho）［14·7節］ ベンゼン環の1,2-位．

オルトエステル（ortho ester）［17·7節］ つぎの一般式で表される化合物．

OR
R—C—OR
OR

オレフィン（olefin）［3·8節］ アルケンを見よ．

開始段階（initiation step）［12·4節］ ラジカル連鎖反応の最初の段階．ラジカルが生成し，これが連鎖成長段階を開始する．

解 糖（glycolysis）［20·3節］ 糖質をより小さな糖質に分解する反応．

化学シフト（chemical shift）δ［9·7節］ ppm目盛で表したNMRスペクトルのシグナルの位置．^{1}Hと^{13}Cの化学シフトはTMS（テトラメチルシラン）を基準として表され，着目している核を囲む化学的環境によって決まる．

核 酸（nucleic acid）［22·5節］ ポリヌクレオチドDNAおよびRNA．

核磁気共鳴分光法（nuclear magnetic resonance spectroscopy, NMR）［2·14節］ 外部磁場に沿った方向に核スピンが並んだ低いエネルギーの核スピン状態から，外部磁場に逆らう方向に核スピンが並んだ高いエネルギーの核スピン状態への遷移に伴うエネルギー吸収を調べる分光法．化学シフト，結合定数の項を見よ．

重なり形エタン（eclipsed ethane）［2·5 節］ すべての炭素−水素結合が互いに最も近くなる配座をとるエタン．この配座はエネルギー極小ではなく，エタンの安定なねじれ形配座 2 つを隔てる障壁の頂上に相当する．

ガスクロマトグラフィー（gas chromatography，GC）［9·2 節］ カラムに充塡された固定相と移動相であるガスとの間の物質の平衡に基づく分離の方法．固定相に吸着しにくい分子ほど速くカラムを通過する．

カチオン（cation）［1·2 節］ 陽イオン．正に荷電した原子あるいは分子．

カチオン重合（cationic polymerization）［10·9 節］ 最初に生成したカチオンがアルケンに付加し，その結果生じるカチオンがつぎにもう 1 つのアルケンに付加するような反応．付加を繰返すと多量体（ポリマー）を生成する．

活性化エネルギー（activation energy）$\Delta G^{\ddagger}$ ［3·18 節］ 反応の出発物質と遷移状態間のエネルギー差．出発物質を生成物に変換するために必要なエネルギー．

活性化試薬（activating agent）［17·7 節］ カルボン酸をより活性の高い誘導体に変換する試薬．

価電子（valence electron）［1·3 節］ 原子の最も外側の殻にあり，最も緩く引きつけられている電子．

Cannizzaro 反応（Cannizzaro reaction）［19·14 節］ α 水素をもたないアルデヒドと水酸化物イオンとによる酸化還元反応．水酸化物イオンがアルデヒドに付加した後に，もう 1 分子のアルデヒドへのヒドリド移動が起こる．プロトン化によって元のアルデヒドに対応するカルボン酸とアルコールが生じる．

Karplus 曲線（Karplus curve）［9·7 節］ 隣合う炭素上の水素間のスピン結合定数と炭素−水素結合の二面角の関係を表す曲線．

Gabriel 合成（Gabriel synthesis）［22·2 節］ 窒素源としてフタルイミドを用いるアミノ酸合成法．窒素原子の求核性を低下させることによって，過剰アルキル化を防いでいる．

加溶媒分解（solvolysis）［7·7 節］ 溶媒が求核試薬として作用する S_N1 反応．

カルバミン酸（carbamic acid）［17·7 節］ つぎの一般式で表される化合物．この酸は容易に脱二酸化炭素してアミンを与える．

HO−C(=O)−NR_2

カルバミン酸エステル（carbamate）［17·7 節］ カルバミン酸のエステル．この分子は簡単には脱二酸化炭素しない．

R′O−C(=O)−NR_2

カルベン（carbene）［11·5 節］ 2 価の炭素原子を含む寿命の短い中性中間体．一重項カルベンおよび三重項カルベンの項も見よ．

カルボアニオン（carbanion）［2·4 節］ 負に荷電した炭素原子をもつ化合物．炭素由来の陰イオン．

カルボカチオン（carbocation）［2·4 節］ 3 価の正に荷電した炭素原子をもつ化合物に対する，現在広く使われている名称．

カルボキシ末端（carboxy terminus）［22·4 節］ C 末端．ポリペプチドの末端にあり結合していないカルボキシ基をもつアミノ酸．

カルボニル化合物（carbonyl compound）［11·6 節］ 炭素−酸素二重結合をもつ化合物．

カルボン酸（carboxylic acid）［11·4 節，17·1 節］ つぎの一般式で表される化合物．

R−C(=O)−OH

カルボン酸アニオン（carboxylate anion）［17·2 節］ カルボン酸からプロトンが解離してできる共鳴安定化されたアニオン．

［R−C(=O)−O^- ⟷ R−C(O^-)=O］

カルボン酸誘導体（acid derivative）［18·1 節］ カルボン酸に由来し，これと同じ酸化状態にある官能基をもつ化合物．酸ハロゲン化物，酸無水物，エステル，アミドがある．アシル化合物ともいう．ニトリルとケテンを含めることもある．

Cahn–Ingold–Prelog の順位則（Cahn–Ingold–Prelog priority system）［3·5 節］ 置換基の順位を決めるための規則．

還元的アミノ化（reductive amination）［21·5 節］ ケトンやアルデヒドを還元剤（普通は $NaBH_3CN$）の存在下にアミンと反応させて新たなアミンとする反応．

還元糖（reducing sugar）［20·2 節］ 還元力をもつ遊離のホルミル基をわずかでも含む糖質．

官能基（functional group）［1·5 節］ それがどのような分子中にあろうと，一般的に同様の反応性を示す原子あるいは原子団．

キサントゲン酸エステル（xanthate ester）［8·6 節］ つぎの一般式で表される化合物．

RO−C(=S)−SR

基準炭素（configurational carbon）［20·2 節］ 糖質において C(1) あるいはカルボニル炭素から最も遠いキラル炭素．この炭素の立体配置によって糖が D 系列か L 系列かが決まる．

基準ピーク（base peak）［9·3 節］ 質量スペクトルのなかで，最も強いピークのことで，他のピークの強度はこれに対する百分率で表される．

軌 道（orbital）［1·1 節］ シュレーディンガー方程式の解を 3 次元表示したもの．波動関数（ψ）を見よ．

軌道相互作用図（orbital interaction diagram）［1·6 節］ 原子間の相互作用によって結合が生成する様子を示す図.

ギブズ自由エネルギー変化（Gibbs free energy change） ΔG° ［7·4 節］ 反応での自由エネルギー変化. ΔG° というパラメーターは，エンタルピー（ΔH°）とエントロピー（ΔS°）の項から成る. $\Delta G^\circ = \Delta H^\circ - T\Delta S^\circ$

逆合成解析（retrosynthetic analysis）［16·15 節］ 直前の前駆体となる化合物は何かを見つけることによって合成法を考える方法. 容易に入手可能な出発物質にたどり着くまでこの操作を繰返す.

逆旋的過程（disrotation）［23·3 節］ 電子環状反応において，ポリエンの HOMO の両端の p 軌道が逆方向（一方は時計回り，もう一方は反時計回り）に回転する過程.

逆 Markovnikov 付 加（anti-Markovnikov addition）［10·11 節］ π 結合の少置換炭素に置換基が結合するように起こる π 結合への付加.

吸エルゴン的（endergonic）［7·4 節］ 吸エルゴン反応では生成物は出発物質よりも不安定である.

求核試薬（nucleophile）［1·8 節］ 電子対供与体. ルイス塩基.

求核性（nucleophilicity）［7·5 節］ 求核試薬の強さ.

求ジエン試薬（dienophile）［13·10 節］ ジエンと Diels–Alder 型に反応する分子.

求電子試薬（electrophile）［1·8 節］ 電子対受容体，ルイス酸.

吸熱反応（endothermic reaction）［1·7 節］ 生成物の結合エネルギーが出発物質の結合エネルギーより大きい反応. 生成物は出発物質より不安定である.

鏡像異性体（enantiomer）［4·2 節］ エナンチオマーともいう. 重ね合わせることのできない鏡像同士.

協奏過程（concerted process）［8·5 節］ ただ 1 つのエネルギー障壁をもつ反応過程のこと. 出発物質と生成物の間には反応中間体は存在しない.

橋頭位（bridgehead position）［3·7 節］ ビシクロ化合物において橋頭位は 2 つの環に共有されており，橋頭位から 3 本の橋かけ鎖が出ている.

共鳴エネルギー（resonance energy）［14·5 節］ 非局在化エネルギーを見よ.

共鳴構造式（resonance form）［1·5 節］ 単一の Lewis 構造式では正確に表現できない分子が多くあり，それらは，2 つあるいはそれ以上の異なる電子配置を組合わせると，分子を正しく表現できる. これらの異なる電子配置を共鳴構造とよび，その構造式を共鳴構造式という.

共鳴の矢印（resonance arrow）［1·5 節］ 2 つの構造式が共鳴構造式であることを示すための特別な矢印（⟷）.

共 役（conjugation）［9·4 節］π 結合と σ 結合が交替して π 系を通して電子の非局在化が起こること.

共役塩基（conjugate base）［6·4 節］ 脱プロトンされた分子. 共役酸·塩基は，プロトン化と脱プロトンによって関連づけられる.

共役酸（conjugate acid）［6·4 節］ プロトン化された原子あるいは分子. 共役酸·塩基は，プロトン化と脱プロトンによって関連づけられる.

共役二重結合（conjugated double bond）［13·1 節］ 単結合を介して 1,3 位にある二重結合は共役している.

共有結合（covalent bond）［1·2 節］ 原子軌道あるいは分子軌道の重なりによって電子を共有してできる結合.

極性共有結合（polar covalent bond）［1·3 節］ 2 つの異なる原子の間の共有結合はつねに極性をもつ. 同じでない原子は異なる電気陰性度をもち，共有電子の引きつけ方が違うので双極子をつくる.

キラリティー（chirality）［4·2 節］ 分子が 2 つの重ね合わせられない鏡像同士で存在するという性質. “掌性”.

キラル（chiral）［4·1 節］ キラルな分子はその鏡像と重ね合わせることができない.

キラル中心（chiral center）［4·3 節］ 4 つの異なる基が結合した原子. キラル原子ともいう.

Kiliani–Fischer 合 成（Kiliani–Fischer synthesis）［20·3 節］ 炭素鎖が 1 つ伸長されたアルドースを得る方法. 2 種類の C(2) 異性体が生成する.

均一(系)触媒反応（homogeneous catalysis）［11·10 節］ 可溶性の触媒を用いる触媒反応.

均一結合開裂（homolytic bond cleavage）［1·7 節］ 2 つの中性化学種ができるような結合の切れ方.

Knoevenagel 縮合（Knoevenagel condensation）［19·6 節］ 交差アルドール反応に関連する多くの縮合反応のうちの 1 つ. エノラートのような安定化されたアニオンが初めに生成し，つぎに他の分子のカルボニル基に付加する. しばしば脱水反応が起こり，最終生成物になる.

クムレン（cumulene）［13·3 節］ 3 個以上の連続する二重結合をもつ分子. たとえば $R_2C{=}C{=}C{=}CR_2$. 最も簡単なクムレンはブタトリエンである.

Claisen 縮合（Claisen condensation）［19·8 節］ エステルのエノラートイオンがもう 1 分子のエステルのカルボニル基に付加して起こる縮合反応. この付加–脱離過程の結果 β–ケトエステルが生じる.

Claisen–Schmidt 縮合（Claisen–Schmidt condensation）［19·7 節］ α 水素をもたないアルデヒドと少なくとも 1 つの α 水素をもつケトンとの交差アルドール反応.

クラウンエーテル（crown ether）［6·9 節］ 金属イオンと錯体を形成することが可能な環状ポリエーテル. 錯体化の容易さは環の大きさと環内のヘテロ原子の数に依存する.

グリコシド（glycoside）［20·4 節］ C(1) 上のヒドロキシ基が OR 基に変換された糖質.

グリコール（glycol）［6·2 節］ 二価アルコール. ジオールともよばれる.

グリニャール試薬（Grignard reagent）RMgX ［6·7 節］ エー

テル溶媒中でハロゲン化物とマグネシウムとからつくられる，強塩基性の有機金属化合物．RMgX と表される．重要で特徴的な反応としてカルボニル基への付加反応がある．

クリプタンド（cryptand）［6·9 節］ クラウンエーテルに相当する二環性で 3 次元に広がる化合物．種々のヘテロ原子（O, N, S）が空洞に適合するイオンと錯体を形成する．

グリーンケミストリー（green chemistry）［11·3 節］ 有害物質の使用や排出をなるべく少なくしようという思想．1991 年にこの名が生まれ，有機ポリマーをリサイクルしたり工業的反応での有機溶媒の使用や廃棄物の発生を最小限にするための基本原則を含む．

Curtius 転位（Curtius rearrangement）［18·13 節］ アシルアジドの熱あるいは光分解によりイソシアナートを生成する反応．

形式電荷（formal charge）［1·4 節］ 共有結合をつくっている電子対が 2 つの原子に均等に共有されていると仮定したとき，各原子がもつ電荷．

Kekulé 構造式（Kekulé forms）［14·3 節］ 隣接炭素間の重なりを強調したベンゼンの共鳴構造式．Kekulé 構造式は見掛け上 1,3,5–シクロヘキサトリエンに似ている．

結合解離エネルギー（bond dissociation energy, BDE）［1·7 節］ 結合を切断して 2 つの中性化学種を生成するために加えなければならないエネルギーの量．均一結合開裂を見よ．

結合角ひずみ（angle strain）［5·2 節］ 結合角が混成によって決まる理想値からずれることによって生じるエネルギーの増加．

結合性分子軌道（bonding molecular orbital）［1·6 節］ 原子軌道を位相が合うように混合して生成する分子軌道．結合性分子軌道に電子が入ると，分子は安定化される．

結合定数（coupling constant）J ［9·7 節］ 2 個の核の間のスピン–スピン相互作用の大きさを表す量．Hz（ヘルツ）単位で表す．

結合部位（binding site）［22·4 節］ 酵素中で基質が結合する場所．

ケテン（ketene）［13·3 節］ つぎの一般式で表される化合物．

R
C=C=O
R

β–ケトエステル合成（β–keto ester synthesis）［19·5 節］ アセト酢酸エステル合成（acetoacetate synthesis）ともいう．2 つのカルボニル基に挟まれた α 水素が弱い塩基で引抜かれ，生成したアニオンが求電子試薬と反応する．

ケトース（ketose）［20·2 節］ ケト基をもつ糖質．

ケトン（ketone）［11·6 節］ 炭素－酸素二重結合をもつ化合物で，その炭素が 2 つの他の炭素（水素ではなく）と結合しているもの．

ゲル沪過クロマトグラフィー（gel-filtration chromatography）［22·4 節］ 分子サイズの細孔をもつポリマービーズを担体とするクロマトグラフィー．細孔のサイズに合う分子はカラムからゆっくりと溶出し，より大きな分子は速く溶出する．

けん化（saponification）［18·8 節］ エステル（普通は脂肪酸エステル）の塩基による加水分解．

原 子（atom）［1·1 節］ 原子は，陽子と中性子から成る原子核と，それを取巻く電子から成り，中性の原子では電子の数は陽子の数に等しい．

原子核（nucleus）［1·1 節］ 原子の中心部分で，陽子と中性子から成り正電荷をもつ．

原子軌道（atomic orbital）［1·1 節］ 原子核の近傍にある電子の運動を記述するシュレーディンガー方程式の解を 3 次元的に表示したもの．原子軌道は量子数で決まるいくつかの形をもつ．s 軌道は球形，p 軌道はほぼ亜鈴形で，d 軌道，f 軌道はさらに複雑な形をしている．

光学活性（optical activity）［4·4 節］ 分子が面偏光の面を回転させる能力．

交差アルドール反応（crossed aldol reaction）［19·7 節］ 混合アルドール反応（mixed aldol reaction）ともいう．2 つの異なったカルボニル化合物同士のアルドール反応．生成可能な生成物数が限られているような場合でない限り，この反応はあまり重要ではない．

交差 Claisen 縮合（crossed Claisen condensation）［19·9 節］ 混合 Claisen 縮合（mixed Claisen condensation）ともいう．2 つの異なるエステル間の Claisen 縮合．

構成原理（Aufbau principle）［1·2 節］ 軌道に電子が詰まっていく場合，最もエネルギーの低い軌道から順に入る．同じエネルギーの軌道がある場合，まず同一スピンの電子が 1 つずつすべての軌道に入る．フントの規則を見よ．

合成洗剤（detergent）［17·8 節］ 長鎖アルキル基をもつスルホン酸の塩．

構造異性体（constitutional isomer）［4·11 節］ 同じ分子式をもつが，構成原子の結合の順序が違う異性体．

高速液体クロマトグラフィー（high-performance liquid chromatography, HPLC）［9·2 節］ 固定相が吸着表面積のきわめて大きな細かい粒子でできていて，移動相を速く移動させるために高圧をかけて行う，効率の高いクロマトグラフィー．

コドン（codon）［22·5 節］ ポリヌクレオチド中にあって，ポリペプチド合成の際ある特定のアミノ酸を結合する指令を出す 3 塩基の並び．開始や停止などの指令を出すコドンもある．

Cope 転位（Cope rearrangement）［23·6 節］ ［3,3］シグマトロピー転位により，1,5–ジエンが別の 1,5–ジエンに変換する反応．

互変異性化（tautomerization）［11·8 節］ 水素 1 個の位置の変化によって関連づけられる分子間の相互変換．

互変異性体（tautomer）［19·2 節］ 水素 1 個の位置の変化で関連づけられる分子．

孤立電子対電子（lone pair electrons）［1·3 節］ 非結合電子または非共有電子．原子の結合に関与しない軌道にある電子．

Kolbe 電解（Kolbe electrolysis）［17·7 節］ カルボン酸アニオンの炭化水素への電気化学的変換．生成したカルボキシルラジカルが CO_2 を失ってアルキルラジカルを与え，さらに二量化する.

混 成（hybridization）［2·2 節］ 原子軌道の波動関数を組合わせて新しい軌道すなわち混成軌道をつくる数学的操作. 新しい軌道は元の原子軌道の波動関数の一部分ずつからできている. たとえば sp^3 混成軌道は p 波動関数 3 部と s 波動関数 1 部から成る.

混成軌道（hybrid orbital）［2·2 節］ 混成によってできる軌道.

コンホマー（conformer）［2·8 節］ 配座異性体.

Saytzeff 脱離（Saytzeff elimination）［8·2 節］ より置換基の多いアルケンが生成する脱離反応.

左旋性（levorotatory）［4·4 節］ 面偏光の面を反時計回りに回転させる性質.

サッカリド（saccharide）［20·1 節］ $C_x(H_2O)_y$ で表される化合物. 糖類, 糖質あるいは炭水化物ともいう.

酸塩化物（acid chloride）［15·3 節］ つぎの一般式で表される化合物.

Sanger 分解（Sanger degradation）［22·4 節］ 2,4-ジニトロフルオロベンゼンを用いるアミノ末端のアミノ酸の決定法. この方法ではペプチド全体が加水分解されてしまう.

三次構造（tertiary structure）［22·4 節］ タンパク質の折りたたみによる高次構造.

三重結合（triple bond）［3·5 節］ 2 つの原子は σ 結合 1 つと π 結合 2 つから成る三重結合で結ぶことができる.

三重項カルベン（triplet carbene）［11·5 節］ 三重項カルベンにおいては, 2 つの非結合電子は同じ向きのスピンをもっており, そのため必ず別の軌道を占める.

3 中心 2 電子結合（three-center two-electron bonding）［24·3 節］ 電子 2 個だけで 3 原子を結びつけている結合系. ボランあるいはカルボカチオンのような電子不足分子によくみられる.

Sandmeyer 反応（Sandmeyer reaction）［15·4 節］ 芳香族ジアゾニウムイオンと銅(I)塩を用いて, 置換された芳香族化合物を合成する反応.

酸ハロゲン化物（acid halide）［18·2 節］ つぎの一般式で表される化合物.

R = F, Cl, Br, または I

酸無水物（acid anhydride）［17·7 節］ 形式的にカルボン酸 2 分子から水 1 分子が取れた化合物. つぎの一般式で表される化合物.

1,3-ジアキシアル相互作用（1,3-diaxial interaction）［5·5 節］ シクロヘキサンのいす形配座において任意に C(1) とした炭素上のアキシアル基と C(3) および C(5) の 2 つのアキシアル基の間の立体的相互作用.

ジアステレオトピック（diastereotopic）［9·7 節］ ジアステレオトピックな水素はあらゆる状況において化学的にも分光学的にも異なる.

ジアステレオマー（diastereomer）［4·8 節］ 鏡像同士ではない立体異性体.

ジアゾ化合物（diazo compound）［11·5 節］ $R_2C{=}N_2$ の構造の化合物.

ジアゾケトン（diazo ketone）［18·13 節］ つぎの一般式で表される化合物.

ジアゾニウムイオン（diazonium ion）［15·4 節］ RN_2^+

シアノヒドリン（cyanohydrin）［16·8 節］ シアン化水素がカルボニル化合物に付加してできる生成物.

ジアール（dial）［16·3 節］ 2 つのアルデヒド基をもつ分子, ジアルデヒド.

ジェミナル（geminal）［11·7 節］ 1,1-二置換.

ジオール（diol）［6·2 節］ 2 つの OH 基を含む分子. グリコールともよばれる.

***gem*-ジオール**（*gem*-diol）［16·6 節］ 同じ炭素に 2 つの OH 基をもつジオール.

ジオン（dione）［16·3 節］ 2 つのケトン型カルボニル基をもつ分子, ジケトン.

紫外・可視分光法（ultraviolet/visible spectroscopy, UV/vis）［9·4 節］ 200〜800 nm の波長の光を利用する電子分光法のこと.

σ 結合（σ bond, sigma bond）［2·2 節］ 円筒状の対称性をもつ結合.

シグマトロピー転位（sigmatropic shift）［23·5 節］ 軌道対称性の制約の下で, 原子または置換基が π 電子系に沿って移動する反応.

シクロアルカン（cycloalkane）［2·1 節］ 環状アルカン.

シクロアルケン（cycloalkene）［3·4 節］ 環内に二重結合をもつ環状化合物.

シクロペンタジエニルアニオン（cyclopentadienyl anion）［14·6 節］ 6π 電子（$4n+2, n=1$）をもつ芳香族性の 5 炭素環アニオン.

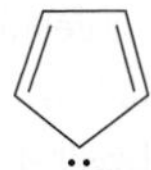

GC/IR［9·2 節］ ガスクロマトグラフィーで分離した各成分

を，連結した赤外分光計に直接導入して構造解析データを与えるシステム．

GC/MS ［9·2 節］ ガスクロマトグラフィーで分離した各成分を，連結した質量分析計に直接導入して構造解析データを与えるシステム．

ジシクロヘキシルカルボジイミド（dicyclohexylcarbodiimide）［22·4 節］ DCC と略す．ペプチド結合の生成に用いられる脱水縮合剤．

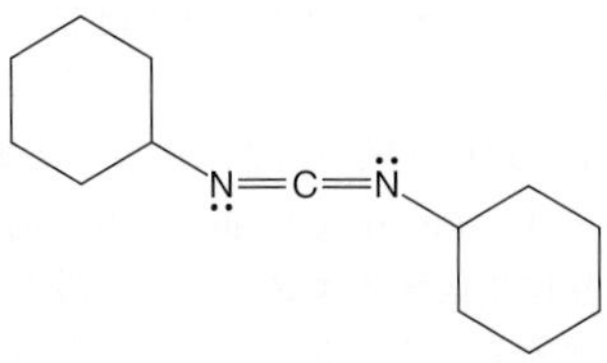

脂 質（lipid）［21·2 節］ 天然に存在する疎水性有機分子．

シ ス（cis）［2·12 節］ “同じ側”．環状化合物あるいはアルケンにおける基の立体化学的（空間的）関係を特定するために使われる．

s-シス（s-cis）［13·6 節］ 1,3-ジエンのより不安定な配座．

ジスルフィド架橋（disulfide bridge）［22·4 節］ システインの CH_2SH 基の酸化で生成する硫黄－硫黄結合によるアミノ酸の橋かけ構造．単一ペプチド内で生成することもペプチド間で生成することもある．

ジチアン（dithiane）［19·12 節］ 硫黄原子を 2 つ含む 6 員環化合物．1,3 位に硫黄原子をもつ 1,3-ジチアンが一般的．

シッフ塩基（Schiff base）［16·11 節］ イミンを見よ．

質量分析法（mass spectrometry；MS）［9·3 節］ 高エネルギー電子の照射により生じるイオンの分析法．高分解能 MS ではイオンの分子式がわかるし，断片化パターンの解析により構造に関する情報も得られる．

脂 肪（fat）［21·2 節］ 室温で固体で存在するトリグリセリド．油を見よ．

脂肪酸（fatty acid）［17·8 節］ 脂肪の加水分解でできる長鎖カルボン酸．脂肪酸は酢酸から生合成されるので，いつも偶数個の炭素原子をもつ．

臭化シアン（cyanogen bromide）［22·4 節］ BrCN．ポリペプチド中のメチオニン残基のカルボキシ基側を選択的に切断する試薬．

縮合環（fused ring）［5·7 節］ 2 つの環が 2 個の原子を共有してできる環構造．

縮重反応（degenerate reaction）［23·1 節］ 出発物質と生成物がまったく同じ化学構造をもつ反応．

触 媒（catalyst）［3·20 節］ 化学反応の反応速度を増大させる働きをもつ物質．触媒そのものは反応によって変化しない．出発物質や生成物のもつエネルギーを変えるのではなく，低エネルギーの反応経路を提供する．すなわち，反応の遷移状態のエネルギーを低下させるように働く．

ジラジカル（diradical）［11·5 節］ 2 つの不対電子をもつ化学種．2 つの不対電子は通常異なる原子上にある．

シリルエーテル（silyl ether）［16·10 節］ $R-O-SiR_3$ の一般式をもつ分子．

親水性（hydrophilic）［17·8 節］ 水に可溶な極性基のもつ水への親和力が強い性質．

シン脱離（syn elimination）［8·3 節］ 2 つの開裂する結合（一般に C－H と C－LG であることが多い）の二面角が 0° で進行する脱離反応．

シン付加（syn addition）［10·10 節］ 2 つの基が π 結合の同じ側になるように π 結合に付加すること．

親油性（lipophilic）［21·2 節］ 比較的非極性な有機溶媒に溶ける分子は親油性であるという．

水素化（hydrogenation）［11·10 節］ アルケンの π 結合に水素（H_2）を付加してアルカンにする反応．可溶性または不溶性の金属触媒が必要．アルキンも水素化を受け，アルカンを与える．ただし，特殊な条件下ではアルケンを与える．

水素化物イオン（hydride ion）［2·4 節］ 1 対の電子をもつ負に荷電した水素イオン（$H:^-$）．ヒドリドイオンともいう．

水素結合（hydrogen bonding）［6·4 節］ 酸素，窒素あるいはフッ素のような電気陰性度の大きな原子上の電子対と酸素，窒素あるいはフッ素に結合した水素の間の低エネルギーの結合．

水素引抜き（hydrogen abstraction）［12·2 節］ ラジカルとの反応で水素原子を取除くこと．

水 和（hydration）［10·8 節］ ある分子への水の付加．この反応は一般に酸によって触媒される．

水和物（hydrate）［16·6 節］ カルボニル化合物と水との反応の生成物．

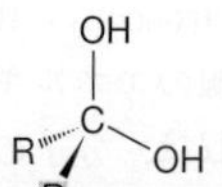

ステレオジェニック原子（stereogenic atom）［訳者補遺 2］ 2 つの非等価な立体配置をもつことができるという性質をもつ原子のことで，普通は炭素である．

ステロイド（steroid）［13·12 節］ 3 つの 6 員環と 1 つの 5 員環をもつ四環性化合物のこと．つねに四環性骨格はつぎの図のように連結し，骨格上にさまざまな置換基が配置する．

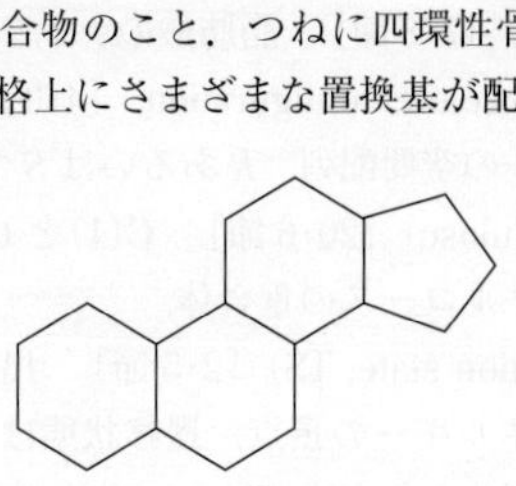

Strecker 合成（Strecker synthesis）［22·2 節］ アルデヒド，シアン化物およびアンモニアを用いるアミノ酸合成法．

スピロ環（spiro ring）［5·7 節］ 2 つの環が 1 個の原子を共有してできる環構造．

スプラ型移動（suprafacial motion）［23･5 節］ シグマトロピー転位において，移動する基の結合の切断と生成がπ電子系の同じ面で起こること.

スルフィド（sulfide）［6･8 節］ エーテルに対応する硫黄化合物 RSR′．チオエーテルともいう.

スルホキシド（sulfoxide）［16･16 節］ つぎの一般式で表される化合物.

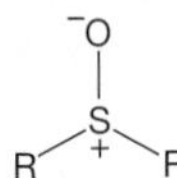

スルホニウムイオン（sulfonium ion）［7･9 節］ 正電荷をもつ硫黄イオン．R_3S^+

スルホン（sulfone）［16･16 節］ $R-SO_2-R$. スルフィドの過酸化水素による酸化の最終生成物.

正四面体型中間体（tetrahedral intermediate）［17･7 節］ 求核試薬がカルボニル炭素を攻撃して最初にできる中間体.

生成熱（heat of formation）ΔH_f° ［3･6 節］ 分子が標準状態にある構成元素から生成する際に，放出あるいは吸収される熱．生成熱が負で大きいほど分子は安定である.

生成物決定段階（product-determining step）［7･7 節］ 多段階反応において，生成物の構造やその生成比を決定する段階.

生体分子（biomolecule）［21･1 節］ 生体がつくる分子.

成長段階（propagation step）［12･4 節］ ラジカル連鎖反応の生成物生成段階．成長段階の最終段階においては，生成物分子が生じるとともに，連鎖伝搬体となる新たなラジカルが生成する.

生物有機化学（bioorganic chemistry）［21･1 節］ 生体での有機化学.

赤外分光法（infrared spectroscopy；IR）［9･5 節］ 赤外分光法において吸収される赤外線のエネルギーは結合の振動や回転をひき起こす．特徴的な吸収は，分子のもつ官能基を決定するのに使われる.

積分値（integral）［9･7 節］ NMR スペクトルにおける各シグナルの相対強度.

節（node）［1･2 節］ 軌道中で逆符号の領域を隔てる，電子密度ゼロの領域．節において，波動関数の符号はゼロである.

セッケン（soap）［17･8 節］ 脂肪酸のナトリウム塩.

絶対立体配置（absolute configuration）［4･3 節］ 1 つの鏡像異性体における原子の空間配列．*R* あるいは *S* で表示する.

セルロース（cellulose）［20･6 節］ C(1) と C(4) がβ結合を介してつながったグルコースの重合体.

遷移状態（transition state, TS）［2･5 節］ 出発物質から生成物に至る途中のエネルギーの頂点．遷移状態はエネルギー極大であって，単離が可能な化合物ではない.

旋光計（polarimeter）［4･5 節］ 面偏光の面の回転量を測定する装置.

双極子モーメント（dipole moment）［1･3 節］ 分子の双極子モーメントは 2 つの反対電荷の分離が起こったときに生じる.

双性イオン（zwitterion）［22･2 節］ 同一分子内に正電荷と負電荷をもつ化学種.

阻害剤（inhibitor）［12･4 節］ ラジカルと反応してこれを消失させる化学種．阻害剤は連鎖反応を停止する.

側 鎖（side chain）［22･2 節］ アミノ酸のα位に結合している基.

速度定数（rate constant）*k* ［7･4 節］ 反応の基礎的な数値で温度，圧力，溶媒に依存するが，反応物の濃度には依存しない.

速度論（kinetics）［8･4 節］ 反応速度の研究.

速度論支配（kinetic control）［8･4 節］ 生成物の分布が，それぞれの生成物に至る遷移状態の高さによって決まること.

速度論的エノラート（kinetic enolate）［19･7 節］ 反応速度論的にみて最も容易に生成するエノラート．最も安定なエノラートである“熱力学的エノラート”と同じである場合もあり，異なる場合もある.

速度論的分割（kinetic resolution）［22･2 節］ 鏡像異性体の片方を選択的に変換することによって分離する方法．酵素を用いることが多い.

疎水性（hydrophobic）［17･8 節］ 水に不溶な無極性基のもつ水を退ける性質.

SODAR（sum of double bonds and rings）［3･15 節］ 二重結合と環の総数．不飽和度を見よ.

第一級アミン（primary amine）［6･2 節］ アルキル基 1 個と水素 2 個をもつアミン.

第一級炭素（primary carbon）［2･8 節］ 他の 1 個の炭素と結合している sp^3 混成の炭素.

第三級アミン（tertiary amine）［6･2 節］ アルキル基 3 個をもち水素をもたないアミン.

第三級炭素（tertiary carbon）［2･8 節］ 他の 3 個の炭素と結合している sp^3 混成炭素.

第二級アミン（secondary amine）［6･2 節］ アルキル基 2 個と水素 1 個をもつアミン.

第二級炭素（secondary carbon）［2･8 節］ 他の 2 個の炭素と結合している sp^3 混成炭素.

第四級炭素（quaternary carbon）［2･8 節］ 他の 4 個の炭素と結合している炭素.

多環芳香族炭化水素（polycyclic aromatic hydrocarbon）［14･10 節］ 2 つ以上の芳香環が縮合した分子．多核芳香族化合物（polynuclear aromatic compound）ともいう.

脱二酸化炭素（decarboxylation）［17･7 節］ 脱炭酸ともいう．二酸化炭素が脱離する反応で，1,1-ジカルボン酸やβ-ケト酸でよく起こる.

脱離基（leaving group）［7･3 節］ 置換反応や脱離反応において，脱離する置換基.

脱離反応（elimination reaction）［8･1 節］ 新たなπ結合を生成する反応.

多糖類（polysaccharide）［20･6 節］ 複数の糖から成る糖質.

炭化水素（hydrocarbon）［2･1 節］ 炭素と水素だけをもつ分子.

炭化水素のクラッキング（hydrocarbon cracking）［12·2 節］ 高分子量の炭化水素を熱処理して低分子量の分解物を得る方法．結合が開裂しラジカルを生成する．そして，そのラジカルが水素引抜きによりアルカンを，β 開裂および不均化によりアルケンとアルカンを与える．

単糖類（monosaccharide）［20·6 節］ 単量体型の糖質．トリオース，テトロース，ペントース，ヘキソースなど．

タンパク質（protein）［6·1 節］ α-アミノ酸から成る高分子．ペプチドとの違いは鎖の長さだけである．

断片化パターン（fragmentation pattern）［9·3 節］ 質量スペクトルにおいて，（高エネルギー電子の照射で生じた）親イオンの分解によって生成する娘イオンの出現のパターンであり，各分子に特有のパターンが見られる．

チオエーテル（thioether）［6·8 節］ スルフィド．エーテルに対応する硫黄化合物 RSR′．

チオ尿素（thiourea）［22·4 節］ つぎの構造をもつ化合物．

:S:
‖
C
RHN̈　N̈HR

チオラート（thiolate）［6·8 節］ アルコキシドの硫黄類縁体．RS^-

チオール（thiol）［6·8 節］ アルコールに対応する硫黄化合物．RSH

力の定数（force constant）［9·5 節］ 結合の強度，すなわち結合のかたさを表す数値．赤外分光法において，大きな力の定数をもつ結合は高い振動数で吸収を示す．

置換基（substituent）［2·3 節］ 分子に結合している水素以外の原子や原子団．

置換反応（substitution reaction）［7·1 節］ R−LG 分子中の脱離基 LG が，求核試薬 Nu:⁻で置き換わる反応．一般式は，

$$Nu:^- + R—LG \longrightarrow Nu—R + LG:^-$$

Chichibabin 反応（Chichibabin reaction）［15·8 節］ ピリジン（あるいは関連する芳香族複素環化合物）にアミドイオンが求核付加することによりアミノピリジンを生成する反応．鍵となる段階はヒドリド移動である．

超強酸（superacid）［15·11 節］ 極性が高く強酸性であるが，求核性がないかあるいは非常に弱い溶媒系．超強酸は，しばしば低温で，カルボカチオンの生成と安定化に利用される．

超共役（hyperconjugation）［10·5 節］ sp^3 混成軌道にある電子と空の軌道との相互作用．

長距離スピン結合（long-range coupling）［9·7 節］ 結合 4 個以上を隔てた核の間でのスピン結合．通常，高磁場 ^{1}H NMR でのみ観測される．

直交軌道（orthogonal orbitals）［1·6 節］ 相互作用していない 2 つの軌道．結合性相互作用と反結合性相互作用とがちょうど相殺されている．

対スピン（paired spins）［1·2 節］ 逆向きのスピンをもつ 2 個の電子．

Dieckmann 縮合（Dieckmann condensation）［19·9 節］ 分子内の環形成を伴う Claisen 縮合．

停止段階（termination step）［12·4 節］ 2 つのラジカルが結合して消滅すること．停止段階は結合を形成することにより連鎖伝搬ラジカルを消費し，連鎖を終結する．

Diels–Alder 反応（Diels–Alder reaction）［13·10 節］ 6 員環骨格を形成する，1,3-ジエンとアルケンあるいはアルキンとの協奏的付加反応のこと．

デオキシリボ核酸（deoxyribonucleic acid，DNA）［22·5 節］ デオキシリボース単位がリン酸エステル結合によって高分子化したヌクレオチド重合体．糖に結合する塩基としてアデニン（A），チミン（T），グアニン（G），シトシン（C）がある．

デカップリング（decoupling）［9·8 節］ 化学交換あるいはラジオ波の照射によって水素同士または他の核とのスピン-スピン結合（結合定数を見よ）を消失させること．

テトラヒドロピラニル（THP）エーテル（tetrahydropyranyl (THP) ether）［16·10 節］ つぎの構造をもつアルコールの保護基．

Ö　ÖR

テトラメチルシラン（tetramethylsilane, TMS）［9·6 節］ NMR スペクトルにおける ppm 目盛の基準物質で，この水素あるいは炭素の吸収位置をゼロとする．化学シフトは，TMS の位置に比べてどれだけずれているかを，共鳴振動数の百万分の 1 単位（ppm）で表す．

テトロース（tetrose）［20·2 節］ 4 炭素から成る糖質．

DEPT ［9·9 節］ Distortionless Enhancement with Polarization Transfer（分極移動による無歪増感法）の略．炭素に結合した水素原子の数を決める NMR 分光法．

Dewar 構造式（Dewar forms）［14·3 節］ 2 つのパラ位炭素上の 2p 軌道同士の重なりを強調したベンゼンの共鳴構造式．この共鳴構造式は見掛けは Dewar ベンゼン（ビシクロ[2.2.0]ヘキサ-2,5-ジエン）に似ている．

Dewar ベンゼン（Dewar benzene）［14·2 節］ 不安定な C_6H_6 分子，ビシクロ[2.2.0]ヘキサ-2,5-ジエン．

テルペン類（terpenes）［13·11 節］ 炭素骨格がイソプレン単位からできた化合物．イソプレノイドともいう．

転 位（rearrangement）［8·5 節］ 原子あるいは原子団が分子のある位置から他の位置へと移動すること．転位はカルボカチオンを含む反応において非常によく見られる．

電気陰性度（electronegativity）［1·3 節］ 原子が電子を引きつける能力．

電気泳動（electrophoresis）［22·2 節］ ある一定の pH において，アミノ酸やその重合体が異なる電荷状態をとることを利用

した分離方法．

電 子（electron）［1・1 節］ 非常に小さい質量（陽子の 1/1840）と単一の負電荷をもつ粒子．

電子環状反応（electrocyclic reaction）［23・3 節］ ポリエンと環状化合物が相互変換する反応．ポリエンの両端の p 軌道同士が回転して σ 結合をつくり，環状化合物となる．

電子親和力（electron affinity）［1・2 節］ 原子や分子がどのくらい電子を受入れやすいかを示す目安．

電子分光法（electronic spectroscopy）［9・4 節］ 適当なエネルギーをもつ電磁波を照射して，エネルギー吸収を測定する研究法．このとき，電子は HOMO から LUMO へ昇位する．

天然物（natural product）［2・12 節］ 天然に存在する化合物で，実験室で合成された化合物は含まれない．

デンプン（starch）［20・6 節］ アミロースを含む枝分かれ状グルコースの重合体．グルコースは α 結合を介して結合している．

同位体効果（isotope effect）［24・4 節］ ある原子が同位体で置換された場合に観測される反応速度の変化．水素を重水素で置換するのが一般的である．

糖 質（saccharide, sugar）［20・1 節］ $C_x(H_2O)_y$ で表される化合物．炭水化物（carbohydrate），サッカリドあるいは糖類ともいう．

同旋的過程（conrotation）［23・3 節］ 電子環状反応において，ポリエンの HOMO の両端の p 軌道が同方向（ともに時計回りかともに反時計回り）に回転する過程．

等電点（isoelectric point）p*I*［22・2 節］ アンモニウムイオンとして存在するアミノ酸とカルボン酸アニオンとして存在するアミノ酸の量がちょうど等しくなる pH．

トランス（trans）［2・12 節］ “反対側”．環状化合物あるいはアルケンにおける立体化学的（空間的）関係を特定するために使われる．

s-トランス（s-trans）［13・6 節］ 1,3-ジエンの伸展したより安定な配座．

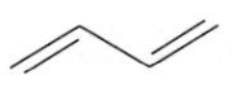

トリグリセリド（triglyceride）［21・2 節］ トリアシル置換グリセリンで，つぎの一般式をもつ．

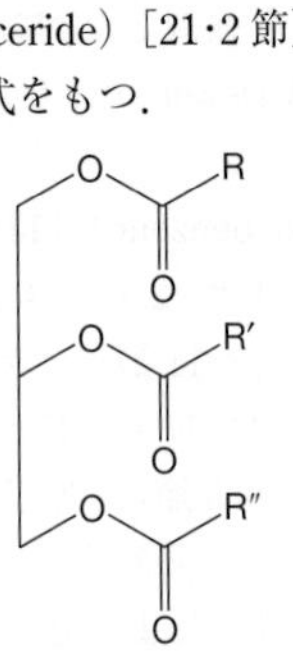

トロピリウムイオン（tropylium ion）［14・6 節］ 1,3,5-シクロヘプタトリエニルカチオンのこと．このイオンは $4n+2(n=1)$ 個の π 電子をもつので，芳香族性を示す．

ナイトレン（nitrene）［18・13 節］ 電気的に中性な 1 価の窒素原子．カルベンの窒素類縁体．

二次構造（secondary structure）［22・4 節］ タンパク質の秩序だった構造を有する領域．典型的な二次構造として α ヘリックスと β 構造がある．

二次反応（second-order reaction）［7・4 節］ 反応速度が，反応速度定数と 2 つの反応物の濃度の積に依存する反応．

二重結合（double bond）［3・1 節］ 2 つの原子は σ 結合 1 つと π 結合 1 つから成る二重結合で結ぶことができる．

二重結合等価数（double bond equivalent）［3・15 節］ 分子中の π 結合と環の数．不飽和度（degree of unsaturation, *Ω*）あるいは SODAR（sum of double bonds and rings, 二重結合と環の総数）ともいう．

二糖類（disaccharide）［20・6 節］ 2 つの単糖類から成る分子．分子式は $C_{12}H_{22}O_{11}$．

ニトリル（nitrile）［18・2 節］ RCN の構造をもつ化合物で，シアン化物ともよばれる．

二面角（dihedral angle）［2・5 節］ 2 つの結合の間のねじれの角度．X−C−C−Y において，面 X−C−C と面 C−C−Y のなす角度．

Newman 投影式（Newman projection）［2・5 節］ ある結合に沿って見たときにどのように見えるかを図示するための方法．手前の原子に結合する基を 3 本の線で示し，後方の原子を円で表し，それへの結合を描く．Newman 投影式は分子内の空間的（立体化学的）関係を見るのに非常に便利である．

尿 素（urea）［17・7 節］ $NH_2-CO-NH_2$

ニンヒドリン（ninhydrin）［22・3 節］ インダン-1,2,3-トリオンの水和物．アミノ酸と反応して紫色を呈するのでアミノ酸の定量分析に用いられる．

ヌクレオシド（nucleoside）［22・5 節］ リボースあるいはデオキシリボースの 1′ 位に核酸塩基が結合した化合物．

ヌクレオチド（nucleotide）［22・5 節］ ヌクレオシドがリン酸化されたもの．DNA あるいは RNA の構成単位．

ねじれ形エタン（staggered ethane）［2・5 節］ エタンのエネルギー極小配座で，炭素−水素結合（およびそこにある電子）が互いに最も離れている．

ねじれひずみ（torsional strain）［5・2 節］ 結合およびその電子が（通常重なり形で）接近していることによる不安定化．

熱分解（pyrolysis, thermolysis）［12・2 節］ 熱エネルギーによって化学変化をひき起こす過程．

熱力学（thermodynamics）［8・4 節］ 化学反応のエネルギー論．

熱力学支配（thermodynamic control）［8・4 節］ 生成物の分布が，それぞれの生成物のもつエネルギーによって決まること．

熱力学的エノラート（thermodynamic enolate）［19・15 節］ 最も安定なエノラート．最も速く生成するエノラートである“速度論的エノラート”と同じである場合もあり，異なる場合もある．

ノルボルニル系（norbornyl system）［24・3 節］ ビシクロ[2.2.1]ヘプチル系．

π 軌道（π orbital, pi orbital）［3・2 節］ p 軌道の重なりでできる

分子軌道.

配座異性体（conformational isomer）［2·8 節］ 1つ以上の単結合の回転によって相互変換する異性体.

配座解析（conformational analysis）［2·8 節］ 配座異性体の相対エネルギーの研究.

配座鏡像異性体（conformational enantiomer）［4·7 節］ 分子内の結合の（一般に容易な）回転によって相互変換しうる鏡像異性体.

ハイゼンベルクの不確定性原理（Heisenberg uncertainty principle）［1·1 節］ 電子について，位置の不確かさと運動量（あるいは速さ）の不確かさの積は一定である．電子の位置と運動量（あるいは速さ）とを同時に正確に知ることはできない.

Baeyer–Villiger 反応（Baeyer–Villiger reaction）［18·12 節］ ケトンにペルオキシ酸を作用させてエステルとする反応.

パウリの原理（Pauli principle）［1·2 節］ 原子あるいは分子の中では，どの2つの電子も4種類の量子数がみな同じ値であることはない.

橋かけ環（bridged ring）［5·7 節］ 2つの環が3個以上の原子を共有してできる環構造.

波 数（wavenumber）［9·5 節］ 波数（$\bar{\nu}$）は $1/\lambda$ または ν/c に等しい．cm^{-1}（カイザー）で表す.

Haworth 構造式（Haworth form）［20·2 節］ 糖分子を紙面に垂直な平面環状構造で表示する方法.

Birch 還元（Birch reduction）［14·13 節］ 液体アンモニア–エタノール中，金属ナトリウムでベンゼン環を1,4–シクロヘキサジエン環に変換する還元反応．最初に生成する中間体はラジカルアニオンである.

発エルゴン的（exergonic）［7·4 節］ 発エルゴン反応では生成物は出発物質よりも安定である.

発熱反応（exothermic reaction）［1·7 節］ 生成物の結合エネルギーが出発物質の結合エネルギーより小さい反応．生成物は出発物質より安定である.

波動関数（wave function; ψ）［1·2 節］ シュレーディンガー方程式の解．軌道と同義.

Hammond の仮説（Hammond postulate）［8·4 節］ 吸熱反応の遷移状態は生成物に似る．また，発熱反応の遷移状態は出発物質に似る.

パ ラ（para）［14·7 節］ ベンゼン環の1,4–位.

[*n*]パラシクロファン（[*n*]paracyclophane）［15·10 節］ ベンゼン環がパラ位でメチレン鎖により橋かけされた芳香族化合物.

ハロゲン化アルキル（alkyl halide）［6·2 節］ $C_nH_{2n+1}X$,（X = F, Cl, Br あるいは I）の分子式をもつ化合物.

ハロヒドリン（halohydrin）［11·2 節］ ハロゲンとヒドロキシ基をもつ分子．アルケンを水中で X_2 と反応させて生成する.

ハロホルム（haloform）［19·4 節］ HCX_3（X = F, Cl, Br, I）で表される化合物.

ハロホルム反応（haloform reaction）［19·4 節］ メチルケトンを塩基中ハロゲンとの反応でカルボン酸とハロホルムに変換する反応．トリハロカルボニル化合物が生成し，そのカルボニル基に塩基が付加し，そしてトリハロメチルアニオン（$^-{:}CX_3$）が脱離する．X=Cl, Br あるいは I の場合に反応は進行する.

反結合性分子軌道（antibonding molecular orbital）［1·6 節］ 原子軌道を位相が合わないように混合してできる分子軌道．反結合性分子軌道に電子が入ると，分子は不安定化される.

反応機構（reaction mechanism）［7·2 節］ 一言でいえば，いかにして反応が起こるか，ということ．どのように反応基質同士が一緒になるか，中間体は存在するか，遷移状態はどのようなものか，を説明することである．もっと正確には，反応の進行に伴うエネルギー変化，さらに反応に関与する安定分子，反応中間体，遷移状態などの構造やエネルギーを決定することである.

反応中間体（reactive intermediate）［2·4 節］ 非常に不安定で，通常の条件ではほとんど存在しえない分子．炭素中心のカチオン，アニオン，ラジカルのほとんどがその例である.

反芳香族性（antiaromatic）［14·6 節］ すべての環炭素が π 軌道をもっており，$4n$ 個の電子をもつ平面環状分子は反芳香族性である.

非還元糖（nonreducing sugar）［20·6 節］ 還元力をもつホルミル基を含まない糖質.

非局在化（delocalization）［1·5 節］ 電子が複数の原子の間を動く能力.

非局在化エネルギー（delocalization energy）［14·5 節］ 電子の非局在化で生じる安定化エネルギー．ベンゼンの場合で考えると，3つの二重結合が局在化した仮想の分子1,3,5–シクロヘキサトリエンと比べて，ベンゼンが示す安定化エネルギーをさす．共鳴エネルギーともいう.

p*K*$_a$［6·4 節］ 酸性度定数の対数の符号を変えたもの．強酸は小さな pK_a 値を，弱酸は大きな pK_a 値をもつ.

非結合性軌道（nonbonding orbital）［1·6 節］ 結合性でも反結合性でもない軌道．非結合性軌道にある電子は結合の生成や開裂に関与しない.

非結合電子（nonbonding electron）［1·3 節］ 孤立電子対電子を見よ.

微視的可逆性（microscopic reversibility）［7·4 節］ ある反応での最低エネルギー経路は，逆反応での最低エネルギー経路でもあるという概念.

ビシナル（vicinal）［11·2 節］ 1,2–二置換.

比旋光度（specific rotation）［4·5 節］ 長さ10 cmのセルに入れた濃度1 g/mLの溶液が起こす円偏光の回転量.

必須アミノ酸（essential amino acid）［22·2 節］ ヒトの体内では合成することができないか，量が不足しているため，直接食事から摂取しなければならない10種類のアミノ酸.

ヒドリド移動（hydride shift）［8·5 節］ 1対の電子を伴う水素原子（$H{:}^-$）の転位.

ヒドロホウ素化（hydroboration）［10·10 節］ BH_3（二量体 B_2H_6 との平衡にある）のアルケンへの付加．アルキルボランを生じる．アルキルボランはさらにアルコールへと変換できる．非対称なアルケンへの付加はより少置換のアルコールを生成するように進行する.

ビニル基（vinyl group）［3·3 節］ $H_2C{=}CH$ という基の慣用名.

ビニル水素（vinylic hydrogen）［9·7 節］ アルケンの二重結合炭素に結合している水素.

ppm 目盛（ppm scale）［9·6 節］ NMR スペクトルで普通に使われる化学シフトの表し方. 吸収の位置は共鳴振動数の百万分の 1 単位（ppm）で表記される. ppm 目盛を使えば化学シフトは磁場強度に依存しない.

非プロトン性溶媒（aprotic solvent）［6·5 節］ プロトンを供与しない溶媒. 非プロトン性分子は, 移動可能なプロトンをもたない.

Hückel 則（Hückel's rule）［14·6 節］ $(4n+2)$ 個の π 電子をもち, 平面環状構造で完全共役した分子は, 特別に安定化されていて芳香族性を示すという法則. このような分子の結合性分子軌道は完全に電子で満たされ, 反結合性軌道および非結合性軌道はすべて空になっている.

ピラノシド（pyranoside）［20·4 節］ C(1)上のヒドロキシ基が OR 基に変換されたピラノース誘導体.

ピラノース（pyranose）［20·2 節］ 6 員環状エーテルを含む糖質.

ピリジン（pyridine）［14·9 節］ つぎに示す窒素 1 個をもつ 6 員環芳香族化合物（アザベンゼンともいう）.

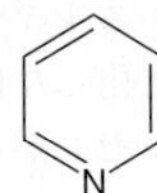

ピロール（pyrrole）［14·6 節］ つぎの構造をもつ化合物.

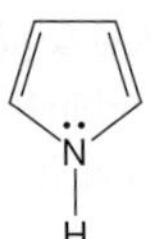

ファンデルワールスひずみ（van der Waals strain）［5·3 節］ 誘起双極子-誘起双極子相互作用に基づく分子内あるいは分子間の反発力.

ファンデルワールス力（van der Waals force）［2·13 節］ 誘起双極子-誘起双極子相互作用に基づく分子内あるいは分子間の力で, 引力の場合も斥力の場合もある.

Fischer 投影式（Fischer projection）［20·2 節］ 立体化学の表示方法. 糖質では, アルデヒド部分を一番上に, 第一級アルコール部分を一番下に書く. 水平の結合は紙面の手前に, 垂直の結合は紙面の後ろ向きに突き出ている.

Fischer のエステル化（Fischer esterification）［17·7 節］ 過剰のアルコール中での酸触媒によるカルボン酸のエステルへの変換.

フェノニウムイオン（phenonium ion）［24·3 節］ 芳香環の π 電子の分子内置換により生成するベンゼノニウムイオン.

付加環化反応（cycloaddition reaction）［23·4 節］ 2 つの π 電子系が反応して環状化合物を生成する反応. 代表例として, Diels-Alder 反応や, エチレン 2 分子からシクロブタンを生成する［2+2］反応などがあげられる.

不均一（系）触媒反応（heterogeneous catalysis）［11·10 節］ 不溶性の触媒を用いる触媒反応.

不均一結合開裂（heterolytic bond cleavage）［1·7 節］ 逆の電荷をもつ 2 つのイオンができるような結合の切れ方.

$$X{-}Y \longrightarrow X^+ + {:}Y^-$$

不均化（disproportionation）［12·2 節］ 1 対のラジカルが反応して, 飽和分子と不飽和分子を与える反応. 一方のラジカルが, もう一方のラジカルの不対電子に隣接する水素を引抜くことによって起こる.

ブチル基（butyl group）［2·8 節］ $CH_3CH_2CH_2CH_2$ という基.

***s*-ブチル基**（*s*-butyl group）［2·8 節］ $CH_3CH_2CH(CH_3)$ という基.

***t*-ブチル基**（*t*-butyl group）［2·8 節］ $(CH_3)_3C$ という基.

不対スピン（unpaired spin）［1·2 節］ 平行スピンを見よ.

***t*-ブトキシカルボニル基**（*t*-butoxycarbonyl group）［22·4 節］ アミノ酸のアミノ末端の保護基. アミンはより塩基性の低いカルバミン酸エステルへ変換される. *t*Boc と略記される.

不飽和炭化水素（unsaturated hydrocarbon）［2·12 節］ π 結合をもつ炭化水素. たとえばアルケンやアルキン. シクロアルカンは含まれない.

不飽和度（degree of unsaturation）Ω ［3·15 節］ π 結合と環の総数. 計算式は

$$\Omega = \frac{2\times(\text{炭素の数}) + 2 - (\text{水素とハロゲンの数}) + (\text{窒素の数})}{2}$$

二重結合等価数（double bond equivalent, DBE）, SODAR（sum of double bonds and rings, 二重結合と環の総数）ともいう.

フラノシド（furanoside）［20·4 節］ C(1)上のヒドロキシ基がアセタール化されたフラノース誘導体.

フラノース（furanose）［20·2 節］ 5 員環状エーテルを含む糖質.

フラン（furan）［14·9 節］ 4 つの CH 単位と 1 つの酸素原子を含む, 芳香族性を示す 5 員環化合物.

Friedel-Crafts アシル化反応（Friedel-Crafts acylation）［15·3 節］ 芳香族化合物の酸塩化物による求電子置換反応のこと. $AlCl_3$ のような強力なルイス酸が使用される.

Friedel-Crafts アルキル化反応（Friedel-Crafts alkylation）［15·3 節］ 芳香族化合物の塩化アルキルによる求電子置換反応のこと. $AlCl_3$ のような強力なルイス酸が使用される.

フリーラジカル（free radical）［6·7 節］ ラジカルを見よ.

ブルバレン（bullvalene）［23·7 節］ ブルバレンはゆらぎ構造をもつ唯一の既知中性有機化合物である. この $(CH)_{10}$ 分子中の

それぞれの炭素は，時間平均で同等に残りの9個の炭素と結合をつくっている．

Bredt 則（Bredt's rule）［3·7節］ Bredtは，橋頭位に二重結合をもつようなビシクロ化合物の例がないことに注目した．

ブレンステッド・ローリー塩基（Brønsted–Lowry base）［2·15節］ プロトン受容体．

ブレンステッド・ローリー酸（Brønsted–Lowry acid）［2·15節］ プロトン供与体．

プロスタグランジン（prostaglandin）［21·2節］ アラキドン酸から生合成される一群の重要な生理活性物質．

Frost 円（Frost circle）［14·6節］ 平面環状構造で完全共役した分子の分子軌道の相対的エネルギー準位を見いだす簡便法．分子の環の員数に相当する正多角形を，1つの頂点が真下を向くように円に内接させて描く．正多角形の各頂点の位置が各分子軌道の相対的エネルギー準位を表す．

プロトン性溶媒（protic solvent）［6·5節］ プロトンとして容易に放出される水素をもつ溶媒．たとえば，水や多くのアルコール類．

プロパルギル基（propargyl group）［3·11節］ $H-C{\equiv}C-CH_2$ という基の慣用名．

プロピル基（propyl group）［2·7節］ $CH_3CH_2CH_2$ という基．

***N*-ブロモスクシンイミド**（*N*-bromosuccinimide, NBS）［12·8節］ アリル位臭素化に有効な試薬．

ブロモニウムイオン（bromonium ion）［11·2節］ アルケンと Br_2 との反応によって生成する臭素を含む3員環．環上の臭素原子は正電荷をもつ．

分 割（resolution）［4·9節］ ラセミ体を2つの鏡像異性体に分離すること．

分光法（spectroscopy）［2·14節］ 電磁波と，分子あるいは原子との相互作用を調べる研究．

分子イオン（molecular ion）［9·3節］ 分子から電子を1個取去ってできる荷電種．親イオンともいう．

分子軌道（molecular orbital）［1·1節］ 1つの原子を取囲む空間領域だけに限定されないで，分子内の複数の原子に広がる軌道．分子軌道は原子軌道あるいは分子軌道の重なりによって生成する．結合性，非結合性，および反結合性の分子軌道がある．

Hunsdiecker 反応（Hunsdiecker reaction）［17·7節］ カルボン酸の銀塩をハロゲン，普通は臭素で処理してハロゲン化アルキルを得る反応．

フントの規則（Hund's rule）［1·2節］ ある電子配置において，平行スピンの数が最も多い状態が最も安定である．すなわち：

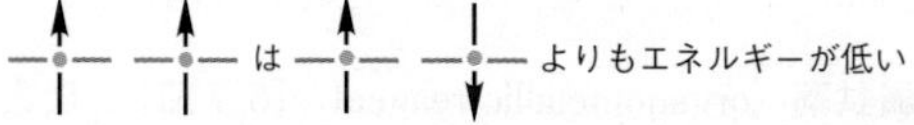

平行スピン（parallel spins）［1·2節］ 同じスピンをもつ2個の電子．これらの電子は同じ軌道を占めることはできない．不対スピンともいう．

平衡定数（equilibrium constant）K ［7·4節］ 平衡定数は出発物質と生成物間のエネルギー差（ΔG°）と次式によって関連づけられる．$K = e^{-\Delta G^\circ/RT}$

ヘキソース（hexose）［20·2節］ 6炭素から成る糖質．

β 開裂（β-cleavage）［12·2節］ ラジカルが α-β 結合の開裂によりアルケンと新たなラジカルを与える分解反応．

β 構造（β-structure）［22·4節］ ペプチドの二次構造によく見られる構造の1つで，水素結合のためにアミノ酸鎖がほぼ平行に並んでいる．βプリーツシート（β-pleated sheet）構造ともいう．

Beckmann 転位（Beckmann rearrangement）［18·12節］ オキシムを酸で処理して転位させ，アミドとする反応．

ヘテロベンゼン（heterobenzene）［14·6節］ ベンゼン環を構成する炭素の1つ以上がヘテロ原子（炭素，水素以外の原子）で置き換わった化合物．

ペプチド（peptide）［6·1節］ 構成アミノ酸がアミド結合でつながったポリアミノ酸．タンパク質との違いは鎖の長さだけである．

ペプチド結合（peptide bond）［22·2節］ アミノ酸をつなぐアミド結合．

ヘミアセタール（hemiacetal）［16·9節］ アルコールがアルデヒドまたはケトンに付加したときに最初に生成する化合物．

ペリ環状反応（pericyclic reaction）［23·1節］ 結合の生成と切断にかかわる軌道間で，結合的な重なりが維持される反応のこと．あらゆる単一エネルギー障壁（協奏）反応をペリ環状反応とみなすことができる．

Hell–Volhard–Zelinsky 反応（Hell–Volhard–Zelinsky reaction）［19·4節］ PBr_3/Br_2 の反応によるカルボン酸の α-ブロモカルボン酸または α-ブロモカルボン酸臭化物への変換．

ベンザイン（benzyne）［15·9節］ 1,2-デヒドロベンゼン，C_6H_4．

ベンジルオキシカルボニル基（benzyloxycarbonyl group）［22·4節］ アミノ基の保護基．アミンはより塩基性の低いカルバミン酸エステルへ変換される．Z基，Cbz基と略記される．

変 性（denaturing）［22·4節］ タンパク質の高次構造が可逆的あるいは不可逆的に壊されること．

変旋光（mutarotation）［20·4節］ アノマー間の相互変換により α 体と β 体の平衡混合物を与える現象．

ペントース（pentose）［20·2節］ 5炭素から成る糖質．

芳香族求核置換反応（nucleophilic aromatic substitution, S_NAr）［15·8節］ 芳香環上の置換基，通常はハロゲン，が求核試薬で置き換わることによって起こる置換反応．

芳香族求電子置換反応（electrophilic aromatic substitution, S_EAr）［15·3節］ 芳香族化合物の求電子試薬（ルイス酸）による置換反応．ベンゼン環上の水素が求電子試薬によって置き換えられるが，生成物においてベンゼン環の芳香族性は保たれる．

芳香族性（aromaticity, aromatic character）［14･5節］ 環状平面構造をとり完全共役していて，しかも（$4n+2$）個のπ電子をもつ分子が示す特別な安定性のこと．そのような分子では，結合性分子軌道（および非結合性軌道）を満たすπ電子の数は 2, 6, 10, ……などとなる．最低準位の軌道以外のすべての被占軌道は縮重している．

芳香族複素環化合物（heteroaromatic compound）［14･9節］ 環の1つ以上の原子が炭素以外の元素である芳香族分子．

飽和炭化水素（saturated hydrocarbon）［2･12節］ 分子式 C_nH_{2n+2} のアルカン．

補酵素（coenzyme）［16･18節］ 酵素と協力したときに，他の分子の化学反応を起こすことのできる分子．酵素の機能は多くの場合，基質と補酵素とを近づけることにある．

保護基（protecting group）［16･10節］ 分子中の反応性に富む官能基は，保護基とよばれる反応性のより低い官能基に変換することによって，反応の影響を受けないように保護することができる．保護基は除去でき，もとの官能基を再生できなければならない．

Hofmann 脱離（Hofmann elimination）［8･3節］ より置換基の少ないアルケンを生成する脱離反応．

Hofmann 転位（Hofmann rearrangement）［18･13節］ アミドを臭素と塩基で処理してアミンを合成する反応．中間体であるイソシアナートが加水分解されてカルバミン酸となり，さらに脱二酸化炭素してアミンが生成する．

HOMO（highest occupied molecular orbital）［3･17節］ 最高被占軌道．

ホモトピック（homotopic）［9･7節］ ホモトピック水素はあらゆる条件において化学的，分光学的に同一である．

ポリエン（polyene）［3･4節］ 複数の二重結合をもつ分子．

ボルツマン分布（Boltzmann distribution）［7･4節］ ある温度での，分子集団のもつエネルギーの幅．

Michael 反応（Michael reaction）［19･6節］ エノラートなどの求核試薬のα,β-不飽和カルボニル化合物の二重結合のβ位への付加．

Meisenheimer 錯体（Meisenheimer complex）［15･8節］ 芳香族求核置換反応において，NO_2 基のような電子求引基で活性化された芳香族化合物に求核試薬が付加して生じる中間体．

巻矢印表記法（curved arrow formalism）［1･5節］ 化学反応を図示するための方法の1つ．電子対（孤立電子対あるいは結合の電子対）が移動する先を巻矢印で示し，反応に際して生成する結合と開裂する結合を表す．

Magid の第三法則（Magid's third rule）［19･14節］ 試みがすべて失敗したように思えて，やけになったり絶望したりしたときは，ヒドリド移動を試せ，という警句．

Magid の第二法則（Magid's second rule）［19･11節］ つねに Michael 反応を最初に試せ，という警句．

McLafferty 転位（McLafferty rearrangement）［9･3節］ 質量分析計内でよくみられる転位で，カルボニル基のγ位の水素が酸素に移動し，エノールのラジカルカチオンとアルケンが生成する．

Markovnikov 則（Markovnikov's rule）［10･5節］ アルケンに対するルイス酸の付加において，ルイス酸はアルケンの少置換側に付加する．これは，より多置換でより安定なカルボカチオンを生成するようにルイス酸が付加するためである．

マロン酸エステル合成（malonic ester synthesis）［19･5節］ マロン酸エステルをアルキル化して置換 1,1-ジエステルとし，ひき続き加水分解と脱二酸化炭素により置換された酢酸を得る反応．

Mannich 反応（Mannich reaction）［19･13節］ ケトンあるいはアルデヒドとアミンとの反応でイミンを生成し，つぎにこれを求核試薬と反応させる反応．

ミセル（micelle）［17･8節］ 脂肪酸塩の球状の凝集体．炭化水素鎖でできた疎水性の中心部は，極性の親水性基の外皮によって水から保護されている．

娘イオン（daughter ion）［9･3節］ 質量スペクトルにおいて，親イオンの断片化により生じるイオン．断片イオン（fragment ion）ともいう．

メソ化合物（meso compound）［4･8節］ キラル中心をもつアキラルな化合物．

メ タ（meta）［14･7節］ ベンゼン環の 1,3-位．

メタン（methane）［2･1節］ 最も簡単な安定炭化水素．CH_4

メチルアニオン（methyl anion）［2･4節］ $^{-}:CH_3$

メチル化合物（methyl compound）［2･3節］ 置換されたメタン．CH_3-X 型の化合物．

メチルカチオン（methyl cation）［2･4節］ $^{+}CH_3$

メチルラジカル（methyl radical）［2･4節］ $\cdot CH_3$

メチレン基（methylene group）［2･7節］ CH_2 という基．

メチン基（methine group）［2･8節］ CH という基．

メッセンジャー RNA（messenger RNA，mRNA）［22･5節］ DNA から合成されるポリヌクレオチド．その塩基配列からアミノ酸の組合わせ方が決まる．

Meerwein–Ponndorf–Verley–Oppenauer（MPVO）反応（Meerwein–Ponndorf–Verley–Oppenauer（MPVO）reaction）［19･14節］ アルコールの酸化によるカルボニル化合物への変換，あるいはカルボニル化合物の還元によるアルコールへの変換方法であり，反応ではアルミニウム原子が両者をつなぎとめるために使われる．ヒドリド移動が重要な段階となる．

メルカプタン（mercaptan）［6･8節］ チオールを見よ．

面偏光（plane-polarized light）［4･4節］ 偏光フィルターを通過した光．

モル吸光係数（molar extinction coefficient）［9･4節］ ランベルト・ベールの法則（$A = \log I_0/I = \varepsilon lc$）における比例定数$\varepsilon$のこと．

有機金属試薬（organometallic reagent）［6･7節］ 炭素－金属結合をもつ分子．通常，炭素原子と金属との結合は少なくともいくぶんかの共有結合性をもつ．その例はグリニャール試薬，有機リチウム試薬およびリチウム有機クプラートなど．

有機クプラート（organocuprate）［11･4節］ R_2CuLi の組成を

もつ有機銅試薬で，第一級あるいは第二級ハロゲン化物（R′−X）と反応して炭化水素（R−R′）を生成する．さらにα,β-不飽和カルボニル化合物のβ位へ付加する．

誘起効果（inductive effect）［10･6 節］ σ結合を介して伝わる電子的な効果．異なる原子間の結合はすべて極性をもつため，多くの分子は双極子をもつ．これらの双極子は誘起効果によって反応に影響を与える．

有機リチウム試薬（organolithium reagent）［6･7 節］ ハロゲン化合物とリチウムとからつくられる，強塩基性の有機金属化合物 R−Li．特徴的な反応はカルボニル基への付加反応．

遊離基（free radical）［6･7 節］ ラジカルを見よ．

ゆらぎ構造（fluxional structure）［23･7 節］ ゆらぎ構造をもつ分子では，どの原子も特定の原子とのみ結合をつくっているのではない．分子骨格をつくる原子はいずれも，他のすべての原子と時間平均で等しく結合している．

溶媒和（solvation）［6･4 節］ 溶媒による安定化効果．典型例は，極性溶媒によるイオンの安定化．

溶媒和電子（solvated electron）［11･11 節］ ナトリウムをアンモニアに溶解したときに生成する化学種．生成するのはナトリウムイオンとアンモニア分子に取囲まれた電子である．この電子は還元の一過程として，アルキンに（その他のπ系にも）付加しうる．

四次構造（quaternary structure）［22･4 節］ 2つ以上のタンパク質が自己集合した構造．

ラクタム（lactam）［17･7 節］ 環状アミド．

ラクトン（lactone）［17･7 節］ 環状エステル．

ラジカル（radical）［2･4 節］ 1個の非結合電子をもつ分子．遊離基，フリーラジカルともよぶ．

ラジカルアニオン（radical anion）［11･11 節］ 電子対1個と不対電子1個をもつ，負電荷をおびた分子．

ラジカルカチオン（radical cation）［9･3 節］ 1個の不対電子をもちながら正に荷電している化学種．質量分析計の中で，高エネルギー電子が分子に照射されたとき，分子中の電子がたたき出されて生じる．

ラセミ体（racemate）［4･4 節］ キラルな分子の2つの鏡像異性体を等量ずつ含む混合物．

Raney ニッケル（Raney nickel）［6･8 節］ 水素を吸収したニッケルを粉砕してつくった強力な還元剤．

ランダムコイル（random coil）［22･4 節］ ペプチド鎖のうち秩序構造をもたない部分．

リチウムジイソプロピルアミド（lithium diisopropylamide, LDA）［19･2 節］ カルボニル化合物のアルキル化反応に効果的な塩基．この化合物は強塩基であるが求核性は乏しいため，α水素を引抜くには効果的であるが，カルボニル基には付加しない．

律速段階（rate-determining step）［7･7 節］ ある反応において遷移状態のエネルギーが最も大きい段階．

立体化学（stereochemistry）［4･1 節］ 分子内の原子の空間配列と物理的･化学的性質との関連を研究する分野．

立体的な大きさ（steric requirement）［2･9 節］ 原子や原子団が占める空間の大きさ．

立体配座（conformation）［2･5 節］ 単に配座ともいう．単結合の回転によって変化する分子の3次元構造．

立体反転（inversion of configuration）［7･5 節］ 反応における分子のキラリティーの変化．一般に立体反転によって，Rの出発物質はSの生成物へ変換される．

立体保持（retention of configuration）［7･5 節］ 反応における分子のキラリティーの保持．一般に，立体保持によってRの出発物質はRの生成物へ変換される．

リボ核酸（ribonucleic acid, RNA）［22･5 節］ リボース単位がリン酸エステル結合によって高分子化したヌクレオチド重合体．糖に結合する塩基としてアデニン(A)，ウラシル(U)，グアニン(G)，シトシン(C) がある．

リポソーム（liposome）［21･2 節］ リン脂質が閉じた領域をもつ2分子膜を形成してできる球状体．この内部領域に薬剤を入れて患部に運ぶために用いられる．

量子数（quantum number）［1･2 節］ シュレーディンガー方程式に起源をもち，その種々の解を特徴づける数．ある一定の値だけをとり，それによって原子核からの距離（n），軌道の形（l），軌道の向き（m_l），およびスピン（s）が決まる．

リン脂質（phospholipid）［21･2 節］ ジアシル置換されたグリセリンの3番目の酸素がトリメチルアンモニオエチル基を含むリン酸エステル基で置換された化合物でつぎの構造をもつ：

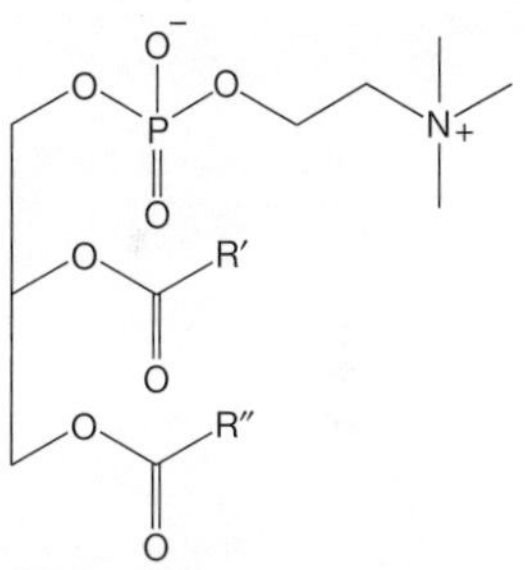

隣接基加速（anchimeric assistance）［24･2 節］ 分子内置換で進む反応が分子間置換で予測されるより速く起こる現象．

隣接基関与（neighboring group participation）［24･1 節］ 分子内求核試薬によって反応速度あるいは生成物の構造が影響を受けること．

ルイス塩基（Lewis base）［1･8 節］ 反応性のある電子対をもつ化学種．求核試薬．

Lewis 構造式（Lewis structure）［1･3 節］ Lewis 構造式では（水素とヘリウム以外の原子では 1s 電子を除いて）すべての電子を点で表す．やや簡略化した Lewis 構造式では，原子を結ぶ線で結合電子を示す．

ルイス酸（Lewis acid）［1･8 節］ ルイス塩基と反応する化学種．求電子試薬．

ルシャトリエの原理（Le Chatelier's principle）［7･4 節］ 平衡系が，系にかかったストレスを解消するように自己調整すること．

Ruff 分解（Ruff degradation）［20･3 節］ 糖の炭素鎖を1つ短

くする方法．出発物質のC(1)位のアルデヒドが消失し，C(2)の位置が新たにアルデヒドとなる．

LUMO（lowest unoccupied molecular orbital）［3·17節］　最低空軌道．

連鎖反応（chain reaction）［12·1節］　反応の最初の段階に必要な化学種が最終段階で生じる循環型反応．この中間体が再利用されて，反応が繰返し起こる．

Rosenmund還元（Rosenmund reduction）［18·6節］　被毒された触媒を用いる酸塩化物のアルデヒドへの触媒的水素化．

Robinson環化（Robinson annulation）［19·11節］　ケトンとメチルビニルケトンとを用いて6員環を構築する古典的な方法．反応は元のケトンのエノラートとメチルビニルケトンとの間で起こるMichael反応と，それにひき続く分子内アルドール反応の2段階から成る．

Lobry de Bruijn–Alberda van Ekenstein反応（Lobry de Bruijn–Alberda van Ekenstein reaction）［20·4節］　塩基触媒によるアルドースとケトース間の相互変換反応．エノラートのプロトン化によるエンジオールが中間体．

Wagner–Meerwein転位（Wagner–Meerwein rearrangement）［8·5節］　カルボカチオンにおけるアルキル基の1,2–転位．

付録：代表的な化合物の pK_a 値

化合物	pK_a（水）
HI	−10
HBr	−9
HCl	−8
$HOSO_2OH$	−3
$R\overset{+}{O}H_2$	−2〜−3
$H_3\overset{+}{O}$	−1.7
HNO_3	−1.3
$FCH_2COO\underline{H}$	2.7
$ClCH_2COO\underline{H}$	2.9
HF	3.2
$CH_3COO\underline{H}$	4.8
H_2S	7.0
$CH_3CO{-}CH(H)(\underline{H}){-}COCH_3$	9
$\overset{+}{N}H_4$	9.2
HCN	9.4
$HCO{-}CH(H)(\underline{H}){-}COOCH_3$	10
$PhO\underline{H}$	10
$CH_3S\underline{H}$	10
$H_3C{-}\overset{+}{N}H_2{-}\underline{H}$	10.6
$NCCH_2CN$	11
HOOH	11.6
$CH_3CH_2OCO{-}CH(H)(\underline{H}){-}COOCH_2CH_3$	13
シクロペンタジエン（$CH(\underline{H})(H)$）	15
$CH_3O\underline{H}$	15.5
$(CH_3)_2C(\underline{H}){-}CHO$	15.5
H_2O	15.7
$CH_3CH_2O\underline{H}$	15.9
$(CH_3)_2CHO\underline{H}$	16.5
$H_2C(\underline{H}){-}CHO$	16.7
$(CH_3)_3CO\underline{H}$	17
$RCO{-}NH{-}H$	18
シクロヘキサノン（α-$\underline{H}$）	18.1
$PhCO{-}CH_2{-}\underline{H}$	18.3
$H_3C{-}CO{-}CH_2{-}H$	19.3
$RCO{-}CHCH_3{-}\underline{H}$	19.9
$H_2C(\underline{H}){-}COOCH_2CH_3$	24
CH_3CN	24
$H_2C(\underline{H}){-}CONH_2$	25
$R{-}C{\equiv}C{-}H$	25
$CHCl_3$	29
NH_3	38
$C_6H_5CH_2{-}\underline{H}$	41
$C_6H_5{-}H$	43
$CH_2{=}CH{-}CH_2{-}\underline{H}$	43
$CH_2{=}CH{-}\underline{H}$	45〜50
アルカン	50〜60

異なる種類の H がある場合は，下線をつけた $\underline{H}$ が酸として解離する．
アミノ酸については，表 22・1（p.1077）参照．

和 文 索 引*

あ

IR（赤外分光法） 380
IUPAC 命名法（IUPAC nomenclature） 77
out,out 異性体 (out,out isomer) 210
アガロスピロール（agarospirol） 207
アキシアル（axial）
——形とエクアトリアル形のエネルギー差（表） 196
アキシアル水素（axial hydrogen） 184, *1207*
アキラル（achiral） 145, *1207*
アクチニジン（actinidine） *1061*
アクリル酸（acrylic acid） *814*
アクリル酸メチル（methyl acrylate） 549
アクロレイン（acrolein） *811*
アコニターゼ（aconitase） 352
cis-アコニット酸アニオン（*cis*-aconitate anion） 353
アザシクロペンタン（azacyclopentane） 226
アジド（azide） *1065*
1,3-双極子としての—— 497
アジドイオン（azide ion） 286
——からのアシルアジドの生成 *891*
アジピン酸（adipic acid） *814, 836*
亜硝酸（nitrous acid） *696*
亜硝酸イオン（nitrite ion） 286
亜硝酸ナトリウム（sodium nitrite） *696, 1070*
アジョエン（ajoene） 249
アシリウムイオン（acylium ion） 368, *693, 1207*
アセトンからの——の生成 *757*
質量スペクトルにおける—— 368
アジリジン（aziridine） 225, 226, 231, *1207*
アシルアジド（acyl azide） *891*
——の生成 *869, 896*
アシル化（acylation）
アミノ酸のアミノ基の—— *1087*
フリーデル・クラフツ—— *692*
アシル化合物（acyl compound） *857～, 1207*
［→ カルボン酸誘導体もみよ］
——の協奏的な転位反応 *888*
——の合成 *885*
——の構造 *866*
——の酸性度（表） *914*
——の赤外スペクトル *866*
——の反応性の序列 *895*
——の物理的性質（表） *864*
——の物理的性質と構造 *863*
——の命名法 *859*
アシル化剤（acylating agent） *1087*
アシル基（acyl group） 535, *692, 1207*
アシルベンゼン（acylbenzene） *693*
アスパラギン（asparagine）
——の性質 *1077*
アスパラギン酸（aspartic acid）
——の性質 *1077*
アスパルテーム（aspartame） *1036*
アスピリン（aspirin） *822, 1050*
アズラクトン（azlactone） *1119*
アセタール（acetal） *770, 1207*
——の生成 *767, 803*
ヘミアセタールからの——の生成 *826*
アゼチジン（azetidine） 226
アセチリド（acetylide） 125, *1207*
アセチリドイオン（acetylide ion）
——による置換アセチレンの合成 307
——の非結合電子 125
アセチル基（acetyl group） 482, *1171*
アセチル CoA（acetyl-CoA） *846*
アセチレン（acetylene） 119, 125
——の σ および π 結合形成の模式図 121
——のルイス構造式 17
アセチレン類（acetylenes） 95, 122, *1207*
［→ アルキン，末端アルキンもみよ］
アセトアニリド（acetanilide） *720*
アセトアミド（acetamide） *862*
——の pK_a 値 *914*
——の物理的性質 *864*
アセトアミドベンゼン（acetamidobenzene） *720*
アセトアミドマロン酸ジエチル（diethyl acetamidomalonate） *1084*
アセトアルデヒド（acetaldehyde） 463, *751*
——と水酸化物イオンとの反応 *936*
——のエノール形との平衡定数 *912*
——の化学シフト *868*
——の構造 *749*
——の重水素交換（塩基性下） *908*
——の重水素交換（酸性下） *910*
——の重水中でのアルドール反応 *940*
——の水和反応 *762*
——のスペクトル *755*
——の赤外伸縮振動波数 *867*
——の pK_a 値 *914*
——の物理的性質 *754*
——のプロトン化 *910*
アセトキシ基（acetoxy group） *1171*
アセト酢酸エステル（acetoacetic ester） *930*
アセト酢酸エステル合成（acetoacetic ester synthesis） *931*
アセトニトリル（acetonitrile） 59, *863*
——の化学シフト（表） *868*
——の σ および π 軌道系 *866*
——の pK_a 値 *914*
——の物理的性質 *864*
溶媒としての—— 244
アセトフェノン（acetophenone） *753*
——の合成 *695*
——のスペクトル *755*
——の物理的性質 *754*
α-アセトラクトン（α-acetolactone） *833, 860*
アセトリシス（acetolysis） *1171*
アセトン（acetone） *752*
——のエノラート *926*
——のエノール形との平衡定数 *912*
——の塩基触媒アルドール反応 *940*
——の化学シフト *868*
——のケト形とエノール形 *906*
——の酸触媒アルドール反応 *941*
——の質量スペクトル *757*
——の水和反応 *762*
——のスペクトル *755*
——の赤外伸縮振動波数 *867*
——の pK_a 値 *914*
——の物理的性質 *754*
ジエチルケトンと——のアルドール反応 *953*
溶媒としての—— 287
アセナフチレン（acenaphthylene）
——への臭素付加 477
アゾ化合物（azo compound） 536, *1207*
——の熱分解 566
アゾビスイソブチロニトリル（azobisisobutyronitrile, AIBN） 537
頭-尾結合（head-to-tail combination） 608
アダマンタン（adamantane） 212
アダマンチリデンアダマンタン（adamantylideneadamantane） 477
アデニン（adenine） *660, 1111*
S-アデノシルメチオニン（*S*-adenosylmethionine） 308
——からアルケンへのメチル基の移動 138
——からのメチル基移動と S_N2 反応 295
——と 3 員環形成 517
——とヒドリド移動 465

* 立体の数字は上巻のページ数を，斜体の数字は下巻のページ数を示す．

アデノシン（adenosine） *1023*
アドレナリン（adrenaline） *1059*
アトロピン（atropine） *1059*
アナバシン（anabasine） *1061*
アニオン（anion） 3, *1207*
アニオンラジカル → ラジカルアニオン
アニスアルデヒド（anisaldehyde） *753*
アニソール（anisole） 226, 233, *649*
——の塩素化 *709*
——の置換反応 *707*
——の芳香環の酸化 *1055*
アニリニウムイオン（anilinium ion） *722*
アニリン（aniline） *649, 698*
——のアシル化 *720*
——の合成 *696, 739*
——のジアゾ化 *696*
——の物理的性質 233
アヌレン（annulene） *648, 1207*
アノマー（anomer） *1007, 1207*
α-アノマー（α-anomer） *1007*
β-アノマー（β-anomer） *1007*
アノマー炭素（anomeric carbon） *1007, 1207*
油（oil） *1047, 1207*
アフラトキシン B_1（aflatoxin B_1） 84, 207
アポモルヒネ（apomorphine） 471
アミダートイオン（amidate ion） *915*
アミド（amide） 241, *833, 1207*
——のエノラートイオン *915*
——の加水分解 *879*
——の生成 *833, 896*
——の２種類のα水素 *915*
——の反応 *878*
——の命名法 *862*
アシル化合物としての—— *857*
カルボン酸からの——の合成 *850*
金属水素化物による——の還元 *881*
酸塩化物からの——の合成 *869*
アミドイオン（amide ion） 241, 516
アルキンの異性化と—— 575
アミド結合（amide bond） *1089*
アミナール（aminal） *810*
1-アミノアダマンタン（1-aminoadamantane） 214
β-アミノアルデヒド（β-amino aldehyde） *985*
アミノ基（amino group）
——のアシル化 *720*
β-アミノケトン（β-amino ketone） *985*
2-アミノ酢酸（2-aminoacetic acid） *1076*
アミノ酸（amino acid） *1075〜*
——の合成 *1082, 1116*
——の構造 *1078*
——の性質（表） *1077*
——の反応 *1087*
——の分割 *1085*
——の保護 *1117*
——の命名法 *1076*
——の立体配置 *1078*
——の略号 *1077*
——配列の決定 *1095*
固定化された—— *1108*
酸-塩基としての—— *1080*
α-アミノ酸（α-amino acid） *1076, 1207*
α-ハロカルボン酸を用いる——の合成 *924, 1083*
cis-4-アミノシクロヘキサンカルボン酸（*cis*-4-aminocyclohexanecarboxylic acid） *815*
3-アミノシクロペンタノール（3-aminocyclopentanol） 225
α-アミノニトリル（α-aminonitrile） *1085*
2-アミノピリジン（2-aminopyridine） *727*
2-アミノ-3-フェニルプロパン酸（2-amino-3-phenylpropanoic acid） *1076*
3-アミノ-2-ブタノール（3-amino-2-butanol） 225
2-アミノプロパン酸（2-aminopropanoic acid） *1076*
アミノ末端（amino terminus） *1090, 1207*
——の保護基 *1104*
アミノメタノール（aminomethanol） *776, 1085, 1207*
2-アミノ-3-メチルブタン酸（2-amino-3-methylbutanoic acid） *1076*
γ-アミノ酪酸（γ-aminobutyric acid） *901*
アミル（amyl） 222
アミルアルコール（amyl alcohol） 222, 223
アミロース（amylose） *1040*
アミン（amine） *1207*
——水素の化学シフト 398
——のアルキル化 311
——の塩基としての性質 238
——の結合角 229
——の合成 316, *850, 897, 1065, 1072*
——の酸触媒交換反応 404
——の縮合反応 974
——の反転 230, *1207*
——の反応 *1069*
——の付加反応 *776*
——の物理的性質（表） 233
——の命名法 224
アミドからの——の合成 *881*
イソシアナートからの——の生成 *893*
カルボン酸と——の反応 *1080*
アミンの反転（amine inversion） 230, *1207*
アラキドン酸（arachidonic acid） *1051*
アラキドン酸カスケード（arachidonate cascade） *1051*
アラニルセリルバリン（alanylserylvaline） *1090*
アラニン（alanine） *1076*
——の性質 *1077*
L-アラニン（L-alanine）
——のフィッシャー投影式 *1079*
アラビノース（arabinose） *1003*
亜硫酸水素イオン（hydrogensulfite ion）
カルボニル基への——の付加 *766*
亜硫酸水素イオン付加生成物 *804*
アリル（allyl） 105, *1207*
——の構造 593
アリール（aryl） *652*
アリルアニオン（allyl anion） 596
——の共鳴構造式 27
——の分子軌道 *907*
エノラートと——との比較 *907*
アリルアミン（allylamine） 105
アリルアルコール（allyl alcohol） 105, 223
アリル位のハロゲン化（allylic halogenation） 557, *1207*
アリル化合物（allyl compound） 105
アリル型アルコール（allylic alcohol）
——の不斉酸化 487
アリル型カチオン（allylic cation）
——の共鳴構造式 434, 590
——の分子軌道 434
1,3-ブタジエンからの——の生成 587
アリル型ハロゲン化物（allylic halide）
——の S_N1 反応 593
——の S_N2 反応 595
——の合成 467, 614
アリル型ラジカル（allylic radical）
——の共鳴安定化 558
アリルカチオン（allyl cation） 593
アリル基（allyl group） 105
アリール基（aryl group） *652*
アリル水素（allylic hydrogen）
——の化学シフト 396
アリルラジカル（allyl radical） 540, 596
——の共鳴構造 572
——の生成 535
コープ転位における——の移動 *1147*
R（アルキル基） 68, 275
R/S 表示法（*R/S* convention） 147
RNA（リボ核酸） *1110, 1223*
——と DNA を構成する塩基 *1111*
アルカナール（alkanal） *751*
アルカロイド（alkaloid） *1057, 1207*
——による分割 164
アルキルアミンから成る—— *1058*
窒素を含む芳香環をもつ—— *1061*
飽和環内に窒素をもつ—— *1059*
アルカン（alkane） 49〜, *1207*
——の合成 246, 251
——の熱分解 530
——の物理的性質 84
——の ^1H NMR の化学シフト 395
——の命名法 77
ケトンの還元による——の合成 *739*
重水素化した——の合成 249
水素化による——の合成 520
生体分子としての—— 90
直鎖の—— 77
不均化による——の生成 566
アルカンチオラートイオン（alkanethiolate） 307
アルギニン（arginine）
——とカナバニン *1079*
——の性質 *1077*
アルキル（alkyl） 68
アルキル移動（alkyl shift） 347
アルキル化（alkylation）
アミンの—— 311
α位の—— *925*
エステルの直接—— *933*
エナミンの—— *934*
エノラートの—— *925*
カルボニル化合物のα位の—— *925*
カルボン酸の—— *927*
ケトンまたはアルデヒドの—— *926*
1,3-ジカルボニル化合物の—— *928*
1,3-ジチアンの—— *973*
DNAの—— *660*
フリーデル・クラフツ—— *688*
マロン酸エステルの—— *933*
O-アルキル化（*O*-alkylation） *925*

C-アルキル化（*C*-alkylation） *925*
アルキル化合物（alkyl compound） 68, *1207*
アルキル基（alkyl group） 68, 275
——の構造と S_N1 反応 301
——の構造と S_N2 反応 281
——の超共役 *710*
——の転位 347
——の電子求引性 238
N-アルキルピリジニウムイオン (*N*-alkylpyridinium ion) *656*
アルキルベンゼン（alkylbenzene） *739*
アルキルベンゼンスルホン酸イオン (alkylbenzenesulfonate ion) *685*
アルキルベンゼンスルホン酸ナトリウム (sodium alkylbenzenesulfonate) *848*
アルキルボラン（alkylborane） 460
——からのアルコールの生成 460
——の合成 467
アルキルラジカル（alkyl radical） 537
アルキルリチウム試薬 (alkyllithium reagent) *804, 821*
アルキン（alkyne） 95～, *1207*
[→アセチレン類，末端アルキンもみよ]
——水素の化学シフト 396
——の異性化 575
——の異性体 122
——のオキシ水銀化 508
——の構造と結合 119
——の酸性度 125
——の水素化 511, 514
——の水和 507
——の相対的安定性 122
——のヒドロホウ素化 509
——の物理的性質（表） 125
——の命名法 123
——の誘導体 122
——への付加 504
——へのラジカル付加 550
アルケン（alkene） 95～, *1207*
——水素の化学シフト 396
——と生物学 137
——の異性体 104
——のエポキシ化 485
——の塩素化 474
——のオキシ水銀化 482
——の還元 511
——の構造と結合 96
——の酸性度 126
——のシャープレス不斉酸化 487
——の臭素化 474
——の水素化 511
——の水和 447, 462
——の生体内での反応 *1054*
——の相対的安定性 112
——の二量化 450
——のハロゲン化 474, *1207*
——のハロゲン化水素化 *1207*
——のヒドロホウ素化 453
——の物理的性質（表） 119
——の命名法 107
——の誘導体 104
——のラジカル重合 549
——への付加 429
——へのラジカル付加 541
アルキンからの——の合成 520
E1 反応による——の生成 306, 356
E2 反応による——の生成 326, 356
ウィッティッヒ反応による——の合成 *797, 804*
オゾンの——への付加 497
過マンガン酸イオンの——への付加 502
カルベンの——への付加 493
四酸化オスミウムの——への付加 502
シス形—— 511
水和反応での——とカルボニル化合物の比較 *758*
トランス形—— 515
ハロゲン化水素の——への付加 127, 429
非対称——への付加 439
不均化による——の生成 566
アルコキシド（alkoxide）
——からのエーテルの合成 309
——の生成 316
アルコキシドイオン（alkoxide ion） 236, 288, *1208*
——とエステルとの反応 *875*
——の共鳴安定化 *818*
カルボニル基への——の付加 *766*
溶媒和と—— 238
アルコール（alcohol） 490, *1208*
——水素の化学シフト 398
——とカルボン酸の酸触媒反応 *825*
——の塩基触媒交換反応 404
——の構造 228
——の酸化 *788*
——の酸性度と誘起効果 237
——の生成 135, *803*
——の pK_a 値（表） 236
——の沸点 232
——の物理的性質（表） 232
——のプロトン化 289
——の保護基 *775*
——の命名法 222
アシル化合物からの——の生成 *896*
アルケンからの——の生成 448, 462, 520
MPVO 反応による——の生成 *984*
MPVO 反応による——の生成と酸化 *978*
オキシ水銀化による——の生成 483
カルボン酸からの——の生成 *850*
少置換の——の合成法 462
水素化アルミニウムリチウムによる——合成 490
多置換の——の合成法 463, 483
2 炭素伸長—— 490
ヒドロホウ素化による——の生成 461
標識された—— *829*
付加反応による——合成 467
プロトン化された—— 236
有機金属試薬による——の合成 *785*
アルコールデヒドロゲナーゼ (alcohol dehydrogenase) *800*
アルダル酸（aldaric acid） *1018, 1208*
アルデヒド（aldehyde） *751, 1208*
——水素と遮蔽 *756*
——とケトンのバイヤー・ビリガー酸化 *885*
——のアルキル化 *926*
——の合成 *803, 871, 896*
——の命名法 *751*
アルキル化された——の合成 *984*
アルキンからの——の合成 520
エステルの還元による——の生成 *878*
オゾニドからの——の生成 500, 520
ケトンと——の pK_a 値 *904*
酸塩化物からの——の合成 *871*
ヒドロホウ素化による——の生成 510
弱いブレンステッド酸としての—— *904*
ローゼンムント還元による——の合成 *871*
アルテミシニン (artemisinin) 536
アルドース（aldose） *1000, 1208*
炭素が 1 つ多い 2 種類の——の合成 *1012*
炭素が 1 つ少ない——の合成 *1013*
アルドテトロース（aldotetrose） *1003, 1208*
——の構造 *1001*
アルドトリオース（aldotriose） *1000, 1208*
アルドヘキソース（aldohexose） *1003, 1208*
——の環状構造（表） *1009*
——のピラノース形とフラノース形の割合 *1006*
アルドペントース（aldopentose） *1003, 1208*
——の構造 *1001*
D-アルトリトール（D-altritol） *1016*
アルドール（aldol） *937*
——の塩基触媒脱水反応 *939*
——の酸触媒脱水反応 *938*
アルドール縮合（aldol condensation） *938*
アルドール反応（aldol reaction） *936, 937, 1208*
——のエネルギー図 *962*
アセトンの塩基触媒—— *940*
塩基触媒分子内—— *952*
クライゼン縮合と—— *959*
交差—— *953*
酸触媒—— *937*
重水中での—— *940*
分子内—— *952*
マイケル反応と——の連携 *970*
D-アルトロース（D-altrose） *1003*
——の鎖状構造 *1017*
水素化ホウ素ナトリウムによる——の還元 *1016*
アルドン酸（aldonic acid） *1017, 1208*
——の末端基 *1017*
α アニオン（α anion） *905*
α 位（α position） *1208*
——に水素をもつ化合物の pK_a 値 *904*
——のハロゲン化 *918*
——の反応 *903～*
二重に——の水素 *928, 961*
α-グリコシド結合（α-glycosidic bond） *1035*
α 水素（α hydrogen） *818*
——とラセミ化 *916*
——の引抜き *905*
——をもたないカルボニル化合物 *975*
アミドの 2 種類の—— *915*
α 水素交換反応（exchange of α hydrogens）
塩基性条件下での—— *908*
酸性条件下での—— *908*

α,β-不飽和アルデヒド
　(α,β-unsaturated aldehyde) *938*
　アルドール反応生成物の脱水による—— *986*
α,β-不飽和カルボニル化合物
　(α,β-unsaturated carbonyl compound)
　——のカルボニル基と二重結合の反応性 *949*
　——のカルボニル基への付加反応 *947*
　——へのクプラートの付加 *950*
α,β-不飽和ケトン
　(α,β-unsaturated ketone) *938*
α,β-不飽和ジエステル
　(α,β-unsaturated diester) *945*
　アルドール反応生成物の脱水による—— *986*
αヘリックス (α-helix) *1091*, *1208*
アルミニウムトリイソプロポキシド
　(aluminium triisopropoxide) *977*
アルント・アイステルト反応
　(Arndt–Eistert reaction) *891*, *1208*
アレン (allene) 172, 572, *1208*
　——の分子構造 573
アレーン (arene) *652*, *1208*
D-アロース (D-allose) *1003*
　——の鎖状構造 *1017*
安息香酸 (benzoic acid) *649*, *814*, *1208*
　——の無水物 *861*
　——への酸化 *665*
安息香酸エチル (ethyl benzoate)
　——のニトロ化 *714*
　——への DEPT の応用 412
安息香酸カリウム (potassium benzoate) *976*
安息香酸無水物 (benzoic anhydride) *861*
安息香酸酪酸無水物
　(benzoic butyric anhydride) *861*
安息香酸リチウム (lithium benzoate) *816*
アンタラ型移動 (antarafacial motion) *1143*, *1208*
アンチ形 (anti form) 72, 329
アンチ形トシラート (anti tosylate) *1185*
アンチ脱離 (anti elimination) 331, *1208*
アンチ付加 (anti addition)
　アルケンの臭素化における—— 479
アンチペリプラナー (antiperiplanar) 331, *1208*
アントシアニン (anthocyanin) *653*, *1046*, *1073*
アントラセン (anthracene) *656*
アントラニル酸 (anthranilic acid) *745*
アンモニア (ammonia) 224, 286, *1208*
　——中でのナトリウム還元 515
　——の pK_a 値 239
　——の物理的性質 233
　——のルイス構造式 15
アンモニウムイオン (ammonium ion) 224, *1208*
　——とオキソニウムイオン 241
　——の気相での酸性度 240
　——の形式電荷 19
　——の pK_a 値 (表) 239
　——の溶媒和に対するメチル基の影響 240
　環状の—— *1176*
アンモニウム塩 (ammonium salt) 226
　カルボン酸の—— *1080*

い, う

E (entgegen) 109
E1 反応 (E1 reaction) 323, *1208*
　——と S_N1 反応の競争 324
　——における脱離の選択性 325
E1cB 反応 (E1cB reaction) 335, *1208*
　アルドールの脱水における—— *939*
E2 反応 (E2 reaction) *1208*
硫黄化合物 (sulfur compound) 249
硫黄求核試薬 307
硫黄原子
　——の隣接基関与 *1173*
イオン (ion) 3, *1208*
イオン化電位 (ionization potential) 3, *1208*
　—— (表) 4
イオン化ポテンシャル (ionization potential) 3
イオン結合 (ionic bond) 4, *1208*
イオン交換クロマトグラフィー
　(ion-exchange chromatography) *1095*, *1208*
イコサペンタエン酸
　((e)icosapentaenoic acid) *847*
イコサン (icosane) 77
異常分散 (anomalous dispersion) 166
いす (chair) 形 183
異性化 (isomerization)
　アルキンの—— 575
　糖質のアルカリ水溶液中における—— *1014*
異性体 (isomer) 69, *1208*
　——を数えあげる方法 80
E/*Z* 命名法 (*E*/*Z* nomenclature) 109
イソキノリン (isoquinoline) *1061*
イソキノリンアルカロイド
　(isoquinoline alkaloid) *1063*
イソクエン酸アニオン (isocitrate) 353
イソシアナート (isocyanate) *892*, *1208*
　——の合成 *897*
　クルチウス転位による——の生成 *892*
イソチオシアナート (isothiocyanate) *893*
(*R*)-1-イソチオシアナト-4-(メチルスルフィニル)ブタン ((*R*)-1-isothiocyanato-4-(methylsulfinyl)butane) *893*
イソブタン (isobutane) 72
　——の光塩素化 554
イソブチルアミン (isobutylamine) 225
イソブチルアルコール (isobutyl alcohol) 222
イソブチルアルデヒド (isobutyraldehyde) *751*
イソブチル基 (isobutyl group) 74, *1208*
イソブチレン (isobutylene) 105
イソブテン (isobutene)
　(→ 2-メチルプロペン) 105
イソプレノイド (isoprenoid) 609
イソプレン (isoprene) 571, 606, *1052*, *1208*
イソプレン則 (isoprene rule) 609, *1208*
イソプレン単位 (isoprene unit) 606
イソプロピルアルコール (isopropyl alcohol) 222
イソプロピル化合物 (isopropyl compound) 72
イソプロピル基 (isopropyl group) 72, *1208*
4-イソプロピルトルエン
　(4-isopropyltoluene)
　——のフリーデル・クラフツアシル化 *719*
イソプロピルフェニルケトン
　(isopropyl phenyl ketone) *753*
4-イソプロピルベンズアルデヒド
　(4-isopropylbenzaldehyde) *789*
イソプロピルベンゼン (isopropylbenzene) *649*, *690*
1-イソプロピル-2-メチルシクロヘキサン
　(1-isopropyl-2-methylcyclohexane)
　——の異性体 202
イソプロピルラジカル (isopropyl radical) 540
イソペンタン (isopentane) 75
　——の表示法 76
　——の立体表示 75
イソロイシン (isoleucine)
　——の性質 *1077*
一塩基酸 (monobasic acid) *814*
1,3-双極子 (1,3-dipole) 497, *1208*
1,3-双極子試薬 (1,3-dipolar reagent) 497
1,3-双極子付加 (1,3-dipolar addition) 498
　逆—— 498
[1,3]転位 ([1,3]shift) *1139*
[1,5]転位 ([1,5]shift) *1138*
一次オゾニド (primary ozonide) 497, *1208*
一次構造 (primary structure) *1209*
　タンパク質の—— *1090*
一次スペクトル (first-order spectrum) 406, *1209*
一次反応 (first-order reaction) 270, *1209*
一重項カルベン (singlet carbene) 494, *1209*
位置選択性 (regioselectivity,
　regiochemistry) 133, 333, 431, *1209*
　オキシラン開環の—— 489
　ヒドロホウ素化の—— 456
　ラジカル付加の—— 545
位置選択的反応 (regioselective reaction) 333
位置選択的付加 (regioselective addition)
　——に影響を及ぼす因子 456
1 段階反応機構
　(one-step concerted mechanism) 599
一置換シクロヘキサン
　(monosubstituted cyclohexane) 192
1,2-付加 (1,2-addition)
　1,3-ブタジエンへの—— 433, 587
一分子求核置換反応 (→ S_N1 反応) 296, *1209*
一分子脱離反応 (→ E1 反応) 324, *1208*
1,4-付加 (1,4-addition)
　1,3-ブタジエンへの—— 433, 587
一酸化窒素 (nitrogen monoxide) *1075*
一酸化二窒素 (nitrous oxide) 497
Et (エチル基) 69
遺伝暗号表 (genetic code) *1113*
イドース (idose) *1004*

E2 反応（E2 reaction） 327
　——と S_N2 反応の競争 327
　——と基質の構造 328
　——における脱離の選択性 333
　——における立体障害 328
　——の 4 つの脱離形式 329
　——の立体化学 329
EPA（イコサペンタエン酸） *847*
ε（比誘電率） 244
イプソ攻撃（ipso attack） *727, 1209*
　——によるピリジンの置換反応 *727*
イブプロフェン（ibuprofen） *854*
イペリット（Yperite） *1174*
イミド（imide） *862, 1209*
イミニウムイオン（iminium ion） *780, 880, 1209*
　——の加水分解 *935*
　マンニッヒ反応と—— *975*
イミン（imine） *777, 779, 1209*
　——のアニオン *881*
　——の生成反応 *776, 804, 1069*
イリド（ylide） *797, 1209*
in,out 異性体（in,out isomer） 211
陰イオン（anion） 3
インジシン（indicine） *1060*
インダン-1,2,3-トリオン（indan-1,2,3-trione） *1089*
インドール（indole） *659, 1061*
インドールアルカロイド（indole alkaloid） *1062*

ウィッティッヒ反応（Wittig reaction） *797, 1209*
ウィリアムソンのエーテル合成（Williamson ether synthesis） 309, *1209*
　——を用いる糖ヒドロキシ基のベンジル化 *1021*
ウィルキンソン触媒（Wilkinson's catalyst） 511
ウォルフ・キシュナー還元（Wolff-Kishner reduction） *695*
ウォルフ転位（Wolff rearrangement） *889, 1209*
右旋性（dextrorotatory） 151, *1209*
　糖の—— *1002*
ウッドワード則（Woodward's rule） 376
ウッドワードの第一法則（Woodward's first rule） 376
ウッドワード・ホフマン則（Woodward-Hoffmann theory） *1121, 1209*
ウラシル（uracil） *1111*
ウルソール酸（ursolic acid） *1053*
ウンデカン（undecane） 77

え

A（アデニン） *1111*
AIBN（アゾビスイソブチロニトリル） 537
Ar（アリール基） *652*
AX スピン系 406
AMX スピン系 407
AM スピン系 406
ALA（α-リノレン酸） *847*
エキソ（exo） *1209*
エキソ（exo）体 603
エキソ付加（exo addition） 603
液体クロマトグラフィー（liquid chromatography） 359
エクアトリアル（equatorial）
　——形とアキシアル形のエネルギー差（表） 196
エクアトリアル水素（equatorial hydrogen） 184, *1209*
Ac（アセチル基） 482, *1171*
AcO（アセトキシ基） *1171*
S_EAr（芳香族求電子置換反応） *684, 1221*
S_NAr（芳香族求核置換反応） *725, 1221*
S_N1 反応（S_N1 reaction） 296, *1209*
　——と S_N2 反応との関係 304
　——の起こりやすさ 304
　——の初期状態 305
　——の立体化学 299
　アリル型ハロゲン化物の—— 593
S_N2 反応（S_N2 reaction） 274, *1209*
　——と S_N1 反応との関係 304
　——における立体障害 282
　——のエネルギー図 272
　——の立体化学 275, 277
　アリル型ハロゲン化物の—— 595
　生物化学における—— 295
　ブロモニウムイオンの—— 476
S_N2' 反応（S_N2' reaction） 619
SODAR（二重結合と環の総数） 126, *1216*
1s 軌道（1s orbital）
　——の 3 次元表示 9
2s 軌道（2s orbital）
　——の 3 次元表示 10
s-シス（s-cis） 582, *1215*
　——とディールス・アルダー反応 598
　ギ酸の——形 *816*
s 性（s character） 53
エステル（ester） *824*
　——とケトンの縮合 *957*
　——と有機金属試薬の反応 *876*
　——のエノラートイオン *959*
　——のオルトエステルへの変換 *830*
　——のカルボン酸への加水分解 *874*
　——の合成 *850, 897*
　——の脱保護 *1107*
　——の直接アルキル化 *933*
　——のハロゲン化 *924*
　——の反応 *874*
　アシル化合物としての—— *857*
　環状—— *832*
　ケトンと——の交差縮合 *957*
　酸塩化物からの——の合成 *869*
エステル化（esterification）
　アミノ酸のカルボキシ基の—— *1088*
　生体内での—— *1056*
　フィッシャーの—— *825, 1220*
エステル加水分解（ester hydrolysis） *874, 1209*
　フィッシャーのエステル化と—— *875*
エステル交換反応（transesterification） *875, 1209*
エストラゴール（estragole） *855*
エストラジオール（estradiol） 177
s-トランス（s-trans） 582, *1218*
　ギ酸の——形 *816*
エストロン（estrone） 613
sp 混成（sp hybridization） 52
sp^2 混成（sp^2 hybridization） 55
sp^3 混成（sp^3 hybridization）
　メタンの—— 55
sp 混成軌道（sp hybrid） 53, 120, *1209*
sp^2 混成軌道（sp^2 hybrid） 55, 97, *1209*
sp^3 混成軌道（sp^3 hybrid） 55, *1209*
A_2 スピン系 406
エタナール（ethanal） *751*
エタノール（ethanol） 68, 222
　——の生体内酸化 *800*
　——の物理的性質 232
　——の ^{1}H NMR スペクトル 404
　溶媒としての—— 244
エタン（ethane） 63, 68, 77
　——のいろいろな表示法 69
　——の結合開裂 529
　——の構造 63
　——の生成 67
　——の燃焼 67
　——の 2 つの配座 64
　——の物理的性質 233
　——の誘導体 68
　——のルイス構造式 16
エタン酸（ethanoic acid） *814*
1,2-エタンジオール（1,2-ethanediol） 223
エタンチオール（ethanethiol） 68
エタン二酸（ethanedioic acid） *814*
エチニル化合物（ethynyl compound） 122
エチルアミン（ethylamine） 68, 224
　——の物理的性質 233
エチルアルコール（ethyl alcohol） 68, 222, 463
　[→エタノールもみよ]
3-エチル安息香酸（3-ethylbenzoic acid） *815*
m-エチル安息香酸（*m*-ethylbenzoic acid） *815*
エチル化合物（ethyl compound） *1209*
　——の物理的性質（表） 68
エチルカチオン（ethyl cation）
　——における超共役 441
エチル基（ethyl group） 69
エチルトシラート（ethyl tosylate） 290
エチルビニルエーテル（ethyl vinyl ether） 226, 233
エチルベンゼン（ethylbenzene） *649*
エチルメチルアミン（ethylmethylamine） 224
エチルメチルエーテル（ethyl methyl ether） 226, 233
エチルメチルケテン（ethylmethylketene） *863*
エチルメチルケトン（ethyl methyl ketone） [→ブタノンもみよ] *752*
エチルメチルスルフィド（ethyl methyl sulfide） 250
エチレン（ethylene） 96, 119, *1209*
　——の回転角とエネルギー 103
　——の構造 *749*
　——の水和反応 449
　——の電子遷移 374

エチレン（つづき）
　——の二量化　*1133*
　——の熱的二量化反応　*1134*
　——のルイス構造式　16
　植物ホルモンとしての——　103
エチレンオキシド（ethylene oxide）227
エチレングリコール（ethylene glycol）223
エチン（ethyne）125
X線回折（X-ray diffraction）
　タンパク質の——　*1092*
HMG-CoA レダクターゼ（HMG-CoA reductase）353
HOMO（最高被占軌道）129, 261, *1222*
　光化学反応の——　*1128*
　電子環状反応における——　*1126*
HOMO-LUMO 相互作用（HOMO-LUMO interaction）129, 261
H-D 交換反応（H-D exchange）*682*
HPLC（高速液体クロマトグラフィー）361, *1213*
エテニルベンゼン（ethenylbenzene）*649*
エーテル（ether）226, *1209*
　——とボランの錯体　455
　——の合成　309, 316
　——の構造　231
　——の物理的性質（表）233
　——の命名法　226
エーテル開裂　290
エテン（ethene）96, 119, *1209*
エトキシカルボニル基（ethoxycarbonyl group）*714*
エトキシドイオン（ethoxide ion）288
　——との S_N2 反応の相対速度（表）595
エドマン分解（Edman degradation）*1098*, *1209*
エナミン（enamine）*935*, *1209*
　——とイミンの生成　*781*
　——とフェニルヒドラゾンの平衡　*1020*
　——のアルキル化　*934*
　——の生成　*776*, *804*, *935*
エナンチオトピック（enantiotopic）393, 418, *1209*
エナンチオマー（→ 鏡像異性体）147
NAD$^+$（ニコチンアミドアデニンジヌクレオチド）*799*, *1056*
　——による酸化　*799*
　ヒドリド付加による——の還元　*729*
NADH　*800*
NADPH
　——によるカルボニル基の還元　*968*
NMR（核磁気共鳴分光法）86, 386, *1210*
　^{13}C および他の核の——　410
　^{1}H——　386
NMR スペクトル（NMR spectrum）87, *1210*
　——の温度依存性　417
　アシル化合物の——　*867*
　カルボニル化合物の——　*756*
　動的——　416
NMR 分光計（NMR spectrometer）389
$n \to \pi^*$ 吸収（$n \to \pi^*$ absorption）*756*
NBS（*N*-ブロモスクシンイミド）559, *1221*
　——によるトルエンの臭素化　*665*
n+1の規則（*n*+1 rule）400, *1210*
N 末端（N-terminus）*1090*
エノラート（enolate）*905*, *1210*
　［→ エノラートイオンもみよ］
　——とアリルアニオンとの比較　*907*
　——と求電子試薬との反応　*982*
　——のアルキル化　*925*
　——のカルボニル化合物への付加　*903*
　——の再プロトン化　*905*
　——の酸素原子と酸性度　*907*
　——の生成　*908*
　——の分子軌道　*907*
　共鳴安定化された——　*905*
　平面構造をもつアキラルな——　*917*
エノラートアニオン → エノラートイオン
エノラートイオン（enolate ion）
　——の共鳴安定化　*905*
　——の共鳴構造式　27
　アシル化合物と——　*914*
　アミドの——　*915*
　エステルの——　*959*
エノール（enol）507, *905*, *1210*
　——と求電子試薬との反応　*982*
　——の *Z* 形と *E* 形　*908*
　——のプロトン化　508
　カルボニル化合物と——の平衡　*912*
　平面構造のアキラルな——　*917*
エノール形（enol form）
　1,3-ジカルボニル化合物の——　*913*
エノン（enone）*948*, *1210*
AB スピン系　406
エピスルホニウムイオン（episulfonium ion）*1173*, *1210*
エピネフリン（epinephrine）*1058*
エピマー（epimer）*1007*, *1210*
エピマー化（epimerization）*1014*
エポキシ化（epoxidation）485
エポキシド（epoxide）227, 484, *1210*
　——の開環　487
　アルケンのエポキシ化による——の生成　521
　ブロモヒドリンからの——の生成　*1169*
エポキシドヒドロラーゼ（epoxide hydrolase）*661*
MRI（磁気共鳴画像法）86, 386
mRNA（メッセンジャー RNA）*1112*, *1222*
Me（メチル基）69
MS（質量分析法）363, *1215*
MOM（メトキシメチル基）*811*
MPVO（メーヤワイン・ポンドルフ・バーレー・オッペナウアー）反応　*977*, *1222*
M+1 ピーク（M+1 peak）364, *1210*
エメチン（emetine）*1063*
エリトロース（erythrose）*1003*
L　*1002*
LAH（水素化アルミニウムリチウム）*784*
LSD（リセルグ酸ジエチルアミド）*995*, *1062*
LC/MS（液体クロマトグラフィー質量分析法）363, *1210*
LDA（リチウムジイソプロピルアミド）*915*, *927*, *956*, *1223*
L-ドーパ（L-dopa）*1059*
LUMO（最低空軌道）129, 261, *1224*
塩化アシル（acyl chloride）*692*
塩化アセチル（acetyl chloride）*860*
　——の化学シフト　*868*
　——の赤外伸縮振動波数　*867*
　——の物理的性質　*864*
塩化アリル（allyl chloride）105, 220
塩化アルミニウム（aluminium chloride）*688*
塩化エチニル（ethynyl chloride）122
塩化エチル（ethyl chloride）68
塩化エチルメチルアンモニウム（ethylmethylammonium chloride）226
塩化オキサリル（oxalyl chloride）
　——による酸塩化物の生成　*840*
塩化水素（hydrogen chloride）
　——のアルケンへの付加　430
　——のアルケンへのラジカル付加　542
塩化スルフィニル（sulfinyl chloride）291, *692*
塩化チオニル（thionyl chloride）291, *692*, *1210*
　カルボン酸と——の反応　*837*
塩化鉄(Ⅲ)（iron(Ⅲ) chloride）*687*
塩化テトラメチルアンモニウム（tetramethylammonium chloride）241
塩化銅(Ⅰ)（copper(Ⅰ) chloride）*698*
塩化トシル（tosyl chloride）607
塩化トリチル（trityl chloride）*663*
塩化トリプチセニル（triptycenyl chloride）*663*
塩化 *p*-トルエンスルホニル（*p*-toluenesulfonyl chloride）607
塩化ネオメンチル（neomenthyl chloride）358
塩化ビニル（vinyl chloride）
　——のプロトン化　432
　——への塩化水素の付加　432, 438
塩化 *t*-ブチル（*t*-butyl chloride）220
　——の質量スペクトル　367
塩化物イオン（chloride ion）286, 288
塩化ヘキシル（hexyl chloride）*1173*
塩化ベンジル（benzyl chloride）*649*
塩化ベンジルオキシカルボニル（benzyloxycarbonyl chloride）*1104*
塩化ベンゼンジアゾニウム（benzenediazonium chloride）*696*
塩化ペンタノイル（pentanoyl chloride）*860*
塩化ホルミル（formyl chloride）*860*
塩化メチル（methyl chloride）59, 551
塩化メチレン（methylene chloride）551
塩化メンチル（menthyl chloride）358
塩　基（base）*1109*
　RNA と DNA を構成する——　*1111*
　酸と——　41
　糖に結合した4種類の——　*660*
　ブレンステッド——　234
　ルイス——　260
塩基触媒水和反応（base-catalyzed hydration）
　カルボニル化合物の——　*761*
塩基性（basicity）
　——と求核性　285, 287
　カルボニル基を含む分子の——　*865*
塩基性度（basicity）
　カルボン酸の——　*818*

塩基対（base pair） *1110*, *1210*
エングレリン A（englerin A） *1052*
エンジオール（enediol） *1016*
塩素化（chlorination）
　アニソールの―― *709*
　アルケンの―― 474
　求核性のある溶媒中での―― 478
　ベンゼンの―― *688*
エンタルピー（enthalpy） 265
エンタルピー変化（enthalpy change） *1210*
　――の符号 35
エンド（endo） *1210*
エンド（endo）体 603
エンド付加（endo addition） 603
エントロピー（entropy） 265
エントロピー変化（entropy change） 265, *1210*

お

オイゲノール（eugenol） *635*
O–H 伸縮振動（O–H stretch） *817*
オキサ（oxa–） *860*
2–オキサシクロアルカノン（2–oxacycloalkanone） *833*
2–オキサシクロブタノン（2–oxacyclobutanone） *833*
2–オキサシクロプロパノン（2–oxacyclopropanone） *833*
2–オキサシクロヘキサノン（2–oxacyclohexanone） *833*
2–オキサシクロヘプタノン（2–oxacycloheptanone） *860*
2–オキサシクロペンタノン（2–oxacyclopentanone） *833*, *860*
オキサベンゼン（oxabenzene） *653*
オキサホスフェタン（oxaphosphetane） *798*, *1210*
オキシ水銀化（oxymercuration） 482, *1210*
オキシム（oxime） *779*, *886*
オキシラン（oxirane） 227, 484, 521, *1210* [→ エポキシドもみよ]
オキセタン（oxetane） 227
オキソ（oxo–） *752*
オキソニウムイオン（oxonium ion） 136, 448, *1210*
　――によるアルキル化 308
　――の pK_a 値（表） 236
　アルコールのプロトン化と―― 236
　アンモニウムイオンと―― 241
2–オキソプロパナール（2–oxopropanal） *752*
3–オキソヘキサナール（3–oxohexanal） *752*
オクタン（octane） 77
　――異性体の燃焼熱 189
1–オクチン（1–octyne） 125
オクテット則（octet rule） 3, *1210*
1–オクテン（1–octene） 119
オサゾン（osazone） *1019*, *1210*
　――と C(2)のキラリティー *1019*
オゾニド（ozonide） 498, *1210*
　――の酸化 501
　――への転位 498
オゾン（ozone） 497
　大気中の―― 547
オゾン分解（ozonolysis） 497, *1210*
　――とウィッティッヒ反応 *798*
　――の生成物の構造 501
　アルケンの―― 497
オッカムのかみそり（Ockham's razor） *643*
オプシン（opsin） 380
オフレゾナンスデカップリング（off-resonance decoupling） 411, *1210*
ω−3 脂肪酸（ω−3 fatty acid） *847*
重み付け因子（weighting factor） 25, *1210*
親イオン（parent ion） 366, *1210*
折りたたみ（folding）
　ポリペプチドの―― *1091*
オルシプレナリン（orciprenaline） *811*
オルト（ortho） *649*, *706*, *1210*
オルトエステル（ortho ester） *830*, *1210*
オルト–パラ配向基（ortho/para directing group） *707*
オルト–パラ配向性（ortho/para orientation） *706*
オレイン酸（oleic acid） *1047*
　――のエポキシ化 486
オレイン酸アニオン（oleate）
　――のメチル化反応 465
オレフィン（olefin） 119, *1210* [→ アルケンもみよ]
オーロン（aurone） *1045*

か

過安息香酸（perbenzoic acid）
　バイヤー・ビリガー反応における―― *885*
開 環（ring opening）
　S_N2 的な―― 488
カイザー（kayser） 381
開始段階（initiation step） 543, *1210*
回転障壁（rotational barrier）
　C–C 結合の―― 66
　C=C 結合の―― 102
　1,3–ブタジエンの―― 582
解 糖（glycolysis） *1013*, *1210*
外部磁場（applied magnetic field） 389
　――と核スピン 386
化学交換反応（chemical exchange reaction） 404
化学シフト（chemical shift） 390, *1210*
　さまざまな水素の――（表） 392
　^{13}C NMR における――（表） 412
　電子求引基と―― 395
可逆的付加反応（reversible addition）
　カルボニル化合物の―― *757*
架橋 → 橋かけ
核 酸（nucleic acid） *1110*, *1210*
核磁気共鳴スペクトル → NMR スペクトル
核磁気共鳴分光法（nuclear magnetic resonance spectroscopy, NMR） 86, 386, *1210*
核スピン（nuclear spin） 386
かご型分子（cage compound） 284
加酢酸分解（acetolysis） *1171*
重なり形エタン（eclipsed ethane） 63, *1211*
重なり相互作用（eclipsed interaction）
　エタンの―― 66
重なりひずみ（eclipsing strain） 181
過 酸（peracid）（→ ペルオキシ酸） 485
過酸化水素（hydrogen peroxide） 485, *796*
過酸化物（peroxide）
　――によるラジカル生成 542
加水分解（hydrolysis） 296
　アミドの―― *879*
　エステルの―― *874*
　酸無水物の―― *872*
　1,3–ジカルボニル化合物の―― *930*
　ニトリルの―― *881*
ガスクロマトグラフィー（gas chromatography, GC） 361, *1211*
カスタノスペルミン（castanospermine） *1060*
カストラミン（castoramine） *1060*
片羽矢印（single-barbed arrow, fishhook arrow） 36, 248, 527
カダベリン（cadaverine） 233, *1058*
カチオン（cation） 3, *1211*
カチオン重合（cationic polymerization） 452, *1211*
活性化エネルギー（activation energy） 132, 271, 280, *1211*
活性化試薬（activating agent） *834*, *1211*
活性中心（active center）
　タンパク質の―― *1075*
カテコール（catechol） *650*
価電子（valence electron） 15, *1211*
カナバニン（canavanine） *1079*
カニッツァロ反応（Cannizzaro reaction） *976*, *1211*
カープラス曲線（Karplus curve） 402, *1211*
ガブリエル合成（Gabriel synthesis） *1066*, *1083*, *1211*
カプロン酸（caproic acid） *814*
過マンガン酸カリウム（potassium permanganate） 502
　――とクラウンエーテル 252
　――によるカルボン酸生成 *823*
　酸化剤としての―― *791*
過ヨウ素酸（periodic acid） *793*
　――による 1,2–ジオールの開裂 *793*
　メチル β–D–グルコピラノシドの――酸化 *1024*
加溶媒分解（solvolysis reaction） 296, *1211*
D–ガラクタル酸（D–galactaric acid） *1018*
D–ガラクトース（D–galactose） *1004*
　――の酸化 *1018*
D–ガラクトン酸（D–galactonic acid） *1035*
カラムクロマトグラフィー（column chromatography） 359
　――による鏡像異性体の分離 165
ガランタミン（galantamine） *1063*
カリウム（→ 金属カリウム） 310
カリウムアミド（potassium amide） *729*
カリウムイオン（potassium ion）
　――とクラウンエーテル 252

カリウムフタルイミド (potassium phthalimide) *1084*
カリケアミシン (calicheamicin) 209
——とマイケル反応 *951*
カルコン (chalcone) *1045*
カルバミン酸 (carbamic acid) *844, 1211*
カルバミン酸エステル (carbamate ester) *844, 892, 1211*
——の合成 *897*
カルベニウムイオン (carbenium ion) 61
カルベン (carbene) 491, *1211*
——の付加反応 493
カルボアニオン (carbanion) 61, *1211*
——の安定性 337
カルボアルデヒド (carbaldehyde) *751*
カルボカチオン (carbocation) 61, *1211*
——の安定性 134, 301, 438
——の生成熱 (表) 301, 504
——の転位 345, 348, 354, 444
超強酸中で安定な—— *735*
平面構造の—— 299
カルボカチオン中間体 (carbocation intermediate) *1188*
E1 反応における—— 324
S_N1 反応における—— 297
カルボキシ基 (carboxy group) *665*
カルボキシペプチダーゼ (carboxypeptidase) *1097*
カルボキシ末端 (carboxy terminus) *1090, 1211*
——の保護 *1104*
カルボキシルラジカル (carboxyl radical) 536
——の脱二酸化炭素 *845*
カルボジイミド (carbodiimide) *1105*
カルボニウムイオン (carbonium ion) 61
カルボニルオキシド (carbonyl oxide) 497, 498
カルボニル化合物 (carbonyl compound) *747～, 903～, 1211*
——からのアルケンの合成 *798*
——とエノールの平衡 *912*
——の α 位のアルキル化 *925*
——の α 位のハロゲン化 *918*
——の α 水素交換反応 *908*
——の安定性と置換基数 *762*
——の塩基触媒水和反応 *761*
——の化学シフト (表) *868*
——の可逆的付加反応 *757*
——の酸触媒水和反応 *760*
——のスペクトル (表) *755*
——の赤外伸縮振動波数 (表) *867*
——の pK_a 値 *904*
——の不可逆的付加反応 *785*
——の付加反応 *936*
——の物理的性質 (表) *754*
——の命名法 *751*
——のラセミ化 *916*
α 水素をもたない—— *975*
逆 1,3-双極子付加による——の生成 498
求核試薬の——への付加 *903*
1,3-ジチアンからの——の合成 *973*
プロトン化された—— *910*
カルボニル基 (carbonyl group) *714, 747*
——の α 位の反応 *903～*
——の軌道 *749*
——の共鳴構造 *750*
——の伸縮振動 *755*
——の水和 *758*
——の反応点 *748*
——の付加反応 *747～*
——のプロトン化 *759*
——の誘起効果 *819*
——へのアミンの付加 *776*
——へのアルコキシドイオンの付加 *768*
——への塩基触媒付加反応 *805*
——への酸触媒付加反応 *806*
——へのシアン化物イオンの付加 *766*
——への水酸化物イオンおよびエノラートアニオンの付加 *936*
——への有機金属試薬の付加 *783*
——をメチレン基に変換する方法 *695*
水酸化物イオンの——への付加反応 *920*
カルボニル酸素 (carbonyl oxygen) *821*
——の求核性 *1171*
——のプロトン化 *825*
分子内求核試薬としての—— *1178*
N,N′-カルボニルジイミダゾール (*N,N′*-carbonyldiimidazole, CDI) *853*
カルボニル伸縮振動 (carbonyl stretching vibration) *867*
カルボラン (carborane) 212
β-カルボリン (β-carboline) *1061*
β-カルボリンアルカロイド (β-carboline alkaloid) *1064*
カルボン (carvone) 157
カルボン酸 (carboxylic acid) 484, *813～, 1211*
——とアミンの反応 *1080*
——とジアゾメタンの反応 *832*
——とその性質 (表) *814*
——と有機リチウム試薬の反応 *840*
——のアルキル化 *927*
——のアンモニウム塩 *834, 1080*
——の塩基性度 *818*
——のカニッツァロ反応による合成 *984*
——の合成 *803, 823, 850, 896*
——の構造 *816*
——のさまざまな反応点 *822*
——の酸性度 *818*
——のジアニオン *841*
——の赤外および NMR スペクトル *817*
——の二量体 *816*
——のハロゲン化 *921*
——のハロホルム反応による合成 *984*
——の反応 *824*
——のプロトン化 *821*
——の命名法と性質 *814*
アシル化合物としての—— *857*
アミドの加水分解による——の生成 *879*
アルコールからの——の合成 *789*
アルコールと——の酸触媒反応 *825*
オゾニドからの——の合成 501, 520
酸塩化物からの——の合成 *869*
酸化的経路による——の合成 *823*
置換——の酸性度 (表) *820*
ニトリルからの——の合成 *882*
メチレン基が 1 つ多い——の合成 *891*
カルボン酸アニオン (carboxylate anion) *816, 818, 1211*
——の共鳴安定化 *818*
カルボン酸誘導体 (acid derivative) *857～, 1211*
[→ アシル化合物もみよ]
カロテン (carotene) *1052*
β-カロテン (β-carotene) 375, *1052*
カーン・インゴールド・プレローグの順位則 (Cahn-Ingold-Prelog priority system) 109, *1211*
——と *R/S* 表示法 147
がん化 (carcinogenesis) *661*
環拡大 (ring expansion) 446
環化反応 (cyclization) 311
環形成反応 (ring formation) 519
還 元 (reduction)
アルキンの—— 515
アルケンの—— 511
ウォルフ・キシュナー—— *695*
オゾニドの—— 500
クレメンゼン—— *695*
糖質の—— *1016*
還元的アミノ化 (reductive amination) *1067, 1211*
還元糖 (reducing sugar) *1007, 1211*
環縮小 (ring contraction) 446
環状アミン (cyclic amine) 226
環状アルカン (cycloalkane)
[→ シクロアルカンもみよ]
——の物理的性質 (表) 82
環状アルキン (cycloalkyne) 124
[→ シクロアルキンもみよ]
環状アルケン (cycloalkene) 107, 114
[→ シクロアルケンもみよ]
環状アンモニウムイオン (cyclic ammonium ion) *1176*
環状エステル (cyclic ester) *832, 860*
環状エーテル (cyclic ether) 227
環状オキシム (cyclic oxime)
——のベックマン転位 *887*
環状オキソニウムイオン (cyclic oxonium ion) *1172*
環状オスミウム酸エステル (cyclic osmate ester) 503
環状化合物 (ring compound, cyclic compound) 81, 179～
——と S_N2 反応 282
——とひずみ 180
——の立体化学解析 167
環状カチオン (cyclic cation)
——の共鳴安定化 *1178*
環状酸無水物 (cyclic anhydride) *861*
環状ジエン (cyclic diene)
——のディールス・アルダー反応 602
環状 H_3^+ (cyclic H_3^+)
——の分子軌道 *1187*
環状ブロモニウムイオン (cyclic bromonium ion) *1178*
環状ヘミアセタール (cyclic hemiacetal) *768, 1005*
——構造を表す曲線 *1008*
——生成におけるヒドロキシ基の隣接基関与 *1169*
環状ポリエン (cyclic polyene) 115

カンタリジン（cantharidin） 618
環電流（ring current） 398
環内三重結合 124
環内二重結合 114
官能基（functional group） 21, 49, *1211*
環反転（ring flip）
——と ^{1}H NMR スペクトル 417
1,2-ジメチルシクロヘキサンの—— 200
メチルシクロヘキサンの—— 192

き

基官能命名法
(radicofunctional nomenclature) 221
機器分析（analytical chemistry） 359～
菊 酸（chrysanthemic acid） 518
ギ 酸（formic acid） *814*
——のエステル *859*
——の構造 *816*
溶媒としての—— 244
キサンツリル（xanturil） 93
キサントゲン酸エステル（xanthate ester） 351, *1211*
——の生成と熱分解 351
ギ酸フェニル（phenyl formate） *859*
基準炭素（configurational carbon） *1002*, *1211*
基準ピーク（base peak） 366, *1211*
o-キシレン（*o*-xylene） *650*
p-キシレン（*p*-xylene） *650*
キシロース（xylose） *1003*
吉草酸（valeric acid） *814*
奇電子（odd electoron） 15
軌 道（orbital） 2, 5, *1211*
［→ 原子軌道，分子軌道もみよ］
——間の相互作用 261
軌道相互作用図（orbital interaction diagram） 31, *1212*
軌道対称性（orbital symmetry） *1126*
——によって禁制の反応過程 *1133*
——により許容された反応過程 *1132*
キニジン（quinidine） *1060*
キニーネ（quinine） 378, *1060*
——の合成 *995*
キノリン（quinoline） *656*
触媒毒としての—— *871*
ギブズ自由エネルギー変化
(Gibbs free energy change) 265, *1212*
キモトリプシン（chymotrypsin） *1100*
逆合成（retrosynthesis）
——を示す矢印 *795*
逆合成解析（retrosynthetic analysis） *794*, *802*, *1212*
アルドール反応の—— *944*
二重結合をもつ化合物の—— *947*
逆旋的（disrotatory） *1126*
逆旋的過程（disrotation） *1126*, *1212*
逆 1,3-双極子付加
(reverse 1,3-dipolar addition) 498
逆対称伸縮振動（antisymmetrical stretch） *867*
逆ディールス・アルダー反応
(reverse Diels-Alder reaction) 602
逆マルコフニコフ付加
(anti-Markovnikov addition) 463, 545, *1212*
水和反応における—— 484
GABA（γ-アミノ酪酸） *901*
吸エルゴン的（endergonic） 265, *1212*
求核試薬（nucleophile） 41, 262, *1212*
——と S_N1 反応 302
——と S_N2 反応 284
——のカルボニル化合物への付加 *903*
——の相対的な求核性（表） 286
分子内—— *1175*
求核性（nucleophilicity） *1212*
——と塩基性 285, 287
——の溶媒による影響 287
求核置換反応（nucleophilic substitution）
→ S_N1 反応，S_N2 反応，S_N2' 反応，芳香族求核置換反応
求核付加（nucleophilic addition） *723*
芳香族複素環化合物への—— *723*
求ジエン試薬（dienophile） 596, *1212*
球状タンパク質（globular protein） *1092*
求電子試薬（electrophile） 41, *1212*
求電子置換反応（electrophilic substitution） *681*
［→ 芳香族求電子置換反応もみよ］
芳香族複素環化合物の—— *701*
求電子付加反応 (electrophilic addition) 429～
吸熱反応（endothermic reaction） 35, 131, 265, *1212*
——のエネルギー図 36, 265, 344
球棒分子模型（ball-and-stick model） 77
鏡像異性体（enantiomer） 147, *1212*
——間でのにおいの違い 157
——と S_N2 反応 275
——の化学的相違点 154
——の物理的相違点 151
——の ^{1}H NMR スペクトル 393
——の分離 165
ゴーシュ形ブタンの—— 158
サリドマイドの—— 175
酒石酸ジエステルの—— 487
協奏過程（concerted process） 348, *1212*
協奏機構（concerted mechanism） 599
協奏的付加（concerted addition） 457
協奏反応（concerted reaction） *1121*
——のエネルギー図 *1123*
橋頭位（bridgehead position） 117, 209, *1212*
——アルケン 118
——炭素の軌道 118
——の二重結合 599
共 鳴（resonance）
——の矢印 21, *1212*
共鳴安定化（resonance stabilization）
アミドにおける—— *864*
共鳴エネルギー（resonance energy） *633*, *1212*
共鳴効果（resonance effect）
——と誘起効果の競合 444
芳香族求電子置換反応における—— *707*
共鳴構造（resonance form）
——をまとめた描き方 435
カルボニル基の—— *750*
共鳴構造式（resonance form） 20, 21, *1212*
——の簡略表記法 *927*
1,3-ブタジエンの—— 579
ベンゼンの—— *629*
共鳴積分（resonance integral） *631*
共鳴の矢印（resonance arrow） 21, *1212*
共 役（conjugation） 374, 571, 578, *1212*
——と芳香族性 *625～*
共役塩基（conjugate base） 234, *1212*
共役酸（conjugate acid） 234, *1212*
共役ジエン（conjugated diene） 571, 585
——の配座平衡 598
——の付加反応 585
共役ジエン類（dienes）
——のディールス・アルダー反応 596
共役二重結合（conjugated double bond） 571, *1212*
——の特徴 581
共役ポリエン（conjugated polyene） 585
共有結合（covalent bond） 5, 12, *1212*
極 性（polarity） 13, 231
——をもつ分子の沸点 85
極性共有結合（polar covalent bond） 13, *1212*
極性溶媒（polar solvent） 244, 287
キラリティー（chirality） 144, *1212*
オサゾンと C(2)の—— *1020*
4 つの異なる基が結合した炭素のない—— 172
キラル（chiral） 144, *1212*
キラル原子（chiral atom） 147, 623
キラル中心（chiral center） 147, 623, *1212*
キリアニ・フィッシャー合成
(Kiliani-Fischer synthesis) *1012*, *1212*
均一(系)触媒（homogeneous catalyst） 511
均一(系)触媒反応（homogeneous catalysis） *1212*
均一結合開裂（homolytic bond cleavage） 36, 529, *1212*
金属アルコキシド（metal alkoxide） 310, *785*
金属カリウム（metallic potassium） 310
金属試薬 → 有機金属試薬
金属触媒（metallic catalyst）
——による水素化 511
金属水素化物（metal hydride） *787*
——とカルボン酸との反応 *840*
——によるアミドの還元 *880*
ニトリルの——による還元 *883*
金属ナトリウム（metallic sodium） 310

く

グアニジニウムイオン（guanidinium ion） 45
グアニジン（guanidine）
——の合成 *1105*
グアニン（guanine） *660*, *1111*
空間充填分子模型（space-filling model） 77
空軌道（unoccupied molecular orbital） 129, 261
クエン酸アニオン（citrate） 353

くさび (wedge)
実線の—— 14
破線の—— 14
グッタペルカ (gutta percha) 606
クネベナーゲル縮合 (Knoevenagel condensation) *945, 1212*
クバン (cubane) 211
クプラート (cuprate) → 有機クプラート
クムレン (cumulene) 575, *1212*
クメン (cumene) *649*
クライゼン縮合 (Claisen condensation) *957, 1212*
——とアルドール反応 *959*
——のエネルギー図 *963*
——の逆反応 *957*
——の反応段階 *963*
交差—— *966*
生体内における——とその逆反応 *968*
分子内—— *965*
クライゼン・シュミット縮合 (Claisen-Schmidt condensation) *956, 1212*
クライゼン転位 (Claisen rearrangement) *1150, 1164*
12-クラウン-4 (12-crown-4) 251
18-クラウン-6 (18-crown-6) 251, *823*
クラウンエーテル (crown ether) 251, 252, *1212*
——の空洞の大きさ 252
クラスレート (clathrate) 58
クラッキング (cracking)
炭化水素の—— 532, *1217*
グラファイト (graphite) 112, *657*
グラフェン (graphene) *657*
グリコシド (glycoside) *1022, 1212*
——の命名法 *1023*
α-グリコシド結合 (α-glycosidic bond) *1035*
β-グリコシド結合 (β-glycosidic bond) *1035*
グリコール (glycol) 223, *1212*
1,2-グリコール (1,2-glycol) 487 [→ 1,2-ジオールもみよ]
グリシン (glycine) *1076, 1083*
——の性質 *1077*
グリセリン (glycerol) 223, *1047*
グリセルアルデヒド (glyceraldehyde) *1000*
グリニャール試薬 (Grignard reagent) 247, *783, 1212*
——とエステルの反応 *876*
——によるカルボン酸合成 *824*
——による炭素鎖伸長 491
——の構造 247
——の生成 *804*
——の生成機構 247
——のマイケル付加 *950*
クリプタンド (cryptand) 252, *1213*
グリーンケミストリー (green chemistry) 484, *1213*
D-グルコース (D-glucose) *1003*
——とD-マンノースの平衡 *1015*
——の異性化 *1014*
——のエノラート *1014*
——の環の大きさ *1024*
——の構造決定 *1026*
——の鎖状構造 *1014*
——の酸化 *1017*
——の赤外スペクトル *1004*
——の ^{1}H NMR スペクトル *1004*
水素化ホウ素ナトリウムによる——の還元 *1004*
D-グルコピラノース (D-glucopyranose)
——のフィッシャー投影式 *1006*
——の変旋光 *1014*
——の *O*-メチル化 *1021*
D-グルコフラノース (D-glucofuranose)
——のフィッシャー投影式 *1006*
グルコン酸 (gluconic acid) *1017*
D-グルシトール (D-glucitol) *1004*
グルタミン (glutamine)
——の性質 *1077*
グルタミン酸 (glutamic acid)
——の性質 *1077*
グルタル酸 (glutaric acid) *814*
クルチウス転位 (Curtius rearrangement) *892, 1213*
——とホフマン転位の違い *894*
α-D-グルコピラノシド (α-D-glucopyranoside)
——の OH 基の保護 *1025*
p-クレゾール (*p*-cresol)
——のフリーデル・クラフツアルキル化 *719*
クレメンゼン還元 (Clemmensen reduction) *695*
グロース (gulose) *1004*
trans-クロチルアルコール (*trans*-crotyl alcohol) 223
クロトン酸エチル (ethyl crotonate)
——の ^{1}H NMR スペクトル 409
グロビン (globin) *1094*
クロマトグラフ (chromatograph) 361
クロマトグラフィー (chromatography) 361
——による鏡像異性体の分離 165
クロマトグラム (chromatogram) 361
アミノ酸の—— *1096*
クロム酸エステル (chromate ester) *789*
クロム酸ナトリウム (sodium chromate) *790*
クロロアセチレン (chloroacetylene) 122
クロロアセトアルデヒド (chloroacetaldehyde)
クロロエタナール (chloroethanal)
——の水和反応 *763*
クロロエタン (chloroethane)
——の質量スペクトル 371
クロロエーテル (chloro ether) 520
クロロギ酸ベンジル (benzyl chloroformate) *1104*
クロロクロム酸ピリジニウム (pyridinium chlorochromate, PCC) *791*
クロロ酢酸 (chloroacetic acid)
——の pK_a 値 *820*
クロロシクロプロパン (chlorocyclopropane) 167
1-クロロ-2,4-ジニトロベンゼン (1-chloro-2,4-dinitrobenzene)
——の置換反応 *724*
クロロスルフィン酸エステル (chlorosulfinate ester) 291, *837*
クロロニウムイオン (chloronium ion) 478
p-クロロニトロベンゼン (*p*-nitrochlorobenzene) *724*
3-クロロ-2-ヒドロキシプロパナール (3-chloro-2-hydroxypropanal) *751*
2-クロロ-1-ブタノール (2-chloro-1-butanol) 222
2-クロロブタン (2-chlorobutane) 160
3-クロロ-2-ブタンアミン (3-chloro-2-butanamine) 225
2-クロロブタン酸 (2-chlorobutanoic acid)
——の pK_a 値 *820*
3-クロロブタン酸 (3-chlorobutanoic acid)
——の pK_a 値 *820*
4-クロロブタン酸 (4-chlorobutanoic acid)
——の pK_a 値 *820*
2-クロロブタン酸カリウム (potassium 2-chlorobutanoate) *816*
3-クロロ-1-ブテン (3-chloro-1-butene) 587
3-クロロ-4-フルオロ-2-ペンタノール (3-chloro-4-fluoro-2-pentanol) 222
2-クロロ-1-プロパノール (2-chloro-1-propanol) 418
3-クロロプロパン酸 (3-chloropropanoic acid) 407
クロロプロペン (chloropropene) 104
2-クロロプロペン (2-chloropropene) 506
3-クロロプロペン (3-chloropropene) 220
3-クロロ-3-ヘキセン (3-chloro-3-hexene) 504
m-クロロベンズアルデヒド (*m*-chlorobenzaldehyde)
——の水和反応 *763*
クロロベンゼン (chlorobenzene)
——と強塩基との反応 *729*
——のニトロ化 *717*
ザンドマイヤー反応による——の生成機構 *700*
3-クロロ-1-ペンテン (3-chloro-1-pentene) 220
クロロホルム (chloroform) 220, 551
2-クロロ-2-メチルプロパン (2-chloro-2-methylpropane) 220

け

形式電荷 (formal charge) 18, 620, *1213*
ケイ素−酸素結合 (silicon-oxygen bond) *775*
K_a (酸性度定数) 235
ケクレ構造式 (Kekulé forms) *629, 1213*
ケクレのベンゼン環構造 *627*
ケタール (ketal) *771*
血液型 (blood type) *1037*
結 合 (bond)
——の開裂 36, 529
——の生成と軌道相互作用 41
——の強さ 34

結合解離エネルギー
　(bond dissociation energy, BDE)
　　36, *1213*
　――(表) 37, 267
　炭化水素の――(表) 538
結合角 (bond angle)
　アセトアルデヒドの―― *749*
　アミンの―― 229
　エタンの―― 63
　エチレンの―― *749*
　エーテルの―― 231
　各混成軌道の―― 57
　ギ酸の―― *816*
　シクロプロパンの―― 180
　ヒドロキシ基をもつ化合物の―― 228
　ビニルアルコールの―― *911*
　2-ブチンの―― 124
　ホルムアルデヒドの―― *749*, *816*
　メタンの―― 51
　メチルアニオンの―― 62
　メチルカチオンの―― 62
結合角ひずみ (angle strain) 180, *1213*
結合距離 (bond distance)
　アセチレンの―― 121
　アセトアルデヒドの―― *749*
　アミンの―― 229
　エタンの―― 63, 121
　エチレンの―― 121, *749*
　エーテルの―― 231
　塩化メチルの―― 228
　ギ酸の―― *816*
　C=C 間の―― 101
　臭化メチルの―― 228
　ハロゲン化メチルの―― 228
　ヒドロキシ基をもつ化合物の―― 228
　ビニルアルコールの―― *911*
　フッ化メチルの―― 228
　ベンゼンの―― *628*
　ホルムアルデヒドの―― *749*, *816*
　メタンの―― 51
　メチルアニオンの―― 62
　ヨウ化メチルの―― 228
結合性相互作用 (bonding interaction) 33
結合性分子軌道 (bonding molecular orbital)
　　30, *1213*
結合定数 (coupling constant)
　　390, 398, *1213*
　二重結合およびベンゼン環に付いた水素間
　　の―― 403
結合部位 (binding site) *1093*, *1213*
ケテン (ketene) 575, *863*, *1213*
　――の結合様式 *866*
　――の合成 *888*
　――の赤外伸縮振動波数 *867*
　――の反応 *884*
　――の物理的性質 *864*
　アシル類似化合物としての―― *857*
　ケトカルベンの分子内反応による――の
　　生成 *890*
β-ケトエステル (β-keto ester) *959*
　――のアルキル化 *928*
　――の酸性加水分解 *930*
　――の生成 *985*
　パルミチン酸アニオンの――への酸化
　　969
β-ケトエステル合成
　(β-keto ester synthesis) *931*, *1213*
ケト形 (keto form) *912*
ケトカルベン (ketocarbene) *889*
β-ケト酸 (β-keto acid) *930*
　――の脱二酸化炭素 *931*
ケトース (ketose) *1003*, *1213*
ケトトリオース (ketotriose) *1003*
ケトン (ketone) *1213*
　――とアルデヒドの pK_a 値 *904*
　――とエステルの交差縮合 *957*
　――のアルキル化 *926*
　――の MPVO 反応による合成 *985*
　――の合成 *804*, *841*, *851*, *898*
　――の命名法 *751*
　アルキル化された――の合成 *984*
　アルキンからの――の生成 521
　アルデヒドと――のバイヤー・ビリガー
　　酸化 *885*
　イミニウムイオンの――への加水分解
　　935
　エノールから――への変換 508
　オゾニドからの――の生成 500, 521
　脱二酸化炭素による――の合成 *931*
　ニトリルからの――の生成 *883*
　弱いブレンステッド酸としての―― *904*
ケーニヒス・クノル反応
　(Koenigs-Knorr reaction) *1023*
ゲラニオール (geraniol) 608
ゲル沪過クロマトグラフィー
　(gel-filtration chromatography) *1095*, *1213*
けん化 (saponification) *874*, *1213*
　脂肪の―― *874*
原子 (atom) 1, *1213*
原子核 (nucleus) 1, *1213*
原子価電子 (valence electron) 15
原子軌道 (atomic orbital) 2, *1213*
　――の重なり 43
原子番号 (atomic number) 4

こ

5 員環化合物 (five-membered ring)
　1,3-双極子による――生成 497
　複素―― *659*
光化学的二量化
　(photochemical dimerization) *1134*
光化学的 HOMO (photochemical HOMO)
　　1128
光化学反応 (photochemical reaction)
　――の HOMO *1128*
　熱反応と―― *1130*
　ブタジエンの―― *1128*
光学活性 (optical activity) 151, *1213*
光学活性アミノ酸
　(optically active amino acid) *1086*, *1117*
交換反応 (exchange reaction)
　α水素をもつカルボニル化合物の―― *916*
　化学―― 404
　重水素―― *682*
交差アルドール反応 (crossed aldol reaction)
　　953, *1213*
　LDA を用いた場合の―― *956*
交差クライゼン縮合
　(crossed Claisen condensation) *966*, *1213*
合成 (synthesis) 137
合成甘味料 (sugar substitute) *1036*
構成原理 (Aufbau principle) 7, *1213*
合成洗剤 (detergent) *848*, *1213*
酵素 (enzyme)
　――と反応速度 352
構造異性体 (constitutional isomer)
　　72, 167, *1213*
　ブタンの―― 73
構造式 (constitutional formula)
　――の書き方 69
高速液体クロマトグラフィー
　(high-performance liquid chromatography)
　　361, *1213*
広帯域デカップリング
　(broad-band decoupling) 411
CoA (補酵素 A) *846*
五塩化リン (phosphorus pentachloride)
　カルボン酸と――の反応 *837*
コカイン (cocaine) *1059*
黒鉛 (graphite) *657*
ココアバター (cocoa butter) *1047*
五酸化二リン (diphosphorus pentaoxide)
　　839
ゴーシュ形 (gauche form) 73
　――とアンチ形のエネルギー差 73
ゴーシュ形ブタン 158
ゴーシュ相互作用 (gauche interaction)
　　73, 193
コーツのカチオン (Coates' cation) *1201*
コデイン (codeine) *1060*
コドン (codon) *1112*, *1213*
コニイン (coniine) 164, *1060*
コハク酸 (succinic acid) *814*
　――の無水物 *861*
コープ脱離 (Cope elimination) 351
　生体内における―― *1070*
五フッ化アンチモン
　(antimony pentafluoride) *735*
コープ転位 (Cope rearrangement)
　　1146, *1213*
　――の遷移状態 *1147*
　生体中で見られる―― *1150*
　ゆらぎ構造と―― *1150*
互変異性化 (tautomerization) 508, *1213*
互変異性体 (tautomer) *910*, *1213*
コラントレン (cholanthrene) *658*
コリスミ酸イオン (chorismate) *736*, *1150*
孤立電子対 (lone pair) 12
孤立電子対電子 (lone pair electrons) *1213*
コルチゾン (cortisone) 207, 613
コルヒチン (colchicine) *1057*
コルベ電解 (Kolbe electrolysis) *844*, *1213*
コレスタノール (cholestanol) 216
コレステリルベンゾアート
　(cholesteryl benzoate) 557
コレステロール (cholesterol)
　　117, 211, 378, 613, *1053*
　――の生合成 353
混合アルドール反応 (mixed aldol reaction)
　　953
混合クライゼン縮合
　(mixed Claisen condensation) *966*

混 成（hybridization） 51, *1214*
混成軌道（hybrid orbital） 51, *1214*
――の性質（表） 57
コンホマー（conformer） 73, 171, *1214*

さ

最高被占軌道（highest occupied molecular orbital, HOMO） 129, 261, *1222*
ザイツェフ脱離（Saytzeff elimination） 325, *1216*
ホフマン脱離と―― 337
最低空軌道（lowest unoccupied molecular orbital, LUMO） 129, 261, *1224*
再プロトン化（reprotonation）
エノラートの―― *905*
酢 酸（acetic acid） 463, *814*
――のエステル *859*
――の赤外伸縮振動波数 *867*
――の赤外スペクトル *817*
――の pK_a 値 *820*
――の物理的性質 *864*
――のプロトン化 *1171*
――の略号 *1171*
マロン酸エステルからの――の合成 *932*
酢酸イオン（acetate ion） 286
――の共鳴安定化 482
酢酸エチル（ethyl acetate）
――の化学シフト *868*
――の pK_a 値 *914*
――の物理的性質 *864*
酢酸プロピオン酸無水物（acetic propionic anhydride） *861*
酢酸メチル（methyl acetate） *859*
――の赤外伸縮振動波数 *867*
――の物理的性質 *864*
左旋性（levorotatory） 151, *1002*, *1214*
サッカリド（saccharide） *999*, *1214*
サッカリン（saccharin） *1036*
サポニン（saponin） *1053*
サリドマイド（thalidomide） 174, 175
サルチル酸（salicylic acid） *822*
酸（acid）
――と塩基 41
ブレンステッド―― 234
ルイス―― 260
3員環（three-membered ring）
――の合成法 484
生物化学における―― 517
3員環中間体
臭素化や塩素化における―― 477
酸塩化物（acid chloride） *692*, *837*, *1214*
――からのジアゾケトンの生成 *888*
――の反応 *868*
――への付加-脱離反応 *838*
アシル化合物としての―― *857*
酸 化（oxidation）
アルケンの―― 502
アルケンのヒドロホウ素化―― 462
アルコールの―― *788*
オゾニドの―― 501
過ヨウ素酸―― *1024*
チオールの―― *796*
糖質の―― *1017*
ビタミンAの―― 379
ベンジル位の―― *665*
酸化銀（silver oxide） *1021*
三角錐構造（pyramidal structure）
アミンの―― 229
カルボアニオンの―― 537
メチルアニオンの―― 62
酸化剤（oxidizing agent） *791*
サンガー分解（Sanger degradation） *1096*, *1214*
三酸化硫黄（sulfur trioxide） *685*
三酸化クロム（chromium trioxide） *789*
三酸化二窒素（dinitrogen trioxide） *697*
[3,3]転位（[3,3]shift） *1146*
三次構造（tertiary structure） *1214*
タンパク質の―― *1092*
酸臭化物（acid bromide）
HVZ反応と―― *922*
三臭化リン（phosphorus tribromide） 292, *922*
三重結合（triple bond） 111, 121, *1214*
環内―― 124
三重項カルベン（triplet carbene） 493, *1214*
――のアルケンへの付加 495
三重線（triplet） 390, 400
酸触媒交換反応（acid-catalyzed exchange） *910*
カルボニル化合物の―― *760*
酸触媒ヘミアセタール生成反応（acid-catalyzed formation of a hemiacetal） *769*
酸性度（acidity）
アシル化合物の―― *865*
アシル化合物の――（表） *914*
アルキンの―― 125
アルケンの―― 126
アルコールの気相での―― 237
アルコールの――と誘起効果 237
カルボン酸の―― *820*
チオールの―― 250
置換カルボン酸の――（表） *820*
酸性度定数（acidity constant） 235
酸素求核試薬 309
酸素原子
メトキシ基の――の隣接基関与 *1172*
酸素－酸素結合（oxygen－oxygen bond）
――とオゾニドの生成 500
3中心2電子結合（three-center two-electron bonding） *1186*, *1214*
ザンドマイヤー反応（Sandmeyer reaction） *698*, *1214*
酸ハロゲン化物（acid halide） *1214*
――の合成 *849*
――の体系名および慣用名 *860*
三フッ化ホウ素（boron trifluoride） 454
――とフッ化物イオンとの反応 260
酸無水物（acid anhydride） *861*, *1214*
――の生成 *839*, *850*, *897*
――の反応 *872*
アシル化合物としての―― *857*
環状の―― *839*, *861*
酸塩化物からの――の合成 *869*

し

C（シトシン） *1111*
G（グアニン） *1111*
1,3-ジアキシアル相互作用（1,3-diaxial interaction） 193, *1214*
次亜臭素酸エステル（hypobromite） *845*
ジアシルペルオキシド（diacyl peroxide） 536
ジアシルホスファチジルグリセロール（diacylphosphatidylglycerol） *1049*
ジアステレオトピック（diastereotopic） 393, *1214*
ジアステレオマー（diastereomer） 158, 159, *1214*
――とE2反応 331
――の ^{1}H NMRスペクトル 393
ジアセトンアルコール（diacetone alcohol） *940*
ジアゾ化合物（diazo compound） 492, 497, *1214*
ジアゾケトン（diazo ketone） *969*, *1214*
――の合成 *888*
ジアゾ酢酸メチル（methyl diazoacetate） 492
ジアゾシクロペンタジエン（diazocyclopentadiene） 492, *673*
ジアゾニウムイオン（diazonium ion） *1214*
――と生物学的プロセス *1070*
――の生成 *696*, *740*
ジアゾフルオレン（diazofluorene） 492
ジアゾメタン（diazomethane） 492, *855*
――とカルボン酸の反応 *832*
――と酸塩化物の反応 *888*
ジアニオン（dianion） *841*
シアノヒドリン（cyanohydrin） *766*, *1214*
――の生成 *804*
シアノベンゼン（cyanobenzene） *739*
ジアマンタン（diamantane） 213
1,4-ジアミノブタン（1,4-diaminobutane） 233
1,5-ジアミノペンタン（1,5-diaminopentane） 233
ジアール（dial） *751*, *1214*
ジアルキルボラン（dialkylborane） 460
シアル酸（sialic acid） *1002*
シアン化アシル（acyl cyanide）
酸塩化物からの――の合成 *869*
シアン化アリル（allyl cyanide） 105
シアン化エチル（ethyl cyanide） 68, *863*
シアン化ナトリウム（sodium cyanide） *766*
シアン化物（cyanide）
アシル類似化合物としての―― *857*
シアン化物イオン（cyanide ion） 286, 288
カルボニル基への――の付加 *766*
シアン化メチル（methyl cyanide） 59, *863*
――の生成反応 272
ジイミド（diimide） 511
J（結合定数） 390, 398
ジエチルエーテル（diethyl ether） 226, 233
溶媒としての―― 247

ジエチルケトン（diethyl ketone）
——とアセトンのアルドール反応 *953*
N,N-ジエチルプロパンアミド
（*N,N*-diethylpropanamide） *862*
ジエチレングリコール（diethylene glycol） *695*
ジエノフィル（dienophile） 596
ジェミナル（geminal） 507, 550, *1214*
ジェミナル二ハロゲン化物
（geminal dihalide） 507
ジエン（diene）
逆ディールス・アルダー反応による——の生成 615
1,2-ジエン（1,2-diene） 572
1,3-ジエン（1,3-diene） 578
四塩化炭素（carbon tetrachloride） 551
——のラジカル付加機構 548
溶媒としての—— 478
ジエン類（dienes） 571
CoA（補酵素 A） *846*
1,4-ジオキサン（1,4-dioxane） 227
1,3-ジオキソラン（1,3-dioxolane） 227
C=O 伸縮振動（C=O stretch） *817*
ジオール（diol） 223, *1214*
1,2-ジオール（1,2-diol） 487, *793*
［→ビシナルジオールもみよ］
オキシラン開環による——生成 487, 520
$KMnO_4$ 酸化による——生成 503, 520
OsO_4 酸化による——生成 503, 520
gem-ジオール（*gem*-diol） *761*, *1214*
ジオン（dione） *752*, *1214*
紫外・可視分光計
（ultraviolet/visible spectrometer） 373
紫外・可視分光法
（ultraviolet/visible spectroscopy） 372, *1214*
紫外スペクトル（ultraviolet spectrum）
カルボニル化合物の—— *756*
紫外線（ultraviolet ray） 380
ジガデニン（zygadenine） *1060*
1,3-ジカルボニル化合物
（1,3-dicarbonyl compound） *913*
——のエノール形 *913*
——の pK_a 値（表） *929*
——の分子内水素結合 *913*
——のアルキル化 *928*
——の加水分解と脱二酸化炭素 *930*
磁気回転比（gyromagnetic ratio） 387
磁気共鳴イメージング（magnetic resonance imaging, MRI） 86
磁気共鳴画像法
（magnetic resonance imaging, MRI） 386
シキミ酸経路（shikimate pathway） *1054*
シキミ酸 3-リン酸イオン
（shikimate 3-phosphate） *736*
磁気量子数（magnetic quantum number） 5
軸結合（junction bond） 173
σ 結合（σ bond, sigma bond） 54, *1214*
$σ^*$（シグマスター） 54
$σ \rightarrow σ^*$ 遷移（$σ \rightarrow σ^*$ transition） 374
シグマトロピー転位（sigmatropic shift） *1136*, *1138*, *1214*
——の遷移状態 *1141*
ジグリセリド（diglyceride） *1049*
シクロアルカン（cycloalkane） 50, 82, *1214*
——の生成熱 187
——の燃焼熱 190
——のひずみエネルギー（表） 187
——の物理的性質 84
——の物理的性質（表） 82
シクロアルカンカルボン酸
（cycloalkanecarboxylic acid） *814*
シクロアルキン（cycloalkyne） 124
シクロアルケン（cycloalkene） 107, 114, *1214*
——の金属触媒還元 512
——の物理的性質（表） 119
シクロオキシゲナーゼ（cyclooxygenase） *1050*
1,4-シクロオクタジエン
（1,4-cyclooctadiene） 571
1,3,5,7-シクロオクタテトラエン
（1,3,5,7-cyclooctatetraene） 115, *626*
——の分子軌道 *638*
シクロオクタン（cyclooctane） 82
シクロオクチン（cyclooctyne） 124
シクロオクテン（cyclooctene）
——の二重結合 116
cis-シクロオクテン（*cis*-cyclooctene） 119
trans-シクロオクテン（*trans*-cyclooctene） 119, 172
シクロデカペンタエン（cyclodecapentaene） *645*
シクロデカン（cyclodecane） 186
1,2-シクロノナジエン
（1,2-cyclononadiene） 573
シクロノニン（cyclononyne） 124
cis-シクロノネン（*cis*-cyclononene） 119
trans-シクロノネン（*trans*-cyclononene） 119
ジクロフェナク（diclofenac） *741*
シクロブタジエン（cyclobutadiene） 115, *626*
——と芳香族性 *636*
シクロブタノン（cyclobutanone）
——のスペクトル *755*
シクロブタン（cyclobutane） 82
——の折れ曲がり形配座 182
エチレンの付加環化反応による——生成 *1133*
シクロブテン（cyclobutene） 119
——の熱的転位反応 *1124*
シクロプロパン（cyclopropane） 50, 82
——環のひずみ 180
——の合成 520
カルベン付加による——生成 493
天然物中の—— 517
シクロプロパン化（cyclopropanation）
脂肪酸の—— 517
シクロプロペニリデン（cyclopropenylidene） 518
シクロプロペニルカチオン
（cyclopropenyl cation） *645*
——の π 分子軌道 *1187*
シクロヘキサジエニルカチオン
（cyclohexadienyl cation） *667*
——の共鳴構造式 *681*
シクロヘキサジエニルカチオン中間体 *707*
2,4-シクロヘキサジエノン
（2,4-cyclohexadienone） *913*
1,3-シクロヘキサジエン
（1,3-cyclohexadiene） 115, 571
——の電子環状反応 *1129*
——の反応性 *625*
変形コープ転位と—— *1151*
1,4-シクロヘキサジエン
（1,4-cyclohexadiene） 115, 571
ディールス・アルダー反応による——の生成 615
バーチ還元による——の生成 *669*
ベンゼンから——の生成 *671*
シクロヘキサノン（cyclohexanone）
——のアルキル化 *935*
——のアルドール反応 *942*
——のウィッティッヒ反応 *799*
——のスペクトル *755*
——の赤外スペクトル 382
——の物理的性質 *754*
——のロビンソン環化 *970*
シクロヘキサン（cyclohexane） 82
——の合成 *739*
——の構造の描き方 184
——の質量スペクトル 366
——の ^1H NMR スペクトル 416
——の立体化学 190
いす形の—— 184
一置換—— 192
二置換—— 198
シクロヘキサンカルボアルデヒド
（cyclohexanecarbaldehyde） *751*
シクロヘキサンカルボン酸
（cyclohexanecarboxylic acid） *814*
1,4-シクロヘキサンジオン
（1,4-cyclohexanedione） *752*
シクロヘキサンチオール（cyclohexanethiol） 250
シクロヘキシルアミン（cyclohexylamine） 224
シクロヘキセニルカチオン
（cyclohexenyl cation） *1199*
2-シクロヘキセノン（2-cyclohexenone）
——のスペクトル *755*
シクロヘキセン（cyclohexene） 119, 559
——とベンゼン *679*
——の臭素化 558
——の生成 615
シクロヘプタトリエニルアニオン
（cycloheptatrienyl anion） *643*
シクロヘプタトリエニルカチオン
（cycloheptatrienyl cation） *639*
1,3,5-シクロヘプタトリエン
（1,3,5-cycloheptatriene） 115, *626*, *640*
——と芳香族性 *635*
シクロヘプタン（cycloheptane） 82
シクロヘプチン（cycloheptyne） 124
シクロヘプテン（cycloheptene） 119
シクロペンタジエニルアニオン
（cyclopentadienyl anion） *641*, *653*, *1214*
シクロペンタジエン（cyclopentadiene） 115
——からのフルベン生成反応 *946*
——のディールス・アルダー反応 602
——の二量化 605

シクロペンタノール（cyclopentanol） 222
シクロペンタノン（cyclopentanone）
——のウィッティッヒ反応 *798*
——のスペクトル *755*
シクロペンタン（cyclopentane） 82
——のねじれ形配座 183
——の封筒形配座 183
シクロペンタンカルボン酸（cyclopentanecarboxylic acid） *814*
シクロペンチルアルコール（cyclopentyl alcohol） 222
シクロペンテン（cyclopentene） 119
——の臭素化 474
——の二重結合 116
ジクロロカルベン（dichlorocarbene） 492
ジクロロクプラートイオン（dichlorocuprate ion） *700*
ジクロロ酢酸（dichloroacetic acid）
——の pK_a 値 *820*
ジクロロシクロプロパン（dichlorocyclopropane） 168
3,4-ジクロロ-1-ブテン（3,4-dichloro-1-butene） 588
ジクロロプロパン（dichloropropane） 506
3,5-ジクロロヘキサン酸（3,5-dichlorohexanoic acid） *815*
1,3-ジクロロベンゼン（1,3-dichlorobenzene） *650*
m-ジクロロベンゼン（*m*-dichlorobenzene） *650*
四酸化オスミウム（osmium tetraoxide） 502
GC（ガスクロマトグラフィー） 361, *1211*
GC/IR（ガスクロマトグラフィー赤外分光法） 362, 381, *1214*
GC/MS（ガスクロマトグラフィー質量分析法） 362, *1215*
ジシクロプロピルジスルフィド（dicyclopropyl disulfide） 250
ジシクロヘキシルカルボジイミド（dicyclohexylcarbodiimide, DCC） *834, 1105, 1215*
ジシクロヘキシル尿素（dicyclohexylurea, DCU） *1105*
ジシクロペンチルアミン（dicyclopentylamine） 224
脂 質（lipid） *1046, 1215*
脂質二重層（lipid bilayer） *1050*
^{13}C → 炭素をみよ
cis-1,2-ジジュウテリオ-1-ヘキセン（*cis*-1,2-dideuterio-1-hexene） 458
シ ス（cis） *1215*
s-シス（s-cis） 582, *1215*
ギ酸の——形 *816*
シス形（cis form） 82
ジイミドの—— 511
シス形アルケン（cis alkene） 514
シス縮合（cis ring fusion） 207
システイン（cysteine）
——の SH 基の酸化による橋かけ *1091*
——の性質 *1077*
シス-トランス異性（cis-trans isomerism） 106
ジスルフィド（disulfide） 250
チオールからの——の合成 *804*
ジスルフィド架橋（disulfide bridge） *1091, 1215*
ジスルフィド結合（disulfide linkage）
——による橋かけ *1091, 1116*
ジチアン（dithiane） *1215*
1,3-ジチアン（1,3-dithiane）
——のアルキル化 *973*
シッフ塩基（Schiff base） *777, 1215*
質量スペクトル（mass spectrum） 365
カルボニル化合物の—— *757*
質量分析計（mass spectrometer） 363
質量分析法（mass spectrometry） 363, *1215*
CDI（*N,N′*-カルボニルジイミダゾール） *853*
ジテルペン（diterpene） 609, *1050*
シトシン（cytosine） *660, 1111*
シドノン（sydnone） *1119*
ジトロピルエーテル（ditropyl ether） *673*
2,4-ジニトロアニソール（2,4-dinitroanisole） *726*
2,4-ジニトロフェニルヒドラゾン（2,4-dinitrophenylhydrazone） *779*
2,4-ジニトロフルオロベンゼン（2,4-dinitrofluorobenzene） *1097*
ジニトロベンゼン（dinitrobenzene） *713*
シネ置換反応（cine substitution） *745*
磁場掃引法（field-sweep method） 388
四ハロゲン化物（tetrahalide）
——の合成 521
1,3-ジヒドロキシアセトン（1,3-dihydroxyacetone） *1003*
o-ジヒドロキシベンゼン（*o*-dihydroxybenzene） *650*
ジヒドロピラン（dihydropyran） *775*
3,4-ジヒドロ-2*H*-ピラン（3,4-dihydro-2*H*-pyran）
——の質量スペクトル 366
ジヒドロブルバレン（dihydrobullvalene） *1155*
cis-1,2-ジビニルシクロプロパン（*cis*-1,2-divinylcyclopropane）
——のコープ転位 *1151*
ジフェニルケトン（diphenyl ketone） *753*
ジ-*t*-ブチルエーテル（di-*t*-butyl ether） 310
——の質量スペクトル 369
ジフルオロ酢酸（difluoroacetic acid）
——の pK_a 値 *820*
ジブロモカルベン（dibromocarbene） 492
trans-1,2-ジブロモシクロペンタン（*trans*-1,2-dibromocyclopentane） 474
2,3-ジブロモブタン（2,3-dibromobutane）
——の合成 *1178*
3,4-ジブロモ-1-ブテン（3,4-dibromo-1-butene） 588
ジブロモメタン（dibromomethane） 220
シベトン（civetone） *753*
ジベンゾ[*a,h*]アントラセン（dibenzo[*a,h*]anthracene） *658*
ジベンゾ[*c,g*]フェナントレン（dibenzo[*c,g*]phenanthrene） 174
脂 肪（fat） *1047, 1215*
脂肪酸（fatty acid） *846, 1215*
——のシクロプロパン化反応 517
——の代謝とクライゼン縮合 *969*
——の分解 *846*
ヒ素を含む—— *1049*
ジボラン（diborane） 454
C 末端（C-terminus） *1090, 1211*
シーマン反応（Schiemann reaction） *698*
N,N-ジメチルアセトアミド（*N,N*-dimethylacetamide）
——の化学シフト *868*
ジメチルアミン（dimethylamine） 224
——の pK_a 値 239
——の物理的性質 233
1,1-ジメチルアレン（1,1-dimethylallene） 573
1,3-ジメチルアレン（1,3-dimethylallene） 172, 573
——の立体異性体 573
ジメチルエーテル（dimethyl ether） 226, 233
ジメチルケテン（demethylketene） *863*
ジメチルケトン（dimethyl ketone） *752*
4,4-ジメチルジアゾシクロヘキサ-2,5-ジエン（4,4-dimethyldiazocyclohexa-2,5-diene） 492
1,2-ジメチルシクロプロパン（1,2-dimethylcyclopropane） 82, 143
1,1-ジメチルシクロヘキサン（1,1-dimethylcyclohexane） 198
1,2-ジメチルシクロヘキサン（1,2-dimethylcyclohexane） 198
——の異性体 199
ジメチルスルフィド（dimethyl sulfide） 250
ジメチルスルホキシド（dimethyl sulfoxide, DMSO）
酸化剤としての—— *792*
溶媒としての—— 244
3,3-ジメチルビシクロ[3.2.1]オクタン（3,3-dimethylbicyclo[3.2.1]octane） 210
2,3-ジメチル-2-ブテン（2,3-dimethyl-2-butene）
——の酸触媒水和反応 448
——への塩化水素の付加 127, 430
3,3-ジメチル-1-ブテン（3,3-dimethyl-1-butene）
——への臭化水素のラジカル付加 561
6,6-ジメチルフルベン（6,6-dimethylfulvene） *946*
2,2-ジメチルプロパナール（2,2-dimethylpropanal）
——の水和反応 *763*
2,2-ジメチルプロパン（2,2-dimethylpropane）
——の質量スペクトル 369
3,4-ジメチル-1,5-ヘキサジエン（3,4-dimethyl-1,5-hexadiene） *1149*
1,2-ジメチルベンゼン（1,2-dimethylbenzene） *650*
1,4-ジメチルベンゼン（1,4-dimethylbenzene） *650*
4,4-ジメチル-2-ペンタノン（4,4-dimethyl-2-pentanone）
——の ^{1}H NMR スペクトル 391
N,N-ジメチルホルムアミド（*N,N*-dimethylformamide, DMF） 244, *867*
溶媒としての—— 244
ジメドン（dimedone） *990*

cis-ジャスモン（*cis*-jasmone）*992*
シャープレス不斉エポキシ化
　（Sharpless asymmetric epoxidation）487
遮 蔽（shielding）393
臭化アセチル（acetyl bromide）
　——の物理的性質　*864*
臭化アリル（allyl bromide）105
臭化アルキル（alkyl bromide）
　——の合成　566, *845*
臭化アルミニウム（aluminium bromide）
　689
臭化イソプロピル（isopropyl bromide）308
　［→ 2-ブロモプロパン］
臭化エチル（ethyl bromide）68, 220
臭化カリウム錠剤
　（pellet of potassium bromide）381
臭化シアン（cyanogen bromide）
　1100, 1215
臭化シクロアルキル（cycloalkyl bromide）
　——の相対的反応性　282
臭化水素（hydrogen bromide）
　——のアルキンへのラジカル付加　550
　——のアルケンへの付加　475
　——のアルケンへのラジカル付加　542
臭化テトラエチルアンモニウム
　（tetraethylammonium bromide）226
臭化ビニル（vinyl bromide）220
　——の合成　566
臭化 *t*-ブチル（*t*-butyl bromide）
　——の脱離反応　328
　——の置換反応　296
臭化物イオン（bromide ion）286, 288
臭化プロパノイル（propanoyl bromide）
　860
臭化ベンジル（benzyl bromide）*665*
臭化メチル（methyl bromide）59
臭化メチレン（methylene bromide）220
シュウ酸（oxalic acid）*814*
重水素化
　——したアルカンの合成法　249
重水素化アルデヒド（deuterated aldehyde）
　985
重水素化ケトン（deuterated ketone）*985*
重水素化ベンゼン（deuteriobenzene）*682*
　ベンゼンからの——の生成　*666, 671, 739*
重水素交換反応（deuterium exchange）*682*
　アセトアルデヒドの——　*908*
重水素標識（deuterium labeling）*1137*
臭 素（bromine）
　——による酸化　*796*
臭素化（bromination）
　アルケンの——　474
　求核性のある溶媒中での——　478
　トルエンの——　*665*
　光——　554
　ベンゼンの——　*688*
臭素原子
　——の隣接基関与　*1169*
臭素水（bromine water）
　——による糖質の酸化　*1017*
ジュウテリオエタノール（deuterioethanol）
　801
ジュウテリオベンゼン → 重水素化ベンゼン
12-クラウン-4（12-crown-4）251
18-クラウン-6（18-crown-6）251, *823*
縮 合（condensation）
　アミンの——　*974*
　クネベナーゲル——　*945, 1212*
　クライゼン——　*959, 1212*
　クライゼン・シュミット——　*956, 1212*
　ダルツェンス——　*991*
　ディークマン——　*965, 1217*
　ベンゾイン——　*997*
縮合型ビシクロ化合物
　（fused bicyclic compound）117, 206
縮合環（fused ring）*1215*
縮 合（fused）ビシクロ型　206
縮 重（degeneracy）
　軌道の——　*636*
縮重反応（degenerate reaction）*1121, 1215*
　1,3-ペンタジエンにおける——　*1137*
縮 退（degeneracy）*636*
樹形図（tree diagram）407
酒石酸ジエチル（diethyl tartrate）487
主量子数（principal quantum number）5
順位則
　カーン・インゴールド・プレローグの——
　109, *1211*
硝 酸（nitric acid）*796*
　——酸化によるアルダル酸生成　*1018*
　酸化剤としての——　*791*
　ニトロ化試薬としての——　*687*
掌 性（handedness）144
(+)-ショウノウ（(+)-camphor）609
(−)-ショウノウ（(−)-camphor）609
正味の磁場（net field）393
触 媒（catalyst）135, *1215*
　均一(系)——　511
　不均一(系)——　511
触媒的水素化 → 水素化
植物ホルモン（plant hormone）103
ショ糖（cane sugar）*1033*
ジラジカル（diradical）495, *1215*
1,3-ジラジカル（1,3-diradical）534
シリルエーテル（silyl ether）*775, 1215*
C_{60}（フラーレン）*657*
シロシビン（psilocybin）*1062*
シン形（syn form）329
シン形トシラート（syn tosylate）*1185*
伸縮振動（stretching vibration）
　IR の——　*755*
　カルボニル基の——　*755*
親水性（hydrophilic）*847, 1092, 1215*
シン脱離（syn elimination）331, *1215*
　熱的な——　350
振動数（frequency）380
trans-シンナムアルデヒド
　（*trans*-cinnamaldehyde）*753*
シン付加（syn addition）*1215*
　カルベンの——　493
　ヒドロホウ素化における——　458
親油性（lipophilic）*1050, 1215*

す

水銀化合物（mercury compound）
　——を経由する水和　482
水酸化バリウム（barium hydroxide）*943*
水酸化物イオン（hydroxide ion）286, 288
　——とエステルとの反応　*875*
　——のカルボニル基への付加反応　*920*
H_2^+
　——の軌道相互作用図　38
H_3^+
　環状——の分子軌道　*1187*
水素化（hydrogenation）*1215*
　——における官能基の反応性（表）*1068*
　——における反応の選択性　512
　——によるアルデヒドの単離　*871*
　アルキンの——　514
　アルケンの——　511
　ニトリルの——　*884*
　ベンゼンの——　*679*
水素化アルミニウムリチウム
　（lithium aluminium hydride, LAH）
　784, 842
　——によるアジドの還元　*1065*
　——によるアミドの還元　*1067*
　——による α,β-不飽和カルボニル化合物への付加　*950*
　——によるエステルの還元　*878*
　オキシランの——還元　491
　酸塩化物と——の反応　*870*
水素化ジイソブチルアルミニウム
　（diisobutylaluminium hydride, DIBAL-H）
　878, 997
水素化トリエチルホウ素リチウム
　（lithium triethylborohydride）*784*
水素化トリ-*t*-ブトキシアルミニウムリチウム
　（lithium tri-*t*-butoxyaluminium hydride）
　871
水素化ナトリウム（sodium hydride）310
水素化熱（heat of hydrogenation）
　——と共鳴安定化　*633*
　——（表）513
　ジエン類の——　584
　ベンゼンの——　*633*
水素化物イオン（hydride ion）61, *1215*
　［→ ヒドリドもみよ］
水素化ベリリウム（beryllium hydride）54
水素化ホウ素ナトリウム
　（sodium borohydride）
　——による D-アルトロースの還元　*1016*
　——による D-グルコースの還元　*1004*
　オキシ水銀化における——　483
水素化ホウ素リチウム（lithium borohydride）
　——によるエステルの還元　*878*
水素結合（hydrogen bonding）*1215*
　——と溶媒和　245
　アミンの——　232
　アルコールと——　231
　カルボン酸分子間の——　*816*
　分子内——　*913*
　らせんとらせんとの間の——　*1092*
水素引抜き（hydrogen abstraction）
　530, *1215*
　——に関する選択性（表）555
　——の遷移状態　555
水素分子（hydrogen molecule）
　——における電子の軌道占有　33
　——のエネルギーと核間距離　30
　——の結合の強さ　35
　——の分子軌道　29

水 和（hydration） 135, *1215*
——における平衡 *762*
——における立体効果 *762*
アルキンの—— 507
アルケンの—— 135, 447
カルボニル化合物の—— *762*
水銀化合物を経由する—— 482
水和物（hydrate） *757, 1215*
——の安定性と置換基数 *762*
——の生成 *804*
スクアレン（squalene） 610, *1053*
スクアレンオキシド（squalene oxide） 611
スクラロース（sucralose） *1036*
スクロース（sucrose） 244, *1033, 1038*
スコポラミン（scopolamine） *1059*
ス ズ（tin）
——によるニトロベンゼンの還元 *696*
スタチン系薬剤（statin drugs） 353
trans-スチルベン（*trans*-stilbene） 350
スチレン（styrene） 549, *649*
ステアリン酸（stearic acid） *1047*
ステレオジェニック中心（stereogenic center） 623
ステレオジェニック原子（stereogenic atom） *1215*
ステレオジェン中心 (stereogenic center) 623
ステロイド（steroid） 612, *1215*
——骨格の番号付け 612
——類の生合成 610
ストリキニーネ（strychnine） 378, *1062*
——による分割 164, 166
ストレッカー合成（Strecker synthesis） *1085, 1215*
スパルテイン（sparteine） *1060*
スピロ（spiro）型 206
スピロ環（spiro ring） *1215*
スピロペンタン（spiropentane） 206
スピン（spin）
——の反転 387
——を示す矢印 7
核—— 386
電子—— 6
スピン結合（→ スピン-スピン結合） 399
スピン-スピン結合（spin-spin coupling） 399
スピンデカップリング（spin decoupling） 409
スピン量子数（spin quantum number） 6
スプラ型移動（suprafacial motion） *1143, 1216*
スペルミジン（spermidine） *1058*
スペルミン（spermine） *1058*
スルファニドイオン (sulfanide ion) 286
スルフィド（sulfide） 250, *1216*
——のアルキル化 308
——の酸化 *796*
——の命名法 250
スルホキシド（sulfoxide） *796, 1216*
——とスルホンの共鳴構造式 *797*
——の合成 *805*
スルホニウムイオン（sulfonium ion） 307, *1216*
スルホン（sulfone） *796, 1216*
——の生成 *805*
スルホキシドと——の共鳴構造式 *797*
スルホン化（sulfonation） *685*
スルホン酸（sulfonic acid） *796*
——の合成 *805*
スルホン酸アルキル（alkyl sulfonate）
——の合成 316
スルホン酸イオン（sulfonate ion） 288, 290
スルホン酸エチル（ethyl sulfonate） 290
スルホン酸保護基（blocking sulfonate group） *721*
スワン酸化（Swern oxidation） *792*

せ

正四面体（tetrahedron）
——の描き方 60
正四面体型中間体（tetrahedral intermediate） *1216*
エステル化における—— *826*
正四面体構造（tetrahedral structure）
メタンの—— 51
生成熱（heat of formation） *1216*
——と共鳴安定化 *634*
アルキンの—— 122
アルケンの—— 112
アレン類の——（表） 574
カルボカチオンの——（表） 301
シクロアルカンの—— 186
小さな炭化水素の——（表） 122
ヘキセン類の——（表） 113
生成物決定段階（product-determining step） 302, *1216*
生体内酸化反応（biological oxidation） *799*
生体分子（biomolecule） *1046, 1216*
セイチェフ脱離（Saytzeff elimination） 325（→ ザイツェフ脱離）
成長段階（propagation step） 543, *1216*
静電引力（electrostatic attraction） 127
生物有機化学（bioorganic chemistry） *1045, 1216*
赤外スペクトル（infrared spectrum） 381
アシル化合物の—— *866*
カルボニル化合物の—— *754*
カルボン酸の—— *817*
赤外線（infrared ray） 380
赤外特性吸収（characteristic infrared absorption） 381
——（表） 383
赤外分光計（infrared spectrometer） 381
赤外分光法（infrared spectroscopy） 380, *1216*
積分値（integral） *1216*
シグナルの—— 390
セスキテルペン（sesquiterpene） 609, *1050*
節（node） 10, *1216*
水素分子の—— 31
セッケン（soap） *847, 1048, 1216*
絶対立体配置（absolute configuration） 147, 165
Z（zusammen） 109
Z（ベンジルオキシカルボニル）基 *1104, 1221, 1226*
——の脱保護 *1107*
接頭語（prefix） 79
節 面（nodal plane） 11
水素分子の—— 31
セファロスポリン C（cephalosporin C） 378
セミカルバゾン（semicarbazone） *779*
セミブルバレン（semibullvalene） *1155*
セリン（serine）
——の性質 *1077*
セルラーゼ（cellulase） 103
セルロース（cellulose） *1033, 1040, 1216*
セロビオース（cellobiose） *1037*
遷移状態（transition state） 272, 339, *1216*
——間のエネルギー差 341
——と活性化エネルギー 271
——における芳香族性 *1121*
——における溶媒和の違い 293
E1cB 的—— 336
E2 反応における——の安定性 334
E1 反応の—— 326
E2 反応の—— 330
S_N1 反応の—— 297
S_N2 反応の—— 279, 280
エタンの配座の—— 66
コープ転位の—— *1147*
転位反応の—— *1141*
ハロゲン化アリルの S_N2 反応の—— 595
ベンジル位での S_N2 反応の—— *664*
旋光計（polarimeter） 153, *1216*
旋光度（angle of rotation） 153
——の符号 *1002*
選択性（selectivity）
水素化反応における—— 512
選択的 → 立体選択的

そ

双極子（dipole） 13
——と沸点 85
1,3-双極子（1,3-dipole） 497
1,3-双極子試薬（1,3-dipolar reagent） 497
双極子-双極子相互作用（dipole-dipole interaction） 245, 251
1,3-双極子付加（1,3-dipolar addition） 498
双極子モーメント（dipole moment） 13, *1216*
カルボニル基の—— *750*
ハロゲン化アルキルの——（表） 231
双性イオン（zwitterion） *1080, 1216*
阻害剤（inhibitor） *1216*
ラジカル連鎖反応—— 544
側 鎖（side chain） *1216*
アミノ酸の—— *1078*
速度定数（rate constant） 270, *1216*（→ 反応速度定数）
速度論（kinetics） 340, *1216*
速度論支配（kinetic control） 341, 589, *1216*
速度論的エノラート（kinetic enolate） *957, 980, 1216*

速度論的分割（kinetic resolution） *1087, 1216*
疎水性（hydrophobic） *847, 1092, 1216*
SODAR（二重結合と環の総数） 126, *1216*
ソックスレー抽出器（Soxhlet extractor） *943*
ソラソジン（solasodine） *1060*
D-ソルビトール（D-sorbitol） *1004*

た

第一級アミン（primary amine） 224, *1216*
——の生成 *883*
アジドを用いた—— *1065*
第一級アルコール（primary alcohol）
——の合成 *786, 803*
エステルからの——の生成 *878*
カルボン酸からの——の生成 *841*
酸塩化物からの——の生成 *870*
第一級化合物（primary substrate）
——における置換反応 304
第一級カルボカチオン（primary carbocation） 134
第一級炭素（primary carbon） 75, *1216*
第三級アミン（tertiary amine） 224, *1216*
第三級アルコール（tertiary alcohol） *794*
——の合成 *787, 803, 877*
酸塩化物からの——の生成 *870*
第三級化合物（tertiary substrate）
——での脱離反応 328
——における置換反応 304
第三級カルボカチオン（tertiary carbocation） 134
転位による——の生成 346
第三級炭素（tertiary carbon） 75, *1216*
対称伸縮振動（symmetrical stretch） *867*
第二級アミン（secondary amine） 224, *1216*
第二級アルコール（secondary alcohol）
——の合成 *786, 803*
第二級化合物（secondary substrate）
——での脱離反応 328
——における置換反応 305
第二級カルボカチオン（secondary carbocation） 134
第二級炭素（secondary carbon） 75, *1216*
ダイヤモンド（diamond） 214
第四級炭素（quaternary carbon） 75, *1216*
多環化合物（polycyclic compound） 84, 211
多官能性化合物（polyfunctional compound） *1167*
多環芳香族化合物（polynuclear aromatic compound） *656*
多環芳香族炭化水素（polycycylic aromatic hydrocarbon） *656, 1216*
——と発がん *659*
タキソール（Taxol） 177
多重スピン結合（multiple coupling） 401
多重線（multiplet） 398
多置換ベンゼン（multiply substituted benzene）
——の求電子置換反応 *718*
脱水剤（dehydrating agent） *839*
脱水縮合
ジシクロヘキシルカルボジイミドによる—— *1105*
脱水反応（dehydration） 326
アルドールの—— *938*
脱炭酸 → 脱二酸化炭素
脱二酸化炭素（decarboxylation） *842, 930, 1216*
——によるケトンの合成 *931*
カルバミン酸の—— *893*
β-ケト酸の—— *931*
電気化学的—— *844*
脱プロトン（deprotonation） 324
——とプロトン化 450
ブチルリチウムによる—— *973*
脱離基（leaving group） 262, *1216*
——とそれらの共役酸（表） 288
——の構造とS_N1反応 303
——の名称 262
優れた—— 289
優れた——に変換する方法 288, 607
脱離反応（elimination reaction） 323〜, *1216*
コープ—— 351
ホフマン—— 335, *1222*
脱 硫（desulfurization） 251
多糖類（polysaccharide） *1033, 1216*
ダルツェンス縮合（Darzens condensation） *991*
タロース（talose） *1004*
単一障壁（single barrier） *1123*
炭化水素（hydrocarbon） 49, *1216*
——の合成 *804*
カルボン酸からの——の生成 *844, 850*
有機金属試薬による——の合成 *783, 785*
有機クプラートによる——の合成 *784*
炭化水素のクラッキング（hydrocarbon cracking） 532, *1217*
炭 酸（carbonic acid） *844*
炭酸エステル（carbonate）
——の生成 *897*
炭酸水素ナトリウム（sodium hydrogencarbonate, sodium bicarbonate） *844*
炭酸ナトリウム（sodium carbonate） *844*
炭水化物（carbohydrate） *999*
^{13}C NMR 410
簡単なアルカンの—— 86
^{13}C化学シフト（^{13}C chemical shift）
——（表） 412
炭素2s原子軌道（carbon 2s atomic orbital） 32
炭素2p原子軌道（carbon 2p atomic orbital） 32
炭素鎖伸長反応（chain-lengthening reaction） 490
炭素－酸素結合（carbon－oxygen bond）
——が生成するときの軌道相互作用図 229
——の双極子 *905*
炭素－酸素二重結合（carbon－oxygen double bond） *747*
——の構造 *748*
炭素－水素結合（carbon－hydrogen bond）
——の開裂 61
炭素－炭素結合（carbon－carbon bond）
——の開裂 529
——の生成 67
——の生体内での生成 137
炭素－炭素結合距離（carbon－carbon bond distance） 121 ［→ 結合距離もみよ］
炭素－炭素三重結合（carbon－carbon triple bond） 121
炭素－炭素二重結合（carbon－carbon double bond） 95
——のπ結合とσ結合の違い 101
——の隣接基関与 *1184*
炭素－窒素結合（carbon－nitrogen bond） 229
炭素－窒素二重結合（carbon－nitrogen double bond） *777*
単糖類（monosaccharide） *1033, 1217*
タンパク質（protein） 220, *1075〜, 1078, 1217*
——のX線回折 *1092*
——の構造 *1092*
——の構造決定 *1094*
——の変性 *1093*
球状—— *1092*
断片イオン（fragment ion） 366
断片化パターン（fragmentation pattern） 366, *1217*

ち，つ

チアゾリノン（thiazolinone） *1099*
チオエーテル（thioether） 249, *1217*
チオ尿素（thiourea） *1098, 1217*
——の合成 *1118*
チオヒダントイン（thiohydantoin）
——の合成 *1118*
チオフェノール（thiophenol） 250
チオフェン（thiophene） *653*
——の求電子置換反応 *703*
チオラート（thiolate） 250, *1217*
チオール（thiol） 249, *1217*
——の酸化 *796*
——の酸性度 250
——の命名法 250
力の定数（force constant） 381, *1217*
置換アルカン類（substituted alkanes）
——の合成 246
置換アルキン（substituted alkyne） 123
置換アルケン（substituted alkene） 104
置換イミン（substituted imine）
——の生成 *779*
置換基（substituent） 58, *1217*
——の位置と相対反応速度（表） *706*
——の数とラジカルの安定性 538
——の立体効果と電子効果 *719*
置換反応（substitution reaction） 257〜, *1217*
——の合成への活用 306
トルエンの—— *710*
ベンジル化合物の—— *662*
ベンゼンの—— *681*
芳香族化合物の—— *666, 677〜*

置換ピリジン（substituted pyridine）
　——の生成　*727*
置換ベンゼン（substituted benzene）*648*
　——の物理的性質（表）*652*
置換命名法（substitutive nomenclature）221
逐次反応（stepwise reaction）*1123*
チクロ（cyclamate）*1036*
チチバビン反応（Chichibabin reaction）
　726, *1217*
窒素原子
　——の隣接基関与　*1175*
チミン（thymine）*660*, *1111*
中員環化合物　186
中間体 → 反応中間体
超強酸（superacid）*735*, *1190*, *1217*
超共役（hyperconjugation）441, *1217*
　アルキル基の——　*710*
長距離スピン結合（long-range coupling）
　403, *1217*
長鎖脂肪酸（long-chain fatty acid）*847*
直鎖アルカン（straight-chain alkane）
　——（表）77
直交軌道（orthogonal orbitals）33, *1217*
チロシン（tyrosine）*738*
　——の性質　*1077*
青蒿素（チンハオス）536

ツイストフレックス（twistoflex）*658*
対スピン（paired spins）7, *1217*
ツジョン（thujone）609
ツボクラリン（tubocurarine）*1063*
ツリー図（tree diagram）407

て

T（チミン）*1111*
D　*1002*
DIBAL-H（水素化ジイソブチルアルミニウム）
　878, *997*
tRNA（転移 RNA）*1114*
DEPT（分極移動による無歪増感法）411,
　1217
Ts（トシル基）290, 331
DHA（ドコサヘキサエン酸）*847*
THF（テトラヒドロフラン）226, 227, 233,
　455
THP（テトラヒドロピラニル）エーテル
　775, *1217*
DNA（デオキシリボ核酸）*660*, *1110*, *1217*
　RNA と——を構成する塩基　*1111*
TMS（テトラメチルシラン）388, *1217*
DMSO（ジメチルスルホキシド）244, *792*
DMF（*N*,*N*-ジメチルホルムアミド）
　244, *867*
DL 表示（DL convention）*1002*
　——と旋光度の符号　*1002*
ディークマン縮合
　（Dieckmann condensation）*965*, *1217*
DCC（ジシクロヘキシルカルボジイミド）
　834, *1105*, *1215*
停止段階（termination step）544, *1217*
DCU（ジシクロヘキシル尿素）*1105*
DBE（二重結合等価数）126
ディールス・アルダー反応
　（Diels–Alder reaction）596, *1217*
　——における軌道相互作用　*1131*
　——の反応機構　599
　逆——　602
　協奏反応としての——　*1123*
　共役ジエン類の——　596
　ピロールの——　*733*
　フランの——　*733*
　ベンゼンの——　*731*
デオキシリボ核酸（deoxyribonucleic acid,
　DNA）*660*, *1110*, *1217*
デオキシリボース（deoxyribose）
　——に対応するヌクレオシドの構造　*1110*
1,5-デカジエン（1,5-decadiene）571
デカップリング（decoupling）409, *1217*
デカリン（decalin）208
デカン（decane）77
テストステロン（testosterone）613
1-デセン（1-decene）119
テトラサイクリン（tetracycline）377
s-テトラジン（*s*-tetrazine）*1165*
テトラヒドロピラニル（THP）エーテル
　（tetrahydropyranyl（THP）ether）
　775, *1217*
テトラヒドロピラン（tetrahydropyran）227
テトラヒドロフラン（tetrahydrofuran, THF）
　87, 226, 227, 233, 455
　——の ^{13}C NMR シグナル　87
テトラ-*t*-ブチルテトラヘドラン
　（tetra-*t*-butyltetrahedrane）211
テトラフルオロホウ酸トリメチルオキソニウム
　（trimethyloxonium tetrafluoroborate）241
テトラヘドラン（tetrahedrane）211
テトラマンタン（tetramantane）213
テトラメチルシラン（tetramethylsilane）
　388, *1217*
テトロース（tetrose）*1003*, *1217*
デバイ（debye）13
3-デヒドロキナ酸イオン
　（3-dehydroquinate）*736*
デヒドロベンゼン（dehydrobenzene）*730*
DEPT（分極移動による無歪増感法）
　411, *1217*
テフロン（Teflon）549
デュワー構造式（Dewar forms）*630*, *1217*
デュワーベンゼン（Dewar benzene）
　627, *1217*
δ（化学シフト）390
δ+（部分正電荷）13, 128
δ−（部分負電荷）13, 128
テルペン類（terpenes）609, *1050*, *1217*
　——の生合成　605
テレフタル酸（terephthalic acid）*837*
転 位（rearrangement）346, *1217*
　アシル化合物の協奏的な——反応　*888*
　アルキル基の——　347
　ウォルフ——　*889*, *1209*
　カルボカチオンの——　345, 348, 354, 444
　クライゼン——　*1150*, *1164*
　クルチウス——　*892*, *1213*
　コープ——　*1146*, *1213*
　シグマトロピー——　*1138*, *1214*
　生体内で起こる——　464
　ビニル基の——　563
　フリーデル・クラフツアルキル化に
　　おける——　*691*
　ベックマン——　*886*, *1221*
　ホフマン——　*892*, *1222*
　マックラファティ——　368, *1222*
　ラジカルの——　561
　ワグナー・メーヤワイン——　347, *1224*
[1,3]転位（[1,3]shift）*1139*
[1,5]転位（[1,5]shift）*1138*
[3,3]転位（[3,3]shift）*1146*
転移 RNA（transfer RNA）*1114*
電気陰性度（electronegativity）14, 128, *1217*
　——（表）14
電気泳動（electrophoresis）*1082*, *1217*
電 子（electron）1, *1218*
電子環状反応（electrocyclic reaction）
　1125, *1218*
　——における回転様式　*1131*
電子求引基（electron-withdrawing group）
　716
　——で置換された酸　*820*
　——と化学シフト　395
　——とカルボニル化合物　*764*
電子求引効果（electron-withdrawing effect）
　エノラートの安定化と——　*919*
電子親和力（electron affinity）3, *1218*
　——（表）4
電子スピン（electron spin）6
電磁スペクトル（electromagnetic spectrum）
　380
電子遷移（electronic transition）374
電子の押し出し（electron pushing）22
電子配置（electronic configuration）7
電子分光法（electronic spectroscopy）
　372, *1218*
電子ボルト（electron volt）3
天然ゴム（natural rubber）606
天然物（natural product）84, *1218*
伝搬段階（propagation step）543
デンプン（starch）*1033*, *1218*

と

同位体（isotope）
　——とその天然存在比（表）364
　——の質量（表）365
同位体効果（isotope effect）*1193*, *1218*
銅(I)塩
　——とザンドマイヤー反応　*698*
糖 鎖（sugar chain）
　——の伸長と短縮　*1011*
糖 質（sugars）*999*～, *1218*
　——のアルカリ水溶液中における異性化
　1014
　——の還元　*1016*
　——の環状ヘミアセタール構造　*768*
　——の酸化　*1017*
　——の反応　*1014*
　——のフィッシャー投影式　*1001*
　——の変旋光　*1014*
　——の命名法と構造　*1000*
　——のメチル化　*1021*
　——の合成　*1011*

銅試薬 → 有機クプラート
同旋的（conrotatory）回転　*1126*
同旋的過程（conrotation）*1126, 1218*
動的 NMR スペクトル（dynamic NMR spectrum）416
等電点（isoelectric point）*1081, 1218*
糖 類（saccharides）（→ 糖質）*999*
渡環ひずみ（transannular ring strain）188
特異的 → 立体特異的
ドコサヘキサエン酸（docosahexaenoic acid）*847*
トシラート（tosylate）290
トシル基（tosyl group）290, 331
突然変異（mutation）*660*
ドデカヘドラン（dodecahedrane）179, 211
ドデカン（dodecane）77
L-ドーパ（L-dopa）*1059*
ドーパミン（dopamine）*1059*
トランス（trans）*1218*
s-トランス（s-trans）582, *1218*
　ギ酸の——形　*816*
トランス形（trans form）82
　ジイミドの——　511
トランス形アルケン（trans alkene）515
トランス縮合（trans ring fusion）207
トランスファー RNA（→ 転移 RNA）*1114*
トリアコンタン（triacontane）77
トリアシルグリセロール（triacylglycerol）*1047*
トリアゾリン（triazoline）525
トリアマンタン（triamantane）213
トリアルキルボラン（trialkylborane）460
[5]トリアングラン（[5]triangulane）207
トリエチルアミン（triethylamine）224
1,3,5-トリオキサン（1,3,5-trioxane）227
トリキナセン（triquinacene）378
トリグリセリド（triglyceride）*1047, 1218*
トリクロロエタナール（trichloroethanal）
　——の水和反応　*763*
トリクロロ酢酸（trichloroacetic acid）
　——の pK_a 値　*820*
1,3,5-トリクロロベンゼン（1,3,5-trichlorobenzene）*651*
トリクロロメタン（trichloromethane）220
ドリコジアール（dolichodial）*1052*
トリシクロイリシノン（tricycloillicinone）212
トリシクロ[4.1.0.0^{1,3}]ヘプタン（tricyclo[4.1.0.0^{1,3}]heptane）207
トリシクロ[1.1.1.0^{1,3}]ペンタン（tricyclo[1.1.1.0^{1,3}]pentane）212
トリチルカチオン（trityl cation）*640, 663*
トリテルペン（triterpene）609, *1050*
トリハロメタン（trihalomethane）*920*
トリフェニルホスフィン（triphenylphosphine）292, *797*
トリフェニルホスフィンオキシド（triphenylphosphine oxide）*798*
トリフェニルメチルラジカル（triphenylmethyl radical）541
トリプシン（trypsin）*1100*
トリプチセン（triptycene）*745*
トリプトファン（tryptophan）
　——の性質　*1077*
トリフルオロエタナール（trifluoroethanal）
　——の水和反応　*763*
2,2,2-トリフルオロエタノール（2,2,2-trifluoroethanol）237
トリフルオロ過酢酸（trifluoroperacetic acid）485
トリフルオロ酢酸（trifluoroacetic acid）
　——の pK_a 値　*820*
トリメチルアニリニウムイオン（trimethylanilinium ion）*712*
トリメチルアミン（trimethylamine）
　——の pK_a 値　239
　——の物理的性質　233
2,3,3-トリメチル-1-ブテン（2,3,3-trimethyl-1-butene）
　——の臭素化　479
トリメチレンオキシド（trimethylene oxide）227
α,α,α-トリヨードカルボニル化合物（α,α,α-triiodocarbonyl compound）*920*
p-トルアルデヒド（p-tolualdehyde）*753*
トルエン（toluene）*644, 649*
　——の質量スペクトル　367
　——の臭素化　*665*
　——の置換反応　*710*
p-トルエンスルホニル基（→ トシル基）（p-toluenesulfonyl group）290, 331
p-トルエンスルホン酸エチル（ethyl p-toluenesulfonate）290
トレオース（threose）*1003*
トレオニン（threonine）
　——の性質　*1077*
トロパン（tropane）*1059*
トロパンアルカロイド（tropane alkaloid）*1059*
トロピノン（tropinone）*993*
トロピリウムイオン（tropylium ion）*640, 1218*
　——の生成　*671*
トロピリデン（tropilidene）*640*

な，に

ナイトレン（nitrene）*892, 1218*
ナイロン（nylon）*836*
ナイロン 66（nylon 66）*836*
ナトリウム（→ 金属ナトリウム）310
ナトリウムアミド（sodium amide）*729, 958*
ナトリウム還元（reduction by sodium）
　アンモニア中での——　515
ナフタレン（naphthalene）*644, 656, 659*
鉛（lead）
　——とザンドマイヤー反応　*699*
ナルシクラシン（narciclasine）*1063*
ナルボマイシン（narbomycin）93, 177

二塩基酸（dibasic acid）*814*
二環性アミン（bicyclic amine）*1175*
二クロム酸ナトリウム（sodium dichromate）*790*
ニコチン（nicotine）*1061*
ニコチンアミドアデニンジヌクレオチド（nicotinamide adenine dinucleotide, NAD^+）*799*
ニコルプリズム（Nicol prism）153
二酸化炭素（carbon dioxide）
　——の双極子モーメント　14
　有機金属試薬と——の反応　*824*
二酸化マンガン（manganese dioxide）*791*
二次軌道相互作用（secondary orbital overlap）604
二次構造（secondary structure）*1218*
　タンパク質の——　*1091*
二次反応（second-order reaction）270, *1218*
二重結合（double bond）95, *1218*
　——をもつ化合物の逆合成解析　*947*
　環内——　114
　累積——　575
二重結合等価数（double bond equivalent）126, *1218*
二重結合と環の総数（sum of double bonds and rings, SODAR）126
二重線（doublet）390, 400
二重に α 位の水素（doubly α hydrogen）*928, 961*
　ディークマン縮合における——　*965*
二炭酸ジ-t-ブチル（di-t-butyl dicarbonate）*1104*
2 炭素伸長反応（two-carbon extention）490
1,1-二置換シクロヘキサン（1,1-disubstituted cyclohexane）198
1,2-二置換シクロヘキサン（1,2-disubstituted cyclohexane）198
二置換ベンゼン（disubstituted benzene）*705*
二糖類（disaccharide）*1033, 1218*
ニトリル（nitrile）*862, 1218*
　——と有機金属試薬の反応　*882*
　——の塩基触媒加水分解　*882*
　——の金属水素化物による還元　*883*
　——の合成　*888, 898*
　——の酸触媒加水分解　*882*
　——の触媒的水素化　*884*
　——の反応　*881*
　——の命名法　*862*
　アシル類似化合物としての——　*857*
ニトリルオキシド（nitrile oxide）497
ニトロ化（nitration）*687*
ニトロ基（nitro group）21, *714*
　——とアミノ基の相互変換　*721*
　——と芳香族求核置換反応　*725*
ニトロ酢酸（nitroacetic acid）
　——の pK_a 値　*820*
N-ニトロソアニリン（N-nitrosoaniline）*697*
4-ニトロトルエン（4-nitrotoluene）
　——のニトロ化反応　*718*
ニトロニウムイオン（nitronium ion）*687*
4-ニトロフェノール（4-nitrophenol）*650*
p-ニトロフェノール（p-nitrophenol）*650*
ニトロベンゼン（nitrobenzene）
　——の還元　*696*
　——の合成　*687, 740*
　——の臭素化　*721*
　——のニトロ化　*713*

ニトロメタン（nitromethane）
——の共鳴構造式 21
——の電子表示 21
溶媒としての—— 244
ニトロン（nitrone） 497
二ハロゲン化物（dihalide）
——の合成 520
アルケンからの—— 474
二分子求核置換反応（→ S_N2 反応） 274, *1209*
二分子脱離反応（→ E2 反応） 327, *1208*
二面角（dihedral angle） 63, 329, *1218*
——と結合定数 402
乳酸デヒドロゲナーゼ（lactate dehydrogenase） *1093*
乳 糖（milk sugar） *1033*
ニューマン投影式（Newman projection） 64, *1218*
エタンの—— 64
尿 素（urea） *844, 1098, 1218*
——の合成 *1118*
二硫化炭素（carbon disulfide） 351
二量化（dimerization） 532
アルケンの—— 450
コルベ電解による—— *844*
置換エチレンの—— *1134*
二量体（dimer）
カルボン酸の—— *816*
二リン酸（diphosphoric acid） 606
二リン酸ゲラニル（geranyl diphosphate） 607
二リン酸ファルネシル（farnesyl diphosphate） 608
二リン酸 3-メチル-3-ブテニル（3-methyl-3-butenyl diphosphate） 606
ニンニク（garlic） 249
ニンヒドリン（ninhydrin） *1088, 1218*

ぬ～の

ヌクレオシド（nucleoside） *1109, 1218*
ヌクレオチド（nucleotide） *1109, 1218*

ネオペンタン（neopentane） 75
——の対称性と沸点 85
ネオペンチル基（neopentyl group）
——の立体効果 282
ねじれ形（twist form） 183, 191
ねじれ形エタン（staggered ethane） 63, *1218*
ねじれひずみ（torsional strain） *1218*
エタンの—— 102
シクロプロパンの—— 181
ねじれ舟形（twist-boat） 191
熱的転位反応（thermal rearrangement）
シクロブテンの—— *1124*
熱的二量化反応（thermal dimerization）
エチレンの—— *1134*
熱反応（thermal reaction）
——と光化学反応 *1130*
熱分解（pyrolysis, thermolysis） 529, *1218*
エステルの—— 350
熱力学（thermodynamics） 340, *1218*
熱力学支配（thermodynamic control） 341, 589, *1218*
付加反応における—— 589
熱力学的エノラート（thermodynamic enolate） *980, 1218*
燃 焼（combustion） 140
燃焼熱（heat of combustion）
——によるひずみの解析 188
シクロアルカンの—— 190

ノナン（nonane） 77
1-ノネン（1-nonene） 119
ノ ル（nor） *1184*
ノルボルナン（norbornane） *1184*
exo-2-ノルボルニルアセタート（*exo*-2-norbornyl acetate） *1194*
2-ノルボルニル化合物（2-norbornyl compound） 332
2-ノルボルニルカチオン（2-norbornyl cation） *1198*
ノルボルニル系（norbornyl system） *1184, 1218*
2-ノルボルニルトシラート（2-norbornyl tosylate） *1194*
7-ノルボルネニルトシラート（7-norbornenyl tosylate） *1185*
ノルボルネン-7-オール（norbornen-7-ol） *1184*
ノルロイシン（norleucine） *1083*

は

π 軌道（π orbital, pi orbital） 101, *1218*
配向性（orientation）［→ オルト-メタ配向性, → オルト-パラ配向性］ *706*
配 座（→ 立体配座） 63
配座異性体（conformational isomer） 73, 171, *1219*
配座解析（conformational analysis） *1219*
シクロヘキサンの—— 190
ブタンの—— 72
配座鏡像異性体（conformational enantiomer） 158, 171, *1219*
配座ジアステレオマー（conformational diastereomer） 171
倍数接頭語 79
π スタッキング（π stacking） *652*
ハイゼンベルクの不確定性原理（Heisenberg uncertainty principle） 2, *1219*
$\pi \rightarrow \pi^*$ 吸収（$\pi \rightarrow \pi^*$ absorption） *756*
$\pi \rightarrow \pi^*$ 遷移（$\pi \rightarrow \pi^*$ transition） 374
バイヤー・ビリガー反応（Baeyer-Villiger reaction） *885, 1219*
パウリの原理（Pauli principle） 7, *1219*
麦芽糖（malt sugar） *1033*
橋かけ
ジスルフィド結合による—— *1091*
橋かけ型ビシクロ化合物（bridged bicyclic compound） 117, 206
橋かけ環（bridged ring） *1219*
橋かけ（bridged）ビシクロ型 206
波 数（wavenumber） 381, *1219*
パスカルの三角形（Pascal's triangle） 401
ハース構造式（Haworth form） *1010, 1219*
バーチ還元（Birch reduction） *669, 1219*
波 長（wavelength） 381
発エルゴン的（exergonic） 265, *1219*
発煙硫酸（oleum） *685*
発がん（carcinogenesis）
多環芳香族炭化水素による—— *659*
バックミンスターフラーレン（buckminsterfullerene） *658*
バッケノリド A（bakkenolide-A） 207
発熱反応（exothermic reaction） 35, 131, 265, *1219*
——のエネルギー図 265, 344
パツリン（patulin） 378
波動関数（wave function） 5, *1219*
バニリン（vanillin） *635*
パパベリン（papaverine） *1063*
ハープ変法（Harpp modification）
HVZ 反応の—— *923*
ハモンドの仮説（Hammond postulate） 343, *1219*
パ ラ（para） *649, 706, 1219*
パラクライゼン転位（para-Claisen rearrangement） *1164*
パラジウム（palladium）
活性炭上に担持した—— 511
炭酸カルシウムに担持した—— 514
[*n*]パラシクロファン（[*n*]paracyclophane） *732, 1219*
パラ置換（para substitution）
アニソールの—— *707*
トルエンの—— *710*
パラレッド（Para Red） *741*
パリトキシン（palytoxin） *981*
パリトキシンカルボン酸（palytoxin carboxylic acid） *981*
バリン（valine） *924, 1076*
——の性質 *1077*
パルス・フーリエ変換法（pulse Fourier transform spectroscopy） 388
バルバラレン（barbaralane） *1155*
バルバラロン（barbaralone） *1155*
パルミチン酸（palmitic acid） *846, 1047*
——の生体内酸化 *846*
パルミチン酸アニオン（palmitate anion）
——からのミリスチン酸アニオンの生成 *969*
ハルミン（harmine） *1064*
δ-バレロラクタム（δ-valerolactam） *862*
δ-バレロラクトン（δ-valerolactone） *833, 860*
α-ハロアルデヒド（α-halo aldehyde）
——の合成 *985*
α-ハロカルボニル化合物（α-halo carbonyl compound） *763*
α-ハロカルボン酸（α-halo carboxylic acid）
——の合成 *985*
——を用いる α-アミノ酸の合成 *1083*
α-ハロケトン（α-halo ketone） *918, 985*
ハロゲン（halogen）
——のアルケンへの付加 474
——の隣接基関与 *1178*

ハロゲン化（halogenation）
　アリル位の——　557
　α位の——　*918*
　エステルの——　*924*
　カルボン酸の——　*921*
　光——　551
　ベンゼンの——　*687*
ハロゲン化アリル（allyl halide）
　——の合成　566
ハロゲン化アルキル（alkyl halide）　*1219*
　——とフリーデル・クラフツアルキル化　*689*
　——の合成　*850*
　——の合成への利用　306
　——の構造　228
　——の双極子モーメント（表）　231
　——の置換反応　257, 262
　——の名称と性質（表）　220
　——の命名法　220
　アルケンからの——の合成　467
　アルコールからの——の合成　316
ハロゲン化水素（hydrogen halide）
　——のアルキンへの付加　504
　——のアルケンへの付加　128, 430
　——のラジカル付加　546
ハロゲン化トリアルキルシリル（trialkylsilyl halide）　*775*
ハロゲン化ビニル（vinyl halide）　506
　——の合成　521
ハロゲン化物（halide）
　——とカルボン酸アニオンとの反応　*831*
ハロゲン化物イオン（halide ion）
　——の塩基性と求核性　287
ハロゲン化メチル（methyl halide）
　——の構造　228
ハロゲン化リン（phosphorus halide）
　アルコールと——の反応　292
ハロヒドリン（halohydrin）　311, 479, *1219*
　——の合成　520
ハロベンゼン（halobenzene）　*740*
　——の求電子置換反応　*716*
ハロホルム（haloform）　*920*, *1219*
　——の生成　*985*
ハロホルム反応（haloform reaction）　*919*, *1219*
半いす形（half-chair）　191
反結合性相互作用（antibonding interaction）　33
反結合性分子軌道（antibonding molecular orbital）　31, *1219*
　——の表記　54
反 転（inversion）　[→ 立体反転，環反転もみよ]
　アミンの——　230
　ワルデン——　281
反応機構（reaction mechanism）　259, *1219*
反応座標（reaction coordinate）　35
反応進度（reaction progress）　35
反応性（reactivity）　41
反応速度（rate of chemical reaction）　269
　E1 反応の——　324
　E2 反応の——　327
　S_N1 反応の——　296
　S_N2 反応の——　274
　酵素と——　352
反応速度定数（rate constant）　270
反応中間体（reactive intermediate）　61, *1219*
反芳香族性（antiaromatic）　*638*, *1219*

ひ

p*I*（等電点）　*1081*, *1218*
Pr（プロピル基）　71, *1221*
Bs（ブロシル基）　*1171*
Ph（フェニル基）　*649*, *1226*
BHA　544
PHA（多環芳香族炭化水素）　*656*
BHT（2,6-ジ-*t*-ブチル-4-メチルフェノール）　544
*t*Boc（*t*-ブトキシカルボニル）基　*1104*, *1220*
　——の脱保護　*1107*
光塩素化（photochlorination）　551
光臭素化（photobromination）　554
光二量化反応（photochemical dimerization）
　アルケンの——　*1135*
光ハロゲン化（photohalogenation）　551
　——反応における選択性　554
非還元糖（nonreducing sugar）　*1038*, *1219*
ビキジル（viquidil）　93
2p 軌道（2p orbital）
　——間の相互作用　34
　——の 3 次元表示　11
非協奏反応（nonconcerted reaction）　*1123*
非共有電子（unshared electron）　12
非局在化（delocalization）　26, *1219*
　——を表す略式構造式　*681*
非局在化エネルギー（delocalization energy）　*633*, *1219*
pK_a 値　235, 624, *1219*
　アミノ酸の——　*1077*
　アルコールの——　236
　アンモニウムイオンの——　239
　オキソニウムイオンの——　236
　カルボニル化合物の——　*904*
　ケトンとアルデヒドの——　*904*
　ジカルボニル化合物の——（表）　*929*
　代表的分子の——（表）　235, *1225*
　ヨードホルムの——　*920*
非結合性軌道（nonbonding orbital）　31, *1219*
非結合電子（nonbonding electron）　12, *1219*
pK_b 値　241
ビシクロ[3.2.1]オクタン（bicyclo[3.2.1]octane）　210
ビシクロ化合物（bicyclic compound）　206
　——の命名法　210
　縮合型——　206
　橋かけ型——　206
ビシクロ[3.3.1]ノナ-1-エン（bicyclo[3.3.1]non-1-ene）　118
3,3′-ビシクロプロペニル（3,3′-bicyclopropenyl）　*627*
ビシクロ[2.2.0]ヘキサ-2,5-ジエン（bicyclo[2.2.0]hexa-2,5-diene）　*627*
ビシクロ[2.2.1]ヘプタン（bicyclo[2.2.1]heptane）　179, *1184*
ビシクロ[2.2.1]ヘプタン-2-オール（bicyclo[2.2.1]heptan-2-ol）　*1194*
2-ビシクロ[2.2.1]ヘプチル化合物（2-bicyclo[2.2.1]heptyl compound）　332
anti-ビシクロ[2.2.1]ヘプテン-7-オール（*anti*-bicyclo[2.2.1]hepten-7-ol）　*1190*
ビシクロ[1.1.1]ペンタン（bicyclo[1.1.1]pentane）　212
ビシクロペンチル（bicyclopentyl）　83
微視的可逆性（microscopic reversibility）　274, *1219*
ビシナル（vicinal）　474, 550, *1219*
ビシナルジオール（vicinal diol）　[→ 1,2-ジオールもみよ]
　——の合成　520
　——の酸化的開裂　*793*
ビシナル二ハロゲン化物（vicinal dihalide）　474, 566
ビス(2-クロロエチル)スルフィド（bis(2-chloroethyl) sulfide）　*1174*
ヒスチジン（histidine）
　——の性質　*1077*
1,2-ビス(フェニルヒドラゾン)（1,2-bis(phenylhydrazone)）　*1019*
ひずみ（strain）
　環状化合物の——　180
ひずみエネルギー（strain energy）　186
　——と結合開裂　534
p 性（p character）　53
被占軌道（occupied molecular orbital）　129, 261
比旋光度（specific rotation）　154, *1219*
非対称アルケン（unsymmetrical alkene）
　——への付加　439
ビタミン A（vitamin A）　117, 379, *1052*
ビタミン B_{12}（vitamin B_{12}）　378
ビタミン C（vitamin C）　*1043*
ビタミン E（vitamin E）
　——と老化　564
必須アミノ酸（essential amino acid）　*1077*, *1078*, *1219*
被 毒（poisoned）　*871*
ヒドラゾン（hydrazone）　*779*
ヒドリドイオン（hydride ion）　61, *1215*
ヒドリド移動（hydride shift）　346, *1219*
　——と MPVO 反応　*977*
　——とカニッツァロ反応　*976*
　分子内——　464
　隣接基関与と——　*1192*
ヒドリド還元（hydride reduction）　*800*
β-ヒドロキシアルデヒド（β-hydroxyaldehyde）　*936*
　——の合成　*938*, *985*
β-ヒドロキシカルボニル化合物（β-hydroxycarbonyl compound）　*938*
ヒドロキシ基（hydroxy group）　108, 222
　——の保護　*1026*
　環状ヘミアセタール生成における——の隣接基関与　*1169*
β-ヒドロキシケトン（β-hydroxy ketone）
　——の合成　*938*, *985*
ヒドロキシ酸素（hydroxy oxygen）　*821*

5-ヒドロキシヘキサナール（5-hydroxyhexanal） *1005*
2-ヒドロキシ-6-メチルテトラヒドロピラン（2-hydroxy-6-methyltetrahydropyran） *1005*
4-ヒドロキシ-4-メチル-2-ペンタノン（4-hydroxy-4-methyl-2-pentanone） *940*
ヒドロキノン（hydroquinone） 544, *650*
ヒドロホウ素化（hydroboration） *1219*
　——によるアルコールの生成　461
　——の位置選択性　456
　——の反応機構　455
　アルキンの——　509
　アルケンの——　453
ヒドロホウ素化-酸化（hydroboration-oxidation）
　——によるアルコール合成法　462
ピナコロン（pinacolone） 471
ビニルアルコール（vinyl alcohol） *911*
　——の構造　*911*
ビニル化合物（vinyl compound） 104
ビニルカチオン（vinyl cation） 504
ビニル基（vinyl group） *1220*
　——の転位　563
ビニル水素 (vinylic hydrogen)　396, *1220*
ビニルベンゼン（vinylbenzene） 549, *649*
ビニルボラン（vinylborane） 509
ビニルラジカル（vinyl radical） 516, 550
α-ピネン（α-pinene） 609
β-ピネン（β-pinene） 209, 609
　——の水素化　513
ピバル酸（pivalic acid） *989*
ppm 目盛（ppm scale） 389, *1220*
ビフェニル（biphenyl） 173, *649*, *741*
非プロトン性溶媒（aprotic solvent） 244, *1220*
ピペリジン（piperidine） 226, *1059*
　——の pK_b 値　*655*
ピペリジンアルカロイド（piperidine alkaloid） *1060*
Bu（ブチル基） 74, *1220*
比誘電率（relative permittivity） 244
ヒュッケル則（Hückel's rule） *636*, *1220*
標識されたアルコール（labeled alcohol） *829*
P450 モノオキシゲナーゼ（P450-monooxygenase） *661*
ビラジカル（biradical） 495
　（→ ジラジカル）
ピラノシド（pyranoside） *1022*, *1220*
ピラノース（pyranose） *1005*, *1220*
　——の生成　*1006*
ピラノース形（pyranose form）
　アルドヘキソースの——とフラノース形の割合　*1007*
ピリジン（pyridine） 226, *644*, *652*, *1061*, *1220*
　——環への求核攻撃　*726*
　——の求核性　*656*
　——の求電子置換反応　*701*
　——の共鳴構造式　*654*
　——の双極子モーメント　*654*
　——の置換反応　*702*
　——の pK_b 値　*655*
ピリジンアルカロイド（pyridine alkaloid） *1061*
ピリジン *N*-オキシド（pyridine *N*-oxide） *656*
　——への芳香族求核置換反応　*728*
ピリドキサールリン酸（pyridoxal phosphate） *1069*
ピリリウムイオン（pyrylium ion） *653*
ピルビン酸塩（pyruvate） *1013*
ピルボアルデヒド（pyruvaldehyde） *752*
ピレトリン（pyrethrin） 518
ピロリジジン（pyrrolizidine） *1059*
ピロリジジンアルカロイド（pyrrolizidine alkaloid） *1059*
ピロリジン（pyrrolidine） 226
　——によるエナミン生成反応　*935*
ピロリン酸（pyrophosphoric acid） 606
　[→ 二リン酸もみよ]
ピロール（pyrrole） 226, *644*, *653*, *1220*
　——の求電子置換反応　*701*
　——の共鳴構造式　*654*
　——の双極子モーメント　*654*
　——の置換反応　*703*
　——のディールス・アルダー反応　*733*
　——の pK_a 値　*655*
　——のプロトン化と芳香族性　*655*
ビンカミン（vincamine） *1064*
ビンドリン（vindoline） *1062*
ビンブラスチン（vinblastine） *1062*

ふ

Φ（分子軌道） 30
ファイルカード（file card） 314
ファルネソール（farnesol） 608
ファンデルワールスひずみ（van der Waals strain） 188, 192, *1220*
ファンデルワールス力（van der Waals force） 84, *1220*
フィーザー則（Fieser's rule） 376
フィッシャー投影式（Fischer projection） *1001*, *1220*
フィッシャーのエステル化（Fischer esterification） *825*, *1220*
　——とエステル加水分解　*875*
　——と塩基触媒　*874*
　アミノ酸のカルボキシ基の——　*1088*
　分子内の——　*832*
フィルスマイヤー試薬（Vilsmeier reagent） *854*, *901*
封筒形（envelope form） 183
フェナントレン（phenanthrene） 174, *656*
フェニル（phenyl） *649*
フェニルアラニン（phenylalanine） *1076*, *1084*
　——の生合成　*736*
　——の性質　*1077*
フェニルイソチオシアナート（phenyl isothiocyanate） *1098*
フェニルイミン（phenylimine） *779*
フェニルカチオン（phenyl cation） *700*
フェニル基（phenyl group） *649*, *753*
フェニルケテン（phenylketene） *863*
フェニルケトン（phenyl ketone） *740*
フェニルチオヒダントイン（phenylthiohydantoin） *1099*
フェニルヒドラジン（phenylhydrazine）
　——とアルドースとの反応　*1020*
フェニルヒドラゾン（phenylhydrazone） *779*, *1019*
　エナミンと——の平衡　*1019*
3-フェニル-2-ブタノール（3-phenyl-2-butanol） *1181*
　——のアセタート　*1181*
　——のトシラート　*1181*
フェニルプロピルケトン（phenyl propyl ketone） *694*
N-フェニルマレイミド（*N*-phenylmaleimide）
　無水マレイン酸からの——の生成　*873*
フェネチルアミン（phenethylamine） *1058*
フェノキシドイオン（phenoxide ion） *701*
フェノニウムイオン（phenonium ion） *1183*, *1220*
フェノール（phenol） 223, *649*
　——の合成　*699*, *740*
　——の臭素化　*721*
　——の物理的性質　232
　究極のエノールとしての——　*913*
フェロセン（ferrocene） 377
フェロモン（pheromone） 585
1,2-付加（1,2-addition）
　1,3-ブタジエンへの——　433, 587
1,4-付加（1,4-addition）
　1,3-ブタジエンへの——　433, 587
付加環化反応（cycloaddition reaction） *1131*, *1220*
　——の規則　*1135*
不可逆的付加反応（irreversible addition reaction）
　カルボニル化合物の——　*785*
不確定性原理（uncertainty principle） 2
付加体 (adduct)　596
付加-脱離反応（addition-elimination reaction） *828*, *849*
　エステルの——　*874*
　酸塩化物の——　*869*
　酸無水物の——　*873*
付加反応（addition reaction） 473, *747*
　——における熱力学支配と速度論支配　589
　——における平衡　*762*
　アミンの——　*776*
　アルケンへの——　127, 429
　カルボニル化合物の——　*936*
　カルボニル基の——　*747*〜
　逆マルコフニコフ——　463, 545
　求核試薬のカルボニル化合物への——　*903*
　共役ジエンへの——　585
　水酸化物イオンのカルボニル基への——　*920*
　π 結合の——　473〜
　マイケル——　*947*
　マルコフニコフ——　439, 463
　誘起効果と——　442
不均一(系)触媒（heterogeneous catalyst） 511

不均一(系)触媒反応
(heterogeneous catalysis) *1220*
不均一結合開裂 (heterolytic bond cleavage) 36, 529, *1220*
不均化 (disproportionation) 531, *1220*
副 殻 (sub shell) 3
複素環塩基 (heterocyclic base) *660*
複素5員環化合物 (five-membered heterocyclic compound) *659*
——の合成 521
ψ (原子軌道) 5, 30
不斉エポキシ化 (asymmetric epoxidation) 487
不斉炭素原子 (asymmetric carbon atom) 623
不斉中心 (asymmetric center) 623
プソイドモーベイン (pseudomauveine) *698*
1,2-ブタジエン (1,2-butadiene) 576
1,3-ブタジエン (1,3-butadiene)
——の共鳴構造式 27, 579
——の共役二重結合 578
——のC(2)-C(3)結合 581
——のπ分子軌道 *1126*
——のプロトン化 433
——の分子軌道と光化学反応 *1128*
——への塩化水素の付加 433
——への熱的転位反応 *1124*
——への付加反応 586
ブタトリエン類 (butatrienes) 575
ブタナール (butanal) *751*
——の sp^3-1s 炭素－水素結合の開裂 *905*
——の水和反応 *763*
4-ブタノリド (4-butanolide) *833*
1-ブタノール (1-butanol) 222
——の質量スペクトル 370
——の物理的性質 232
2-ブタノール (2-butanol) 222
——の物理的性質 232
ブタノン (butanone) *752*
——のスペクトル *755*
——の物理的性質 *754*
フタルイミド (phthalimide) *862*
フタルイミドアニオン (phthalimide anion) *1066*
フタル酸 (phthalic acid) *839*, *1084*
——のイミド *862*
——の無水物 *839*, *861*
無水フタル酸からの——の生成 *873*
ブタン (butane) 72, 77
——のいろいろな表示法 72
——のゴーシュ形 158
——の二面角とエネルギー 73
——の熱分解 530
——の配座解析 73
——の光塩素化 554
ブタン酸 (butanoic acid) (→ 酪酸) *814*
——の pK_a 値 *820*
ブタンジアール (butanedial) *751*
1-ブタンスルホン酸
(1-butanesulfonic acid) *796*
1-ブタンチオール (1-butanethiol) 250, *796*
ブタン二酸 (butanedioic acid) *814*
ブチル (butyl) 74
t-ブチルアミン (*t*-butylamine) 224
ブチルアルコール (butyl alcohol) 222
s-ブチルアルコール (*s*-butyl alcohol) 222
t-ブチルアルコール (*t*-butyl alcohol) 222
ブチルアルデヒド (butyraldehyde) *751*
ブチル化合物 (butyl compound) 72
t-ブチルカチオン (*t*-butyl cation)
——の2-メチルプロペンへの付加 451
ブチル基 (butyl group) 74, *1220*
s-ブチル基 (*s*-butyl group) 74, *1220*
t-ブチル基 (*t*-butyl group) 74, *1220*
——のアキシアル-エクアトリアル エネルギー差 196
t-ブチルシクロヘキサン
(*t*-butylcyclohexane) 196
t-ブチルシクロペンチルスルフィド
(*t*-butyl cyclopentyl sulfide) 250
t-ブチルメチルエーテル
(*t*-butyl methyl ether) 226, 233
s-ブチルメチルケトン
(*s*-butyl methyl ketone) *752*
t-ブチルメチルケトン
(*t*-butyl methyl ketone)
——とベンズアルデヒドとの 交差アルドール反応 *954*
1-*t*-ブチル-4-ヨードシクロヘキサン
(1-*t*-butyl-4-iodocyclohexane)
——の置換反応 284
ブチルリチウム (butyllithium)
——による脱プロトン *973*
ブチロフェノン (butyrophenone) *694*
γ-ブチロラクトン (γ-butyrolactone) *833*, *860*
1-ブチン (1-butyne) 125, 575
2-ブチン (2-butyne) 125
——の異性化 575
不対スピン (unpaired spins) 7, *1220*
フッ化アルキル (alkyl fluoride) *735*
——の脱離反応 337
フッ化エチル (ethyl fluoride) 68
フッ化ブタノイル (butanoyl fluoride) *860*
フッ化物イオン (fluoride ion) 286, 288
フッ化メチル (methyl fluoride) 59, 220
フックの法則 (Hooke's law) 381
沸 点 (boiling point)
——とアルカンの炭素数 84
——と誘起双極子 85
3-ブテノン (3-butenone) *755*
(→ メチルビニルケトン)
——のスペクトル *755*
1-ブテン (1-butene) 119
cis-2-ブテン (*cis*-2-butene) 119
——と四酸化オスミウムの反応 503
——の臭素化 *1178*
trans-2-ブテン (*trans*-2-butene) 119
cis-ブテン二酸 (*cis*-butenedioic acid) *814*
trans-ブテン二酸 (*trans*-butenedioic acid) *814*
ブテン類 (butenes) 105
t-ブトキシカルボニル基 (*t*-butoxycarbonyl group) *1104*, *1220*
プトレッシン (putrescine) 233, *1058*
舟 形 (boat form) 191
部分正電荷 (partial positive charge) 13
部分負電荷 (partial negative charge) 13
不飽和脂肪酸 (unsaturated fatty acid) *1047*
不飽和炭化水素 (unsaturated hydrocarbon) 81, 95, *1220*
不飽和度 (degree of unsaturation) *1220*
——と分子式 126
——の計算例 127
フマル酸 (fumaric acid) *814*
ブラジキニン (bradykinin) *1102*
(＋) (右旋性の記号) 151
(±) (ラセミ体の記号) 152
プラトンの多面体 (Platonic solid) 211
フラノシド (furanoside) *1022*, *1220*
フラノース (furanose) *1005*, *1220*
——の生成 *1006*
フラノース形 (furanose form)
アルドヘキソースのピラノース形 と——の割合 *1007*
フラーレン (fullerene) *658*
フラン (furan) 226, 227, 233, *653*, *1220*
——の求電子置換反応 *703*
——のディールス・アルダー反応 *733*
2-フランカルボン酸
(2-furancarboxylic acid) 407
フーリエ変換 (Fourier transform) 388
フーリエ変換法 (Fourier transform spectroscopy)
パルス—— 388
プリズマン (prismane) 211, *627*
フリーデル・クラフツアシル化反応
(Friedel-Crafts acylation) *692*, *1220*
——による芳香族ケトン合成 *873*
酸無水物を使用する—— *873*
フリーデル・クラフツアルキル化反応
(Friedel-Crafts alkylation) *688*, *1220*
フリーラジカル (free radical) 248, 527, *1220*
[→ ラジカルもみよ]
フルオロ酢酸 (fluoroacetic acid)
——の pK_a 値 *820*
フルオロメタン (fluoromethane) 220
D-フルクトース (D-fructose) *1004*
——のエノラート *1016*
ブルシン (brucine)
——によるアミノ酸の分割 *1086*
——による分割 164
ブルバレン (bullvalene) *1155*, *1220*
——の合成反応 *1157*
フルフラール (furfural)
——の塩素化 *703*
フルベン (fulvene) *946*
ブレット則 (Bredt's rule) 117, *1221*
プレフェン酸イオン (prephenate) *737*, *1150*
ブレンステッド塩基 (Brønsted base) 234
——としてのアシル化合物 *865*
ブレンステッド酸 (Brønsted acid) 234
弱い——としてのアルデヒドとケトン *904*
ブレンステッド・ローリー塩基
(Brønsted-Lowry base) 88, *1221*
ブレンステッド・ローリー酸
(Brønsted-Lowry acid) 88, *1221*
プロゲステロン (progesterone) 84, 613
ブロシラート (brosylate) *1170*
ブロシル基 (brosyl group) *1171*
プロスタグランジン (prostaglandin) *1221*

プロスタグランジンカスケード (prostaglandin cascade) *1051*
プロスタグランジン類 (prostaglandins) *1050*
フロスト円 (Frost circle) *636*, *1221*
ブロッコリー (broccoli)
──に含まれる抗がん剤 *893*
^{1}H NMR 86, 386
^{1}H NMR スペクトル → NMR スペクトル
プロトン化 (protonation)
──されたアルコール 236
──されたカルボニル化合物 *910*
──と脱プロトン 450
──の相対反応速度 442
アルケンの── 430
アルコールの── 289
エノールの── 508
オキシランの酸素の── 488
カルボニル基の── *759*
カルボニル酸素の── *825*
カルボン酸の── *821*
置換反応での── 235
α-ヨードケトンの── *919*
プロトン性溶媒 (protic solvent) 244, 287, *1221*
プロトン脱離 → 脱プロトン
プロパジエン (propadiene) 573
プロパナール (propanal) *751*
──の水和反応 *763*
──のスペクトル *755*
──の物理的性質 *754*
3-プロパノリド (3-propanolide) *833*
1-プロパノール (1-propanol) 222
2-プロパノール (2-propanol) 222
──の物理的性質 232
プロパノン (propanone) *752*
プロパルギル基 (propargyl group) 123, *1221*
プロパン (propane) 50, 70, 77
──のいろいろな表示法 71
──のエネルギーと二面角 71
──の物理的性質 233
プロパン酸 (propanoic acid) *814*
プロパン酸ナトリウム (sodium propanoate) *816*
プロパンジアール (propanedial) *751*
1,2-プロパンジオール (1,2-propanediol) 223
2-プロパンチオール (2-propanethiol) 308
プロパン二酸 (propanedioic acid) *814*
プロピオノニトリル (propiononitrile) 68, *863*
β-プロピオラクタム (β-propiolactam) *862*
β-プロピオラクトン (β-propiolactone) *833*, *860*
プロピオンアルデヒド (propionaldehyde) *751*
プロピオン酸 (propionic acid) *814*
──のエステル *859*
プロピオン酸エチル (ethyl propionate) *859*
プロピオン酸メチル (methyl propionate) 385
1-プロピニル化合物 (1-propynyl compound) 123
プロピルアミン (propylamine) 224
プロピルアルコール (propyl alcohol) 222
プロピル化合物 (propyl compound) 72
プロピル基 (propyl group) 71, *1221*
プロピルラジカル (propyl radical) 540
プロピレン (propylene) 104, 119
プロピレングリコール (propylene glycol) 223
プロピン (propyne) 122, 125
──へのハロゲン化水素の付加 506, 507
──への臭化水素の付加 550
[1.1.1]プロペラン ([1.1.1]propellane) 84, 212
プロペン (propene) 104, 119
プロペン酸 (propenoic acid) *814*
N-ブロモアミド (*N*-bromoamide) *892*
α-ブロモエステル (α-bromo ester) *924*
ブロモエタン (bromoethane) 220
──の質量スペクトル 371
ブロモエーテル (bromo ether) 520
ブロモエテン (bromoethene) 220
α-ブロモカルボン酸 (α-bromo carboxylic acid) *921*
α-ブロモカルボン酸臭化物 (α-bromo acid bromide) *922*
4-ブロモ-2-クロロトルエン (4-bromo-2-chlorotoluene) *651*
2-ブロモ-1-クロロブタン (2-bromo-1-chlorobutane) 220
ブロモ酢酸 (bromoacetic acid)
──の pK_a 値 *820*
ブロモシクロペンタン (bromocyclopentane) 220
3-ブロモシクロペンチルアミン (3-bromocyclopentylamine) 225
3-ブロモシクロペンテン (3-bromocyclopentene) 604
N-ブロモスクシンイミド (*N*-bromosuccinimide, NBS) 559, *1221*
──によるトルエンの臭素化 *664*
o-ブロモトルエン (*o*-bromotoluene) *650*
ブロモニウムイオン (bromonium ion) 476, *1221*
──の共鳴構造式 480
──の生成と水による開環 *1179*
──の2電子結合 *1186*
p-ブロモニトロベンゼン (*p*-bromonitrobenzene) *722*
ブロモヒドリン (bromohydrin)
──からのエポキシドの生成 *1169*
──の鏡像異性体対 *1179*
3-ブロモピロリジン (3-bromopyrrolidine) 226
o-ブロモフェノール (*o*-bromophenol)
──の選択的合成 *721*
1-ブロモブタン (1-bromobutane) 409
──の ^{1}H NMR スペクトル 409
3-ブロモブタン酸 (3-bromobutanoic acid) *815*
2-ブロモプロパン (2-bromopropane) 308
2-ブロモプロパン酸イオン (2-bromopropanoate)
──と隣接基関与 *1169*
1-ブロモプロペン (1-bromopropene) 550
ブロモベンゼン (bromobenzene) *649*
p-ブロモベンゼンスルホン酸エステル (*p*-bromobenzenesulfonate) *1171*
ブロモマロン酸ジエチル (diethyl bromomalonate) *1084*
2-ブロモ-2-メチルブタン (2-bromo-2-methylbutane) 325
β-ブロモ酪酸 (β-bromobutyric acid) *815*
プロリン (proline)
──の性質 *1077*
分 割 (resolution) 163, *1221*
アミノ酸の── *1085*
速度論的── *1087*
分光法 (spectroscopy) 86, 372, *1221*
核磁気共鳴── 86, 386
紫外・可視── 372
赤外── 380
電子── 372
分子イオン (molecular ion) 364, *1221*
分子間 S_N2 反応 (intermolecular S_N2 reaction)
──と立体反転 *1176*
分子軌道 (molecular orbital) 2, 29, *1221*
アリルアニオンの── *907*
アリル型カチオンの── 434
アリルの── 593
アルキンの── 120
アレンの── 573
エチレンの── 100
エノラートの── *907*
カルボニル化合物の── *749*
カルボニル基の付加の── *759*
結合性── 30
シクロブタジエンの── *637*
水素の── 29
反結合性── 31
1,3-ブタジエンの── 580
フロスト円と── *637*
ヘリウムの── 39
ベンゼンの── *631*
ホルムアルデヒドの── *748*
ラジカルアニオンの── 516
ラジカルの安定性と── 539
ラジカルの転位と── 562
分子式 (molecular formula)
──と不飽和度 126
分子内アルドール反応 (intramolecular aldol reaction) *952*
分子内求核試薬 (internal nucleophile)
──としてのカルボニル酸素 *1178*
──としての窒素原子 *1175*
分子内クライゼン縮合 (intramolecular Claisen condensation) *965*
分子内水素結合 (intramolecular hydrogen bond)
β-ジカルボニル化合物の── *913*
分子内反応 (intramolecular reaction)
──と隣接基関与 *1167*〜
分子内ヒドリド移動 (intramolecular hydride shift) 464
分子内ヘミアセタール (intramolecular hemiacetal) *768*, *1005*
分子模型 (molecular model) 76
フンスディーカー反応 (Hunsdiecker reaction) *845*, *1221*
フントの規則 (Hund's rule) 8, *1221*

へ

平 衡（equilibrium）
——の矢印　24
付加反応における——　*762*
平行スピン（parallel spins）　7, *1221*
平衡定数（equilibrium constant）　264, *1221*
——と ΔG° との関係（表）　266
カルボニル化合物の水和反応
の——（表）　*763*
酸解離の——　235
1,5-ヘキサジエン（1,5-hexadiene）　535
——の無機構反応　*1121*
2,4-ヘキサジエン（2,4-hexadiene）　571
1,3,5-ヘキサトリエン（1,3,5-hexatriene）
——の電子環状反応　*1129*
——のπ分子軌道　*1129*
(*E*)-1,3,5-ヘキサトリエン
((*E*)-1,3,5-hexatriene)　*1151*
(*Z*)-1,3,5-ヘキサトリエン
((*Z*)-1,3,5-hexatriene)　*1151*
——と芳香族性　*636*
3-ヘキサノン（3-hexanone）　*789*
ヘキサフルオロ-2-ブチン
(hexafluoro-2-butyne)　*731*
ヘキサヘリセン（hexahelicene）　174, *658*
ヘキサメチルベンゼン
(hexamethylbenzene)　*705*
ヘキサン（hexane）　77
——の熱分解　532
ヘキサン酸（hexanoic acid）　*814*
ヘキサン二酸（hexanedioic acid）　*814*
1-ヘキシン（1-hexyne）　125
1-ヘキセン（1-hexene）　119
ヘキセン類（hexenes）
——の生成熱（表）　113
ヘキソース（hexose）　*1004*, *1221*
β（共鳴積分）　*631*
β-アミノ酸（β-amino acid）　*1076*
β 開裂（β cleavage）　531, *1221*
β-グリコシド結合（β-glycosidic bond）
1035
β 構造（β-structure）　*1091*, *1221*
β 水素（β hydrogen）
——をもつエステルの熱分解　350
β プリーツシート構造
(β-pleated sheet structure)　*1091*
ベックマン転位（Beckmann rearrangement）
886, *1221*
環状オキシムの——　*887*
PET（ポリエチレンテレフタラート）　*837*
ヘテロ原子（heteroatom）　*652*
ヘテロベンゼン（heterobenzene）
652, *1221*
ヘテロベンゼン化合物（heterobenzenes）
644
ヘテロ芳香族化合物
(heteroaromatic compound)　*653*
ペニシリン V（penicillin V）　377
ヘプタン（heptane）　77
——の異性体　80
ヘプタン酸（heptanoic acid）　*789*
ペプチド（peptide）　219, *1075*〜, *1078*, *1221*
——鎖間の橋かけ　*1091*
——の化学　*1090*
——のクロマトグラフィーによる分離
1095
——の合成　*1102*
——の命名法と構造　*1090*
ペプチド結合（peptied bond）　*1078*, *1221*
1-ヘプチン（1-heptyne）　125
1-ヘプテン（1-heptene）　119
ヘミアセタール（hemiacetal）
767, *826*, *1221*
——の生成　*804*
分子内——　*768*, *1005*
ヘミケタール（hemiketal）　*771*
ヘ ム（heme）　*1094*
——への酸素の配位　*1094*
ヘモグロビン（hemoglobin）　*1055*, *1094*
ベラトリジン（veratridine）　*1060*
ヘリウム（helium）　4
分子状の——　39
He_2^+
——の結合エネルギー　40
——の分子軌道図　40
ペリ環状反応（pericyclic reaction）
1121, *1221*
α ヘリックス（α-helix）　*1091*
ペリプラナー（periplanar）　331
ペルオキシ酸（peroxy acid）　484
バイヤー・ビリガー反応における——
885
ヘル・フォルハルト・ゼリンスキー反応
(Hell-Volhard-Zelinsky reaction)
922, *1221*
ベルベリン（berberine）　*1063*
ベンザイン（benzyne）　*729*, *730*, *1221*
p-ベンザイン（*p*-benzyne）　*951*
ベンジル（benzil）　*990*
ベンジル（benzyl）　*649*
ベンジルアミン（benzylamine）　224, *883*
ベンジルアルコール（benzyl alcohol）
223, *649*, *976*
ベンジル位（benzyl position）　*662*
——でのラジカル反応　*664*
——の酸化　*665*
ベンジルエチルメチルアミン
(benzylethylmethylamine)　224
ベンジルオキシカルボニル基
(benzyloxycarbonyl group)　*1221*
ベンジル化合物（benzyl compound）
——の置換反応　*662*
ベンジルカチオン（benzyl cation）　368
——の共鳴安定化　*663*
ベンジル基（benzyl group）　*649*, *662*
保護基としての——　*1038*
4-ベンジルモルホリン
(4-benzylmorpholine)　226
ベンジルラジカル（benzyl radical）　540
——の共鳴構造式　*664*
ベンズアミド（benzamide）　*862*
ベンズアルデヒド（benzaldehyde）
649, *752*, *753*
——のウィッティッヒ反応　*798*
——のカルボニル基の反応性　*955*
——の酸化還元反応　*976*
——のスペクトル　*755*
——の物理的性質　*754*
MPVO 反応による——の還元　*977*
t-ブチルメチルケトンと——
との交差アルドール反応　*954*
ベンズバレン（benzvalene）　*627*
ベンズヒドリルカチオン
(benzhydryl cation)　*663*
ベンズヒドリル基（benzhydryl group）　*663*
変 性（denaturing）　*1221*
タンパク質の——　*1093*
ベンゼノール（benzenol）　222, *649*
ベンゼン（benzene）　*626*
——の塩素化　*687*
——の共鳴構造式　*629*
——の合成　*739*
——の構造　*627*
——の重水素化　*682*
——の水素化　*679*
——の水素化熱　*633*
——のスルホン化　*685*
——の置換反応　*681*
——のニトロ化　*687*
——の分子軌道　*631*
ケクレの——環構造　*627*
置換——　*648*
二置換——　*705*
ロシュミットの——環構造　*628*
ベンゼンアミン（benzenamine）　*649*
ベンゼンカルボアルデヒド
(benzenecarbaldehyde)　*649*
ベンゼンカルボン酸
(benzenecarboxylic acid)　*649*, *814*
ベンゼン環（benzene ring）
——の生合成　*736*
変旋光（mutarotation）　*1014*, *1221*
糖質の——　*1014*
ベンゼンジアゾニウムイオン
(benzenediazonium ion)　*697*
ベンゼンジアゾヒドロキシド
(benzenediazohydroxide)　*697*
ベンゼンスルホン酸（benzenesulfonic acid）
685
——の合成　*739*
ベンゼンチオール（benzenethiol）　250
ベンゼン誘導体　[→置換ベンゼンもみよ]
縮合環構造をもつ——　174
ベンゾイン（benzoin）　*997*
ベンゾイン縮合（benzoin condensation）
997
ベンゾチオフェン（benzothiophene）　*659*
ベンゾニトリル（benzonitrile）　*883*
ベンゾ[*a*]ピレン（benzo[*a*]pyrene）　*658*
——と発がん　*660*
ベンゾ[*c*]フェナントレン
(benzo[*c*]phenanthrene)　174
ベンゾフェノン（benzophenone）　*753*
——のスペクトル　*755*
——の物理的性質　*754*
ベンゾフラン（benzofuran）　*659*
ペンタコンタン（pentacontane）　77
ペンタジエニル（pentadienyl）
——のπ分子軌道　*1142*
1,4-ペンタジエン（1,4-pentadiene）
571, 578

2,3-ペンタジエン（2,3-pentadiene） 573
ペンタナール（pentanal） *751*
5-ペンタノリド（5-pentanolide） *833*
1-ペンタノール（1-pentanol） 222
2-ペンタノン（2-pentanone）
　——からのエノラート *980*
　——の ^{1}H NMR *756*
ペンタヒドロキシカルコン（pentahydroxychalcone） *1045*
ペンタメチレンオキシド（pentamethylene oxide） 227
ペンタン（pentane） 75, 77
ペンタン酸（pentanoic acid） *814*
2,4-ペンタンジオン（2,4-pentanedione） *752*
　——の pK_a 値 *929*
ペンタン二酸（pentanedioic acid） *814*
ペンチルアルコール（pentyl alcohol） 222, 223
ペンチル誘導体（pentyl derivative） 76
1-ペンチン（1-pentyne） 125
1-ペンテン（1-pentene） 119
ペントース（pentose） *1004, 1221*

ほ

方位量子数（azimuthal quantum number） 5
芳香族化合物（aromatic compound）
　——の化学シフト 397
　——の置換反応 *677*
　多環—— *656*
　ヘテロ—— *653*
芳香族カルボニル化合物（aromatic carbonyl compound）
　——の共鳴安定化と水和 *764*
芳香族求核置換反応（nucleophilic aromatic substitution） *723, 725, 1066, 1221*
　ピリジン *N*-オキシドへの—— *728*
芳香族求電子置換反応（electrophilic aromatic substitution） *681, 684, 1221*
　——における誘起効果 *715*
芳香族ケトン（aromatic ketone）
　——の合成 *873*
芳香族性（aromaticity, aromatic character） *634, 1222*
　共役と—— *625〜*
　遷移状態における—— *1121〜*
芳香族炭化水素（aromatic hydrocarbon）
　多環—— *1216*
芳香族置換反応（aromatic substitution） *666, 677〜*
芳香族複素環化合物（heteroaromatic compound） *653, 726, 1222*
　——の求電子置換反応 *701*
　——の共鳴エネルギー（表） *701*
　——への求核付加 *726*
ホウ酸（boric acid） 461
包接化合物（clathrate） 58
ホウ素エノラート（boron enolate） *980*
飽和脂肪酸（saturated fatty acid） *1047*
飽和炭化水素（saturated hydrocarbon） 81, *1222*
補酵素（coenzyme） *800, 1222*
補酵素 A（coenzyme A, CoA） *846*
保護基（protecting group） *774, 1222*
　——の除去 *1107*
　アミノ末端の—— *1104*
　アルコールの—— *775*
　スルホン酸—— *721*
保 持 → 立体保持
保持時間（retention time） *1096*
ホスゲン（phosgene） *860*
　——による酸塩化物の生成 *840*
ホスト・ゲストの化学（host-guest chemistry） 251
ホスホニウムイオン（phosphonium ion） *797*
*t*Boc（*t*-ブトキシカルボニル）基 *1104, 1220*
ホフマン脱離（Hofmann elimination） 335, *1222*
　——とザイツェフ脱離 337
　生体内における—— *1070*
ホフマン転位（Hofmann rearrangement） *892, 1222*
　クルチウス転位と——の違い *894*
HOMO（最高被占軌道） 129, 262, *1222*
　光化学反応の—— *1128*
　電子環状反応における—— *1126*
ホモセリンラクトン（homoserine lactone） *1101*
ホモトピック（homotopic） 393, *1222*
ホモトロピリデン（homotropilidene）
　——の縮重コープ転位 *1153*
HOMO-LUMO 相互作用（HOMO-LUMO interaction） 129, 261
ボラン（borane） 55, 454
ボラン-THF 錯体（borane-THF complex） 455
ポリアクリル酸メチル（poly(methyl acrylate)） 549
ポリアミド（polyamide） *836*
ポリアミン類（polyamines） *1058*
ポリイソプレン（polyisoprene） 606
ポリエステル（polyester） *836*
ポリエチレン（polyethylene） 549
ポリエチレンテレフタラート（poly(ethylene terephthalate), PET） *837*
ポリエン（polyene） *1222*
　環状—— 107
ポリ塩化ビニル（poly(vinyl chloride)） 549
ポリエン類（polyenes）
　——と視覚作用 379
ポリスチレン（polystyrene） 549
　——のクロロメチル化 *1107*
ポリテトラフルオロエチレン（poly(tetrafluoroethylene)） 549
ポリペプチド（polypeptide） *1078*
　——の折りたたみ *1091*
ボルツマン分布（Boltzmann distribution） 269, *1222*
ホルナー・エモンス反応（Horner-Emmons reaction） *981*
ボルナン（bornane） *1184*
ボルネオール（borneol） *1184*
ホルミル基（formyl group） *751, 1001*
ホルムアルデヒド（formaldehyde） *751*
　——の軌道図 *748*
　——の共鳴構造式 24
　——の構造 *749, 816*
　——の水和反応 *762*
　——のスペクトル *755*
　——の物理的性質 *754*
ボンビコール（bombykol） 585

ま〜む

マイクロ波（microwave） 380
マイケル反応（Michael reaction） *947, 1222*
　——とアルドール反応の連携 *970*
　アミンの—— *1069*
　酸触媒—— *949*
マイゼンハイマー錯体（Meisenheimer complex） *725, 1222*
マイトトキシン（maitotoxin） 415
マイトマイシン C（mitomycin C） *1062*
(−)（左旋性の記号） 151
巻矢印（curved arrow） 21
巻矢印表記法（curved arrow formalism） 20, 22, 89, 129, 259, 620, *1222*
マジッドの第三法則（Magid's third rule） *979, 1222*
マジッドの第二法則（Magid's second rule） *971, 1222*
マススペクトル → 質量スペクトル
マスタードガス（mustard gas） *1174*
マックラファティ転位（McLafferty rearrangement） 368, *1222*
末端アルキン（terminal alkyne）
　——からのアルデヒドの生成 510
　——からのメチルケトンの生成 510
　——へのハロゲン化水素の付加 505
マルコフニコフ則（Markovnikov's rule） 439, *1222*
マルコフニコフ付加（Markovnikov addition） 463
　逆—— 463, 545
　水和反応における—— 484
マルトース（maltose） *1033*
マルビジン（malvidin） *1073*
マレイン酸（maleic acid） *814*
　——の無水物 *861*
マロノニトリル（malononitrile）
　——の pK_a 値 *929*
マロンアルデヒド（malonaldehyde）
　——の pK_a 値 *929*
マロン酸（malonic acid） *814, 932*
マロン酸アニオン（malonate anion） *968*
マロン酸エステル（malonic ester）
　——からの酢酸の合成 *932*
　——のアルキル化 *933*
マロン酸エステル合成（malonic ester synthesis） *932, 1222*
　ガブリエル—— *1083*
マロン酸ジエチル（diethyl malonate）
　——の pK_a 値 *929*
マンニッヒ反応（Mannich reaction） *974, 1222*
D-マンノース（D-mannose） *1003*
　D-グルコースと——の平衡 *1014*

水（water） 286
酸触媒による——の付加 447
脱離基としての—— 288
溶媒としての—— 244
ミセル（micelle） *847, 1048, 1222*
ミリスチン酸（myristic acid） *847, 1047*
ミリスチン酸アニオン（myristate anion）
パルミチン酸アニオンからの——の生成 *969*

無機構反応（no-mechanism reaction） *1121*
無機構-無変化反応
(no-mechanism no-reaction reaction) *1121*
無水コハク酸（succinic anhydride） *861*
無水酢酸（acetic anhydride） *861*
——による糖質のアセチル化 *1021*
——の赤外伸縮振動波数 *867*
——の物理的性質 *864*
——を用いたアシル化 *695*
無水フタル酸（phthalic anhydride） *839, 861*
——の塩基性加水分解 *873*
無水マレイン酸（maleic anhydride） *861*
——の反応 *873*
ムスコン（muscone） *753*
娘イオン（daughter ion） 366, *1222*
ムレキシン（murexine） *659*

め，も

メシチルオキシド（mesityl oxide） *941*
メスカリン（mescaline） *1059*
メソ化合物（meso compound） 162, *1222*
構造決定と—— *1027*
メ タ（meta） *649, 706, 1222*
メタ置換（meta substitution）
安息香酸エチルの—— *714*
トリメチルアニリニウムイオンの—— *712*
ニトロベンゼンの—— *714*
メタノール（methanol） 59, 222, 286
——の物理的性質 232
溶媒としての—— 244
メタ配向基（meta directing group） *712*
メタ配向性（meta orientation） *706*
メタプロテレノール（metaproterenol） *811*
メタン（methane） 50～, 59, 77, *1222*
——の混成軌道 51
——の正四面体構造 51
——の光塩素化 551
——の光臭素化 554
——の誘導体 58
——のルイス構造式 15
生体分子としての—— 90
メタン酸（methanoic acid） *814*
メタンチオール（methanethiol） 59, 250
メタンハイドレート（methane hydrate） 58
メチオニン（methionine）
——の合成 *1084*
——の性質 *1077*
メチド（methide） 125
メチルアセチレン（methylacetylene） 122
N-メチルアセトアミド（*N*-methylacetamide）
——の赤外伸縮振動波数 *867*
メチルアニオン（methyl anion） 61, *1222*
——とアセチリドイオン 125
——の形式電荷 19
——の構造 62
エタンの結合開裂と—— 529
メチルアミン（methylamine） 59, 224
——の pK_a 値 239
——の物理的性質 233
メチルアルコール（methyl alcohol） 59, 222 ［→ メタノールもみよ］
メチルアレン（methylallene） 576
メチルエステル（methyl ester） *832*
メチル化（methylation） ［→ アルキル化もみよ］
糖質の—— *1021*
メチル化合物（methyl compound） 58, *1222*
——の結合様式 59
——の物理的性質（表） 59
メチルカチオン（methyl cation） 61, *1222*
——と水素化物イオンとの反応 260
——の構造 61
エタンの結合開裂と—— 529
メチル基（methyl group） 69
——の移動と S_N2 反応 296
——の転位 347
メチル α-D-グルコピラノシド
(methyl α-D-glucopyranoside) *1023*
メチル β-D-グルコピラノシド
(methyl β-D-glucopyranoside) *1023*
メチルケテン（methylketene） *863*
メチルケトン（methyl ketone） 521
——類の存在を確認する反応 *920*
2-メチルシクロヘキサノン
(2-methylcyclohexanone) *970*
——のアルキル化 *926*
メチルシクロヘキサン（methylcyclohexane） 193
1-メチルシクロヘプテン
(1-methylcycloheptene) 115
1-メチルシクロペンテン
(1-methylcyclopentene) 458
10-メチルステアリン酸イオン
(10-methylstearate ion) 138
——の生合成 465
2-メチルテトラヒドロフラン
(2-methyltetrahydrofuran) *1173*
N-メチル-*N*-ニトロソ尿素
(*N*-methyl-*N*-nitrosourea) *855*
メチルビニルエーテル（methyl vinyl ether）
——への付加 443
メチルビニルケトン（methyl vinyl ketone）
——とロビンソン環化 *970*
3-メチルピペリジン（3-methylpiperidine） 226
メチルフェニルエーテル
(methyl phenyl ether) 226, *649*
メチルフェニルケトン
(methyl phenyl ketone) *695, 753* ［→ アセトフェノンもみよ］
2-メチル-1,3-ブタジエン
(2-methyl-1,3-butadiene) 571, 606
3-メチル-1,2-ブタジエン
(3-methyl-1,2-butadiene) 573
3-メチル-2-ブタノール
(3-methyl-2-butanol) *1192*
3-メチルブタン酸（3-methylbutanoic acid） *891*
2-メチル-1-ブテン（2-methyl-1-butene）
——のヒドロホウ素化 456
——への塩化水素の付加 439
2-メチル-2-ブテン（2-methyl-2-butene）
——のプロトン化 342
3-メチル-1-ブテン（3-methyl-1-butene）
——のプロトン化 345
——への塩化水素の付加 345
2-メチルプロパナール（2-methylpropanal） *751*
2-メチル-1-プロパノール
(2-methyl-1-propanol) 222
——の物理的性質 232
2-メチル-2-プロパノール
(2-methyl-2-propanol) 222
——の物理的性質 232
2-メチルプロパン（2-methylpropane） → イソブタン
2-メチルプロパン酸エチル
(ethyl 2-methylpropanoate) *964*
2-メチルプロペン（2-methylpropene） 105, 119
——のカチオン重合 452
——の水和 448
——の二量化 450
——への塩化水素の付加 133
3-メチルヘキサン（3-methylhexane） 155
——とその鏡像 145
4-メチルベンズアルデヒド
(4-methylbenzaldehyde) *753*
メチルベンゼン（methylbenzene） *649* ［→ トルエンもみよ］
2-メチルペンタナール（2-methylpentanal） *751*
3-メチル-2-ペンタノン
(3-methyl-2-pentanone) *752*
3-メチルペンタン（3-methylpentane）
——とその鏡像 145
3-メチルペンタン酸
(3-methylpentanoic acid) *859*
3-メチルペンタン酸エチル
(ethyl 3-methylpentanoate) *859*
4-メチル-3-ペンテン-2-オン
(4-methyl-3-penten-2-one) *941*
メチルラジカル（methyl radical） 62, *1222*
——の構造 62
——のモデル 96
エタンの結合開裂と—— 529
2つの——の結合 67
メチルリチウム（methyllithium）
——による α,β-不飽和カルボニル化合物への付加 *950*
メチレン基（methylene group） 71, *1222*
——が1つ多いカルボン酸の合成 *891*
メチレンシクロヘキサン
(methylenecyclohexane) *799*
メチン基（methine group） 74, *1222*
メッセンジャー RNA（messenger RNA） *1112, 1113, 1222*
メトキシ基（methoxy group） 444, *707*
——の酸素原子の隣接基関与 *1172*

メトキシドイオン（methoxide ion） *725*
4-メトキシ-1-ブタノール（4-methoxy-1-butanol）
——のプロシラート *1171*
4-メトキシベンズアルデヒド（4-methoxybenzaldehyde） *753*
メトキシベンゼン（methoxybenzene） *649*
メトキシメチル（methoxymethyl） *811*
メバロン酸（mevalonic acid） 353
メーヤワイン・ポンドルフ・バーレー・オッペナウアー反応（Meerwein-Ponndorf-Verley-Oppenauer reaction） *1222*
——によるアルコールの酸化 *978*
——によるベンズアルデヒドの還元 *977*
メリビオース（melibiose）
——の合成 *1039*
メリフィールド法（Merrifield's procedure） *1108*
メルカプタン（mercaptan） 250, *1222*
メルカプチド（mercaptide） 250
メルクリニウムイオン（mercurinium ion） 482
メントール（menthol） 609
面偏光（plane-polarized light） 151, *1222*
糖の—— *1002*

モーブ（mauve） *698*
モノクロタリン（monocrotaline） 1060
モノテルペン（monoterpene） 609, *1050*
モル吸光係数（molar extinction coefficient） 373, *1222*
モルヒネ（morphine） 117, 471, *1060*
モルホリン（morpholine） 226

や　行

矢 印（arrow）［→片羽矢印，巻矢印もみよ］
逆合成を示す—— *795*
共鳴の—— 21, 24
結合の開裂を区別する—— 36
双頭の—— 21, 24
対になった—— 24
電子スピンを示す—— 7
平衡の—— 24
曲がった—— 21
矢印表記法（arrow formalism） 22

U（ウラシル） *1111*
有機金属試薬（organometallic reagent） *783, 1222*
——と酸塩化物の反応 *870*
——と二酸化炭素の反応 *824*
——と水との反応 248
——によるアルコールの合成 *785*
——によるオキシランの開環反応 491
——による炭化水素の合成 *783, 785*
——の調製 247
ニトリルと——の反応 *882*
有機クプラート（organocuprate） *783, 1222*
——によるオキシラン開環 491
——の 1,4-付加 *950*
誘起効果（inductive effect） 444, *1223*
——と求電子付加反応 442
アルコールの酸性度と—— 237
カルボニル基の—— *819*
芳香族求電子置換反応における—— *715*
誘起磁場（induced magnetic field） 393
有機リチウム試薬（organolithium reagent） 247, *783, 840, 1223*
——と酸ハロゲン化物の反応 *870*
——のカルボン酸アニオンへの付加 *821*
——の構造 248
——のピリジンへの付加 *727*
融 点（melting point）
——と分子の対称性 85
遊離基（free radical） 527, *1223*［→ラジカルもみよ］
UV/vis（紫外・可視分光法） 372, *1214*
ゆらぎ構造（fluxional structure） *1150, 1223*
ブルバレンの—— *1156*

陽イオン（cation） 3
ヨウ化アリル（allyl iodide） 594
ヨウ化アルキル（alkyl iodide）
——の S_N2 反応 276
ヨウ化イソプロピル（isopropyl iodide） 220
溶解度（solubility） 244
ヨウ化エチル（ethyl iodide） 68, 221
——の ^{1}H NMR スペクトル 399
ヨウ化水素（hydrogen iodide）
——のアルケンへの付加 447
——のアルケンへのラジカル付加 542
ヨウ化テトラメチルアンモニウム（tetramethylammonium iodide） 312
ヨウ化ネオペンチル（neopentyl iodide）
——の水による加溶媒分解 348
ヨウ化ビニル（vinyl iodide） 221
ヨウ化 *t*-ブチル（*t*-butyl iodide） 221
ヨウ化ブチルエチルメチルプロピルアンモニウム（butylethylmethylpropylammonium iodide） 226
ヨウ化物イオン（iodide ion） 286, 288
ヨウ化メチル（methyl iodide） 59, 221
——の S_N2 反応 273
ヨウ化 *N*-メチルピリジニウム（*N*-methylpyridinium iodide） *656*
陽 子（proton） 3
ヨウ素（iodine）
——の電子求引効果 *919*
ヨウ素化（iodination）
カルボニル化合物の—— *918*
溶 媒（solvent） 244
溶媒効果（solvent effect）
S_N1 反応における—— 303
S_N2 反応における—— 293
求核性と—— 287
溶媒和（solvation） 244, 294, *1223*
——とアルコキシドイオン 237
アンモニウムイオンの—— 240
THF による水の—— 245
ハロゲン化物イオンの—— 288
溶媒和電子（solvated electron） 515, *1223*
浴槽形構造（tub-shaped form） *639*
四次構造（quaternary structure） *1223*
タンパク質の—— *1094*
α-ヨードカルボニル化合物（α-iodo carbonyl compound） *918*
——の酸性度 *919*
α-ヨードケトン（α-iodo ketone）
——のプロトン化 *919*
ヨード酢酸（iodoacetic acid）
——の pK_a 値 *820*
2-ヨードプロパン（2-iodopropane） 220, 221
2-ヨードプロペン（2-iodopropene） 507
ヨードホルム（iodoform） *920*
——の pK_a 値 *920*
ヨヒンビン（yohimbine） *1064*
四重線（quartet） 400

ら，り

ラウリン酸（lauric acid） *1047*
酪 酸（butyric acid） *814*
——のエステル *859*
——の pK_a 値 *820*
酪酸 *t*-ブチル（*t*-butyl butyrate） *859*
ラクターゼ（lactase） *1035*
ラクタム（lactam） *835, 851, 862, 1223*
——の生成 *898*
ベックマン転位による——の生成 *887*
ラクトース（lactose） *1033*
(+)-ラクトース（(+)-lactose） *1035*
ラクトビオン酸（lactobionic acid） *1034*
ラクトン（lactone） *832, 851, 1223*
——の生成 *898*
——の命名法 *833, 860*
バイヤー・ビリガー反応による——の生成 *886*
α-ラクトン（α-lactone） *1170*
ラジオ波（radiowave） 380
ラジカル（radical） 62, 248, 527, *1223*
——と老化 564
——の安定性 537
——の共鳴安定化 538
——の構造 537
——の生成 566
——の生成と反応 528
——の転位 561
ラジカルアニオン（radical anion） *1223*
アルキンの—— 515
ベンゼンの—— *669*
ラジカルカチオン（radical cation） 363, *1223*
ラジカル酸化（radical oxidation）
ジエンのアリル位の—— *1055*
ラジカル重合（radical-induced polymerization）
アルケンの—— 549
ラジカル反応（radical reaction）
ベンジル位での—— *664*
ラジカル付加（radical-induced addition）
——の熱化学分析 546
アルキンへの—— 550
アルケンへの—— 541
ラセミ化（racemization）
S_N1 反応における—— 300
S_N2 反応における—— 275
カルボニル化合物の—— *916*
ラセミ体（racemate） 152, *1223*

ラセルピチン (laserpitin)　610
らせん（helix）
　右巻き——構造　*1091*
ラーデンブルグベンゼン
　(Ladenburg benzene)　*627*
ラネーニッケル（Raney nickel）251, *1223*
ラノステロール（lanosterol）612
ランダムコイル（random coil）*1091*, *1223*
　——構造をもつ変性タンパク質　*1094*
ランベルト・ベールの法則
　(Lambert−Beer law)　373

リキソース（lyxose）*1003*
リコクトニン（lycoctonine）*1060*
リコポジン（lycopodine）209
リコリン（lycorine）*1063*
リシニン（ricinine）*1061*
リシン（lysine）
　——の性質　*1077*
リセルグ酸ジエチルアミド
　(lysergic acid diethylamide，LSD)
　1062
リチウムイオン（lithium ion）
　——とクラウンエーテル　252
リチウムジイソプロピルアミド（lithium diisopropylamide）*915*, *927*, *1223*
　——と速度論的エノラート　*980*
　——によるエステルのアルキル化　*934*
　——によるエノラートイオンの生成　*915*
　——を用いた交差アルドール反応　*956*
リチウム有機クプラート
　(lithium organocuprate)　*784*, *804*
律速段階（rate-determining step）302, *1223*
立体異性体（stereoisomer）143
立体化学（stereochemistry）143〜, *1223*
　E2 反応の——　329
　S_N1 反応の——　299
　S_N2 反応の——　275
立体障害（steric hindrance）
　E2 反応における——　328
　S_N2 反応における——　282
　水素化反応と——　512
立体選択的（stereoselective）474
立体中心 (stereocenter)　623
立体的な大きさ（steric requirement）
　76, *1223*
立体特異的（stereospecific）474
立体配座（conformation）63, *1223*
立体反転（inversion of configuration）
　275, *1223*
　——と隣接基関与　*1170*
立体保持（retention of configuration）
　275, *1223*
　——と隣接基関与　*1185*
リノール酸（linoleic acid）*1047*
α−リノレン酸（α−linolenic acid，ALA）
　847, *1047*
リボ核酸（ribonucleic acid）*1110*, *1223*
リボース（ribose）*1003*
　——に対応するヌクレオシドの構造　*1110*
リポソーム（liposome）*1050*, *1223*
リボヌクレオチドレダクターゼ
　(ribonucleotide reductase)　565
リモネン（limonene）117, 609
硫化水素イオン（sulfanide ion）286, 288
硫酸ジメチル（dimethyl sulfate）292
硫酸水素エチル（ethyl hydrogensulfate）
　449
量子数（quantum number）5, *1223*
リン化合物（phosphorus compound）*797*
リンゴ酸（malic acid）281
リン脂質（phospholipid）*1049*, *1223*
リン脂質二重層（phospholipid bilayer）*1049*
リン試薬（phosphorus reagent）292
隣接基加速（anchimeric assistance）*1174*, *1223*
　硫黄原子の——　*1174*
隣接基関与（neighboring group participation）*1167*, *1223*
　——と反応の加速効果　*1173*
　——と立体保持　*1185*
　環状オキソニウムイオンと——　*1172*
　単結合の——　*1192*
　炭素−炭素二重結合の——　*1184*
　ハロゲンの——　*1178*
　分子内反応と——　*1167*〜
　ヘテロ原子による——　*1169*
　芳香環の——　*1181*
リンドラー触媒（Lindlar catalyst）514

る〜わ

ルイス塩基（Lewis base）89, 260, *1223*
　——と軌道相互作用　41
ルイス構造式（Lewis structure）12, *1223*
　——と電荷の決め方　18
　——における形式電荷　620
ルイス酸（Lewis acid）89, 260, *1223*
　——と軌道相互作用　41
　——としてのアシル化合物　*865*
累積二重結合（cumulative double bond）
　575
　——へのアミンならびにカルボン酸アニオンの付加反応　*1105*
ルシャトリエの原理
　(Le Châtelier's principle)　266, *1223*
ルッフ分解（Ruff degradation）*1013*, *1223*
ルビスコ（Rubisco）*1011*, *1057*
LUMO（最低空軌道）129, 261, *1224*

レセルピン（reserpine）378, *659*, *1064*
レソルシノール（resorcinol）*650*
レチクリン（reticuline）*1064*
レチナール（retinal）379, *1052*
レチノール（retinol）*1052*
trans−レチノール（*trans*−retinol）379
レチノールデヒドロゲナーゼ
　(retinol dehydrogenase)　379
レトロネシン（retronecine）*1060*
レボグルコサン（levoglucosan）*1043*
連鎖成長段階（chain-carrying propagation step）544
連鎖伝搬ラジカル（chain-carrying radical）
　544
連鎖反応（chain reaction）527, 544, *1224*

ロイシン（leucine）
　——の性質　*1077*
老 化（aging）
　ラジカルと——　564
6 員環（six-membered ring）
　——の構築　*970*
ロシュミット（Loschmidt）のベンゼン環構造
　628
ローゼンムント還元（Rosenmund reduction）
　870, *1224*
ロドプシン（rhodopsin）380
ロビンソン環化（Robinson annulation）
　970, *1224*
ローブ（lobe）11
　——の位相　*1126*
　——の重なり合い　279
ロブリー ド ブリュン・アルバーダ ファン エケンスタイン反応（Lobry de Bruijn−Alberda van Ekenstein reaction）
　1014, *1224*

ワグナー・メーヤワイン転位
　(Wagner−Meerwein rearrangement)
　347, *1224*
ワルデン反転（Walden inversion）281

欧 文 索 引*

A

α-helix *1091, 1208*
α position *904, 1208*
A (adenine) *1111*
absolute configuration 147
Ac (acetyl) 482, *1171, 1226*
acenaphthylene 477
acetal *770, 1207*
acetaldehyde 463, *751, 912, 914*
acetamide *862, 914*
acetamidobenzene *720*
acetanilide *720*
acetic acid 463, *814, 820, 859*
acetic anhydride *694, 861*
acetic propionic anhydride *861*
acetoacetic ester synthesis *931*
α-acetolactone *833, 860*
acetolysis *1171*
acetone *752, 912, 914*
acetonitrile 59, *863, 914*
acetophenone *694, 753*
acetoxy *1171*
acetyl *1171*
acetyl chloride *860*
acetylene 119, 125
acetylenes *1207*
acetylide 125, *1207*
achiral 145, *1207*
acid anhydride *839, 1214*
acid chloride *692, 838, 1214*
acid derivative *1211*
acid halide *860, 1214*
AcO (acetoxy) *1171*
aconitase 352
acrolein *811*
acrylic acid *814*
actinidine *1061*
activating agent *834*
activation energy 132, *1211*
acyl (group) 536, *692, 1207*
acyl azide *891*
acyl compound *857, 1207*
acylium ion 368, *1207*
adamantane 213
adamantylideneadamantane 477
adduct 596
adenine *660, 1111*
adenosine *1023*
S-adenosylmethionine 138, 465
adipic acid *814, 836*
adrenaline *1059*
aflatoxin B_1 84, 207
agarospirol 207
AIBN (azobisisobutyronitrile) 537
ajoene 249
ALA (α-linolenic acid) *847*
alanine *1076, 1077*
alanylserylvaline *1090*
alcohol 135, *1208*
alcohol dehydrogenase *800*
aldaric acid *1018, 1208*
aldehyde 501, *751, 1208*
aldohexose *1003, 1208*
aldol *937*
aldol condensation *938*
aldol reaction *937, 1208*
aldonic acid *1017, 1208*
aldopentose *1003, 1208*
aldose *1000, 1208*
aldotetrose *1003, 1208*
aldotriose *1000, 1208*
alkaloid 164, *1057, 1207*
alkanal *751*
alkane 49, *1207*
alkene 95, *1207*
alkene halogenation 474, *1207*
alkene hydrohalogenation *1207*
alkoxide ion 236, *1208*
alkyl (group) 68
alkyl compound 68, *1207*
alkyl halide 220, *1219*
alkylation *688*
N-alkylpyridinium ion *656*
alkyne 95, *1207*
allene 172, 572, *1208*
allose *1003*
allyl 105, *1207*
allyl alcohol 105, 223
allyl bromide 105
allyl chloride 105, 220
allyl cyanide 105
allylamine 105
allylic halogenation 557, *1207*
D-altritol *1016*
altrose *1003*
aluminium bromide *689*
amide 241, *833, 862, 1207*
aminal *810*
amine 224, *1207*
amine inversion 230, *1207*
α-amino acid *1076, 1207*
amino terminus *1090, 1207*
2-aminoacetic acid *1076*
1-aminoadamantane 214
3-amino-2-butanol 225
γ-aminobutyric acid *901*
cis-4-aminocyclohexanecarboxylic acid *815*
3-aminocyclopentanol 225
aminomethanol *776, 1207*
2-amino-3-methylbutanoic acid *1076*
2-amino-3-phenylpropanoic acid *1076*
2-aminopropanoic acid *1076*
2-aminopyridine *727*
ammonia 224, *1208*
ammonium ion 224, *1208*
amyl 222
amyl alcohol 223
anabasine *1061*
anchimeric assistance *1174, 1223*
angle strain 180, *1213*
anhydride *861*
aniline *649, 696*
anilinium ion *722*
anion 3, *1207*
anisaldehyde *753*
anisole 226, *649, 707*
annulene *648, 1207*
anomer *1007, 1207*
anomeric carbon *1007, 1207*
antarafacial motion *1143, 1208*
anthocyanin *1046, 1073*
anthracene *656*
anthranilic acid *745*
anti elimination 331, *1208*
anti form 72
antiaromatic *638, 1219*
antibonding molecular orbital 31, *1219*
anti-Markovnikov addition 463, *1212*
antiperiplanar 331, *1208*
apomorphine 471
aprotic solvent 244, *1220*
Ar (aryl) *652*
arabinose *1003*
arachidonic acid *1051*
arene *652, 1208*
arginine *1077*
Arndt-Eistert reaction *891, 1208*
aromatic character *634, 1222*
aromaticity *634, 1222*
arrow formalism 22
artemisinin 536
aryl group *652*
asparagine *1077*
aspartame *1036*
aspartic acid *1077*
aspirin *822*
asymmetric carbon atom 623
asymmetric center 623
atom 1, *1213*
atomic orbital 2, *1213*
atropine *1059*
Aufbau principle 7, *1213*
aurone *1045*
axial 184
axial hydrogen *1207*
azabenzene 226
azacycloalkanone *862*
azacyclobutane 226
azacyclohexane 226
azacyclopentane 226
azacyclopropane 226
azetidine 226
azide 497
aziridine 225, 226, *1207*
azlactone *1119*
azo compound 536, *1207*
azobisisobutyronitrile 537

B

β (resonance integral) *631*
β-cleavage 531, *1221*
β-pleated sheet structure *1091*
β-structure *1091, 1221*
Baeyer-Villiger reaction *885, 1219*
bakkenolide-A 207
barbaralane *1155*
barbaralone *1155*
base *1109*
base pair *1110, 1210*
base peak 366, *1211*
BDE (bond dissociation energy) 36, 529, *1213*
Beckmann rearrangement *886, 1221*
benzaldehyde *649, 753, 976*
benzamide *862*
benzenamine *649*

＊ 立体の数字は上巻のページ数を，斜体の数字は下巻のページ数を示す．

benzene *626*
benzenecarbaldehyde *649*
benzenecarboxylic acid *649, 814*
benzenediazohydroxide *697*
benzenediazonium chloride *696*
benzenediazonium ion *697*
benzenesulfonic acid *685*
benzenethiol 250
benzenol *649*
benzhydryl group *663*
benzil *990*
benzo[*c*]phenanthrene 174
benzofuran *659*
benzoic acid *649, 665, 814, 1208*
benzoic anhydride *861*
benzoic butyric anhydride *861*
benzoin *997*
benzoin condensation *997*
benzophenone *753*
benzo[*a*]pyrene *658*
benzothiophene *659*
benzvalene *627*
benzyl（group） *649, 662*
benzyl alcohol 223, *649*
benzyl bromide *665*
benzyl chloride *649*
benzyl chloroformate *1104*
benzylamine 224
benzylethylmethylamine 224
4-benzylmorpholine 226
benzyloxycarbonyl chloride *1104*
benzyloxycarbonyl（group） *1104, 1221*
benzyne *730, 1221*
p-benzyne *951*
berberine *1063*
BHA（butylated hydroxyanisole） 544
BHT（butylated hydroxytoluene） 544
bicyclic compound 206
bicyclo[2.2.1]heptane 179
bicyclo[3.3.1]non-1-ene 118
bicyclo[1.1.1]pentane 212
bicyclopentyl 83
3,3′-bicyclopropenyl *627*
bimolecular elimination reaction 327
binding site *1093, 1213*
biomolecule *1046, 1216*
bioorganic chemistry *1045, 1216*
biphenyl 173, *649, 741*
Birch reduction *669, 1219*
bis(2-chloroethyl) sulfide *1174*
1,2-bis(phenylhydrazone) *1019*
boat form 191
*t*Boc（*t*-butoxycarbonyl）group *1104*
Boltzmann distribution 269, *1222*
bombykol 585
bond dissociation energy 36, 529, *1213*
bonding molecular orbital 30, *1213*
borane 454
boric acid 461
bornane *1184*
borneol *1184*
boron enolate *980*
boron trifluoride 454
bradykinin *1102*
Bredt's rule 117, *1221*
bridged 206
bridged bicyclic compound 117
bridged ring *1219*
bridgehead position 117, 209, *1212*
broad-band decoupling 411
Brønsted-Lowry acid 88, *1221*
Brønsted-Lowry base 88, *1221*
bromination *688*
bromoacetic acid *820*
bromobenzene *649*
3-bromobutanoic acid *815*
β-bromobutyric acid *815*
4-bromo-2-chlorotoluene *651*
3-bromocyclopentylamine 225
bromoethane 220
bromonium ion 476, *1221*
3-bromopyrrolidine 226
N-bromosuccinimide 559, *1221*
o-bromotoluene *650*
brosyl *1171*
brosylate *1170*
brucine 164, *1086*
Bs（brosyl） *1171*
Bu（butyl） *973*
buckminsterfullerene *658*
bullvalene *1155, 1220*
1,2-butadiene 576
1,3-butadiene 571, 578
butanal *751, 905*
butane 72, 77
butanedial *751*
butanedioic acid *814*
1-butanesulfonic acid *796*
1-butanethiol 250, *796*
butanoic acid *814, 820*
1-butanol 222
2-butanol 222
4-butanolide *833*
butanone *752*
butanoyl fluoride *860*
butatrienes 575
1-butene 119
cis-2-butene 119, 503
trans-2-butene 119
cis-butenedioic acid *814*
trans-butenedioic acid *814*
butenes 105
t-butoxycarbonyl（group） *1104, 1220*
butyl alcohol 222
s-butyl alcohol 222
t-butyl alcohol 222
t-butyl butyrate *859*
t-butyl chloride 220
t-butyl cyclopentyl sulfide 250
t-butyl iodide 221
t-butyl methyl ether 226
s-butyl methyl ketone *752*
butyl（group） 74, *1220*
s-butyl（group） 74, *1220*
t-butyl（group） 74, *1220*
t-butylamine 224
butylated hydroxyanisole 545
butylated hydroxytoluene 544
butylethylmethylpropylammonium iodide 226
1-butyne 123, 125, 575
2-butyne 123, 125, 575
butyraldehyde *751*
butyric acid *814, 859*
γ-butyrolactone *833, 860*
butyrophenone *694*

C

C（cytosine） *1111*
cadaverine 233, *1058*
Cahn-Ingold-Prelog priority system 109, *1211*
calicheamicin 209, *950*
(+)-camphor 609
(−)-camphor 609
canavanine *1079*
Cannizzaro reaction *976, 1211*
cantharidin 618
caproic acid *814*
carbaldehyde *751*
carbamate *844, 1211*
carbamate ester *892*
carbamic acid *844, 1211*
carbanion 61, *1211*
carbene 491, *1211*
carbenium ion 61
carbocation 61, *1211*
carbohydrate *999*
β-carboline *1061*
β-carboline alkaloid *1063*
carbon disulfide 351
carbon tetrachloride 551
carbonic acid *844*
carbonium ion 61
carbonyl compound 498, *1211*
carbonyl group *747*
carbonyl oxide 497, 498
carborane 212
carboxy terminus *1090, 1211*
carboxylate anion *816, 1211*
carboxylic acid *813, 1211*
carotene *1052*
β-carotene 375, *1052*
carvone 157
castanospermine *1060*
castoramine *1060*
catalyst 135, *1215*
catechol *650*
cation 3, *1211*
cationic polymerization 452, *1211*
CDI（*N,N′*-carbonyldiimidazole） *853*
cellobiose *1037*
cellulase 103
cellulose *1033, 1216*
cephalosporin C 378
chain reaction 527, *1224*
chain-carrying radical 544
chair form 183
chalcone *1045*
chemical shift 390, *1210*
Chichibabin reaction *726, 1217*
chiral 144, *1212*
chiral atom 147, 623
chiral center 147, 623, *1212*
chirality 144, *1212*
chlorination *688*
2-chloro-1-propanol 418
chloroacetic acid *820*
chloroacetylene 122
3-chloro-2-butanamine 225
2-chlorobutane 160
2-chlorobutanoic acid *820*
3-chlorobutanoic acid *820*
4-chlorobutanoic acid *820*
2-chloro-1-butanol 222
3-chloro-4-fluoro-2-pentanol 222
chloroform 220, 551
3-chloro-3-hexene 504
3-chloro-2-hydroxypropanal *751*
2-chloro-2-methylpropane 220
chloronium ion 478
chloropropene 104
chlorosulfinate ester 291, *837*
cholanthrene *658*
cholestanol 216
cholesterol 117, 211, 378, 613, *1053*
cholesteryl benzoate 557
chorismate *1150*
chromate ester *789*
chrysanthemic acid 518
chymotrypsin *1100*
cine *745*
trans-cinnamaldehyde *753*
cis 82, *1215*
s-cis 582, *1215*
cis-trans isomerism 106
civetone *753*
Claisen condensation *959, 1212*
Claisen rearrangement *1150, 1164*
Claisen-Schmidt condensation *956, 1212*
clathrate 58
β-cleavage 531, *1221*
Clemmensen reduction *695*
CoA（coenzyme A） *846*
CoA-SH *846*
Coates' cation *1201*
cocaine *1059*
codeine *1060*
codon *1112, 1213*
coenzyme *800, 1222*
coenzyme A *846*
colchicine *1057*
concerted process 348, *1212*
concerted reaction *1121*
configuration
　inversion of —— 275, *1223*
　retention of —— 275, *1223*
configurational carbon *1211*
conformation 63, *1223*
conformational analysis 72, 190, *1219*
conformational diastereomer 171
conformational enantiomer 158, *1219*
conformational isomer 73, 171, *1219*

conformer 73, 171, *1214*
coniine 164, *1060*
conjugate acid 234, *1212*
conjugate base 234, *1212*
conjugated double bond 571, *1212*
conjugation 374, 571, *1212*
conrotation *1126, 1218*
conrotatory *1126*
constitutional isomer 72, 167, *1213*
Cope elimination 351
Cope rearrangement *1146, 1213*
cortisone 207, 613
coupling constant 390, *1213*
covalent bond 5, 12, *1212*
COX-1 *1050*
COX-2 *1050*
crossed aldol reaction *953, 1213*
crossed Claisen condensation *966, 1213*
trans-crotyl alcohol 223
12-crown-4 251
18-crown-6 251
crown ether 252, *1212*
cryptand 252, *1213*
cubane 211
cumene *649*
cumulene 575, *1212*
Curtius rearrangement 892, *1213*
curved arrow formalism 22, 89, *1222*
cyanogen bromide *1100, 1215*
cyanohydrin *776, 1214*
cyclamate *1036*
cycloaddition reaction *1131, 1220*
cycloalkane 50, *1214*
cycloalkanecarboxylic acid *814*
cycloalkene 107, 114, *1214*
cycloalkyne 124
cyclobutadiene 115, *626*
cyclobutane 82
cyclobutene 119
cyclodecane 186
cycloheptane 82
1,3,5-cycloheptatriene 115, *626*, *640*
cycloheptatrienyl cation *639*
cycloheptene 119
cycloheptyne 124
1,3-cyclohexadiene 115, 571
1,4-cyclohexadiene 115, 571, *669*
2,4-cyclohexadienone *913*
cyclohexane 82
cyclohexanecarbaldehyde *751*
cyclohexanecarboxylic acid *814*
1,4-cyclohexanedione *752*
cyclohexanethiol 250
cyclohexanone 382, *755*
cyclohexene 119, 559
2-cyclohexenone *755*
cyclohexylamine 224
1,2-cyclononadiene 573
cis-cyclononene 119
trans-cyclononene 119
cyclononyne 124
1,4-cyclooctadiene 571
cyclooctane 82
1,3,5,7-cyclooctatetraene 115, *626*
cyclooctene 116
cis-cyclooctene 119
trans-cyclooctene 119
cyclooctyne 124
cyclooxygenase *1050*
cyclopentadiene 115
cyclopentadienyl anion *641, 653, 1214*
cyclopentane 82
cyclopentanecarboxylic acid *814*
cyclopentanol 222
cyclopentene 116, 119
cyclopentyl alcohol 222
cyclopropane 50, 82, 180
cyclopropenyl cation *645, 1187*
cyclopropenylidene 518
cysteine *1077*
cytosine *660, 1111*

D

D *1002*
Darzens condensation *991*
daughter ion 366, *1222*
DBE (double bond equivalent) 126
DCC (dicyclohexylcarbodiimide) *834, 1105, 1215*
DCU (dicyclohexylurea) *1105*
1,5-decadiene 571
decalin 208
decane 77
decarboxylation *842, 930, 1216*
1-decene 119
decoupling 409, *1217*
degenerate reaction *1121, 1137, 1215*
degree of unsaturation 126, *1220*
dehydrating agent *839*
dehydrobenzene *730*
delocalization 26, *1219*
delocalization energy *633, 1219*
denaturing *1093, 1221*
deoxyribonucleic acid *1110, 1217*
deprotonation 324
DEPT (distortionless enhancement with polarization transfer) 411, *1217*
desulfurization 251
detergent *848, 1213*
Dewar benzene *627, 1217*
Dewar forms *630, 1217*
dextrorotatory 151, *1209*
DHA (docosahexaenoic acid) *847*
diacetone alcohol *940*
dial *751, 1214*
diamantane 213
diamond 214
diastereomer 159, *1214*
diastereotopic 393, *1214*
1,3-diaxial interaction 193, *1214*
diazo compound 492, 497, *1214*
diazo ketone *888, 1214*
diazocyclopentadiene 492, *673*
diazofluorene 492
diazomethane 492, *832, 855*
diazonium ion *696, 1214*
DIBAL-H (diisobutylaluminium hydride) *878, 997*
dibenzo[*a, h*]anthracene *658*
dibenzo[*c, g*]phenanthrene 174
trans-1,2-dibromocyclopentane 474
dibromomethane 220
di-*t*-butyl dicarbonate *1104*
dichloroacetic acid *820*
1,3-dichlorobenzene *650*
m-dichlorobenzene *650*
dichlorocuprate ion *700*
dichlorocyclopropane 168
3,5-dichlorohexanoic acid *814*
diclofenac *741*
dicyclohexylcarbodiimide *834, 1105, 1215*
dicyclohexylurea *1105*
dicyclopentylamine 224
dicyclopropyl disulfide 250
cis-1,2-dideuterio-1-hexene 458
Dieckmann condensation *965, 1217*
Diels-Alder reaction 596, *731, 1217*
dienes 571
dienophile 596, *1212*
diethyl acetamidomalonate *1084*
diethyl bromomalonate *1084*
diethyl ether 226
N,N-diethylpropanamide *862*
difluoroacetic acid *820*
diglyceride *1049*
dihedral angle 63, *1218*
dihydrobullvalene *1155*
o-dihydroxybenzene *650*
diimide 511
diisobutylaluminium hydride *878, 997*
dimedone *990*
dimerization 532
dimethyl ether 226
dimethyl ketone *752*
dimethyl sulfate 292
dimethyl sulfide 250
dimethyl sulfoxide 244
N,N-dimethylacetamide *868*
1,1-dimethylallene 573
1,3-dimethylallene 573
dimethylamine 224
1,2-dimethylbenzene *650*
1,4-dimethylbenzene *650*
3,3-dimethylbicyclo[3.2.1]octane 210
1,2-dimethylcyclopropane 82
4,4-dimethyldiazocyclohexa-2,5-diene 492
N,N-dimethylformamide 244
6,6-dimethylfulvene *946*
dimethylketene *863*
4,4-dimethyl-2-pentanone 391
dinitrogen trioxide *697*
2,4-dinitrophenylhydrazone *779*
diol 223, *1214*
gem-diol *761, 1214*
dione *752, 1214*
1,4-dioxane 227
1,3-dioxolane 227
diphenyl ketone *753*
diphosphoric acid 606
1,3-dipolar addition 498
1,3-dipolar reagent 497
1,3-dipole 497, *1208*
dipole moment 13, *1216*
diradical 495, *1215*
1,3-diradical 534
disaccharide *1033, 1218*
displacement reaction 258
disproportionation 531, *1220*
disrotation *1126, 1212*
disrotatory *1126*
distortionless enhancement with polarization transfer 411
disulfide bridge *1091, 1215*
1,3-dithiane *973*
dithiane *1215*
ditropyl ether *673*
DMF (*N,N*-dimethylformamide) 244
DMSO (dimethyl sulfoxide) 244, *792*
DNA (deoxyribonucleic acid) *660, 1110, 1217*
docosahexaenoic acid *847*
dodecahedrane 179, 211
dodecane 77
dolichodial *1052*
L-dopa *1059*
dopamine *1059*
double bond 95, *1218*
double bond equivalent 126, *1218*
doublet 390

E

E (entgegen) 109
E1 reaction 324, *1208*
E1cB reaction 335, *1208*
E2 reaction 327, *1208*
eclipsed ethane 63, *1211*
eclipsing strain 181
Edman degradation *1098, 1209*
electrocyclic reaction *1125, 1218*
electron 1, *1218*
electron affinity 3, *1218*
electron pushing 22
electronegativity 14, *1217*
electronic spectroscopy 372, *1218*
electrophile 41, *1212*
electrophilic aromatic substitution *681, 684, 1221*

electrophoresis *1082, 1217*
elimination reaction 323, *1216*
emetine *1063*
enamine *781, 934, 1209*
enantiomer 147, *1212*
enantiotopic *1209*
enantiotopic hydrogen 393
endergonic 265, *1212*
endo 603, *1210*
endothermic reaction 35, *1212*
enediol *1016*
englerin A *1052*
enol 507, *905, 1210*
enolate *905, 1210*
enone *948, 1210*
entgegen 109
enthalpy 265
enthalpy change *1210*
entropy change 265, *1210*
envelope form 183
enzyme 352
EPA (eicosapentaenoic acid) *847*
epimer *1007, 1210*
epinephrine *1058*
episulfonium ion *1173, 1210*
epoxidation 485
epoxide 227, 484, *1210*
equatorial 184
equatorial hydrogen *1209*
equilibrium constant 264, *1221*
erythrose *1003*
essential amino acid *1078, 1219*
ester *824*
ester hydrolysis *874, 1209*
estradiol 177
estragole *855*
estrone 613
Et (ethyl) 69
ethanal *751*
ethane 63, 68, 77
ethanedioic acid *814*
1,2-ethanediol 223
ethanethiol 68
ethanoic acid *814*
ethanol 68, 222
2-ethanolide *833*
ethene 96, 119, *1209*
ethenylbenzene *649*
ether 226, *1209*
ethyl 69
ethyl acetate *914*
ethyl alcohol 68, 222, 463
ethyl benzoate *714*
ethyl bromide 68, 220
ethyl chloride 68
ethyl compound 68, *1209*
ethyl cyanide 68, *863*
ethyl fluoride 68
ethyl hydrogensulfate 449
ethyl iodide 68, 221
ethyl methyl ether 226
ethyl methyl ketone *752*
ethyl methyl sulfide 250
ethyl 3-methylpentanoate *859*
ethyl 2-methylpropionate *964*
ethyl propionate *859*
ethyl sulfonate 290
ethyl tosylate 290
ethyl vinyl ether 226
ethylamine 68, 224
ethylbenzene *649*
3-ethylbenzoic acid *814*
m-ethylbenzoic acid *814*
ethylene 96, 119, *1209*
ethylene glycol 223
ethylene oxide 227
ethylmethylamine 224
ethylmethylammonium chloride 226
ethylmethylketene *863*
ethyne 125
ethynyl chloride 122
eugenol *635*
exergonic 265, *1219*
exo 603, *1209*
exothermic reaction 35, *1219*
E/Z nomenclature 109

F

farnesyl diphosphate 608
fat *1047, 1215*
fatty acid *846, 1215*
ferrocene 377
field-sweep method 388
first-order reaction 270, *1209*
first-order spectrum 406, *1209*
Fischer esterification *825, 1220*
Fischer projection *1001, 1220*
fluoroacetic acid *820*
fluoromethane 220
fluxional structure *1150, 1223*
folding *1091*
force constant 381, *1217*
formal charge 18, *1213*
formaldehyde 24, *751*
formic acid *814, 859*
formyl chloride *860*
Fourier transform 388
fragment ion 366, *1222*
fragmentation pattern 366, *1217*
free radical 248, 527, *1220*
Friedel-Crafts acylation *692, 1220*
Friedel-Crafts alkylation *688, 1220*
Frost circle *636, 1221*
fructose *1004*
FT (Fourier transform) 388
fulvene *947*
fumaric acid *814*
functional group 21, 49, *1211*
furan 226, 227, *653, 1220*
furanose *1005, 1220*
furanoside *1022, 1220*
furfural *703*
fused 206
fused ring *1215*

G

G (guanine) *1111*
GABA (γ-amino butyric acid) *901*
Gabriel synthesis *1083, 1211*
D-galactaric acid *1018*
D-galactonic acid *1035*
galactose *1004*
galantamine *1063*
gas chromatography 361, *1211*
gauche form 73
gauche interaction 73
GC (gas chromatography) 361, *1211*
GC/IR 362, 381, *1214*
GC/MS 362, *1215*
gel-filtration chromatography *1095, 1213*
geminal 507, 550, *1214*
geranyl diphosphate 607
Gibbs free energy change 265, *1212*
globin *1094*
D-glucitol *1004*
D-glucofuranose *1006*
gluconic acid *1017*
D-glucopyranose *1006*
glucose *1003*
glutamic acid *1077*
glutamine *1077*
glutaric acid *814*
glyceraldehyde *1000*
glycerol 223, *1047*
glycine *1076, 1077, 1083*
glycol 223, *1212*
glycolysis *1013, 1210*
glycoside *1022, 1212*
graphene *657*
graphite 112, *657*
green chemistry 484, *1213*
Grignard reagent 247, *783, 1212*
guanidinium ion 45
guanine *660, 1111*
gulose *1004*
gutta percha 606

H

half-chair form 191
haloform *920, 1219*
haloform reaction *919, 1219*
halogenation *687*
halohydrin 311, 479, *1219*
Hammond postulate 343, *1219*
harmine *1064*
Harpp modification *923*
Haworth form *1010, 1219*
H-D exchange *682*
heat of formation 112, *1216*
Heisenberg uncertainty principle 2, *1219*
α-helix *1091, 1208*
Hell-Volhard-Zelinsky reaction *922, 1221*
heme *1094*
hemiacetal *767, 826, 1221*
hemiketal *771*
hemoglobin *1094*
heptane 77, 80
heptanoic acid *789*
1-heptene 119
1-heptyne 125
heteroaromatic compound *653, 1222*
heteroatom *652*
heterobenzene *653, 1221*
heterobenzenes *644*
heterogeneous catalysis 511, *1220*
heterolytic bond cleavage 36, *1220*
2,4-hexadiene 571
hexahelicene 174, *658*
hexamethylbenzene *705*
hexane 77
hexanedioic acid *814*
hexanoic acid *814*
3-hexanone *789*
1-hexene 119
hexose *1004, 1221*
1-hexyne 125
highest occupied molecular orbital 129, 261, *1126*
high-performance liquid chromatography 361, *1213*
high-pressure liquid chromatography 361
histidine *1077*
Hofmann elimination 335, *1222*
Hofmann rearrangement *892, 1222*
HOMO (highest occupied molecular orbital) 129, 261, *1126*
homogeneous catalysis 511, *1212*
homolytic bond cleavage 36, 529, *1212*
homotopic 393, *1222*
homotropilidene *1153*
Hooke's law 381
Horner-Emmons reaction *981*
HPLC (high-performance liquid chromatography; high-pressure liquid chromatography) 361, *1213*
Hückel's rule *636, 1220*
Hund's rule 8, *1221*
Hunsdiecker reaction *845, 1221*
hybrid orbital 51, *1214*
hybridization 51, *1214*
hydrate *757, 1215*
hydration 448, *1215*
hydrazone *779*
hydride 61
hydride ion *1215*
hydride reduction *800*
hydride shift 346, *1219*
hydroboration 453, *1219*
hydrocarbon 49, *1216*
hydrocarbon cracking 532, *1217*
hydrogen abstraction 530, *1215*
hydrogen bonding 231, *1215*
hydrogen peroxide 485
hydrogenation 511, *1215*
hydrohalogenation 430
hydrophilic *846, 1092, 1215*
hydrophobic *846, 1092, 1216*
hydroquinone 544, *650*

4-hydroxy-4-methyl-2-pentanone *940*
5-hydroxyhexanal *1005*
2-hydroxy-6-methyltetrahydropyran *1005*
hyperconjugation 441, *1217*
hypobromite *845*

I, J

ibuprofen *854*
icosane 77
icosapentanoic acid *847*
idose *1004*
imide *862, 1209*
imine *777, 779, 1209*
iminium ion *780, 880, 1209*
indan-1,2,3-trione *1089*
indole *659, 1061*
indole alkaloid *1062*
inductive effect 444, *1223*
infrared spectroscopy 380, *1216*
inhibitor 544, *1216*
initiation step 543, *1210*
integral 390, *1216*
inversion of configuration 275, *1223*
iodoacetic acid *820*
2-iodopropane 221
ion 3, *1208*
ion-exchange chromatography *1095, 1208*
ionic bond 4, *1208*
ionization potential 3, *1208*
ipso attack *727, 1209*
IR (infrared) spectroscopy 380, *1216*
ISHARE 242
isobutane 72
isobutene 105
isobutyl (group) 74, *1208*
isobutyl alcohol 222
isobutylamine 225
isobutylene 105
isobutyraldehyde *751*
isocyanate *892, 1208*
isoclectric point *1081, 1218*
isoleucine *1077*
isomer 69, *1208*
isopentane 75
isoprene 571, 606, *1052, 1208*
isoprene rule 609, *1208*
isoprene unit 606
isoprenoid 609
isopropyl (group) 72, *1208*
isopropyl alcohol 222
isopropyl iodide 220
isopropyl phenyl ketone *753*
4-isopropylbenzaldehyde *789*
isopropylbenzene *649*
isoquinoline *1061*
isoquinoline alkaliod *1063*
isothiocyanate *893*
isotope effect *1193, 1218*
IUPAC 77

cis-jasmone *992*

K

Karplus curve 403, *1211*
Kekulé forms *629, 1213*
ketal *771*
ketene 575, *863, 1213*
β-keto ester synthesis *931, 1213*
ketocarbene *889*
ketone 501, *751, 1213*
ketose *1003, 1213*
Kiliani-Fischer synthesis *1012, 1212*
kinetic control 341, 591, *1216*
kinetic enolate *980, 1216*
kinetic resolution *1087, 1216*
kinetics 340, *1216*
Knoevenagel condensation *945, 1212*
Koenigs-Knorr reaction *1023*
Kolbe electrolysis *844, 1213*

L

L *1002*
lactam *835, 862, 1223*
lactase *1035*
lactobionic acid *1034*
lactone *832, 860, 1223*
α-lactone *1170*
lactose *1033*
Ladenburg benzene *627*
LAH (lithium aluminium hydride) *784*
Lambert-Beer law 373
laserpitin 610
lauric acid *1047*
LDA (lithium diisopropylamide) *915, 927, 956, 1223*
Le Châtelier's principle 266, *1223*
leaving group 262, *1216*
leucine *1077*
levoglucosan *1043*
levorotatory 151, *1214*
Lewis acid 41, 89, *1223*
Lewis base 41, 89, *1223*
Lewis structure 12, *1223*
limonene 117, 609
Lindlar catalyst 514
linoleic acid *1047*
α-linolenic acid *847, 1047*
lipid *1046, 1215*
lipophilic *1050*
liposome *1050, 1223*
lithium aluminium hydride *784*
lithium tri-*t*-butoxyaluminium hydride *871*
lithium diisopropylamide *915, 927, 956, 1223*
lobe 11
Lobry de Bruijn-Alberda van Ekenstein reaction *1014, 1224*
lone pair 12
lone pair electrons *1213*
long-range coupling 403, *1217*
lowest unoccupied molecular orbital 129, 261, *1224*
LSD (lysergic acid diethylamide) *1062*
LUMO (lowest unoccupied molecular orbital) 129, 261, *1224*
lycoctonine *1060*
lycopodine 209
lycorine *1063*
lysergic acid diethylamide *1062*
lysine *1077*
lyxose *1003*

M

M+1 peak 364, *1210*
Magid's second rule *971, 1222*
Magid's third rule *979, 1222*
magnetic resonance imaging 86, 386
maitotoxin 415
maleic acid *814, 861*
maleic anhydride *861, 873*
malic acid 281
malonic acid *814, 932*
malonic ester synthesis *932, 1222*
maltose *1033*
malvidin *1073*
Mannich reaction *974, 1222*
mannose *1003*
Markovnikov's rule 439, *1222*
mass spectrometry 363, *1215*
McLafferty rearrangement 368, *1222*
Me (methyl) 69
Meerwein-Ponndorf-Verley-Oppenauer (MPVO) reaction *977, 1222*
Meisenheimer complex *725, 1222*
melibiose *1039*
menthol 609
menthyl chloride 358
mercaptan 250, *1222*
mercaptide 250
mercurinium ion 482
Merrifield procedure *1108*
mescaline *1059*
mesityl oxide *941*
meso compound 162, *1222*
messenger RNA *1112, 1222*
meta *649, 706, 1222*
metaproterenol *811*
methane 50, 58, 77, *1222*
methane hydrate 58
methanethiol 59, 250
methanoic acid *814*
methanol 59, 222
methide 125
methine group 74, *1222*
methionine *1077, 1084*
4-methoxybenzaldehyde *753*
methoxybenzene *649*
methoxymethyl *811*
methyl 69
methyl acetate *859*
methyl acrylate 549
methyl alcohol 59, 222
methyl anion 61, *1222*
methyl bromide 59
methyl cation 61, *1222*
methyl chloride 59, 551
methyl compound 58, *1222*
methyl cyanide 59, *863*
methyl diazoacetate 492
methyl fluoride 59, 220
methyl α-D-glucopyranoside *1023*
methyl β-D-glucopyranoside *1023*
methyl iodide 59, 221
methyl phenyl ether 226, *649*
methyl phenyl ketone *694, 753*
methyl radical 62, *1222*
methyl vinyl ether 443
N-methylacetamide *867*
methylacetylene 122
methylallene 576
methylamine 59, 224
4-methylbenzaldehyde *753*
methylbenzene *649*
2-methyl-1,3-butadiene 571
3-methyl-1,2-butadiene 573
3-methylbutanoic acid *891*
3-methyl-3-butenyl diphosphate 606
1-methylcycloheptene 115
1-methylcyclopentene 458
methylene bromide 220
methylene chloride 551
methylene group 71, *1222*
3-methylhexane 145
methylketene *863*
N-methyl-*N*-nitrosourea *855*
2-methylpentanal *751*
3-methylpentane 145
3-methylpentanoic acid *859*
3-methyl-2-pentanone *752*
4-methyl-3-penten-2-one *941*
3-methylpiperidine 226
2-methylpropanal *751*
2-methyl-1-propanol 222
2-methyl-2-propanol 222
2-methylpropene 105, 119
N-methylpyridinium iodide *656*
mevalonic acid 353
micelle *846, 1222*
Michael reaction *947, 1222*
microscopic reversibility 274, *1219*
mitomycin C *1062*
mixed aldol reaction *953*
mixed Claisen condensation *966*
molar extinction coefficient 373, *1222*
molecular ion 364, *1221*
molecular orbital 2, 29, *1221*
MOM (methoxymethyl) *811*
monosaccharide *1033, 1217*
morphine 117, 471, *1060*
morpholine 226
MPVO (Meerwein-Ponndorf-Verley-Oppenauer) reaction *977, 1222*

MRI (magnetic resonance imaging) 86, 386
mRNA (messenger RNA) *1112*, *1222*
MS (mass spectrometry) 363, *1215*
murexine *659*
muscone *753*
mustard gas *1174*
mutarotation *1014*, *1221*
myristic acid *846*, *1047*

N

n+1 rule 400, *1210*
NAD^+ (nicotinamide adenine dinucleotide) *799*, *1056*
NADPH *968*
naphthalene *644*, *656*, *659*
narbomycin 93, 177
narciclasine *1063*
natural product 84, *1218*
NBS (*N*-bromosuccinimide) 559, *1221*
neighboring group participation *1167*, *1223*
neomenthyl chloride 358
neopentane 75
Newman projection 64, *1218*
nicotinamide adenine dinucleotide *799*, *1056*
nicotine *1061*
ninhydrin *1088*, *1218*
nitration *687*
nitrene *892*, *1218*
nitrile *862*, *1218*
nitrile oxide 497
nitroacetic acid *820*
nitrobenzene *696*, *713*
nitromethane 244
nitrone 497
nitronium ion *687*
4-nitrophenol *650*
p-nitrophenol *650*
N-nitrosoaniline *697*
nitrous oxide 497
NMR (nuclear magnetic resonance) spectroscopy 86, 386
NMR spectrum 87, *1210*
node 10, *1216*
no-mechanism no-reaction reaction *1121*
no-mechanism reaction *1121*
nonane 77
nonbonding electron 12, *1219*
nonbonding orbital 31
nonconcerted reaction *1123*
1-nonene 119
nonreducing sugar *1038*, *1219*
nor *1184*
norbornane *1184*
norbornyl system *1184*, *1218*
2-norbornyl tosylate *1194*
norleucine *1083*
nuclear magnetic resonance 86, 386
nucleic acid *1110*, *1210*
nucleophile 41, 262, *1212*
nucleophilic aromatic substitution *725*, *1221*
nucleophilicity 285
nucleoside *1109*, *1218*
nucleotide *1110*, *1218*
nucleus 1, *1213*
nylon *836*

O

Ockham's razor *643*
octane 77
1-octene 119
octet rule 3, *1210*
1-octyne 125
odd electron 15
off-resonance decoupling 411, *1210*
oil *1047*, *1207*
olefin 119, *1210*
oleic acid 486, *1047*
opsin 379
optical activity 151, *1213*
orbital 2, *1211*
orbital interaction diagram 31, *1212*
orbital symmetry *1126*
orciprenaline *811*
organocuprate 491, *783*, *1222*
organolithium reagent 247, *783*, *840*, *1223*
organometallic reagent 247, *783*, *1222*
ortho *649*, *706*, *1210*
ortho ester *830*, *1210*
orthogonal orbitals 33, *1217*
osazone *1019*, *1210*
oxabenzene *653*
2-oxacycloalkanone *833*
2-oxacyclobutanone *833*
2-oxacycloheptanone *860*
2-oxacyclohexanone *833*
2-oxacyclopentanone *833*, *860*
2-oxacyclopropanone *833*
oxalic acid *814*
oxaphosphetane *798*, *1210*
oxetane 227
oxime *779*
oxirane 227, 484, *1210*
oxo- *752*
3-oxohexanal *752*
oxonium ion 136, *1210*
2-oxopropanal *752*
oxymercuration 482, *1210*
ozone 497
ozonide 498, *1210*
ozonolysis 497, *1210*

P

π orbital 101, *1218*
π stacking *652*
PAH (polycyclic aromatic hydrocarbon) *656*
paired spins 7, *1217*
palmitic acid *847*, *1047*
palytoxin *981*
palytoxin carboxylic acid *981*
papaverine *1063*
para *649*, *706*, *1219*
Para Red *741*
para-Claisen rearrangement *1164*
paracyclophane *1219*
[*n*]paracyclophane *732*
parallel spins 7, *1221*
parent ion 366, *1210*
patulin 378
Pauli principle 7, *1219*
PCC (pyridinium chlorochromate) *791*
penicillin V 377
pentacontane 77
1,4-pentadiene 571, 578
2,3-pentadiene 573
pentahydroxychalcone *1045*
pentamethylene oxide 227
pentanal *751*
pentane 75, 77
pentanedioic acid *814*
2,4-pentanedione *752*
pentanoic acid *814*
1-pentanol 222
5-pentanolide *833*
pentanoyl chloride *860*
1-pentene 119
pentose *1004*, *1221*
pentyl alcohol 222, 223
1-pentyne 125
peptide 219, *1221*
peptide bond *1078*, *1221*
peracid 485
pericyclic reaction *1121*, *1221*
periplanar 331
peroxy acid 484
PET (polyethylene terephthalate) *837*
Ph (phenyl) *649*
phenanthrene 174, *656*
phenethylamine(s) *1058*
phenol 223, *649*, *699*
phenonium ion *1183*, *1220*
phenoxide ion *701*
phenyl (group) *649*, *753*
phenyl formate *859*
phenyl isothiocyanate *1098*
phenyl propyl ketone *694*
phenylalanine *736*, *1076*, *1077*, *1084*
phenylhydrazone *779*, *1019*
phenylimine *779*
phenylketene *863*
N-phenylmaleimide *873*
pheromone 585
phosgene *860*
phospholipid *1049*, *1223*
photohalogenation 551
phthalic acid *839*, *861*, *1084*
phthalic anhydride *839*, *861*
phthalimide *862*
phthalimide anion *1066*
p*I* *1081*
pi orbital 101, *1218*
pinacolone 471
α-pinene 609
β-pinene 209, 513, 609
piperidine 226, *655*, *1059*
piperidine alkaloid *1060*
pivalic acid *989*
pK_a 235, *1219*
pK_b 241
plane-polarized light 151
plant hormone 103
Platonic solid 211
polar covalent bond 13, *1212*
polarimeter 153, *1216*
polyamide *836*
polyamines *1058*
polycyclic aromatic hydrocarbon *656*, *1216*
polyene(s) 107, 379, *1222*
polyester *836*
polyethylene 549
poly(ethylene terephthalate) *837*
polyfunctional compound *1167*
polyisoprene 606
poly(methyl acrylate) 549
polynuclear aromatic compound *656*
polypeptide *1078*
polysaccharide *1033*, *1216*
polystyrene 549
poly(tetrafluoroethylene) 549
poly(vinyl chloride) 549
potassium benzoate *976*
potassium phthalimide *1084*
ppm scale 389, *1220*
Pr (propyl) *1226*
prephenate *1150*
primary amine 224, *1216*
primary carbon 75, *1216*
primary ozonide 497, *1208*
primary structure *1090*, *1209*
prismane 211, *627*
product-determining step 302, *1216*
progesterone 84, 613
proline *1077*
propadiene 573
propagation step 543, *1216*
propanal *751*
propane 50, 70, 77
propanedial *751*
propanedioic acid *814*
1,2-propanediol 223
propanoic acid *814*
1-propanol 222
2-propanol 222
propanolide *833*
propanone *752*
propanoyl bromide *860*
propargyl (group) 123, *1221*
[1.1.1]propellane 84, 212
propene 104, 119
propenoic acid *814*
β-propiolactam *862*
β-propiolactone *833*, *860*
propionaldehyde *751*
propionic acid *814*, *859*
propiononitrile 68, *863*

propyl (group) 71, *1221*
propyl alcohol 222
propyl compound 71
propylamine 224
propylene 104, 119
propylene glycol 223
propyne 122, 125, 506
1-propynyl compounds 123
prostaglandin(s) *1050*, *1221*
protecting group *774*, *1222*
protein 220, *1078*, *1217*
protic solvent 244, *1221*
protonation 235
psilocybin *1062*
putrescine 233, *1058*
pyranose *1005*, *1220*
pyranoside *1022*, *1220*
pyrethrin 518
pyridine 226, *644*, *652*, *1061*, *1220*
pyridine alkaloid *1061*
pyridine *N*-oxide *656*
pyridium chlorochromate *791*
pyridoxal phosphate *1069*
pyrolysis 529, *1218*
pyrophosphoric acid 606
pyrrole 226, *644*, *653*, *1220*
pyrrolidine 226
pyrrolizidine *1059*
pyrrolizidine alkaloid *1059*
pyruvaldehyde *752*
pyrylium ion *653*

Q, R

quantum number 5, *1223*
quaternary carbon 75, *1216*
quaternary structure *1094*, *1223*
quinidine *1060*
quinine 378, *1060*
quinoline *656*

R (alkyl) group 68, 275
racemate 152, *1223*
radical 62, 527, *1223*
radical anion 515, *669*, *1223*
radical cation 363, *1223*
random coil *1091*, *1223*
Raney nickel 251, *1223*
rate constant 270, *1216*
rate-determining step 302, *1223*
rate-limiting step 302
reaction coordinate 35
reaction mechanism 259, *1219*
reaction progress 35
reactive intermediate 61, *1219*
rearrangement 346, *1217*
reciprocal centimeter 381
reducing sugar *1007*, *1211*
reductive amination *1067*, *1211*
regiochemistry 133, 333, 431, *1209*
regioselective reaction 333
regioselectivity 431, *1209*
reserpine 378, *659*, *1064*
resolution 163, *1221*
resonance arrow 21, *1212*
resonance energy *633*, *1212*
resonance form 21, *1212*
resorcinol *650*
retention of configuration 275, *1223*
reticuline *1064*
retinal 379
trans-retinol 379
retrosynthetic analysis *794*, *1212*
reverse 1,3-dipolar addition 498
rhodopsin 379
ribose *1003*
RNA (ribonucleic acid) *1110*, *1223*
Robinson annulation *970*, *1224*
Rosenmund reduction *870*, *1224*
Rubisco *1011*, *1057*
Ruff degradation *1013*, *1223*

S

σ bond 54, *1214*
saccharide *999*, *1214*
saccharin *1036*
salicylic acid *822*
Sandmeyer reaction *698*, *1214*
Sanger degradation *1096*, *1214*
saponification *874*, *1213*
saponin *1053*
saturated hydrocarbon 81, *1222*
Saytzeff elimination 325, *1216*
Schiemann reaction *698*
Schiff base *777*, *1215*
s-cis 582, *816*
scopolamine *1059*
S_EAr (electrophilic aromatic substitution) *684*
secondary amine 224, *1216*
secondary carbon 75, *1216*
secondary structure *1091*, *1218*
second-order reaction 270, *1218*
semibullvalene *1155*
semicarbazone *779*
serine *1077*
Sharpless asymmetric epoxidation 487
sialic acid *1002*
side chain *1078*, *1216*
sigma bond 54, *1214*
sigmatropic shift *1138*, *1214*
silyl ether *775*, *1215*
single barrier *1123*
singlet carbene 494, *1209*
S_N1 reaction 296, *1209*
S_N2 reaction 275, *1209*
S_N2' reaction 619
S_NAr (nucleophilic aromatic substitution) *725*
soap *846*, *1216*
SODAR (sum of double bonds and rings) 126, *1216*
sodium alkylbenzenesulfonate *848*
sodium carbonate *844*
sodium hydride 310
sodium hydrogencarbonate *844*
solasodine *1060*
solvated electron 515, *1223*
solvation 237, 244, *1223*
solvolysis 296, *1211*
Soxhlet extractor *943*
sp hybrid 53, *1209*
sp^2 hybrid 55, *1209*
sp^3 hybrid 55, *1209*
sparteine *1060*
specific rotation 154
spectroscopy 86, 372, *1221*
spermidine *1058*
spermine *1058*
spin-spin coupling 399
spiro 206
spiro ring *1215*
squalene 610, *1053*
squalene oxide 611
staggered ethane 63, *1218*
starch *1033*, *1218*
stearic acid *1047*
stepwise reaction *1123*
stereocenter 623
stereochemistry 143, *1223*
stereogenic atom 623
stereogenic center 623, *1215*
stereoisomer 143
stereoselective 474
stereospecific 474
steric requirement 76, *1223*
steroid 612, *1215*
trans-stilbene 350
s-trans 582, *816*
Strecker synthesis *1085*, *1215*
β-structure *1091*, *1221*
strychnine 164, 166, 378, *1062*
styrene 549, *649*
subshell 3
substituent 58, *1217*
substitution reaction 258, *1217*
succinic acid *814*, *861*
succinic anhydride *861*
succinimide 559
sucralose *1036*
sucrose 244, *1033*
sugar *999*
sugars *1218*
sulfide 250, *1216*
sulfinyl chloride 291
sulfonation *685*
sulfone *796*, *1216*
sulfonic acid *796*
sulfonium ion 307, *1216*
sulfoxide *796*, *1216*
sum of double bonds and rings 126
superacid *735*, *1217*
suprafacial motion *1143*, *1216*
Swern oxidation *792*
sydnone *1119*
syn addition 458, *1215*
syn elimination 331, *1215*
synthesis 137

T

T (thymine) *1111*
talose *1004*
tautomer *910*, *1213*
tautomerization 508, *1213*
Taxol 177
*t*Boc (*t*-butoxycarbonyl) group *1104*
Teflon 549
terephthalic acid *837*
termination step 544, *1217*
terpene(s) 606, *1217*
tertiary amine 224, *1216*
tertiary carbon 75, *1216*
tertiary structure *1092*, *1214*
testosterone 613
tetra-*t*-butyltetrahedrane 211
tetracycline 377
tetraethylammonium bromide 226
tetrahedral intermediate *1216*
tetrahedrane 211
tetrahydrofuran 226, 227, 455
tetrahydropyran 227
tetrahydropyranyl (THP) ether *775*, *1217*
tetramantane 213
tetramethylammonium iodide 312
tetramethylsilane 388, *1217*
s-tetrazine *1165*
tetrose *1003*, *1217*
thalidomide 175
thermal decomposition of esters 350
thermodynamic control 341, 591, *1218*
thermodynamic enolate *980*, *1218*
thermodynamics 340, *1218*
thermolysis 529, *1218*
THF (tetrahydrofuran) 226, 227, 455
thioether 249, *1217*
thiol 249, *1217*
thiolate 250, *1217*
thionyl chloride 291, *1210*
thiophene *653*, *703*
thiophenol 250
thiourea *1098*, *1217*
THP (tetrahydropyranyl) ether *775*, *1217*
three-center two-electron bonding *1186*, *1214*
threonine *1077*
threose *1003*
thujone 609
thymine *660*, *1111*
TMS (tetramethylsilane) 388, *1217*
p-tolualdehyde *753*
toluene *644*, *649*
p-toluenesulfonyl 290, 331
torsional strain 181, *1218*
tosyl 290, 331
tosylate 290, 331

trans 82, *1218*
s-trans 582, *1218*
transannular ring strain 188
transesterification *875, 1209*
transfer RNA *1114*
transition state 66, *1216*
triacontane 77
triacylglycerol *1047*
triamantane 213
[5]triangulane 207
triazoline 525
trichloroacetic acid *820*
1,3,5-trichlorobenzene *651*
trichloromethane 220
tricyclo[4.1.0.0^{1,3}]heptane 207
tricyclo[1.1.1.0^{1,3}]pentane 212
tricycloillicinone 212
triethylamine 224
trifluoroacetic acid *820*
trifluoroperacetic acid 485
triglyceride *1047, 1218*
trimethylanilinium ion *712*
2,3,3-trimethyl-1-butene 479
trimethylene oxide 227
1,3,5-trioxane 227
triphenylmethyl radical 541
triphenylphosphine *797*
triphenylphosphine oxide *798*
triple bond 111, *1214*
triplet 390
triplet carbene 494, *1214*
triptycene *745*
triptycenyl chloride *663*
triquinacene 378
trityl cation *640*
trityl chloride *663*
tRNA（transfer RNA）*1114*
tropane *1059*
tropane alkaloid *1059*
tropilidene *640*
tropinone *993*
tropylium ion *640, 1218*
trypsin *1100*
tryptophan *1077*
Ts（tosyl） 290, 331
tubocurarine *1063*
twist form 183
twist-boat form 191
twistoflex *658*
tyrosine *738, 1077*

U ～ Z

U（uracil） *1111*
ultraviolet/visible spectroscopy 372, *1214*
unconjugated 578
undecane 77
unimolecular elimination reaction 324
unpaired spins 7, *1220*
unsaturated hydrocarbon 81, *1220*
unsaturation
  degree of ── 126, *1220*
unshared electron 12
uracil *1111*
urea *844, 1218*
ursolic acid *1053*
UV/vis（ultraviolet/visible）*1214*
UV/vis（ultraviolet/visible） spectroscopy 372

valence electron 15, *1211*
valeric acid *814*
δ-valerolactam *862*
δ-valerolactone *833, 860*
valine *924, 1076, 1077*
van der Waals force 85, *1220*
van der Waals strain 192, *1220*
vanillin *635*
veratridine *1060*
vicinal 474, 550, *1219*
Vilsmeier reagent *854, 901*
vinblastine *1062*
vincamine *1064*
vindoline *1062*
vinyl（group） 104, *1220*
vinyl alcohol *911*
vinyl bromide 220
vinyl cation 504
vinyl chloride 432
vinyl iodide 221
vinylbenzene 549, *649*
vinylic hydrogen 396, *1220*
viquidil 93
vitamin A 117, 379, *1052*
vitamin B_{12} 378
vitamin C *1043*
vitamin E 564
voodoo lily *822*

Wagner-Meerwein rearrangement 347, *1224*
Walden inversion 281
water 244
wave function 5, *1219*
wavenumber 381, *1219*
weighting factor 25
Wilkinson's catalyst 511
Williamson ether synthesis 309, *1209*
Wittig reaction *797, 1209*
Wolff-Kishner reduction *694*
Wolff rearrangement *889, 1209*
Woodward-Hoffmann theory *1121, 1209*

xanthate ester 351, *1211*
xanturil 93
o-xylene *650*
p-xylene *650*
xylose *1003*

ylide *797, 1209*
yohimbine *1064*
Yperite *1174*

Z（benzyloxycarbonyl）group *1104*
Z（zusammen） 109
zusammen 109
zwitterion *1080, 1216*
zygadenine *1060*

掲 載 図 出 典

14 章　p.635: Valentyn Volkov/Shutterstock.com
p.658: © Americanspirit/Dreamstime.com-Biodome Geodesic Dome, CO Photo
15 章　p.696: Lukasz Janyst/Shutterstock.com
16 章　p.749: David Papazian/Shutterstock.com
17 章　p.836: Southern Illinois University/ScienceSource/amanaimages
18 章　p.876: DR JEREMY BURGESS/Getty Images
p.893: topseller/Shutterstock.com
19 章　p.981: Tyler Fox/Shutterstock.com
20 章　p.1036: Niels Hariot/Shutterstock.com
21 章　p.1048: Micelle image by Mark Acario and Emad Tajkorshid using VMD. Courtesy of the Theoretical and Computational Biophysics Group, NIH Center for Macromolecular Modeling and Bioinformatics, at the Beckman Institute, University of Illinois at Urbana-Champaign.
22 章　図 22·24: Image from the RCSB PDB (www.pdb.org) of PDB ID 1U5A (R. Conners, F. Schambach, J. Read, A. Cameron, R. B. Sessions, J. Vivas, A. Easton, S. L. Croft, R. L. Brady [2005] Mapping the binding site for gossypol-like inhibitors of plasmodium falciparum lactate dehydrogenase. *Mol. Biochem. Parasitol.* **142**: 137–148).
23 章　p.1158 © Duomo/Corbis/amanaimages
24 章　p.1181: Bochkarev Photography/Shutterstock.com

表 紙　iStock.com/Godruma
箱・本扉　Alex Landa/Shutterstock.com

奈良坂紘一（ならさかこういち）
1944年 宮城県に生まれる
1972年 東京工業大学大学院理工学研究科 博士課程 修了
1987年 東京大学理学部 教授
2007年 南洋理工大学(シンガポール)教授
2013年 国立交通大学(台湾)教授
東京大学名誉教授
専攻 有機合成化学
理学博士

山本 学（やまもとがく）
1941年 東京に生まれる
1969年 東京大学大学院理学系研究科 博士課程 修了
1994年 北里大学理学部 教授
北里大学名誉教授
専攻 物理有機化学
理学博士

中村栄一（なかむらえいいち）
1951年 東京に生まれる
1978年 東京工業大学大学院理工学研究科 博士課程 修了
1993年 東京工業大学理学部 教授
現 東京大学総括プロジェクト機構・大学院理学系研究科 特別教授
東京大学名誉教授
専攻 有機化学
理学博士

第1版 第1刷 2000年11月10日 発行
第3版 第1刷 2006年 3月28日 発行
第5版 第1刷 2016年10月 5日 発行
第2刷 2020年 5月25日 発行

ジョーンズ 有機化学(下) 第5版

監訳者 奈良坂紘一
山本 学
中村栄一

発行者 住田六連

発行 株式会社 東京化学同人
東京都文京区千石3丁目36-7(〒112-0011)
電話 03-3946-5311・FAX 03-3946-5317
URL: http://www.tkd-pbl.com/

印刷 株式会社 木元省美堂
製本 株式会社 松岳社

ISBN978-4-8079-0894-3
Printed in Japan

ジョーンズ **有機化学**
問題の解き方
第５版／英語版

Maitland Jones, Jr. • Henry L. Gingrich
Steven A. Fleming 著

A4 変型判　956 ページ　本体 5800 円＋税

≪ジョーンズ有機化学 (第５版) ≫の章中，章末に収録されているすべての問題について，詳しい解き方と答を示す．

※ 本書は書店・生協書籍部で取扱っています．小社への直接注文も承ります (送料１回 200 円)．

東京化学同人
info@tkd-pbl.com ／ FAX 03-3946-5317